1 MONTH OF
FREE
READING

at
www.ForgottenBooks.com

By purchasing this book you are eligible for one month membership to ForgottenBooks.com, giving you unlimited access to our entire collection of over 1,000,000 titles via our web site and mobile apps.

To claim your free month visit:

www.forgottenbooks.com/free1006538

ISBN 978-0-331-04019-7
PIBN 11006538

TRANSACTIONS

OF THE

SAPPORO NATURAL HISTORY SOCIETY

FOUNDED IN 1891.

VOL. I.

With a Frontispiece and Three Plates.

札 幌 博 物 學 會 會 報

明 治 二 十 四 年 創 立

第 一 卷

口 繪 及 圖 版 參 枚 附

札 幌 博 物 學 會 印 行

明 治 三 十 八 年——三 十 九 年

PUBLISHED BY THE SAPPORO NATURAL HISTORY SOCIETY,

SAPPORO, JAPAN.

1905—1906.

TRANSACTIONS

OF THE

APPORO NATURAL HISTORY SOCIETY

FOUNDED IN 1891.

VOL. I. PART I.

With a Frontispiece and Three Plates.

札 幌 博 物 學 會 會 報

明 治 二 十 四 年 創 立

第 壹 卷 · 第 壹 號

口 繪 及 圖 版 參 枚 附

札 幌 博 物 學 會 印 行

明治三十八年——三十九年

PUBLISHED BY THE SAPPORO NATURAL HISTORY SOCIETY,

SAPPORO, JAPAN.

1905——1906.

NOTICE.

An annual volume of the Transactions from the next year will be published in two or more parts.

All communications should be addressed to the Corresponding Secretary of the Sapporo Natural History Society in Sapporo Agricultural College, Sapporo, Japan.

注　意

本會會報は次年度より毎年貳冊若しくは二冊以上を發行し以て登卷とす.

本會に對する總ての寄信は札幌農學校内札幌博物學會通信書記に宛て發送せらるべし

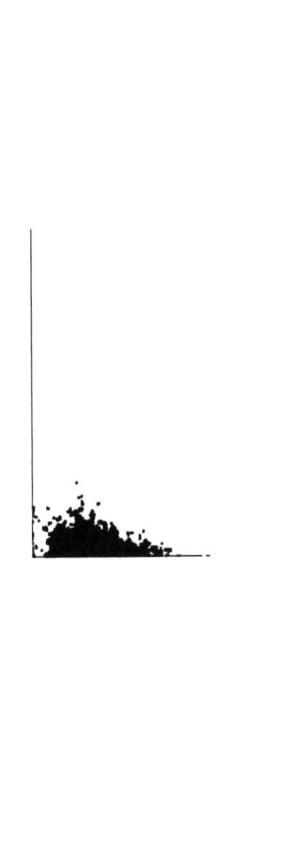

C. J. Maximowicz

カール、ヨーハン、

ルグ Thunberg、シーボルト Sieb

Kjellmann を

カール.ヨーハン.マキシモヴォツチの傳

宮 部 金 吾

（肖 像 附）

CARL JOHANN MAXIMOWICZ.

By KINGO MIYABE.

(With a Portrait).

　　泰西の植物學者にして本邦の植物を研究したる者多しと雖も、露國のカール、ヨーハン、マキシモヴォツチ氏の如く綿密周到なる研究を爲せし者は恐らく他になかるべし。吾人自國の植物を研究するに當り、同氏の研究したる跡を稽ぬるに、其記載の明亮にして斷案の正確なるに、不知不識快感と敬信の念の興るを覺ゆ。本邦の植物を廣く植物學界に紹介せし歐米の植物學者中、親しく我國土に渡來して、其研究に從事せし者は、氏を外にしては僅かにツンベルグ (Thunberg)、ジーボルト (Siebold)、サバチエ (Savatier)、チエルマン (Kjellmann) 等あるに過ぎず、他は皆採集家の齎したる材料に就て、其自國に於て研究したる者のみなり。　然れどもマキシモヴォツチ氏の如きは、今より凡四十有五年前、嘗つて我國に渡來し、函館、橫濱、長崎の三所に三年有餘を費して、其地方の植物を探集考査し、歸國の後も尚ほ其忠實なる從僕須川長之助をして、本邦各地の植物を探集せしめ、斯くして得たる豐富なる材料を死に至る迄研究し以て、本邦植物學史上に湮滅すべからざる深遠なる印章を殘したり。

　　予は明治二十二年の夏、米國より歐州を經て歸朝するに當り、殆んど二週日の間、聖彼得堡帝國植物園內に於ける同氏の家に客

[Trans. Sap. Nat. Hist. Soc. Vol. 1. 1905.]

となり、親しく其謦咳に接し、且つ同氏の研究に從事する實況を目
擊するの榮を得たり。

斯かる密接なる關係を、我が植物學界に有する、同氏の經歷を
世に紹介するは極めて有益なる事と信じ、今茲に札幌博物學會々
報を發行するに當り、同氏の略傳を記する事とせり。傳中記載す
るところの事實は**アツシエルソン**(Ascherson)及**ヘムスレー**(Hemsley)
兩氏に負ふ所多しと雖も、予が親しく**マ**氏より聞知したるものに
して、未だ世に公にせられざるもの亦尠しとせず。

, **マキシモヴ♯ツチ**氏は純粋なる露西亞人にして、千八百二十
七年(文政十年)十一月二十三日、莫斯科府より遠からざる<u>ツーラ</u>
(Tula)と稱する一市に生る。父は醫を以て業となし、性極めて植物
學を愛好せり、而して其愛兒を植物學者たらしめん爲めに、家庭敎
育の方針は全く植物に對する嗜好心を發揮せしむるにありしを以
て、其邸內に花園を作り、多くの草木を培養し、愛兒をして其寫生
をなさしめたり、余が**マ**氏の家に在りし時、氏は余に一書を示して
曰く『是れ余が幼年の頃寫生せしものを、我父が故らに我が爲めに
自から製本せられしものなり』と。

氏は實に斯かる特殊の敎育によりて、精細に事物を觀察考査
するの性を成したるものにして、他日植物學界に雄飛するの基礎
も、亦實に茲にありしと思はる。氏が最初に學業を修めたる學校
は露都の獨乙新敎派に屬するセイント、アン學校にして千八百四十
四年に之を卒業し、更に進んで醫學を修むる爲めに<u>ドルパット大學</u>
に入れり。

<u>ドルパット</u>大學には當時有名なる植物學者**アレキサンデル、ブン**
ゲ(Alexander Bunge)敎授を執り居り、蒙古及び北部支那の植物研究
に從事中なりき。青年なる**マ**氏は同敎授に就き植物學を研究せる
間に、其の强き感化を受け、自から東亞の植物に興味を感し、遂に醫
學を捨て、植物學研究に一生を捧ぐるの念を起したり。

　氏此校に於て業を卒ふるや、千八百五十年同大學植物園の副長に任ぜられ、ブンゲ教授の事業を助くること三年、千八百五十二年露都帝國植物園腊葉室係員に轉任し、千八百九十一年氏の死に至る迄て此植物園とは密接なる關係を絶たざりき。

　千八百五十三年露國政府は軍艦ヂアナ (Diana) をして世界を週遊せしめ、廣く學術上の探檢をなさしひる事を企圖せり。マ氏は植物學者として同艦乘込を命せられ、同年秋其の本國を出帆せり、時に氏二十六歳なりき。

　軍艦ヂアナは南米、伯西見のリオ、デ、ジヤネイロ、智利のヴァルバライソ及び布哇のホノルヽ等に到り、更に轉じて東部西比利亞沿岸州に於けるデ、カストリー澪に入港せり。是れ實に千八百五十四年七月二十三日にして、此處に於て初めてクリミヤ戰爭の起りし事を開知せりと。而してヂアナは特別なる勤務を命ぜられたるを以て、マ氏は其地に上陸し黑龍江方面の植物探檢に從事する事となれり。斯く本國の災厄は却つてマ氏に取り、又と得難き好機會を與へぬ。氏は此新領土に留ること凡そ三年、備さに艱難辛苦を嘗め、充分に其探檢探集を遂げ、千八百五十七年三月同地を出發し西比利亞を横りて露都に歸りたり。此時より氏は一切の事業を抛郷し、專心黑龍江州より齎らし帰れる標本の調査に從事する事二年、其結果として Primitiæ Floræ Amurensis 黑龍江地方植物志を世に公にせり。

　此書は露都帝國科學會より出版せられしものにして、五百餘頁の「クワト―」大冊をなし、附するに圖版十枚及地圖一葉を以てし、各論に於ては、九百十五種の分布形狀等を詳肥し、總論に於ては、黑龍江方面の地理、氣象、樹木の分布、植物帶、植物の統計、近隣「フロラ」との比較、有用及培養植物、人爲に依り「フロラ」の性質に及ぼせし變化等を精細に論し、又附錄として北京及蒙古産植物日錄を掲げたり。此書は一地方の植物志の模範たるものにして、氏は實に之れに依りて植物分類學者、植物地理學者及學術探檢者としての名聲の基礎を固く置き

たりき。

當時デミドフ(Demidoff)なる富豪あり、學術上の大著述に賞金を贈る事を公にせしが、マ氏の著書其撰に當り賞金を得るに至れり、氏は之を以て、再び滿洲地方の探檢を試み又日本に渡航するの決心をなし、千八百五十九年露都を發し、南方西比利亞を經て黑龍洲に達し、ウスリ及スンガリー支流地方の植物調査を遂げ、千八百六十年(萬延元年)の秋我が函館に到着し、同地に留まること一年有餘、其附近の植物採集及調査に從事したり。又函館滯在中須川長之助を僕となし、篤くるに植物採集の方法を以てし、又採集旅行には必ず同道せしむることとせり。斯く永く一ヶ所に滯在したるは其地方の植物を最も完全に研究せんが爲にして、氏の如きは實に時日を惜まずして、專ら事業の完からん事を冀圖したる者と云ふべし。氏は又單に植物標本を採集せしに止まらず、新鮮なる花實を解剖して、其綿密なる寫生圖を製し、色、香の如き變し易き諸性質は悉く之れを細記し、圖と共に標本に添附したり。

文久元年の秋函館を出帆し横濱に趣き、同港に留まること四十餘日にして長崎に渡航し、翌年春再び横濱に出で、秋復た長崎に歸る。時恰も鎖國攘夷の說盛に行はれ、浪人横行し、外人の最も危險を感じたる時なりし。彼の生麥事件の如きも氏の横濱滯在中に起りし出來事にして、氏の語られし所に依れば、他の外人と共に一時は武裝し、死を決して戰はんとせられし山。

文久三年即ち千八百六十三年は長崎に殆んど全一年を費し、其地方の植物を究査したり。長崎居留地より數里以外の地には旅行を許されざりしを以て函館より伴ひ來れる長之助に命じて九州各地方、特に高山の植物を採集せしめたり、此者能く主人の意を奉じ、忠實に氏の事業を助けたり、故に氏は其勞に酬ひんが爲めに長之助の名を附したる植物の數頗る多し。

同年の末許多の腊葉及び植木類を賫し帆前船に乘し長崎を出

帆し、喜望峯を過りて、翌千八百六十四年本國に歸着したり。此行た
るや氏の探檢旅行の最終にして、爾後三十年間一意東亞植物の研究
に從事し、千八百六十六年以降續々其結果を公にせり。

千八百六十九年露都帝國植物園の學術部長(Head Botanist)に榮
進し、死に至る迄て此職に忠勤なりき。又千八百七十一年に露都帝
國科學會の正會員に推擧せらる、是れ露國の學者として最大の名譽
とする所たり。

千八百八十四年露都に植物學及園藝學萬國會議開催せられし
時、本邦よりは田代安定氏派遣せられ同氏が琉球諸島に於て採集
せられたる標本、及東京帝國博物館員及田中芳男氏の採集せられし
ものを齎らして、マ氏の調査を仰ぎし以來、本邦の植物學者にして同
氏に標本を送りて其鑑定を請ひたる者は、矢田部員吉氏、松村任三
氏、牧野富太郎氏、伊藤篤太郎氏及予にして、其研究の結果は Diagnoses
Plantarum Novarum Asiaticarum. VI–VIII. (1886–1893). 中に發表せられたり。

又露國の探檢者ブルツエヴアルスキー (Przewalsky) 及びポタニ
ン (Potanin) の東部中央亞細亞及び支那の内部に於て採集したる植
物標本は、悉くマ氏の手に委ねられ、其研究を仰ぐ事となれり。其結
果の一部は發表せられしも、其完成を見るに至らざりし。

氏の研究の方法は、事物を根本的に精査するにありて、決して其
結果を公にするに急ならず、充分に時を貸し、研究に研究を重ね、初め
て出版するを常とせり。故に一度ひ氏の調査を經たる植物の部類
は明確に整理せらるヽを以て、後進者をして其進路の平坦なるを深
く感せしむ。又氏は羅典及希臘語の外、獨、佛、英の語に通し、自由に
此等によりて會話且つ著述するを得たり。

氏は晩年、日本植物志を編述するの志を立て半は其緒に就きし
に終に其目的を遂せすして永眠せられたり。氏の余に語られし所
に依れば『余も既に老年に達し、餘命もなかるべければ、大規模の日
本植物志を著すこと叶ふまじ、殊に友人等の勸めもあるに依り、約

二年にて完成する程度を以て着手する積なり』と、而して各科及屬に其性質を著はすに必要なる圖畫を揷む計畫にして、其圖畫の如きも過半準備しありたり、天若しマ氏に假すに尙ほ數年の日月を以てせば、吾人は此大著述を手にするを得て、至大の利益と光明とを得たりしならん。

氏は外貌强き威嚴を備へ、一見近づき難き趣あるも、一度近く接すれば、其外觀の下に親切厚情の滿ち溢るるを認むるに難からず、氏は多くの親友を有し、又常に世人の敬愛を受けたりし、氏の後進者に對し親切にして且つ懇篤に其誘導に勵められし一例を揭けんに、余が曾て千島植物志を著はさんとするに當り其企圖を同氏に報したりしに、氏答て曰く『余は 1868 年以來カムサツカ植物目錄を編せんが爲め當地植物園及「アカデミー」附屬臘葉室の標本を檢査するに當り、千島に於て採集されたる標本を見當る毎に記載し置きたるもの玆に百九種に達せり、之れを貴君に呈す宜しく自由に此を使用せられん事を望む』と且つ尙ほ附記せられし處に依れば、過去十年間數十万の標本中より、此等少數の千島植物を見出したるは、恰かも牧草中に針を索め得たる感ありしと。

氏は千八百九十一年二月十六日露都帝國植物園內官舍に於て流行性感冒に侵され、除病の發する處となり、遂に逝去せらる、行年六十四歲なりし。

予の氏の家に客たりし時、夫人及令孃より最も懇切なる待遇を受けたり、夫人は親切溫雅なる貴婦人にして能く佛、及フキンランド語に通じ、令孃は頗ぶる賢明快活にして英、佛、獨語を能くし、露都一病院の醫師ドクトル、ルーニン (Dr. Lunin) 氏に嫁せらる、又一人の令息ある由なれども面會することを得ず、且つ又其消息をも知るを得ざりし。

マキシモヴォツチ氏著述目錄

1859.—Primitiæ Floræ Amurensis. Mit 10 Tafeln und einer Karte. S. 1-504. (Memoires de l'Académie Impériale des Sciences de St.-Pétersbourg. VII° Série. T. IX.)

1861.—Golowninia, eine neue Gattung der Gentianeen. Mit 1 Tafel. (Mélanges biologiques. T. IV. p. 37-44).

1866.—Rhamneæ Orientali-Asiaticæ. Cum tab. 1. pp. 20. (Mem. Acad. Imp. d. Sciences de St.-Pétersb. T. X. No. 11).

1866.—Diagnoses breves Plantarum novarum japoniæ et Mandshuriæ. Decas I. (Mél. biol. T. VI. p. 19-26).

1867.—*Ditto.* Decas II-VI. (Mél. biol. T. VI. p. 200-205, p. 206-214, p. 258-276, p. 367-376).

1867.—Revisio Hydrangearum Asiæ Orientalis. Cum 3 tab. pp. 48. (Mem. Acad. Imp. Sc. St.-Pétersb. T. X. No. 16 et dernier).

1870.—Rhododendreæ Asiæ Orientalis. Cum 4 tab. pp. 53. (*Ditto.* T. XVI. No. 9.)

1870.—Ophiopogonis Species in Herbariis Petropolitanis servatas exposuit. (Mél. biol. T. VII. p. 320-331).

1870.—Diagnoses breves Plantarum novarum japoniæ et Mandshuræ. Decas VII-VIII. (Mél. biol. T. VII. p. 332-342, p. 553-564).

1871.—*Ditto.* Decas IX-X. (Mél. biol. T. VIII. p. 1-21, p. 367-421).

1871.—Ein Nachtrag zu meiner Abhandlung "Rhododendreæ Asiæ Orientalis." (Mél. biol. T. VIII. p. 150-167).

1871.—Einfluss fremden Pollens auf die Form der erzeugten Frucht.— St.-Petersb.

1872.—Diagnoses Plantarum Novarum Japoniæ et Mandshuriæ. Decas XI-XIII. (Mél. biol. T. VIII. p. 506-562, p. 598-650, T. IX. p. 1-30. pl. 1).

1873.—*Ditto.* Decas XIV-XVI. (Mél. biol. T. IX. p. 31-76, p. 148-188, p. 214-270).

1873.—Synopsis Generis Lespedezæ, Michaux. pp. 59. (Festo semisaeculari horti Imperialis botanici Petropolitani, die 22 Martü 1873 celebrato, praesentata).

1874.—Diagnoses Plantarum Novarum japoniæ et Mandshuriæ. Decas XVII-XIX. (Mél. biol. T. IX. p. 281-374, p. 394-452).

1876.—*Ditto.* Decas XX. (Mél. biol. T. IX. p. 581-660. pl. 1.)

1876.—Adumbratio specierum generis Chrysosplenii L. (Mél. biol. T. IX. p. 757–771).

1876.—Diagnoses Plantarum Novarum Asiaticarum. I. (Mél. biol. T. IX. p. 708–831).

1877.—*Ditto.* II. (Mél. biol. T. X. p. 43–134).

1879.—Ad Floræ Asiæ Orientalis ·cognitionem meliorem fragmenta. pp. 73.

1879.—Adnotationes de Spiraeaceis. pp. XI, 156.

1880.—Diagnoses Plantarum Novarum Asiaticarum. III. (Mél. biol. T. X. p. 567–741).

1881 —*Ditto.* IV. (Mél. biol. T. XI. p. 155–350. pl. 1),

1881.—De Coriaria, Ilice et Monochasmate, hujusque generibus proxime affinibus Bungea et Cymbaria. Cum tab. 4. pp, 70. (Mem. Acad. Imp. Sc. St.-Pétersb. T. XXIX. No. 3).

1881.—Ueber J. J. Rein, Japan nach Reisen und Studien. (Bot. Zeit. Bd. XXXIX. S. 272–277).

1883.—Diagnoses Plantarum novarum Asiaticum. V. (Mél. biol. T. XI. p. 623–876. pl. 3).

1884.—Sur les collections botaniques de la Mongolie et du Tibet septentrional (Tangout) recueillies récemment par des voyageurs Russes et conservées à St.-Pétersbourg. (Bull. du Congrès international de botanique et d'horticulture à St.-Pétersbourg. p. 1–196).

1885.—Amaryllidaceæ Sinico-Japonicæ. (Engl., Bot. Jahrb. Bd. VI. p. 75–81).

1886.—Spiraea bullata Maxim. (Gartenflora, Bd. XXXV. p .65–66).

1886.—Diagnoses Plantarum novarum Asiaticarum. VI. (Mél. biol. T. XII. p. 415–572).

1888.--*Ditto*, VII. (Mél. biol. T. XII. p. 713–934. pl. 4.)

1889.—Plantæ Chinenses Potaninianæ nec non Piasezkianæ. Thalamifloræ et Discifloræ. (Acta Horti Petropolitani. Vol. XI. p. 1–112).

1889.—Enumeratio Plantarum hucusque in Mongolia nec non adjacente parte Turkestaniæ sinensis lectarum. Fasc. I. Thalamifloræ et Discifloræ. Cum tab. 14. pp. IV, 138.

1889.—Flora Tangutica, sive Enumeratio Plantarum regionis Tangut (Amdo) Provinciæ Kansu, nec non Tibetiæ praesertim orientaliborealis atque Tsaidam. Ex collectionibus N. M. Przewalski atque G. N. Potanin. Fasc. I. Thalamifloræ et Discifloræ. Cum tab. 31. pp. XVIII, 110.

1890.—Supplementum ad Maximowiczii Diagnoses plantarum Asiaticarum,

VII.   (Mél. biol. T. XII. p. 935–938. pl. 3).

1892.—Diagnoses plantarum novarum Asiaticarum. VIII. p. 1–41.

須 川 長 之 助 植 物 採 集 談

山 田 玄 太 郎

TSCHŌNOSKÉ SUGAWA, A FAITHFUL SERVANT AND COLLECTOR TO MAXIMOWICZ.

BY GENTARO YAMADA.

Professor of Botany, Agricultural and Dendrological College, Morioka.

須川長之助は陸中國紫波郡水分村字下松本の人なり。甞て露國植物學者マキシモヴヰツチ氏の爲めに、普く本邦の植物を採集し、其名海外に聞ゆ。マ氏長之助の勞を賞し、其名を以て植物に命ずるもの十種に餘る。年六拾有四、先きに嗣子を失ひ、孫兒を養ひて農耕に從事す。昨三十七年二月、余始めて同人と相見るの機を得て、採集談を聞く、今其大要を錄す。唯一回の會話によるものなれば、誤傳謬聞の少なからざるは像め謝する所なり。

採集の由來。長之助は年甫めて二十、函館に出稼し、先づ大工の家に寓し、後八幡宮の別當に僕たりしが、マキシモヴヰツチ氏の來朝に際し、友人の勸めによりて風呂番と掃除とを務とし、月壹兩二分にてマ氏に仕ふ、時實に文久元年三月なりき。(後次第に二兩、二兩二分、三兩を受くるに至れり)。居ること十餘日、マ氏嘗ねるに植物

の名稱を以てす、長之助知ること多からずと雖ども、山野の間に人と
なりたることゝて、多少の知る所あるを答へたるに、マ氏大に喜び、
然らば來れとて、杉山(臥牛山)に上りて植物探集の法を授け、後には
植物を指名して探集に赴かしめたるに、忘れて探り來らざるものな
どあるときは、痛く詰問せられたり、斯くして次第に熟練するに從
ひ、マ氏の意を滿すに至りぬ、是れ長之助が植物を探集するに至りし
始めなり。

　　探集の地方。 初めは函館近郊を探集し、文久元年五月に至り、
マ氏に從ひ、大野を經て駒ヶ嶽、鹿部に探集し、東海岸を廻りて歸れ
り。同年秋に及び果實をも探らざるべからずとて、長之助をして再
び駒ヶ嶽に探集せしめたり。十月マ氏長崎に航せんとするに際し、
長之助を同行せんとて、火に勸誘せしに、長之助も初めは躊躇顧慮容
易に決せざりしが、遂に同行を諾するに及び、マ氏は實に歡喜の情
に堪へざるが如くなりしとぞ。函館奉行所よりマ氏の從者として
免狀を受け、外國船にて橫濱に航し、居ること四十餘日、其間僅かに
其附近を探集せり。同年十二月頃長崎に着す、其年は長崎附近を探
集し、翌年春再び橫濱に來り秋まで滯在し、又長崎に歸航す。文久
三年は九州各地を跋涉し、産山、阿蘇、霧島の諸高峰に攀登せり。唯
薩州のみには英艦砲擊時代のことなれば、危險を慮りて足を入るゝ
を得ず、蓋しマ氏は當時自由に旅行するの便なきを以て、長之助に
探集せしめたるなり、同年秋三度び橫濱に出で、元治元年一月マ氏
の歸國すると共に、長之助はニコライ氏の許に使はる。

　　マ氏歸國後其依賴にて慶應一、二の兩年間植物探集に從事す、前
年は信州地方、次年は南部地方にて岩手山、早池峰、駒ヶ嶽(秋田境)及
恐山等を探集せり。其後明治二十年マ氏より寄信ありて再び探集
を命ぜられ、六月頃より出でゝ信州の木曾、駒ヶ嶽、御嶽、八ヶ岳、淺間
山、富士山、天城山等の峻峰に登りて、十月に歸逵し、二十一年の春、菱
川圖作といふ人を書記として伴ひ、伊勢に向ひ、それより那智山に

廻りて、大坂に出て四國に渡り、又西海に航し薩州に入ることを得たり。二十二年には齋藤松太郎と云ふ人を語らひ、山陰道に進み、京都に至りて名所舊蹟に探集し、轉じて加賀の白山、越中の立山に登り、鳥海に向ひしが降雪の爲めに登らずして歸る。此間に岩手山、早池峰山等にも登山せり、其後マ氏の逝去するに及びて其業を廢せり。

　　採集の方法。長之助は旅行中現今使用せらるゝ如き採集鑵を携へずして、瀘返、仙華紙等を厚紙板の間に挿みて攜行し、日に一回紙を取換へ、宿舎に着けば糸にて縛り、爐邊に立てゝ乾燥せしめたり。初めは一種三十個の標本を採り、珍らしきものに至りては四十個を採るものあり。二十年後には一種十個の標本を製す、花又は實なきものは採らず、一度得たるものは再び集めざるを常とす、故に後には一種を發見するにも容易ならざるなり、植物の高さ及所生の場所(山とか澤とか木の上など)は一々記戴し上下の葉、草の根等は注意して覽めたり。付てマ氏長之助に諭へて曰はく高山の植物は花喫き、實成る僅かに三十日にして了る、努力する所あれと。マ氏歸國後の採集は、希臘加特立敎育のアナトリウス氏の監する所にして、月拾五圓旅費一日二十錢荷物運貨一里二錢を受け入用の物品はそれゝゝ現物にて支給せられたり。

　　マ氏の平生。マ氏は身の丈五尺四五寸、瘠形にして、顏少しく長く、僅かに髯あり、多く室內にありて、始終背冊を手にして研究せられ、植物の日本名などを札されて記し置かれたり。函館に在りし時は言語不通の爲めに、返答に苦しむことありしが、後には邦語にて話さるゝに至り、閑あれば種々の談話を試みられたり。覽集せらるゝものは植物のみならず、鳥獸、蛇、龜、昆虫の類に及ぶ、長崎に在りし時は、ジーボルト氏と往來せられたり、マ氏付てジ氏の植物採集の場所を話らざるに苦しひと言はれたることあり。

　　マ氏の使用する所は、長之助の外、廚夫、園丁、小使及び馬丁各一

人あり、或る日長之助、マ氏の室内を掃除するに當り、二朱金の遺失
せるありしかば、之を机上に置きしに、マ氏は汝のものならんとて
之を返し、も、長之助固く拒て受けずして力爭せしかば、マ氏深く
長之助の正直に感じ、他の使用人に對すると趣を異にするに至れり。
九州を旅行するに當りて、行金五十金を持ち行かしめて殘りあれば
與へ、詳細の詮議をなすことなかりしも、蓋し長之助が正直の致す
所なりしなん。

沖 縄 産 半 翅 類 に 就 て、

理 學 博 士 松 村 松 年

（第 壹 圖 版）

DIE HEMIPTEREN FAUNA VON RIUKIU
(OKINAWA).

VON

DR. S. MATSUMURA.

(Mit Tafel I).

Die Hemipteren-Fauna von Okinawa wurde bis heute von Niemanden studiert und veröffentlicht. Im Jahre 1894 hat Herr Dr. ADOLF FRITZE eine Broschüre „Die Fauna der Liukiu Insel Okinawa" veröffentlicht, darin erwähnte er 30 Hemipteren-Arten, von denen nur die folgenden 13 Arten mit den Namen dargestellt sind.

1. *Cantao ocellatus THUNB.* = *Cantao dispar AM. et SERV.*

2. *Chrysocoris nobilis L.*

Diese Art habe ich von dieser Insel noch nicht erhalten, indem die prachtvolle Art *Calliphara excellens BURM.* dort häufig ist. Wahrscheinlich hätte er irrtümlich diese Art als *C. nobilis L.* determiniert.

3. *Raphigaster smaragdula F.* = *Nezara viridula L..*

4. *Acanthocoris sordidus THUNB.*

5. *Strachia ornata L.* = *Eurydema.*

6. *Alydus fuscus F.*

Diese Art kommt weder in Japan noch Okinawa vor, wahrscheinlich hat er die haüfigste Art *Riptortus clavatus THUNB.* als *A. fuscus F.* determiniert. Der letztere ist nicht selten in Formosa.

7. *Homococerus plagiatus GERM.*

Diese Art habe ich auch von dieser Insel nicht gesehen, sie ist wahrscheinlich *H. unipunctatus STÅL.*

8. *Anisoscelis orientalis DALL* = *Leptoglossus membranaceus F.*

9. *Lygaeus cingulatus F.=Dysdercus.*
10. *Lygaeus nigriceps DALL.=Oncopeltus.*
11. *Anisops niveus F.*
12. *Nodina guttifrons WK.=Myndura fuscata F.*
13. *Platypleura Kaempferi F.*
14.ᵛ *Platypleura colorata STÅL.=Graptopsaltria.*

Ausser den obigen gab er darin die folgenden Insekten mit nur den Gattungsnamen an.

Platinopus, Erga, Piezodorus, Leptocorisa, Macrodema, Pirates, Euagoras, Prostemma, Acanthia, Aradus, Hydrometra, Ranatra, Corixa, Ricania und *Fidicina.*

Im Jahre 1903 hat Herr Y. IKUMA beschrieb die Cicadinen von Oshima in NAWA'S Konchu-sekai (Insect World) Vol. 69-70, mit zwei Tafeln 5. und 7. Die Beschreibungen sind ziemlich genau, fehlen sie jedoch die Hauptmerkmale und die lateinischen Namen. Durch die Abbildungen kann man jedoch die folgenden Arten ermitteln :

Pl. v. fig. 1. *Nephotettix apicalis MOTSCH.*

fig. 2. *Aconura producta MATS.*

fig. 6. *Nirvana pallida MELICH.*

fig. 7. *Parabolocratus okinawensis MATS.*

fig. 9. *Tettigonia alba WK.*

ll. vi. fig. 11. *Euricania ocellus WK.*

Herr T. KUROIWA hat mir die zahlreichen wertvollen Materialen aus Okinawa, welcher seit langer Zeit dort als der Director an der landwirthschaftlichen Schule angestellt ist, hierher eingeschickt. Unter 250 Arten habe ich 8 Homopteren und 29 Heteropteren gefunden, von denen 7 Arten überhaupt für die wissenschaftliche Welt neue sind.

Herr T. MIYAGI aus Okinawa, welcher als der Student in unserer Akademie studiert, hat mir auf seiner Heimatreise nach Okinawa (in letzten Sommerferien) auch ziemlich viele Materialen gesammelt. Herr S. UCHIDA, welcher der Student in der landwischtschaftlichen Akademie zu Tokio ist, bekam aus Daitojima (eine kleine Insel nahe Yaeyama) eine schöne Cercopide, welche von Herrn TAMAOKI gesammelt wurde, reichte mir hierher über. Kleine Homopteren und Heteropteren aus dieser Insel sind überhaupt gar nicht bekannt, müsste jedoch dort zahlreiche Arten vorkommen. Zweimal verliess ich Sapporo auf die Reise nach Okinawa, wurde jedesmal unglücklicherweise durch den Mangel der Schiffen des Jap.-Russischen Krieges wegen verhindert. So möchte ich diesmal die nur mir wohl bekannten grösseren Arten veröffentlichen. Hierzu beschreibe ich noch eine neue der *Cosmopsaltria oshimensis* sehr ähnliche *C. ogasawarensis* aus Ogasawara.

HOMOPTERA.
CICADIDÆ.
1. Platypleura Kaempferi F.

Tettigonia Kaempferi F., Ent. Syst. VI. p. 23, n. 25, 1794.
Cicada Kaempferi WK., List. Hom. I. p. 117, n. 34, 1850.
Platypleura fuscangulis BUTL., Cist. Ent. I. p. 189, n. 29, 1874.
Platypleura Kaempferi BUTL., Cist. Ent. I. p. 189, n. 27, 1874;
    DIST., Monog. Orient. Cicad. p. 20, Tab. I., fig. 14, a, b ;
    MATS., Summary Jap. Cicad. p. 2, Tab. I., fig. a, b, 898.
Platypleura hyalino-limbata SIGN., Bull. Soc. Ent. Fr. (6) t. I, p. XLII, 1881 ;
    ATKINSON, Journ. Asiac. Soc. Beng. Vol. IV, p. 150, 1886.
Platypleura repanda UHL. (Nec. F.), Proc. Nat. Mus. U. S. p. 276, 1896.
Fundort : Okinawa, Miyako.
Sonstige Fundorten : Hok., Honshu, Shikoku, Kiushu, Formosa, China.

2. Graptopsaltria colorata STÅL.

Graptopsaltria colorata STÅL, Berlin. Ent. Zeit. X. p. 169, 1866;
    DIST., Monog. Orient. Cicad. p. 25, Tab. II., fig. 8, a, b, 1891;
    MATS., Sum. Jap. Cicad. p. 4, fig. 3. a, b, 1898.

3. Cryptotympana pustulata F.

Tettigonia pustulata F., Mant. Ins. II, p. 266, 1787.
Tettigonia atrata F., Mant. Ins. II, p. 267, 1786.
Cicada nigra OLIV., Enc. Méth. V. p. 750, 1790.
Fidicina bubo WK., List. Hom. p. 28, 1850.
Cryptotympana pustulata DIST., Monog. p. 87, Tab. XI, fig. 10, a, b, 1892;
    MATS., Sum. Cicad. p. 12, Tab. I. fig. 11, a, b, 1898.
Fundort : Okinawa, Miyako.
Sonstige Fundorten : Honshu, Kiushu, Formosa, China, Philippinen, Malay.

4. Cryptotympana facialis WK.

Cicada facialis WK., List. Hom. Suppl. p. 30, 1858.
Cryptotympana facialis STÅL., Oefv. vet. Akad. Förh. p. 483, 1862;
    DIST , Monog. Orient. Cicad. p. 90, 1892, Tab. XI, fig. 11, a, b:
    MATS., Sum. Jap. Cicad. p. 11, fig. 10, a, b, 1898.
Fundort : Kiushu, Riukiu (Okinawa), China, Siam.

5. Cosmopsaltria oshimensis n. sp.

Fundort : Oshima und Kikaigashima, gesammelt von Herrn A. OWSTON.

6. Leptopsaltria tuberosa SIGN.

Cicada tuberosa SIGN., Ann. Soc. Ent. Fr. p. 229, 1847.
Dundubia tuberosa WK. List. Hom. I. p. 78, 1850.
Leptopsaltria tuberosa STÅL, Berl. Ent. Zeit. p. 70, 1866 ;
　　DIST., Monog. Orient. Cicad. p. 34, Tab. VIII, fig. 7, a, b, 1892 ;
　　MATS., Sum. Jap. Cicad. p. 8 fig. 7, a, b, 1898,
Fundort : Daitojima, gesammelt von Herrn TAMAOKI ; Sonstige Fund-
orten sind Kiushu, Honshu, Sikkim, Khasia Hills, Java.

CERCOPIDÆ.

Subfam. CERCOPINÆ.

7. Cosmoscarta Uchidæ n. sp.

Fundort : Daitojima, gesammelt von Herrn T. TAMAOKI.

FULGORIDÆ.

Subfam. RICANIINÆ.

8. Ricania binotata WK.

Ricania binotata WK., Journ. Linn. Soc. Zool. X, p. 149, 1870 :
　MELICH., Monog. d. Ricanid. p. 230, 1898.
Fundort : Okinawa, gesammelt von Herrn T. KUROIWA ; sonstige Fund-
orten sind Neu-Guinea, Borneo, Aru-Insel.

9. Euricania ocellus WK.

Ricania ocellus WK., List. Hom. II, P. 429, 1851 ;
　STÅL, Oefv. Vet. Akad. Förh., p. 491, 1862.
Euricania ocellus MELICH. Monog. Ricanid. p. 260, Taf. IX, fig. 24, 1898.
Fundort : Okinawa, gesammelt von Herrn T. KUROIWA ; sonstige Fund-
orten sind Ostindien, Sikkim, Lakhon, Assam, China.

10. Mindura fuscata F.

Cicada fuscata F., Ent. Syst. IV, p. 28, 1794.
Flata fuscata F., Ent. Syst. Suppl. p. 518, 1798 ; Syst. Rhyn., p. 47, 1803.
Pochazia obscura STÅL, Oefv. Vet. Akad. Förh., p. 160, 1865 ; Hem. Fabr. II, p. 104, 1869.

Nogodina guttifrons WK., Journ. Linn. Soc. Zool. p. 164, 1870;
    FRITZE, Die Fauna der Okinawa, p. 70, 1894; MELICH., Monog. Ricanid. p. 336, 1898.
Mindura fuscata MELICH., Monog. Ricanid. p. 301, Tab. XIV, fig. 13a, 1898.

Fundort : Okinawa, gesammelt von Herrn T. KUROIWA ; sonstige Fund-
orten sind Java, Tranquebar, Morty, Neu-Guinea, Ceram, Sula.

Subfam. **DICTYOPHORINÆ.**

11. Dictyophora okinawensis n. sp.

Fundort : Okinawa, gesammelt von Herrn T. KUROIWA.

12. Anagnia splendens GERM.

Flata splendens GERM., Thon. Arch. II, p. 2, 48, 1830.
Dictyophora indiana WK., List Hom. II, p. 310, 1851.
Orthopagus lunulifer UHL., Proc. Nat. Mus. U. S. p. 279, 1896 :
    MATS., Ent. Nach. 26, p. 207, 1900.

Fundort : Oshima, gesammelt von Herrn Y. IKUMA. Diese kommt auch
häufig in Tokyo vor.

Sonstige Fundorten : Malay, Indien.

Subfam. **FLATINÆ.**

13. Geisha distinctissima WK.

Poeciloptera distinctissima WK., List Hom. B. M. Suppl. p. 114, 1858.

Fundort : Okinawa und Oshima, gesammelt von Herren T. MIYAGI und
Y. IKUMA.

Subfam. **CIXIINÆ.**

14. Bidis vittata n.sp.

Fundort : Okinawa, gesammelt von Herrn T. KUROIWA ; sonstiger Fund-
ort ist Ogasawara, gesammelt von Autor selbst auf einem Farn
kraut.

Subfam. **ISSINÆ.**

15. Hemisphaerius flavimacula WK.

Hemisphaerius flavimacula WK., List. Hom. II, p. 378, 1851 ;
    UHL., Proc. Nat. Mus. U. S. p. 282, 1896.
Hemisphaerius variabilis BUTL., Ann. Mag. N. H. XVI, p. 98 1875 ;
    MATS., Ent. Nach. 26, p. 210, 1900.

Fundort : Okinawa, gesammelt von Herrn T. KUROIWA ; sonstige Fund-
orten sind Honshu, Kiushu, China, Malay, Indien.

JASSIDÆ.

Subfam. **JASSINÆ.**

16. Tartessus malayus STÅL. (Pl. I. fig. 2.)

Tartessus malayus STÅL, Freg. Eugenies, p. 290, 1859; Vet. Akad., p. 156, 1865 ;
　　SIGN., Ann. Soc. Ent. Fr. p. 357, Pl. 9, fig. 82, 1880.
Tartessus ferrugineus STÅL, Vet. Akad. p. 738, 1870;
　　SPÅNG., Vet. Akad. p. 7, 1878.

Fundort : Okinawa, gesammelt von Herrn T. KUROIWA. Diese kommt
　　auch sehr häufig in Hachijo-jima vor und ziemlich schädlich für
　　Obstpflanzen wie Feige, Orangen u. s. w.

Sonstige Fundorten : Philippinen, China, Malay, Indien.

17. Nephotettix apicalis MOTSCH.

Pediopsis apicalis MOTSCH., Etud. Ent. p. 110, 1859.
Pediopsis nigromaculatus MOTSCH., Etud. Ent. p. 111, 1859.
Thamnotettix nigropicta STÅL, Oefv. Vet. Akad. XXVII, p. 740, 1870.

Fundort : Oshima, gesammelt von Herrn Y. IKUMA.

Sonstige Fundorten : Formosa, China, Malay, Philippinen, Indien, Java,
　　Borneo, Africa.

Var. *cincticeps* UHL.
Selenocephalus cincticeps UHL., Proc. Nat. Mus. U. S. p. 292, 1896.

Fundort : Oshima.

Sonstige Fundorten : Honshu, Shikoku, Kiushu, China.

18. Eutettix discigutta WK.

Acocephalus discigutta WK., Journ. Linn. Soc. I, p. 172, 1857.
Thamnotettix sellata UHL., Proc. Nat. Mus. U. S. XIX, p. 291, 1896.
Eutettix sellatus MATS., Term. Füzet. XXV, p. 381, 1902 ;
　　MELICH., Hom. Ceyl. p. 189, 1903.

Fundort : Oshima.

Sonstige Fundorten : Honshu, Kiushu, China, Malay, Philippinen, Indien,
　　Australien.

19. Aconura producta MATS.

Aconura producta MATS., Term. Füzet. XXV, p. 385, 1902.

Fundort : Oshima.

Sonstige Fundorten : Honshu, Kiushu, Ogasawara, China.

Subfam. **TETTIGONIINÆ.**

20. **Tettigonia alba WK.**

Tettigonia alba WK., List Hom. III, p. 766, 1851; SIGN. Ann. Soc. Ent. Fr. p. 663, Pl. 21, fig. 3, 1863.

Fundort: Oshima, gesammelt von Herrn Y. IKUMA.

Sonstige Fundorten: China, Malay, Indien.

Subfam. **ACOCEPHALINÆ.**

21. **Parabolocratus okinawensis n. sp.**

Fundort: Okinawa, gesammelt von Herrn T. KUROIWA. Diese kommt häufig auch in Kiushu und Honshu vor.

22. **Nirvana pallida MELICH.**

Nirvana pallida MELICH. Hom. Fauna v. Ceylon, p. 168, 1904.

Fundort: Oshima, gesammelt von Herrn Y. IKUMA. Diese kommt auch häufig in Kagoshima vor.

HETEROPTERA.

PENTATOMIDÆ.

Subfam. **SCUTELLINÆ.**

23. **Cantao ocellatus THUNB.**

Cimex ocellatus. THUNB., Nov. Ins. Spec. III, p. 60, fig. 72, 1784; GMELIN, ed. Syst. Nat. I (4), p. 2133, 1788.

Cimex dispar F., Ent. Syst. IV, p. 81, 1794; DONOVAN, Ins. China, Hem. taf. 13, fig. 1, 1798.

Tetyra dispar F., Syst. Rhyng. p. 129, 1803; SCHÖDTE, Kroyer's Nat. Tidsskr., IV, p. 281, 1842.

Callidea dispar BURM., Handb. II, p. 394, 1835; Herr. SCHÄFF., Wanz. Ins. III, p. 99, taf. 324, 1835.

Calliphora dispar GERM., Zeit. I, p. 123, 1839.

Callidea ocellata WEST., Donov. I. c. p. 47 t. 20, fig, 1842.

Scutellera dispar BLANCHARD, Hist. Nat. Ins, III, p. 158, Hem. taf. 8, fig. 2, 1840.

Cantao dispar AM. et SERV., Hist. Ins. Hem. p. 29, 1843; FRITZE, Die Fauna d. Okinawa, p. 69, 1894.

Cantao rufipes DALLAS, List Hem. I, p. 17, 1851; WK., Cat. Het. I, p. 14, 1867.

Cantao ocellatus DALL., l. c. p. 17, 1851; VOLLEN., Faune Ent. l'Arch. Indo-Néerl., I, p. 10, 1863; WK., l. c. p. 14, 1867; STÅI, Hem. Fabr., I, p. 9, 1868;——Oefv. Vet Akad. p. 616, 1870; ——Enum. Hem. III, p. 10, 1873; DIST., Ann. Mag. N. H. III, p. 44, 1879; ATKINSON, Notes on Ind. Rhyn. No. 2, p. 149, 1887.

Fundort: Okinawa, gesammelt von Herren T. KUROIWA und A. FRITZE.

Sonstige Fundorten: China, Philippinen Formosa, Malay, Indien, Java, Sumatra.

Futterpflanzen: *Bischoffia javanica* Bl.

24. Calliphara (Chrysophara) excellens BURM.

Tetyra excellens BURM., Nov. Act. Ac. Leop. Vol. 16, Suppl. I, p. 287, Pl. 41, fig. 2, 1834.
Callidea excellens AM. et SERV., Hist. Hém., p. 32 1843.
Callidea nobilis GERM., Zeit. Ent., Vol. I, p. 117, 1839.
Tectocoris obscura WEST., in Hope Cat. Hem., p. 11, 1837.
Callidea obscura ATKINS., Journ. As. Soc. Beng., Vol. 56, p. 165, 1887.
Callidea praslinia DALL., List. Hem., Vol. I, p. 24, 1851.
Callidea speciosa WHITE, Zool. Misc., p. 80, 1842.
Calliphara excellens DIST., Fauna Brit. Ind. Rhynch., Vol. I, p. 53, 1902.

Fundort : Okinawa und Daitojima, gesammelt von Herren T. KUROIWA und TAMAOKI.

Sonstige Fundorten : China (Hongkong), Philippinen, Nepal, Celebes.

25. Brachyaulax myakonus n.sp.

Fundort : Myakojima in Okinawa Archipel, gesammelt von Herrn T. KUROIWA.

Subfam. **PENTATOMINÆ.**

26. Aenaria Lewisi SCOTT.

Aenaria Lewisi SCOTT, Ann. Mag, Nat. Hist. (4) 14, p. 296, 1874.

Fundort : Okinawa, gesammelt von T. KUROIWA. Diese kommt auch in Honshu und Kiushu vor, sehr schädlich für die Reispflanzen.

27. Massocephalus maculatus DALL. ?

Massocephalus maculatus DALL., List Hem. I. p. 231, Pl. 9, fig. 1, 1851; STÅL, Enum., 5. p. 75, 1876.

Fundort : Okinawa, gesammelt von Herrn T. KUROIWA. Diese kommt auch in Kumamoto (Gokanosho) und Philippinen Insel vor.

28. Eysarcoris ventralis WEST.

Pentatoma ventralis WEST., in Hope Cat. Hem. I, p. 36, 1837; STÅL. Enum. Hem. p. 126, 1876.
Pentatoma pallicornis WEST., I. c. p. 8, 1837.
Eysarcoris distacta DALL., List Hem., I. p. 226, 1851.
Stollia rectipes ELLEN., Nat. Tidskr. Ned. Ind. 24, p. 150, fig. 10, 1862.
Stollia distacta STÅL, Enum. Hem. 5, p. 82, 1875.
Eysarcoris (?) *ventralis* ATKINS., Journ. Asit. Soc. Beng. Vol. LVII, Pl. III, p. 41, 1888.

Fundort : Okinawa, gesammelt von Herrn T. KUROIWA. Diese Art ist ziemlich häufig auch in Honshu und Kiushu.

Sonstige Fundorten : Bengal, China, Java, Sumatra, Philippinen.

29. Carbula obtusangula REUT.

Carbula obtusangula REUTER., Ent. Mon. Mag. XVII, p. 233, 1881.

Fundort : Okinawa, gesammelt von Herrn T. KUKOIWA. Diese kommt auch in China vor.

30. Eurydema ornatum L.

Cimex ornatus L., Syst. Nat. 10 ed. p. 446, 1758.
Stracha herbacea HAHN, Wanz. III, p. 13, fig. 239, 1835.
Strachia ornata FRITZE, Fauna d. Okinawa p. 69, 1894.

Fundort : Okinawa gesammelt von Herrn T. KUROIWA (häufig).
Sonstiger Fundort : Europa.

31. Nezara viridula L.

Cimex viridulus L., Syst. Nat. p. 444, 1758.
Cimex smaragdulus F., Syst. Ent. p. 744, 1775.
Cimex spirans F., Ent. Syst. Suppl. p. 533, 1798.
Cimex viridissimus WOLFF, Icon. p. 55, Pl. VI, fig. 52, 1801.
Cimex variabilis DE VILLERS, Ent. Suct., p. 505, 1789.
Cimex transvertus THUNB., Diss. Cut. Nov. Ins. 11, p. 40, 1783.
Pentatoma unicolor WEST., in Hope Cat. 1, p. 38, 1837.
Pentatoma subtericea WEST., l. c. p. 38.
Pentatoma Leii WEST., l. c. p. 38.
Pentatoma tripunctigera WEST., l. c. p. 38.
Pentatoma proxima WEST., l. c. p. 38.
Pentatoma chinensis WEST., l. c. p. 38.
Pentatoma chloris WEST., l. c. p. 38.
Pentatoma chlorocephala WEST., l. c. p. 38.
Pentatoma propinqua WEST., l. c. p. 39.
Pentatoma berylina WEST., l. c. p. 39.
Pentatoma plicaticollis LUCAS, Expl. Alg. Ins. p. 87, Hem. 11. 3. fig. 9. 1849.
Cimex hemichloris GERM., in Silberm. rev. 5, p. 166, 1837.
Rhaphigaster prasinus DALL., List. Hem. p. 274, 1851.
Rhaphigaster orbus STÅL, Oefv. Vet. Akad. Forh., p. 221, 1853.
Nezara approximata REICHE et FAIRM., Voy. Abyss. Ins. p. 443, 1847.
Nezara viridis SCOTT, Ann. Mag. N. H. (4) Vol. 14, p. 290, 1874.

Fundort : Okinawa, gesammelt von Herrn T. KUROIWA; Diese kommt auch in Honshu, Kiushu, Shikoku und Ogasawara vor, sehr schädlich für Setaria italica (Awa).
Sonstige Fundorten : China, Philippinen, Malay, Indien, Africa, Europa.

32. Plautia Ståli SCOTT.

Plautia Ståli SCOTT, Ann. Mag. Nat. II. (4) 14, p. 299, 1874.

Fundort : Okinawa, gesammelt von Herrn T. Miyagi. Diese kommt auch nicht selten in Honshu und Kiushu vor.

Subfam. ASOPINÆ.

33. Zicrona cœrulea L.

Cimex cærulus L., Syst. Nat. 10 ed. p. 445, 1758.
Pentatoma concinna WEST., in Hope Cat. 1, p. 39, 1837.
Pentatoma violacea WEST., in Hope Cat. p. 39, 1838.
Zicrona illustris AMYOT et SERV., Hem. p. 87, 1843.
Zicrona cuprea DALL., List. Hem. p. 108, 1851.

Fundort : Okinawa, gesammelt von Herrn T. KUROIWA. `Diese kommt auch in Honshu und Kiushu vor,

Sonstige Fnndorten : China, Indien, Malay, Philippinen, Africa, Europa und N. America.

Subfam. PHYLLOCEPHALINÆ.

34. Gonopsis affinis UHL.

Gonopsis affinis UHL., Proc. Acad. Philad. p. 224, 1860.
Macrina vacillans WK., Cat. Het, III, p. 497, 1868.

Fundort : Okinawa, gesammelt von Herrn T. KUROIWA und T. MIYAGI. Diese kommt auch in Honshu und Shikoku vor.

Fam. COREIDÆ.

Subfam. HOMOEOCERINÆ.

35. Homoeocerus unipunctatus THUNB.

Cimex unipunctatus THUNB., Nat. Ins. 11, p. 38, Pl. 2, f. 52, 1783.
Tliponius unipunctatus STÅL, Berl. Ent. Zeit. 10, p. 160, 1866.
Homoeocerus unipunctatus STÅL, Enum. Hem. III, p. 60, 1873.

Fundort : Okinawa, gesammelt von Herrn T. KUROIWA. Diese kommt auch in Kiushu vor.

Sonstiger Fundort : China.

Subfam. ANISOSCELINÆ.

36. Leptoglossus membranaceus F.

Cimex membranaceus F., Spec. 11, p. 351, 1781.

Cimex momordica FÖRSTER, Descrip. An. p. 16, 1844.
Anisoscelis orientalis DALL., List Hem. p. 454, 1852; FRITZE, Fauna d. Okinawa, p. 69, 1894.
Anisoscelis flavopunctatus SIGN., in Maillard Not. sur l'île de la Réunion. Ins. p. 27, Pl. 21, fig. 4.

Fundort : Okinawa, gesammelt von Herrn T. KUROIWA.
Sonstige Fundorten : China, Malay, Philippinen, Indien, Africa.

Subfam. **PHYSOMERINÆ.**

37. Acanthocoris sordidus THUNB.

Cimex sordidus THUNB., Nov. Ins. Sp. 11, p. 44, 1783.
Acanthocoris scaber (*pro parte*) STÅL, Berl. Ent. Zeit. X, p. 158, 1866.

Fundort : Okinawa, gesammelt von Herren T. KUROIWA und T. MIYAGI.
In Honshu und Kiushu kommt diese Art sehr häufig vor und
ziemlich schädlich für unseren Solanaceen.
Sonstiger Fundort : China.

Subfam. **GONOCERINÆ.**

38. Cletus trigonus THUNB.

Cimex trigonus THUNB., Nov. Ins. Sp. 11, p. 37, 1783.
Cimex pugnator F., Mant. 2, p. 287, 1787.
Cletus bistillatus DOHRN, Stett. Ent. Zeit. 21, p. 403, 1860.
Cletus trigonus STÅL, Enum. Hem. p. 78, 1873.

Fundort : Okinawa, gesammelt von Herren T. KUROIWA und T. MIYAGI.
Sonstige Fundorten : Philippinen, China, Malay, Ceylon, Bengal.
Futterpflanzen : Reispflanzen, ziemlich schädlich.

39. Cletus infuscatus n.sp.

Fundort : Okinawa, gesammelt von Herrn T. KUROIWA.

Subfam. **LEPTOCORISINÆ.**

40. Leptocorisa varicornis F.

Gerris varicornis F., Syst. Rhyn. p. 260, 1803.
Leptocorisa apicalis WEST., in Hope Cat. Hem. 11, p. 18, 1837.
Gerris flavida GUERIN, Voy. Coq. Ins. p. 178, Pl. 12, fig. 12, 1830.
Leptocorisa chinensis DALL., 11, p. 483, 1852.

Fundort : Okinawa, gesammelt von Herren T. KUROIWA und T. MIYAGI.
Diese kommt auch in Honshu und Kiushu vor, ziemlich schädlich
für die Reispflanzen.
Sonstige Fundorten : China, Philippinen, Formosa, Malacca, Ceylon, Foua.

Subfam. **ALYDINÆ.**

41. Riptortus clavatus THUNB.

Cimex clavatus THUNB., Nov. Ins. sp. 11, p. 34, Pl. 2, fig. 4, 1783.

Camptopus annulatus UHL., Proc. Acad. Philad. p. 225, 1860.

Fundort : Okinawa, gesammelt von Herren T. KUROIWA und T. MIYAGI.

· Diese kommt auch in Japan häufig vor und ziemlich schädlich für Leguminaceen.

Sonstige Fundorten : China, java, Australien.

Fam. LYGAEIDÆ.

Subfam. **LYGAEINÆ.**

42. Oncopeltus nigriceps DALL.

Lygaeus nigriceps DALL., List Hem. p. 537, 1852.

Fundort : Okinawa, gesammelt von Herrn A. FRITZE.

Sonstiger Fundort : Indien.

43. Lygaeus hospes F.

Lygaeus hospes F., Ent. Syst. IV, p. 150, 1794.

Lygaeus affinis WOLFF, Icon. III, p. 110, fig. 104, 1802.

Lygaeus lanio H. SCHÄFF., Wanz. Ins., VII, p. 21, fig. 705, 1844.

Lygaeus squalidus MONT. et SIGN., Ann. Soc. Ent. Fr. p. 66, 1861.

Fundort : Okinawa, gesammelt von Herrn T. KUROIWA.

.Sonstige Fundorten : China, Phillippinen, Malay, Indien, Neu-Caledonien.

Subfam. **APHANINÆ.**

44. Ahanus fallaciosus n.sp.

Fundort : Okinawa, gesammelt von Herrn T. KUROIWA.

Fam. PYRRHOCORIDÆ.

Subfam. **LARGINÆ.**

45. Physopelta albofasciata DE GEER.

Cimex albofasciata DE GEER, Mem., 111, p. 335, Pl. XXXIV, fig. 1, 1773.

Cimex erythromelas GMELIN, Syst. Nat. 1, p. 2171, 1788.

Physopelta affinis AMYOT et SERV., Hem. p. 272, 1843.

Fundort : Okinawa, gesammelt von Herrn T. KUROIWA.

Sonstige Fundorten : Formosa, China, Malay, Indien, Java.

46. Physopelta Schlanbuschi F.

Cimex Schlanbuschi F., Mant. Ins. II, p. 299, 1787.

Fundort: Okinawa, gesammelt von Herrn T. KUROIWA.

Sonstige Fundorten: Formosa, China, Indien, Malay.

Subfam. **PYRRHOCORINÆ.**

47. Dysdercus cingulatus F.

Cimex cingulatus F., Syst. Ent. p. 719, 1775.
Cimex superstitiosus THUNB., Nov. Ins. sp. III, p. 55, fig. 66, 1784.
Cimex Koenigi F., Syst. Ent. p. 720, 1775.
Astemma Koeningii BLANCH., Hist de Ins. p. 128, I, Pl. IV, fig. 8. 1840.
Pyrrhocoris poecilus H. SCHÄFF., Wanx. Ins. VII, p. 17, fig. 699, 1844.
Pyrrhocoris solenis H. SCHÄFF., l. c. p. 18, fig. 700, 1844.

Fundort: Okinawa, gesammelt von Herrn T. KUROIWA. In Honshu und Kiushu kommt er auch vor.

Sonstige Fundorten: China, Ihilippinen, Malay, Borneo, Java, Sumatra, Indien, Neu-Guinea.

Fam. HYDROMETRIDÆ.

Subfam. **GERRINÆ.**

48. Gerris paludum F.

Gerris paludum F., Ent. Syst. IV, p. 188, 1794.

Fundort: Okinawa, gesammelt von Herrn T. KUROIWA. Diese kommt auch häufig in Honshu, Shikoku und Kiushu vor.

Sonstiger Fundort: Europa.

49. Halobates sericeus ESCH.

Halobates sericeus ESCH., Entomograph, I, p. 108, t. 11, fig. 4, 1822.

Fundort: Okinawa, gesammelt von Herrn A. FRITZE.
Diese Kommt auch häufig in Honshu und Kiushu vor.

Sontige Fundorten: China, Philippinen, Malay, Australien, Indien, Africa.

Fam. REDUVIIDÆ.

Subfam. **ECTRICHODINÆ.**

50. Ectrychotes Andreæ THUNB.

Cimex Andreæ THUNB., Nov. Ins. sp. III, p. 56, 1784.

Loricerus axillaris COSTA, Ann. II, p. 79, 1864.

Fundort : Okinawa, gesammelt von Herrn T. KUROIWA.

51. Echtrichotes okinawensis n.sp.

Fundort : Okinawa, gesammelt von Herrn T. KUROIWA.

Subfam. **HARPACTORINÆ.**

52. Endochus marginalis n sp.

Fundort : Okinawa, gesammelt von Herrn T. KUROIWA.

Fam. CIMICIDÆ.

53. Cimex lectoralius L.

Cimex lecturalius L., Syst. Nat. 10ed. p. 441, 1758.

*Fuudort : Okinawa, gesammelt .von Herrn A. FRITZE. Diese cosmopolitanische Art schleppte auch in Hokkaidō ein.

Fam. NOTONECTIDÆ.

54. Notonecta bivittata MATS.

Notonecta bivittata MATS., Journ. Sapporo Agri'l College Vol. II, pt. 2, p. 59, Taf. 1, fig. 9, 1905.

Fundort : Okinawa, gesammelt von Herrn T. MIYAGI.

55. Anisops niveus F.

Notonecta niveus F., Ent. Syst. IV, p. 58, 1794.

Fundort ; Okinawa, gesammelt von Herrn A. FRITZE. Diese kommt auch in Ogasawara (Bonin Insel) vor.

Sonstige Fundorten : China, Malay, Indien.

Fam. NEPIDÆ.

56. Nepa brachyura HORV.

Nepa brachyura HORV., Term. Füz. III, p. 10, 1879.

Fundort : Okinawa, gesammelt häufig von Herrn A. FRITZE. Diese kommt auch in Honshu und Kiushu vor.

Die Beschreibung der neuen Arten.

Cosmopsaltria ogasawarensis n. sp. (Pl. 1, fig. 1.)

♂ Körper grün und schwarz. Scheitel so lang als zwischen den Augen breit, ein schwarzer Fleck am Hinterrande nahe den Augen, an dessen innerer Seite je mit einem eingestochenen schwärzlichen Punktchen. Ein breiter schwarzer Querband kreuzt die Ozellenregion. Frons schwarz, an der Basis heller. Stirn mit tiefen seitlichen Querfurchen, in der Mitte schwarz, im oberen Theile einen hellen Längsstrich einschliessend ; die seitlichen Querfurchen oben und unten schwarz, in der Mitte aber grünlich. Antennen schwarz, 2-4 Glieder an der Basis heller. Pronotum in der Mitte mit einem schwarzen Längsstrich, welcher in der Mitte einen helleren spiessförmigen Längsstrich einschliesst, an den Seiten mit drei langen und zwei dreieckigen Flecken, von denen die letzteren am Hinterecken auf sitzt sind. Scutellum schwarz, die zwei nach hinten divergierende kurze Mittellinien grünlichgelb, an den Seiten mit zwei grossen Längsflecken und vor der kreuzförmigen Vorragung mit zwei kleinen, die letzteren oft mit den seitlichen Flecken verschmoltzen sind ; der hintere Theil grünlich. Elytren glasshell, Nerven gelblichbraun, gegen die Spitze hin dunkler, der Costalnerv grünlich. Der erste und der zweite Quernerv des Coriums schwärzlich geraucht. Hinterflügel an der Basis bläulichgrün, in der Mitte des Costalrandes gelblich, Nerven an der Basis grünlich, gegen die Spitze hin schwärzlich. Beine grünlichgelb, Vorder-und Mittel-tibien, die änssersten hellen Spitzen ansgenommen, sowie auch die Tarsen dunkel, Hintertarsen ,gelblich. Operculum ziemlich lang, erreicht etwa die Mitte des vierten Segmentes, grünlichgelb, am Innenrande schwärzlich, selten an der Spitze bräunlich gesäumt : an der Spitze schmal abgerundet, in der Mitte auswärts nahe der Basis stark eingeengt. Abdomen schwarz, weisslich behaart und pülvert. Jedes Rückensegment am Hinterrande grünlich, 1-4 Segmenten am Rücken und an den Seiten gelblich gefleckt.

♀. Die Zeichnung etwas heller als beim ♂, der Han jedoch derselbe, nur die Zeichungen auf dem Abdominalrücken verschwunden.

♂. Bauch an der Spitze schwärzlich, Genitalplatten bräunlichgelb, gegen die Spitze hin etwas verengt, gelblich behaart.

♀. Bauch gelblich, in der Mitte der Länge nach schwarz (mindestens an der Genitalplatten schwarz), auf dem letzten Bauchsegment an den Seiten je mit einem schwarzen Punktchen. Legescheide sehr lang, etwa 4.5mm von der Spitze der Scheidenpolster hervorragend, an der Spitze schwarz, gelblich lang behaart. Scheidenpolster gelblich, an den inneren Rändern und an der Spitze schwärzlich.

Länge: ♂ 32mm., ♀ 30mm.; bis zur Spitze der Elytren ♂ 45mm., ♀ 42mm; Breite des Pronotums ♂♀ 10-12mm.

Fundort: Ogasawara, gesammelt vom Autor selbst; zahlreiche Exemplare in meiner Sammlung.

Der Form nach der nordchinesischen Art *C. mongolica* Dist. etwas ähnlich, diese Art weicht jedoch in der Form des Operculums und in der Färbung des Körpers ab.

Cosmopsaltria oshimensis n. sp.

Der Form und dem Plan nach der vorhergehenden Art sehr ähnlich, diese weicht aber wie folgends ab:

♂. Viel grösser, nämlich Körper-länge 37mm., und bis zur Spitze der Elytren 50mm.

Auf dem Vorderflügel, der erste, der zweite und der dritte Quernerv schwärzlich gefleckt und die alle Apicalnerven an den Spitzen mit schwarzen Fleckchen versehen.

Operculum länger, gegen die Spitze hin wird es viel schmäler und am Rande schwärzlich gesäumt. Abdominalrücken ohne helleren Flecken; Genitalplatten ganz schwarz, an der Spitze kurz kegelförmig zugespitzt, mit schwarzen Härchen versehen.

♀. Kaum verscheidbar von C. ogasawarensis, die Spitze der letzten Tibien jedoch immer schwarz.

Fundort: Ein Männchen gesammelt von Herrn A. OWSTON in Oshima und ein Weibchen in Kikaigashima, die beiden Inseln gehören dem Okinawa Archipel.

Cosmoscarta Uchidæ n. sp. (II. I, fig. 4.)

♀. Kopf, Pronotum und Abdomen schwarz. Rostrum, Beine, Meso- und Meta-sternum, Scutellum, Genitalsegment sowie auch das Basalsegment des Abdomens koralroth. Scheitel vorne stark gewölbt, bräunlich kurz behaart. Pronotum sehr gross, rautenförmig, sehr fein punkturiert und bräunlich behaart; am hintern Rande abgerundet. Scutellum kurz, fein aber deutlich punkturiert. Elytren schwarz, die Basalhälfte des Clavus, die Naht, die Basis des Coriums, ein grosser C-förmiger Makel in der Mitte des Coriums koralroth. Der letzterere Makel mit der rothen Wurzel des Coriums und des Clavus durch einen rothen Strich verbindet wird, bildet eine grosse S-förimige Zeichnung. Die Nerven des Apicalfeldes netzartig anatomosiert. Flügel subhyahin, etwas gebräunt, die

Basis koralroth. Genitalsegment und Beine ganz roth, nur an der Spitze der Tarsen schwärzlich. Mesosternum mit zwei kegelförmigen ⟨bräunlichen Vorragungen.

Länge : ♀ 7.5mm. ; Exp. 35mm.

Fundort : Daito-jima, gesammelt von Herrn S. Uchida.

Die Gattung Cosmoscarta gehört eigentlich den malayischen Gebieten und zwar in Japan wurden bis heute von Niemanden gefunden. Mein Freund Herrn S. Uchida hat das schöne Thierchen von der Insel Daito im Okinawa Archipel durch die Einsendung von Herrn TAMAOKI erhalten. Es hat keine Aehnlichkeit mit andern Cosmocarta-Arten.

Nur ein Exemplar in meiner Sammlung.

Dictyophora okinawensis n. sp. (Pl. I, fig. 7.)

Schmutziggelb. Kopf viel länger als das Pronotum und das Scutellum zusammen. Scheitel etwas dunkler, schmal und lang, bis zur Spitze fast von gleicher Breite ; in der Mitte läuft eine schmale weissliche Längs-linie ; unten gelb, mit zwei mennigrothen Längslinien, und an der Spitze schwärzlich gefleckt. Rostrum an der Spitze dunkel, die Kielen gelblich. Pronotum in der Mitte roth, der Kiel gelb. Scutellum in der Mitte der Länge nach heller, mit zwei bräunliche Längslinien, an der Spitze gelb. Elytren lang und Schmal, die Basalgeäder gelblich, die Pterostigma und Netznerven bräunlich, die erstere dreieckig und gross ist. Beine gelblich, die Coxen vorwiegend schwärzlich, die Schenkel schwarz gestreift, die Spitzen der Tibien und Tarsen schwärzlich. Abdominalrücken bräunlich gefleckt, der Bauch der Länge nach breit schwarz.

Länge : ♂ 9mm. ; ♀ 12mm. ; bis zur Spitze der Elytren ♂ 12mm., ♀ 15mm.

Fundort : Okinawa, gesammelt von Herrn T. KUROIWA.

Der Form nach kein andere Dictyophoriden ähnlich, es ist deutlich schmäler als die bekannten asiatischen Arten. Unsere gemeine Art D. sinica WK. unterscheidet sich gleich von seinem Zutritt der grünlicher Längslinien auf dem Scutellum.

Bidis vittata n. sp. (Pl. I, fig. 5.)

Schmutziggelb, etwas grün beschattet. Scheitel zweimal so lang als zwischen den Augen breit ; am Vordertheile jederseits mit einem schwarzen Längsflecke. Frons schmal, mit dem Clypeus zusammen spindelförmig, spärlich gelb behaart, in zwei Reihe der Länge nach mit helleren rundlichen Fleckchen versehen, von denen die oberen Fleckchen viel deutlicher sind. Antennen sehr lang, das Glied 2 im oberen Theile dunkel, die äusserste Spitze heller, viel länger als das Glied 1, die Endborst so lang wie die beiden Glieder zusammen. Der Mittelkiel des Pronotums dunkel, am Hinterrande jederseits bräunlich gefleckt. Die fünf Kiele auf dem Scutellum dunkelbräunlich. Elytren glasshell, die Nerven vorwiegend dunkelbraun, theilweise gelblich, gekörnt und spärlich gelb behaart; im Apicalfelde mit einem breiten langen, bräunlichen Flecke, welcher auf den Quernerven unterbrochen und daselbst gelblich ist, die alle Apicalzellen an der Spitze bräunlich gefleckt. Beine gelblich, die Tibien vor der Spitze und die Tarsen bräunlich. Abdomen grünlichgelb, beim ♀ röthlich gefleckt.

Länge: ♂ 5.5mm. 7mm.; ♀ 7.5mm.; bis zur Spitze der Elytren ♂ 9mm., ♀ 10mm.

Fundort: Okinawa, gesammelt von Herrn T. KUROIWA. Dieselbe Art habe ich auch in Ogasawara (Bonin Insel) auf einer Pteridis-Art gefangen.

Der Form nach der indo-malayischen Art *Bidis notivena* WK., Journ. Linn. Soc. Zool, vol. I, pl. IV, fig. 2, 2a, 2b, (1856) sehr ähnlich, durch den deutlichen bräunlichen Längsfleck und die Apicalflecken der Apicalzellen jedoch ganz verschieden.

Parabolocratus okinawensis n. sp. (Pl. I, fig. 3.)

♀ Blassgrün. Scheitel vorn parabolisch abgerundet, so lang wie zwischen den Augen breit, am Hinterrande in der Mitte mit einer kurzen Längsfurche. Stirn in der Mitte sehr flach gewölbt, am Vorderrande mit einer von einer Auge bis zur andern Ange ziehenden undeutlichen dunkelgrünen Bogenlinie. Pronotum querrunzelig, in der Mitte spärlich punktiert. Scutellum so lang wie das Pronotum, glatt. Elytren kurz, subhyalin, fein querrunzelig und weisslich grün, mit gleichfärbigen Nerven. Beine weisslich, die Hinterschenkel grünlich beschattet, die Klauen an der Spitzenhälfte bräunlich. Jedes Bauchsegment am Hinterrande weit ausgedehnt weisslich; letztes Bauchsegment zweimal so lang als das vorhergehende Bauchsegment, weisslich, in der Mitte am Hinterrande ein weing hervorragen und an dessen Seiten je mit einer kleinen Ausrandung. Legescheide ein weing länger als die Scheidenpolster, an der Spitze gelblich.

Länge: ♀ 8.5mm.; Breite des Pronotums 2.5mm.

Fundort: Okinawa, gesammelt von Herrn T. KUROIWA.

Der Form nach der philippinischen Art *P. pallescens* STÅL.* etwas ähnlich, der Scheitel jedoch breiter und kürzer.

* Ann. Soc. Ent. France, p. 41, Pl. 7. fig. 24, 1880.

Brachyaulax miyakonus n. sp. (Pl. I, fig. 9.)

Blau, etwas purpur einspielend. Unterseite metallischgrün, das Connexivum orangengelb. Coxen, Hüften, Schenkel hellbräunlichgelb. Scheitel konisch dreieckig, etwas länger als zwischen den Augen breit; Stylus ein wenig länger als das Jochetück, grob runzelig und spärlich punktiert. Antennen schwärzlich braun, das Glied 1 an der Basalhälfte gelblich, 2 ein wenig kürzer als 1, 3 so lang wie 1 und 2 zusammen, 4 und 5 von gleicher Länge und viel länger als 3. Rostrum schwarz, erreicht die Hintercoxen, an der Basis und in der Mitte gelblich. Der Theil zwischen dem Prosternum und der Gula wachsgelb. Die Mittelquerfurche des Pronotums ziemlich tief und grob punktiert, hinten gewölbt und spärlich fein punktiert. Die Querwülste an der Basis des Scutellums spärlich punktiert; Scutellum breit konisch, an der Spitze abgestützt, mit 4 undeutlichen rundlichen schwarzen Flecken, von denen die vorderen zwei fast 3mal grösser als die hinteren; sehr fein aber spärlich punktiert.

Länge: ☿ ♀ 12mm.; Breite des Pronotums 5.5mm.

Fundort: Miyako-jima, gesammelt von Herrn T. KUROIWA.

Der Form nach der *B. rufomaculata* STÅL aus Philippinen etwas ähnlich.

Cletus infuscatus n. sp. (Pl. I, fig. 8.)

Körper oben schmutziggelb, unten blassgelblich. Kopf hinter den Augen je mit einem schwarzen Längsstriche. Rostrum an der Spitze schwärzlich. Antennalglied 1 ein wenig länger als 2, 4 ein wenig länger als 3 und dick. Pronotaldornen lang, scharf zugespitzt und von schwärzer Farbe. Scutellum in der Mitte heller. Hemelytren einfärbig, nicht heller an der Costa, am Innenwinkel des Coriums ohne blassen Fleckchen, das Corium am Aussenrande gelblich-braun. Membran dunkel, ein wenig blau einspielend. Bauch mit 6 Längsreihen von schwärzen Fleckchen, die Pleuren je mit einem schwärzen Fleckchen. Beine einfärbig blassgelb, die Coxen mit einen schwärzen Fleckchen.

Länge: ☿ ♀ 11mm.; Breite des Pronotums mit den Dornen 5.5mm.

Fundort: Okinawa, gesammelt von Herrn T. KUROIWA.

Der Form nach dem *C. trigonus* THUNB. sehr ähnlich, der einfärbige Costalrand und die dunklen Hemelytren lässt sich aber ganz leicht unterscheiden. Es ähnelt sich auch den *C. bipunctatus* H.S., durch das Fehlen der Antennaldornen, die einfärbigen Pronotumskanten und die dunkle Membran der Hemelytren jedoch verschieden.

Aphanus fallaciosus n. sp. (Pl. I, fig. 10.) ＼

♀. Körper oben bräunlichgelb, unten schwarz. Kopf schwarz, spitzdreieckig ; zwischen den Augen mit zwei rötlichen Fleckchen. Antennen gelblich, Glied 1 bräunlich gefleckt, 2 länger als 3, 4 so lang wie 3 ; alle an den Spitzen bräunlich, 3 und 4 vorwiegend bräunlich, 4 nur an der Basis gelblich. Pronotum quadratisch, ein wenig nach vorn verschmälert, an der Vorderhälfte schwärzlich, hinten bräunlich punktiert. Scutellum lang, an der Basis schwärzlich, in der Mitte heller. Hemelytren bräunlich punktiert, das Corium an der Spitze und vor der Mitte bräunlich gefleckt, die Membran dunkelbräunlich. Abdomen schwarz, am Connexivum gelblich gefleckt. Beine gelblich, die Schenkel bräunlich gefleckt, an den Spitzen schwärzlichbraun, die Vorderschenkel stark verdickt.

Länge : ♀ 9mm. ; Breite des Pronotums 3mm.

Fundort : Okinawa, zwei Exemplare gesammelt von Herrn T. KUROIWA.

Der Form nach der *A. japonicus* STÅL etwas ähnlich, der Körper aber länger, die Beine gelblich, indem beim *A. japonicus* die Beine pechschwarz sind.

Ectrychotes okinawensis n. sp. (Pl. I, fig. 11.)

♀. Glänzend schwärz. Scheitel an den Seiten deutlich der Länge nach gefürcht, kurz zahlreich quergestrichelt. Fühler gegen die Spitze hin schmal, Glied 1 etwas kürzer als Glied 2, Glied 3-8 sehr kurz und an der Spitze etwas heller. Rostrum kurz und dick. Pronotum an den Seiten der Länge nach deutlich gefürcht, mit 8–9 eingestochenen Punktchen, indem in der Centralfurche mit 4 Punktchen versehen sind, die Scheibe deutlich quergefürcht. Hemelytren schwarz, am Costalrande an der Basis gelblich.

Connexivum gelblich, Abdominal-rücken blutroth, zwei Apicalsegmenten sowie auch drittes und viertes Segment an den Seiten auch schwarz.

Bauch blutroth, glänzend, a der Spitze und an den Seiten schwarz, in der Mitte der Länge nach mit drei crescentförmigen schwarzen Flecken, welche oft mit den seitlichen schwarzen Flecken verbunden sind ; an den Seiten sieht man 4 kegelförmigen Flecke, welche oft an der Basis mit den seitlichen schwarzen Rändern verschmolzen sind. Die beiden äussersten Ränder blutroth.

Länge : 14mm. ; Breite des Pronotums 3.7mm.

Fundort : Okinawa, gesammelt von Herrn T. KUROIWA.

Der Form nach *E. haematogaster* BURM. sehr ähnlich, dieses fehlt aber die seitlichen schwarzen Flecken und die Schenkel an der Basis nicht blutroth wie beim *haematogaster*.

Endochus marginalis n. sp. (Pl. I, fig. 6.)

Körper blutroth; Antennen, ein grosser Längsfleck auf der hintern Hälfte des Pronotums, die Dornen, die Mitte des Scutellums, der Clavus, der Hinterrand des Coriums in der Mitte, das Sternum, der Abdomen, das rothe Connexivum und den rothen Ventrallängsstreifen ausgenommen, schwärzlichbraun. Kopf ein wenig kürzer 'als das Pronotum, spärlich weiss behaart. Rostrum gelblich, an der Spitze bräunlich. Antennalglied 1 viel länger als der Kopf, das Pronotum und das Scutellum zusammen, an der Basis und an der Spitze gelblich. Pronotum kurz weisslich behaart, dessen Vorderhälfte mit den kurzen Dornen zusammen gelblichroth; die Dornen der Hinterhälfte sehr lang und schmal, an der Spitze scharf zugespitzt. Hemelytren beim ♂ ein wenig kürzer und beim ♀ ein wenig länger als das Abdomen, das Corium blutroth, der Costalnerv gelblich, die Membran hyalin, bräunlich geraucht, die Nerven gelblich. Abdominalrücken an der Basis und am Connexivum blutroth, das übrige ganz schwärzlichbraun. Bauch in der Mitte der Länge nach breit blutroth gestreift. Beine gelblich, Coxen blutroth, die Schenkel mit drei schwarzen Läggsstreifen, an der Spitze schwärzlich, an der äussersten Spitze aber röthlich, die Tibien bräunlich, an der Nahe der Basis mit einem dunklern Flecke, die Tarsen schwärzlich, die Klauen gelblich.

Länge: ♂ 13.5mm.; ♀ 14mm.; Breite des Pronotums ♂♀ 3mm.

Fundort: Okinawa, gesammelt von Herrn T. KUROIWA; vier Exemplare in meiner Sammlung.

Diese Art gehört eigentlich der Stålischen Subgenera *Pnirsus*. Der Form nach dem *E. Stålianus* HORVÁTH Termes. Füzet. p. 9, Tab. VII, fig. 4 (1879) etwas ähnlich, durch die Färbung und die Pronotaldornen aber ganz verschieden.

14, Nov. 1905.

--- ~~~~~~~ ---

Erklärung der Tafel I.

    7. **Dictyophora okinawensis** n. sp.

    8. **Cletus infuscatus** n. sp.

    9. **Brachyaulax miyakonus** n. sp.

    10. **Aphanus fallaciosus** n. sp.

    11. **Ectrychotes okinawensis** n. sp.

摘 要

本邦熱帶區に屬せる沖繩諸島の昆蟲類は皆てアドルフ、フリッツへ氏によりて多少研究せられたれども蝶類の外は殆んど暗黑界と云ふも過言にあらず。本年余は友人黒岩恒氏の採集に係る同島多數の昆蟲を得たれば爰に記載する事とせん然れども其數の多き到底一時に其完成を期し難し故に今回は同島に産する半翅類のみを發表すべし。目下余の知れる同島産半翅類の總數は五十六種にして其内九種は新種なり。即ち下の如し

同翅亞目 (Homoplera) に屬するもの

  1. *Platypleura Kaempferi* F. にいにいぜみ

  2. *Graptopsaltria colorata* STÅL. あぶらぜみ

  3. *Cryptotympana pustulata* F. くまぜみ

  4. *C.　　　facialis* WK. おきなはくまぜみ

  5. *Cosmopsaltria Oshimensis* n. sp. をほしまぜみ

  6. *Leptopsaltria tuberosa* SIGN. ひめはるぜみ

  7. *Cosmoscarta Uchidæ* n. sp. べにふこがしらあわふき　（第四圖）

  8. *Ricania binotata* WK. ふたほしはごろも

  9. *Euricania ocellus* WK. ひとつめはごろも

  10. *Myndura fuscata* F. をもながはごろも

  11. *Dictyophora Okinawensis* n. sp. おきなはてんぐすけば　（第七圖）

  12. *Anagnia splendens* GERM. つまぐろすけば

  13. *Geisha distinctissima* WK. あそばはごろも

  14. *Bidis vittata* n. sp. しだすけばもどき　（第五圖）

  15. *Hemisphaerius flavomacula* WK. まるうんか

  16. *Tartessus malayus* STÅL. はちじようよこばい　（第二圖）

17. *Nephotettix apicalis* MOTSCH.　つまぐろよこばい
　do.　　*Var.*　*cincticeps* UHL.　幾種
18. *Eutettix discigutta* WK.　ひしもんよこばい
19. *Acenura producta* MATS.　つるぎよこばい
20. *Tettigonia alba* WK.　しろもほよこばい
21. *Parabolocratus okinawensis* n. sp. をきなはさじよこばい (第一圖版第三圖)
22. *Nirvana pallida* MELICH.　ほそさじよこばい

半翅亞目 (Heteroptera) に屬するもの

23. *Cantao ocellatus* THUNB.　あかぎかめむし
24. *Calliphara excellens* BURM.　ないほしきんかめむし
25. *Brachyaulax miyakonus* n. sp.　みやこきんかめむし　(第九圖)
26. *Aenaria Lewisi* SCOTT.　いねかめむし
27. *Massocephalus maculatus* DALL?　ほしあをかめむし
28. *Eysarcoris ventralis* WEST.　しらほしかめむし
29. *Carbula obtusangula* REUT.　かたびろかめむし
30. *Eurydema ornatum* L.　をきなはながめ
31. *Nezara viridula* L.　あをかめむし
32. *Plautia Stäli* SCOTT.　はねあかあをがめ
33. *Zicrona coerulea* L.　るりかめむし
34. *Gonopsis affinis* UHL.　ゑびいろかめむし
35. *Homoeocerus unipunctatus* THUNB.　ほしへりかめむし
36. *Leptoglossus membranaceus* F.　ひろあしへりかめむし
37. *Acanthocoris sordidus* THUNB.　ほいづきかめむし
38. *Cletus trigonus* THUNB.　はりかめむし
39. *C.*　　*infuscatus* n. sp.　くろはねばりかめむし　(第八圖)
40. *Leptocorisa varicornis* F.　くもかめむし
41. *Riptortus clavatus* THUNB.　ほそへりかめむし (ひえふう)
42. *Oncopeltus nigriceps* DALL.　くろづまだらかめむし
43. *Lygaeus hospes* F.　をきなはまだらかめむし
44. *Aphanus fallaciosus* n. sp.　をきなはがいた　(第十圖)
45. *Physopelta albofasciata* DEG.　しろじゆじかめむし
46. *P.*　　*Schlanbuschi* F.　はらあかほしかめむし
47. *Dysdercus cingulatus* F.　あかぎほしかめむし
48. *Gerris (Hydrometra) palludum* F.　ひめかはぐも
49. *Halobates sericeus* ESCH.　うみぐも

50. *Ectrychotes Andreæ* THUNB.　　あかへりるりさしがめ
51. *E.　　okinawensis* n. sp.　　おきなはるりさしがめ　（第十一圖）
52. *Endochus marginalis* n. sp.　　くろひげながさしがめ　（第六圖）
53. *Cimex lecturalius* L.　　とこじらみ
54. *Notonecta bivittata* MATS.　　おきなはまつもむし
55. *Anisops niveus* F.　　おきなはこまつもむし
56. *Nepa brachyura* HORV.　　ひめみづかまきり

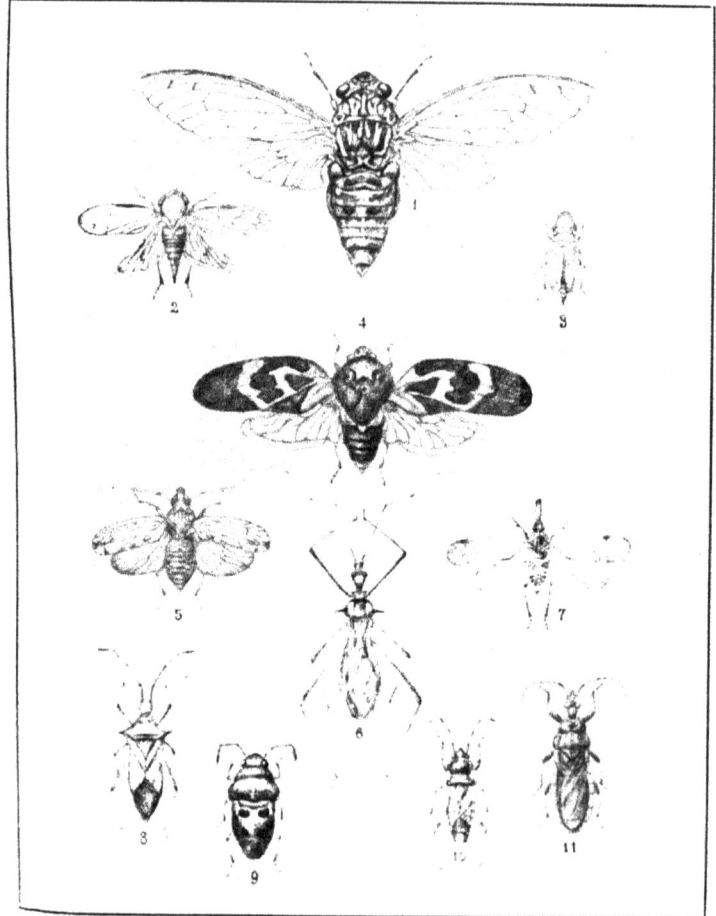

Matsumura :—Hemipteren Okinawas.

本邦に於ける麥類銹病の種類に就て

高　橋　良　直

NOTES ON CEREAL RUSTS IN JAPAN.

(With an English résumé).

Y. TAKAHASHI.

Botanist to the Hokkaido Agricultural Experiment Station, Sapporo.

余は植物學雜誌第二百十三號（明治三十七年十月發行）に於て、歐洲に存在する六種の麥類銹菌が悉く本邦に産することを述べしが、今又此小報を公にし聊か作物病害の研究に從事する人々の參考に供せんとす。

本邦に於て見出さるゝ麥類銹病の種類を舉げ其特徵を記すれば次ぎの如し。但し各種銹菌の條下に舉ぐる標品は、宮部博士の手元に集積せるものと、余の有するものとを合したるものなり。

(1) 黃銹。　これ白井氏のきはしぶと稱するものにして、小麥、大麥、裸麥、らいむぎ及び數種の禾本植物を害す。

病原菌は *Puccinia glumarum* (Schm.) Eriks. et Henn. と稱し、ERIKSSON 氏は之れを若干の變種に分つ。即ち(イ)小麥を侵すもの、(ロ)大麥及び裸麥を侵すもの、(ハ)らいむぎを侵すもの、及び他の禾本科植物に寄生する一二の變種是れなり。但し此等の變種は其外形に於ては全然同一なるも生態的に異なれり。即ち(イ)は小麥に寄生するのみにして大麥、らいむぎ等に寄生することなく、(ロ)は大麥及び裸麥に寄生するも其他の麥類に寄生せざるが如き之れなり。

黃銹菌の銹胞子 (Uredospores) は多くは楕圓形の集團 (Sori) を爲

して葉の兩面に生じ、此等の集團は其色黃にして規則正しく線狀に
縱列す。之れ黃銹の一大特徵なり(銹胞子發生の初めに於ては其集
團顯著ならざるを以て、細視せざれば恰も黃色の條斑を生ぜるが如
き觀あり)。銹胞子は又子實の穎片 (Glumes)、秕等にも生ずれども、此
等の場合に於ては唯不規則なる集團を爲すのみなり。

　銹胞子は球形若しくは少しく楕圓に傾き其長さ十八「ミュー」位
より二十八「ミュー」位に達し、其內容は黃色を帶ぶるも膜は透明にし
て表面に刺あり。發芽孔は數個あれども見易からず (KLEBAHN 氏
の說によれば發芽孔は八個乃至十個、若しくは十二個に達すること
あり)。刺の距離は一.五「ミュー」、膜の厚さも同じく一.五「ミュー」あり。

　次に終局胞子 (Telentospores) の集團は黑色の小點となりて現は
れ、葉鞘上に縱にならび規則正しく線狀を呈す。是れ此銹菌の特徵
の一なり。但し右集團は葉面にも生ずることあれど、此場合に不規
則に散在す。此等の集團は表皮の下に生じ、彎曲せる棍棒狀の絲狀
體 (Paraphyses) によりて二三の小房に區劃せられ、其周圍にも同樣の
絲狀體あり、而して永く表皮に蔽はれ外部に露出することなし。終
局胞子は黃褐色を帶び、其形左右齊整ならずして、多くは一方に曲
り、其上端或は扁平なるあり、細長く延長せるあり、一二の短小なる
突起を有するあり、或は又不規則に角張れるありて頗る多樣なれど
も、槪して上位の細胞と下位の細胞との間に多少の縊れを有し且つ
胞子上端の膜は著しく厚きを常とす。終局胞子は其長さ四十乃至
七十「ミュー」以上、幅は十五六「ミュー」乃至二十五六「ミュー」に達し、柄
は甚だ短小なり。

　黃銹は本邦各地に普通に發生し、小麥、大麥、裸麥を害するを見
る。就中小麥は最も多く之れに侵され、大麥は之に侵さるること一
體に少し。裸麥の被害も亦頗る普通なり。

　余等の手元にある標本の出處を示せば下の如し。但しIIは銹
胞子時代、IIIは終局胞子時代を示す。以下皆同じ。

小麥——熊本縣飽託郡由水村 (II. 明治三十七年五月十日、吉野毅一氏)、愛媛縣松山 (II. 明治三十六年四月、千石與太郎氏)、島根縣 (III. 明治三十六年、長崎常氏)、兵庫縣飾磨郡國府寺村 (II. III. 明治三十四年六月十日、高橋其直)、大阪 (II. 明治三十八年六月十二日、出田新氏)、東京小石川植物園 (明治三十二年六月四日、草野俊助氏)、新潟縣三島郡寺泊町 (II. 明治三十六年四月十三日、吉野毅一氏)、全古志郡福戸村 (II. 明明三十六年六月、吉野毅一氏)、岩手縣盛岡 (II. 明治三十七年、藤得判郎氏)、秋田縣 (II. III. 明治三十七年、鯉淵永太郎氏)、青森縣 (III. 明治三十六年、中村綾太郎氏)、石狩國札幌 (II. III. 明治三十六年七月以後、高橋其直)、天鹽國初山別 (II. 明治三十六年七月二十一日、高橋其直)。

裸麥——福岡縣福岡 (II. 明治三十八年六月、黑澤長平氏)、愛媛縣松山 (II. 明治三十六年四月、千石與太郎氏)、東京 (II. 明治三十二年六月四日、草野俊助氏)、長野縣下高井郡 (II. 明治三十六年六月、村山某)、石狩國對雁村 (II. 明治二十八年七月、宮部金吾氏)、石狩國札幌 (II. 明治三十三年七月二十日、結城庄入氏)、全上 (II. III. 明治三十六年七月以後、高橋其直)、天鹽國増毛 (II. 明治三十六年七月二十日、高橋其直)、全ウタコシマツ村 (III. 明治三十六年七月二十二日、高橋其直)。

大麥——熊本縣 (III. 明治三十七年、吉野毅一氏)、石狩國札幌 (II. 明治三十六年七月)。

因に記す、此銹菌の腔胞子時代 (Aecidium-stage) は未だ發見せられざるなり、恐くは全然之れを缺如するものならん。

(2) 黑銹。　是れ白井氏のくろはしぶと稱するものにして、小麥、裸麥、大麥、燕麥、らいむぎ及び諸種の禾本植物を害す。

病原菌は *Puccinia graminis* Pers. にして、ERIKSSON 氏は之れを若干の變種に分つ。即ち (イ) らいむぎ及び大麥、裸麥を侵すもの、(ロ) 主として小麥を侵すもの、(ハ) 燕麥及び二三の禾本科植物を侵すもの、外に他の禾本科植物に寄生する二三の變種是れなり。

黑銹菌の銹胞子は細長き赤銹色の集團を爲して葉面葉鞘等に生じ、集團は不規則に散在し其長さ四五厘以上に達することあり。銹胞子は精圓形を呈し、其長さは三十「ミュー」以外乃至五十「ミュー」位、幅は十五六「ミュー」乃至三十「ミュー」位なるを以て、其長さは大抵幅の二倍内外あるを常とす。胞子膜は灰黄色を呈し、二「ミュー」內

外の厚さを有し、表面に細刺を帶び、刺の距離は二「ミュー」內外あり。
又發芽孔は四個ありて（KLEBAHN 氏の說によれば稀れに三又は五
個のことありと）胞子の中央部（赤道）に互に同距離を隔てゝ相對す。
斯かる排置は他の種類には之れ無し。

　終局胞子の集團は稈及び葉鞘に生じ、細く延長し、表皮に蔽は
れずして外間に溢出し、黑色を呈す。各胞子は褐色を帶び、其長さ
四十乃至七十「ミュー」位、幅は十五乃至二十五「ミュー」に達し、其柄は
透明にして非常に長きを以て他の種類より見分くること極めて容
易なり。

　黑銹は本邦に於ては大害あるを見ず、盖し其發生甚だ遅くし
て大抵寄主の成熟に近つける頃なるを以てなり。

　余等の手元にある標本の出處を記すれば下の如し。

　　小麥――熊本縣飽託郡大江村（III. 明治三十七年六月十九日、吉野設
　一氏）、同地方（II. III. 明治三十八年六月、吉野設一氏）、福岡縣區團（II. 明治
　三十八年六月十五日、黑澤良平氏）、鹿兒島縣農事試驗場團（III. 明治三十
　六年七月三日、四田藤次氏）、石狩札幌郡白石村（III. 明治二十七年八月二
　十五日、平塚直太氏）、石狩札幌（II. III. 明治三十七年八月十七日以後、高橋
　其直）。

　此の如く余等の有する被害標本はすべて小麥に屬し、大麥裸
麥等の被害標本は一も之れを有せず。盖し本邦にては小麥以外の
麥類が全く黑銹に侵されずとは言ふ能はざるも、其被害の少きは疑
を容れず。

　人の知る如く、黑銹菌の腔胞子時代は *Berberis* 上に現はるゝ
ものにして、余等の手元には札幌、函館、破谷（後志國）及び機似（日高
國）にて採集せる <u>とりとまらず</u>（*Berberis vulgaris*）に寄生せる該時代
の標品あり。

　(3)　**小麥の赤銹。**　一に褐色銹（Brown rust）又<u>あかはしぶ</u>と稱す
るものにして、病原菌は *Puccinia triticina* Eriks. と稱し小麥に特有な
るものとす。

銹胞子集團は赤褐色若しくは黄褐色を呈し不規則に葉面(殊に其上面)に生じ、不規則に散在し、三四厘の長さに達す。胞子は概して圓く、其表面に細微なる刺を有し、數個の發芽孔を具ふ。胞子膜は始め無色透明なるも老成すれば褐色を帶ぶ。(かゝる胞子を壓し潰して空虚にすれば、容易く發芽孔の存在及び膜の褐色を呈することを看取するを得べし)。銹胞子は其直徑二十四五「ミュー」乃至二十八「ミュー」位なり。

終局胞子の集團は黒色の小點狀を爲し、主として葉面又多少葉鞘にも生じ、不規則に散在し、表皮に藏はれあるは黄銹に同じ、胞子は淡褐色を帶び、黄銹に於けるが如く彎曲せるもの少く、又其上端は濃褐色にして概して扁なるもの多く、其下端即ち柄に接する所も亦濃褐色を有す。胞子の長さは三十「ミュー」乃至五十「ミュー」位、幅は十五乃至二十「ミュー」あり。柄は至つて短し。

此種類は札幌地方にては最も普通に發生し大害をなす。

標品の出處下の如し。

福岡縣福岡 (III. 明治三十八年六月十五日、黒澤良平氏)、熊本縣飽託郡出水村 (III. 明治三十七年五月八日、其他、吉野毅一氏)、兵庫縣飾磨郡國府寺村 (II. 明治三十四年六月十一日、高橋眞直)、大阪 (II. 明治三十八年六月十二日、出田新氏)、岐阜縣大野村上技村、明方村 (II. 明治三十二年五月、山口某)、東京小石川 (II. III. 明治三十二年六月四日、草野俊助氏)、東京四ヶ原 (II. III. 明治三十五年六月七日、吉野毅一氏)、東京八王子附近 (III. 明治三十六年六月十一日、草野俊助氏)、新潟縣古志郡長岡 (II. 明治三十六年五月八日、吉野毅一氏)、秋田縣秋田八橋村 (II. 明治三十五年六月五日、鑓調永夫郎氏)、鑓振岡有珠郡長流村 (II. III. 明治三十二年七月二十三日、山田玄太郎氏)、後志國岩內郡發足村 (III. 明治二十五年八月、近藤某)、石狩國札幌 (II. III. 明治二十五年以後、中野總一氏、鑓調永治郎氏、宮部金吾氏、山田玄太郎氏、結城庄八氏、高橋眞直)、石狩郡花川村 (II. 明治三十八年七月、鑓牧安治氏)、石狩上川郡旭川 (II. 明治三十二年十月一日、川上瀧彌氏)、全上川郡永山村 (II. 明治三十七年七月二十五日、高橋眞直)、

此銹菌も腔胞子は未だ發見せられざるものなり。

(4) **大麥裸麥の赤銹。** 大麥及び裸麥の赤銹は「矮形銹病」「小銹」

等の異名を有するものにして、病原菌は *Puccinia simplex* (Körn.) Eriks.
et Henn. と稱し大麥裸麥に特有なるものなり。

此菌の銹胞子集團は黃褐色を呈し、不規則に葉面に散在し、其
形甚だ少さく僅々一二厘の長さあるに過ぎず。胞子は圓形若しく
は楕圓形にして、圓きものは直徑二十「ミュー」內外、楕圓のものは其
長さ二十乃至三十二「ミュー」位にして、褐色を帶び、表面に刺を有し、
數個の發芽孔を具ふ。刺と刺との距離は一半乃至二「ミュー」、胞子
の膜の厚さは一半「ミュー」內外あり。

終局胞子は葉鞘若しくは葉面に生じ、表皮に蔽はれ微小なる黑
點狀の集團をなし、其排列に一定の規則なし。胞子は褐色を帶び他
の何れの種類とも異にして、多くは單一の細胞より成り、其形一定
せず。其長さは二十八乃至四十「ミュー」位、幅は十六乃至二十五「ミュ
ー」位あり。

要するに此銹菌は其銹胞子集團の小なることゝ、終局胞子の
概して一室より成ることゝを以て特徵とす。腔胞子時代の發見せ
られざるは黃銹及び小麥赤銹に同じ。

標品の出處を記すれば下の如し。

　　大麥——熊本縣飽託郡砂取町(II. 明治三十七年五月廿六日、吉野殼
一氏)、全熊本 (II. 明治三十八年五月二十五日、全氏)、茨城縣稻敷郡君原村
(II. 明治三十一年十二月二十五日、石引某)、札幌 (II. III. 明治三十七年八月
一日、其他、高橋其直)。

　　裸麥——熊本 (II. III. 明治卅七年五月十一日、其他、吉野殼一氏)、兵庫
縣姫路 (II. 明治三十四年六月十一日、高橋其直)、大阪 (II. 明治三十七年、出
田新氏)、相州永井村 (II. 明治卅四年五月四日、宮部金吾氏)、釧路國ルリフ
ン (II. 明治二十七年七月二十九日、宮部金吾氏)、札幌 (II. 明治卅八年八
月、宮部金吾氏)、全 (II. III. 明治卅六年七月十三日、其他、高橋其直)、石狩國
上川郡永山村 (II. 明治三十七年七月二十五日、高橋)、全上川郡比布村 (II.
明治三十七年七月二十七日、高橋)、天鹽國劍山別 (II. 明治三十六年七月
二十一日、高橋)、全增毛 (II. 全月廿日、高橋)、奧尻 (II. 明治二十三年七月廿
七日、宮部金吾氏)。

　　(5) <u>らいむぎ</u>**の赤銹**。　是れ赤褐色銹とも呼ぶものにして、病

原菌は *Puccinia dispersa* Eriks. et Henn. と稱しらいU ぎに特有なるものとす。

　銹胞子は赤褐色の集團を爲し主として葉の兩面に生じ、集團及び胞子の外觀形狀等は小麥赤銹菌の其れに類せり。

　終局胞子は微小なる黑點狀の集團を爲して葉鞘に生じ（余は未だ其葉に生ぜるを見しことなし）、表皮に蔽はる。胞子は短柄を有し赤褐色を帶び、其長さ四十「ミュー」より六十「ミュー」までのもの最も多く、幅は二十「ミュー」内外あり。

　此銹菌は歐洲にては紫草科植物 *Anchusa arvensis* 及び *A. officinalis* に其腔胞子を生ずるものにして、該胞子の發生するは八九月頃なるに拘らず秋蒔らいを俟すこと極めて少く、翌年六月に至り盛に之れを俟すと云ふ。去れば本銹菌が如何なる狀態にて越年するやは一の疑問なり。而して北海道に於ては札幌農學校及び北海道農事試驗場にて試作するらいむぎは年々之に俟され、盛に銹胞子を生ずるも終局胞子を生ずること極めて稀れなり。若し夫れ此菌の腔胞子時代に至りては、余等は未だ之れを北海道に於て發見せず。思ふに本銹菌は札幌地方にては銹胞子の狀態にて越年するものにあらざるか。余は未だ實地試驗によりて此事を確かめずと雖も、Bromus 類に寄生する赤銹菌の銹胞子が冬を凌ぐの力あるは MARSHALL WARD 氏の觀察せる所、又葱銹菌 *Puccinia Porri* の銹胞子が札幌地方の冬を凌ぐの力あるは余の實見せる所なり。

　らいむぎは本邦に於ては特殊の場所に試作せらるゝに過ざるを以て、此銹菌は現時重要なる病害にあらざるは勿論なり。而して余等の標品は凡て北海道に於て探集せるに係り、府縣より來れるものは一も之れ無し。今其探集地を舉ぐれば下の如し。

　　　石狩國上川郡永山村（II.明治三十七年七月二十五日、高橋其直）、全札幌（II.明治二十八年六月十五日、德淵永治郎氏、其他門田藤次氏、山田玄太郎氏、高橋其直）、札幌（III 明治三十七年八月二十七日、高橋其直）。

(6) **燕麥の冠狀銹**。　　燕麥其他禾本科植物に寄生する冠狀銹 (Crown rust) は以前はすべて一種 (*Puccinia coronata* Corda) と見做され しが、KLEBAHN 氏之れを (甲) *P. coronifera* Kleb. と (乙) *P. coronata* (Corda) Kleb. との二種に分ちたるは人の知る所なり。(甲)は其腔胞 子を *Rhamnus cathartica* 上に生じ、(乙)は之れを *Frangula Alnus* 上に生 ずるものにして、銹胞子及び終局胞子時代に於ても其外形上兩種 の間に多少の相違あり。而して ERIKSSON 及び KLEBAHN 氏の研究 によれば *P. coronifera* の中にも若干の變種ありて、燕麥に寄生する ものは *P. coronifera Avenae* Eriks. 是れなり。要するに KLEBAHN 氏 の研究に從へば、燕麥の冠狀銹菌は *P. coronifera* に屬するものなり。 外に一の「ヴァライター」あり。*P. coronata* var. *himalensis* Barclay 是れ なり。而して本邦のくろうめもどき (*Rhamnus japonica*) に寄生する Aecidium は從來 *P. coronifera* の腔胞子時代即ち *Aec. Rhamni* Gmel. に 該當するものと思惟せられしが、近頃 P. DIETEL 氏はくろうめも どきに生ぜる Aecidium を日本より得之れを *P. himalensis* (Crda.) Die-tel (=*P. coronata* var. *himalensis* Barcl.) に屬するものと査定し、其後更 に又我邦より同寄主に生ぜる Aecidium を得之れを新種と爲し *Acc. Rhamni japonici* と命名せり。果して然らばくろうめもどきの Acci-dium は燕麥の銹菌と全く無關係なるや、將又以上二種の *Aecidium* の外 *Acc. Rhamni* Gmel. も亦くろうめもどきに寄生するや。此等の 疑問は今之れを解決する能はざるも、兎に角余等が札幌にて見る 所の燕麥冠狀銹は少くとも其銹胞子時代に於て *P. coronifera* に吻 合するを見るなり。但し P. MAGNUS 氏は此種の本名として *P. Lolii* Niels. を用ひ *P. coronifera* を以て其別名と爲すべきを指摘し、SYDOW 氏の銹菌譜にも *P. Lolii* を本名と爲しあれども、余輩は姑らく *P. coronifera* を用ゆる事とし、其性狀を記すれば下の如し。

　　銹胞子集團は葉の兩面に不規則に散在して生じ、黄褐色を帶 び、胞子は圓形又は短楕圓形を有し圓形のものは其直徑二十乃至

三十「ミュー」に達し、黄色にして表面に微小なる刺あり。膜は透明にして約二「ミュー」の厚さを有し、發芽孔は三四個あり。次に終局胞子は黒色の小點をなして葉に生じ、一種特別の形狀を有するを以て容易く之れを識別するを得。特別の形狀とは胞子の上端に數個の角狀突起を有すること是れなり。但し此特徵が *P. coronifera* にも *P. coronata* にも共通なるは言を俟たず。

KLEBAHN 氏の說によれば *P. coronata* (Corda) Kleb. の銹胞子は葉の下面に生じ、之れに反して *P. coronifera* の銹胞子は葉の兩面に現はれ、加之 *P. coronata* (Corda) のより少しく大にして且つ顯著なる集團を爲す。次に終局胞子時代に於ける兩種の相違を見るに *P. coronata* (Corda) の終局胞子集團は點狀若しくは短線狀を呈し、*P. coronifera* の其れは銹胞子集團の周圍に不規則なる輪狀を爲すの差あり。若し夫れ *P. himalensis* に至りては其腔胞子小形なるのみならず、終局胞子集團は表皮に蔽はれずして裸出する特徵あり。

標品の出處を擧くれば下の如し。

熊本縣阿蘇(III. 明治三十四年八月、川上瀧彌氏)、全縣託郡出水村(III. 明治三十七年七月十三日、吉野啟一氏)、石狩國札幌(II. 明治二十五年十月、宮部金吾氏)、全(II. 明治三十七年八月廿四日、其他、高橋亘直)。

上記標本中札幌にて採集せる銹胞子時代のものを見るに前述の如く其形狀 *P. coronifera* に吻合するを見るも、未だ終局胞子時代のものを手に入れざるを憾みとす。然るに熊本地方より來れる標品を見るに、其外觀は却つて *P. coronata* (Corda) に類するが如し。此等の事に就ては今後研究の上更に報告すべし。猶又札幌邊にては上記銹菌の發生期甚だ遲きを以て燕麥耕に對しては實際上無害なり。

今麥類一種つゝに對し之れを侵害する銹病の種類を表示すれば下の如し。

小　麥　$\begin{cases} \textit{Puccinia graminis} \text{ (黑銹)} \\ \textit{P. glumarum} \text{ (黃銹)} \\ \textit{P. triticina} \text{ (赤銹)} \end{cases}$

大　麥
裸　麥　$\begin{cases} \textit{P. graminis} \text{ (黑銹)} \\ \textit{P. glumarum} \text{ (黃銹)} \\ \textit{P. simplex} \text{ (赤銹、小銹、矮形銹} \end{cases}$

らいＵぎ　$\begin{cases} \textit{P. graminis} \text{ (黑銹)} \\ \textit{P. glumarum} \text{ (黃銹)} \\ \textit{P. dispersa} \text{ (赤銹)} \end{cases}$

燕　麥　$\begin{cases} \textit{P. graminis} \text{ (黑銹)} \\ \textit{P. coronifera} \text{ (冠狀銹)} \end{cases}$

　上に記したる如く各種の麥を害する銹病は三種若しくは二種ありて、札幌地方にては小麥、大麥等は同一莖葉に赤銹と黃銹を混生すること珍らしからず。今便宜のため以上六種の銹菌の檢索表を揚ぐれば下の如し。

甲、銹胞子 (Uredospores) による檢索表。

一、銹胞子集團は黃色を呈し、規則正しく併列して葉面に線狀をなす……………………………………………… *P. glumarum.*

二、銹胞子集團は不規則に散在し、黃色を呈せず

　A、銹胞子は長楕圓形を呈し、長徑は大抵短徑の二倍內外めり……………………………………………… *P. graminis.*

　B、銹胞子は圓形若しくは短楕圓形を有す

　　(イ) 小麥を侵すもの ………………………… *P. triticina.*

　　(ロ) 大麥、裸麥を侵すもの ………………… *P. simplex.*

　　(ハ) らいむぎを侵すもの …………………… *P. dispersa.*

　　(ニ) 燕麥を侵すもの ………………………… *P. coronifera.*

乙、終局胞子 (Teleutospores) による檢索表。

一、終局胞子集團は寄主の表皮の外に露出し、其表面黒粉狀を呈
す ……………………………………………………*P. graminis.*

二、終局胞子の集團は表皮に覆はれ、從つて其表面は粉狀を呈せ
ず

　Ａ、終局胞子の集團は葉鞘に生じ線狀に併列す *P. glumarum.*

　Ｂ、終局胞子の集團は葉面若しくは葉鞘に生じ線狀に併列
　　せず

　　(イ) 終局胞子は多くは一室より成る ………*P. simplex.*

　　(ロ) 終局胞子は二室より成る

　　　○胞子は其上端に角狀突起を有す …… *P. coronifera.*

　　　○○胞子は突起を有せず

　　　　△　小麥を侵すもの ……………………*P. triticina.*

　　　　△△らいむぎを侵すもの …………*P. dispersa.*

　終りに臨み、余は本稿を草するにあたり富樫博士より有益な
る助言を得たることと、博士の手元に集れる標品を貸與せられた
ることに就て謝意を表し、且つ本文に記したる胞子の形狀、大さ等
は北海道農事試驗場に於て余の調査せる所に從へることと、大方
の諸賢に對し標品の寄與を希望するの極めて切なることを茲に附
記す。

主もなる參考書

1. **P. Dietel,** Uredineæ japonicæ. V. (Engler's Botan. Jahrb. Bd. XXXIV. 1905.)
2. **J. Eriksson** und **E. Henning,** Die Getreideroste. 1896.
3. **H. Klebahn,** Ein Beitrag zur Getreidefrage. (Zeitschr. f. Pflanzenkr. Bd. VIII, 1898.)
4. ———, Die wirtwechselnden Rostpilze. 1904.
5. **Em. Marshall,** Researches sur la rouille des Céréales. 1903.
6. **P. et H. Sydow,** Monographia Uredinearum. Vol. I. 1904.

RÉSUMÉ.

Puccinia graminis **Pers.**, *P. glumarum* (**Schm.**) **Eriks.** et **Henn.**, *P. triticina* **Eriks.**, *P. dispersa* **Eriks.**, *P. simplex* (**Körn.**) **Eriks.** et **Henn.** and *P. coronifera* **Kleb.** are all found in Japan. In other words, all the species of the cereal rusts reported from Europe occur on our grain crops.

Generally speaking, of these six species,. *P. glumarum* is the most common in Japan, attacking wheat and barley to a large extent. *P. triticina* and *P. simplex* are of common occurrence in Hokkaidō, seriously attacking their respective host. These two species are found also in Honshū (the Main Island).

P. graminis appears on wheat much later than either *P. glumarum* or *P. triticina* both in Honshū and Hokkaidō, and causes a very little or almost no damage to the crop. *P. coronifera* is also practically of no economic importance in Japan. So far *P. dispersa* is known only from Hokkaidō, where rye is cultivated at some places for experimental purposes. The aecidium stage of this species, however, is not yet found by us, and its teleutospores are very rarely formed in Hokkaidō, as far as my observation is concerned. The fact may be that the fungus passes the winter in its uredo stage.

Finally it must be added that at present nothing is known about the relation of our oat rust to *Aecidium Rhamni japonici* **Diet.**, which occurs on *Rhamnus japonica* in Japan. Aecidium-form of *Puccinia himalensis* (**Barcl.**) **Diet.** has also been reported by **DIETEL** on the same host from Japan.

Sapporo, Nov. 25, 1905.

北 海 道 產 鳥 類 目 錄

八 田 三 郎

村 田 庄 次 郎

A PRELIMINARY LIST OF THE BIRDS OF

HOKKAIDŌ.

BY

S. HATTA,

Professor of Zoology in Sapporo Agricultural College,

AND

SHOJIRO MURATA,

Assistant Curator of the College Museum.

The collection of the bird's skins in our College Museum now amounts to more than 2500 in number. Among these are included the "Kaitakushi" collection, and many from that of BLAKISTON in Hakodate; the largest part, however, has been collected during the last 30 years by several naturalists connected with the Museum, but chiefly by our enthusiastic collector, Mr. S. MURATA. The birds, which are enumerated in the present list, are confined to those which inhabit and frequent the islands of Hokkaidō, the Kurile Chain inclusive, while those from other localities will, it is hoped, be published on a future occasion in the form of an explanatory catalogue, in which the birds in the present list will, of course, be included, while their nests and egg-characters as well as their food and habits will be added.

The systematic arrangement adapted in our list is based on the classification in "The Birds of the Japanese Empire" by Mr. H. SEEBOHM (London, 1890). and also in the "List of the Birds of Japan" by Prof. I. IJIMA (Tokyo, 1891).

S. HATTA.

Nov. 20, 1905.

[Trans. Sapporo Nat. Hist. Soc., Vol. I. 1905.]

　我札幌農學校附屬博物館に藏する所の鳥類の標本は其數、今や
二千五百以上に達した。此中には開拓使芝博物館の標本もあり、ブ
ラキストーン氏の探集に係る標本も含む、だか、其大多數は我博物
館に關係せる多數學者が過る三十年間に蒐集せるものである。就
中我熱心なる探集家、村田庄次郎君が探集したるものは實に其大
部分を占める。玆に公にする所の此目錄には此多數の剝製の中、北
海道本島及び千島群島に住し若くは來遊する種類のみを載せるこ
ととした。本道以外に産地を有する標本は他日、説明附の鳥譜とし
て世に公にせんことを期するのであるが、其中には本表中の鳥類を
加入するは勿論、卵、巣、及び常習の説明をも加へたい慮りである。

　本表の配列は專ら飯島博士の「日本の鳥目錄」及びシーボーム氏
の「日本帝國の鳥類」の分類法に據りたるのである。

　　明治三十八年十一月

　　　　　　　　　　　　　　　　入　田　三　郎　識　す。

Subclass PASSEREFORMES.

Order PICO-PASSERES.

Suborder PASSERES.

Family PASSERIDÆ.

Subfamily *TURDINÆ.*

1. **Geocichla varia,** (*Pall.*)
   White's Ground-Thrush ....ぬえじない,とらつぐみ

2. —— **sibirica,** (*Pall.*)
   Siberian Ground-Thrush ....まみじろ.

3. **Merula cardis,** (*T.*)
   Grey Japanese Ouzel............................... くろつぐみ.

4. —— **fuscata,** (*Pall.*)
   Dusky Ouzel ....つぐみ,ちやうま.

5. —— **naumanni,** (*T.*)
   Red-tailed Ouzel....................................はちぢやうつぐみ.

6. —— **pallida,** (*Gm.*)
   Pale Ouzel ....しろはら.

7. —— **chrysolaus,** (*T.*)
   Brown Japanese Ouzel ....あかはら,ちやじない.

8. —— **obscura,** (*Gm.*)
   Dusky Ouzel...............................まみちやじない.

9. **Erithacus akahige,** (*T.*)
   Japanese Robin............ ....こまどり.

10. —— **calliope,** (*Pall.*)
    Siberian Ruby-throated Robin.....................のごま.

11. —— **cyaneus,** (*Pall.*)
    Siberian Blue Robin.............................こるり.

12. **Monticola cyanus solitaria,** (*Müll.*)
    · Eastern Blue Rock-Thrush ....いそひよどり.

13. **Cinclus pallasi,** *T.*
　　Siberian Black-bellied Dipper.......................かはがらす.

14. **Accentor montanellus,** *(Pall.)*
　　?..?

15. —— **rubidus,** *(T. & S.)*
　　Japanese Hedge-Sparrow.........................かやくとり、もほざとい.

16. **Pratincola maura,** *(Pall.)*
　　Siberian Stonechat ....のびたぎ、こあがり.

17. **Ruticilla aurorea,** *(Gm.)*
　　Daurian Redstart............... ．.................じやうびたぎ.

18. **Tarsiger cyanurus,** *(Pall.)*
　　Siberian Blue-tail...るりびたぎ.

19. **Niltava cyanomelæna,** *(T.)*
　　Japanese Blue Flycatcher. ....もほるり.

20. **Siphia luteola,** *(Pall.)*
　　Mugimaki Flycatcher................. ．...............こつばめ、むぎまき.

21. **Xanthopygia narcissina,** *(T.)*
　　Narcissus Flycatcher....................................きびたぎ.

22. **Muscicapa sibirica,** *Gm.*
　　Siberian Flycatcher.....................................さめびたぎ.

23. —— **latirostris** *Raffles.*
　　Brown Flycatcher...... ....こさめびたき.

Subfamily *CRATEROPODINÆ,*

24. **Hypsipetes amaurotis,** *(T.)*
　　Brown-eared Bwlbul ....ひよどり.

25. **Zosterops japonica,** *T. & S.*
　　Japanese White-eye...................................めじろ.

Subfamily *SYLVINÆ*

26. **Phylloscopus coronatus,** *(T. & S.)*
　　Temminck's Crowned Willow-Warbler...........せんだいむしくい.

27. **Phylloscopus xanthodryas,** *Sw.*
Swinhoe's Willow-Warbler.....................め ぼ そ.

28. ——— **tenellipes,** *Sw.*
Pale-lgged Willow-Warbler.....................え ぜ む し く い.

29. **Acrocephalus orientalis,** (*T. & S.*)
Chinese Great Reed Warbler.............. ....お ほ よ し き り, よ し は ら
す と め.

30. ——— **bistrigiceps,** *Sw.*
Shrenck's Reed-Warbler ....こ よ し き り.

31. **Locustella fasciolata,** (*Gray*)
Gray's Grasshopper-Warbler ....え ぜ せ ん に う.

32. ——— **ochotensis,** (*Midd.*)
Middendorf's Grosshopper-Warbler.............し ま せ ん に う.

32. **Cettia squamiceps,** (*Sw.*)
Swinhoe's Bush-Warbler....... . ...し を さ と い, や ぶ さ め.

33. ——— **cantans,** (*T. & S.*)
Large Japanese Bush-Warbler.....................う ぐ ひ す.

34. ——— **cantillans,** (*T. & S.*)
Small Japanese Bush-Warbler.....................こ う ぐ ひ す.

Subfamily *PARINÆ.*

35. **Regulus cristatus orientalis,** *Seeb.*
Eastern Goldcrest.....................き く い た と き.

36. **Parus palustris japonicus,** *Seeb.*
Japanese Marsh-Tit.....................こ が ら.

37. ——— **ater pekinensis,** *Seeb.*
Eastern Cole-Tit......:.....................ひ が ら.

38. ——— **atriceps minor,** (*T. & S.*)
Manchurian Great-Tit.....................し い う か ら.

39. ——— **varius,** *T. & S.*
Japanese. Tit.....................や ま が ら.

40. **Acredula caudata,** (*L.*)
Continental Long-tailed Tit............. ....し ま え な が.

41. **Troglodytes fumigatus,** *T.*
Japanese Wren...... ....みそさゞい.

42. **Certhia familiaris,** *L.*
Common Creeper..... ....きばしり.

43. **Sitta cæsia amurensis,** (*Sw.*)
Daurian Nuthatch. ....きまは り,ごぢうから.

44. —— —— **uralensis,** (*Licht.*)
Siberian Nuthatch....................................しろはらきまはり.

45. —— —— **albifrons,** (*Tucz.*)
Kamtschatkan Nuthatch............. ....しろびたいきまはり.

Subfamily *CORVINÆ.*

46. **Corvus corax,** *L.*
Raven . ...わたりがらす.

47. —— **macrorhynchus japonensis,** (*Bp.*)
Japanese Oriental Raven ....はしぶとからす.

48. —— **corone,** *L.*
Carion-Crow ....はしぼそからす.

49. —— **dauricus,** *Pall.*
Pallas' Jackdaw...............................こくまるがらす.

50. **Nucifraga caryocatactes,** (*L.*)
Nutcracker ....はしがらす,だけがらす.

51. **Garrulus brandti,** *Eversm.*
Brandt's Jay...............................みやまかけす.

Subfamily *LANIINÆ.*

52. **Lanius major,** *Pall.*
Pallas' Grey Shrike ....おほもず.

53. —— **superciliosus,** *Lath.*
Japanese Red-tailed Shrike ... ...あかもず.

54. —— **bucephalus,** *T. & S.*
Bull-headed Shrike ....もず.

Subfamily *STURNINÆ.*

55. **Sturnus cineraceus,** *T.*
    Grey Starling ....ひくどり.

56. **Sturnia pirrhogenys,** (*T. & S.*)
    Red-checked Starling ....こびく,しまひくどり.

57. **Ampelis garrulus,** *L.*
    Bohemian Waxwing ....きれんじやく.

58. —— **japonicus,** *Sieb.*
    Japanese Waxwing ....ひれんじやく.

Subfamily *MOTACILLINÆ.*

59. **Motacilla lugens,** *Kittl.*
    Kamtschatkan Wagtail . ...うすとみせきれい,はく
    せきれい.

60. —— **japonica,** *Sw.*
    Japanese Wagtail ....せぐろせきれい.

61. —— **boarula melanope,** (*Pall.*)
    Eastern Grey Wagtail ....きせきれい.

62. **Anthus maculatus,** *Hodgs.*
    Eastern Tree-Pipit ....びんずい,きひばり.

63. —— **spinoletta japonicus,** (*T. & S.*)
    Japanese Alpine Pipit .... たひばり.

64. —— **cervinus,** (*Pall.*)
    Red-throated Pipit ....ひねあかたひばり.

Subfamily *ALAUDINÆ.*

65. **Alauda arvensis pekinensis,** *Sw.*
    Large Japanese Sky-Lark.......................ちしまひばり.

66. —— —— **japonica,** (*T. & S.*)
    Small Japanese Sky-Lark ....ひばり.

Subfamily *FRINGILLINÆ.*

67. **Coccothraustes vulgaris,** *Pall.*
    Common Fawfink...しめ.

68. ―――― **personatus,** *T. & S.*
Japanese Hawfink ....いかる,まめまはし.

69. **Loxia curvirostra,** *L.*
Common Crossbill..いすか.

70. **Pinicola enucleator,** (*L.*)
Pine-Grosbeak ....ぎんざんましこ.

71. **Carpodacus roseus,** (*Pall.*)
Rose-Fink..おほましこ.

72. ―――― **sanguinolentus,** (*T. & S.*)
Japanese Rose-Fink ....べにましこ,さるましこ.

73. ―――― **erythrinus,** (*Pall.*)
Scarlet Rose-Fink..あかましこ.

74. **Fringilla spinus,** *L.*
Siskin ....まひわ.

75. ―――― **linaria,** *L.*
Mealy Redpole..べにひわ.

76. ―――― **montifringilla,** *L.*
Brambling .... あとり.

77. ―――― **sinica,** *L.*
Chinese Greenfink............................... ....かはらひわ.

78. ―――― **kawarahiba,** *T.*
Japanese Greenfink. ....おほかはらひわ.

79. **Montifringilla brunneinucha,** (*Brandt.*)
Japanese Snowfink.......... ....はぎましこ.

80. **Pyrrhula griseiventris,** *Lafres.*
Oriental Bullfink ....うそ,にほひうそ.

81. ―――― **rosacea,** (*Secb.*)
Rosy Oriental Bullfink ....てりうそ,あかうそ.

82. **Passer montanus,** (*L.*)
Tree-Sparrow ....すゞめ.

83. ―――― **rutilans,** (*T.*)
Russet Sparrow......... ....にうないすゞめ.

84. **Emberiza ciopsis,** *Bp.*
Bonaparte's Japanese Bunting. ....ほ ゝ じ ろ.

85. —— **yessoensis,** *Sw.*
Swinhoe's Japanese Bunting............. ....な べ か ひ り, こ じ ゆ り ん.

86. —— **schœniclus palustris,** (*Savi.*)
Eastern Reed Bunting..............................を ほ じ ゆ り ん.

87. '—— **rustica** *Pall.*
Rustic Bunting.................................. .か し ら だ か.

88. —— **fuscata,** *Pall.*
Grey-headed Bunting.... .... ほ ゝ あ か.

89. —— **personata,** *T.*
Temminck's Japanese Bunting............. ... あ を じ.

90. —— **elegans,** *T.*
Temminck's Yellow-browed Bunting . ... み や ま ほ ゝ じ ろ.

91. —— **rutila,** *Pall.*
Rubby Bunting..................................

92. —— **aureola,** *Pall.*
Yellow-breasted Bunting....................し ま あ を じ.

93. —— **variabilis,** *T.*
Grey Bunting ....く ろ じ.

94. —— **nivalis,** *L.*
Snow Bunting...... ....ゆ き ほ ゝ じ ろ.

95. —— **leucocephala,** *Gm.* (?)
White-headed Bunting.........................し ろ あ た ま ほ ゝ じ ろ.

Subfamily *HIRUNDININÆ.*

96. **Hirundo rustica gutturalis,** (*Scop.*)
Eastern Chimney-Swallow.....................つ ば め, つ ば く ろ.

97. —— **javanica namyei,** (*Stejn.*)
Loochoo Bungalow-Swallow............. ....り う き う つ ば め.

98. **Chelidon dasypus,** *Bp.*
Black-chinned Martin...........................い は ま き つ ば め, い は つ
ば め.

99. **Cotyle riparia,** (*L.*)

Sand-Martin ....すなむぐりつばめ,しや
　　　　　　　　　　　　　　　　　うどうつばめ.

Suborder SCANSORES.

100. **Gecinus canus,** (*Gm.*)

Grey-headed Green Woodpecker............ ..やまげら.

101. **Picus martius,** *L.*

Great Black Woodpecker ....くまげら.

102. ———— **leuconotus,** *Bechst.*

White-backed Woodpecker.......................えぞとほあがげら.

103. ———— **major japonicus,** (*Seeb.*)

Japanese Great Spotted-Woodpecker.............あがげら.

104. ———— **minor,** *L.*

Lesser Spotted-Woodpecker............... ... .こあがげら.

105. **Iyngipicus kizuki seebohmi,** *Harg.*

Hargitt's Pygmy Woodpecker.............. ......こげら.

106. **Iynx torquilla,** (*L.*)

Wryneck ....ありすい,ゐほありすい.

Suborder UPUPÆ.

107. **Upupa epops,** *L.*

Hoopœ ....やつがしら.

Order COLUMBÆ.

Suborder COLUMBÆ.

108. **Turtur orientalis,** (*Lath.*)

Eastern Turtle-Dove............... ....きじばと.

109. **Treron sieboldi,** (*T.*)

Japanese Green Pigeon............................あをばと.

Order COCCYGES.

Suborder CUCULI.

110. **Cuculus canorus,** *L.*

Common Cuckoo.................................かつこう,ゐほむしくい.

111. **Cuculus intermedius,** *Vahl.*
Himalayan Cuckoo..つ ヽ ど り，ぼ ん ぼ ん と り・

112. —— **poliocephalus,** *Lath.*
Little Cuckoo..ほ と ヽ ぎ す・

113. —— **hyperythrus,** *Gld.*
Amoor Cuckoo.. じ う い ち，ぢ し ん て う・

Subclass CORACIIFOMES.

Order PICARIÆ.

Suborder HALCYONES.

114. **Halcyon coromanda,** *(Lath.)*
Ruddy Kingfisher............................... ・ み や ま し や う び ん，あ か
し や う び ん・

115. **Alcedo ispida bengalensis,** *(Gm.)*
Eastern Common Kingfisher....................か は せ み，し や う び ん・

116. **Ceryle guttata,** *(Vigors.)*
Oriental Spotted Kingfisher ....か は て ふ，や ま せ み・

Suborder CORACIÆ.

117. **Cypselus pacificus,** *(Lath.)*
White-rumped Swift.................. ....な い り つ ば め，あ ま つ ば
め・

118. **Chætura caudacuta,** *(Lath.)*
Needle-tailed Swift...................... ....は り を あ ま つ ば め・

119. **Caprimulgus jotaka,** *(T. & S.)*
Japanese Goatsucker...... ....よ た か，か す ひ ど り・

Subclass FALCONIFORMES.

Order RAPTORES.

Suborder STRIGES.

120. **Bubo blakistoni,** *Seeb.*
Blakiston's Eagle-owl............................... ..し ま ふ く ろ・

121. **Surnia nyctea**, (*L*.)
Snowy Owl................................しろふくろ.

122. **Nyctale funerea**, (*Bp*.)
Tengmalm's Owl................................きんめふくろ.

123. **Strix uralensis**, *Pall*.
Ural Owl................................ふくろふ.

124. ―― **otus**, *L*.
Long-eared Owl................................とらふづく.

125. ―― **brachyotus**, *Forst*.
Short-eared Owl................................こみゝづく.

126. **Ninox scutulata**, (*Raffles*.)
Brown Owlet................................あをばづく.

127. **Scops semitorques**, (*T. & S*.)
Feathered-toed Scops Owl................................おほこのはづく.

128. ―― **scops**, (*L*.)
Scops Owl................................このはづく、かきづく.

Suborder ACCIPITRES.

129. **Falco peregrinus**, *Tunst*.
Peregrine Falcon................................はやぶさ.

130. ―― **subbuteo**, *L*.
Hobby................................ちごはやぶさ.

131. ―― **æsalon**, *Tunst*.
Merlin................................こちやうげんぼう.

132. **Pandion haliætus**, (*L*.)
Osprey................................みさご.

133. **Milvus ater melanotis**, (*T. & S*.)
Siberian Black Kite................................とび、とびゝ.

134. **Haliætus albicillus**, (*L*.)
White-tailed Eagle................................をじろわし.

135. ―― **pelagicus**, (*Pall*.)
Steller's Sea-eagle................................おほわし.

136. **Aquila lagopus, (*Gm.*)**
Rough-legged Buzzard-eagle.................. . ....けあしのすり・

137. **Spizætus nipalensis, (*Hdgs.*)**
Indian crested Eagle.............................くまたが・

138. **Buteo vulgaris, *Leach.***
Common Buzzard.............................. ....のすり・

139. **Circus cyaneus, (*L.*)**
Hen-Harrier...はいいろちうひ・

140. ―――― **æruginosus, *L.***
Marsh-Harrier ....ちうひ・

141. **Accipiter palumbarius, (*L.*)**
Goshawk ....おほたが・

142. ―――― **nisus, (*L.*)**
Common Sparrow-hawk.............................はいたか,(♀)このり・(♂)

143. ―――― **gularis, (*T. & S.*)**
Chinese Sparrow-hawk.......................つみ,(♀)えつさい・(♂)

Subclass **ANSERIFORMES.**

Order **PELECANO-HERODIONES.**

Suborder **STEGANOPODES.**

144. **Phalacrocorax capillatus, (*T. & S.*)**
Temminck's Cormorant...................... . ...しまつ・

145. ―――― **pelagicus, *Pall.***
Resplenden Shag...............................ひめう,うがらす・

146. ―――― **bicristatus, *Pall.***
Bare-faced Shag..................................ちしまうがらす・

Suborder **HERODIONES.**

147. **Ardea cinerea, *L.***
Heron ....あをさぎ,みどさぎ・

148. ―――― **alba modesta, (*J. E. Gray.*)**
. South-eastern Egret.................... ....こももじろ・

149. **Ardea garzetta,** *L.*
Little Egret.. しらさぎ、こさぎ、いつば
　　　　　　　　　　　　　　　　　　　　　　い.

150. **Nycticorax nycticorax,** *(L.)*
Night-heron ....せぐろごゐさぎ.

151. **Botaurus stellaris,** *(L.)*
Bittern ....さんかのごゐ.

152. ——— **sinensis,** *(Gm.)*
Oriental Little Bittern................................ よしごゐ、ぼんのうさぎ.

153. ——— **eurythma,** *(Sw.)*
Schrenck's Little Bittern................... ....あほよしごゐ.

Suborder **PLATALEÆ.**

154. **Ibis nippon,** *T.*
Japanese Crested Ibis................................とき.

Order **LAMELLIROSTRES.**

Suborder **ANSERES.**

155. **Cygnus musicus,** *Bechst.*
Hopper Swan..おほはくてう.

156. **Anser cygnoides,** *Gm.*
Chinese Goose... ....さかつらがん.

157. ——— **segetum serrirostris,** *Sw.*
Eastern Bean-Goose............................ ....ひしくい、ぬまたろう.

158. ——— **albifrons,** *(Scop.)*
White-fronted Goose....................................かりがね、まがん.

159. ——— **minutus,** *Naum.*
Lesser White-fronted Goose ....こかりがね.

160. ——— **hyperboreus,** *Pall.*
Snow-Goose ....はくがん.

161. ——— **hutchinsi,** *Swains. & Rich.*
Hutchins Bernacle Goose ....しゞうからがん.

162. **Anas clypeata,** *L.*
Shoveller ....は し び ろ が も, く ち が も.

163. ——— **boschas,** *L.*
Mallard..ま が も.

164. ——— **zonorhyncha,** *Sw.*
Dusky Mallard.. ....か る が も.

165. ——— **crecca,** *L.*
Common Teal..こ が も.

166. ——— **falcata,** *Georgi.*
Falcated Teal..よ し が も.

167. ——— **acuta,** *L.*
Pintail..を な が が も.

168. ——— **penelope,** *L.*
Widgeon..ひ ど り が も.

169. ——— **galericulata,** *L.*
Mandarin Duck..を し ど り.

170. **Fuligula americana,** (*Swains. & Richards.*)
American Black Scoter....................................く ろ が も.

171. ——— **fusca stejnegeri,** (*Ridgway.*)
Velvet Scoter..び ろ う ど き ん く ろ.

172. ——— **glacialis,** (*L.*)
Long-tailed Duck..こ ほ り が も.

173. ——— **clangula,** (*L.*)
Golden-Eye..ほ ほ じ ろ が も.

174. ——— **histrionica,** (*L.*)
Harlequin Duck ....し の り が も, を き の げん
て う.

175. ——— **baeri,** (*Radde.*)
Siberian White-eyed Duck............................あ か は じ ろ, ひ す い が も.

176. ——— **ferina,** (*L.*)
Pochard.. . .....ほ し は じ ろ.

177. ——— **cristata,** (*Leach.*)
Tufted Duck..き ん く ろ は じ ろ.

178. **Fuligula marila**, (*L.*)
　　Scaup..すずがも, なきはじろ.

179. **Somateria spectabilis**, (*L.*)
　　King Eider..けわたがも.

180. **Mergus merganser**, *L.*
　　Goosander ....かはあいさ.

181. —— **serrator**, *L.*
　　Red-breasted Merganser .... うみあいさ.

182. —— **albellus**, *L.*
　　Smew ....みこあいさ.

Subclass GALLIFORMES.

Order TUBINARES.

183. **Diomedea albatrus**, *Pall.*
　　Steller's Albatross ....あほうどり.

184. —— **derogata**, *Sw.*
　　Swinhoe's Albatross............................... ..くろあほうどり.

185. **Puffinus leucomelas**, (*T.*)
　　Siebold's Shearwater.............................おほみづなぎどり.

186. —— **griseus**, (*Gm.*)
　　Sooty Shearwater ....はいいろみづなぎとり.

187. **Procellaria leachi**, *T.*
　　Leach's Fork-tailed Petrel............... ....こしじろうみつばめ.

188. —— **furcata**, *Gm.*
　　Grey Fork-tailed Petrel ....はいいろうみつばめ.

Order GALLO-GRALLÆ.

Suborder GAVIÆ.

189. **Alca troile**, (*L.*)
　　Guillemot ....うみがらす.

190. —— **carbo**, (*Pall.*)
　　Sooty Guillemot....................................けいまふり.

191. **Alca antiqua,** *Gm.*
Bering's Guillemot......................................うみすずめ.

192. ———— **wumisuzume,** *T.*
Temminck's Guillemot...........................かんむりうみすずめ.

193. **Fratercula cirrhata,** (*Pall.*)
Tufted Puffin..えとびりか.

194. ———— **monocerata,** (*Pall.*)
Horn-billed Puffin................................うとう,ぜんちてう.

195. ———— **cristatella,** (*Pall.*)
Crested Puffin...............................えとろぶうみすずめ.

196. ———— **pygmæa,** (*Gm.*)
Whiskered Puffin.............................しらひげうみすすめ.

197. ———— **pusilla,** (*Pall.*)
Least Puffin..こうみすずめ.

198. **Stercorarius pomarinus,** (*T.*)
Pomarine Skua....................................とうぞくかもめ.

199. **Larus glaucus,** *Brün.*
Glaucous Gull...しろかもめ.

200. ———— **glaucescens,** *Naum.*
Glaucous-winged Gull.........................わしかもめ.

201. ———— **marinus schistisagus,** (*Stejn.*)
Eastern Great Black-backed Gull......... おほせぐろかもめ.

202. ———— **cachinnans,** *Pall.*
Pallas's Herring-gull.........................せぐろかもめ.

203. ———— **crassirostis,** *Vieill.*
Temminck's Gull ....うみねこ.

304. ———— **canus,** *L.*
Common Gull..かもめ.

205. ———— **tridactylus,** *L.*
Kittiwake ....みつゆびかもめ.

206. ———— **ridibundus,** *L.*
Black-headed Gull ....ゆりかもめ.

207. **Larus saundersi,** (*Sw.*)............................ ....づぐろかもめ.

Suborder **LIMICOLÆ.**

208. **Charadrius fulvus,** *Gm.*
Asiatic Golden Plover..............................むなぐろ、あいぐろ.

209.ˑ ——— **helveticus,** (*L.*)
Grey Plover..だいぜん.

210. ——— **minor,** *Walf. & Meyer*
Little Ringed Plover................... ....こちどり、こじゅん.

211. ——— **placidus,** Gray.
Hodgson's Ringed Plover ....いかるちどり、もほじゅ
ん、くびたまちどり.

212. ——— **monglicus,** *Pall.*
Mongolian Sand-Plover ....めだいちどり.

213. **Vanellus cristatus,** *Walf. & Meyer.*
Common Lapwing...............................たげり、なべけり.

214. **Hæmatopus osculans,** *Sw.*
Japanese Oystercatcher............. ....みやこどり.

215. **Numenius arquatus lineatus,** *Cuv.*
Common Curlew................................. ......だいしやくしぎ.

216. ——— **cyanopus,** *Vieill.*
Australian Curlew...................................ほうろくしぎ.

217. **Phalaropus fulicarius,** (*L.*)
Grey Phalarope.....................................はいいろひれあししぎ.

218. ——— **hyperboreus,** (*L.*)
Red-necked Phalarope..............................あかゑりひれあししぎ.

219. **Totanus fuscus,** (*L.*)
Dusky Red-shank..................................つるしぎ.

220. ——— **glottis,** (*L.*)
Grenshank..あをあししぎ、をじろし
ぎ.

221. ——— **stagnatilis,** *Bechst.*
Marsh-sandpiper ....こあをあししぎ.

222. **Totanus incanus**, (*Gm.*)
Asiatic Wandering Tattler......................きあししぎ,うすずみしぎ.

223. —— **glareola**, (*L.*)
Wood-Sandpiper ....たかぶしぎ.

224. —— **ochropus**, (*L*)
Green Sandpiper......................くさしぎ,こがねつき.

225. —— **terekius**, (*Lath*).
Terek Sandpiper......................そりはししぎ.

226. —— **hypoleucus**, (*L.*)
Common Sandpiper......................いそしぎ,ひしばみ.

227. —— **pugnax**, (*L.*)
Ruff ....ありまきしぎ.

228. **Limosa rufa uropygialis**, (*Gld.*)
Eastern Bar-tailed Godwit......................をほそりはししぎ.

229. —— **melanura melanuroides**, (*Gld.*)
Eastern Black-tailed Godwit......................とぐろしぎ.

230. **Strepsilas interpres**, (*L.*)
Turnstone ....きやうじよしぎ.

231. **Tringa crassirostris**, *T. & S.*
Japanese Knot......................とばしぎ.

232. —— **alpina pacifica**, (*Cones.*)
Pacific Dunlin......................はましぎ,はしなが.

233. —— **arenaria**, *L.*
Sanderling......................みゆびしぎ.

234. —— **minuta**, *Leisl.*
Little Stint......................とうねん.

235. —— **pygmæa**, (*L.*)
Spoon-billed Sandpiper......................へらしぎ.

236. —— **acuminata**, (*Horsf.*)
Siberian Pectoral Sandpiper......................うづらしぎ,さるしぎ.

237. **Scolopax australis**, *Lath.*
Latham's Snipe......................をほぢしぎ.

238. **Scolopax soitaria,** (*Hodgs.*)
Japanese Solitary Snipe .... あ を し ぎ.

239. —— **megala,** (*Sw.*)
Swinhoe's Snipe .... ち う ぢ し ぎ.

240. —— **gallinago,** *L.*
Common Snipe .... ぢ し ぎ、た し ぎ.

241. —— **rusticola,** *L.*
Wood-cock .... や ま し ぎ、ぼ と し ぎ.

Suborder GRALLÆ,

242. **Grus japonensis,** (*Müll.*)
Sacred Crane........................... た ん て う.

243. —— **leucauchen,** *T.*
White-naped Crane........................... ま な づ る.

244. —— **virgo,** *L.*
Demoiselle Crane........................... あ ね は づ る.

Suborder FULICARIÆ.

245. **Otis dybowskii,** *Tacz.*
Eastern Great Bustard .... の が ん.

246. **Crex fusca erythrothorax,** (*T. & S.*)
Siberian Ruddy Crake .... ひ く ひ な、な つ く ひ な.

247. **Rallus aquaticus indicus,** (*Blyth.*)
Eastern Water-rail........................... く ひ な、ふ ゆ く ひ な.

248. **Fulica atra,** *L.*
Common Coot........................... お ほ ば ん.

249. **Gallinula chloropus,** (*L.*)
Water-hen........................... ば ん.

Suborder PYGOPODES.

250. **Colymbus adamsi,** *Gray.*
White-billed Diver........................... は し じ ろ あ び.

251. **Colymbus arcticus,** *L.*

   Black-throated Diver..............................あ ほ は び・

252. ——— **septentrionalis,** *L.*

   Red-throated Diver ....あ び・

253. **Podiceps rubricollis major,** *T. & S.*

   Eastern Red-necked Grebe..............................あ か ゑ り か い つ び り・

254. ——— **nigricollis,** *Brehm.*

   Black-necked Grebe..............................は じ ろ か い つ び り・

255. ——— **cornutus,** *(Gm.)*

   Sclavonian Grebe..............................み み か い つ び り・

256. ——— **minor,** *(Gm.)*

   Little Grebe ....か い つ び り, び ぐ り・

Suborder **GALLINÆ.**

257. **Tetrao mutus,** *Montin.*

   Common Ptarmigan..............................ら い て う・

258. ——— **bonasia,** *L.*

   Hazel-grouse ....ゑ ぞ や ま ど り, ゑ ぞ ら い
   て う・

259. **Coturnix communis,** *Bonn.*

   Common Quail ....う づ ら・

260. ——— ——— **japonica,** *Sceb.*

   Eastern Common Quail..............................あ か の ど う づ ら・

———(THE END)———

チャシ即ち蝦夷の砦

河野常吉

（第二圖版）

CHASHI OR FORTRESSES OF THE AINU.

BY

T. KŌNO.

(With Plate II.)

北海道に於ける人類學上の遺跡中、顯著なるものを、竪穴及びチャシとなす。而して竪穴に就ては、従來研究したる人、記述したる書類少なからざれとも、チャシに就ては松浦竹四郎氏の東蝦夷日誌、其他同氏の日誌類、永田正方氏の北海道蝦夷語地名解、其外數種の書籍中に僅に散見するに過ぎず。而も其記述甚だ簡略にして、チャシなる者の形狀性質を知るに足らず。彼の坪井博士の如きも、亦チャシに就ては多く說く所なし。蓋しチャシは從來、多くアイヌの地名によりて、知られたるものにして、實際之を調査したる人稀なるのみならず、廣く亘りて調査したる人なければ、未だ完全に研究せられずと云ふも可なり。是れ予が茲に予の研究せる大略を述べんと欲する所以なり。

チャシの定義

チャシは、蝦夷語即ちアイヌ語にして、一地域に人の容易に入る能はざるやう、四方を圍ひたるを云ふ。ジョン、バチェラー氏のア

[Trans. Sapporo Nat. Hist. Soc., Vol. I. 1905.]

イヌ英和辭典には、圍、坍、城と譯せり。故にアイヌは濱、壘、崖等
を以て圍めたる砦の如きものをもチャシと云へば、又土壘、木栅等
を以て圍めたる牧場の如きものをもチャシと稱するなり。而して
北海道の人類學的遺跡として、此處に謂ふ所のチャシは、古昔の砦
(又城、塞、館、堡、壘等と譯す)にして、今日普通チャシコツ(砦趾)と稱す
るものなり。又其大小其他狀況によりて、ポロチャシ(大砦)、ポンチャ
シ(小砦)、キムンチャシ(山砦)、ウェンチャシ(惡砦)、ライチャシ(廢砦)、ウフ
イチャシ(燒砦)等の名を以て呼ばるるものあり。但しカムイチャシ(神
砦)と稱するものの如きは、槪ね一種の迷信より、命名せるものなれ
ば、其人の遺跡なる證あるものの外は、此處に謂ふ所のチャシの内
には、加へざるものとす。

チャシの分布

　チャシは、北海道本地(千島を除きたる北海道)を中心として、南
は奧羽地方の北部、北は千島列島の大部分に存在す。

　陸奥國のチャシに就ては、明治二十年東京人類學會報告第十二
號に、佐藤蒿氏の北津輕郡高野村に於ける狄館(イヌタテ)の記事あり。
又明治二十三年同學會雜誌第五十一號に、佐藤重紀氏の上北郡竪
穴の記事中、同郡蛇澤、及び中志の堡の事を載せたり、今之を摘錄
すれば下の如し。

　　北津輕郡高野村狄館(佐藤蒿氏)。弘前の東北凡そ五里、小高き丘にあ
り。内外兩廓あり、各〻溝洫を圍らし、外廓は縱橫各〻二町餘、内廓は一町
餘なり。土器凡そ百片、雷斧二個を拾へり。

　　上北郡蛇澤村に在るもの(佐藤重紀氏)。髙さ五六間の丘岬にあり。
丘上東四三十間、南北二十間許、不規則なる弧三角形かたなし、一方は澗を以
て限り、三方は溪澤に臨み、其中腰に當りて一帶の階段幅五六尺のものを
折囘し、兩端共に澗に合す、宛然小砦なり。廓内竪穴の數二十二個ありて、
大なる穴中央に位す、又附近にも竪穴あり、廓内段構の跡なかりしが、粗末
なる貝塚土器の破片二三個を拾ひ得たり。

　　上北郡中志蝦夷館(佐藤重紀氏)。丘陵の鼻端髙さ二十丈許、丘上廓を
一方に限り一區を劃すること蛇澤に同じ、唯中腰に段を設けざる差ある
のみ。廓内東四二十五間、南北十四間、穴の數五、貝塚土器の小破片あり。

此地方俗殿夷館、又は館址と稱する處、踏處にあり。昔丘上に沿ふて一區を構へ、周を廻らし段々を設く、其內容は、銑澤、中志の遺跡の如くにして、唯異なるは竪穴の有無のみ。

蓋し兩氏は、北海道に於けるチャシなるものを知らず、單に其地方に於ける遺跡を、報したるに過ぎすと雖も、其記事によりて觀れば、其遺跡は、北海道のチャシと全く同一にして、陸奧地方には其遺跡少なからざるを知るべし。羽後國にも之に似寄りたる遺跡ありとの談話を、聞きたることあるも詳かならず、奧羽地方は尙一段の調査を要すべきものとす。

北海道本地には、チャシの數甚だ多し。今其地名に存する所のもの、並に地名に存せざるも、明にチャシと認むべきものを下に擧げん。但し引用書籍は之を記するも、同一のチャシにして數種の書籍に載するものは、煩を厭ふて其著遠年月の古きもののみを記するに止む。又書籍に見えずして談話に聞きたるものは談話者の氏名を記し、書籍にも見えず談話にも聞きたることなくして、予の見出したるものは予の名を記す。

渡 島 國

函館區函館山の殿夷館（萬國）。北海道殿夷語地名解（以後單に殿夷語地名解と記す）にはチャシコツと記す。其形今滅して存在せず。

檜山郡江差町殿夷館（再獻殿夷日記）。同日記に曰く、此處土居瞭今に歷然たり。以前は夷人の首長住せし由申傳へり。古墓並に矢根石、雷斧石、勾璁砧等を掘得ること多しと。殿夷語地名解にはチャシコツと記す。町の北部にあり。

後 志 國

奧尻郡赤石村チャシ（再獻殿夷日誌）。殿夷語地名解には、住時アイヌの砦なりしが、寛德三年武田信廣此處に渡海し、當時居住せりと云ふよしを記す。

瀨棚郡利別村利別川左岸（東殿夷日誌）。同日誌に曰く、チャシウンナイ、此處城跡あり。是は太古神か築きし由にて、諸より土器の破れ、勾玉、瑪瑙の礫石等出るなりと、其遺物より察すれば人の造りしものならん。

島牧郡江泥邊村チャシ（殿夷語地名解）。

岩內郡關株村チャシコツ（四殿夷日誌）。

　　陵丹郡余別村チャシコツ（同上）。

　　余市郡余市町余市川左岸（河野常吉）。今畑として畑となるも濠及び中
段等の形を存す。津輕一統志に、奥市状乙名チフフケ入右衞門、家四十軒、
居城ありと云ふもの、是れ歟。

石　狩　國

　　樺戸郡新十津川村トック川筋チャシコツ（蝦夷語地名解）。

　　雨龍郡深川村納内石狩川右岸（小林運平氏）。砦の内外に竪穴あり石
器、貝殻土器片等多し。

　　上川郡神居村石狩川左側チャシコツ（蝦夷語地名解）。神居古潭藍峽
の入口の處にあり。

　　上川郡鷹栖村石狩川右側チャシコツ（同上）。此砦は前記の砦と石狩
川を隔て相對す。

　　上川郡忠別川右岸チャシコツ（東西蝦夷山川地理取調圖）。

膽　振　國

　　虻田郡禮文華村海岸（東蝦夷日誌）。同日誌に曰く、チャシナイ（砦川の
義）、上に昔の酋長の城と云ふものあり。近頃洛若にて壘上げたる井戶
もありしが、今埋れてなし。三面は絕壁になりて、一方山根に續き、頗る要
害の地なりと。北海道輿算測圖には、此處の地名をチャスと記す。

　　虻田郡辨邊村チャシ（同上）。

　　虻田郡辨邊村虻田村境チャシナイ川の傍（同上）。虻田舊土人曰く、往
古アイヌの城跡なりと。

　　有珠郡有珠村ポンチャシコツ（虻田舊土人明石和歌助）。

　·　有珠郡有珠村ポロチャシコツ（同上）。有珠舊土人某曰く、祖先の造り
ししものなりと。

　　有珠郡伊達村四枚籠タア山（河野常吉）。今証地となるも、規模の大な
る砦跡依然たり。

　　室蘭郡室蘭町北岸シットク岬の西方にある小岬（同上）。給餉の舊土
人オピシテアル曰く、室蘭にある三個のチャンは、アイヌの祖先の造りた
るものなりと。

　　室蘭郡室蘭町北岸市街の東方チャシコツ（蝦夷語地名解）。同書に曰
く、土人云ふ、昔ホッケ魚の骨を用ひて槍となし、此砦に據りて防戰したり
と。

　　室蘭郡室蘭町北岸ウェンチャシ（同上）。

　　白老郡白老村チャシコツ（同上）。

　　勇拂郡厚眞村ライチャシ（東蝦夷日誌）。

　　勇拂郡越川筋似灣と異探の間カムイチャシ（同上）。雷斧、石鏃等を出

す由なれば、人造のチャシならん。

千歳郡長都村カマカ(野村要三郎氏)。苔内開墾して畑となるも、周圍の濠は依然たり、千歳の舊土人(婦人)云ふ、コロボックルの遺跡なりと。

千歳郡蘭越村ベサのチャシコツ(夕張日誌)。同書に曰く、レコツ(千歳の舊例)の鴉大將の館なりと。

千歳郡島播舞村ロベツ川筋チャシコツ(蝦夷語地名解)。ロベツ川と千歳川の間の小丘にして、人作にあらずと記す、苔蹟なるや否やな知らず。

日 高 國

沙流郡佐瑠太村海岸ウェンチャシ(東蝦夷竊々夜話)。

沙流郡平賀村チャシコツ(東蝦夷日誌)。ナキクルミ(古英雄の名)の城跡なりと云ふ、石鏃等を出す。

沙流郡貫氣別村ヌカビラ川兩岸クムンチャシ(東西蝦夷山川地理取調圖)。クムンチャシとは陵の苔の跡なり。

沙流郡貫氣別村ヌカビラ川兩岸チャシコツ(同上)。

沙流郡門別村門別川筋チャシ(東蝦夷日誌)。

新冠郡高江村新冠川口四岸列官館(同上)。列官館とは、源義經なナキクルミの事跡に附會して、和人の呼べるものなり。北海道廳實測圖にはチャレコツと記す。

靜内郡下下方村染退川東岸チャシコツ(同上)。同書に此處シャアシャイン(寛文九年叛亂せし酋長)の居城なりしかと記す。

靜内郡椚別村椚別市街の裏山(河野常吉)。

靜内郡椚別川の東方(同上)。此苔は前記の苔の北方に在り、アザミ川を隔てて相對す。

三石郡鳷布村鳷布市街の裏山(同上)。

三石郡鳷布村ショツプ(東蝦夷日誌)。同書に曰く、三日月形の土手三つあり、其外に廓跡あり。内に穴居跡十八九並ぶ、雷斧、環鋸、鏃石、陶器の欠け多し。其邊一面に畑跡なりと。

三石郡幌毛村チャシコツ(同上)。同書に曰く、陶器片、鏃石多し、穴居跡ありと(穴居跡は苔内か苔外か詳かならず)。

三石郡鳧舞川口の丘陵(寛政三年蝦夷道中記)。蝦夷人の館を構へし跡ありと記す。未曾有之記には城跡とあり。

浦河郡井寒臺村チャレコツ(東蝦夷竊々夜話)。

浦河郡四含村幌別川筋キムンチャシ(東蝦夷日誌)。キムンチャシは山城の義なり。

浦河郡四含村幌別川筋タフイチャシ(同上)。寛文亂に燒打ちになりし跡なりと記す、如何にや。タフイは燒る義なり。之と同じ地名は膽振國千歳川筋にもあり。

十　勝　國

當縁郡大樹村歴舟川上流チヤシコツ(東蝦夷日誌)。同書に云ふ、方一町に二町許の土手、昔此邊の酋長が住せし處と云傳ふと。

當縁郡當縁村チナプレ沼の四(同上)。同書に曰く、大なる土手の如き物あり、昔列官樣(ナキタルエ)の館が化して此の如く成りしと、其上に隅た巻立しと云ふ、小山の如き物二つあり、案するに是佐古の土眞跡か。其邊穴居跡ありて土器、又雷斧、鏃石等を時々掘出せりと。

中川郡旅來村(河野常吉)。大津より帯廣に赴く途上、左方の丘陵に之を望む、砦内竪穴あり。在昔アイヌの酋長の居城にして、諸方の敵と兵を接へたりと古傳ふ。

中川郡安骨村(十勝日誌)。石器等出つと云ふ、村名は砦址あるによりて命す。

中川郡利別川筋ポンチヤシコツ(東西蝦夷山川地理取調圖)。

中川郡幕別村建別市街の四の高丘(河野常吉)。市街地より之を望めば、丘頂更に瘤の如く突起するを見る。今神社を置く、砦形依然として存す。

河東郡賀眞戈村オトプケ川右岸チヤシコツ(東西蝦夷山川地理取調圖)。

河西郡芽室村芽室太チヤシコツ(東蝦夷日誌)。石器を出す。

上川郡鼠足村十勝川沿岸チヤシコツ(十勝日誌)。同書に方百餘間と記す。

釧　路　國

足寄郡淕別村關牧場內(農學士關又一氏)。

白糠郡尺別村直別川支流アイタイベ(中村守重氏)。二個の砦址ありと、又其邊竪穴多しと云ふ。

白糠郡尺別村東部チヤシコタ(蝦夷語地名解)。

白糠郡白糠市街東部の眞(河野常吉)。白糠驛逓の裏手に當る丘岬に在りて、空濠あり、竪穴あり。

釧路郡釧路町齊會所裏チヤシコツ(東蝦夷日誌)。當地乙名の先祖、オニトムレの住せし處なりと古傳ふ。今其形を存せず、一方切崩せり。

釧路郡釧路町モレリヤのチヤシコツ(東蝦夷夜話)。久摺日誌にはポロチヤシコツと記す。當地乙名の先祖、ナニトムレの城跡なりと云ふ。東蝦夷夜話には、籠に二重の濠を繞らせるよしを記せども、今見えず(此チヤシは圖に示せり書照すべし)。

釧路郡釧路町ハルトリ沼の四岸チヤシコツ(東蝦夷日誌)。同書によれば、ナニトムレの子、トヨカラアイノ、此城を築き居住せしが、根室、厚岸、十勝三方より攻來り落城に及ぶと。

釧路郡釧路町カフラコイ(釧路郡役所某氏)。

釧路郡昆布森村マナ□ベクの丙チャシコツ(東蝦夷日誌)。

川上郡釧路川東岸フレコケウニチャシコツ(久摺日誌)。同書に云ふ、此處一の城跡あり、穴居跡多しと。

川上郡虹別村四別川筋ポンチャシコツ(東四蝦夷山川地理取調圖)。

厚岸郡眞龍村厚岸湖北四岸チャシコツ(東蝦夷日誌)。

厚岸郡厚岸町オソナイ山(河野常吉)。開墾して畑となるも、猶ほ後形を存す。

厚岸郡末廣村マピロ海岸の丘岬(同上)。稍々離れて十餘の堅穴あり。

厚岸郡後靜村アチャピラのチャシコツ(納紗布日誌)。稍々離れて一群の堅穴あり。

厚岸郡後靜村ウライコタン(河野常吉)。道路の傍の丘上にあり、营の內外に堅穴あり。

根 室 國

花咲郡沖根邊村シクタシ(納紗布日誌)。同書に曰く土壘跡ありて陶器、又矢帳石を出すと。

花咲郡婦羅理村チャシコツ(同上)。此堂より少し登りて、岬頭にチャシコツ(別地の後)あり、是れ亦常趾を存す。

花咲郡昆瑪珸村ナンネモトのチャシコツ(同上)。

花咲郡昆瑪珸村ウェンチャシ(同上)。同書に曰く、惡しき城と云へり、此方の大將頁けて逃去りしより減しと。

花咲郡昆瑪珸村トクサッポロの四チャシコツ(同上)。

花咲郡昆瑪珸村ナニオプの四チャシコツ(同上)。此處種々の土器出つと。

根室郡根室村の東部チャシコツ(東四蝦夷山川地理取調圖)。

野付郡別海村四別川筋チャシコツ(同上)。

野付郡茶志骨村チャシコツ。官敗あるにより村名を附す。

目梨郡忠類村忠類川筋チャシコツ(蝦夷語地名解)。

北 見 國

斜里郡遠音別村チャシコツ(蝦夷語地名解)。

網走郡美幌村ピポロ川東岸ウェンチャシ(東四蝦夷山川地理取調圖)。

網走郡達媚村チャシコツ(同上)。

網走郡嘈木禽村チャシコツ(同上)。久摺日誌に曰く、三町許の土手、恰も城廓の如し。是を問ふにトウロンカムイ(唐人神)の城跡なりと云ふ。又其邊に一丈五六尺位つつの穴多し、コロヨクンクルの家跡なりと。

常呂郡鐺沸村サロマ川の四岸チャシコツ(蝦夷語地名解)。

枝別郡添別村添別川筋エタケチャレコツ(同上)。傾ある砦の蹟なり。

枝別郡滑滑村滑滑川左岸チャシコツ(東西蝦夷山川地理取調圖)。

枝別郡蕙鷲村モベツ川口の四方ナウェンチャシ(同上)。

宗谷郡稚内村チャシコツ(蝦夷語地名解)。

天 鹽 國

留萠郡留萠村留萠原野の傍ポンチャシコツ(西蝦夷日誌)。

中川郡下名寄村天鹽川右岸チャレコツ(東西蝦夷山川地理取調圖)。
同圖並に北海道廳實測圖共にチャシコツナイと記す。

　以上北海道本地に在るチャシの數、總計九十、其内予の見ざる
もの過半を占むるを以て、或は實際チャシならざるものを含むやも
知るべからず。又此他にチャシなるべしと思はるる個處なきにあ
らざれども、誤謬を傳へんことを恐れて暫く之を略す。尚ほ精細
に調査せば、チャシの數は必ず大に增加するならんと信ず。

　千島列島小、南部の島には、チャシに關する數箇の地名あること
は、舊記によりて之を知りたるが、尚ほ予は明治三十三年、武藏艦
に便乘して、千島狀況調査のため巡回したる節、擇捉島に於て新に
三個のチャシを發見し、又同時同伴したる色丹アイヌ(北千島より轉
住せる者酋長ヤーコフ等に質問して、北部シャシコタン島に至る間
の島嶼中にも、チャシの存在するを知れり。千島國中チャシと思は
るる處下の如し。

　　色丹郡色丹島(色丹土人酋長ヤーコフ)。アナマ、トカリモイ、マスパの
三ヶ處に在り、何れも空濠を存すと云ふ。

　　國後郡國後嶋東沸村チャシコツ(蝦夷繪々夜話)。

　　國後郡國後嶋留夜別村ウェンチャシュー(三航蝦夷日記)。同書に日
く、城跡惡しきと云ふことかと。

　　國後郡國後嶋米戸賀村カムイチセ(同上)。同書に日く、神の城跡と云
ふなり、少しの土居殘りて今に在り。何人の築きしものなるやと、カムイ
チセは神の家の義なるも人造なるべしと推せらる、此外同村にはムレチ
ャシと云ふ地名あり。

　　國後郡國後嶋大瀧村チャシコツ(蝦夷志拾遺)。三航蝦夷日記によれ
ば、此外同村にはチャシカシと云ふ地名あり。

　　擇捉郡擇捉嶋內保村內保川右岸(河野常吉)。丘陵に在りて空濠を存

す、内保の部落より之を窺むべし。

　紗那郡捫褪崎早冠灣岸年廟聯達の傍（同上）。小砂丘の周圍に空濠の蹟を存す。附近に竪穴あり。

　紗那郡紗那村紗那市街紗那支廳の裏（同上）。低き丘上にあり。稍々其形を損したるも、尚ほ明に稜形を見る。

　新知郡ウンレリ崎（色丹土人酋長ヤーコフ）。以下四ケ處皆空濠の蹟を存すと云ふ。

　新知郡フショワ崎チャレコツ（同上）。此處チャレコツを以て地名とす。

　占守郡レャレコタン崎（同上）。

　占守郡オンネコタン崎（同上）。

幌莚、占守の二島には數處上陸せるも、予はチャシの遺跡を見ざりき。ヤーコフ等に質問するも、古戰場の跡はあれども、チャシはオンネコタン島を限りとし、其以北の諸島には絕えて之なしと云へり。但し幌莚島の南部、ペットボ沼とシーペットボ沼との間に、チルラトイなるものあり。チルラは運ぶ義、トイは土の義にて、卑濕の地に土を運び、長約三町、幅約二町、高約一丈程に築きたるものなり。比較的大工事にして、要害のため築きたるかと思はるれども、此處には暫くチャシの內に算入せず。

樺太島には、其南西岸、ノトロ岬と白主との間、グイと云へる地の山の裾に、トイチャシ（又はチャシ）と稱するものあり。土砦と云ふ義にして、方形をなし。其幅五六十間、三面に堤を築き、堤下に空濠を穿つ。砦內を掘るときは種々の土器出づると云ふ。而して砦の來歷に就ては、蝦夷草紙後篇には、蝦夷の申傳へは往古日本の軍勢籠城したる跡なりと云ふと記し、北夷談には、老夷に尋ねるも何者の造りたるやを知る者なし、一老夷は昔胡人の作る所と言傳ふと云ふよしを記し、北蝦夷圖說には、何者の造る所にや知るべからずと記し、再航蝦夷日誌には、小人島の城跡なりと云へりと記せり。然れども此砦は、北海道に普通存在する所のチャシと稍々異る點なきにあらず。假令同種類のものとするも、同島には此他に絕えてチャシあることを聞かざれば、此處には樺太島を、チャシ分布區

域以外に置き、更に他日の調査を待つこととすべし。

チャシの位置及ひ大さ

チャシは如何なる地に設くるや、之を細説すれば多様に渉ると雖も、之を概括すれば、普通海又は湖泊、又は河川に近き丘岬、若くは丘陵の頂にして、其附近に於て魚介其他食料を探るに都合よく、又淡水ありて飲料を汲ひを得べく、又形勝要害にして、且つ土地乾燥、衛生に適する處とす。

此處に丘岬と云ふは、其形必ずしも一定せるにあらず、多くは丘陵の横に細長く斗出したる處なれども、又些少の斗出に止まる處あり、平坦なる高臺地の一端なるあり、稀れに山腹の傾斜緩かにして少しく斗出したる處あり。又此處に丘頂と云ふは、多くは凸起せる丘陵の頂なれども、亦或は横に逶延せる丘頂中更に瘤の如く凸起せる處あり、或は平野中縹に高き小地隗の臺地あり、或は海岸の一小砂丘に過きざるものあり。而して圖に示したる、釧路國釧路町モシリヤのチャシの如きは、丘陵の一端に於て一段高き處にありて、丘岬と丘頂とを併せたる地勢を有するものとす。

備考。樺太島ケイにあるトイチャシは、丘陵に據らずして、丘陵の麓なる平地に設けたり、最れ貿に異例たり。然れども北海道のチャシ中、予の見ざるものの内には、或は之に似て丘岬若くは丘陵に據らずして、平低地に平地と同し高き、又は平地より稍々低く、設けたるものあるやも知るへからず。尚は調査を要す。

チャシ所在地の高さは、其丘陵の麓なる平低地より、又海岸に在るものは海面より、直立二三十尺乃至七八十尺を普通とす、稀に甚だ低きものあり。膽振國千歳郡長都村カマカに在るものの如きは、平地に濠を繞らし、特内の高さ僅に四五尺に過きず。又間々百尺以上の高地に在るものあり。日高國三石郡姚布村姚布市街の裏山、十勝國中川郡猿別市街の西山、釧路國厚岸郡オンナイ山に在る者の如きは、直立概算二百尺内外あるべしと思はる。要するに餘り低きものは要害ならず、高きに過るものは、日常の食糧、飲水を探るにも概ね不便なれば、多くは斯の如き處に設けざりしならん。

チャシの大さは甚だ一定せず。其周圍二三十間より約百間に至るも、概して小形のもの多し、又稀れに大なるものあり、其例を舉ぐれは、膽振國伊達村タク山の丘岬に在るものは、其形略ほ三角形をなし、東西約三十間、南北約三十五間、尚ほ其一方を仕切りたる二重濠の幅合せ八九間あり。其他前に記せる、陸奥國北津輕郡高野村、北見國網走村膤木禽村に在るものの如きは、予は之を見さるも、舊籍に記する所によれは、頗る大なるものなり。

チャシの形狀及び構造

チャシの平面に於ける形狀は、概ね不規則なる精圓形、其他不規則なる圓形なれども、又弧線、直線より成れる、不規則の三角形、又は方形に屬するもの等あり。並し築造者の見込と、天然の地勢とに依り、種々の形狀をなすは當然の事ならん。其構造も亦各舝多少異なる所あり。今便宜のため丘岬に在るものと、丘頂に在るものとの、二種に分ちて說明せん。

チャシの丘岬にあるものは、其丘陵に續ける方に、必ず弧線若くは直線の空濠を、掘り廻して之を仕切り、其掘りたる土は、チャシの方に盛り上げて土手と作り、或は外部に盛り上げたるものあり、或は土手を造らずして、北土を他の修築等に用ひしかと、思はるるものあり。濠の深さは現狀に於て、大抵三尺乃至十二尺、幅は上部に於て六尺乃至十八尺位とす、之より大なるものは稀なり。濠は普通一重なれども、又二重に設けたるものなきにあらず。又丘岬の細長く斗出したる者に在りては、前後二ケ所に空濠を掘りたるものあるは聞々見る所なり。チャシの丘岬に續かざる方は、斷崖の場合には其儘になし置き、其他は自然の傾斜に任するものと、段階を設けたるものとの二樣あり。段階の作り方は、丘頂に近き處、又は半腹邊に、帶を廻らしたるが如く、段階を繞らし、其兩端を空濠の兩端に連接せしむ。稀に一方にのみ段階を設けたるものあり、構造の精粗一樣ならず。

　丘頂にあるチャシは、丘の周圍に空濠を繞らし、濠より掘り取りたる土は、之を外側に盛り上げ、或は外側に出さずして、砦内の修築等に用ひたるかと、思はるるものあり。稀に小丘の周圍に幅狹き平地を繞らし、更に其外部に濠を繞らし、砦形恰も緣ある帽子に似たるものあり。又丘頂更に瘤の如く突起せるチャシに在りて、幾部分天然の丘の傾斜を以て要害となし得るものは、其部分は其儘になし置き、他の丘頂の平坦部に續く方にのみ濠を掘りたるものあり。又チャシにして全く濠を設けず、唯丘側を切り下げて要害となしたるものあり、稀れには其人工の極めて粗漏にして、一見したる所にては、殆んど人工を加へざるかの如く疑はるるものあり。

　チャシの内部は、或は天然の地勢に任せ、或は少しく手入れをなし、或は丁寧に手入れをなせり、從て緩かなる傾斜をなすものあり、平坦なるものあり。一部分平坦にして一部分緩斜せるものあり、又砦外までも手入れして立派に造りたるものあり、而して玆に最も注意すべきは、砦内に間々竪穴を存するものあること是なり。此事實は頗る研究すべき價値あるを以て尚ほ後に說く所あるべし。

チャシ內の遺物

　チャシ內の遺物に就ては、松浦竹四郎氏の日誌中に、雷斧、石鏃、土器片等を出したる數處の事を記し、又佐藤蔀氏、佐藤重紀氏の記事中にも、陸奧國の砦趾より石器、土器片を出せる事を記し、其他チャシ內より是等の遺物を得たることは、間々聞く所なり。尚ほ予が親しく調査したる數例を述べんに、後志國余市町のチャシに於ては、雷斧、石鏃、石匕、骨槍、鐵鉤、煉玉、貝塚土器片、魚骨、獸骨、貝殼、木炭等を拾ひ、殊にチャシの一側面にある貝塚に於て多く之を得たり。又釧路國釧路町モシリヤのチャシに於ては、石鏃、貝塚土器片、鐵釘(船釘)を採集し、同町哲會所裏のチャシの切崩したる處に於ては、石槍、骨槍、鐵の附きたる骨器、貝塚土器片、魚骨、獸骨、貝殼等を得たり。又釧路國厚岸郡未廣村のチャシに於ては鐵刀、

鐵鉤(船釘を曲けしもの)貝殼、魚骨、獸骨、鹿角、木炭等を採集した
るも、石器及び貝塚土器の類を見ず。其附近にある竪穴の一を堀
りだるも、亦鐵片、燒石を得たるに過きざりき、又同郡厚岸町オン
ナイ山のチャシに於ては、少許の牡蠣殼の外、一も得る所なかりき。

　チャシの内、或は石器、貝塚土器を出すものあり、或は石器、貝
塚土器と共に鐵器を出すものあり、或は鐵器を出して石器、貝塚土
器を出さざるものあり、其一樣ならさる事實は、頗る研究すべき價
値あるものとす。想ふにチャシの主人公たりし人種は、最初石器及
び貝塚土器を使用し、鐵器其他便利の器物を得るに從ひ之を交へ
用ひ、終に鐵器等にて事足るに至り石器及び貝塚土器の使用を廢
せしものならん歟。而して其船釘の比較的多く出づるを見れば、當
時彼等が如何に鐵を貴重し、又如何に苦心して鐵を得たるかを推
察するを得べし。此件に就ては尚ほ十分遺跡、遺物を調査するの
必要あるを信す。

　チャシの内部、並に其傍に存在する遺物の種類、器物の材料の
品質、及び遺物の多少は、其主人公たる人種の生活狀態を知るの、
好材料たるのみならず、又チャシ使用の時代、並に住居期間の長短
等を判定する好材料たり。

チャシと竪穴との關係

　チャシは、悉く竪穴と關係あるものにあらずと雖も、其或るも
のは、確に竪穴と密接の關係を有せり。即ち陸奧國上北郡蛯澤、及
び中志、石狩國雨龍郡深川村納内、日高國三石郡姨布村シュップ、十
勝國中川郡旅來村、釧路國厚岸郡後靜村ウライコタンのチャシの如
きは、砦内に竪穴あり。其他チャシの附近に竪穴ありて、兩者の間
に密接の關係あることを、想像せしむるもの少しとせず。且つ予
の數所に於て實際取調べたる所によれば、チャシ内の遺物も、其附
近に在る竪穴の遺物も、同一にして別に差異ありと認めざれば、或
る時代、或る地の住民は、竪穴をも作り、チャシをも造りたりと、断

定するを得へし。

チャシは何人の遺跡か

　チャシは何人が何のために造りたるやを、アイヌに問よに、或は知らずと答ふるあり、或はコロボックルの遺跡なりと答ふるあり、或は神の遺跡なりと云ふものありと雖も、亦アイヌの遺跡なりと断言する者少なからざるを見れば、之を造りたる主人公其者を推定するに難からず。又陸奥國及び渡島國にあるチャシは、蝦夷館又は狄館等の名稱を有し、而して狄(イヌ)の字は彼の地方にてアイヌに使用したる字にして、明に其アイヌの遺跡たるを示せり。尚ほ舊肥類に就て調査するに、寛文九年(西暦1669年)シブチャリ(今の日高國静内郡)の酋長シャダシャインの亂を記せる數種の書中には、彼等が砦を設けて之に據りたることを記し、又津輕一統志の内シャダシャイン亂の時の記事中に、瀬棚、余市、及び石狩の奥にアイヌの大將の居城あること等を記せり。降て天明元年(西暦1781年)松前廣長氏著述の松前志蝦夷風俗の部に下の如く云へり。

　　　夷方にて不義をなし、或は罪あるものには、寶物を出さするを法とす、是をツクナイと云ふ。法に背きて財を出さざれば、鬪爭に及ぶ、其時は遊箭を放ち、鎗を横たへ戰をなすなり。故に大邑の酋豪たるものは、必す一廓の高山を、チャレと名つけて、此に據るなり。

　天明四年(西暦1784年)立蛭寬作氏著述の東遊紀に曰く、

　　　名は忘れたれども、東蝦夷に大なるチャレを持てる者あり、四方險阻にして、縋つなにすがりて出入す(中略)、チャレとは蝦夷の居所城趾の如きものを云ふ。

　渡島筆記(著述年代不詳)に曰く、

　　　チャレと云ふは、城のことにて、要害によりて作り、掘をかきあげ、中より峯矢を射出す。

　其他チャシがアイヌの砦なることは、二三の書籍に散見すれども、最も價値あるは、安政五年(西暦1858年)松浦竹四郎氏の東蝦夷日誌の一節にして、釧路國釧路町附近にあるチャシの來歴に付き下の如く記せり。

久摺會所の墟にチャシコツあり、此城には、ナニトムレと云へるもの
住せし由、今洗燒の陶器、又賦石、雷斧石等を剩出すことありと(中略)、ハルト
ル、又雲に城跡あり、其故を乙名なるメンカタレに審すに、我等が先祖なる
よしにて、左の如く答ふ。

初代ナニトムレ、此者天より下り、土人の頭を要として、上なる城に住
せしと。ナニレは雲、トムレはトウレにて下ると云ふ義にてあり。其要
の名は知らざるよし。其子、トミカラアイノ、此者ハルトルの城を第き届
住せしが、根室、厚岸、十勝三骨より攻來り落城に及び、後サルレナイに城を
築き居りし時、また攻來りしが、前の谷地を頼となして防ぎ便利を得、城を
子に讓り、ニシペツの方に行き住せしと、名殘金身と云ふ義なりとc　トミ
ナチャアイノ、此者弟あり、シラリクトルの上に城を築き、舎利、根室の兵と戰
ひ勝しと、名殘金を倒し如く角立あると云ふ義なりと。ォサニセ(トミカ
ラアイノの作)、此者サルレナイの城にて諸力の敵を防ぎしと、名殘雲の
合ふと云ふ義なり。ヘケレニセ(同弟なり)、此者今のヌサウレの城に居
りしと。

此の如く連續數代、今の贐乙名メンカ、クレ家の先祖の居所なりしと
話しければ、爰に記し置くこと然り。

以上の内、松前志に高山と云ふが如き、東遊記に藤綱にすがり
て出入すと云ふが如きは、如何かと思はるれども、是れ著者が實際
親たるにあらずして、聞きし儘を書きたるによるものなれば、敢て
咎むるに足らず。兎に角此等の背中に記する所を概括すれば、チャ
シはアイヌの城砦にして、其據守の爲めに造りたるものたるは、復
た毫も疑ひを容れざるなり。然れども當時戰爭あればとて、獨立
せる各部落、必しも皆チャシを構へたりと云ふにあらず、甲部落に
はチャシありしも、乙部落にはチャシなきこともありしならん。膽
振國虻田のアイヌ明石和歌助が、予に語りたる口碑の中に曰く、古
昔虻田アイヌと余市アイヌと戰爭したる事ありしが、其時余市に
はチャシありしも、虻田にはチャシなかりき云々と、亦以て一證とす
べし。

チャシ使用の年代

アイヌが數多の部落に分れ、各々獨立して諸處に散在し、平素
は耳に交際せるも、時としては平和破れ、互に劇しく戰爭したるこ

とあるは、彼等の口碑等によりて略ぼ之を知るを得べし、又松前藩
の記録によれば、藩祖武田信廣以來、アイヌと和人との戰爭、及び
アイヌ間相互の戰爭は、十餘回ありたり。而して遺跡、遺物調査の
結果によれば、チャシには或は酋長、若くは酋長の外身分ある一部
の者まで、長く住居したるものもありしならん、或は爭亂の際のみ
一時立籠りたるものもありしならん。チャシ創始の年代は、今之を
詳にする能はずと雖も、使用の終期は略ぼ之を知るを得べし。卽
ち今より百二十餘年前、天明の頃迄は間々チャシに據り居たる者あ
りしは、松前志、東遊記に記する所にて明かなり。蓋しアイヌの爭
亂は、寬政元年(西曆 1789年)國後アイヌの亂を、終りとするが故に、
寬政年間を以てチャシ使用の終りとなすは、蓋し適當なる推定なる
べき歟。

コロポックル說の誤謬

アイヌの口碑によれば、往古此地にコロボックルと稱する矮小
人種あり。豎穴は勿論、遺跡より出つる石器、貝塚土器の類は、皆
此人種の使用したるものにて、アイヌの使用したるものに非ずと
稱し、甚だしきはチャシをもコロボックルの遺跡なりと云ふものあ
り。但北千島アイヌ(今の色丹土人)には此口碑なし。而して坪井博
士の如きは、此口碑を殆ど全然信用し、多年之を唱道し、其說大に世
に廣まりたり。然れどもアイヌ以前に、此地に他の人種が居住せ
しや否やは、別問題として之を措き、豎穴、石器、貝塚土器を指して
皆他の人種の遺物なり、アイヌの使用したるものに非ずと云ふは、
慥に誤謬たるを免れず。其證は種々あれども、茲には之を略し、單
にチャシ研究の結果より之を言はん。

チャシがアイヌの使用したるものなることは、前に記るす所に
より旣に明瞭にして坪井博士と雖も、恐くは之に反對すること能
はざるべし。然らばチャシ内の遺物たる石器、及び貝塚土器の類は、
之をアイヌの使用したるものなりと云ふも、亦恐らくは反駁する

の解なかるべし。又チャシと密接の關係を有する或る豎穴も、之を
アイヌの使用したるものなりと云ふも、亦恐らくは之を否定する
こと能はざるべし。想ふに坪井博士は、アイヌの口碑に重きを置
き、遺跡遺物の調査を疎かにしたるが爲め、誤謬に陷りたるにあら
ざる歟。夫れ未開人の口碑には誤謬ありて信し難きこと少なから
ず。矮小人種に關する口碑の如きは、他の未開人間にも間々傳ふ
ふる所にして、之を口碑と云はんよりも、寧ろ未開人の小説と云ふ
を適當とすべし。殊にアイヌは、自己の知らざる遺跡、遺物を見れ
ば、濫りに之をコロボックルに歸するの惡癖あり。聞く人注意せざ
る可らず。

CHASHI OR FORTRESSES OF THE AINU.

(RÉSUMÉ.)

BY T. KŌNO.

(With Plate II.)

---

1. **Definition of Chashi.** *Chashi* is an Ainu word applied to a fortress enclosed either by an open ditch or earth embankment, or protected by steep slopes. It is at present generally known by the name of *Chashikot* which means the site of a fortress, or the place where a fortress was.

2. **Distribution of Chashi.** *Chashi* are distributed throughout the main island of Hokkaidō or Yezo, where more than ninety remains in different localities have already been recorded. They are also found in the northern provinces of Honshū and in the Kurile Islands.

3. **Position and Size of Chashi.** A *Chashi* is generally built on the top of a hill, or on the projecting point of a terrace near the sea, lake or river. Generally they are located in such places where they can easily procure food and water, and can command a wide view of the surrounding country. Their height is from 20 to 80 feet, but seldom reaches to more than 200 feet. Their circumference is from 120 to 600 feet. *Chashi* of smaller size are more abundant than the larger ones.

4. **Shape and Construction of Chashi** . The shape of *Chashi* is mostly irregularly oval or circular in outline, or rarely irregularly square or triangular. A *Chashi* situated on the projecting portion of a terrace is generally separated from the rest of the elevated land by an open ditch, the remaining side being left in its natural slope, or encircling steps formed on the declivity. That which is built on the top of a hill, has generally an open ditch dug round its base, or has its slope made very steep.

5. **Remains in the Inside of Chashi.** Remains dug out from within the enclosure of *Chashi* vary a great deal in different localities. In some places, fragments of pottery and stone implements, such as stone-axes and arrow-heads are found; in others besides these remains, iron implements are also found; while in others only iron implements are dug out. All these remains are quite similar in character to those found in pits near by.

6. **Relation between Chashi and Pits.** Pits may be found either within or outside the enclosure of *Chashi*, or sometimes they may be entirely absent from the vicinity of a *Chashi*. From these facts, we may safely infer that some people in some period built both *Chashi* and pits together at the same place.

7. **By whom were Chashi built?** According to old Japanese literature relating to the subject, *Chashi* were built by the Ainu. Moreover, in the traditions of this people, it is transmitted that their ancestors built these *Chashi* in time of war.

8. **Date of the Making of Chashi.** Although we can not tell when *Chashi* first began to be built, yet we know the latest period of their use to be about one hundred years ago, *i. e.* at the end of the eighteenth century.

9. **Erroneous Views concerning the Koropokguru.** According to the traditions of the Ainu, there lived in Yezo a dwarf race called the *Koropokguru*; and pits, stone-implements, shell mounds, and pottery are all the relics of this people. But there are many strong proofs against the veracity of this tradition. Even from the studies of *Chashi* alone, it is evident that the Ainu used at first stone implements and pottery, and abandoned their use at the introduction of iron implements; and that the Ainu lived in pits at some period.

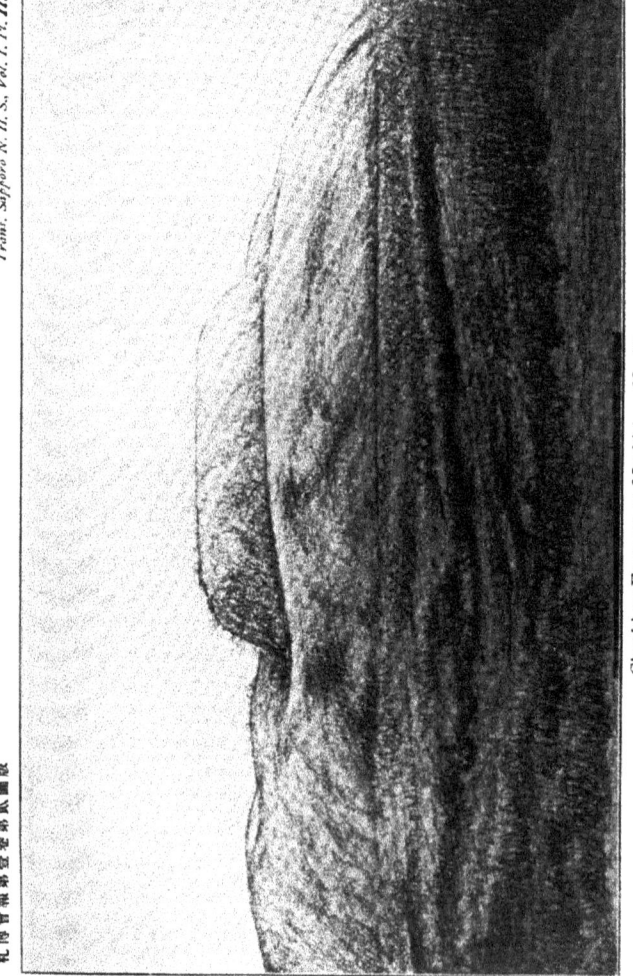

Chashi or Fortress at Moshiriya, Kushiro.

釧路國釧路町字モシリヤのチャシ

日本産蠼螋科の新種

素木得一

（第參圖版）

NEUE FORFICULIDEN JAPANS.

VON T. SHIRAKI.

(In dem Entomolabolatorium der Landwirthschaftlichen Hochschule zu Sapporo.)

(Mit Tafel III.)

In der Monographie der *Forficuliden* Japans (Journ. Sapporo Agr'l Coll. vol. II. pt. 2. 1905) habe ich mit Herrn Professor Dr. S. MATSUMURA zusammen 3 neue und 5 bekannte Arten veröffentlicht.

Da ich seitdem 5 neue Arten gefunden habe, möchte ich hier diese Diagnosen bekannt machen.

Diese wertvollen Materialen wurden von Herren Dr. S. MATSUMURA, T. NAGASAWA, H. OKAMOTO und W. ISHIDA gesammelt, dafür möchte ich hiermit meinen herzlichen Dank aussprechen. Ferner muss ich hier meinen verbindlichsten Dank veröffentlichen, dass ich unter Herrn Prof. S. MATSUMURA'S Leitung diese Arbeit fertig gemacht habe.

I. Gatt. **Labidurodes** BORM.

1879. *Labidurodes* (Typ. : *L. robustus*), DUBRONY (BORMANS) in : Ann. Mus. Genova, v. 14 p. 355. (♂)

1900. *Labidurodes*, A. DE BORMANS u. H. KRAUSS, Tierr., Forf. und Hemimer., p. 39.

2 Neue Arten :

1. *Labidurodes nigritus* n. sp. (Fig. 1).

Körper kräftig, glänzend schwarz. Kopf schwach konvex, länger als breit.

Fühler 20-gliedrig : Glied 1. lang und dick ; 2. sehr klein, kugelig ; 3. fast so das 1., aber dünner als das 1. ; 4. und 5. sehr klein, kugelig ; die übrigen Glieder wie bei *Labidura*, schmutzig schwarz. Pronotum fast rechtwinklig, kaum so breit wie der Kopf. Der Hinterrand des Pronotums ein wenig abgerundet. Flügeldecken vorhanden, etwa doppelt so lang wie das Pronotum. Flügelschüppen hervorragend. Scutellum bedeckt. Beine mittellang, ziemlich kräftig, seitlich zusammengedrückt, schwarz ; Schenkel ein wenig verdickt ; Tarsen wie bei *Labidura riparia*, kastanienbraun. Hinterleib bei den beiden Geschlechtern mit Seitenfalten, Glied 3. und 4. von der Basis bis zum Vorderrande des letzten Tergiten deutlich verbreitert ; Unterseite kastanienbraun. Letztes Hinterleibssegment : beim Männchen breit, fast quadratisch ; beim Weibchen nach hinten etwas verschmälert. Zange schmal, symmetrisch ; beim Männchen stehen sie an der Basis auseinander und viel kürzer als die Körperlänge, sehr schwach eingebogen, an den Innenseiten mit einem feinen Zahn und mehrere kleine Zähnchen versehen ; beim Weibchen an der Basis zusammen liegen, unbezähnt und viel kürzer als die Körperlänge. Pygidium deutlich, beim Männchen dreieckig, beim Weibchen fast quadratisch, an den Seiten je mit einer Vorragung.

Körperlänge :	♂ 14 mm. ;	♀ 13.5 mm.
Pronotumslänge :	♂ 1.7 mm. ;	♀ 1.7 mm.
Pronotumsbreite :	♂ 1.6 mm. ;	♀ 1.6 mm.
Flügeldeckenlänge :	♂ 3.2 mm. ;	♀ 3 mm.
Flügeldeckenbreite :	♂ 1.3 mm. ;	♀ 1.3 mm.
Hinterleibslänge :	♂ 7.5 mm. ;	♀ 7 mm.
Hinterleibsbreite :	♂ 3 mm. ;	♀ 3.3 mm.
Fühlerlänge :	♂ 8 mm. ;	♀ 8 mm.
Zangenlänge :	♂ 12 mm. ;	♀ 3.8 mm.

Nur zwei Exemplare (♂ u. ♀) aus Jōzankei, gesammelt von Herrn H. OKAMOTO (juli, auf einer Baumrinde).

Trivialname : *Kuro-hasamimushi.*

2. *Labidurodes formosanus* n. sp. (Fig. 2).

Körper zart, schmutziggelb etwas rötlich einspielend. Kopf schwach konvex, mit dem roten Scheitel und dem hellen Mundteil. Fühler schmutziggelb, 20-gliedrig (?) : Glied 1. lang ; 2. sehr klein, kugelig ; 3. ein wenig kürzer als das 1. ; 4. sehr klein, kugelig ; 5. lang ; die übrigen wie bei *Labidura riparia*, aber etwas schmäler. Pronotum fast quadratisch, breiter als der Kopf.

Pronotum an den Seiten und am Hinterrande matt, blassgelb, in der Mitte mit einer braunen Längslinie, die sich über die Naht der Flügeldecken und Schüppen erstreckt; Flügeldecken und Schüppen strohgelb, an den Seiten schwärzlich. Scutellum bedeckt. Beine strohgelb, mittellang; Schenkel, Füsse und Hinterleib wie beim *L. nigritus,,* das letzte glänzend und rötlichbraun. Zangen beim Männchen an der Basis auseinander stehen, gelblichbraun, allmählich nach aussen gebogen und an der Spitze zusammenstossend. Pygidium beim Männchen wie beim *L. nigritus.*

Körperlänge : ⚥ 8.5 mm.
Pronotumslänge : ⚥ 1.5 mm.
Pronotumsbreite : ⚥ 1.2 mm.
Flügeldeckenlänge : ⚥ 2.5 mm.
Flügeldeckenbreite : ⚥ 0.8 mm.
Hinterleibslänge : ⚥ 3.5 mm.
Hinterleibsbreite : ⚥ 2.1 mm.
Flügellänge : ⚥ 11 mm.
Zangenlänge : ⚥ 3.6 mm.

Nur ein Examplar (⚥) aus Formosa (August), gesammelt von Herrn T. NAGASAWA.

Trivialname : *Suji-hasamimushi.*

II. Gatt. Anisolabis FIEB.

3 Neue Arten :

1. *Anisolabis pallipes* n. sp. (Fig. 3).

♀ Körper oben kastanienbraun, glänzend. Mundteil gelbbraun. Fühler 15-gliedrig, wie beim *A. marginalis,* dunkler; Glied 1. und 2. gelbbraun, Glied 12. und 13. gelb. Pronotum kastanienbraun, der schmale Seitenrand gelbbraun. Die rückgebildete (seitlich stehende) Elytre schmal, elliptisch, den Seitenrand des Mesonotum bedeckend. Metanotum wie beim *A. maritima* gebildet. Beine lichtgelb, zuweilen mit dunkler Tibialbasis. Seitenfalten am 2., 3. und 4. Abdominaltergiten vorhanden, aber kaum sichtbar, letztes Tergit trapezförmig, hinten stark verschmälert, in der Mitte mit einer Längsfurche. Zangenarme an der Basis zusammenliegend, oben dreikantig, unten platt und an der Innenseite mit mehreren kleinen Zähnchen. Pygidium unsichtbar.

Körperlänge : ♀ 7.1 mm.
Pronotumslänge : ♀ 1.2 mm.
Pronotumsbreite : ♀ 1.15 mm.

Mesonotumslänge : ♀ 0.65 mm.

Metanotumslänge : ♀ 0.25 mm.

Flügeldeckenlänge : ♀ 0.7 mm.

Hinterleibslänge : ♀ 2.75 mm.

Hinterleibsbreite : ♀ 2.3 mm.

Fühlerlänge : ♀ 3.5 mm.

Zangenlänge : ♀ 1.6 mm.

Nur ein Exemplar (♀) aus Takasago in der Sammlung von Herrn Dr. S·
MATSUMURA.

Trivialname : *Kiashi-hasamimushi.*

2. *Anisolabis fallax* n. sp. (Fig. 4).

Form wie beim *A. marginalis,* aber kleiner. Körper oben pechbraun,
glänzend. Mundteil gelbbraun. Fühler 16-gliedrig, wie beim *A. marginalis,*
dunkler; Glied 1. und 11. (ein Teil) gelbbraun, Glied 12. und 13. (oder ein
Teil) gelb. Brustschild und Beine schmutziggelb; die Basalhälfte der Schenkel
so wie auch die Schienen etwas dunkler. Die 6. und 7. Hinterleibssegmenten
am Hinterrande nicht heller wie beim *A. marginalis,* letztes Segment bisweilen
dunkler. Bauch heller, gelb behaart. Zangen bei den beiden Geschlechtern
wie beim *A. marginalis,* aber deutlich dünner.

Körperlänge : ♂ 9.5 mm.; ♀ 12.5–9.5 mm.

Pronotumslänge : ♂ 1.3 mm.; ♀ 1.5–1.3 mm.

Pronotumsbreite : ♂ 1.1 mm.; ♀ 1.1 mm.

Mesonotumslänge : ♂ 0.7 mm.; ♀ 0.9 mm.

Metanotumslänge : ♂ 0.5 mm.; ♀ 0.65–0.5 mm.

Hinterleibslänge : ♂ 5.5 mm.; ♀ 6.0–7.5 mm.

Hinterleibsbreite : ♂ 2.2–1.9 mm.; ♀ 2.5–2.0 mm.

Fühlerlänge : ♂ 5.5 mm.; ♀ 5.5 mm.

Zangenlänge : ♂ Linksarm 1.6 mm., Rechtsarm 1.4 mm.;

♀ 2.2–2 mm.

7 Exemplare (3 ♂ u. 4 ♀) aus Insel Ogasawara, gesammelt von Herrn Dr. S.
MATSUMURA und ein Exemplar aus Hamana, gesammelt von Herrn W. ISHIDA.
Trivialname : *Ko-higeshiro-hasamimushi.*

3. *Anisolabis piceus* n. sp.

Der Form und der Färbung nach wie beim *A. fallax,* Fühler und Beine
aber einfarbig, der erstere 22-gliedrig. Zangen bei den beiden Geschlechtern mit-

einander ähnlich, und wie beim ♀ von *A. marginalis* gebildet und gefärbtsind.

Körperlänge :	♂ 9.5 mm. ;	♀ 12.5–9.5 mm.
Pronotumslänge :	♂ 1.3 mm. ;	♀ 1.5–1.3 mm.
Pronotumsbreite :	♂ 2.1 mm. ;	♀ 2.3 mm.
Mesonotumslänge :	♂ 1.1 mm. ;	♀ 1.1 mm.
Metanotumslänge :	♂ 0.6 mm. ;	♀ 0.7 mm.
Hinterleibslänge :	♂ 5–7.8 mm. ;	♀ 6.5 mm.
Hinterleibsbreite :	♂ 3.1–2.7 mm. ;	♀ 3.5–3.8 mm.
Fühlerlänge :	♂ 10.1 mm. ;	♀ 10.1 mm.
Zangenlänge :	♂ 3.5–4.0 mm. ;	♀ 3.5–2.7 mm.

6 Exemplare (2 ♂ u. 4 ♀) in der Sammlung von Herrn Dr. S. MATSUMURA aus Insel Ogasawara (August).

Trivialname : *Yaniiro-hasamimushi.*

15. Nov., 1905.

ERKLÄRUNG DER ABBILDUNGEN.

Tafel III.

Fig. 1. *Labidurodes nigritus* n. sp.
 a. Männchen ; *b.* Tarsen ; *c.* Zange des ♀

Fig. 2. *Labidurodes formosanus* n. sp. ♂

Fig. 3. *Anisolabis pallipes* n. sp. ♀

Fig. 4. *Anisolabis fallax* n. sp.
 a. Weibchen ; *b.* Zange des ♂

摘　　要

曩きに、余は理學博士松村松年先生と共に、本邦に於ける蠼螋を札幌農學校紀要に Monographie der Forficuliden Japans として、八種を記載せり。其の中五種は新種なりき。今年先生及び永澤定一君、石田穣三郎君並に學友岡本半次郎君の四氏の採集物中に五種の新種ある事を發見せり、依て玆に Neue Forficuliden Japans として發表す。其の名を附せる事下の如し。

1. *Labidurodes nigritus* n. sp.　くろはさみむし　　　　Fig. 1.
2. *L. formosanus* n. sp.　　　すぢはさみむし　　　　　Fig. 2.
3. *Anisolabis fallax* n. sp.　こひげしろはさみむし Fig. 4.
4. *A. piceus* n. sp.　　　　やにいろはさみむし
5. *A. pallipes* n. sp.　　　きあしはさみむし　　　　Fig. 3.

此等各新種に就き簡單なる說明をなさんに

Labidurodes nigritus n. sp.　くろはさみむし

全體黑色にして光澤あり、觸角二十節、鋏子は雄虫のものは細
．長にして內側の中央に一本の小齒を有し、雌蟲のものは短かくして
微小、齒を有せず。體長四分六厘乃至四分三厘。

L. formosanus n. sp.　すぢはさみむし

前種と同屬にして、體は汚黃色を呈し、觸角二十節(?)、前胸容
の中央より鞘翅の中央を通過して後翅端に至る一本の稍太き褐色
の縱線を有す。鋏子は黃褐色を呈す。體長二分七厘。

Anisolabis fallax n. sp.　こひげしろはさみむし

全體ひげしろはさみむしに似れども、其異なる點は體の小なる
と、觸角十八節より成り、第一及第十一節の一部は黃褐にして第十
二及第十三節(或は其の一部分)は黃色を呈する事となり。體長三分
乃至四分。

A. piceus n. sp.　やにいろはさみむし

形態及び體色前種に等しく、大さも稍同大なり。されど觸角及
び脚は全體同色なり。

A. pallipes n. sp.　きあしはさみむし

全體黑褐色にして光澤强く、觸角は拾五節より成り、第一及び
第二節は黃褐第十二及ビ第十三節は黃色を呈す。鞘翅は幅狹くし
て、中胸背の兩側に存在して短かく、後翅を缺く事前二種に等し。
脚は淡黃色を呈す。體長二分五厘。

札幌農學校昆蟲學實驗室に於て。

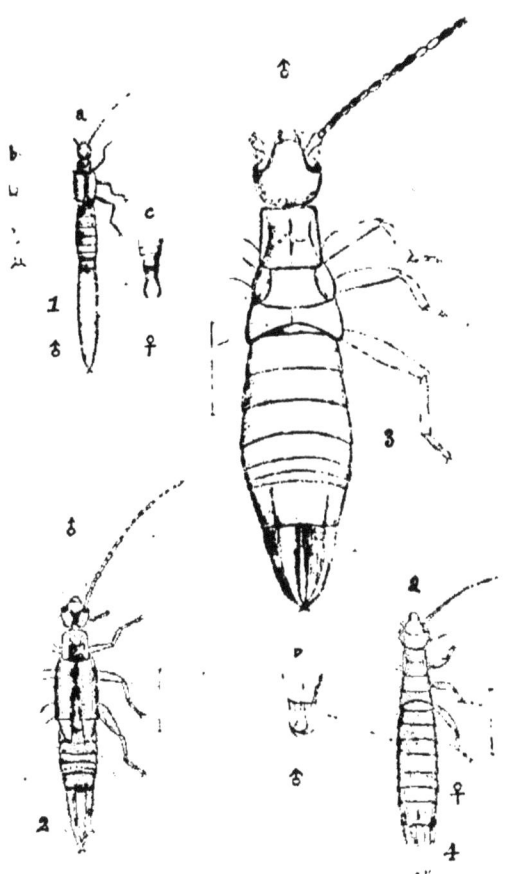

Shiraki :—Forficuliden Japans.

本 邦 産 薔 薇 科 植 物 の 菌 核 病

半 澤 洵

SCLEROTINIA-DISEASES
OF ROSACEOUS PLANTS IN JAPAN.

BY

JUN HANZAWA.

Assistant Professor of Botany in the Sapporo Agricultural College.

　薔薇科植物の果實の皮膚に灰色の小瘤を生じて、果實を褐色に腐敗せしむる病害は、歐米幷びに本邦の果樹園に、普く見る所のものにして、英米にては Brown rot or Black rot of fruits, 獨逸にては Schwarzfäule, Moniliafäule oder Polstelschimmel, 佛蘭西にては Rot brun des fruits á noyaux, 本邦にては も に り や 病、黑腐病又は灰星病といふ。

　この病害は夙に學術界に知られたりしを以て、其研究も多く、從てまた記事に富めり。其始めて菌學的研究に着手せし者は、PERSOON (1796) にして、褐變せる果實に、一種の死物寄生菌なる、Torula fructigena の寄生することを報告せり。後五年にして仝氏はこの病原菌を Monilia 屬に移し、M. fructigena となせり。而して V. THÜMEN 幷びに HALLIER がこの病害の經濟的價値を唱導してより、E. SMITH, CAVARA, BRIOSI, HUMPHREY, GALLOWAY, SCHROETER, WEHMER,

WORONIN, FRANK, KRÜGER, ADERHOLD 等の研究する所となり
て、一般果樹の恐るべき病害として知らるるに到りぬ。

又本邦に於ても果樹裁培業の發達と共に、もにりや病の蔓延を
來たし、農學士千石興太郎氏は明治二十七年(1894)に北海道果樹協
會雜誌に李、苹果のもにりや病を記載し、白井理學士、出田并に山田
二農學士氏等の植物病理學書には灰星病、又は黒腐病として多少の
記載あり、予も亦明治三十四年(1900)に北海道農會報にもにりや病
に關する一般の記載をなせり。

上述せる如くもにりや病は、夙に多くの菌學者によりて、研究
せらるゝにも拘はらず、菌の生活史を明かに知ることを得ざりしを
以て、其の眞正なる分類學上の位置は、不明に屬せり。然るに 1902
年に NORTON[1] は子囊盤を發見したるにより、今迄紛々たりし所
說も明かとなり、SCHROETER が豫言の如く Sclerotinia 屬中に入る
べきものとなり、百年來襲用せし M. fructigena なる菌名は、只に該
病害の一分生胞子時代の名に過ざるに到れり。

其後 ADERHOLD 并びに RUHLAND[2] 二氏は、詳細なる研究を
なし、今迄果樹のもにりや病として記載せられしものに、三種の異
なれる病原菌、即ち Sclerotinia fructigena, Scl. laxa, 并びに Scl. cinerea
の存在せることを確めたり。

元來果樹のもにりや病(薔薇科植物の菌核病)たる、急激に果樹
を枯死せしむる等のことなしと雖も、花、葉、枝并びに果實等果樹の
諸部に寄生發病して少なからざる損害を與ふるものなるか上に、年
と共に益々其の被害を增加する傾向あれば、予は玆に其の一般を紹

---

1) **Norton:** Sclerotinia fructigena.—Trans. of Acad. of Science of St. Louis, Vol. XII. 1902. p. 91-97. Il. 4.

2) **Aderhold** und **Ruhland:** Zur Kenntniss der Obstbaum-Sklerotinien.—Arbeiten aus der Biolog. Abtheil. f. Land.- und Forst-Wirthschaft aus Kaiserlichen Gesundheitsamte. Bd. IV. 1905. S. 428-442. Il. 1.

介して、世人の注意を催かし、以て該病豫防驅除の一助となさんとす。

　予は此研究をなすに當り恩師宮部博士は懇切なる指導を垂れられ、且つ先輩諸氏殊に平塚直治、山田玄太郎、西田勝次氏等は有益なる補助を與へられたることを玆に深く謝す。

被　害　植　物

　薔薇科植物中菌核病にかゝるものは *Pomoideæ* と *Prunoideæ* との二亞科にして梨、苹果、榲桲等は前者に屬し。櫻、杏、李、桃并びに梅等は後者に屬す。

病　　　徴

　本病害は花、葉、枝及果實の諸部に寄生發病するものなれば、從て其の病徴にも亦多少の差異あり、今各部に就て之れを説明すれば

　花の病徴──花くされ病と稱し櫻并びに苹樹の花期に際して發病し恰も霜害に遇ひたるが如く、花叢全部の枯死を來たし凋萎するものなり。而してその變色は花の柱頭よりするもあれば、又葉の中肋部に一小變色部を生じ漸次擴大して葉柄に入り、花叢の基部に達し。之れより逆上して、花梗に侵入し、遂に全花叢を枯死せしむ。而して被害部の全面には灰白并びに淡橙黄色の小瘤を生じ、多檿の細粉を飛散せしめ、且つ果樹園内に惡臭を放散す。

　果實の病徴──果實の樹梢に附着せると、地上に落下せし後とを間はず、其一部に褐色の小斑點を生じ、漸次變色部を擴大して全果面に及び、變色部には環狀又は不規則に多數の灰色又は淡黄色の小瘤を簇生し、之れに觸手すれは粉痕の附着するを認む。惡臭を附隨し、被害の果肉内には黒色の菌核の形成す。

　葉の病徴──櫻及び苹樹の葉に見る所にして、初めに褐色の小斑の生じ、後其の輪郭を增大して葉心并びに葉柄に蔓延し、其部に灰白色の小瘤を生ず。

　枝の病徴──FRANK 并びに KRÜGER 兩氏が櫻樹の<u>もにらや</u>

病に就てなせる研究によれば、被害果實及び花、莖を附著する枝
は、該病菌絲の侵入する所となり、枝の被害部と健全部との堺界
には、「ゴム」質物を分泌するにより、之れを認識すべしといへり。

病　原　菌

菌絲 (Mycelium) —— 菌絲は被害部の組織内に見出され、無
色厚膜にして其細胞内には多核、多空胞を有し、原形質は細粒に
富み、多くの脂肪球を含有す。幅は 7-12μ にして、稀に 3μ なるも
のあり。多岐に分かれ、外皮細胞に並行し、又は種々の方向に迂
回し、或は重復し、或は互に癒著してH字形をなし、表皮の直下に
集まりて、小塊となり、益々分岐し遂に表皮を破りて外方に出で、
果面に小瘤を生じ、ここに胞子を形成す。

分生胞子 (Conidia) —— 分生胞子に大小の二種ありて、大を
大形分生胞子 (Macroconidia) といひ、小を小形分生胞子 (Micro-
conidia) といふ。共に單胞よりなる。普通被害部に見出さるるも
のは、大形分生胞子にして、菌絲の先端に念球狀に附着し、相互相
接する所に Papillæ ありて、之の部より分離す。胞子の形成法は
先端後生 (Acrogene) にして最上部のもの最新なり、之れ芽生法
(Budding) によりて形成せらるるがためなり。胞子は膜薄く、内容
一樣にして無色、多核、多空胞を有し、卵形或は楕圓形にして、大さ
種類によつて同じからず。小形分生胞子は又被害部并びに培養
中に見出され大さ 2.-4.5μ (普通 3.μ) にして球形をなし、無色透明
なり。先年弘前并びに室蘭支廳管内より來たれる苹果の花くさ
れ病の被害部、并びに大形分生胞子の培養中に小形分生胞子を見
出せり。該小形分生胞子は其後の發育不明なるものにして、既に
DE BARY は之れを疑はしき精子 (Doubtful Spermatia) と命名し、尚
ほ附記して恐らくは子嚢菌科の生殖作用を有するものならんと
いへり。先年未だ子嚢盤の發見せられざりし時には此の小形分
生胞子の存在する事によりて Sclerotinia 屬に屬すべきものとなせ

り、即ち WORONIN (1888) は *Sclerotinia Vaccini* の研究の際 Monilia
に類したる大形分生胞子幷.びに小形分生胞子を發見し、該 Monilia
は Sclerotinia の不完全時代のものにして小形分生胞子は兩屬の連
結者なるべしといひ。又 WINTER は Monilia を Sclerotinia の Chlamy-
dospore の時代と小形分形胞子の時代のみを存し其の他は悉く消
滅せるものなりといへり。

　菌櫵 (Sclerotium) —— 被害部の組織內又は培養基上の菌絲
は早晩密に集合して、外層に黑色の色素を形成して菌核となる。
越年性を有し、形成後二年を經て子囊盤を發生す。*Monilia fruc-
tigena* 菌の菌核を形成することは曩に知られたる事.實にして、
WEHMER は大形分生胞子を培養せる際に液中に菌絲の粗に組
合して 1.-2. mm 大の菌核を形成せるを認め、又 TUBEUF は苹果の
乃木伊狀果實の表皮下又は表皮上に菌核の存在を認め、WORO-
NIN も亦苹果內に二樣の異なれる菌核を發見したり。然れども
何れも其後の發育を認むること能はざりき。予も亦明治三十二
年 (1899) に札幌區內なる水原果樹園にて探集せる梨果の表皮下
に、果心を圍繞して數多の黑色塊を發見せしを以て、之れを鏡下
に檢せしに確かに一種の菌核なりき。依てこれを當時研究中な
りし *Sclerotinia Libertiana* の菌核と比較せしに菌絲の細少にして其
の組合法の粗なるの外至も差あるを見ざりき。之れを地中に埋
め其後の經過を見しに終に子囊盤の發生を認め得ざりき。今日
に至つて之れを思へば、其組合方の粗なるは菌核の未だ成熟せ
ざるの故にして、子囊盤を發生せしめざりしも亦むべなりしな
り。ADERHOLD 幷びに RUHLAND 兩氏によれば總ての被害果
實は其年內に未熟の菌核を生じ、翌年に到つて緻密となり、第三
年に及び子囊盤を發生すといふ。此事實は普通の菌核と其趣き
を.異にするものにして、永き間子囊盤の知られざりしも亦此に基
くものなり。

子嚢盤 (Apothecia) —— 子嚢盤は鐘狀又は漏斗狀にして、土色をなし、柄の長さ約 .5-5. cm 直徑 1.5-3. mm 盤の直徑 3.-5. mm 中央に凹みあり、子嚢及び絲狀體を有す。

子嚢 (Ascus) —— 圓柱狀又は棍棒狀にして頂端厚く無色透明にして頂端に沃度に染色せざる孔あり。子嚢の太さは種類によつて同じからず。中に八個の胞子を藏す。

子嚢胞子 (Ascospore) —— 卵形又は橢圓形にして兩端尖れるあり純圓なるあり、透明にして大さ種々あり一列又は二列に排列す。

絲狀體 (Paraphyses) —— 多胞の細絲にして幅 2.5μ にして長さは略ぼ子嚢と同じ。

生　活　史

菌核病は其端緒を果樹の開花期に發し、被害部に連鎖狀大形分生胞子を形成し、又は小形分生胞子を形成す。大形分生胞子は秋期果實を襲ふて其の表面に灰白幷びに淡橙黄色の小瘤を生じ、盛に胞子を形成して病害を傳搬流行せしめ、果肉內の菌絲は密に集合して菌核となり、二年の後子嚢盤を發生して、子嚢胞子を放散し、病害を新らたに起さしむ。乃木伊狀に乾縮せる被害の果實は其儘越年して翌年適宜の濕温を得れば再び小瘤上に大形分生胞子を形成す。又樹枝の組織內に潛在せる菌核も多年生活力を失はずして年々胞子を形成す。

胞子の侵入方法

菌核病菌胞子の侵入方法に關しては SMITH, GALLOWAY, ADERHOLD 氏等の詳細なる研究ありて充分判明となれり、ADERHOLD は其の侵入個所を衰弱せる場所又は柱頭なりといひ。FRANK と KRÜGER 兩氏は葉より侵入して後花漿を犯かすといふ。WEHMER は侵入作用は果實の熟、不熟、又は濕氣の多少によりて差ありて、堅皮のものはのは傷口より入り、軟皮のものは濕氣の存在によつて直

ちに皮膚を貫通し稀果は氣孔より入るといへり。予が弘前地方にて聞きたる所又本年枚籠地方より遠り來たれる苹果の花くされ病に就ては既に其の病徴の部にて記載せるが如く、菌の侵入は柱頭又は葉よりし、果實にては傷口又は虫の入りし跡及び病果に附着する健全無傷部よりす。

誘　　　因

果樹菌核病の誘因となり得べき事實は次の場合なりとす。

1.) 多濕欝蒸并びに大風等の屢々なる場合。

2.) 土壌の低濕なる場合。

3.) 窒素質肥料を多施せる場合。

4.) 光線の透通并びに通風あしき場合。

豫防驅除法

低濕の地は高燥の地に比して被害多く、空氣の流通よく日光の透通善良なる果樹園には被害少なく。硫酸銅并びに硫酸鐵等には該病菌胞子は死滅する等の事實より豫防驅除の法を案出すれば

豫防法

1.) 果樹園内には適當の排水を行ふべし。

2.) 適當なる剪枝法を年々行ふべし。

3.) 樹の周圍に生石灰を散布すべし。

4.) 被害果樹并びに健全なる果樹は共に秋期落葉前并びに翌春開花前にボルドウ合剤を灌注すべし。

驅除法

5.) 被害の花瓣、葉、枝并びに果實は悉く集めて燒き棄つべし。

病原菌の種類

ADERHOLD 并びに RUHLAND 兩氏に從ひ薔薇科植物の菌核病菌を記すれば下の如し。

I. 果面に生ずる小瘤は淡黄色大形にして子嚢胞子は兩端尖れるもの(苹果并びに梨果に寄生す)。　　*Scl. fructigena.*

果面に生ずる小瘤は灰色小形にして子嚢胞子は兩端鈍圓
なるもの。　　　　　　　　　　　　　　　　　　　　II.

II. 子嚢の長徑 120μ 以上、子嚢胞子の長徑 10μ 以上なるもの
（杏に寄生す）。　　　　　　　　　　　　　　　*Scl. laxa.*

子嚢の長徑 120μ 以下、子嚢胞子の長徑 10μ 以下なるもの
（櫻、桃、等に寄生す）。　　　　　　　　　*Scl. cinerea.*

Sclerotinia fructigena (Pers.) Schroeter. (1893)

Monilia (Sub. Sect. *Torula*) *fructigena*, **Pers.** (1801)

Sporotrichum fructigenum **Link.** (1833)

Oidium fructigenum **Link.** (1833)

Torula fructigena **Pers.** (1796)

Stromatinia fructigena **Ritz. Bos.** (1903)

菌核は果實の内部に果心を圍繞して形成せらるるものなれど
も時に外部にも生することあり、厚さ 1 mm、外部は黒く内部は白し、
二年の後子嚢盤を形成す、盤の柄は平滑にして長さ ¼-1½ cm 幅 1 mm、
盤は鐘狀漏斗形にして中央に僅かの窪みあり、平滑にして直徑 3.-
5. mm、灰黒色。子嚢は棍棒狀圓柱形にして頂端は鈍圓、基部は僅か
に細くなれり、先端の孔は沃度にて靑染せず、長さ 120-180μ、幅 9-12μ。
子嚢胞子は斜に一列又は二列に排列し、卵狀紡錘形をなし、兩端尖
れり、透明にして長さ 11-12.5μ、幅 5.6-6.8μ。絲狀體は多胞よりなり
長さ 175-180μ、幅 2.5μ。

大形分生胞子 (*Monilia fructigena* **Pers.**)——小瘤は瘤狀をなし環狀
又は不規則に形成す、初めは白色絨毛の如く後大形分生胞子を生じ
淡橙黄色となる、大形分生胞子は連鎖狀に長く分岐し、卵圓又は楕
圓狀卵圓狀をなす、長さ 18-23μ 幅 9-13μ。

小形分生胞子は擔子體の先端に連鎖狀に生じ、球形にして透明
直徑 2-4.5μ（普通 3μ）。

苹樹及び梨の果實を腐敗せしむること普通なれども又苹樹に
在つては花を有する枝を襲ひて、其の葉及び花を腐敗せしむ、先年弘
前地方并びに室蘭支廳管內よりの花くされ病害標本には小形分生
胞子とのみ存在して大形分生胞子を有せざりき、之れ予が該標本に
接せるは何れも八月下旬にして罹病の時期より多くの日數を經過
せし後なれば、既に大形分生胞子の飛散し去りたる後なりしならん、
然れども其組織內には確かにもにりや菌の菌絲を含有せり。然る
に本年六月膽振國枝幌村より來たれる花くされ病の標本には多數
の大形分生胞子を附着せり、又山田寅太郎氏の通信によれば盛岡地
方の苹樹に於ても此菌の爲めに襲はれ其の被害部に大形分生胞子
を見出せりと。

　本病菌は歐米に在つては梨、苹果の栽培地に普通に見出さるる
ものなれば、本邦に於ても、それが栽培地たる本邦北部の地方即ち
東北、并びに北海道には多少存在するものなるべし予が今日まで該
菌を實見せるの地は盛岡、弘前、札幌、余市、枝幌等なりとす。

Sclerotinia laxa (Ehrenb.) Aderh. et Ruhl.

Monilia laxa, **Sacc.** et **Vogl.**　(1886)

Oospora laxa, **Wallr.**　(1833)

Acrosporium laxum **Pers.**　(1822)

Oidium laxum **Ehrenb.**　(1818)

　菌核は表皮下に生じ、外部黑色內部白色、厚さ 1mm 二年の後
子囊盤を形成す、盤の柄は長さ 1-2cm 幅 1mm、平滑なり。盤は鐘
狀漏斗狀にして扁平、暗褐色にして緣邊僅かに淡色、直徑 3-6mm。
子囊は圓柱狀にして頂端鈍圓、先端には沃度に靑染せざる孔を有
す、長さ 121.5-149.9μ、幅 8.5-11.8μ。子囊胞子は八個にして常に一列に
排列す、兩端鈍圓にして長さ 11.5-13.5μ、幅 5.2-6.9μ。絲狀體は子囊と
同長にして幅 2.5μ。

大形分生胞子 (*Monilia laxa* Ehrenb.)——菌絲は細くして絨毛の如く、白色なり、小瘤は環狀に生じ、大形分生胞子は連鎖狀になりて廣く分岐し、卵圓狀 <u>レモン</u> 形にして、透明又は灰色、長さ 12.4-23.8μ 幅 9.3-15.5μ。

小形分生胞子は擔子體の頂端に連鎖狀に生じ球狀、透明、直徑 2-4.5μ (普通 3μ)。

杏の果實を腐敗せしむ。

Sclerotinia cinerea (Bon.) Schroeter. (1893)

Sclerotinia fructigena, Nort. (1902)

Monilia cinerea, Bon. (1851)

Monilia Kusanoi, P. Henn., Engl. Botan. Jahrb. Bd. 32.

(1903) S. 45

菌核は表皮下に生じ時に表皮上にも生ず、外部は黑く、內部は白し、厚さ 1 mm。子嚢盤は多數に形成せられ、盤の柄は長さ 3-5 cm、幅 1.5-3 cm、基部は黑色にして、頂部は淡色なり。盤は始め鐘狀となせども後扁平となる、直徑 2-15 mm (普通 5-8 mm) 暗色なり。子嚢は圓柱狀にして、頂端僅かに厚く、先端には沃度に着染せざる孔を有す、長さ 89.3-107.6μ、幅 5.9-6.8μ、子嚢胞子は八個にして、斜に一列に排列し兩端鈍圓、長さ 6.2-9.3μ、幅 3.1-4.6μ。

大形分生胞子 (*Monilia cinerea* Bon.)——小瘤は灰色にして菌絲も亦灰色、大形分生胞子は楕圓狀 <u>レモン</u> 形にして長さ 9.3-14.5μ、幅 6.2-12.4μ (普通 9.3μ)、淡灰色なり。

小形分生胞子は擔子體の頂端に連鎖狀に生し、球狀透明にして直徑 2-4.5μ (普通 3μ)。

櫻、桃、<u>せいやうすもも</u>、梅等の果實幷びに櫻葉に寄生し之れを腐敗せしむ、札幌附近に見出さるるものは果實の病害にして、葉の病害は東京附近に見る、子は明治三十三年西田農學士が東京に於

て採集せる、山櫻の葉の Monilia 病なるものを、氏の厚意によりて疑
檢するを得、恐らくは櫻實を犯すものと同一物ならんと思考せり。然
るに P. HENNINGS は同年同所に於て、草野理學士が採集せる山櫻
の葉の Monilia 病菌に對し、之れを新種として、之れに *Monilia Kusanoi*
なる名稱を附せり、これよく *M. cinerea* と類似すると雖ども、只其大形
分生胞子の大さに於て稍小なるは、後者より區別すべきの點なりと
せり、而して氏が記載せる *M. Kusanoi* の大形分生胞子の大さは、8-12
×7-10μ にして、此れを Saccardo, Sylloge Fungorum IV. P. 34 に記する
M. cinerea の 15-17×10-12μ に比すれば著しく小なるが如しと雖も、
之れを ADERHOLD 幷びに RUHLAND 兩氏が記載せるものに比すれ
ば、殆んど大差なきが如し、即ち兩氏は普通の大さに於て 9.3-14.5×
6.2-12.4μ となせりと雖も、兩氏が觀察せしある場合に於ては、9.3μ
以下の小なるものあり、次に之れを記載すれば、

1. 櫻花　　　　　　　　　　9.3-4.5×6.2-12.4μ
2. 新撰なる櫻實　　　　　　6.2-22.4×3.4-15.5μ
3. 乾燥せる櫻實　　　　　　9.2-18.4×8.15-11.5μ
4. 苹花(第一より接種)　　　9.3-15.5×6.2-11.9μ
5. 苹果(第一より接種)　　　12.4-14.5×6.2-9.3μ
6. 櫻實(第三より接種)　　　2.9-18.6×2.5-15.5μ
7. 櫻實(第一より接種)　　　4.6-16.1×3.1-15.5μ
8. 麺麭(第一の純粋培養)　　14.5-18.8×12.5μ
9. 麺麭(第六の純粋培養)　　5.1-18.6×3.1-15.5μ

元來胞子の大さは寄生する部分の組織の如何、幷びに養分の量
等によつて異なる事は既に WORONIN がなせる試驗によつても明
かなる事にして、氏は *M. cinerea* の培養試驗に於て 24.2×13.2μ の大
形なる胞子を實見せり、予も亦 *M. fructigena* の場合に於て其の果實
に寄生するものと其の葉に寄生するものとの間に於て著しき大さ
の差異を見たり、即ち果實に於けるものは 18-21.6μ の長徑を有する

に葉に於けるものは 8-12.6μ に過ぎざりき、之れ曾に一回の實驗に
止まるを以て茲に斷言すること能はずと雖も、概して葉に形成せら
るゝものは其果實のものに比し小形なるを常とせるものにあらざ
るなきや。

RÉSUMÉ.

The *sclerotinia* disease is one of the well known and widely distributed diseases in orchards. In Europe and America, it attacks several kinds of fruit-trees, such as apple, pear, peach, plum, apricot and cherry. *Sclerotinia fructigena* (Pers.) Schröt. on apple and pear trees, *Scl. laxa* (Ehrenb.) Aderh. et Ruhl. on plum and apricot trees, and *Scl. cinerea* (Bon.) Schröt. on cherry trees are all found in Hokkaidō and in some other places in Japan. Fruits are the portion generally attacked by these fungi. The cases, where the flowering branches are affected, are only known to us in apple and cherry trees. The former is more prevalent in northern Japan, often doing great damage. According to my own observations, the young leaves on a flowering branch seem to be the portion commonly attacked at first. The discolored portion generally appears along the midrib. The mycelium of the fungus extending along the vascular bundle reaches the branch, where at length growing into the cavities of vessels, it hinders the ascent of sap, causing the withering of flowers and leaves. On the discolored spots on the leaves and branches, microconidia or macroconidia may be produced according to circumstances. I found microconidia in several previous occasions, but macroconidia for the first time this year.

In 1900, I found large irregular shaped black sclerotia in a fallen decaying pear. Their texture was looser than that of *Sclerotinia Libertiana*. Although I kept them buried in the ground during a winter, no apothecia developed on them. The matter was made clear by the late discovery by NORTON, and by the confirmatory results obtained by ADERHOLD and RUHLAND of the facts, that the sclerotia reach their maturity after two years' hibernation, and that the apothecia are only formed on them in the third year's spring.

In 1903, P. HENNINGS published the description of a new species of *Monilia* on the leaves of the Japanese cherry, *Prunus Pseudocerasus*, collected in Tokyō, under the name of *Monilia Kusanoi*. He notes, that the species is nearly related to *Monilia cinerea*, from which it differs in the smaller size of its conidia. But when we compare the measurements of the spores given by P. HENNINGS to those of *Sclerotinia cinerea* given by ADERHOLD and RUHLAND, we find almost no difference between them, and we are inclined to believe, that *Monilia Kusanoi* is nothing more than a synonym of the wide spread *Sclerotinia cinerea*, which is common on the cultivated cherry in Hokkaidō.

Nov. 1905.

北 海 道 に 於 け る 脈 翅 目

岡 本 半 次 郎

NEUROPTEROUS INSECTS OF HOKKAIDO.

BY

HANJIRO OKAMOTO.

予は目下本邦産脈翅目の研究中なるが、其北海道の部は一先づ其取調べを終へたるを以て、今之れを公にせんとす。但し予が不敏なると參考書の不足とにより、充分の結果を得る能はざるは甚だ遺憾の至りなりとす。而して此の研究をなすに當り、參考として用ゐし書目の主なるものを記すれば次の如し。

1. **Burmeister, H.:** Handbuch der Entomologie (1839).

2. **Rambur, M. P.:** Histoire naturelle des Insectes (1842).

3. **M'Lachlan, R.:** A Sketch of our present Knowledge of the Neuropterous Fauna of Japan (1875).

4. **松村松年:** 千蟲圖解 卷一 (1904).

此研究をなすに當り、恩師松村博士に負ふ所甚た多し、依て茲に深謝す。

I.	Sialidæ	蛇蛉蛉科	2 species
II.	Chrysopidæ	草蛉蛉科	"
III.	Hemorobiidæ	姬蛉蛉科	
IV.	Osmylidæ	廣翅蛉蛉科	
V.	Coniopterygidæ	粉蛉蛉科	
VI.	Myrmeleonldæ	蟻蛉蛉科	

[Trans. Sapporo Nat. Hist. Soc., vol. I. 1905.]

以上の諸科の外に本邦には

　　　Rhaphididæ　　　駱駝蟲科

　　　Mantispidæ　　　擬螳螂科

　　　Ascalophidæ　　長角蜻蛉科

の三科あれども未だ本道に發生せるを見ざるなり。

I.　Sialidæ　　蛇蜻蛉科

1.　*Neuromus grandis* THUNB.　　へびとんぼ

探集地——札幌附近。

體は暗黄。頭大にして扁平なり、一見蛇の頭狀をなす、故に此名あり。複眼は小にして突出す、單眼は大にして三個、觸角は黑色基節は黄色なり。　前胸は細長く兩側に一個の黑縱緣あり、翅は淡暗色、翅脈は暗褐にして黄脈を混ぜり。前翅は後翅より稍大なり。腹部は黄褐、脚は黄色、跗節は暗黄色なり。幼蟲は水中にあり、世俗に孫太郎虫と稱す。體長一寸五分內外、翅の開張三寸六分內外。

2.　*Sialis frequens* MATS.　(n. sp.)　せんぶり

探集地——札幌、石山、登別、厚別。

體は黑色。頭は小、複眼は小なれども餘り突出せず。單眼を欠けり。觸角は全體黑毛を以て覆る。前胸は矩形、中、後胸は短く背上膨起す。翅は半透明にして前緣、後緣、外緣は暗色を帶べり。翅脈は暗褐、腹部と脚部は黑色なり。幼蟲は水中に住せり。體長三分三厘內外、翅の開張一寸內外。

II.　Chrysopidæ　　草蜻蛉科

3.　*Chrysopa perla* L.　　くさかげろう

探集地——札幌、石山、藻岩。

體は綠色。頭及觸角は黄色、後者の間にX字形の黑紋あり。顏に四個の黑紋あり。後頭にも四個の黑紋あり。前胸は細長、六個の

黑紋あり。中胸にも六個の黑紋あり。翅は透明、眞珠樣の光澤を有せり。縱脈は綠色、橫脈の大部は褐色なり。脚部と腹部とは綠色、跗節は黃褐なり。體長三分內外、翅の開張一寸內外。

4. *Chrysopa bipunctata* BURM.　ふたほしくさかげろう

採集地——札幌附近。

體は綠色。觸角黃色にして其間にＸ字形の黑紋を有せず。顏に四個の黑紋あり、而て上の二黑紋は觸角基節の直下に位せり。下唇鬚黃色。前胸細長く、前、中、後胸脊の中央を通じて一の大なる黃綠色の縱線あり。翅は透明、翅脈は綠色にして、前緣脈より出る橫脈は黑色なり。腹部と脚部は綠色、跗節は黃褐なり。體長四分內外、翅の開張一寸四分內外。

5. *Chrysopa septempunctata* WESM.　ななほしくさかげろう　(新稱)

採集地——札幌附近。

體は綠色。頰、頭頂及前頭に黑紋あり。觸角は基節と第一節とを除きて褐色なり。下唇鬚は黑褐色。脚は綠色、跗節は淡褐色なり。翅脈は綠色、前緣脈の橫脈は黑色を呈せり。體長三分五厘內外、翅の開張九分五厘內外。

6. *Chrysopa microcephala* BRAUER?　こがしらくさかげろう (新稱)

採集地——札幌附近、定山溪。

體は綠色。頭部は黃色、頭頂に黑紋を有せず、頰部にのみ黑紋あり。觸角は黃褐色にして基節は黃色なり。下唇鬚は黃褐色、跗節は淡褐なり。翅の縱脈は綠色、橫脈は悉く黑色を呈せり。體長三分內外、翅の開張九分內外。

7. *Chrysopa intima* M'L.　ひとほしくさかげろう (新稱)

採集地——札幌附近。

體は綠色。頭部は黃色、觸角は黃褐色にして其間に明了なる一個の紋を裝へり。顏に六個の黑紋あり。後頭に二個の黑紋あり。前胸短く、翅は透明にして綠色の脈を有せり。腹部及脚部は綠色、跗

節は黄褐なり。體長三分五厘內外、翅の開張一寸內外。

III.　Hemorobiidæ　　姫蜻蛉科

8.　*Megalomus punctatus* MATS. (n. sp.)　　くびかくしかげろう

採集地――札幌附近、苫小牧。

體は黑褐色。觸角糸狀にして連鎖狀を呈し、黑色なり。頭部は前胸下に匿れて能く見へず。前翅は褐色、翅脈は多しと雖も横脈少なく、前緣室を除くの外黑紋と白紋を散在せり。後翅は前翅より小く、暗黃色にして紋を欠げり。脚は黃褐色なり。體長二分五厘內外、翅の開張九分內外。(此科に屬するもの數種あれども他日を期して發表せん。)

IV.　Osmylidæ　　廣翅蜻蛉科

9.　*Osmylus flavicornis* M'L.　　ひろばかげろう

採集地――札幌附近。

體は淡黃にして黃紋を裝ふ。頭頂の中央は黑色、黃色なる三個の單眼を有せり。觸角は連鎖狀にして黃色且つ剛毛を裝ふ。前胸長し。翅は透明にして廣く。翅脈は黃色と黑色の斑を成せり。前翅の前緣室は基部に於て廣く、緣紋黃色其兩側に黑紋あり。又後緣の中央より稍基部に近く一個の黑紋あり。尚內側に小黑紋あり。後翅は前翅より小なり。腹部暗褐、脚は淡黃、體長四分內外、翅の開張一寸二分內外。

10.　*Osmylus tessellatus* M'L.　　まだらひろばかげろう　(新稱)

採集地――定山溪。

體は黑色にして灰色の毛を生ず。頭部は膨起し單眼小にして黃色なり。觸角連鎖狀其基部に於て黃色の瑕あり。顏は黃色、觸角の間に枝を有せる黑紋あり。前胸窄の前の中央に黃色の小點あり。脚は淡黃、跗節の末端は黑色を帶べり。前翅は廣く且翅脈多く其大部は黑色なり、一部は白色なり。副前緣脈と徑脈とは黃色にし

て黑色の小枝を出せり。翅の中央に網狀脈あり。前緣、外線及後緣には縱脈枝多く且つ廣く擴りて灰色を呈し、翅は恰も縫合したるが如き觀を呈せり。緣紋は黑色、後翅は前翅より小なり。其後緣は淡褐色なり。體長四分五厘內外、翅の開張一寸六分內外。

11. *Osmylus hyalinatus* M'L. くろひげひろばかげろう （新稱）

探集地——札幌附近。

頭は多く黃色、(時に褐色のものあり)。觸角は連鎖狀にして黑色。前胸背も黑色。腹部は褐色にして黃褐色の毛を生ぜり。脚は黃白色。前翅は廣く外線角に於て銳角をなす。翅は透明にして虹色を放てり。翅脈黑く剧前緣脈と徑脈は黃色なり。前翅の中央及翅端に褐色の紋あり。前緣脈の橫脈は枝を有せり。緣紋褐色、後翅は褐紋を有せず、只褐色の緣紋あるのみ。體長五分五厘內外、翅の開張一寸八分內外。

V. Coniopterygidæ　粉蛉蛉科

12. *Coniopterynx abdominalis* MATS. (n. sp.) こなかげろう

探集地——札幌附近、錢函。

觸角は連鎖狀、黃色にして體より長し、黃毛を有せり。前胸極めて短く、二双の翅は殆んど同大。翅は暗色を帶び、翅脈は暗褐色なり、而て橫脈非常に少く緣紋を欠けり。體に白粉を裝ふ。脚は黃色、腿節の末端は褐色、跗節は黃褐なり。札幌附近に多し。體長一分二厘內外、翅の開張三分二厘內外。

VI. Myrmeleonidæ　蚊蛉蛉科

13. *Acanthaclisis moiwanus* MATS. (n. sp.) えぞもほうすばかげろう

探集地——藻岩、定山溪。

體は暗灰色。觸角は黑褐にして棍棒狀を呈し赤褐の輪環あり。顏は黃色。前胸背には三個の廣き橫溝あり。兩側には黃紋あり。翅は透明、翅脈は黃色と黑色との斑をなし、黑紋を散在す。前翅の緣

紋は白色、其内側に黒紋あり。前緣には五角形の細胞ありて二列に
排列す。基部と尖端には此を缺けり。後翅は前翅と同大、白色の緣
紋ありて黒紋なし。胸下に白毛を密生す。腹部斑紋なく。脚は白色
と黒色の長毛を密生し黄色なり。腿節及び脛節の末端幷に跗節は
黒色。爪は褐色。本道珍らしき種類にして本年始めて此を採集せり。
體長一寸一分内外、翅の開張二寸八分内外。

14.　*Myrmeleon formicarius* L.　こうすばかげろう
　探集地――札幌附近、浦河。

　體は灰褐。頭及觸角は黒色、口部黄色、下唇鬚は黒色なり。觸角
基節の大部及基部は黄色、複眼の周圍も亦黄色、前胸背の前兩側は
黄色。翅は透明、翅脈は黄色と黒色の斑をなす。前緣の横脈は黒色、
翅底にあるものは黄色、緣紋黄色、後翅は前翅より遙に細小。第五
腹節より尾端に至る迄各節の後緣は黄色なり。脚は黒色にして轉
節及腿節の基部は黄色なり。體長一寸内外、翅の開張二寸三分内外。

15.　*Myrmeleon nigrivenosus* MATS. (n. sp.)　くろみやくうすばかげろう
　探集地――札幌附近。

　體は黒褐。觸角及顏は黒色、口部は黄色なり。觸角の基部と複眼
の周圍は黄色を呈せり。前翅は透明にして黒色の脈あり。複前緣
脈と脛脈とは黄色なり。緣紋は卵形にして黄褐色なり。後翅は前
翅より稍小、黄褐の緣紋は前翅に比して遙に小形。胸下は黄色。脚
は黒色にして轉節腿節の大部及脛節の基部は黄色なり。體長一寸
四分内外、翅の開張二寸九分内外。

16.　*Glenurus pupillaris* GERST.　ほしうすばかげろう
　探集地――岩内。

　體は暗褐。頭頂は黒色、顏は黄色、觸角は褐色にして黄色の斑あ
り。其末端は黒褐にして膨大す。翅は透明、白色の緣紋あり。翅脈
は互に黄色、後緣の中央に黒色の短かき斜條あり。尙後緣の外緣に
近き處に大なる白色紋あり。後翅は前翅より細小にして後緣の末

端に近く黑色の大紋あり。尙外緣暗色を呈す。腹節の後緣は黃色。
脚は黃白、脛節端及び跗節端は黑色なり。體長一寸一分內外、翅の
開張二寸五分內外。

The species of Neuropterous insects found in Hokkaidō are comparatively
few in number. In the following list, five species seem to be new, and
the descriptions of them will shortly be published by Prof. Dr. S. MATSUMURA.

I.　Sialidæ.

1. *Neuromus grandis* THUNB.
2. *Sialis frequens* MATS. (n. sp.)

II.　Chrysopidæ.

3. *Chrysopa perla* L.
4. *C.　bipunctata* BURM.
5. *C.　septempunctata* WESM.
6. *C.　microcephala* BRAUER ?
7. *C.　intima* M'L.

III.　Hemorobiidæ.

8. *Megalomus punctatus* MATS. (n. sp.)

IV.　Osmylidæ.

9. *Osmylus flavicornis* M'L.
10. *O.　tessellatus* M'L.
11. *O.　hyalinatus* M'L.

V.　Coniopterygidæ.

12. *Coniopteryx abdominalis* MATS. (n. sp.

VI.　Myrmeleonidæ.

13. *Acanthaclisis moiwanus* MATS. (n. sp.)
14. *Myrmeleon formicarius* L.
15. *M.　nigrivenosus* MATS. (n. sp.)
16. *Glenurus pupillaris* GERST.

各種昆布の「ペントーザン」及「メチール、ペントーザン」の含量に就て

鈴 木 審

ON THE AMOUNT OF PENTOSAN AND METHYL-PENTOSAN IN LAMINARIACEÆ.

BY

Y. SUZUKI.

(From the Chemical Laboratory of the Sapporo Agricultural College.)

第 一、 結 論、

「ペントーザン」及「メチール、ペントーザン」は互に相伴ふて植物界に廣く存在するものなるべきは**ウヰットソー**及**トーレンス**兩氏 (WIDTSOE u. TOLLENS—Berlin, Ber. D. chem. Ges. 33. (1900) p. 143) の研究並びに**大島**及**トーレンス**兩氏 (OSHIMA u. TOLLENS—Berlin, Ber. D. chem. Ges. 34. (1901) pp. 1425-1426.) の按出に掛る「メチール、フルフロール」に對する「スペクトル」反應の應用により、愈々明なるに至れり、而して從來の「ペントーザン」の定量法に依りては「ペントーザン」を全く「メチール、ペントーザン」より分離する能はさるの缺點あり。故に其定量なるものは不確實なるを免れざると共に、又「メチール、ペントーザン」を定量し得べき方法なかりし、然るに本年に至り**エレット**及**トーレンス**兩氏 (ELLETT u. TOLLENS—Berlin, Ber. D. chem. Ges. 38. (1905) pp. 492-499.) は「ペントーザン」と「メチール、ペントーザン」と

[Trans. Sapporo Nat. Hist. Soc., vol. I. 1905.]

を全く分離し各々別に定量し得べき方法を公にせり、然りと雖も日
尚ほ遠く未だ之を應用し、各種の植物に就て試驗するに至らず、從
て植物中に於ける「メチール、ペントーザン」の含量に關する吾人の
智識は極めて狹狹なりとす。

　　昆布科植物中に「メチール、ペントーザン」の存在すべきは明にし・
て大島氏(北海道水產調查報告第三號二〇二—二〇三頁)は昆布の加
水分解物中に「フーコーゼ」(Fucose)の存在すべき事を云へり次てミュ
ーヅル及トーレンス兩氏 (MÜTHER u. TOLLENS—Berlin, Ber. D. chem.
Ges. 37 (1904) p. 306) も亦昆布の一種 (*Laminaria digitata*) の加水分解
物に就て硏究し、其內に「フーコーゼ」及葡萄糖の存在を確めたり、余
(札幌農學校卒業論文—明治三十八年六月)は本年大島敎授指導の下
に<u>とろゝこんぶ</u>の成分に關する硏究を行ひ其加水分解物中に「フー
コーゼ」及葡萄糖の存在を證明するを得たり。

　　今玆にエレット及トーレンス兩氏(引照前出)の法に從ひて各種
昆布の「ペントーザン」及「メチール、ペントーザン」を定量せる成績を
報告せんとす。

第　二、　　供　試　品、

　　供試品は先年大島敎授が北海道產各種昆布の成分を試驗せる
際に用ゐしものにして北海道廳水產課に於て探集せるものなり。

第　三、　　試　驗　方　法、

　　粉碎せる試料二瓦を取り「フラスコ」に入れ之に比重一・〇六なる
鹽酸一〇〇立方糎を加へて蒸溜し各十分間に蒸溜液三〇立方糎を
得ると共に更に三〇立方糎の鹽酸を注入し絕えず蒸溜し其蒸溜液
に就て「フルフロール」及「メチール、フルフロール」の存在を認めざるに
至りて止む。

　　「フルフロール」の存在は醋酸アニリンを以て之を檢し「メチール、
フルフロール」の存在は大島及トーレンス兩氏(引照前出)の「スペクト
ル」反應(蒸溜液の五立方糎を取り之に小許の「フロヽグルチン」の鹽酸

溶液と等量の強鹽酸を加へて五分間靜置し生ずるところの「フルフ
ロール、フロ、グルチッド」の沈澱を濾別し其濾液の吸收「スペクトル」を
檢し特有なる黑帶の存否如何を撿す)に因る而して余の試驗に於て
は「フルフロール」は十回目乃至十四回目蒸溜液(一回は三〇立方糎宛)
まで「メチール、フルフロール」は十六回目乃至二十四回目まで存在す
るを認めたり。

　斯くして得たる蒸溜液は「エルレマイエル氏」「フラスコ」に集め「フ
ロ、グルチン」の鹽酸溶液を加入し能く振蕩し之に鹽酸(比重 1.06)を
加へて其總容量五百立方糎とし翌日まで靜置し更に少量の「フロ、
グルチン溶液を加入し沈澱の生ずるや否やを檢し全く沈澱を生ぜ
ざるに於て豫め乾燥秤量せ」るグーチ氏坩堝を用ゐて濾過し一〇〇
乃至一五〇立方糎の水を以て洗滌し百度(攝氏)に於て三時間乾燥し
後秤量す其重量は即ち「フルフロール」及「メチール、フルフロール」の「フロ
、グルチッド」なり。後北「フロ、グルチッド」を入れたる坩堝を小な
る「ビーカー」に入れ之に九五％の酒精一五立方糎を加入し六〇度の
水浴上に於て約一〇分間溫めて後酒精液を濾去し更に之に酒精一
五立方糎を加へ溫めて濾去し濾液の全く帶色せざるに至る迄數回
之を反覆し後一〇〇度に於て二時間乾燥秤量す而して酒精に溶解
せるものは「メチール、フルフロール、フロ、グルチッド」にして不溶
解なるものは「フルフロール、フロ、グルチッド」なり。

　「フロ、グルチッド」の量より「ベントーザン」若しくは「メチール、
ベントーザン」に改算する法式は左の如し。

「フルフロールフロ、グルチッド」より「ベントーザン」に改算する方式

(Ph÷1.82−0.0104)×1.88＝Pentosan.　　＊(Ph の量〇・二瓦以內ノ場合)

(Ph は得たる「フルフロール、フロ、グルチッド」の量)

「メチール、フルフロール、フロ、グルチッド」は先づ「ラムノーゼ」に換
算し更に之に・八を乘じて「メチール、ベントーザン」となす。

$(Ph \times 1.65 - Ph.^2 \ 1.84 + 0.010) = Rhamnose$

$Rhamnose \times .8 = Methylpentosan$

(Ph は得たる メチール、フルフロール、フロ、グルチッドの量)。

第 四、　試験成績、

前記方法に依り得たる試験成績左の如し、但し氣乾物百分中。

(in 100 parts of air-dry substance)

種　　　　　　類		Water.	Pentosan.	Methyl-pentosan.
まこんぶ	Laminaria japonica.	10.97	5.73	1.68
みついしこんぶ	L. angustata.	9.18	6.22	1.53
りしりこんぶ	L. ochotensis.	7.79	6.71	1.46
ながこんぶ	L. longissima.	9.43	5.37	1.66
ほそめこんぶ	L. religiosa.	13.26	6.10	1.79
ねこあしこんぶ	Arthrothamnus bifidus.	8.32	5.50	1.92
とろゝこんぶ	Kjellmanniella gyrata.	10.00	5.57	1.97

無水物百分中に改算せば左の如し。

(in 100 parts of water-free substance)

種　　　　　　類		Pentosan.	Methylpentosan.
まこんぶ	Laminaria japonica.	6.42	1.88
みついしこんぶ	L. angustata.	6.85	1.68
りしりこんぶ	L. ochotensis.	7.27	1.58
ながこんぶ	L. longissima.	5.97	1.83
ほそめこんぶ	L. religiosa.	7.03	2.06
ねこあしこんぶ	Arthrothamnus bifidus.	6.00	2.09
とろゝこんぶ	Kjellmanniella gyrata.	6.19	2.19

以上の表に就て見るに供試各種昆布は何れも「ベントーザン」及

「メチール、ペントーザン」の二者を共有し其含量は種類により大差なきが如し而して「ペントーザン」は「メチールペントーザン」の約三倍乃至四倍にして之をエレツト及トーレンス兩氏(引照前出)の研究による氣乾フークス (Fucus) 中の含量「ペントーザン」六・三三％「メチール、ペントーザン」三・四六％に比すれば「ペントーザン」の量は略同一なるも「メチール、ペントーザン」の量は著しく少きを見る。

終りに、本研究中常に親しく指導せられたる大島教授に謝意を表す。

マ ツ カ リ ヌ プ リ 山 頂 植 物

半 澤 洵

THE ALPINE FLORA OF MT. MAKKARI-NUPURI.

BY

JUN HANZAWA.

Assistant Professor of Botany in Sapporo Agricultural College.

————◆◆◆————

Makkari-nupuri is one of the highest mountains among the Islands of Hok-
kaidō : it is situated between the Provinces of Iburi and Shiribeshi, and lies
in latitude 42° 59'N., the longitude being 149° 48'E. Standing alone with a
truncated conical form on the Kutchan Plain, this dormant volcano presents
an exquisite scene approaching closely that of Mount Fuji ; and on this
account it is also known popularly by the name of the "Yezo Fuji." The
memory of the last eruption lies buried in the depth of the past, and its true
age can not be determined.

It attains the height of 1857 metres and has three extinct craters on its
top. The largest one is situated on the southern portion of the top, and it
is so extensive that it takes about 5 hours to walk around the top of the
crater wall. The crater is almost entirely covered with vegetation and at its
bottom the melted snow forms a large pond having a diameter of 429 feet in
early summer, but its water gradually decreases by evaporation. Among the
plants covering the crater wall almost to the edge of the pond, are found
*Cardamine resedifolia, Carex flavocuspis, Allium lineare, Lilium avenaceum,
Orchis aristata, Polygonum Weyrichii, P. polymorphum* var. *alpinum,
Aquilegia flabellata, Thalictrum aquilegifolium, Arabis amplexicaulis, Parnas-
sia palustris, Geranium erianthum, Empetrum nigrum, Hypericum kamtschati-
cum, Viola Selkirkii, V. crassa, Pieris nana, Phyllodoce taxifolia, Diapensia*

lapponica, Veronica Schmidtiana, Diervilla Middendorffiana, Patrinia sibirica, Solidago Virga-aurea, Artemisia norvegica, Salix Reinii, Stellaria ruscifolia and *Saussurea acuminata.* But the greater part of the crater wall is thickly covered with creeping stems of *Pinus pumila,* and under its entangling branches *Linnæa borealis* is found in abundance. Two other craters are situated to the north of one just mentioned, each having a pond at the bottom. In one of them we found *Juncus curvatus.* Around this pond are found *Potentilla Miyabei, P. gelida, Polygonum polymorphum* var. *alpinum, Pentstemon frutescens* and *Campanula lasiocarpa* which were in full bloom when we visited there. Little lower down there is a small lake called the "Unsen-Ko," which retains drinkable water for a longer time. Fields and slopes around this pond are covered with thick alpine vegetation, rich in species, presenting a beautiful scenery. Here we found *Phyllodoce taxifolia, Artemisia norvegica, Rhododendron chrysanthum, Lilium avenaceum, Rubus japonica, Geranium erianthum, Hypericum kamtschaticum, Diervilla Midden-dorffiana, Sedum Rhodiola* var. *Tashiroi, Parnassia palustris, Solidago Virga-aurea,* etc.

The first botanical collection was made by Mr. T. ISHIKAWA, a geologist to Hokkaidō-chō in September 1893. It was late in season for alpine plants, and most of the specimens collected were from the eastern slope of the mountain. In 1895 Mr. K. TOTSU, then a student in Sapporo Agricultural College, accompanied a scientific party for meteological observations and stayed nearly a month from July to August on the top of the mountain making observations and collecting plants on the summit. A list comprising 46 alpine plants thus collected by Mr. TOTSU was published in the "Report of the Meteological Observations on Makkari-nupuri."

In 1905 the Yezo Fuji Ascending Club was organized by the people of Kutchan and a pass was opened up to the summit making the ascent tolerably easy.

On August 6th, 1905, Prof. MIYABE and myself together with many students ascended the mountain and passed a night on the top making as complete a collection as possible by exploring different parts of the craters.

Our collection as well as those of Messrs. ISHIKAWA and TOTSU are all preserved in the Herbarium of Sapporo Agricultural College. The following is a list of the alpine plants of Makkari-nupuri, based on these collections, which we believe fairly represent the character of its vegetation.

　マツカリヌプリは北海道膽振國虻田郡に在り、北緯四十二度五十分、東經百四十度四十八分に位し、其形富嶽に似たるを以て蝦夷富士と稱せらる。高さ六千百有餘尺にして、北海道山嶽中最高の一なり。其噴火の年代遠くして詳かに之れを知る事かたく、今は全く死火山にして、植物は其噴火口內にも生ず。頂上より拾七町即ち約四千四百尺の所にて、ダケカンバ絕え、ハヒマツ帶となり、五千四百尺の所より美なる高山植物の生茂を見る。頂上には三個の噴火口と一個の小湖とありて最大なる噴火口は、最南高所にあり、口壁を一周するには約五時間を要すといふ、深さ百餘尺、積雪は融けて湖水となり、夏期に至れは全く消失す、予等が登山せし時は水の大部は蒸發し去りて僅かに直徑五六間の潴水を殘し、其西北側には一面に開花中のミヤマクロスゲを見たり。此附近及び口壁の所々岩石の露出して濕氣を帶べる所には、イハナヅナの遲ればせに咲けるあり。浸水部以上にはチシマラツキヤウ、イハハタザホ、ヒメミヤマスミレ、タカネスミレ、シコタンハコベ、カラマツサウ、オダマキ、ウメバチサウ、ウコンウツギ、アキノキリンサウ、サマニヨモギ、イハヤキヤウ、コノハウガザクラ、エゾツガザクラ、イハウメ、ミヤマヒメトラノワ、ウラジロタデ、イハブクロ、ミヤマヤナギ、ガンカウラン、ハクサンチドリ、クルマユリ等を生じ、此より口壁の頂上に至るまて(西方の一部を除き)ハヒマツ織るが如くに生じ、其匍匐せる枝の陰には、姿やさしきリンネサウの數多咲き出てたる、思はず採集に時を過さしむ。他の二個の噴火口は最大なるものの北に位し、其內最小のものの底部には小些の水ありて、此にエゾホソキを密生す故に之れをゐぐさの池と命名す、此の池の附近にメアカンキンバイ、ミヤマキンバイ、イハブクロ、イハキキヤウ、チシマキンレイクワ、ホソバオンタデ等を生ず。最北のものの池中に一個の大岩あり、上にイハウメを簇生す。この北側に位して美なる小湖あり名つけて雲泉湖といふ、長時水を湛え、登山者初めて渴を癒するの所たり。其

附近には<u>ウコンウツギ</u>、<u>キバナシヤクナゲ</u>、<u>サマニヨモギ</u>、<u>アキノ</u><u>キリンサウ</u>、等の黄花を附くるあり、或は<u>エゾツガザクラ</u>、<u>チシマ</u><u>フウロ</u>、の紅紫花を綴るあり、或は<u>ウメバチサウ</u>の白花を有する等、美なる高山植物の密に生茂して、疲勞せる登山者をして覺えず快哉を絶叫せしむ、御花畠の名あり、このあたりに、<u>イハベンケイ</u>、<u>シラネアフヒ</u>、<u>カラマツサウ</u>、<u>イハオドギリ</u>、<u>マルバシモツケ</u>、<u>ゴエ</u><u>フイチゴ</u>等を生ず。雲泉湖より噴火口に登る途中に<u>エーランタイ</u>、<u>ハナゴケ</u>、<u>オヤマリンダウ</u>、<u>コケモモ</u>等の生茂するを見たり。

　札幌農學校腊葉室に貯藏しある蝦夷富士植物の探集者は、石川貞治氏と戸澤高知氏にして、石川氏は明治二十六年九月下旬登山して十八種の高山植物を探集し、戸澤氏は其後二年を經て高山氣象觀測者に從ひ行き、滯在約一ケ月(七月より八月)、植物を探集すること四十六種、其の種名は載せてマツカリヌプリ氣象觀測記にあり。

　本夏倶知安村民、蝦夷富士登山會なるものを組織し、山道を開きて登山に便にす、依つて八月六日富部博士并びに札幌農學校學生生徒十數名と共に登山し、山頂に一泊して植物の探集をなせり。此行によりて得たる山頂植物は七十四種にして新たに<u>マツカリヌプリ</u>高山植物誌に加ふへきものは<u>ヨブスマサウ</u>、<u>タカネアザミ</u>(新稱)、<u>マ</u><u>ルバヒレアザミ</u>、<u>カウゾリナ</u>、<u>リンネサウ</u>、<u>オホバノヨツバムグラ</u>、<u>オヤマリンダウ</u>、<u>イハヒゲ</u>、<u>イブキゼリ</u>、<u>オホカサモチ</u>、<u>タカネス</u><u>ミレ</u>、<u>ヒメミヤマスミレ</u>、<u>ミヤマカタバミ</u>、<u>メアカンキンバイ</u>、<u>ウメ</u><u>バチサウ</u>、<u>シラネアフヒ</u>、<u>オダマキ</u>、<u>シコタンハコベ</u>、<u>マヒヅルサウ</u>、<u>チシマラツキヤウ</u>、<u>クルマユリ</u>、<u>エゾホツキ</u>、<u>ミヤマスズメノヒエ</u>、<u>ハリスゲ</u>、<u>タカネヌカボ</u>、<u>コメススキ</u>、<u>キンスゲ</u>、等なりとす。此の內<u>タカネアザミ</u>は本邦に於て初めて發見せられたるものにして大噴火口東方の口壁に生長せり。

　今予等が採集せる標本、并びに石川、戸澤、池田の三氏が蒐集せられたる標本によりて、該山山頂植物を列舉すれば、次の如し。

マツカリヌプリ 山頂植物目録

A LIST OF PLANTS GROWING ON THE SUMMIT OF MAKKARI-NUPURI.

Compositæ.　菊　科。

1. *Solidago Virga-aurea* L.　アキノキリンサウ、

    ISHIKAWA (lf., Sept. 23. 1893); TOTSU (fl., July 30. 1895); MIYABE & HANZAWA (fl., Aug. 6. 1905).

2. *Artemisia norvegica* Fr.　サマニヨモギ、

    ISH. (lf.); TOTSU (fl.); M. & H. (fl.).

3. *Cacalia hastata* L.　ロブスマサウ、

    M. & H. (fl.).

4. *Saussurea acuminata* Turcz.　タカネアザミ、

    M. & H. (fl.).

    此種は本邦に於て始めて發見せられたるものにて、頂上大噴火口の口壁に生せり、丈けは 5-15 cm にして莖葉共に蜘蛛樣の白毛を以て掩はる、葉は橢圓狀又は卵狀拔針形にして、下葉は長柄を有し、上葉は無柄なり。花序は聚撒狀にして、4-8 個の頭花の集合よりなり、總苞片は外部のものは卵狀拔針形にして先端尖り、內部のものは拔針形又は長拔針形にして先端尖れり。

5. *Circium kamtschaticum* Ledeb. var. *Grayanum* Maxim.　マルバヒレアザミ、

    M. & H. (fl.).

6. *Picris hieracioides* L. var. *japonica* Regel.　カウゾリナ、

    M. & H. (fl.).

Campanulaceæ.　桔梗科。

7. *Campanula lasiocarpa* Cham.　イハギキヤウ、

    TOTSU (fl., July 25. 1895); M. & H. (fl.).

Valerianaceæ.　敗醤科｡

8. *Patrinia sibirica* Juss.　チ シ マ キ ン レ イ ク ワ、タ カ ネ ヲ ミ ナ ヘ シ、

TOTSU (fl., July 30. 1895)；M. KAWASAKI (fl., July 20.、1905)；M. & H. (fl.).

此種はマツカリヌプリ氣象觀測記に *Patrinia rupestris* とし て記載されしが、右は石川貞次氏が明治二十四年八月千島國擇 捉にて採集せるチシマキンレイクワと同一種にして、其標本の 不完全なりし爲め *P. rupestris* と假定せしによるものにして、今 回多數の完全なる標本を得之れを調べしに、牧野氏が植物學雜 誌第十九卷第二百二十四號に記載されし如く *P. sibirica* なる ことを知れり｡

Caprifoliaceæ.　忍冬科｡

9. *Linnæa borealis* Gronov.　リ ン ネ サ ウ、メ オ ド バ ナ、エ ゾ ア リ ド ウ レ、

M. & H. (fl.).

10. *Diervilla Middendorffiana* Carr.　ウ コ ン ウ ツ ギ、

TOTSU (fl., July 30. 1895)；M. & H. (fl. & fr.).

Rubiaceæ.　茜草科｡

11. *Galium kamtschaticum* Stell.　オ ホ バ ノ ヨ ツ バ ム グ ラ、

M. & H. (fr.).

Scrophulariaceæ.　玄參科｡

12. *Pentstemon frutescens* Lamb.　イ ハ ブ ク ロ、タ ル マ イ サ ウ、

TOTSU (fl., July. 30. 1895)；M. & H. (fl.).

13. *Veronica Schmidtiana* Reg.　ミ ヤ マ ヒ メ ト ラ ノ ヲ、

TOTSU (fl., July 30. 1895)；M. & H. (fl.).

Gentianaceæ.　龍膽科｡

14. *Gentiana triflora* Pall.　オ ヤ マ リ ン ダ ウ、

M. & H. (bud).

15. *Gentiana Amarella* L. var. *uliginosa* **Griseb.** ヲノヘリンダウ、
   K. IKEDA (fl., Aug. 13. 1905).

Diapensaceæ.   岩梅科。.

16. *Diapensia lapponica* L. var. *asiatica* **Herd.** イハウメ、
   ISH. (lf.); TOTSU (fl., July 15. 1895); M. & H. (fl. & fr.).

Vacciniaceæ.   越橘科。

17. *Vaccinium Vitis-Idæa* L. コケ.モモ、
   ISH. (fr.); TOTSU (fl., July 30..1895); M. & H. (fl. & fr.).

18. *Vaccinium ovalifolium* **Smith.** クロウスゴ、
   TOTSU (fl., July 15. 1895).

Ericaceæ.   石南科。

19. *Ledum palustre* L. var. *dilatatum* **Wahl.** イソツヽジ、エゾレヤクナゲ.
   ISH. (fl.); TOTSU (bud, July 15. 1895); M. & H. (fr.).

20. *Rhododendron chrysanthum* **Pall.** キバナノレヤクナゲ、
   ISH. (fl.); TOTSU (fl., July 15. 1895); M. & H. (fl.).

21. *Phyllodoce taxifolia* **Salisb.** エゾツガザクラ、
   ISH. (fl.); TOTSU (fl., July 15. 1895); M. KAWASAKI (fl., July 20.
   1905); M. & H. (fl.).

園藝新聞第三號に於て牧野氏は日本産ツガザクラ屬の品
種中 *Phyllodoce taxifolia* **Salisb.** にエゾツガザクラの新名を附し内
地産のツガザクラを *Phyllodoce nipponica* **Mak.** となし之れを區別
せり。

22. *Cassiope lycopodioides* **Don.** イハヒゲ、
   M. & H. (fr.).

23. *Pieris nana* **Mak.** コメバツガザクラ、
   ISH. (fl.); TOTSU (fl., July 15. 1895); M. & H. (fr.).

Cornaceæ.   山茱萸科。

24. *Cornus canadensis* L. ゴゼンタチバナ、.
   ISH. (lf.); TOTSU (fl., July 30. 1895); M. & H. (fl.).

Umbelliferæ.　繖形科。

25. *Carum holopetalum* **Maxim.**　イ ブ キ ゼ リ、
    M. & H. (fl.).

26. *Pleurospermum austriacum* **Hoffm.**　オ ホ カ サ モ チ、
    M. & H. (fl.).

Oenotheraceæ.　柳葉菜科。

27. *Circaea alpina* **L.**　ミ ヤ マ タ ニ タ ヅ、
    K. IKEDA (fl., Aug. 16. 1905).

Violaceæ.　菫菜科。

28. *Viola Selkirkii* **Gold.**　ヒ メ ミ ヤ マ ス ミ レ、
    M. & H. (lf.).

29. *Viola crassa* **Mak.**　タ カ ネ ス ミ レ、
    M. & H. (fr.).

Guttiferæ.　金絲桃科。

30. *Hypericum kamtschaticum* **Ledeb.**　イ ハ オ ド ギ リ、
    ISH. (fl. & fr.);　TOTSU (as *H. erectum.*—bud, July 30. 1895);　**M. &**
    H. (fl.).

Empetraceæ.　岩高蘭科。

31. *Empetrum nigrum* **L.**　ガ ン カ ウ ラ ン、
    ISH. (lf.);　TOTSU (lf., July 30. 1895);　M. & H. (fl.).

Oxalidaceæ.　酢漿草科。

32. *Oxalis Acetosella* **L.**　ミ ヤ マ カ タ バ ミ、
    M. & H. (fl.).

Geraniaceæ.　風露草科。

33. *Geranium erianthum* **DC.**　チ シ マ フ ウ ロ、
    TOTSU (fl., July 12. 1895);　M. & H. (fl.).

Rosaceæ.　薔薇科。

34. *Spiræa betulifolia* **Pall.**　マ ル バ シ モ ツ ケ、
    TOTSU (fl., July 30. 1895);　M. & H. (fl.).

35.　*Pirus sambucifolia* Cham. et Schl.　タカネナヽカマド、ミヤマナヽカマド、
　　TOTSU (fl., July 15. 1895).

36.　*Rubus japonicus* Fock.　ゴ丄フイチゴ、
　　TOTSU (fl., July 25. 1895)；　M. & H. (fl.).

37.　*Potentilla gelida* C. A. Mey.　ミヤマキンバイ、
　　TOTSU (fl., July 25. 1895)；　M. & H. (fl.).

38.　*Potentilla Miyabei* Mak.　メアカン・キンバイ、
　　M. & H. (fl.).

Saxifrageae.　虎耳草科。

39.　*Parnassia palustris* L.　ウメバチサウ、
　　M. & H. (fl.).

Crassulaceæ.　景天科。

40.　*Sedum Rhodiola* DC. var. *Tashiroi* Fr. et Sav.　イハベンケイ、イハ
　　キリンサウ、
　　TOTSU (fl., July 15. 1895)；　M. & H. (fl. & fr.).

Cruciferæ.　十字花科。

41.　*Cardamine resedifolia* L.　ミヤマタネツケバナ、イハナヅナ、
　　TOTSU (fl. & fr., July 30. 1895)；　M. & H. (fl. & fr.).

42.　*Arabis amplexicaulis* Edgew.　イハハタザホ、
　　ISH. (lf.)；　TOTSU (fl., July 15. 1895)；　M. & H. (fr.).

Ranunculaceæ.　毛茛科。

43.　*Glaucidium palmatum* S. et Z.　シラネアフヒ、
　　M. & H. (fr.).

44.　*Aquilegia flabellata* S. et Z.　ワダマキ、
　　M. & H. (fl.).

45.　*Anemone debilis* Fisch.　ヒメイチゲ、
　　TOTSU (fl. & fr., July 15. 1895)；　M. & H. (fr.).

46. *Clematis alpina* **Mill.** ミ ヤ マ ハ ン シ ヤ ウ ヅ ル、

TOTSU (fl., Aug. 2. 1895); M. & H. (fr.).

47. *Thalictrum aquilegifolium* **L.** カ ラ マ ツ サ ウ、

TOTSU (fl., July 25. 1895); M. & H. (fl.).

Caryophyllaceæ. 石竹科。

48. *Stellaria ruscifolia* **Willd.** レ コ タ ン ハ コ ベ、

M. & H. (fl.).

Polygonaceæ. 蓼 科。

49. *Polygonum polymorphum* **Ledeb.** var. *alpinum* **Ledeb.** ホ ソ バ オ ン タ デ、

TOTSU (fl., July 30. 1895); M. & H. (fl.).

50. *Polygonum Weyrichii* **Fr. Schm.** ウ ラ ジ ロ タ デ、

ISH. (lf.); TOTSU (fl., July 30. 1895); M. & H. (fl.).

Salicaceæ. 楊柳科。

51. *Salix Reinii* **Fr.** et **Sav.** ミ ヤ マ ヤ ナ ギ、

TOTSU (fl., July 15-20. 1895); M. & H. (fr.).

Orchidaceæ. 蘭 科。

52. *Orchis aristata* **Fisch.** ハ ク サ ン チ ド リ、

TOTSU (fl., July 30. 1895); M. & H. (fl.).

Liliaceæ. 百合科。

53. *Majanthemum bifolium* **DC.** var. *kamtschaticum* **Trautv.** et **Mey.** マ ヒ ヅ ル サ ウ、

M. & H. (fl.).

54. *Allium lineare* **L.** チ シ マ ラ ツ キ ヤ ウ、

M. & H. (fl.).

55. *Lilium avenaccum* **Fisch.** ク ル マ ユ リ、

M. & H. (fl.).

Juncaceæ. 燈心草科。

56. *Juncus curvatus* **Buch.** エ ゾ ホ ソ キ、

M. & H. (fr.).

57. *Luzula campestris* DC. var. *multiflora* Celak. ミヤマスズメノヒエ、
    M. & H. (fr.).

Cyperaceæ.   莎草科。

58. *Carex Onoei* Fr. et Sav. ハリスゲ、
    M. & H. (fr.).

59. *Carex flavocuspis* Fr. et Sav. ミヤマクロスゲ、
    TOTSU (fl., July 30. 1895); M. & H. (fl.).

60. *Carex scabrinervia* Franch.
    ISH. (lf.); M. & H. (fl.).

61. *Carex pyrenaica* Wahl. キンスゲ、
    M. & H. (fl.).

Graminæ.   禾本科。

62. *Agrostis canina* L. タカネヌカボ、
    M. & H. (fl.).

63. *Deschampsia flexuosa* Trin. コメススキ、
    M. & H. (fl.).

Pinaceæ.   松柏科。

64. *Pinus pumila* Regel. ハヒマツ、
    ISH. (fl.); TOTSU (lf., July 30, 1895); M. & H. (fr.).

Lycopodiaceæ.   石松科。

65. *Lycopodium alpinum* L. ミヤマヒカゲノガヅラ、
    ISH. (lf.); TOTSU (lf., July 15. 1895); M. & H. (sp.).

66. *Lycopodium Selago* L. コスギラン、
    ISH. (lf.); TOTSU (lf., July 15. 1895); M. & H. (sp.).

Musci.   蘚苔類。

67. *Sphagnum Girgensohnii* Russ. ホソバミヅゴケ、
    TOTSU (July 30. 1895); M. & H.

68. *Polytrichum contortum* Lesq. スギゴケノ一種、
    ISH.; M. & H.

69. *Polytrichum gracile* **Dicks.** スヤゴケノ一種、

　　　Totsu (July 30. 1895); M. & H.

70. *Hypnum crista-castruense* **L.** クジャクゴケ、

　　　Totsu (July 30. 1895); M. & H.

71. *Hylocomium triquetrum* (**L.**) **Br.** オホフサゴケ、

　　　Ish.; Totsu (July 30. 1895); M. & H.

72. *Climacium rutheniacum* (**Weinm.**) **Lindb.** ホウライサウ、

　　　Ish.; M. & H.

Lichens.　　地衣類。

73. *Cetraria islandica* (**L.**) **Ach.** エーランタイ、イスランドゴケ、ヤ

　　マツノマタ、

　　　Totsu (July 30. 1895); M. & H.

74. *Cladonia rangiferina* **Web.** ハナゴケ、

　　　Totsu (July 30. 1895); M. & H.

75. *Cladonia gracilis* (**L.**) **Nyl.**

　　　Totsu (July 30. 1895); M. & H.

76. *Cladonia furcata* **Hoffm.**

　　　Totsu (July 30. 1895); M. & H.

77. *Sticta pulmonacea* **Ach.** カブトゴケ、

　　　Totsu (July 30. 1895); M. & H.

　　　Dec. 15. 1905.

　附記。——本論文の印刷中、粟野宗太郎氏は植物學雜誌第九巻第
二百二十七號に於て、昨年七月十三日并びに八月二十四日の兩度に
登山して採集せられたる マツカリヌプリ 山の植物九十六種を發表
せられたり。内山頂植物として舉げられしものは四十六種にして、
其の内 *Aquilegia akitensis* **Hettb.** ミヤマヲダマキ; *Astilbe chinensis*

Maxim. var. *japonica* Maxim. アハモリシヤウマ、幷びに *Taraxacum officinale* Web. var. *latidum* Maxim. タカネタンポポ、の三種は全く予等が探集に洩れたるものと思考せらる、然れども *Carex macrochaeta* C. A. Mey. ミヤマタヌキラン、*Carex Buxbaumi* Wahl. チシマスゲ、*Salix arctica* Pall. チシマヤナギ、*Thalictrum tuberiferum* Maxim. ミヤマカラマツ、*Cotyledon malacophylla* Pall. var. *japonica* Fr. et Sav. イハレンゲ、*Gentiana auriculata* Pall. チシマリンドウ、*Saussurea Reideri* Herd! の七種は本論文に記載せるものと或は同物異名にあらざるかとの疑あり、今暫く此に記載して後日の確證を待つ。

————▷◁————

マツ、カ、リ、ヌブリ 探集昆蟲類

素木得一 及 岡本半次郎

INSECTS COLLECTED ON MT. MAKKARI-NUPURI.

BY

T. Shiraki and H. Okamoto.

　明治三十八年八月六日、余等相携へ昆蟲探集の目的を以て、蝦
夷富士登山を試む。同山は本名をマツカリヌブリと云ひ北海道、膽
振國、俱知安原頭に聳え、高六千一百二十九尺。其形恰も富嶽の如
く、四時秀麗、亦以て吾人が平常の臠を慰むるに足るものあり。故
に北海道鐵道開通以來、觀光登山の客頗る多しといふ。然れども昆
蟲探集の目的を以てするもの、余等自ら先鞭者と稱するを憚らざる
なり。是を以て勇氣と希望とは胸間に充ち、前夜俱知安餠村の睡夢
亦安からざるものありき。

　此日我校植物學敎授、富部理學博士、同助敎授、半澤農學士を初
めとし、學生々徒諸君の同行せらるゝあり、爲めに諸般の便宜を得
たるは、深く感謝に堪えざる所なり。

　登山の日、中腹にして雨に遭ひ、山顛に露宿す。夜半風雨來り、
翌日下山に際して益々甚だしく、爲めに探集物の少なかりしは大に
遺憾とする所なり。

　探集昆蟲にして殊に珍らしきものは、LEPIDOPTERA (鱗翅目) 中
蛾類の Boarmia 屬の一種、HYMENOPTERA (膜翅目) 中 Siricidæ (樹蜂
科) の Sirex 屬の二種、COLEOPTERA (鞘翅目) 中 Elateridæ (叩頭蟲科)

の一種、MECOPTERA (蠍蟲目) 中 Panorpidæ (擧尾蟲科) の *Panorpa* 屬の一種等にして、何れも余等の研究によれば、恐らくは新種として世に紹介すべき價値あるものと信ず。然れども已上の各科に就ては未だ充分の研究結果なきを以て、暫らく疑問として擧ぐ。採集類中 *Pidorus remota* WK. しろしたほたるが 及 *Arichanna jaguaria* G'N へうもんえだしやくの如きは、此行によりて本道にも產するものなるを確め得たり。而して雨中探集したるものなれば、破損せるもの頗る多く、一々記載する能はざるものあり。其他種名の明かならざるものは唯だ sp. を其屬名の下に記することゝせり。

　余等の認めたる中、最も多きは DIPTERA (双翅目) にして、之れに次くものは HYMENOPTERA (膜翅目) なるが如し。而して山頂にありては COLEOPTERA (鞘翅目) 中、Cerambicidæ (天牛科) の *Mesosa japonica* BAT. 及び (LEPIDOPTERA (鱗翅目) 中 Geometridæ (尺蠖蛾科) の) *Boarmia* sp. の二種類の外、Psyllidæ (葉蝨科) の *Psylla* sp. のみなりき。*Mesosa japonica* BAT. は本道至る處に存在し、且つ此の如き高山の頂上にも產せるを發見したるは其分布上大いに趣味ある事を感じたり。

　マツカリヌプリに產する昆蟲の多少は今の探集品のみにより判定すること能はざるは勿論なりと雖も其數は比較的多からざるが如し。

　本稿を草するに當り鐵村博士に負ふ處甚だ大なり、これ余等が深く謝する處なり。又た本稿は精査の間暇なかりし爲め、或は多少の誤謬なきを保し難し。讀者、之を諒せよ。

I. ODONATA. 蜻蛉目.

1. Aeschnidæ. 蜻蜓科.

Anatogaster Sieboldii SELY.　をにやんま・

Gynacantha sp.

II. EUPLEXOPTERA. 畾翅目.

1. Forficuldæ. 蠼螋科.

Forficula tomis, KOLEN. くぎぬきはさみびし·

III. ORTHOPTERA. 直翅目.

1. Acrididæ. 蝗蟲科.

Podisma alpina KOLL. あしまだらいなご·

Tettix sp.

2. Locustidæ. 螽斯科.

Decticus japonicus BOLIV. いぶきぎす·

Phaneroptera nigroantennata BRUN. つゆむし·

IV. RHYNCHOTA. 有吻目.

A. *HOMOPTERA.* 同翅亞目.

a. DIMERA. 二節類.

1. Psyllidæ. 蝨蚤科.

Psylla sp.

b. TRIMERA. 三節類.

1. Jassidæ. 浮塵子科.

Epiacanthus straminea MOTSCH.

Epiacanthus guttigera UHL. くわきよこばい·

Phlepsius Ishidæ MATS. りんごまだらよこばい·

Selenocephalus elongatus MATS.

2. Cercopidæ. 沫吹蟲科·

Peuceptyelus nigroscutellatus MATS.

Aphrophora costalis MATS. まへきあはふき·

Aphrophora intermedia UHL. しろとびあはふき·

Aphrophora putealis MATS.　ひめしろをびあわよき.

　　　　3.　Membracidæ.　角蟬科.

Tricentrus flavipes UHL.　つのぜみ.

　　　　4.　Cicadidæ.　蟬　科.

Cicada bihamata MOTSCH.　こ ± ぜ せ み.

B.　*HETEROPTERA*.　異翅亞目.

　　　　a.　GEOCORES.　陸椿類.

　　　　I.　Pentatomidæ.　椿象科.

Carbula humerigera UHL.　とげかめむし.

Elasmucha Putori SCOTT.　:　.

Elasmucha sp.

Elasmostethus Scotti, KENT.

Elasmostethus sp.

　　　　2.　Capsidæ.　盲椿象科.

Deræocoris pallidus HORV.

Deræocoris sp.

V.　MECOPTERA.　嫩蟲目.

　　　　I.　Panorpidæ.　蝎尾蟲科.

Panorpa sp.

VI.　LEPIDOPTERA.　鱗翅目.

A.　*RHOPALOCERA*.　蝶亞目.

　　　　I.　Papilionidæ.　鳳蝶科.

Papilio bianor Cram. var. *Maackii* MÉN.　みやまからすばあげは.

Papilio xuthus L.　あげはのてふ.

2. Pieridæ. 粉蝶科.

Picris rapæ L. もんしろてふ.

Pieris napi L. すぢくろてふ.

Colias hyale L. もんきてふ.

3. Nymphalidæ. 蛺蝶科.

Araschnia levana L. var. *prorsa* L. あかまだら.

Vanessa Urticæ L. ひめひゝどし.

Vanessa xanthomelas L. ひゝどし.

Vanessa io L. くじやくてふ.

Lethe callipteris BUTL. ひめきまだらひかげ.

Neope Gaschkewitschii MÉN. きまだらひかげ.

Pararge (Pronophila) Schrenckii MÉN. ゝほひかげ.

4. Lycænidæ. 小灰蝶科.

Zephyrus Orientalis MURR. ゝほみどりしじみ.

5. Hesperidæ. 挵蝶科.

Parnara jansonis BUTL. みやまちやばねせゝり.

Thanaos (Nisoniades) montanus BREM. みやませゝり.

B. *HETEROCERA.* 蛾亞目.

1. Arctidæ. 燈蛾科.

Miltochrista gratiosa GUER. こけが.

Spilosoma (Dionychopius) niveus MÉN. しろひとり.

Lithosia griscola HB. きしたほそば.

2. Zygaenidæ. 斑蛾科.

Pidorus (Laurion) remota WK. しろしたほたるが.

3. Lymantridæ. 毒蛾科.

Lymantria disper L. まいまいが.

4. Geometridæ. 尺蛾科.

Acidaria steganioides BUTL.　ふたなみとびひめしやく.

Arichanna jaguaria GUEN.　へうもんえだしやく.

Boarmia sp.

VII. DIPTERA. 双翅目.

1. Muscidæ. 家蠅科.

Eggisoncura formosa WIED.　べつこうばい.

Eggizoneura sp.

2. Syrphidæ. 食蚜蠅科.

Sericomyia borealis FALL.　まほしまはなあぶ.

Eristalis tenax L.　はなあぶ.

Chrysochlamys sp.

3. Asilidæ. 食蟲虻科.

Laphria Mitsukurii COQ.　まほいしあぶ.

Laphria sp.

4. Tabanidæ. 虻科.

Tabanus chrysurus LOEW,　あかうしあぶ.

5. Bibionidæ. 毛蠅科.

Bibio japonica MOTSCH.　やまけばい.

VIII. COLEOPTERA. 鞘翅目.

1. Coccinellidæ. 瓢蟲科.

Ptychanatis axyrydis PALL.　てんとうむし.

Coccinella 7-punctata L.　ないほしてんとう.

2. Chrysomelidæ. 金花蟲科.

Chrysomela guttata GEBL.　はつかはむし.

Chrysomela sp.

3. Cerambicidæ. 天牛科.

Prionus insularis MOTSCH.　のこぎりかみきり.

Megasemum quadricostulatum KRAAT.　おほくろかみきり.

Leptura ochraceofasciata MOTSCH.　はなかみきり.

Leptura succedanea LEW.　あかはなかみきり.

Leptura granulata BAT.　おほはなかみきり.

Chloridolum thaliodes BAT.　るりかみきり.

Rosalia Batesi HAR.　るりぼしかみきり.

Monochammus fraudator BAT.　びろうどかみきり.

Monochammus luxuriosus BAT.　せんのかみきり.

Mesosa japonica BAT.　まだらかみきり.

Mesosa longipennis BAT.　ひげながまだらかみきり.

Mesosa hirsuta BAT.　ひめまだらかみきり.

Apalimna liturata BAT.　ひげながほしかみきり.

Acanthocinus oppositus CHEVR.　ひげながもんかみきり.

4. Curculionidæ. 象鼻蟲科.

Hylobius transversoguttata GOEZ.

5. Oedemeridæ. 擬天牛科.

Xanthochroa Waterhousei HAR.　るりかみきりだまし.

6. Tenebrionidæ. 偽歩行蟲科.

Plesiophtalmus æneus MOTSCH.　きまはり.

Plesiophtalmus nigratus MOTSCH.　くろきまはり.

7. Cantharidæ. 螢科.

Dictyopterus atrorufus KIES.　くろすぢほたる.

Carphurus plagiatus KIES.

Podabrus macilentus KIES.

8. Elateridæ. 叩頭蟲科.

Elater rubridorsus LEW.　あかこめつき.

Melanotus sp.

Athous sp.

Athous sp.

9. Scarabidæ.　　金龜子科.

Geotrupes lævistriatus MOTSCH.　　せんちこがね.

Popilia japonica NEW.　　まめこがね.

Anomala testaceipes MOTSCH.　　きあしこがね.

Trichius japonicus JANS.　　とらはなむぐり.

Heptophylla picea MOTSCH.　　きいろこがね.

10. Platyceridæ.　　鍬形蟲科.

Macrodorcus rectus MOTSCH.　　くはがたむし.

Macrodorcus striatipennis MOTSCH.　　ひめくはがたむし.

Macrodorcus rubrofemoratus SN. v. VOLLENII.　　あかあしくはがた.

11. Silphidæ.　　埋葬蟲科.

Parasilpha perforata GEBL.　　ひらたしでむし.

12. Carabidæ.　　歩行蟲科.

Carabus arborcus LEW.　　くろをさむし.

Damaster rugipennis MOTSCH.　　えぞまいまいかぶり.

Dolichus halensis SCHALL.　　せあかごみむし.

Pterostichus Thunbergii MOR.　　ながごみむし.

Anisodactylus signatus ILLIG.　　ごみむし.

IX.　HYMENOPTERA.　　膜翅目.

A. *TEREBRANTIA.*　　有錐亞目.

a. PHYTOPHAGA.　　食葉羣.

1. Siricidæ.　　樹蜂科.

Sirex sp.

Sirex sp.

b. **ENTOMOPHAGA.**　食蟲類.

1. **Ichneumonidæ.**　姫蜂科.

Mesostenus sp.

Rhyssa sp.

Hemephialtes sp.

Ophion pungens SMITH.　よとうひめばち·

Pansicus sp.

Pimpla sp.

2. **Braconidæ.**　小繭蜂科.

Bracon sp.

B.　*ACULEATA.*　有劍亞目.

1. **Formicidæ.**　蟻　科.

Formica fusca L. var *nipponensis* FOR.

2. **Vespidæ.**　胡蜂科.

Vespa cingulata MOCZ.　ぢばち·

札幌農學校昆蟲學敎室に於て。

RÉSUMÉ.

On the 6th of August, 1905, we ascended, for the purpose of collecting insects, Mt. Makkari-nupuri, an extinct volcano rising to about 6200 feet above the sea-level. As we were probably the first entomologists who ever climbed this high peak, it was expected that some interesting species would certainly be found there. But to our great regret, the day was stormy, and so perilous that it was quite unfavourable for such an undertaking. Nevertheless, we were so fortunate as to be able to collect, those enumerated in the foregoing pages, —a goodly number of specimens – among which are included some new species, as we believe. Full accounts of these are, however, omitted in the present paper as it is hoped to describe them elsewhere. At present, we can only remark that *Pidorus* (*Laurion*) *remota* WK. and *Arichanna jaguaria* G'N. are the species which are, together with the new species, looked upon as new aditions to the insect-fauna of Hokkaidō.

————▶◀————

本 會 記 事

（明治二十四年より三十八年まで）

MINUTES OF MEETINGS.

(1891—1905.)

創 立 會 及 總 集 會

本會は創立以來年を閲すること十有五、其創立及ひ總集會に就きては數多の事項ありと雖も、茲に煩を厭ひて其大要を掲ぐるに止む。總集會の會場は皆札幌農學校教室に於てせるが故に一々之を記さず。

創立會 本會は動物學、植物學、人類學、地學を研究し、殊に北海道に關する事項を調査するを以て目的とし、明治二十四年一月八日、石川貞治、橋本左五郎、德淵永治郎、橫山壯次郎、高橋良直、村越鉄之助、野澤俊次郎、小田切粂三郎、小川二郎、黑澤良平、松村松年、小寺甲子二、南鷹次郎、宮部金吾、神保小虎、相山清利、須藤義衛門、吉村喜一郎の十八名、札幌農學校に集會して之を創立し、規則を編成し、役員を選舉せり、役員の當選は會長宮部金吾君、會計小寺甲子二君、書記黑澤良平君、小田切粂三郎君なり。

第一總集會 明治二十四年十二月十九日開會。庶務會計の報告、規則の改正、役員の改選あり、役員の當選は會長神保小虎君、會計德淵永次郎君、書記村越鉄之助君、菊地捍君なり。

第二總集會 明治二十五年十二月十日開會。庶務會計の報告、役員の改選あり、役員の當選は會長宮部金吾君、會計橋本左五郎君、

書記出田新君、松村松年君なり。

　第三總集會　明治二十六年十二月九日開會。庶務會計の報告、役員の改選あり、役員の當選は會長宮部金吾君、會計小寺甲子二君、書記西谷清二郎君、川上瀧彌君なり。

　第四總集會　明治二十八年一月十九日開會。庶務會計の報告、役員の改選あり、役員の當選は會長宮部金吾君、會計德淵永治郎君、書記高橋良直君、平塚直治君なり。

　第五總集會　明治二十八年十二月二十一日開會。庶務會計の報告、役員の改選あり、役員の當選は會長宮部金吾君、會計大島金太郎君、書記松村松年君、川上瀧彌君なり。

　第六總集會　明治二十九年十二月十九日開會。庶務會計の報告、役員の改選あり、役員の當選は會長宮部金吾君、會計小寺甲子二君、書記高橋良直君、山田玄太郎君なり。

　第七總集會　明治三十年十二月四日開會。庶務會計の報告、役員の改選あり、當選は會長宮部金吾君、會計原十太君、書記西田藤次君、半澤洵君なり。又札幌附近植物目錄編纂の事を議決し會長の指名を以て德淵永次郎、川上瀧彌、半澤洵の三君に該編纂を委任す。

　第八總集會　明治三十一年十二月十日開會。庶務會計の報告、規則の改正、役員の改選となす、役員の當選は會長宮部金吾君、會計原十太君、書記川上瀧彌君、西田藤次君なり。

　第九總集會　明治三十二年十二月二十三日開會。庶務會計の報告、役員の改選をなす、當選は會長宮部金吾君、會計原十太君、書記川上瀧彌君、半澤洵君なり。

　第十總集會　明治三十四年一月十九日開會。庶務會計の報告、役員の改選をなし、移て懇親會を開く、役員の當選は會長原十太君、會計新島善直君、書記山田玄太郎君、半澤洵君なり。

　第十一總集會　明治三十四年十二月二十一日開會。庶務會計の報告、役員の改選あり、當選は會長宮部金吾君、會計山田玄太郎

君、書記半澤洵君、三宅勉君なり。

　　第十二總集會　明治三十五年十二月二十九日開會。庶務會計の報告、役員の改選をなす、當選は會長宮部金吾君、會計山田玄太郎君、書記半澤洵君、三宅勉君なり。

　　第十三總集會　明治三十七年二月六日開會。庶務會計の報告、役員の改選をなし、又報告編纂の事を議決す、役員の當選は會長宮部金吾君、編纂委員大島金太郎君、松村松年君、會計石田昌人君、書記三宅勉君、河內完治君なり。

　　第十四總集會　明治三十八年一月二十一日開會。庶務會計の報告、役員の改選をなす、當選は會長宮部金吾君、會計半澤洵君、書記河內完治君、素木得一君、編纂委員は會長の指名を以て入田三郎、河野常吉、河內完治の三君と定む。

　　第十五總集會　明治三十八年十二月二十三日開會。庶務會計及び會報第一卷編纂に關する報告、會則の改正、役員の改選をなす、當選は會長宮部金吾君、通信書記大島金太郎君、幹事書記松村松年君、會計半澤洵君とし、又會長の指名により編輯委員入田三郎君、河野常吉君、圖書委員半澤洵君、書記補助素木得一君、鈴木力治君、末光績君と定む。

月 次 會 及 演 題

　　月次會は札幌農學校敎室內に於て之を開き、事務の報告及び講話をなすを例とし、又臨時適宜の場所を選び、公開演說をなしたることあり。今詳細の記事を略し開會の年月日及び演題のみを揭ぐ。

明治二十四年

第一回月次會　一月七日

千島蝦色丹島の話	横 山 壯 夫 郎
尼鯣牲の尾の構造	野 澤 俊 夫 郎
トド區の話	宮 部 金 吾

第二回月次會　二月二十一日

エゾシロネの話	德 淵 永 夫 郎
寄生虫	須 藤 義 衞 門
十勝原野四匠の地質	横 山 壯 夫 郎
北海道の鮭	野 澤 俊 夫 郎

第三回月次會　三月二十八日

擇捉島の地勢及び地質	石 川 貞 治
北海道の樹木及び其頒布	船 山 淸 利
地質調査と土性調査	榊 保 小 虎

浮遊子に就て　　　　　　松　村　松　年

明治三十七年

第百十四回月次會　　二月六日

昆蟲の異形變態　　　　　松　村　松　年

納豆のバクテリア　　　　橋　本　左　五　郎

第百十五回月次會　　四月九日

夢泗中の炭酸に就て　　　藤　田　昌

千島占守島の植物に就て　宮　部　金　吾

第百十六回月次會　　五月二十八日

莚の病害に就て　　　　　高　橋　其　直

ダルビシャー氏本邦産コマネヅミと歐洲

産ハツカネヅミとの變態に關する研究に

就て　　　　　　　　　　原　　十　　太

第百十七回月次會　　十月十五日

熊本縣五家庄の昆蟲採集談　松　村　松　年

日本産ヤツメウナギの話　入　田　三　郎

第百十八回月次會　　十一月二十六日

桑樹枝條枯死の原因に就て　三　宅　勉

樺太漁業の沿革　　　　　河　野　常　吉

明治三十八年

第百十九回月次會　　一月二十一日

北アラスカ探檢談　　　　古　川　松　柏

第百二十回月次會　　三月十一日

害蟲の發生と驅除豫防法　石　田　昌　A

水中の昆蟲牛翅類に就て　松　村　松　年

第百二十一回月次會　　四月廿二日

零夢の話　　　　　　　　高　橋　其　直

木噴蟲に就て　　　　　　新　島　善　直

第百二十二回月次會　　六月十七日

エゾマツの心材腐蝕病害に就て　河　內　宪　治

燈心の成分に關する研究概報　大　島　金　太　郎

鮭の卵とヤツメの卵との發生に就て

　　　　　　　　　　　　入　田　三　郎

第百二十三回月次會　　九月三日

ヤン蜒の蛹時代に於ける變化に就て

　　　　　　　　　　　　三　宅　恆　方

本年札幌附近に於て發見せる寄生蟲に

就て　　　　　　　　　　高　橋　其　直

第百二十四回月次會　　十一月十一日

本邦産熱帶地方昆蟲に就て　松　村　松　年

泥炭に就て　　　　　　　時　任　一　彥

第百二十五回月次會　　十二月廿三日

樺太談　　　　　　　　　和　田　謙　三

札幌博物學會規則

CONSTITUTION OF THE SAPPORO NATURAL HISTORY SOCIETY.

（明治三十八年十二月二十三日改正）

第一章　名稱

第一條　本會を札幌博物學會と稱す

第二章　目的

第一條　本會の目的は動物學植物學人類學及び地學の諸學科を研究するにあり

第三章　會員

第一條　會員を分ちて名譽會員正會員准會員とす

第二條　名譽會員は第二章第一條の學科に功績ある學者より推薦するものとす

第三條　正會員は第二章第一條の學科若しくは之に密接の關係ある學科を専攻するものたるべし

第四條　准會員は第二章第一條の學科に篤志のものたるべし

第五條　正會員は役員の撰舉被撰舉及び會務を評議するの權を有す

第六條　准會員は役員撰舉の權を有す

第七條　會員は本會所藏の圖書を借覽することを得

第四章　入會及び退會

第一條　名譽會員は總會に於て出席正會員三分の二以上の同

意を以て之を撰擧す

　　第二條　正會員として入會せんと欲するものは正會員二名の
紹介を以て本會に申込むべし

　　第三條　准會員として入會せんと欲するものは正會員一名の
紹介を以て本會に申込むべし

　　第四條　入會の申込ありたるときは例會に於て正會員出席者
多數の決議により其諾否を決するものとす

　　第五條　准會員より正會員に轉ぜんと欲するものは新に入會
するものと同一の順序を經べきものとす

　　第六條　退會せんと欲するものは書類を以て本會に屆け出づ
べし

　　第七條　會員にして本會の名譽に係はるが如き汚行あるもの
は總會出席員三分の二以上の決議を以て之を除名す

　　　　第五章　役員

　　第一條　本會は役員として會長一名書記二名會計一名編輯委
員二名及び圖書委員一名を置く

　　第二條　役員は毎年一月の總會に於て無記名投票により之を
撰擧す但し編輯委員及び圖書委員は投票に據らず會長の指名によ
りて就任するものとす

　　第三條　役員事故ありて辭任したるときは會長の指名に依る
ものゝ外臨時總會を開き之を撰擧す

　　第四條　會長は書記補助として准會員中に二名以上を指名す
ることを得

　　第五條　役員の任期は滿一ケ年として毎年二月一日より始ま
り翌年一月三十一日に終る

　　第六條　會長は本會の事務を總理し又本會を代表して諸般の
事務を行ふ

　　第七條　書記は通信書記と錄事書記とし通信書記は内外の通

信を掌り錄事書記は會の記錄其他の事務を掌る

　　　第八條　會計は金錢の出納を掌る

　　　第九條　編輯委員は會報の編纂及び發行の事務を掌る

　　　第十條　圖書委員は圖書の管理整理及び借覽の事務を掌る

　　　　　第六章　集會

　　　第一條　集會を分ちて總會及び例會の二とす

　　　第二條　例會は七八兩月を除き每月一回之を開き第二章第一條に揭ぐる諸學科に就き談話講演をなすものとす

　　　第三條　總會は每年一月例會に續き之を開き會務の報告役員の撰舉をなし又會務を評議す

　　　第四條　會長必要ありと認むるとき又は正會員五名以上の諸求あるときは臨時總會を開くものとす

　　　　　第七章　會費

　　　第一條　正會員の會費は一ケ年金三圓准會費の會費は金壹圓貳拾錢とす但し會費は一月五月及び九月の三回に分納する事を得

　　　第二條　正會員にして一時に金参拾圓を即納したるものは會費を要せず終身正會員たることを得

　　　　　第八章　會報

　　　第一條　本會は本會記事及び學術硏究報文等を揭げたる會報を發行す

　　　第二條　會報は邦文若しくは歐文を用ゆ

　　　第三條　會報は每年二回若しくは二回以上發兌し一年を一卷とす

　　　第四條　會報は凡て會員に各一部宛無代價を以て之を頒つ

　　　第五條　會費を納めざるものには會報の發送を停止す

　　　　　第九章　資產及び經費

　　　第一條　本會の資產は現在正會員の共有とし正會員の資格消滅と同時に其權利消滅す

第二條　本會の資産は會計之を保管し會長之を監督す

第三條　本會の經費は會費基本財産より生じたる利子及び雜收入を以て支辨し其剩餘金は役員會の決議を經て本會の基本財産に編入す

第四條　前條の剩餘金及び有志の指定に係はる寄附金品を以て本會の基本財産とす

第五條　本會基本財産の管理方法は總會出席者三分の二以上の同意を以て之を處理す

第十章　雜則

第一條　本會規則に關する細則は別に之を定む

第二條　本會規則の改正は總會出席者三分の二以上の同意を以て決す

役　　員 （明治三十九年）

OFFICERS FOR 1906.

———◆◆———

| 會　　頭 | President. |
| 宮　部　金　吾 | KINGO MIYABÉ. |

| 通　信　書　記 | Corresponding Secretary. |
| 大　島　金．太　郞. | KINTARO OSHIMA. |

| 綠　事　書　記 | Recording Secretary. |
| 松　村　松　年 | SHŌNEN MATSUMURA. |

| 會計及圖書委員 | Treasurer and Librarian. |
| 半　澤　洵 | JUN HANZAWA. |

編　輯　委　員	Publishing Committee.
八　田　三　郞	SABURO HATTA.
河　野　常　吉	TSUNEKICHI KONO.

札幌博物學會會員名簿

（明治三十八年十二月廿三日現在）

LIST OF MEMBERS.

安藤 乙次郎（農學士）　神奈川縣足柄下郡久野村舟ケ原、

有元 新太郎　⅙ Proctor Arboretum, Topsfield, Mass., U. S. A.

淺井 郁太郎（理學士）　文部省圖書審査官、東京麴町區平河町五丁目三七、

JOHN BATCHELOR, Rev., (F. R. G. S.)　札幌區北三條西七丁目、

伊達 直知　宮城縣立農學校助教諭、

藤井 欽吾　三重縣農事試驗場技手、

藤田 昌（農學士）　札幌麥酒會社技師、

半澤 洵（農學士）　札幌農學校助教授、

原 十太（理學士）　學習院教授、東京牛込市ケ谷加賀町二丁目二番地、

橋本 左五郎（農學士）　札幌農學校教授、札幌區北九條西五丁目、

八田 三郎　札幌農學校教授、札幌區南一條西九丁目、

平沼 みか　札幌高等女學校教諭、

平塚 直治（農學士）．　石狩國札幌郡新琴似製線所長、

出田 新（農學士）　大阪府立農學校教諭、大阪市南區天王寺南河堀町、

飯塚 幸四郎（農學士）　群馬縣館林町八二〇、

池 田　金 則　　後志國小樽中學校敎諭、

石 田　晶 人　　熊本縣立農學校敎諭、

石 川　貞 治（農學士）　鑛農商議館長、インターナショナル、オイ
　　　　　　　　　　　ル、コンパニイ顧問、札幌區北一條西五丁目、

一 色　藤之助　　北海道拓殖銀行員、札幌區北一條西七丁目三番
　　　　　　　　　　地脇屋方、

伊 藤　腐 撰（農學士）　北海道農會副會頭、石狩國夕張郡角田村
　　　　　　　　　　字旭台、

伊 藤　誠 哉　　札幌農學校學生、

神 保　小 虎（理學士、理學博士）　東京帝國大學理科大學敎授、

角 田　啓 司（農學士）　福岡縣技師兼林業巡回敎師、福岡縣筑紫
　　　　　　　　　　郡住吉村大字住吉千七百五十八番地、

笠 原　十 司（農學士）　札幌麥酒會社技師、

柏 井　德 一（農學士）　青森縣北津輕郡立農學校長、青森縣北津
　　　　　　　　　　輕郡五所川原町、

加 藤　忠 治（農學士）　千葉縣立茂原農學校長、

河 田　　力（農學士）　山形縣立村山農學校敎諭、

川 上　瀧 彌（農學士）　臺灣總督府民政部殖産局農商課技師兼農
　　　　　　　　　　事試驗場技師兼臨時臺灣糖務局技師、

河 瀬　春太郎　　妙華園主、東京府荏原郡南品川町字三ツ木三十
　　　　　　　　　番地、

菊 地　　樺（農學士）　岩手縣技師兼農事試驗場長、

菊 池　譓 彌（農學士）　愛媛縣立農學校敎諭、

菊 地　幸次郎（農學士）　千葉縣立茂原農學校敎諭、

木 下　韙 道（農藝化學士）　栃木縣立農學校長兼農事試驗場長、

河 內　宪 治（農學士）　東京帝國大學農科大學林學科介補、

小 寺　甲子二（農學士）　長野縣立長野中學校長、

近 藤　金 吾　　札幌農學校植物學助手、

河　野　常　吉　　北海道廳囑托、札幌區北一條西七丁目、

黒　澤　晨　平（農學士）　福岡縣立福岡農學校敎諭、

松　村　松　年（農學士、理學博士）　札幌農學校敎授、札幌區南五
　　　　　　　　　條西入丁目、

南　　鷹次郎（農學士、農學博士）　札幌農學校敎授兼農事部長、札
　　　　　　　　　幌區北三條西一丁目、

三　橋　信　次　　札幌農學校昆蟲學助手、

三　浦　道　哉　　札幌農學校學生、

三　浦　慶太郎　　札幌農學校學生、

宮　部　金　吾（農學士、理學博士、S. D.）　札幌農學校敎授兼植物
　　　　　　　　　園長、札幌區北三條西二丁目、

宮　城　鑄　夫　　札幌農學校學生、

三　宅　　勉（農學士）　札幌區北八條東一丁目、

村　總　鉄之助（農學士）　山口縣立鐵山中學校敎諭、

村　田　庄次郎　　札幌農學校助敎授、

永　田　方　正　　函館區遺愛女學校敎諭、

根　岸　元　吉　　札幌農學校生徒、

新　島　善　直（林學士）　札幌農學校敎授、

西　谷　清次郎（農學士）　島根縣農林學校敎諭、

西　田　鷹　次（農學士）　農商務省農事試驗場技師熊本支場在勤、

西　田　彩　三　　石狩國札幌郡廣島村小學校訓導、

野　澤　俊次郎（農學士）　北海道廳技師、水產課長、札幌區大通西
　　　　　　　　　七丁目南側、

沼　田　正　直（農學士）　岐阜縣農學校敎諭、

小田切榮三郎（農學士）　御料局技師、釧路國川上郡弟子屈村御料
　　　　　　　　　局出張所長、

小　川　二　郎（農學士）　札幌興農園長、札幌區北十條西一丁目、

小　川　貟五郎（農學士）　後志國島牧郡永豐村

岡本 半次郎　札幌農學校學生、

大島 金太郎 (農學士)　札幌農學校敎授兼北海道農事試驗場長、
　　　　　　　　札幌區北八條西五丁目、

齋藤 傳五郎　御料局技師、 伊勢國度會郡字治山田町度會事務
　　　　　　　　所長、

佐々 茂雄 (農學士)　後志國嶋島郡北海道水產試驗場技師、

佐々木 和策 (林學士)　御料局技師、本局在勤、

瀨川 安之助　札幌農學校學生、

千石 興太郎 (農學士)　嶋根縣農會技師、

素木 得一　札幌農學校學生、

宍戸 乙熊 (林學士)　札幌農學校敎授、

荘司 萬六　北海道師範學校敎諭、札幌區北三條西十四丁目、

菅沼 市藏 (理學士)　仙臺第二高等學校敎授、

樋山 淸利 (農學士)　東京市本鄉區新花町九十七番地、

永光 績　札幌農學校學生、

鈴木 力治　札幌農學校學生、

鈴木 茂次 (林學士)　下野國足尾郡足尾銅山林業課技師、

鈴木 率 (農學士)　北海道廳立水產學校敎諭幷札幌農學校囑
　　　　　　　　托講師、

高橋 守義　札幌中學校敎諭、

高橋 夏直 (農學士)　北海道農事試驗場技師、

瀧澤 みち　岐阜縣立岐阜高等女學校敎諭、

時任 一彥 (農學士)　札幌農學校敎授、札幌區北十條西五丁目、

德潤 永治郎　嶋根縣農林學校敎諭、

戸津 高知 (農學士)　北海中學校敎諭、

渡邊 乙彥　東京美術學校生徒、

山田 玄太郎 (農學士)　盛岡高等農林學校敎授、盛岡市上田小路、

山田 はる　札幌高等女學校敎諭、

山 田　秀 雄（農學士）　　熊本縣立阿蘇農業學校長、

梁 田　　撫（農學士）　　新潟縣高田郡立農學校敎諭、

檜 山　莊 次 郎（農學士）　　臺灣總督府民政部殖産局農商課技師、臺
　　　　　　　　　　　北南門街二丁目第二瀧官舍、

吉 田　顯 三（農學士）　　臺灣總督府農事試驗場囑托、

吉 村　喜 一 郎（農學士）　　靜岡縣立靜岡中學校敎諭、

結 城　庄 八（農學士）　　山形縣立庄內農學校敎諭、

明治三十九年六月五日印刷

明治三十九年六月十日發行

賣捌所　北海道札幌區南一條西二丁目

　　　　富貴堂書店

賣捌所　東京市日本橋區通二丁目十八番地

　　　　裳華房書店

發行所　石狩國札幌區札幌農學校

　　　　札幌博物學會

印刷所　東京市牛込區市ケ谷加賀町一丁目十二番地

　　　　株式會社秀英舍第一工塲

印刷者　東京市日本橋區通二丁目十八番地

　　　　芳野兵作

編輯發行者兼　石狩國札幌區北一條西七丁目三番地

　　　　河野常吉

TRANSACTIONS

OF THE

SAPPORO NATURAL HISTORY SOCIETY

FOUNDED IN 1891

VOL. I. PART II.

札 幌 博 物 學 會 會 報

明 治 二 十 四 年 創 立

第 壹 卷 · 第 貳 號

札 幌 博 物 學 會 印 行

明治三十八年——三十九年

PUBLISHED BY THE SAPPORO NATURAL HISTORY SOCIETY,
SAPPORO, JAPAN.

1905—1906.

NOTICE.

An annual volume of the Transactions from the next year
will be published in two or more parts.

All communications should be addressed to the Corresponding
Secretary of the Sapporo Natural History Society in Sapporo
Agricultural College, Sapporo, Japan.

注　意

本 會 會 報 は 次 年 度 よ り 毎 年 貳 冊 若 し く は 二
冊 以 上 を 發 行 し 以 て 壹 卷 と す.

本 會 に 對 す る 總 て の 寄 信 は 札 幌 農 學 校 內 札
幌 博 物 學 會 通 信 幹 事 に 宛 て 發 送 せ ら る べ し.

ほっぶ の 新 病 原 菌
ベロノブラズモバラ ヒユーミユリー に就て

宮　部　金　吾

高　橋　良　直

A NEW DISEASE OF THE HOP-VINE CAUSED BY PERONOPLASMOPARA HUMULI N. SP.

BY

KINGO MIYABE, SD., *Rigakuhakushi*.

Professor of Botany in the Sapporo Agricultural College.

AND

YOSHINAO TAKAHASHI, *Nogakushi*.

Botanist to the Hokkaido Agricultural Experiment Station, Sapporo.

It was in the early summer of 1905 that our attention was first drawn to a diseased appearance of the leaves of the cultivated hop-vines in the experimental plat of the Hokkaido Agricultural Experiment Station in Sapporo. An examination showed at once that it was due to a kind of downy mildew, having a close affinity to that of cucumber. Our interest was naturally aroused leading us to inquire into the extent of the damage done in other hop fields about Sapporo, and also into its occurrence on the wild hop, which is not uncommon in this vicinity, as well as in other districts in northern Japan.

In the hop-field belonging to the Sapporo Brewery Company a careful search was made on June 15th this year, and we found the mildew to have already begun to spread to an alarming extent throughout the field. A portion of the field adjoining the place where the hop-vines were collected and burnt the previous autumn was very badly attacked. The lower leaves of the vine were at that time most infected, but the disease had already spread to some of the upper leaves. Judging from the extent to which the fungus had spread in the field, we may safely infer, that the disease had existed there for many years without drawing attention.

[Trans. Sap. Nat. Hist. Soc, Vol. I. Part 2]

Messrs. **S. Fujita** and **J. Kasahara** of the Company struck with the seriousness of the case at once took active measures to combat the disease. By thoroughly spraying with the Bordeaux mixture and by systematic picking of the affected leaves, they were able to prevent the spread of the disease for the rest of the year.

The fungus in question seems to be peculiar to Japan, as there are no records of the occurrence of the downy mildew on the hop-vines either in Europe or America, for such a destructive parasite on such an important crop is scarcely likely to have passed unnoticed there.

In August of 1905, Mr. **J. Hanzawa,** an assistant professor of botany in the Sapporo Agricultural College, found on the wild hop-vine, *Humulus Lupulus* L. var. *cordifolius* Maxim. the same fungus at Zenibako about 12 miles from Sapporo. At about the same time, Prof. **G. Yamada** of the Morioka Agricultural and Dendrological High School also collected the same parasite on the same host in the vicinity of Morioka in Northern Honshū. These facts prove beyond doubt, that the mildew fungus is indigenous to this country growing on the wild hop-vine, and has recently found a more congenial host in the cultivated hop-vines introduced from America and Europe.

The diseased leaves show at first small yellowish spots limited by the veinlets and scattered irregularly over their surface. Finally these spots become confluent often forming large irregular brownish or dark brown patches. On the undersurface of the leaf at the discolored portion is formed a thick downy growth, which is whitish at first but later turns to dark gray. The leaves having large affected spots along their margin or midrib show occasionally conspicuous bullations in the adjoining green portion of the blade.

From two to five conidiophores spring out of a stoma. Their length is variable, ranging from 200 to 460 μ, sometimes attaining even 600 μ. They are slightly swollen at the base; and their average diameter at about the middle is 6-7 μ. The first branching takes place at about 2/3 or 3/4 from the base. The branch system is 5-6 times dichotomous and rather spreading; and its ultimate branches are either straight or slightly curved inwards or occasionally outwards, tapering to a blunt point.

Conidia are broad elliptical or obovate, 22-26 μ long and 15-18 μ broad, of a light smoky color, and with a lighter colored or colorless blunt apical papilla (1.5-2 μ in height and 4 μ in breadth). The thickened septum of the conidium often remains as a short papilla at its base, but generally it dissolves away when it is mounted in water. The germination takes place in about three or four hours. The contents break up into about eight zoospores, which escape through an opening formed at the apical papilla. The zoospores are kidney-shaped with two cilia attached to its lateral side. .

The oospores are formed in abundance in the mesophyll of the discolored spots. They are spherical, smooth, 28–34 μ in diameter, and light brownish in color. The wall of the oogonium is persistent and loosely surrounding the oospore. The diameter of the oogonium is about 40 μ.

This fungus with its dichotomously branched conidiophores and with its conidia germinating by zoospores shares the characters of two genera *Peronospora* and *Plasmopara*, and may form an intermediate genus together with the downy mildew fungi of cucumber and *Celtis*. In 1901, **Berlese**[1] created a new subgenus, *Peronoplasmopara*, in the genus *Plasmopara* and placed under it *Peronospora cubensis* Berk. et Curt. and *Peronospora Celtidis* Waite. **Rostowzew**[2] reported in 1903 a detailed account of his study on different species of the Peronosporaceae, but especially on *Peronospora cubensis* B. et C., on which he founded a new genus *Pseudoperonospora*, apparently without knowing the above mentioned work of **Berlese**.

In 1904, **Clinton**[3] made a critical study of the cucumber mildew and came to a similar conclusion in regard to the recognition of its generic position. But regarding **Berlese**'s subgenus, *Peronoplasmopara*, because of priority of publication, and also because it was given definite descriptive characters, as deserving preference over **Rostowzew**'s rather indefinite *Pseudoperonospora*, **Clinton** elevated *Peronoplasmopara* to generic rank and included under it two species,—*Peronoplasmopara cubensis* (B. et C.) Clint., and *Peronoplasmopara Celtidis* (Waite) Clint.

In the present paper, we have adapted **Clinton**'s view and named our fungus *Peronoplasmopara Humuli* Myb. et Tak., thus adding another species to this interesting genus.

In this connection, it may be interesting to know, that *Peronoplasmopara Celtidis* is also found in Japan on *Celtis sinensis*. It was collected by Mr. **K. Yoshino** in the Province of Echigo in 1903. The specimen was sent to one of us for determination, and it was proved to correspond exactly with the descriptions and figures of *Peronospora Celtidis* Waite.[4]

An apparently rare species *Peronospora cannabina* Otth parasitic on the leaves

1. **Berlese, A. N.** *Plasmopara cubensis* (B. et C.). Riv. Pat. Veg. Vol. 9. p. 123-6. 1901.
2. **Rostowzew, S. J.**, Beiträge zur Kenntnis der Peronosporeen. Flora. Bd. 92. p. 405-430. 1903.
3. **Clinton, G. P.**, Downy mildew, or Blight, *Peronoplasmopara cubensis* (B. & C.) Clint., of Musk Melons and Cucumbers, Report of the Conn. Agric. Exp. Stat. for the Year 1904. p. 329-362. 1905.
4. **Waite, M. B.**, Description of Two New Species of Peronospora, Journ. of Mycology. Vol. VII. p. 105-109. Pl. XVIII. 1892.

of *Cannabis sativa*, was also recently found in this country by Mr. **T. Goto** in the Province of Shimotsuke. The fungus was first found in Switzerland, and described by **Otth**[1] in 1868, and later by **Massalongo**[2] in Italy. Unfortunately, the original papers of these authors are not accessible here, and we cannot tell whether the germination of its conidia was determined or not. At any rate, we hope we shall be able to settle the question duing the next season, and thereby may possibly be able to add another species to the genus under consideration.

Let us here enumerate the species of *Peronoplasmopara* in Japan, giving its hosts and distribution.

1. **Peronoplasmopara cubensis** (B. et C.) Clint.

      Syn.   *Peronospora cubensis* B. et C.

              Plasmopara cubensis Humph.

              Pseudoperonospora cubensis Rostow.

    Hosts and Distrib. On *Cucumis sativus* L.

    Hokkaidō. Prov. Ishikari : **K. Miyabe**, 1890, 1891 ; **E. Tokubuchi**, 1894 ; **G. Kurosawa**, 1895 ; **T. Miyagi**, 1905.   Prov. Kitami : **K. Miyabe**, 1894.   Prov. Teshio : **K. Miyabe**, 1894.

    Honshū. Prov. Musashi : **Y. Tanaka, K. Tamari**, 1888 ; **S. Hori**, 1895 ; **K. Shirai**, 1896; **K. Miyabe**, 1897 ; **N. Nambu**, 1899 ; **T. Nishida, G. Yamada**, 1900. Prov. Rikuchū : **G. Yamada**, 1904.   Prov. Uzen : **G. Yamada**, 1901.   Prov. Echigo : **K. Yoshino**, 1903.   Prov. Mino : **E. Tokubuchi**, 1898.   Prov. Ise : **E. Tokubuchi**, 1898.

    Kyushū. Prov. Higo : **K. Yoshino**, 1905.

    On *Cucumis Melo* L.

    Honshū. Prov. Musashi : **K. Tamari**, 1888 ; **N. Nambu**, 1897 ; **S. Hori**, 1900. Prov. Kōzuke ; **K. Tamari**, 1888.

    Kyushū. Prov. Higo : **K. Yoshino**, 1905.

    On *Cucumis Melo* L. var. *Conomon* Mak.

    Honshū. Prov. Musashi : **T. Nishida**, 1900.

    On *Cucurbita Pepo* L.

    Honshū. Prov. Musashi : **Y. Tanaka**, 1888 ; **S. Hori**, 1901.

    On *Cucurbita maxima* Duch.

    Honshū. Prov. Musashi : **N. Nambu**, 1899.

---

1. **Otth,** Mitteil. d. Naturf. Gesell. in Bern. 1868. p. 63.—Hedwigia. Bd. 35. Repertorium. p. XXII. 1896.

2. **Massalongo, C.,** La Peronospora della Canapa. Agricoltore Ferrarese. 1898. c. tab.—Saccardo, Sylloge Fung. Vol. XIV. p. 460.

2. Peronoplasmopara Celtidis (Waite) Clint.

Syn.   *Peronospora Celtidis* Waite.

Plasmopara Celtidis Berl.

Hosts and Distrib.   On *Celtis sinensis* Pers.

Honshū.   Prov. Echigo : Fukudo-mura, **K. Yoshino**, Oct. 10, 1903.

3. Peronoplasmopara Humuli Myb. et Tak. n. sp.

Spots, small, irregular, limited by nerves, scattered or confluent forming large irregular patches, at first yellowish, then brownish   Conidiophores 2-5 from a stoma, 200-460 μ long, 6-7 μ wide, 5-6 times dichotomous, rather spreading ; the first branch at about 2/3 to 3/4 from the base; the ultimate branches straight, slightly arcuate or sometimes deflexed, tapering to a blunt point.   Conidia, broad elliptical or obovate, 22-26 μ × 15-18 μ, of light smoky color, with blunt apical papilla, and germinating by zoospores.   Oospores, spherical, smooth, 25-40 μ in diameter, and light brownish.

Hosts and Distrib.   On the leaves of *Humulus Lupulus* L. (cult).

Hokkaidō.   Prov. Ishikari : at the experimental fields of the Hokkaidō Agricultural Experiment Station, Sapporo, **Y. Takahashi**, July, 3, 1905 ; **K. Miyabe**, July 29. 1905.   Hop-fields belonging to the Sapporo Brewery Company, Sapporo, **K. Miyabe**, June 15, 1906.

On *Humulus Lupulus* L. var, *cordifolius* Maxim. (wild).

Hokkaidō.   Prov. Shiribeshi, at Zenibako. **J. Hanzawa**, Aug. 1905.

Honshū.   Prov. Rikuchū, at Morioka, **G. Yamada**, July 1905.

Dec. 20, 1906.

摘　　要

歐米に於ては ホップ (*Humulus Lupulus* L.) を侵害する菌類少なからざれども未だ之れに寄生する露菌 (Peronosporaceae) あるを聞かず。然るに昨年來北海道農事試驗場 (札幌) のホップ園は一種の露菌に害せられ、又大日本麥酒會社札幌支場のホップ園に於ても本年之れが發生を認め其害少々にあらざりき。猶農學士半澤洵氏は昨年八月後志國錢凾に於て、又之れと殆んど同時に農學士山田玉太郎

氏は陸中國盛岡附近に於て、何れも此菌の野生ホップ即ち カラハ
ナサウ (*H. Lupulus* T. var. *cordifolius* Maxim.) に寄生せるものを採集
せられたり。それによりて之れを觀れば、本菌は從來野生ホップに
寄生して生存せる本邦固有の露菌にして、偶々舶來種ホップの栽
植せらるゝに及び之れに傳播せしものなるや疑なし。余等は此菌
を一新種と認定し、*Peronoplasmopara Humuli* と命名したり。

　本病の發生期は六月初旬にして、黄色の病斑は被害葉の上面に
現はれ、始めは其形小にし葉脈を以て限られ箇々孤立するも、後に
は互に癒合して褐色の大病斑となる。又病斑部の下面には軟毛狀
の叢を生じ、其色始め白色なるも後には暗灰色に變ず。

　擔子梗は二乃至五本づゝ葉の下面の氣孔より簇生して上記の
如き軟毛狀の叢を爲し、五乃至六回二股狀に分岐す。分生胞子は廣
楕圓又は倒卵形にして、淡黑色を呈し其上端に乳房狀突起あり。分
生胞子を水に投ずれば三、四時間にして發芽す。即ち其内容は分裂
して八箇内外の游走子となり、胞子の上端に生ぜる孔より脱出す。
游走子は腎臟形にして、其凹側に二本の纖毛を具ふ。本菌は又卵
胞子を有す。卵胞子は葉の被害部の葉肉中に生じ、球形にして平
滑なる面を有し、微かに褐色を帶ぶ。造卵器の膜は緩かに卵胞子
を圍繞し永存す。

　Peronoplasmopara 屬の特徴は、其擔子梗二股狀に分岐し (*Pero-
nospora* に於けるが如く)、而して其分生胞子は游走子を生ずる (*Plas-
mopara* に於けるが如し) に在り。此 *Peronoplasmopara* 屬たるや、往年
A. N. Berlese 氏がキウリの露菌とエノキの露菌 (*Peronospora Celtidis*
Waite) を收容せんが爲めに *Plasmopara* の亞屬として設定したるも
のにして、近年 **G. P. Clinton** 氏は其位置を引上げて獨立の一屬と爲
し、キウリの露菌を *Peronoplasmopara cubensis* (B. et C.) Clint. と改稱
せり之れより先 **S. J. Rostowzew** 氏もキウリの露菌を以て一箇の獨
立屬と爲し、*Pseudoperonospora* てふ新屬を設けたるも、氏は其特徴

を截然説示せざりき。蓋し氏は Berlese 氏の亞屬あるを知らざりし
ものヽに似たり。故に余等も Clinton 氏の説に同意して *Peronoplas-*
mopara を採り、*Pseudoperonospora* を以て之れが異名と爲す。

　　Peronoplasmopara Celtidis (Waite) Clint. も亦本邦に產す。即ち吉野
穀一氏は數年前に越後に於てこれを探集せられたり。

　　之れを要するに現今 *Peronoplasmopara* に屬するもの三種あり、
何れも本邦に存在す。即ち、

　　　1.　*Peronoplasmopara cubensis* (B. et C.) Clint.

　　　　　異名 { *Peronospora cubensis* B. et C.
　　　　　　　Plasmopara cubensis (B. et C.) Humph.
　　　　　　　Pseudoperonospora cubensis (B. et C.) Rostow.

　　キウリの外、水瓜、南瓜等に寄生す。本邦各地に普通っ

　　　2.　*Peronoplasmopara Celtidis* (Waite) Clint.

　　　　　異名 { *Peronospora Celtidis* Waite.
　　　　　　　Plasmopara Celtidis (Waite) Berl.

　　エノキに寄生す。探集地一越後(吉野穀一氏、明治三十六年)。

　　　3.　*Peronoplasmopara Humuli* Myb. et Tak. nov. sp.

　　　　　　舶來種ホツプ及び野生ホツプ(カラハナサウ)に寄
　　　　　　生す。

　　　　　　探集地一札幌(但し舶來種ホツプに寄生せるもの)、
　　　　　　後志國錢凾(但しカラハナサウに寄生せるもの、半
　　　　　　澤洵氏、明治三十八年) 陸中國盛岡(仝上、山田玄太
　　　　　　郎氏仝上)。

　　本病害は『ボルドー』合劑の撒布によりて豫防するを得べし。大
日本麥酒會社の札幌に於けるホツプ園にては、本年其被害を認む
るや直に全園に之れが撒布を行ひ好成蹟を得たり。

　　　　　　　　　　　　　　　　　　(明治三十九年十二月二十日)

日 本 産 ひ し ば っ た 類.

素 木 得 一

DIE TETTIGIDEN JAPANS.

VON

T. SHIRAKI.

(Aus dem Entomolabolatorium der Landwirthschaftlichen Hochschule zu Sapporo.)

Die bis jetzt mir bekannt gewordenen Tettigiden Japans sind sehr wenig. Es kommen hier nämlich die folgenden 10 Arten vor, von welchen nur als neue zu bezeichnen sind :

1. *Cladonotus gibbosus* de Hann.
2. *Criotettix bispinosus* Dalm.
3. *Tettix japonicus* Boliv.
4. *Tettix longulus* n. sp.
5. *Tettix formosanus* n. sp.
6. *Paratettix singularis* n. sp.
7. *Paratettix histricus* Stål.
8. *Paratettix hachijoensis* n. sp.
9. *Paratettix gracilis* n. sp.
10. *Hedotettix arcuatus* n. sp.

DR. Adlof Fritze gab in seiner "Die Fauna der Liu-kiu-Insel Okinawa" an, dass die Art *Tettix cingalensis* in Okinawa (Japan) vorkommt, diese ist mir jedoch ganz unbekannt.

Aus OKINAWA habe ich nur eine einzige Art, es erwarten lässt jedoch, dass dort noch mehrere Arten vorkommen werden.

Diese wertvollen Materialien, welche von Herrn DR. S. Matsumura gesammelt wurden, zum Studium zu benutzen möchte ich hier mit demselben Professor meinen verbindlichsten Dank aussprechen.

Tabelle zur Bestimmung der Gattungen.

1. Frontalrippe (Costa frontali) zwischen den Augen gabelförmig, die zwei Aesten sehr divergierend und abgerundet...............1. *Cladonotus* Sauss.

[Trans. Sap. Nat. Hist. Soc. Vol. I. Part 2.]

1. 1. Frontalrippe gabelförmig, die zwei Aesten mässig divergierend oder parallelierend, meistens sehr schmal einteilig.

    2. Seitenlappen des Pronotums am Hinterrand Spitzig.....................

                  ....2. *Criotettix* **Boliv.**

  2. 2. Seitenlappen des Pronotums am Hinterrand nicht spitzig.

      3. Fühler ist an dem Vorderteile der Augen versehen.

        4. Scheitel, von oben gesehen; breiter als das Auge, vor das Auge vorgezogen, winkelig oder stumpf..............

                  ....3. *Tettix* **Charp.**

      4. 4. Scheitel höchstens so breit als die Augen, nicht über die Augen vorgezogen, stumpf.....4. *Paratettix* **Boliv.**

    3. 3. Fühler ist in der Mitte der beiden Augen versehen.........

                5. *Hedotettix* **Boliv.**

I. Gatt. **Cladonotus** Sauss.

Saussure : 1861, Soc. ent. France, p. 478.
Bolivar : 1887, Essai sur l. Tettig., p. 34.
J. L. Hancock : 1906, Genera Ins. Orth. Acrid. Tetriginæ., p. 16.
In Japan kommt eine Art vor.

C. *Gibbosus* de **Haan.**

De Haan W. : Bijdrag., p. 167 u. 169, pl. XXII, fig. 14 ♀.
Bolivar : 1887, Essai sur l. Tettig., p. 35.
Ich habe nicht die Materialien.

II. Gatt., **Criotettix** Boliv.

Bolivar : 1887, Essai sur l. Tettig., p. 48.
In Japan kommt eine Art vor.

C. *biopinssus* **Dalm.**

Dalman (*Acrydium bispinosum*) : 1818, Vet. Ak. Hand., p. 77 ; 1823, Annal., p. 86.
De Haan (*Acrydium bispinosum*) : Bijdrag., p. 169.
Stäl C (*Tettix bispinosus*) : 1873-1875, Recens. Orth., 1, p. 150.
Bolivar : 1887, Essai sur l. Tettig., p. 89.

Körper dunkelgrau bis braun. Kopf kurz. Scheitel quadratisch, breiter als das Auge, in der Mitte mit undeutlicher kante. Frontalrippe zwischen den Fühler sehr erhoben. Fühler dick und kurz, gelbweiss oder gelbbraun, in der Spitze dunkler. Pronotum ein wenig flatt, zwischen den Schulter gewölbt, an dem Vorderrand abgeschnitten. Mittelkante des Pronotums in der Mitte ziemlich undeutlich, knötchenförmig; Hinterteil des Pronotums lang und schmal. Der 2. Seitenlappen des Pronotums am Hinterrand sehr scharf, stachelig, gelblich. Hinter dem Vorderrande des Pronotums an der beiden Seiten der Mittelkante mit je einem kurzen kante. Vorderflügel länglichovalförmig, an dem Ende spitzig ; Hinterflügel leicht beräuchern, Vorderrand schwärtzlich, gleich lang wie das Pronotum. Kante des Vorderschenkels deutlich, sehr wenig gewellt. Hinterschenkel wenig länger als das Hinterleib, die kante des Oberseites ziemlich gewellt ; Hinterschiene ziemlich richtig, rötlich. Die Kleinkissen des 1. Hintertarsengliedes rundlich, jeder drei Kissen ist etwa ähnlich lang.

Körperlänge : ♂ 11.-9. mm.; ♀ 13 mm.
Pronotumslänge : ♂ 16.-15. mm.; ♀ 18.5-20. mm.
Vorderflügellänge : ♂ 2.5-2.0 mm.; ♀ 2.5-2.3 mm.
Hinterflügellänge : ♂ 14.-12.5 mm.; ♀ 16.-14. mm.

6 Exemplare (4 ♂ u. 2 ♀) in der Sammlung von Herrn **Dr. S. Matsumura** aus Tokyo (Juli) und Taisanzi (Juli).

Sonstige Fundorten : China, Java, Borneo.

Trivialname : *Togehishibatta* oder Tsuchibatta.

III. Gatt. Tettix Charp.

Charpentier : 1841, Germ. Zeitscher. III, p. 315.
Brunner : 1882, Prodr., p. 234.
Bolivor : 1887, Essai sur l. Tettig., p. 83.
Fischer : 1853, Orth. europ., p. 419.
J. Redtenbacher : 1900, Dermat. u. Orth. öster. u. deutsch., p. 41.
R. Tümpel : 1901, Geradfl. mitteleurop., p. 253.
Lattreille P. A. : 1802-1805, Hist. Crust. Ins., XII, p. 164 (*Tetrix*).
Brumeister : 1839, Handb. Ent., II, p. 657 (*Tetrix*).
J. L. Hancock : 1900, Genera Ins. Orth. Acrid. Tetriginae, p. 57. (*Tetrix*).

In Japan kommen 3 Arten vor.

Uebersicht der Arten :

1. 1. Pronotum so lang wie das Hinterleib.

   2. Seitenlappen des Pronotums am Hinterrand deutlich zweilappig.....

       ....*japonicus* **Boliv.**

  2. 2. Seitenlappen des Pronotums am Hinterrand ziemlich zweilappig......

       ....*formosanus* **n. sp**

1. Art. *T. japonicus* **Boliv.**

Bolivar : 1887, Essai sur l. Tettig., p. 89.

Körper grau bis schwarzbrann, sehr verschiedenfärbig, runzelig. Kopf klein : Scheitel etwas quadratisch, in der Mitte mit einer kante ; Frontalrippe ein wenig erhoben, zwischen den Augen mehr oder weniger gebogend. Fühler fadenförmig, braun, in der Spitze schwärzlich. Pronotum am Vorderrand abgeschnitten, hinten scharf, fast erreichtet der Hinterschenkelspitze ; Rücken länglich rautenförmig, meistens schwarzbraun aber diese Färbung sehr verschieden, allgemeine Exemplare mit 4 schwarzen Punkten, selten mit 2 grossen schwarzen Punkten, sehr selten ohne Zeichnungen. Mittelkante des Pronotums vorn und hinten sehr wenig gebogend, in der Mitte richtig. Schulterwinkel sehr stumpf, mit einer Kante. Vorderflügel länglichovalförmig ; Hinterflügel fast gleich lang wie das Pronotum. Kante auf der Oberseite des Vorderschenkels richtig. Hinterschenkel lang, die Pronotumsspitze überragend ; Hinterschiener nach hinten ziemlich ver breitet. Das Hintertarsenglied 1. sehr ersägig, die 1. und 2. Kleinkissen sehr wenig länger als das 3. Hinterleib braun, zuweilen dunkler gefleckt.

    Körperlänge :   ♂ 6.5-9. mm. ;   ♀ 8.-10. mm.

    Pronotumslänge :   ♂ 6.-7.5 mm. ;   ♀ 7.5-8.5 mm.

    Vorderflügelslänge : ♂ 1.2-1.5 mm. ;   ♀ 1.2-1.3 mm.

    Hinterflügelslänge : ♂ 4.5-5. mm. ;   ♀ 5.-5.5 mm.

    Hinterleibslänge :   ♂ 3.-5. mm. ;   ♀ 5.5-6. mm.

    Zahlreiche Exemplare aus Tokyo (Juni), Takasago (Juni bis September), Sapporo (Mai bis Juli), Aomori (Juni), Numatzu (Juni) und Insel Hachijo in der Sammlungen von Herren **Dr. S. Matsumura, M. Ishida, T. Hirano, S. Mitsuhashi, H. Okamoto** und in meiner Sammlung.

    Trivialname : *Hishibatta.*

2. Art. *T. formosanus* **n. sp.**

Ähnlich wie *T. japonicus*, nur ist *T. formosanus* dick und ohne auf dem Pronotum färbigen Flecken. Scheitel ist so breit wie das Auge. Frontalrippe ist sehr erhoben, der 1. Seitenlappen des Pronotums am Hinterrand ist sehr stumpf, die Kante auf der Unterseite des Vorderschekels sehr wenig gewellt, Fühler ist fast zwischen den Augen versehen, Scheitel ragt nicht über die Augen hervor, die Mittelkante des Pronotums ist fast nicht gebogen, Vorderflügel ist länger, Hinterflügel ist krüzer.

Körper braun, sehr runzelig. Kopf mössig gross, braun. Pronotum einförmig. Beine dunkel geflecktet.

Körperlänge : ♀ 10. mm.
Körperbreite : ♀ 3.9 mm.
Pronotumslänge : ♀ 9. mm.
Vorderflügellänge : ♀ 1.5 mm.
Hinterflügellänge : ♀ 4.5 mm.
Hinterleibslänge : ♀ 5.5 mm.
Hinterschenkellänge : ♀ 6.5 mm.
Hinterschienenlänge : ♀ 5.3 mm.

Nur ein Exemplare (♀) in der Sammlung von Herrn **Dr. S. Matsumura** aus Formosa (August).

Trivialname : *Taiwan-hishibatta.*

3. Art. *T. longulus* **n. sp.**

Ähnlich wie *T. japonicus* **Boliv.**, nur ist *T. longulus* die Verlängerung des Pronotums länger als das Hinterleib, die Mittelkante des Pronotums ist nicht gebogen, das Pronotum ist schmäler, die Kante auf der Ober- und Uterseite der Vorder- und Mittelschenkel etwas gewellt, der 2. Seitenlappen des Pronotums am Hinterrand ist länger.

Körper braun bis aschbraun, sehr wenig runzelig. Kopf klein.: Scheitel ziemlich quadratisch, in der Mitte mit einer Kante ; Frontalrippe ein wenig erhoben, zwischen den Augen mehr oder weniger gebogend. Fühler fadenförmig, gelbbraun oder braun, in der Spitze dunkler. Pronotum am Vorderrand abgeschnitten, hinten scharf, die Hinterschenkelspitze überragend ; Rücken rötlich braun bis weisslich braun, mit zwei deutliche schwarze Flecken, selten diese Flecken sehr undeutlich oder 4 theilend. Schulterwinkel sehr stumpf, mit einer Kante. Vorderflügel ovalförmig ; Hinterflügel sehr länger als das Pronotum. Hinterleib schwarzbraun oder gelblich, zuweilen gelblich gefleckt. Beine braun oder gelblich braun, meistens dunkler gefleckt, selten einfärbig : Hinterschenkel gross und lang ; Hinterschiene nach hinten ziemlich erweitert ; das Hintertarsenglied 1. sehr ersägig, die 1. u. 2. Kleinkissen etwa länger als der 3.

Körperlänge :	☖ 7.5-8 mm. ;	♀ 9.8-12. mm.
Körperbreite :	☖ 3.2-3.5 mm. ;	♀ 4.-4.2 mm.
Pronotumslänge :	☖ 11.-11.2 mm. ;	♀ 11.8-12.5 mm.
Vorderflügellänge :	☖ 21.8-20. mm. ;	♀ 1.8-2. mm.
Hinterflügellänge :	☖ 9.5-10.5 mm. ;	♀ 11.-11 2 mm.
Hinterleibslänge :	☖ 4.-4.2 mm. ;	♀ 6.5-6.6 mm.
Hinterschenkellänge :	☖ 5.5-5. mm. ;	♀ 6.-7. mm.
Hinterschienenlänge :	☖ 5.-4.8 mm. ;	♀ 5.8-6. mm.
Fühlerlänge :	☖ 3.5 mm. ;	♀ 3.8 mm.

· 9 Exemplare (7 ♀ u. 2 ☖) aus Hagi (August), Totomi (August) und Sapporo (August) in der Sammlungen von Herrn **Dr. S. Matsumura, W. Ishida** und in meiner Sammlung.

Trivialname : *Ô-hishibatta.*

IV. Gatt. **Paratettix Boliv.**

Bolivar : 1887, Essai sur l. Tettig., p. 96.

J. Redtenbacher : 1900, Dermat. u. Orth. öster. u. deutsch., p. 43.

J. L. Hancock : 1906, Genera Ins. Orth. Acrid. Tetriginæ; p. 55.

In Japan kommen 4 Arten vor.

Uebersicht der Arten :

1. Köper höckerig.
    2. Vorderflügel gross, in der Spitze stumpf winckelig. ....
    ....*Hachizoensis* n. sp.
    2. 2. Vorderflügel länglichovalförmig, in der Spitze rundlich. ....
    ....*histricus* Stål.
1. 1. Körper runzelig.
    3. Körper dick und kurz, Mittelkante des Pronotums sehr erhoben...
    .... *singularis* n. sp.
    3. 3. Körper schmal und lang, Mittelkante des Pronotums sehr wenig
    erhoben. ....*gracilis* n. sp.

1. Art. *P. singularis* n. sp.

Körper klein und dick, rötlichbraun. Kopf mittelgross, fast senkrecht, mit der glänzenden schwarzen Augen, die, von Seiten gesehen, nicht höher als der höchste Theil der Mittelkante des Pronotums ; Scheitel fast quadratisch, sehr wenig schmäler als das Auge, mit einer Mittelkante, die streckt die Transvarsalkante aus. Pronotum breit und lang, den Hinterleib weit überragend, nach spitze abgebogen, rötlich braun, mit zwei schwarze dreieckige Flecken, Mittelkante sehr deutlich, zusammengedrückt. Der 1. Seitenlappen des Pronotums am Hinterrand rechtwinckelig. Vorderflügel länglichovalförmig, braun ; Hinterflügel länger als die Verlängerung des Pronotums, dunkel. Beine kurz und dick : Vorderschenkel mit fast gerader kante auf der Oberseite ; Hinterschenkel hell braun, die Kante mässig scharf ; das Hintertarsenglied 1. fast gleich lang wie das 3. Jede Kleinkissen des 3. Hintertarsengliedes spitzig, fast ähnlich lang. Hinterleib kurz und dick, gelblichbraun.

Körperlänge :	♂ 7.0-7.2 mm. ;	♀ 7.5 mm.
Körperbreite :	♂ 2.5-2.6 mm. ;	♀ 2.9 mm.
Pronotumslänge :	♂ 8.5-8.6 mm. ;	♀ 8.5 mm.
Vorderflügellänge :	♂ 0.9 mm. ;	♀ 1.1 mm.
Hinterflügellänge :	♂ 8.0-8.1 mm. ;	♀ 8.3 mm.
Hinterleibslänge :	♂ 3.0-3.2 mm. ;	♀ 3.5 mm.
Hinterschenkellänge :	♂ 4.0-4.3 mm. ;	♀ 4.9 mm.
Hinterschienenlänge :	♂ 3.8-4.1 mm. ;	♀ 4.5 mm.
Fühlerlänge :	♂. ♀ 2.8 mm.	

Nur 3 Exemplare (2 ♂ und 1 ♀) in der Sammlung von Herrn Dr. S. Matsumura aus Formosa (August).

Trivialname : *Futahoshi-hishibatta.*

2. Art. *P. histricus* Stål.

Körper runzelig, braun bis schwärzlichbraun. Kopf schwärzlichbraun, klein ; Scheitel quadratisch, ragt über die Augen hervor, mit schmaler erhobener Mittelkante und undeutlicher Transversalkante. Fühler mässig lang, nach vorn sehr wenig dicker, braun. Pronotum schmal und lang, mit einer undeutlichen Kante, den Hinterleib weit überragend, nicht gekrümmt, mit zwei undeutlichen Flecken. Vorderflügel länglichovalförmig, braun, in der Spitze rundlich ; Hinterflügel länger als die Verlängerung des Pronotums, dunkler. Beine mässig lang, die Kante fast richtig, schwärzlich gefleckt : das Tarsenglied 3. gelblich, in der Spitze schwärzlich ; die 1. und 2. Kleinkissen des 3. Hintertarsengliedes sehr länger als der 3. Hinterleib braun, zuweilen dunkler gefleckt. Jede Kleinkissen des 3. Hintertarsengliedes sehr spitzig.

Körperlänge :	♂ 6.3-6.5 mm. ;	♀ 7.0-7.3 mm.
Körperbreite :	♂ 2.4-2.8 mm. ;	♀ 2.7-3.0 mm.

Pronotumslänge :	☿ 9.3-9.5 mm. ;	♀ 9.3-9.8 mm.
Vorderflügellänge :	☿ 1.0 mm. ;	♀ 1.1 mm.
Hinterflügellänge :	☿ 8.0-8.5 mm. ;	♀ 8.3-9.0 mm.
Hinterleibslänge :	☿ 3.2-3.5 mm. ;	♀ 3.5-4.0 mm.
Hinterschenkellänge :	☿ 4.0-4.5 mm. ;	♀ 4.6-5.0 mm.
Hinterschienenlänge :	☿ 4.2-4.3 mm. ;	♀ 4.3-4.6 mm.
Fühlerlänge :	☿. ♀ 3.1 mm.	

Zahlreiche Exemplare aus Tokyo (Oktober) und Takasago (September) in der Sammlung von Herren **Dr. S. Matsumura, S. Mitsuhashi** und in meiner Sammlung.

Trivialname : *Hanenaga-hishibatta*.

3. Art. *P. hachijoensis* n. sp.

Sehr ähnlich wie *P. histricus*, nur ist *P. hachijoensis* dicker und hat auf dem Pronotum meisten Höckerchen, Vorderflügel ist grösser und in der Spitze stumpf winckelig, die Kleinkissen des 3. Hintertarsengliedes ist sehr schmäler und spitziger, die Mittelkante des Kopfscheitels ist sehr undeutlicher und die Transversalkante ist sehr deutlicher und höher. Die Körperfärbung ist schwarz.

Korperlänge :	☿ 6.0-6.3 mm. ;	♀ 8.0-8.8 mm.
Körperbreite :	☿ 2.3-2.5 mm. ;	♀ 3.1-3.5 mm.
Pronotumslänge :	☿ 8.7-9.0 mm. ;	♀ 10.0-11.0 mm.
Vorderflügellänge :	☿ 1.3 mm. ;	♀ 1.3-1.4 mm.
Hinterflügellänge :	☿ 8.1-8.3 mm. ;	♀ 10.3-12.0 mm.
Hinterleibslänge :	☿ 2.5-2.8 mm. ;	♀ 3.2-4.3 mm.
Hinterschenkellänge :	☿ 4.3-4.6 mm. ;	♀ 4.8-5.0 mm.
Hinterschienenlänge :	☿ 4.0-4.2 mm. ;	♀ 4.2-4.4 mm.
Fühlerlänge :	☿. ♀ 3.8 mm.	

Zahlreiche Exemplare in der Sammlung von Herrn **S. Takahashi** aus Insel Hachijo.

Trivialname : *Hachijo-hishibatta*.

4. Art. *P. gracilis* n. sp.

Körper braun bis schwarzbraun. Kopf mässig gross, schief ; Frontalrippe zwischen den Augen gewölbt, ziemlich gebogend. Pronotum lang und schmal, fein runzelig braun bis gelblich ; die Mittelkante des Pronotums deutlich, aber nicht erreichtet dem Vorderrande des Pronotums, an dem Vorderteile der Kante ziemlich zusammengedrückt. Der 2. Seitenlappen des Pronotums am Hinterrand winckelig. Vorderflügel länglichovalförmig, braun oder gelblich ; Hinterflügel sehr länger als die Verlängerung des Pronotums, dunkel und mehr oder weniger fleckig. Beine gelblichbraun, zuweilen dunkel fleckig: Die Kante der Schenkeln richtig; die Kleinkissen des 1. Hintertarsengliedes scharf spitzig, die 1. und 2. Kleinkissen kürzer als der 3. Hinterleib schwärzlich fleckig.

Körperlänge :	♂ 6 6–7.0 mm. ;	♀ 8.0–9.1 mm.
Körperbreite :	♂ 2.3–2.5 mm. ;	♀ 3.0–3.1 mm.
Pronotumslänge :	♂ 8.0–8.5 mm. ;	♀ 11.0–13.2 mm.
Vorderflügellänge :	♂ 1.2 mm. ;	♀ 1.5–1.8 mm.
Hinterflügellänge :	♂ 8 7–9.1 mm. ;	♀ 11.5–14.2 mm.
Hinterleibslänge :	♂ 2.7–3.2 mm. ;	♀ 4.0–4.2 mm.
Hinterschenkellänge :	♂ 3.8–4.0 mm. ;	♀ 5.6–6.0 mm.
Hinterschienenlänge :	♂ 3.5–3.6 mm. ;	♀ 4.9–5.7 mm.
Fühlerlänge :	♂. ♀ 4.0 mm.	

8 Exemplare (3 ♂ und 5 ♀) in der Sammlung von Herrn **Dr. S. Matsumura** aus Formosa (August).

Trivialname : *Hoso-hishibatta*.

V.　Gatt. Hedotettix Boliv.

Bolivar : 1887, Essai sur l. Tettig. p. 109.

J. L. Hancock : 1906, Genera Ins. Orth. Acrid. Tetriginæ, p. 60.

In Japan kommt eine Art vor.

H. arcuatus n. sp.

Körper convex, runzelig, rötlichbraun bis braun. Kopf klein, zu wenig hervorstrecken, braun ; Scheitel ziemlich stumpf winckelig, schmäler als das Auge, in der Mitte mit einer zusammengedrückte Kante, die vorn transversale Kante hervorstrecken ; Frontalrippe zwischen den Fühler bogenartig, zwischen den Augen nicht gebogen. Fühler kurz, ist zwischen den Augen versehen, braun. Pronotum schmal, länger als das Hinterleib, vorn ziemlich stumpf winckelig, auf dem Rücken mit 2 schwarzen langen Flecken ; die Mittelkante des Pronotums sehr deutlich, fast dachförmig. Vorderflügel länglichovalförmig, schwarzbraun ; Hinterflügel ungefähr so lang wie die Verlängerung des Pronotums. Beine zusammgedrückt, braun bis schwarzbraune : Kanten des Vorderschenkels nicht gewellent ; Kanten des Hinterschenkels gebogend ; Hintertarsenglieder ähnlich wie das *T. japonicus*. Hinterleib braun, fast einfärbig.

Körperlänge :	♂ 7.0 mm. ;	♀ 8.5–10.0 mm.
Körperbreite :	♂ 3.1 mm. ;	♀ 3.5–3.7 mm.
Pronotumslänge :	♂ 10.0 mm. ;	♀ 11.0–12.1 mm.

Vorderflügellänge: ♂ 1.7 mm.; ♀ 1.8 mm.

Hinterflügellänge: ♂ 9.7 mm.; ♀ 11.1-12.5 mm.

Hinterleibslänge: ♂ 2.8 mm.; ♀ 4.0-4.3 mm.

Hinterschenkellänge: ♂ 5.0 mm.; ♀ 6.0-6.1 mm.

Hinterschienenlänge: ♂ 4.3 mm.; ♀ 5.0-5.2 mm.

Fühlerlänge: ♂. ♀ 3.5 mm.

Nur 3 Exemplare (1 ♂ und 2 ♀) in der Sammlung von Herrn Dr. S. Matsumura aus Formosa (Juli).

Trivialname: *Sedaka-hishibatta.*

17. Nov., 1906.

摘　　要

本邦産ひしばった類は其の數甚だ少なく僅かに四種のみなりし處先年小笠原島に本年臺灣に昆虫採集を行はれたる我が最も敬愛する理學博士松村松年先生の採集物を得て稍々其の數を増加せり吾人の研究結果下の如きものを發見せり、

1. *Cladonotus gibbosus* de Haan.

此の種は De Haan 氏によりて記載せられたるものにして本邦産なりと云へども未だ此の種を發見したる事なし依て和名を附せざるなり、

2. *Criotettix bispinosus* Dalm. とげひしばった(新稱)、(つちばった)

分布: 本州、支那、じやば、ぼるねを、

3. *Tettix japonicus* Boliv. ひしばった、

分布: 北海道、本州、

4. *T. formosanus* n. sp. たいわんひしばった、

分布: 臺灣、

5. *T. longulus* n. sp. ゝほひしばった、

分布: 北海道、本州、

6. *Paratettix singularis* **n. sp.**　ふたほしひしばった、

分布： 臺灣、

7. *P. histricus* **Stål.**　はねながひしばった、

分布： 本州、

8. *P. hachijoensis* **n. sp.**　はちじやうひしばった、

分布： 八丈島、

9. *P. gracilis* **n. sp.**　ほそひしばった、

分布： 臺灣、

10. *Hedotettix arcuatus* **n. sp.**　せだかひしばった、

分布： 臺灣、

二 三 の 本 邦 産 寄 生 菌 に 就 て

高 橋 良 直

NOTES ON SOME PARASITIC FUNGI OF JAPAN.

Y. TAKAHASHI,

Botanist to the Hokkaido Agricultural Experiment Station, Sapporo.

　近年諸學者の探究により、本邦諸所に於て檢出せられたる寄生菌類の頗る多數なるは人の知る所なるが、余輩も近時新に若干の寄生菌を見出し、又知友より送附の標本により其存在を認知したるもの數種あり。今茲に其内の二三に就て記する所あらんとす。

　　1.　*Ustilago Sacchari* Rabenh.　(甘蔗の黒穂菌)

　余は一昨年農學士薑塲三郎氏より受領せる標本により、此菌の香川縣下に存在するを知りたるが、農學士川上瀧彌氏の私信によれば臺灣にも之れありと云ふ。思ふに他の甘蔗栽培地に之れが發生を見るならむ歟。

　此菌は甘蔗の稈を侵すものにして、被害稈は一條の細長き鞭狀物に化し、全體少しく黄褐色を帶びたる黒粉に覆はる。余は夥多の標本を檢せざれど、兎に角被害稈は眞直に伸長せずして、大抵彎曲するものゝ如し。余の標本中、被害稈の尖端の略々螺旋狀に卷きたるものあり。黒粉即ち胞子は稈の表皮の下に造成せられ、表皮は灰白色の薄膜となりて最初胞子を包圍するも後には破碎脱離して後者を露出せしむること、すゝき其他の *Ustilago Kusanoi* Sydow に於けるが如し。胞子は球形にして、淡黄褐色を呈し、其直徑4.5--9μ、被膜は平滑なり。

今 Saccardo's Sylloge Fungorum (Vol. VII) 所載 の *Ustilago Sacchari* の記
載を看るに、胞子の大さ 8—18μ とありて余の測定せる大さに比すれ
ば著しき差あり。故に此點より云へば、上記黑穗菌は全く別種に屬
するが如くなるも、Butler 氏[1]が其近著「ベンゴール地方の甘蔗病害」
中に *U. Sacchari* として記述しあるものは正しく余の標本に吻合す
るを以て、余も此種名を邦産甘蔗黑穗菌に充つ。猶 Saccardo には單に
"Soris atris" とありて、Sori の表皮下に造成せらるゝを記載せざれど、
こは蓋し標本の不完全なりしに由るならん。

Butler 氏の記する所によれば、被害稈は其上部より枝を生ぜざ
るも、下部よりは比較的多數の枝を抽出し、而して此等の枝は何れも
主稈と同樣の病狀を呈すと。抑々本病は病原菌の菌絲を含める親
株より取りたる苗を用ゐたるが爲めに發生することあるべく、又苗
が直接に胞子のために侵さるゝこともあるべし。Butler 氏曰く「苗
が往々にして僅に二三尺の高さに達せる時早くも固有の病狀を呈
するは、病原を含める苗を栽植したものなるべく、之れに反して苗が
直接に胞子によりて侵されたる場合には其成熟に近づきたる頃に
あらざれば病狀を呈せず、現にジャバにて行へる接種試驗に於ては
接種後約一年にして發病せり。又余の目擊せし所によれば、植附後
九ヶ月若しくは十ヶ月にして病狀を呈するもの最も多し。此等の
被害株は無病苗が直接に胞子のために侵されたるものならむ」と。
猶氏の觀察によれば、甘蔗の品種中本病に侵さるゝは細稈種(Thin or
reed-like cane) に限り、殊にベンゴールの Khari 種、ボンベーの Sanna
Bile 種、マドラスのサウス、アーコット地方の Nanal 種は被害の最も多
き品種に屬し、Pounda or Bourbon 型の甘蔗に至りては未だ被害あり
しを聞かずと。

余は未だ此菌の胞子を發芽せしめざれど、Butler 氏の報文によ

---

1) **Butler, E. J.,** Fungus diseases of Sugar-cane in Bengal. Mem. of the Department of Agriculture in India, Vol. I, No. 3. 1906.

れば、小子 (Sporidia) は短かき前菌絲 (Promycelium) に着生し、其形細長にして、所謂 Budding により増殖すと。

Ustilago Sacchari の發見地として Saccardo に記載しあるは伊太利、ナタール港(亞米利加)の二地に過ぎざれど、Raciborski 氏のジャバ産寄生菌集 (Exsicata) には此菌を載せ、又 Butler 氏は前記の如くペンゴール地方の甘蔗病害の一として之れを算ふ。

2. *Ustilago Sorghi* (*Lk.*) Pass. (蜀黍の黑穗菌)

支那より輸入せる蜀黍に此病の發生することは獨氏の農作物病學にも記す所なるが、一昨年本道諸所に於て滿洲より輸入の高粱を試作せしに、何れの試作圃に於ても此黑穗の發生頗る普通なりき。

此黑穗菌は、蜀黍の絲黑穗菌 (*U. Reiliana* Kühn.) 若しくは黍黑穗菌の如くに、穗全體を一箇の黑穗塊 (Smut gall) に變形せしむるにあらずして、箇々の子房を短圓筒形の黑穗塊に變ぜしむるものにして、各黑穗塊は其中央に寄主の組織より成れる軸柱 (Columella) を具へ、周圍に白色の被膜を有す。面して黑粉(胞子)は被膜と軸柱との間に介在するは言を俟たず。 白色の被膜は子房の表皮と菌の無性細胞 (Sterile cells) とより成り無性細胞は透明にして圓く、厚さ 300μ 以上の層を爲す。今一箇の黑粉塊を橫斷して其斷面を檢するに、黑粉の層は軸柱より放射狀に被膜に達する所の無性細胞の層のために夥多の小區に分たれ、面して各區の胞子は求心的に被膜の方より軸柱の方に成熟し來るを見るなり。旣にして胞子成熟するや、被膜は其上端に於て裂開して胞子を飛散せしめ、軸柱を裸出せしむるに至る。胞子塊は炭黑色、胞子は球形にして淡黑、直徑 6—8μ、表面平滑なり。

健穗と病穗とを比較するに、健穗にありては凡ての花が悉く結實するにあらずして、各小穗中結實するものは一二箇に止り、殘餘の花は結實せずして、枯死すれども、病穗にありては凡ての花悉く黑穗塊に變ずるを以て、著しく稠密の度を加ふるを見る。

　Busse 氏[1]の報文によれば黑穗襄及び其軸柱 (Columella) の形、大さ、及び其被膜の性狀の如きも蜀黍の品種の異なるに從ひ著しき差遠ありと云ふ。

　Clinton 氏[2]は此黑穗菌を Sphacelotheca 屬に移したり。蓋し氏は *Ustilago* 型の黑穗菌にして胞子層の周圍に無性細胞の層を有し且つ中央に寄主の組織よりなる軸柱を有するものを凡て該屬に編入せるものにして、此分類法に從ひば、米國には同屬に屬するもの *Sph. Hydropiperis* の外十四種一變種あり。

　植物名實圖考穀類第一卷(人)に『稔頭』の說明あり。『稔頭』とは蜀黍の黑穗病の謂ひなり。其文に曰く、

　　　稔頭、一名灰包、蜀黍之不成實者、忽作一包、白㲧如菱瓜、小兒
　　　輒取食之、味甘而酥、能噎人、亦可作菹、老則黑爛迸出成灰、亦
　　　有爲粒者、輒即黑枯、地不熟、功不至則至、余偶以眥客戲語之
　　　曰、山西謂爲菱子、俗亦謂莁爲菱、鄭康成、以莁列九穀、此不可
　　　謂莁耶、客曰吾食菱瓜、而不知爲彤胡、食蜀黍而不知有稔頭、
　　　微君言、吾固不辨爲二穀、請作食經、以充吾厨、勿談太元以覆
　　　吾瓶、

　上文に『蜀黍之不成實、忽作一包、…………老則黑爛迸出』とあるは絲黑穗(*Ustilago Reiliana*) を指し、『亦有作粒…………』とあるは *U. Sorghi* に外ならざるが如し。而して稔頭を食用に供し得るは上文に記する所なるが、余も知友より滿洲の小兒が高梁の黑穗菌 (*U. Sorghi*) を食することを聞及べり。又往年岩手縣下にて余の聞知せる所によれば、同地方村落の小兒は *Ustilago Kusanoi* を啣り食すと云へり。

　1) **Busse, W.**, Untersuchungen über die Krankheiten der Sorghum-Hirse. Arbeit. aus der Biolog. Abteil. für Land- und Forstwirtsch. am Kaiserl. Gesundheitsante. Bd. IV. 1904.

　2) **Clinton, G. P.**, North American Ustilagineæ. Proc. of the Boston Society of Natural History. Vol. 31. No. 9. 1904.

3. *Ustilago Oxalidis* Ell. et Trac. (かたばみの黑穗菌)

此菌は始め北米ミゾリー州に於て發見せられ、爾後コンネクチカット其他の諸州より知られたるものにして、北米にては Oxalis stricta を寄主とするものなるが、余は昨年九月札幌に於て其かたばみに寄生せるものを得たり。

此菌は寄主植物の種子を赤褐色の粉末に變ずるものにして、被害莢は健莢に比すれば其形稍小なれど著しき異狀なきを以て、之れを發見するに困難なり。胞子は黃色(胞子塊は赤褐)にして、球形若しくは長圓形を呈し、直徑 13-20μ、表面は粗らに小突起を帶ぶ。胞子發芽の有樣は不明なり。

G. P. Clinton 氏の「モノグラフ」によれば、Oxalis stricta の被害花が其葯上に透明なる球形分生胞子を夥しく生ずるは普通の現象にして、此等の胞子は葯の表面に抽出する短き菌絲線に生じ、花粉の如く昆蟲によりて運び去らるゝに適せりと云ふ。氏の説によれば、上記分生胞子は此 *Ustilago* 菌に屬するものなるが如しと雖も、氏の行へる一回の接種試驗は無效に終れりと云ふ。猶又氏の説によれば、此菌の菌絲は莖の下方の越年部及び莖節に含まるゝを見れば恐らくば多年性ならんと。

4. *Tilletia ? Commelinæ* Kom. (つゆくさの黑穗菌)

此黑種菌は Komarow 氏[2]が鴨綠江沿岸の某地に於て發見せる所に係り、未だ其他に於て知られさりし種類なるが、三宅某氏は一昨年十月陸中盛岡に於て之れを採集し、余は其標本を農學士山田玄太郎氏より得たり。支那産のものも、本邦産のものも、共につゆくさに寄生せるものなり。

1) Loc. cit.

2) Jaczewski, Komarow, Tranzschel, Fungi Rossiæ exsicati. Fasc. V. 1899. (Hedwigia. Bd. XXXVIII. 1899.)

此菌は子房の内容を紫褐色の粉末に變ずるものにして、子房壁も大半破壊せられ粉末を露出せしむ。胞子は球形にして、淡紫褐色を呈し、直徑 11—18μ. 表面には頗る顯著なる網目狀の脈紋あり。脈紋は六角形の目を形造り、被膜面より隆起すること 2—3.5μ なり。

胞子發芽の狀末だ明かならざるを以て、今此菌の所屬を確定する能はざるは勿論なるが、恐くは Tilletia 屬のものに相違なかるべし。

5. *Thecaphora hyalina* Fingerh. （ひる_か_ほの黑穗菌）

此黑穗菌は夙に歐州に於て知られたる種類なるが、内山繁太郎氏(北海道農事試驗場技手は一昨年一月ひる_が_ほの枯莖上に之れを見付け、其後同年の九月并に昨年十月同一場所に於て之れを採集せり。

此菌は子房の内部に胞子を生ずるものにして、一株の果實は悉く之れに侵さる。而して被害莢の内部は全く褐色の粉末もて充され少しも種子の痕跡を有せざるを常とするも、中には半ば粉末に變ぜる種子を含むもの無きにあらず。子房壁は別に害を被らざるを以て、被害莢は外觀上健莢に異ならず。

胞子は數箇固く結合して球狀をなし、幼稚なる胞子球は歴化せる菌絲線により聯續せらる。一胞子球は大抵五乃至八個の胞子より成るも、其より多きも又少きもあり。胞子球の直徑は 18—50μ あり。胞子は不正多角形にして、淡褐色を呈し、大さ 14—20μ×7—15μ、其遊離面には夥多の微小なる突起あり。

現時 Thecaphora に屬する黑穗菌約十五種あれど、其内胞子の發芽行爲の見屆けられたるは *Th. Lathyri* Kühn と *Th. hyalinae* の二種に過ぎず。即ち Brefeld 氏[1] の研究によれば、*Th. Lathyri* は細長き前菌

---

1) Brefeld, O., Untersuchungen aus dem Gesamtgeb. der Mykologie. Hept. V. 1883.

絲を氣中に抽きて其尖端に紡錘形の小子一個を生ずと云ふ。 *Th.*
hyalina にありては、胞子發芽して分岐せる前菌絲を生ずることは歐
州の學者の確めたる所なるが、未だ其小子の形成を見たる人あるを
聞かず。

　此菌は歐洲に於ては *Convolvulus spesium, arvensis* 及び *Soldanella* 上
に見出されたり。

6. *Puccinia Helianthi* Schwein. （ひまはりの銹病菌）

　此銹病菌は始めて北米サウス、キヤロナイナ及びペンシルバニ
ヤ二州に於て發見せられ、其後諸國のひまはり作に大害を與へ、次い
て英、佛、瑞西等に於て其存在を認めたる種類なるが、余は一昨年北海
道農事試驗場（札幌）にて栽培せるひまはり上に之れを見付けたり。

　Puccinia Helianthi はひまはりの外 *Helianthus* 屬の諸種に寄生する
ものにして、北米にてはきくいも（Helianthus tuberosus）も亦之れに害せ
らるゝと云ふ。然れども Woronin 氏及び Jacky 氏[1]の接種試驗にて
は、ひまはりに寄生せらるものはきくいもに傳はらざりしと云へば、
きくいもに寄生するものとひまはりに寄生するものとは生態上別
箇の變種を形成せらるものならん。狢 Tracy 氏及び Arthur 氏が他
の Helianthus 植物に就て行へる接種試驗によるも、麥類の銹病菌など
に於ける如き特主適應 (Specialization) の現象は此銹菌にも之れある
が如し（Fischer 氏の「モノガラフ」參照）。

　此銹菌が單主正ブクチニヤ菌（Aut-eu-Puccinia）なるは Woronin 氏
の接種試驗によりて證明せられたる所なるが、P. 及び H. Sydrow 氏[3]
はひまはり上に此菌の Accidium の發見せられたる例なしとの理由
により Woronin 氏の說に對して疑を置き、Accidium を缺如するもの

1) Jacky, Ernst, Beitrag zur Kenntnis der Rostpilze, Centralbl. f. Bakt. etc. II. Abt. Bd. IX. 1902.
2) Fischer, Ed., Die Uredineen der Schweiz. 1904.
3) Sydow, P. et H., Monographia Uredinearum. Vol. I. 1904.

と見做したり。然れども其後 Jacky 氏の行へる接種試驗の結果に
よれば、本菌は立派に Accidium 及び Pycnidia を有するものにして、
Fischer 氏も之れを單主正ブクチニヤと爲せり。今之れが標徴を記
すれば次の如し (Accidium 及び Pycnidia に關する記載は Fischer 氏の
「モノグラフ」による)。

　　Pycnidia は透明にして黃色、圓形若しくは不規則なる集合を爲
し、Accidia は輪狀に併列し、若しくは密集して圓形又は長く廣き群
を爲す。Accidia の外被 (Peridia) は「ピーカー」狀を爲し、其上緣は外方
に反捲し、腔胞子 (Aecidiospores) は鎖狀に連積して生じ、楕圓又は多角
形を呈し、長さ幅 18—21μ、被膜は薄く、密に細剌を帶び、內容は橙黃色
を呈す。銹胞子堆 (Uredospore sori) は葉の兩面に現はれ、褐色にして
小點狀を爲し、葉面に散在す。銹胞子は長圓若しくは卵形にして、
25—35μ×18—22μ、被膜は淡褐色にして、表面に小剌を有す。終局胞子
堆 (Teleutspore sori) は微小にして堅く、其形圓くして黑褐色を呈し、主
として葉の下面に現はるれど、又多少其上面にも生じ、互に癒合せず
して粗らに散在するもの多し。終局胞子は楕圓、卵形、若しくは楔
形等を呈し、先端は扁平若しくは狹細となり、下端は狹細にして柄と
同一の幅を有し、長さ 35—63μ、幅 20—28μ、被膜は黃褐色にして平滑、
胞子の上端にては著しく厚く、柄は強固にして、50μ以上の長さを有
し、透明なり。

7. *Puccinia purpurea* Cooke. (もろこし の銹菌)

　　此銹菌は從來伊太利、印度、ジャバ、北米、亞非利加等に於て
Sorghum 上に現はれ、又亞非利加ナータル地方にて玉蜀黍上に見出
されしものなるが、W. Busse[1] 氏は近年東部亞非利加の獨逸殖民地

1) Busse, W., Ueder den Rost der Sorghum-Hirse in Deutsch-Ostafrica. Ber. d. Deutsch. Bot. Ges. Jahrg.
XX. 1902.

の Sorghum 屬に於て此菌の存在を認め之れが詳細なる記說を公に
せり。本邦に於ては、吉野毅一氏(農商務省農事試驗場九州支場技手)
は去る三十七年九月熊本市の附近大江村に於て之れを探集せられ
たり。

此菌の銹胞子堆は主として葉の下面に現はれ、其色褐色にして
卵形又は細長形を呈し、葉脈に併行し、而して堆の周圍は赤紫色を呈
す(反對の面に同色の斑紋を生ず)。銹胞子は殆んと球形、若しくは卵
形等にして、長さ 28─40μ、幅 26─28μ、被膜は黃褐色にして其表面に
黑褐色の太き刺を有し(刺は殊に胞子の上端に多し)、發芽孔は胞子
の赤道帶に四個又は五個あり。夥多の絲狀體 (Paraphyses) ありて胞
子に混生す。終局胞子堆も主として葉の下面に生じ、其色赤褐色な
り。終局胞子は褐色にして、稍圓、長形、若しくは中央に於て少しく
縊れ、長さ 35─56μ、幅 22─32μ、各細胞に黃色球形の油滴(大抵一箇)を
含む。胞子の柄は透明にして、長さ 100μ に達し、胞子より永く離れ
ず。終局胞子堆にも絲狀體あり。(胞子の大さは Sydow 氏の Mono-
graghia Urcdinacrum による、但し余の測定せるものも大同小異なり)

Puccinia purpurea の Accidium は未だ發見せられず。又此菌の生
態に關しては茲に記載すべき材料なし。

8. *Cronartum ribicolum* Dietr. (カーラントの銹病)

Cronartum の終局胞子は夥多結合して柱狀を呈し、肉眼には恰も
毛の如き觀を有するは人の知る所なり。而して *Cr. ribicolum* は銹胞
子及び終局胞子時代に於てはカーラント其他多くの Ribes 屬の植
物に寄生し、腔胞子時代 (Accidium stage) に於ては Pinus Strobus, P.
Cembra 等に寄生するものにして、終局胞子は成熟後寄主より脫落せ
ずに直に發芽して上記 Pinus を襲ひ、年內に Pycnidia を形成し、翌年に
至りて Accidium を形成するものなり。此菌は Pinus Strobus の原產地
たる北米には存在せざれど、歐洲に於ては普通なる銹菌の一なるが、

余は一昨年九月北海道農事試驗場(札幌にて栽培せる カーラント 上に之れを見出し、又農學士三宅驥氏は昨年樺太(トンナイチャ山道)に於て其 *Ribes rubrum* L. var. *silvestre* Rehb. に寄生せるものを採集せられたり。

此菌の腔胞子時代は *Peridermium Strobi* Kleb. の名を有し、其巨大なる Accidia は前記 Pinus の枝の皮層を破りて夥多簇生し、Pycnidia は黄色の小突起となりて皮上に現はるゝものなるが、余は未だ此時代を見出さず (Pinus Strobus は札幌農學校及び北海道農事試驗場構内に二三株栽植しあり)。蓋し *Puccinia graminis* の如きも Accidium なしに生存し得ることは濠洲、印度等に於て認められたる事實なれど、*Cronartium ribicolum* に於ては終局胞子は成熟後忽ち發芽するを以て、直に中間寄主(即ち前記 Pinus Strobus 其他)に寄生ずるにあらざれば越年するの途なかるべし。此點に就ては更に探究の上報告すべし。瑞西に於ても此菌の終局胞子時代の發見後數年を經て Schellenberg 氏[1]之れが腔胞子時代を發見せり。

G. ribicolum の銹胞子堆は寄主の葉の下面に現はれ、扁平にして黄色を呈し、外被(Peridia)を有す。銹胞子は楕圓又は卵形にして、長さ 26−32μ、幅 15−21μ、被膜は透明にして、表面に粗らに細刺を帶ぶ。終局胞子の結合體即ち柱 (Column) は多少弓狀に彎曲し、高さ「ミリメートル」内外、始め黄赤色、後に褐色を呈す。終局胞子は長さ 70μ、幅 21μ に達す。而して終局胞子柱が銹胞子堆の中央より抽出し、終局胞子が一箇の細胞より成るは實に此屬の特徴の一なり。

前に記したる如く此菌は多くの Ribes 屬植物に寄生するものなるが、之れに感染するの度合が寄主の種類により一様ならざるは元より其所にして、Klebahn 氏[2]の研究によれば、Ribes nigrum と *R. au-*

1) Schellenberg, D. H. C., Der Blasenrost der Arve. Naturw. Zeitsch. f. Land- und Forstwirtsch. Jahrg. II. Heft 6. 1904.

2) Klebahn, H., Die wirtswechselnden Rostpilze. 1904.

reum とは最も之れに侵され易く、R. alpinum と *R. ruburum* とは其次に位し、R. sanguinale は更らに侵され難く、又 *R. Grossularia* も侵され難しと雖も、R aureum に接木したる R. Grossularia は比較的容易に感染すと云ふ。又 P. Hennings 氏[1] も一と年 Dahlem 植物園に於て二十五種の Ribes 屬植物及び其變種、間種が此菌に侵さるゝを目撃したるが、其うち *R. nigrum, R. bracteosum* 及び *R. rubrum* の三種は被害最も甚しく、葉面は全く銹胞子堆に覆はれ、終局胞子柱は一「モリメート ル」牢の長さに達したるも、*R. americanum* にては銹胞子堆は粗らに分散して現はれ且つ其形の細小なりしのみならず、終局胞子柱の長さは多くは牢「ミリメートル」乃至一「ミリメートル」に過ぎざりしと云ふ。氏の設によれば、寄主の葉の性質は病斑の色、形、銹胞子堆の形狀、終局胞子柱の大さ等に著大なる差違を呈せしめ恰も別種の如き觀あらしむるものにして、*R. nigrum, R. bracteosum* 及び *R. ruburum* に於ては葉は肉厚きを以て菌の發達良好なるも、*R. americanum* の葉は薄くて養分に乏しきを以て菌は不良なる發育を爲し、*R. sanguineum* と R. aureum との間種なる *R. Gordonianum* は葉滑にして且つ厚肉の方なるが、菌の生育狀況は略々 *R. rubrum* に同じく、*R. aureum, R. tenifolium*, 及び *R. aureum var. leibotrys* にありては葉滑にして且つ比較的薄く、從って銹胞子堆は點々分散し且つ形小なるを常とし、又 Grossularia 區の寄主に於ては胞子堆は多くは點々分散して現はるゝを常とすと云ふ。

　余は此小報を公にするに臨み、種々の點に就き富部博士の助力を得たるを深謝す。

　　　　（明治四十年一月）

1) **Hennings, P.**, Beobachtungen über das verschiedene Auftreten von Cronartium ribicola Dietr. auf verschiedenen Ribes-Arten. Zeitsch. f. Pflarenkr. Bd. XII. 1902.

RÉSUMÉ.

The following are some of the parasitic fungi found recently in Japan.

1. *Ustilago Sacchari* **Rabenh.**

On *Saccharum officinarum,* Prov. Sanuki (**S. Kayaba,** 1905). Mr. **T. Kawakami** informs me that the fungus is also found in Formosa.

The spores are formed under the epidermis of young stem, the latter becoming a long whip-like body. In its earlier stages the affected stem is sheathed, as in *Ustilago Kusanoi* **Syd.,** by the silvery-white epidermis which soon ruptures and exposes the black spore masses, as described by **Butler** in the Memoirs of the Department of Agriculture in India, Vol. I, No. 3, 1906.

2. *Ustilago Sorghi* (**Lk.**) **Pass.**

The fungus appeared very abundantly in Hokkaido in 1905 on *Sorghum vulgare* introduced from Manchuria. It is also known from Honshiu.

In a Chinese book we find an account of two forms of smut on *Sorghum,* of which one can be identified with *Ustilago Reiliana* and the other with **U. Sorghi.** In China these two are held to be edible when young.

3. *Ustilago Oxalidis* **Ell.** et **Trac.**

On *Oxalis corniculata,* Sapporo, Prov. Ishikari (**Y. Takahashi,** Sept. 1906).

The fungus hitherto reported only from North America, where it is found parasitic on *Oxalis stricta,* is now known to occur also in Hokkaido. The reddish brown spore masses are formed in seeds, the diseased ovaries being scarcely distinguishable from the healthy ones by their outward appearance. The spores are yellow, spherical or avoid, verrucose, and 13—20μ in diameter.

4. *Tilletia ? Commelinæ* **Kom.**

On *Commelina communis,* Morioka, Prov, Rikuchiu (**Ch. Miyake,** Oct. 1905).

This smut fungus found on *Commelina communis* by **Komarov** in 1897 in a valley near the River Yalu occurs also in Japan on the same host. The chocolate-brown spore masses are formed in ovaries and the spores are light chocolate-coloured, spherical, and 11—18μ in diameter, epispore being furnished with ridges which form a hexagonal-meshed network.

5. *Thecaphora hyalina* **Fingerh.**

On *Calystegia sepium*, Sapporo (**S. Uchiyama,** Jan. 1905).

The brown spore masses are formed in seeds, the affected ovaries scarcely differing from the normal in shape and size. Although usually no trace of seeds is contained in the affected ovaries, yet sometimes a few partially-destroyed seeds are found in them.

6. *Puccinia Helianthi* **Schwein.**

The fungus was found in 1905 on *Helianthus annuus* in the garden of the Hokkaido Agricultural Experiment Station at Sapporo. As yet, however, no serious damage has been caused to the plant.

The aecidium stage of the fungus is not yet found with us.

7. *Puccinia purpurea* **Cke.**

On *Sorghum vulgare*, Prov. Higo (**K. Yoshino,** Sept. 1905).

The present species, which has hitherto been recorded from India, Java, and other countries, is now known to occur in Southern Japan. But to what an extent the crop is damaged there by the fungus is not yet known to me.

8. *Cronartum ribicolum* **Dietr.**

On *Ribes rubrum*, Sapporo (**Y. Takahashi,** Sept. 1905) and on *Ribes rubrum* var. *silvestre* **Rchb.**, near Tonnaicha, Saghalin (**T. Miyake,** Oct. 1906).

This well-known parasite on various species of Ribes in Europe appeared very abundantly on two or three plants of *Ribes rubrum* in the garden of the Hokkaido Aguricultural Experiment Station in 1905. The aecidium stage (*Peridermium Strobi* **Kleb.**) of the fungus, which occurs on *Pinus Strobus, Pinus Cembra*, etc. in Europe, is not yet found with us.

日 本 産 蠼 螋 科 及 蜚 蠊 科 の 新 種.

素 木 得 一

NEUE FORFICULIDEN UND BLATTIDEN
JAPANS.

VON

T. SHIRAKI

(Aus dem Entomolabolatorium der Landwirthschaftlichen Hochschule zu Sapporo.)

In der "Monographie der Forficuliden Japans" (Journ. Sapporo Agr'l coll. vol. II. pt. 2. 1905) und der "Neue Forficuliden Japans" (Trans. Sapporo n. h. s. vol. I. pt. 1905–1906) habe ich 8 neue und 5 bekannt Forficuliden, in der "Blattiden Japans" (Annot. Zool. Jap. vol. VI. pt. 1. 1906) 6 neue und 7 bekannt Blattiden veröffentlicht.

Da ich seitdem 5 neue Forficuliden und 3 neue so wie auch 2 bekannte Blattiden gefunden habe, möchte ich hier diese Diagnosen bekannt machen.

Von diesen neuen Arten habe ich 2 neue Gattungen, nämlich *Kurokia* und *Mesolabia* begründet, von denen die erstere den Blattiden und die zweite den Forficuliden gehört.

Rehn, in seiner "Studies of Old Wold Forficulids or Earwigs and Blattids or Cochroaches" an gab, dass die Art *Periplaneta patlipalpis* Serv. in Kioto (Japan) zu Hause sein, diese Art habe ich jedoch nicht in Japan gefunden, sondern nur aus Formosa.

Dr. **A. Fritze** erwähnt in seiner "Die Fauna der Liukiu-Insel Okinawa "*Paratropa histrio* Bacm. und *Phyllodromia adspersicollis* Stäl. als Japanische Arten, diese ist mir jedoch ganz unbekannt.

Diese wertvollen Materialien gehören grösstentheils zu der Sammlung von Herrn Prof. Dr. **S. Matsumura**, mit seiner Erlaubniss habe ich mich unter seiner freundlichsten Leitung sie eingehend zu studieren beschäftigt, gestatte ich mir hier mit meinen herzlichen Dank auszusprechen.

[Trans. Sap. Nat. Hist. Soc. Vol. I. Part 2].

I. Gatt. Phyllodromia Serv.

2 Neue Arten :

1. *P. nigripronota* n. sp.

Körper klein. Kopf herzförmig, schwärzlich gelb. Scheitel gelb. Netzaugen braun ; Punktaugen lochförmig, blassgelb. Fühler fein borstenförmig, kürzer als die Körperlänge, braun : Glied 1. lang, walzenförmig ; die übrigen fadenförmig. Pronotum halbkreisförmig, schwarz, mit gelbbraunem oder gelbem Rande, seltens in der Mitte mit einer braunen Längslinie. Vorderflügel mässig lang, schmutziggelb ; Radialader entsendet nach dem Flügelrand zahlreiche Nebenadern ; auf der Hinterseite nur eine, welche ungefähr in die Richtung der Radialader selber fällt ; Radialader nicht mit der vorderen Ulnarader am Gründe verschmolzen. Hinterflügel durchscheinend, alle Adern schwärzer. Hinterleib oben glänzend schwarz, mit gelbem Seitenrande, unten schmutzig schwarz mit gelbem Seitenrande. Hinterleibsegmenten mit je einem gelbem Hintenrande. Hinterleib des Männchens lang, das des Weibchens breiter, aber kürzer. Beine mässig lang, schmutzig gelb ; Schenkel zusammengedrückt, ein wenig stachelig ; Schienen so lang wie der Schenkel, mit zahlreichen Stacheln ; Tarsen kürzer als die Schienen, das Glied 1. sehr lang, das letzte mit sehr kleinen Krallen und grossen Haftlappen. Cerci und Griffel ziemlich kurz, gelblich.

Körperlänge :	♂ 9.1-10. mm. ;	♀ 9.0-9.5 mm.
Pronotumslänge :	♂ 2.5-2.6 mm. ;	♀ 2.0-2.1 mm.
Pronotumsbreite :	♂ 4.0-4.1 mm. ;	♀ 3.5-3.2 mm.
Vorderflügellänge :	♂ 8.0-9.5 mm. ;	♀ 7.0-8.1 mm.
Hinterleibslänge :	♂ 5.0-5.5 mm. ;	♀ 4.8-5.2 mm.
Hinterleibsbreite :	♂ 4.0-5.0 mm. ;	♀ 3.5-3.8 mm.
Fühlerlänge :	♂ u. ♀ 8.0 mm.	
Cercislänge :	♂ u. ♀ 1.2 mm.	

7 Exemplare (2 ♀ 2.2 und 3 Larb.) in der Sammlung von Herrn Dr. **S. Matsumura** und **T. Kawakami** aus Formosa (Juli und Oktober).

Trivialname : *Seguro-gokiburi.*

2. *P. lineata* n. sp.

Körper sehr klein. Kopf gross und dick, schwarzbraun ; Scheitel gelb. Netzaugen schwarzbraun. Punktaugen lochförmig, dunkel. Fühler fein borstenförmig, ein wenig kürzer als die Körperlänge, braun : Glied 1. lang, walzenförmig ;

die übrigen fadenförmig. Pronotum halbkreisförmig braungelb, mit 2 schwarzen breiten Längsbänden. Färbung und Geäderung des Flügels ganz ähnlich *P. nigripronota.* Hinterleib ähnlich *P. nigripronota,* aber oben und unten glänzend schwarz, mit gelbem Seitenrande. Beine lang und dick, gelblich. Cerci und Griffel mässig lang, gelblich schwarz. Vorderflügel ein wenig länger als die Verlängerung des Hinterleibs.

Körperlänge:	♀ 7.8 mm.;	♂ 8.1 mm.
Pronotumslänge:	♀ 1.9 mm.;	♂ 2.0 mm.
Pronotumsbreite:	♀ 3.2 mm.;	♂ 3.3 mm.
Vorderflügellänge:	♀ 5.8 mm.;	♂ 7.0 mm.
Hinterleibslänge:	♀ 4.3 mm.;	♂ 4.5 mm.
Hinterleibsbreite:	♀ 3.7 mm.;	♂ 3.1 mm.
Fühlerlänge:	♂ u. ♀ 6.8 mm.
Cercislänge:	♂ u. ♀ 1.2 mm.

Nur 2 Exemplare (1 ♀ und 1 ♂) in der Sammlung von Herrn Dr. S. **Matsumura** aus Formosa (Juni).

Trivialname: *Hime-gokiburi.*

II. Gatt. **Epilampra** Burm.

1 Neue Art:

E. formosana n. **sp.**

Körper lang, schmutziggelb. Kopf mässig gross, dick und breit, von Pronotum ganz nicht bedeckt. Stirn convex, braun; Netzaugen auf dem Scheitel genähert, braun; Punktaugen schwarz. Fühler ein wenig kürzer als der Hinterleib, schwärzlich braun, borstenförmig; Glied 1. gross und lang, schmutziggelb. Kiefertaster sehr lang, gelbbraun, das letzte Glied spindelförmig, schwärzlich grau, so lang als das vorletzte, Glied 1. kurz, braun. Pronotum etwas rautenförmig, bräunlichgelb, zerstreut schwärzlich punktiert, auf der Scheibe mit 4 kleinen runden Verfiefungen in der Mitte, am Hinterrande in der Mitte mit stumpfen Winkel. Färbung und Geäderung des Flügels ähnlich *E. guttigera* **Shiraki.** Hinterlieb flach: beim Weibchen kurz und breit beim Männchen ein wenig lang. Afterdecke: beim Weibchen halbkreisförmig; beim Männchen trapezförmig. Beine schlank und lang, gelblichbraun: Schenkel zusammengedrückt, schlank, an der Innenseite mit kleinen Stacheln; Schienen stark stachelig, länger als der Schenkel;

Tarsen kürzer als die Schienen, Glied 1. so lang als die folgenden Gliedern, letzte Glied mit 2 kleinen krallen und einem Haftlappen.　Cerci kürz, bräunlich gelb.

Körperlänge :　　　　♂ 26.0 mm. ;　　♀ 20.0 mm.

Pronotumslänge :　　　♂ 5.9 mm. ;　　♀ 5.5 mm.

Pronotumsbreite :　　　♂　7.5 mm. ;　　♀ 7.2 mm.

Vorderflügellänge :　　♂ 25.8 mm. ;　　♀ 24.0 mm.

Hinterleibslänge :　　　♂ 14.0 mm. ;　　♀ 11.1 mm.

Hinterleibsbreite :　　 ♂ 8.5 mm. ;　　♀ 9.0 mm.

Fühlerlänge :　　　　　♂ 22.1 mm. ;　　♀ 21.7 mm.

Cersislänge :　　　　　♂ 2.0 mm. ;　　♀ 3.0 mm.

Nur 2 Exemplare (1 ♂ und 1 ♀) in der Sammlung von Herrn Dr. S. Matsumura aus Formosa (Juli).

Trivialname :　*Ko-madara-gokiburi.*

III.　Gatt. Periplaneta Burm.

1 Art :

P. pallipalpis Serv.

Serville (*Kakerlac pallipalpis*) :　1839, p. 71.

De Haan :　Bizdrag., p. 49.

Brunner :　1865, Syst. Blatt., p. 238.

♂ Körper kastanienbraun. Kopf konvex, herzförmig ; Stirn dunkelbraun. Punktaugen lochförmig, gelb ; Netzaugen braun. Fühler borstenförmig, länger als die Körperlänge, gelbraun. Kiefertaster sehr lang, gelblich. Pronotum etwas halbkreisförmig, konvex, einfärbig kastanienbraun, glänzend. Vorderflügel länger als die Verlängerung des Hinterleibs, pergamentartig ; alle Adern deutlich, aber Ulnalader undeutlich. Hinterflügel hellbraun, das Vorderfeld ein wenig grösser als das Hinterfeld, häutig, mit deutlichen Längsadern, gleich lang wie Vorderflügel. Hinterleib lang, das letzte Bauchsegment ein wenig gewölbt, mit den sehr schmalen kurzen Griffeln, daneben mit eben so langen schwert-förmigen Cerci versehen ; das letzte Rückensegment kaum länger als breit, etwas häutig, welches am Hinterrande abgeschnitten, fast quadratisch. Beine sehr lang und schlank, kastanienbraun ; die Schenkel zusammengedrückt, an der innen Kante des Unterseites stachelig ; Schienen stark stachelig ; Tarsen kürzer als die Schienen, das letzte Tarsenglied mit schmalen krallen und sehr kleinen Haftlappen.

Körperlänge :　　　　♂ 25.0 mm.

Pronotumslänge :	♂ 6.9 mm.
Pronotumsbreite :	♂ 7.2 mm.
Hinterleibslänge :	♂ 13.0 mm.
Hinterleibsbreite :	♂ 8.1 mm.
Vorderflügellänge :	♂ 23.0 mm.
Cercislänge :	♂ 4.1 mm.
Fühlerlänge :	♂ 33.0 mm.

Nur ein Exemplare (♂) in der Sammlung von Herrn Dr. S. Matsumura aus Formosa (Juli).

Trivialname : *Usu-iro-gokiburi.*

Sonstige Fundorten : Java, Padang, Nouvelle Hollande.

VI. Gatt. **Chorisoneura** Brun.

Brunner : 1865, Syst. Blatt., p. 255, Fig. 26.

1 Art:

C. *flavoantennata* Brun.

Brunner : 1865, Syst. Blatt., p. 257.

Burmeister : 1839, Handb. Ent., II, p. 497. (*Blatta literata klg*) ?

De Saussure : 1862, Rev. et Mag. de Zool., p. 167. (*Blatta gracilis*) ?

♂. Körper mässig lang, kupfergelb. Kopf gross und flatt, fast dreieck-förmig, vom Pronotum ganz nicht bedeckt. Netzaugen auf dem Scheitel nicht genähert, schwarz. Fühler ein wenig kürzer als die Körperlänge, gelblich, faden-förmig. Kiefertaster mittelange ; das letzte, Glied spindelförmig, länger als das vorletzte, gelbraun ; das Glied 1. sehr kurz, hellgelb. Pronotum etwas halbkreis-förmig, kupferbraun, in der Mitte ein wenig heller, mit durchscheinbaren breiten Seitenrande. Vorderflügel mässig lang, gelbbraun ; alle Adern weisslich, aber Radial- und Ulnarader braun, Analader und Axillaradern scheinbar, Scapularader vielästig. Hinterflügel schwärzlich gelb, mit der Apicalfläche (campo apicali). Die beiden Flügeln mit deutlichen Längs- und Queradern. Hinterleib flach. Cerci mässig lang, hellgelb. Afterdecke gross, halbkreisförmig. Beine hellgelb ; Schenkel zusammengedrückt, ohne Stachel, Scheinen stachelig, so lang als der Schenkel ; Tarsen halb so lang wie die Schienen, Glid 1. so lang als die folgenden Gliedern, das letztë mit dunkelen zwei krallen und etwas grossen Haftlappen.

Körperlänge :	♂ 8.3 mm.
Pronotumslänge	♂ 2.5 mm.

Pronotumsbreite:	3.2 mm.
Hinterleibslänge:	5.1 mm.
Hinterleibsbreite:	3.8 mm.
Vorderflügellänge:	7.5 mm.
Cercislänge:	0.8 mm.
Fühlerlänge:	8.1 mm.

Nur ein Exemplare (♂) in der Sammlung von Herrn Dr. S. Matsumura aus Formosa (Juli).

Trivialname: *Usu-doiro-gokiburi*.

Sonstige Fundort: Brasilen.

V. Gatt. Kurokia n. g.

Type: *Kurokia nigra* n. sp.

Körper sehr flach, oval, oben konvex, unten koncav, aber an dem Hinterteile ziemlich konvex. Kopf klein, herzförmig, ohne Punktaugen. Fühler sehr kurz, kaum halb so lang als der Leib, borstenförmig; Glied 1. gross und lang, kugelförmig; das 2. klein; das 3. länger und schmäler als das 1., walzenförmig. Mundtheile ohne Auszeichnung, nur die beiden letzten Kiefertastergliedem etwas dicker; das Kaustück kurz. Pronotum gross, halbkreisförmig, mit feiner nach oben aufgeworfener Seitenrand Randleiste. Vorderflügel und Hinterflügel beim beiden Geschnechtern ganz fehlend. Beine mittellang, zusammengedrückt; die Schenkel stachellos, so lang als die Schienen, doch ziemlich breit; Schienen stark 4-kantig, kurz, stachelig. Tarsen so lang als die Schienen; das Glied 1. kürzer als die übrigen; das letzte ein wenig gross, so lang als die zwei vorletzte, mit 2 kleinen krallen und ziemlich grossen Haftlappen. Hinterleib so lang als die 3 Brustringen, fast rundförmig. Lamia subgenitalis: beim Weibchen sehr klein, halbkreisförmig, vom letzten Abdonialsternit ganz bedeckend; beim Männchen gross, fast dreieckförmig konvex. Lamia supranalis: beim Männchen ein wenig konvex, ziemlich breiter als die Länge; beim Weibchen fast platt, breiter als die Länge. Cerci sehr klein, fast blumenknospförmig.

1 Neue Art:

K. nigra n. sp.

Glänzend schwarz, haarlos. Kopf gläzend schwarz; Netzaugen gelblich. Fühler gelbbraun. Kiefertaster braun; Oberlippe mit einem gelblichen Querbande. Schenkel und Schienen glänzend schwarz. Tarsen gelblichbraun; das letzte Glied braun,.mit ziemlich dunkleren Haftlappen. Cerci schwach, behaart.

Körperlänge :	♂ 14.7 mm. ;	♀ 12.5 mm.
Pronotumslänge :	♂ 3.6 mm. ;	♀ 3.5 mm.
Pronotumsbreite :	♂ 6.8 mm. ;	♀ 6.5 mm.
Mesonotumslänge :	♂ 1.7 mm. ;	♀ 1.1 mm.
Mesonotumsbreite :	♂ 7.1 mm. ;	♀ 7.0 mm.
Metanotumslänge :	♂ 1.4 mm. ;	♀ 1.0 mm.
Metanotumsbreite :	♂ 6.9 mm. ;	♀ 6.6 mm.
Hinterleibslänge :	♂ 8.0 mm. ;	♀ 6.5 mm.
Hinterleibsbreite :	♂ 7.2 mm. ;	♀ 6.4 mm.
Fühlerlänge :	♂ 6.0 mm. ;	♀ 6.2 mm.
Cercislänge :	♂ 0.4 mm. ;	♀ 0.25 mm.
Hinterschenkellänge :	♂ 3.0 mm. ;	♀ 3.0 mm.
Hinterschienenlänge :	♂ 2.5 mm. ;	♀ 2.5 mm.
Hintertarsenlänge :	♂ 2.2 mm. ;	♀ 2.2 mm.

Nur zwei Exemplare (1 ♂ und 1 ♀) in der Sammlung von Herrn Dr. S. Matsumura aus Formosa (Juli).

Trivialname : *Maru-gokiburi.*

Neue Forbiculiden.

I. Gatt. Labidurodes Borm.

2 Neue Arten :

1. *L. Okinawaensis* n. sp.

Form und allgemeine Färbung wie bei *L. formosanus* Shiraki, aber Flügelschuppe fehlend. Kopf rötlich hellbraun. Das letzte Abdominaltergit : beim Männchen quadratisch, am Hinterrand stachelig; beim Weibchen nach hinten sehr schwach schälert, nicht stachelig. Zangenarme wenig und regelmässig gebogen bis zu den sich berührenden oder sich kreuzenden Spitzen; beim Männchen mit 2 Zähnchen; beim Weibchen schwach gezähnelt. Grösser als die *L. formosanus* Shiraki.

Körperlänge :	♂ 9.9-10.0 mm. ;	♀ 8.5-8.7 mm.
Pronotumslänge :	♂ 1.3-1.5 mm. ;	♀ 1.5-1.8 mm.
Pronotumsbreite :	♂ 1.1-1.2 mm. ;	♀ 1.2-1.3 mm.
Flügeldeckenlänge :	♂ 2.0-2.1 mm. ;	♀ 2.3-2.8 mm.

Flügeldeckenbreite :	♂ 0.6–0.7 mm. ;	♀ 0.8–0.95 mm.
Hinterleibslänge :	♂ 4.5–5.0 mm. ;	♀ 6.5–7.0 mm.
Hinterleibsbreite :	♂ 1.8–2.1 mm. ;	♀ 2.3–2.5 mm.
Fühlerlänge :	♂ 8.3 mm. ;	♀ 8.0 mm. (?)
Zangenlänge :	♂ 3.1–3.5 mm. ;	♀ 3.5–4.4 mm.

4 Exemplare (2 ♂ und 2 ♀) in der Sammlung von Herrn **T. Kuroiwa** aus Okinawa (Mai).

Trivialname : *Okinawa-kasamimushi.*

2. *L. singularis* n. sp.

Form und Färbung wie bei *L. nigritus* **Shiraki**, aber Pygidium sehr scharf und lanzigförmig. Köper kleiner als die *L. nigritus.*

Körperlänge :	♂ 9.0–9.3 mm. ;	♀ 7.8 mm.
Pronotumslänge :	♂ 1.8 mm. ;	♀ 1.3 mm.
Pronotumsbreite :	♂ 1.7 mm. ;	♀ 1.4 mm.
Flügeldeckenlänge :	♂ 2.3–2.5 mm. ;	♀ 2.4 mm.
Flügeldeckenbreite :	♂ 1.2 mm. ;	♀ 1.0 mm.
Hinterleibslänge ;	♂ 4.3–4.5 mm. ;	♀ 3.5 mm.
Hinterleibsbreite ;	♂ 2.5–2.6 mm. ;	♀ 2.1 mm.
Fühlerlänge :	♂ 5.8 mm. ;	♀ 4.0 mm.
Zangenlänge :	♂ 6.3–6.6 mm. ;	♀ 5.0 mm.

3 Exemplare (2 ♂ u. 1 ♀) in der Sammlung von Herrn **M. Ishida** aus Sapporo.

Trivialname : *Gi-kuro-hasamimushi.*

II   Gatt. Forficura L.

1　Neue Art :

F. ruficeps n. sp.

Körper schwach, lang und konvex, glänzed kastanienbraun. Kopf herzförmig, nicht länger als breit, glänzend kastanienbraun. Fühler 12-gliedrig, braun ; das Glied 1. keulenförmig, hellbraun ; das 2. klein, kaum länger als breit, hellbraun ; 3. walzenförmig, ziemlich lang ; 4. kleiner als das halb 3. ; 5. und 6. langsam wachsend, länglich ; die übrigen walzenförmig, allmählich schlanker und länger werdend. Pronotum ein wenig schmäler als der Kopf, hellbraun. Flügeldecken strohgelb, an den Naht der Flügeldecken und Schüppen und an dem Seiten der

Flügeldecken, schwarzbraun. Beine von massiger Länge, schmutziggelb; Schenkel seitlich abgeplattet, ein wenig breit; Schienen fast ebenso lang wie der Schenkel; Tarsen mit langem und dünnen 1 Glied und dem 3.; das letztere etwas kürzer als das erstere, 2. klein, herzförmig verbreitert. Abdomen lang, mit vier deutlichen, höckerförmigen Seitenfalten. Letztes Abdominaltergit: beim Männchen rechtwinkelig, an dem Hinterrand mit zwei Kropfförmigen Falten; beim Weibchen nach hinten schwach verschmälert, nicht bewerbt. Vorletztes Sternit mit halbkreisförmigen Hinterrand; das letzte beim Männchen zum grössten Teil, beim Weibchen ganz bedeckend. Zangenarme: beim Männchen an der Basis fast ganz zusammenliegend, gewöhnlich verbreitert, platt, mit gezähneltem Innenrande, dann regelmässig gebogen; beim Weibchen leicht gebogen, fast vollständig zusammenliegend, wenig gebogen bis zu den sich kreuzenden Spitzen. Pygidium sehr klein; beim Männchen halbkreisförmig; beim Weibchen quadratisch.

Körperlange :	♂	10.0–11.0 mm.;	♀ 8.0–8.2 mm.
Pronotumslänge :	♂	1.0–1.1 mm.;	♀ 0.8–1.0 mm.
Pronotumsbreite :	♂	1.1–1.2 mm.;	♀ 1.0–1.2 mm.
Flügeldeckenlänge :	♂	2.5 mm.;	♀ 2.1 mm.
Flügeldeckenbreite :	♂	0.8–0.9 mm.;	♀ 0.8 mm.
Hinterleibslänge :	♂	5.0–5.3 mm.;	♀ 4.1 mm.
Hinterleibsbreite :	♂	1.8–2.0 mm.;	♀ 1.5–1.7 mm.
Fühlerlänge :	♂	5.5 mm.;	♀ 5.5 mm.
Zangenlänge :	♂	3.5–6.0 mm.;	♀ 2.3 mm.

4 Exemplare (2 ♂ und 2 ♀) in der Sammlung von Herrn Dr. S. Matsumura aus Formosa (Juli, August).

Trivialname : *Kasshoku-hasamimushi*.

III. Gatt. Apterygida Westw.

3 Neue Arten :

1. *A. acris* n. sp.

♀ Körper schlank, glänzend braun, unbehaart. Kopf herzförmig, ziemlich gewölbt, ungefähr so lang wie breit, kupferfärbig, mit den Schwarzen Augen. Fühler 13-gliedrig, schwarz braun: das Glied 1. langkeulenförmig; das 2. klein, kaum länger als breit; 3. walzenförmig. ziemlich lang; 4. fast gleich lang als das 3.; die übrigen walzenförmig; 10., 11. und 13, braun; an der Basis der 10. und 11. heller. Pronotum schmäler als der Kopf, in der Mitte mit einem Querstriche, seitenrand hellgelb. Flügeldecke und Flügelschuppe kupferfärbig, mit schwäzlich braunem Nahtbande. Beine schwarzlich braun. Seitenrand des Abdomens fast parallel. Zangenarme leicht gebogen, fast vollständig zusammenliegend, von der Basis bis zur scharfen Spitze an Dicke abnehmend, schwärzlichbraun. Pygidium klein, quadratisch.

Körperlänge :	♀	10.0 mm.
Pronotumslänge :	♀	1.2 mm.
. Pronotumsbreite :	♀	1.1 mm.
Flügeldeckenlänge :	♀	2.5 mm.
Flügeldeckenbreite :	♀	1.2 mm.
Hinterleibslänge :	♀	5.1 mm.
Hinterleibsbreite :	♀	1.7 mm.
Fühlerlänge :	♀	8.1 mm.
Zangenlänge :	♀	5.1 mm.

Nur ein Exemplare (♀) in der Sammlung von Herrn Dr. **S. Matsumura** aus Formosa (Juli).

Trivialname : *Dogane-hasamimushi.*

2. *A. flavocapitata* n. sp.

♂ Körper schlank, langgestreckt, glänzend schwärzlich kastanien braun, unbehaart. Kopf herzförmig, ziemlich gewölbt, ungefähr so lang wie breit, gelb. Augen schwarz ; Mundtheil schwarzbraun. Fühler 12-gliedrig, schwärzlichbraun : das Glied 1. keulenförmig ; das 2. klein, kaumlänger als breit ; 3. walzenförmig. ziemlich lang ; 4. fast gleich lang das 3. ; die übrigen walzenförmig. Pronotum schmäler als der Kopf, mit dem halbkreisförmigen Hinterrande und einer V-förmigen Mittelvertiefung, Seitenrand hellgelb. Flügeldecke schmal und lang, schmutzigbraun ; Flügelschuppe schwärzlich kastanienbraun, mit einem grossen gelben Flecke versehen. Beine von mässiger Länge ; Schenkel ein wenig verbreitert ; Schienen fast ebenso lang wie der Schenkel ; Tarsen mit langem, dünnem 1. und 3. Glied, das letztere etwas kürzen als das erste, 2. Glied herzförmig mit deutlichen Seitenlappen. Hinterteil der Schienen und der Tarsen hellbraun. Hinterleib parallelseitig, mit vierd eutlichen, höckerförmigen Seitenfalten ; letztes Abdominaltergit fast quadratisch, an dem Hinterrand mit zwei kleinen kropfförmigen Falten ; vorletztes Sternit mit halbkreisförmigen behaarten Hinterrande, das letzte zum grössten Teil bedeckend. Zangenarme stehen an der Basis auseinander, dreikantig, oben mit kleinem Basalhöcker und bis zum Ende des 1. viertels, wo ein klein, schief nach innen und schief nach oben gerichteter Stachel steht, regelmässig gebogen bis zu den sich kreuzenden Spitzen. Pygidium halbkreisförmig, behaart.

Körperlänge:	♂ 13.0 mm.
Pronotumslänge:	♂ 1.5 mm.
Pronotumsbreite:	♂ 1.4 mm.
Flügeldeckenlänge:	♂ 3.1 mm.
Flügeldeckenbreite:	♂ 1.2 mm.
Hinterleibslänge:	♂ 7.0 mm.
Hinrerleibsbreite:	♂ 2.0 mm.
Fühlerlänge:	♂ 8.0 mm.
Zangenlänge:	♂ 10.0 mm.

Nur ein Exemplare (♂) in der Sammlung von Herrn Dr. S. Matsumura aus Formosa (August).

Trivialname: *Ki-gashira-hasamimushi.*

3. *A. crinitata* n. sp.

♂. Körper konvex, schwarz, behaart. Kopf schwarzbraun. Fühler 13-gliedrig, schwarzbraun; das Glied 1. gross und dreikantig; das 2. klein; 3. walzenförmig, ziemlich lang; die übrigen walzenförmig; das 11. und das 12. blassbraun. Pronotum kaum schmäler als der Kopf, mit den braunen Seiten- und Hinterrande. Flügeldecke schwarzbraun, mit braunen Seitenrande. Flügelschuppe glänzend schwarz, mit gelbbraunem Ende. Schenkel schwarzbraun; Schienen und Tarsen gelbbraun. Hinterleib hinten verbreitert, mit vier deutlichen höckerförmigen Seitenfalten; letztes Abdominaltergit fast quadratisch, fast glatt; vorletztes Sternit mit halbkreisförmigem Hinterrande, das letzte zum grössten Teil bedeckend. Zangenarme stehen an der Basis auseinander, hin und her gebogen, mit schwachen Krümmungen, Innenrand von der Basis bis zu einem sehr scharfen, zähnchenförmigen, ungefähr in der Mitte sitzenden Dorn, ein wenig deutlich gekerbt, Kreuzung vor den Spitzen, nach der Basis von der Mitte an dem Innenrand mit zwei sehr kleinen Zähnchen. Pygidium fast spitzig.

Körperlänge:	♂ 11.0 mm.
Pronotumslänge:	♂ 1.6 mm.
Pronotumsbreite:	♂ 1.5 mm.
Flügeldeckenlänge:	♂ 3.0 mm.
Flügeldeckenbreite:	♂ 1.3 mm.
Hinterleibslänge:	♂ 4.6 mm.
Hinterleibsbreite:	♂ 2.6 mm.

Fühlerlänge :　　　　♂　8.2 mm.

Zangenlänge :　　　　♂　7.0 mm.

Nur ein Exemplare (♂) in der Sammlung von Herrn Dr. **S. Matsumura** aus Formosa (August).

Trivialname : *Ke-hasamimushi.*

VI.　Gatt. Mesolabia n. g.

Type : *M. niitakaensis* n. **sp.**

Unterscheidet sich von der sehr ähnlichen Gattung *Labia* nur durch das weniger gerundete Vorletztabdominalsternit, den freien Letztessternit, das sehr Kleinung der 3. und 4. Antennalgliedern und durch die wie bei *Pygidicrana* geformte Scutellum.

Nur in weiblichen Geschlecht bekannt !

Körper konvex. Kopf ziemlich konvex, länger als breit. Fühler über 8(?)-gliedrig; das Glied 1. lang, walzenförmig ; 2. sehr klein ; 3. kleiner als das 2. ; 4. sehr kleiner als das 3. ; die übrigen kegelförmig, regelmässig sich verlängernd. Pronotum ziemlich schmäler als die Kopfsbreite. Flügeldecken vollkommen entwickelt ; Flügelschuppe fehlend. Beine mittellang und schmal ; das Tarsalglied 1. länger als das 3. ; 2. walzenförmig, sehr klein ; 3. sehr schlank. Kralleapelotte fehlend. Abdomen in der Mitte mehroder weniger verbreitert ; letztes Tergit nach hinten schmal, mit sehr deutlichen Analsegmenten ; vorletztes Sternit ein wenig abgerundet, das letzte Sternit fast nicht bedeckend. Zangenarme gewöhnlich susammenliegend.

1　Art :

M. niitakaensis n. **sp.**

Körper glänzend, schmutzig gelbbraun. Kopf ein wenig behaart, schmutzig gelb. Augen klein, schwarz. Fühler 12(?)-gliedrig, schmutzig gelb : das Glied 1. lang ; 2. sehr klein ; 3. walzenkegelförmig, lang, aber nur halb so breit wie das 1. ; die übrigen kegelförmig, regelmässig sich verlängernd. Stirn mit 3 braunen Puncktchen. Pronotum schmäler als der Kopf, sehr wenig behaart, an dem Vorderteile mit 4 braunen unregelmässigen Makeln, an dem Seitenteil mit je einer braunen Linie und in der Mitte mit einer braunen Linie versehen. Flügeldecke vollkommen entwickelt ; Flügelschuppe fehlend. Beine gelb. Abdomen mässig schlank, glänzend dunkelgelb, mit schwarzbraunen Seitenfalten. Letztes Abdominaltergit in der Mitte mit 2 bruanen Längsstreifen und an dem Seiten mit je einem Schiefen braunen Längsstreife. Zangenarme sehr schmal und klein, zuletzt mässig nach innen gebogen, hellgelbbraun. Pygidium sehr ·klein, mit ziemlichen schafen Spitze hellbraun.

Körperlänge :	♀ 9.5 mm.
Pronotumslänge :	♀ 1.5 mm.
Pronotumsbreite :	♀ 1.2 mm.
Flügeldeckenlänge :	♀ 1.6 mm.
Flügeldeckenbreite :	♀ 1.2 mm.
Hinterleibslänge :	♀ 5.5 mm.
Hinterleibsbreite :	♀ 2.6 mm.
Fühlerlänge :	♀ 6.0 (?) mm.
Zangenlänge :	♀ 3.5 mm.

Nur ein Exemplar (♀) in der Sammlung von Herrn T. Kawakami aus Niitaka (Formosa Oktober).

Trivialname: *Niitaka-hasamimushi.*

17. Nov., 1906.

摘　　要

今年夏期我が最も敬愛する處の理學博士桑村桑年先生遠く台灣へ昆蟲採集を試みらる其の採集物中吾人の研究中になる蠷蟖科及び蜚蠊科中數種の新種及び低知種にして未だ本邦に發見せられざりしものを發見せり下の如し

蜚蠊科

1. *Phyllodromia nigripronota* n. sp.　　せぐろごきぶり.

分布： 台灣.

2. *P. lineata* n. sp.　　ひめごきぶり.

分布： 台灣.

3. *Epilampra formosana* n. sp.　　こまだらごきぶり.

分布： 台灣.

4. *Periplaneata pallipalpis* **Serv.**　　うすいろごきぶり.

　　分布: 台灣, じやば, ばだん, 新和蘭.

5. *Chorisoneura flavoantcnnata* **Brum.**　　うすどういろごきぶり.

　　分布: 台灣, ぶらじる.

6. *Kurokia* (**n. g.**) *nigra* **n. sp.**　　まるごきぶり.

　　分布: 台灣.

蠼螋科

1. *Labidurodes okinawaensis* **n. sp.**　　おきなははさみむし.

　　分布: 沖繩.

2. *L. singularis* **n. sp.**　　ざくろはさみむし.

　　分布: 札幌.

此の種は *L. nigritus* **Shiraki** と全く同一物として今日迄て之れを
分類し置きたるが此の度一層深き研究を行へる處全く別種なる事
を見出したり之れ石田昌人氏の採集物中より三種を發見せるを以
て明白となりたれば此の處に新種として發表せるなり.

3. *Forficura ruficeps* **n. sp.**　　かつしよくはさみむし.

　　分布: 台灣.

4. *Apterygida æris* **n. sp.**　　どうがねはさみむし.

　　分布: 台灣.

5. *A. flavocapitala* **n. sp.**　　きがしらはさみむし

　　分布: 台灣.

6. *A. crinitata* **n. sp.**　　けはさみむし.

　　分布: 台灣.

7. *Mesolabia niitakaensis* **n. sp.**　　にいたかはさみむし.

　　分布: 台灣(新高山).

此の種は河上瀧彌氏の採集にかゝるものなり.

　　　　　　　　　　　　　　札幌農學校昆虫學實驗室に於て.

已 知 本 邦 産 嚙 蟲 目 類 目 錄

岡 本 半 次 郎

ON THE PROCIDÆ OF JAPAN.

BY

H. OKAMOTO.

　本邦産茶柱蟲に就きて邦人の研究せるものあるを聞かざると同時に外人の之れが調査に従事せる者亦極めて稀なり。而して余の知れる範圍內に於ては一千八百八十二年にコルベ氏が唯一種即ち *Psocus japonicus* Kolbe を記載せるのみ。然るに先頃恩師松村博士の獨國博物館內コルベ氏に寄送せられたる標本に就きて Dr. G. Enderlein 氏は之れが研究をなし發表せしもの四科九屬十七種あり。而して此內十四種は新種にして二種は歐洲のものと同種なり。九屬中二屬は新種にて其の一は松村博士の名譽の爲めに *Matsumuraiella* と命名せり。

　同氏報告の外に余の研究によれば本邦産茶柱蟲は其種類甚だ多く其學名の知れあるもの實に廿三種の多きに達せり。尙此外一新屬並びに二十餘種の新種あるを信ずれ雖も今記するを止め下に已知嚙蟲目の學名和名を列記し採集地及分布を付して目錄を調製し本邦産茶柱蟲を調査せんとする士の參考に供さんとす。

Psocidæ. 茶柱蟲科

第一屬　Psocus Latr. 1796.

1. *Psocus kurokianus* Enderl. 1906.

　　和名　おほすじちやたて　（新稱）

　　採集地　北海道(札幌·定山溪)

　　　　本島(岐阜)

2. *P. tokyoensis* Enderl. 1906.

　　和名　すじちやたて　（新稱）

　　採集地　北海道(札幌)

　　　　本島(東京·箱根·青森·門司)

3. *P. nebulosus* Steph. 1836.

　　和名　かばいろちやたて　（新稱）

探集地　北海道(札幌·定山溪)

　　　　本島(岐阜)

分布　歐洲·ホンベイ

4. *P. japonicus* **Kolbe.** 1882.

　　和名　ひげながちやたて　(新稱)

　　探集地　不明

5. *P. obtusus* **Hagen.** 1858.

　　和名　はーしんちやたて　(新稱)

　　探集地　本島(弘前)

　　分布　鷗洲·新富牧

第二屬　**Amphigerontia Kolbe.**
　　　　1880.

6. *Amphigerontia kolbei* **Enderl.** 1906.

　　和名　くろみやくちやたて　(新稱)

　　探集地　九州(鹿兒島)

7. *A. nubila* **Enderl.** 1906.

　　和名　おほひげちやたて　(新稱)

　　探集地　北海道(定山溪).

第三屬　**Matsumuraiella Enderl.**
　　　　1906.

8. *Matsumuraiella radiopicta* **Enderl.** 1906.

　　和名　はぐるまちやたて　(新稱)

　　探集地　北海道(苫小牧·札幌·定山溪)

　　　　　　本島(京都·岐阜·明石·東京)

　　　　　　九州(鹿兒島)

第四屬　**Tæniostigma Enderl.** 1901.

9. *Tæniostigma ingens* **Enderl.** 1903.

　　和名　まだらひげちやたて　(新稱)

　　探集地　臺灣(新高山·新社)

分布　支那(東京)

第五屬　**Stenopsocus Hag.** 1866.

10. *Stenopsocus niger* **Enderl.** 1906.

　　和名　くろほそちやたて　(新稱)

　　探集地　北海道(札幌·苫小牧)

11. *S. aphidiformis* **Enderl.** 1906.

　　和名　ほそちやたて　(新稱)

　　探集地　北海道(札幌·函館·定山溪)

　　　　　　本島(大山寺·明石·門司·東京)

　　　　　　九州(鹿兒島)

12. *S. pygmæus* **Enderl.** 1906.

　　和名　すかしほそちやたて　(新稱)

　　探集地　北海道(札幌)

　　　　　　本島(岐阜·京都·門司)

第六屬　**Graphopsocus Kolbe.** 1883.

13. *Graphopsocus cruciatus* **L.**

　　和名　よつもんほそちやたて　(新稱)

　　探集地　九州(鹿兒島)

　　分布　匈牙利

Cæciliidæ.　毛茶柱蟲科 (新稱)

第一屬　**Dasypsocus Enderl.** 1906.

14. *Dasypsocus japonicus* **Enderl.** 1906.

　　和名　とげちやたて　(新稱)

　　探集地　本島(東京·京都·門司)

　　　　　　九州(鹿兒島)

第二屬　**Kolbea Bertkan.** 1883.

15. *Kolbea fusconervosa* **Endrel.** 1906.

　　和名　くろみやくけちやたて　(新稱)

探集地　北海道(札幌)

本島(箱根·高砂)

第三屬　Cæcilius Curt. 1837.

16. *Cæcilius oyamai* Enderl. 1906.

和名　しろもんけちやたて　(新稱)

探集地　北海道(札幌·函館)

本島(東京)

17. *C. gonostigma* Enderl. 1906.

和名　べにしんけちやたて　(新稱)

探集地　九州(鹿兒島)

18. *C. japonicus* Enderl. 1906.

和名　きいろみちやたて　(新稱)

探集地　北海道(札幌)

第四屬　Dypsocus Hag. 1866.

19. *Dypsocus coleopteratus* Hagen. 1858.

和名　ひげぶとちやたて　(新稱)

探集地　臺灣

分布　臺灣

Myopsocidæ.　晶茶柱蟲科　(新稱)

第一屬　Myopsocus Hag. 1866.

20. *Myopsocus muscosus* Enderl. 1906.

和名　ぎんぼしちやたて　(新稱)

探集地　本島(東京·大久保·中野)

Mesopsocidæ.　圓茶柱蟲科　(新稱)

第一屬　Mesopsocus Kolbe. 1880.

21. *Mesopsocus unipunctatus* Müll. 1776.

和名　まるちやたて　(新稱)

探集地　北海道(札幌)

Atropidæ.　小茶柱蟲科　(新稱)

第一屬　Atropus Leach.

22. *Atropus pulsatrius* L. 1758.

和名　しちやたて　(新稱)

探集地　北海道(札幌)

分布　全世界

Troctidæ.　紛茶柱蟲科　(新稱)

第一屬　Troctis Burmeister. 1839.

23. *Troctis divinatorius* Müller. 1776.

和名　こなむし又はこなちやたて

探集地　北海道(札幌)

分布　全世界

北 海 道 産 天 牛 科 標 本 目 錄

三 橋 信 治

A LIST OF THE CERAMBICIDÆ OF
·HOKKAIDO.

S. Mitsuhashi.

　北海道產天牛科の種類は甚だ多く既知のもの百二種新種のもの九種あり其の目錄を示せば下の如し。尚ほ他に學名不明の種類少なからず此等は研究の上報告すべし。又新種に係るものは近き將來に於て松村博士によりて發表せらるゝなるべし。

　本目錄は北海道產のみなりと雖他の產地にして其分布の知れあるものは悉く之れが記入をなせり是れ其の分布關係を知るに便ありと思考せるによる。表中 * を附したるものは未だ當敎室に標本なきも本道產として知られたるものなり其の他は悉く當敎室に所藏せり。

　今茲に一言すべきとあり夫は松村博士が其著書千蟲圖解第三卷第百四十一頁(698)に *Saperda sulphurata* Gebl. シナカミキリとして記載せられたるもの及び同卷第百三十五頁 (686) に *Saperda tetrastigma* Bat. ハンノカミキリとして記載せられたるものは共に誤にして前者は *Eutetrapha variicornis* Bat. シナカミキリ、後者は *Saperda sanguinolenta* Thoms. ハンノカミキリなるとを後に發見せられたるにより近々之れが訂正を行はるゝ筈なりと云ふ。本表中には之れを改記し置きたり。

　終に臨み本稿を完全するとを得たるは全く松村博士の多大な
る助力を得たるによる。依つて茲に深く謝する處なり。

Cerambicidæ.　天牛科.

1. *Prionus insularis* Motsch.　のこぎりか
　みきり.
　　札幌,千歲,定山溪；東京,京都,兵庫,
　　高砂,鹿兒島.

2. *Psephactus remiger* Har.　こばれかみ
　きり.
　　茅栗；荻.

3. *Aegosoma sinicum* White.　うすばかみ
　きり.
　　札幌,浦河；兵庫.

4. *Megasemum quadricostulatum* Kraats.　お
　ほくろかみきり.
　　札幌,定山溪；日光,彥山.

5. *Asemum amurense* Kraatz.　よるくびひ
　らたかみきり.
　　定山溪；滿洲.

6. *Tetropium luridum* Linn.　とどまつく
　ろかみきり.
　　定山溪；歐洲.

7. *Stenygrinum 4-notatum* Bat.　よつぼL
　かみきり.
　　札幌,浦河；一本木,米澤,東京.

8. *Necydalis ebenia* Bat.　つやほそこばれ
　かみきり.
　　茅栗；十和田.

*9. *Necydalis pennata* Lewis.　ほそこばれ
　かみきり.
　　北海道；日光.

10. *Necydalis solida* Bat.　おほほそこばれ
　かみきり.
　　札幌；日光.

11. *Distenia gracilis* Bless.
　　札幌,定山溪,將栗；十和田,摩耶山,
　　彥山,鹿兒島.

12. *Stenocorus (Toxotus) coeruleipennis* Bat.　よ
　たこぶるりがみきり.
　　札幌；盛岡.

13. *Allorhagium inquisitor* L.　はいろかみ
　きり.
　　札幌,定山溪；日光.

14. *Grammoptera amentata* Bat.　せすぢは
　なかみきり.
　　札幌；箱根,日光,大山.

15. *Pachyta erebina* Bat.　まるがたはなか
　みきり.
　　札幌；日光.

16. *Leptura aterrima* Motsch.　ぬすあかは
　なかみきり.
　　札幌.

17. *Leptura cametes* Bat.　やつぼしはなか
　みきり.
　　札幌；日光,京都.

18. *Leptura cyanea* Gebl.　からかれかみきり.
　　札幌；日光.

19. *Leptura granulata* Bat.　おほはなか・
　きり.
　　札幌；定山溪.

20. *Leptura mimica* Bat. つきわはなかみ
きり.
札幌,幕末; 十和田,盛岡,日光.

21. *Leptura ochracofasciata* Motsch. よつ
すぢはなかみきり.
札幌; 米澤,美濃,長崎.

22. *Leptura subtilis* Bat. にょつすぢはな
かみきり.
札幌; 日光.

23. *Leptura succedanea* Lew. あかはなか
みきり.
札幌,定山溪; 米澤,筑.

*24. *Leptura thoracica* Creutz. せあかはな
かみきり.
札幌; 滿洲,歐洲.

25. *Leptura vicaria* Bat. ふたすぢはなか
みきり.
札幌; 日光.

26. *Eustrangalia distenoides* Bat. くろすぢ
はなかみきり.
札幌; 日光.

27. *Strangalia atra* F. くろはなかみき
り.
札幌,定山溪.

28. *Strangalia Maindroni* Pic. せほよすぢ
はなかみきり.
北海道; 本州.

29. *Strangalia 8-guttata* Mats. (n. sp.) あし
よとはなかみきり.
札幌; 定山溪.

30. *Strangalia regalis* Bat. せほむつもん
はなかみきり.

札幌; 伊賀.

*31. *Thranius variegatus* Bat. とらふはな
かみきり.
北海道; 長崎.

32. *Corynis sericata* Bat. くびほそあかか
みきり.
七飯(函館); 日光,御嶽,岩手.

33. *Aromia moschata* L. var. *ambrosiaca* Stev.
くびあかかみきり.
札幌,函館.

34. *Chloridolum thaliodes* Bat. せほあなか
みきり.
札幌; 岬戸.

35. *Chelidonium quadricolle* Bat. あなかみ
きり.
札幌,幕末; 東京,奈耳.

36. *Challichroma tenuatum* Bat. みどりか
みきり.
札幌; 東京,岬戸.

37. *Rosalia Batesi* Harold. るりぼしかみ
きり.
札幌; 日光.

*38. *Rhopalopus signaticollis* Solsky. くび
しんひらたかみきり.
札幌.

*39. *Semanotus chlorizaus* Solsky. あをひ
らたかみきり.
札幌; 滿洲.

40. *Callidium albicinctum* Bat. しろたびか
みきり.
札幌.

41. *Callidium Maacki* Kraatz. れあかかみ

きり.

札幌; 日光.

42. *Callidium violaceum* L. くろひらたか
みきり.

札幌; 兵庫.

*43. *Clytus auripilis* Bat. きんけとらかみ
きり.

札幌.

44. *Clytus caproides* Bat. きすぢとらかみ
きり.

札幌; 一本木,東京.

45. *Clytus dimidiatus* Mats. (n. sp.) ひめと
らかみきり.

定山渓.

*46. *Clytus melanus* Bat. 志らけとらかみ
きり.

鶉梁.

47. *Clytanthus gracilipes* Fald. ほそあしと
らかみきり.

札幌; 福島.

48. *Clytanthus latifasciatus* Fisch. くろと
らかみきり.

札幌; 青森,東京,近江.

49. *Clytanthus moiwanus* Mats. (n. sp.) もい
はとらかみきり.

札幌(藻岩).

50. *Clytanthus oppositus* Chevr. ゑろすぢ
とらかみきり.

札幌; 青森,大坂,兵庫.

51. *Clytanthus xeniscus* Bat. ほそとらかみ
きり.

札幌; 函館.

52. *Xylotrechus albifilis* Bat. きあしとら
かみきり.

定山渓,鶉梁; 羅氷.

53. *Xylotrechus chinensis* Chevr. とらかみ
きり.

札幌; 青森,東京,岐阜,兵庫,四國,九
州.

*54. *Xylotrechus clarinus* Bat. つまきとら
かみきり.

鶉梁.

55. *Xylotrechus Groyii* White. ことらかみ
きり.

札幌; 長崎.

56. *Xylotrechus Kuwayamae* Mats. (n. sp.) く
はやまとらかみきり.

札幌.

57. *Xylotrechus pallidipennis* Mats. (n. sp.) う
すいろとらかみきり.

札幌.

58. *Xylotrechus rufilius* Bat. くびあかと
らかみきり.

札幌,鶉梁.

*59. *Plagionotus pulcher* Blessig. じゆんさ
いとらかみきり.

鶉梁.

60. *Brachyclytus singularis* Kraatz. あかれ
とらかみきり.

札幌; 類懐.

61. *Parachyclytus excultus* Bat. ゑろとらか
みきり.

札幌,定山渓.

62. *Aglaophis colobotheoides* Bat. ゑろへり

とらか.みきり.

札幌; 滿洲.

63. *Purpuricenus spectabilis* **Motsch.** へり
ぐろべにかみきり.

札幌,定山溪; 兵庫.

64. *Phlyctidola metallica* **Bat.** あかがれか
みきり.

札幌.

65. *Haplohammus* (*Monochammus*) *fraudator*
Bat. びろうどかみきり.

札幌; 十和田,兵庫,長崎.

66. *Haplohammus* (*Monochammus*) *luxuriosus*
Bat. せんのかみきり.

札幌,定山溪,函館.

67. *Monochammus Abieti* **Mats.** (n. sp.) とゞ
まつひろかみきり.

定山溪.

68. *Monochammus grandis* **Waterh.** ひげな
がくろかみきり.

札幌,定山溪; 日光.

69. *Monochammus subfasciatus* **Bat.** ひめひ
げながかみきり.

札幌; 長崎.

70. *Monochammus tesserula* **White.** まだら
かみきり.

定山溪; 兵庫.

71. *Melanauster chinensis* **Först.** ごまだら
かみきり.

札幌; 東京,相模,近江,兵庫,鹿兒島.

72. *Uracha binaculata* **Thoms.** やはずか
みきり.

北海道; 狄,東京.

73. *Mecynipus pubicornis* **Bat.** いたやかみ
きり.

札幌; 大分.

74. *Messosa carinata* **Mats.** (n. sp.) ひめご
まふかみきり.

定山溪.

*75. *Messosa cribrata* **Bat.** ふたすぢごま
ふかみきり.

札幌.

76. *Messosa hirsuta* **Bat.** か.たじろごまふ
かみきり.

札幌; 神戸,豐前.

77. *Messosa japonica* **Bat.** ごまふかみき
り.

札幌,定山溪; 東京,米澤,長崎.

78. *Messosa longipennis* **Bat.** ながごまふ
かみきり.

札幌; 東京,京都,長崎.

*79. *Messosa poecila* **Bat.** あしまだらごま
ふかみきり.

海溪; 日光.

80. *Messosa pulealis* **Mats.** (n. sp.) くろごま
ふかみきり.

札幌,定山溪.

81. *Messosa senilis* **Bat.** たてすぢごまふ
かみきり.

札幌,海溪; 日光.

82. *Apalimna liturata* **Bat.** ひげがごまふ
かみきり.

札幌.

*83. *Rhodopis Lewisii* **Bat.** せみすぢかみ
きり.

北海道；兵庫.

84. *Praonetha anguila* Bat. 　あとじろさびかみきり.

札幌；長崎.

85. *Praonetha jugosa* Bat. 　なかじろかみきり.

北海道；兵庫,長崎.

86. *Praonetha rigida* Bat. 　よりじろかみきり.

札幌,定山渓；京都,兵庫,長崎.

87. *Praonetha zonata* Bat. 　さびかみきり.

札幌；横濱,東京,米澤,長崎.

88. *Xylariopsis mimica* Bat. 　くびじろかみきり.

札幌；日光,樺太.

*89. *Terinca atrofusca* Bat. 　くろちびかみきり.

苫小牧.

90. *Pogonocherus seminiveus* Bat. 　れじろかみきり.

札幌,定山渓；横濱,兵庫.

*91. *Rhopaloscelis bifasciatus* Kraatz. 　ふたすぢさびかみきり.

札幌,苫小牧.

*92. *Rhopaloscelis unifasciatus* Bless. 　ひとすぢさびかみきり.

札幌,苫小牧；肥後.

93. *Acanthocinus griseus* F. 　ももぶとかみきり.

札幌；兵庫.

94. *Acanthocinus moiwellus* Mats. (n. sp.) 　ひのもいぶとかみきり.

札幌(藻岩).

95. *Acanthocinus oppositus* Chevr. 　しろなびももぶとかみきり.

札幌；定山渓.

96. *Acanthocinus stillatus* Bat. 　ごまだらももぶとかみきり.

札幌,苫小牧；日光.

97. *Agapanthia lineatocollis* Donovan. 　げまだらかみきり.

札幌,苫小牧.

98. *Agapanthia pilicornis* F. 　けひげかみきり.

札幌.

99. *Asperda agapanthina* Bat. 　ふなのくろふかみきり.

札幌；斉藤,横濱.

100. *Saperda decempunctata* Gebl. 　とほしかみきり.

苫小牧,七飯.

*101. *Saperda octomaculata* Bless. 　やつぼふかみきり.

苫小牧.

102. *Saperda sanguinolenta* Thoms. 　はんのかみきり.

北海道；兵庫.

*103. *Saperda sulphurata* Gebl. 　きいろかみきり.

札幌；満洲.

104. *Eutetrapha chrysargyrea* Bat. 　はんのおほるりかみきり.

札幌；米澤,兵庫.

105. *Eutetrapha variicornis* Bat. 　しなかみ

きり.

札幌,薄茶.

106. *Glenea Fortunei* **Saund.** ? かつらかみ
きり.

札幌.

107. *Glenea ocelata* **Bac.** やつめかみきり.

定山渓; 佐,豊前.

108. *Glenea relicta* **Pasc.** よらほしかみき
り.

札幌,登別; 米澤,大垣.

109. *Paraglenea chrysochloris* **Bat.** はんのる
りかみきり.

札幌; 日光.

110. *Paraglenea eximia* **Bat.** こやつぼし
かみきり.

札幌,薄茶.

*111. *Paraglenea theaphia* **Bat.** じゆうにほ
しかみきり.

札幌.

札幌農學校昆蟲學敎室にて

本 會 記 事
(明治三十九年一月より四十年一月まで)

MINUTES OF MEETINGS.
(Jan. 1906—Jan. 1907.)

總 集 會

第十六總集會　明治四十年一月廿九日午後六時より開會。庶務、會計及會報編纂に關する報告、本會規則の修正及役員の改撰をなす、新撰の役員は次の如し。

役 員 (明治四十年)
OFFICERS FOR 1907:

會　　頭	President.
宮　部　金　吾　君	KINGO MIYABÉ.
通　信　書　記	Corresponding Secretary.
大　島　金　太　郎　君	KINTARO OSHIMA.
錄　事　書　記	Recording Secretary.
松　村　松　年　君	SHONEN MATSUMURA.
會　計　幹　事	Treasurer Directors.
半　澤　洵　君	JUN HANZAWA.
素　木　褐　一　君	TOKUICHI SHIRAKI.
編　輯　委　員	Publishing Committee.
八　田　三　郎　君	SABURO HATTÁ.
河　野　常　吉　君	TSUNEKICHI KONO.

圖書委員	Librarian Committee.
半 澤 洵 君	JUN HANZAWA.

書記補助	Secretary Assistances.
岡 本 半 次 郎 君	HANJIRO OKAMOTO.
小 熊 桿 君	KAN KOKUMA.

　規則の改正は會員の種類中贊助會員1を加へ、第三章第一條を下の如く改む。

　第一條　會員を分ちて名譽會員、贊助會員、正會員、准會員とす。

　第二條の次に新に一條を加へ贊助會員の資格及選舉法を定む。

　第三條　贊助會員は本會の趣旨を贊成し金品若しくは其他の方法に依り其事業を援助されたる者にして役員會に於て推舉したる者とす。

　第三條以下第七條迄を一條づヽ繰下ぐ。

　第七章第一條　准會員の會費一ケ年金壹圓二十錢なりしを金壹圓五十錢と改む。

月　　次　　會

　月次會は札幌農學校內に於て之を開き、前回記事の報告、入會希望者の諾否の決議及講演をなす下に講演の大要を揭ぐ。

　第百二十六回月次會　明治三十九年三月八日。

　　アイヌ語研究の來歷　　　　ジョン.バッチェラー君

　同氏の宣教師として北海道に渡來せられたる經歷及アイヌ語研究の來歷を詳悉に述べられたり。氏の本道に在るや玆に三十有餘年.其間布敎の傍アイヌ部落に住居し苦心してアイヌの言語風俗等を研究し之れを著述して世に發表せられたり。

　其著非常に多きも其中有名なるものヽみを記すれば

1. 蝦夷今昔物語 （邦文）　　　　　　　　　　1884.

2. An Ainu-English-Japanese Dictionary.　　　1889.

3. The Ainu of Japan.　　　　　　　　　　　1892.

4. The New Testament in Ainu.　　　　　　　1897.

5. The Ainu and their Folk-lore.　　　　　　1901,

6. A Grammer of the Ainu Language.

7. An Ainu-English-Japanese Dictionary and Grammar.

　　Second Edition.　　　　　　　　　　　　1905.

第百二十七回月次會　四月十日。

　　本邦産柳屬の種類に就て　　農學士　半澤　洵君

　柳屬研究の困難なる事及び本邦の柳屬研究の沿革を詳述せられ而して本校措葉室の標本を示されたり。

　　鰊に就きて　　　　　　　農學士　野澤俊次郎君

　北海道の鰊は本道海産物中最も主要なるのみならず世界に於て有名なる事を述べられ、世界に於ける漁場及其産額、更に進みて本道に於ける鰊業發達の沿革に及び、時期により鰊の區分を示さる曰く八シリ鰊、中鰊、後鰊、奥鰊。

又表によりて其鰊漁の狀況を示され、且つ近來鰊業に對し將來望むべきを設くも事實は必ずしも然らず唯目下此の如き外觀を呈するのみとて其理由を示されたり。

　　　1.　該業に從事する人數の增せしに係らず全收量の增さぬ事。

　　　2.　漁夫の生計物價の騰貴の爲めに因難となりし事。

　　　3.　用法の不適當なる事。

第百二十八回月次會　五月十九日。

　　落花生の齒核病に就きて　　農學士　半澤　洵君

　昨年、武藏國秩父郡大宮在小川三策氏寄送の落花生の齒核病は其發生中「ボトリチス」形の分生胞子を形成する事、並に子囊胞子の性

圖 書 委 員	Librarian Committee.
半 澤 洵 君	JUN HANZAWA.
書 記 補 助	Secretary Assistances.
岡 本 半 次 郎 君	HANJIRO OKAMOTO.
小 熊 桿 君	KAN KOKUMA.

規則の改正は會員の種類中賛助會員を加へ、第三章第一條を下の如く改む。

第一條　會員を分ちて名譽會員、賛助會員、正會員、准會員とす。

第二條の次に新に一條を加へ賛助會員の資格及選擧法を定む。

第三條　賛助會員は本會の趣旨を賛成し金品若しくは其他の方法に依り其事業を援助されたる者にして役員會に於て推擧したる者とす。

第三條以下第七條迄を一條づゝ繰下ぐ。

第七章第一條　准會員の會費一ケ年金壹圓二十錢なりしを金壹圓五十錢と改む。

月　　次　　會

月次會は札幌農學校内に於て之を開き、前回記事の報告、入會希望者の諾否の決議及講演をなす下に講演の大要を揭ぐ。

第百二十六回月次會　明治三十九年三月八日。

アイヌ語研究の來歷　　　　　ジョン、バッチェラー君

同氏の宣敎師として北海道に渡來せられたる經歷及アイヌ語研究の來歷を詳悉に述べられたり。氏の本道に在るや茲に三十有余年.其間布敎の傍アイヌ部落に住居し苦心してアイヌの言語風俗等を研究し之れを著述して世に發表せられたり。

其著非常に多きも其中有名なるものゝみを記すれば

1. 蝦夷今昔物語 （邦文） 1884.

2. An Ainu-English-Japanese Dictionary. 1889.

3. The Ainu of Japan. 1892.

4. The New Testament in Ainu. 1897.

5. The Ainu and their Folk-lore. 1901.

6. A Grammer of the Ainu Language.

7. An Ainu-English-Japanese Dictionary and Grammar.

Second Edition. 1905.

第百二十七回月次會　四月十日。

　　本邦産柳屬の種類に就て　　農學士　牛澤　洵君

柳屬研究の困難なる事及び本邦の柳屬研究の沿革を詳述せられ而して本校措葉室の標本を示されたり。

　　鰊に就きて　　農學士　野澤俊次郎君

北海道の鰊は本道海産物中最も主要なるのみならず世界に於て有名なる事を述べられ、世界に於ける漁場及其産額、更に進みて本道に於ける鰊業發達の沿革に及び、時期により鰊の區分を示さる曰く、ハシリ鰊、中鰊、後鰊、奥鰊。

又表によりて其鰊漁の狀況を示され、且つ近來鰊業に對し將來望なきを說くも事實は必ずしも然らず唯目下此の如き外觀を呈するのみとて其理由を示されたり。

　　1. 該業に從事する人數の增せしに係らず全收量の增さぬ事。

　　2. 漁夫の生計物價の騰貴の爲めに困難となりし事。

　　3. 用法の不適當なる事。

第百二十八回月次會　五月十九日。

　　落花生の菌核病に就きて　　農學士　牛澤　洵君

昨年、武藏國秩父郡大宮在小川三策氏寄送の落花生の菌核病は其發生中「ボトリチス」形の芬生胞子を形成する事、並に子嚢胞子の性

狀等によりて「スクレチニヤ」屬中の新種なる可き事を報告せられた
り。

　　　　札幌のヤツメウナギ及ヤツメウナギの雌雄異態

　　　　　　　　　　　　　　　　　　八　田　三　郎君

　元來我國に於けるヤツメウナギは大小二種あり、而して本道の
大形ヤツメウナギは内地のそれと等しきも、小形には内地産のと同
形なるものヽ外、一種大なる形あり。然れともこは只其大さの差の
みにして其(イ)合片異形、(ロ)齒、(ハ) Oralcirri、其他解剖學上の點より
見れば全く小形のものと同種にして且つ内地小形の種とも亦同種
ともなりと説き降壇せらる。

　　　　樺太の植物に就きて　　　理學博士　宮部金吾君

　樺太植物探險及研究の沿革を述べられ特にシュミット氏の研
究に就き論ぜられたり。又同島占領以來は本校に關係ある諸氏によ
り探集され本校措葉室に寄贈されたるとの二百四五十種ありと。

　　第百二十九回月次會　　十月廿八口。

　　　　樺太植物探集談　　　　農學士　三　宅　勉君

　三宅氏は昨夜着札樺太民政署事業囑託となられ殆半年彼地に
居られたるなりせしば、かりにて腹案なければとて唯樺太の略圖を
畵き自ら植物探集の爲踏破せし所を示して降壇せらる。

　　　　臺灣の昆蟲　　　　　　理學博士　松村松年君

　松村博士は臺灣島の昆蟲を論じて同島昆蟲は半熱帶に屬する
を明示せられ、次に甘蔗の害蟲に説き及ぼしてジヤバ、マニラに産
する同植物の害蟲と等しきものありと云ひ、更に輸入植物と害蟲と
の關係を詳しく論ぜられ、最後に猶同島の昆蟲に對する斷案は明春
再渡臺の上にすべしと降壇せらる。

　　　　樺太の植物　　　　　　理學博士　宮部金吾君

　氏は本年夏約五十日間樺太民政署の囑託により全島の植物調
査に從事され、其旅行中觀察せられたる事項の中最も興味あるもの

に就て講演せらる。

　可成短時日に於て充分なる調査をなさんか爲め三宅氏は内部の調査をなし、氏は宮城農學士と共に御用船にて全島東西兩沿岸の海藻及び陸上植物の調査をなし、東はテルペニヤ岬附近より西はピレフ灣に至る、其間に於て海藻の分布上最も意外に感せし事は、全島の最南に位するノトロ岬の西岸凡十里許の間は海水の溫度最も低く夏季八月に於ても攝氏五六度以上に昇らず、而して此區域内には千島諸島に產するチシマネコアシコンブ、エナガオニコンブ、ガゴメコンブ、オニワカメ等を產する事及びテルペニヤ半島に於ける「ツワンドラ」及びコルサコフ、ウラジミロフカの中間にある「ヒース」の植物に關する事等より進んてコルサコフ附近植物の高山性なる事と内部に於けるウラジミロフカ附近植物の狀態北海道旭川附近の植物畧に類する事等に就きて話されたり。

　　第百三十回月次會　十一月十七日。

　　　九州植物採集談　　　　　　　農學士　牛澤　洵君

　本夏阿蘇山、溫泉岳、櫻島岳、霧島岳、市房山並に英彦山の六岳に登山し植物を採集せる景况に就て講演せられ、其の採集品は數千種に達せしも氏が採集品中眞正の高山植物と稱すべきもの極めて僅少なりしと。

　　　マーシヤール、ワード氏傳　理學博士　宮部金吾君

　英國ケンブリツヂ大學植物學敎授ドクトル、エッチ、マーシヤル、ワード氏は本年八月廿六日五十二歲を一期として永眠す。同氏は世界著名の植物病理學者なり。而して氏は他の一般の同病理學者とは異り、重に植物病理の原則となるべき重要なる問題に解決を下し其貢献する處莫大なりき。年歯五十盆々社會を益せんとし不幸にして二豎に仆る同學の爲め惜むべきなり。

　　遊んて追吊の意を表し、終りに同氏研究の大要を紹介せられたり。

第百三十一回月次會　十二月八日。

　　　北海道各地泥炭に就きて　　農學士　時任一産君

　泥炭には高位泥炭及び低位泥炭あり而して本道各地に散在せる泥炭地は此の二種のもの及び二種の混合せるものあり其の所在及び調査の大要を述べられ、其の農耕地として使用する可否を論ぜられたり。

　　　新高山の昆蟲に就て　　理學博士　松村松年君

　新高山の昆蟲に就て話すけれども昆蟲の種類非常に多が故に今は唯蝶類のみに就て述べんとて、曾て本邦産蝶類は僅に百六十種なりしが台灣産のものを加へ三百十二の大數に達せりと、其の分布の有樣及び同島 Fauna の研究の歴史及び研究者を語られ、本年博士自ら渡臺し採集せし標品に就き整理研究の結果、三十四種は新種と見認められたりと其の學名の發表等ありたり。

記　名　漏

正會員　　矢木久太郎　(農學士)　　大日本麥酒會社技師(東京本所分場詰)

入　會　者

贊助會員　中山秀之　(法學士)

正會員　清水實隆　(理學士)　　小樽中學校長

同　　　武田安之助　　　　　　函館中學校長

同　　　中尾章藏　(農學士)　　小樽水産學校長

同　　　東海林力藏　(農學士)　　札幌農學校助教授

同　　　關場不二彦　(醫學士)　　北辰病院長

同　　　赤羽雄一　(農學士)　　北海道拓殖銀行重役

正 會 員	大 井 上 義 近	理學士	札幌嶺山監督署技師
准 會 員	北 川 鯉 一		兵庫縣明石女子師範學校
同	上 田 守 藏		札幌高等女學校敎諭
同	內 山 繁 太 郎		北海道廳試驗場技手
同	桑 山 茂		札幌農學校學生
同	笠 井 幹 夫		札幌農學校學生

退 會 者

小 寺 甲 子 二   淺 井 郁 次 郎

死 亡 者

瀨 川 安 之 助

明治四十年五月十五日印刷　明治四十年五月二十日發行

發行兼編輯者　石狩國札幌區北一條西七丁目三番地　河野常吉

印刷者　東京市日本橋區通二丁目十八番地　芳野兵作

印刷所　東京市牛込區市ケ谷加賀町二丁目十二番地　株式會社秀英舍第一工場

發行所　石狩國札幌區札幌農學校　札幌博物學會

寶捌所　東京市日本橋區通二丁目十八番地　賞華房書店

寶捌所　北海道札幌區南一條西二丁目　富貴堂書店

TRANSACTIONS

OF THE.

SAPPORO NATURAL HISTORY SOCIETY.

FOUNDED IN 1891.

VOL. II. PARTS I & II.

札 幌 博 物 學 會 會 報

明 治 二 十 四 年 創 立

第 貳 卷 ・ 第 壹 號 及 第 貳 號

札 幌 博 物 學 會 印 行

明治四十年――四十一年

PUBLISHED BY THE SAPPORO NATURAL HISTORY SOCIETY,
SAPPORO, JAPAN.

1907—1908.

NOTICE.

All communications should be addressed to the Corresponding

Secretary of the Sapporo Natural History Society in the College

of Agriculture, the Tohoku Imperial University, Sapporo, Japan.

注　意

本會に對する總ての書信は東北帝國大學農

科大學内札幌博物學會通信書記に宛て發送せ

らるべし.

TRANSACTIONS

OF THE

APPORO NATURAL HISTORY SOCIETY.

FOUNDED IN 1891.

VOL. II.

With a Map and Three Plates.

札 幌 博 物 學 會 會 報

明 治 二 十 四 年 創 立

第 二 卷

地 圖 及 圖 版 參 枚 附

札 幌 博 物 學 會 印 行

明治四十年――四十一年

PUBLISHED BY THE SAPPORO NATURAL HISTORY SOCIETY,

SAPPORO, JAPAN.

1907—1908.

CONTENTS.

目　　次

邦 領 カ ラ フ ト 地 質 大 要。

神 保 小 虎

PRELIMINARY NOTES ON THE GEOLOGY
OF JAPANESE SAKHALIN.*

BY

KOTORA JIMBŌ.

The island of Sakhalin, which lies to the north of the larger island Hokkaidō, is about 900 km. in length but less than 160 in the greatest width. The following brief note was written principally after my own observations in 1906 and 1907, and after the knowledge gained by the geologists, Mr. KAWASAKI and Mr. KATAYAMA, and by the two young students of the Imperial University of Tōkyō, Messrs. SHIMOTOMAI and MURATA.

The general report, (147 pages, in Japanese), on the mineral resources of Sakhalin,† written in 1907 by KAWASAKI, Chief Geologist to the Japanese Civil Administration of the island, contains a geological map compiled by him, a general topographical and geological sketch, and also his observations on the northern half. Besides, this work includes observations made by KATAYAMA in the south, and my own on the greater part of the boundary line of the 50th. Parallel and on the river Poronai ; also numerous maps, profiles, views, and so forth.

---

*It is to be remembered that where, in this paper, the word " Sakhalin " occurs, it means only that part of the island which belongs to Japan, while the expression " Island of Sakhalin " is used for its whole. In the present paper, the transliteration of place-names was made as exact as possible, such precaution being made, however, not to render them so scientific as to appear foreign-sounding. The consonants are to be pronounced as in ordinary English spelling and the vowels as in Italian. This simple rule was adopted in our Romanization of Japanese and Ainu words. The Russian x is rendered by kh, and the ы by y, while the sound like the German umlaut of o is also written with ö.

† 樺太廳臨時調査報報

神保一邦訳 カ ラ フ ト 地質大要

Mr. KENZŌ WADA, in his "Report of Reconnaissance of the Fisheries in Sakhalin", 1907, (184 pages, with numerous maps, diagrams, and views, all in Japanese), gave in the introductory notes, descriptions of the coast line, the sea-bottom, the meteorological conditions, and the oceanic currents of the island. The Strait of Sōya or La Pérouse, is regarded by our zoologists as an important line, showing the presence of very different faunas on both sides of it.

The main fields of my geological observations in Sakhalin were (1) the mountains between Dubki and Chipesani, (2) the eastern coast of the island Kaibatō, also called Todojima, Todomoshiri, or Moneron Island, (3) several places on the west coast of the main island, (4) the boundary region of the 50th. Parallel, (5) the main course of the river Poronai, and (6) the coast-line from Shitka to Dubki. Those parts of Sakhalin, for which I must make use of observations by other eyes, are chiefly (1) the greater part of the west coast, (2) the greater part of the coast of Aniwa bay, (3) the coast-line from Cape Shiretoko (called Jūzō-zaki after the Russo-Japanese war) to Tunnaicha, (4) the greater part of the coast-line from the river-mouth of the Poronai, round Cape Patience (Mys Terpyeniya in Russian, Shinnoshiretoko in Ainu, and Kataokazaki again in our new nomenclature) as far as Taodō on the east coast, besides the inland routes taken by KATAYAMA or KAWASAKI'S parties. These routes are (1) on the Tokuso mountain in the North-eastern Mountain-land,* (2) on the river Nokoro (whose watercourse was actually found to be a very short one, with its source far to the south of the 50th. Parallel), (3) on the rivers Khoi and Nayashi, (4) on the rivers Esturu and Shiruturu, (5) on the rivers Naibuchi and Tomanai, (6) on the Uriu river on Aniwa bay, besides in other places.

I must here express my most cordial thanks to Mr. KUMAGAYA of the Civil Administration and to Mr. ŌSHIMA of the Boundary Commission for rendering me many travelling facilities, but the name of the old savant of St. Petersburg, the Academician, Mr. FREDERICK BOGDANOVITCH SCHMIDT, must be specially mentioned. He was in the island of Sakhalin about nine months altogether in 1860-61, and visited several places in this land. His companion, GLEHN, was there about twenty months in 1860-62. They brought to Europe a good collection of fossils, mostly Tertiary, which Mr. SCHMIDT kindly allowed me, during my stay in St. Petersburg of a month and a half, to compare with similar fossils in my collection from Hokkaidō and with recent shells from northern seas, preserved in the zoological museum of the Academy of Sciences in the town. His list of preliminary determination of the Tertiary fossils from the island of Sakhalin, then not

* See p. 4.

yet published, was revised at the same time ; and this little study of fauna made the real beginning of my researches on the geology of that island. I very much regret that I have not yet found occasion to visit the very rich fossil locality of Mgatch, lying to the north of Alexandrofsk, which furnished him with the greater part of his Tertiary Mollusks.

With regard to the geology of the island of Sakhalin in general, very little has been published, before the appearance of KAWASAKI'S work. In European languages, SCHMIDT'S descriptions of the Cretaceous fossils from Cape de la Jonquière near Alexandrofsk, the general report of travels by SCHMIDT and GLEHN, and BATSEVITCH'S "Materials for the Study of the Amur region," in Russian, may be mentioned as important. But the designation of rocks by SCHMIDT and GLEHN sometimes led SUESS to misunderstandings about the geological structure of the island, in his "Antlitz der Erde," in which he gives a list of works connected with the island.

I. Topographical Subdivision of the Island of Sakhalin.

Sakhalin consists of two longitudinal mountain ranges, making the outer and inner zones of sedimentary rocks, separated from each other by the Median line of Depression, as was already recognized by KAWASAKI in his manuscript report for the year 1905. There is only one dependent island of large size, called Kaibatō, and the coast of the main island is almost free from islets and large rocks. The Kaihyōtō (Azarashijima, or Robben Island) is a little islet of great importance, lying among the series of rocks extending from Cape Patience far to the south. It is a breeding place for the sea mammals. The well-known Danger Reef (Kamen Opasnoti) lying off Cape Notoro (Cape Crillon, also called Kondōzaki after the war) is a little mass of eruptive rock, measuring about 7 meters in height, 7 in width, and 30 in length. Flat reefs and submarine shelves are however of common occurrence round the coast.

The Median Depression is formed by the valleys of the Susuya and Takoi rivers on the south, and of the Poronai* and Tymi rivers on the north, and includes broad plains, which on both sides of the Poronai river, assume the character of tundras. This depression formed and still forms a part of the chief way leading from Alexandrofsk over low mountains down to the valley of Tymi, and further passing over to the town of Korsakoff. On the south, the Russians succeeded in improving the primitive Ainu track, which naturally proceeded on that beaten by bears. But

---

* This river is also called "Piyi" in Glehn's report, in Beiträge zur Kenntniss des Russischen Reiches, &c. 1868. I heard the name "Sangeshū" used by the Orokko.

the road on the west side of the Poronai river has long been abandoned, and now loaded horses find pains next to death in passing the numerous and extensive· tundras on the way. It is very remarkable to find that water is still very little utilized in the inland communication of the island.

The Outer Zone, or the eastern side of the depression, shows extensive regions of Palæozoic rocks and Crystalline Schists, with less extensive Tertiaries and Cretaceous, besides Eruptive Rocks. This zone is formed by the Northeastern Mountain-land extending on the east of the Poronai river, and the Susuya Moun-tains lying between Cape Shiretoko and Dubki. There we find a region with the lakes, Tunnaicha, Chipesani, and so forth, which in the opinion of KAWASAKI, may represent a minor zone of depression, corresponding to the region ending at Cape Patience, and carrying the lakes, Solenuiya and others, on the peninsula.

About the northern, that is to say, the Russian part of Sakhalin, our observa-tions are restricted to the post-road from Alexandrofsk, across the low mountains with wide valleys on the west side of the Tymi river, down to Derbenskoe, and further southward to Grodekovo, lying almost on the line of the 50th. Parallel. There we must follow the "Sakhalinski Kalendari", for the year 1898 and regard the Western Range as assuming a plateau-like character on the extreme north, where GLEHN mentions a ridge of about 2000 ft. in height, projecting·out towards the northern extremity of the Sakhalin Island. He points to the occurrence of only four exposures of rock (fossil-less sandstone) to the north of Oidktō; in that region there are usually found wide tundras along the coast. A remarkable contrast of the river Tymi with the Poronai is that the valley of the former is more narrow and is covered with woods and grasses, nowhere showing the nature of the tundras. The east side of the Tymi has not yet been described, but it is no doubt a part of the Northeastern Mountain-land.

The Inner Zone, or the west side of the Median Depression, consists essentially of the Cretaceous, Tertiary, and Volcanic rocks ; but the Older Eruptives there are also of importance.

II. General Geology.

The tri-zonal structure of Sakhalin, which has just been mentioned, is at once recognized, by looking at any one of the now-existing maps of the island, however inaccurate they may be in degree. On the "The Guide for Immigrants to Sakhalin," 1905, published in Japanese by our Civil Administration, a map with well revised place-names was given. The great unedited map by the famous

Japanese explorer MATSUURA contains a great many names well transliterated into the Japanese *kana* (syllabic signs) ; the outlines, however are naturally wrong. Just the reverse is found in our charts, published by the Hydrographic Office. The coast-line to the north of Cape Patience is very wrong in almost all maps. In order to trace the principal geotectonic lines of Sakhalin, one must first look at the Geological Map of Hokkaidō, prepared by my joint work principally with Messrs. T. ISHIKAWA and S. YOKOYAMA. One will very easily find the striking similarity of rocks and fossils collected in these two islands. The north-south line is very important in the Island of Sakhalin, which is meridionally elongated, with its narrowest portion on about 48°, and a big depression on the east, forming Patience bay (called after the war " Shichirō-wan ") or the broken part of the outer zone of sedimentary rocks.

But the principal difficulty in the geological structure is to trace the southern prolongation of the Median Depression. The Cretaceous terrains on the west side of the axis of old rocks in Hokkaidō are similar to those on the west side of the Depression in Sakhalin. Therefore the Median Depression of the former has no equivalent in the latter.

The occurrence of Cretaceous fossils on the east coast, towards the north of Cape Patience, is of special interest, since Hokkaidō also has the same on its far eastern part.

The island of Kaibatō, lying on the northern continuation of a line joining Rishiri and other volcanoes in Hokkaidō, must form with them a single zone of volcanic eruption, though there is no regular volcanic cone on the Kaibatō.

The Kaihyōtō, whose name is always heard when speaking about the fisheries in Sakhalin, is geologically a little piece of land, detached from the region of Cape Patience, just like smaller rocks in its vicinity.

The strike of many coal-seams and generally of various sedimentary strata is very often either exactly or nearly north to south. Also many large rivers show the greater part of their watercourse meridional. Striking examples are found in Pilevo, Agnevo, Khoi, Shitka, Nitui, Makunkotan, Chikaporonai, Naibuchi, Rūtaka and others, not to mention particularly the main rivers on the Median Depression.

The oldest geological formation in Sakhalin consists of **Crystalline Schists,** which compose the whole northern part of the Susuya Mountains and a little portion of the Northeastern Mountain-land. They are an alternation of gray and black sericite-schists, with various green schists ; among the essential components of the latter we find pyroxene, hornblende, and chlorite. A gray, dirty-looking quartzite is also found there. A black, minute-scaly biotite-schist is observed on some places on the sea-coast between Dubki and Ochopokka ; a gabbro-diorite is also found there associated with the schists. There are, however, remarkably wanting the piedmontite-schist and spotted schists, which are characteristic to a similar formation in the mountains to the north-west of Tōkyō. We can not tell at present, whether these schists in Sakhalin represent one or other of Mikabu and Sambagawa Series of this region. Moreover the occurrence of diabase-tuff amongst the schists in Sakhalin raises the question as to whether it makes a concrete part of the schistose series or not. The character of stratification can only be observed in the Susuya Mountains, where the strikes are most frequently meridional.

The next older rocks are the ordinary **Palaeozoic** Sediments, such as sandstone, phyllite, clayslate, quartzite (both red and gray), diabase-tuff (red and green), and limestone, the last of which is sometimes interbedded in the tuff. The gray quartzite is sometimes so very irregularly cracked, as to look brecciated, for instance on the northern shore of the larger basin of the Chipesani lake. No fossils have yet been found in the Palæozoic, except indistinct Radiolarian remains in some red quartzites. Most of the exposures show distortions, but where the stratification is rather regular as on a very limited portion of the 50th. Parallel, we find the meridional strike prevailing.

Eruptions of diabase in the form of masses and interstratified tuffs are of common occurrence in the Palæozoic. But the hornblende-granitite, which changed the strata by contact action, must be specially mentioned. The principal locality of the granite is at Cape Shiretoko and its vicinity. where KATAYAMA found a biotite-hornfels on the contact. On the boundary region of the 50th. Parallel, the granite appears as boulders in a river, but the extent of contact metamorphism is not very limited. There is a very well cleaved, compact biotite-hornfels, and a green, massive, and compact amphibolite. The former is no doubt derived from the clayslate and the latter from a tuff, although no gradual transitions from those sediments are observed in the field. KAWASAKI also found a hornfels on the mountain Tokuso in the Northeastern Mountain-land. Large boulders of granite, found on the Kaihyōtō and near Cape Patience and many other places on the coasts of Sakhalin, indicate a rather wide distribution of this rock. Pebbles of quartz-diorite and a contact slate, with characteristic hexagonal trillings of cordierite, as those abundantly found at several places in Japan, have been met with on the river-bed of the Naibuchi.

The **Mesozoic** rocks, whose total area is next to that of the Tertiaries, show their principal development in a broad zone on the west side of the Median

Depression. The oldest known and the best explored locality of the Cretaceous fossils is that of Cape de la Jonquière near Alexandrofsk. The very rich locality on the lower course of the Naibuchi river, called " Petrefactenschlucht " by LOPATIN, who lost all his collections from there on his boat turning upside down, was studied particularly for the coal-seams found there in the Tertiary. There are several other places in Sakhalin, where more or fewer specimens of Cretaceous fossils have been already found ; as for instance at the Gilyak hamlet of Pilevo and at Wenchishi, both on the west coast, on the rivers Khoi, Shiruturu, and Makunkotan, besides at Wāre and Otasan on the coast of Patience Bay, Takinosawa on the pass from Vladimirotka (the future seat of the local government) to Mauka across the Western Range, and Motsnai, Tomarionnai, &c. on the west coast of Aniwa bay. Besides, SCHMIDT states the occurrence at Manue on the coast of Patience bay, also at Cape Patience, at Cape Bellingshausen, and near Rymnik. However I only found finely broken shells of *Inoceramus* in collosal amount, enclosed in a black shale, at about 8 km. to the north of Narumi on the east coast. The Mesozoic region near Tōni, observed by KATAYAMA, affords no fossil.

The *Cretaceous* rocks, which very often show a meridional strike, and carry tufaceous admixtures as the Tertiary sediments do, are sandstones (in part glauconitic, as on the river Naibuchi and on the west of Takinosawa), besides shales (gray or dark in colour, and sometimes hard as on the Khandasa river, and usually carrying marly nodules, which may grow together in layers), and conglomerates. The Cretaceous conglomerates must not be confounded with those on the boundary of the coal-bearing Tertiary and the Cretaceous, as observed at Pilevo and on the Khandasa river. A peculiar light-gray marl, on the lower course of the Naibuchi and on the Khandasa too, is without any fossil. Well preserved fossils are to be sought for in marly nodules in the shale, but less common in the shale itself or in sandstone. It is usually very difficult to draw a line of boundary between the Cretaceous and Tertiaries, which are always found side by side, and whose petrographical characters are in most cases perfectly identical. Only a peculiar white-spotted appearance after weathering of a gray sandstone in the Cretaceous, as on the Khandasa and Pilevo rivers, is to be noted.

The principal fossils are *Nucula, Cucullaea, Inoceramus ,Phylloceras, Puzosia, Pachydiscus, Gaudryceras, Hamites, Trochocyathus, Cidaris, Ananchytinarum,* &c.

The horizon represented in the Cretaceous of Sakhalin will correspond to the uppermost parts of the same formation in Hokkaidō. A regular meridional strike is often observed on the river Khandasa (where no fossils were collected), on the

Naibuchi river, and other places.

The *Jurassic* has only been observed in the Russian part of the island ; Mr. FREDERICK KLEŸE, in Alexandrofsk, who lived there for many years, showed me a letter from Professor E. FRAAS (dated Feb. 22, 1904) stating that the fossils in marly nodules from Andree-Iwanofskoe near Rykoff may be identical with the *Astarte depressa* from the Lower Oxfordian of North America.

The **Tertiary** rocks occupy the largest area in the island, and are especially well developed in the Western Range, where various beds with characteristic fossils are met with. The rocks are sandstones, which are sometimes siliceous, sometimes tufaceous, sometimes glauconitic and sometimes banded with lighter and darker coloured portions, and often broken in plates ; shales, which are sometimes very dark, but sometimes tufaceous with gray or almost white colour, and in many cases contain marly nodules with or without · enclosed fossils, and various conglomerates ; besides tuffs of different colours, white, gray, green, and so forth, as well as agglomerates, both of which are sometimes as extensively developed as in some parts of Hokkaidō. Agglomerates with associated tuffs are observed on the east coast, about 16 km. to the south of Narumi, near Wāre, at and near Cape Notoro, also near Ushoro on the west coast. The diatom-earth, attaining in Hokkaidō a great thickness of 12 meters, is not found in Sakhalin.

Although the relative position of various fossiliferous beds in the Tertiaries has not yet been made out, the plant-bed with several broad leaves and one or two kinds of *Sequoia* leaves associated with coal-seams in the Naibuchi and Serutonai coal fields and on the river Khandasa on the boundary region, can directly be compared with that in Hokkaidō, which was also formerly believed to be Miocene. The coals of Sakhalin, which are often more than 3 meters in thickness, resemble in part those of the Ikushumbets mine in Ishikari, Hokkaidō. Besides, the pale-gray tufaceous sandstone, associated with many coals in Sakhalin, strikingly resembles that in several coal-fields in Hokkaidō, as those of Ikushumbets and Poronai. The mineral resin, which is observed in sands of sea-beaches on the coast of Patience bay and other places, seems to have been derived from the coal by its disintegration. Silicified wood is found not only in coal-fields but also in several other places.

In the Tertiaries of Sakhalin, the following beds with animal fossils are distinguished : ·

(1.) Shale with calcite pseudomorphs resembling thinolite.

---

* 樺太実覧

(2.) Gray sandstone with *Pecten Peckhami* (Merci), and gray tufaceous shale with small shells of the same species (Kushunnai).

(3.) Gray shale with *Thyrasia bisecta* (Shiraraka and Tomarionnai), and with *Echinarachnius* sp. (Takinosawa) ; and greenish-gray shale with *Tellina* sp. (Mauka and environs).

(4.) Gray tufaceous shale ("Kushunkotan Shale ") with an inflated form of *Yoldia*, showing a very wide distribution, as for instance at Korsakoff and its vicinity.

(5.) Gray sandstone with several species of Mollusks (Wenruesan, Porotomari, etc. near Ushoro ; and other places).

(6.) Dark-gray marl with sponge remains (Peshuturu).

(7.) Soft gray sandstone with *Mya crassa* (the lower course of the Naibuchi river), and similar sandstone with large shells of a large-eared species of *Pecten* (the same locality and Peshuturu).

KAWASAKI endeavoured to subdivide the Tertiaries of Sakhalin, without taking the difference of fossil contents much in consideration, (see his report, p. 16-17).

Whether the above enumerated beds are really independent of one another can not yet be definitely answered ; but we must remember that many fossil forms are also met with in Hokkaidō. Thus, *Thyrasia bisecta* occurs at Mōrai in Ishikari province, and other places ; *Echinarachnius* at Kanikarushi in Hidaka, the inflated *Yoldia* in the oil-field of Mōrai, and at Wakkanai in Kitami ; *Mya crassa* at Penaanrubeshbe in Tokachi, and *Pecten Peckhami* at Yūdō in the same province. The numerous Molluscan species of Wenruesan and other places will correspond to those in the shell bed of Piratoriushnai in Hidaka.

The **Quaternary rocks** in Sakhalin are clays, sands, gravels, and peat. The young deposits composing the coast terraces sometimes attain a great thickness of more than 60 meters. Gold placers were discovered mostly in the valleys of Palæozoic regions. Volcanic detritus may be met with on the slopes of the conical mountains of Ushoro, but it has never yet been actually observed by us, anywhere in the island. The deposits of sea-terraces, which usually level the irregular surface of underlying hard rocks, sometimes lie upon the well-shaved horizontal face of rocks, as at Ochopokka and other places. This fact is of special interest in connection with the shift of sea-level in past periods, when we remember the extensive development of submarine shelves on the present sea-coast, especially in the regions of Tertiary rocks.

The formation of thick peat underneath the still growing mosses and lichens of the tundras is best studied at Khandasa on the right bank of the Poronai river, far to the south of the opening of the river Khandasa. There the dried-up mosses at an eroded margin of a tundra make a transition into a brown layer of the same stuff, about half a meter in thickness. Below this layer there is a dark-brown peat more than 6 meters in thickness, resting upon a light-gray bed of clay. Vast masses of peat, detached from such a cliff in flood, now lie upon sands and pebbles of the river-bed, and look like small grass-thatched roofs of hut, when first observed from a good distance by a new visitor.

Thin layers of peat are also found on heaths, which extend on low wet grounds as at several places on the 50th. Parallel, on the south of Nayoro on the coast of Patience bay, and to the south of Kushunnai on the west coast, also on the plain of Mitslyofka on the Susuya river, and so forth.

The shell-mound of Soloviyofka near Korsakoff, which consists of recent shells of *Ostrea* sp., *Mactra sachalinensis*, and other forms, lies chiefly on a terrace, about 35 meters above the sea level, at a direct distance of less than half a kilometer from the coast. This locality, which remained almost unexplored, has this year rewarded Professor S. TSUBOI with numerous finds of archæological interest.

Of the Older Eruptive Rocks, granite (hornblende- granitite) has been already mentioned in connection with the contact metamorphism in the Palæozoic regions, where ordinary diabase is also extensive.

Various facies of granitoid diabase are observed near Shiranushi, and on the west coast of the boundary region of the 50th. Parallel. There are granular, aphanitic, as well as porphyritic varieties of the same rock. Olivine is sometimes observed in this eruptive. Columnar joint, with the axis perpendicular to the face of contact with the underlying sedimentary rock, are observed in the similar diabase of Pilevo, where the rock appears like an intrusive sheet. The same, forming a small rock in the sea of Ambets, is again irregularly cracked with plane faces of fracture, beautifully covered with minute scales of dark-brown mica. The contact of the rock with a dark shale on the south of Pilevo seems to have exerted no influence in the petrographical characters of either one of the rocks.

But the occurrence of gabbro is very limited.

Ordinary diorite with its porphyritic modifications are met with on the 50th. Parallel, though never found in great extent.

Volcanic Rocks are abundant in Sakhalin, but not of such great importance as those in Hokkaidō. No active craters are known to exist. There are only two or more conical mounts* on the otherwise quite low mountains of Ushoro, whose

---

* The well-known, very conspicuous cone of Kitoushi-nupuri (or Kitoushi-pal) on the west

geology was only guessed at by the nature of pebbles in a river descending from them, and the actual presence of andesite exposures at Ushoro and its environs.

The volcanic rocks of Sakhalin are mostly pyroxene-andesite, sometimes making a transition into basalt. The andesite often shows columnar and other joints. Some specimens present an old aspect, as at Wáre. Basalt occurs at Otek-koro, Notasam, the island Kaibatō, and other places. Liparite, which occupies in Hokkaidō a very extensive area, especially round the mountain-mass of Optateshke, is here almost restricted to the region of Shiraraka, where a reddish-gray compact specimen with a fluidal structure is met with. A white silicified, decomposed liparite occurs at Ruionaibo near the same place.

The diabasic rock, which turned the coal of the Serutonai coal-field into natural coke, resembles that found in the Chiku-Hō coal-field in Kyūshū under the same condition.

Pretty pebbles of white chalcedony, found near Nayoro and other places in the main land, and at many localities in Kaibatō, attract the eyes of every tourist, and are derived from the cavities in lavas and agglomerates of usually andesitic nature.

The vast deposit of pumice, so widely distributed in Hokkaidō and also on Kunashiri and other islands belonging to it, has never yet been observed in Sakhalin.

As regards the distribution of volcanic rocks, we may only state that their principal districts are in the Western Range, not only on its west coast, but also at several places between Nayoro and Manue on the east. On the river Poronai, hills of andesite and agglomerate are found not far below Sakai (formerly probably known by the name " Poronai " after the river itself), that is the place where the 2nd. Astronomical Point of the 50th. Parallel is found on this river. On the coast of the Okhotsk sea, similar rocks were observed about 16 km. to the south of Narumi.

The form of the andesite mountain, along the sea-coast of the region of Poronaipo on Patience bay, shows its formation as a dyke.

III. Geological Consideration of Topographical Features of Different Subdivisions of Sakhalin.

Now we proceed to the characteristics of different parts of Sakhalin, commencing with the Median Depression of fundamental importance. On its northern part

coast to the north of Pilevo, is of sandstone according to Schmidt. The Tusso mountain on the coast of Patience bay is of volcanic rocks, and looks conical only in one direction.

I observed the whole length of the Japanese portion of the Poronai river from a boat. On the south, both the Susuya and Takoi rivers were only visited within a small limit.

The Median Depression.

Before 1906, we had no reliable map of the river Poronai accessible, and the place-names on it were often very carelessly copied from one map into another. It is felt that a certain knowledge of at least three different languages, Ainu, Orokko, and Gilyak is there necessary, all of which occur in the names. Such a complexity of nomenclature is found in no other place in Sakhalin. This great river has large branches only on the western side. On the eastern side, Muigö and Bolmöksha are worth mentioning. Many tributaries show narrow mouths, compared with their width a little above them. The main river is about 230 meters wide at the mouth and about 45 on the 50th. Parallel. The river is navigable up to Poroto, with a small steamer of about 4½ ft. draught. The main course shows a great meandering, which produced several crescent-shaped lakes, by drift-wood choking up one of the canals, into which the river is often split up. The hugest heap of this wood is found about 8 km. direct distance from the 2nd. Astronomical Point. It was a good piece of labour to remove a part of the accumulation, measuring about 500 meters in length, by blasting the wood with picric powder. The river-bed seldom shows in the Japanese part pebbles larger than 20 cm. in diameter. Both sides of the river are flat plains, with the exception of only a few places above Bolmöksha, where the spurs of hills reach the river and end abruptly in high cliffs of volcanic rocks, sometimes more than 50 meters in height. Where the flood-water has eroded away a margin of the tundras, the formation of peat is best studied. A gray clay usually forms the basement of the peat, which attains the thickness of more than 6 meters. Otherwise the main river shows nothing of geological interest.

However, the pure forests of poplar-trees (*Populus suaveolens*), and of larches (*Larix dahurica*), the forests of *Picea ajanensis* mixed with *Abies sachalinensis*, and those of birches (*Betula alba* and *Ermanni*) attract the attention of all observers, especially in Autumn, when the leaves assume the beautiful colours peculiar to themselves. The luxuriant growth of such and other trees is by no means welcome to surveyors, concealing nearly everything at a short distance. In good weather one can enjoy the distant sceneries of the gigantic mountain Ninkutnupuri or Ambarmait (about 1200 meters high, according to KAWASAKI who ascended it), together with elevations connected with it. The lower elevations on the other side of the river, that is to say, along the eastern sea-coast, can be seen only on the lower course of the river.

The so-called Tundra * of the plain of Poronai is a flat land, occupying its greater part and covered with lichens (*Cladonia, Stereocaulon,* etc.) and mosses (*Sphagnum, Polytrichium,* etc.), besides shrubs such as *Ledum palustre, Vaccinium hirtum, Betula nana,* and so forth, also a remarkably crippled form of *Larix dahurica.* The tundra is more or less wet with the brown water of bogs, on which the pedestrian sinks into a depth of at least one third of a meter. Close to the side of flowing water, however, drainage is complete, and no character of tundra is there observable, and we find forests of coniferous as well as broad-leaf trees. The ground was frozen in the very height of summer below the depth of more than one meter, at a tundra just on the west side of Sakai, and also on the eastern bank of the Poronai, about 8 km. (direct distance) below Sakai. In the midst of the tundras, there are often found heaths where the ground is more dry. Among the low mountains and in valleys, also on the sides of the tundras, there are extensive heaths.

The large lagoon-lake of Taraika on the north coast of Patience bay has a long spit, across which a little boat may be dragged by those, who want to pass from the bay by the shortest distance into the lake, and then over the narrow land on the west side up to the Tarankotan river.

The southern part of the Median Depression, occupied by the plains with the rivers Susuya and Takoi, shows the character of vegetation different from that on the Poronai, there being observed no tundra, though heaths are found at Mitslyofka and other places. The whole region is a plain, with low terrace-lands lining some of the hills, but without high cliffs of rock, extending right down to the river side. Cultivation is going on in the former Russian settlements, which makes a great contrast with the wet and sterile character of the main part of the Poronai plain. The principal lands selected to introduce immigrants from Japan are mostly found on the lower course of the rivers, Susuya, Rūtaka, and Naibuchi ; and on the low plateau to the west of the Tunnaicha lake.

No marked feature revealing any fault character of the Median Depression has been yet recognized. The presence of volcanic rocks just on the bank of the Poronai river is however remarkable.

The two bays, Patience and Aniwa, may here be treated in connection with the Median Depression on land. These are the only two large bays in Sakhalin,

---

* We possess no particular Japanese word for such a sort of land. The Russians call it " Tundra," which word was introduced to us, after our making acquaintance with it after the war. This word is naturally often corrupted by the Japanese into *Tsun-do-ra* !

with their terminations formed by the Capes Patience, Notoro, and Shiretoko. There are no other well marked promontories in Sakhalin. The existence of the three capes and the narrow form of land, measuring only about 30 km. from Manue to Kushunnai on about 48°, are very important when taken in connection with the oceanic currents, meteorological conditions, and the distribution of marine plants and animals.

Patience bay is very shallow (K. WADA, p. 12-13). When a line is drawn between Cape Patience and Cape Tōni, the breadth of the sea enclosed on the west side of it is 100 sea-miles in maximum, but the depth rarely exceeds 50 fathoms. Patience bay is particularly shallow, showing a flat sandy bottom.

On the other side of the line, the real sea-bottom is found at about 15 sea miles to the east of Tōni, showing there a depth of 125-160 fathoms.

Aniwa bay is also shallow (K. WADA, p. 13), the depth being generally about 25 fathoms on the inside of the line from Cape Notoro to Cape Shiretoko. Soundings of 50 fathoms or more were rarely made there.

The Western Range.

The general topographical features of this part of Sakhalin, whose watershed lies a little to the west of the real median line, shows a marked contrast with the east side of the Median Depression.

Here we find a great development of the Tertiaries and the Cretaceous, with a less extensive one of Volcanic and other Eruptive Rocks. The Cretaceous forms high mountains, among which the Ninkutnupuri shows lofty peaks with snow remaining in summer in some parts of narrow valleys.

On the east, however, we find particularly rugged sceneries of Palæozoic rocks with subordinate Crystalline Schists, besides the Tertiaries, the Mesozoic, and Eruptive rocks, which are all more limited in area. The Volcanic Rocks are, however, not wanting in the east.

Now look at the west coast of the Western Range (K. WADA, p. 2-5 and 13), which consists essentially of the Tertiaries, in which diabase, andesite and other eruptives appear in various forms. Turning round Cape Notoro from Aniwa bay, we pass over to the coast of the Japan sea, measuring more than 500 km. up to Ambets on the boundary. Our Chart published by the Hydrographic Office puts the cape at 45° 54′ N. L. The general straightness of the coast-line is remarkable in Sakhalin, especially to the north of Cape Patience.

Along the west coast, a depth of 100 fathoms is often observed even at a distance of 10 miles from the beach line ; that of 10 fathoms is found at about one mile. At a place 50 miles to the west of Mauka, Mr. NAKAMURA, one of the assistants of Mr. K. WADA, found a line 190 fathoms long not reaching the bottom. From Kushunnai to Raichishka, a sounding of 20 fathoms is made beyond 5 miles off the coast. At Ushoro, water is deeper, showing 50 fathoms at the same distance, a gradual shallowing being however observed towards the north, as we proceed on into the Mamiya strait (Strait of Tartary), which is only about 5 miles wide and allows a free passage on sledges across the frozen sea in winter.

Between blunt capes, mostly consisting of andesites and other eruptive rocks, there are slight concavities of coast line which are only used in summer seasons, when the sea is calm with easterly winds prevailing. From the later autumn to the next spring, rough westery winds sweeping over the Asiatic coast, leave no shelter to ships on that coast. From Cape Notoro to Tokombo (about 90 km.) there is no plain on the bottom of coast-hills, and there swift currents and numerous series of reefs hinder the progress of the fisheries. From Tokombo to Cape Chiikai (about 120 km.) the generally terrace-shaped character of the coast land is conspicuous. The only exception is the sandy plain with dunes, found at Notoro (not to be confounded with Cape Notoro on the south), which is said to be slowly decreasing, on its whole length of about 20 km. On the terrace coast, there are level grounds, from about 10 meters to more than 100 in width, extending along the beach. There are again more or less level lands on the back, 6 to 50 meters in height ; and equally flat shelves in front, covered by water of 2 or 3 ft. in depth. These submarine shelves of rock, which are found not only on this part of the sea-coast but also at many other places of Sakhalin, where the Tertiary rocks are prevailing on the coast, is particularly well developed on a stretch of about 72 km. from Tokombo to Tokotan. Their width varies from about 30 to 300 meters. The depth of water over them is 3 to 5 ft. at their margin, where it is deepest, and beyond which we find a sounding of 3 to 5 fathoms. From Tokotan to Kushunnai, shelves are found here and there ; on the north of Ushoro, they lie deeper in the water, which is one fathom in depth close to the beach line.

The terrace coast shows the continuation of valleys cutting the shelves in the form of broad clefts, which admit at Mauka entrance to small steamers of about 200 to 300 tons. The most important roads for ships there are Tokombo, Okō, Ohotomari, Mauka (the most important and now well populated town on the west coast), Rakumaka, Notasam, and others.

From Chiikai to Kushunnai (about 55 km.) topography of the coast-line is very different from that of the above mentioned region. The hill coming more close to the sea-coast, often shows precipices of about 30 meters in height, descending directly into the sea water. There the principal roads are Otekkoro, Tomarioro, Oronbentomari, Epekeenrun, Shiraroro, and others, of which Tomarioro is of some importance.

The region of Kushunnai shows broad and flat sandy shores.

Between Paikoshakushi and Ebishi (about 20 km.), hilly lands come close to the sea water.

To the north of Raichishka, where a large lagoon of the same name is found, we observed a mountain of andesite, on which stand the conical mounts of Ichara, Kotanturu, and so forth. There Cape Ushoro shows steep cliffs of rock with big boulders underneath, which is a feature not commonly observed on the west coast.

On the stretch of 160 km. from Ushoro to Ambets on the 50th. Parallel, the coast-line shows very few slight concavities. They are Horokeshi, Omuto, Itonai, and Nayashi. These places show shallow waters, and with the exception of Nayashi, are lined with steep cliffs with narrow grounds below.

Now the west coast of Aniwa bay (K. WADA, p. 6). There are Tertiary rocks, besides Volcanic Rocks and the Cretaceous of a limited extent. There are numerous high rock-cliffs, chiefly of andesite, descending directly into the sea water. A bay on the south of Cape Chishiya forms the only road for smaller ships on the whole extent of the coast, which measures 120 km. from Notoro to the opening of the Rūtaka river.

We now pass over toward the north of Korsakoff, and make observations from Dubki, along the east coast of Sakhalin, up to Nayoro, (K. WAKA, p. 9).

From Dubki to Shiraraka, there is a sandy coast with many lagoon-lakes, showing a very broad plain on the mouth of the Naibuchi river. There are many huge dunes on this plain, where travellers wonder at the abundance of dwarf pines (*Punis pumila*), which are to be seldom observed on the other coasts of Sakhalin. All the lagoon-lakes are nothing but the bends of rivers, which are, on both east and west coasts of the Western Range, usually directed towards the north. The sea-bottom shows a gentle slope, the reefs are not there abundant, and only at Wāre we find a poor shelter for boats.

To the north of Shiraraka, especially in the region between Wāre and Makun-kotan, the mountains form steep precipices directly descending into the deep sea, where numerous reefs are also observed. The well-known Tusso mountain belongs to this part of the sea-coast. There are also terrace lands. Between Shiraraka and Poronaipo, the sea-bottom is irregular and carries many reefs on it. Between Wāre and Poronaipo there are submarine shelves.

To the north of Makunkotan, the coast-line allows free passage to observers, just as on the south of Shiraraka, the beach-sand being broad especially on the river-mouths ; from Poronaipo to Nayoro, the sea bottom is flat and sandy. The rugged mountain-range along the sea-coast of the region of Poronaipo, stands in front of low mountains of Tertiary rocks. This range is of such an andesite, as that occupying a large area in the region of Makunkotan, and found also at many other places on the coast-line from Dubki to Nayoro, where the exposures are mostly Tertiary sediments. Liparite is founded only near Shiraraka.

The east coast of Sakhalin has in general fewer rough places for observers proceeding on foot than the west coast, although the region near Cape Shiretoko is naturally an exception.

The East Side of the Median Depression.

Beginning our observation at the region of Korsakoff (original Ainu name, " Kushunkotan ") on Aniwa bay (K. WADA, p. 6), we find first of all a terrace coast, extending about 50 km. from Tretiya Padji down to Chipesani, with characteristic submarine shelves. The rocks exposed are mostly Tertiary, though at and near Chipesani, there are Palæozoic strata. Here lies the badly sheltered anchorage of Korsakoff, the present seat of local government. To the south-east of Chipesani, there is a low sandy coast with the interesting Busse lake, with oyster banks and other marine products, and said to possess an opening with water 12 ft. in depth, though this has not yet been confirmed by our observers.

Further to the south, we have the steep rocky coast of the region of Palæozoic rocks, with granite at Cape Shiretoko and its immediate vicinity, where the cliffs are very picturesque and attain about 100 meters in height. Here the principal barrier to communication is the roughness of ground, while on the north the opening of the Rūtaka river prevents an easy passage from the sea into land.

Leaving Shiretoko and passing over to the external sea (K. WADA, p. 7), the stretch of land from Shiretoko to Cape Tōni (about 80 km. long) shows several dreary sceneries of high and steep cliffs of Palæozoic rocks, either descending directly into the deep sea-water or with a narrow land below. There are many reefs in the sea-water. Less rugged is the northern part of this region, which consists of Mesozoic rocks without fossils so far discovered.

Airop bay on the west side of Tōni shows a narrow plain in front and a hill behind, and there is the best road for ships running along the east coast, especially in the principal fishing season, when the northeast wind seldom sweeps over the sea.

The immediate vicinity of Tunnaicha is a broad sandy beach.

From Tunnaicha to Ochopokka, we find a terrace coast with cliffs of Tertiary rocks, above sandy beaches with submarine shelves.

On the south of Tunnaicha, there is the large lake of the same name ; the hills on its south. coast separating it from the northern basin of the Chipesani lake, which again communicates with a narrow opening to the southern or smaller one. Although the latter basin is separated from the sea by a sandy ground of slight elevation, the larger one as well as the Tunnaicha lake, and its western neighbour the Omutō, can not be simply regarded as lagoons on sandy shores. The opening of the last lake into the sea lies between Tertiary terrace-lands, while the shores of the Tunnaicha lake are hills, and not the simple eminences of Quaternary deposits. The sand of the sea-side on the east of Tunnaicha covers the Tertiary rocks of the hills.

From Ochopokka to Sakaihama, we observe the steeper side of the apparently asymmetric meridional range of the western part of the Susuya Mountains. Except on the southern region, which consists of Tertiary rocks, we find there rough sceneries mostly of crystalline schists, but partly of ordinary sediments of the Palæozoic. There are perpendicular rock-cliffs with huge boulders below, and reefs and rocks in the sea water.

Now we go over the sea directly to the north coast of Patience bay, and observe the Northeastern Mountain-land. From Nayoro to Nokoro, there is geologically speaking not much to be observed, for the whole coast is a sandy plain of the river-mouth of the Poronai. From Nokoro to Cape Patience, there are terrace-cliffs of Tertiary rocks, in which andesite occupies a small area near Yangenai. The so-called " Funakoshi " (that is an *overland* passage for a small boat !) lies on the lake Solenuiya. Here the natives, who wish to pass over from Patience bay to the outer sea, drag their boat over a land of only about 150 meters in width lying between the lake and the bay, and then row out to the sea, in order to save the time and labour of turning round Cape Patience, projecting out like the end of the elephant's *proboscis*. On the north coast of Patience Bay, we usually observe the westward bend of rivers at their opening into the sea.

The small island Kaihyōtō, or " the island of sea-dogs," as it is not very properly named, is a breeding place of the other sea-mammals. It is nothing but a little land detached from the peninsula on its north, just like a series of smaller rocks, making hindrances to navigation round the cape by a short course. The island is a very flat piece of land of about 15 meters in average height with sandy plains all round, and consists of Tertiary rocks, granite (?) being there found only as huge boulders. The whole length of the island is only about 700 meters.

The eastern sea-coast forms a gentle curve from Cape Patience up to beyond Narumi, everywhere with sandy beaches. On this part the sea is covered with mist very frequently in spring and summer ; and often at the end of August, even under a perfectly clear sky, the horizon is still found misty. That part was geologically observed by KAWASAKI and his party, as well as by myself. Commander Y. WADA observed the presence of shale (?), making cliffs between Flat Bay and Cape Bellingshausen. KAWASAKI'S observation extends from Cape Patience to a little before the Taodō lake, which he did not observe. My route along the sea was between the mouth of the Akhmametieff river and the andesite cliff, lying about 16 km. to the south of Narumi, and also at a place on the north side of Cape Povorotoni, which I touched last year.

KAWASAKI has coloured as Cretaceous, in his geological map, the whole coast from the west side of Funakoshi just to Narumi, and SCHMIDT has mentioned the occurrence of the Cretaceous at Cape Bellingshausen and near Cape Rymnik. However that part of the region which I observed consists essentially of Tertiary, Palæozoic, and Mesozoic rocks, with andesite and agglomerate both of a limited extent.

The peninsular part ending at Cape Patience is described as a low hilly land, gradually rising up to the region of the Flat Hill and Bratkofsk. Flat Bay has a number of lakes on the back ground, which is extremely low. Beyond the bay, there extend low coast-hills and terraces, forming the margin of high mountains of the interior, which consist, near the 50th. Parallel, entirely of Palæozoic rocks. In the Palæozoic region, there are many peaks to be observed from a steamer running off the coast. The Tiara, which name is found in nearly all maps of Sakhalin, close to the 50°, can not be easily distinguished from the other equally high points round it, by looking at the Chart of Sakhalin or the original work of Krusenstern, who first named it.

The coast-cliffs between Cape Patience and Narumi seldom fall directly into a deep sea-water. That part of the coast still remaining unobserved can probably be easily examined by geologists going on foot along the sea-beach, and no river of great depth will be met with on his route. For this part we must now be contented mostly with our observations from the steamer Daireimaru, which ran last year very close to the coast line.

The swell of the sea is constantly present on the coast to the north of Cape Patience, and consequently the sandy beaches fall into the rumbling sea-water by low but abrupt slopes. Besides, almost all the rivers are said to have a very shallow opening to let fishers' boats in at the time of storms. Thus the rivers

are generally still full of fisbes. Bear-tracks abound along them, where they catch
fish for food, and look at unexpected human visitors with curious eyes, without
running away at the first sight.

We now turn our eyes into the interior of the mountain-lands on both sides of
the Median Depression. Mountains are almost everywhere covered with dense
forests, and valleys and plains are grown with tall grasses. Not only this, but the
abundance of fallen trees is found after heavy storms and forest fires, the latter of
which are peculiarly frequent and long-lasting in Sakhalin. Trees have usually short
roots and easily fall down by the pressure of wind, and this makes great obstacles to
explorers pushing deep into the mountains. There are however frequently found
good tracks of bears, which may easily be mistaken for those of natives. The
growth of bamboos and several tendril plants, which embarass observers in Hok-
kaidō, is less luxuriant in Sakhalin. What makes a great impression to travellers
even from Hokkaidō, which in several respects closely resemble Sakhalin, is the
great extent of forests of straightly growing larches, and a generally less variegated
appearance of vegetation, when compared with that of Hokkaidō. There are
many plant-forms, which we do not see in Hokkaidō, among which the medicinal
plant of the family *Compositae*, known by Russians as " Remashka " and every
where found in Russian settlements, may be counted.

The clouds of mosquitoes and at least four other obnoxious insects cause much
suffering to poor explorers. The land is by no means actually free from poisonous
snakes. I met with four or five of them in a single day, when I was going up the
Akhmametieff river on August 13th.

June, July, and August are the driest months in Sakhalin. The great heat of
summer is felt only during a few hours, and in night and morning it becomes so cool
that mosquitoes retreat from their daily work of persecution. But on the bank of
the lower course of the Poronai and similar rivers, we find an unfortunate exception
to this rule. Snow falls first toward the end of September in the mountains, and
much later on the sea-coast and low regions. Snow disappears from the ground at
the end of April in warmer places.

My own observations across the mountainous lands are limited to the region of
the boundary line of the 50th. Parallel, and only a few other places as along the
Japanese part of the Poronai river, from Korsakoff to Tunnaicha and Ochopokka,
along some rivers on the western flank of the Crystalline Schist region of the Susuya
mountains, and on a part of the path leading from Vladimirofka toward Mauka on
the west coast. But about the typical geological profiles of different regions we have

at present not much to discuss. The thick vegetation, hiding all the inner structures of land, is one never seen in South Manchuria, where natural geological profiles are exposed in many places to travellers, who vainly seek for the shade of trees. In Sakhalin, the principal fault-lines and axes of folding are not yet known. ⁚ Clefts in submarine shelves, found at Rakumaka, Mauka, Ohotomari, Asannai, Okō, and Moiretomari, have already been spoken about. They are, according to KATAYAMA, probably ditch-like depressions along prevailing fault lines of local importance, parallel to which rivers run.

Generally speaking, the mountains of Sakhalin are characterized by gently sloping, open valleys, without many high precipices on the side of rivers. Water-falls are seldom met with, though rapids and gorges are found. Exceptions to this are found in the region of older rocks, especially in the Northeastern Mountain-land. One indeed wonders, when he first looks at the almost dried-up beds of many rivers, running across the highway leading from Korsakoff to Dubki, and then proceeds only a few kilometers up those rivers to find a wild flow of abundant cold water even in summer. The rugged sceneries on the eastern part of the 50th. Parallel is a more remarkable one. Naked peaks of rock, horns of quartzite, stone-deserts on mountain-slopes, torrents descending almost vertical cliffs more than 100 meters high, many gorges and rapids :- all these surprise observers coming new from the flat plateau-lands round Korsakoff. In the region of younger rocks, however, we must generally go to coast-cliffs to find good exposures.

Usually no topographical boundaries between different formations can be drawn. For instance, the mountains of Palæozoic contact-rocks on the 50th. Parallel are very low and flat. It gradually rises up to the region of crystalline schists on its side, while further on we find ordinary Palæozoic sediments, to which they make topographically a gradual transition. Only on the main watershed of the Northeastern Mountain-land, the above-mentioned wild sceneries begin to appear.

The Mesozoic region on the 50th. Parallel, to the west of the Poronai river, also shows high cliffs on rivers. There are certain high mountains as Aimiyama, on both sides of which usually quite different conditions of atmosphere are observed.

The height of the mountains in Sakhalin are only roughly estimated in former publications. Where actual surveys were made in recent times quite a different result was presented in the numbers. On the east of the Median Depression, the height of 900 meters near Okimiyama will be taken as one of the highest elevations. On the west we have about 1100 meters on the Aimiyama, about 1200 meters estimated by KAWASAKI for the Ninkutnupuri, which he ascended, and about 1000 meters estimated for Mount Spanberg etc.

No peaks in Sakhalin seem to attain the snow line. The snow, which we found remaining in summer in valleys of the Palæozoic mountains on the 50th. Parallel all melted away in the same year.

Alpine plants are found not only on ridges of high mountains, but occur also on tundras and even on sea-coasts. In Sakhalin, where plants of different zones occur together along hill-slopes and beaches, it must have been a great task for Schmidt to subdivide the zones of vegetation.

The Island of Kaibatō.

This island lies alone in the sea to the west of Moiretomari on the west coast of Sakhalin. From this place, the Ainu pass on their small boats to the island, on calm days in the proper season, to hunt sea-mammals. I myself observed only the eastern side of the island. The Kaibatō consists of andesites, agglomerates, and the Tertiary rocks, tuffs, shales, and sandstones. The eruptives are found as sheets and dykes. The coast line is everywhere rugged with reefs, and high cliffs often with waterfalls. The mountains however show gentle slopes, which are mostly grown with grasses. The sea abounds in isolated rocks, on which sea-lions are sometimes found in crowds. Hence the name Kaibatō, Todojima, and Todomoshiri, all meaning the "island of sea-lions." No crater-shaped topography is observed in new maps of the island, prepared after actual surveys.

IV. On the Annexed Geological Map.

The annexed geological map, on which my own routes are entered, is for the greater part a miniature copy of KAWASAKI'S geological map, compiled in 1907. Among the changes, which I made in the geology, the most important are those on the region of the 50th. Parallel, and on that of the lakes, Tunnaicha, Chipesani, Wawaitō, and Busse.

Only a little part of the latter region was observed by KATAYAMA, whose observations were used by KAWASAKI in making the whole region Quaternary. The northern coast facing the Okhotsk sea, and the southern facing Aniwa bay were observed, besides the locality of coal on the west side of the northen basin of the twin lake of Chipesani. But he did not see the shores of the Tunnaicha lake, as we judge from his descriptions, nor the interior of the mountains on the sides of these four lakes.

I found the whole northwest shore of the Tunnaicha lake to consist of Tertiary rocks. The land is found very low, between the southern shore of this lake and the northern shore of the northern basin of Chipesani, which one crosses by a narrow track on his way from Tunnaicha to Chipesani after passing over the former lake by boat. But the hill-slopes on the shores of the Tunnaicha lake are generally too high to be regarded as of Quaternary formation, although they are covered with dense forests and no rock exposures were actually observed on my way across the lake. On the north shore of the northern basin of Chipesani, we find exposures of Tertiary and Palæozoic rocks.

A study of microscopic slides after the publication of KAWASAKI'S map has necessitated some changes in colouration of the areas of Eruptive Rocks.

No fossil localities are distinguished by signs in the map. The cretaceous localities have been already all mentioned in the text. Those in the Tertiaries will be seen in the following table, the place-names occurring in which are mostly to be found on the map, and all the localities observed by myself as well as those by Messrs. SHIMOTOMAI and MURATA are given. Of the other localities there may be some omissions which are due to mistakes in my notes.

Table of Principal Localities of Tertiary Fossils (mostly Mollusks) in Sakhalin.

(1.) On the west coast of the Western Range :—Ambets, Serutonai, Nayashi near Serutonai, Morochi, Horokeshi, Rikuntomari, Ushtomanai, Porotomari, Wenruesan, Komoshirara, Kushunnai, Nayoro, Shiraroro, Tomanai, Tomarioro, Otekkoro, Ussu, Chiikai, Tōbuts, Mauka, Tea, Pirochi, Tokombo, Nayashi on the southwestern part of the island, Erumnai, Peshtomanai, etc.

(2.) On the east coast of the Western Range :—Tomarionnai, Dorogawa, Peshuturu, and Uriu on Aniwa bay ; Itatakushnai to the south of Otasan, Shiraraka, Tomichishi, Poronaipo, near Repungenai, Shiruturu, near Chakamaushnai, the Nayoro river, etc.

(3.) In the interior of the Western Range :—Shimizu, near Takinosawa, near Nadejdinskoe, &c. on the Naibuchi river, the lower course of the Khandasa river, etc.

(4.) On the east coast of the Northeastern Mountain-land :—Narumi and many places on the stretch of about 12 km. to its south.

(5.) In the interior of the Northeastern Mountain-land :—The lower course of the Akhmametieff river.

(6.) On the east coast of the Susuya Mountains :—between Ochopokka and Tunnaicha, and near Omutō.

(7.) On the west coast of the Susuya Mountains :—Merci and many places on the sea-coast from Merci to Soloviyofka and on the road from the latter up to Golyi Mys.

V. Occurrence of Minerals.

The Mineral Industry in the island of Sakhalin is still in its infancy. Before the Russo-Japanese War, 1904-05, the only mines in work were the four coal-mines near Alexandrofsk, said to have then given only about fifty thousand tons altogether a year. The oil-fields at the Nabil lagoon and other places, mentioned in almost all geographical notes connected with the island, remain still unopened. The Scrutonai coal-field was only worked for a time and then abandoned. There are no mines at all now in progress in the Japanese part.

After the reannexation of Sakhalin by Japan, the island was visited by our geologists, including myself, who belong or belonged to the Local Government. Many coal-seams as well as some localities of gold-placers were discoverd, (see KAWASAKI'S report). It is a wonder that the Russians in this " Prison Island " did not care about the easily workable minerals, such as coal and placer-gold. The island is very long but not broad ; and it is therefore not difficult to traverse the island from one coast to another, or from the valley of large rivers towards the sea. More discoveries of useful minerals will be made in the nearest future, and will tend to the speedy opening of the land's interior by the wonderfully attractive power of gold and other substances.

Coals. In the Tertiaries, we find coal-seams sometimes attaining the thickness of more than 3 meters. They are mostly found on the Naibuchi river, on the upper course of the Uriu river, at several places between Tokombo and Shiranushi, in the region of Serutonai, in the Tertiary regions on the west side of the Poronai river, and on the main and branch courses of the Pilevo river, both in the tract of the 50th. Parallel ; and other places. In all these localities, there is a black-coloured coal, while near Ochopokka, at Menabets, and on the west shore of the northern basin of the Chipesani lake, there is observed only a bad coal of a dark-brown colour.

Some of the coal-seams are nearly vertical. The age of the coals in the island of Sakhalin is all Tertiary. The fossil leaves, as those we find at Poronai, Ikushumbets, Yūbari, and other coal-fields in Hokkaidō, are only met with in the fields of Naibuchi, Serutonai, and Khandasa. The resemblance with the coal of Ikushumbets is observed in the samples from the Naibuchi river, the Khandasa river, and several other places as Erumani near Sōni on the west coast.

KAWASAKI classified the coal of the island of Sakhalin into two categories : namely, one is more brilliant and more brittle and with more abundant volatile matter than the other.

The formation of natural coke on the contact of the Serutonai coal with a diabasic rock has been already mentioned.

The good coals in sea-beach pebbles and sands on the west coast of Patience bay indicate in parts the real presence of coal there in the land, but are in parts nothing more than pieces fallen from coasting steamers.

Gold-Placers. The petrographical characters as well as the irregularly fissured appearance of the Palæozoic rocks remind us of the features observed in the principal gold-placers in Hokkaidō. Thus I brought round an experienced gold digger during my traverses in the region of the 50th. Parallel, and ascertained the existence of placers there. In the same manner KATAYAMA found placers at several places near Cape Shiretoko, also on the northwest of the Tunnaicha lake and in other districts.

Sea-beach placers were observed on the east and west coast of the boundary region, and also on the west coast of Aniwa bay.

But none of the quartz-veinlets in the regions of Palæozoic rocks and Crystalline Schists, analyzed in the Civil Administration, gave a good trace of gold.

Limestone. The gray limestone in the Palæozoic occurs at some places. Among them that on the southeast coast of Aniwa bay is situated at a place, from where it can be easily brought out by steamers. In the same region a saccharoidal limestone of a white colour is found.

Crystallized Minerals of scientific interest are not wanting in Sakhalin. Thus on the west coast, we have in the cavities of the granitoid diabase at Shiranushi, as well as at Ambets and vicinity, analcime, natrolite, and prehnite ; and in the andesite near Ushtomanai on the same coast, hexagonal columns of white aragonite trillings. There are some crystals of white calcite in -$\frac{1}{2}$R found near Wāre, pretty pseudomorphs of chalcedony after fluorite in the compact pyrite-veins through the diabasic andesite of Sōni near Shiranushi, a white massive quartz with moulds of prismatic barite crystals (whose angles were measured by making casts) among the pebbles found by Count KŌZUI ŌTANI near Nayoro on Patience bay, and a pseudomorph of a dirty brownish-gray calcite after a double-ended pyramidal crystal. The last pseudomorph is often more than 10 cm. in length, and resembles thinolite in form, and shows rough striae parallel to the middle edges of the simple pyramid, in which the pseudomorph appears. It is found in the Tertiary shale and its marly nodules on the east and west coast near the 50th. Parallel, in the Tertiary shale on the Naibuchi river with *Cytherea* sp., also in the Tertiary sandstone with fossil shells on the lower course of the Akhmametieff river, etc. KAWASAKI brought a single incomplete specimen in the Tertiary marl from Ussu on the west coast.

Tōkyō, December, 1907.

摘 要

カラフト島は長さ凡そ九百「キロメートル」、幅の最大なる處凡そ百六十「キロメートル」あり。爰に記す者は主として余が明治三十九年、及び四十年に於て觀察せる處と、地質學の理學士川崎氏、片山氏、及び同學生下斗米、村田兩氏の記事に基き、本文のイギリス文の字句の修正はバチェラー氏の好意に因れり。

四十年三月カラフト民政署は川崎氏の「カラフト鑛産調査概報」(百四十七頁)を出版して同氏の邦領北部、片山氏の同南部、余が國境地方等に於る觀察を公にせり。

余が觀察せる地方は主として、(一)ドブキ、チベサニ間の山地、(二)カイバトー(海馬島)の東海岸、(三)カラフト西海岸の諸所、(四)五十度境界地方、(五)ポロナイ川本流、(六)シッカよりドブキに至る海岸なり。其他の地方にて余が觀察の及ばざる所には、他の諸氏の觀察を利用せり。

余が巡回中余に對してカラフト廳の熊谷壽一郎氏等、境界劃定員の大島健一氏等の種々の好意を表せられたるを深謝。又た余がカラフト巡見の機を得るに先ちて、ロシアの學士會院シュミット氏は、同氏等が昔て採集せるカラフトの化石を(明治二十六、七年)遙く余に示されたるは余が深く感容する所とす。唯余が遺憾とする所は、余が未だ第三紀化石の最も豊富なるムガチ(アレクサンドロフスクの北)に趣きて實地を見ざりし事なり。

カラフトの地質に關しては、カラフト恢復前には未だ著しき記事なく、唯シュミット氏の白堊紀化石論其他一二の書あるのみなり。

先づ邦領カラフトの地勢上の區分を見るに、ポロナイ川とタコイ川及びススヤ川とを以て、中央を南北に走りたる凹地帶を作り、之を以て東西の兩山地帶を分ちたり。又離島の著しき物は海馬島

にして、火山岩と第三紀層にて成り、北海道のリシリ島及び其他の火山を連結せる線上にあり。

カラフト島の西部の山地は、中央凹地帯の西側にして、白堊紀と第三紀最も廣く現はれ、火山岩等も稍發達せる所あり。又た凹地帯の東には古生層及び結晶片岩が廣大なる面積を有し、之に亞ぎて第三紀の地あるも、白堊紀は其區城頗る小なりとす。又東部にも諸所に火山岩の露出あり。

然れども古火成岩は一般にカラフトにて大なる面積を有する所なし。

カラフトに現はれたる岩石は大略北海道に於る者と同じく、又た石炭層及び諸岩層の走向及び大川の流向に南北の者多きは奇なる現象なるも、カラフトの中央凹地帯と北海道の凹地帯とは全く別物にして、地質上に此二大島の連絡を論ずるは容易なる事に非ず。

カラフトの最古の地層は結晶片岩（本邦古生層の三株系等に類似せり）にして、秩父古生層に善く似たる北海道の古生層は又たカラフトに現はれ、其結晶片岩に對して境界の明瞭ならざるは注意すべき事實とす。

結晶片岩地方にはカスリ岩あり、古生層には輝緑岩等の噴出多く、又た花崗岩の接觸變質も所々に之を見るべし。

白堊紀層は第三紀層と同樣の岩質を示し、且つ北海道の上部アンモン介層に於ると同樣の化石を有せり。第三紀には種々の化石にて代表せられたる層ありて、特に其植物層は厚き石炭と相接せり、（石炭は北海道の石炭の産狀と性質とに善く似たる點あり）。然れども諸層新古の關係は未だ充分に明かならず、又たロシア領には第三紀地方に石油あり。

第四紀層にはポロナイ川筋にツンドラの厚き泥炭ありて初來の人の目を驚かすのみならず、諸所の河礫中に砂金を有するは注意すべし。又たソロビヨフカの介塚には面白き舊土人の土俗品を含

めり。然れども北海道に於ける浮石の厚層はカラフトに無し。

　火山岩はカラフトには所々にあり。其西岸に於ては較大なる面積を有する所ありて、其特に廣きウショロ地方のイチャラ等は火山なるが如し。

　カラフトの地勢を考ふるに、明治三十九年官版の第一カラフト移住案内の地圖は、新しき地圖の内にて地名の最も正しき者とす。之に先ちて松浦武四郎のカラフト大地圖（版本無し）は、アイヌ語の地名を參照するに最重要なる者とす。又た海岸線に關しては水路部の海圖（二枚物）は割合に真に近き者と認む。

　中央凹地帯（北海道の凹地帯に連絡せず）には、其北部なる屈曲甚しきポロナイの川筋にロシア人の謂ゆるツンドラの地ありて、其地は盛夏にも表面より四尺以下は凍り居りて種々の奇なる狀態を見るべし。

　又た其續きを追へば南にはテルペニヤ灣あり、更に南に趣きてタコイ、ススヤの兩川の平地を過ぎ、アニワの灣に入るべし。殖民適地は主として此凹地帯の南部にあり。又た凹地帯には斷層性の成因を明かにしたる構造を見ざるもポロナイ川の岸に、火山岩の大崖あるは少しく注意すべき者なり。

　凹地帯の東側には古き地層の地廣くして、山頂に剥み甚しく、特にドブキ以南には海岸に嶮峻なる岩石の突起せる所多し。

　又たカタオカ半島の一部（謂ゆる「船越し」在る所）と、遙か南方に遠りたるトンナイチャ、チベサニ間の地には、湖水多くして陷落地の狀態を示せり、此チベサニ、トンナイチャ等の湖水は決して尋常の湖には非ず。

　西側には分水嶺稍西に偏し、其地の最高部には四千尺位の山もありて、東部の嶮峻なる山頂よりも高し。

　海底の形は和田維三氏のカラフト島水産報告（官版）に因りて大要を見るべく、更に海岸の狀態を見るときは、東南端を爲せるシ

レトコの岬は花崗岩の嶮壁にして<u>ススヤ</u>山地の東岸には結晶片岩の嶮岸あり。又は所々に火山岩の廣く露れたる海岸は絶壁多し。

<u>テルペニヤ</u>灣の<u>カタオカ</u>半島の如きは、其全體の陸地は段階の平面にして、机の如く延長せるを望むべし。又た段階岸の地方には多く海中の棚ありて、其上に岩石所々に突起して水面上に露れたるを見るべし。又た棚の中に深き溝を穿ちて一見して陸上の谷の積きの如き地勢なるは<u>マウカ</u>及び其南と北との所々に會すべし。

海岸に砂地の大なるものあるは<u>ポロナイ</u>河口、<u>ナイブチ</u>川口、<u>ススヤ</u>川口の外には、<u>マウカ</u>の北に於ける<u>ノトロ</u>の低地にして、特に<u>ドブキ</u>地方の砂丘に<u>ハヒマツ</u>の群生する所あるは一種の奇観とす。

又た沙岸の潟の大なるは<u>ライチシカ</u>を以て最とす。

更に内地經歴の景况に就き記せば次の如き事實あり。

内地は凹地帶上の主なる交通路と、他の一二の横過線路の外には殆ど全く道路無く、群飛する蚊の實は日中には絶へ間無く、又た毒蛇もありて不快少しとせず。又た草木到處に繁茂し、加るに倒木の多き事は北海道よりも一層甚しく、山火事の屢ある事及び其延燒の大なる事も亦北海道に過ぎたり。此等は實に道路無き所の經歴を困難ならしむる者なれども、山間にして獵夫も容易に近づかざる所には、熊の通路自然に一人立ち往來の如くに成りて、探檢者に便利なるも恐熊病者の心を寒からしむ。

夏日の暑は凹地帶の内部海より遠き所を除けば、其勢甚しく猛烈ならず。此等の低地以外には、蚊群も日暮れ後に長く其實を積け得ざるなり。然れども雪の早く來る事、其融け方の遲き事、海の凍る事なども探檢者には不便多し。

然るに地勢は概して緩なるを以て、山間に著るしき濕の懸る所、大なる絶壁の經歴を妨ぐる所など割合に少きは喜ぶべく、又た海岸には嶮所少くして邦領は大部歩行して沿岸を調査經歴し得る

事は之と相伴ふて<u>カラフト</u>の大長所とす。(然れども沿岸に小舟を
遣るべき利釜は<u>ウネリ</u>常に存する東岸<u>カタオカ</u>岬以北には其望甚
少しとす。)

　地勢の緩なるに準じ高く秀でたる山點少きは<u>カラフト</u>の特徴
にして、邦領中最高點の一なる五十度西部なる<u>アイミヤマ</u>の邊の如
きも四千尺に及ばず。又た地勢に因りて地質の境界を見ることも
頗る困難なり。

　離島の著るしきは唯<u>カイバトー</u>(海馬島)あるのみ。　此島は第
三紀層と火山岩とにて成り、火山脈上に立つも格別に火口様の地勢
を見ず。　又<u>カイヒャートー</u>(海豹島)は<u>カタオカ</u>岬の半島の陸地の
一部離れたる者なり。

　有用鑛物には、<u>ロシア</u>領内に現に坑業する石炭坑あり。又た未
だ開坑せざる石油地あり、邦領には<u>セルトナイ</u>地方、<u>ナイブチ</u>地方、
西岸<u>マウカ</u>の南、其他に石炭の厚層あり、砂金は境界線東部、<u>ススヤ</u>
山地其他に在り、大なる石灰岩層は<u>シレトコ</u>岬の附近なる搬出便利
の地にあり。

　學術上興味ある結品鑛物には、西岸五十度地方の沸石類、第三
紀地方所々の<u>ゲンノーイシ</u>其他あり。

　本編附する所の地質圖は川崎氏の版圖と殆ど同様なれども、後
に改變を加へたる所あり、最も著るしき差は、<u>トンナイチャ</u>邊の湖
水地方を、其低き山地の地質に因りて、大抵第三紀となしたるにあ
り。

(明治四十年十二月記す)

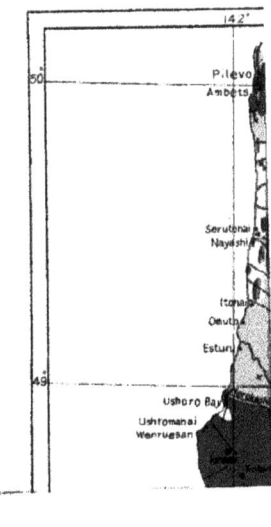

:ty,

the

ich

in

of

, c,

ng

ıas

by

:re

of

lso

ıat

x-

on

ɔr,

lo,

ɛd

'st

:h

ıe

chashı proper would appear to have been forts inclosed by means of a fence or

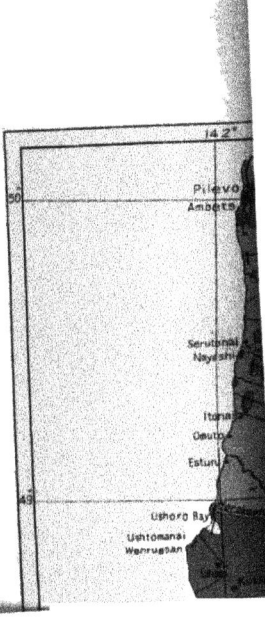

コロボックル即エゾの竪穴住民

ジ ョ ン バ チ ェ ラ ー

THE KOROPOK-GURU OR PIT-
DWELLERS OF YEZO.

By the Rev. John Batchelor.

On pages 73-79 inclusive of Part I, Vol. I. of the Transactions of this Society, there will be found a very interesting and valuable brochure on the *Chashi* of the Ainu by Mr. T. Kōno. In this brochure Mr. Kōno speaks of these *Chashi*, which he describes as " fortresses," the word itself meaning " an inclosure " or " fence," in connection with the pits of the so-called *Koropok-guru* or ancient inhabitants of Yezo. These people are said by some to have been a race of dwarfs (*Ko-bito*, i. e. " little people "), and to have inhabited this part of the Japanese Empire both long before and also together with the ancestors of the present Ainu. Mr. Kōno has very clearly and satisfactorily proved both by a reference to ancient traditions, by Japanese history, and also by personal archeological research, that the Ainu were in olden times themselves pit-dwellers, and that the stories concerning a race of dwarfs as having formerly resided here are entirely lacking in proof. He has also demonstrated that the Ainu once used stone implements and made pottery. That Mr. Kōno's conclusions are correct is proven also in other ways. Thus, for example, by Ainu traditions as told by themselves as they sit round the fires upon the hearth in their huts of an evening ; by their language ; and by ostiology ; for, careful searching shows an entire lack of dwarf remains anywhere in Hokkaido, while geographical nomenclature comes in as a secondary or correlative proof.

In speaking of Ainu defences it is of interest to remark that the language used by this people seems to show that they formerly made two kinds of forts. The first and most important were the *chashi* spoken of by Mr. Kōno, and the second which went by the name of *kot* or *kut*. According to the derivation of these words the *chashi* proper would appear to have been forts inclosed by means of a fence or

[Trans. Sap. Nat. Hist. Soc. Vol. II. 1907.]

embankment, and the *kot* smaller places with dykes or ditches dug round them. *Kut* may mean a "belt" or "girdle." *Kot* itself has various shades of meaning such as "dyke," "ditch," "little valley;" then a "grave," and a "house site." The word is found to enter into many place names such as for example, Kotoni, "the place where there is a dyke," Shumunkot, "the place where there is the southern dyke;" Kutchan or Kotchan, "the locality where there are many dykes" or "the place of belts" or "girdles."

Without, however, entering more fully at the present time into the matter of the *chashi* and *kot* of the Ainu it is the purpose of this paper to deal more particularly with the so-called *Koropok-guru* or Pit-dwellers of Yezo. A great deal has been written from time about these people and the pits which are still found to exist, not only on the Island of Yezo and about the Chishima group, but also in hundreds of places throughout the Japanese Empire. Among foreigners, for instance, we remember the names of such men as Captain BLAKISTON, Prof. CHAMBERLAIN, Prof. MILNE, Captain SNOW, and Dr. MUNRO; while among Japanese writers we will mention only Mr. NAGATA HOSEI, Dr. JIMBO, Prof. TSUBOI, and Prof. TORII. For the latest, most thorough, and fullest treatment of the subject I would point to Primitive Culture in Japan, by Dr. MUNRO, in vol. 34. Part 2, The Transactions of the Asiatic Society of Japan, 1906. But of these authors the present writer does not now propose to treat any further than in so far as they touch upon Hokkaido.

That the early inhabitants of this part of the Empire really lived in pits is too well known to need further proof. The pits are here in evidence and may be seen at various places at any time. Sometimes they are found to have been dug in level places while at others they will be seen to have been scooped out of the side of a cliff or in a bank. There is, however, no evidence to show that the people ever lived in caves. In Yezo these remains are most often to be found, in so far as has yet been observed, near the sea, and not far from the banks of rivers. And, not only have they been hitherto frequently met with, but they are still being discovered in unlooked for places while the land is being newly cleared and opened up for farming purposes, as for example near Shikerebe and Penakori in Saru. It should also be remarked in passing that the pits are naturally disappearing as the country gradually becomes populated and brought under cultivation, as for example in and about Kushiro, where, it may be observed, hundreds of such pits might be seen thirty years ago and many stone implements and pieces of pottery picked up.

Koropok-guru is the name now given to the people who made these pits and manufactured these stone implements and used this pottery. With regard to them essays have lately appeared in the Jiji Shimpo dated Feb. 21-23, and 26 of this year (1907) by Mr. SASAKI YASUGORO ; essays which would have proved to be of greater value had they been written in a more temperate manner, and serious, courteous strain. In the Jin-sei, pp 1-8 of vol. 3, part I. Jan. 21 : and in vol. 3. part 2, pp 57-66, Feb. 21, will be found a resumè of an interesting paper on " The Ancient Inhabitants of Japan " by Dr. NAGAI, read in Germany.

In all these writings one cannot but be struck with the amount of time and labour which has been spent in attempting to demonstrate that these Pit-dwellers were called *Koropok-guru* because they are said to have lived beneath the Petasites plant, *Koropok* being erroneously supposed to mean " beneath the Petasites."

On first coming into contact with the Ainu, now more than thirty years ago, I was told of a race of people said to have lived in Yezo many years before the Ainu,-a race of people whom the Ainu found living in pits and whom they in time extirminated. Those who told me of these folk said they were so called because they were dwarfs who were so small that they could with ease walk beneath the Petasites plants or take shelter beneath them when it rained. They told me that *Koro* was short for *Korokoni* which means Petasites ; that *pok* meant " beneath " ; and that *guru* stood for " persons." Being at that time altogether ignorant of the Ainu tongue I accepted the name and derivation without question and gave publicity to it in my writings both in English and Japanese. But a further acquaintance with the Ainu themselves and with their native traditions, with the idioms of their language and the derivations of the words they use, have compelled me to see the necessity of reviewing my old beliefs and abandoning the former explanation by making room for another in its place. *Koropok* cannot possibly mean " beneath the Petasites." The derivation of the word will not allow of it. To mean this the name would have to be *Korokoni-pok-un-guru*, or possibly *Korohampok-un-guru*, while as matter of fact it is neither. The real· name is *Koropok-un-guru*, i.e. " Pit-dwellers," and nothing else. The plant Petasites does not appear in the name at all. *Koropok* is merely a variation still in use of *choropok*, which means " under ;" " below." *Un* is a locative particle meaning " residing," and *guru* is the ordinary word for " person " or " people." The very same idiom occurs in such constructions as the following. *Kando-un-Kamui*, " the deities who dwell in heaven " ; *Kim-un-guru*, " people dwelling among the mountains." *Rep-un-guru*, " people who dwell across the sea." *Oya-moshir-un-guru*, " foreigners," i. e. " dwellers in other conntries." Hence it may well be concluded that *Koropok-un-guru* means " people who dwell below," i. e. " pit dwellers."

Quite a new, but very amusing, tradition has appeared upon the scene of late and is doing its duty. By it we are gravely taught that this people were called *Koropok-guru* because they used to thatch their pit-dwellings with the broad blades of the Petasites! It is needless to point out, one would think, that these blades are altogether too succiferous for employment for such purposes. Nor have I ever heard any Ainu hint that they were so used.

There is, however, some doubt expressed in some quarters as to the type of dwellings frequented by the primitive inhabitants of Hokkaiko, the fact being that the huts were of various shapes. In the Kurile Islands there were until quite recently and in Karafto also, pit-dwellings in actual use. Mr. SNOW describes these in the Geographical Journal for 1885. He there says, "The dwellings of these people were constructed by hollowing out a shallow pit, usually in sandy soil, planting posts around it, and, if they could be got, making an inside lining of boards. Poles were laid across the top, forming a flat roof, and more poles laid again at an angle from the edge of the roof, so as to give the sides a sharp slope. The whole was covered with reeds or grass, on which were placed earth and turf. The entrance was closed by a roughly made wooden door, which opened into a small lobby and low narrow passage, with another door opening into the main compartment. Around the sides of this, bunk-like recesses were constructed under the lean-to side walls. Sometimes these dwellings consisted of two or three rooms, each one being separated by a short, low, narrow passage with a door at each end. These larger houses are found more particularly on Shumshir, where the natives were much better off than those of the central Kuriles."

In Karafto such houses were called *Toiche*, while in Yezo the name given them was *Toichisei*; *toi* is the ordinary word for " earth," and *che* or *chisei* is an " abode," a " house " or " dwelling place." Dr. ŌUCHI YŌAN, in his *Tōkai Yawa* or " Evening talks of Eastern Yezo," written in 1860, makes some very interesting statements. YŌAN was a government physician and resided in Yezo for three years. He specially mentions the pits at Kushiro and those surrounding the hill on which the *chashi* or fortified place of the Ainu chief named MENKAUSHI was situated. The hill is yet to be seen as well as many remains of the pits. Although MENKAUSHI lived in the *chashi* he yet told Dr. YŌAN that the pits were supposed to be the dwelling places of dwarfs. But MENKAUSHI himself had never seen these dwarfs and stated that they must have been a very ancient race of people as his great grandfather knew nothing about them. The entire matter concerning them seems to be inference myth. On digging about this place he found pottery and also an iron pot with the handles inside. In the Kita Ezo Zusetsu, written in 1855 by Mr. MAMIYA RINZO, it is said that the mode of building houses in Karafto was the same as that of the Ainu of Hokkaidō. A site was chosen, he tells us, on a hill side and excavated to a depth of three or four feet. Four posts were driven into the ground and the intervening spaces were filled in with the branches of trees, bark, and grass. He says nothing at all about Petasites having been used for this purpose. A ladder was used for entrance and exit.

An old Ainu with whom I was talking some years ago on the subject told me that the pits were only used during the winter months, and also that Yezo is reported to have been much more cold many years ago than it is now. In Karafto these pits were occupied only from September till March about, when the people resided in huts built above ground.

In 1899 Prof. TORII paid a visit to the Kuriles. He here found some remains of pit-dwellings which had been in recent use. The pit-dwellings were called Toiche, "earth houses," and the huts used for summer residence were named *Inunche*. *Inun* really means to stay away from home as when in persuit of one's livelihood, as when fishing or working in a distant garden. In Shumshir also, Lieutenant GUNJI found over 60 pits in one place, over many of which the huts still remained. Yet no dwarfs nor any *Koropok-guru* other than Ainu have ever been seen by any of these witnesses!

The pieces of pottery and the effigies which have been found from time to time about the pits on Southern Chishima, Shumshir, and Poromushir, as well as on Yezo show that the Ainu made pottery. The word for "earthen-ware" is *sei*, which also means "shell." It appears in the word for "house," which is *chisei*. It also occurs in the word *sei-net*, "an earthen body," i..e. "an earthen-ware idol" or "image." The word *net* means "body." *Sei-nima* is an "earthen-ware plate." Ainu earthen-ware has now given place to that made by the Japanese.

The old Ainu word still at times to be heard for the marks left in tattooing carries us back to the time when the Ainu used flint knives. That word is *anchi-piri*, i. e. "flint-wounds." *Piri* means "wound," and *anchi* "coal" and "dark obsidian" (*Tokachi ishi*). The Ainu therefore belong to the stone age of Japan.

It is also of interest to remark that these old Ainu pit-dwellers used paint. *Nore*, to which the Japanese word *nuru* "to paint" is allied, means "paint" and "to paint." The name can still be recognized in the Ainu word for "to flatter." It is *pa-nore*. *Pa* means "mouth," and *nore* "paint;" hence *panore* "mouth-paint," i. e. "to flatter."

There is evidence to show that some imagine the clay figures and stone implements which have been dug up at various places belonged to a pre-Ainu race.

And it is difficult to persuade people that such is not really the case. When Prof. TSUBOI was showing the figures in the University Museum at Tokyo to Prof. STARR of Chicago in 1894, doubts at once entered into the Professor's mind, he tells us, as to the existence of any *Koropok-guru* as distinct from the Ainu. In his little book entitled " The Ainu Groupe," Prof. STARR says on page 86,- " Now, of course, we never believed in any such *Koropok-guru*. We had been impressed by the arguments and we had been greatly interested at Yokohama, in a chart or diagram, which a friend had shown us, in which a reconstruction of the life of this early race of Japan was attempted. We were specially astonished at the detailed information regarding the dress of the Koropok-guru, which the chart seemed to show. Later, in Tokyo, at the University, Prof. TSUBOI showed us some ancient figures of human beings and it was clear that the author of the chart had gained his ideas of dress from these. And in the presence of this instructive chart and the evidence shown me by the learned Prof. my first doubts regarding their history. arose. Surely the shell heeps, the crude pottery, the stone tools, and the old pit-houses were never made by a people who dressed as those represented in these figures. To-day we feel somewhat skeptical with reference to the whole theory of a pre-Ainu race." Such are the words of Prof. STARR, and we cannot but agree with him.

<hr>

摘　要

本會會報第一卷第一號に、アイヌのチャシに就き、河野常吉氏の興味深く有益なる論文あり。蓋しこのチャシてふアイヌ語は、元と「圈」又は「柵」の意なるが、河野氏は「砦」の意義に於けるチャシと、世の所謂コロボックルの竪穴との關係を說き、古代に於てはアイヌの穴居せしことと、曾て一種の矮小人種、即ちコロボックルが蝦夷島に生存せりとの說が、全然根據なきこととを、最も明諒劃切に論證し、又アイヌも往時石器を用ひ、土器を製したることを說明せられたり。氏の考證の其當を得たるは、他の方面、例へばアイヌが莽夜爐邊に於て相語る所の口碑、彼等の言語及び骨相學上より見るも明かなり。今之れを事實に徵するに、北海道何

れの處に於ても、所謂矮小人種の骨骼の未だ發見せられしを聞か
ず。又地名上より考ふるも矮小人種の生存せし證跡を認め難し。

アイヌの使用せし言語により考ふるに、彼等は往時二種の砦
を造りしが如し。 即ち第一は河野氏の說かれたるチャシにして、
こは最も重要なるものなり。 第二種はコツ又はクツと稱せしもの
是れなり。 今此等の稱呼の語源によれば、チャシは柵又は堤にて
圍まれたる砦、コツは周圍に堀を廻らしたる小地區なりしが如し。
蓋しクツは「帶」の意、 コツは「堀」「小谷」「裏穴」「宅地」等種々の意を
有する言葉にして、地名にはこのコツを含めるもの少なからず。
例へば、コトニは「堀のある所」、シュムンコツは「南方に堀ある所」、
クッチャン又はコッチャンは「多くの堀のある地方」、又は「帶の土地」
なるが如き是れなり。

從來所謂コロボックル、及び現時蝦夷及び千島群島の外、日
本本島を通じ幾多の地方に見出さるヽ竪穴につき、意見を公にし
たる人頗る多し。 先づ外邦人の側にては、ブラキストン、チエンバ
レン、ミルン、スノー、ムンロー諸氏に指を屈すべく、日本人の側に
ては永田方正氏、神保博士、坪井博士、鳥井龍藏氏等の名を舉げざ
るべからず。 若し夫れ本問題に關する最近の該博精細なる論文を
舉げんか、亞細亞協會會報第三十四卷第二號(一九〇六年)所載「日
本に於ける原始的文明」と題するムンロー氏の論是れなり。但し余
は今以上諸家の論著に對し、其北海道に關する點以外に於ては、敢
て論評を試みざるべし。

抑も北海道最初の人民が、竪穴に生活せしことは、最早議論
を要せざる所なり。 蓋し竪穴の遺跡の現存は、取りも直さず彼等
の穴居せし證にして、吾人は隨時種々の場所に於て竪穴を見るを
得るなり。 此等の竪穴は時に平地に掘られ、時に傾斜地の一側に
造られ、時には又河堤に設けられしを見る。 然れども、彼等が自
然の洞窟に生棲せし證跡なし。 又今日までの探究によれば、蝦夷

島に於ては、此等の竪穴は最も普通に海に近く、且つ河岸より遠
からざる所に見出さる。而して既往に於て既に數多の竪穴の發見
せられしのみならず、現時土地の開拓の進捗するに從ひ、意外の
所に往々之を發見す。例へば沙流郡シケレベ及びペナコリ附近に
於けるが如き是れなり。然るに又一方に於ては、拓地殖民の漸く
進むに從ひ、自然に竪穴遺跡の消滅する傾向あり。即ち釧路附近
の如き實に其一例にして、同地方に三十年以前には、數百の竪穴
を見るを得、又種々の石器及び土器の破片を探集するを得しが、今
や漸く此等の遺跡遺物を減少せり。

　さてコロボックルとは此等の竪穴を營み、此等の石器を作り、
此等の土器を用ゐたる人民の名なり。本問題については本年二月
二十一日、二十三日及び二十六日の時事新報は、佐々木安五郎氏
の說を揭げ、又本年一月發行の人性第三卷第一號及び二月發行同
誌第三卷第二號には、曇井博士が獨逸にて講演せる「日本古代の人
民」と題する論文の抄錄あり。此等の論文を讀む者はコロボックル
てふ名稱の起れるは、彼等穴居人がふきの下に生棲せしによると
の說を證せんが爲めに、多大の勞力と時間の費されしに驚かざる
もの無からん。然るにコロボクを「ふきの下」の意なりと解せしは
誤謬なりしなり。

　今より三十年前、余の始めてアイヌと接觸するや、アイヌに
先だつて蝦夷島に生棲せし穴居人ありしが、アイヌのために滅亡
に歸したりとの說を聞き、余に告ぐるもの曰く、此の穴居人は身
體極めて矮小にして、　自由にふきの下を步行し、又雨に遇へば
身を其下に潛むるを得たりと。又曰く、コロはコロコニの略にし
て、コロコニは「ふき」、ボクは「下」、グルは「人」の義なりと。余、當時
アイヌか事に暗かりしを以て徹頭徹尾この說を信じ、英文及び日
本文にて物せる余の著書に之れを記載せり。然るに其後余はアイ
ヌを知り、其口碑を究め、其言話に通ずるに及び、余の所信を改め、

從來の解説を放棄せざるべからざるを覺るに至れり。即ち吾人は コロポクを「ふきの下」と解する能はず、蓋し語源之れを許さゞれ ばなり。若し「ふきの下」の意味あらしめんには、コロコニ、ボク、 ウン、グル、又はコロハム、ボク、ウン、グルならざるべからず。然 るに兩者何れにあらずして、コロボク、ウン、グルなり。コロボク ウン、グル (コロボックグル)は取りも直さず「穴居者」にして、他の意 味なし。「ふき」の意味に至りては全然含まれ居らざるなり。 即ち コロボクは「下」を意味するチロボクの轉化にして、こは今日も通 用する言葉なり。次にウンは「住」むの意義を有し、グルは「人」又 は「人民」の意なり。今之れと同式のアイヌ語も舉ぐれば、カンド、ウ ン、カムイは「天に住む神」キム、ウン、グルは「山間に住む人」、レプ、 ウン、グルは「海上に住む人」、オヤ、モシヤ、ウン、グルは「他國の 住民」なるが如き是れなり。さればコロボク、ウン、グルを以て「下 に住む人」、即ち「穴居者」と解釋する亦何の不可あらんや。

　茲に又近頃新奇にして頗る面白き一說現はれたり。其說によ れば、右の穴居人は其穴家をふきの葉もて葺きしが故に、コロボ クグルの名を得たりと。然るに、ふきの葉たる其質軟弱にして、到 底斯かる用途に供し得べくもあらぬは多言を要せざる所、又余は アイヌより、ふきが斯かる目的に用ゐられし事跡の端緒だも聞か ざるなり。

　此海道古代人民の住家が如何なる構造なりしやに就ては、今 猶疑を挿む人なきにあらず。事實を云へば、彼等の住家は種々の 形を有せしなり。若しそれ千島群島に於ては、穴居は近年まで行 はれ、又樺太にても然りしなり。スノー氏は一八八五年の地理學 雜誌 (Geographical Journal) に於て記して曰く、「此等の人民の住家 は通例砂地に淺き穴を掘りて造れるものにして、其周圍に柱を立 て、且つ材料だにあれば、其內側を板張りとし、又穴の頂上には棒 を横たへ平家根となし、更に其緣より斜に中徑に向つて棒を並べ

て急斜面を爲さしめ、斯くして全體を蘆、すげの簾にて包み、其上を更に土又は芝土にて覆ひ、入口には粗末なる木の戸をしつらへ、之れを開けば狭隘なる小室と狭小なる通路あり、更に他の戸によりて主室に通じ、此主室の周圍の傾斜せる家根の下には寝室を設く。此等の家屋は時として二室又は三室より成り、室と室との間には短、狭且つ低き通路を具へ、通路の兩端に戸あり、斯かる大家屋はシュムシリに多し。これ此地方の土人は中央千島土人に比し、遙に富裕なりしによる」と。

　右に述べたるか如き家屋を、樺太にてはトイチェと稱し、蝦夷にてはトイチセイと呼びたりき。トイは卽ち「土」、チェ又チセイは「居所」、「家屋」等の義なり。幕府の雇醫にして三年間蝦夷に滞在せる大内餘庵が一八六〇年に物したる東蝦夷夜話には實に面白き記事あり。餘庵は、特に釧路の酋長メンカウシのチャシの在りし、一小丘の周邊にある堅穴を舉げ、メンカウシの祖先はチャシに住み居りしが、土人は此等の堅穴を指し、矮小人種の住居跡と稱し居れりと語りし由を記す。然れともメンカウシは自から矮小人種を見たるにあらず、矮小人種は其時代古くして、彼れの祖父の時代にも居らざりしと語りきと云ふ。狗餘庵は同地を發掘せしに土器及び鍋釜の頗出てたりとの事なり。この小丘及び堅穴の遺跡は、今猶見るを得べし。間宮林藏の北蝦夷圖說には、樺太土民の「居家の造法は總て蝦夷島に異なることなし」とあり。氏は又樺太土人の冬期に於ける穴家の造法を記して曰く、「山に添ふて地を撰み、土を掘ること凡三四尺許、其内に柱を立て、屋を覆ふに木の皮を以てし、其上に重ぬるに草木の葉枝を以てす、戸口の上に庇を設け、内には入る處は梯子をかけ、其側に竈を作り、竈中より穴を穿ちて家外廊下に掘りぬき、炊烟の屋中に顚するを恩みて此穴より家外に出し去しむ」と。若し夫れ造家上ふきの使用如何については、氏も何事も記する所なし。

　數年前或る老年の<u>アイヌ</u>は余に告ぐるに、穴家の冬期だけ用ゐられしことを以てし、又蝦夷往時の氣候は今日よりも遙に寒冷なりしと稱せられしことを語りき。蓋し樺太にては、豎穴は九月より三月までの間だけ用ゐられ、三月以後は地上の小屋之れに代りしなり。

　一八九九年鳥居龍藏氏は、千島にて近頃まで用ゐられし豎穴の遺跡を實見せられたり。抑も穴家は<u>トイチセ</u>（土屋）と呼ばれ、夏期の住居に用ゐられし小屋は、<u>イヌンチセ</u>と呼ばれしものにして、<u>イヌン</u>は生業、例へば漁業又は遠距離の所にて畑仕事を爲す場合などに、家を離れて他所に滯在するの意なり。

　又郡司大尉も<u>シュモシリ</u>に於て、或る一箇所に六十箇餘の豎穴あるを發見し、而も其上に小屋の猶存せしもの少なからざりと云ふ然れども未だ何人も、<u>アイヌ</u>以外の人種に逢着せし例なし。

　これまで千島並に蝦夷本島にて、發見せられたる土器の破片及び偶像は、<u>アイヌ</u>も曾て土器を造りしを證す。土製物は<u>アイヌ</u>語にて<u>セイ</u>と云ふ。<u>セイ</u>は又「人の軆」の義にも用ゐらる。<u>チセイ</u>（家）の<u>セイ</u>即ちこれなり。<u>セイネット</u>のセイ亦然り。<u>セイネット</u>とは「土製の軆」、即ち「土偶」又は「偶像」の義、又<u>セイニナ</u>は「土製の板」なり。蓋し<u>アイヌ</u>は日本人の製せる陶器を用ゐ得るに至りてより、自ら之れを造らざるに至れるなり。

　老年の<u>アイヌ</u>は今猶往々入墨を<u>アンチピリ</u>と稱す。<u>アンチピリ</u>は「火打石の傷」の義、即ち<u>ピリ</u>は傷、<u>アンチ</u>は「石炭」又は「黑曜石」（十勝石）に外ならざるなり、亦以て彼等が黑曜石製の小刀を用ゐしを察すべし。要するに<u>アイヌ</u>は日本の石器時代に屬する人種なり。

　往古<u>アイヌ</u>も豎穴に住せしとき染料を用ゐたり。即ち彼等の<u>ノレ</u>（日本語<u>ヌル</u>之れに近し）は「染料」、又は「染色する」の義にして、<u>パノレ</u>（詔ふ）の意味是れなり。即ち<u>パ</u>は「口」、<u>ノレ</u>は「染料」、<u>パノレ</u>は「口の染料」、即ち「詔ふ」の意なり。

　實にや或る人々は、これまで所々に於て發見せられし土偶、及び石器を以て、アイヌ以前の人種に屬するものと想像し、余輩其然らざるを辨ずるも、容易に之を肯んぜず。然るに曾て（一八九四年）シカゴ大學敎授スター氏東京帝國大學を訪ひ、坪井博士種々の土偶を氏に示すや、氏は忽ちイアヌ以外に、コロボックルてふ人種が果して生存せしやにつき疑を起したり。氏は「アイヌ族」と題する小著に記して曰く、「吾人は勿論亦だ曾てコロボックルの現存せしを信ぜしことなし。最初吾人は大にコロボックル說に感動し又横濱にて日本古代人民（コロボックル）の服裝圖を見て多大の興味を感じ、殊に該服裝の徵細の點まて圖說せられたるに驚きしが、其後東京大學にて或る偶像を見るに及び、前の服裝圖が之れに基つきて描き做されたるを知りにき。而も吾人は此趣味ある服裝圖を見、博學なる坪井博士の說明あるに拘らず、猶且右偶像の由來につき、余は先つ疑を起せしなり。思ふに貝塚や、粗雜なる土器や、石器や、竪穴は、決して上記の圖に示せるが如き服裝を爲せし人民の造りしものにあらざるべし。要するに、吾人はコロボックル說については疑なき能はず」と。これ實にスター敎授の言、余輩之れに同意せざらんとするも能はざるなり。　（髙橋生譯）

非 コ ロ ボ ッ ク ル 論

河 野 常 吉

ANTI KOROPOKGURU THEORY.

BY

T. KŌNO.

コ ロ ボ ッ ク ル 説 の 由 來

北海道本島並に國後、擇捉に於けるアイヌ(以下單に本島アイヌと稱す)間に、一の奇怪なる傳説あり。其語る所、人によりて多少の相違ありと雖も、其大要は略ほ一致せり。曰く古昔此地に、コロボックルと云ふ矮小なる人種あり、竪穴に住せるを以て又トイチセクルと稱す。其他トンチンカモイ等數種の稱あり。其性敏捷にして、アイヌと交易せしが、常に身體を見ることを嫌へり(稀に裸體なりしと云ふ者あり)。或る時、アイヌが暴力を以て、コロボックルの一女子を捕へ、家に引入れ見しに、其口の周圍と手とに入墨あり。是よりコロボックルは、他に行きて復た其蹤跡を知らず。今日處々に存する所の竪穴、土器、石器はコロボックルの使用せしものにして、アイヌの入墨も亦コロボックルの入墨に模倣せしものなりと。樺太アイヌの語る所、亦略ほ之に似たり。而して北千島アイヌには、絶えて斯くの如き傳説なし。

明治四十年發行理學博士坪井正五郎氏の人類學雜誌に曰く「アイヌの口碑によりますれば、日本内地から、北海道に移つた時に人が住んて居た、彼等はアイヌや内地人と違ひ竪穴をこしらへて、路の架拱な屋根とし

て居た」と。此記事誤れり、予の調査によれば、アイヌ中には、彼等か日本内
地から、北海道に移りしとの口碑を傳ふるもの極めて稀にして、殆んどな
し、と云ふも可なり。彼等の多くは、古來北海道の地に住居せりと思ひ居
れり。又話の薬の下に何人も居りしとか、何人も立つたとか、語る者多し
と雖も、話の薬杯を屋根として居りしと云ふ者稀なり。博士の記述とし
ては粗漏を免れず。

　此傳説は、北海道に關する舊記中にも、間々見えたり。然れ
とも何人も此傳説には、甚た重きを置かさりしのみならす、東夷
周覧、東蝦夷日誌の如きは、其誤謬なることを拼したり。斯くの
如き有様にて、此傳説は久しき間、價値なかりしか、今を距るこ
と約三十年前、ミルン氏に信用せられ、記述せられしより、稍々
世人の注意を惹き、蒋て今を距ること二十餘年前、今の理學博士
坪井正五郎氏、又之を信して其説を流布せしより、大なる勢力を
以て世に廣まりたり。但し其前後に於て、上の兩氏の外、コロボッ
クルの存在せしことに關し、説をなしたる者なきにあらすと雖も、
比較的重要なるものにあらす。

　坪井博士は明治二十年、「コロボックル北海道に住みしなるべ
し」と説き、又「コロボックル内地に住みしなるべし」と論し、翌二十一
年夏、帝國大學より派遣せられ北海道に來り、約二箇月間、巡回調
査したり、其間十九箇處に於ける、十九人のアイヌが、コロボックル
に關し語る所、大要一致せるを以て、益々之を信し、爾後大に其
説を流布し、而してアイヌは全く竪穴に住せしことなく、貝塚土
器(以下單に土器と書す)、石器を製造使用せしことなしと斷定せり。
然かも樺太アイヌか竪穴に住し、北千島アイヌが竪穴に住し、土器
石器を使用せし事實は、之を否認すること能はさるを以て、此等
の人民と、本島アイヌとは、全くの同種とは思はれすと拼解し、一
方には又コロボックルと、北方のエスキモーとの間に、親密なる關
係あること疑なしと為せり。而して博士は大學の講演に、種々の
著述に、處々の演説に之を陳へたれは、其説の珍奇なると、博士

の人類學專門の名望とにより、忽ち人の注意を惹き、一般に流布
するに至りたり。

世間普通の人は、坪井博士のコロボックル説に醉ひたるも、意
を用ひて研究せる人の中には、之に反對するもの亦少なからざり
き。殊に醫學博士小金井良精氏は、坪井博士と同時に、北海道を
巡回調査せられしか、其見る所は全く坪井博士と反對にして、本
島のアイヌは、豎穴に住し、土器石器を使用したることありと論
せり。然れとも此等反對涙の諸氏は、坪井博士の如く、人類學上
好位置を占めさるを以て、比較的其説を廣ひるの便宜を有せす、其
間に坪井博士は、其養成せる所の人々と共に、自説を流布し、結
局筆と口との數に於て、反對者を凌駕し、勢力を占ひるに至れり。
近時コロボックル説は、學者間に於ては衰運に傾けるも、然かも多
年唱道の結果、世間多數人の腦裡に記憶され居れり。

予の駁論を試むる理由

予は人類學者にあらず、唯博渉を好む癖ありて、傍ら人類學
の一斑を窺へるのみ。而して北海道に於ける人類學的研究に就き
ては、其初唯坪井博士の著述を見て、漠然コロボックル説を信した
りしか、明治二十七年夏、北海道に來り、間もなく各地を跋渉し、
地理並に殖民狀況等調査の際、餘暇を利用して、遺跡遺物等を調
査し、忽ちコロボックル説に就きて疑を懷き、尊て其説の誤謬を認
めたり。是れ獨り予のみにあらず、北海道に在りて、人類學に志
せる諸氏の多くは、予と同一の徑路を取りて、非コロボックル論者
となりしなり。蓋し實地調査の結果は、アイヌか豎穴に住し、土
器石器を製造使用したること、漸次明白となり、復た奇怪なる傳
説を容るるの餘地なきを以てなり。

斯くの如く研究したる予輩の非コロボックル説は、何故か一種
の人類學者の嫌忌する所となりしものの如く、明治三十二年札幌

人類學會より、東京人類學會に報告したる記事中、札幌史學會に
て「坪井氏のコロボックル説を駁す」と云ふ演説ありしことを載せし
に、東京人類學會雜誌には、此一條を削りて、其他を原文の儘揭載
したることあり、予輩をして竊に其人の度量を疑はしめたりき。
明治三十六年予は上京の機會を以て、東京人類學會の月次會に臨
み、チャシ即ち蝦夷の砦に關する演説をなし、且つコロボックル説の
誤謬を、簡略に陳へたるに、坪井博士は、追て著述を見たる上、批
評を加んと申されたり。依て予は明治三十九年、札幌博物學會會報
第一卷に、予の研究せる所を載せ、且つ別に二百部を印刷して、人
類學に志ある諸氏に配布せしに、予の説に對して辱くも稱贊の辭
を賜はりたる者あるも、未た其誤謬あることを指摘せられたる者
あらす、而して坪井博士は前約に背きて、一言の批評をも賜はらさ
りき。平常反對論と云へは、直ちに反駁して蹂躙せさる博士が、獨
り予の説に對して沈默を守らるるは何故そ、恐らくは反駁の材料
を有せざるに由るならん。而かも同博士の誤謬なるコロボックル説
か、今尚ほ世に流布するを見ては、斯學の爲め予は沈默を守るこ
と能はす。是れ予か玆に聊か卑見を述へ、以て公平なる批評を江
湖の諸彦に、仰かんと欲する所以なり。

　　且つ夫れ議論は、始終同し考案により、同し事を繰返すを嫌
ふ。近年コロボックル説＝對＝非コロボックル説を視るに、耳新しき
材料甚た乏しきか爲め、聞く人をして倦厭せしむる傾あり、之か
爲めに研究上一頓挫を來たせる感なきにあらす。而して一方には
北海道に於ける遺跡、遺物並にアイヌ語に就きては不十分なから、
漸次研究を進めつつあるに、其地僻遠に在るが爲めに未た世に知
られす。されは此等の新研究を發表し、耳新しき材料を供給する
ことの、必要なるは勿論にして、其供給の任は予輩北海道に在る
ものの負ふへき所なるを信す。是れ亦予か玆に此拙文を草する一
理由なり。從て予は成るへく、先輩諸氏か既に述へられたる所を、

縷々反覆せす。主もに耳新しからんと思ふ事實によりて、逃よる
所あらんと欲す。請ふ讀者、此拙文を以て予の非コロボックル論の
全部と見做さす、此拙文と共に小金井博士、ジョン、バチェラー氏、其
他非コロボックル論者の既に說かれし所を參照せられんことを。

本島アイヌは豎穴に住せり

北海道本島並に國後、擇捉に存する豎穴の、甚た古きものにあ
らさることは、多くの人の認むる所なり。坪井博士も亦同しく之
を認め、東京人類學會報告第十二號に肥して曰く、

北海道の諸地方より出る土器石器の中には、內地の物と違って極て
新しく見ゆるか有りますし、宮部金吾氏に從へは、彼地の貝塚から、菱の實
や、鹽の木杯の出たことがあります、又豎穴は堀り易いものであるに、現に
角し、形の存して居るものの多い等の事實によれば、是等の遺跡は、何れも
甚だ古いものと思はれません。

蓐て坪井博士は、コロボックルは本州より九州にも、住居せる
ものとなし、其最も繁昌したる時代は、凡そ三千年以前なるへし
と云ひ、其遺跡遺物か本州のものより、北海道のものの方新らし
きにより、コロボックルは南より北に行きしものなるへしと云はれ
たり。

予蓋も亦豎穴に就き調査せるに、其造り初めの年代は之を知
ること能はすと雖も、其使用の終りの年代は存外近きにありしこ
とを知るを得たり。明治二十九年秋、予は北見國常呂郡常呂村常
呂原野區畫地内に數多の豎穴あるを見て、偶々同處に會合せし北海
道廳屬井口丸一郎氏(後御料局に轉勤)と共に、其一個を掘りて、土器
片及ひ燒石等を得しか、翌三十年井口氏は再ひ同處に至り又一個
を掘りて、其內より石製烟管及ひ石製紡錘車を得たり。此貴重なる
採集品は、其後大野延太郎氏か、本道巡回の際寫し取られたれは、盖
し帝國大學人類學室に保存せられあるならんと信す。扨て此石烟
管の豎穴より出たる事實は、其使用者か豎穴に住せしことを、推定せ

しむる一材料にして、石烟管使用の主人公か、アイヌたることは、後章石器に就きて論する所により明了なり。而して烟章の始めて日本に入りたるは、天文以後の事にして、其後漸次諸方に廣まり、慶長十年(西暦1605年)には、奥州地方まて流布するに至りたりと云へは、其蝦夷地に流布せし年代は、古くも今を距る三百年前後と想像するを得へし、尤も之に就きては、又烟草か大陸より、樺太アイヌに傳はり、更に本島に入りたりと云ふ人あるやも知らされとも、當時の事情此事なきは、地理歴史を知る人の首肯する所なるへし。而して石烟管の竪穴より出てたることは、アイヌか竪穴に住したる一證たると共に、又其穴を使用したる年代を推察せしむるに足るものなり。

　島居龍藏氏は明治三十二年探捉島モロロップ、紗那附近、及ひ色丹島に於て、竪穴を掘りしに、穴中より現今北海道アイヌか使用し居るものと同形なる、樺皮製の籃様の物の破片を得たるにより、其穴の餘り古きものにあらさるを推測し、其石器時代の竪穴住居者の、餘り遠地に住き居らさるへきを言はれたり(東京人類學會雜誌第二百九號參照)。其他北海道本島の竪穴より、現今アイヌの使用する植物性の物、並に鐡器等の間々出てたることあれは、是れ亦本島アイヌか、餘り古からさる時代まて、竪穴に住したる事を、推定しせむるに足るものなり。

　天野信景著述の鹽尻と云ふ書に、吉十郎外八人の舟子か、伊豆附近にて難風に逢ひ、蝦夷地に漂流し、穴居人の爲めに救助せられたる、漂流船害上の寫を載せたり。之を摘錄すれは、

(前略)五月二十日島の様なる所,相見え申候に付,カを得,得馬船を下し,上り可申と存候得共,大分の荒礒にて舟にては上り申事中々難叶候故,十町許沖より各泳き上り申候得は,人家も見え不申,山深く相見え候故,如何可仕と存居候處,七尺許の者一人參り,何とやらん申候得共,一圓通し不申候故,此方より助くれ候樣にと相顗候得とも,惣も通し不申候に付,手を合せ禮を致し候得は,彼者も手を合せ禮を致し候て,取共手を引,山の奧へ連

曇り申候o十四五町許曇り候得ば、穴な照り、上な木の皮などにて、かこひ申候家段々御座候.何れも畳五六畳を敷可申體に相見え申候o內より右の旅の者、段々田合引入申候、五穀の類は一切無御座、ナット七、生鮭、生鱈、猪眼なと煮燒不仕候て、生にてくれ十二三日の程、身命をつなき居申候o近個仕候內見申候得ば、右の者木の弓矢を以て、魚獸を取申候っ此處奥蝦夷トカチと申處の由に御座候。(下略)o

　右は蓋し亨保六年(西曆1716年)の事に係り、其地は今の十勝國廣尾郡の西部に屬するものヽ如し。尙ほ此深流民は、之より送られて今の日高、膽振地方を經て、松前に着し、町奉行髙橋淺右衞門の取扱を受けたるか、杳上には十勝の外、穴居の事を記せず。是に由て之を觀れば、當時アイヌは一般に穴居せさるも、奧地に至りては、尙ほ稀に竪穴に住したるものありしを知るを得へし。

　以上の事實によれば、本島アイヌは奧地に於ては、二三百年前まて、竪穴に住居したるものあること明かなり。坪井博士は竪穴を以て、全くコロボックルの遺跡となし、其人種は北方に逃れ去りたりと云ふと雖も、若し眞に北方に逃れたらんには、多くの年代を經さる今日、其事跡に就き千島列島、若しくは樺太に於て、多少の證據を發見せさる可らす。然るに明治三十二年、鳥居龍藏氏は帝國大學より派遣せられ武藏艦に便乘して、千島を探檢せられたるか、毫も其證跡を得ること能はさりき。予も亦三十三年武藏艦に便乘して、千島を調査したるか、同しく得る所なきのみならず、北千島土人(今の色丹島土人)は、自ら太古より北千島に住したりと言ひ居れり。又露人の始めて北千島に來りし頃は、明に北千島アヌイ住居し、他にコロボックルの如き奇怪なる人種を見さりき。樺太に至りてはアイヌ、オロッコ、ギリヤークの諸人種居住し、又松前藩の記錄によれは文明十七年(西曆1485年)樺太の夷酋、今の渡島國上の國に來り、松前氏の祖武田僭廣に冤硯を獻したることあり、コロボックルの其地に入りたる證據は、毫も之を認むること能はす。されば坪井博士もコロボックルの逃路に就きては、餘程苦盡せしも

のと見え、其近著人類學講話には次の如く漠然記載せり。

　　　コロポックルは、一旦北方に行きよしたが、又南に戻りまして、それから
　何處へいつたかわからぬのであります、疑問は黑潮に關つて、アリウシア
　諸島にいつたか、又樺太の方へいつたかと、云ふことであるのです。

　　　コロポックルが、一旦北方に行き又南に戻りしとは、如何なる
論據ありて、斷定せられたるか、南に戻りしとは何處の邊まて戻
りしか、予輩は北海道に在りて、アイヌの口碑を聞き、又遺物遺
跡等を見たるも、毫も斯くの如き事實を認めず。殊に矮小人か粗
末なる小舟にて、遙か沖の黑潮まて、乘出し、遠きアリウシャン諸
島に至りしかと云ふに至りては、常識ある人の想像し能はさる所
なりとす。坪井博士の此記事の如きは、畢竟剩餘に出てたる、一
排解と見るの外なかるべし。

　　　アイヌ語の研究は、又本島アイヌの竪穴に住せしことを説く
一材料となれり。アイヌ語のコト、又はコツは、堀、穴、窪地等の
意義を有し、而して村を意味するコタンなる語は、コトの在る所と
云ふ義なれは、コタンは即ち穴ある所にして、後に轉して、穴な
き村をも稱するに至りしものならんと説く者あり。又コロポックル
と云ふ語は、從來種々に解釋せられ、殊に多く蕗の葉の下の人と
解し、全くアイヌ人種と異なれる者の如く思惟せられしか、ジョン、
バチェラー氏は、研究の結果、チョロポックルにして、下の人、即ち土
の下に住する穴居人と解し、アイヌか即ちチョロポックルなりと説か
れたり。此等語學上の解釋は正確なりや否や、今尚は斷言し難し
と雖も、亦以て參考に供すへきものなり。

本島アイヌはチャシを使用せり

　　　チャシ即ち砦は、北海道に於て、竪穴に次ける重要なる遺跡な
り。チャシに關する些末の記事は、諸書に散見すと雖も、其詳細に
至りては、未た曾て研究したるものあるを聞かす。坪井博士の如
きも、北海道巡回の後、陸々調査せる所を發表せられたれとも、

チャシに關しては、殆んと語る所なく、唯僅にチャシの名と其館跡た
るとを知りしに止まりしものの如し。想ふに博士か數十日間、巡
行せられたる北海道の道路の附近には、數多のチャシありしも、恐
らくは博士の眼には、其一個も見當らさりしならん。坪井博士の
實地調査か、精確なりしや粗漏なりしやは、此一事を以て之を推
察するに難からす。即ち博士の北海道調査は、實地の研究よりも、
寧ろアイヌの口碑、其他皮相に偏したるの憾あるものと云ふも、不
可なかるへし。

　チャシを稍々詳細に研究したるは、予を以て嚆矢となす。其研
究の大略は、既に本會會報に掲載し、又地學雜誌第二百十二號、第
二百十三號に轉載せられたれは、再ひ茲に贅せすと雖も、要する
にチャシに關しては、アイヌは、或は自己の祖先の造りたるものな
りと云ひ、或はコロポックルの造りたるものなりと云ひ、一定せす
と雖も、研究の結果は、アイヌの使用したるものたること甚だ明
瞭にして、復た毫も疑を容れさるなり。故に予は、坪井博士と雖
も、恐らくは之に反對すること能はさるへきを述べ、尚ほチャシと
密接の關係ある或る竪穴も、亦アイヌの使用したるものなること
を說きたり。而して爾後之に關して、未た異論の出てたるを聞かす。

　茲に注意すへきはチャシと竪穴とは、共にアイヌの使用したる
ものなりと雖も、其使用の年代に、少しく一致せさる點あること是
なり。即ち或るチャシは竪穴と同時に使用せられたるも、或るチャシ
は、竪穴と同時に使用せられさりき。其證は、一方には、チャシの內
部に竪穴を有し、若しくは其近傍に竪穴ありて、兩者の間に密接の
關係あることを示すと共に、他方には、チャシのみ存して竪穴を見
さるものあるによりて之を知るを得へし。而して本島アイヌか全
く竪穴を廢したるは、今を距ること約二百年前後にして、其全く
チャシを廢したるは、今を距ること約百二十年前後とす。即ちチャシ
の廢止は、竪穴の廢止よりも後れたるものにして、從てチャシに關

する口碑は、竪穴に關する口碑よりも、比較的正確なるものあるべきを想像するを得べし。是れアイヌか、竪穴を以てコロボックルに歸するに拘はらす、チャシに就きては、之をコロボックルの遺跡なりと云ふものあると共に、又往々明白に自己の祖先の遺跡なりと言傳ふる者ある所以ならん。

チャシは比較的時代の新しきか爲め、比較的精確なる研究をなすを得たり。而して其研究の結果は、チャシに關係ある、竪穴及ひ石器土器鐵器等を、アイヌに結ひ付くるを得て、コロボックル説を、消滅せしむるに與りて大に力ありき。其委細は予か低著に就て見らるへし。

本島アイヌは石器土器を使用せり

坪井博士は、アイヌは石器土器を製造使用せすとなし、皆な之をコロボックルの遺物なりとなせり。東京人類學會雜誌第三十一號に博士の述へられし所を見れは

> 私か北海道東南部に於て實視した事と、西北部に付き人から聞いた事とを申しますれば、矢の鏃を作る時に用ゐた白杵と、煙草を呑む時に用ゐる火入の他には、アイヌの器物中石の物はこざりません。(中略)。鏃を作る時の道具は平らな石と丸い石とて、自然に好い加減の形に成てゐるのを選んで使ふ丈て、故らに白の形杵の形杯に作るのではこざりません。火入は輕石の様な軟な石を、双刃て割て作るのでこざります。現今のアイヌの石の道具とは、斯んな物でこざりますが、昔は如何でこざりましたらう。經歴地方何れのアイヌに尋れましても、我々の先祖は、石で作た鏃や杯を用ゐたと云ひ傳へる杯とは申しません。(中略)。アイヌが昔土器を作たかと云ふに之も彼等の云ひ傳へにはこざりません。

是れ博士か巡回中、現在のアイヌ等に就き見聞せられたる所なるか、博士は輕卒にも斯かる見聞に基つきて、アイヌは石器土器を製造せすと説かれたり。今博士の擧けさる石具にして、アイヌの使用したること明白なるものを云へは、第一は前に述へたる石畑管にして、アイヌは之をシュマキセルと云へり。安政五年(西暦1858年)松浦竹四郎氏の、東蝦夷日誌に曰く、

レカリマツナト(十勝國十勝川左岸)人家四軒、上陸してしばし過ぎ曠野に出、此處に當午年九十九歳に感しレッツコハ婆と云ふものあるか故、訪ひいろいろ故事を聞しか、文化度風の話柄をもして、則に應て岩烟管(レマキセル)を一本與れて云へるは、我等若き時は皆此キセル、又は木もて作りて呑しか、近頃の土人は、金の烟管て烟草を呑み、米にて醸る酒を呑て、木綿もて縫し衣服を着る、如此に隨て日増に、土人の風俗もなくなりぬと笑ひたり。

同氏の十勝日誌中、古器物の圖解に日く

石烟管、基は今にても山中にては用ゆ。北蝦夷(樺太)の東岸にては胡女共惣て之を用ゆ。

是に由りて之を觀れは、石烟管は、安政年間迄は、間々本島アイヌに使用せられ居りしなり。而して此石烟管か、前に記せし如く、紡錘車と共に、北見國常呂原野の竪穴より出てたるに至りては、實に博士の意外とする所ならん。佝陘同形の土製紡錘車を、明治二十六年北海道廳員髙畑宣一氏か、石狩國樺戸郡新十津川村の、竪穴より發見したることは、東京人類學會雜誌第百三號に記載あり。又髙畑氏は同地の竪穴に於て、數多の土器片、及ひ一個の土製稿筒の口に、鐵屑の附着せるものを探集せられたるか、蓋し此輪筒は、或るアイヌか他處に於て、和人の鍛冶をなすを見習ひ、其方法を知り、竪穴に歸りて後、土を以て輪筒を作り、鍛冶を試みしものなるへし。

アイヌの多くは、其祖先か石器土器を使用せすと言ふと雖も、然らは鐵器を得さる前は、如何なる器具を使用せしかと問へは、唯知らすと答ふるのみ、稀れには石器土器を使用せしならんと言ふものあり。坪井博士も北海道巡回の際、日髙國平取村のヘンリウク、釧路國厚岸町の田村紋助等より、彼等の祖先は石器土器を使用せしなるへしとの事を聞かれたり。之に就き博士は、彼等は比較的開化せるものにして、想像を交へ語るか故に取るに足らすとせられたり。然れとも、アイヌか石器土器を使用せりとの口碑か、全くなかりしと斷言するは輕卒なり。松浦氏の十勝日誌に日く、

リフンライ(十勝川左岸)其上に穴居跡三十餘あり、土人は小人の跡と
云へり、是小人ならず古人の穴居をなすこと、此地のみならず内地にも所
々にて見たり。(中略)。又炎より雷斧石、土器の扶等出るよし、全きは至て
稀なりと。百餘に住昔鐵器の無き時に、此地鍋も土にて作り用ひ、野菜魚
獸等の肉を切に、此雷斧を用ひ、家財を作るには石斧、石鑿等の物あり、人と
眼合叩合嗾する時は、髑髏延、又は石組等言ふ有り云々。

　土人の曰に我等の法として、何一つ人間地(シャモチ)より來らざるとて
事たらぬことなきなり。また山中には煙管も木又岩にて作り用ひしか、
追々演近く予等も住む樣になり、器財も衣服も奢侈に成て、今は我等木結
を避、眞鍮の煙管を持つ樣になれり、依てそれ丈、土人の膂力衰へ、力も損り、
質朴の氣も失けりと。いかにもの樣におもはる。

　此記事に據れば、今を距ること五十年前に於て、十勝アイヌ
の一部分には、石器土器を使用せりとの口碑を存したるものの如
し。蓋し十勝國は漁利少なく、其アイヌは多く海岸を離れたる地
に住居し、和人に接すること少かりしを以て、比較的古風を殘
し、古き言傳を存せしものならん。

　ジョン、バチェラー氏は、アイヌの石器を使用したることを證すへ
き、貴重なる一のアイヌ語を發見せられたり。氏は十勝國に赴き、
一老婆に逢ひたるに、老婆は入墨を指してアンチビリと云へり、ア
ンチは黒曜石、ビリは疵なり、即ちアンチビリは、黒曜石の疵と
いふことにして、アイヌか黒曜石の破片を以て、入墨を施したる
を知るべし。(バチェラー氏の論文參照)。又日高國にシュータ(鍋を作
し處)、及びオタシュー(土鍋を作りし處といふ)といふ地名あるか如
き、土器を作りたる一證として大に玩昧すべき所にあらずや。

　予のチャシ、及ひ竪穴等調査の結果によれば、其內部より石器
土器を出すものあり、石器土器と共に金屬器を出すものあり。石
器土器を出さずして、金屬器を出すものあり。殊に此の事實はチャシ
に於て多く認めたり。而して此事實より察すれば、アイヌは初め
石器土器を使用し、金屬器其他便利なる器物を得るに從ひ、漸次石
器土器を廢し、終に全く石器土器を使用せざるに至りしものなり。

尚此の件に就きては、當學會會報「ナゥシ即ち蝦夷の砦」に記する所
を參照せらるべし。

本島アイヌ樺太アイヌ北千島アイヌは同人種なり

アイヌは竪穴に住したることなし、石器土器を使用したるこ
となしと、斷定したる坪井博士も、樺太アイヌの竪穴住居を否認
すること能はざるを以て、辯解して曰く、

> 樺太アイノと本島アイノとは全く同種とは思はれず、夫れ故、一方の
> 事實を、他の事實に當て嵌めることは出來ない。

博士は唯斯くの如く、漠然簡單に辯解するのみにして、兩ア
イヌ間に如何なる差遠あるやに就きては、毫も陳述する所なし。本
島アイヌと、樺太アイヌとは、骨相、言語、風習其の他大體一致し
て、異人種にあらざることは、從來之に接したる多くの人の皆認
むる所なるに、獨り坪井博士のみ見解を異にするは奇と云ふべし。
尤も兩アイヌ間には小差異あるは勿論なるが、其小差異を以て、異
人種なりと云はば、奥羽、關東、畿甸、九州の各和人も同じく小差異
あれば、皆同種にあらざるべし、豈に斯くの如き理あらんや。博
士の見解の如きは、實に駁論すべき價値なきものとす。本年博士
は樺太に赴き、親しく調査せられたりと聞く、知らす尚ほ執拗に
も前説を維持する勇氣ありや否や。

樺太アイヌは、竪穴に住居したるのみならず、土器をも製造
使用し、又石烟管の如きは開拓使の頃、尚ほ稀に使用するものあ
りたり。其土器製造の事は、間宮林藏氏の北蝦夷圖説、鈴木重尚
氏の唐太日記等に記載し、殊に北蝦夷圖説には、「地夷製造する所
の土鍋ありと云々」と明記せるに拘はらず、坪井博士は、此記事殆
んど要領を得ずと云ひ、從て鳥居龍藏氏の如きも、疑惑して當時
唐太アイヌが製作使用せしや、又は單に口碑に殘り居りしや疑は
しと云はれしが、之れ曲解なり。箱館奉行たりし羽太正養氏の、休

明光記附錄第七卷に、寬政年間樺太に在勤越年せる番人太郎吉、卯
右衞門兩人に尋問したる書留を載せたるが、其內に曰く、

　　鍋は買人持たざるものなく、へな土を以て持へ、素燒にして魚類を煮る

へな土とは埴土のことなり。當時樺太アイヌか、埴土を以て
素燒の土器を作り、之を使用したること、復た一點の疑を容れざ
るなり。

　北千島アイヌは、堅穴に住し、土器石器を使用したること甚
だ明白なれば、坪井博士の最も嫌惡する所なりき。故に博士は常
に北千島土人と云ひて、北千島アイヌと言はず、此人種を以て、殆
んど度外に置かんことを努められたり。而かも常識ある人は、皆
北千島アイヌの、本島アイヌと同種なることを信ずるを如何せん。
鳥居龍藏氏の如きも、實地調查の結果、北千島アイヌの、他のア
イヌと同種なることを認められたり。殊に同氏が、言語上に於て
最も發揮する所ありしは、同氏著述の北千島アイヌなる書により
て明かなり。予も亦千島巡回の際、調查する所あり、札幌人類學
會に於て、其視察談を述べたるか、其內先輩の未た多く述べさる
風俗の部の一節を摘記せん。

　　現時に於ける北千島アイヌの風俗は、昔日に比すれば大に變化せり
と雖も、彼等の口傳へ、閨房への談話によれば、昔時彼等の婦女は、口邊と手
とに入墨をなし、又一般に神事に綢のヌサ(木幣)を用ひ、地名にしヌサヨレ
リ(ナ、ネコタン島の古稱)、エナナウシベ(幌筵島中の地名)と云ふ所あり、又
イクパシュイ(髭箆)をも用ひたり。是れ本島アイヌか現に行ひつつある風習
と同じきものにあらずや。又彼等は當時鍋の有無を裁列するに、熱湯中
の物を拾はせ、或は水を多量に飲ませ、又人の死するときは、其使用せし器
物を澤へて葬りしと云ふ。是れ本島アイヌの古風と同じきものにあら
ずや。其他座摸の禮儀、日常の行動等、多く北海道本地のアイヌと均しか
りしか如き、皆闇アイヌの同種族たるを明にするものなり。尤もスノウ
氏の千島列島誌には、南部の土人に見る如き、影刻したる木柄諸器具なく、
イクパシュイなしと記したれとも、是は同氏が現狀を寫したるものにして、
昔時は矢張影刻も寫し、イクパシュイも使用したるなり。

　言語及ひ風俗に於ては、北千島アイヌは慥に他のアヌイと同

一種族なり。唯身體に就ては今日調査上、大に困難の點あり。何
となれは、北千島アイヌは、昔時カムチャダールの血液を混し、降
て露西亞人の血液を混せせる等、種々の變化を經たればなり。然
かも小金井博士等の調査によれは、現時の骨骼上に於て尙ほ本島
アイヌと、別種族なりと云ふこと能はす。北千島アイヌの、他の
アイヌと同種族なるは、疑なき所なり。

　　坪井博士は、又其近著人類學講話に、次の如く云ひて、北海
道本島と、北千島との緣を切られたり。

　　　北海道の北方、北千島に至りますれば、石器土器かありますが、南千島
　　　及び北海道のものと比較すると、相違が見えます。

　此記事頗る簡易なるも、博士が「相違か見えます」と斷言せられ
しを見れは、兎に角博士は、兩者の間に少なからさる差異あるを
認めたるものなるへし。換言すれは、兩者の間に聯絡を絶つ程の
差異を認めたるにあらさる歟。然れとも是れ亦博士の誤謬なり。抑
も北千島に於ける遺物は、從來比較的多く採集せられす。之を稍
々多く採集したるは、該地に在る報効義會員、巡回したる鳥居龍
藏氏及ひ予等の一行位に過きされは、未た精細に言ふこと能はす
と雖も、北千島の北部なる占守、幌筵の二島より出てたる石器は、
石斧、石鏃、石棒等にして、北海道本島に存するものと異ならす。
又北千島の土器は、厚手の粗慥なるものにして、比較的内部に耳
を有するもの多しと雖も、同し厚手の粗慥なるものは、北海道本
島にも亦數多あり。又内耳土器も、間々本島及ひ南千島に於て發
見せられたり。唯薄手にして紋樣ある土器か、北千島に極めて稀
れにして、本島に多き相違あるも、之を以て坪井博士の如く、漠
然南北に於ける石器土器の緣を絶たんとせらるるか如きは、輕忽
の甚しきものなり。要するに本島及ひ南千島の石器土器と、北千
島の石器土器との間に、連絡を絶たんとするの說は、今日決して
成立すへきものにあらさるなり。

因に云ふ。北千島には比較的多くの骨器ありて、精巧に製造したるもの少なからず、是れ蓋し同地には寄贈多きに因るならん。　北海道本島には比較的骨器少なしと雖も、禮文島、利尻島を含める北見國の西北部の如き、骨錐、骨槍其他種々の骨器を出したるは、既に人の知る所なり。　予は又明治三十一年友人一色廉之助氏(今東京人造肥料會社員)と共に、釧路國釧路町議會所附近の、高臺の一端にありし貝塚(數年の後再び行きしに既に全く切崩して跡を存せず)に於て、僅の時間に骨槍、骨鏃其他骨器約三十個を拾ひたることあり。　其後予は之を他に分類したるも、一色氏は蓋し之を保存し居るならん。　其他二三點の骨器を出したる所は本島處々にあり。　而して本島發見の骨器を以て、北千島の骨器に比較すれば、種類の多きと、精巧の點に於て、本島の方慨して劣るものの如しと雖も、大體に於ては一致する所ありて、兩者の連絡を絶つ程の差異を認むること能はず。

　北海道本島アイヌ、樺太アイヌ、北千島アイヌの三者、既に同種族たり。而して樺太アイヌ、北千島アイヌの二者か、竪穴に住し、石器土器を製造使用したりとすれば、本島アイヌも亦同じく竪穴に住し、石器土器を製造使用せりとの推定は、一層確實の度を增すものなり。唯本島アイヌは、比較的早く此等の使用を廢せるにより、之を使用せりとの證跡も、亦比較的早く消滅せりと云ふへきのみ。

實地調査せる人々は多くコロボックル說を否認す

　コロボックル說は、今日尚ほ世間多數の人に信せられ居ると雖も、其原因は主もに人類學の大家たる坪井博士か、輕卒にアイヌの口碑に重きを置き、之を信して廣く流布したるに由るものにして、信する人の多くは、研究して信したるにあらす、唯漠然聞きて然りと思ひ居るのみ。其實地研究せる人々に至りては、坪井博士と反對にして、博士の主張するコロボックル說の全部、若しくは幾部分に對し、其虚妄なることを言はさるものなし。松浦竹四郎氏は、弘化、安政の頃、遍く北海道の地を巡回し、數多の遺跡を見、又好て遺物を拾集せられ、明治維新前に於ては、此等の調查に關し氏の右に出つるものなかりしか、氏は終に、アイヌを以

て堅穴に住し石器土器を使用したるものと爲し、コロボックルの曾
て住居したることを信せす、所謂小人(コビト)は古人なりと言はれ
たり。ジョン、バチェラー氏は、明治十三年以來北海道に在り、人類學
に志ある外國人中、最も永く北海道に居らるるものなるか、氏は
研究の結果、全然コロボックルを否認し、其盧妄を辯しられつつあ
り。其他畏友關場不二彦氏の如き、故の白野夏雲氏の如き、高畑
重一氏の如き、並に予の如き、永く北海道に在りて研究せる者は、
肯非コロボックル論者なり。而かも其多くは、最初コロボックル說を
信し、研究の後、其誤謬を曉りたるものにして、其論據頗る堅く、
他の漠然聞きて信するものと大に同しからさるものあり。

　　鳥居龍蔵、大野延太郎の二氏は、多年坪井博士に親炙し、コ
ロボックル說を信し居られたりしか、明治三十二年北海道出張後、其
說の幾部分を變更したり。鳥居氏は「北千島以外に內耳土器の種類
は存在する乎」と題し、東京人類學會雜誌に掲けたる論文中に日く、

　　私は此事實からして、アイヌは曾て石器時代の人民であつて、しかも
　土器を製造し、堅穴に住んだと考へる。今日のアイヌの土俗は、一步も二
　步も進んだものであらうと考へるのである。
　　樺太アイヌの土器に關する習傳へは、北千島アイヌの土器に付ての
　口碑と、能く類似して居ます。此類似は决して偶然のものとは考へられ
　ない。要に二者は、人類學上より等しきアイヌである。此點から考へて
　見れば、アイヌは曾て土器を作つて居つたことか明かである。今日北海
　道本島のアイヌには、其口碑がなく、蓋に文化文政の當時に、樺太アイヌに
　傳へられ、又今日北千島アイヌに傳へられてゐるのであらう。北海道と
　ても、よく其考へて調査して見たならば、或は少しく手かかりかあるか、も
　知れぬ。

　　其後鳥居氏は、太陽第九卷第十三號に掲けたる、「坪井、小金井
兩博士の意見を讀む」と題する論文中には、昔時北千島アイヌか、北
海道本島及ひ南千島に居住したるものと假定し、本島アイヌか日
本內地から渡來するに及ひ、遂に追はれて北千島に退きたるもの
となし、以てコロボックル問題を解決せんと試みられたり。即ち氏.

の説はコロボックルに關する奇怪なる部分を一切抹殺して、コロボックルを以てアイヌの一種族なる北千島アイヌと假定するものなり。蓋し氏の實地調査せるは、千島のみなるか、若し一歩を進めて北海道本島を調査せられたらんには、尚は一層緩改して、予漤の非コロボックル説と一致するに至りしならん。

　大野氏は北海道西部を巡回せられたるのみにして、其日數も多からす、鳥居氏程には其説を改められさりしか、而かも歸京の後、發表せられたる所によれは、其堅穴に住し石器土器を使用したる人民は「平常交通稀なりしアイヌの異部落の者なるか、全くアイヌとは別種のものなるか」と疑はれたり。若しアイヌの異部落の者なりとの疑か、的中したらんには、奇怪なるコロボックルの説話は、其た價値なきものとなるに至らん。

　長く北海道に在りて調査せる人々は、全くコロボックル説を否認し、短時日なから來りて北海道の幾部を調査せる人々の多くは、コロボックル説の幾分を否認するに至りたり。殊に坪井博士に親炙せる鳥居、大野の二氏か其説を改めたるか如き、最も注目すべき價あるものとす。是れ實地の研究は、コロボックルに關する傳説を容るる能はさることを示すと共に、坪井博士等か、未開人の口碑に重きを置き、輕々論斷したる誤謬を慥に證明するものにあらすや。

コロボックルはアイヌの小説なり

　本島アイヌか、樺太アイヌ、北千島アイヌと同しく、分て堅穴に住し、石器土器を使用したりしことは、前に説く所によりて明白なり。然かもコロボックルなる人種にして、尚は在りしと云ふ證據あらは是亦成立せさるにあらす。即ちアイヌも堅穴石器土器を使用し、コロボックルも亦同しく堅穴石器土器を使用したりと解すへきも、如何せん、コロボックルの存在に就ては、發束なきアイヌの説話の外、他に羌も證明すへき材料なきを。

　本島アイヌに作り話の多きことは、坪井博士既に之を知れり。而して作り話の多きを知りつつ、其奇怪なるコロボックルの話を信したるは、蓋し各處のアイヌの語る所、大要一致せるに因りてならん。然れとも其話の一致こそ却てコロボックルの作り話たることを證せるを如何せん。若し眞にコロボックルか廣く北海道に居住し、アイヌか之に衝突して追ひ退けたりとせんか、其衝突は必す各地に於て何回もありしなるべく、從て其口碑も亦種々ならさる可からさるに、西は渡島より東は擇捉に至る迄、廣く散在する所のアイヌか、萬口一律、唯單に、Lコロボックルの一女子を捕へ見しより、彼等は去りて見えす7と云ふのみにして、他に衝突に關し毫も傳よる所なし。是れ和人間に於ける猿蟹合戰及ひ桃太郎に關する作り話の、萬口一律、廣く世に流布すると均しきものにあらずや。

　コロボックルの身體の大さに就ては、近時普通のアイヌは、唯アイヌよりも小さき人民なりしと云ふもの少なからずと雖も、アイヌの故老の多くは、甚だ矮小なるが如く云へり。即ち一枚の蕗の葉の下に數多の人が居れりと云へり、其小なること知るべきなり。蓋し甚だ小なるが如く云ふか、此說話の本來なりしを、其餘りに奇怪なるを以て其後說き曲げて、唯比較的小なる人と云ふに至りしものと察せらる。斯くの如き甚だ小なる人は、小說の外にあるべしとは、何人も信する能はざる所なり。

　コロボックルは明らかに身體を見せざりしと云へり。然れども、アイヌが之と接觸し、或は交易をなし、或は戰爭をなしたりとせば、其間何回も彼等を見ざる道理なし。而して其口邊の入墨も、手の入墨も曾て之を見たることなく、最後に一女子を捕へて、始て知るたりと云ふに至りては、奇も亦甚だしと謂はざるべからず。

　コロボックルの小說たることは、從來之を說ける人少なからず。殊に我友關場不二彦氏は、札幌人類學會に於て、Lコロボックルはアイヌの小說なり7と題し、矮小人種に關する小說の往々未開人の間に

存する例等を擧げて論じられたれば、予は茲に頗ねて多言を費や
すの必要なし。唯手近に本邦にもコロボックルの外、他に矮小人種
に關する小說あることを言ひて、參考に供するに止めん。其第一
は朝比奈三郞の島巡りにして、同人が小人國に至りし面白き話な
り。今日は斯の如き作り話を語る人も殆んどなき有樣なるが、三
四十年前迄は隨分世間に流布せし小說にして、予も幼少の頃は曾
て小人島なるものありしことを信じたる時期ありたり。第二は
臺灣の蕃人中に存する口碑にして、予は明治三十六年第五回內國
勸業博覽會を參觀せしに、臺灣館內舊人の寫眞器具等を陳列せる
部に、下の如き解說ありたり。

　　　サルソー古土器、　　ヴォヌム族の口碑に、昔洞水溪上の山中
に、サルソーと云へる軀幹極めて短き異族棲息す、屢々戰て之を
殲滅せり、且其遺跡と云へる土地に古土器を堀ることあり、果
して斯る矮人の臺灣に住したるや、其土器は其遺物なるや、又
はヴォヌム族祖先の遺物なりや知らず。

　　尤も同島蕃人中アミス族、及ひヤミ族は今日と雖も、粘土を
以て土器を造りつつあるか、軀幹極めて短きものにあらす、軀幹
極めて短しと云へは、大にコロボックルに似たる所あり。坪井博士
は旣にコロボックルを以て、北海道より本州、四國、九州迄蔓延し
たるものとなせり。知らず、ヴォヌム族の口碑により、更に進んで
臺灣迄蔓延したりと云ふの勇氣ありや否や。兎に角洞水溪上に、他
の人種か棲息せりや否やは、別問題とするも、其矮小人種に關す
る事は小說たるを免れさるなり。

　　コロボックル說は旣に破壞し了れり。終りに臨み予は切に坪井
博士に向て希望せさるを得さることあり。夫れ本邦には人類學者
多からす、而して人類學の大家は無論坪井博士にして。其說く所
は是非に拘はらす、普通人に信用せられ易く、從て誤謬なるコロ
ボックル說の如きも、主もに博士の主張によりて世に流布したり。然

れとも博士のコロボックル説は、論據甚た乏しく、殊に近著人類學
講話中に載する所の如きは、益々奇怪にして、而かも詳細の説明
なく、其讀者を迷はすこと益々甚しきものあり。是れ予か斯學の
爲に憂慮する所なり。予は今博士に望む。博士にして依然コロボッ
クル説を維持せんとならは、之に就きて一層詳細に、一層明断に
説明を與へらるへし、是れ學者の義務なり、博士の責任なり。否
されは断然其説を變改せらるへし。若し尚ほ全然コロボックル説を
放棄すること能はさるに於ては、責めては先つ鳥居龍藏氏か改め
られし位の程度迄改めらるへし、是れ斯學の爲めなり、世人の爲め
なり。予は學者か如何なる程度迄執拗なるへきものなるや、茲に
之を論する暇なしと雖も、而かも坪井博士のコロボックル説に於け
る執拗には感服すること能はさるものなり。博士の斯學の大家た
るは人皆之を知れは、一コロボックル説を變改せりとて、決して博
士の價値を損することなかるへし。否な其非を改めらるるに於て
却て度量の廣きを示し、益々價値を高むへきなり。

　　　　　　　明治四十年十二月　札幌に於て記す。

　　　　　　　　　　　————————

附　　錄

坪井博士の樺太に於ける人類學的調査の誤謬

　　坪井博士は明治四十年樺太を巡回調査せられ、歸京の後、「樺
太に於ける石器時代人民に關する研究」と題し、史學會に於て講演
せられたる由にて、其大要は載せて明治四十一年一月發刊の、史
學雜誌第十九編第一號にあり。其の記する所によれば、博士は益
々コロボックル説を確信し、益々其説を主張して疑はれざるものの
如し。是れ誠に驚くべく嘆すべきことにあらずや。

　坪井博士か樺太に於ける遺跡の甚た古きものに非ることを設かれたるは可なり。其最も新しき竪穴の如きは現存せる<u>アイヌ</u>の使用したるものなりき。而して博士の謂ふ所の<u>トンチ</u>(<u>コロボックル</u>に同し)の竪穴と、<u>アイヌ</u>の竪穴とに如何なる差異ありやと云ふに、博士か「<u>アイヌ</u>は土鍋を使用せす、之を記録に徴し口碑に問ひ土俗に察するも是等の遺物は<u>アイヌ</u>の祖先の物にあらす」と言はれたるを見れは、蓋し其遺物によりて遺跡を區別せんとする者なるへし。然れとも土鍋を以て<u>アイヌ</u>の使用したるものにあらすとなすは、博士の調査の浸薄なるに因るものなり。若し博士にして先つ**羽太安藝守**の休明光記附録を讀みて、「夷人鍋を持たさるものなく、へな土を以て拵へ云々」とあるを見、次に**間宮林藏**氏の北蝦夷圖説に就きて、「地夷製する所の土鍋あり云々」の記事を見られたらんには、忽ち自己の誤謬を曉らるるならん。樺太<u>アイヌ</u>は慥に竪穴に□□し、石器土器を使用したる人民なり。

　坪井博士は又某<u>アイヌ</u>か、「八代の祖、<u>トンチ</u>と接觸せしことありと云ふを以て、推定年代の傍證となすに足らん」と言はれたる由なるか、一<u>アイヌ</u>か偶々斯く語りしとて、之を信するは愚の至りなり。理學博士**神保小虎**氏は、曾て<u>コロボックル</u>なる語の解釋に關し、**佐藤重紀**氏の質問に答へて、「其穿鑿は或は無效ならん、如何となれは<u>アイヌ</u>の思想は淺薄にして甚た不確實なるか故に、以て證據と爲し難きこと多けれはなり」と云はれたるか、是れ甚た味ふへき言にあらすや。坪井博士か不確實なる、<u>アイヌ</u>の談話に頂きを置くの傾あるは、子の大に遺憾とする所なり。

　坪井博士は又某<u>アイヌ</u>か、「<u>トンチ</u>とは自ら稱する所、其義を知らす」と示たるにより、<u>トンチ</u>は<u>アイヌ</u>語にあらず、<u>コロボックル</u>の自稱なりと、斷定せられたる由なるか、<u>トンチ</u>は北海道本島<u>アイヌ</u>か言ふ所の<u>トンチンカモイ</u>、又は<u>トンチンクル</u>の略言にして、<u>トンチ</u>は<u>トイチ</u>に均しけれは、結局土の家に住するを意味する<u>ア</u>

イヌ語なるへし。即ちアイヌ自らトイチたるものなり。

坪井博士は、「遺物を以て之を推すに本洲より北海道に移れる石器時代人民、即ちトンチはアイヌと爭ひて、北方一は千島に、一は樺太に竄れしなり」と述へられたる由なるか、是れ博士一個の妄想に止まる漠然たる推定なり。想ふに樺太には博士の所謂トイチの遺跡中、今を距ること百年乃至二百年前後のもの少なからさるへき筈なるに、當時に於ける松前の舊記類に據れは、アイヌ語の地名は今日と同しく處々に附せられありて、アイヌの分布區域を示すのみならず、トンチの如き他人種と相爭ひつつありし事實は、毫も之を發見すること能はず。換言すれは、アイヌの祖先か博士の所謂トンチなるものにして、別にアイヌと相爭ひたるトンチあるにあらざりしなり。アイヌ以前に如何なる人民か住したるや否やは、別問題として之を措き、兎に角、博士のトンチに於ける想像は、之を空中に樓閣を畫かくの類と評すへきのみ。

坪井博士のコロボックル說は、樺太の調査によりて一層昧噌を附けたり。其說く所の淺薄にして奇怪なる、半錢の價値なしと雖も、然かも其人類學の大家たる位置は、以て世人を導きて益々迷路に陷らしむるに足らん。是れ予か之を默視すること能はさる所以なり。唯本會々報紙數限あれは姑く筆を玆に擱き、其詳細は更に本會月次會に於て演ふる所あらんと欲す。

　　　　　明治四十一年二月　札幌に於て追記す。

本 邦 産 鳳 蝶 科 に 就 き.

松 村 ˙ 松 年

DIE PAPILIONIDEN JAPANS.

(mit Tafel 1.)

von

Prof. Dr. S. Matsumura.

Trotz in unsern Hauptinseln Japans man nur selten neue Rhopaloceren entdeckt, kommen sie aber dort in Formosa noch ziemlich häufig vor. Auf meinen zweimaligen Reisen nach Formosa, von Herren T. Kawakami, N. Tsuru und I. Nitobe geholfen, sammelte ich zahlreiche Materialien von Tagsfalter; eine ganze Angabe möchte ich erst später irgendwo veröffentlichen, benütze ich mich diese Gelegenheit um die sämtlichen Papilioniden offentlich zu machen. Aus Japan sind mir nur 30 Arten, von denen 10 für Formosa neu sind, bekannt und zwar die folgenden 4 sind überhaupt für die wissenschaftliche Welt neu:

1. **Papilio koannania** n. sp.
2. **Papilio hoppo** n. sp.
3. **Papilio Gotonis** n. sp.
4. **Papilio Asakurae** n. sp.

Die folgenden 6 Arten sind aus Formosa noch nicht bekannt:

1. **Papilio rhetenor** West.
2. **Papilio prexaspes** Feld.
3. **Papilio xuthus** L.
4. **Papilio machaon** L.
5. **Papilio agestor** Gray.
6. **Papilio horatius** Blanch.

Durch die folgende List kennt man die geographische Verbreitung der japanischen Papilioniden:

	Sachalien	Hokkaido	Honshu	Shikok	Kiushiu	Riukiu	Formosa
1. Papilio aeacus Feld.							×
2. P. alcinous Klug.			×	×	×	×	
do. var. plutonius Oberth.							×
3. P. koannania Mats.							×
4. P. philoxenus Gray.							×
5. P. aristolachiae F.							×
6. P. memnon L.			×	×	×	×	×
7. P. protenor Cram.			×		×		×
8. P. rhetenor West.							×
9. P. demetrius Cram.			×	×	×	×	×
10. P. macilentus Jans.		×	×	×	×		
11. P. bianor Cram.	×	×	×	×	×	×	×
12. P. hoppo Mats.							×
13. P. paris L.							×
14. P. helenus L.			×	×	×	×	×
15. P. prexaspes Feld.							×
16. P. Gotonis Mats.							×
17. P. polytes L.					×	×	×
18. P. xuthus L.	×	×	×	×	×		×
19. P. machaon L.	×	×	×	×	×		×
20. P. Asakurae Mats.							×
21. P. cloanthus West.							×
22. P. agamemnon L.							×
23. P. telephus Feld.						×	×
do. var. mikado Leech.					×		
24. P. sarpedon L.		×	×	×	×	×	×
25. P. demoleus L.							×
26. P. clytia L.							×
27. P. agestor Gray.							×
28. P. horatius Blanch.							×
29. Luedorfia Puziloi Ersch.		?	×				
30. Parnassius Stubbendorfii Mén.		×	×				

. Man kennt aus Sachalien nur 3, aus Hokkaido 6, aus Honshu 12, aus Shikok 9, aus Kiushu 12, aus Riukiu 8 und aus Formosa 27 Arten.

Die Gattungen **Luedorfia** und **Parnassius** gehören exclusiv der palaearctischen, während die Gattung **Papilio** sich meistens der orientalen Region anhängt. Die folgenden 10 Arten verbreiten sich bis ferner zu Ost-Indien :

1. **Papilio aeacus** Feld.
2. **P.** **arislolachiae** F.
3. **P.** **memnon** L.
4. **P.** **helenus** L.
5. **P.** **polytes** L.
6. **P.** **cloanthus** West.
7. **P.** **telephus** Feld.
8. **P.** **demoleus** L.
9. · **P.** **clytia** L.
10. **P.** **agestor** Gray.

Da in Daito und in den andern Oestküsten-gebieten von Formosa entomologisch gar nicht ausgesucht sind, und wenn man nur eingehend gesammelt hätte, kommen dort vielleicht noch mehrere neue Arten vor.

Da nun die Wildmenschen dort hie und da noch zu wandern scheinen, um Fremdenköpfe auszusuchen, so ist es sehr gefährlich dort hineinzutreten. Aber wenn die Insel Formosa von den Wildmenschen nicht gewohnt hätten, würden die schönen Urwälder sowie auch die immer grünen Gebirgen wahrscheinlich schon früher her verwüstet worden und entomologisch als ein armes Land, wie die jetzige Ebene von Formosa, geblieben. Wir hoffen jedoch dass die Urbewohner allmählich verschwinden, damit die Entomologen ein lohnendes Untersuchungsfeld sich erfreuen, können.

Fam. PAPILIONIDAE.

Gen. PAPILIO.

Subg. Ornithoptera Boisd.

(Troides Hübn. Pompeoptera Rip.)

1. **Papiliu aeacus** Feld., Wien. Ent. Mon., Vol. 4, p. 225 (1860).
   var. **formosanus** Rothsch., Nov. Zool. Vol. 6, p. 67 (1899).
   Fundort : Formosa (Hoppo, Koshun, Kōtōsho).
   Sonstige-Fundorte : S. Chin., Philipp., Malay, Ind.

· Häufig in Koshun, da sie aber hoch fliegen pflegt, sind sie schwer zu fangen. Sie kommen gern an Blumen.

Trivial-Name: *Kishita-agcha*　きしたあげは.

Subg. Pharmacophagus Haase.

2. **Papilio alcinous** Klug., Neue Schmett. P. 1, Pl. 1, fig. 14 (1836).

Papilio mencius Feld., Wien. Ent. Mon. VI. p. 22 (1862).
Papilio spathatus Butl., Ann. Mag. Nat. H. (5), VII. p. 139 (1881).
Papilio haematostictus Butl. l. c.

Fundort: Japan (Honshu, Shikok, Kiushiu).

Sonstige-Fundorte: Corea, China.

Trivial-Name: *Yamajoro*　やまじやうろう.

　　　　　　Jakō-agcha　じやうあげは.

var. **plutonius** Oberth., Etud. d'Ent. 11. p. 16. Pl. III. fig. 2 (1876).

Fundort: Formosa (Shinsha, Horisha, Hoppo, Arisan).

Trivial-Name: *Taiwan-jako-agcha*　たいわんじやからあげは.

var. **loochoanus** Rothsch., Seitz, Gross-Schmett. der Erde, p. 9. Tab. 1. fig. C. (1907).

Fundort: Japan (Riukiu).

3. **Papilio (Pharmacophagus) koannania** n. sp.

Der Form und der Zeichnung nach der sehr variabelen Art **P. alcinous** ähnlich, beim ♀ aber die Färbung immer schwarz. Sie unterscheidet sich wie folgends:

　　　1. Kopf und Hals ganz kamoasinrot behaart.

　　　2. Abdominalsegmenten am Rücken rötlich gesäumt.

　　　3. Vorderflügel an der Spitze deutlich breiter, an der Region des Hinter-winkels aber deutlich schmäler.

　　4. Hinterflügel oben mit 7 grossen hellrötlichen Flecken, von denen die in den 1ten, 2ten und 4ten Zellen befindlichen sehr gross; am Aussenrande deutlich tiefer ausgerandet; die Schwanze kürzer und an der Basis stärker eingeschnürt.

　　5. Beim ♀ die Vorder- und Hinterflügel dunkel, nur ein wenig heller gefärbt als beim ♂.

　　6. Hinterflügel unten wie bei oben gefleckt, aber mit noch deutlichen, schönen gelb bis röthlichen Flecken, welche an den Umrissen noch tiefer gefärbt sind.

　　　Länge: ♂ ♀ 28mm., Flügel-Exp. 110-112mm.

　　　Fundort: Formosa (Shinsha, Kanshirei (Koannania), gesammelt in 6 Exemplaren vom Autor.

Trivial-Name : *Taiwan-o-jako-ageha* たいわんをほじやからあげは.

4. **Papilio philoxenus** Gray, Zool. Misc. p. 32 (1831).
   Papilio polyenctes Dbl., Zool. Misc. p. 74 (1842).
   Papilio lama Oberth., Etud. d'Ent. II. p. 15, Pl. III. fig. 1 (1876).
   Fundort : Formosa (Hoppo, Tappan, Arisan, Koshun).
   Sonstige-Fundorte : China, Siam, Burmah, Himalaya.
   Trivial-Name : *O-benimon-ageha* おほべにもんあげは.

5. **Papilio aristolachiae** F. Syst. Ent. p. 443 (1775).
   Papilio polidorus Cram., Pap. Exot. II. t. 128, A, B (1779).
   Papilio polydorus Jabl., Nat. Schmett. II. t. 15, f. 3. (1784).
   Papilio diphilus Esp., Ausl. Schmett. t. 40 B fig. 1 (1785-98).
   Papilio adamas Zink., Nov. Act. Nat. Cur. XV. p. 144 (1831).
   Fundort : Formosa (überall häufig).
   Sonstige-Fundorte : China, Philippinen, Siam, Indien.
   Trivial-Name : *Benimon-ageha* べにもんあげは.

6. **Papilio memnon** L., Syst. Nat. ed. X, p. 460 (1758).
   Papilio agenor L., l.c. p. 460 (1758).
   Papilio androgeos Cram., Pap. Exot. I. Pl. XCI. fig. A, B (1776).
   Papilio achates Cram., l.c. II, Pl. 182 (1776).
   Papilio mestor Hübn., Verz. bek. Schmett. p. 89 (1816).
   Papilio Thunbergii Sieb., Hist. Nat. Jap. p. 16 (1824).
   Papilio androgeus Wall., Trans. Ent. Soc. Vol. XXV, p. 47 (1865).
   Papilio Esperi Butl., Trans. Linn. Soc. (Zool.), Vol. I, p. 553 taf. LXVIII, fig. 7 (1877).
   Papilio phoenix Dist., Rhop. Malay. p. 340, Tab. XXVII fig. 7 (1882-86).
   Papilio cilix Dist., Rhop. Malay. p. 340, Tab. XXIX, fig. 4 (1882-86).
   Fundort : Japan (Honshu, Shikok, Kiushiu, Riukiu), Formosa (überall häufig).
   Sonstige-Fundorte : S. China, Philipp., Malay, Ind.
   Trivial-Name : *Nagasaki-ageha* ながさきあげは.

7. **Papilio protenor** Cram., Pap. Exot. I. Pl. XLIX. fig. A, B (1779).
   Fundort : Japan (Hidachi, Tsushima), Formosa (überall häufig).
   Sonstige-Fundort : China.
   Trivial-Name : *Onashi-kuro-ageha* をなしくろあげは.

8. **Papilio rhetenor** West., Arc. Ent. I. p. 59 Pl. XVI, fig. 1 ♂ (1842).
   Papilio icarius West., Orient. Ent. p. 5, Pl. II ♀. (1848).
   Papilio akmenor Feld., Wien. Ent. Mon. VII (1862).
   Fundort : Formosa (Hoppo, Horisha, Tappan, Arisan).
   Sonstige-Fundorte : China, Himalaya.
   Trivial-Name : *Watanabe-ageha* わたなべあげは.

9. **Papilio demetrius** Cram., Pap. Exot. IV. p. 196, Pl. CCCLXXXI, fig.
E. F. (1782).

  Papilio Carpenteri Butl., Ann. Mag. N. H. (5) X, p. 318 (1882).

  Fundort: Japan (Honshu, Shikok, Kiushiu, Riukiu); Formosa (Taihok,
  Horisha, selten).

  Sonstige-Fundorte: China, Corea.

  Trivial-Name: *Kuro-ageha* くろあげは.

10. **Papilio macilentus** Jans., Cist. Ent. II. p. 158 (1877).

  Papilio scaevola Oberth., Etud., d'Ent. IV. p. 37. Pl. VI. fig. 1 (1879).

  Papilio tractipennis Butl. Ann. Mag. N. H. (5) VII, p. 139 (1881).

  Fundort: Japan (überall häufig), nur im Norden selten.

  Sonstige-Fundorte: Corea, China.

  Trivial-Name: *Onaga-ageha* となががあげは.

11. **Papilio bianor** Cram., Pap. Exot. II. Pl. CIII, fig. C (1777).

  Fundort: Japan (Honshu, Shikok, Kiushu, Riukiu), Formosa (Hoppo,
  Horisha, Arisan, Koshun).

  Sonstige-Fundort: China.

  Trivial-Name: *Karasu-ageha* からすあげは.

var. **Maackii** Mén., Butl. Acad. Petr. XVII. p. 212 (1859).

var. **Raddei** Brem., Bull. Acad. Petr. III. p. 462 (1861).

var. **Dehaani** Feld., Verb. Zool.-Bot. Ges. Wien. XIV, pp. 323, 371 (1864).

var. **alliacmon** de l'Orza, Lep. Jap.-p. 9 (1869).

var. **japonica** Butl., Journ. Linn. Soc. (Zool.), IX, p. 50. (1864).

var. **tutanus** Fent., Proc. Zool. Soc. Land. p. 855 (1881).

  Fundort: Japan (Hokkaido, Honshu).

  Sonstige-Fundorte: Corea, Amur, China.

12. **Papilio hoppo** n. sp.

Der Form und der Färbung nach dem *P. krishna* Moor. ähnlich.

♂ Vorderflügel oben schwarz, mit goldengrünen Atomen gesprenkelt, jede
Apical zelle mit einem schmalen sammetartigen schwarzen Querstreif, am Rande
weisslich gesäumt. Hinterflügel an der Vorderhälfte irisierend blau, purpur,
bläulichpurpur oder grünlichblau, je nach der Stellung des Flügels; nahe am
Vorderwinkel mit einem schwarzen Fleck, in der Mitte der 2ten, 3ten, 4ten und
5ten Zellen je mit einem schwarzen Fleck, an dessen Aussenseite, die dritte Zelle
ausgenommen, je mit einem rötlichen Neumondfleck versehen; auf dem Innenwinkel
ein etwas grösser rötlicher Neumondfleck; die Hinterhälfte vorwiegend schwarz,
mit goldgrünen Atomen gesprenkelt. Die Schwanze schwarz, schmal, nahe an der

·Basis eingeschnürt und in der Mitte mit spärlichen grünlichen Atomen gesprenkelt. Unten dunkel, an der Basis mit spärlichen graulichen Atomen gesprenkelt, nahe auf dem Aussenrande mit einer breiten weisslichen Querbinde, welche durch schwarze Nerven und Querstreifen unterbrochen wird. Hinterflügel am Rande mit 7·grossen, rötlichen Ringen, welche je einen andern purpurblauen Ring darin besitzt, auf der Innenseite des 2ten, 3ten, 4ten und 5ten Rings je mit einem rötlichen dreieckigen Ring, welcher oft an der schmalen Spitze ausgemündet ist.

♂ Vorderflügel wie bei ♂, nur nahe am Hinterwinkel mit einem breiten, goldgelblichen Querfleck. Hinterflügel oben mit 7 grossen, rötlichen Ringen, von denen die obersten zwei in die rötlichen Flecken reduziert sind. Hinterflügel unten mit zwei Reihe von grossen rötlichen Ringen, von denen die Innenringen des obersten zwei undeutlich sind.

Länge : ♂ ♀ 27mm., Flügel-Exp. ♂ ♀ 98–104mm.

Fundort : Formosa, gesammelt in 3 Exemplaren von Herrn T. KAWA-KAMI in Arisan und eins von Herrn K. WATANABE zu Hoppo.

Trivial-Name : *Hoppo-ageha* ほゝほあげは·

Diese Art unterscheidet sich gleich von *P. krishna* durch die doppelten Ringsreihen von Hinterflügel, welche sich von *P. rhetenor* West. erinnern lässt.

13. **Papilio paris** L., Syst. Nat. I. 2, p. 745 (1767).

var. **chinensis** Rothsch., Seitz, Gross-Schmett. der Erde p. 11 Tab. 5. fig. 6 (1907).

Fundort : Formosa (Taihok, Hoppo, Horisha, Tainan). ·

Sonstige-Fundort : China.

Trivial-Name : *Aomon-ageha* あをもんあげは·

14. **Papilio helenus** L., Mus. Ulr. p. 185 (1764).

Fundort : Formosa (Horisha, Tappan, Arisan).

Sonstige-Fündorte : China, Philipp., Malay, Ind.

var. **nicconicolens** Butl., Ann. Mag. N. H. (5) VII, p. 139 (1881).

Fundort : Japan (Honshu, Shikok, Kiushu, Riukiu).

Sonstige-Fundorte : China.

Trivial-Name : *Monki-ageha* もんきあげは·

15. **Papilio prexaspes** Feld., Reise Nov. Lep. I. p. 107 (1865).

Fundort : Formosa (Hoppo, Horisha, Arisan, Koshun).

Sonstige-Fundorte : Malacca, Malay.

Trivial-Name : *Taiwan-monki-ageha* · たいわん.もんきあげは·

16. **Papilio Gotonis** n. sp.

♂ Schwarz, mit·goldenen Atomen gesprenkelt. Vorderflügel in der Dis coidalzelle mit 4 von goldenen Atomen bestehenden Längslinien, am Aussenrande in der Mitte der Apicalzelle je mit einem weisslichen Fleckchen. Hinterflügel in einer Querreihe mit 4 gelblichen oder weissgelblichen, länglichen Flecken, von denen die in der 5ten und 6ten Zelle befindlichen Flecken gross sind. Der Längsnerv 4. etwas verlängert und bildet eine kurze Schwanze, jede Zelle am Ende mit weisslicher Behaarung. Unten dunkel, deutlich heller als oben. Vorderflügel in der Mitte des Quernerven mit einem und nahe dem Hinterwinkel mit 2 weisslichen Fleckchen. Hinterflügel in einer Querreihe mit 4~7 weisslichen Flecken, von denen die in 1ten, 2ten, 3ten und 7ten befindlichen klein sind und manchmal fehlen ganz.

Scheitel mit 4 schneeweissen Flecken, auch ein gleicher Fleck hinter dem Auge. Hals (Pronotum) in einer Querreihe mit 4 weissen Flecken. Brust und Abdomen weisslich gefleckt.

♀ Dunkel oder schwärzlichbraun. Die Randflecken des Vorderflügels deutlich grösser. Hinterflügels-Flecken sind 7 und von citronengelber Farbe, von denen die in 1ten, 2ten, 3ten und 7ten Zellen befindlichen klein sind. Vorderflügel unten nahe dem Aussenrande, den Randflecken parallel, mit einer Reihe von weissen Flecken versehen. Hinterflügel unten mit zwei parallelreihen von weisslichen Flecken, von denen die äussere Reihe klein und jede halbmondförmig ist.

Länge : ♂ ♀ 25-30mm.; Flügel-Exp. ♂ ♀ 90-105mm.

Fundort : Hoppo (Kanshirei, Horisha, Koshun).

Der Zeichnung nach *P. prexaspes* Feld. sehr ähnlich, es unterscheidet sich jedoch durch das Fehlen der Schwanze.

Trivial-Name : *Ouashi-monki-ageha*　をなしもんきあげは.

Die schöne Art widme ich dem vormaligen Gouverneur von Formosa, Herrn Baron S. GOTO an.

17.　**Papilio polytes** L. Syst. Nat. ed. X, p. 460 (1758).

> Papilio pammon L. Syst. Nat. ed. X, p. 40 (1718).
> Papilio romulus Cram., Pap. Exot. p. 1, t. 43 (1776).
> Papilio stichus Hübn., Verz. bek. Schmett. p. 85 (1816).
> Bapilio alphenor Hübn., l.c. p. 85 (1816).
> Papilio polites Godt., Enc. Méth. IX. p. 70 (1819).

Fundort : japan (Riukiu), Formosa (überall häufig).

Sonstige-Fundorte : China, Philipp., Malay, Ind.

Trivial-Name : *Obi-ageha*　をびあげは.

18.　**Papilio xuthus** L. Syst. Nat. ed. XII, p. 751 (1767).

Fundort : japan (überall häufig), Formosa (Horisha, Gyochi, Koshun)

Sonstige-Fundorte : Corea, China, Amur.

var. xuthulus Brem., Bull. Acad. Petr. III. p. 463 (1861).

Fundort : Japan (Hok., Honshu).

Sonstige-Fundorte : China, Corea, Amur.

Trivial-Name : *Ageha* あ げ は.

1 9. Papilio machaon L. Syst. Nat. ed. X. p. 462 (1758).

Fundort : Japan (überall häufig, nur in Riukiu selten), Formosa (Shoka, Shinsha, Hoppo, Horisha, selten).

Sonstige-Fundorte : fast cosmopolitan.

Trivial-Name : *Ki-ageha* き あ げ は.

Subg. Cosmodesmus Haase.

20. Papilio Asakurae n. sp.

Der Form und der Färbung nach *P. eurous* Leech sehr ähnlich, bei dieser Art fehlt jedoch die Schwanze und zwar in Detail ganz anders.

♂ Vorderflügel deutlich breiter, stumpfwinkeliger und ähnlich gebildet wie bei *P. tamerlanus* Oberth. oder *P. alebion* Gray. Die sämtlichen schwarzen Querbinden viel breiter, an der 4ten Binde am breitesten ; Hinterflügel ohne Schwanze, am Innenrande je mit einer gegen einander zuneigenden spitzdreieckigen Vorragung. Die Endregion des 4ten Nerven fast rechtwinkelig vorragt und daselbst mit einem weissbläulichen Querfleck ; die Querbinden viel breiter, besonders die am Aussenrande befindlichen zwei sehr breit und fast gerade sind. Unten gestreift wie bei oben, aber deutlich heller gefärbt, beim Hinterflügel deutlich viel schmäler als bei oben, grünlich beschattet. Oben weisslich, ein wenig grün auswerfend.

Länge : 24mm.; Flügels-Exp.: 80mm.

Fundort : Formosa (Horisha), nur ein Exemplar gesammelt im April von Herrn K. ASAKURA, ein Dorf-Massager zu Horisha, den, der dort so eifrigst alle mögliche schöne Schmetterlinge gesammelt und mir freundlichst überreicht hat, widme ich das schöne Tierchen an.

Trivial-Name : *Asakura-ageha* あ さ く ら あ げ は.

21. Papilio cloanthus West., Arc. Ent. p. 42, Pl. XI. fig. 2 (1845).

Fundort : Ind.

var. **clymenus** Leech, Butl. Chin. Jap. and Cor. p. 523 (1893).

Fundort : Formosa (Hoppo, Horisha, Kiirun).

Sonstige-Fundort : China.

Trivial-Name : *Taiwan-taimai* た い わ ん た い ま い.

22. Papilio agamemnon L., Mus. Ulr. p. 202 (1764).

Fundort: Koshun, Tokyoshun (十居春).

Sonstige-Fundorte: Chin., Malay.

Trivial-Name: *Komon-taimai* こもんたいまい.

23. **Papilio telephus** Feld., Reise Nov. Lep. I. p. 64 (1865).

Fundort: Riukiu, Formosa (Hoppo, Horisha, Bōryo).

Sonstige-Fundorte: Chin., Malay, Ind.

var. **mikado** Leech, Proc. Zool. Soc. Lond. p. 406 (1887).

Fundort: Kiushu.

var. **albidus** Wilem., Entom., p. 300 (1903).

, Fundort: Kiushu.

Trivial-Name: *Mikado-agcha* みかどあげは.

24. **Papilio sarpedon** L. Mus. Ulr. p. 196 (1764).

Fundort: Japan und Formosa (überall häufig, nur im Norden selten).

Sonstige-Fundorte: Cor., Chin., Malay, Ind.

Trivial-Name: *Kuro-taimai* くろたいまい.

25. **Papilio demoleus** L. Syst. Nat. p. 753 (1758).

Papilio eritbonius Cram. Pap. Exot. III, t. 232 A, B (1782).

Fundort: Formosa (überall häufig).

Sonstige-Fundorte: Chin., Philipp., Malay, Ind.

Trivial-Name: *Onashi-agcha* となしあげは.

26. **Papilio clytia** L., Syst. Nat. ed. X. p. 479 (1758).

Papilio dissimilis L., l.c. p. 479.

Fundort: Formosa (Koshun).

Sonstige-Fundorte: China, Philippinen, Malay, Ind.

Trivial-Name: *Kiberi-agcha* きべりあげは.

27. **Papilio agestor** Gray, Zool. Misc., p. 32 (1831).

Fundorte: China, Ind.

var. **govindra** Moor.

Fundort: Formosa (Horisha), gesammelt von Herrn K. ASAKURA.

var. **restricta** Leech, Butt. Chin., Jap. and Cor. p. 557 (1893).

Fundort: Formosa (Hoppo), gesammelt von Herrn K. WATANABE.

Sonstige-Fundort: China.

Trivial-Name: *Kabashita-agcha* かばしたあげは.

28. **Papilio horatius** Blanch., Seitz, Gross-Schmett. der Erde, p. 13, Tab. 7, fig. b (1907).

Fundort: Formosa (Hoppo, 2 Exemplare gesammelt von Herrn K. WATANABE).

Sonstige-Fundort : China.

Trivial-Name : *Kiboshi-ageha* きぼしあげは．

Gen. LUEDORFIA Crüger.

29. **Luedorfia Puziloi** Ersch., Hor. VIII. p. 315 (1871).

Fundort : Japan (Honshu).

Sonstige-Fundorte : China, Amur.

var. **japonica** Leech., Entom., XXII p. 25 (1889).

Fundort : Japan (Honshu).

Trivial-Name : *Dandara-cho* だんだらてふ．

Gen. PARNASSIUS.

30. **Parnassius Stubbendorfii** Mén. Lchm. p. 57, t. 6, fig. 2 (1848).

Fundort : Amur, Sib.

var. **citrinarius** Motsch., Bull. Mosc. XXXIX. p. 189 (1866).

Parnassius glacialis Butl. Journ. Linn. Soc., Zool. IX. p. 50 (1866).

Trivial-Name : *Usuba-shiro-cho* うすばしろてふ．

摘　要

本邦鳳蝶科に就き

本邦に産する鳳蝶の總數は三十種にして其内樺太に三種、北海道に六種、本州には十二種、四國には九種、九州に十二種、琉球に入種及び臺灣に二十七種を産す。臺灣は東洋洲の分布に屬するを以て、從て鳳蝶科に富饒なり。生蕃界の危險ある爲め未だ臺東其他東海岸の一圍を探集せしもの少なきを以て、必すや新種のあるや疑を容れず。余は臺灣に於ける兩度の探集に於て、四種の新種を得たり。下の如し。

1. Papilio koannania n. sp. たいわんをほじやからあげは．
2. Papilio hoppo n. sp. ほゝぼあげは．
3. Papilio Gotonis n. sp. ごなしんんきあげは．

    4. Papilio Asakurae n. sp.　あさくらあげは.

下の六種は未た嘗て臺灣より知られたる事なし。

    1. Papilio rhetenor West.　わたなべあげは.

此は嘗て昆蟲世界(第百十三號)に P. Watanabei n. sp. とせしもの。

    2. Papilio prexaspes Feld.　たいわんもんきあげは.

    3. Papilio xuthus L.　あげは.

    4. Papilio machaon L.　きあげは.

    5. Papilio agestor Gray　かばしたあげは.

    6. Papilio horatius Blanch.　きぼしあげは.

都合十種は兩度の臺灣採集に於ける獲物なり。鳳蝶外の蝶類には新種甚だ多し他日を期し發表すべし。圖は農學士素木得一氏の健筆に係るものなれば茲に公表して其勞を謝す。

ERKLÄRUNG DER TAFEL I.

    1. Papilio koannania n. sp.　♂.

    2. Papilio hoppo n. sp.　♂.

    3. Papilio Gotonis n. sp.　♂.

    4. Papilio Asakurae n. sp.　♂.

Matsumura del.

北 海 道 に 普 通 に 産 する チョウザメ

大 瀧 圭 之 介

————➤·◄————

THE COMMON STURGEON OF HOKKAIDO.

BY

K. OTAKI.

————◆◆————

During the months of July and August young Sturgeons of about 4-5 cm long and, later in the season, larger and full grown examples of 170 cm in length are common in the fish market of Sapporo. They are chiefly caught in the large rivers of Ishikari and Teshio of Hokkaido, and they are of one kind. Of these there are in the stuffed of the College of Agriculture, the Tohoku Imperial University, three large stuffed specimens of 170-180 cm in length and many other small ones of different sizes preserved in formalin. One of the large specimens is female, which is a specially good example being not deformed as it is often the case in stuffed specimens.

The head and cheeks bony and rough; operculum rugose; snout not very short and rather rounded ; the skin between the series of the scutes above and below, is profused with irregular small ossifications, the larger ones being stellate in the anterior dorsal portion. Head 4 or $3\frac{4}{5}$, depth $7\frac{3}{4}$–8 times in the body, but the head in the young is generally larger and contained 3 times in the body; eyes nearly median in the head of the full grown specimens, while in the young the preorbital region is a little longer ; barbels simple and cylindrical, and they are nearer to the eye than to the tip of the snout ; the transverse aperture of mouth is equal to the distance from the upper lip to the barbels. The dorsal scutes 10-11 ; the lateral scutes 33-34 on the right, 31-33 on the left ; the ventral scutes 7-9 on each side. Dorsal fin III32-III37 ; the anal III24-VI20. The origin of the anal fin is below $\frac{1}{2}$-$\frac{2}{3}$ posterior of the dorsal fin and it is also preceded by 2 or 3 bony tubercles. The vertical fins in the older fish are preceded by 3 or 4 short tubercles instead of fulcrum. The scutes are radiating and not very large, each with a prominent ridge and distant. There are three oblong plates behind the dorsal fin, the middle one being larger; there are also 3 or 4 plates behind the anal vent and one or two behind the anal fin. These latter are not unfrequently wanting in young specimens. The upper caudal lobe $1\frac{5}{6}$ times in the head. In young specimens of 25 cm–36 cm, the posterior margin of the tail is straight; the pectral $1\frac{2}{3}$ times in the head. The colour is greyish blue or light chestnut.

Of the Japanese sturgeon two species, *Asipencer mikadoi*, Hilgendorf, and *A. kikuchii*, Jordan and Snyder, in the Proc. U.S. National Museum, vol. XXX, pp. 397–398, 1906, are recorded. Besides these a third species closely related to *A. mikadoi* is *A. güldenstädtii*, Brandt of Russia.

The common species of Hokkaido in question seem to be identical with *A. güldenstädtii* in its rounded snout and small irregular stellate ossifications, while the other data such as the number of scutes, the proportional length of snout and depth in the body and the fin formula have their affinity to *A. mikadoi*. The number of scutes in each series of five, and fin rays, taken as specific distinctions are variable in different ages and even so in individuals of the same size. The fin rays split up into two, four or sometimes into three, while the anterior rays often fuse together to present two or three spines more in addition when the fish grows older. In young specimens the dorsal scutes are horny with prominent claw-like spines, the 4th being the largest, and decreasing in size both anteriorly and posteriorly, and in the lateral series a large portion of posterior scutes is simply a dermic papillae. Snout in young specimens is short or shortish and bluntly pointed. Of young specimens we notice that in some of them the snout is a little longer than others and the scutes are lesser, while in others the snout is a little broader at its base and shortish with blunt point. The aperture of the mouth is even with the distance of the mouth and the barbels, and $1\frac{1}{2}$ times in the rostrum before the barbels. This difference among the same species may possibly be a sexual one which could not be determined at the time. I reserve the final determination until a further examination can be made of both sexes in fresh fish.

Another sturgeon, a single specimen contained in the museum, seems to be quite a different fish, of which I shall hope to have another opportunity to describe, when I have more specimens to compare with it.

The tabular accounts of the species are as follow:

Note :—

(1) and (2), the figures with the plus marks between show that the next figures are the number of an unossified dermal papilla, and those with the same mark before or after or the plus alone, show that there is present an imperfect plate or two.

(3), the spines are indiscernible.

The specimens in the table are grouped into A, B, B' and C according to the sizes and their probable age.   The specimens in the group A are no older than two months except the last one which is the second year, while those in B and B' groups are possibly in the third year.   Those in the group C being matured and perhaps the largest.

I beg here to express my best thanks to Prof. S. Hatta of the College of Agriculture, the Tohoku Imperial University, Sappro, for his kind advice and courtesy.

Sapporo, August, 1907.

Group A / Group B

	Group A						Group B							
Total length in cm without the caudal fin	6 2/5	7 2/5	8	9	8	23	37	40 1/2	37 1/2	37 1/2	39	34 1/2	42	37 1/2
Length of the upper lobe of the caudal fin	1 1/2	1 2/5	10	10	5 2/5	5 2/5	12	9	9	7 1/2	11	7 1/2	12	7 1/2
Dorsal Scutes	10	10	29	31	9	9	11	11	10	11	11	11	10	12
Lateral scutes, right 1	21+12	33	31	34	31	31	33+	34+	32+	32+	33+	33	31+	32
" left 2	33	22+11	31	34	32	31	34	33+	33+	34	34	33	31	30
Ventral scutes, right	6	8	7	7	6	6	+7	8	7			8	+6	8
" left		8	7	7			+5	8	+7	1		8	8	8
Scutes behind the dorsal fin		2	3		4	3	1			4	1	2	1	1
" " anal fin		1	2		3	2	3	3	4	+3	+3	2	+3	+3
" " anal vent	III42	IIIc0	III40	45	41	III39	III28	III46	III43	III46	III40	III37	III37	III41
Dorsal fin	33	33	28	27	29	20	III28	?30	III26	III26	III32	III26	III27	III27
Anal fin														
Head in the body without the caudal fin	3 1/10	3	3	3	3	3	3 1/9	3	3 1/12	3 1/10	3 1/7	3	3	2 2/3
Depth	7 1/4	7 1/2	6 3/4	7 1/2	7	8 1/8	6	9	8	6 2/5	7 2/3	8 1/4	6 1/2	6 1/2
Eye in the snout	3	3 1/2	4		6 1/8	6	9	6 1/2	6 1/2	6	5	6	4	4
Eye in the rest orbital region	2 1/4	2 1/2	2 2/3	3	2 3/4	2 1/3	3	4	4	4	4	4		

Group IV / Group C

	Group IV					Group C	
Total length in cm without the caudal fin	36	39 1/2	30	33 1/2	34 1/2	130	145 1/2	149 1/2
Length of the upper lobe of the caudal fin	7 1/2	8 1/2	10	8 1/2	7 1/2	24	24 1/2	24
Dorsal scutes	9	9	10	10	10	11	11	10
Lateral scutes, right 1	33+	30	32	33	34	34	34	33
Ventral scutes, right 1	32+	30+	32	35	34	35	31	34
" left 1	7	+5	8	7	6	8	7	9
Scutes behind the dorsal fin	1	+6	+	+	1	7	7	2
" " anal fin	5	+2	+3	+3	+3	3	+2+	5
" " anal vent	III100	III38	III411	III00	III38	III36	III37	VII32
Dorsal fin	?30	28	25	25	III24	III24	28	VI20
Anal fin3						about 4	3 5/6	
Head in the body without the caudal fin	3 1/7	3	2 1/9	3 1/3	3	8	7 2/3	median
Depth	7 1/6	8 1/2	7	7 2/3	6+	8	median	
Eye in the snout	5 1/3	7	6	7	6			
Eye in the rest orbital region	4	5	4	5	4			

摘　　要

　　毎年七八月の頃に至れば、札幌市魚市場にチョウザメあり、其大一尺二三寸以上一尺七八寸のもの多し。其體色は背部は灰青色或は淡褐色にして、腹部は無色なり、之れ即ち幼魚なり。冬期に至れば五尺以上五尺八寸位の老成魚あり、皆天鹽川或は石狩川にて捕獲するものなりと云ふ。本學附屬博物館に老成魚を剝製して備付あるもの三尾あり、内一尾は雌魚にして其形狀は申分なく保存されあり。又フォルマリン液に貯藏しある標本少なからず、其大さ二寸五六分の初年生魚より一尺七八寸の三年魚多數なり。

　　此の普通なるチョウザメは何れの種なるべきかを知らんとて、二三詳細に實査し而して諸書に就て考察せり。

　　歐米の魚學者が本邦產チョウザメに就て記述したるものに二種あり。其一はヒルゲンドルフ氏か初て記述したるミカドチョウザメ (Asipencer mikadoi, Hilgendorf) にして、次はジョルダン及スナイダー兩氏が相州三崎產の一尾に就て記述したるキクチチョウザメ(A. kikuchii, Jordan & Snyder) なり、而して此二種類を類別する特徵は、背鰭及臀鰭の長短と、硬鱗の數、殊に左右兩側の鱗數の增減を以て種別し、其他は大同小異なり。

　　又本邦產の此二種類に近似したるものなきやと云ふに、露西亞に產すると云ふ A. güldenstädtii, Brandt は、ギュンテル氏目錄に依れば、以上述べたる特徵と較々相類似し、只だ頭形及其吻狀に於て前の二種と異なれり。

　　前に述へたる老幼多數の標本に就て實驗するに、鰭條數及背部に縱走せる五列の硬鱗數、又は前面吻部の長短に少しの差異あるは魚の年齡に依り、又は個體にても之れあり(別表參照)。而して頭形吻狀も、乾製標本に於ては著しく縮少するを免れず。

　　蓋しチョウザメ類を種別するに以上の點を主要とし、少くも其

一とせる鰭條及硬鱗の數に差異あるを免れずとすれば、北海道普通のチョウザメは其鰭條及硬鱗數に於て、ミカドチョウザメ及キクチチョウザメに相近しと雖も、其頭形及吻狀に於ては寧ろ露西亞産 A. güldenstädtii に類似す。即ち當地に普通なるものは、吻端較々闊く少しく長くして前述二種の如くならず、剝製保存の老成雌魚に於て猶ほ然り、前二種は其の記載に依れば、吻端短形にして尖れりとせり、然るに露西亞産のものは總ての記載に吻端圓狀なりと云ふ、故に當地通晋のものは露西亞産の A. güldenstädtii に相同しと考定せんとす。

別に又三年生位の標本にて、吻端少しく長く伸出し、硬鱗の數も常に少きものあれとも、此差は同種類中或は雌雄に依り生するものならんか、茲に疑を存して後の確定を待つ。又別に體長一尺三寸位、吻狀前種類と全然異觀を呈し、圓形にして甚だ短く、硬鱗又粗大、一見他と別なるものあり。猶ほ多數同一種のものを得て詳査の上之を記載すべし。

　　　　　　　　　　　　　　明治四十年九月　　　　大瀧圭之介

日 本 の ト ゲ ウ ヲ

大 瀧 圭 之 介

————➤·◄————

STICKLE-BACKS OF JAPAN.

BY

K. OTAKI.

————◄◆►————

The materials at hand are represented from Sapporo and its vicinity in the island of Hokkaido, from Gifu, Mino Province, and Tamagawa near Tokyo. Of these specimens the variations of a species in its form, lateral armature, and colouration in the case of *Gasterosteus cataphractus*, are considered to be due to the differences of seasons and changes of environment. Now that it is impossible, after careful examination, to satisfactorily separate the varied examples in the lateral armature, which is in some fully, in some, partly mailed, this family of Japan falls into two genera and four species with a new one.

A. Gasterosteus (Togeuo).

Three spined stickle-back. The free spines three, the third spine preceding the dorsal fin ; gill openings restricted and united mesially to the isthmus ; sides of the body partly mailed.

Gasterosteus cataphractus, Pall.

A small stickle-back, the size of which exceeds no more than $5\frac{1}{2}$ cm. The distribution ranges extensively throughout Japan.

D. II $\frac{I}{10-12}$, A. I, 7-9(10), P. I, 1.

Body fusiform, slightly compressed ; caudal peduncle not compressed. Head rather small and pointed, still smaller in female ; mouth oblique, maxillaries hardly reach the eye. The ventral pubic plates lanceolate, its greatest width $1\frac{2}{3}$ in its length which equals the distance from the tip of snout to the post margin of pupil; the upper shoulder processes reach further beyond the upper base of the pectoral fin. The free spines laterally separated, long and stoutish, length equalling the snout. They are supported by membrane, but each is not continuous to the other ; the

[Trans. Sap. Nat. Hist. Soc. Vol. II., 1907.]

third and the anal are short and curved, the length being the same or one third of the free spines; the ventral spine long, and its length equalling the snout and the pupil; it has a basal cusp, followed by a soft ray. The lateral armature above the pectorals; they are of six oblong plates which anteriorly diminish their size; no keel on the caudal peduncle. The colouration bronwish or bluish dark above, pale below and mottled. The vernacular name is *itouo* from the striation of the lateral armature giving it the appearance of a skein of thread.

B. Pygosteus.

Many spined stickle-backs. The spines more than nine. The body naked or partly mailed. Gill openings confluent with a fold of gill membrane across the isthumus.

1. Body slender with a rather long caudal peduncle; free spines nine, long and divergent. *Pygosteus steindachneri.*
2. Body naked and not slender, with a rather long caudal peduncle; free spines nine, short and divergent. *Pygosteus brevispinosus*, n. sp.
3. Body thicker; free spines eleven, short. *Pygosteus undecimalis.*

Pygosteus steindachneri, Jordan & Snyder.

A long spined stickle back with a slender body. The specimens from Rebun, an islet on the north-eastern coast of Hokkaido. They are compressed with a depressed caudal peduncle.

The largest specimens are 7 cm long.

D. IX, (VIII rarely) 10-11 (occasionally 9 or 12), A. I, 10-11 (8 or 9), P. 10.

Height 4⅔ in the length; in male the length is a little longer and slender with a pointed snout; depth 6⅞. The diameter of eye equals snout or slightly longer, it is 3½ in head; the interorbital space ⅜ in eye; the maxillaries are far from reaching the anterior margin of eye, but reaching nearly below the nare. The dorsal spines divergent and without the supporting membrane; they are folded alternately when depressed, and the lengths are all equal; ventral spines long, the length equalling the snout and the pupil of eye, the lateral serrature weak and without cusp; the length of the pectoral fin equals the snout and eye together. The ventral pubic plates lanceolate, reaching the front margin of the vent. The armature small and continuous to the caudal base, forming a strong keel on the caudal peduncle. The ventral fins opposite each other. The fresh colour is dusky greenish pale above, the cheeks and the chin colourless. The spawning colour of some specimens from Sapporo is very dark and dusky.

Such Japanese names, concerning the stickle-backs, as *hariuo* or *haritoto*

(needle-fish) and *harusaba* (spring mackerel) are most probably the old dis-
tinguishing names for this species, for these names are casually seen in the literature
describing local finny creatures. The range of distribution is extensive in Japan,
abounding northward, and especially so in the island of Hokkaido.

Pygosteus brevispinosus, Otaki, n. sp.

D. IX, 11, A. I, 11 (9), P. 10.

Head 4; depth 5 in the length or $1\frac{1}{2}$ in head; snout 4 in head. Diameter of
eye equals the snout or $3\frac{1}{2}$ times in the head; the interorbital space equals the
snout; mouth oblique, the lower jaw not perpendicular as to give the chin angular
appearance as it is in the *P. steindachneri*. The maxillaries short, barely reaching
the under margin of the nostril. The dorsal spines much shorter than those of the
former species, they are supported by a membrane; the length of them is two-thirds
of the diameter of the eyes, the last is curved and longer, the length equalling the
snout, and also the anal spine. The ventral spine long and laterally serrated,
with a weak soft ray following, its length equals the distance from the tip of snout
to the anterior margin of pupil. The bases of the dorsal and anal fins equal, and
they are opposite each other. Body rather slender, devoid of the lateral armature
except those of 5 or 6 small ones forming a keel on the caudal peduncle. The
ventral pubic plates lanceolate, the length shorter and width narrower than those
of *P. steindachneri*, and the former is three times the latter; the lateral pubic plate
shorter and cuniform. The fresh colour yellowish pale green and dusky above, the
belly, chin, and ventral fins colourless, in spawning specimens the entire body, fins
and all, dusky or dusky black.

This species is a small darting fellow living in small streams in Sapporo,
running from cold springs, where the bottom is fine muddy sand and full of swamp
weeds. The largest size of the specimens we have taken is 5 or $5\frac{1}{4}$ cm long.
From the same stream a number of *P. steindachneri* were taken.

Pygosteus undecimalis, Jorden & Starks.

Body elongated and thick, and completely smooth except narrow plates on the
caudal peduncle, forming a keel. The ventral pubic plates absent or insignificantly
small.

D. XI, 10-11 (rarely X10-11), A. I, 9-10, P. 10.

Head obtuse with a shortish snout; its length 4 or scarcely 4 in the case of
female; depth 5 or less; eye comparatively small, its diameter being $3\frac{2}{3}$-4 in the
head or the same with snout. The maxillaries barely reach the eye. The dorsal

spines are all equal, and they are thick and short, the last one slightly curved and longer ; the anal spine same with the former and its length twice in the snout ; the ventral spine simple and short, but a little longer than the last dorsal spine. The colouration in fresh is uniformly greenish olive above, silverly pale below, but in the spawning season the entire body, fins and all, very dusky with some darker puncturations on the sides.

摘　　要

此の科に屬する種類に就ては、已に理學士宍戸一郎氏の詳しき記事(明治二十三年三月の動物學雜誌)あり。又岐阜市附近に産する Gasterosteus aculactus の營巢法に就ては、敎授八田三郎氏がなされたる實驗の記事(明治廿四年動物學雜誌)もあり。 其後 Jordan and Snyder 兩氏の報告(米國博物館報第廿五卷)出て世に廣く知れ亘り,其の種類も三種類となせり。 而して Gasterosteus の內三本背棘のものは、其體側にある鱗甲の全體にあると否らざるとに依りて區別せるもの多し。 然し其の相違は産地と期節又は老幼の差に因りてなるを以て、Dr. Günther 又は Dr. Day 等は、右の相違は之を別種となすの價値なしと判定せり。而して Dr. Jordan は日本の三本背棘のもの Gasterosteus cataphractus 一種を記載し、其餘の二種を Pygosteus 屬となせり。

而して幸に本校所屬博物館に此科の標本を蒐集しあり。又當夏本學學生の探集したるもの、或は札幌附近を流るゝ淸水の小流にて探集したる標本を比較考査なしたれば、其槪要を記さん。

（一）三本背棘ノモノ。

Gasterosteus cataphractus, Pall.

背棘三本あり、內二本は各々離隔して立ち、第三の一本は背鰭の前面に接近してあり。鱗甲は胸鰭の後迄に五枚乃至六枚あるのみにして、其他は皆裸なり。尾筒は圓く短かし。背鰭と

背鰭の鰭條の數は一定ならざるも、甲には十本を普通とし、十二
本までの相違あり、乙にて八本を普通とし、九本又は稀に十本
あるものあり。棘は皆其兩側に鋸齒狀をなし、腹鰭の棘は長く
して其後に不完全なる一刺を具へ、鰭膜を以て前者と連接す。體
色は靑色を帶ひたる暗褐色なり、腹部は色淡し。體側より腹に
歪形斑文あり。魚の大さは五乃至五半セメにして小なり。卵は
大にして直徑三ミメあり、橙黃色を帶ふ。

　　產地は美濃の岐阜及武藏の玉川なり。後他の標本は皆な前
地の產よりは較々小形なり。Dr. Günther 著英國博物館出版魚類
目錄記載の Gastcrostcus aculactus, var gymnurus, C. 即ち本種類なる
べし。

（二）背棘九本以上ノ種類。

イ、Pygosteus Steindachneri Jordan & Snyder.

　　胴體は側扁延長にしてサワラの形狀に似たり。尾筒も又細
長にして頭部も太からず。體は平滑、裸にして單た微小なる鱗甲
體側に縱列一行にあるのみ、其後部は尾根に於て梁狀隆起を形
成す、爲めに細き尾筒は扁平の狀を呈す。背棘は九本あり、皆
細長にして交互に左右外方に向ふ、之を疊めば又背面正中に收
まる、腹鰭の棘は殊に長し。腹面の恥骨板は細長にして劍狀な
り、其尖端は肛門線に及ぶ、側面にある左右恥骨は又長楕圓形に
して、其上部は細く、胸鰭より高し。尾鰭は其後緣叉狀なり、然し
老魚にては閉し、蓋し此小魚は其性活潑にして水中萍の間を游泳
すること活潑に、或は又巢內に出入する等より自然磨失して漸
々圓緣となりたるものならん。體色は淡黃綠にして微小なる黑
點密に散在す、其最密の場所は爲に叢雲の如し。腹部は色淡く、
胸類の部は無色なり。產卵期節に至れば體の全部暗色となり、又
殆と暗黑となる。

　　標本の產地は札幌及禮文島にして、禮文島の產地より採り

たるもの七尾とも七セメありて、體色は全體淡なり。札幌には此
種類最も普通なり、其大さは平均前産地のものよりは小さく、五
セメのもの當標本中最大なり。

　　北陸地方にてハルサバ、カワサバと稱する此科の魚は多分
本種なるべし。

　　ロ、　Pygosteus brevispinosus, n. sp.

　　本種の外觀は(イ)と(ハ)の中間にして頭部は(ハ)に酷似して吻
端鈍なり、尾部は(イ)の如く細長なり。而して背棘短小にして九
本あり、腹鰭の棘は甚だ長し。體は平滑にして其形は紡錘狀な
り、尾筒には軟弱細小の鱗甲ありて微かに梁狀をなす。背棘の
長さ皆等大にして眼徑の三分二あり、最後の一本と腎鰭の前に
ある棘は稍々長く少しく彎曲す。腹鰭條は發達不全なり、細長
にして兩側鋸齒狀をなす腹棘と鰭膜にて連結す。背腎兩鰭は相
對立し其長さ等同にして各九本の鰭條あり。腹面の劍狀をなす
恥骨板は(イ)の種類のものより短狹なり、又其の左右兩側にある
ものは楔狀をなして短かく(イ)(ハ)の兩種と異なる。今此種を
brevispinosus と新しく名づけんとす。體色は淡褐或は淡綠色にし
て、微細の黑點全般に普く散在す、産卵期に於ては雄魚の體色
は暗色を呈す。

　　札幌の清水の流るゝ小川に多く、(イ)種と同流に生存す。其
體長は五セメ半のもの最大なり。

　　(ハ)　Pygosteus undecimalis, Jordan & Starks.

　　吻端鈍にして、體狀は延長し、鱗甲を欠き、單た尾筒の兩側に
細小のもの五六個梁狀をなして存し、體の全部は平滑なり。背
に孤立せる棘は十一本あり、較々太くして長からず、膜を被ふる
背鰭の前にある一本は、少じく長くして彎曲し、腹鰭の單棘と
同し。背腎兩鰭の棘は各々十本あり、稀に九本或は十一本ある
もあり。腹面の恥骨板は微小にして、或は皮下にありて見へざ

るものあり。體色は普く淡綠色にして腹部稍々銀白色を帶ぶ、產卵期に於ける雄魚の色は全部暗黑色に變ず。

此の種も又札幌及其附近の小流に少なからず。其體長は五セメより七セメ半を最大とす。

———————

樺太森林植物の分布に就きて

三 宅 勉

ON THE DISTRIBUTION OF FOREST TREES
IN KARAFUTO (SAGHALIN).

BY

TSUTOME MIYAKE, *Nogakushi.*

　樺太の植物に就きては、既にシユミット氏の公にせられしもの
ありて、陸上植物の種類及び其分布に就きての記載詳細を極め、又
樹種に就きてはマキシモウッチ氏の Primitiae Florae Amurensis 中に略記
せらるゝありと雖も、未だ本邦に於ては其種類分布等に就き記載
せるものあるを知らず、唯、L蝦夷草木圖説7中に樺太植物の記るさ
れたるものはあるは、嘗て白井理學士の東京植物學雜誌上に記せら
れたるが如し。日露戰爭の結果、樺太南半島の我領土に歸するや、
樺太民政署は同島拓殖開發上、其植物を調査すべき必要を認め、理
學博士宮部金吾氏に其調査を囑托し、予亦其補助を命ぜらる。乃
ち明治三十九年七月宮部博士は農學士富城鐵夫氏を伴はれ、同島
東西沿岸に就き、海藻及び陸上植物の調査に從事せられ、或は東
北テルペニヤ半島に、或は南方シレトコ、ノトロの兩半島に、或
は北して西海岸ピレオ、アモベシ等の國境附近に採集を試みられ、
二箇月の間沿岸各地に於ける植物の種類、及び其分布に就き親し
く調査せらるゝ所ありたり。宮部博士の調査に從事せらるるに先
つこと一箇月、即ち同年六月予は同地に至り同年十月に至る五箇月

間南方コルサコフ。メレヤ附近よりナイブチ、ススヤの平原、ニ
ウカ、クスンナイの西海岸、及び東海岸の中部一帶、タライカ、
ポロナイ川附近、及び國境中央部に探集を試みしが、猶ほ、未調
査の地あるを以て、樺太廳より再び調査を命ぜられ、同四十年五
月より十月に至る六ケ月間、同島の山岳及び西海岸一帶に就き探
集を續行せしも、猶ほ調査を完結する能はざりき。三十九年度調
査にかかるものは、既に樺太民政署より樺太植物調査概報と題し
公にせらるるところあり。四十年度に於けるものは既に同廳に提
出せり。今茲に其調査の一部、森林植物の分布に就き略記せんと
するも、未だ踏破せざる地多ければ不明の點少からず。マキシモ
ウッチ氏及びシユミット氏等の書を参考し之を補ひしと雖も、猶ほ不
備の點は勿論、恐らくは誤謬あるを免かれず。調査完結の後を待
ちて訂正せむことを期す。

　樺太所産森林樹種は總計八十一種(未だ探集せざるもの及び學
名不明のものを除去せしを以て、猶ほ四五種の増加を來すべし)に
して、針葉樹八種、濶葉樹七十三種よりなり。而して内喬小木の
總數は三十二なりとす。

　樺太所産針葉樹種中、特に注意すべき重要なるものにして各
地に主なる林相を構成せるものは其數に於て多からず。即ち、クイ
マツ、エゾマツ、トドマツの三種とす。而してエゾマツ、トドマツ
の混淆林は山岳中腹以下に多く、其他到る處之を見ざることなし。
クイマツは前者と異なり、主として濕地に生育し、西海岸の大部、
及びノトロ半島を除くの外、隨所に群生して純林を形成す。　ビ
ヤクシン屬は主に海岸の砂礫地、岩石上並に内地森林内に於て匍
匐狀をなして繁茂し、高さ三尺を超ゆるものなし。イチヰは南部
地方に於ては稍大形なるものを認むると雖も、北方に進むに從ひ
其高さを漸減し、遂に灌木の狀態を呈するに至る。但し、其大な
るものに至りても高さ丈除直徑尺除に達するものは極めて稀なり。

其分布區域を見るに西海岸に於ては遠く國境附近に到ると雖も、東
海岸にては マクンコタン 以北に生育せるものあるを見ず。而して
中央以南の地に於ては他樹の間に介在するを常とす。次に ハヒマツ
は普通山岳の高所に生ずるものなれども マヌヱ、シララカ、ドブキー
附近にては海岸に盛に繁茂し、大泊附近に於ては海岸より內地に
入ること一里內外の地に生ず。其他北方 ツンドラ 地方にては處々
に叢生し、西海岸に於ても內地に入ること約二里にして此樹を認
むることを得。更に山脈に至りては殆んど常に存在するものなり。
如斯 ハヒマツ の分布は廣しと雖も、經濟的に觀察するときは、同
島森林樹種中價値あるものとして認むること能はざるものなり。

　　更に同島濶葉樹種を檢するに、喬木二十種、小木八種、灌木四
十一種、蔓木四種ありて各處に散生し、未だ純林或は兩三種より
なれる混淆林の存在せるを見ず。只往々 シラカンバ の針葉樹林間
に群生するもの、並に カラフトカシハ の他樹を混ぜざるものあり
と雖も、其面積甚だ大ならずして未だ容易に純林と稱すること能
はざるものなり。而して ドロ は北方各地の河川に沿ふて帶をなし
て生育するを常とするも深く內地に入らず。尚ほ西海岸の南部濶
葉樹に富める地方に於ては、濶葉樹の海岸に近き傾斜地に群生せ
るものあるも、常に多少の針葉樹を混生し、純然たる濶葉樹林と
稱することを得ず、只僅に山地に於て針葉樹林將に其跡を絕たん
とするの處、エゾダケカンバ の大樹群生し、此處に濶葉樹帶を形
成するに過ぎざるなり。

　　今、各樹種の分布を略記せんに、ドロ は好んて河川の流域に生
育し、北部地方に其數多く南部に於て少なし、是れ或は往時土人
の伐探せるか、又は山火の爲めに燒失せるかに原因するものなる
べきか。柳屬も亦各地河川沿岸卑濕の地に多く生育し、ナガバヤ
ナギ の一種の外は、總て小木にして特に算するに足らざるものな
り。而して ヤマナラシ は前種と異なり、多く乾燥地を好み同島各

所に散生す。エゾダケカンバはシラカンバと共に平野に混生し、或
は山地針葉樹の盡きたる處に大樹多く、低山脈の山巓は凡て之を
以て被はるること常に目睹する處なり。而してハヒマツの生育帶
に入れば漸次矮小となり、遂に全く見る能はざるに至る。ハンノキ
類は一般に河邊及び濕地を好みて生育し、北海道に於てヤチハン
ノキの繁茂すべき地勢の箇所に於ても、樺太に於ては其影をも認
むること能はずして、北海道に於て山地に生ずるを常とするケヤ
マハンノキ反りて之に代りて生育す。ミヤマハンノキも亦海濱よ
り内地隨所に生じ、高山に至りてハヒマツ帶に入り漸次矮小とな
る。次にアカダモ、ヤチダモは專ら肥沃にして稍濕潤なる平野、並
に河岸にて寒風に暴露せられざる地を好み、高さ數丈直徑三尺に
至るもの敢て少なしとせず。特にヤチダモは西海岸の河谷肥沃な
る地に多く、マウカ以南に於ては沿岸の草原地に、他の濶葉樹と
混生するを常とす。センノキ、ヤマザクラは此等の地方に於て
沿岸に群生しありて、海馬島及びマウカ以南の地に生ずるキハダ
及びクハ等は加ふるときは南方濶葉樹種の大部を占むるものなり。
而して此等の樹種はクスンナイ以北、及びアニワ灣内、東海岸等
の何れの地に於ても生育せるものあるを見ず。

　　以上記せる處を以て樺太の平地に於ける森林植物帶を察する
に、大別して三區とするを得べきか。即ち一はマウカ附近を中心
とせる南方濶葉樹帶にしてセンノキ、キハダ、ヤマザクラ等は其
の代表者たるべく、二は全島の大部を占むるエゾマツ、トドマツ
の生ずる針葉樹帶にして、海岸より起りて山嶽の中腹に至るもの、
三はグイマツの占むる所にして濕潤針葉樹帶とも稱すべき部分に
して、蘚苔多く生育し北方國境附近に至る。

　　更に山地に就て之を見るに其樹木の生育の狀態及び其種類に
よりて垂直的に大約五帶となすを得べきか。即ち第一、下層濶葉
樹帶、第二、針葉樹帶、第三、上層濶葉樹帶、第四、ハヒマツ帶、

第五、高山草原帯の五帯となす。

　第一帯は山麓溪谷多き地にして、濶葉樹其多數を占め針葉樹其間に介在す。ハンノキ、オガラバナ、ヤナギ、イタヤ、ドロ、アカダモ等是が代表者たり。第二帯はトドマツ、エゾマツの混淆林を以て形成せられきエゾダケカンバを以て代表せらる。第三帯上層濶葉樹帯に移る。此帯に於けるエゾダケカンバは直徑尺餘に至り、高さ數丈に及ぶもの甚だ多く、樹下には矮小なるクロウスゴ、マルバシモツケ、ミヤマナナカマド、ミヤマハンノキ、オガラバナ等の叢生せるを認む。　此帯に次て第四帯ハヒマツ帯現はる。ハヒマツは下方に於ては高さ丈餘に達するものあしと雖も、上昇するに從ひて其高さを漸減し、遂に地上に匍匐するに至る。是に於て此帯は盡きガンカウラン、チシマゼキシヤウ、キバナノシヤクナゲ、チシマラツキヤウ、チシマニンジン、チシマゼキヤウ等繁茂し、所謂第五高山草原帯となす。

　以上記するが如き諸帯の分類は、シユミツト氏著樺太植物誌、及び昨年度南部樺太森林調査書中オチヨポカ山に於ける調査等に徴するも略ほ同一の狀態にして、大過なきを信ず。されど自ら踏破して調査せる山岳極めて少なく、只僅にススヤ、ノタサンの一峯、ヱブリガ、ウシヽロの諸山に過ぎず。且つ地勢、山脈の方向並に風位等の異なるに從つて多少の變化を來すを以て、今玆に概論せるものと雖も、或は全く吻合せざるものなきを保せず。斯の如きは更に將來の調査を待ちて詳述する所あらんと欲す。

　猶ほ各樹種に就き記する所あらんとせしも、調査未た完く了らさるを以て之を略し、唯其主もなるものヽ名稱を記し、其分布を略記し之に換へたり。余等の未た採集せざるものにして、シユツト氏樺太植物誌に掲ぐるものは之を加へ、*を附して分てり。

　終に臨み、本稿起草に關し富都博士の懇篤なる助言、及び伊藤誠哉氏の種々なる助力を與へられたる厚意を深謝す。

樺 太 森 林 植 物 目 錄
A List of Forest Trees in Karafuto.

Fam. **Taxaceae.** 　一位科。

1. *Taxus cuspidata* Sieb. et Zucc. 　オンコ、イチキ、(Raramani.)

西海岸、アニワ灣內、ス丶ヤ山脈及び東海岸南部に生ず。

Fam. **Pinaceae.** 　松杉科。

2. *Larix dahurica* Turcz. 　グイマツ、(Kui.)

東北地方アニワ灣內東部方面濕地に多し。

3. *Picea ajanensis* Fisch. 　エゾマツ、(Shungu.)

トドマツと混生し山頂及び濕地を除くの外隨所に多く海馬島の一部にも生ぜり。

*4. *Picea Glehni* Mast. 　アカエゾマツ、

グンーレ氏はチビサニ、ルートカに於て初めて採集せられし單シュミット氏の著樺太植物誌に見ゆ。

5. *Abies sachalinensis* Mast. 　トヤマツ、(Yayoppu.)

エゾマツと混生して到る處に生ぜり。

6. *Pinus pumila* Pall. 　ハヒマツ、(Numni.)

山頂、Lツンドラ┐及び寒風に曝露せる處等に廣く生ず。

7. *Juniperus dahurica* Pall. 　ハヒビヤクシン、

各地海邊或は岩石上に匍匐して生じ高さ三尺を超へず。

8. *Juniperus nana* Willd. 　リレリビヤクシン、(Aimaini.)

各地桝林中に生じ匍匐す。

9. *Juniperus conferta* Parl. 　ハヒネズ、(Wittani.)

西海岸海濱砂地に生じ匍匐す。

Fam. **Salicaceae.** 　楊柳科。

10. *Populus suaveolens* Fisch. 　ドロヤナギ、

各地河川沿岸に多く生じ北方に至るに從ひて大樹を產す。

11. *Populus tremula* L.　ノコヤナギ、

各地乾燥地に生ず、其數多からず。

12. *Salix Caprea* L.　バッコヤナギ、(Meremani), (Menemani).

各地山地に生ず。

13. *Salix opaca* Anders.　ナガバヤナギ、(Susu.)

河岸隨所に生ず、大樹多し。

14. *Salix viminalis* L.　キヌヤナギ、(Susu.)

各地河岸に生ず。

Fam. **Juglandaceae.**　胡桃科。

15. *Juglans Sieboldiana* Maxim.?　オニグルミ?

ナイブチ川沿岸の一部に生ず極めて少數なり。

Fam. **Betulaceae.**　樺木科。

16. *Betula alba* L.　シラカンバ、(Tatni), (Tachni).

各地山野に生ず。

17. *Betula Ermani Cham.*　エゾダケカンバ、(Shiitat.)

各地山地に生ず。

18. *Betula Middendorffii* Trautv. et Mey. var. *communis* Trautv.

ボロナイカンバ、(宮部博士新稱)

國境附近山地に生ず。

19. *Betula nana* L. var. *sibirica* Ledeb.　ヒメカンバ、(仝上)

北方レツンドラ上に生ず。

20. *Alnus hirsuta* Turcz.　ケヤマハンキ、(Furū-kini), (Kini).

各地平野、河岸濕地に生ず。

21. *Alnus viridis* DC. var. *sibirica* Reg.　ミヤマハンノキ、(Tetara-kini.) (Kini.)

各地に生じ、又高山に生ず。ハヒマツ帶に入りエゾダケカンバ、ミヤマナヽカマド等と混生ず。

Fam. **Fagaceae.**　殼斗科。

22. *Quercus mongolica* Fisch.　　カラフトカシハ、　(Tunni.)
　　　　　　　　　　　　　　　　（宮部博士新稱）

　海岸に多し、東海岸中部以北に無し、

23. *Quercus grosseserrata* Bl.　　ミヅナラ、

　前者に同じ。

　　　　　　　Fam. **Ulmaceae.**　　楡科。

24. *Ulmus campestris* L.　　アカダモ、　(Karani.)

　各地平野及び河岸の沃地に多し。

25. *Ulmus montana* With. var. *laciniata* Trautv.　　オヒョウダモ、(Atni.)
　　　　　　　　　　　　　　　　　　　　　　　　　　　　　(Ahhani.)

　各地山野に生ず。

　　　　　　　Fam. **Moraceae.**　　桑科。

26. *Morus alba* L.　　クハ、　(Tattuni.)

　海馬島及び西海岸の南方一部に生ず.

　　　　　　　Fam. **Saxifragaceae.**　　虎耳草科。

27. *Hydrangea paniculata* Sieb. et Zucc.　　サビタ、ノリノキ、　(Kinneni.)

　南方各地森林内に生ず。

　　　　　　　Fam. **Rosaceae.**　　薔薇科。

28. *Pirus baccata* L. var. *mandshurica* Maxim.　　カラフトズミ、

　南方各地に見ゆ特に河口附近及び海岸に生ず。

29. *Sorbus japonica* T. Hedlund.　　ナヽカマド、(Inaunini.)

　各地に生ず。

30. *Sorbus sambucifolia* Trautv.　　ミヤマナヽカマド、

　各地山野並に高山山頂に生ず。

31. *Crataegus sanguinea* Pall.?　　カラフトサンザシ、　(Unseni.)
　　　　　　　　　　　　　　　　（宮部博士新稱）　　(Unchuni.)

　各地山野に生ず。

32. *Prunus Maximowiczii* Rupr.　　ミヤマザクラ、シロザクラ。

　各所の山地に多し。

33. *Prunus Pseudo-Cerasus* Lindl.　ヤマザクラ、(Karimbani.)

西海岸南部沿海の地にあり。

34. *Prunus Padus* L.　エゾノウハミヅザクラ．(Kikinni.)

各所河岸の地に生ず。

36. *Prunus Ssiori* Fr. Schm.　シウリザクラ、(Shiuri.)

全　　上。

Fam.　**Rutacae.**　芸香科。

36. *Phellodendron amurensis* Rupr.　キハダ、(Shikerebeni.)

西海岸南部及び海馬島に產す。

Fam.　**Celastraceae.**　衞矛科。

37. *Evonymus alata* Sieb. var. *striata* Mak.　コマユミ、

西海岸南部に生ず。

38. *Evonymus macroptera* Rupr.　ヒロハノツリバナ、(Konkeni.)

隨所に生ず。

39. *Evonymus sachalinensis* Maxim.　ムラサキツリバナ、(Enumukonkeni.)

全　　上。

40. *Evonymus Hamiltoniana* Wall.　マユミ．(Kashupuni.)

全　　上。

41. *Celastrus articulata* Thunb.　ツルウメモドキ、

南部平野に生ず。

Fam.　**Aceraceae.**　械樹科。

42. *Acer pictum* Maxim.　イタヤ、(Nishiteni.)

各地に產す。

43. *Acer Ukurunduense* Trautv. et Mey.　オガラバナ、(Tobeni.)

各地山地に多し。

Fam.　**Araliaceae.**　五加科。

44. *Acanthopanax senticosus* Harms.　エゾウコギ、(Mauni). (Epusakani.)

西海岸、アニワ灣及び東海岸の中部以南に生ず。

45. *Acanthopanax ricinifolium* Seem.　　ハリギリ、センノキ、　(Aiushini.)

西海岸南部の海岸に生ず。

Fam. **Oleaceae.**　　木犀科。

46. *Fraxinus mandshurica* Rupr.　　ヤチダモ、　(Opeu). (Itatosu).

西海岸、アニワ灣內の河川流域各所に生ず。

Fam. **Caprifoliaceae.**　　忍冬科。

47. *Sambucus racemosa* L. var. *pubescens* Miq.　　コブノキ、　(Osokoni.)

各地山野に生ず。

48. *Viburnum furcatum* Bl.　　ムシカリ、　(Habituni.)

南方各地山野に在り。

因記、表中和名の右括弧內の文字は樺太アイヌ名なり。

Note.—The word in parenthesis is the plant name given by the Saghalin Ainu.

日 本 産 蜚 蠊 科 及 び 蠼 螋 科 の 新 種

素 木 得 一

NEUE BLATTIDEN UND FORFICULIDEN JAPANS.

VON

T. SHIRAKI.

In der „ *Monographie der Forficuliden Japans* " (Journ. Sapporo Agr'i. coll. vol. II, part 2.—1905), der „ *Neue Forficuliden Japans* " (Trans. Sapporo N. H. S. vol. I, part I,—1905-1906), der „ *Neue Forficuliden und Blattiden Japans* " (Trans. Sapporo N. H. S. vol. I, part 2. 1905-1906) und der „ *Blattiden Japans* " (Annot. Zool. Jap. vol. VI, pl. 1,—1906) habe ich 13 neue und 5 bekannte Forficuliden, 9 neue so wie auch 9 bekannte Blattiden Japans veröffentlicht.

Da ich seitdem 4 neue Blattiden, eine neue Gattung und 4 neue Arten der Forficuliden in Formosa gefunden habe, so möchte ich hier diese Diagnosen bekannt machen.

Die vorliegende Beschreibung wurde exclusiv aus der Ausbeute von Herrn Dr. S. MATSUMURA, Professor an der kais. landwirth. Hochschule zu Sapporo, genommen, welcher mir freundlichst die wertvollen Materialien zur Benützung überlassen hat, statte ich hier meinen herzlichsten Dank ab.

Neue Forficuliden.

I. Gatt. **Labia** LEACH.

Labia flavoguttata N. SP.

♀. Körper konvex, glänzend braunschwarz, unbehaart. Fühler 12-gliedrig, fadenförmig: das 1. Glied ziemlich lang, birnenförmig; das 2. sehr klein; das 3. fast kegelförmig, lang; das 4. klein, annähernd kegelförmig; die uebrigen kegelförmig.

regelmässig sich verlängernd. Pronotum etwas schmäler als der Kopf, mehr länger als breit, hinten abgerundet, in der Mitte mit einer Quervertiefung, am Seitenrande heller. Vorderflügel schmal, am Ende quer ausgeschnitten, braun; Flügelschüppe halb so lang wie der Vorderflügel, braun, in der Mitte mit einem fast quadratischen, weisslichen Flecke. Beine mittellang, schwarzbraun: Tarsenglied 1. dick, kaum länger als das 3., das 2. walzenförmig, sehr klein, die ersten 3 Glieder fast von gleichem Umfang, an der Unterseite fast glatt. Hinterleib fast parallelseitig: das Tergit 3. und 4. je mit 2 Seitenfalten, die Falten des 4. Tergites gross; letztes Hinterleibstergit nach hinten etwas verschmälert; vorletztes Hinterleibssternit abgerundet, das letzte Sternit nicht bedeckend. Zangen mittellang, schmal, an der Basis zusammenliegen und an der Spitze sich aneinander berühren, dreikantig, schwarzbraun.

Körperlänge :	♀ 10.3	mm.
Pronotumslänge :	♀ 1.1	mm.
Pronotumsbreite :	♀ 1.2	mm.
Vorderflügellänge :	♀ 3.0	mm.
Hinterleibslänge :	♀ 5.0	mm.
Hinterleibsbreite :	♀ 2.0	mm.
Fühlerlänge :	♀ 5.2	mm.
Zangenlänge :	♀ 2.86	mm.

Nur ein Exemplar (♀) gesammelt von Herrn Dr. S. MATSUMURA in Horisha (Formosa—Mai).

Trivialname : *Kiboshi-hasamimushi.*

II. Gatt. **Diplatys** SERV.

1831. **Diplatys** (Typ.: D. macrocephala), SERVILE in: Ann. Sc. Nat., v. 22, p. 33.
1893. **Diplatys**, BORMANS in: Biol. centr. Orth., p. 1.
1900. **Diplatys**, BORMANS u. KRAUSS, Forficulidae u. Hemim., p. 8.
1881. **Dyscritina** (Typ.: D. longisetosa), WESTWOOD in: Tr. ent. Soc. London, p. 601.
1898. **Dyscritina**, GREEN in: Tr. ent. Soc. London, p. 381.

Diplatys flavicollis N. SP.

Körper konvex, behaart : beim Männchen schwarz ; beim Weibchen schwarzbraun. Kopf nach hinten verschmälert, so breit wie lang, am Hinterkopf mit einer Quervertiefung, schwarz. Augen kreisförmig, schwarz. Fühler 17-gliedrig, beim Weibchen hellbraun, beim Männchen dunkler : das 1. Glied lang, fast kegelförmig, schwarzbraun ; das 2. sehr kurz, walzenförmig ; das 3. halb so lang wie das 1.; das

4. kurz, kugelförmig; das 5. umgekehrt kegelförmig, ebenso die übrigen, die sich von Glied zu Glied allmählich verlängert. Mundtheile hellgelb, mit gleichfärbigen Taster, Oberlippe braun. Pronotum kaum länger als breit, fast rundlich, gelblich hellbraun. Scutellum frei, klein, gelblich hellbraun. Vorderflügel sehr schmal und lang, an der Basis und am Ende abgerundet : beim Männchen schwarz; beim Weibchen braun. Flügelschüppe sehr schmal, so lang wie der Vorderflügel, gegen die Spitze hin verbreitert, am Ende quer ausgeschnitten : beim Männchen schwarz; beim Weibchen braun. Beine schwach, mittellang, seitlich zusammengedrückt; beim Männchen schwarz, die Hüfte, die Schenkelbasis und die Tarsen gelbbraun; beim Weibchen gelblich hellbraun, an der Endhälfte der Vorderschenkels schwärzlich. Tarsen sehr schmal und lang: das 1. Glied fast 2 mal so lang wie das 3., schlank ; das 2. sehr kurz, einfach ; das 3. deutlich schmäler als die andern Glieder, am Ende mit einer schwärzlichen Krallenpelotte. Hinterleib sehr schlank, walzenförmig, in der Mitte leicht eingeschnürt, schwarz, beim Weibchen hell, mit Seitenfalten: letztes Tergit bei beiden Geschlechtern aufgetrieben, annähernd quadratisch; letztes Sternit sehr gross, fast quadratisch. Zange bei beiden Geschlechtern beinahe gleich, fast gerade, unbewehrt, an der Basis fast zusammenliegend, abgeplattet, annähernd 3-kantig, zugespitzt: beim Weibchen deutlich schwächer, gelblich hellbraun ; beim Männchen schwarzbraun, gegen die Spitze hin heller.

Körperlänge :	♂ 11.5 mm.	♀ 12.0 mm.
Pronotumslänge :	♂ 1.2 mm.	♀ 1.25 mm.
Pronotumsbreite :	♂ 1.15 mm.	♀ 1.15 mm.
Vorderflügellänge :	♂ 3.5 mm.	♀ 3.2 mm.
Hinterleibslänge :	♂ 5.0 mm.	♀ 5.5 mm.
Hinterleibsbreite :	♂ 0.9 mm.	♀ 0.87 mm.
Fühlerlänge :	♂ 9.3 mm.	♀ 9.2 mm.
Zangenlänge :	♂ 1.8 mm.	♀ 1.6 mm.

Nur 2 Exemplare (♂ 1 u. ♀ 1) gesammelt von Herrn Dr. S. MATSUMURA in *Kanshirei* (Formosa—Mai).

Trivialname : *Doboso-hasamimushi.*

III. Gatt. Taipinia N.G.

Type : *Taipinia pulla* n. sp.

Körper mässig konvex, behaart. Kopf herzförmig, nicht oder kaum länger als breit. Fühler 13-gliedrig: das 1. Glied keulenförmig ; das 2. klein, kaum länger als breit ; das 3. walzenförmig, schmal und ziemlich lang ; das 4. klein, kürzer als das 3., kegelförmig ; 5. und 6. lang ; die übrigen walzenförmig, allmählich schlänker und länger werdend. Pronotum schmäler als der Kopf, annähernd quadratisch, am Hinterrande abgestumpft. Vorderflügel und Flügelschüppe vorhanden. Beine von mässiger Länge : Schenkel deutlich seitlich abgeplattet, schmal ; Schienen fast ebenso lang wie der Schenkel ; Tarsen mit langem, dünnem 1. und 3. Glied, das letztere etwas kürzer und schmäler als das erste, das 2. Glied klein, herzförmig verbreitert. Krallenpellote fehlend. Hinterleib mit 4 deutlichen, höckerartigen Seitenfalten ; letztes Tergit bei beiden Geschleckern beinahe gleich, sehr kurz, am Hinterrande abgerundet ; vorletztes Sternit beim Männchen gross, mit querausgerandetem Hinterrande, das letztere nicht ganz bedeckend, beim Weibchen sehr kurz, breit, das letztere nicht ganz bedeckend ; letztes Sternit bei beiden Geschlechtern beinahe gleich, mit halbkreisförmigem Hinterrande. Zangen bei beiden Geschlechtern auseinanderliegend. Pygidium deutlich.

Diese Gattung steht der Gattung *Apterygida* Westw. nahe, unterscheidet sich jedoch davon durch die Form der Abdominalsegmenten und die auseinanderliegende Zangen der beiden Geschlechtern.

In Japan kommt nur eine Art vor.

Taipinia pulla N. SP.

Körper schwarzbraun. Kopf rotbraun, Netzaugen und Mundtheile schwärzlich. Fühler dunkel, das 10. Glied weissgelb. Pronotum glänzend schwarz, mit braunem Seitenrande, in der Mitte mit einer schmalen Längsfurche, Vorderflügel mittellang, ziemlich breit, am Ende quer ausgerandet, behaart, schwarzbraun. Flügelschüppe sehr kurz, behaart, dunkel. Beine braun. Hinterleib kurz, behaart, schwarzbraun: beim Weibchen schmal; beim Männchen nach hinten zu verbreitert. Zange schmal und lang, gelb : beim Männchen an der Basis auseinanderstehend, abgeplattet, bis zum Ende des 1. Viertels stark nach aussen und oben, dann bis etwas über die Mitte stark nach unten und wieder leicht nach innen gebogen. Spitzenhälfte innen gezähnelt, nahe an der Spitze und in der Mitte mit einem etwas grössern zugespitzten und einem kurzen, nach unten gerichteten Zähnchen bewehrt: beim Weibchen dünn, sehr schwach gebogend, auf der Apicalhälfte an der Innenseite mit 2 zugespitzten Zähnchen. Pigydium etwas gross, mit drei spitzigen Spaltungen, schwarzbraun.

Körperlänge :	♂	9.5 mm.	♀	8.2 mm.
Pronotumslänge :	♂	1.1 mm.	♀	1.1 mm.
Pronotumsbreite :	♂	1.2 mm.	♀	1.2 mm.
Vorderflügellänge :	♂	2.2 mm.	♀	1.9 mm.

Flügelschüppenlänge :	♂ 0.7 mm.	♀ 0.55 mm.
Hinterleibslänge :	♂ 4.5 mm.	♀ 3.2 mm.
Hinterleibsbreite :	♂ 2.7 mm.	♀ 2.3 mm.
Fühlerlänge :	♂ 6.1 mm.	♀ 6.1 mm.
Zangenlänge :	♂ 6.1 mm.	♀ 4.5 mm.

Nur 2 Exemplare (♂ 1 u. ♀ 1) gesammelt von Herrn Dr. S. MATSUMURA zu *Taipin* bei Hoppo (Formosa—Mai).

Trivialname : *Magari-hasamimushi.*

Neue Blattiden.

I. Gatt. **Phyllodromia** SERV.

Phyllodromia formosana N. SP.

♀ Körper gross, schwarzbraun. Kopf herzförmig, glänzend schwarz. Netzaugen schwarz ; Punktauge in einem Loch, gelb. Fühler borstenförmig, ein wenig länger als der Körper, braun : das 1. Glied lang, walzenförmig ; das 2. kugelförmig, klein ; die übrigen fadenförmig, sehr klein gliedrig. Pronotum halbkreisförmig, braun, am Seitenrande hellgelb. Vorderflügel kurz, aber den Hinterleib fast überragend, hellbraun. Hinterflügel rauchgrau, die sämtlichen Nerven (Geäder) braun, am Vorderrande gegen die Spitze zu gelblich. Geäder fast wie bei *Phyllodromia vitrea* Brunn. Hinterleib dick und kurz, oben glänzend schwarzbraun, unten braun. Beine mässig lang, schmutziggelb : Schenkel seitlich zusammengedrückt, stachelig ; Schienen länger als der Schenkel, meistens stachelig ; Tarsen sehr schmal, fast so lang wie der Schenkel, das 1. Glied so lang wie die übrigen, das letztere mit sehr feinen Krallen und grossen Haftlappen. Letztes Bauchglied breit und gross, abgerundet, ziemlich konvex, ohne Subgenitalplatte. Supraanalplatte kurz, klein, fast dreieckig, am Ende sehr kurz gespaltet. Cerci ziemlich kurz, zugespitzt, braun. ♂ Körper schmal und lang, hellbraun. Kopf hellgelbbraun, mit schwarzen Netzaugen. Fühler wie beim Weibchen. Pronotum halbkreisförmig, hellbraun, mit durchscheinendem Seitenrande. Vorderflügel lang und schmal, den Hinterleib meist überragend, hellgelb, durchscheinend. Hinterflügel wie beim Weibchen. Geäder wie beim Weibchen. Hinterleib schmal, gelbbraun, braun gefleckt. Beine wie beim Weibchen, aber hellbraun. Subgenitalplatte lang, ohne Stylen. Supraanalplatte ziemlich gross, fast dreieckig, am Ende kaum gespaltet. Cerci wie beim Weibchen.

Körperlänge :	♂	13.5 — 15.0 mm.	♀	15.0 — 15.2 mm.
Pronotumslänge :	♂	3.0 — 3.4 mm.	♀	3.4 — 3.6 mm.
Pronotumsbreite :	♂	4.0 — 4.2 mm.	♀	4.1 — 4.5 mm.
Vorderflügellänge :	♂	14.8 — 15.0 mm.	♀	11.0 — 12.0 mm.
Hinterleibslänge :	♂	6.0 — 6.5 mm.	♀	6.0 mm.
Hinterleibsbreite :	♂	4.2 — 5.0 mm.	♀	6.2 — 6.4 mm.
Cercislänge :	♂	2.1 mm.	♀	2.0 mm.
Fühlerlänge :	♂	17.0 mm.	♀	16.0 mm.

8 Exemplare gesammelt von Herrn Dr. S. MATSUMURA in *Toroyen* (Formosa, Mai—♂ 4 u. ♀ 2) und *Horisha* (Formosa, Mai—♂ 2.)

Trivialname : *Öchabane-gokiburi.*

II. Gatt. **Pseudophyllodromia.**

1865. **Pseudophyllodromia,** Brunner, Nouv. System. Blatt., p. 111, fig. 9.

Pseudophyllodromia testascea N. SP.

♀ Körper lang und platt, gelbbraun.　Kopf mässig gross, lang, vom Pronotum nicht ganz bedeckt, am Hinterkopfe an der Innenseite der Netzaugen mit 2 Quer-erhöhungen.　Stirn ziemlich konvex, breit.　Netzaugen mittelgross, auf dem Scheitel nicht genähert, schwarzbraun.　Punktaugen nicht entwickelt.　Fühler so lang wie der Körper, borstenförmig, gelbbraun ; das 1. Glied lang, walzenförmig, das 2. kurz, kugelförmig, die übrigen fadenförmig.　Pronotum gross, kürzer als breit, fast halbkreisförmig, am Hinterrande abgerundet, rotgelb.　Kiefertaster mässig lang, gelbbraun.　Vorderflügel das Hinterleibsende erreicht, rotgelb.　Hinterflügel durchscheinend, mit gelben Adern.　Geäder wie bei *Phyllodromia formosana* m. Beine mittellang, seitlich zusammengedrückt, hellschmutziggelb : Schenkel schmal, ein wenig stachelig ; Schienen ein wenig länger als der Schenkel, viel stachelig ; Tarsen fast so lang wie der Schenkel, das 1. Glied ein wenig länger als die übrigen, das letzte Glied mit sehr feinen Krallen und grossen Haftlappen.　Hinterleib mässig gross, schmutziggelb, oben am Hinterrande jeder Gliedern schwarzbraun.　Supra-analplatte dreieckig, oben in der Mitte mit einer Längskante.　Letztes Bauch-segment breit, halbkreisförming.　Cerci kurz, zugespitzt, braun.

Körperlänge :	♀	18.7 mm.
Pronotumslänge :	♀	5.0 mm.
Pronotumsbreite :	♀	5.5 mm.
Vorderflügellänge :	♀	19.0 mm.

Hinterleibslänge :	♀	7.5 mm.
Hinterleibsbreite :	♀	7.0 mm.
Cercislänge :	♀	2.7 mm.
Fühlerlänge :	♀	14.3 mm.

Nur 1 Exemplar (♀) gesammelt von Herrn Dr. S. MATSUMURA in Kumamoto (Higo-Juni).

Trivialname : *Usuchabane-gokiburi.*

III. Gatt. Chorisoneura BRUN.

Chorisoneura nigra N. SP.

Form wie bei *C. flavoantennata* BRUN.

♂ Körper mässig lang, schwarz. Kopf gross und flach, fast dreieckig, vom Pronotum fast bedeckend. Netzaugen auf dem Scheitel nicht genähert, schwarzbraun. Stirn ziemlich konvex. Fühler ein wenig kürzer als der Körper, schwarzgelb, fadenförmig. Kiefertaster mittellang, letztes Glied spindelförmig, länger als das vorletzte, schwarz, das 1. Glied sehr kurz, schwarz. Oberlippe braun. Pronotum etwas halbkreisförmig, am Vorderrande in der Mitte ein wenig ausgebuchtet, schwarz, mit durchsichtigem, breitem Seitenrande. Vorderflügel mässig lang, am Ende etwas winkelig, glänzend schwarzbraun. Hinterflügel hellbraun, mit der Apicalfläche. Geäder wie bei *C. nigrifrons* SERV. Beine schwarzbraun, seitlich zusammengedrückt : Schenkel ohne Stacheln ; Schienen lang stachelig, die vordern sehr kurz, die beiden hintern ein wenig länger als der Schenkel ; Tarsen sehr schmal und lang, das 1. Glied deutlich länger als die übrigen, das letzte mit 2 dunkeln Krallen und ziemlich grossen Haftlappen. Hinterleib so lang wie breit, schwarz, flach. Cerci mässig lang, schwarzbraun. Subgenitalplatte kurz, mit nach aussen gebogenen, kräftigen Stylen. Afterdecke gross, halbkreisförmig.

Körperlänge :	♂	8.3 mm.
Pronotumslänge :	♂	2.1 mm.
Pronotumsbreite :	♂	3.0 mm.
Vorderflügellänge :	♂	8.5 mm.
Hinterleibslänge :	♂	4.0 mm.
Hinterleibsbreite :	♂	3.8 mm.
Cercislänge :	♂	1.0 mm.
Fühlerlänge :	♂	7.6 mm.

Nur 1 Exemplare (♂) gesammelt von Herrn Dr. S. MATSUMURA in *Horisha* (Formosa—Mai).

Trivialname : *Himekuro-gokiburi.*

IV. Gatt. **Corydia** SERV.

1839. **Corydia**, BURMEISTER Handb., II, p. 490.
1863. **Corydia**, SAUSSURE, Mel. Orth., I fasc, p. 11.
1865. **Corydia**, BRUNNER, Nouv. system, Batt., p. 335.
Cassida LINN.,

In japan kommt nur 1 Art vor.

Corydia zonata N. SP.

⚥ Form wie bei *C. nuptialis* Gerst., aber sehr klein.

Körper dick und breit, schwarz. Kopf ziemlich lang, vom Pronotum ganz bedeckend, metallisch grünschwarz. Stirn konvex. Netzaugen auf dem Scheitel nicht genähert, lang, schwarzbraun. Fühler etwas kürzer als der Leib, perlschnur-förmig, in der Mitte etwas verdickt, fein behaart, schwarz, das Glied 28. 29. 30. und 31. weissgelb, nahe an der Basis mit kleinen, gelben Nebenaugen. Beide letzte Kiefertasterglieder verdickt, schwarz. Kaustück mit 2 parallelen, fast gleichen Zähnen, schwarz. Pronotum querelliptisch, am Vorderrande stärker gebogen als am hinten, am Seitenrande deutlich winkelig, oben runzelig, in der Mitte mit 4 sehr schmalen Längsfurchen, dicht mit angedrückten Haaren bedeckt, am Rande gewimpert, die Schulterkante entwickelt, metallisch grünschwarz. Vorderflügel länger als der Hinterleib, pergamentartig, ebenfalls dicht behaart, metallisch grün-schwarz, in der Mitte mit einer breiten vom Vorderrande bis zum Hinterrande reichenden, roten Querbinde. Hinterflügel häutig, durchsichtig, am Ende braun, am Vorderrande in der Mitte mit einem gelben, langen Mark. Geäder wie bei *C. nuptialis* GERST. Beine schlank und zierlich, seitlich zusammengedrückt, schwarz: Schenkel ohne Stacheln, behaart ; Schienen lang stachelig, die vordern sehr kurz. Hinterleib sehr flach, kreisförmig, rotgelb, am Ende schwarz. Afterraife perlschnur-förmig, mit kurzen Griffeln.

Körperlänge :	⚥	14.0 mm.
Pronotumslänge :	⚥	4.15 mm.
Pronotumsbreite :	⚥	6.6 mm.
Vorderflügellänge :	⚥	13.0 mm.
Hinterleibslänge :	⚥	6.5 mm.
Hinterleibsbreite :	⚥	8.0 mm.
Cercislänge :	⚥	1.5 mm.
Fühlerlänge :	⚥	9.0 mm.

Nur 1 Exemplar (♂) gesammelt von Herrn Dr. S. MATSUMURA in *Horisha* (Formosa—Mai).

Trivialname: *Obi-gokiburi.*

14. Juli, 1907.

摘　　要

先きに本邦產蜚蠊及び蠼螋に就て吾人の公にせるもの各科共に拾八種なりし處今春我が最も敬愛する理學博士松村松年先生第貳回昆虫採集を臺灣に試みらる其の際蝶類に重きを措かれたりと雖も亦吾人の爲めに殊に多大なる直翅目類及び疊翅目類をもたらせられたり依て早速之れが研究をなせる處次の新屬及び新種を發見せり依て爰に深く先生の恩を謝す

蠼　螋　科

1. *Labia flavoguttata* N. SP. きぼしはさみむし。
2. *Diplatys flavicollis* N. SP. どうほそはさみむし。
3. *Taipinia* (*n. g.*) *pulla* N. SP. まがりはさみむし。

蜚　蠊　科

1. *Phyllodromia formosana* N. SP. おほちやばねごきぶり。
2. *Pseudophyllodromia testascea* N. SP. うすちやばねごきぶり。

   此の種は臺灣ならざれども便宜の爲め此の處に發表せるなり

   分布：熊本

3. *Chorisoneura nigra* N. SP. ひめくろごきぶり。
4. *Corydia zonata* N. SP. をびごきぶり。

本 邦 産 嚙 蟲 目 (茶 柱 蟲 科)

岡 本 半 次 郎

(第 二 圖 版)

DIE PSOCIDEN JAPANS.

·VON

H. OKAMOTO.

(Mit Tafel-II.)

Die bis jetzt mir bekannten· Psociden Japans sind ziemlich zahlreich und die folgenden 10 davon wurden schon von Herrn Dr. G. ENDERLEIN in „ Zool. Jahrb. Abt. f. Syst. Berlin, S. 243-255, (1906) und Stett., entomol. Zeit. S. 306-312, (1907) " veröffentlicht:

1. **Psocus kurokianus** ENDERL.
2. **P.**   **tokyoensis** ENDERL.
3. **P.**   **sexpunctellus** ENDERL.
4. **Amphigerontia nubila** ENDERL.
5. **A.**   **Kolbei** ENDERL.
6. **Matsumuraiella radiopicta** ENDERL.
7. **Hemipsocus hyalinus** ENDERL.
8. **Stenopsocus aphidiformis** ENDERL.
9. **S.**   **niger** ENDERL.
10. **S.**   **pygmaeus** ENDERL.

Prof. H. KOLBE hat noch eine japanische Art (**Psocus japonicus** KOLBE, 1882) beschrieben, diese ist mir aber unbekannt.

Da bei uns in Japan noch zahlreiche Arten vorkommen, von welchen nur wenige ausgenommen, die meisten der wischenschaftlichen Welt neu sind, so will ich hier eine kleine Veröffentlichung machen.

Die vorliegenden Materialien wurden meistens von Herrn Dr. S. MATSUMURA

[Trans. Sap. Nat. Hist. Soc. Vol. II. 1907].

und einige davon von Herren S. KUWAYAMA, S. MITSUHASHI, M. OGUMA, und M. SUZUKI gesammelt, mit denen Erlaubnissen ich sie benützen konnte, so bin ich diesen Herren zum herzlichen Dank verpflichtet.

Es sind mir in Japan im ganzen 32 Arten bekannt, von denen 16 neu sind ; die folgenden 2 Arten **Psocus obtusus** HAGEN und **Taeniostigma ingens** ENDERL. gehören der Indo-australischen Fauna an, während die drei anderen Arten **Psocus nebulosus** STEPH. und **P. 6-punctatus** L. sowie auch **Graphopsocus cruciatus** L. in Europa vorkommen. Es kommen dabei in Japan 10 Gattungen vor, von welchen die eine neu (**Kodamaius** N. G.) ist.

Zum Schluss sage ich noch mal an Herrn Prof. Dr. S. MATSUMURA meinen innigsten Dank, welcher bei dieser Arbeit mich sehr freundlich geleitet hat.

Die folgenden 32 Arten sind mir wohl in Japan bekannt : .

Fam. PSOCIDAE.

I. Subfam. PSOCINAE.

I. Gatt. COPOSTIGMA ENDERL. 1903.

1. **C. hyalinum** N. SP.
2. **C. subcostalis** N. SP.

II. Gatt. CERASTIPSOCUS KOLBE 1883.

3. **C. singularis** N. SP.
4. **C. hakodatensis** N. SP.

III. Gatt. PSOCUS LATR. 1796.

5. **P. capitatus** N. SP.
6. **P. Mitsuhashianus** N. SP.
7. **P. grandis** N. SP.
8. **P. nebulosus** STEPH. (1836).
9. **P. pellucidus** N. SP.
10. **P. Kurokianus** ENDERL. (1906).
11. **P. tokyoensis** ENDERL. (1906).
12. **P. Mali** N. SP.
13. **P. sexpunctatus** L. (1758).
14. **P. sexpunctellus** ENDERL. (1907).
15. **P. obtusus** HAGEN. (1858).
16. **P. japonicus** KOLBE. (1882).
17. **P. formosanus** N. SP.
18. **P. tateokanus** N. SP.

IV. Gatt. **AMPHIGERONTIA** KOLBE (1880).

19. **A. ficivorella** N. SP.
20. **A. nubila** ENDERL. (1906).
21. **A. Kolbei** ENDERL. (1906).
22. **A. jesoensis** N. SP.

    V. Gatt. **HEMIPSOCUS** SELY DE LONG. (1872).
23. **H. hyalinus** ENDERL. (1907).

    VI. Gatt. **TAENIOSTIGMA** ENDERL. (1901).
24. **T. ingens** ENDERL. (1903).

    VII. Gatt. **MATSUMURAIELLA** ENDERL. (1906).
25. **M. radiopicta** ENDERL. (1906).

    VIII. Gatt. **KODAMAIUS** N. G.
26. **K. brevicornis** N. SP.
27. **K. pilosus** N. SP.

    II. Subfam. **STENOPSOCINAE.**

    IX. Gatt. **STENOPSOCUS** HAGEN (1866).
28. **S. nigricellus** N. SP.
29. **S. niger** ENDERL. (1906).
30. **S. aphidiformis** ENDERL. (1906).
31. **S. pygmaeus** ENDERL. (1906).

    X. Gatt. **GRAPHOPSOCUS** KOLBE (1880).
32. **G. cruciatus** L. (1768).

BESTIMMUNGSTABELLE ZU DEN SUBFAMILIEN DER PSOCIDEN.

I. Ohne vollständigen Querast zwischen *Pterostigma* und *Ramus radialis*.........
                           .... **Psocinae.**
II. Mit Querast zwischen *Pterostigma* und *Ramus radialis* . ... .. **Stenopsocinae.**

PSOCINAE.

BESTIMMUNGSTABELLE ZU DEN GATTUNGEN DER PSOCINEN.

1. Adern und Flügelrand unbehaart, *Media* drei-ästig... .... **2.**
   Adern und Flügelrand behaart .... **5.**

2. *Pterostigma* ohne Rudiment eines Querästchen .... 3.

Pterostigma mit Rudiment eines Querästchen......**Copostigma**.ENDERL. (1903).

3. Vorder-Ast des *Radialramus* ($r_2 + 3$) normal .... 4.

Vorder-Ast des *Radialramus* stark nach innen gebogen.........................

............**Cerastipsocus** KOLBE (1883).

4. *Radialramus* und *Media* im Vorderflügel durch eine Querader nicht verbunden

..............**Psocus** LATR. (1796).

Radialramus und *Media* im Vorderflügel durch eine Querader verbunden ...

.... **Amphigerontia** KOLBE (1880).

5. *Media* drei-ästig... 6.

Media zwei-ästig ....**Hemipsocus** SELYS. (1880).

6. *Pterostigma* breit und kurz... 7.

Pterostigma streifenartig ausgedehnt und sehr schmal ....

........**Taeniostigma** ENDERL. (1901).

7. *Radialramus* und *Media* im Vorderflügel durch Querader nicht verbunden

und *Areola postica* mit breitem Scheitel sich der *Media* verwachsen ......

......**Matsumuraiella** ENDERL. (1906).

Radialramus und *Media* im Vorderflügel durch eine Querader verbunden

und *Areola postica* gestielt............... ....**Kodamaius** N. G.

I. Gatt. **COPOSTIGMA** ENDERL. (1903).

Copostigma ENDERLEIN, Ann. Mus. Nat. Hung., vol. I, s. 229, (1903).

In Japan kommen 2 Arten vor.

Uebersicht der Arten.

Vorderflügel ohne starke und lange Subcostalader ....**hyalinum** N. SP.

Vorderflügel mit starker und langer Subcostalader ....**subcostalis** N. SP.

1. C. hyalinum N. SP.

Scheitel dunkelbraun; Stirn bräunlichgelb, in der Mitte mit zwei schwarzen Punkten; *Clypeus* ziemlich klein, gewölbt; mit einigen dunkelbräunlichen, parallelen, Längslinien; *Clypeolus* dunkelbraun; Oberlippe und die 2 Endglieder des Maxillartasters schwarz. Wangen gelblichbraun; Ocellen röthlich, hoch erhaben. Augen ausserordentlich gross, etwas nierenförmig, nach hinten etwas überragend, röthlichbraun (beim ♀ ziemlich klein). Scheitelbreite sehr schmal, Scheitelnaht deutlich. Antennen dünn, von der Vorderflügelslänge, schwarzbraun, die beiden Basalglieder und das 3. Glied hellbraun; sämtliche Glieder fein behaart.

Thorax schwarzbraun, mit gelblichen Suturen. *Abdomen* schwärzlichbraun. Beine hellgelblichbraun, die Spitzen der Schienen und die Tarsen schwarz ; das 1. Hintertarsenglied mit 28, das 2. mit 2 Ctenidien. Ctenidien mit 4 Zähnchen. Klauen ziemlich stark, vor der Spitze mit kurzem Zahn. Verhältniss der Hintertarsenglieder 3 : 1.

Flügel fast hyalin, sehr schwach angeraucht. Adern braun, nur an der Basis gelblichbraun. Vorderflügel: am Vorderrande, an der äussern Spitze und am *Pterostigma* bräunlichgrau. Ein hellbräunlicher Streif läuft den Hinterrand des *Pterostigmas* entlang bis an dem kurzen Querast. Der Ausserrand der Medialzelle ziemlich lang, Gabelzelle lang, nicht divergierend, der Stiel sehr kurz ; Gabelzelle fast 5 mal so lang wie der Stiel, $r_4 + 5$ parallel zur *Media*. Apicalzelle des Hinterflügels spärlich behaart.

Vorderflügelslänge   3½ mm. (♂ u. ♀).

Flügelsspannung   8 mm. („ ·).

Fundort : Formosa (Koshun, 7. Juli, 1906), gesammelt (3 ♂ und 1 ♀) von Herrn Prof. Dr. S. MATSUMURA.

2. Copostima subcostalis N. SP. (Fig. 1.)

Der Form nach dem *Copostigma hyalinum* N.SP. sehr ähnlich, es unterscheidet sich jedoch dadurch, dass der Scheitel beim *subcostalis* röthlichbraun und fein gefleckt ; Stirn auch röthlichbraun ; die Spitze des Maxillartasters dunkel ; Augen verhältnissmässig klein, schwarz ; Scheitelnaht undeutlich. Thorax blassbraun, mit gelblichbraunen Suturen, *Antedorsum* und *Dorsum* des *Mesothorax* dunkel. Abdomen schwärzlichbraun, mit gelben Flecken. Beine hellgelblichbraun, die Spitze der Schienen und das 2. Tarsenglied dunkler. Das 1. Hintertarsalglied mit 24 Ctenidien. Flügel hyalin, Subcostalader sehr stark und lang, *Pterostigma* grau, den Basaltheil ausgenommen hyalin. Ein grauer Fleck am *Nodulus* und ebensolcher an der Cubitalzelle. Vorder und Hinterflügel stark grün bis roth irisirend.

Vorderflügelslänge   3½ mm.

Flügelsspannung   7½ mm.

Fühlerslänge   3 mm.

Fundort : Formosa (Tainan), gesammelt am 21. Mai, 1907 (2 ♀) von Herrn Prof. Dr. S. MATSUMURA.

II. Gatt. CERASTIPSOCUS KOLBE (1883).

Cerastis KOLBE, Stett. Ent. Zeit. p. 65, (1883).

Cerastipsocus KOLBE, Berlin, Ent. Zeit. Bd. 28, p. 38, (1884).

    ENDERL., Ann. Mus. Nat. Hung., Vol. I. s. 214, (1903).

In Japan kommen 2 Arten vor.

Uebersicht der Arten.

Radialramus und *Media* im Vorderflügel durch eine Querader verbunden ......

............**singularis** N. SP.

Radialramus und *Media* im Vorderflügel durch eine Querader nicht verbunden

.............**hakodatensis** N. SP.

1. Cerastipsocus singularis N. SP. (Fig. 6.)

Kopf röthlichbraun, Maxillartaster mit schwärzlichbraunem Endglied, Oberlippe dunkelbraun, an den Seiten abgerundet, vorn ausgebuchtet, *Clypeus* vorgewölbt, dunkelbraun, mit schwärzlichen, parallelen Längslinien ; *Clypeolus* deutlich vorgewölbt, hellbraun. Wangen braun. Schläfen schmal. Scheitel ungefleckt. Stirn in der Mitte mit einem schwarzen Punkte. Scheitelsutur dunkel, deutlich. Hinterkopfsrand abgerundet. Augen verhältnissmässig klein, schwarz oder hellbraun, in der Mitte schwarz. Fühler sehr lang, etwa 2 mal so lang wie der Vorderflügel, schwarz, die beiden Basalglieder braun, das 1. ausserordentlich gross, kurz, dicht behaart.

Thorax glänzend schwarz, *Scutellum, cristae scutelli* des *Metathorax* hellbraun. *Abdomen* schwärzlichbraun. Beine röthlichbraun bis braun, die Spitze der Schienen und die Tarsen dunkler. Das 1. Hintertarsenglied mit 22, das 2. mit 6 Ctenidien. Verhältniss der Hinterschiene zu den Tarsengliedern etwa 13.2 : 3 : 2.

Vorderflügel hellbraun, mit starker Subcostalader, die im distalen Theile der *Costa* sich befindet; *Pterostigma* schmal, lang, rothbraun, diese Färbung tritt hinten weit über dasselbe hinaus. Die Adern dunkelbraun, an der Basis gelblich, die Basalhälfte des 1. Astes (R 2 + 3) der Radialgabel und ♀ des 2. Astes (R 4 + 5) gelblichweiss, von einem sehr schmalen hyalinen Streifen begleitet, der 2. Ast in seinem proximalen Theile nach innen und unten stark gebogen und es bildet sich alsdann eine unregelmässige S-förmige Zeichnung, wie bei Fig. 1. Ein hyaliner Fleck befindet sich an der innern Basis der 1. Cubitalzelle (Cu₁) und es dehnt sich bis zum Scheitel der *Media* aus, die Adern innerhalb dieses Fleckes gelblichweiss. *Radialramus* und *Media* durch eine Querader verbunden. Ein hyaliner Fleck befindet sich am distalen Theil der *Costa*. Das *Vertex* der 1. Cubitalzelle ungestielt, mit schmalem *Vertex* sich der *Media* berührend. Hinterflügel grau beraucht.

Vorderflügelslänge 　　　　　 6 bis 7 mm.
Flügelsspannung 　　　　　　 13 bis 15 mm.
Fühlerslänge 　　　　　　　 13 mm.

Fundort : Kagoshima, am 10. Juli, 1903 (1 ♀) und Formosa (Shōka), am 20.

Juli, 1906.(1 ♀), gesammelt von Herrn Prof. Dr. S. MATSUMURA.

2. Cerastipsocus hakodatensis N. SP.

Der Form und der Zeichnung nach *C. singularis* N. SP. sehr ähnlich, es unterscheidet sich jedoch von demselben wie folgends ;

Kopf hellgelblichbraun, das Endglied des Maxillartasters dunkelbraun, Oberlippe glänzendschwarz. Wangen gelblich. Schläfen ziemlich breit. Stirn braun, ohne schwarzen Punkten. Scheitelsutur scharf, deutlich, nicht dunkel. Beine gelblichbraun, Tarsen dunkler. Das 1. Hintertarsenglied mit 18 Ctenidien. Verhältniss der Hintertibien zu den 2 Tarsengliedern etwa 35 : 7 : 4½. *Radialramus* und *Media* im Vorderflügel sich eine Strecke weit verschmolzen. *Pterostigma* hellbraun. Etwa am Basaldrittel des 1. Astes (R2 + 3) der Radialgabel gelblichweiss.

Vorderflügelslänge   7 mm.

Flügelsspannung   15 mm.

Fühlerslänge   circa 12 mm.

Fundort : Hakodate, nur 1 ♂ Examplar gesammelt am 10. Oct. 1906 von Herrn S. KUWAYAMA.

III. Gatt. PSOCUS LATR. (1796).

Hemerobius LINNAEUS, Syst. Nat. p. 549, (1758).

     „   FABRICIUS, Ent. Syst. Tom. II. p. 81, (1793).

Psocus LATREILLE, Ditto, in Coquebert. Illustr. Iconogr. Ins. tab. 2, (1796).

     „   BURMEISTER, Handb. d. Entom. II. p. 775, (1839).

     „   RAMBUR, Hist. Nat. d. Ins. p. 318, (1842).

     „   HAGEN, Verh. d. Zoolg. Bot. Ges. Wien, (1866).

     „   M'LACHLAN, Ent. Month. Mag. vol. III, (1867).

     „   SPÅNGBERG, Psocina Sueciae et Fenniae, (1878).

     „   KOLBE, Stett. Ent. Zeit. (1880).

     „   ENDERLEIN, Ann. Mus. Nat. Hung., vol. I. s. 215, (1903).

In Japan kommen 15 Arten vor.

Uebersicht der Arten.

I.   Scheitel der *Arcola postica* gestielt ... ... II.

     Scheitel der *Arcola postica* anliegend ... ... III.

II.   Vorderflügel mit brauner Zeichnung ... ... **capitatus** N. SP.

     Vorderflügel ohne brauner Zeichnung ... ... **Mitsuhashianus** N. SP.

III.   Vorderflügel bräunlich oder braun... ... ... IV.

     Vorderflügel hyalin, farblos ... ... V.

     Vorderflügel graulich oder grau angeraucht... ... ... X.

IV. Vorderflügel mit einer undeutlichen, braunen Subbasal-Querbinde, ...

....grandis N. SP.

Vorderflügel ohne undeutliche Subbasal-Querbinde, *Pterostigma* braun ...

... .nebulosus STEPH.

V. Vorderflügel nahe an der Basis mit einer bräunlichen Querbinde ....VI.

.... Vorderflügel ohne bräunliche Querbinde .... **pellucidus** N. SP.

VI. : An der Basis des Vorderflügels mit braunem Flecke....**Kurokianus** ENDERL.

.... An der Basis des Vorderflügels ohne braunen Fleck.. ....VII.

VII. Am Hinterrande des *Pterostigmas* (r₁) abgerundet............ ....VIII.

........Am Hinterrande des *Pterostigmas* (r₁) scharfeckig... **tokyoensis** ENDERL.

VIII. An der Apicalhälfte des Vorderflügels mit 6 grauen Punkten... ...... IX.

.... An der Apicalhälfte des Vorderflügels ohne Punkten. .. .... **Mali** N. SP.

IX. Subcostalader stark verwachsen, Vorderflügellänge über 3 mm. ... ...

... . **sexpunctatus** L.

Subcostalader schwach verwachsen, Vorderflügelslänge nicht über 3 mm. ...

... .sexpunctellus ENDERL.

X. Vorderflügel mit H-förmiger grauer Zeichnung... ... ... **obtusus** HAGEN.

Vorderflügel ohne H-förmige graue Zeichnung... ... ... XI.

XI. *Pterostigma* dunkelbraun oder braun... ... ... XII.

Pterostigma dunkelbraun, an der Basis hyalin .. .. **japonicus** KOLBE.

XII. Radialgabel des Vorderflügels mit fast parallelen Aesten.. **formosanus** N. SP.

Radialgabel des Vorderflügels mit divergierenden Aesten. **tateokanus** N. SP.

1. Psocus capitatus N. SP. (Fig. 10.)

Der Form und Färbung nach erinnert es sich an *P. tokyoensis* ENDERL.
Kopf hellbraun. Scheitel sehr blass gefleckt. *Clypeus* vorgewölbt, längsgestreift;
Clypeolus klein, hellbräunlichgelb. Oberlippe schwärzlichbraun. Maxillartaster
bräunlichgelb, das Endglied schwarz. Augen sehr klein. Scheitel breit; Scheitel-
naht undeutlich. Wangen bräunlich. Schläfen schmal. *Thorax* schwärzlich-
braun, *Scutellum*, *Cristae scutelli* des *Mesothorax* und *Postscutellum*, *Cristae
scutelli* des *Metathorax* gelblich. *Abdomen* schwarz. Beine bräunlichgelb,
Schienenspitze und das 2. Tarsenglied schwarz, Das 1. Hintertarsenglied mit 19,
das 2. mit 5 Ctenidien; Ctenidien mit 5 Zähnchen. Klauen an der Spitze gelb, mit
einem Stumpfen Zahn. Verhältniss der Hintertarsenglieder 2½ : 1.

Flügel hyalin. Vorderflügel an der Basis mit braunen Flecken; die dunkel-
braune, unterbrochene Subbasalbinde weder den Vorder noch den Hinterrand
erreicht; am *Nodulus* ein brauner Fleck. *Pterostigma* röthlichbraun, die Färbung

tritt hinten über r$_4$ hinaus. Am Hinterrande des *Pterostigmas* abgerundet. An der Apicalhälfte braun, wie bei Fig. 10. Die Adern bräunlichgelb, an der Stelle der braunen Zeichnung dunkelbraun. *Areola postica* fast dreieckig, am *Vertex* der *Areola postica* gestielt. Die Adern des Hinterflügels bräunlichgelb bis braun. Die Analzelle des Hinterflügels mit einem grossen, grauen Flecke.

Vorderflügelslänge   4 mm.

Flügelsspannung   7½ mm.

Fundort: Formosa, Juli, 1906 (1 ♀), gesammelt von Herrn Prof. Dr. S. MATSUMURA.

2. Psocus Mitsuhashianus N. SP. (Fig. 3 H.)

Kopf blassbraun. *Clypeus* dunkelbraun, sehr klein. Stirn gelblich; in der Mitte mit einem schwarzen Punkte. Scheitel mit einigen dunkelbraunen, kurzen Streifen. Scheitelnaht schwarz. Augen relativ klein, hoch vorstehend, schwarz, zuweilen heller gefärbt. Schläfen und Wangen gelblichbraun. Ocellen dicht gelegen, etwas röthlich. Antennen sehr lang, mehr als 2 mal so lang wie die Vorderflügelslänge. *Clypeolus* hellbraun. Die 2 Endglieder des Maxillartasters und das *Labrum* schwarz.

Thorax glänzend schwarz. Am Hinterrande des *Meso-* und *Metanotums* braun, *Scutellum, Postscutellum* und Leisten hellbraun. *Abdomen* schwarz, oben und an der Seite gelblich gesprenkelt. Beine hellbraun, Schienenspitze und Tarsen dunkler. Das 1. Hintertarsenglied mit etwa 21., das 2. mit 8 Ctenidien. Verhältniss der Hintertarsenglieder 2 : 1.

Vorderflügel hyalin, nur an der Basis graulichbraun. Die Adern schwärzlichbraun, an der innern Spitze der Radialgabel, der Stiel der 1. Cubitalzelle (*Areola postica*) und die Axilarader, sowie auch der Ast des *Cubitus* hellbraun. Die Subcostalader ziemlich lang und stark entwickelt. Die Vereinigungslinie des *Radius* und der *Media* verhältnissmässig kurz. *Areola postica* sehr hoch und gestielt. Ader r$_{1+3}$ etwa ½ mal so lang wie der Gabelstiel. Radialgabel mit fast parallelen Aesten. *Pterostigma* sehr schmal, röthlichbraun, die Färbung tritt hinten über dasselbe hinaus. Flügelspitze sehr scharf. Hinterflügel hyalin, Adern dunkelbraun. Vorder- und Hinterflügel schwach irisierend.

Vorderflügelslänge   6 mm.

Flügelsspannung   13¼ mm.

Fühlerslänge   13 mm.

Fundort: Sapporo, 25. Aug., 1905 (1 ♂). (Coll. Herrn S. MITSUHASHI).

Diese Art weidme ich zum Andenken an Herrn S. MITSUHASHI.

3. Psocus grandis N. SP. (Fig. 9.)

Kopf dunkelbraun, röthlichgefleckt. Die 2 Endglieder des Maxillartasters schwarz; Oberlippe glänzend schwarz; *Clypeolus* ziemlich gross; *Clypeus* gross und vorgewölbt, mit undeutlichen, dunkeln Längslinien. Wangen gelblichbraun. Schläfen schmal. Scheitel breit, nicht gefleckt; Scheitelnaht deutlich, dunkel. Stirnauge röthlich. Augen klein. Fühler so lang wie der Vorderflügel, beide Basalglieder und das 3. Glied gelblichbraun, die Spitze des 3. sowie auch die übrigen schwarz, kurz behaart.

Thorax schwärzlichbraun; *Scutellum* und *Postscutellum* bräunlichgelb. *Abdomen* schwärzlichbraun. Beine mehr oder weniger gebräunt; Schenkel dunkel, Tarsenglieder und Klauen dunkler, die letzteren an den Spitzen gelb. Das 1. Hintertarsenglied mit 22, das 2. mit 7 Ctenidien. Verhältniss der Hintertarsenglieder 2 : 1.

Flügel braun angeraucht, mit undeutlicher, subbasaler Querbinde. *Pterostigma* dunkelröthlichbraun, Basaldrittel gelblichbraun, die Färbung tritt das *Pterostigma* ziemlich weit hinüber. Die Adern braun, die Radialzelle 3 (R_3) an der Basis und *Areola postica* am Scheitel gelblichweiss. *Areola postica* sehr gross, fünfeckig, mit mässig kurzem Scheitel. Hinterflügel hell bräunlich angeraucht, ziemlich stark irisierend.

Vorderflügelslänge	8 mm.
Flügelsspannung	17½ mm.
Fühlerslänge	8 mm.

Fundort : Sapporo (1. Juli, 1906 1 ♀) und Ziozankei (12, Juli 1905 1 ♀), gesammelt von Herrn S. KUWAYAMA und vom Autor.

Die vorliegende Art erinnert uns, nach der Zeichnung und der Form, an die *Amphigerontia nubila* ENDERL; durch die Nerven jedoch kann man leicht von dieser Art unterscheiden.

4. P. nebulosus STEPH.

P. nebulosus STEPH. Ill. Brit. Ent. Maad., vol. 6, p, 119, (1835-1873); BURM. Handb. Ent. vol. ii; p. 780, 17, (1843); HAGEN, Ent. Ann. p. 29, 16, (1861); M'L. Ent. Mon. Mag. vol. iii. (1867); TÜMPEL, Die Geradfl. s. 156, (1901); ENDERL. Ann. hist-natur. Mus. Nat. Hung., s. 217, (1903); ENDERL. Zool. Jaherb. Abt. f. syst. s. 246, (1903). P. similis STEPH. Ill. p. 120, 20 (1836); BRAUER N. A. p. 33. P. variegatus CURT. B. E. 648, 4. nec. FAB. P. infuscatus RAMB, Hist. Nat. Ins. Neur. 319, 1, ♀ (1842). P. affinis RAMB. Néurop. p. 320, 3 ♂ (1842).

Kopf schwärzlichbraun, beim ♀ heller. Scheitel beim ♂ schwärzlichbraun, beim ♀ dunkelbraun. Scheitelsutur dunkel, beim ♂ sehr fein. Stirn an den Seiten und die Wange beim ♂ gelblich. *Clypeolus* klein; *Clypeus* gewölbt, dunkelbraun

mit parallelen, undeutlichen, schwarzen Längslinien, jede in der Mitte mit einer Reihe
von Härchen. Augen beim ♂ sehr gross, zweimal so lang wie beim ♀, die Durch-
messer so lang wie die Scheitelbreite zwischen den Augen. Maxillartaster dunkel-
braun, mit schwärzlichbraunem Endglied. Oberlippe schwarz. Antennen schwarz,
viel länger als die Vorderflügelslänge, beim ♂ das 2. Glied gelb, dicht und kurz
behaart; beim ♀ beide Basalglieder und das 3. Glied röthlichbraun. Am Hinter-
rande des Kopfes abgerundet.

Thorax beim ♂ schwärzlichbraun bis schwarz, matt; beim ♀ dunkelbraun,
Leisten und Naht gelblich. *Abdomen* schwärzlichbraun. Beine hellbräunlich, Tar-
sen dunkler, das 1. Hintertarsenglied mit 2 Endspornen und 30 Ctenidien, das 2. mit
6 Ctenidien. Ctenidien je mit 3–4 ziemlich stumpfen Zähnchen. Klauen ziemlich
gross, vor der Spitze mit einem Zahn. Verhältniss der Hintertarsenglieder 3 : 1.

Flügel graulichbraun, ohne Flecken, beim ♀ heller, Unterapicalzelle (M_1, M_2,
M_3 und Cu_1) je mit einem hellgrauen Flecke. *Pterostigma* dunkelbraun, dreieckig;
beim ♂ braun, den Basaltheil ausgenommen hyalin; die Färbung tritt über das
Pterostigma hinaus. Am *Nodulus* mit einem grauen Flecke. Die Adern graulich-
braun, der 1. und 2. Ast der Radialgabel an der Basis und die Ader des innern
Schenkels der 1. Cubitalzelle entlang bis zum Scheitel gelblichweiss, welche von
einem sehr schmalen hyalinen Streifen begleitet wird. *Areola postica* gross, mit
schmalem Scheitel, sich beinahe zu der Medianzelle, (M_3) genähert, beim ♂ die
Medianzelle, sehr klein, etwa eine Hälfte so gross wie die zweite Medianzelle (M_2).
Hinterflügel grau angeraucht, beide Flügel grün bis rot irisierend.

	♂	♀
Vorderflügelslänge	5 mm.	6 mm.
Flügelsspannung	11 mm.	13 mm.
Fühlerslänge	8 mm.	8 mm.

Fundort: Hakodate, 19. Aug. 1906 (1 ♂); Sapporo, 30. Juli 1906 (1 ♂);
Gifu, 13. Juli, 1903 (1 ♀); Sapporo, 1903 (2 ♀); Ziozankei, 9. Sept. 1906 (1 ♀);
gesammelt von Herren Prof. Dr. S. MATSUMURA, S. KUWAYAMA und M. OGUMA.

Sonstige Fundorte : England, Deutschland, Indien und Australien.

5. P. pellucidus N. SP.

Maxillartaster blassgelb, mit schwarzem Endglied. Scheitel gelb, mit brauner
Zeichnung. Oberlippe schwarz, vorn und an den Seiten abgerundet. *Clypeolus*
klein; *Clypeus* gross, mit 12 dunkelbraunen, parallelen Längslinien. Stirn an den
Seiten mit einem rundlichen dunkelbraunen, in der Mitte mit halbkreisförmigen
Fleck. Wangen gelb, mit einem schwarzen Punkte. Augen schwärzlichbraun.

Die 2 Basalglieder der Antennen gelb, die übrigen schwarz; etwas kürzer als die
Vorderflügelslänge und sehr kurz pubesciert.

Thorax schwärzlichbraun; die Furchen und die Ränder des Pronotums, das
Scutellum und der äussere Vorderrand des Mesothorax gelb. Abdomen schwärz-
lichbraun mit gelber Zeichnung. Beine hellgelb; Tarsen dunkel, das 1. Hinter-
tarsenglied mit 19, das 2. mit etwas 6. Ctenidien; Klauen schwarz, an der Spitze
gelb. Verhältniss der Hintertarsenglieder 3 : 1.

Flügel hyalin, hellgrau angeraucht. Pterostigma röthlichbraun, die Färbung
tritt über das Pterostigma hin, am Hinterrande des Pterostigmas abgerundet. Am
Nodulus ein kleiner, schwarzer Fleck. Die Adern gelblichbraun, die Basis des 1.
und 2. Astes des Cubitus gelblichweiss. Areola postica mit breitem Scheitel,
sehr gross. Hinterflügel hyalin, ziemlich stark irisierend.

Vorderflügelslänge 4 mm.
Flügelsspannung 8⅓ mm.
Fühlerslänge 3.5 mm.

Fundort: Sapporo, 10. Juli, 1903 (1 ♀); 30. Juli, 1903 (1 ♀); Towada, 25.
Juli, 1905 (1 ♀); gesammelt von Herrn Prof. Dr. S. MATSUMURA.

6. P. Kurokianus ENDERL.

P. Kurokianus ENDERL., Zool. Jahrb. Abt. f. Syst. p. 244, Tafel, 10. fig. 1. (1906).

Kopf hellgelblich bis graulichweiss. Clypeus mit zahlreichen, feinen, dunkel-
braunen Längslinien, die den Vorderrand nicht erreicht. Clypeolus hell graulich-
weiss. Oberlippe in der Mitte dunkelbraun, an den Seiten gelblich. Maxillartaster
blass, Endglied kaum dunkler angeraucht. Scheitel und Stirn gelblich, mit dunkel-
braunen Flecken gesprenkelt. Augen graulichbraun; beim ♀ klein; beim ♂ sehr
gross, zweimal so gross wie beim ♀. Ocellen röthlichschwarz. Wangen graulich-
weiss. Scheitelnaht ziemlich scharf. Fühler lang und dünn, dunkel, die beide
Basalglieder, das 3. und 4. Glied die Spitze ausgenommen, gelblich, sehr kurz und
fein behaart.

Thorax schwärzlichbraun, mit weit ausgedehnter, blasser Region und blassen
Leisten. Abdomen dunkelbraun. Beine rostgelb, Schienenspitze und die Tarsen
schwärzlichbraun. Das 1. Hintertarsenglied mit 2 Endospornen und 23 Ctenidien,
das 2. mit 10 Ctenidien. Ctenidien je mit 4 stumpfen Zähnchen. Klauen schwärz-
lichbraun, an der Spitze gelblich, ein Zahn vor der Spitze stumpfig. Verhältniss
der Hintertarsenglieder etwa 2 : 1.

Vorderflügel hyalin (kaum angeraucht), mit brauner Zeichnung. Die Adern
bräunlichgelb, an der Stelle der Zeichnung dunkelbraun. An der Basis mit braunen

Flecken; die subbasale Querbinde erreicht weder den Vorder- noch den Hinterrand; am *Nodulus*, am Innen- und Unterrande des *Pterostigmas*, am Scheitel der *Areola postica* je mit einem braunen Flecke ; die Radialzelle (R$_s$) auf der Apicalhälfte mit 2 dunkelbraunen Flecken ; Zelle M$_1$, M$_2$ und M$_3$ je mit einem dunkelbraunen Streife gefleckt. Die Adern Cu$_1$, m$_3$, m$_2$ und m$_1$ je dunkelbräunlich gesäumt. *Pterostigma* hyalin, in der Mitte röthlichbraun, der Scheitel der *Areola postica* ziemlich breit. Hinterflügel hyalin, die Adern bräunlichgelb, r$_{2+3}$, r$_{4+5}$, M und die Apicalhälfte der Cubitalader tiefbraun.

<table>
<tr><td></td><td>♂</td><td>♀</td></tr>
<tr><td>Vorderflügelslänge</td><td>4⅓ mm.</td><td>6 mm.</td></tr>
</table>

Fundort : Ziozankei bei Sapporo (9. Sept. 1903 1 ♀), Nakano bei Tokyo (7. Juli, 1903 1 ♂), gesammelt von Herrn Prof. Dr. S. MATSUMURA.

7. P. tokyoensis ENDERL.

P. tokyoensis, ENDERL. Zool. Jahrb. Abt. f. Syst. P. 245, Tafel 10, fig. 2 (1906).

Kopf röthlichbraun bis dunkelbraun, besonders beim ♀ dunkler. Scheitel undeutlich blass gefleckt. Stirn dunkelbraun. *Clypeus* gewölbt, dunkler, der Länge nach gestreift. *Clypeolus* heller. Oberlippe schwärzlichbraun, besonders beim ♀. Maxillartaster rostgelb, beide Endglied und die Spitze des 2. Gliedes schwarz. Augen beim ♂ röthlichbraun, schwärzlich gefleckt, ziemlich gross ; beim ♀ schwarz, etwas kleiner als wie bei ♂, bei beiden Geschlechtern kugelig abstehend. Fühler länger als die Vorderflügelslänge, schwärzlichbraun, die 3 ersten Glieder rostgelb ; beim ♀ sehr kurz und fein ; beim ♂ sehr lang und dicht pubesciert. Scheitelnaht scharf. Hinterkopfsrand abgerundet.

Thorax dunkelbraun, Leisten gelblichbraun. Beine gelblichrostbraun, Schenkel rostgelb, Schienenspitze, das 1. Tarsenglied mit Ausnahme des Basaldrittels, heller, das 2. Tarsenglied schwarzbraun. Das 1. Hintertarsenglied mit 19–22, das 2 mit 5 Ctenidien. Verhältniss der Hintertarsenglieder 4 : 1⅓.

Vorderflügel hyalin, mit dunkelbrauner oder brauner Zeichnung ; die dunkelbraune, subbasale Querbinde, welche in der Mitte nach aussen gebogen ist, und den Vorderrand nicht erreicht ; ein kleiner Fleck am *Nodulus*, ein Fleck am 2. Aste des *Cubitus*, an der Spitze des Vorderastes der Radialgabel ; ein grosser Fleck an der Mitte des Hinterrandes des *Pterostigmas* und der Basaltheil der Radialzelle, (R$_s$) dunkelbraun ; Medianzelle$_3$ ganz, Medianzelle$_2$ und Medianzelle$_1$ theilweise und die Apicalhälfte der R$_s$ mit dunkelbraunen Flecken. *Pterostigma* dunkelbraun, am proximalen Ende hyalin, die Färbung tritt hinten r$_1$ hinuber. Am Hinterrande des *Pterostigmas* (r$_1$) bildet einen rechten Winkel. *Areola postica* gross, mit ziemlich schmalem Scheitel. Medianzelle, sehr klein. Die Adern dunkelbräun, an der Basalhälfte gelblich. Hinterflügel hyalin ; Adern gelblich, *Radius* und *Cubitus* dunkelbraun. ·Vorder- und Hinterflügel grün bis rot irisierend.

	♂	♀
Vorderflügelslänge	5 mm.	6½ mm.
Fühlerslänge	7 mm.	8 mm.

Fundort : Aomori (26. VII. '06) ; Sapporo (Aug. '06) ; Tokyo (Juli, 1903-6) ; Moji (Aug. 1906) ; Hakone (Jun.-Juli, 1903-6) ; Hakodate (Juli, 1906).

Diese zahlreiche Materialien wurden von Herren Prof. Dr. S. MATSUMURA, S. KUWAYAMA, M. OGUMA und dem Autor gesammelt. ·

8. Psocus Mali N. SP. (Fig. 5.)

Der Form nach P. Kurokianus ENDERL. sehr ähnlich, es unterscheidet sich jedoch durch die Apicalflecken der Apicalzellen und den grössern Körperbau.

: Kopf schwarz, vorn braun, Maxillartaster gelb, die 2 Endglieder dunkel angeraucht. · Scheitel breit, mit netzartigen, gelben Streifen, Stirn an der Seiten mit gelbem, viereckigem Flecke, in der Mitte mit drei gelben, rundlichen Flecken, welche durch einen gelben Querstreifen gekreuzt wird. *Clypeus* gross, mit bräunlichen Längslinien; *Clypeolus* mässig klein. Oberlippe gross, am Rande schwärzlichbraun, in der Mitte erhebt sich eine schwärzlichbraune Querleiste. Augen schwarz. Scheitelnaht sehr fein. Antennen schwarz, die zwei Basalglieder und die Basalhälfte des 3. Gliedes hellgelb, deutlich länger als der Vorderflügel und kurz behaart.

Thorax schwärzlichbraun, die Suturen hellgelb. *Abdomen* schwarz, jedes Segment mit einem gelblichen Ringe. Beine blassbräunlichgelb; Tibien und Tarsen bäunlichschwarz ; das 1. Hintertarsalglied mit etwa 18 ; das 2. mit etwa 10 Ctenidien. Klauen schlank. Verhältniss der Hintertarsenglieder 2 : 1.

Vorderflügel hyalin, die Adern bräunlichgelb, der Scheitel der *Areola postica*, der Basaltheil der Nerven r_{4+5} und r_{2+3}, sowie auch der Hinterrand (r_1) des *Pterostigmas* gelb. Die subbasale, braune Querbinde erreicht weder den Vorder- noch den Hinterrand ; am *Nodulus* ein brauner Fleck und die Medianzelle mit einem braunen Flecke. Radialzelle, (R_5) mit drei unregelmässigen, braunen Flecken, wie bei. Fig. 3. *Pterostigma* den hyalinen Basaltheil ausgenommen, braun, die Färbung tritt über das *Pterostigma* hin. *Areola postica* viereckig ; Radialgabel mit parallelen Aesten, 2 mal so lang wie der Stiel. Die Vereinigungslinie von *Radialramus* und *Media* mässig kurz. · Hinterflügel hyalin. Beide Flügel ziemlich stark irisierend.

Vorderflügelslänge　　　7 mm.

Flügelsspannung 15 mm.

Fühlerslänge 12 mm.

Fundort : Sapporo (3. Oct. 1905 1 ♂), Hagi (10. Aug. 1904 1 ♀), gesammel von Herrn Prof. Dr. S. MATSUMURA und vom Autor auf einem Apfelbaum.

9. Psocus sexpunctatus L.

Hemerobius sexpunctatus LINN. Faun. Suec. p. 383, 1511 (1761); LINN. Syst. Nat. H. p. 913; FABR. Syst. Ent. p. 310, 9, &c; BERK. Syn. i. 151; STEW. Elem. Nat. Hist. ii. 216; TURT. Syst. Nat. iii. 402; MÜLL. Prodr. p. 146 (1865). GEOFFR. Ins. par. ii. 205, 10. Psocus sexpunctatus LATR. Coqueb. Ill. Icon. 13, pl. 2. f. 10; FABR. Ent. Syst. Suppl. 203 ; BURM. Handb. Ent. ii. 778, 8; M'L. Ent. Month. Mag. vol. iii. (1861). Psocus subfasciatus STEPH, Ill. p. 119, 7 (1836); HAGEN, Ent. Ann. p. 30, 18 (1861). Psocus irroratus CURT., Brit. Ent. 648. Psocus maculatus STEPH. Ill. p. 119, 6 (1836).

Kopf farblos oder gelblich, Scheitel beiderseits je mit einem braunen, punktierten Flecke, Scheitelnaht mit einem braunen Flecke gesäumt. Stirn gelb, dunkel- bräunlich gefleckt (Kopfsfleck sehr veränderlich). *Clypeus* vorn dunkler, mit feinen, braunen Längslinien. *Clypeolus* schwärzlichbraun, mit gelbem Vorderrande. Ober- lippe schwärzlichbraun, Maxillartaster gelblichbraun, die Spitzenhälfte des letzten Gliedes dunkler. Wangen und Schläfen tiefgelb, die letzteren sehr schmal, Augen schwärzlichbraun, relativ gross (♀). Antennen deutlich kürzer als die Vorder- flügelslänge, sehr dünn, hellbraun, die Apicaltheil dunkler, fein pubesciert.

Thorax dunkelbraun (zuweilen farblos), mit gelben Suturen. *Abdomen* gelblich oder farblos. Beine gelblichbraun, Schenkelspitze dunkelbraun, Schienenspitze und das 1. Tarsenglied dunkler, das 2. Tarsenglied schwärzlichbraun. Das 1. Tarsen- glied mit ca. 11 Ctenidien, das 2. ohne Ctenidien. Verhältniss der Hintertarsen- glieder 2 : 1.

Flügel hyalin, kaum angeraucht. Vorderflügel mit zahlreichen, braunen Flecken wie beim P. sexpunctellus ENDERL. Eine unregelmässige, braune, subbasale Querbinde setzt sich vom Hinterrande bis zum Vorderrande fort, in der Mitte der R. mit 2 dunkelbraunen Flecken. *Pterostigma* hyalin, das Apicaldrittel dunkelbraun, r_1 abgerundet. Ein dunkelbrauner Fleck am *Nodulus* und am Innenrande des *Pterostigmas* auch ein solcher. In der Mitte des Hinterrandes des *Pterostigmas*, am proximalen Ende der Radialgabel und nahe dem Scheitel der *Areola postica* je mit einem bräunlichen Flecke. 6 kleine dunkelbraune Flecken in einer mit dem Aussenrande parallellaufenden Bogenlinie, je in einer der Aussenrand- zellen (R_1, R_3, R_4, M_1, M_2, M_3). Apicalrand hellbraun, die Vereinigungsstelle des Aussenrandes und der Apicaläder mit einem kleinen, dunkelbraunen Flecke. Adern

braun bis tiefbraun, Subcostalader stark, sich im Distaltheile der Radialader mün-
dend. Die vereinigungslinie von *Radialramus* und *Media* sehr lang. Radialgabel
mit fast parallelen Aesten ; die Ader r_{1+3} 18 mal so lang wie der Gabelstiel. *Areola
postica* verzerrt wie beim P. **sexpunctellus** ENDERL., Scheitel breit. Die Adern des
Hinterflügels hellbraun.

Vorderflügelslänge	4 mm.
Fühlerslänge	$3\frac{1}{2}$ mm.

Fundort : Sapporo, 10, Juli, 1907 (2 ♀); gesammelt auf einem Apfelbaum vom
Autor.

Sonstige Fundorte : Deutschland, England.

10. P. sexpunctellus ENDERL.

P. **sexpunctellus** ENDERL., Stett. entoml. Zeit. p. 91. (1907).

Da diese Art mir unbekannt ist, so stelle ich hier die originale Beschreibung
von Herrn Dr. ENDERLEIN wieder.

„ Kopf farblos, Clypeus mit ca. 10 Längsreihen hellbrauner Punkte, Stirn mit
einigen blassen Punkten neben den Augen und neben der scharfen Scheitelnaht mit
sehr blass braunen Punkten. Augen relativ gross (♀), schräg eiförmig (grösste
Länge etwa ½ der Scheitelbreite), Hinterrand schräg nach vorn rechtwinklig zu
einander convergierend. Ocellen dicht gedrängt, dunkelbraun, vorderer etwas
kleiner. Antennen braun, die beiden Basälglieder und das 3. Glied gelblich.
Clypeolus farblos, Hinterrandsaum braun, *Labrum* braun.

Thorax ungefärbt, Hinterrand des *Mesonotums* braun, *Metanotum* blass
bräunlich. *Abdomen* ungefärbt ; oben und an der Seite dicht sehr fein braun
gesprenkelt, Spitze braun. Schenkel braun, Vorder- und Mittelschenkel mit
schmalem ungefärbten Ring vor der distalen Spitze. *Trochanter* blass. Schienen
bräunlichgelb, Tarsen hellbraun. 1. Hintertarsenglied mit ca. 16 Ctenidiobothrien,
2. mit 2 ; jede einzelne Ctenidiobothrie mit kräftigen Zähnen, braun, Klauen braun,
Spitzendrittel gelb ; in der Mitte des letzteren der spitze Zahn. Hinterschiene mit
4 ziemlich kurzen, kräftigen Endopornen. Hinterbeine: Schiene 1 mm, 1. Tarsen-
glied 0,3 mm, 2. Tarsenglied 0,1 mm.

Vorderflügel mit zahlreichen, braunen Sprenkeln mässig dicht bedeckt, mit
Ausnahme der innersten Basis. Drittes Vietel (von der Basis aus gezählt) der
Analzelle schwärzlichbraun, diese braune Färbung setzt sich in eine mässig schmale
schräge Querbinde bis zum Vorderrand am Stigmasack fort, die in der Mitte
mässig schmal unterbrochen ist. Schwärzlichbraun sind ferner : 6 kleine Flecke

in einer zum Aussenrande parallelen Bogenlinie, je in einer der Aussenrandzellen (R_1, R_3, R_5, M_1, M_2, M_3), das Enddrittel des *Pterostigmas*, je ein kleines Fleckchen an den Aderenden, die Umgebung des Stigmasackes und ein in der Mitte des Hinterrandes des *Pterostigmas* anliegender Fleck. Blassbraun sind : langgezogene, elliptische Flecke längs der Aderenden diese umsäumed die ganze *Areola postica*, das proximale Ende der Radialgabel und ein Fleck zwischen ihr und dem Scheitel der Radialgabel. Form der *Areola postica* verzerrt wie bei **Psocus major** K. und **sexpunctatus** L., Scheitel breit. *Pterostigma* relativ kurz, am Ende stark verbreitert und kreisförmig abgerundet. r_{2+3} ist $1\frac{1}{2}$ mal so lang wie der Gabelstiel, Gabel ziemlich parallel, nur sehr schwach nach aussen divergierend. *Subcosta* nur an der Basis entwickelt. Hinterflügel hyalin, Adern blassbraun."

Vorderflügelslänge $2\frac{1}{4}$ mm. Körperlänge (in Alkohol) $2\frac{1}{4}$ mm.

Fundort : Kanagawa, an altem Bambuspfahl. 10.7. 1906. 1 ♀ ; Yokahama, an alten Brettern. 25.7. 1906. 2 ♀.

11. P. obtusus HAGEN.

P. obtusus HAGEN, Verh. d. Zool.-Bot. Ges. Wien. P. 774 (1858); P. 202 (1859); P. 216 (1866); ENDERLEIN, Ann. hist. nat. Mus. nat. Hung. s. 227, Tafel IV. fig. 14 (1903).

Kopf gelb bis gelblichbraun, über Scheitel, Stirn und *Clypeus* läuft ein weiter, medianer Längsstreifen von dunkelbrauner Farbe, (ein noch blasser, etwa deutlicher Saum um die Augen). Scheitel, Stirn (die Mitte ausgenommen), und Wangen gelblich ; *Clypeus* hellbraun, stark vorgewölbt, mit dunkelbraunen, parallelen Längslinien, jede mit einer Reihe von Härchen. *Clypeolus* ziemlich gross, dunkelbraun. Oberlippe schwärzlichbraun, Maxillartaster hellgelblichbraun, mit dunklem Endglied. Augen schwarz. Antennen kürzer als die Vorderflügelslänge, graulichbraun, beide Basalglieder und das Basaldrittel des 3. Gliedes heller, fein, kurz ; beim ♂ lang und dicht behaart, Härchen nach vorn gerichtet (♀).

Thorax röthlichdunkelbraun bis dunkelbraun ; beim ♂ die Naht gelblich ; beim ♀ die Leisten und die Naht blassbraun. Abdomen dunkelbraun. Beine blassbraun, das 2. Tarsenglied dunkler, das 1. Hintertarsenglied mit 22, das 2. mit 3-4 Ctenidien. Verhältniss der Hintertarsalglied 3 : 1.

Flügel blassgraulichbraun angeraucht, Subbasaltheil des Vorderflügels mit sehr schwacher H-förmiger graulichbrauner Zeichnung, die meist sich verwaschen und sehr undeutlich ist. *Pterostigma* graulichbraun, abgerundet, der Basaltheil graulichweiss, die Färbung tritt nach hinten über dasselbe hinaus. Vor der inneren Spitze des *Pterostigma* ein dunkelbrauner Punkt, ein ebensolcher am *Nodulus*. Die Adern braun, die Vereinigungsstelle von *Radius* und *Media*, die Adern der inneren Spitze der Radialgabel und die aufsteigende 1. Cubitalader, sowie die Scheitel der 1. Cubitalzelle blassgraulichbraun, die Subcostalader sehr stark und lang. Scheitel der *Areola postica* auffällig breit, fünfeckig. Hinterflügel ziemlich hell, Adern *Radius*, 72+3, 74+5 und *Cu.* dunkelbraun, die übrigen graulich-braun. Vorder- und Hinterflügel röthlich irisierend.

Vorderflügelslänge 　 3½ mm. (♂ u. ♀).

Fühlerslänge 　 2½ bis 3 mm. („).

Fundort: Hirosaki, 29, Juli, 1906.

Zahlreichen Exemplare in meiner Sammlung, gesammelt auf einem Apfel-baum.

Sonstiger Fundort: Singapore.

12. **P. japonicus** KOLBE. 1882.

P. japonicus KOLBE, Ent. Nachr., No, 15, P. 209 (1882).

„ Cinereo-fuscus, vertice maculis parvulis fuscis signato, fronte longitudinaliter striato, oculis fuscis; antennis longis, nigricantibus, articulis tribus primis, excepto tertii apice, ferrugineis; palpis ferrugineis, articulis 2 ultimis fuscis, articulo ultimo latitudine duplo longiore, praecedentibus robustiore, apice rotundato-obtuso. Thorax supra opace atrato. Alae cinereo-fumatae, venis fuscis vel nigrofuscis apicalibus obscuro-cinctae; areola discoidali I latitudine dimidis longiore, extus concavo; areola discoidali II illa tertia parte minore; pterostigmate elongato, sat lato, angulo postico obtuso, atrofusco, intus pallidiore; areolae posticae vertice angusto. Pedes flavescentes, tibiis, praesertim anticis, tarsisque omnibus fuscis.

Long. corp. c. al. 8,5 mm.

japan, 3 Exemplare in *M'Lachlans Sammlung*.“

Diese Art mir unbekannt.

13. **P. formosanus** N. SP.

Kopf braun, mennig-roth gefleckt. Maxillartaster braun, mit dunkel-schwarzem Endglied. Oberlippe dunkelbraun bis schwarz, an den Seiten abgerundet. *Clypeolus* deutlich gewölbt; *Clypeus* vorgewölbt, mit dunkelbraunen, parallelen Längslinien. Scheitel mit undeutlichen, braunen Zeichnung. Scheitel-naht deutlich, dunkel. Augen schwarz, beim Männchen ausserordentlich gross. Die Schläfen undeutlich; Durchmesser der Augen des Männchens breiter als die Scheitelbreite zwischen den Augen. Hinterkopfrand ziemlich scharf. Fühler so lang wie die Vorderflügelslänge, schwärzlichbraun, beiden Basalglieder und das 3. Glied hellbraun; dicht, beim ♂ besonders lang pubesciert.

Thorax graulichgelb, *Metathorax* dunkel.   *Abdomen* gelbbraun. .. Beine gelblichbraun, nicht gefleckt; das. 1.   Hintertarsenglied mit 21, das ·2. mit 3 Ctenidien; Ctenidien mit 5 Zähnchen.   Verhältniss der Hintertarsenglieder.$2\frac{1}{2}$: 1.

Flügel graulich angeraucht, ohne Zeichnung. *Pterostigma* dunkelbraun, die Färbung tritt hinten über r_1 hinaus. Am *Nodulus* mit einem braunen Fleck. Die Adern bräunlichgelb, der 2. Ast des *Cubitus*, die *Media* (der Scheitel der *Areola postica*) und der Basaltheil des *Radialramus* weisslichgelb. Radialgabel mit parallen Aesten, deutlich $2\frac{1}{2}$ mal so lang wie der Stiel. Die Vereinigungslinie von *Radialramus* und *Media* sehr kurz. *Areola postica* sehr gross, mit breitem *Vertex*. Apicalzelle des Hinterflügels mit einigen Härchen. Vorder- und Hinterflügel stark grün bis rot irisierend.

Vorderflügelslänge $3\frac{1}{2}$ bis 4 mm.

Flügelsspanung   4 bis 9 mm.

Fühlerslänge   4 mm.

Fundort : Formosa (Koshun), 29. Juni 1906 (3 ♂), gesammelt von Herrn Prof. Dr. S. Matsumura.

14. P. tateokanus N. SP. (Fig. 8.)

Kopf mit brauner Zeichnung ; bein ♂ gelblichbraun ; beim ♀ heller. Die zwei Endglieder des Maxillartasters. dunkelbraun. Oberlippe schwarz. *Clypeolus* ziemlich klein ; *Clypeus* gross, vorgewölbt, mit hellbraunen Längsstreifen, jede mit einer Reihe von Härchen versehen. Scheitelnaht deutlich, dunkel. Stirn und Scheitel deutlich getrennt; beim ♂ undeutlich. Wangen beim ♂ dunkel ; beim ♀ gelb. Schläfen schmal. Augen des Männchens sehr gross und schwarz, dadurch beim ♂ die Scheitelbreite sich schmäler zurücklassend. Fühler kürzer als die Vorderflügelslänge, dunkelbraun : beim ♂ dicht und lang ; beim ♀ fein und kurz pubesciert.

Thorax glänzend schwarzbraun, mit gelblichbraunen Leisten ; *Scutellum* und Nebstleisten hoch erhaben. *Abdomen* schwarz. Beine gelblichbraun, die Spitzen der Schienen und des ersten Tarsengliedes und das 2. Tarsenglied dunkel. · Das 1. Hintertarsenglied mit 2 Endspornen und circa 21 (♂) bis 20 (♀) Ctenidien ; das 2. mit 5 Ctenidien ; Ctenidien je mit 4–5 Zähnchen. Klauen gross, mit einem Zahn. Verhältniss der Hintertarsenglieder 3 : 1.

Flügel hellgrau angeraucht, ohne Zeichnung, am *Nodulus* und am inneren Ende des *Petrostigmas* jedoch je mit einem Fleck. *Pterostigma* braun, die Färbung dehnt sich weit hinüber das *Pterostigma* aus. Der Hinterrand des *Pterostigmas* (r_1) abgerundet. Die Adern gelblichbraun bis braun; die Adern der Radialgabelzelle an der Basis und die der *Areola postica* an der Spitze deutlich heller. Die Subcostalader des Vorderflügels deutlich ; *Media* und *Radialramus* verbinden sich in einer langen Strecke; *Areola postica* flach und gross, mit ausserordentlich breitem Scheitel, Radialgabel mit divergierenden Ästen, die etwa 1½ von der Stielslänge ist. Vorder- und Hinterflügel roth bis grün irisierend.

	♂	♀
Vorderflügelslänge	3 mm.	2½ mm.
Flügelsspannung	7 mm.	6 mm.
Fühlerslänge	2—2½	(♂ und ♀)

Zahlreiche Exemplare in meiner Sammlung aus Tateoka, gesammelt auf einem alten Zaun am 5. Aug. 1906.

IV. Gatt. **AMPHIGERONTIA** KOLBE 1880.

Amphigerontia KOLBE, Stett. Ent. Zeit. p. 104. (1880).

In Japan kommen 4 Arten Vor.

Übersicht der Arten.

I. Vorderflügel mit zahlreichen, braunen Flecken.... ... ... II.

　　Vorderflügal ohne Flecken. ... ...III.

II. *Pterostigma* röthlichbraun, Vorderflügel an der Basis hyalin. ... ...

　　　　　　　　　　　　... ... ... **ficivorella** N. SP.

　　Pterostigma theilweise röthlichbraun, Vorderflügel an der Basis ... ...

　　bräunlich angeraucht. ... ... **nubila** ENDERL.

III. Vorderflügel an der Basis braun. ... ... **Kolbei** ENDERL.

　　Vorderflügel an der Basis hyalin ... ... **jesoensis** N. SP.

1. **ficivorella** N. SP. (Fig. 4.)

Kopf röthlichbraun. *Clypeus* gelb, stark vorgewölbt, mit zahlreichen, deutlich nach vorn convergierten, dunkelbraunen Längsstreifen ; *Clypeolus* und *Labrum* schwarz. Maxillartaster braun, mit zwei dunklen Endglieder. Augen klein, halbkugelig, schwarz. Scheitel mit undeutlicher, dunkelbrauner Zeichnung ; Scheitelnaht fein, aber deutlich. Stirn in der Mitte mit einer dunkelbraunen, hufeisen-förmigen Zeichnung. *Tempus* schmal. Der Hinterrand des Kopfes ziemlich scharf. Antennen dünn, schwarz, die beiden Basalglieder und das 3. Glied (das 1. Basalglied sehr gross und dick) röthlichbräun ; kurz und fein behaart.

Thorax röthlichbraun, *Ante-* und *Postdorsum* des *Meso-* und *Metathorax* glänzend schwarz. *Abdomen* schwärzlich. Beine gelblichbraun, die Spitzen der Schienen, das I. Tarsenglied und die Klauen schwarz; Klauen ziemlich lang, an der Spitze gelblich. Das I. Hintertarsenglied mit ca. 22, das 2. mit 6 Ctenidien. Verhältniss der Hintertarsenglieder 2⅔ : 1.

Flügel hyalin. Vorderflügel mit dunkelbrauner Zeichnung, die subbasale, dunkelbraune Querbinde erreicht weder den Vorder- noch den Hinterrand; am *Nodulus* ein dunkelbrauner Fleck. *Pterostigma* röthlichdunkelbraun, die Färbung tritt hinten über r_1 hinaus. Die Apicalhälfte dunkelbraun, wie Fig. 12. Die Adern bräunlichgelb, welche an der dunkelbraunen Region schwärzlich gefärbt; am Scheitel der *Areola postica* und an der Basis der Radialgabelzelle schmutziggelb. Die *Subcosta* des Vorderflügels sich in *Radius* nicht ermündet. *Areola Postica* ziemlich flach. *Membran* mässig stark. Hinterflügel hyalin, roth bis grün irisierend.

Vorderflügelslänge 4½ — 5 mm. (♂ u. ♀)
Flügelsspannung 11 mm. („)
Fühlerslänge 5 mm. („)

Fundort : Formosa (Shinsha), 24. Juli, 1906. (1 ♂); (Koshun), 6. Juli, 1906 3 ♀), gesammelt von Herrn Prof. Dr. S. MATSUMURA auf **Ficus wightiana.**

Der Flügelfärbung nach erinnert es sich an **Psocus Kurokianus** ENDERL., diese Art ist jedoch viel kleiner.

2. A. nubila ENDERL. 1906.

A. nubila ENDERL, Zool. Jahrb. Abt. f. Syst. P. 247. Tafel. 10 fig. 4. (1906).

Kopf röthlichbraun, oben heller. *Clypeus* hellbraun, vorgewölbt, der Länge nach undeutlich dunkelbraun gestreift. *Clypeolus* sehr gross, dunkelbraun. Oberlippe schwarz. Maxillartaster dunkelbraun, das Endglied schwarz. Augen klein, schwarz. Scheitelnaht mässig scharf. Antennen sehr lang, dünn, schwarz, die beiden Basalglieder und das 3. Glied die Spitze ausgenommen röthlichbraun, sehr kurz behaart (♀).

Thorax glänzend, röthlichdunkelbraun. *Abdomen* schwärzlichbraun. Beine tief gelblichbraun, Coxen und Schenkel heller. Das I. Hintertarsenglied mit 24, das 2. mit 8 Ctenidien. Klauen schwarz, an der Spitze gelb. Verhältniss der Hintertarsenglieder 2 : 1.

Vorderflügel braun angeraucht, mit undeutlicher, brauner, subbasaler Querbinde, die den Vorderrand nicht erreicht. An der Basis des Vorderflügels braun, die Axillarzelle auch braun. Apicalhälfte mit Ausnahme der Radialzelle und der Radialzelle 3. braun. *Pterostigma* dunkelröthlichbraun. Basaldrittel gelblichbraun; die Farbung tritt hinten über r_1 hinaus; r_1 in ziemlich kräftigen Winkel ausgebogen. Die Adern braun, an der Basis der Radialgabelzelle und am Scheitel der *Areola postica* gelblichbraun. Die Subcostalader des Vorderflügels sich deutlich in *Radius* ermündend. Hinterflügel hyalin, die Adern blassbraun, Vorder- und Hinterflügel roth bis grün irisierend.

Vorderflügelslänge   8 mm.

Fühlerslänge   11 mm.

Fundort: Ziozankei, 12. Juli, 1905, (1 ♀) in meiner Sammlung.

3. A. Kolbei ENDERL. 1906.

A. Kolbei ENDERL., Zool. Jahrb. Abt. f. Syst. P. 246, (1906).

Kopf dunkelbraun. Schläfen und Wangen heller. Scheitel dunkelbraun. Scheitelnaht ziemlich scharf, mit schwarzbrauner Flecke gesäumt. Stirn in der Mitte schwarz. Clypeus braun, ungestreift, fast flach. *Clypeolus* relativ gross, in der Mitte schwarz. Oberlippe schwarz. Maxillartaster tiefbraun, mit schwarzem Endglied. Scheitelbreit zwischen den Augen etwas 1 mm. Augen klein. Fühler sehr lang, dünn; lang, dicht und abstehend behaart (♂).

Thorax glänzend schwärzlichbraun. Leisten und Suturen gelb. *Abdomen* dunkelbraun. Beine gelblichbraun; die Schienen an der Spitze, die Tarsen und die Coxen bräunlichschwarz.

Flügel hyalin, Vorderflügel an der Basis braun. *Pterostigma* sehr schmal und lang, rötlichbraun; die Farbung tritt hinten weit über r_1 hinaus, am Hinterrande abgerundet. Die Adern dunkelbraun, am Basaldrittel, an der Basis der Radialgabel und am Scheitel der *Areola Postica* sowie auch an der Ader Cu_2 blassbraun. Die Subcostalader ziemlich stark, die sich am Distaltheile der Costalader ermündend. *Areola postica* sehr hoch, mit schmalem Scheitel. Radialgabel mit parallelen Aesten. Vorder- und Hinterflügel rötlich irisierend.

Vorderflügelslänge   5 mm.

Fühlerslänge   10 mm.

Fundort: Kagoshima, 10. Juli, 1903 (1 ♂), gesammelt von Herrn Prof. Dr. S. MATSUMURA.

4. A. jezoensis N. SP.

Kopf röthlichbraun, beim ♂ schwärzlich. Scheitel nahe den Augen mit zahlreichen, schwarzen Punkten; Scheitelnaht deutlich, die Naht entlang mit zahlreichen, schwarzen Punkten (beim ♂ undeutlich). Stirn braun, in der Mitte schwärzlich. *Clypeus* vorgewölbt, mit zahlreichen, dunkelbraunen Längslinien.

Clypeolus ziemlich gross. Oberlippe glänzend schwarz. Maxillartaster gelblich-braun, das Endglied dunkelbraun. Antennen des Männchens' von der Vorder-flugelslänge, beim ♀ etwas kürzer, dunkelbraun, die beiden Basalglieder etwas heller und kurz ; beim ♂ dicht und lang behaart, die Haaren nach vorn gerichtet (♀). Augen relativ klein, schwarz. Am Hinterkopfsrande abgerundet.

Thorax dunkelbraun, matt. *Scutellum, Postscutellum* und *Cristae scutelli* des *Meso-* und *Metathorax* röthlichbraun, die Naht hellgelb. *Abdomen* schwarz oder röthlichschwarz. Beine gelblichbraun ; Schenkel, Tarsen und Klauen dunkler, die letzteren je mit einem Zahn, die Spitze gelb. Das 1. Hintertarsenglied mit 22 (♀) bis 24 (♂), das 2. mit 3—4 Ctenidien. Ctenidien mit 4—5 stumpfen Zähnchen. Verhältniss der Hintertarsenglieder 205 : 1.

Flügel hyalin, graulich angeraucht, ohne Zeichnung. Am *Nodulus* und am inneren Ende des *Pterostigmas* ein undeutlicher, brauner Fleck. *Pterostigma* mit Ausnahme des Basaldrittels hyalin, graulichbraun ; die Färbung dehnt sich weit über das *Pterostigma* hinaus. Der Hinterrand des *Pterostigmas* (r_1) abgerundet. Die Adern braun bis dunkelbraun, die der Radialgabelzelle an der Basis, die der *Areola postica* an der Spitze und die Analader'deutlich heller. Die Subcostalader stark erwachsen und mündet sich in *Radius*. *Areola postica* ziemlich gross, deutlich fünfeckig, mit sehr breitem Scheitel. Radialgabel mit parallelen Aesten. *Media* und *Radialramus* des Hinterflügels sich entweder in einem Punkte oder in sehr kurzem Strecke vereinigt. *Membran* grün bis roth stark irisierend.

	♂	♀
Vorderflügelslänge	4½ mm.	5 mm.
Fühlerslänge	4½ mm.	4 mm.

Fundort : Ziozankei, 10. Juli, 1907 (1 ♂) und (7 ♀), gesammelt vom Verfasser auf einem Apfelbaum.

V. Gatt. **HEMIPSOCUS** SELLYS LONG., 1872.

Hemipsocus DE SELYS LONGCHAMPS, Ent. Mo. Mag. vol. 9, P. 145, fig. A, (1872-73) ; KOLBE, Stett. Ent. Zeit. P. 79, (1883).

In Japan kommt nur 1 Art vor.

1. **Hemipsocus hyalinus** ENDERL. 1906. (Fig. 17).

Hemipsocus hyalinus ENDERL., Stett. Ent. Zeit. P. 311, (1906).

Körper einfärbig, blass schmutziggelb ; *Thorax* dunkler ; Kopf und *Thorax* mit zahlreichen Härchen ; *Abdomen* mit braunen Ringen. Augen bei den beiden

Geschlechtern mässig gleich gross, schwärzlich, halbkugelig. Ocellen auch schwarz, abstehend. Letztes Maxillartaster an der Spitze etwas dunkler. Fühler länger als die Vorderflügelslänge, gelblichbraun, die beiden Basalglieder und das 3. Glied heller, fein und kurz behaart. *Clypeus* gross, mit undeutlichen hellbraunen Längstreifen; *Clypeolus* sehr klein, deutlich. Coxen, Trochanter und Schenkel fast farblos. Das 2. Tarsenglied hellbraun, das 1. Hintertarsenglied mit 27, das 2. mit 2 dunkelbraunen Ctenidien. Klauen ungezähnelt, kurz und stumpf, dunkelbraun, an der Basis blassgelb. Verhältniss der Hintertarsenglieder 5 : 1.

Flügel hyalin, farblos, röthlich irisierend; der Rand und die Adern des Vorderflügels, den *N. analis* und die 2. Asten des *Cubitus* ausgenommen, pubesciert; die Behaarung am Rande deutlich dichter. *Pterostigma* lang. *Media* und *Radialramus* sich entweder in einem kurzen Streifen oder in einem Punkte vereinigt. Radialgabeläste parallel und etwa 1½ länger als der Stiel. *Areola postica* klein. Die Adern schmutziggelb. Hinterflügel unbehaart.

Vorderflügelslänge　　　3½ bis　4 mm.　(♂ u. ♀)

Fühlerslänge　　　　　　　　6 mm.　(　„　)

Fundort : Kyoto (2 ♂ und 2 ♀), gesammelt von Herrn M. Susuki.

────▶•◀────

VI. Gatt. **TAENIOSTIGMA** Enderl. 1901.

Taeniostigma Enderl., Zool. Jahrb. Abt. f. Syst. p. 546, fig. 9. (1901).

In Japan kommt nur 1 Art vor.

1. Taeniostigma ingens Enderl. 1903.

Taeniostigma ingens Enderl., Ann. Mus. Nat. Hung. vol. I, S. 238, Taf. V, fig. 18 (1903).

Kopf gelblichbraun (♂) bis braun (♀). Scheitelnaht scharf, mit einem dunkelbraunen Flecke. Hinterkopfsrand in der Mitte ziemlich tief ausgeschnitten. *Clypeus* ungestreift, Oberlippe sehr gross und breit, seitlich lappenartig erweitert, vorn sehr deutlich ausgebuchtet. Die aeusserste Spitze des Maxillartasters dunkler, Augen bräunlichschwarz (♀) bis schwarz (♂), die des Männchens sehr gross, fast doppeltmal so gross wie beim Weibchen, vorgewölbt. Fühler etwas länger als die Vorderflügelslänge ; beim ♂ dünn und kaum behaart ; beim ♀ dick, gegen die Spitze hin sich stark verjüngend, besonders das 3. Glied sehr dick und lang, und dicht lang behaart, die Haare nach vorn zugerichtet. Fühler beim Weibchen schwarz, die 4-11. Glieder an der Basis hellgelblichbraun, beim ♂ nur undeutlich angedeutet.

Thorax gelblichbraun. Das *Antedorsum* und das *Dorsum* des *Mesothorax* jederseits mit einem grossen, tief braunen Flecke; das *Antedorsum* durch eine hellere Längsmittellinie in zwei Hälften getheilt. *Scutellum* zuweilen gelb, die Leisten ein wenig geschärft. Das *Dorsum* des *Methorax* ebenfalls tiefbraun. *Abdomen* hellbraun, unten gelblich. Beine hellgelblichbraun, das 2. Tarsenglied dunkler, das 1. Hintertarsglied mit einer Reihe von 30-36, das 2. mit 2 Ctenidien. Verhältniss der Hintertarsenglieder 3 : 1.

Flügel hyalin. Die sämtlichen Adern des Vorderflügels, den *N. axillaris* ausgenommen, behaart, schwarz, der Rand und der *Radius* gelblichbraun. Die sich mit dem *Cubitus* vereinigte *Media* (M + Cu), der Cubitus bis zur 1. Cubitalzelle und der *N. axillaris* sehr stark verwachst. *Pterostigma* gelblichbraun, dicht pubesciert, ein dunkelbrauner streif die hintere Hälfte des *Pterostigmas* ausgefüllt, beim ♂ mehr als ⅓ der Breite einnehmend. Hinterflügel : Die Adern dunkelbraun, nur die Analader und *Radius* gelblich ; am Rande undeutlich gelblichbraun. Die Analader nicht allein mit einseitiger, langer Behaarung, sondern mit dichten und sehr kurzen Pubescirung. Der Rand und die Adern, die Spitze der Analader ausgenommen, lang und ziemlich dicht pubesciert. *Membran* grün bis rot ziemlich stark irisierend.

	♂	♀
Vorderflügelslänge	5¼ mm.	7½ mm.
Fühlerlänge	6-6¼ mm.	8 mm.

Fundort : Formosa (Shinsha, 24. Juli, 1906, 1 ♀ ; Kagi, 26. Apr. 1907, 1 ♀ ; Horisha, 30. Apr. 1907, 1 ♀ ; Kanshirei, 13. Apr. 1907, 2 ♂ ; Niitaka, 10, Oct. 1906, 1 ♂) gesammelt von Herren Prof. Dr. S. MATSUMURA und T. KAWAKAMI.

Sonstiger Fundort : China.

VII. Gatt. **MATSUMURAIELLA** ENDERL. 1906.

Matsumuraiella ENDERL., Zool. Jahrb. Abt. f. Syst. S. 248, Taf. 10, fig. 3. (1906).

In Japan kommt nur 1 Art vor.

1. **Matsumuraiella radiopicta** ENDERL. 1906.

M. radiopicta ENDERL., Zool. Jahrb. Abt. f. Syst. S. 248, Taf. 10, fig. 3, (1906).

Körper sehr lang und struppig behaart, besonders auf dem Kopfe. Kopf hellgelblichbraun bis braun, *Clypeus* dunkelbraun, stark vorgewölbt, *Clypeolus* heller, Oberlippe schwärzlichbraun, vorn etwas ausgebuchtet. Maxillartaster gelblichbraun, die Spitze des Endgliedes dunkler. Augen schwarz oder etwas röthlich gefleckt, beim ♀ sehr klein ; beim ♂ etwa doppeltmal so gross wie beim Weibchen, Augen unbehaart. Antennen. von. der .Vorderflügelslänge, hellbräunlichgelb, die äussersten Spitzen der. 3. bis zum letzten Glieder schwarz. Scheitel sehr breit, Scheitelnaht undeutlich.

Thorax glänzend bräunlichschwarz. *Abdomen* bräunlich, gelb gefleckt, an der Spitze dunkler.. Beine hellbräunlichgelb, das 1. Tarsenglied dunkler, Klauen schwarz, die Endspitze gelb. Das 1. Hintertarsenglied mit 4-9 ungleichen Ctenidien, das 2. ohne Ctenidien. Verhältniss der Hintertarsenglieder 22 : 1.

Flügel grau, hyalin. Vorderflügel in der Mitte der Apicalhälfte dunkelbraunlich gefleckt, nämlich die Zellen R_1, R_3, R_5, M_1, M_2 und M_3 je mit einer streifartigen, dunkelbraunen Zeichnung. An der Basis hellbräunlich angeraucht. *Pterostigma* hyalin, Basaldrittel braun, die Adern -tiefbraun, lang und struppig, 2 reihig behaart, mit Ausnahme des *N. axillaris*. Hinterflügel : die Adern braun, unbehaart, Apicalzelle mit spärlichen Härchen. Vorder- und Hinterflügel rot bis grün ziemlich stark irisierend.

	♂	♀
Vorderflügelslänge	4½ mm.	4 mm.
Fühlerslänge	4½ mm.	4 mm.

.. Fundort : Sapporo, 28. Aug. 1903 (5 ♀. 2 ♂), Tomakomai, 1903, (2 ♀. 2 ♂), Takasago, Juli, 1903, (1 ♂. 3 ♀), Kyoto, Sept. 1905 (2 ♂. 1 ♀), Gifu, 13. Juli, 1903, (1 ♂), Akashi (1 ♀), Tokyo, 1903 (1 ♂. 1 ♀), Kagoshima, 10. Juli, 1903 (1 ♂). Überall häufig.

➤ ◄

VIII. Gatt. **KODAMAIUS** N.G. (Fig. 2.)

Fühler etwas kürzer als die Vorderflügelslänge, dicht aber kurz behaart. Oberlippe seitlich lappenartig verbreitert und vorn ausgebuchtet, wie beim **Taeniostigma**. *Pterostigma* wie bei **Matsumuraiella**, sehr breit und kurz, kurz behaart. *Areola postica* ziemlich klein, .mit langem Stiel, welcher sich der *Media* vereinigt ist. *Radialramus* und *Media* im Vorderflügel sich durch eine Querader verbunden. Subcostalader mündet sich in der Basis .des *Radius* und erreicht den inneren Rand des *Pterostigmas*, so dass die ausserordentliche dicke .*Radia* zurücklassend: Die Adern und der Rand ·des Vorderflügels dicht behaart. · Der Rand des Hinterflügels, die *Costa* ausgenommen, behaart. Kopf und *Thorax* dicht und kurz abstehend behaart. *Media* 3 ästig. Tarsen 2 gliedrig. Klauen ungezähnelt. Diese Gattung ist dem verstorbenen Feldmarschal Kodama, dem vormaligen Oberbefehlshaber von Formosa, gewidmet.

In Japan kommen 2 Arten vor :

Uebersicht der Arten.

Die Adern und der Rand des Vorderflügels nicht struppig behaart ... ...

... ...brevicornis N. SP.

Die Adern und der Rand des Vorderflügels dicht struppig behaart und deutlich grösser ... ...pilosus N. SP.

1. K. brevicornis N. SP. (Fig. 2.)

Kopf röthlichbraun bis röthlichdunkelbraun. Das Endglied des Maxillartasters dunkel ; *Clypeus* gross und vorgewölbt ; *Clypeolus* klein ; Oberlippe schwarz. Augen schwarz, ziemlich klein, abstehend vorgewölbt ; beim ♂ etwas grösser. Scheitel breit, ohne Flecken ; Scheitelnaht deutlich. Schläfen schmal ; bein ♂ schmäler. Fühler kürzer als die Vorderflügellänge, dunkelbraun, die beiden Basalglieder und das 3. Glied gelblichbraun. Der ganze Körper, besonders der Kopf und der *Thorax* dicht und kurz, gelblich behaart ; Augen behaart.

Thorax und *Abdomen* bräunlichschwarz, die Leisten des ersteren scharf und von heller Farbe. Beine hellschmutziggelb ; das 2. Tarsenglied und die Klauen schwarz, die letzteren an den Spitzen gelb. Das 1. Hintertarsenglied mit 19-24 Ctenidien, das 2. fehlen ganz. Verhältniss der Hintertarsenglieder 3 ; 1.

Flügel bräunlich ; *Pterostigma* breit und kurz, dunkelbraun, mit zahlreichen Härchen ; die Färbung tritt nur in der Mitte über die Grenze des *Pterostigmas* hinaus ; die Basalhälfte hyalin. Die Adern dunkelbraun, *Radius* sehr stark. Die Verbindungsstelle des *Radialramus* und der *Media* bildet eine Querstrecke. *Areola postica* klein, lang gestielt. Die Adern und der Rand des Vorderflügels behaart ; Hinterflügel am Rande, die *Costa* ausgenommen, behaart. Hinterflügel grau, ziemlich irisierend.

Vorderflügelslänge	3 mm.	(♂ und ♀)
Flügelspannung	7 mm.	(„)
Fühlerslänge	2½ mm.	(„)

Fundort : Formosa (Tainan), 18. Juli, 1906 (2 ♂ und 4 ♀), gesammelt von Herrn Prof. Dr. S. MATSUMURA.

2. K. pilosus N. SP. (Fig. 7.)

Der Zeichnung nach der *K. brevicornis* aus Formosa sehr ähnlich.

Scheitel, Oberlippe, *Clypeus, Clypeolus, Thorax, Abdomen* und Flügel wie bei *K. brevicornis.* Maxillataster gelblichbraun, mit der äussersten Spitze dunkel. Die Scheitelsutur und die Naht zwischen Stirn und Scheitel ziemlich scharf. Schläfen breit. Augen verhältnissmässig klein. Fühler dunkelbraun, die beiden Basalglieder, das 3. und das 4. Glied heller. Hinterkopfsrand abgerundet. Beine gelblichbraun; Endtarsenglied braun. Das 1. Hintertarsenglied mit 22 Ctenidien. Klauen ziemlich lang. Verhältniss der Hintertarsenglieder 4 : 1.

Vorderflügel dunkelbraun, die Adern und der Rand dicht struppig behaart. *Media* und *Radialramus* sich durch eine kurze Querader vereinigt. *Pterostigma* breit, kurz und behaart; dunkelbraun. Der Hinterrand des *Pterostigmas* bildet einen Rechtwinkel. Der Rand des Hinterflügels, die Mitte der *Costa* ausgenommen, mit einer Reihe von Härchen besetzt, röthlich irisierend.

Vorderflügelslänge　　　　4 mm.

Flügelsspannung　　　　　9 mm.

Fühlerslänge　　　　　　3 mm.

Fundort: Akashi (Juli, 1903, 1 ♀), gesammelt von Herrn Prof. Dr. S. MATSUMURA und 2 ♀ Exemplare aus Kyoto (Oct. 1906) gesammelt von Herrn M. SUZUKI.

STENOPSOCINAE.

BESTIMMUNGSTABELLE ZU DEN GATTUNGEN DER STENOPSOCINAE.

Flügelrand behaart... ... ... **Stenopsocus** HAGEN 1866.

Flügelrand unbehaart ... ... **Graphopsocus** KOLBE 1880.

—————▶◀—————

I. Gatt. STENOPSOCUS HAGEN 1866.

Stenopsocus HAGEN, Verh. d. Zool. Bot. Ges. Wien, P. 203, (1866); SPÅNGBERG, Psocina Sueciæ et Feunlac, P. 17, (1878); KOLBE, Monogr. deutsch. Psociden, P. 126, (1880); ENDERL, Ann. Mus. Hung. vol. I, 3, 239, (1903).

In Japan kommen 4 Arten vor.

Uebersicht der Arten.

I. *Ptesostigma* schwärzlichbraun... ... ...II.

　　Pterostigma nur am Hinterrande bräunlich angeraucht.. ... ...III.

II. *Pterostigma* dreieckig ... ...**nigricellus** N. SP.

Pterostigma länglich ... ...**niger** ENDERL. 1906.

III. *N. analis* des Vorderflügels behaart... ... ... **aphidiformis** ENDERL. 1906.

N. analis des Vorderflügels unbehaart ... ...**pygmaeus** ENDERL. 1906.

1. **Stenopsocus nigricellus** N. SP.

Der Form und der Flügelsfärbung nach es erinnert sich an *S. niger* ENDERL. diese Art ist jedoch viel kleiner.

Scheitel, Stirn, *Clypeus*, Schläfen und Wangen glänzend schwarz, mit sehr kurzen dunkelbraunen Härchen. *Clypeolus* bräunlich. Oberlippe bräunlich-schwarz bis schwarz, breit, in der Mitte schwach ausgebuchtet. Schläfen sehr schmal oder undeutlich. Augen bräunlichschwarz bis schwarz. Scheitelnaht fast undeutlich. Hinterkopfsrand ziemlich abgerundet. Fühler von der Vorderflügels-länge, gelblichbraun, die beiden Basalglieder und das 3. Glied schwarz, erstere etwas heller, sehr kurz behaart.

Das *Antedorsum*, das *Dorsum* der *Mesothorax* und die Leisten glänzend schwarz. Das *Postdorsum* und das *Dorsum* des *Metathorax* und die Leisten bräunlichschwarz. *Abdomen* schwarz, an der Spitze braun. Beine gelblichbraun, Tarsen heller, Klauen dunkel. Das 1. Hintertarsenglied in einer Reihe mit 19 Ctenidien, ein anderes Ctenidium befindet sich seitlich des letzten Ctenidium. Verhältniss der Hintertarsenglieder 3 : 1.

Flügel blass, graulichbraun angeraucht. *Pterostigma* sehr breit, dreieckig, tiefbräunlichschwarz, ziemlich stark pubesciert ; die Färbung tritt hinten über r_1 hinaus. Die Adern gelblichbraun. Der Rand und die Adern mit Ausnahme des *N. axilaris* in einer Reihe behaart. Die Radialader sehr stark verwachst, wie bei *Kodamaius*. Eine lange, bräunlichschwarze gebrochene Binde läuft von der Basis der Radialader bis zum Innenrande des *Pterostigmas;* die Adern an den Stellen der Binde bräunlichschwarz. *Membran* schwach grünlich bis röthlich irisierend.

Vorderflügelslänge	4 mm,
Flügelsspannung	8¼ mm.

Fundort : Tokyo (1 ♀), gesammelt von Herrn Prof. Dr. S. MATSUMURA.

2. **S. niger** ETDERL. 1906.

S. niger ENDERL., Zool. Jahrb. Abt. f. Syst. P. 249, Tab. 10, fig. 7, (1906).

Kopf rothgelblichbraun. Scheitel, Schläfen, Stirn (an den Seiten gelblich), *Clypeus* und Oberlippe glänzend schwarz. *Clypeolus* gelb. Maxillartaster tief gelblichbraun oder dunkelbraun. Scheitelnaht scharf. Augen schwarz, röthlich

gefleckt, beim ♂ um doppeltmal so gross wie beim Weibchen.   Schläfen verhält-
nissmässig breit, beim ♀ undeutlich,   Antennen von der Vorderflügelslänge,
dunkelbraun, die beiden Basalglieder und die Apicalhälfte heller.

Thorax glänzend schwarz, an den Seiten und die Leisten röthlichbraun.
Abdomen dunkelbraun, an der Spitze schwarz.   Beine schwarz, der Basaldrittel
der Schenkel, die Coxen und Trochanter gelblichbraun ; Tarsen tief gelblichbraun,
die Basis des 1. Tarsengliedes dunkler.   Klauen schwarz, die Spize gelb, ohne Zähn-
chen.   Das 1. Hintertarsenglied mit 22 (♂) bis 25 (♀) Ctenidien, die in einer
ziemlich unregelmässigen Längsreihe angeordnet sind.   Verhältniss der Hinter-
tarsenglieder 23 : 1.

Flügel hyalin.   *Pterostigma* tief bräunlichschwarz, ziemlich schmal und sehr
lang, mässig stark pubesciert.   Die Adern gelblichbraun.   Der Rand und die
Adern des Vorderflügels in einer Reihe behaart.   Die Subcostalader ziemlich stark
verwachst.   Der Rand der Radialgabelzelle des Hinterflügels etwas pubesciert.
Membran golden bis röthlichblau oder grünlich irisierend.

	♂	♀
Vorderflügelslänge	5 mm.	6 mm.
Fühlerlänge	5½ mm.	6½ mm.

Fundort :   Sapporo (3 ♀, 3 ♂) und Tomakomai (2 ♀), gesammelt von Herrn
Prof. Dr. S. MATSUMURA.

3.   S. aphidiformis ENDERL. 1906.

S. aphidiformis ENDERL., Zool. Jahrb. Abt. f. Syst. S. 249, Taf. 10, fig. 5, (1906).

Kopf hellbräunlichgelb oder tief gelblichbraun, vor den schwarzen Ocellen
mit einem länglichovalen, dunkelbraunen Flecke.   *Clypeus* vorgewölbt.   Ober-
lippe sehr gross, an den Seiten breit, in der Mitte des Vorderrandes deutlich
ausgebuchtet.   Die äusserste Spitze des Endglieds des Maxillartasters grau.   Die
Augen des ♂ sehr gross, um doppeltmal so gross wie beim ♀.   Scheitelbreite des
Männchens von der Grösse des Augendurchmessers ; beim ♀ fast doppeltmal so
gross wie beim ♂.   Antennen etwas kürzer als die Vorderflügelslänge, dunkelbraun,
mit Ausnahme der beiden Basalglieder.   Scheitelnaht scharf.

Thorax tief gelblichbraun, das *Antedorsum* und das *Dorsum* des *Mesothorax*
glänzendschwarz, das *Dorsum* des *Metathorax* braun.   *Abdomen* tief gelblichbraun
bis dunkelbraun.   Beine hellgelblichbraun, die Spitze der Schenkel, am proximalen
und distalen Ende der Schienen und die Tarsen mit Ausnahme der Basis des 1.
Gliedes graulichbraun.   Das 1. Hintertarsenglieder mit 26 Ctenidien.   Verhältniss
der Hintertarsenglieder 4 : 1.

Flügel hyalin. Die Adern mit Ausnhame des 2. Astes des *Cubitus*, bräunlich-gelb. *Pterostigma* nur am Hinterrande bräunlich angeraucht, etwas behaart. Die Adern und der Rand des Vorderflügels behaart. Die Apicalzelle des Hinterflügels mit spärlichen Härchen. Die Adern und der Rand (mit Ausnahme der Apicalzelle) des Hinterflügels unbehaart. *Membran* intensiv golden bis rot zu blau irisierend.

Vorderflügelslänge   5-6 mm. (♂ und ♀)

Fühlerlänge   4½ mm. („)

Fundort : Sapporo, Ziozankei, Hakodate, Tokyo, Taisanji, Takasago, Gifu, Kyoto, Moji und Kagoshima (vom Juni bis Oct.), in der Sammlung von Herrn Prof. Dr. S. MATSUMURA.

Ueberall häufig.

4. S. pygmaeus ENDERL. 1906.

S. pygmaeus ENDERL., Jahrb. Abt. f. Syst. S. 250, Taf. 10, fig. 6, (1906).

Kopf hellbräunlichgelb. Stirn in der Mitte schwärzlich, Schläfen und Ober-lippe bräunlichschwarz. *Clypeus* dunkelbraun, vorgewölbt. *Clypeolus* gelblich. Fühler von der Vorderflügelslänge, dunkelbraun bis schwarz, die beiden Basalglieder heller. Augen schwarz, beim ♂ sehr gross, um doppeltmal so gross wie beim Weibchen. Scheitelnaht ziemlich scharf.

Thorax dunkelbraun, oben glänzend schwarz, die Leisten gelb. Beine blass, die Spitzen der Schienen und das 2. Tarsenglied graulichbraun. Das 1. Hinter-tarsenglied mit 21 Ctenidien. Klauen schwarz, mit gelber Spitze, uugezähnelt. Verhältniss der Hintertarsenglieder 3 : 1.

Flügel hyalin, die Adern blass bräunlichgelb. *Pterostigma* hyalin, dreickig, zuweilen nur in der hinteren Hälfte bräunlichgelb, ziemlich stark behaart. Der Rand und die Adern des Vorderflügels, mit Ausnahme des *N. analis* fein und kurz behaart. Flügelrand an der Radialgabel des Hinterflügels pubesciert. *Membran* schwach rot bis grün irisierend.

Vorderflügelslänge   4-4½ mm. (♂ u. ♀)

Fühlerlänge   4-4½ mm. („)

Fundort : Moji, 29. Juli, 1903, (1 ♀) und 18. Juni, 1906, (1 ♂) ; Tomakomai, 1903 (1 ♂); Kyoto, Oct. 1906 (2 ♀), gesammelt von Herren Prof. Dr. S. MATSU-MURA und M. SUZUKI.

II. Gatt. GRAPHOPSOCUS KOLBE 1880.

Graphopsocus KOLBE, Monogr. d. deut. Psociden. P. 125, (1880).

In Japan kommt nur 1 Art vor.

1. **G. cruciatus** L. 1768. (Fig. 16.)

Hemerobius cruciatus L., Syst. Nat. t. 3. app. 255 (1768).
Hemerobius 4-punctatus F., Mant. t. 1. p. 248 (1777); Syst. Ent. Soppl. p. 204 (1798); Latr., Coq. Icon. 12, Tab. 2, fig. 8; Steph., Ill. p. 125, 33, (1836); Burm., Handb. 2, p. 776 (1834); Ramb., Neurop. p. 321. (1842).
Psocus subocellatus Steph., Ill. p. 124 (1836); Hagb., Ent. Ann. p. 24, 6 (1861).
Psocus costalis Steph., Ill. p. 126 (1836).
Psocus cruciatus Brauer, N. A. p. 32.
Stenopsocus cruciatus M'L., Ent. Mosth. Mag. Vol. III.
Graphopsocus cruciatus Kolbe, Monog. p. 125 (1880); Tümp., Die Geradf. p. 155 (1901).

Kopf schmutziggelb, Maxillartaster gelblichbraun, das 1. Endglied und die Spitze des 2 Gliedes angeraucht, Oberlippe gelblichbraun, an den Seiten lappenartig verbreitet, vorn ausgebuchtet. *Clypeus* gelblichbraun, beim ♂ dunkler. Stirn in der Mitte mit einem dunkelbraunen Flecke; beim ♀ undeutlich. Augen verhältnissmässig gross, schwarz. Scheitelnaht deutlich. Hinterkopfsrand abgerundet. Fühler dunkelbraun, ziemlich dick, etwa von der Vorderflügelslänge, und sehr fein, kurz behaart.

Thorax kastanienbraun bis dunkelbraun, die Naht gelblich und scharf. *Abdomen* gelblichbraun bis dunkelbraun. Beine schmutziggelb, Tarsen und Klauen dunkel. Das 1. Hintertarsenglied mit 13 Ctenidien; Klauen ohne Zähnchen, an der Spitze gelblich. Verhältniss der Hintertarsenglieder 2 : 1.

Flügel hyalin, stark roth bis grün irisierend. Die Adern gelblichbraun. *Pterostigma* breit und kurz, gelblich beschattet, spärlich pubesciert. Ein grosser V-förmiger hellbräunlicher Fleck befindet sich auf dem Apicalfelde, welcher das Ende im *Pterostigma* besitzt. Auf der *Media* befindet sich auch ein hellbräunlicher Streif. Auf dem Innerrande mit zwei schwärzlichen Längsflechen, deren Aussenseite mit 2 hellbraunen Flecken, von wechen der obere deutlich kleiner ist. Der Hinterrand des *Pterostigmas* und der Rand der Axillarzelle pubesciert. Die Vereinigungsstelle und der Rand des Hinterflügels unbehaart.

　　　　　　　Vorderflügelslänge 　　　3 mm. (♀ u. ♂)
　　　　　　　Fühlerlänge 　　　etwa 3 mm. (　„　)
Fundort: Sapporo, 1. Oct. 1906 (1 ♂ und 1 ♀), gesammelt von Herrn S. Kuwayama.

Sonstiger Fundort: Europe.

ERKLÄRUNG DER ABBILDUNGEN.

Fig. 1. **Copostigma subcostalis** N. SP. 　20 : 1.
Fig. 2. **Kodamaius brevicornis** N. SP. 　30 : 1.

Fig. 3. **Psocus Mitsuhashianus** N. SP.   12 : 1.
Fig. 4. **Amphigerontia ficivorella** N. SP.   12 : 1.
Fig. 5. **Psocus Mali** N. SP.   10 : 1.
Fig. 6. **Cerastipsocus singularis** N. SP.   12 : 1.
Fig. 7. **Kodamaius pilosus** N. SP.   27 : 1.
Fig. 8. **Psocus tateokanus** N. SP.   27 : 1.
Fig. 9. **Psocus grandis** N. SP.   8 : 1.
Fig. 10. **Psocus capitatus** N. SP.   16 : 1.
Fig. 11. **Amphigerontia jezoensis** N. SP.

摘　　要

　本邦産齧蟲目茶柱蟲科に屬するもの少なからざるべしと雖も東北帝國大學農科大學には唯だ三十二種を所藏するに過ぎず、其中十種は近く獨人エンヂルライン氏により學術界に發表され、三種は歐洲に、他二種は濠洲、印度及支那にも產せり、而て該科には二亞科、十屬及三十三種を含み、其一屬 Kodamaius 及十七種は今回新に余の命名せしものなり。

　此研究は總て松村博士の指導によりて完成せるのにして其材料も亦大部氏の採集に係るものなり、爰に公表して其助力を謝す。

　今學名和名を記して其分布を示せば下の如し。

1. **Copostigma hyalinum** N. SP. ……………… たいわんすかしちやたて
　分布、臺灣。

2. **C. subcostalis** N. SP. ……………… ふたもんちやたて
　分布、臺灣。

3. **Cerastipsocus singularis** N. SP. ……………… たいわんくろひげちやたて
　分布、九州、臺灣。

4. **C. hakodatensis** N. SP. ……………… くろひげちやたて
　分布、北海道。

5. **Psocus capitatus** N. SP. ……………… たいわんすぢちやたて
　分布、臺灣。

6. P. Mitsuhashianus N. SP. .... おほひげながちやたて
  分布、北海道。

7. P. grandis N. SP. .... おほちやたて
  分布、北海道。

8. P. nebulosus STEPH. .... かばいろちやたて
  分布、北海道、本州、歐羅巴、濠洲、印度。

9. P. Kurokianus ENDERL. .... おほすじちやたて
  分布、北海道、本州。

10. P. tokyoensis ENDERL. .... すじちやたて
  分布、北海道、本州。

11. P. Mali N. SP. .... りんごちやたて
  分布、北海道、本州。

12. P. sexpunctatus L. .... むつてんちやたて
  分布、北海道、歐洲。

13. P. sexpunctellus ENDERL. .... ひめむつてんちやたて
  分布、本州。

14. P. pellucidus N. SP. .... ひもんちやたて
  分布、北海道、本州。

15. P. obtusus HAGEN. .... はーもんちやたて
  分布、本州、印度。

16. P. japonicus KOLBE. .... ひげながちやたて
  分布、本邦。

17. P. formosanus N. SP. .... おほめちやたて
  分布、臺灣。

18. P. tateokanus N. SP. .... せぐろちやたて

19. Amphigerontia ficivorella N. SP. .... たこのきちやたて
  分布、臺灣。

20. A. Kolbei ENDERL. .... くろみやくちやたて
  分布、九州。

21. A. nubila ENDERL. .... おほひげちやたて
  分布、北海道。

22. **A. jezoensis** N. SP. .... ぢようざんちやたて
分布、北海道。

23. **Hemipsocus hyalinus** ENDERL. .... すかしちやたて
分布、本州。

24. **Taeniostigma ingens** ENDERL. .... まだらひげちやたて
分布、臺灣、支那。

25. **Matsumuraiella radiopicta** ENDERL....... はぐるまちやたて
分布、北海道、本州、九州。

26. **Kodamaius brevicornis** N. SP. .... ほそひげちやたて
分布、臺灣。

27. **K. pilosus** N. SP. .... お逼ほそひげちやたて
分布、本州。

28. **Stenopsocus nigricellus** N. SP. .... ひめくろほそちやたて
分布、本州。

29. **S. niger** ENDERL. .... くろほそちやたて
分布、北海道。

30. **S. pygmaeus** ENDERL. .... すかしほそちやたて
分布、北海道、本州。

31. **S. aphidiformis** ENDERL. .... ほそちやたて
分布、北海道、本州、九州。

32. **Graphopsocus cruciatus** L. .... よろもんほそちやたて
分布、北海道、欧洲。

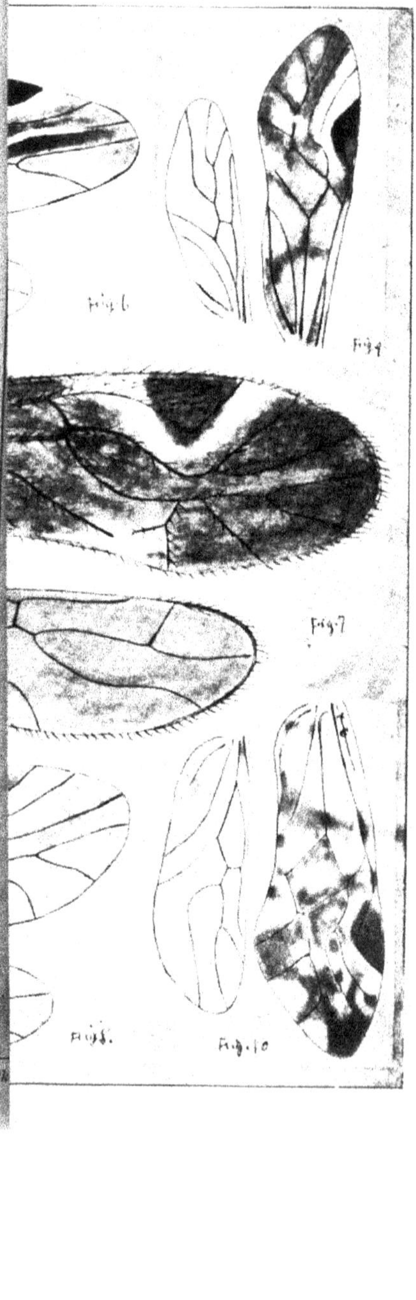

Fig. 6.

Fig. 9.

Fig. 7.

Fig. 8.

Fig. 10.

日 本 産 木 蝨 類 （其 一）

桑 山 茂

（第 三 圖 版）

————▶•◀————

DIE PSYLLIDEN JAPANS. I.

VON

S. KUWAYAMA.

(Mit Tafel III.)

————•♦•————

Die japanischen Psylliden, welche mir bekannt sind, beträgt im Zahl ungefähr 90, und zwar ihrer Hälfte scheint mir für die wissenschaftliche Welt neu zu sein. Sie zerfallen unter 14 Gattungen, von denen 6 neu sind. Die folgenden 3 Arten sind nur bis jetzt aus Japan bekannt :

1. *Anomoneura Mori* SCHWARZ.
2. *Psylla pyrisuga* FRST.
3. *Psylla hexastigma* HORV.

Im Jahre 1878 teilte Dr. F. Löw die Psylliden in die folgenden 4 Subfamilien ein, nämlich: *Liviinae, Aphalarinae, Psyllinae* und *Triozinae.* Eine fünfte Subfamilie *Prionocneminae* wurde von J. SCOTT in seiner Abhandlung „ On Certain Genera and Species of the group of Psyllidae in the collection of the British Museum " (Trans. Ent. Soc. London 1882, p. 466) beschrieben, welche aber in Japan noch nicht bekannt ist. Im vorigen Jahre stellte Dr. J. J. KIEFFER in der Zeitschrift für wissenschaftliche Insektenbiologie, 1906, Bd. II p. 387, eine sechste Subfamilie vor, nämlich *Phacoseminae* für seine neue Gattung *Phacosema* und Bucktonische *Phacapteron.* Nach meiner Beobachtung gehört auch eine dritte Gattung *Anemoneura* SCHWARZ an dieser Subfamilie, da bei dieser Gattung der *Radius* sich gegabelt und die sämtlichen Tibien unbewehrt sind.

Einige Psylliden sind in Japan oft den Obst-, Kampfer- und Maulbeerbäumen sehr schädlich, besonders in Formosa spielen sie Jahr für Jahr unter die Kampferkultur eine nennenswerte Rolle.

Bei dieser Arbeit bin ich mich ganz verpflichtet an Herrn Prof. Dr. S. MATSU-

MURA meinen herzlichen Dank auszusprechen, da ich mit seiner Erlaubniss die vorliegenden, sämtlichen Materialien benützen konnte und zwar unter seinen freundlichsten Leitungen diese Arbeit fertig gemacht habe.

TABELLE ZÜR BESTIMMUNG DER SUBFAMILIEN DER PSYLLIDEN.

1. *Radius* am Ende gegabelt.................................. ....2.

   Radius einfach..... ....3.

2. Alle Tibien unbewehrt.....................................PHACOSEMINAE.

   Hintere Tibien an der Basis mit einem Zahn ..................PRIONOCNEMINAE.

3. Stiel des *Cubitus* in Vorderflügel vorhanden ....4.

   Stiel des *Cubitus* fehlend ....TRIOZINAE.

4. Stiel des *Cubitus* so lang oder länger als das Discoidalstück der *Subcosta*......5.

   Stiel des *Cubitus* deutlich kürzer als das Discoidalstück der *Subcosta* ....

   ....PSYLLINAE.

5. Augen über den Seitenrand des Kopfes halbkugelig erhaben ; Scheitel kürzer als breit ....APHALARINAE.

   Augen in den Kopf eingesenkt, über den Seitenrand desselben nicht vorspringend ; Scheitel länger als breit ....LIVIINAE.

I. Subfam. LIVIINAE.

1. Gatt. **Livia** LATR.

Livia LATREILLE, Hist. Nat. Ins. Vol. xii. 1804, p. 374.

Diraphia ILLIGER, May. i, 1802, p. 284.

Diraphia WAGA, Ann. Soc. Ent. Fr. xi, 1845, p. 275.

In Japan kommt nur eine Art vor.

1. **Livia jesoensis** MATS. (N. SP.)

(Fig. 6-7*a-b*)

Kopf und *Thorax* schmutziggelb, unten schwarz ; Scheitel und *Pronotum* mit rothen Punkten ; *Dorsulum* und Rücken mit rothen Flecken und Striemen. Fühler ein wenig kürzer als der Kopf und das *Pronotum* zusammen ; ähnlich gebildet wie bei *L. juncorum* LATR. Vorderflügel 2 mal so lang wie breit, bräunlichgelb, mit zahlreichen braunen Flecken und Punkten bedeckt ; ein mit zahlreichen glashellen und gelblichbraunen Punkten gesprenkeltes, braunes Band erstrekt sich vom Ende der Radialzelle bis zur ersten Zinke ; an der Basis der zweiten Gabel befindet sich ein weisses Fleckchen ; *Pterostigma* ein wenig länger als die Hälfte des Radialstückes der *Costa*. Beine schmutziggelb ; die Schenkel vorwiegend braun. *Abdomen* schwärzlichbraun, unten manchmal weisslich. Genitalien bräunlichgelb.

Genitalplatte des ♂ so lang wie das Genitalsegment; an der Spitze nach vorn erweitert sich ein breiter Lappen; Zange so hoch wie die Genitalplatte, behaart. Untere Genitalplatte des ♀ kaum ⅔ so lang wie alle vorhergehenden Abdominalsegmente zusammen; die obere ein wenig länger als die untere, in der Mitte eingedrückt und daselbst mit einem schwarzen Punkt versehen; von hier an bis zur Spitze spärlich behaart.

Körperlänge: ♂ 2.3, ♀ 2.5 mm.

Hokkaido (Sapporo), Honshu (Yamashiro). 9 Exemplare gesammelt im Mai und Juni von Herrn Prof Dr. S. MATSUMURA und dem Autor.

Trivialname: *Hirazu-kijirami.*

II. Subfam. APHALARINAE.

Uebersicht der Gattungen.

1. Vorderflügel rhombisch, sehr derb ....1. *Euphyllura* FRST.
   Vorderflügel schwach, lederig oder häutig ....2.

2. Vorderflügel am Ende breit abgerundet; Genitalplatte des ♂ in der Mitte beiderseits mit einem langen, schmalen Fortsatze ....2. *Aphalara* FRST.
   Vorderflügel am Ende eckig zugespitzt. ....3. *Tenaphalara* N. G.

1. Gatt. Euphyllura FRST.

Euphyllura FOERSTER, Psyll. Verh. Nat. Ver. Preuss. Rheinl. 3. 1848, p. 93.

In Japan kommt nur eine Art vor.

1. Euphyllura magna N. SP.
(Fig. 1, Fig. 8)

Schwärzlichbraun, mit zahlreichen, braunen oder schwarzen Pünktchen. Die vom Scheitel nach vorn ausgezogenen Lappen sehr schmal. Fühler kaum mehr als ¼ so lang wie die *Costa*, braun, die 2 Basalglieder dunkel; das 6te und 7te am Ende und die beiden Endglieder ganz schwarz. Vorderflügel rhombisch, braun, mit zahlreichen, schwarzen Punkten, welche an den Seiten der Adern und auf den Randnerven deutlich sind; 2 zickzackartige, schwarze Binden sehr deutlich, die eine verläuft vom Ende der Radialzelle bis zur Mitte der ersten Randzelle, an der Innerseite mit weisslichem Saum, die andere, welche viel breiter als die erstere ist, zieht vom Ende der *Subcosta* bis zur Basalhälfte der Cubitalzelle, an der Aussenseite mit weisslichem Saum; die Einmündungstelle der zweiten, der dritten und der vierten Zinke sowie auch des *Radius* je mit einem hyalinen Fleck; Radialstück der *Subcosta* den Vorderrand nicht ganz erreichend; die 2te Zinke fast gerade. Beine braun; die Schenkel an der Basis und die Schienen am Ende schwach gebräunt. Genitalplatte (♂) etwas länger als das Genitalsegment, jederseits in der Mitte nach hinten lappig erweitert; Zange ein wenig kürzer als die Genitalplatte, mit der nach vorn zugerichteten Spitze, behaart.

Körperlänge : ♂ 2.0 mm.

Kiushu (Kagoshima), gesammelt in 3 Exemplare am 10. Juli von Herrn Prof. Dr. S. MATSUMURA.

Trivialname : *Hishi-kijirami.*

2. Gatt. Aphalara FRST.

Aphalara FOERSTER, Psyll. Verh. Nat. Ver. Preuss. Rheinl. 3, 1848, p. 89.

In Japan kommen 6 Arten vor :

1. Vorderflügel gelblich ....6. *flava* N. SP.
   Vorderflügel glashell oder weisslich...2.
2. Vorderflügel mit zahlreichen, braunen oder schwarzen Punkten..................3.
   Vorderflügel ohne zahlreichen Punkten ....4.
3. Körper dicht mit schwarzen Punkten bedeckt ....1. *multipunctata* N. SP.
   Vorderflügel weisslich ; Körper nicht mit schwarzen Punkten bedeckt............
   ....5. *Artemisiae* FRST.
4. Vorderflügel glashell ; ohne Binde......................................4. *Calthae* L.
   Vorderflügel mit einer Binde, welche vom Ende der Radialzelle bis zur ersten Randzelle reicht ....3. *fasciata* N. SP.
   Vorderflügel mit 2 Binde, von denen eine vom Ende der *Subcosta* bis zur Spitze der ersten Zinke und eine von der Nähe der Flügelspitze bis zum Ende der zweiten Zinke reicht....................2. *nebulosa* ZETT.

1. Aphalara multipunctata N. SP.

(Fig. 1, Fig. 2.)

Gelb ; Scheitel, *Dorsulum* und Rücken mit zahlreichen, braunen Pünktchen zerstreut. Fühler um ⅓ so lang wie die *Costa*, gelb ; das 1ste, das 2te und das letzte Glied dunkel. Vorderflügel 2 mal so lang wie breit, weisslichhell, mit zahlreichen, braunen Punkten, welche auf den Adern auch sich befinden, inbesonders zahlreich am Ende der Radialzelle. *Abdomen* schwärzlich ; Beine und Genitalien gelblichbraun. Untere Genitalplatte (♀) kürzer als die 2 letzten Bauchsegmente zusammen ; die obere kaum länger als die untere.

Körperlänge : ♀ 1.5 mm.

Hokkaido (Sapporo), gesammelt nur in einem Exemplare im Mai von Herrn Prof. Dr. S. MATSUMURA.

Trivialname : *Hoshi-kijirami.*

2. Aphalara nebulosa ZETT.

Chermes nebulosa ZETTERSTEDT, F. Ins. Lapp. I. 1828, p. 551 ; F. Ins. Lapp. I. 1840, p. 307.
Aphalara nebulosa REUTER, Meddel. Soc. Pro. F. et Fl. fenn. 1876, p. 77.
Aphalara radiata SCOTT, Trans. Ent. Soc. Lond. 1876, p. 562, pl. IX, Fig. 12.
Aphalara graminis C. G. THOMSON, Opusc. Ent. Fasc. VIII. 1877, p. 841.

Kopf und *Thorax* schmutziggelb, oben mit gelben Längsstriemen. Fühler kaum mehr als ⅓ so lang wie die *Costa*, gelb; das erste und das zweite Glied dunkel; die 2 letzten schwarz. Vorderflügel um 2¼ mal so lang wie breit, glashell, die Nerven gelb, mit 2 braunen Binden, von denen eine vom Ende der *Subcosta* bis zur Spitze der ersten Zinke und eine andere von der Nähe der Flügelspitze bis zum Ende der zweiten Zinke reicht, die letztere verzweigt sich nach aussen auf den Stellen der Nerven ; die hintere Basalzelle in der Mitte mit einem braunen Fleck. Beine gelb. *Abdomen* schwärzlichbraun ; Genitalien gelb.

Körperlänge : ♂ 1.8 mm.

Hokkaido (Ziozankei, Hakodate) und Honshu (Hakone), gesammelt in 3 Exemplare im August und September von Herrn Prof. Dr. S. MATSUMURA und dem Autor.

Trivialname : *Mon-kijirami.*

3. Aphalara fasciata N. SP.
(Fig. 3. Fig. 9a–b)

Kopf und *Thorax* braun, oben mit weissen oder hellgelben Flecken und Striemen. Fühler um ⅓ so lang wie die *Costa*, gelb ; die 2 letzten Glieder schwarz. Vorderflügel 2¼ mal so lang wie breit, glashell, mit gelben Nerven ; ein braunes Band läuft von der Nähe des Endes der Radialzelle bis zur ersten Randzelle, welches sich am *Radius*, an der zweiten, der dritten und der vierten Zinke nach aussen verzweigt; die hintere Basalzelle in der Endhälfte vorwiegend braun ; an der Spitze des *Clavus* schwarz gefärbt. *Abdomen* schwarz ; Genitalien gelb. Beine gelb; die Schenkel vorwiegend braun. Genitalplatte des ♂ kürzer als das Genitalsegment, an der Basis beiderseits mit einem schmalen, nach hinten gerichteten Fortsatze, welcher viel länger als das Genitalsegment ist ; Zange ein wenig kürzer als die Genitalplatte. Untere Genitalplatte des ♀ kürzer als die 2 letzten Bauchsegmente zusammen, behaart, die Spitze geschwärzt : die obere in der Mitte eingedrückt, viel länger als die untere.

Körperlänge :　♂ ♀ 2.3 mm.

Hokkaido (Sapporo), Honshu (Tateyama, Takasago). 5 Exemplare gesammelt
von Herrn Prof. Dr. S. MATSUMURA.

Trivialname :　*Obi-kijirami.*

4.　Aphalara Calthae L.

Chermes calthae LINNE, F. Suec. 1761, Nr. 1005.
Aphalara polygoni FOERSTER, Psyll. Verh. Nat. Ver. Preuss. Rheinl 3, 1848, p. 90.
Aphalara ulicis FOESTER, Psyll. Verh. Nat. Ver. Preuss. Rheinl. 3. 1848, p. 96.
Aphalara calthae REUTER, Meddel. Soc. p. F. et Fl. fenn. 1876, p. 72; Ent. Tidskr., 1881, p. 149.

Braun ; Scheitel und Oberseite des *Thorax* mit gelblichen Striemen, welche
auf dem Rücken deutlich sind.　Fühler kaum ⅓ so lang wie die *Costa*, weiss, die 2
letzten Glieder schwarz.　Vorderflügel um 2⅓ mal so lang wie breit, glashell oder
etwas gelblich ; an der Spitze des *Clavus* schwarz ; am Ende der ersten Zinke
eine schwarzer Punkt.　Abdomen schwarz, mit schmalen, gelben Segmenträndern.
Beine gelb, an den Spitzen der Schienen dunkel.

Körperlänge :　♂ 1.8, ♀ 2.0 mm.

Hokkaido (Sapporo), Honshu (Takasago). 3 Exemplare gesammelt im Mai und
September von Herrn Prof. Dr. S. MATSUMURA.

Trivialname :　*Mumon-kijirami.*

5.　Aphalara Artemisiae FRST.

Aphalara Artemisiae FOERSTER, Psyll. Verh. Nat. Ver. Preuss. Rheinl. 3. 1848, p. 96.
Aphalara malachitica DAHLBOM, Kgl. Vet. Akad. Handl. I. 1850, p. 177.

Hellgrün ; Rücken bisweilen mit bräunlichen Flecken und Striemen ; bei
getrockneten Exemplaren nicht selten der ganze Körper blassgelb.　Fühler ⅓ so
lang wie die *Costa*, hellgelb, die beiden Endglieder schwarz.　Vorderflügel um
2mal so lang wie breit, weisslich, mit kleinen, braunen oder schwärzlichen,
mehr oder weniger dicht zerstreuten Pünktchen.　Beine grünlich ; die Klauen braun.
Abdomen und Genitalien hellgrün oder gelblich.

Körperlänge :　♂ 2.0, ♀ 2.5 mm.

Hokkaido (Sapporo, Ziozankei). 6 Exemplare gesammelt im Juli und August
von Herrn Prof. Dr. S. MATSUMURA und Prof. J. NIISHIMA.

Trivialname :　*Yomogi-kijirami.*

6.　Aphalara flava N. SP.

(Fig. 4.　Fig. 10a–d)

Gelb oder blassgelb ; Kopf und *Thorax* mit schmalen, weissen Striemen.

Fühler etwas mehr als ½ so lang wie die *Costa*, hellgelb. Vorderflügel um 2⅔mal so lang wie breit, schwach lederig, hellgelb, mit einem gelben Saume, welcher von der ersten Randzelle bis zum Ende der Radialzelle läuft; in der Endhälfte des Vorderflügels mit kleinen, gelben Punkten; Stiel des Cubitus um so lang wie das Discoidalstück der *Subcosta*. Beine gelb. *Abdomen* und Genitalien grün. Genitalplatte des ♂ ½ so lang wie das Genitalsegment; an der Basis beiderseits mit einem schmalen, nach hinten gerichteten Fortsatze, welcher ein wenig länger als das Genitalsegment ist; Zange kürzer als die Genitalplatte, mit einer dicken Spitze. Untere Genitalplatte des ♀ kaum so lang wie alle Abdominalsegmente zusammen; die obere ein wenig länger als die untere, die Spitze nach oben gebogen, spärlich behaart.

Körperlänge : ♂ 2.5, ♀ 2.8 mm.

Hokkaido (Ziozankei, Sapporo), Honshu (Hakone). Zahlreiche Exemplare gesammelt von Herrn Prof. Dr. S. MATSUMURA und dem Autor.

Trivialname : *Kiiro-kijirami.*

Diese Art steht der **A. picta** ZETT sehr nahe an, unterscheidet sich aber von ihr in folgenden Merkmalen :

Aph. picta ZETT.	**Aph. flava** M.
Vorderflügel 2½mal so lang wie breit.	Vorderflügel um 2⅔mal so lang wie breit.
Die Endhälfte des Vorderflügels mit kaum erkennbar bräunlichen, verästelten Fleckchen.	Die Endhälfte des Vorderflügels mit gelben Punkten.

3. Gatt. **Tenaphalara** N. G.

Type : **Tenaphalara acutipennis** N. SP.

Körper lang. Kopf sammt den Augen so breit wie der *Thorax*. Scheitel so lang wie breit, in der Mitte mit einer feinen Längsfurche. Stirnkegel fehlen. Fühler dünn, länger als der Kopf und der *Thorax* zusammen, die beiden Basalglieder dick; das dritte Glied 1½mal so lang wie das vierte. Pronotum ⅔ des Scheitels lang, der Vorderrand gerade. Rücken flach. Vorderflügel häutig, flach, um 3mal so lang wie breit; die Flügelspitze deutlich winkelig; die Nerven dünn, Stiel des *Cubitus* 1½mal so lang wie das Discoidalstück der *Subcosta*; vierte Zinke mündet sich im Hinterrande nahe der Flügelspitze; *Radius* kurz; am Ende nach dem Vorderrande gebogen und mündet sich weit vor der Flügelspitze. Genitalplatte (♂) ohne seitliche Fortsätze oder Erweiterungen.

Diese sonderbare Gattung sollte am Ende dieser Subfamilien kommen, da sie

von den übrigen Gattungen ziemlich weit entfernt ist und zwar sie den andern'
bekannten Gattungen kleine Aehnlichkeit hat.

In Japan kommt nur eine Art vor :

7. **Tenaphalara acutipennis** N. SP.

(Fig. 5. Fig. 11*a-b*)

Weisslichgelb. *Dorsulum* und Rücken mit 3 undeutlichen, weissen Längs-
striemen ; Augen dunkelbraun. Fühler 1.6 mm. lang, weiss ; die Glieder 3 bis 9 am
Ende und das letzte Glied ganz schwarz. Vorderflügel glashell, manchmal
gelblich, mit weissen Nerven ; Radialstück der *Subcosta* läuft parallel mit dem
Radius ; vom Ende der *Subcosta* bis zur Basis der dritten Zinke läuft eine Falte
(nicht Ader). Beine blassgelb; die Schienen fast gerade. *Abdomen* und Genitalien
grün. Genitalplatte des ♂ schmal, kaum länger als das Genitalsegment, ihre
Spitze nach hinten gebogen ; Zange ⅔ der Genitalplatte lang. Untere Genitalplatte
des ♀ kürzer als die 2 letzten Bauchsegmente zusammen ; die obere 2 mal so lang
wie die untere, ihre Spitze nach oben zugespitzt, spärlich behaart ; der hornartige,
glänzende, rothe Ovipositor ragt sich über die Spitze der unteren hervor.

Körperlänge : ♂ 2.6, ♀ 3.0 mm.

Formosa. 7 Exemplare gesammelt im Juli von Herrn Prof. Dr. S. MATSUMURA.

Trivialname : *Naga-kijirami.*

III. Subfam. PSYLLINAE.

Uebersicht der Gattungen.

1. Fühlergeissel dünn, fadenförmig, spärlich behaart ; Flügelnerven nicht behaart
....2.

Fühlergeissel dicht behaart ; Flügelnerven lang behaart...........................
....................8. *Homotoma* GUÉR.

(*Anisostropha* FRST.)

2. Vorderflügel am Ende eckig zugespitzt ....3.

Vorderflügel am Ende abgerundet ....4.

3. Vorderflügel 3mal so lang wie breit; Fühler deutlich länger als die Kopfsbreite.
..................7. *Mesohomotoma* N. G.

Vorderflügel 2 bis 2½mal so lang wie breit ; Fühler so lang wie Kopfsbreite...
..................6. *Macrohomotoma* N. G.

4. Fühler höchstens so lang wie die Kopfsbreite......................................6.

Fühler deutlich länger als die Kopfsbreite ....5.

1. Gatt. **Metapsylla** N. G.

Type : **Metàpsylla nigra** N. SP.

Körper glatt und kahl. Scheitel flach, kaum länger als ⅓ seiner Breite. Stirnkegel sehr kurz und breit. Fühler so lang oder kürzer als die Breite des Kopfes. Rücken mehr oder weniger hoch gewölbt. Vorderflügel rhombisch ; Stiel des *Cubitus* deutlich kürzer als das Discoidalstück der *Subcosta*, *Radius* am Ende V-förmig gebogen.

Der Form nach der Gattung *Euphyllura* etwas ähnlich, es unterscheidet sich jedoch hauptsächlich durch den Nervenverlauf des Vorderflügels ; und den kürzen Fühler und des gewölbten Rückens wegen ist sie der Gattung *Calophya* nahe verwandt.

In Japan kommen 2 Arten vor :

1. Schwarz ; Körperlänge 3.2 mm.................................1. *nigra* N. SP.

Röthlichbraun ; Körperlänge 1.5 mm................ ....2. *marginata* N. SP.

1. **Metapsylla nigra** N. SP. (Fig. 18, Fig. 12.)

Schwarz. Scheitel in der Mitte kaum mehr als ⅓ so lang wie seine Breite, am Hinterrande gerade. Stirnkegel sehr kurz und breit. Fühler 0.37 mm. lang, dunkelbraun ; die 3 Basalglieder sehr dick und lang, kaum so lang wie die 7 übrigen Glieder zusammen. Pronotum um ⅓ der Scheitellänge ; am Rücken mit schmutziggelben Striemen. Vorderflügel glashell, bräunlich gefleckt ; ein breiter, schwärzlichbrauner Saum erstreckt sich von der Spitze der ersten Zinke bis zum Ende des *Radius ;* ein glashelles Fleckchen je am Ende der 2ten, 3ten und 4ten Zinke ; eine gleichfärbige Binde verläuft von der Spitze der vorderen Basalzelle bis zur Basis der 2ten Zinke ; die Nerven gelb, wellig geschwungen ; *Pterostigma* gelblichbraun, breit. Beine gelblichbraun ; die Schenkel vorwiegend dunkel ; die Tarsenglieder schwarz. Untere Genitalplatte (♀) ein wenig länger als die 2 vorhergehenden Abdominalsegmente zusammen, am Ende zugespitzt, kaum kürzer als die obere.

Körperlänge : ♀ 3.2 mm.

Kiushu (Kagoshima). 3 Exemplare gesammelt im Juli von Herrn Prof. Dr. S. MATSUMURA.

Trivialname : *Kokuro-kijirami.*

2. **Metapsylla marginata** N. SP.

Hellröthlichbraun. Scheitel gelb, am Hinterrande undeutlich concav. Stirnkegel kurz und sehr breit. Fühler ein wenig kürzer als die Breite des Kopfes, weisslichgelb ; die 2 Basalglieder dick, hellröthlichgelb, die Glieder 3 bis 8 an den Spitzen und die 2 Endglieder ganz schwarz. *Pronotum* sehr kurz ; *Dorsulum* und Rücken mit gelben Striemen ; Schildchen hellgelb. Vorderflügel glashell, mit zahlreichen, braunen Pünktchen besäet; ein mit glashellen Pünktchen gesprenkelter, brauner Saum erstreckt sich von der Spitze der ersten Zinke bis zum Ende des *Radius;* ein kurze braune Binde verläuft von der Mitte des *Pterostigma* bis zur Basis der 4ten Zinke ; die Nerven weisslich ; Discoidalstück der *Subcosta* 1½mal so lang wie der Stiel des *Cubitus*. *Pterostigma* sehr breit. Beine bräunlichgelb ; Vorder- und Mittelschenkel braun. *Abdomen* dunkelbraun. Untere Genitelplatte (♀) allmählich zugespitzt, so lang wie die 3 vorhergehenden Bauchsegmente zusammen, die obere ein wenig länger als die untere.

Körperlänge : ♀ 1.5 mm.

Formosa (Kôshun). Nur ein Exemplar gesammelt im Juli von Herrn Prof. Dr. S. MATSUMURA.

Trivialname : *Ko-chairo-kijirami.*

2. Gatt. **Calophya** F. LW.

Calophya F. LOEW, Verh. d. k. k. Zool.-botan. Gesell. Wien., 1878, p. 598.

In Japan kommen 4 Arten vor :

1. Fühler an der Spitze nicht schwarz ; Oberseite des Kopfes und des *Thorax* schwarz ....1. *nigridorsalis* N. SP.

   Fühler an der Spitze schwarz ....2.

2. Körper ganz grünlichgelb... ....3. *viridis* N. SP.

   Kopf und *Thorax* schwarz, am Rücken mit grünen Striemen...................... ....2. *viridiscutellata* N. SP.

   Körper ganz schwarz, am Rücken mit gelben Flecken............4. *nigra* N. SP.

1. Calophya nigridorsalis N. SP.

Kopf und *Thorax* oben schwarz, unten gelb, bisweilen ganz schwarz; *Abdomen* gelb oder grün. Stirnkegel weiss, dick, stark divergirend, mit scharfen Spitzen. Fühler sehr kurz, hellgelb, sehr selten das Endglied dunkelbraun. Vorderflügel gerade wie bei *C. rhois* LW. Beine gelb, bisweilen ihre Schenkel schwarz. Genitalplatte (♂) ein wenig länger als das Genitalsegment, am Ende sehr stumpf zugespitzt, an ihren Seitenrändern ziemlich stark erweitert ; Zange gerade, halb so hoch wie die Genitalplatte, sehr schmal. Untere Genitalplatte (♀) nur so lang wie das vorhergehende Bauchsegment, allmählich zugespitzt, die obere kaum länger als die untere.

Körperlänge : ♂ 1.3, ♀ 1.5 mm.

Hokkaido (Sapporo), Honshu (Hakone), Kiushu (Kagoshima). 3 Exemplare gesammelt von Herrn Prof. Dr. S. MATSUMURA.

Trivialname : *Seguro-hime-kijirami.*

Diese Art steht der *C. rhois* LW. sehr nahe an, es unterscheidet sich jedoch durch die breitere Genitalplatte des ♂.

2. Calophya viridiscutellata N. SP.

Schwarz. Stirnkegel weiss, halb so lang wie der Scheitel, mit schwarzen Spitzen. Fühler kurz, weiss, die 2 Endglieder schwarz. Scheitel, *Pronotum* und *Dorsulum* an den Hinterrändern grün. Rücken mit 4 grünen Längsstriemen ; Schildchen ganz grün. Vorderflügel 2 mal so lang wie breit, glashell, mit weissen Adern. *Abdomen* und Beine grün. Genitalplatte (♂) deutlich länger als das Genitalsegment, schmal, an der Spitze nach hinten ausgebogen ; Zange etwa ⅔ der Genitalplatte hoch.

Körperlänge : ♂ 1.5 mm.

Hokkaido (Ziozankei). Nur ein Exemplar gesammelt am 10. October vom Autor.

Trivialname : *Aosuji-hime-kijirami.*

3. Calophya viridis N. SP.

Grünlichgelb. Scheitel halb so lang wie zwischen den Augen breit; Stirnkegel ein wenig kürzer als der Scheitel, am Aussen- und Innenrande gerade. Fühler kurz; die 2 Basalglieder gelb, die Glieder 3 bis 6 braun, 7 bis 10 ganz schwarz. Augen schwarz. Vorderflügel glashell, mit weissen Nerven, 2¼ mal so lang wie breit. Beine gelblichgrün ; die Tarsen dunkelbraun, mit schwarzen Klauen. Untere Genitalplatte (♀) so lang wie das vorhergehende Bauchsegment, allmählich zugespitzt, die obere kaum länger als die untere.

Körperlänge : ♀ 1.5 mm.

Hokkaido (Sapporo). Nur 2 Exemplare gesammelt im August von Prof. Dr. S. MATSUMURA.

Trivialname : *Kiiro-hime-kijirami.*

4. Calophya nigra N. SP.

Schwarz. Stirnkegel gelb oder weiss, kürzer als der Scheitel, an der Basis entfernt stehend. Scheitel mit gelbem Hinterrande. Fühler eben so lang wie die Breite des Kopfes, braun ; die beiden Endglieder schwarz und etwas verdickt. *Pronotum* am Vorderrande, *Dorsulum* am Hinterrande und Schildchen ganz röthlichgelb ; bisweilen Rücken mit gleichfärbigen Striemen. Vorderflügel glashell, mit weissen Nerven, um 2½ mal so lang wie breit ; *Pterostigma* lang und breit, etwa ⅔ des Radialstück der *Costa* einnehmend. Beine bräunlichgelb, mit schwarzen Tarsen und Klauen. Genitalplatte (♂) so lang wie das Genitalsegment ; Zange um ½ der Genitalplatte hoch. Untere Genitalplatte (♀) kurz, so lang wie das vorhergehende Bauchsegment ; die obere kaum länger als die untere.

Körperlänge : ♂ 1.2, ♀ 1.8 mm.

Hokkaido (Sapporo). Zahlreiche Exemplare gesammelt im Mai und Juni von Herrn Prof. Dr. S. MATSUMURA und dem Autor.

Trivialname : *Kuro-hime-kijirami.*

3. Gatt. Diaphorina F. LW.

Diaphora F. Löw, Ver. d. k. k. Zool-botan. Gesell. Wien, 1878, p. 603.
Diaphorina F. Löw, Ver. d. k. k. Zool-botan. Gesell Wien, 1880, p. 257.

In Japan kommt nur eine Art vor :

1. Diaphorina Citri N. SP.

Gelblichroth. Scheitel hellgelb, hinten fast gerade. Stirnkegel um ½ der Scheitellänge, weiss, nicht divergirend. Fühler und Beine gerade wie bei *D. Putonii* LW. *Pronotum* weiss, mit zahlreichen, bräunlichen Pünktchen. Vorderflügel glashell, etwas weisslich, mit braunen oder schwärzlichbraunen Flecken und Punkten ; Adern röthlichgelb ; der *Radius*, der Stiel und der vordere Ast des *Cubitus* an der Basis stets mit einem schwarzen Strichel, an der Spitze des *Clavus* und an der Basis der Discoidalzelle ein grosser, schwarzbrauner Fleck ; den Flügelrand entlang zieht sich ein schwärzlichbraunner Saum von der Basis der Radialzelle bis zur ersten Zinke, welcher am Ende der Radialzelle deutlich getheilt wird ; dieser Saum umschliesst sich 4 weissliche Flecken, welche am Hinterrande zwischen den Nerven liegen. Genitalien gelblich ; Genitalplatte, (♠) deutlich länger als das Genitalsegment ; Zange etwas kürzer als die Genitalplatte, gerade, an der Spitze stumpf abgerundet. Beim ♀ gerade wie bei *D. Putonii* L.W.

Körperlänge : ♂ 2.0, ♀ 2.2 mm.

Formosa (Shinchiku). Zahlreiche Exemplare (im April) gesammelt von Herrn Prof. Dr. S. MATSUMURA auf *Citrus*-Arten.

Trivialname : *Mikan-kijirami*.

Diese Art steht der *D. Putonii* L.W. sehr nahe an, es unterscheidet sich jedoch durch den Saum des Vorderflügels.

4. Gatt. **Psylla** F. L.W.

Psylla GEOFFROY, Hist. Ins. I. 1762, p. 484 ; Löw, Verh. d. k. k. Zool-botan. Gessell. F. Wien. xxviii, 1879, p. 60c.

In Japan kommen 31 Arten vor :

9. Untere Genitalplatte (♀) so lang oder etwas länger als die vorhergehenden Abdominalsegmente zusammen ....12. *arisana* N. SP.

Untere Genitalplatte (♀) so lang wie 2 oder 3 vorhergehenden Bauchsegmente zusammen ....10.

10. Vorderflügel 2mal so lang wie breit................................19. *melina* FLOR.

Vorderflügel 2¼-2⅓ mal so lang wie breit ....11.

11. Stirnkegel fast so lang wie der Scheitel, nicht divergirend; Körperlänge 2.8 mm.
..................7. *sapporensis* N. SP.

Stirnkegel so lang oder etwas kürzer als der Scheitel, ein wenig divergirend ...
....................6. *pyrisuga* FRST.

12. Fühler ⅔ so lang wie die *Costa* ....13.

Fühler ein wenig länger als die Hälfte der *Costa*...................................14.

13. Tarsen braun oder schwarz gefärbt, untere Genitalplatte (♀) so lang oder kaum kürzer als die vorhergehenden Abdominalsegmente zusammen...........
..........................16. *Betulae* L.

Tarsen nicht gebräunt oder geschwärzt, untere Genitalplatte (♀) kurz und breit...... ....10. *Mali* FRST.

14. Scheitel am Hinterrande fast gerade, Körper grünlichgelb oder gelblichgrün...
....................8. *peregrina* FRST.

Scheitel am Hinterrande concav, Körper gelb, braun oder dunkelbraun ....
....................17. *nigrita* ZETT.

15. Stirnkegel so lang oder ein wenig länger als der Scheitel.....22. *salicicola* FRST.

Stirnkegel deutlich kürzer als der Scheitel.........................1. *pyricola* FRST.

16. Die 3te Zinke um 2mal so lang wie der Rand der 2ten Randzelle.................
....................2. *hexastigma* HORV.

Die 3te Zinke um 1⅓ mal so lang wie der Rand der 2ten Randzelle..............
....................4. *albopontis* N. SP.

Die 3te Zinke um 1½mal so lang wie der Rand der 2ten Randzelle................
....................3. *Elaeagni* N. SP.

17. Vorderflügel hellgelb oder gelb ....18.

Vorderflügel gelblichbraun oder braun...20.

18. Vorderflügel mit zahlreichen, schwarzen Punkten ....25. *tripunctata* N. SP.

Vorderflügel ohne schwarzen Punkten ....19.

Vorderflügel gegen der Spitze hin etwas dunkler gefärbt, die Spitze des *Clavus* nicht geschwärzt.................................... . ...23. *ambigua* FRST.

Vorderflügel gegen die Spitze hin etwas dunkler gefärbt, die Spitze des *Clavus* schwarz...24. *kiushuensis* N. SP.

19. Körper gelb, am Rücken mit hellen Striemen................21. *ziozankeana* N. SP.

1. Psylla pyricola FRST.

Psylla pyri CURTIS, Gard. Chron. 1842, p. 156.
Psylla pyricola FOERSTER, Psyll. Verh. Nat. Ver. Preuss. Rheinl. 3, 1848, p. 77.
Psylla apiophila FOERSTER, Psyll. Verh. Nat. Ver. Preuss. Rheinl. 3, 1848, p. 78.
Psylla notata FLOR, K. d. Rhyn. 1861, p. 365.

Kopf und *Thorax* braun, oben mit dunklen Flecken und Striemen. Stirnkegel deutlich kürzer als der Scheitel. Fühler so lang oder kaum länger als die Hälfte der *Costa*, gelblichbraun ; die beiden Endglieder ganz schwarz ; die Glieder 4–8 an den Spitzen geschwärzt. Vorderflügel glashell, mit bräunlichgelben Nerven ; an der Spitze des *Clavus* schwarzgefärbt ; an der hinteren Basalzelle, nahe der Spitze des *Clavus* ein kurzer, brauner Längsstreif. Abdomen dunkelbraun ; Beine bräunlichgelb.

Körperlänge : ♂ 2.0, ♀ 2½ mm.

Honshu (Hakone und Kioto). 4 Exemplare gesammelt von Herrn Prof. Dr. S. MATSUMURA.

Trivialname : *Futahoshi-nashi-kijirami.*

2. Psylla hexastigma HORV.

Psylla hexastigma HORVÁTH, Termes. Fuzetek. xxii. 1899, p. 373.

Hellgrün oder gelblichgrün. Stirnkegal kaum kürzer als der Scheitel, ein wenig divergirend. Fühler um ⅔ so lang wie die *Costa*, gelb ; die Glieder 4 bis 7 an den Spitzen und die 3 Endglieder ganz schwarz. Vorderflügel 2½ mal so lang wie breit, glashell, mit blassgelblichen Nerven ; die 3te Zinke 2 mal so lang wie der Rand der 2ten Randzelle ; an jedem Abschnitte des Hinterrandes, zwischen der ersten und vierten Zinke ein schwarzer Punkt, bisweilen die Spitze der 1sten Zinke schwarz. Beine gelb ; die Klauen schwarz. *Abdomen* grünlichgelb.

Körperlänge : ♂ 1.9, ♀ 2.6 mm.

Hokkaido (Sapporo, Ziozankei). Zahlreiche Exemplare gesammelt von Herrn Prof. Dr. S. MATSUMURA.

Trivialname: *Mutsuboshi-kijirami.*

3. Psylla Elaeagni N. SP.

Weisslichgelb, oben mit braunen Flecken und Striemen. Stirnkegel kaum kürzer als der Scheitel, an den Spitzen etwas divergirend. Fühler um $\frac{3}{4}$ so lang wie die *Costa*, weiss oder hellgelb; die beiden Endglieder schwarz. Vorderflügel 2$\frac{1}{4}$ mal so lang wie breit, glashell, mit weissen Nerven; an der Spitze des *Clavus* schwarz; an jedem Abschnitte des Hinterrandes' zwischen dem *Radius* und der ersten Zinke ein schwärzlichbrauner Fleck; die 3te Zinke um 1$\frac{1}{4}$ mal so lang wie der Rand der 2ten Randzelle. Hinterflügel glashell, am Aussenrande schwärzlich gesäumt. Beine gelb, bisweilen der Hinterschenkel mit braunem Striche. *Abdomen* weiss, mit schwarzen Flecken. Genitalsegment ($\male$) schwarz, mit gelblichem Rande; Genitalplatte ein wenig länger als das Genitalsegment, an der Spitze nach hinten schwach gebogen; Zange schmal, einfach, um $\frac{3}{4}$ so hoch wie die Genitalplatte. Untere Genitalplatte ($\female$) kaum kürzer als die 3 letzten Bauchsegmente zusammen; die obere 1$\frac{1}{4}$-1$\frac{1}{4}$ mal so lang wie die untere, scharf zugespitzt.

Körperlänge: $\male$ 2.3, $\female$ 3.0 mm.

Hokkaido (Sapporo), Honshu (Towada, Tateyama, Kamakura, Tōtōmi, Takasago, Maiko, Hagi), Kiushu (Kagoshima). Zahlreiche Exemplare gesammelt von Herrn Prof. Dr. S. MATSUMURA.

Trivialname: *Gumi-kijirami.*

Diese schöne Art kommt häufig auf *Elaeagnus umbellata* (Gumi) vor, und ist zwar sehr schädlich.

4. Psylla albopontis N. SP.

Kopf und *Thorax* röthlichbraun, oben mit weisslichen oder gelblichen Flecken und Striemen. Scheitel am Hinterrande undeutlich concav, Stirnkegel weiss, kaum kürzer oder so lang wie der Scheitel, ziemlich dick, am Aussen- und Innenrande gerade. Fühler kaum $\frac{3}{4}$ so lang wie die *Costa*, gelb; die 2 Endglieder ganz und die Glieder 4 bis 7 an den Spitzen schwarz. Beine gelb, mit schwarzen Klauen. Vorderflügel 1$\frac{1}{4}$ mal so lang wie breit, glashell, am Hinterrande kaum erkennbar bräunlich gesäumt, die Nerven hellbräunlich, an jedem Abschnitte zwischen der ersten und der vierten Zinke ein dunkelbrauner Fleck; an der Spitze des *Clavus* schwarz; *Pterostigma* breit und lang, an der Basis um $\frac{1}{4}$ so breit wie die Basalbreite der Radialzelle, um $\frac{1}{4}$ von Radialstücke der *Costa* einnehmend. *Abdomen* schwarz, mit gelben Segmenträndern. Untere Genitalplatte ($\female$) so lang wie das vorhergehende Bauchsegment, breit, die obere ragt sich über die Spitze der unteren hinaus. Genitalplatte (♂) so lang wie das Genitalsegment, schmal ; Zange sehr schmal, um ⅔ der Genitalplatte hoch.

Körperlänge :   ♂ 2.6, ♀ 3.0 mm.

4 Exemplare in der Sammlung von Herrn Prof. Dr. S. MATSUMURA und in meiner Sammlung aus Sapporo und Ziozankei (October).

Trivialname : *Mayejiro-kijirami.*

5. **Psylla spadica** N. SP.

Röthlichbraun ; am Rücken mit undeutlichen, gelben Striemen. Stirnkegel kaum so lang wie der Scheitel, an den Spitzen divergirend. Fühler um ¼ so lang wie die *Costa,* gelb, die 2 Endglieder schwarz. Beine gelb, mit schwarzen Klauen. Vorderflügel glashell, mit braunem Saume, welcher von der Spitze des *Clavus* bis zur Spitze des *Radius* verläuft ; die Nerven gelb ; der *Radius* mit dem Vorderrande fast parallel ; die vierte Zinke 2 mal so lang wie der Rand der 2ten Randzelle ; *Pterostigma* sehr breit und um ⅓ der Basalbreite der Radialzelle. *Abdomen* braun. Genitalplatte (♂) ein wenig länger als das Genitalsegment, an der Spitze nach hinten gebogen ; Zange sehr schmal, um ⅓ der Genitalplatte hoch.

Körperlänge :   ♂ 2.0 mm.

Formosa (Arisan). Nur ein Exemplar gesammelt am 21. April von Herrn Prof. Dr. S. MATSUMURA.

Trivialname : *Chaberi-kijirami.*

6. **Psylla pyrisuga** FRST.

Psylla pyrisuga FOERSTER, Psyll. Ver. Nat. Ver. Preuss. Rheinl. 3, 1848, p. 78.

Psylla austriaca FLOR, K. d. Rhyp. 1861, p. 372.

Psylla aurantiaca GOUREAU, Ins. Nuis. 1862, p. 34.

Psylla rutila MEYER-DÜR, Psyll. 1871, p. 394.

Psylla ruftarsis MEYER-DÜR, Psyll. 1871, p. 394.

Chermes pyri SCHMIDBERGER, Beitr. z. Nat. schädl. Ins. 1, 1827, p. 179 195 ; RATZENBURG, Forstins. III, 1844, p. 187, Anm., Taf. XI. Fig. 2.

Körper gelb, gelblichbraun (jüngere Exemplare), braun oder dunkelbraun (überwinterte Exemplare). Stirnkegel etwas kürzer als der Scheitel, weisslich, dick, an den Spitzen ein wenig divergirend. Fühler um ¼ so lang wie die Costa, gelblichbraun ; die 2 Basalglieder an den Wurzeln, die Glieder 4 bis 8 an den Spitzen und die 2 Endglieder ganz schwarz. Vorderflügel um 2¼ mal so lang wie breit, glashell, mit gelben oder braunen Nerven ; *Pterostigma* um ¼ so breit wie die Basalbreite der Radialzelle, um ⅓ des Radialstückes der *Costa* einnehmend. *Abdomen* gelb, bisweilen schwarz, mit hellgelblichen Segmenträndern.

Körperlänge : ♂ 2.5, ♀ 3.0 mm.

Hokkaido (Sapporo), Honshu (Aomori, Tokio). Gesammelt von Herrn Prof.· Dr. S. MATSUMURA, S. MITSUHASHI und dem Autor in zahlreichen Exemplaren auf Birnbäumen.

Trivialname : *Nashi-kijirami.*

Sie sind der Birnenkultur sehr schädlich.

7. **Psylla sapporensis** N. SP.

Bräunlichroth, oben mit röthlichen Flecken und Striemen. Scheitel am Hinterrande undeutlich concav, um ⅓ so lang wie am Hinterrande breit. Stirnkegel schwärzlichbraun, so lang wie der Scheitel, an den Aussenrändern concav, mit den geraden Innenrändern. Fühler um ⅓ so lang wie die *Costa*, hellbraun, die 2 Endglieder ganz, die Glieder 4 bis 8 an den Spitzen und die 2 Basalglider an den Wurzeln schwarz. Vorderflügel 2⅓ mal so lang wie breit, glashell, mit braunen Nerven ; *Pterostigma* weiss, an der Basis um ⅔ so breit wie die Basalbreite der Radialzelle, um ⅖ des Radialstückes der *Costa* einnehmend. Beine braun, die Schenkel vorwiegend und die Schienen an den Wurzeln geschwärzt, die Klauen schwarz. *Abdomen* schwarz, mit rothen Segmenträndern. Untere Genitalplatte (♀) ein wenig länger als die 2 vorhergehenden Bauchsegmente zusammen, sehr schmal, allmählich scharf zugespitzt, deutlich kürzer als die ähnlich gebildete obere.

Körperlänge ; ♀ 2.8 mm.

Diese Art steht der *Psylla pyrisuga* FRST. nahe an, es unterscheidet sich aber durch etwas längere Stirnkegel, sowie auch durch schmälere und etwas längere, untere Genitalplatte (♀), welche bei *sapporensis* 3mal so lang wie an der Basis breit ist, bei *pyrisuga* dagegen um 1⅓mal so lang wie an der Basis breit.

Hokkaido (Sapporo). Nur ein Exemplar gesammelt von Herrn Prof. Dr. S. MATSUMURA.

Trivialname : *Kurobara-kijirami.*

8. **Psylla peregrina** FRST.

Psylla peregrina FORRSTER, Psyll. Ver. Nat. Ver. Preuss. Rheinl. 3, 1848, p. 74.
Psylla Carpini FORRSTER, Psyll. Ver. Nat. Ver. Preuss. Rheinl. 3, 1848, p. 72.
Psylla crataegicola FLOR, Rhyn. Livl. II, 1861, p. 474.

Hellgelb oder grünlichgelb, oben mit gelbbräunlichen Flecken. Stirnkegel so lang wie der Scheitel, scharf zugespitzt, ein wenig divergirend. Fühler um halb so lang wie die *Costa*, gelblichgrün, die 2 Endglieder und die Spitze des 8ten schwarz. Vorderflügel um 2⅓ mal so lang wie breit, glashell, mit weisslichen Nerven.

Genitalien des ♀ gerade so wie bei *Psylla Mali* ; Genitalplatte (♂) deutlich länger als das Genitalsegment, einfach ; Zange sehr schmal, ein wenig kürzer als die Genitalplatte.

Körperlänge : ♂ 1.5, ♀ 2.5 mm.

Zahlreiche Exemplare in der Sammlung von Herrn Prof. Dr. S. MATSUMURA aus Sapporo (Hokkaido) und Kamakura (Honshu, Juni).

Trivialname : *Midori-kijirami.*

9. Psylla jamatonica N. SP.

Hellgrün oder hellgelb. Scheitel um ⅓ so lang wie am Hinterrande zwischen den Augen breit, am Hinterrande fast gerade. Stirnkegel um ⅓ so lang wie der Scheitel, mit den geraden Innenrändern zusammenschliessend. Fühler kaum mehr als ⅓ so lang wie die *Costa*, bleichgelb ; die Glieder 4 bis 8 an den Spitzen und die 2 Endglieder ganz schwarz. Vorderflügel 2 mal so lang wie breit, glashell, bisweilen sehr schwach gebräunt, mit bleichgelben Nerven ; *Pterostigma* so breit wie um ⅓ der Basalbreite der Radialzelle, um ⅔ des Radialstückes der *Costa* einnehmend, die 3te Zinke um 2 mal so lang wie der Rand der 2ten Randzelle. Beine und *Abdomen* grün oder gelb. Untere Genitalplatte (♀) um 1½ mal so lang wie das vorhergehende Bauchsegment, breit, die obere deutlich länger als die untere, plötzlich zugespitzt. Genitalplatte (♂) um 1½ mal so hoch wie die Zange, nach hinten gebogen, am Ende zugespitzt ; Zange etwas 4 mal so hoch wie an der Basis breit, mit schwarzer Spitze.

Körperlänge : ♂ 1.5, ♀ 2.0 mm.

Diese Art steht der *Psylla peregrina* sehr nahe an, unterscheidet sich jedoch durch kürzere Fühler, sowie auch kürzere und dickere Stirnkegel.

Zahlreiche Exemplare in der Sammlung von Herren Prof. Dr. S. MATSUMRA und M. ISHIDA aus Sapporo (Hokkaido), Tokio, Moji und Totomi (Honshu, Juli).

Trivialname : *Yamato-kijirami.*

10. Psylla Mali SCHDBIG.

Chermes Mali SCHMIDBERGER, Beitr. z. Nat. schadl. Ins. IV. 1836, p. 186-199.
Psylla Mali FOERSTER, Psyll. Ver. Nat. Ver. Preuss. Rheinl. 3, 1848, p. 72.
Psylla crataegicola FOERSTER, Psyll. Ver. Nat. Ver. Preuss. Rheinl. 3, 1848, p. 72.
Psylla dubia FOERSTER, Psyll. Ver. Nat. Ver. Preuss. Rheinl. 3, 1848, p. 73.
Psylla aeruginosa FOERSTER, Psyll. Ver. Nat. Ver. Preuss. Rheinl. 3, 1848, p. 97.
Psylla occulta FOERSTER, Psyll. Ver. Nat. Ver. Preuss. Rheinl. 3, 1848, p. 98.
Psylla Mali FLOW, Rhyn. Livl. II. 1861, p. 474.
Psylla rubida MEYER-DÜR, Psyll. 1871, p. 393.

Psylla claripennis MEYER-DÜR, Psyll. 1871, p. 400.

Psylla viridissima SCOTT, Trans. Ent. Soc. Lond. 1876, p. 543.

Grünlichgelb; Scheitel, *Dorsulum* und Rücken mit röthlichgelben Flecken und Striemen. Stirnkegel so lang wie der Scheitel, deutlich divergirend. Fühler um $\frac{1}{2}$ so lang wie die *Costa*, gelb; die 2 Endglieder und die Spitze des 8ten schwarz. Vorderflügel um $2\frac{1}{2}$ mal so lang wie breit, glashell, mit gelblichen Nerven; *Pterostigma* ziemlich breit, gegen die Spitze hin plötzlich verschmälert. *Abdomen* und Beine gelb. Genitalplatte (♂) etwas höher als die Zange, einfach; Zange sehr schmal, durchaus von gleicher Breite, die Spitze scharf zugespitzt. Untere Genitalplatte (♀) kurz und breit, plötzlich zugespitzt, die obere wenig länger als die untere.

Körperlänge : ♂ 2.5, ♀ 3.0 mm.

4 Exemplare in der Sammlung von Herrn Prof. Dr. S. MATSUMURA aus Sapporo (Hok., Juli).

Trivialname : *Ringo-kijirami.*

11. Psylla nigriantennata N. SP.

Gelblichroth ; am Hinterrande des Scheitels und des Pronotums bleichgelb. Stirnkegel ein wenig länger als der Scheitel, gelb, am Innenrande gerade, am Aussenrande concav, kaum divergirend. Augen schwarz. Fühler um $\frac{1}{4}$ so lang wie die *Costa*, schwarz, die 2 Basalglieder gelb oder dunkelgelb. Vorderflügel um 2 mal so lang wie breit, glashell, selten sehr schwach gebräunt, mit gelben Nerven. Beine gelb. *Abdomen* gelblichroth. Genitalplatte (♂) 2 mal so lang wie das Genitalsegment ; Zange ein wenig kürzer als die Genitalplatte, 4 mal so lang wie an der Basis breit. Untere Genitalplatte (♀) kaum kürzer als die vorhergehenden Bauchsegmente znsammen ; die obere deutlich länger als die untere, die beiden an den Spitzen schwarz, scharf zugespitzt.

Körperlänge : ♂ 2.0, ♀ 2.5 mm.

6 Exemplare in der Sammlung von Herrn Prof. Dr. S. MATSUMURA aus Hakone (Honshu, juli).

Trivialname : *Higekuro-kijirami.*

12. Psylla·arisana N. SP.

Schmutziggelbroth ; *Pronotum* weiss. Scheitel am Hinterrande ein wenig concav, kaum um $\frac{1}{3}$ so lang wie am Hinterrande breit. Stirnkegel weiss, an der Spitze geschwärzt, ein wenig länger als der Scheitel, am Innenrande gerade und am Aussenrande concav, divergirend. Fühler kaum $\frac{1}{3}$ so lang wie die *Costa*, schmutziggelb, die 2 Endglieder schwarz. Vorderflügel um $2\frac{1}{2}$ mal so lang wie breit, glashell, mit feinen, schwarzen Nerven; *Pterostigma* an der Basis um ⅓ so breit · wie die Basalbreite der Radialzelle, ⅓ des Radialstückes der *Costa* einnehmend. Beine schmutziggelb. *Abdomen* schwarz. Untere Genitalplatte (♀) so lang oder ein wenig länger als die vorhergehenden Bauchsegmente zusammen, schmal, allmählich zugespitzt, die obere deutlich länger als die untere, die beiden gelb, mit schwarzen Spitzen.

Körperlänge : ♀ 2.5 mm.

Formosa (Arisan). 2 Exemplare gesammelt am 21. April von Herrn Prof. Dr. S. MATSUMURA.

Trivialname : *Arisan-kijirami.*

13. **Psylla Alni** L.

Chermes Alni LINNE, F. Suec. 1761, Nr. 1008.
Psylla fuscinervis FOERSTER, Psyll. Ver. Nat. Ver. Preuss. Rheinl. 3, 1848, p. 70.
Psylla Heydeni FOERSTER, Psyll. Ver. Nat. Ver. Preuss. Rheinl. 3, 1848, p. 81.

Hellgrün oder gelb, bisweilen hellröthlichgelb ; Rücken mit röthlichgelben Flecken und Striemen. Scheitel kurz, in der Mitte ⅔ so lang wie am Hinterrande breit. Stirnkegel so lang oder etwas kürzer als der Scheitel. Fühler so lang wie der Körper, gelb, die 5 Endglieder ganz schwarz, das 3te und das 4te Glied an der Spitze geschwärzt. Vorderflügel 2⅓ mal so lang wie breit, glashell, mit feinen, dunkelbraunen oder schwarzen Nerven ; der Randnerv am Vorderrande und die Basis des Hinterrandes grün oder gelb. Beine grün oder gelb ; die Schienen an der Basis mit einem kleinen, schwarzen Fleck ; das 2te Tarsenglied, selten auch das erste gebräunt. *Abdomen* grün oder gelb ; Genitalien des ♀ lang, scharf zugespitzt.

Körperlänge : ♂ 3.0, ♀ 4.0 mm.

4 Exemplare in der Sammlung von Herrn Prof. Dr. S. MATSUMURA aus Sapporo und Ziozankei (Iiok., Juli—August).

Trivialname : *Hanno-kijirami.*

14. **Psylla Foersteri** FLOR.

Psylla Alni SERVILLE, Encycl. Meth X. 1825, p. 229.
Psylla Alni FOERSTER, Psyll. Ver. Nat. Ver. Preuss. Rheinl. 3, 1848, p. 70.
Psylla Foersteri FLOR, Rhyn. Livl. II. 1861, p. 458.

Hellgrün, hellgelb oder grünlichgelb ; *Dorsulum* und Rücken mit hellrothgelblichen Flecken. Scheitel und Stirnkegel gerade wie bei *Psylla Alni.* Fühler so lang wie der Körper, gelb ; die 2 Endglieder und die Spitzen von 4 bis 8 schwarz. Vorderflügel 2⅓ mal so lang wie breit, glashell, mit hellgelben oder grünen Nerven; *Pterostigma* undeutlich. Beine gelb oder gelblichgrün ; die Spitze des letzten

Tarsengliedes schwach gebräunt, die Klauen dunkelbraun. *Abdomen* und Genitalien grün ober gelb.

Körperlänge : ♂ 2.5, ♀ 4.0 mm.

Zahlreiche Exemplare in der Sammlung von Herren Prof. Dr. S. MATSUMURA und Prof. Dr. J. NIISHIMA aus Sapporo, Ziozankei (Hok., Juli—August) und Towada (Honshu, Juli).

Trivialname : *Ko-hanno-kijirami.*

15. Psylla magnifera N. SP.

Braun ; auf dem Rücken mit weissgelblichen und schwarzbräunlichen Flecken und Striemen. Die Form des Scheitels und der Stirnkegel gleich gebildet wie bei *Psylla Alni* ; der erstere mit 2 dunkelbraunen Flecken. Fühler so lang wie der Körper, gelb ; die 2 Basalglieder an der Basis schwarz, das 4te und das 5te Glied an der Spitze und die übrigen ganz schwarz. Vorderflügel um 2⅓ mal so lang wie breit, glashell, mit hellbraunen Nerven. Beine gelb ; die Tarsenglieder schwach gebräunt ; die Klauen schwarz. *Abdomen* schwarz, mit röthlichgelben Segmenträndern. Genitalplatte (♂) 2 mal so lang wie das Genitalsegment, am Hinterrande in der Mitte schwach convex, an der Spitze plötzlich zugespitzt ; Zange ein wenig kürzer als die Genitalplatte, mit etwas verdickter Spitze. Untere Genitalplatte (♀) ein wenig kürzer als die 3 vorhergehenden Bauchsegmente zusammen, die obere kaum länger als die untere, sehr schmal, scharf zugespitzt.

Körperlange : ♂ 3.8, ♀ 5.0 mm.

Hokkaido (Ziozankei). 7 Exemplare gesammelt am 10. October von Herrn Prof. Dr. S. MATSUMURA und dem Autor.

Trivialname : *Ōgata-kijirami.*

16. Psylla Betulae L.

Chermes Betulae LINNE, F. Suec. 1761, Nr. 1007.

Chermes Zetterstedti THOMSON, Opusc. ent. VIII. 1877, p. 832.

Hellgelb, röthlichgelb oder grünlichgelb ; Rücken mit gelblichrothen Flecken. Scheitel am Hinterrande concav. Fühler um ⅔ so lang wie die *Costa*, hellgelb ; die 2 Endglieder ganz und die Glieder 4 bis 8 an den Spitzen schwarz, nicht selten die 5 oder 6 letzten Glieder ganz schwarz. Stirnkegel so lang wie der Scheitel, allmählich scharf zugespitzt, stark divergirend. Vorderflügel um 2⅓ mal so lang wie breit, glashell mit bleichen oder bräunlichen Nerven ; *Pterostigma* kurz und sehr breit, aber plötzlich verschmälert. Beine schmutziggelb ; das 2te Tarsalglied gebräunt, die Klauen schwarz. *Abdomen* hellgrün oder gelb.

Körperlänge :   ♂ 2.0,   ♀ 3.0 mm.

Zahlreiche Exemplare in der Sammlung von Herrn Prof. Dr. S. MATSUMURA
aus Sapporo und Noboribetsu (Hok., Juni—Juli).

Trivialname :   *Kaba-kijirami.*

17. Psylla nigrita ZETT.

Chermes nigrita ZETTERSTEDT, F. Ins. Lapp. I. 1828, p. 556 ; Ins. Lapp. 1840, p. 309.
Chermes pulchra ZETTERSTEDT, Ins. Lapp. 1440, p. 309,
Psylla pineti FLOR, Rhyn. Livl. II. 1861, p. 471.
Psylla similis MEYER-DÜR, Psyll. 1871, p. 393.

Hellgelblichroth ; *Abdomen* hellgrün.   Bei den dunkel gefärbten Exemplaren
röthlichbraun oder schwärzlichbraun ; Abdomen schwarz, mit rothgelblichen Seg-
menträndern.   Scheitel am Hinterrande concav, in der Mitte etwas kürzer als die
Hälfte seiner Breite.   Fühler ein wenig länger als die Hälfte der *Costa*, gelb oder
braun ; die 3 Endglieder ganz, das 4te und das 5te Glied an der Spitze schwarz.
Stirnkegel so lang wie der Scheitel, divergirend.   Vorderflügel 2½ mal so lang wie
breit, glashell, meist sehr schwach gebräunt, mit mehr oder weniger gebräunten
Nerven ; *Pterostigma* lang und breit.   Beine gelb, die Klauen, nicht selten auch
das letzte Tarsenglied, braun ; bei den dunkelgefärbten Exemplaren die Schenkel
vorwiegend schwarz.

Körperlange :   ♂ 2.0,   ♀ 3.0 mm.

Zahlreiche Exemplare in der Sammlung von Herrn Prof. Dr. S. MATSUMURA
und in meiner Sammlung aus Sapporo und Ziozankei (Hok., Juli-October).

Trivialname :   *Matsu-kijirami.*

18. Psylla coccinea N. SP.

Einfärbig coralroth.   Fühler und Beine weiss, die erstere mit 2 röthlichen
Basal-und 2 schwärzen Endglieder ; die Schenkel roth.   Stirnkegel kurz, um ⅔ so
lang wie der Scheitel, ein wenig divergierend.   Augen braun.   Fühler kaum ⅔ der
Costa lang.   Vorderflügel um 2½ mal so lang wie breit, glashell, mit bleichgelben
Nerven.   Genitalplatte (♂) einfach, kaum länger als das Genitalsegment, ein wenig
behaart ; Zange etwas kürzer als die Genitalplatte, scharf zugespitzt.   Untere
Genitalplatte (♀) so lang wie die 3 vorhergehenden Bauchsegmente zusammen ;
die obere deutlich länger als die untere, allmählich zugespitzt.

Körperlänge :   ♂ 1.5,   ♀ 1.8 mm.

Zahlreiche Exemplare in der Sammlung von Herrn Prof. Dr. S. MATSUMURA und in meiner Sammlung aus Hakodate (Hok., August), Kamakura, Hagi, Takasago (Honshu, Mai-Juni) und Kagoshima (Kiushu, Juli).

Trivialname : *Beni-kijirami.*

19. **Psylla melina** FLOR.

Psylla melina FLOR, Rhyn. Livl. II. 1861, p. 477.

Hellgelb ; auf dem Rücken mit undeutlichen, gelblichen Flecken und Striemen. Scheitel am Hinterrande ein wenig concav oder fast gerade, in der Mitte um ⅓ so lang wie am Hinterrande breit. Stirnkegel kaum länger als der Scheitel, an den Spitzen schwach abgerundet, ein wenig divergirend. Fühler um ⅓ so lang wie die *Costa*, bleichgelb, die 2 Endglieder und die Spitze des 8ten Gliedes schwarz. Vorderflügel 2 mal so lang wie breit, glashell, mit feinen gelblichen Nerven ; *Pterostigma* weiss, ziemlich breit, allmählich gegen die Spitze hin verschmälert, um ⅓ bis ⅔ vom Radialstücke der *Costa* einnehmend. Beine und *Abdomen* hellgelb oder schmutziggelb.

Körperlänge : ♂ 2.3, ♀ 2.5 mm.

7 Exemplare in der Sammlung von Herrn Prof. Dr. S. MATSUMURA aus Sapporo (Hok., Juni), Hakone, Kamakura und Tokio (Honshu, Juli).

Trivialname : *Ameiro-kijirami.*

20. **Psylla toroenensis** N. SP.

Gelblichbraun. Scheitel in der Mitte kaum ⅔ so lang wie am Hinterrande breit. Stirnkegel ein wenig kürzer als der Scheitel, ziemlich stark divergirend. Fühler so lang wie die Hälfte der *Costa*, gelb ; die 2 Basalglieder gelblichroth, die 2 Endglieder ganz und die Glieder 3 bis 8 an den Spitzen schwarz. Vorderflügel um 2½ mal so lang wie breit, gelblichbraun, mit eben so gefärbten Nerven ; *Pterostigma* an der Basis um ⅓ so breit wie die Basalbreite der Radialzelle, und um ⅔ so lang wie das Radialstück der *Costa*. Beine gelblichbraun; die Klauen dunkelbraun oder schwarz. Untere Genitalplatte (♀) etwas kürzer als die 2 vorhergehenden Bauchsegmente zusammen, allmählich zugespitzt ; die obere ein wenig länger als die untere.

Körperlänge : ♀ 2.7 mm.

Formosa (Toroen). Nur ein Exemplar gesammelt am 9. April von Herrn Prof. Dr. S. MATSUMURA.

Trivialname : *Toroen-kijirami.*

21. Psylla ziozankeana N. SP.

Röthlichgelb ; auf dem Rücken mit schmalen, hellgelben Striemen. Scheitel am Hinterrande fast gerade, in der Mitte kaum kürzer als die Hälfte seiner Breite. Stirnkegel so lang wie der Scheitel, dicht an einander schliessend, an der Spitze breit abgerundet. Fühler gelb, mit schwarzer Spitze. Vorderflügel um 2 ¼ mal so lang wie breit, schmutziggelb, mit eben so gefärbten Nerven ; *Pterostigma* an der Basis um ¼ so breit wie die Basalbreite der Radialzelle. Beine gelb. Genital-platte (♂) schmal, 1 ¼ mal so lang wie das Genitalsegment ; Zange um ¾ der Genital-platte lang, sehr schmal.

Körperlänge ; ♂ 2.0 mm.

Hokkaido (Ziozankei). Nur ein Exemplar gesammelt am 28 August von Herrn Prof. S. MATSUMURA.

Trivialname : *Ziozan-kijirami*.

22. Psylla salicicola FRST.

Psylla salicicola FOERSTER, Psyll, Vern. Nat. Ver. Ver. Preuss, Rheinl. 3.1858, p. 72.
Psylla rufula FOERSTER, Psyll, Ver. Nat. Preuss, Rheinl. 3.1848, p. 76.
Psylla subgranulata FOERSTER, Psyll, Ver. Nat. Ver. Preuss. Rheinl. 3.1848, p. 91.

Hellgelb oder röthlichgelb, oben mit bräunlichgelben Flecken und Striemen. Scheitel in der Mitte um ½ so lang wie am Hinterrande zwischen den Augen breit. Fühler ein wenig mehr als ½ so lang wie die *Costa*, gelb ; die 2 Endglieder ganz und die Glieder 4 bis 8 an den Spitzen schwarz. Stirnkegel so lang oder etwas länger als der Scheitel, mehr oder weniger divergirend. Beine blassgelb, bisweilen die Basis der Schenkel schwach geschwärzt. Vorderflügel glashell, mit bleichen Nerven ; am Hinterrande nahe vor der 1sten Zinke ein kurzer, schwarzer oder brauner Längsstreif, welcher die Spitze des *Clavus* ausfüllt. *Abdomen* gelb oder röthlichgelb.

Körperlänge : ♂ 2.3, ♀ 2.5 mm.

5 Exemplare in der Sammlung von Herrn Prof. S. MATSUMURA aus Sapporo (April-Juli) und Hakoné (Honshū, Juli).

Trivialname : *Futaten-yanagi-kijirami*.

23. Psylla ambigua FRST.

Psylla ambigua FOERSTER, Psyll. Ver. Nat. Preuss. Rheinl. 3.848, p. 74.
Psylla insignis FOERSTER, Psyll. Ver. Nat. Preuss. Rheinl. 3.1848, p. 74.
Psylla abdominalis MEYER-DÜR, Psyll. 1871, p. 394.
Psylla stanolable F. LÖW, Pet. nouv. ent. II. 1876. p. 64.

Psylla stenolabis F. Löw, Verh. d.k.k. Zool-botan. Ges. 1877, p. 144. Taf. VI. Fig 10 a–b.
Chermes annellata Thomson, Opusc. ent. VIII. 1877, p. 836.

Gelb. Scheitel in der Mitte um ⅓ so lang wie am Hinterrande zwischen den Augen breit. Stirnkegel so lang wie der Scheitel, ein wenig divergirend. Fühler deutlich kürzer als die Hälfte der *Costa*, gelb, die 2 Endglieder ganz und die Glieder 4 bis 8 an den Spitzen schwarz. Vorderflügel um 2 ⅓ mal so lang wie breit, hellgelb. allmählich gegen die Spitze hin etwas dunkler gefärbt; Nerven eben so gefärbt. Beine bleichgelb ; das letzte Tarsenglied braun. *Abdomen* grünlichgelb. Untere Genitalplatte (♀) ein wenig länger als die 2 vorhergehenden Bauchsegmente zusammen; die obere kaum länger als die untere, allmählich zugespitzt.

Körperlänge : ♀ 2.5 mm.

Hokkaido (Sapporo). Nur. ein Exemplar gesammelt von Herrn Prof. S. Matsumura.

Trivialname : *Yanagi-kijirami.*

24. Psylla kiushuensis n. sp.

Gelblichbraun ; *Pronotum* weisslichgelb, Scheitel, *Dorsulum* und Rücken mit bleichgelben Flecken und Striemen. Stirnkegel ein wenig länger als der Scheitel, weiss oder gelb, dick, mehr oder weniger divergirend. Fühler so lang wie der Körper, gelb ; die 2 Endglieder schwarz. Vorderflügel 2 ⅓ mal so lang wie breit, glashell oder schwach gelblich gefärbt, an der Spitze des *Clavus* schwarz. Beine gelb, bisweilen die Hinterschenkel vorwiegend schwarz, das 2te Tarsenglied und die Klauen schwarz. Abdomen schwarz. Genitalplatte (♂) ein wenig länger als die Zange, einfach, schmal ; Zange sehr schmal, 4 mal so hoch wie an der Basis breit. Untere Genitalplatte (♀) um so lang wie die vorhergehenden Bauchsegmente zusammen, schmal, ein wenig kürzer als die ähnlich geförmte obere, allmählich zugespitzt.

Es unterscheidet sich von *P. salicicola* durch die Fühler-und Körperlänge.

Körperlänge : ♂ 1.5, ♀ 1.7 mm.

5 Exemplare in der Sammlung von Herrn Prof. S. Matsumura aus Kiushu und Formosa (April).

Trivialname : *Tsukushi-kijirami.*

25. Psylla tripunctata n. sp.

Röthlichgelb; *Pronotum* weisslichgelb, am Vorderrande des *Dorsulum* schwarz gesäumt, auf dem Rücken 2 schwarze Punkte und auf dem *Abdomen* an der Basis ein grosser. Scheitel am Hinterrande schwach concav, um ⅓ so lang wie am Hinterrande breit. Stirnkegel so lang wie der Scheitel, an der Spitze etwas abgestumpft, ein wenig divergirend. Fühler $\frac{7}{8}$ so lang wie die *Costa*, gelb ; die 5 Endglieder ganz und das 4te Glied an der Spitze schwarz. Vorderflügel um 2 mal so lang wie breit, gelb, mit zahlreichen, schwärzlichbraunen Punkten ; Nerven eben so gefärbt, an der Spitze des *Clavus* schwarz; Randnerv an der Spitze des *Pterostigmas* und an jeder Einmündüngsstelle des *Radius* und der vierten Zinken mit einem kurzen, schwarzen Streife ; *Pterostigma* an der Wurzel $\frac{1}{4}$ so breit wie die Basalbreite der Radialzelle, $\frac{2}{3}$ vom Radialstücke der *Costa* einnehmend ; 1ste Radialzelle um 2 mal so gross wie 2te. Beine gelb, die Klauen braun oder schwarz. Genitalplatte (♂) so lang wie das Genitalsegment, am Hinterrande stark convex ; an der scharfen Spitze nach hinten gebogen ; Zange ein wenig kürzer als die Genitalplatte, schmal. Untere Genitalplatte (♀) so lang wie 2 vorhergehende Bauchsegmente zusammen, breit ; die obere ein wenig länger als die untere, plötzlich zugespitzt.

Körperlänge ; ♂ 1.6, ♀ 1.8 mm.

Formosa. 6 Exemplare gesammelt von Herrn Prof. S. MATSUMURA.

Trivialname : *Mitsuboshi-kijirami.*

26. Psylla Abieti N. SP.

Röthlichbraun, auf dem Rücken mit hellbraunen Striemen. Scheitel am Hinter-rande schwach concav, um $\frac{1}{3}$ so lang wie am Hinterrande zwischen den Augen breit. Stirnkegel gelb, ein wenig kürzer als der Scheitel, dicht an einander schliessend. Fühler ein wenig kürzer als die Hälfte der *Costa*, gelb ; die 2 Endglieder ganz und die Glieder 4 bis 8 an den Spitzen schwarz. Vorderflügel um 2$\frac{1}{3}$ mal so lang wie breit, gelblichbraun, mit eben so gefärbten Nerven, die Spitze des *Clavus* schwarz ; *Pterostigma* an der Wurzel um $\frac{1}{3}$ so breit wie die Basalbreite der Radialzelle, etwa $\frac{1}{2}$ vom Radialstücke der *Costa* einnehmend. *Abdomen* ganz grün, bisweilen dunkel-braun, mit gelben Segmenträndern. Genitalplatte (♂) 1$\frac{1}{2}$ mal so lang wie die Zange, schmal, die Spitze nach hinten gebogen ; Zange 5 mal so lang wie an der Basis breit. Untere Genitalplatte (♀) ein wenig länger als das vorhergehende Bauch-segment, breit, die obere kaum länger als die untere, allmählish zugespitzt.

Korperlänge : ♂ 2.6, ♀ 3.0 mm.

Zahlreiche Exemplare in der sammlung von Herrn Prof. S. MATSUMURA aus Ziozankei, Noboribetsu (Hok., Juli–September), Hagi (Honshū, August) und Towada (Honshū, Juli), und 5 in der sammlung von Herrn Prof. J. NIISHIMA und dem Autor aus Ziozankei und Sapporo (October).

˙Trivialname : *Todo-kijirami.*

27. Psylla moiwasana N. SP.

Dunkelbraun, oben mit schwarzen Flecken. Scheitel am Hinterrande schwach concav, um ⅔ so lang wie am Hinterrande breit. Stirnkegel weisslich, in der Mitte ein wenig länger als die Hälfte des Scheitels, dick, dicht an einander, schliessend. Fühler etwa ½ so lang wie die *Costa*, braun ; die 2 Endglieder schwarz. Vorderflügel braun, mit ebenso gefärbten Nerven ; *Clavus*, vordere und hintere Basalzelle etwas heller als die übrigen ; *Pterostigma* an der Wurzel um ¼ der Basalbreite der Radialzelle und ⅔ vom Radialstücke der *Costa* einnehmend. Beine gelb, die Schenkel vorwiegend schwarz, die Klauen schwarz. *Abdomen* schwarz, mit rothen Segmenträndern. Untere Genitalplatte (♀) so lang wie das vorhergehende Banchsegment, die obere viel länger als die untere, schmal, scharf zugespitzt.

Körperlänge : ♀ 2.5 mm.

2 Exemplare gesammelt von Herrn Prof. S. MATSUMURA zu Moiwa bei Sapporo (Hok., Mai).

Trivialname : *Moiwa-kijirami.*

28. Psylla hakonensis N. SP.

Dunkelroth. Scheitel ¼ mal so lang wie am Hinterrande zwischen den Augen breit. Stirnkegel ein wenig kürzer als der Scheitel, gelb, dick, nicht divergirend, am Aussen-und Innenrande gerade. Fühler kaum ½ so lang wie die *Costa*, gelb ; die 2 Endglieder schwarz. Vordeflügel kaum 2½ mal so lang wie breit, braun, mit eben so gefärbten Nerven, an der Endhälfte mit zahlreichen dunkelbraunen Pünktchen ; an der Spitze des *Clavus* schwarz ; *Pterostigma* an der Basis ⅓ so breit wie die Basalbreite der Radialzelle. Beine gelb ; die Schenkel vorwiegend schwarz. *Abdomen* schwärzlichbraun, mit gelben Segmenträndern. Untere Genitalplatte (♀) 1 ½ mal so lang wie das letzte Bauchsegment ; die obere kaum länger als die untere, scharf zugespitzt.

Körperlänge : ♀ 2.6 mm.

2 Exemplare in der Sammlung von Herrn Prof. S. MATSUMURA aus Hakoné (Honshū, Juli).

Trivialname : *Hakone-kijirami.*

29. Psylla albovenosa N. SP.

Kopf und *Thorax* ziegelroth; oben mit weissen Flecken und Striemen. Scheitel um ½ so lang wie am Hinterrande zwischen den Augen breit, am Hinterrand concav. Stirnkegel so lang wie der Scheitel, nicht divergirend. Fühler um ½ so lang wie die *Costa*, gelb ; die 2 Endglieder ganz schwarz. Vorderflügel um 2 mal so lang wie breit, dunkelbraun, mit weissen Nerven, auf jedem Abschnitte der Randader zwischen den 4 Zinken und an der Einmündungsstelle der 1sten Zinke mit kurzen, schwarzen Streifen; *Pterostigma* sehr schmal, gelb; *Radius* mehr oder weniger wellig. *Abdomen* und Beine gelb. Genitalplatte (♂) um 1¼ mal so lang wie die Zange, die stumpfe Spitze nach hinten stark gebogen; Zange sehr schmal, etwa 5 mal so hoch wie an der Basis breit. Untere Genitalplatte (♀) so lang wie die 3 vorhergehenden Bauchsegmente zusammen, die obere kaum länger als die untere, allmählich zngespitzt, behaart.

Körperlänge: ♂ 2.5, ♀ 2.7 mm.

Honshü (Hakone). 3 Exemplare gesammelt am 17. Juli von Herrn Prof. S. MATSUMURA.

Trivialname: *Shirosuji-kijirami.*

30. Psylla satsumensis N. SP.

Kopf und *Thorax* ziegelroth, oben mit weisslichen Flecken und Striemen. Scheitel am Hinterrande fast gerade, um ½ so lang wie am Hinterrande zwischen den Augen breit. Stirnkegel so lang oder kaum kürzer als der Scheitel, nicht divergirend. Fühler um ½ so lang wie die *Costa*, gelb; die 2 Endglieder schwarz. Beine hellbraun. Vorderflügel 2½ mal so lang wie breit, braun, mit eben so gefärbten Nerven; Radial- und Discoidalzelle vorwiegend und die Basalhälfte der 2 ten Randzelle dunkelbraun; hintere Basalzelle und *Clavus* heller als die übrigen; an der Spitze des *Clavus* geschwärzt, *Abdomen* braun, oben in der Regel weiss. Genitalplatte (♂) 1½ mal so lang wie die Zange, nach hinten gebogen; Zange 4 mal so lang wie an der Basis breit. Untere Genitalplatte (♀) so lang wie die 3 vorhergehenden Bauchsegmente zusammen; die obere ein wenig länger als die untere, scharf zugespitzt.

Körperlänge: ♂ 1.7, ♀ 2.0 mm.

Zahlreiche Exemplare in der Sammlung von Herrn Prof. S. MATSUMURA aus Kagoshima (Kiushu, Juli).

Trivialname: *Satsuma-kijirami.*

31. Psylla fulguralis N. SP. (Fig. 17.)

Gelblichbraun; oben mit weissen Flecken und Striemen. Scheitel am Hinterrande fast gerade, um ½ so lang wie am Hinterrande zwischen den Augen breit. Stirnkegel so lang wie der Scheitel, dick, ein wenig divergierend. Fühler um ⅔ so lang wie die *Costa*, bleichgelb; die 2 Endglieder ganz und die Glieder 4 bis 8 an den Spitzen schwarz. Vorderflügel um 2½ mal so lang wie breit, hellbraun, mit braunen Nerven; vordere Basalzelle und *Clavus* ganz und 1ste Randzelle vorwiegend glashell; 2te Rand- und hintere Basalzelle ganz, und Cubital-, Discoidal-, Radial-

und 1ste Randzelle an der Endhälfte dunkelbraun, die Spitze des *Clavus* geschwärzt; *Pterostigma* breit, an der Basis um ⅔ so breit wie die Basalbreite der Radialzelle. Beine gelblichbraun; *Abdomen* schwarz. Genitalplatte (♂) 1½ mal so hoch wie die Zange, schmal; Zange 5 mal so lang wie an der Basis breit. Untere Genitalplatte (♀) so lang wie die 3 vorhergehenden Bauchsegmente zusammen; die obere deutlich länger als die untere, scharf zugespitzt.

Körperlänge: ♂ 2.0, ♀ 2.5 mm.

7 Exemplare gesammelt von Herrn Prof. S. MATSUMURA zu Kamakura (Honshū) und Kioto (Honshū, Juli).

Trivialname: *Inazuma-kijirami.*

5. Gatt. **Epipsylla** N. G.

Type: *Epipsylla albolineata* N. SP.

Körper glatt und kahl. Scheitel und *Thorax* ähnlich gebildet wie bei **Psylla**. Stirnkegel deutlich länger als der Scheitel, horizontal vorgestreckt oder nach unter geneigt, weit divergirend. Fühler viel länger als der Körper; das 3te Glied kaum 1¼ mal so lang wie das 4te. Vorderflügel häutig, flach, um 2½ mal so lang wie breit, an der Basalhälfte ein wenig schmäler als an der Endhälfte; am Ende breit abgerundet; die Flügelspitze zwischen dem Radius und der 4ten Zinke und das Basalstück des Vorderrandes behaart; *Pterostigma* fehlt; *Radius* mit dem Stiel des 2ten Gabels fast parallel, an der Basis ausgebogen; das Discoidalstück der *Subcosta* 1½-1¾ mal so lang wie der Stiel des *Cubitus.*

Diese Gattung steht der **Psylla** sehr nahe an, es unterscheidet sich aber durch den besonderen Bau der Stirnkegel und die sehr langen Fühler.

In Japan kommen 2 Arten vor:

Fühler um 2 mal so lang wie der Körper.....................*albolineata* N. SP.

Fühler 1½ mal so lang wie der Körper.....................*rubrofasciata* N. SP.

1. **Epipsylla albolineata** N. SP. (Fig. 19.)

Hellbräunlichgelb; von der Spitze der Stirnkegel bis zur Basis des Schildchens ziehen sich 2 weisse Binden, welche an den Seiten schmal, schwärzlich gesäumt sind. Scheitel ein wenig kürzer als die Hälfte seiner Breite, am Hinterrande etwas ausgebuchtet. Stirnkegel deutlich länger als der Scheitel, gegen die Spitze hin allmählich verschmälert und scharf zugespitzt. Fühler um 2 mal so lang wie der Körper, schwarz; die 3 Basalglieder bräunlichgelb; das 3te an der Spitze schwarz, die Glieder 4 bis 7 an den Wurzeln gelb. Beine gelb. Vorderflügel um 2½ mal so lang wie breit, glashell mit feinen, hellbräunlichen Nerven. Genitalplatte

(♂) 1 ½ mal so lang wie die Zange, einfach, behaart ; Zange 3 mal so hoch wie an der Basis breit, zugespitzt. Untere Genitalplatte (♀) ein wenig länger als das vorhergehende Bauchsegment ; die obere fast so lang wie die untere, scharf zugespitzt.

Körperlänge ♂ 2.2, ♀ 2.4 mm.

Formosa (Arisan). 2 Exemplare erbeutet am 21. April von Herrn Prof. S. MATSUMURA.

Trivialname : *Tatesuji-kijirami.*

2. Epipsylla rubrofasciata N. SP.

Bläulichgrün ; *Pronotum* ganz, *Dorsulum* in der Mitte des Vorderrandes, Rücken vorwiegend, *Metanotum* und das 2te Abdominalsegment oben roth gefärbt. Scheitel ähnlich gebildet wie bei *albolineata.* Punktaugen roth. Stirnkegel deutlich länger als der Scheitel, an den Spitzen röthlich gefärbt. Fühler 1½ mal so lang wie der Körper, röthlichgelb ; die Glieder 3–8 an den Spitzen und die 2 Endglieder ganz schwarz. Vorderflügel ähnlich geformt wie bei *albolineata.* Beine gelblichweiss, die Klauen braun bis schwarz. Genitalplatte (♂) 1½ mal so lang wie die Zange, an der Spitze nach hinten gebogen ; Zange 2 mal so hoch wie breit. Untere Genitalplatte (♀) so lang wie das vorhergehende Bauchsegment ; die obere etwas so lang wie die untere, an der Spitze stumpf.

Körperlänge : ♂ 1.6, ♀ 1.8 mm.

Zahlreiche Exemplare in der Sammlung von Herrn Prof. Dr. S. MATSUMURA aus Köshun (Formosa, Juli) und Arisan (Formosa, April).

Trivialname : *Akaobi-kijirami.*

6 Gatt. Macrohomotoma N. G.

Type : *Macrohomotoma gladiatum* N. SP.

Körper glatt und kahl. Kopf nach unten geneigt, sammt den Augen so breit wie der *Thorax.* Scheitel ähnlich gebildet wie bei Calophya, bei der ersteren jedoch fehlen 2 Eindrücken. Stirnkegel fehlen. Fühler kurz, so lang wie die Breite des Kopfes ; das 3te Glied um 2 mal so lang wie das 4te. *Pronotum* sehr kurz ; *Dorsulum* rundlich, so lang wie breit, am Rücken ziemlich hoch gewölbt. Vorderflügel um 2¼ mal so lang wie breit, am Ende zugespitzt ; *Pterostigma* sehr gross, eiförmig ; *Radius* kurz, so lang wie das Discoidalstück der *Subcosta*, welches um 3 mal so lang wie der Stiel des *Cubitus* ist ; 1ste Zinke und die Spitze des *Clavus* in einer Stelle ; 2te Zinke in der Mitte eckig ausgebogen ; 4te Zinke mündet im Hinterrande nahe der Flügelspitze ; die beiden Randzellen sehr gross.

Der Form des Vorderflügels und dem Nervenverlauf nach der Gattung **Mesohomotoma** etwas ähnlich, sie unterscheidet sich jedoch durch den starkgeneigten Kopf und den gewölbten Rücken.

In Japan kommt nur eine Art vor:

1. **Macrohomotoma gladiatum** N. SP. (Fig. 13.)

Schmutziggelb oder gelblichbraun. Scheitel gelb, am Hinterrande concav. Fühler um ⅔ so lang wie das Basalstück der *Costa*, gelb; das Endglied schwarz, bisweilen die Glieder 7-9 an den Spitzen braun. Beine weisslichgelb; Schenkel vorwiegend braun; die Klauen schwarz. Vorderflügel um 2⅓ mal so lang wie breit, glashell, mit weissen Nerven; *Pterostigma* gross, eiförmig, an der Spitze mit einem schwarzen und an der Spitze des *Clavus* mit einem braunen Flecke; an jedem Abschnitte des Hinterrandes (zwischen der 1sten und 4ten Zinke) ein schwarzes Pünktchen; die beiden Randzellen sehr gross, die 1ste viereckig. Untere Genitalplatte (♀) kaum so lang wie die vorhergehenden Bauchsegmente zusammen, schmal, allmählich zugespitzt, die eben so geförmte obere so lang wie die untere.

Körperlänge: ♀ 3.2 mm.

Formosa (Arisan). Nur ein Exemplar gesammelt am 21. April von Herrn Prof. Dr. S. MATSUMURA.

Trivialname: *Sedaka-kijirami.*

7 Gatt. **Mesohomotoma** N. G.

Type: *Mesohomotoma Camphorae* MATS. (N. SP.)

Körper lang. Kopf horizontal, sammt den Augen höchstens so breit wie der *Thorax*. Scheitel vorn in der Mitte mit einem tiefen Spalte; zwischen den Augen mit 2 langen Eindrücken; am Hinterrande gerade. Stirnkegel fehlen. Fühler fadenförmig, fein und lang; das 3te Glied um 1⅓ mal so lang wie das 4te. *Dorsulum* so lang wie das *Pronotum*. Beine lang. Vorderflügel um 3 mal so lang wie breit, am Ende eckig zugespitzt; *Pterostigma* fehlt; Discoidalsück der *Subcosta* 3 mal so lang wie der Stiel des *Cubitus*; *Radius* kurz; 2te Zinke in der Mitte eckig ausgebogen; 4te Zinke mündet im Hinterrande nahe der Flügelspitze; 1ste Randzelle klein, 2te Randzelle sehr gross.

Der Form des Vorderflügels nach hat sie eine Aehnlichkeit der Gattung **Homotoma,** es unterscheidet sich von der letzterer jedoch hauptsächlich durch die fadenförmigen Fühler.

In Japan kommt nur eine Art vor:

1. **Mesohomotoma Camphoræ** MATS. (N. SP.) (Fig. 15. Fig. 20).

Hellgrün; bisweilen der Kopf braun. Scheitel in der Mitte des Vorderrandes sehr tief gespaltet. Augen gross, dunkelbraun. Fühler ein wenig länger als das Basalstück der *Costa*, weiss; die Glieder 3-8 an den Spitzen und die 2 Endglieder ganz schwarz. Vorderflügel glashell, mit weissen Nerven; an jeder Spitze der vier Zinken und an der Spitze des *Clavus* hell gebräunt; die 1ste Randzelle klein, die 2te gross; von der Basis der 3ten Zinke bis zur Mitte des *Radius* läuft eine Falte (nicht Ader). Beine weiss; die Tarsenglieder lang, die Klauen schwarz. Genitalsegment (♂) so lang wie die 2 vorhergehenden Bauchsegmente zusammen, gross, halbkugelig; Genitalplatte half so lang wie das Genitalsegment, mit dicker Spitze; Zange sehr schmal und lang, deutlich länger als die Genitalplatte. Untere Genitalplatte (♀) so lang wie die 3 vorhergehenden Bauchsegmente zusammen, plötzlich zugespitzt; die obere in der Mitte mit grossem Auswuchse, behaart, scharf zugespitzt.

Körperlänge: ♂ 2.9, ♀ 3.5 mm.

Zahlreiche Exemplare in der Sammlung von Herrn Prof. S. MATSUMURA aus Ogasawara (August) und Horisha (Formosa, April).

Diese Art ist in Formosa dem Kampferbaume sehr schädlich.

Trivialname: *Kusu-kijirami.*

8. Gatt. **Homotoma** GUÉR.

Homotoma GUÉRIN, Iconogr (Insectes) 1844, p. 396.
Anisostropha FOERSTER, Psyll. Ver. Nat. Ver. Preuss. Rheinl. 3, 1848, p. 92.

In Japan kommt nur eine Art vor:

1. **Homotoma radiatum** N. SP. (Fig. 14.)

Schwärzlichbraun. Kopf klein, Augen gross, Fühler kaum 2 mal so lang wie das Basalstück der *Costa*, schwarz, dicht behaart. Vorderflügel um 2 ¼ mal so lang wie breit, glashell, mit hellbraunen Nerven; auf dem *Radius* (selten auch den Stiel der ersten Gabel und die 2te Zinke entlang) ein breiter, schwarzer Streif; Stiel des *Cubitus* mit dem Discoidalstücke der *Subcosta*, und Stiel der 2ten Gabel mit dem *Radius* an der Basalhälfte zusammenschliessend; 1ste Radialzelle sehr klein; 2te Radialzelle mehr als 20 mal so gross wie die 1ste. Beine gelblichbraun; das 2te Tarsenglied und die Klauen, bisweilen auch das 1ste, schwarz. *Abdomen* schwarz. Genitalien des ♂ ähnlich gebildet wie bei *H. ficus L.* Untere Genitalplatte (♀) kaum kürzer als die 2 vorhergehenden Bauchsegmente zusammen, die obere um so lang wie die untere, allmählich zugespitzt.

Körperlänge : ♂ 2.5, ♀ 2.8 mm.

Formosa (Horisha).　7 Exemplare gesammelt am 25. April von Herrn Prof. S. Matsumura.

Trivialname :　*Higebuto-kijirami.*

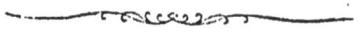

摘　　要

　　余は目下松村教授の懇篤なる指導の下に本邦産木蝨に就き研究中なるが其數約九十に達せり、而して其過半は新種なりと信ず。

　　下に本邦産木蝨科分類検索表を揭げて木蝨を研究せんとする士の参考に供せんとす。

木 蝨 科　Fam. Psyllidæ

1.　前翅の徑脈分岐す.........................周木虱亞科 Phacoseminae.

一前翅の徑脈分岐せず... ....2.

2.　前翅の肘脈は有柄なり...3.

一前翅の肘脈は無柄なり........ ....尖木虱亞科 Triozinæ.

3.　肘脈の柄は副前緣脈の中片より長きか、或は同長なり... 4.

一肘脈の柄は副前緣脈の中片より遙に短し......................... ....

....木蝨亞科 Psyllinæ.

4.　複眼は頭の兩側より半圓形に凸出し頭頂の長さは幅より短し

....斑木蝨亞科 Aphalarinæ.

一複眼は頭の兩側より突出せず頭頂の長さは幅より長し.............

....扁木蝨亞科 Liviinæ.

I. 扁木蝨亞科 Liviinæ.

1.　ひらづきじらみ *Livia jesoensis Mots.* (N. SP.)

　　體黃褐、頭扁平、前翅は橢圓にして黃褐なり

II. 斑木蝨亞科 Aphalarinæ.

a. 前翅は菱形にして質硬し......................................Euphyllura 屬

―前翅は革質又は膜質なり .... b.

b. 前翅端は圓し .... Aphalara 屬

―前翅端は尖がれり ....Tenaphalara 屬

　　Euphyllura 屬

2. ひしきじらみ Euphyllura magna N. SP.

黑褐色にて體翅共に黑點を密布す

　　Aphalara 屬

a. 前翅は黃色を帶ぶ ....8. きいろきじらみ flava N. SP.

―前翅は透明なるか或は稍白し................................ b.

b. 前翅に敷多の黑(又は褐)點を有す................................ c.

―前翅に敷多の小點を有せず................................ d.

c. 體も亦黑點を以て覆はる......3. ほしきじらみ multipunctata N. SP.

―前翅は多少白色にして體に黑點なし................................

................................7. よもぎきじらみ Artemisiæ FRST.

d. 前翅は透明にして無帶なり............6. ひもんきじらみ Calthæ L.

―前翅に徑脈室より第一緣室に走れる一帶あり................................

................................5. をびきじらみ fasciata N. SP.

―前翅に二帶あり一は副前緣脈の端より第一枝脈の端へ他は翅端

　　より第二枝脈の末端へ達せり....4. もんきじらみ nebulosa ZETT.

　　Tenaphalara 屬

9. ながきじらみ Tenaphalara acutipennis N. SP.

淡黃色にして體狹長なり前翅は透明翅脈は細し

III. 木蝨亞科 Psyllinæ.

a. 觸角は細く系狀を呈す.. b.

一觸角は多毛なり………………………………………………Homotoma 屬

b.　前翅の末端は尖れり…………………………………………… c.

一前翅の末端は圓し……………………………………………… d.

c.　前翅の長さは幅の三倍あり觸角は長し…………Mesohomoma 屬

一前翅の長さは幅の二倍乃至二倍半とす觸角は短し………………

…………………………………………………………Macrohomotoma 屬

d.　觸角は頭幅より長からず………………………………………… f.

一觸角は明に頭幅より長し………………………………………… e.

e.　觸角は體長より長からず………………………………Psylla 屬

一觸角は體長より著しく長し……………………………Epipsylla 屬

f.　前翅の徑脈は直きか或は少しく彎曲せり……………………… g.

一前翅は菱形にして徑脈は末端に於て V 狀に屈曲せり……………

…………………………………………………………… Metapsylla 屬

g.　前翅底室は長く前緣の半に達せり…………………Diaphorina 屬

一前翅底室は短く前緣の三分の一に達せり……………Calophya 屬

　　　Metapsylla 屬

10.　こくろきじらみ　*Metapsylla nigra* N. SP.

體黑色にして體長 3.2 ミ、〆、に達す

11.　こちやいろきじらみ　*Metapsylla marginata* N. SP.

茶褐色にして體長 1.5 ミ、〆、あり

　　　Calophya 屬

a.　觸角は末端黑からず頭胸背は黑し……………………………

……………………… 12.　せぐろひめきじらみ *nigridorsalis* N. SP.

一觸角の末端は黑し………………………………………………… b.

b.　體は黃綠色なり……………14.　きいろひめきじらみ *viridis* N. SP.

一頭胸部は黑く背に綠線あり………………………………………

……………………… 13.　あほすぢひめきじらみ *viridiscutellata* N. SP.

一體は全く黑く背に黃斑あり………15.　くろひめきじらみ *nigra* N. SP.

Diaphorina 屬

16. みかんきじらみ *Diaphorina Citri* N. SP.

體は淡黄赤色、前翅は細長にして黒褐色の斑點及び同色の線を有す

Psylla 屬

a. 前翅は透明、稍白色なるか或は少かに褐色を帶ぶ............ b.

― 前翅は黄色又は褐色なり... q.

b. 前翅には斑點なし.. c.

― 前翅の内緣室の末端は黒色又は褐色なり......................... o.

― 前翅の後緣に沿ひ褐色の帶あり..............................

............................21. ちやべりきじらみ *spadica* N. SP.

― 前翅の後緣に三又は四褐點あり.............................. p.

c. 觸角は黄又褐、末端の二三節は黒し......................... d.

― 觸角は黒く只二基節のみ黄色なり................................

............................27. ひげくろきじらみ *nigriantennata* N. SP.

d. 體は全く赤色にして體長 1.5 万至 1.8 ミ、メ、あり................

........................, ... 34. べにきじらみ *coccinea* N. SP.

― 體は赤色ならず.. e.

e. 額錐は頭頂の長さの半に達す體長 1.5 万至 2.0 ミ、メ、あり.........

........................25. やまときじらみ *jamatonica* N. SP.

― 額錐は頭頂の長さに等しきか稍長し................................. f.

f. 頭頂の長さは其巾の半より短し.................................... g.

― 頭頂の長さは其巾の半に等し....................................... h.

g. 體褐色、背に淡黄色と黒褐色との斑點を存す........................

........................31. おほがたきじらみ *magnifera* N. SP.

― 體は黄緑又は黄色、脛節の基部に黒點を有す......................

........................29. はんのきじらみ *Alni* L.

― 體黄緑色にして脛節に黒點なし....................................

........................30. こはんのきじらみ *Fœrsteri* FLOR.

h.　觸角は後胸部の後緣に達す……………．………………………………　i.

一觸角は後胸部の後緣を過ぐ……………………………………………………　l.　.

i.　♀の生殖下板は全腹節より稍長きか或は同長なり…．…………………
………………………………………23．<u>ありさんきじらみ</u> *arisana* N. S. P.

一♀の生殖下板の長さは最後の二三腹節の和に等し…………．．　j.

j.　前翅の長さは幅の2倍あり……35．<u>あめいろきじらみ</u> *melina* FLOR.

一前翅の長さは幅の2½-2½倍あり………………………………………　k.

k.　額錐は其長さ頭頂に等しくして開裂せず體長 2.8 ミ、メ、あり…
………………．………………23．<u>くろばらきじらみ</u> *sapporensis* N. SP.

一額錐は其長さ頭頂に等しきか或は短かくして少しく開裂せり……
…………………………………22．<u>なしきじらみ</u> *pyrisuga* FRST.

l.　觸角は腹部の半に達す…………………………………………………　m.

一觸角は後胸部の後緣を僅に過ぐ………………………………………　n.

m.　跗節は黑褐色♀の生殖下板は稍や全腹節の和に等し…………………
…………………………………………32．<u>かばきじらみ</u> *Betulæ* L.

一跗節は黑褐色を呈せず♀の生殖下板は短く幅廣し…………
………………………………26．<u>りんごきじらみ</u> *Mali* SCHDBIG.

n.　頭頂の後緣は直し、體色黃綠なり…………………………………
…………………………………24．<u>みどりきじらみ</u> *peregrina* FRST.

一頭頂の後緣は內方に彎曲す體色は黃褐或は暗褐なり………………
………………………………………33．<u>まつきじらみ</u> *nigrita* ZETT.

o.　額錐は其長さ頭頂に等しきか或は僅に長し…………………………
……………………………………38．<u>ふたてんやなぎきじらみ</u> *saliciocla* FRST.

一額錐の長さは頭頂より短し ………………………．………………
………………………………… 17．<u>ふたほしなしきじらみ</u> *pyricola* FRST.

p.　前翅の第三枝脈の長さは第二綠室の緣の二倍に等し……………
…………………………18．<u>むつぼしきじらみ</u> *hexastigma* HORV.

一前翅の第三枝脈の長さは第二綠室の緣の一倍半あり………．………

...................................20. まへじろきじらみ *albopontis* N. SP.

—前翅の第三枝脈の長さは第二縁室の縁の 1⅓ 倍あり......................

.....................................19. ぐみきじらみ *Elæagni* N. SP.

q.　前翅は淡黄若しくは黄色なり.. r.

—前翅は黄褐若しくは褐色なり .... t.

r.　前翅に敷多の黒點を有す ....

...............................41. みつぼしきじらみ *tripunctata* N. SP.

—前翅に黑點を有せず...s.

—前翅の末端は稍濃色を呈す内縁室の端は黑からず...............

...............................39. やなぎきじらみ *ambigua* FRST.

—前翅の末端は稍濃色にして內縁室の端は黑し......................

...............................40. つくしきじらみ *kiushuensis* N. SP.

s.　體は黄色背に淡色の線を有す ....

...............................37. じようざんきじらみ *ziozankeana* N. SP.

—體は濃褐色にして背には縱線を有せず ....

...............................36. とろゑんきじらみ *toroenensis* N. SP.

t.　前翅は單色なり .... u.

—前翅の末端には褐色の斑點多し ....

...............................44. はこねきじらみ *hakonensis* N. SP.

—前翅は所々に透明部あり ....

...............................47. いなづまきじらみ *fulguralis* N. SP.

—前翅は所々に濃色部あり ....

...............................46. さつまきじらみ *satsumensis* N. SP.

u.　前翅の脈は白し...............45. しろすぢきじらみ *albovenosa* N. SP.

—前翅の脈は褐色なり .... v.

v.　內縁室の端は黑し...............42. とどきじらみ *Abieti* N. SP.

—內縁室の端は黑からず............43. もいはきじらみ *moiwasana* N. SP.

Epipsylla 屬

48. たてすぢきじらみ *Epipsylla albolineata* N. SP.

淡黄褐色にて背上に二本の白縦線を有す

49. あかをびきじらみ *Epipsylla rubrofasciata* N. SP.

青緑色にして胸背及び腹部に美しき赤色の横線を有す

Macrohomotoma 屬

50. せだかきじらみ *Macrohomotoma gladiatum* N. SP.

褐色種にして觸角短く胸背著しく隆起し翅端は尖れり

Mesohomotoma 屬

51. くすきじらみ *Mesohomotoma Camphorae* Mats. (N. SP.)

淡緑色にして頭部は前縁深裂す前翅は透明翅端は尖れり

Homotoma 屬

52. ひげぶときじらみ *Homotoma radiatum* N. SP.

體黒褐色にて觸角に黒色の長毛を有す翅は透明にして徑脈上に黒
線を走らす

ERKLÄRUNG DER TAFEL.

Fig. 1. Vorderflügel von *Euphyllura magna* N. SP.

Fig. 2. Vorderflügel von *Aphalara multipunctata* N. SP.

Fig. 3. Vorderflügel von *Aphalara fasciata* N. SP.

Fig. 4. Vorderflügel von *Aphalara flava* N. S.P.

Fig. 5. Vorderflügel von *Tenaphalara acutipennis.* N. SP.

Fig. 6. Vorderflügel von *Livia jesoensis* N. SP.

Fig. 7a. Genitalien des ♂ von *Livia jesoensis* N. SP.

Fig. 7b. 　 ,,　 ,, ♀ ,,　 ,,　 ,,　 ,,

Fig. 8. Genitalien des ♂ von *Euphyllura magna* N. SP.

Fig. 9a. Genitalien des ♂ von *Aphalara fasciata* N. SP.

Fig. 9b. 　 ,,　 ,, ♀ ,,　 ,,　 ,,　 ,,

Fig. 10a. Genitalien des ♂ von *Aphalara flava* N. SP.

Fig. 10b. 　 ,,　 ,, ♀ ,,　 ,,　 ,,　 ,,

Fig. 11a. Genitalien des ♂ von *Tenaphalara acutipennis* N. SP.

Fig. 11b.   „   „ ♀ „   „   „   „

Fig. 12. Norderflügel von *Metapsylla nigra* N. SP.

Fig. 13. Vorderflügel von *Macrohomotoma gladiatum* N. SP.

Fig. 14. Vorderflügel von *Homotoma radiatum* N. SP.

Fig. 15. Vorderflügel von *Mesohomotoma Camphoræ Mats.* (N. SP.)

Fip. 16. Vorderflügel von *Diaphorina Citri* N. SP.

Fig. 17. Vorderflügel von *Psylla fulguralis* N. SP.

Fig, 18. Fühler von *Metapsylla nigra* N. SP.

Fig. 19. Kopf. Pro- und Mesonotum von *Epipsylla albolineata* N. SP.

Fig. 20. Genitalien des ♀ von *Mesohomotoma Camphoræ Mats.* (N. SP.)

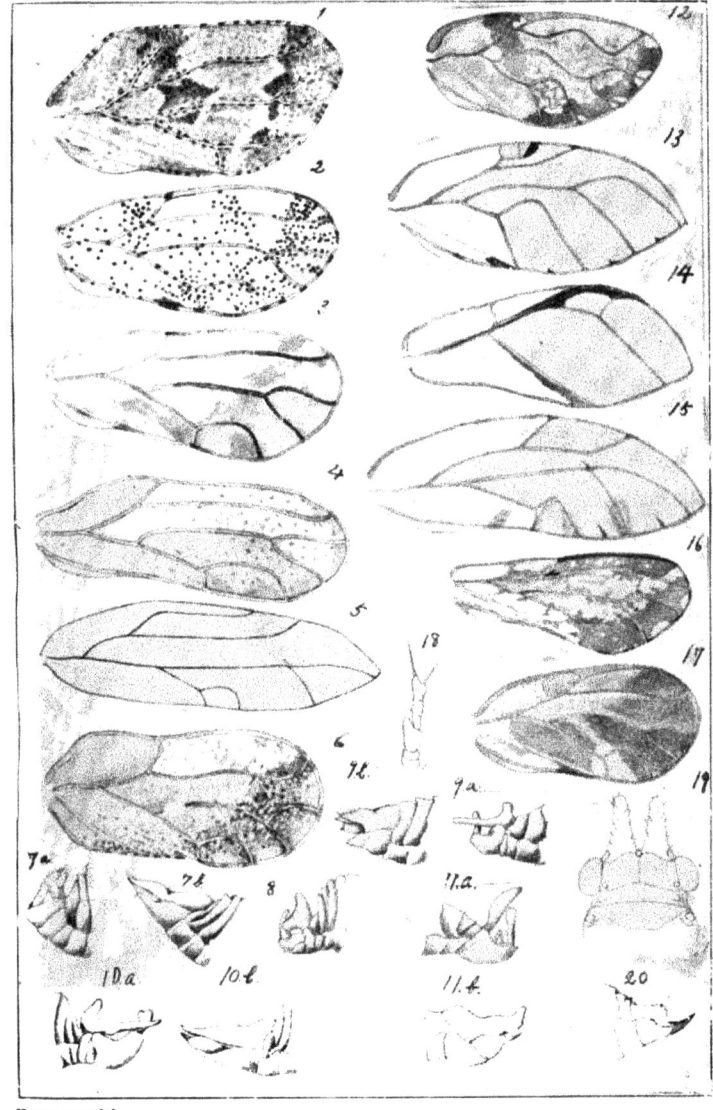

本 會 記 事

(明治四十年二月より四十一年一月まで)

MINUTES OF MEETINGS.

(Feb. 1907—Jan. 1908.)

月 次 會

第百三十一回　明治四十年二月九日札幌農學校經濟學講堂に於て開會、前回記事の報告及次の講演あり。

　　　茶柱虫に就て　　　　　　　　　　農學士　岡本牛次郎君

　茶柱虫の體軀の構造棲息の場所、食物、習慣より其探集法、標本製作法及び茶柱虫研究の沿革につき詳細に述べられたり。近年獨乙の G. Enderlain 氏は茶柱虫を三類十一科に分類せられしが、同氏に從へば本邦産茶柱虫は二類六科に分類するを得べし、今日迄に知られたる本邦所産のものは已に六十四種の多きに達せりと。

　　　ホツプの一新病原菌に就て　　　　　理學博士　宮部金吾君

　本邦に於けるホツプ栽培の狀況より、一昨年の夏北海道農事試驗場園に於てホツプに一種の病氣の發生せることを述べ、其病徴、病原菌、生活史及び發見以來の研究等に就き詳細に説明し、尚該菌はベトカビ科に屬するものにして、新種 Peronoplasmopara Humuli Miyabé et Takahashi なることを報告せられたり。

第百三十二回　明治四十年三月二日札幌農學校經濟學講堂に於て開會、前回記事報告の後、本會の趣旨を賛成し金員を寄贈せられたる故を以て、本會々則第三章第二條により下記兩氏を賛助會員に推薦し、尚他の三氏の入會を紹介せり。

　　賛助會員　植村澄三郎君　向井富兵衛君

　　正　會　員　星野勇三君　遠藤吉三郎君　武田久吉君

右終りて講演あり其大要下の如し。

　　　　岬に就て　　　　　　　　　　　　　理學博士　松村松年君

　岬は突兀なりとの字義より其自然陶汰の結果なることを説き、更に進んで、外敵、壽命、産卵法、分布、採集法を講述し、最後に、日本岬類三十七種(内二十二種は臺灣産)につき説明せられたり。

　　　　樺太の海流に就て　　　　　　　　　　農學士　和田傳三君

　氏が樺太に於て測定調査せられたる所を述へ、同島附近の暖流の主力は宗谷海峡を通過せずしてマカカに突進し、一部は北見に、曲はシレトコ、サルベニア海に向ひ、寒流はテルベニヤの沖を通過してシレトコ岬の方向に進む、故に東海岸には藻多く西海岸には藻少なき理なりと述べられたり。

　第百三十三回　明治四十年四月廿日札幌農學校經濟學講堂に於て開會、前回記事の報告及次の講演あり。

　　　　馬尾藻料植物の日本に於ける分布　　理學士　遠藤吉三郎君

　本邦産海藻の分布に就て氏は嘗て「ボステルシア」第一巻にをて之れを發表せられしが馬尾藻料に關する植物の分布も大體之れと異なる所なく黒潮及親潮の二海流に依りて其の分布を司配せらる、元より大平洋及日本海に共通なる種類多しと雖亦特別なる者も少なしとせず而して斯かる者は本島中部の沿岸に多しと云ふ、特に津輕海峡附近は寒流と暖流との關係上分布にし面白き結果を表はせりとて同地附近に分布せる藻料植物に就き詳細なる説明ありたり、最後はホンダワラなる語源に就て興味ある漫話ありき。

　第百三十四回　明治四十年六月八日札幌農學校經濟學敎室に於て開會、前回記事の報告及入會員の紹介あり。

　　　　正會員　大瀧圭之介君　　　　　准會員　荒川重理君

講演の大要下の如し、

　　　　歐米植物園の實況　　　　　　　　　農學士　星野勇三君．

　氏が觀察せられたる、ミソリー、巴里、ウサッセル、伯林、キュー等の植物園の現況に就き順次に講述せられ、植物園は單に學問上のみならず、一般公衆のためにも亦國際上より見ても甚だ重要なるものなれば、我國にも大規模の植物園の設立を望むとの意を述べらる。

　　　　臺灣旅行談　　　　　　　　　　　　理學博士　松村松年君

　博士が今年、再度渡灣せられ生蕃區域なる埔里社に入り、海拔二千尺の阿里山にをて探集を試み、北埔に出て歸られたる昆虫採集談にして、阿里山

に於ける昆虫は本邦内地のものと趣を異にし、その共通なるは只其だ分布
の廣きイツテンロコバイのみなりと云ふ、其分布は本邦内地のものに類似
せず、是れ臺灣の古さを證するものなり、臺灣に於ける害虫驅除法は内地に
於けるものとは全く趣を異にせざる可らず。

第百三十五回　　明治四十年九月廿一日東北帝國大學農科大學
經濟學講堂に於て開會、前會記事の報告及入會員の紹介あり。

正會員　　理學士　　加藤武夫君

准會員　笠島良治君　　　　鈴木男一君

講演の大要下の如し。

火山の地質學上の位置　　　　　　　理學士　　加藤武夫君

デルター氏の實驗的研究、ベルギー氏の學說及びホッブス氏の說に從ひ、
地球の三構造線を述べ、氏が昨年北海道南部の火山を研究せられたる結
果は、全く此等の說を證するに足ると、一々實例を擧げて說明せられたり。

日本のトゲウナに就て　　　　　　　　大瀬圭之介君

トゲウナの鱗鰭の構造、分類及び本邦産トゲウナ三種につき各其特徴
を說明し最後に此魚の習性に關する面白き談話ありたり。

地質學の必要　　　　　　　　　理學博士　　神保小虎君

地學と地質學との異同を辨じ、次に探礦應用工學、土木工學、電氣機械工
學等に關し地質學の必要を論じ、最後に地賃探險に關し、最も快味ある講演
ありたり。

第百三十六回　　明治四十年十月廿六日東北帝國大學農科大學
經濟學講堂に於て開會、前回記事報告の後、講演に移る。

果樹のモニリア病に就て　　　　　　農學士　　高橋眞直君

氏が本夏研究の結果にして、其病原菌の種類、被害植物、病斑、胞子の成生
及び構造、菌糸、菌核及び接種試驗等を評述し、尚 Woronin 氏は林檎の花に寄生
するは Sclerotinia cinerea Schr. に非ずと論ぜられしが函館地方に發生せるは全
く Scl, cinerea なるを論じられたり。

臺灣の害虫　　　　　　　　　　理學博士　　松村松年君

臺灣に於て普通害虫と稱すべきもの約百五十種、其内加害最甚しきも
の十三種を擧げ一々說明し、最後に今日臺灣の害虫と稱すべきものは曾て
淸國政府の支配下にありし頃、他國より輸入せしもの多し、而して今日は其

發盛時代に達せるものなれば將來二十年を經ば、必ず黴菌益虫等の自然的制殺を見るに至らん。故に今日に於て外害虫の輸入を防ぎ、內驅除を勵行せば敢て恐るゝに足らずと論じられたり。

第百三十七回 明治四十年十一月十六日東北帝國大學農科大學經濟學講堂に於て開催、前回記事報告の後講演に移る。

桑樹の害蟲　　農學士　岡本半次郎君

害虫の定義を述べ、次に桑樹の害蟲に就き、其分布及び從來研究の經過を說き、進んで本邦に於て今日迄桑樹害蟲として知られたる處のものを一々標本によりて說明されたり、氏の研究によれば、其種類は六十六種にして之を細別すれば、有吻類二十種、鱗翅類二十五種、鞘翅類二十一種にして、其中本邦に於て最も加害甚しき者、及び北海道にて注目すべきもの二十種を擧げ、之が加害の情況、經過、分布より驅除法まで細說せられたり。

カムチャッカ及シベリヤ東部沿岸視察談　　橫山直也君

本年六月廿日百五十噸なる第三虎丸に搭じて函館港を出帆し、十六日間逆濤風浪と戰ひてペトロパウロウスク港に達し、其港及附近の情況を觀察し、更に船を走らせてカムチャッカの沿岸所々を視察したる事柄を語られたり。其主眼は全地漁業に關する事にして、將來吾人の大に研究を要する事。及全地方住民なるカムチャダール並に北方に住するコリヤーキ人に就きての話等なり。

第百三十八回 明治四十年十二月廿一日東北帝國大學農科經濟學講堂に於て開會、前回記事報告後講演あり。

ベーリング沿岸視察談　　橫山直也君

前回の續にしてベーリング附近の漁業、ラッコ、オットセイ及鯨獵の今昔、カルピンスキー及アナヂル地方に於ける氣候產物住民等に關し視察せし所、更にアラスカに渡りて當時砂金業の有樣を述べ、此等極北の地は今迄吾人の餘り知らざりし處なるが漁業、狩獵、採鑛等正に吾人の企業を俟ちつつありと結論せられたり。

第百三十九回 明治四十一年一月十八日東北帝國大學農科大學經濟學講堂に於て開催、前回の記事報告後次の講演あり

海藻、昆布及ワカメの字義に就て　　理學士　遠藤吉三郎君

海藻は海の草即ち海の植物なり。然るに古書には往々にして特種の者

を措して海藻といへることありて萬葉集、延喜式等に見えたる證例をあげ
更に德川時代に及んで本草家の用ひ慣らせし文字に就て述べ、凡そ海藻な
る文字が海の草、ヲカメ、ヰンタワラ、アマモ等の如き意義に用ゐらるゝことと
あるを以て注意すべきなりとの意を論じ進んでヲカメに就きて昔時用ゐ
られし文字にして或は蘭山が褐帶藻をヲカメに誤用せるものあるを告げ
萬葉集に海布とあるはヲカメを意味するなりなど論られ更に進んで昆布
に就きて述べて曰はく古代には昆布の語なし、德川時代に到りて此文字を
用ゐたるものなりと、且つ本草綱目に昆布白羅に生ずと云ひ、又昆布南海に
生ずとあるを見るに、全く吾人の所謂昆布とは胴物なるべしとし、古書に見
えたる昆布なる文字はアマモに相當するものならんとて結ばれたり。

總 集 會

第十七回　明治四十一年一月十八日東北帝國大學農科大學經
濟學講堂に於て開催、出席會員數十六名、宮部會頭開會の辭を述べ
次に昨年度に於ける庶務報告あり、報告の要に曰く總會一回、月次
會八回にして月次會一回の出席者平均九十五名、講演數十五回、其
中動物に關するもの五、植物に關するもの四、地質に關するもの二、
旅行及視察談三なり、次に會計及會報に關する報告あり、次に役員
を改撰せしに會頭宮部金吾、錄準書記松村松年、通信書記大島金太
郎、會計半澤洵、編輯委員八田三郎、河野常吉、會計補助近藤金吾、錄事
書記補助小熊桿、笠井幹夫當選せり。

札幌博物學會役員及會員

（明治四十一年一月十八日現在）

LIST OF OFFICERS AND MEMBERS.

役　員　（明治四十一年度）

OFFICERS FOR 1908.

會　頭	President.
宮　部　金　吾	**KINGO MIYABÉ.**
通　信　書　記	Corresponding Secretary.
大　島　金　太　郎	**KINTARO OSHIMA.**
錄　事　書　記	Recording Secretary.
松　村　松　年	**SHONEN MATSUMURA.**
會計及圖書委員	Treasurer and Librarian.
半　澤　洵	**JUN HANZAWA.**
編　輯　委　員	Publishing Committee.
八　田　三　郎	**SABURO HATTA.**
河　野　常　吉	**TSUNEKICHI KŌNO.**
會　計　補　助	Treasurer Assistance.
近　藤　金　吾	**KINGO KONDŌ.**
錄事書記補助	Secretary Assistance.
小　熊　桿	**KAN OGUMA.**
笠　井　幹　夫	**MIKIO KASAI.**

會 員 表
LIST OF MEMBERS.

賛 助 會 員

向 井 嘉 兵 衛　　　　　札幌區南四條西二丁目、

中 山 秀 之（法學士）　札幌郡上白石村二番地、

植 村 澄 三 郎　　　　　東京靑山�田原町十二番地、

正 會 員

赤 羽 雄 一（農學士）　北海道拓殖銀行重役、

安 藤 乙 次 郎（農學士）神奈川縣足柄下郡久野村舟ヶ原、

有 元 新 太 郎　　　　　岡山縣美作國古町、

JOHN BATCHELOR, Rev., (F. R. G. S.)　札幌區北三條西七丁目、

遠 藤 吉 三 郎（理學士、理學博士）　東北帝國大學農科大學水産學
　　　　　　　　　　　　　科敎授、

藤 井 欽 吾　　　　　　三重縣農事試驗場技手、

藤 田 晶（農學士）　　大日本麥酒株式會社技師(札幌分場詰)

半 澤 洵（農學士）　　東北帝國大學農科大學助敎授、

原 十 太（理學士）　　學習院敎授、東京牛込市ヶ谷加賀町二丁
　　　　　　　　　　　　目二番地、

橋 本 左 五 郎（農學士）東北帝國大學農科大學敎授、札幌區北九
　　　　　　　　　　　　條西五丁目、

八 田 三 郎　　　　　　東北帝國大學農科大學助敎授兼博物館
　　　　　　　　　　　　主任、札幌區南四條西八丁目、

平 塚 直 治（農學士）　帝國製麻株式會社技師(札幌支社詰)、

札幌博物學會役員及會員

（明治四十一年一月十八日現在）

LIST OF OFFICERS AND MEMBERS.

役　員　（明治四十一年度）

OFFICERS FOR 1908.

會頭	President.
宮部金吾	**KINGO MIYÁBÉ.**
通信書記	Corresponding Secretary.
大島金太郎	**KINTARO OSHIMA.**
錄事書記	Recording Secretary.
松村松年	**SHONEN MATSUMURA.**
會計及圖書委員	Treasurer and Librarian.
半澤洵	**JUN HANZAWA.**
編輯委員	Publishing Committee.
八田三郎	**SABURO HATTA.**
河野常吉	**TSUNEKICHI KŌNO.**
會計補助	Treasurer Assistance.
近藤金吾	**KINGO KONDŌ.**
錄事書記補助	Secretary Assistance.
小熊捍	**KAN OGUMA.**
笠井幹夫	**MIKIO KASAI.**

會　員　表
LIST OF MEMBERS.

———•◦•———

贊　助　會　員

向井　嘉兵衛	札幌區南四條西二丁目、
中山　秀之（法學士）	札幌郡上白石村二番地、
植村　澄三郎	東京青山樫田原町十二番地、

正　會　員

赤羽　雄一（農學士）	北海道拓殖銀行重役、
安藤　乙次郎（農學士）	神奈川縣足柄下郡久野村舟ヶ原、
有元　新太郎	岡山縣美作國古町、
JOHN BATCHELOR, Rev., (F. R. G. S.)	札幌區北三條西七丁目、
遠藤　吉三郎（理學士、理學博士）	東北帝國大學農科大學水産學科教授、
藤井　欽吾	三重縣農事試驗場技手、
藤田　昌（農學士）	大日本麥酒株式會社技師(札幌分場詰)
半澤　洵（農學士）	東北帝國大學農科大學助教授、
原　十太（理學士）	學習院教授、東京牛込市ヶ谷加賀町二丁目二番地、
福本　左五郎（農學士）	東北帝國大學農科大學教授、札幌區北九條西五丁目、
八田　三郎	東北帝國大學農科大學助教授兼博物館主任、札幌區南四條西八丁目、
平塚　直治（農學士）	帝國製麻株式會社技師(札幌支社詰)、

星　野　勇　三（農學士）　東北帝國大學農科大學助敎授、

出　田　　新（農學士）　福井縣立農林學校長、

飯　塚　幸四郎（農學士）　群馬縣邑樂郡渡瀬村、

石　田　昌　人　　　　　　臺灣臺南大目降糖務局試驗場、

石　川　貞　治（農學士）　鑛農商議館長、札幌區北一條西五丁目、

伊　藤　廣　農（農學士）　石狩國夕張郡角田村字旭台、

神　保　小　虎（理學士、理學博士）　東京帝國大學理科大學敎授、

角　田　啓　司（農學士）　清國奉天府農事試驗場技師、

笠　原　十　司（農學士）　大日本麥酒株式會社技師(札幌詰)、

柏　井　德　一（農學士）　山形縣立村山農學校長、

加　藤　武　夫（理學士）　東北帝國大學農科大學講師、

加　藤　忠　治（農學士）　千葉縣立茂原農學校長、

川　上　瀧　彌（農學士）　臺灣總督府民政部殖產局農商課技師兼
　　　　　　　　　　　　　農事試驗場技師兼臨時臺灣糖務局技師、

河　瀨　春太郎　　　　　　妙華園主、東京府住原郡南品川町字三ツ
　　　　　　　　　　　　　木三十番地、

菊　池　　楨（農學士）　岩手縣技師兼農事試驗場長、

菊　池　幸次郎（農學士）　青森縣北津輕郡立農學校長、

木　下　義　道（農藝化學士）　越中伏木北陸人造肥料株式會社技師、

河　內　完　治（農學士）　東京帝國大學農科大學林學科介補、

河　野　常　吉　　　　　　北海道廳囑託、札幌區北四條西七丁目三
　　　　　　　　　　　　　番地、

黑　澤　瓦　平（農學士）　福岡縣立福岡農學校敎諭、

松　村　松　年（農學士、理學博士）　東北帝國大學農科大學敎授、
　　　　　　　　　　　　　札幌區北入條西五丁目、

南　　鷹　次　郎（農學士、農學博士）　東北帝國大學農科大學敎授兼
　　　　　　　　　　　　　農場長、札幌區農科大學官舍、

三　浦　慶太郎（農學士）　千葉縣茂原農學校敎諭、

宮　部　金　吾（農學士、理學博士、S. D.)　　東北帝國大學農科大學
　　　　　　　　　　教授兼植物園長、札幌區北二條西十丁目大學官舍、

宮　城　鐵　夫（農學士）　　沖繩縣國頭郡角間切島組合農學校教諭、

三　宅　　勉（農學士）　　樺太廳囑託、札幌區北十三條西五丁目、

永　田　方　正　　　　　　函館區遺愛女學校教諭、

中　尾　節　藏（農學士）　　北海道水產學校長、（小樽區）、

新　島　善　直（林學士）　　東北帝國大學農科大學林學科教授、

西　谷　清次郎（農學士）　　島根縣農林學校教諭、

西　田　藤　次（農學士）　　農商務省農事試驗場技師(熊本支場在勤)、

野　澤　俊次郎（農學士）　　東北帝國大學農科大學水產學科教授、

大井上　蕃　近（理學士）　　札幌鑛山監督署技師、

小田切儀三郎（農學士）　　御料局技師、釧路國川上郡弟子屈村御料
　　　　　　　　　　局出張所長、

小　川　二　郎（農學士）　　札幌興農園長、札幌區北十條西一丁目、

小　川　瓦五郎（農學士）　　大坂府立農學校教諭、

岡　本　半次郎（農學士）　　北海道農事試驗場技手、

大　島　金太郎（農學士、農學博士）　　東北帝國大學農科大學教授兼
　　　　　　　　　　北海道農事試驗場長、札幌區北八條西五
　　　　　　　　　　丁目、

大　瀧　圭之助（B. A.)　　東北帝國大學農科大學水產學科教授、

齋　藤　傳五郎　　　　　　御料局技師(靑森御料局支廳)、

淸　水　賚　隆（理學士）　　小樽中學校長、

佐　々　茂　雄（農學士）　　後志國高島郡北海道水產試驗場技師、

佐々木　和　策（林學士）　　御料局技師(靑森御料局支廳長)、

千　石　興太郎（農學士）　　島根縣農會技師、

關　場　不二彦（醫學士）　　札幌區北辰病院長、

藥　木　得　一（農學士）　　台灣總督府台北農事試驗場、

宍　戸　乙　熊（林學士）　　東北帝國大學農科大學林學科教授、

莊　司　萬　六　　　　　北海道師範學校敎諭、札幌區北三條西十
　　　　　　　　　　　　四丁目、

東海林　力藏（農學士）　東北帝國大學農科大學助敎授、

菅　沼　市　藏（理學士）　仙臺第二高等學校敎授、

楯　山　淸　利（農學士）　東京府北豐島郡巢鴨町江戶橋詰、

末　光　　　績（農學士）　伊豫國東宇和島郡宇和町大字卯ノ町、

須田　金之助（農學士）　東北帝國大學農科大學助敎授、

鈴　木　力　治（農學士）　臺灣總督府臺北農事試驗場、

鈴　木　茂　治（林學士）　下野國足尾郡足尾銅山林業課技師、

鈴　木　　　寧（農學士）　東北帝國大學農科大學水產學科助敎授、

高　橋　瓦　直（農學士）　北海道農事試驗場技師、

高　松　正　信（農學士）　東北帝國大學農科大學講師、

武　田　久　吉　　　　　東北帝國大學農科大學講師、

武田　安之助　　　　　　函館中學校長、

時　任　一　彦（農學士）　東北帝國大學農科大學助敎授、

尸　津　高　知（農學士）　札幌區私立北海中學校敎諭、

矢木　久太郎（農學士）　大日本麥酒會社技師（東京本所分場詰）、

山田　玄太郎（農學士）　盛岡高等農林學校敎授、盛岡市上田小路、

山　田　秀　雄（農學士）　牛莊製油會社技師、

梁　田　　　熈（農學士）　愛媛縣宇麻郡農林學校長、

橫山　莊次郎（農學士）　淸國奉天府農事試驗場長、

吉　田　碩　三（農學士）　臺灣臺中廳技師、

吉村　喜一郎（農學士）　香川縣立農林學校長、

結　城　庄　八（農學士）　島根縣廳技師、

准　會　員

荒　川　重　理　　　　　東北帝國大學農科大學助手、

伊　達　直　知　　　　　盛岡高等農林學校、

池 田 金 則　　　　　　後志國小樽中學校敎諭、

一 色 藤 之 助　　　　　東京人造肥料株式會社員、東京日本橋區
　　　　　　　　　　　　村松町四十一番地、

伊 藤 誠 哉　　　　　　東北帝國大學農科大學農學科學生、

笠 井 幹 夫　　　　　　東北帝國大學農科大學農學科學生、

笠 島 貞 治　　　　　　東北帝國大學農科大學農學科學生、

河 田　　力（農學士）　山形縣立村山農學校敎諭、

菊 池 諲 彌（農學士）　愛媛縣立農學校敎諭、

近 藤 金 吾　　　　　　東北帝國大學農科大學助手、

窪 田 森太郎　　　　　　北海道農事試驗場技手、

桑 山　　茂　　　　　　東北帝國大學農科大學農學科學生、

三 橋 信 次　　　　　　青森縣農事試驗技手、

三 浦 道 哉　　　　　　東北帝國大學農科大學農學科學生、

村 越 銃之助（農學士）　山口縣立德山中學校敎諭、

村 田 庄次郎　　　　　　東北帝國大學農科大學助手、

根 岸 元 吉　　　　　　東北帝國大學農科大學農學科學生、

西 田 影 三　　　　　　石狩國札幌郡廣島村小學校訓導、

沼 田 正 直（農學士）　福井縣立農學校敎諭、

小 熊　　樺　　　　　　東北帝國大學農科大學大學豫科生徒、

鈴 木 元治郎　　　　　　京都府下葛野郡花園村字口、

鈴 木 勇 一　　　　　　東北帝國大學農科大學農學科學生、

德 淵 承治郎　　　　　　島根縣農林學校敎諭、

內 山 幾太郎　　　　　　山形縣庄內農學校敎諭、

上 田 守 藏　　　　　　札幌高等女學校敎諭、

辯證法與邏輯

著作者　胡繩

發行者

印刷者

發行所

印刷所

中華民國三十七年三月二十日初版

中華民國三十七年五月二十五日再版

TRANSACTIONS

OF THE

SAPPORO NAITURAL HISTORY SOCIETY.

FOUNDED IN 1891.

VOL. III.

札 幌 博 物 學 會 會 報

明 治 二 十 四 年 創 立

第 參 卷

札 幌 博 物 學 會 印 行

明治四十二年――四十三年

PUBLISHED BY THE SAPPORO NATURAL HISTORY SOCIETY,

SAPPORO, JAPAN.

1909――1910.

All communications should be addressed to the Corresponding
Secretary of the Sapporo Natural History Society in the College
of Agriculture, the Tohoku Imperial University, Sapporo, Japan.

注　　意

本 會 に 對 す る 總 て の 奮 信 は 東 北 帝 國 大 學
農 科 大 學 內 札 幌 博 物 學 會 通 信 奮 記 に 宛 て 發 送
せ ら る べ し。

TRANSACTIONS

OF THE

SAPPORO NAITURAL HISTORY SOCIETY.

FOUNDED IN 1891.

VOL. III.

札 幌 博 物 學 會 會 報

明 治 二 十 四 年 創 立

第 參 卷

札 幌 博 物 學 會 印 行

明治四十二年──四十三年

PUBLISHED BY THE SAPPORO NATURAL HISTORY SOCIETY,

SAPPORO, JAPAN.

1909—1910.

北部及ひ中部日本の「きくひむし」

新 島 善 直

DIE BORKENKAEFER NORD-
UND MITTEL- JAPANS.

von Prof. Y. Niisima, *Ringakuhakushi.*

In diesem Abschnitte möchte ich die Borkenkäfer Sachalins, Hokkaidos und Honshius, welche dort kürzlich gesammelt wurden, erwähnen.

1. Sachalin.

Die jüngste zum japanischen Reich gehörende Insel ist das nördlich gelegene Sachalin. Ihm wurde von der entomologischen Welt bisher wenig Beachtung geschenkt. Sommer 1909 war es Herr **Oguma,** welcher dort Untersuchung anstellte. Sein dortiger Aufenthalt war von der Witterung derart ungünstig beeinflusst, dass nur zwei Arten vorgefunden wurden. Die anderen sammelte ein Forstbeamter in Sachalin.

Polygraphus proximus Blandf.

Trans. Ent. Sec. Lond 1894, p. 75.
    Fundort : Korsakow.
    Frasspflanze : *Abies sachalinensis* Mast. (?)

Polygraphus jezoensis Niis.

Journ. Coll. Agric. Tohoku Imp. Univ. Vol. 3. No. 2. 1909, p. 135.
    Fundort : Toyohara.
    Frasspflanze ; *Picea ajanensis* Fisch.

Crypturgus tuberosus Niis.

Journ. Coll. Agric. Tohoku Imp. Univ. Vol. 3. No. 2. 1909, p. 139.
    Fundort : Toyohara.
    Frasspflanze : *Picea ajanensis* Fisch.

Diese zwei *P. jezoensis* Niis. und *Cr. tuberosus* Niis. fand man mit der nachfolgenden Art am selben Baum, und zwar in grosser Zahl.

Ips japonicus Niis.

Journ. Coll. Agric. Tohoku Imp. Univ. Vol. 3. No. 2. 1909, p. 147.

Fundort : Ohdomari (**Oguma**), Toyohara.

Frasspflanze : *Abies sachalinensis* Mast.

In Toyohara fand man den Käfern an noch grünen Bäumen.

2. Hokkaido.

Die hokkaidoschen Borkenkäfer und deren Frasspflanzen sind schon bereits von mir beschrieben.* In letzter Zeit fand ich mannigfaltiges neues Material, was mich veranlasst es hier wiederzugeben.

Scolytus agnatus Blandf.

Trans. Ent. Soc. Lond. 1884, p. 78.

Fundort : Sapporo (**Niisima**).

Frasspflanze : *Betula alba* L. var. *vulgaris* D. C.

Der Muttergang ist ein einfacher 3 bis 4 cm grosser Längsgang. Die verhältnismässig langen Larvengänge, 10—14 cm, gehen grösstenteils nicht parallel, sondern verlaufen in unregelmässigen Krümmungen. Es ist eine unter Birkenrinde allgemein anzutreffende Art.

Hyorrhynchus lewisi Blandf.

Trans. Ent. Soc. Lond. 1894, p. 60.

Fundort : Hakodate (**Hirose**), Tomakomai (**Niisima**).

Frasspflanze : *Fagus japonicum* Maxim., *Acer pictum* Thunb.

Von dieser merkwürdigen Art war es mir lange Zeit nicht vergönnt eine genaue Frasspflanze zu finden. Im verflossenen Sommer (1909) erhielt ich von Herrn **Hirose** verschidene Buchen-Frasstücke zugesandt, in denen noch zahlreich lebende Käfer waren. Ich selbst entdeckte kurz darauf an Ahornbäumen manches Exemplar, wodurch mir weitere Untersuchungen ermöglicht wurden. Nach dem Körperbau und der Lebensweise des Käfers zu urteilen, gehört er nicht den Scolytiden an. Später werde ich meine Studien darüber fortsetzen um genauere Eigenschaften festzustellen. Er ist kein Rinden- sondern ein Holzbewohner

Kissophagus tiliae sp. nov.

Körper 2,2-2,5 mm lang, schwarz, greis behaart, mit schwach bräunlich gefärbten Flügeldecken. Kopf schwarz, wenig glänzend, gleichmässig dicht punktiert ; Stirn leicht gewölbt, mit undeutlicher Längslinie auf der Mitte.

*Journ. Coll. Agric. Tohoku Imp. Univ. Vol. 3. No. 2. 1909, pp. 109—179.

Halsschild schwarz, so lang als breit, nach vorne stark verschmälert, beide Seiten nach Basis gerundet; Scheibe dicht körnig punktiert, undeutliche Mittellinie, und mit kurzen greisen flachliegenden, nach der Mitte zu gerichteten Haarbörstchen bedeckt. Breiter Fortsatz zwischen den Vorderhüften.

Flügeldecken an der Basis schwarz, nach Apex bräunlich, Streifen rundlich punktiert, Zwischenräume wenig gewölbt, fein einreihig gekörnt, dicht mit kurzen greisen Borstenhärchen und einer Reihe längerer Schuppenhärchen besetzt; 1., 3. und 5. Zwischenraum hinter der Mitte erhöht, 2. und 4. vertieft. Bauchseite schwarz, dicht fein greis geschuppt.

Fundort : Sapporo (**Niisima**).

Frasspflanze : *Tilia cordata* Mill. var. *japonica* Miq.

Im verflossenen Frühjahr fand ich diese Art in einem dünnen abgestorbenen Lindenzweig. Der Muttergang ist ein zweiarmiger, mit breiter Rammelkammer versehener Quergang, dessen Arme 17 mm lang und ungefähr 1,5 mm breit werden. Die Larvengänge laufen parallel miteinander und erreichen eine durchschnittliche Länge von 22 mm. Obige Art ist die Erste, welche von dieser Gattung in Japan gefunden wurde, und hat keinerlei Ähnlichkeit mit den beschriebenen *Kissophagus*-Arten.

Polygraphus Sxiori Niis.

Journ. Coll. Agric. Tohoku Imp. Univ. Vol. 3. No. 2. 1909, p. 132.

Frasspflanze : *Prunus Pseudo-Cerasus* Lindl.

Cryphalus (Hypothenemus) sapporoensis sp. nov.

Körper 1,2 mm lang, schwarz, glänzend.

Halsschild wenig länger als breit ; beide Seiten parallel, nach vorne verschmälert abgerundet ; Vorderrand einreihig gehöckert ; auf der Mitte ein beulenförmig erhöhter Höckerchenfleck, der rings mit nach der Mitte hin gerichteten Härchen besetzt ist ; zwischen ihm und dem Vorderrande sind die Höckerchen unterbrochen, hinterm Höckerchenfleck zeigt sich eine feingekörnte Ausbuchtung ; von der Scheibenmitte aus zieht sich ein Streifen gelblicher Schüppchen hin.

Flügeldecken anderthalbmal so lang als Halsschild, Punktstreifen fein punktiert, dünn gelblich behaart ; Zwischenraum an der Basis fein, zum Apex hin breiter einreihig gelblich geschuppt.

Fundort : Sapporo (**Niisima**).

Frasspflanze : *Tilia cordata* Mill. var. *japonica* Miq.·

Mit *Kissophagus tiliae* zusammen fand ich ihn am selben Frasstück. Die feinen Larvengänge, welche ihren Lauf teils vom unregelmässig eigenen Muttergang (Plätzgang), teils von dem des *Kissophagus tiliae* ausnehmen, liegen meisten in der Rinde. Die Halsschilderhöhung ähnelt dem des

Cryphalus setotus Eichh., jedoch sind die Flügeldecken nicht diegleichen.

Xyleborus germanus Blandf.

Trans. Ent. Soc. Lond. 1894, p. 106.

Frasspflanze : *Alnus incana* Willd. var. *glauca* Ait.

Von Frassstücken, die ich im verflossenen Herbst aus Tomakomai (Prov. Iburi) mitbrachte, fand ich in einem Frassgang viele Larven nebst einem Käfer, dagegen in den anderen Gängen zahlreiche Jungkäfer.

Der Frassgang ist ein Familiengang von 12 mm Länge und 8 mm Breite. Die Gänge sind dick; oftmals findet man zwei oder drei durch einen Quergang verbunden.

Xyloterus aceris sp. nov.

Körper 3-3,5 mm lang, schwarz, glänzend.

Kopf schwarz, beim Männchen schmal, vorne wenig vertieft, auf der Mitte glatt mit einer länglichen Erhöhung, beiderseits punktiert, gelblich behaart, obere Hälfte des Auges scharf dreieckig deren Spitzen auf der Stirn fast zusammenstossen, mit einer darüber befindlich erhöhten Querlinie; beim Weibchen breit, vorm Munde etwas vertieft, grob punktiert, spärlich gelblich behaart, Stirn erst quer, alsdann länglich gerunzelt. Fühlerkeule gross, oval, fein dicht behaart.

Halsschild fast so breit als lang, zu beiden Seiten abgerundet, vorne beim Männchen stark verschmälert, Spitzenrand bei einigen gelblich, bei andern schwarz, Behaarung bedeutend länger und dichter als die des Weibchens; beim Weibchen vorne etwas schmal, nach der Basis hin breiter werdend und daselbst gelblich gefärbt; Vorderrand mit einreihig starken Höckerchen begrenzt; vordere Teil fast ⅓ grob, dann feiner gehöckert, kurz vor der Basis fein gerunzelt; bräunlich lang behaart. Schildchen gross, fein punktiert.

Flügeldecken gleichmässig schwarz, glänzend, jede von ihnen auf der Mitte länglich vertieft, an der Basis schmäler als Halsschild, allmählich breiter, vorm Apex am breitesten; Apex stark abwärts geneigt, wenig gewölbt, dicht länglich gelblich behaart; Punktstreifen fein, seicht; Zwischenräume flach mit feineren unregelmässigen Punkten; Punktstreifen und -reihen fast ⅔ der Länge deutlich erkennbar, während sie sich auf dem übrigen Teil ineinander verlieren.

Fundort : Sapporo (**Niisima** in Anzahl).

Frasspflanze : *Acer pictum* Thunb.

Der Frassgang ist annähernd derselbe wie der der anderen *Xyloterus*-Arten, da er gleichfalls von der Rinde zur Mitte hingeht und sich dann verzweigt. Die beiden Arme bilden einen Winkel von 70°, laufen entweder in gerader Richtung oder nach den Jahrringen weiter und können von der

Gabelung ab höchstens 3,5 cm lang werden. Erst hier, nicht schon in der Eingangsröhre befinden sich die Larvenwiegen, und selbige sind abwechselnd oberhalb und unterhalb der Gänge anzutreffen.

Der Käfer hat verschiedene gleiche Eigenschaften wie *X. pubipenne* Blandf., nämlich das Männchen besitzt die erhöhte Querlinie über den oberen Augen, dagegen ist der Spitzenvorderrand des *X. pubipenne* Blandf. nicht einreihig mit 8 bis 9 Höckerchen wie bei dieser neuen Art, sondern nur mit zwei Höckerchen besetzt; auch die Punktierung der Flügeldecken ist bei beiden Arten eine ganz andere. Punktstreifen sind bedeutend feiner als bei *X. proximus* Niis.

Im Laufe dieses Winters fand ich zahlreiche Käfer an Ahornhölzern; teilweise waren sie ausgewachsen, teils noch sehr jung.

Scolytoplatypus daimio Blandf.

Trans. Ent. Soc. Lond. 1893, p. 433.

Frasspflanze: *Fraxinus mandshurica* Rupr., *Acer pictum* Thunb.

Beide Frasspflanzen stammen aus Tomakomai. Früher schrieb ich,[*] dass der Brutgang unverzweigt sei, jedoch sah ich viele Bilder, die sich gleich dem *Sc. mikado* Bland. in zwei Arme teilten; dagegen sind die Arme selbst unregelmässig. Bei einem Frassbild hatte sich sogar der geteilte Brutgang am Ende nochmals verzweigt.

Scolytoplatypus tycon Blandf.

Trans. Ent. Soc. Lond. 1893, p. 432.

Fundort: Hakodate (**Hirose**), Tomakomai (**Niisima**).

Frasspflanze: *Fagus japonica* Max., *Acer pictum* Thunb.

Von dieser Art fand ich ebenfalls mehrere Male verzweigte Brutgänge. Bei ihnen ist der Winkel zwischen den beiden Armen kleiner als beim *Sc. mikado* Blandf.

Platypus severini Blandf.

Trans. Ent. Soc. Lond. 1894, p. 136.

Fundort: Sapporo (**Niisima**).

Frasspflanze: *Tilia cordata* Mill. var. *japonica* Miq., *Acer pictum* Thunb.

3. Honshiu.

Mein Material stammt hauptsächlich aus der Sammlung des Herrn **E. Gallois**. Er sammelte es vorwiegend in der Umgebung Tokios sowie Karuisawa. Dann möchte ich noch bemerken, dass in den grössten Teilen Mittel-Japans bis jetzt keinerlei Untersuchungen angestellt wurden.

Scolytus frontalis Blandf.

Trans. Ent. Soc. Lond. 1894, p. 79.

*[*] Zeit. Wiss. Insektenbiol. Bd. III. 1907, p. 315.

Fundort: Sasagotoge, Kofu (**Gallois**).

Man bemerkte ihn in Hokkaido fast nur an Ulmen, *Ulmus ampestris* Sm. var. *major* Walp., aber in Honabiu ist für ihn noch keine bestimmte Frasspflanze festgestellt worden.

Scolytus aratus Blandf.

Trans. Ent. Soc. Lond. 1894, p. 79.

Fundort: Tokio (**Gallois** 4 Stücke, **Arakawa**).

Frasspflanze: *Machilus japonica* S. et Z.

Phloeosinus lewisi Chap.

Chap., Scol. Jap., p. 198.

Fundort: Tokio (**Gallois**).

Frasspflanze: *Chamaeciparis obtusa* S. et Z., *Cryptomeria japonica* Don.

Phloeosinus perlatus Chap.

Chap., Scol. Jap., p. 198.

Fundort: Aomori (**Niisima**).

Frasspflanze: *Chamaecyparis obtusa* S. et Z , *Thujopsis dolabrata* S. et Z.

Von erstgenannter Frasspflanze liegt in der forstlichen Versuchsstation zu Tokio ein Frasstück vor, doch konnte bis jetzt leider der Fundort nicht ermittelt werden. Von der anderen fand ich das Material in Aomori.

Phloeosinus rudis Blandf.

Trans. Ent. Soc. Lond. 1894, p. 73.

Fundort: Aomori (**Niisima**), Tokio (**Gallois** ein Stück).

Frasspflanze: *Chamaecyparis obtusa* S. et Z., *Thujopsis drabrata* S. et Z.

Viele Exemplare dieser Art entnahm ich in Aomori von einen Thujopsisbaum und Herr **Gallois** entdeckte sie in Tokio an einem Zierbaum, Kamakurahila (*Ch. obtusa* S. et Z.). Ein Frasstück von *Ch. obtusa* S. et Z., ohne Ortsbeschreibung ist in der forstlichen Versuchsstation vorhanden.

Das Frassbild ähnelt sehr dem des *Ph. perlatus* Chap. Der Muttergang, ein einfacher Längsgang, erscheint oftmals doppelt.

Myelophilus piniperda Fabr.

Frasspflanze: *Pinus densiflora* S. et Z., *Pinus thunbergii* Pall., *Pinus Koraiensis* S. et Z.

Überall wo Kiefern gepflanzt sind, ist diese Species anzutreffen. In Tokio wurde sie von Prof. **Sasaki**, Herrn **Gallois** und mir gesammelt, ferner fand ich in der forstlichen Versuchsstation Meguro und der landwirtschaftlichen Versuchsstation Oji viele Exemplare. Die von Aomori und Morioka befinden sich in meiner Sammlung. Die honshiuschen Exemplare sind bedeutend grösser als die europäischen sowie hokkaidoschen, und erreichen selbige eine Länge von über 5 mm. Im botanischen Garten der Tokio K. Universität fand ich viele Käfer am *P. Koraiensis* S. et Z.

Sphaerotrypes pila Blandf.

Trans. Ent. Soc. Lond. 1849, p. 62.

Fundort: Tokio, Takao-Berg bei Hachioji (**Gallois** in Anzahl).

Von **Lewis** wurde diese Art zuerst gefunden; er sammelte sie unter der dünnen Rinde der Camellia, dagegen entnahm **Gallois** seine Exemplare einer immergrünen Eiche.

Polygraphus Ssiori Niis.

Journ. Coll. Agric. Tohoku Imp. Univ. Vol. 3. No. 2. 1909, p. 132.

Fundort: Tokio (**Gallois** u. **Niisima** in Anzahl).

Frasspflanze: *Prunus Pseudo-Cerasus* Lindl.

Die von **Gallois** gesammelten Käfer sind bedeutend kleiner als die meinigen.

Polygraphus oblongus Blandf.

Trans. Ent. Soc. Lond. 1849, p. 75.

Frasspflanze: *Abies firma* S. et Z.

Exemplare nebst Frasstück untersuchte ich in der forstlichen Versuchsstation. Der querlaufende Muttergang wird 1,5–3 cm lang, ist grösstenteils einfach, selten verzweigt und greift sichtbar in den Splint ein.

Hylastes parallelus Chap.

Fundort: Tokio, Kokubunji bei Tokio (**Gallois** in Anzahl).

Frasspflanze: *Pinus densiflora* Don.

Im Wurzelstock einer Rotkiefer fand man Exemplare in grosser Anzahl.

Hylastes plumbeus Blandf.

Chap., Scol. Jap., p. 197.

Fundort: Kioto (**Matsumura** ein Stück).

Frasspflanze: unbestimmt.

Hylastes intermedius Chap.

Fundort: Kokubunji bei Tokio (**Gallois** in Anzahl).

Frasspflanze: *Pinus densiflora* Don.

Dieser wurde ebenso im Wurzelstock gefunden.

Hylastes glabratus Zett.

Fundort : Tokio (**Niisima** 3 Stücke).
Frasspflanze : *Pinus densiflora* Don.

Cryphalus piceae Ratz.

Frasspflanze : *Abies firma* S et Z.
In der Sammlung des Herrn **Gallois** und die der forstlichen Versuchsstation zu Tokio befinden sich zahlreiche Käfer, denen leider jedoch die Ortsbeschreibung fehlt.

Cryphalus abietis Ratz.

Fundort : Tokio (**Niisima** in Anzahl).
Frasspflanze : *Pinus densiflora* S. et Z , *Pinus koraiensis* S. et Z.

Cryphalus fulvus Niis.

Verb. k. k. z.-b. Ges. Wien. 1908, p. 92.
Fundort : Aomori (**Sasaki** in Anzahl), Takao-Berg bei Hachioji (**Gallois** 6 Stücke).
Frasspflanze : *Pinus densiflora* S. et Z.
Verschiedene Käfer der forstlichen Versuchsstation, und die vom Taka-Bderg gesammelten sind viel dunkler getönt als meine Originalexemplare, während alle übrigen Eigenschaften übereinstimmen.

Cryphalus exignus Blandf.

Trans. Ent. Soc. Lond. 1894, p. 82.
Fundort : Tokio (**Sasaki, Gallois, Niisima** in Anzahl) Nagano (**Niisima**).
Frasspflanze : *Morus alba* L.

Cryphalus parvulus sp. nov.

Körper 0,8 mm lang, länglich oval, schwarz, glänzend, greis behaart.

Kopf pechschwarz, Stirn wenig gewölbt, schwach punktiert, fein gekerbt.

Halsschild pechschwarz, beiderseits nach vorne abgerundet, Vorderrand ohne Höckerchen ; Scheibe bis vor Basis zerstreut gehöckert, mit feinen grauen Schuppenhärchen versehen. Flügeldecken so breit als Halsschild, dagegen beträgt die Länge etwas mehr ; Punktstreifen grob weitzerstreut punktiert ; Zwischenräume nicht punktiert, schmal, mit einreihig greisen Schuppenhärchen besetzt.

Das einzige Exemplar dieser Art sah ich in Herrn **Gallois** Sammlung, auch ihm fehlt die genaue

Ortsbeschreibung, doch könnte es möglich sein, dass er in Tokio gesammelt wurde. Er gehört zu der Untergattung *Taenioglyptes* und wahrscheinlichst ist es von dieser die kleinste der bekannten *Cryphalus*-Arten.

Cryphalus (Hypothenemus) Basjoo sp. nov.

Körper 1,2 mm lang, länglich, pechschwarz, mattglänzend, Fühler und Füsse gelblich.

Halsschild breit als lang, vorne schmal, allmählich breiter werdend, kurz vor der Brasis am breitesten, pechbraun; Vorderhälfte gelblich gefleckt mit dichten Schüppchen und Härchen; Vorderrand mit 4-6 Höckerchen, von denen die beiden mittleren dichter zusammenstehen und am grössten sind. Scheibe zur Mitte hin immer dichter und fast reihenartig gehöckert, hinten grob punktiert.

Flügeldecken dieselbe Breite als Halsschild, anderthalbmal länger, pechschwarz, Streifen grob punktiert, einreihig behaart; Zwischenräume mit einreihig regelmässig gelblichen Schüppen besetzt. Absturz etwas steil geneigt.

Fundort: Tokio (**Gallois**).

Frasspflanze: *Musa Basjoo* Sieb.

Mit *Cr. Ehlersi* Eichh. hat dieser Käfer viele Ähnlichkeit, nur sind die bei ihm vorhanden Schüppchen breiter geformt, und auf dem Flügeldeckenzwischenraum stehen sie dichter beieinander.

Zahlreiche Exemplare entnahm **Gallois** von getrockneten Blumen der *Musa Basjoo* Sieb., eine palmenartige Pflanze.

Cryphalus Ehlersi Eichh.

Fundort: Tokio (**Gallois** in Anzahl).

Frasspflanze: *Ficus Carica* L.

Diese bis jetzt in Japan noch nicht bekannte Art wurde von Herrn **Gallois** an einem Feigenbaum, derselben Frasspflanze wie bei der der europäischen Käfer entdeckt.

Cryphalus (Hypothenemus) oblongus sp. nov.

Körper 1,5 mm lang, schwarz, mattglänzend.

Halsschild so breit als lang, auf der Mitte am breitesten, vorne stumpf abgerundet, schwarz, auf der Mitte gelblich, mit gleichfarbigen Schüppchen und Härchen; 4 kleine Höckerchen am Vorderrand, von ihm bis zur Mitte laufen reihenartige Höcker, welche sich auf dem hinteren Teil fein zerstreuen.

Flügeldecken schmal, doppelt so lang als breit; Punktstreifen deutlich mit gelblichen Härchen; Zwischenräume einreihig fein gehöckert, mit gelblichen Schüppchen; Absturz schief geneigt.

Fundort: Tokio (**Niisima**).

Frasspflanze: *Pinus densiflora* S. et Z.

Diese neue Species wurde unter .der Rinde eines Kiefernbaums entdeckt. Sie ist wenig länger und schmäler als *Cr. Barjoo*, sodann sind die Höckerchen des Halsschilds flacher und die Punktstreifen der Flügeldecken feiner.

Cryphalus (Hypothenemus) chamaecipariae sp. nov.

Körper: 0,9 mm lang, schwarz, glänzend; Fühler schwarz; Beine gelblich braun.

Halsschild schwarz, so lang als breit, an der Basis am breitesten, nach vorne allmählich schmäler werdend und daselbst nur wenig stumpf abgerundet, fein gelblich behaart, kurz hinter der Scheibenmitte eine sich quer hinziehende Vertiefung; 6 gleich grosse Höckerchen am Vorderrand von denen die beiden mittleren weiter voneinander getrennt sind, vorne bis fast zur Mitte weit gehöckert, hinterer Teil dicht punktiert; Zwischenräume schwach gewölbt, feiner als Streifen punktiert, mit einreihig gelblichen Schüppchen.

Fundort: Tokio (**Niisima** in Anzahl).

Frasspflanze: *Chamaecyparis obtusa* S. et Z.

Im botanischen Garten der Tokioer Universität fand ich Summer 1930 diese Art in der Rinde eines 6 jährigen bereits abgestorbenen Baumes, *Chamaecyparis obtusa* S. et Z.

Von anderen ähnlichen japanischen Arten kann man dieselbe sofort unterscheiden, und zwar durch den schuppenlosen Halsschild und die bedeutend feineren Schüppchen der Flügeldeckenzwischenräume.

Cryphalus (Hypothenemus) japonicus sp. nov.

Körper 1 mm lang, schwarz, glänzend; Fühler bräunlich gelb, Beine bräunlich.

Kopf schwarz, Stirn schwach gewölbt, fein punktiert; beim Männchen mit erhöhter Mittellinie.

Halsschild fast so breit als lang, beide Seiten nach vorne hin gleichmässig abgerundet, dicht punktiert; Scheibe mit greisen Schuppenhärchen versehen.

Flügeldecken doppelt so lang als breit, an der Basis dieselbe Breite wie Halsschild, nach Apex zu schmäler werdend. Punktstreifen vertieft, grob punktiert mit feinen Härchen; Zwischenräume schmal, fein punktiert, mit schmalen Schuppenreihen. Absturz etwas steil gewölbt.

In Herrn **Gallois** Sammlung sah ich ein männliches und ein weibliches Exemplar; Ortsbeschreibung war keine vorhanden. Diese Art besitzt grosse Ähnlichkeit mit *Cr. chamaecipariae*, doch fehlen bei letztgenannter Species die Schuppen des Halsschilds, dagegen ist bei beschriebener Art die Punktierung der Flügeldecken eine viel kräftigere.

Ips cembrae Heer.

Fundort: Karuisawa (**Gallois**).

Frasspflanze: *Pinus densiflora* S. et Z.

Die japanischen Exemplare, welche von Herrn **Gallois** gesammelt wurden, sind wie **Blandford** schon früher erwähnte, viel grösser als die europäischen und werden 4,7-5,5 mm lang.

Ips proximus Eichh.

Fundort: Tokio (**Gallois**).

Frasspflanze: *Pinus densiflora* S. et Z.

Ips acuminatus Gyll.

Fundort: Yoshino in der Prov. Yamato (**Niisima** in Anzahl).

Frasspflanze: *Pinus densiflora* S. et Z.

Xyleborus lewisi Blandf.

Trans. Ent. Soc. Lond. 1894. p. 104.

Fundort: Tokio (**Gallois** in Anzahl).

Frasspflanze: *Prunus Pseudo-Cerasus* Lindl.

Mas. nov.

Körper sehr klein 1,8-2 mm lang, kugelig-eiförmig, gelblich braun, lang behaart.

Halsschild fast quadratisch, wenig verschmälert, nach vorne geneigt, kurz vor der Mitte mit einer quer gepressten Linie, lang dünn behaart.

Flügeldecken stark gewölbt, Zwischenräume fein punktiert; Absturz ohne Höckerchen.

Seinerzeit beschrieb **Blandford** nur die weiblichen Käfer. Erst später entnahm Herr **Gallois** beide Geschlechter einem kleinen Kirschbaum, der ihm von einem Gärtner mitgebracht wurde.

Der männliche Käfer hat manche Ähnlichkeit mit *Xyleborus dispar* Herbst, aber die Punktierung ist beim Beschriebenen viel feiner.

Von den weiblichen Exemplaren gibt es zweierlei Formen; die Länge der einen beträgt 8,4 mm und gleicht der Beschreibung **Blandfords**. Die andere ist kleiner und wird nur 3,4 mm lang; im übrigen haben beide dieselben Merkmale. Letztgenannte wurde in Tokio gesammelt, von der ersteren fehlt die Ortsbeschreibung.

Xyleborus magnus sp. nov.

Körper: 5 mm lang, pechbraun, gelblich behaart.

Kopf vorne schwach gewölbt, stark punktiert, mit länglich glatter Mittellinie, gelblich behaart.

Halsschild so breit als lang, zu beiden Seiten nach vorne gerundet, stumpf zugespitzt, länglich gelb behaart, Vorderrand kielartig erhöht in der Mitte mit einem Einschnitt; vorne mit schuppenartigen Höckercken besetzt, die sich nach der Mitte zu verdichten und feiner werden, hintere Teil fein punktiert.

Flügeldecken so breit als Halsschild, pechbraun, gelblich behaart, unmittelbar vor der Mitte nach Apex schief geneigt; Punktstreifen unvertieft, deutlich punktiert; Zwischenräume unregelmässig feiner doppelt punktiert. Absturz gross, hinten kielartig abgerundet, Punktstreifen wenig vertieft, rundlich seicht punktiert; Zwischenräume dicht unregelmässig punktiert.

Fundort und Sammler unbekannt.

Diese grossen Exemplare haben keine Ähnlichkeit mit anderen japanischen *Xyleborus*-Arten. Nur die Gestalt ähnelt mit *X. lewisi* Blandf., aber die Höckerchen des Halsschilds und die Punktierung der Frügeldecken sind ganz anders.

Xyleborus rubricollis Eichh.

Trans. Ent. Soc. Lond. 1894, p. 105.

Fundort : Iwate (**Matsumura**).

Frasspflanze : *Morus alba* L.

Xyleborus collis sp. nov.

Körper 3,3 mm lang, cylindrisch, pechbraun; wenig glänzend.

Kopf wenig glänzend, vorne dicht punktiert, überm Munde länglich gelb behaart.

Halsschild vorne schmal, nach der Basis hin breiter, letztere fein gehöckert, nach dem Apex zu stark punktiert.

Flügeldecken braun, Punktstreifen dunkler gefärbt, scharf punktiert; Zwischenräume flach einreihig und zwar an der Basis ebenso wie die Streifen punktiert, später weiter fein zerstreut, gelblich fein behaart am Apex besonders lang; Absturz stark geneigt, erster Punktstreifen vertieft, Zwischenräume gehöckert, kurz behaart.

Fundort : Kumanotaira bei Karuisawa (**Gallois**).

Nur drei Exemplare wurden gefunden. Mit *X. rubricollis* Eichh. scheinen sie der Beschreibung nachzuurteilen verschiedene Ähnlichkeiten aufzuweisen, nur ist *X. collis* grösser, und bei ihm sind die Flügeldeckenabstürze nicht gekielt.

Xyleborus montanus sp. nov.

Körper 2,7 mm lang, pechbraun, glänzend.

Kopf glanzlos, vorne subconvex, mit länglich zum Munde hin gerichtet runzelicher Erhöhung, Stirn mit vorhandenem Längskiel, gelblich, über dem Munde dicht behaart.

Halsschild etwas länger als breit, vorne stark gerundet, Basis in der Mitte wenig ausgebuchtet, auf der Scheibe vorne schuppenartig gehöckert, alsdann dicht punktiert, fein behaart. Schildchen nicht ganz dreieckig, glatt.

Flügeldecken pechbraun, zum Apex hin schwärzlich, von Basis nach Apex zuerst schwach, allmählich stark geneigt; Punktstreifen fein, ziemlich dicht punktiert; Zwischenräume breit, flach, unregelmässig feiner als Streifen punktiert. Absturz gerundet, zu beiden Seiten nach Apex gekielt, Punktstreifen und Zwischenräume fein gekörnt, letztere mit dünnen langen Haaren versehen.

Fundort: Kumanotaira bei Karuisawa (**Gallois**).

Fraaspflanze: *Pirus Toringo* Sieb.

Viele Exemplare sind Ende Juli und September gesammelt worden. Mit *X. germanus* Blandf. hat der Käfer vieles gemein, aber die Punktierung der Flügeldeckenzwischenräume ist eine dichtere und unregelmässigere, als dann ist die Behaarung eine stärkere.

Xyleborus germanus Blandf.

Trans. Ent. Soc. Lond. 1894, p. 106.

Fundort: Kumanotaira (**Gallois**).

Fraaspflanze: *Fagus sylvatica* L. var. *Sieboldi* Maxim.

Xyleborus validus Eichh.

Eich., Scol. Jap., p. 20?.

Fundort: Kumanotaira, Kokubuji (**Gallois**).

Von **Lewis** ist diese Art am Tannenbaum „fir" gefunden worden, Herr **Gallois** dagegen entnahm sie einem Buchenstamme *Fagus sylvatica* L. var. *Sieboldi* Max. Für Hokkaido wurde *Abies sachalinensis* Mast. von mir als Fraaspflanze festgestellt.

Xyleborus aquilus Blandf.

Trans. Ent. Soc. Lond. 1894, p. 109.

Fundort: Takao-Berg (**Gallois**).

Fraaspflanze: *Pinus densiflora* S. et Z.

Xyleborus praevius Blandf.

Trans. Ent. Soc. Lond. 1894, p. 110.

　　Fundort : Kumanotaira (**Gallois**).

　　Frasspflanze : *Ac r parmatum* Thunb.

Xyleborus machili sp. nov.

　　Körper 2 mm lang, schwarz, glänzend ; Fühler und Bein gelblichbraun, Keule braun.

　　Kopf vorne flach, matt, dicht punktiert mit einer glänzenden Längslinie ; Augen schwarz, vorne stark ausgerandet.

　　Halsschild so breit als lang, fein behaart, beide Seiten parallel, vorne abgerundet, bis über die Mitte hinaus gehöckert hinten matt, fein geritzt, dünn behaart, mit Ausnahme einer sich auf der Mitte befindlich länglich glatten Fläche, dicht gelblich fein behaart.

　　Flügeldecken cylindrisch, wenig kürzer als doppelte Breite ; Punktstreifen unvertieft, dünn behaart ; Zwischenräume mit feinen weit auseinander stehenden Punkten und dünnen Härchen. Absturz schief geneigt ; jeder Zwischenraum auf demselben fein einreihig gehöckert, länglich dünn behaart ; Punktstreifen stark behaart, an der Naht unvertieft.

　　　Fundort : Tokio (**Gallois**).

Nach **Blandfords** Beschreibung weisen sie manche gleiche Eigenchaft mit *Xyleborus muticus* Bl. auf, doch der Körper ist kleiner und die Höckerchen auf dem ersten Absturzzwischenraum stehen dichter. Ferner bei einer Vergleichung mit *X. seriatus* Bl. hat er eine mehr cylindrische Form und auch stärkere Höckerchen auf dem Flügeldeckenabsturz.

Viele Exemplare sind in Tokio am *Machilus japonica* S. et Z. gesammelt worden.

Xyleborus kraunhiae sp. nov.

　　Körper 2,2 mm lang, schwarz, länglich cylindrisch.

　　Kopf vorne schwach gewölbt, matt, fein zerstreut punktiert, über dem Munde gelblich behaart.

　　Halsschild länglich, anderthalbmal länger als breit, beide Seiten fast parallel, vorne gerundet, beinahe ½ gehöckert, hinten fein zerstreut punktiert, wenig greis behaart.

　　Flügeldecken schmal, nicht so breit als Halsschild, 2½ mal so lang als breit, am Apex verschmälert ; Punktstreifen fein punktiert, sehr dünn behaart ; Zwischenräume flach, einreihig gelblich behaart. Absturz etwas steil geneigt, erster Punktstreifen stark vertieft, erster zwischenraum vorm Absturz mit einem starken und einigen schwächeren Höckerchen, zweiter und vierter mit schwachen Höckerchen, dagegen auf dem Apsturz ohne Höckerchen, dritter und fünfter auf dem Abstruz mit sehr starken Höckerchenreihen.

Fundort: Kumanotaira (**Gallois**).

Obige Art steht in naher Verwandtschaft mit *X. saxesceni* Bl., aber die Punktierung der Flügeldecken ist bedeutend feiner und der Absturz ist ein anderer. Bei Vergleichung mit *X. septentrionalis* Niis. ist dieser kleiner von Gestalt, die Flügeldecken sind schmäler und die Höckerchen des Absturzes dichter. Nur ein einziges Exemplar wurde von Herrn **Gallois** am *Kraunhia japonica* Taub. gesammelt.

Xyleborus septentrionalis Niis.

Journ. Coll. Agric. Tohoku Imp. Univ. Vol. 3. 1909, p. 162.

Fundort: Yoshino in der Prov. Yamato (**Niisima**.

Frasspflanze: *Pinus densiflora* S. et Z.

Scolytoplatypus mikado Blandf.

Trans. Ent. Soc. Lond. 1893, p. 439.

Fundort: Kumanotaira (**Gallois**).

Frasspflanze: *Pirus Toringo* Sieb.

Platypus modestus Blandf.

Trans. Ent. Soc. Lond. 1894, p. 133.

Fundort: Kumanotaira (**Gallois**).

Frasspflanze: *Aesculus turbinata* Bl.

摘　　要

本著は樺太、北海道及ひ本州に於て近時採集せる「きくひむし」を記載せるものなり(但し括弧内は寄生樹種)

第　一　　樺　　太

同地に於ては唯四種を小熊氏及び樺太廳によりて探牧せられたるのみ即ち

Polygraphus proximus Bl.　　（とゞまつ）

P. jezoensis Niis.　　（ゑぞまつ）

Cryturgus tuberosus Niis.　　（ゑぞまつ）

Ips japonicus Niis.　　（とゞまつ）

第　二　　北　海　道

北海道に於ける「きくひむし」は前著北海道産小蠧蟲（東北大學記要第二卷）記載後に於て發見したる所を掲けたるなり

Scolytus agnatus Blandf.　　（しらかば）

Hyorrhynchus lewisi Bl.　　（ぶな、いたや）

此種は「きくひむし」科より除くを可とするも暫らく茲に掲く

Kissophagus tiliae　新種　　（しなのき）

此種は日本に於て發見せられたる同屬中唯一の者なり

Polygraphus Ssiori Niis.　　（さくら）

Cryphalus sapporoensis.　新種　　（しなのき）

Xyleborus germanus Bl.　　（やまはんのき）

此種の穿孔が共同孔なるは注意すべし

Xyloterus aceris　新種　　（いたや）

Scolytoplatypus daimio Bl.　　（やちだも、いたや）

Sc.-pl. tycon Bl.　　（ぶな、いたや）

二種共に分枝せる梯子狀穿孔をなす

Platypus severini Bl.　　（しなのき、いたや）

第　三　　本　　州

本州に於ける標本の多數はガロア氏の探築に擢るものなり

Scolytus frontaris Bl.　　（寄生樹不明）

Sc. aratus Bl.　　（あをかし）

Phloeosinus lewisi Chap.　　（ひのき）

Ph. perlatus Chap.　　（ひのき、ひば）

Ph. rudis Bl.　　（ひのき、ひば）

Myelophilus piniperda Fadr.（あかまつ、くろまつ、てうせんまつ）

Sphaerotrypes pila Bl.　　（かし）

Polygraphus Ssiori Niis.　　（さくら）

P. oblongus Bl.　　（もみ）

Hylastes parellelus Chap. （あかまつ）

H. plumbeus Bl. （寄生樹不明）

H. interstitialia Chap. （あかまつ）

H. glabratus Zett. （あかまつ）・

Cryphalus piceæ Ratz. （もみ）

Cr. abietis Ratz. （あかまつ、てうせんまつ）

Cr. fulvus Niis. （あかまつ）

Cr. exignus Bl. （くわ）

Cr. parbulus 新種 （寄生樹不明）

本種は同屬中日本に知られたる最小のものなり

Cr. Basjoo. 新種 （ばしょうの花）

Cr. Ehlersi Eichh. （いちゞく）

Cr. oblongus. 新種 （あかまつ）

Cr. chamæcipariae. 新種 （ひのき）

Cr. japonicus. 新種 （寄生樹不明）

Ips cembrae Heer. （あかまつ）

I. proximus Eichh. （あかまつ）

I. acuminatus Gyll. （あかまつ）

Xyleborus lewisi Bl. （さくら）

雄は今日まで不明なりしが其形の全く雌と異なるを知り得たり、雌に大小二形あり種類の特徴全く同一なり

X. magnus. 新種 （寄生樹不明）

X. rubricollis Eichh. （くわ）

X. collis. 新種 （寄生樹不明）

X. montanus. 新種 （づみ）

X. germanus Bl. （ぶな）

X. validus Eichh.

此種はぶなの樹上にて採集せられたり然れとも是れが寄生樹なるや否やは不明なり

X. aquilus Bl. （まつ）

X. praevius Bl. （もみぢ）

X. machili 新種

あをかしにて採集せらる

X. kraunhiae　　新種

ふじにて探集せらる

X. seplentrionalis Niis.　　（まつ）
Scolytoplatypus mikado Bl.　　（づみ）
Platypus modestes Bl.　　（とち）

家蠶 の 絹絲腺 研究 豫 報

田　中　義　麿

PRELIMINARY NOTE ON THE SILK GLANDS
OF
BOMBYX MORI.

Yoshimaro Tanaka.

Sericultural Laboratory of the College of Agriculture,

Tōhoku Imperial University.

In my recent studies on the silk glands of the domestic silkworm (*Bombyx mori*) I come to conclusions differing greatly from those of previous authors. I will enumerate in the following pages the chief points obtained.

1) There are two pairs of long slender muscles standing in relation to the silk glands. A pair of these muscles attaches to the middle division [1], and the other to the posterior division of the glands. They tie up various parts of the silk glands by means of connective tissue tendons. As it appears to me, they afford in this way an important service to give to the glands the certain fashion of its loopings and convolutions. Concerning their histological nature, the silk glands themselves are, in contrast to the remarks made by A. Lenticchia [2], not muscular at any rate.

2) Numerous tracheal tubes of various sizes stand in connection with the middle and the posterior division, but not with the anterior division at all. These tracheal tubes not only supply air to the secretory cells, but they are subserved in

---

1) In the silk gland there are generally distinguished four parts, respectively named filière, excretory tube, reservoir and secreting tube, according to the physiological function of each part which is so assumed. As will, however, be seen in future pages, this assumption is partly incorrect. I prefer, therefore, the terms *anterior, middle* and *posterior* division for last three parts, while the term filière is retained.

2) *Bollettino di Sericoltura.* Anno XIII, No. 46, pp 468, 1906.

supporting the glands so as to fix them in their positions. They penetrate deep into the bodies of the gland-cells, piercing through the tunica propria. In the first step of this penetration, the propria, which is highly elastic, is not bored, as one might presume, by the pushing force of the growing tips of trachœ; but this elastic lamella is dissolved, in points of contact with the tracheal tips, by some enzyme substance secreted from the latter. The tracheal tubes which penetrated the glands branch repeatedly, to be at last divided into finest capillaries, which show no trace of tænidia and are lost in free termination within the cytoplasm; in this way, they become distributed everywhere in the cell-bodies. In spite of my efforts, no traces of socalled "Tracheenkapillarendnetz" by WISTINGHAUSEN [1] have been observed. Every ecdysis is preceded by a formation of a new series of tænidia coming into view immediately beneath the peritoneal cells. Therefore, on cross sections through the gland in this stage, the old tænidian ring is revealed inside a new one. Furthermore not unfrequently, double rings of old tænidia surrounded with a new ring are seen.

3) Contrarily to the observation by G. JOSEPH [2], there is found no trace of nerves standing in connection with the silk glands. The connective tissues and tracheal tubes, ramifications of which are in close resemblance to nerve fibres, are probable to be mistaken for nerves.

4) Tunica intima in the anterior division is a continuous layer provided with fine radial striations. The spiral markings are observed, on the intima of the middle division, by some previous authors; but their peculiar condition in the posterior division is, so far as I am aware, yet noticed by none. The spiral markings on the intima are regular in arrangement and run in parallel in the middle division, and is gradually disturbed towards the hinder part of the gland, so that they are converted into a net-form markings.

5) In the silken column contained in the gland-lumen are distinguishable two distinct layers, the sericin and the fibroin. Views of previous authors concerning the silk formation or the production of the sericin and fibroin are widely divergent from one another. BOLLEY's view may be looked upon as having totally been abandoned. GILSON's "selection" theory [3] appears also to be hardly intelligible. The

1). C. v. Wistinghausen: Tracheenendigungen in den Sericterien der Raupen. *Zeitschr. f. wiss. Zool.* XLIX, 1890. pp 565-582.

2). G. Joseph: Vorläufige Mitteilung über Innervation und Entwickelung der Spinnorganen bei Insekten. *Zool. Anzeig.* 1880. pp 326-328.

3). G. Gilson: Recherches sur les cellules sécrétantes. La soie et appareils sericigènes. *La cellule.* 1890, 1893.

views generally accepted at present are the following two : 1) the fibroin is secreted from the posterior division, and the sericin from the middle division (HABERLANDT [1], LIDTH DE JEUDE [2], MAILLOT et LAMBERT [3] etc.) ; 2) the sericin is formed in the middle division by some chemical changes performed in the periphery of the fibroin mass, which is secreted from the posterior division (BLANC [4], SILBERMANN [5], etc.). Both these views are, as I believe, occasioned by failure in detecting the sericin in the posterior division. On the contrary, I have made out, in fact, the distinct sericin cover surrounding the fibroin column in the division in question, especially in the individuals fixed just after a moult. Fixed material reveals not unfrequently an irregular layer of the fibroin covering the sericin ring ; furthermore, the fibroin layer is connected by its processes with the gland-wall, a fact which affords undisputable evidence in proving the fibroin secretion of the middle division. From the facts above mentioned, I will be permitted to draw the following conclusions in regard the silk formation : the fibroin is secreted not only from the posterior division, but also from the middle division, and that the sericin is transformed from the fibroin itself under influence of the air in the lumen of the gland. The chemical changes in question occur usually in the middle division ; however, the processes take place also in the posterior division, as this is observable in certain periods. The usual absence of the sericin in the latter division is due to the transportation of the fibroin which is carried on, in the period of active secretion, so quickly that the fibroin secreted escapes the chemical changes therein. On the other hand, the sericin is formed abundantly in the middle division simply because the fibroin column stays here for an interval of time ample to undergo the chemical action in its peripheral part, being as it were, sustained by the suddenly narrowed passage from the division in question into the anterior division. On the contrary, in the case of inactive secretion, as it happens not unfrequently in individuals which have just finished a moult, the fibroin naturally does not quickly leave the

1) F. Haberlandt : Der Seidenspinner des Maulbeerbaumes, seine Anzucht und Krankheiten. Wien, 1871.

2) Lidth de Jeude : Zur Anatomie und Physiologie der Spinndrüsen der Seidenraupe. Zool. Anzeig. 1878. pp 100-102.

3) E. Maillot et F. Lambert : Traité sur le ver a soie du murier et sur le murier. Montpellier. 1906.

4) L. Blanc : Étude sur la sécrétion de la soie et la structure des brin et de la bave dans le Bombyx mori. Lyon. 1889.

5) H. Silbermann : Die Seide. Dresden. 1897.

place secreted, so that it satisfactorily undergoes therein the transformation into the sericin. In this way we find, in the posterior division, the sericin layer covering the fibroin mass.

6) As to the motive of shifting forwards the silken column in the lumen of the gland, there is no intelligible view advanced by previous authors. Some authors ascribe this partly to the action of so-called fibre in the spinneret and partly to the blood pressure. The silken column in the gland-lumen, however, is not a solid body, but nothing more than a viscous fluid; then, the first half of this view self-evidently loses its power; the second half is unintelligible, because the pressure of blood, which slowly flows *backwards* in the so-called body cavity of caterpillar, may not act as motive pressing *forwards* the secretes. In my opinion, the motive force in question is quite different. Numerous air-bubbles are seen in the interior of the silken column, and a large air-reservoir is found between the inner wall of the secretory cells and the central silken column, a fact which is so striking that it may not be overlookd at any rate. This enormous amount of air is doubtless brought in by tracheal passages which give it off within the cell-bodies from their free terminations; therein the air is driven into the gland-lumen, where it becomes accumulated to preserve a considerable pressure. The posterior end of the gland being totally blind, this pressure acts on the silken column, so that this force is utilized to shift forwards the latter.

7) The anterior division is not excluded from the silk-production, but secretes, in the embryonal stages, some silken fluid, as in the other two divisions, although the silk secretion is entirely given off, when the embryo hatches out, to be followed by secretion of the chitinous substance which makes up the exceedingly thick intima.

8) During the first age, the cell-nuclei are nearly uniform in shape and size throughout the whole extent of the silk gland: they vary from roundish to ellipsoid. Furkation of nuclei appears for the first time early in the second age in the anterior division, being not coincident with the observation by HELM.[1]

9) In later stages of the larval life, the nuclei of the anterior division distinctly differ from those of the other divisions in microscopical features: in the former part they are slender, homogeneous, non-granulated and less ramified, while in the latter part they are massive, roughly granulated and complicatedly branched.

---

1) F. E. Helm: Ueber die Spinndrüsen der Lepidopteren. *Zeitschr. f. wiss. Zool.* XXVI. 1876. pp 431-469.

10) Cautious measurement shows that the silk-producing surface of the silk glands is absolutely smaller in Japanese races than in European; however, considered in proportion to their body-weight, it is much greater in the former races as compared with the latter. This fact is seen in an excellent parallel with the results by the physiological experiment undertaken in the Tokyo Sericultural Institute : this experiment shows that the European silkworms are, for a given quantity of mulberry-leaf supply, much inferior to the Japanese in respect to the cocoon- and silk-production.

My work is not closed, but is being carried on and extended to the silk glands of some other silk-producing insects, which are nearly allied to *Bombyx mori*. The complete work will soon appear in a future paper.

摘　　要

昨年以來、予は家蠶の絹絲腺に就きて研究し、多少從來の學說と異なりたる結果を得たり。今下に其の概要を摘錄せん。

1) 絲腺と連繫する二對の狹長筋あり、其一は中部絲腺に連なり、他は絲腺の後端に附著す、共に其末端數多の小枝に賊れ、結締組織を以て絲腺の tunica propria と連絡す。此筋肉は絲腺屈曲の方式と重要なる關係を有するものゝ如し。

2) 中部並に後部絲腺には、種々の太さを有する無數の氣管來り附著せり、但前部絲腺は全く氣管と連繫を有せず。此等の氣管は分泌細胞に空氣を供給すると共に、絲腺を其位置に固定するの作用を兼ぬるものなり。氣管は腺の外膜を貫きて深く細胞中に穿入す、其進入するに方りては氣管の突端より分泌する一種の enzyme により外膜の接觸部を溶解するものなるべく、機械的作用によりて之を突破るにあらず。侵入せる氣管は細胞內に在りて幾回も分岐し、遂に輪

環を有せざる細微の毛細管となりて終る。　WISTINGHAUSEN の所謂 "Tracheenkapillarendnetz"は如何なる方法によりても之を發見すること能はざりき。蛹皮に方りては、氣管皮膜細胞と舊輪環との間に新輪環を形成す。此時期の絲腺の斷面に於て氣管中に二重の輪環を認むるは之が爲なり、又一個の新環中に二個の舊環を認むること稀ならず。

3) G. JOSEPH は絲腺に分布せる神經に就きて記載したれども、予は種々の方法により、斯くの如き神經の存在せざることを確めたり。而して絲腺に附着せる結締組織、氣管の末稍等は一見神經絲に酷似せり、是或は氏が神經と誤信せるものにはあらざるか。

4) Tunica intima は前部に於ては甚厚くして輻射方向に走れる細き條紋を有す。中部に在りては其表面に稍規則正しき平行の條紋を見るも、此の平行線狀紋は後方に向ひて漸次不規則となり、後部絲腺に至れば其傾向益々甚しく、遂に全く網狀紋に移行するものとす。

5) 絲腺內腔に存在する絹絲物質は絲質及び膠質の二部より成る。此二物質の生成に關しては、諸學者の說區々にして殆贇著する所を知らず。就中、膠質が絹絲吐出後、体外に於て生成せらると唱へたる BOLLEY の說は今日、何人も之を信ずるものなく、GILSON の衡汏說亦甚だ首肯し難し。而して現今最汎く行はるゝは次の二說とす、即ち絲質は後部より、膠質は中部より、別々に分泌せらると爲すものと、絲質は後部より分泌せられ、膠質は中部に於て絲質の表面酸化して生じ、中部は分泌力を有せずと爲すもの是なり。然るに予の管見を以てすれば、兩說共に後部に於て膠質を發見し得ざりしに出でたる謬說に外ならず。予は或時期の蠶兒に就きて、後部に於ける膠質の存在を確認し得たるのみならず、他方に於ては中部が絲質分泌の作用を有することも亦疑ふ可からざる證跡あり。是に於て予は次の結論を下さんと欲す、曰く絲質は後部並に中部絲腺より分泌せらる、

絲質は絲腺内腔に於て空氣の影響の下に一部膠質に變せらる、此變化は中部のみならず後部に於ても起るものなり、唯其最永く停滞する部分に於て最多く此空氣の作用を受くるのみと。

6) 分泌せられたる絹絲物質を前方に移行せしむる動力に關しては、殆何等頼るべきの設有るを聞かず。或は曰ふ是 filière の壓出作用と血液の壓力とに因るものなりと。然れども絲腺内に於ける絹絲物質は粘稠なる液体に過ぎざるを以て、filière の壓出力が遠く中部乃至後部に及ぶの理はある可からず。殊に之を血壓に歸するに至りては、一層理由なきことなりとす。何となれば、絲腺は血液中に侵漬しありて、其血液は後方に流るゝを以て、之が絹絲物質の前進を促すの動力たり得べしとは信じ難く、殊に絲腺は前後左右に迂餘曲折せるのみならず、絲腺内腔には絹絲物質と分泌細胞との間に大なる空處ありて、外壓の直接、絹絲物質に及ぶの理なければなり。予の觀る所に依れば、分泌細胞内に無數に存在せる氣管毛細管より放出せられたる空氣は、tunica intima を通じて一部絲腺内腔に出て來り、絹絲物質上に壓力を及ぼす、然るに絲腺後端は盲管に終るを以て、此壓力は專ら絹絲物質を前方に推進するの動力と爲るものなり。尚絲腺の内腔に多量の空氣蓄積せるは絹絲物質中に發見せらるゝ無數の氣泡に徴しても明なりとす。

7) 前部絲腺は胚子時代に在りては、他の兩部と同じく絹絲物質を分泌するも、蠶卵孵化後に至れば其作用を失ひ、專ら chitin 質の分泌を掌る。分泌せられたる chitin 質は蓄積して前部に特有なる厚き intima を形成す。

8) 細胞核は第一齡中に在りては、絲腺全部を通じて其形態殆相等しく、球形乃至楕圓体形を呈す。第二齡に至れば前部の細胞核は早く既に分岐を始むるも、中部並に後部に在りては第四齡に入り初めて細胞核の分岐を始むるものとす。

9) 成長せる蠶兒に在りては、前部絲腺の細胞核は中部の細胞核と大に其形態を異にす。即ち前者は分岐、比較的簡單にして、各部の太さ殆相等しく、顆粒を認めず、之にぼして後者は分岐、不規則複雜を極め、各部の太さ甚不同にして、組織は粗顆粒狀を呈せり。

10)本邦種家蠶の絲腺の發達は之を歐州種に比すれば其絶對量に於て稍劣れり。然れども一定の給桑量に對する割合に於ては、前者は遙に後者に優れり。是品種改良上頗る注目すべき事實と曰ざる可からず。

日本產フラグミディユーム屬に就きて

笠 井 幹 夫

（第 一 圖 版）

CONTRIBUTIONS TO THE MYCOLOGICAL FLORA OF JAPAN. III. (1)

ON THE JAPANESE SPECIES OF PHRAGMIDIUM.

By

MIKIO KASAI, *Nigakushi.*

(With Plate I.)

INTRODUCTION.

The observation which I propose to report upon in the following pages was undertaken with a view to revising the species of *Phragmidium* existing in our country, and, if possible, to correctly describing a few of them in a manner that can readily be of service to those who are interested in the subject.

Since DIETEL (8.9) recorded forty-six species of *Phragmidium* in his monographic paper in 1905, eight more species have been described; namely, *Ph. Rubi-Thunbergii* Kusano, *Ph. orientale* Sydow, *Ph. Butleri* Sydow, *Ph. Nambuanum* Diet., *Ph. Rosae-acicularis* Liro, *Ph. Rubi* var. *candicantium* Vleugel, *Ph. Rubi-saxatilis* Liro, and *Ph. Englerianum* Diet. Consequently about fifty four species have hitherto been known to the scientific world. Of these fifty four species, only ten have been supposed to belong to our flora.

In the present paper I have been able to increase the number of our species of *Phragmidium* to seventeen. Eleven of these are peculiar to Japan and three are new to science.

---

(1). Prepared under the direction of Prof. Dr. K. MIYABE. Contributions. I.-T. MIYAKE. On Puccinia Parasitic on the Umbelliferae of Japan. Journ. of the Sapporo Agric. Coll. Vol. II. Pt. 3. 1906. Contributions. II. S. ITO, On the Uredineae Parasitic on the Japanese Gramineae. Journ. of the Coll. of Agric., Tohoku Imp. Univ., Vol. 3, No. 2, 1909.

Ph. subcorticium (Schrank) Wint. and *Ph. Fragariastri* (DC.) Schroet., which were ascribed by DIETEL (11) and P. HENNINGS (14) to our flora, have not been found by us, notwithstanding careful search being made for them.

On *Rosa rugosa* Thunb. two forms of *Phragmidium* are commonly found in the vicinity of Sapporo. They have not been distinguished from each other, but have been identified collectively by most of our mycologists to *Ph. subcorticium* (Schrank) Wint. But a careful observation has disclosed the fact, that the so-called "*Ph. subcorticium*" is in reality composed of two distinct species with a clear line of demarcation between them. I am inclined to consider them as new species and propose to give them the names of *Ph. Rosae-rugosae* and *Ph. yezoense*.

The following seventeen species are found in our country :

On *Potentilla*.

　1. *Ph. Potentillae* (Pers.) Karst.

On *Rosa*.

　2. *Ph. americanum* (Pk.) Diet.

　3. *Ph. fusiforme* Schroet.

　4. *Ph. japonicum* Diet.

　5. *Ph. Rosae-multiflorae* Diet.

　6. *Ph. Rosae-rugosae* n. sp.

　7. *Ph. yezoense* n. sp.

On *Rubus*.

　8. *Ph. Barnardi* Plowr. et Wint. var. *pauciloculare* Diet.

　9. *Ph. griseum* Diet.

　10. *Ph. heterosporum* Diet.

　11. *Ph. Nambuanum* Diet.

　12. *Ph. Rubi* (Pers.) Wint.

　13. *Ph. Rubi-Idaei* (Pers.) Wint.

　14. *Ph. Rubi-japonici* n. sp.

　15. *Ph. Rubi-Thunbergii* Kusano.

　16. *Ph. Yoshinagai* Diet.

On *Sanguisorba*.

　17. *Ph. carbonarium* (Schlecht.) Wint.

The materials, on which my present study was based, were mostly those preserved in the Herbarium of our College, which had been most kindly placed at my disposal by Professor Dr. K. MIYABE. Prof. M. SHIRAI, Prof. S. KUSANO and

Mr. T. YOSHINAGA also kindly supplied me on request with valuable specimens. And I have been able through the kindness of Mr. T. MIYAKE to examine a few Saghalien specimens. Thus the total number of the specimens at my disposal amounted to 205.

Now I wish here to express my hearty thanks to Prof. Dr. K. MIYABE who has helped and encouraged me throughout my work with many valuable suggestions and constant guidance and allowed me also the privilege of a free use of his library and collections. My obligation is also due to Prof SHIRAI, to Drs. Y. TAKAHASHI, S. KUSANO, T. MIYAKE, and S. ITO and to Mr. T. YOSHINAGA, who all had the goodness to aid me in many ways in the preparation of this paper.

SPECIAL PARTS.

On POTENTILLA.

1. **Phragmidium Potentillæ** (Pers.) Karst., Fung. Fenn., 1868, No. 94; Succ., Syll., VII. p.743; Wint., Die Pilze, p.229; Schroet., Pilz Schles., p.352; Fischer, Die Ured. d. Schweiz, p.410; Plowr., British Ured. and Ustilag., p.221; McAlp., The Rusts of Australia, p.188; Dict. Engl. bot. Jahrb., Bd. 37, 1905, p.104; Dict., Ann. Mycol, Vol.6, 1908, p 227; P. Henn., Engl. bot. Jahrb., Bd.32, 1903, p.36.

Icon: Fischer, Die Ured. d. Schweiz, p.410, fig. 286; Ludwig, F., Lehr-buch d. Nied. Kryptogamen, p 475, fig. 12.

Hosts and distribution.

On *Potentilla chinensis* Ser.

Prov. Ise, Akogigaura (II. T. YOSHINAGA, Aug. 1904)

Prov. Rikuchu, Ishinomaki (II. N. HIRATSUKA, Sept. 1901)

On *Potentilla cryptotaeniae* Maxim.

Prov. Oshima, Konuma (II. III. K. MIYABE, Sept. 28, 1899)

Prov. Iburi, Chitose (II. K. MIYABE et S. ARIMOTO, Aug. 4, 1902)

Prov. Iburi, Hayakita (II. K. MIYABE et S. ARIMOTO, Aug 4, 1902)

On *Potentilla Dickensii* Fr. et Sav.

Prov. Mutsu, Iwakiyama (III. K. KIKUCHI, Aug. 24, 1896)

Prov. Mutsu, Iwakiyama (III. N. HIRATSUKA, Sept. 1899)

On *Potentilla gelida* C. A. Mey.

Prov. Iburi, Matkarinupri (II. III. S. ITO, Aug. 1907)

On *Potentilla Kleiniana* W. et A.

Prov. Tosa, Kamoda-mura (II. T. YOSHINAGA, May. 1903)

" 　 " 　 Asakura-mura (III. 　　 " 　　　 Nov. 1907)

Prov. Iyo, Ebara-mura (II. M. OKUDAIRA, May 22, 1899)

REMARKS :— This is the only species in our country found parasitic on several species of *Potentilla*. I rather hesitate to believe, as will be referred to in the conclusion, the existence of *Ph. Fragariastri* (DC.) Schroet. in Japan, although P. HENNINGS (14.) recorded its occurrence.

On ROSA.

2. **Phragmidium americanum** (Pk.) Diet., Hedwigia, Bd. 44, 1905, p. 124.

Icon : Diet., Hedwigia, Bd 44, 1905, pl. IV. fig. 5.

Teleutosori hypophyllous, small, loose, scattered or aggregated, black ; teleutospores fusiform or cylindrical, cells 8-10, rarely 7 and 11, septa comparatively thin, base attenuated, apex with a sharp or blunt yellowish papillum (12 mmm. long), membrane dark-brown, thick, provided with many rather small colorless warts, not constricted at septum, the uppermost cell is often longer than the rest, germpores 3 in each cell, 80-100 × 28-32 mmm., pedicel pale-yellow in the upper part, firm, bulbous, longer than the spore length, up to 140 mmm.

Host and distribution.

On *Rosa dahurica* Pall.

Prov. Nemuro, Shumbetsu (III. K. MIYABE, Aug. 6, 1894)

Saghalien, Samauchainoskoe (III. T. MIYAKE, Oct. 8, 1907)

REMARKS :— Our plant corresponds exactly in every respect to the specimens of *Ph. americanum* (Pk.) Diet. and there remains but little doubt as to their identity. The present species is more or less closely related to *Ph. yezoense*, n. sp , *Ph. fusiforme* Schroet. and *Ph. Rosae-multiflorae* Diet. But from *Ph. yezonse* n. sp. it differs in form of papilla, the size of warts and also the number of cells. From *Ph. fusiforme* Schroet. the number of cells and the form of the uppermost cell appear to warrant sufficient disagreement. *Ph. Rosae-multiflorae* Diet. again varies from this species in respect of the color and form of pedicel and the number of cells.

F. VON THÜMEN (26) recorded the occurrence of *Ph. subcorticium* (Schrank.) Wint. upon *Rosa dahurica*. But the species in question, though parasitic on the same host plant, sufficiently proves beyond doubt its identity to *Ph. americanum* (Pk.) Diet. rather than to *Ph. subcorticium* (Schrank) Wint

3. **Phragmidium fusiforme** Schroet., Brand- und Rostpilze Schles., p.24 ; Schroet., Pilze Schles., p.354 ; Sacc., Syll., VII. p.747 ; Plowr., British Ured. and Ustilag., p 256 ; Fischer, Ured. d. Schweiz, p.404 ; Diet., Hedwigia, Bd.44, 1905.

    Icon : Fischer, Ured., p 405, fig.283 ; Dietel, Hedwigia, Bd.44, 1905, pl. IV. fig.3 ; Ludwig, F., Lehrb. d. Kryptogamen, p 465, fig.18.

Host and distribution.

On *Rosa acicularis* Lindl.

    Prov. Iburi, Mukawa (II. III. C. YENDO, Aug. 24, 1895)

    Saghalien, Vladimirobuka ;II. III. T. MIYAKE, Aug. 22, 1906)

REMARKS :— The present species was idenified several years ago by Prof. Dr. K. MIYABE and Mr. T. MIYAKE. Its occurrence in Japan, I believe has not yet been published in any paper. DIETEL states that the fungus is known so far to be restricted to the central Europe. It should therefore be of special interest to find it out in north Japan. The present species will readily be recognised by its many celled and thin septated teleutospores. E. M. FREEMAN gives us an account of *Ph. subcorticium* (Schrank.) Wint. on *Rosa acicularis* from Minnesota, U. S. A. But the character of our type leaves no doubt about its identity with *Ph. fusiforme* Schroet.

4. **Phragmidium japonicum** Diet., Engl. bot. Jahrb., Bd. 27, 1900, p.567 ; P. Henn., Engl. bot. Jahrb., Bd. 31, 1902, p.732 ; Sacc., Syll., XVI. p.316.

    Icon : Dietel, Engl. bot. Jahrb , Bd. 27, 1900, pl.VI. fig.8.

Hosts and distribution.

On *Rosa multiflora* Thunb.

    Prov. Hizen, Omura (III. Y. OKA, May. 1897)

    Prov. Harima, Himeji (III. Y. TAKAHASHI, June 10, 1899)

    Prov. Sagami, Misaki (III. N. HIRATSUKA, Aug. 6, 1898)

    Prov. Musashi, Hodogaya (III. T. MIYAKE, July 27, 1903)

    Prov. Ugo, Warabioka (III. K. MIURA, Aug. 27, 1905)

    „ „ Mt. Chokai (III.   „   „ „)

On *Rosa Wichuriana* Crep.

    Prov. Tosa, Kodono (III. T. YOSHINAGA, May 18, 1908)

    Prov. Mino, Gifu (III. E. TOKUBUCHI, June 3, 1899)

    Prov. Suruga, Gotemba (III. K. MIURA, July 12, 1907)

    „ „ Fujisan (III.   „   „ 13, „)

    Prov. Musashi, Tokyo III. S. KUSANO, Oct. 16, 1898)

    „ „ Hodogaya (III. T. MIYAKE, July 26, 1903)

On *Rosa Luciae* Fr. et Sav.

Prov. Settsu, Kobe (III. K. MIYABE, Sept. 5, 1899)

Prov. Awa, Mera (III. K. MIYABE, July 29, 1893)

REMARKS :— This endemic species was described by DIETEL in 1900 from a specimen collected by S. KUSANO in Tokyo. It is widely distributed throughout Honshū, Shikoku, and Kiushū. But it has not been found in Hokkaidō so far. The fact, that only one germ-pore is present in the upper end of each cell, is unique for *Phragmidium*. According to the generic character of *Phragmidium* accepted by such authorities as TULASNE, DIETEL, MAGNUS and LAGERHEIM, the number of the germ-pores are more than two in each cell. DIETEL remarks that the species may belong to the genus *Kuhneola* which MAGNUS founded on *Ph. albidum* (Kuhn.) Ludw. Yet for the present, we shall retain our species in the genus *Phragmidium*.

5. Phragmidium Rosæ-multifloræ Diet., Hedwigia, Bd. 44, 1905, p. 132.

Icon : Dietel, Hedwigia, Bd. 44, 1905, pl. IV. fig. 8.

Hosts. and distribution.—

On *Rosa multiflora* Thunb.

Prov. Tosa, Hane-mura (III. T. YOSHINAGA, Oct. 10, 1908)

Prov. Iyo, Ocho-mura (II. K. SENGOKU, June 26, 1900)

„   „   Maruho-mura (III. M. OKUDAIRA, June 15, 1902)

„   „   Misakatōge (II.   „   May 20, 1899)

Prov. Bizen, Machikanda (III. I. KONDO, July 20, 1908)

Prov. Musashi, Takao (III. S. KUSANO, Oct. 1899)

Prov. Shimotsuke, Nikkō (III. G. YAMADA et J. HANZAWA, Aug. 6, 1900)

Prov. Echigo, Yahiko (II. III. S. ITO, July 23, 1908)

„   „   Yahagi (II. III.   „   „   22, „)

„   „   Tsubame (II. III.   „   „   26, „)

„   „   Gomadō (II. III.   „   Aug 20, 1908)

Prov. Rikuchū, Kuzumaki (I. II. III. M. MIURA, July 6, 1907)

Prov. Rikuchū, Iwatezan (II. S. ARIMOTO, July 16, 1903)

Prov. Rikuchu, Asakishi-mura (III. Y. TAKAHASHI, Sept. 26, 1897)

Prov. Rikuchu, Morioka (I. II. G. YAMADA, May 24, 1903)

Prov. Ugo, Sakata (III. G. YAMADA, Aug. 2, 1891)

„   „   Senhoku-gun (I. II. E. TOKUBUCHI, July 12, 1897)

„   „   Akita (II. III. T. YOSHINO, July 1896)

Prov. Mutsu, Goshogawara (III. T. KASHIWAI, Oct. 1904)

Prov. Oshima, Hakodate (III. K. MIYABE, July 10, 1890)

Prov. Ishikari, Sapporo (III. E. TOKUBUCHI, June 28, 1891)

Prov. Ishikari, Sapporo (I. II. III. M. KASAI, June 28, 1908)

Prov. Ishikari, Sapporo (III. M. KASAI, Sept. 24, 1907)

Prov. Ishikari, Makomanai (III. M. KASAI, Nov. 1, 1908)

On *Rosa laevigata* Mich.

Prov. Tosa, Yoshiwaragoe (II. T. YOSHINAGA, Jan. 1908)

REMARKS :— This is also one of the endemic species of *Phragmidium* of our country. This species was erroneously identified to *Ph. subcorticium* (Schrank.) Wint. by DIETEL in 1901 (Engl. bot. Jahrb., Bd. 28, p. 285). The same specimen collected by S. KUSANO at Takao, on which DIETEL made his determination in 1901, is also found in our College Herbarium. An examination of the specimen shows us that it is nothing but *Ph. Rosae-multiflorae* Diet. In Hedwigia, Bd. 44, p. 132, our present species was first described by DIETEL. He mentions there only the name of the collector, S. KUSANO, without giving the locality and the date of the collection. He might have used, as it seems to be the case, the same specimen of 1901 from S. KUSANO over again. The best criterion, by which this species is distinguished from *Ph. subcorticium* (Schrank.) Wint. is its smooth, beautiful, flavated pedicel whose upper half is of a deep yellowish color. The teleutospores make their appearance very early in summer. I got many specimens of them by the end of June last year in the vicinity of Sapporo. This is the only species on *Rosa multiflora* in Hokkaidō, as *Ph. japonicum* Diet. has not yet been found here on the same host so far. On *Rosa laevigata* Mich. the teleutospores are not yet found. Mr. T. YOSHINAGA informed me, in his letter accompanied to the specimen, that the uredostage on the host above named was identified to *Ph. Rosae-multiflorae* Diet. by DIETEL.

6. Phragmidium Rosæ-rugosæ. n. sp.

Caeomata forming a large dense cushion on stems, petioles, and fruits, and on the lower surface of leaves often causing a remarkable deformation, bright orange; paraphyses club-shaped, contents yellow, granular ; caeomaspores polygonal or globose, epispore minutely warty, hyaline, contents granular, orange yellow; 22-24 mmm. in diam., germ-pores 3-4.

Uredosori hypophyllous, yellow, minute, orbicular, scattered or crowded ; paraphyses linear cylindrical, generally slightly curved ; uredospores globose, ovate or polygonal, diameter 16-22 mmm., contents yellow, epispore finely echinulate, 2 mmm. thick, colorless ; germ-pores 4-5.

Teleutosori hypophyllous, scattered or loosely aggregated, brown to chestnut-brown, not black, readily detachable ; teleutospores cylindrical, rounded at both ends, brownish-yellow ; papilla obtuse, very short (4-6 mmm.), yellow ; 7-11 celled (sometimes 4-6), 72-128 × 28-32 mmm.; two end cells generally longer (12-16 mmm.) than the rest (8 mmm.); epispores 4-7 mmm. thick, brown, warty ; germ-pores 3 in each cell (even in the apical cell); wall of the pedicel pale yellow towards apex, more or less swelled in the basal part, 100-150 mmm. long.

Host and distribution.

On *Rosa rugosa* Thunb

Prov. Ishikari, Sapporo (III. K. MIYABE, Oct. 1889)(II. K. MIYABE, July 1892)(I. K. MIYABE, July 1898)(I. II. III. M. KASAI, Oct. 39, 1908)(I. M. KASAI, June 14, 1908)

„　　„　Garugawa (III. M. MIURA, Sept. 22, 1907)(II. III. M. KASAI, Oct. 17, 1908)

„　　„　Ishikari (III. J. HANZAWA, Oct. 17, 1908)

„　　„　Shinoro (III. O. YAMADA, Sept. 23, 1892)

Prov. Oshima, Kamiiso (II. K. MIYABE, July 12 1890)

Prov. Shiribeshi, Okushiri (II. K. MIYABE, July 31, 1980)

„　　„　Zenibako (II. III. M. KASAI, Oct. 17, 1908)

Prov. Hidaka, Samani (II. E. TOKUBUCHI, Aug. 9, 1892)

„　　„　Niikapp (I. M. KASAI, July 12, 1907)

„　　„　Atsubetsu (I.　„　　„　9.　„　)

Prov. Kushiro, Kushiro (II. T. KAWAKAMI, Sept. 1896)

Prov. Nemuro, Nemuro (II. O. SUGIYAMA, Aug. 1891)

Prov. Iburi, Matsushima (II. III. K. MIURA, Sept. 20, 1905)

Rishiri-Island (II. T. KAWAKAMI, Sept. 1, 1899)

„　　(II. III. M. MIURA, Aug. 15, 1907)

Rebun-Island (III. M. MIURA, Aug. 24, 1907)

Kurile, Etorofu (I. II. T. KAWAKAMI, Aug. 15, 1898)

REMARKS :— Comparing this with other species of *Phragmidium* already known to grow on *Rosa*, I am disposed to regard it as a new species.

BANDI (1) makes the statement that *Ph. subcorticium* (Schrank.) Wint fails to attack *Rosa rugosa* even when artificially infected. *Rosa arkansana*, *R. blanda*, *R. setigera*, *R. foliosa*, *R. nitida*, *R. Engelmanii*, *R. gymnocarpa*, *R. pisocarpa*, *R. Woodsii*, *R. rubiginosa*, *R. rubrifolia*, and *R. lucida* in the Botanical garden of our College have proved to be perfectly immune to *Phragmidium*, while *Rosa rugosa*, planted near by, is seriously infected by two different species of *Phragmidium*, both of which are peculiar to our country; namely *Ph. Rosae-rugosae* n. sp and *Ph. yezonse* n. sp. Macroscopically the present species is allied to *Ph. subcorticium* (Schrank.) Wint. with regard to the form of its œcomata and other stages. But in the following points they are at variance.

	Ph. subcorticium.	*Ph. Rosae-rugosae.*
Teleutosori	black	brown.

Teleutospore	brownish-black	yellowish-brown
Number of cells	4–9	7–11
General form	fusiform or subcylindrical	cylindrical
Papilla	long (10–12 mmm.)	very short (4–6 mmm.)
Pedicel	conspicuously bulbous	slightly inflated
	(100–120 mmm. long)	(150 mmm. long)

REMARKS:　From *Ph. yzoense* n. sp. this species differs by the colour of its teleutosori as well as by that of the teleutospores. The general form of the teleutospores and the shape of papilla also show sharp points of their dissimilarities. The characteristics of *Ph. Rosae-rugosae* n. sp. lie in the very short papilla, a cylindrical outline and also in the brownish-yellow color of its teleutospores. I have often noticed that in the lower part of the pedicel, where fine spiral striation often comes to view, the outer portion of the wall, on a long treatment with potash or water, swells up and melts away leaving the innermost layer of the wall comparatively unchanged.

7. Phragmidium yezoense n. sp.

Teleutosori on petioles large, aggregated, often elongated; on the under surface of leaves, small, densely scattered or crowded, black (not brown), readily detachable; teleutospores fusiform, subcylindrical or subclavate, dark-brown, never yellowish-brown, 5–10 celled; attenuated or rounded at both ends, uppermost cell longer than the rest; apical papilla conical or awl-shaped, pale-yellow, generally 6–10 mmm., often rough at its tip; not constricted at septum; 72–108 × 28–32 mmm.; wall thick, verrucose; germ-pores 2–3 in each cell; pedicel pale-yellow in the upper part, more or less bulbous in the lower half (16 mmm. broad), up to 150 mmm. long.

Host and distribution.

On *Rosa rugosa* Thunb.

> Prov. Mutsu, Goshogawara (III. T. KASHIWAI, Nov. 1904)
> Prov. Iburi, Matsushima (III. K. MIURA, Sept. 20, 1905)
> Prov. Shiribeshi, Raidenůge (III. G. YAMADA, Oct. 5, 1900)
> „　　„　　Zenibako (III. M. KASAI, Oct. 17, 1908)
> Prov. Ishikari, Sapporo (III. K. MIYABE, Sept. 10, 1895)
> „　　„　　„　(III. M. KASAI, Oct. 30, 1908)
> Kurile, Shumushu (III. S. YOKOYAMA, Sept. 22, 1892)
> Saghalien, Nayoro (III. T. MIYAKE, Sept. 9, 1906)
> „　　Pelwayapedji (III.　„　Oct. 12. 1906)

REMARKS:— Most probably this is the species that some of our mycologists

have taken to be identical with *Ph. subcorticium* (Schrank.) Wint.　BANDI (1)
informs us, that *Ph. subcorticium* (Schrank.) Schroet. does not inhabit on *Rosa
rugosa* which is the host of the species in question.　In fact this species differs from
the above-named in more than one point.　Macroscopically it shows a large and
elongated cushion of teleutosori upon the petiole, which, indeed, is neither found nor
anywhere mentioned to be seen in the case of *Ph. subcorticium* (Schrank.) Wint.
Microscopically they disagree not only in the shape and size of the pedicel but also
in the nature of the papillum.　Taking again the respective number of cells into
consideration we frequently come to another point of dissimilarity; for in the case
of *Ph. subcorticium* (Schrank.) Wint. there always exist 7 or 8 cells only, while 10
celled form in our species is comparatively often met with.　Neither can this spe-
cies be identical with *Ph. Rosae-sterigerae* Diet. of North America.　They differ
from each other in the size of the teleutospores, and also in the color of the papilla
as well.　Distinction between this species and *Ph. americanum* Diet. is also easily
noticeable, as we have already discussed in detail under the latter species.

On **RUBUS**.

8. **Phragmidium Barnardi** Plowr. et Wint., var. **pauciloculare** Diet., Engl. bot.
    Jahrb., Bd. 32, 1902, p.49; Diet., Hedwigia, Bd. 44, 1905, p.344; P. Henn.,
    Engl. bot. Jahrb., Bd. 31, 1903, p.732; Sacc., Syll., XVII. p.399; Diet.,
    Ann. Mycol., Bd. 6, 1908, p.227.

Hosts and distribution.

Prov. Iyo, Maruho-mura (II. M. OKUDAIRA, June 17, 1992)

Prov. Tosa, Kamoda-mura (III. T. YOSHINAGA, Nov. 1907)

Prov. Setsu, Kōbe (II. K. MIYABE, Sept. 5, 1889)

Prov. Mino, Ōgaki (II. E. TOKUBUCHI, Dec. 28, 1898)

　　" 　　" 　Gifu (II. III. 　　" 　　Oct. 1898)

Prov. Musashi, Ōji (III. K. SENGOKU, Oct. 29 1895)

　　" 　　" 　Urawa (III. N. NAMBU, Nov. 15, 1899)

Prov. Echigo, Gonadō (II. S. ITO, Aug. 20, 1908)

　　" 　　" 　Yabagi (II. S. ITO, July 22, 1908)

Prov. Mutsu, Goshogawara (III. T. KASHIWAI, Oct. 1904)

　　" 　　" 　Furumaki (II. K. SENGOKU, Oct. 4, 1895)

Prov. Iburi, Numanohata (III. K. MIYABE et G. YAMADA, Nov. 1, 1900)

　　" 　　" 　Oiwake (III. 　　" 　　" 　Oct. 30, 1900)

　　" 　　" 　Mombetsu (II. K. MIYABE, Aug. 14, 1890)

Prov. Shiribeshi, Zenibako (II. III. K. MIYABE, Oct. 5, 1891)

　　" 　　" 　　" 　(II. III. 　　" 　　Sept. 9, 1896)

Prov. Shiribeshi, Zenibako (III. G. YAMADA, Oct. 20, 1899)
Prov. Ishikari, Maruyama (I. J. HANZAWA, May 8, 1901)
    „　　„　　„　　(III. M. KASAI, Sept. 1), 1908.
    „　　„　　„　　(I. T. MIYAKE, June 8, 1901)
    „　　„　　Moiwa (III. T. MIYAKE, Oct. 26, 1902)
    „　　„　　Makomanai (III. M. KASAI, Aug. 15, 1907)
    „　　„　　Ishiyama (III. M. KASAI, Sept. 15, 1907)
    „　　„　　Ishikari (III. G. YAMADA, Oct. 24, 1899)
    „　　„　　Asahigawa (III. K. MIURA, Oct. 10, 1906)
    „　　„　　Shimofurano (III. M. KASAI, Sept. 20, 1908)
    „　　„　　Chikabumi (III. T. MIYAKE, Sept. 1905)
    „　　„　　Kamuikotan (III. M. KASAI, Sept. 27, 1908)
    „　　„　　Sapporo (III. K. MIURA, Oct. 30, 1906)(I. K. MIURA, June 5, 1906)
(II. E. TOKUBUCHI, Aug. 1895)(I. II. E. TOKUBUCHI, June 30, 1899)(II.
III. E. TOKUBUCHI, Sept. 1895)III. E. TOKUBUCHI, Oct. 1896)(I. K.
MIYABE, June 1890)(II. III. K. MIYABE, Oct. 1889)(I. K. MIYABE, June
21, 1892)(II. III. K. MIYABE, Aug. 25, 1891)(III. T. MIYAKE, Oct. 21, 1902)
(II. III. M. KASAI, Sept. 13, 1908)(II. III. M. KASAI, Aug. 25, 1907),(III. M.
KASAI, Oct. 10, 1907)(III. M. KASAI, Sept. 20, 1907)

On *Rubus phoenicolasius* Maxim.

Prov. Shiribeshi, Zenibako (III. G. YAMADA, Oct. 20, 1899)

REMARKS :— This endemic species was first described by DIETEL in 1903 as
a variety of *Ph. Barnardi* Plowr. et Wint., which is an Australian species on *Rubus
parvifolius*. But the host of the present variety is not restricted to *Rubus par-
vifolius* only. For it has been found on *Rubus phoenicolasius*, and is also reported
to attack *Rubus rosaefolius* Sm. var. *minor* Hak. As to the *Rubus parvifolius* of
Japan, MATSUMURA (20) regards it as synonymous with *Rubus triphyllus*. If it
is really so, the Australian host, on which DIETEL lays so much stress in draw-
ing his conclusion, becomes a different thing from the so-called *Rubus parvifolius*
of our land. Compared with the description and the photographic figures given
by MCALPINE our species appears to vary in divers points from the Australian
type, so far as the morphological characters are concerned. All these reasons
readily tend us to throw doubts on the correctness of taking this species as a variety
of *Ph. Barnardi* Plowr. et Wint. But for the present we shall stick to the present
name which is so familiar to us.

9. **Phragmidium griseum** Diet., Engl. bot. Jahrb., Bd. 32, 1903, p.49 ; Sacc.,
Syll., XVII, p.899 ; Diet., Hedwigia, Bd. 44, 1905, p.344.

Host and distribution.

On *Rubus incisus* Thunb.

 Prov. Tosa, Kamo-mura (H. III. T. YOSHINAGA, Aug. 15, 1905)
 Prov. Kozuke, Myogisan (H. III. S. KUSANO, Nov. 4, 1899)
 Prov. Shimotsuke, Nikko (H. III. G. YAMADA & J. HANZAWA, Aug. 6, 1900)

REMARKS :— This is also one of our endemic species described by DIETEL in 1905. Among the few specimens I have had the occasion to examine, the one received from S. KUSANO may be regarded as the best representative of the type. It has two germ-pores in the uppermost cell of the teleutospore, situated a little above the middle of the cell, while in the other cells there are three set closely under the septum. The general character of the teleutospore bears much resemblance to that of *Ph. Yoshinagai* Diet. DIETEL holds the length, the papillum and the constriction at septum as the distinctive points of their teleutospores. But many well constricted and conically papillated teleutospores of *Ph. Yoshinagai* Diet. have come under my observation which seem to stand in contradiction to DIETEL's remarks to a certain degree.

10. **Phragmidium heterosporum** Diet., Engl. bot. Jahrb., Bd. 22, 1903, p.625; Sacc., Syll., XVII, p.399 ; Diet., Hedwigia, Bd. 44, 1905, p.344.

Host and distribution.

On *Rubus trifidus* Thunb.

 Prov. Tosa, Kōdono (H. T. YOSHINAGA, Jan. 1908)
 Prov. Izu, Itō (H. S. KUSANO, Jan. 3, 1900)

REMARKS :— This species is also endemic to our country. The first account of it was given by DIETEL in 1903 after examining the specimen collected by S. KUSANO at Ito, Prov. Izu. The materials I have examined were all in the uredostage. DIETEL made remarks concerning the affinity of this species with *Ph. obtusum* (Strauss) Wint. I have, however, hardly, any thing to say on this species, as I have not been able to observe the teleutospores myself.

11. **Phragmidium Nambuanum** Diet., Ann. Mycol., Bd. VI, 1908, p.227.

Host and distribution.

On *Rubus occidentalis* L. var. *japonica* Miyabe.

 Prov. Iburi, Eniwasan (H. III. K. MIYABE et S. ARIMOTO, Aug. 6, 1902)
 Prov. Ishikari, Moiwa (H. G. YAMADA, Oct. 17, 1897)
  „ „ „ (H. III. K. MIYABE, Oct. 19, 1903)
  „ „ „ (H. III. „ Oct. 11, 1901)
  „ „ „ (III. „ Nov. 3, 1897)

REMARKS :— This species is also one of our endemic forms of *Phragmidium*,

recently described by DIETEL.   The teleutosori resemble those of *Ph. Rubi-Idaei*
(Pers.) Wint. on *Rubus Idaeus* var. *strigosus*.   But under the microscope *Ph.
Nambuanum* Diet. will at once be distinguished by its characteristic broad, stout
and cylindrical teleutospores, conspicuous for the absence of papillum.   This fungus
is comparatively common in the vicinity of Sapporo.

12. **Phragmidium Rubi** (Pers.) Wint., Pilze, p.230; Sacc, Syll., VII. p.745;
    Schroet., Pilze Schles., p.353; Plowr., British Ured. and Ustilag., p.224;
    Fischer, Ured. Schweiz, p.418; Tubeuf, Handb., p.375; Klebahn, Zeits. f.
    Pflanzenkr., Bd. 17, 1907, p.140-142.

    Icon.: Fischer, Ured. d. Schweiz, p.418, fig.290; Plowr., British Ured.
    and Ustilag., pl. VI, fig.5; Tubeuf, Handb., p.375. fig.173; Ludwig,
    Lehrb. d. Kryptogamen, p.475. fig.16.

Host and distribution.

On *Rubus arcticus* L.

Saghalien, Kusunnai (III. T. MIYAKE, Sept. 8, 1907)

    „   Shikka (III.   „   Aug. 29, 1906)

    „   Solowiyohuka (III „   Sept. 20, 1907)

REMARKS : — This species is a new addition to our flora.   *Rubus arcticus*
L. seems to be a new host for this fungus.   *Uredo arcticus*, recorded by LAGERHEIM
(15, as living on the same host plant, appears to have no connection whatsoever
with our present *Phragmidium*.   The number of cells, a sharp papillum and
shorter pedicel are the characters which distinguish *Ph. Rubi* (Pers.) Wint. from
Ph. Rubi-Idaei (Pers.) Wint. and *Ph. Rubi-japonici* n. sp.   So far as our present
knowledge is concerned, this species is found in Japan only in the Saghalien Island.

13. **Phragmidium Rubi-Idaei** (Pers.) Wint., Die Pilze, p.231; Sacc., Syll., VII,
    p.448; Fischer, Ured. Schweiz, p.420; Schroet., Pilze Schles., p.355; Plowr.,
    British Ured. and Ustilag., p.226; Klebahn, Zeits. für Pflanzenkr., Bd. 17,
    1907, p.141-142.

    Icon : Dietel, Engl. u. Plantl, Pflanzenfam., 1. 1. p.71. fig.47. D.; Fischer,
    Ured. d. Schweiz, p.420. fig.291; Ludwig, Lehrb. d. Kryptogamen, p.
    475. fig.15.

Host and distribution.

On *Rubus Idaeus* L. var. *strigosus* Maxim.

Kurile, Kanashiri, Zembekotan (III. H. TANAKA, Aug. 1893)

Prov. Ishikari, Jozankei (III. G. YAMADA, Oct. 12, 1902)

    „   „   Moiwa (II. III. T. MIYAKE, Oct. 9, 1903)

    „   „   Misomai (III. K. MIYABE, Oct. 11, 1905)

    „   „   Misomai (III. J. HANZAWA, Oct. 11, 1905)

    „   „   Ishiyama (III.   „   „   „)

REMARKS : — This is also one of the species newly added to our flora. The fungus is comparatively abundant in the vicinity of Sapporo. Comparing our plant to the North American specimens of *Ph. Rubi-Idaei* (Pers.) Wint. preserved in our College Herbarium there remains hardly any doubt as to their identity. *Ph. Rubi-Idaei* (Pers.) Wint. differs from *Ph. Rubi* (Pers.) Wint. by the number of the cells and by the shape of the papillum of the teleutospores. Also in spite of the many apparent similarities existing between this species and *Ph. Rubi-japonici* n. sp., they differ from each other in the length of the pedicel, and also in the form of the uppermost cell.

14. Phragmidium Rubi-japonici n. sp.

Teleutosori hypophyllous, scattered, pulverulent, loose and black ; teleutospores subcylindrical, 6-11 celled, 72-120 × 24-28 mmm., tapering or rounded at apex, papillum acute, base rounded, not constricted at septum, uppermost cell longer than the rest ; epispore thick, dark-brown, verrucose ; germ-pores 3 or 4 in each cell ; pedicel shorter than or same as the spore-length, 60-110 mmm., flavate at the base and yellowish in the upper part.

Host and distribution.

On *Rubus japonicus* Maxim.

Prov. Ishikari, Jozankei : III. G. YAMADA, Oct. 12, 1902)

    „   „   „   (III. M. MIURA, Oct. 17, 1909)

    „   „   „   (III. T. MIYAKE, Oct. 17, 1909)

REMARKS :— The fungus under consideration was at first taken to be identical with *Ph. Rubi-Idaei* (Pers.) Wint. But after all we are rather inclined to regard it as a new species. Our present type is easily distinguished from *Ph. Rubi-Idaei* (Pers.) Wint. by the shorter pedicel and also by the acute papillum of its teleutospore. Besides *Rubus japonicus*, being herbaceous, varies widely in its habit from *Rubus Idaeus* var. *strigosus*.

15. Phragmidium Rubi-Thunbergii Kusano, Tokyo Bot. Mag., Vol. 18, 1904,

p.147 ; Diet., Engl. bot. Jahrb., Bd. 37, 1905, p.104 ; Diet., Hedwigia, Bd. 44, 1905, p.344.

Host and distribution.

On *Rubus Thunbergii* S. et Z.

Prov. Iyo, Iwayama (H. M. OKUDAIRA, May 21, 1899)

Prov. Setsu, Kōbe (H. K. MIYABE, Sept. 5, 1889)

Prov. Sagami, Hakone (H. K. MIYABE et G. YAMADA, April 12, 1901.

„   „   „   (H. K. MIYABE, April 12, 1901.

„   „   „   (H. N. HIRATSUKA, Aug. 2, 1898)

Prov. Musashi, Tōkyō (H. S. HORI, April 17, 1900)

„   „   „   (H. M. SHIRAI, Nov. 1905)

„   „   Hachiōji (H. Y. TAKAHASHI, July 27, 1893)

REMARKS :— This species is also endemic to our country. KUSANO's original description is said to have reached DIETEL, while his paper on *Phragmidium* in 1905 was in the press. However, DIETEL made a short remark on this species under *Ph. Rubi* (Pers.) Wint. var. *miniatum* J. Müll., saying "Als eine neue, in dieser Arbeit noch nicht berücksichtigte Art erhielten wir während des Druckes noch *Ph. Rubi-Thunbergii* Kusano auf *Rubus Thunbergii* S. et Z. aus Japan. Sie ist den anderen japanischen Art sehr ähnlich". But nobody will think, that the present species is allied to *Ph. Rubi* (Pers.) Wint. var. *miniatum* J. Müll., when he once observed the smooth epispore of the former. In reality, the smoothness of the epispore of *Ph. Rubi-Thunbergii* Kusano was not mentioned in the original description of this species. Through the kindness of Prof. M. SHIRAI I got a specimen of the teleutostage of the present species. Under the microscope the teleutospore disclosed its resemblance to *Ph. griseum* Diet. in the character of the papillated apex and of the constriction at septum. But, as the author of the species well noticed in his remarks, the number of the germ-pores in each cell are 2, while in the case of *Ph. griseum* they are generally 3. The length of the pedicel of the present species is also always shorter than that of *Ph. griseum.*

16. **Phragmidium Yoshinagai** Diet., Engl. bot. Jahrb., Bd. 34, 1905, p.586 ; Diet., Engl. bot. Jahrb., Bd. 37, 1905, p.104 ; Diet., Ann. Mycol., Vol. VI, 1908, p.227 ; P. Hennings, Engl. bot. Jahrb., Bd. 34, 1905, p.596.

Hosts and distribution.

On *Rubus morifolius* Sieb.

Prov. Tosa, Imai (H. T. YOSHINAGA, Oct. 4, 1908)

On *Rubus crataegifolius* Bge.

Prov. Iwaki, Tōgatta (H. H. K. MIYABE, Aug. 28, 1893)

Prov. Iwate, Asakishi-mura (H. H. Y. TAKAHASHI, Sept. 26, 1897)

Prov. Rikuchu, Tsunagi-mura (III. Y. TAKAHASHI, June 17, 1897)
Prov. Mutsu, Hirosaki (III. N. HIRATSUKA, Sept. 29, 1897)
Prov. Oshima, Nanae-mora (Ill. T. MIYAKE, Aug. 11, 1897)
　　　 ,,　　 ,,　　Hakodate (III. K. MIYABE, July 10, 1890)
Prov. Shiribeshi, Kunaishi (III.　　 ,,　　　 ,,　 25, 1890)
　 ,,　　 ,,　　Otaru (III. G. YAMADA, Aug. 1898)
　 ,,　　 ,,　　 ,,　: III. T. KAWAKAMI, Oct. 1898)

REMARKS :— Mr. T. YOSHINAGA kindly sent me, on request, a part of the type specimen on *Rubus morifolius*, with which I was able to compare our Hokkaido forms on *Rubus cratægifolius*. On examination I came to know that they are doubtlessly the same as *Ph. Yoshinagai* Diet. Only point of difference is that 6-celled teleutospores are comparatively often encountered in the case of the Hokkaido-forms, while in the Tosa specimen the spores are always composed of less than five cells.

On SANGUISORBA.

17. **Phragmidium carbonarium** (Schlechts.) Wint., Die Pilze, p.227 ; Fischer, Ured. d. Schweiz, p.406 ; Sacc., Syll., VII, p.751 ; Plowr., British Ured. and Ustilag., p.227 ; Schroet., Pilze Schles., p.355 ; Dietel, Engl. bot. Jahrb., Bd. 27, 1900, p.567 ; Dietel, Hedwigia, Bd. 44, p.346 ; P. Hennings, Engl. bot. Jahrb., Bd. 27, p.147.

　　　Icon.: Fischer, Die Ured. d. Schweiz, p.407, fig.284 ; Dietel, Engl. u. Plantl, Pflanzenfam., 1. 1. p.71. fig.47. E ; Ludwig, Lehrb. d. Kryptogamen, p.475. fig.22.

Hosts and distribution.

　On *Sanguisorba tenuifolia* Fisch. var. *alba* Trautv. et Mey.

Prov. Shinano, Yatsugadake (III. T. MIYAKE, Aug. 5, 1903)
Prov. Ishikari, Kita-mura (I. K. MIURA, May 24, 1906)
　 ,,　　 ,,　　Sapporo (I.　　　 ,,　　 ,,　 26, 1906)
　 ,,　　 ,,　　Horomui (I. G. YAMADA, July 3, 1902)(I. III. G. YAMADA, July 30, 1906)(I. III. S. ITO, July 8, 1908)
　 ,,　　 ,,　　Fukagawa (I. III. T. MIYAKE, July 10, 1901)
　 ,,　　 ,,　　Sarugawa (I. III. K. MIYABE, July 9, 1891)
　 ,,　　 ,,　　Tobetsu (I. I. SHIMIZU, July 21, 1890)
　 ,,　　 ,,　　Taishikari (I. III. S. ITO, July 1907)
Prov. Oshima, Hakodate (III. K. MIYABE, July 10, 1894)
　 ,,　　 ,,　　Izumizawa (III.　　 ,,　　 ,,　 13, 1890)
　 ,,　　 ,,　　Kamiiso (III.　　 ,,　　 ,,　 12, 1890)

Prov. Hidaka, Samani (III. Y. TOKUBUCHI, Aug. 8, 1892)

„ „ Numanohata (I. III. M. KASAI, July 7, 1907)

„ „ Niikapp (I. III. „ „ 20, 1907)

Prov. Iburi, Oshamambe (I. G. YAMADA, July 26, 1897)

„ „ Mororan (I. K. MIYABE, June 10, 1900)

„ „ „ (III. G. YAMADA, Aug. 3, 1898)

Rishiri Island, Oshitomari (III. T. KAWAKAMI, July 21, 1899)

Kurile Island, Etrofu, Shana (I. K. MIURA, July 11, 1906)

„ „ „ Toro (I. „ „ 24, 1903)

„ „ Shakotan (III. T. KAWAKAMI, Aug. 1, 1898)

„ „ Etrofu, Shana · III „ „ 3, 1898)

On *Sanguisorba officinalis* L.

Prov. Musashi, Tōkyō (III. S. KUSANO, May 30, 1897)

Prov. Shimotsuke, Nikkō (I. III. G. YAMADA et J. HANZAWA, Aug. 6, 1900)

Prov. Rikuchu, Morioka (III. S. ARIMOTO, July 15, 1903)

On *Sanguisorba canadensis* L. var. *media* Maxim.

Prov. Ugo, Chōkaizan (I. K. MIURA, Aug. 28, 1905)

Prov. Uzen, Gwassan (III. „ „ 13, 1905)

„ „ „ (III. G. YAMADA, Aug. 7, 1901)

Prov. Iwaki, Zuwozan (III. K. MIYABE, Aug. 29, 1893)

Prov. Rikuchu, Iwatesan (III. „ Sept. 4, 1893)

Kurile Island, Urup (I. K. MIURA, July 8, 1904)

REMARKS :— This fungus is very common in northern Japan.

CONCLUSION.

In the preceeding pages it has been my endeavour to enumerate the seventeen species of *Phragmidium* found in Japan. These embrace ten species hitherto found in our country, four that have been unknown to us up to this day, and three that appear to be quite new to science. Among these seventeen species eleven are found only in this country.

Though proper justice has been done in their respective places, it seems worth while to discuss briefly how the mistake with regard to the identification of *Ph. subcorticium* (Schrank.) Wint. and *Ph. Fragariastri* (DC.) Schrœt. occurred.

Originally *Ph. subcorticium* (Schrank.) Schrœt. was a European species. It was subsequently introduced into America and Australia. So far as our knowledge goes this species is not found at all in our country. It is true that reference to it is found in all our writings on this genus. But of these writings one of DIETEL is the earliest and practically the basis of all subsequent works. It has been my good fortune to get from the College Herbarium the very specimen (No. 92) collected by Prof S. KUSANO at Mt. Takao, Prov. Musashi, on June 11, 1899, which DIETEL reported upon as *Ph. subcorticium* (Schrank.) Wint. in 1901. Under the microscope the above mentioned specimen showed to be nothing but *Ph. Rosae-multiflorae* Diet. At the time of describing *Ph. Rosae-multiflorae* Diet. in 1905, DIETEL did not give us the date and locality for the specimen, on which he founded this new species. He only mentioned KUSANO, the collector's name. This fact makes it probable, that DIETEL used the same specimen in both occasions.

As regards the existence of *Ph. Fragariastri* (DC.) Schroet. in Japan, frequent references are met with in our literature. Both kinds of specimens on which P. HENNINGS made his report have been also in our possession While I was engaged in the study of these specimens they appeared to us upon examination to differ in no way from *Pucciniastrum Potentillae* Kom. This fact drew us on to a further study and closer examination of the above named *Pucciniastrum*. In the course of my study my attention was directed to DIETEL's remark under *Pucciniastrum Potentillae* Kom., in his Uredineen Japonicae VI. (p.105), where he clearly sets down as follows; namely "Es ist dies Pilz *(Pucciniastrum Potentillae Kom.)*, der von P. HENNINGS in Fungi japonici IV als *Ph. Fragariastri* (DC.) Schroet. aufgeführt ist." This remark of DIETEL fully agrees with and corroborates what I had found to be the fact. Under *Ph. Potentillae* (Pers.) Karst., I have already said that in our country *Ph. Fragariastri* (DC.) Schroet. has not yet been found.

HOST-INDEX.

1. **Potentilla** L.

　Potentilla chinensis Ser. . . . . *Phragmidium Potentillae* (Pers.) Karst.
　Potentilla cryptotaeniae Maxim. . . . . „
　Potentilla Dickinsii Fr. et Sav. . . . . „
　Potentilla gelida C. A. Mey. . . . . „
　Potentilla Kleiniana W. et A. . . . . „

2. **Rosa** Tourn.

　Rosa acicularis Lindl. . . . . *Phragmidium fusiforme* Schroet.
　Rosa dahurica Pall. . . . . *Ph. americanum* (Pk.) Diet.
　Rosa laevigata Mich. . . . . *Ph. Rosae-multiflorae* Diet.
　Rosa luciae Fr. et Roch. . . . . . . *Ph. japonicum* Diet.

Rosa multiflora Thunb............ .... *Ph. japonicum* Diet.

    ,, ... *Ph. Rosae-multiflorae* Diet.

Rosa rugosa Thunb............ .... *Ph. Rosae-rugosae* n. sp.

    ,, ...*Ph. yezoense* n. sp.

Rosa Wichuriana Crep. . . .. *Ph. japonicum* Diet.

3. Rubus L.

Rubus arcticus L. .. .. *Phragmidium Rubi* (Pers.) Wint.

Rubus crataegifolius Bge. . ...*Ph. Yoshinagai* Diet.

Rubus Idaeus L. var. *strigosus*. . ... *Ph. Rubi-Idaei* (Pers., Wint.

Rubus incisus Thunb..... .. ..*Ph. griseum* Diet.

Rubus japonicus Maxim. .... *Ph. Rubi-japonici* n. sp.

Rubus morifolius Sieb. .. ..*Ph. Yoshinagai* Diet.

Rubus occidentalis L. var. *japonicus*. .. *Ph. Nambuanum* Diet.

Rubus parvifolius L......................*Ph. Barnardi* var. *pauciloculare* Diet.

Rubus phoenicolasius Maxim......................,,

Rubus Thunbergii S. et Z. ....*Ph. Rubi-Thunbergii* Kusano.

Rubus rosaefolius Sm. var. *minor*. ...... *Ph. Barnardi* var. *pauciloculare* Diet.

Rubus trifidus Thunb..... .... *Ph. heterosporum* Diet.

4. Sanguisorba L.

Sanguisorba canadensis L. var. *media*. .. *Ph. carbonarium* (Schlecht.) Wint.

Sanguisorba officinalis L............................ ,,

Sanguisorba tenuifolia Fisch. var. *alba*. ... . .. ,,

LITERATURE CITED.

1. **Bandi, W.**   Beiträge zur Biologie der Uredineen. (Hedwigia, Bd. 42, 1903, S. 118.)

2. **Barclay. A.**   Additional Uredineæ from the Neighbourhood of Simla. (Journ. of the Asiatic Society of Bengal, Vol. LX. Part. II. and Vol. LIX. Part. II.)

3. **Dietel, P.**   Beiträge zur Morphologie und Biologie der Uredineen. (Bot. Centralbl., Bd. 32, 1887, S. 54, 84, 118, 152, 182, 217, 246.)

4.   ,, Bemerkungen über einige in- und ausländische Rost-Pilze. (Hedwigia, Bd. 28, 1889, S. 19-26.)

5.   ,, Beschreibung eines neuen Phragmidiums. (Hedwigia, Bd. 29, 1890, S. 25-26.)

6. **Dietel, P.** Uredineen aus der Himalaya (Hedwigia, Bd. 29, 1890, S. 259.)

7. 　　„　　Betrachtungen über die Vertheilung der Uredineen auf ihren Nährpflanzen. (Centralbl. f. Bak. etc., II Abt. Bd. 12, 1904, S. 218-234.)

8. 　　Über die Arten der Gattung Phragmidium I. (Hedwigia, Bd. 44, 1905, S. 112-132.)

9. 　　Über die Arten der Gattung Phragmidium II. (Hedwigia, Bd. 44, 1905, S. 330-346.)

10. 　„　　Uredinales. (Engler u. Prantle, Nat. Pflanzenfam., Th. I.)

11. 　„　　Uredineæ Japonicæ. I- (Engl. bot. Jahrbücher, 1899-)

12. 　„　　Uredineen aus Japan. II. (Ann. Mycol., Bd. 6, 1907, 222-229.)

13. **Ewert, R.** Über den Befall der verschiedenen Rosensorten durch Phragmidium subcorticium etc. (Naturw. Zeitsch. f. Land- u. Forstwirts., Bd. 3, 1905, S. 249-252.)

14. **Hennings, P.** Fungi Japonici. (Engl. bot. Jahrbücher.)

15. **Lagerheim, G.** Ueber einige neue und bemerkenswerthe Uredineen. (Hedwigia, Bd. 28, 1889, S. 103-112.)

16. 　„　　The relationship of Puccinia and Phragmidium. (Journ. of Mycol., Vol. 6, 1890, p.111-113.)

17. **Ludwig, F.** Einige über Rostpilze. (Centralbl. f. Bak. etc., Bd. I. 1887, S. 690.)

18. **Magnus, P.** Erstes Verzeichnis der ihm aus dem Konton Graubünden bekannt gewordenen Pilze. (34. Jahresbericht der Naturforschenden Gesellschaft Graubündens Chur., 1890)

19. 　„　　Beitrag zur Kenntniss einiger parasitischer Pilze des Mittelmeergebiets (Berichte d. Deutsch. Bot. Gesellsch., Bd. 12, 1894, S. 84.)

20. **Matsumura, J.** Notes on Japanese Rubi. (Bot. Mag., Tokyo Vol. 15, 1901, p. 155-159 and Vol. 16, 1902, p. 1-6.)

21. **Müller, J.** Die Rostpilze der Rosa- und Rubus-Arten und die auf ihnen vorkommenden Parasiten. (Berichte d. Deutsch. Bot. Gesellsch., Bd. 3, 1885, S. 391-395.)

22. **Müller, F.** Veruche mit Phragmidium subcorticium. (Bot. Centralbl., Bd. 83, 1900, S. 76.)

23. **Nambu, N.** Phragmidium in Japan. (Bot. Mag., Tokyo, Vol. 23, 1909, p. (309)-(311).)

24. **Scribner, F.L.** Report of the Chief of the Section of Vegetable Pathology. 1888,

p.369-372.

25. **Sydow, H. et P. &** Fungi Indiæ orientalis Pars II. (Ann. Mycol., Bd. 5, 1907,
   Butler E. J. S. 485-515.)
26. **Thümen, F. Von.** Beiträge zur Pilz-Flora Sibiriens.

EXPLANATION OF FIGURES IN PLATE I.

All the figures were drawn with the aid of a camera-lucida, magnification being about 390 times. *Ph. heterosporum* Diet. is not included being unable to get the teleutospore of the same.

Fig. 1. *Phragmidium Potentillae* (Pers.) Karst.

Fig. 2. *Phragmidium americanum* (Ph.) Diet.

Fig. 3. *Phragmidium fusiforme* Schræter.

Fig. 4. *Phragmidium japonicum* Diet.

Fig. 5. *Phragmidium Rosae-multiflorae* Diet.

Fig. 6. *Phragmidium Rosae-rugosae* n. sp.

Fig. 7. *Phragmidium yezoense* n. sp.

Fig. 8. *Phragmidium Barnardi* Plower. et Wint. var. *pauciloculare* Diet.

Fig. 9. *Phragmidium griseum* Diet.

Fig.10. *Phragmidium Nambuanum* Diet.

Fig.11. *Phragmidium Rubi* (Pers.) Wint.

Fig.12. *Phragmidium Rubi-Idaei* (Pers.) Wint.

Fig.13. *Phragmidium Rubi-japonici* n. sp.

Fig.14. *Phragmidium Rubi-Thunbergii* Kusano.

Fig.15. *Phragmidium Yoshinagai.* Diet.

Fig.16. *Phragmidium carbonarium* (Schlecht.) Wint.

摘　　要

　一千九百〇五年 **Dietel** 氏は Hedwigia 誌上に於て *Phragmidium* に就き精細なる論文を公にし内に四十六種を記載せり。其後諸學者の研究に依りて發表せられたる種類は略入種に止まるが如し、故に

全世界に於て知られたる本屬菌類の全數は五十四種と計上するを
得べし。今之れを文献に徵するに本邦に產するものは其內僅かに
十二種に過ぎず。即ち *Ph. Potentillae* (Pers.) Karst , *Ph. Fragariastri* (DC.)
Schroet., *Ph. japonicum* Diet., *Ph. Rosae-multiflorae* Diet., *Ph. subcorticium* (Schrank.)
Wint., *Ph. Barnardi* Plowr. et Wint. var. *pauciloculare* Diet , *Ph. griseum* Diet.,
Ph. heterosporum Diet., *Ph. Nambuanum* Diet., *Ph. Yoshinagai* Diet , *Ph. Rubi-
Thunbergii* Kusano, 及び *Ph. carbonarium* (Schlecht.) Wint. なりとす。然れ共
余が今囘の研究に依れば以上列記せるものの內 *Ph. Fragariastri* (DC.)
Schroet., 及び *Ph. subcorticium* (Schrank.) Wint. の二種は全く本邦に於て產
せざるものたり。

　抑々 *Ph. Fragariastri* の本邦所產菌類として認めらるゝに至りし
は一千九百〇二年 **P. Hennings** 氏が Engler's botanisches Jahrbücher 誌上
に公にせる Fungi Japonici IV. 中に本種を記せゝに始まる。然るに今
余は曾つて同氏が其論文を草するに當つて親しく檢索せられたる
該標品を檢鏡するに之れ全く *Pucciniastrum Potentillae* Kom. の寄生せる
ものに過ぎざりき。尙此點に關して **Dietel** 氏は曾つて同誌上に於
て **P. Hennings** 氏の誤謬たるを指摘せるものあり。之れを要するに
本邦に於ける *Potentilla* 屬の植物に寄生する *Phragmidium* は只 *Ph. Po-
tentillae* (Pers.) の一種あるのみ。

　次に *Ph. subcorticium* は草野氏が武藏國高尾に於て採集せられた
るのいばらの葉上に寄生せる *Phragmidium* の標品に基きて一千九百
〇一年 **Dietel** 氏が本種と同一種なりとし Engl. bot. Jahrb. 誌上に發表
せるを嚆矢とし爾來本邦菌學家はのいばらの外はまたすに寄生せ
るものをも該名稱の下に置きたるものなり。今 **Dietel** 氏の所謂 *Ph.
subcorticium* を草野氏の採集に係る原標品によりて檢するに一千九百
〇五年 **Dietel** 氏が新種として記載せる *Ph. Rosae-multiflorae* と符節を合
するが如く秋毫の差違を認めず。而して同著者は該新種を記載す

るに當つて何等此處に論及せざるのみならず其探集地及び探集月日をも記入せず只草野氏の探集品たるを示すに止まる。之に依つて或は同一標品を用ゐて記載せるものにあらざるやを疑ふものなり。次には*はまなす*に寄生せる *Phragmidium* は精細に觀察する時は種々の點に於て相違し到底之れと同一種なりと認むること能はず。而して尚其葉上に寄生するものと梢上に寄生するものとは其形態大に異るを以て余は前者を *Ph. Rosæ-rugosæ*, 後者を *Ph. yezoense* と命名せり。

以上述ぶる理由に依りて此等二種を本邦菌界より除去すれば已知本邦産 *Phragmidium* の種類は只十を數ふるのみ。而して今回余の考察によりて尚此れに七種を添加することを得たり。内三種は新種と認識し新に之れを記載せり。今其添加七種の名稱を記すれば *Ph. americanum* (Pk.) Diet., *Ph. fusiforme* Schrœt., *Ph. Rubi* (Pers.) Wint., *Ph. Rubi-Idæi* (Pers.) Wint., *Ph. Rosæ-rugosæ* n. sp., *Ph. yezoense* n. sp. 及び *Ph. Rubi-japonici* n. sp. なりとす。

前記の種類を通算せば其數は實に十七種となる。内本邦特種と認むべき種類は *Ph. japonicum* Diet., *Ph. Rosæ-multifloræ* Diet., *Ph. Barnardi* Plowr. et Wint. var. *pauciloculare* Diet., *Ph. griseum* Diet., *Ph. heterosporum* Diet., *Ph. Nambuanum* Diet., *Ph. Yoshinagai* Diet., *Ph. Rubi-Thunbergii* Kusano, *Ph. Rosæ-rugosæ* n. sp., *Ph. yezoense* n. sp. 及び *Ph. Rubi-japonici* n. sp. の十一種とす。

終りに臨んて本邦に於ける此等菌類の寄主植物を記すれば次の如し。

1. Potentilla L.

Phragmidium Potentillæ (Pers.) Karst.

Potentilla chinensis Ser. カハラサイゴ
   ,,   *Cryptotaeniæ* Maxim. ミツモト
   ,,   *Dickinsii* Fr. et Sav. イハキンバイ
   ,,   *gelida* C. A. Mey. ミヤマキンバイ

Potentilla Kleiniana W. et A.　ヲヘビイチゴ

2. Rosa Tourn.

Phragmidium americanum (Pk.) Diet.

  Rosa dahurica Pall.　カラフトバラ

Ph. fusiforme Schrœt.

  Rosa acicularis Lindl.　タカネバラ

Ph. japonicum Diet.

  Rosa Luciæ Fr. et Roch.　ハヒイバラ

   „ multiflora Thunb.　ノイバラ

   „ Wichuriana Crep.　テリハノイバラ

Ph. Rosae-multiflorae Diet.

  Rosa laevigata Mich.　ナニハイバラ

   „ multiflora Thunb.　ノイバラ

Ph. Rosae-rugosae n. sp.

  Rosa rugosa Thunb.　ハマナス

Ph. yezoense n. sp.

  Rosa rugosa Thunb.　ハマナス

3. Rubus. L.

Phragmidium Barnardi Plowr. et Wint. var. pauciloculare Diet.

  Rubus parvifolius L.　ナハシロイチゴ

   „ phoenicolasius Maxim.　ウラジロイチゴ

   „ rosaefolius Sm. var. minor Hack.　バライチゴ

Ph. griseum Diet.

  Rubus incisus Thunb.　ニガイチゴ

Ph. heterosporum Diet.

  Rubus trifidus Thunb.　カヂイチゴ

Ph. Nambuanum Diet.

  Rubus occidentalis L. var japonicus Miyabe.　クロイチゴ

Ph. Rubi (Pers.) Wint.

  Rubus arcticus L.　チシマイチゴ

Ph. Rubi-Idaei (Pers.) Wint.

  Rubus Idaeus L. var. strigosus Maxim.　エゾイチゴ

Ph. Rubi-japonici n. sp.

  Rubus japonicus Maxim.　ゴヱフイチゴ

Ph. Rubi-Thunbergii Diet.

    Rubus Thunbergii S. et Z. クサイチゴ
Ph. Yoshinagai Diet.
    Rubus cratægifolius Bge. タチイチゴ
    Rubus morifolius Sieb. クマイチゴ

4. Sanguisorba L.

 Phragmidium carbonarium (Schlecht.) Wint.
    Sanguisorba canadensis L. var. *media* Maxim

           ウスベニワレモカウ
     ,,   *officinalis* L. ワレモカウ
     ,,   *tenuifolia* Fisch. var. *alba* Trautv. et Mey.

           シロワレモカウ

　終りに臨んで本研究をなすに當つて恩師宮部博士の常に懇篤なる指導を與へられ且つ常農科大學植物學教室所藏の本屬菌の標本を檢閲することを快諾せられたることを深謝すると共に余の需によりて貴重なる標品を惠與せられたる白井教授、草野助教授、三宅學士並に吉永氏に向つて謹んで其好意を謝し併せて種々の點に就き助言と助力とを與へられたる高橋、伊藤兩學士に對して感謝の意を表す。　　　　　　　　（明治四十二年十一月稿）

　附記、　日本菌類志料とは東北帝國大學農科大學教授理學博士宮部金吾氏の研究並に氏の指導によりてなれる本邦産菌類の研究結果を輯ひるものにして已に發表せられたるもの次の如し。

　1. T. MIYAKE, On Puccinia Parasitic on the Umbelliferæ of Japan. Journ. of the Sapporo Agric. Coll. Vol. II. Pt. 3. 1906.

　2. S. ITO, On the Uredineæ Parasitic on the Japanese Gramineæ. Journ. of the Coll. of Agric. Tohoku Imp. Univ. Sapporo. Vol. III. Pt. 2. 1909.

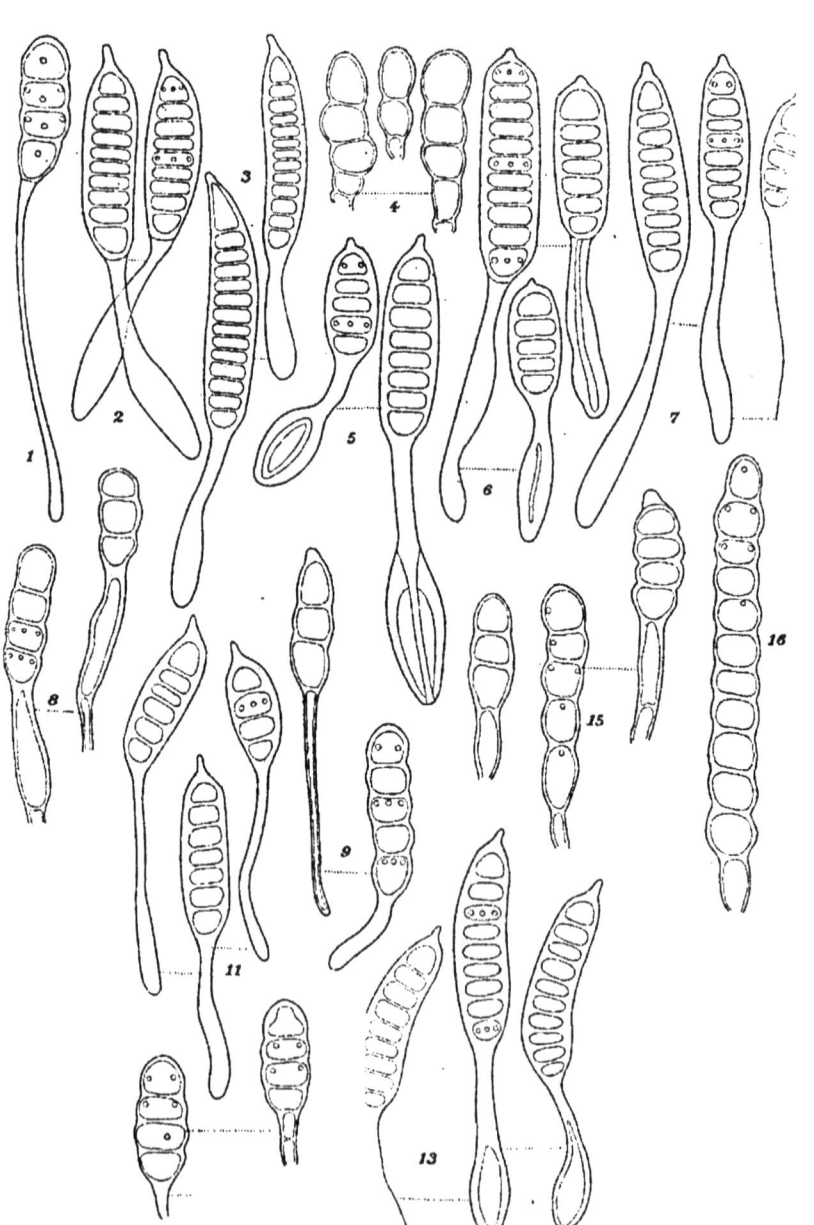

日 本 産 木 蟲 類 (其二)

桑 山 茂

DIE PSYLLIDEN JAPANS. II.

VON

S. KUWAYAMA.

(Mit Tafel II.).

IV. Subfam. Triozinæ.

Uebersicht der Gattungen.

1. Fühlergeissel dünn, fadenförmig, spärlich behaart .. .. 2.
- Fühlergeissel dicht behaart .. .. *Stenopsylla* n.g.
2. Scheitel und Rücken behaart .. . . *Trichochermes Kirk.*
- Scheitel und Rücken glatt, kahl .. .. 3.
3. Die 4te Zinke des Cubitus mündet in die Costa; die Flügelspitze liegt daher in der 2ten Randzelle .... *Trioza Frst.*
- Die 4te Zinke des Cubitus mündet in oder hinter der Flügelspitze; die Flügelspitze liegt daher zwischen dem Radius und der 4ten Zinke ...... *Epitrioza* n.g.

1. Gatt. Stenopsylla n.g.

Type: *Stenopsylla nigricornis* n.sp.

Körper glatt, kahl. Scheitel und Thorax ähnlich wie bei *Homotoma*. Stirnkegel spärlich behaart, nach unten geneigt, so lang oder kaum länger als Scheitel, mit breiter Basis, zugespitzt. Fühler lang, dicht behaart; 3tes Glied 1½mal länger als das 4te. Vorderflügel häutig, am Ende deutlich zugespitzt; Radius lang, Pterostigma und Stiel des Cubitus fehlen; lste Randzelle deutlich grösser als die 2te.

Der Form des Vorderflügels und dem Nervenverlauf nach *Trioza* etwas ähnlich, sie unterscheidet sich jedoch durch die dicht behaarten Fühler.

In Japan kommt nur eine Art vor:

1. Stenopsylla nigricornis n.sp.

Gelb oder bräunlichgelb; auf dem Rücken mit braunen Flecken. Scheitel am Hinterrande deutlich ausgerandet, ½ so lang wie am Hinterrande zwischen den Augen breit. Stirnkegel grün, so lang oder kaum länger als der Scheitel, stark divergirend, mit scharfen Spitzen. Augen gross und schwarz. Dorsulum ein wenig länger als breit. Fühler schwarz, dicht behaart, ½ so lang wie die Costa; die 2 Basalglieder grün und gross. Vorderflügel um 2⅔ mal länger als breit, glashell, mit gelben Nerven; Radius sehr lang, mit dem Vorderrande fast parallel, am Ende nach vorn gebogen; Radialstück der Costa 8mal so lang wie das Spitzenstück derselben; 1ste Randzelle 4mal grösser wie die 2te. Beine gelblichbraun, mit schwarzen Klauen. Abdomen grün. Genitalplatte (♂) einfach, so lang wie an der Basis breit, scharf zugespitzt; Zange sehr schmal, so lang wie die Genitalplatte. Untere Genitalplatte (♀) allmählich zugespitzt, ein wenig länger als das vorhergehende Bauchsegment, die obere ein wenig länger als die untere, mit schwarzer Spitze.

Körperlänge: ♂ ♀ 3.0—3.3 mm.

Zahlreiche Exemplare aus Formosa, Kagoshima (Kiushu), Moji und Takasago (Honshu) in der Sammlung von Herrn Prof. Dr. S. Matsumura.

Trivialname: *Higebuto-togari-kijirami.*

2. Gatt Trichochermes Kirk.

Trichopsylla Thomson, Opus. Ent. (f. VIII), p.820, 1877.

Trichochermes Kirkaldy, Entomologist, p.280, 1904.

In Japan kommen 2 Arten vor:

Vorderflügel ganz glashell . . . . *hyalina* n sp.

Vorderflügel glashell, am Basaldrittel schwärzlichbraun . . . . *bicolor* n.sp.

1. Trichochermes bicolor n.sp.

Körper braun oder schwärzlichbraun, kurz behaart.. Scheitel gelblichbraun, etwa ½ so lang wie breit, am Hinterrande ein wenig ausgerandet. Stirnkegel so lang wie der Scheitel, nicht divergirend, an der Aussen-und Innenseite gerade. Fühler kaum ½ so lang wie die Costa, gelblichweiss, spärlich lang behaart, das Endglied schwarz. Vorderflügel 3mal länger als breit, glashell, am Basaldrittel bräunlichschwarz, etwas lederig ; Nerven gelblichweiss, am Basaldrittel schwarz, oben lang behaart ; Radius lang, mit der Costa parallel, Radialstück der Costa etwa 3½ mal länger als das Spitzenstück derselben ; die 4te Zinke des Cubitus mündet in die Flügelspitze. Beine braun ; Abdomen schwarz. Genitalplatte (♂) 1½ mal so hoch wie an der Basis breit. Zange schmal, ein wenig kürzer als die Genitalplatte. Untere Genitalplatte '♂) um so lang wie das vorhergehende Bauchsegment, plöztlich zugespitzt ; die obere ebenso geformt und so lang wie die untere.

Körperlänge : ♂ ♀ 2.5 mm.

5 Exemplare aus Yamashiro (Honshu) und Kagoshima (Kiushu), in der Sammlung von Herrn Prof. Dr. S. Matsumura.

Trivialname : *Neguro-kijirami.*

2. Trichochermes hyalina n.sp.

Körper schwärzlichbraun, kurz behaart. Scheitel schmutziggelb, etwa ½ so lang wie breit, am Hinterrande ein wenig ausgerandet. Stirnkegel schmutziggelb, ⅔ so lang wie der Scheitel, stark divergirend. Fühler ½ so lang wie die Costa, gelb ; die 2 Basalglieder heller, das letzte ganz und das 9te an der Spitze schwarz. Dorsulum ein wenig länger als breit. Schildchen weiss. Vorderflügel 2½mal länger als breit, scharf zugespitzt, glashell, mit braunen Nerven ; Radius kurz, Radialstück der Costa kaum länger als das Spitzenstück derselben ; die 4te Zinke des Cubitus mündet in die Flügelspitze. Beine bräunlichgelb ; die hinteren Schenkel vorwiegend, das 2te Tarsenglied und die Klauen Schwarz. Abdomen grünlichgelb, an der Basis schwärzlich. Genitalplatte (♂) um so lang wie das Genitalsegment, plötzlich verschmälert, scharf zugespitzt. Zange kaum so hoch wie die Genitalplatte, einfach, sehr schmal.

Körperlänge : ♂ 2.0—2.5 mm.

2 Exemplare aus Formosa in der Sammlung von Herrn Prof. Dr. S. Matsumura.

Trivialname : *Sukiba-kijirami.*

Gatt. III. Epitrioza n.g.

Type : *Epitrioza mizuhonica n.sp.*

Körper glatt, kahl. Kopf schief, nach abwärts geneigt, sammt den Augen ein wenig schmäler als der Thorax ; Stirnkegel ähnlich gebildet wie bei *Trioza.* Fühler lang, fadenförmig, das 3te Glied 2mal so lang wie das 4te. Pronotum kurz, Rücken ziemlich hoch gewölbt. Vorderflügel mehr als 2 mal so lang wie breit ; Radius lang, mit der Costa parallel; die 4te Zinke des Cubitus mündet in oder hinter der Flügelspitze; die 2 Randzellen sehr gross.

Diese Gattung steht der Gattung *Trioza* sehr nahe, sie unterscheidet sich aber durch den Nervenverlauf des Vorderflügels.

In Japan kommt nur eine Art vor:

1. Epitrioza mizuhonica n.sp.

Grün, gelb oder braun. Scheitel kaum länger als die Hälfte des Hinterrandes, am Hinterrande gerade. Stirnkegel $\frac{1}{2}$ so lang wie der Scheitel, dicht an einander schliessend. Fühler $\frac{3}{4}$ so lang wie die Costa, gelb oder weiss, das Endglied ganz und das 9te an der Spitze schwarz. Vorderflügel $2\frac{3}{4}$mal länger als breit, glashell, mit weissen oder gelben Nerven; Radialstück der Costa 4mal länger als das Spitzenstück derselben; 2te Randzelle ein wenig grösser als die 1ste. Beine und Abdomen gelb oder grün. Untere Genitalplatte des ♀ $1\frac{1}{2}$ mal länger als das vorhergehende Bauchsegment, scharf zugespitzt, die obere ebenso geformt wie die untere, der Ovipositor ragt etwas über die Spitzen der beiden Genitalplatten hervor. Genitalplatte (♂) so lang wie das Genitalsegment, scharf zugespitzt. Zange so hoch wie die Genitalplatte, sehr schmal.

Körperlänge: ♂ 3 8 mm., ♀ 4.0 mm.

Zahlreiche Exemplare aus Sapporo (Hokkaido), Takasago, Yamashiro und Tamagawa (Honshu) in der Sammlung von Herrn Prof. Dr. S. Matsumura.

Trivialname: *O-togari-kijirami.*

Gatt. IV Trioza Frst.

Trioza Foerster, Psyll. Verh. Nat. Ver Preuss. Rheinl. 3, 67, 1848.

In Japan kommen 12 Arten vor:

Uebersicht der Arten:

1. Trioza galii Frst.

Trioza galii Foerster, Psyll. Verh. Nat. Ver. Preuss. Rheinl. p.87, 1848.

Schwarz, glänzend. Stirnkegel kurz, etwas $\frac{2}{3}$ so lang wie der Scheitel, dick, scharf zugespitzt, divergirend. Fühler um $\frac{1}{3}$ so lang wie die Costa, schwarz; das 3te Glied ganz, auch die Spitze des 2ten und die Basis des 4ten vorwiegend weiss oder gelblichweiss. Vorderflügel glashell, selten sehr schwach gelblich gefärbt; Nerven bräunlichgelb; Radius gerade oder sehr schwach nach innen gebogen; Radial-stück der Costa so lang oder ein wenig länger als das Spitzenstück derselben. Beine schwarz; Schienen und Tarsen gelblichweiss, Klauen geschwärzt. Abdomen schwarz, mit schmal roten Segmenträndern.

Körperlänge: ♂ ♀ 2.0 mm.

3 Exemplare aus Sapporo (Hokkaido), Honshu und Formosa, in der Sammlung von Herrn Prof. Dr. S. Matsumura.

Trivialname: *Ko-togari-kijirami.*

2. Trioza nigra n.sp.

Schwarz, glänzend, zuweilen die Insertionsstellen der Vorderflügel gelblichrot. Scheitel um $\frac{1}{2}$ so lang wie breit, am Hinterrande ein wenig concav. Stirnkegel um so lang wie der Scheitel, scharf zugespitzt, divergirend. Fühler kaum $\frac{2}{5}$ so lang wie die Costa, ganz schwarz. Vorderflügel $2\frac{1}{2}$mal länger als breit, glashell, mit hellbraunen Nerven; Radius lang, wellig gekrümmt, Radialstück der Costa 2mal so lang wie das Spitzenstück derselben. Beine ganz schwarz, bisweilen die Schienen vorwiegend gelb oder braun. Abdomen und Genitalien schwarz. Genitalplatte (♂) um so lang wie das Genitalsegment, in der Mitte nach hinten lappig erweitert. Zange ⅔ so lang wie die Genitalplatte, in der Mitte am breitesten, mit scharfer Spitze. Untere Genitalplatte (♀) kürzer als das vorhergehende Bauchsegment, am Hinterrande breit abgerundet, die obere sehr lang, scharf zugespitzt.

Körperlänge: ♂ 1.5 mm., ♀ 1.8 mm.

Zahlreiche Exemplare aus Sapporo (Hokkaido), Takao und Tamagawa (Honshu), in der Sammlung von Herrn Prof. Dr. S. Matsumura.

Diese Art steht der *T. galii* Zett. sehr nahe an, sie unterscheidet sich jedoch hauptsächlich durch die ganz schwarzen Fühler.

Trivialname: *Kuro-togari-kijirami*.

Schwärzlichbraun. Scheitel um ⅓ so lang wie breit, am Hinterrande deutlich concav. Stirnkegel ein wenig kürzer als der Scheitel, schmutziggelb, scharf zugespitzt, divergirend. Fühler um ⅓ so lang wie die Costa, schwarz; die 3 Basalglieder bräunlichgelb. Vorderflügel um 2½mal so lang wie breit, glashell, mit gelben Nerven; Radius kurz, schwach nach innen gebogen, Radialstück der Costa so lang wie das Spitzenstück derselben; 2te Randzelle kaum grösser als 1ste. Beine schmutziggelb; die Schenkel vorwiegend schwarz; das 2te Tarsenglied und die Klauen geschwärzt. Abdomen und Genitalsegment schwarz. Genitalplatte (♂) einfach, 3mal so lang wie an der Basis breit, schmutziggelb, mit schwarzer Spitze. Zange schmutziggelb, ein wenig kürzer als die Genitalplatte.

Körperlänge: ♂ 1.8 mm.

Nur ein Exemplare aus Formosa in der Sammlung von Herrn Prof. Dr. S. Matsumura.

Diese Art steht der *T. galii* Zett. nahe an, sie weicht jedoch hauptsächlich durch den schmutziggelblichen Stirnkegel ab.

Trivialname: *Taiwan-togarikijirami*.

3. Trioza silacea M.-D.

Trioza silacea Meyer-Dür, Psyll. p389, 1871.

Trioza munda Flor. Rhyn. Livl. II, p.515, 1861.

Hellgelb, Abdomen grün. Scheitel am Hinterrande ein wenig concav. Stirnkegel um ⅓ so lang wie der Scheitel, scharf zugespitzt, stark divergirend. Fühler

$\frac{2}{3}$ so lang wie die Costa, weiss, die 2 Endglieder und die Spitze des 8ten schwarz. Vorderflügel 2½mal länger als breit, glashell, mit hellgelblichen Adern; Radius gerade, nur an der Spitze meistens sehr schwach, kaum erkennbar gekrümmt, Radialstück der Costa 1¼ bis über 2mal länger als das Spitzenstück derselben. Beine hellgelb; bisweilen das 2te Tarsenglied und die Klauen geschwärzt.

Körperlänge: ♀ 2.0 mm.

3 Exemplare aus Ishiyama (Hokkaido) und Takasago (Honshu), in der Sammlung von Herrn Prof. Dr. S. Matsumura.

Trivialname: *Ao-togarikijirami*

4. Trioza magna n.sp.

Hellgrün oder gelblichgrün. Scheitel kaum kürzer als die Hälfte der Breite, am Hinterrande ein wenig concav. Stirnkegel so lang wie der Scheitel, weiss oder weisslichgrün, mit scharfen Spitzen, stark divergirend, Fühler ⅓ so lang wie die Costa, braun; die 2 Basalglieder grün, die Glieder 3.-8. an den Spitzen und die 2 Endglieder ganz schwarz. Vorderflügel 3mal so lang wie breit, glashell, mit weissen Nerven; Radius sehr lang, schwach wellig gekrümmt; Radialstück der Costa 6mal länger als das Spitzenstück derselben; 2te Randzelle ½ so gross wie die 1ste. Beine hellgrün, das 2te Tarsenglied und die Klauen gebräunt. Abdomen grün. Genitalplatte (♂) um so lang wie das Genitalsegment, in der Mitte beiderseits lappenartig erweitert. Zange einfach, um so hoch wie die Genitalplatte. Untere Genitalplatte (♂) so lang wie die 2 vorhergehenden Bauchsegmente zusammen, an der Basalhälfte fast gleich breit, von hier an scharf zugespitzt, die obere so lang wie die untere, die beiden Spitzen gebräunt.

Körperlänge: ♂ 2.5 mm., ♀ 2.8 mm.

7 Exemplare aus Hekone (Honshu), in der Sammlung von Herrn Prof. Dr. S. Matsumura.

Trivialname: *Midori-togarikijirami*.

5. Trioza salicivora Reut.

Trioza salicivora Reuter, Med. Soc. Pro. Fet. Fl. Kenn. 1. p.75 1876.

Orangenrot. Scheiel am Hinterrande concav, ½ so lang wie am Hinterrande zwischen den Augen breit. Stirnkegel kaum so lang wie der Scheitel, stark divergirend. Fühler weiss oder weisslichgelb; 3 oder 4 Endglieder schwarz. Vorderflügel 2⅘ länger als breit, glashell, mit gelben Adern; die Costa schwach convex,

Radius gerade, Radialstück der Costa schwach convex, Radius gerade, Radialstück der Costa 1½–2mal länger als das Spitzenstück derselben. Beine rötlichgelb; das 2te Tarsenglied und die Klauen dunkel. Abdomen und Genitalien rötlichgelb. Körperlänge: ♀ 2.0mm.

2 Exemplare aus Sapporo (Hokkaido), in der Sammlung von Herrn Prof. Dr. S. Matsumura.

Trivialname: *Yanagi-togarikijirami.*

6. Trioza remota Frst.

Trioza remota Foerster, Psyll. Vern. Nat. Ver. Preuss. Rheinl. p. 83, 1848.

Trioza cinnabarina Foerster, Psyll. Verh. Nat. Ver. Preuss. Rheinl. p. 85, 1848.

Trioza drysobia Flor, Rhyn. Livl. II. p. 522, 1861.

Hellrötlichgelb oder gelblichrot, auf dem Rücken mit bräunlichgelben Striemen. Scheitel am Hinterrande concav. Stirnkegel hellschmutziggelb, mit schwarzer äusserster Spitze, um so lang wie der Scheitel, an der stumpfen Spitze etwas divergirend. Fühler um ½ so lang wie die Costa, schwarz; die 3 Basalglieder gelblichbraun. Vorderflügel 2½mal länger als breit, mit gelben Nerven; Radius kurz, fast gerade, manchmal kaum erkennbar, gegen den Cubitus gebogen; Radialstück der Costa ebenso lang oder ein wenig länger als das Spitzenstück derselben. Beine hellgelb; die Schienenspitze und das 1ste Tarsenglied ein wenig gebräunt, das 2te Tarsenglied und die Klauen schwarz. Abdomen oben braun, unten und Genitalien hellgelblich. Körperlänge: ♂ 1.8mm., ♀ 2.0mm.

8 Exemplare aus Tokio und Yamashiro (Honshu), in der Sammlung von Herrn Prof. Dr. S. Matsumura.

Trivialname: *Kashi-toharikijirami*

7. Trioza nigriceps n.sp.

Schmutziggelb oder gelblichbraun; Kopf ganz schwarz. Scheitel um ⅓ so lang wie breit, am Hinterrande fast gerade. Stirnkegel um so lang wie der Scheitel, mit scharfen Spitzen, divergirend. Fühler kaum ⅓ so lang wie Costa, schwarz, das 3te Glied an der Basis und die 2 Endglieder ganz braun. Vorderflügel 3mal so lang wie breit, glashell, mit gelben Nerven; Radius lang, wellig gekrümmt; Radialstück der Costa 2½mal länger als das Spitzenstück derselben. Beine hellgelb, das 2te Tarsenglied und die Klauen geschwärzt. Abdomen oben schwarz, unten und Genitalien schmutziggelb. Genitalplatte (♂) sehr kurz, 2mal länger als breit, in der Mitte beiderseits mit einem langen, nach hinten gerichteten Fortsatz. Zange um so lang wie die Genitalplatte, einfach, sehr schmal. Untere Genitalplatte (♂) sehr schmal, 1½mal länger als breit, scharf zugespitzt, die obere ebenso geformt wie die untere, nur ein wenig länger bei der obere.

Körperlänge: ♂ 2.0mm., ♀ 2.2mm.

9 Exemplare aus Takasago (Honshu), in der Sammlung von Herrn Prof. Dr. S. Matsumura.

Diese Art steht der *T. salicivora* Reut. nahe, sie weicht jedoch durch den ganz schwarzen Kopf ab.

Trivialname: *Kurozu-togarikijirami*.

9. Trioza brevifrons n.sp.

Schmutziggelb, oben mit gelblichbräunen Striemen. Scheitel ¼ so lang wie breit, am Hinterrande ein wenig concav. Stirnkegel kurz, um ⅓ so lang wie der Scheitel, gelb, schwach schwarz zugespitzt, dicht aneinander schliessend. Fühler ¼ so lang wie die Costa, gelblichweiss, die 2 Endglieder schwarz. Vorderflügel kaum 3mal länger als breit, glashell, kaum erkennbar bräunlich gefärbt; Nerven gelb, Radius fast gerade, Radialstück der Costa 2mal so lang wie das Spitzenstück derselben, 2te Randzelle ½ so gross wie die 1ste. Beine gelb; die Spitze des 2ten Tarsengliedes und die Klauen schwach gebräunt. Abdomen braun; Genitalien gelb. Untere Genitalplatte (♀) ein wenig länger als das vorhergehende Bauchsegment, scharf zugespitzt; die obere ebenso geformt wie die untere.

Körperlänge: ♀ 2.0mm.

Nur ein Exemplar aus Formosa, in der Sammlung von Herrn Prof. Dr. S. Matsumura.

Der Form nach der *T. senecioni* Scop. etwas ähnlich; sie unterscheidet sich jedoch durch den Bau der Stirnkegel.

Trivialname: *Hosoba-togarikijirami*.

10. Trioza viridula Zett.

Chermes viridula Zetterstedt, F. Ins. Lapp. I. p.555, 1828.

Trioza viridula Flor, Rhyn. Livil. II. p.496, 1861.

Trioza apicalis Foerster, Psyll. Verh. Nat. Ver Preuss. Rheinl. p.82, 1848.

Grün, etwas schmutziggelblich spielend. Scheitel ½ so lang wie breit, am Hinterrande fast gerade. Stirnkegel ziemlich kurz, etwas ⅔ so lang wie der Scheitel, allmählich scharf zugespitzt, divergirend, an der Spitze gebräunt. Fühler kurz, ¼ so lang wie die Costa, gelblichweiss, die 2 Endglieder und die Spitze des 8ten (sehr selten die 4 letzten Glieder) schwarz. Vorderflügel glashell, mit hellen Nerven; Radius gerade oder der Spitze ein wenig gekrümmt, Radialstück der Costa 1½mal länger als das Spitzenstück derselben. Beine hellgrün oder grünlichgelb, das 2te Tarsenglied und die Klauen gebräunt oder geschwärzt. Abdomen und Genitalien grün.

Körperlänge : ♀ 1.5mm.

2 Exemplare aus Yamashiro (Honshu), in der Sammlung von Herrn Prof. Dr. S. Matsumura.

Trivialname : *Momi-togarikijirami.*

11. Trioza curvatinervis Frst.

Trioza curvatinervis Foerster, Psyll. Verb. Nat. Ver. Preuss. Rheinl. p.83, 1848.

Trioza pallipes Foerster, Psyll. Verh. Nat. Ver. Preuss. Rheinl p.84, 1848.

Trioza unifasciata F. Loew, Ent. M. Mag. XIV, p.229, 1878; Verb. d. k. k. zool-botan. Ges. p.580 Taf. XV. Fig.22, 1879.

Schmutziggelb ; oben mit dunkelbraunen Flecken. Scheitel kaum kürzer als die Hälfte der Breite, am Hinterrande ein wenig concav. Stirnkegel ein wenig kürzer als der Scheitel, dunkelbraun, mit den geraden Innenrändern sich zusammenschliessend. Fühler ⅓ so lang wie die Costa, schwarz ; die 3 Basalglieder ganz und das 4te nur an der Basis gelblichbraun. Vorderflügel 2⅔mal länger als breit, glashell, mit braunen Nerven ; Radius wellig gebogen, Radialzelle schmal, Radialstück der Costa 2mal länger als das Spitzenstück derselben. Beine gelb, das 2te Tarsenglied und die Klauen schwarz, bisweilen die Schenkel vorwiegend schwarz. Abdomen bräunlichgelb.

Körperlänge : ♂ 1.8-2.0mm.

3 Exemplare aus Takasago (Honshu), in der Sammlung von Herrn Prof. Dr. S. Matsumura.

Trivialname : *Kawara-togarikijirami.*

12. Trioza striola Fl.

Trioza striola Flor, Rhyn. Livl. II. p.508, 1861.

Schmutziggelb oder rötlichgelb ; Rücken mit dunkelbraunen oder schwärzlichen Flecken und Striemen ; in der Mitte des Scheitels befinden sich 2 schwarze Flecke.

Stirnkegel nm so lang wie der Scheitel, etwas divergirend, schmutziggelb, mit schwarzer Spitze, bisweilen schmutziggelbbraun oder fast schwäzlich. Fühler ⅓ so lang wie die Costa, schwarz; die 3 Basalglieder gelblichweiss, selten das 1ste Glied und die Basis des 2ten schwarz. Vorderflügel 2½mal länger als breit, glashell, mit braunen Nerven; Radius deutlich wellig gekrümmt; Radialstück der Costa mehr als 2mal so lang wie das Spitzenstück derselben. Beine schmutziggelb; die Schenkel mit schwarzem Längsstrich, das 2te Tarsenglied zuweilen auch die Spitze des 1sten und die Klauen geschwärzt. Abdomen schwarz, mit schmalen gelblichen oder röthlichen Segmenträndern.

Körperlänge: ♂ 2.3mm, ♀ 2.5mm.

Zahlreiche Exemplars aus Sapporo (Hokkaido), in der Sammlung von Herrn Prof. Dr. S. Matsumura.

Trivialname: *Madara-togarikijirami.*

V. Subfam. Phacoseminæ.

1. Gatt. Anomoneura Schwarz.

Anomoneura Schwarz, Proc. U. S. Mus. XIX. p.295, 1896.

In Japan kommt nur eine Art vor:

1. Anomoneura mori schwarz.

Anomoneura mori Schwarz, Proc. U. S. Mus. XIX, p.295, 1896.

Grünlichgelb, gelblichbraun oder schwärzlichbraun; Rücken ziemlich hoch gewölbt, mit weisslichen oder gelben Flecken und Striemen. Scheitel am Hinterrande ein wenig concav, in der Mitte um ⅓ so lang wie am Hinterrande breit. Stirnkegel so lang wie der Scheitel, ein wenig divergirend. Fühler kaum ½ so lang wie die Costa, gelb; die 2 Endglieder ganz und die Glieder 4 bis 8 an den Spitzen schwarz. Vorderflügel 2½mal länger als breit, weisslich subhyalin, mit zahlreichen, dunkelbraunen Punkten bedeckt; Nerven braun; Pterostigma an der Basis um ⅓ so breit wie die Basalbreite der Radialzelle; Radius, welcher sich am Ende mit der 4ten Zinke verbunden ist, mit 4 Aesten versehen. Beine gelblichbraun. Abdomen und Genitalien braun.

Körperlänge: ♂ 3.5mm, ♀ 4.0mm.

Zahlreiche Exemplare aus Sapporo, Ziozankei (Hokkaido), Tokio, Yamashiro (Honshu) und Kagoshima (Kiushu), in der Sammlung von Herrn Prof. Dr. S. Matsumura und in meiner Sammlung.

Diese Art ist dem Maulbeerbaume oft sehr schädlich.

Trivialname: *Kuwa-kijirami*

——————————— —

摘　　要

IV. 尖木蝨亞科　**Triozinæ.**

a. 觸角は細く糸狀を呈す …………………………………………………… b.

－ 觸角は多毛なり ………………………………………………… *Stenopsylla* 屬

b. 頭頂及び背に細毛を有す ……………………………… *Trichochermes* 屬

－ 頭頂及び背は平滑なり ………………………………………………… c.

c. 肘脈の第四枝脈は前緣に終る故に翅端は第二緣室にあり ………

……………………………………………………………… *Trioza* 屬

－ 肘脈の第四枝脈は翅端若しくは後緣に終る ……………*Epitrioza* 屬

Stenopsylla 屬

53. ひげぶととがりきじらみ　　Stenopsylla nigricornis n.sp.

　体黄色又は黄褐觸角は黒色にして多毛なり

Trichochermes 屬

54. ねぐろきじらみ　　Trichochermes bicolor n.sp.

　体黒褐前翅の基部若は黒色にして殘部は無色透明なり

55. すきばきじらみ　　Trichochermes hyalina n.sp.

　体黒褐、前翅は無色透明なり

Epitrioza 屬

56. たほとがりきじらみ　　Epitrioza mizuhonica n.sp.

　綠色又は黄色一見 Trioza 屬の如きも大形にして翅脈全く異なれ

　り体長 3.8—4.0 ミ.メ.

Trioza 屬

a. 体全く黒し……………………………… …… … …… …………… b.

ー 体は黒からず…… ……………………………………………………… d.

b. 額錐黄褐………………………59. たいわんとがりきじらみ formosana n.sp.

ー 額錐黒し ……………………………………………………………… c.

c. 觸角の第三節白し………………57. ことがりきじらみ galii Frst.

ー 觸角全く黒し………………58. くろとがりきじらみ nigra n sp.

d. 額錐全く黒し……………………………………………………… e.

ー 額錐黒からず…………………………………………………………… f.

e. 頭頂全く黒し…… ………64. くろづとがりきじらみ nigriceps n sp.

ー 頭頂赤黄にして黒斑あり……68. まだらとがりきじらみ striola Fl.

f. 額錐は頭頂と同長なり ………………………………………… g.

ー 額錐は頭頂より短し……………………………… .. h.

g. 徑脈は短く直きか或は少しく内方に曲れり …………………

………………………63. かしとがりきじらみ remota Frst.

ー 徑脈頗る長く稍波狀をなせり…………………………………

………… .. …61. みどりとがりきじらみ magna n.sp.

h. 二緣室は殆ど同大なり …………………………………………… i.

ー 第一緣室は殆ど第二緣室の二倍あり………………………………

………………65. ほそばとがりきじらみ brevifrons n.sp.

i. 徑脈は殆ど直きか少しく内方に曲れり ……………………………… j.

ー 徑脈は稍波狀を呈せり ………………………………………………

………………… …… 67. かはらとがりきじらみ curvatinervis Frst.

j. 橙黄色にして体長20ミ.〆…………………………… ..

…………………………… 62. やなぎとがりきじらみ salicivora Rent.

ー 淡黄色にして体長1.5ミ.〆……60. あをとがりきじらみ silacea M-D.

ー 綠色又は綠黄体長1.5ミ.〆……66. もみとがりきじらみ viridula Zett.

V. 閃木蝨亞科　Phacoseminæ.

Anomoneura 屬

69. くはきじらみ　Anomoneura mori Schwarz.

褐色、前翅は白色透明にして多數の黑褐紋を散在す、有名なる桑
の害虫なり

　　東北帝國大學農科大學昆虫學敎室には尚此外に數種の本邦産
木蝨を藏しあるも標本不完全にして判明し難きを以て暫く後
日の研究に委す、

終に此論文は東北帝國大學農科大學敎授松村博士指導の下に成り
たれば爰に之れを公表す、

Erklärung der Tafel.

Fig. 1.　Vorderflügel von *Anomoneura mori* Schwarz.
Fig. 2.　Vorderflügel von *Trichochermes bicolor* n.sp.
Fig. 3.　Vorderflügel von *Stenopsylla nigricornis* n.sp.
Fig. 4.　Vorderflügel von *Epitrioza mizuhonica* n.sp.
Fig. 5.　Vorderflügel von *Trioza magna* n.sp.
Fig. 6.　Genitalien des ♂ von *Trioza formosana* n.sp.
Fig. 7.　Genitalien des ♂ von *Anomoneura mori* Schwarz.
Fig. 8.　Genitalien des ♂ von *Trichochermes bicolor* n.sp.
Fig. 9.　Genitalien des ♂ von *Trichochermes hyalina* n.sp.
Fig.10.　Genitalien des ♂ von *Stenopsylla nigricornis* n.sp.
Fig.11.　Genitalien des ♂ von *Epitrioza mizuhonica* n.sp.
Fig.12.　Genitalien des ♂ von *Trioza nigriceps* n.sp.
Fig.13.　Genitalien des ♂ von *Trioza nigra* n.sp.
Fig.14.　Genitalien des ♀ von *Trioza nigra* n.sp.

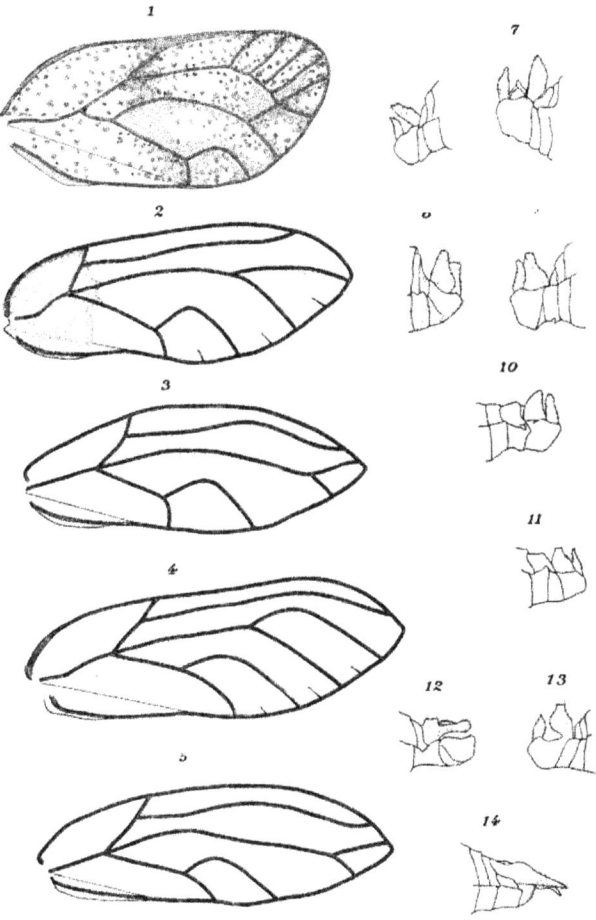

七面鳥の黒頭病に就て

農 學 士 渡 邊 彌 三 太 郎

ON THE SO-CALLED BLACK-HEAD OF TURKEY.[1]

By

Y. WATANABÉ.

Agricultural College, Tohoku Imperial University.

Introductory.

Since 1905, the turkeys in our college farm have greatly been destroyed by some unknown disease. When attacked by the disease in question, they fell within a few days. The disease seems to be infectious, and especially perilous. Our farm keeper threw some of the dead animals into weak alcohol, probably weaker than 70%. I have undertaken a work to determine the cause of the mischief and, if possible, to find out the methods in taking care of the suffering individuals. The present paper is embodied of the results so far as obtained in this work.

The material fixed in the above-stated fluid was put in successively stronger alcohols and was imbedded in the ordinary way in paraffin-mixture. It was next divided into sections about 1/100 mm. thick, making use of the Schanze's microtome.

As regards the staining fluids, I employed several kinds, such as Delafield's hæmatoxyline, Hansen's hæmatoxyline, eosin, congo-red, etc., but double staining by Hansen's hæmatoxyline combined with congo-red proved to be the best. For the staining of bacteria, which are found among the cœcal contents, fuchsin, gentiana-violet, methyl-blue and Gram's fluid were preferable.

To my great regret, the present material is very imperfect, indeed, owing doubtless to the imperfect method of fixation. As very well known, tissues thrown

---

1) This paper was originally presented as a graduating dissertation.

[Trans. Sap. Nat. Hist. Soc., Vol. III. 1910.]

in weak alcohol suffer thorough damages in their microscopic structure: they are quite valueless for histological works. And the present investigation is connected a great deal with the histological studies. In addition to this, I could not obtain a healthy turkey, the viscera of which may, if necessary, be compared with those of the diseased one, in verifying the pathological changes suffered by the animal. In my hope, therefore, to renew my work with the fresh material probably obtainable in the coming summer, I left the present work in an imperfect state.

The disease in question appears in early summer and grows severer towards midsummer when it is most severe. Quite young chicken turkeys often show symptoms of the disease, so that we may conclude that the infection goes on already in the chicken.

The birds attacked by the disease soon become inactive, their plumage is turned into a dirty colour, and some feathers become ruffled. At the same time, the belly swells up enormously, and diarrhea soon follows, causing immediate death. There is little room in doubting that the direct mortal cause is diarrhea and decreased absorption of nutriment. In the following lines, I will point out some probable causes of the diarrhea and decreased absorption, together with some other factors standing in connection with these pathological phenomena.

I wish here to express my warmest thanks to Prof. S. HASHIMOTO and to Prof. Dr. S. HATTA and Dr. T. KATO for their courtesy shown by them during the course of my present work.

Part I. DESCRIPTIVE.

It should first be mentioned that the cœca as well as the liver undergo, as close examinations of the viscera of the preserved specimens show, manifest pathological alterations. For the sake of convenience, the cœca and liver will be dealt with separately.

A. The Cœca.

The cœca affected by the disease in question show a certain thickening, and on the inner surface of their walls are detected curious elevations. The thickening varies in degree according to cases met with: it is, in some cases, confined to the distal or to the proximal part, or to both the parts; in other cases, it forms patches circumscribing the walls; in still other cases, the whole extent of the tube's wall is uniformly swollen up. Wherever the cœcal walls are thickened, the serosa is always thickened. The tuberculous elevations are, on the other hand, nothing more than masses of compact but brittle bodies adhering to the mucous membrane of the cœca ; they are yellow or yellowish-white in colour and fall off by a slight touch. The elevations occur in more numerous number in the distal part than in the proximal.

I have repeatedly examined these curious bodies detached ; neverthless I could not determine, whether they are parasitic in nature or mere coagulated fluid. At any rate, the sections through these bodies are stained intensely by the Hansen's haemaloxyline, but slightly by congo-red. Those points of cœcal walls, on which the bodies are found, become sometimes slightly thickened, owing to the submucosa pathologically thickened ; sometimes this is not the case. In either case, the walls are depressed on these points, causing the mucous epithelium to sink down and the tunica propria as well as the submucosa to be strongly pressed, so that there is formed in each point a funnel-shaped depression on the mucous epithelium. I can not tell, what is the cause of these changes of the cœcal walls. It is, however, beyond doubt, that the bodies in question are pathological products, because there was met with, in spite of my efforts, no trace of such strange bodies and such changes of the cœcal wall accompanying them in healthy cœca. I will turn away for a moment from this postulated point, to deal with it in future pages.

Let us now pass to the cause of another kind of thickenings which do not lie under the curious bodies just referred to. On series of sections through the diseased wall of the cœcum, we notice at the first sight a certain abnormity of the mucosa, especially that of the tunica propria. Furthermore such an abnormal feature of tissue is not unfrequently extended into the submucosa : even the mucous epithelium often suffers more or less such changes. A close microscopical examination goes to show that the damages are caused by a parasitic organism.

Numerous ovoid or roundish bodies are suspended in the meshes of the reticulated fibrous elements of the tunica propria. Examined in the preserved specimens, each of them is formed of the compact protoplasmic body enclosing a large distinct nucleus which is highly refractive. The cell body is $1.8–3.0\mu$ in diameter, and the nucleus $0.8—1.0\mu$ (while the cell of the same kind found in the liver, is $2.5 — 4.0\mu$ in diameter, and the nucleus $1.0—1.5\mu$; ride infra). Most frequently the parasites occur in groups consisting of two or four ; their solitary occurrence, however, is often met with.

I can tell nothing about their living state and the life-history they pass through. There are, however, certain facts, by means of which we can infer some of the functions they performed during life. I have not unfrequently observed the solitary individuals possessing obtuse processes on their body surface, which look like pseudopodia suddenly hardened. It is thus highly probable that they creep about during life by means of the pseudopodia which they may produce on the suface of their body. On the other hand, the individuals in groups present no structure comparable with a pseudopodium or other locomotive organs of unicellular organisms. They are, therefore, to be regarded as being in a motionless state; they are, as I believe, in the phase of division or multiplication. This assumption is further supported by the fact that the individuals are united in groups formed of sometimes three, sometimes four and rarely more than six. From these facts the following consideration will prove to be true. The parasites multiply by repeated fissions, until they attain a certain number, perhaps, less than 10. Then they creep out of their cell-nest, sending out and withdrawing their pseudopodia. This may further be the reason why the parasites are rapidly added in number.

If the above considerations are convincing, the parasites in question doubtless represent a species of the group *Amœba*, as will be induced from their life history; but I can not say, however, at present with certainty, whether they are *Amœba meliagridis*, a name which Smith [1] has given to the parasite worked out by him in turkeys.

Concerning the damages which the parasites cause in the structures composing the cœcal walls, the following facts are to be mentioned. In the tunica propria, for instance, there is detected no additional matter which may be looked upon as pathological products. On the contrary, the fibers of this layer become very scanty: consequently the texture is much loosened. The spaces thus brought about are occupied by the scattered solitary parasites or by the cell-nests. This fact makes it intelligible that the fibrous elements of the tunica propria are to agreat extent dissolved: probably the parasites nourish themselves with the dissolved matter of the fibers.

In spite of decrease of the structural elements within, the cœcal wall swells up in its thickness; this is due to nothing else than rapidly progressing increase in number of the parasitic individuals, as shown by the fact that at the maximum of the thickening which I have observed, the interior of the tunica propria is thickly

---

1) Smith: Infectious Entero-Hepatics in Turkeys: Bulletin of the Bureau of Animal Industry. U. S. A. Dep. of Agr., No. 8, 1895.

loaded with the parasitic cells.

It is noteworthy that during the earlier stages of infection, the parasites are confined to the tunica propria, and that they invade by stages the submucosa and even the blood vessels. Changes caused by the parasites in the submucosa, are, on the other hand, quite different from those suffered by the tunica propria just stated: the structural elements, the fibers, are, in contrast to the case in the tunica propria, enormously added, so that the layer is woven with reticulated fibers of thick meshes. The meshes of the reticulated tissue are filled up with the parasitic cells. It is furthermore not unreasonable that there is, within this layer, produced a certain pressure. This pressure and the added tissue-elements probably take part to a great extent in causing the cœcal walls to be thickened.

Lastly the mucous epithelium is not directly attacked by the parasites, but is broken up in consequence of the enormous bulging of the strata underlying it, i. e. the tunica propria and the submucosa.

The Lieberkühn's crypts, which are formed of mucous epithelium, are also filled up with the parasitic cells; their walls suffer, of course, a damage to a certain extent.

Now we arrive at the question, how the parasites reach the place, the tunica propria, where they are found in earlier stages of the disease. I have no positive evidence in proving the actual invading of the parasites; there are, however, several negative inferences as to the possibility in regard to their invasion. In the first place, it may be assumed that the parasites arrive at the tunica propria by an indirect way from the blood-vessels which they enter at a far distant place. But this assumption could not have been proved: so far as my observations extended, nowhere were the parasites found in the blood-vessels at the time when they make their first appearance in the tunica propria.

In the second place, the Lieberkühn's crypts may be taken as the entrance of the parasites; for the tubes are not only in a situation appropriate for the entrance of the parasites, but they are, in fact, very often filled up with the parasitic cells. There is, however, an important factor which should not, at any rate, be overlooked for the elucidation of the problem: the parasitic cells are detected always in the outside as well as in the inside of the tube's wall, i. e. in the tunica propria and in the tube's interior, and they never occur in the latter part alone. It is, therefore, evident that the parasites in the tube's interior push their way from without into the interior, and not in the inversed direction: in other words, they come into the crypts from the tunica propria, destroying certain points of the crypts walls, which can actually be made out; consequently the present assumption is disproved.

In the third place and lastly, I have mentioned in the foregoing pages that the mucous membrane is excessively depressed at the points where the curious bodies are found. The depression shows for each body the shape of a funnel, so that it encloses the basal half of the body; the underlying tissues, especially the tunica propria and the submucosa, are strongly pressed, so as to be turned into compact layers. When we follow the series of sections through a depression, we see that the mucous epithelium forming the bottom of the depression is, in a certain extent, dissolved. Furthermore, the fibers of the tunica propria adjacent to the depression are also melted together, and the numerous parasitic cells are found imbedded in this molten mass. This part is the only point which is to be recognised as the entrance of the parasites, as the following considerations will prove.

Suppose that the parasitic cells arrive at the interior lumen of the cæcum, having been carried in by the food ingested; the cells sooner or later fasten themselves on the surface of the mucous membrane of the cæcum. By the influence of their parasitic life on this part, there is produced an abnormal body, as it seems to me, in a similar way as the gall-nut is produced on a plant leaf, to which gall-wasps or gall-mites give their irritating stimuli, in leading their parasitic life on it.

The increasing irritation of the mucous membrane by the parasites causes, as it were, the abnormal body in question to be added in its bulk, so that it presses at last, strongly upon the cæcal wall, until the wall has been depressed into a funnel-shaped pit, embracing the basal half of the body. If this assumption is correct, the body in question may represent what was spoken of above as the curious body, and it follows that the pit is nothing else than the above-mentioned funnel-shaped depression.

Next, the parasites migrate into the tissues of the cæcal wall, destroying the epithelial lining; in the first step, they come into view in the tunica propria and turn, as above stated, the structure into amorphous masses, in which they are found imbedded. I can not say with certainty, however, how this is brought about; but there is little doubt in assuming that the changes are effected by the parasitism.

The parasites not merely wander about within the tissue of the tunica propria, but force their way, on one hand, into the submucosa, and on the other, into the mucosa layer, under rapid multiplications. In the submucosa they do not give any marked change to the structure at all. On the contrary, the mucous epithelium suffers injury; this is especially the case in the walls of the Lieberkühn's crypts: the crypt's walls are destroyed at several parts which the parasites attack in multitude to make their way into the interior of the crypt's lumen, as stated in the foregoing lines. I call attention to this point of destruction by the parasites: namely, the parts of the crypt's walls, which are destroyed in consequence of the parasitism, form the only way of escape of the parasites. The animals come to the interior of the cœcum through the crypt's walls broken up and are cast off to the exterior, being intermingled with the cœcal contents, viz. the fæces; in this way they may infect other host individuals.

B. The Cœcal Contents.

Having dealt with the diseased features of the cœca, the cœcal contents will briefly be examined, in order to make intelligible the relations of the parasitic organisms which may be found in the contents, to the diseased parts of the cœca.

The contents of the turkey's cœca are hard, owing doubtless to the action of the preserving reagent employed. They are coagulated, though semifluidal in their fresh state, being greenish in colour similar to those taken off from the fowl's cœca. A microscopical examination shows that the cœcal contents consist mainly of undigested parts of their foods, such as the vessels and fibers of plants. Only one species of animal parasite is detected, but numerous in individual number. It is a species of the genus *Trichostomum* of Trichocepalidæ, Nematoda. Bacteria are found in abundance: at least six species are to be distinguished. All these vegetative parasites have, it seems, certain physiological meanings in causing putrefaction to the food undigested. There are found many epithelial cells which show a great similarity with those forming the mucosa layer: they have doubtless fallen off from this layer in consequence of artifact. It is very striking that there are detected only a few individuals of the parasitic protozöon which was recognised, in the foregoing lines, as causing the disease. There is, therefore, little room for doubting that these parasitic cells are on their way escaping from the cœcal walls where they live in colony.

C. The Liver.

The liver of a diseased turkey shows resemblance to the fowl's liver in its external configuration. On the surface of the liver, we find numerous coloured spots varying in size. They are in some cases 17 mm in diameter, while in other cases they are represented by mere points which also vary in size among themselves. These peculiar spots are greater in number on the upper surface than on the under or gastral surface of the liver. In a surface-view they are round or ellipsoidal in outline and flattened or slightly depressed on their surface, and are lemon yellow or light yellow in colour. On this ground colour, are seen dark brown lines of varying forms: in some spots the lines mark a net-work and often show irregular markings; in others they are represented by radial striations sent off from the center of the spot. Besides these sharply defined spots, there is another kind of spots, showing mottled brownish colour and being marked off from the surrounding liver tissue only by their darker colour, while in some other cases, there are found uniformly light yellowish spots, shading away gradually into the surrounding tissue. The spots are often so hardened, that they can easily be taken off, by a slight touch, as plates or scales.

The peculiar occurrences above referred to are due, self-evidently, to the pathological condition. Let us proceed to show, how they are caused.

Observed in sections into which the diseased liver is divided, the liver tissue beneath the above stated spots shows great changes. The hepatic cells are fused together, and the nuclei become bigger, and are feebly stained. In some cases, the liver cells are converted into fibrous net-like structure containing neither nucleus, nor blood capillaries and blood corpuscles, and are still less affected by certain staining reagents such as the Delafield's haematoxyline, etc. The changes of the liver tissue go so further that the whole tissue is transformed into a single homogeneous plate, containing no blood-vessel and no blood corpuscle at all. This plate is to be hardly stained with the above-mentioned haematoxyline or some other staining fluids.

Very curious, however, it is that, in and about the changed tissues of all the kinds above enumerated, I can not make out, in spite of my efforts, anything to be regarded as parasites. On the other hand, amidst the unchanged liver tissue, lying apart from the above-mentioned changed tissues, I made out foreign cells, two or four of which are in groups. Beyond doubt, these cells are parasites; they are, in all their features, quite the same as those pointed out in the cæcal walls, except their bulk slightly greater than the cells of the latter lot, varying from 4.0 to 2.5μ in diameter (see p. 69).

These parasitic cells are detected in the meshes of the hepatic cells as well as in the places which were doubtless occupied formerly by the hepatic cells themselves and which have now been destroyed. In addition, they occur in bile-ducts and in the interlobular vessels which latter represent probably the branches of the portal veins.

The parasitic cells under consideration are found free in the vessels as well as in the ducts, but those in the hepatic meshes are surrounded by fibrous capsules which are, as it seems, extended by stages. Observations of sections through the liver in several stages of the disease, show that the fibrous corpuscles extend themselves to the peripheral parts of the liver. The fibrous structure in this case can by no means be distinguished from the above-stated scale-like and plate-like structures, containing no parasites. We are justified, therefore, in concluding that the fibrous structure is pathogenous in origin, being caused by the parasites, and that the scale-like and plate-like structures above mentioned represent nothing else than advanced states of the same pathological changes of tissue, although there is detected no trace of parasites. In short, when the disease is advanced, the parasites disappear in the places previously infected, migrating into other parts where the nourishment is not yet exhausted.

I have nothing at present to tell with certainty about the mode, in which this fibrous change of the hepatic tissue is brought about; it is, however, highly probable that this change is due to the abnormal increase of the connective tissue, which forms the support of the hepatic glands, by stimulations of the parasitic life. The host animal dies simply because the liver loses its functional power to a certain degree, when the pathological change in question is extended to a certain extent.

Next we come to explain, how the parasites enter the substance of the liver. I have mentioned in the foregoing lines that the parasites are found in both the bile-ducts and portal branches of vessels. The former constitute, as I believe, their way escaping, while the latter represent their entrance. There is little room in doubting that the parasitic cells do not travel by means of their own activity, but are, to a great extent, transported in a passive way by the medium in which they are found, and this medium is represented by the hepatic juice poured out from, and the portal blood hasting into, the liver. It is, therefore, convincing that the parasites enter the liver through the portal blood, and escape through the bile-ducts.

From the facts above pointed out, it follows that the cœcum is the first to be attacked by the parasites, and then they come, on the way of the portal stream of blood, into the liver. The parasites in the cœcal walls represent, I venture to say, a generation different from, and foregoing to, the generations to be passed in the liver.

If the considerations above given are valid, the progressing process of the disease may be assumed as follows: in the first stage, the hepatic cells are more or less destroyed; in the second stage, the hepatic tissue is turned into fibrous reticulum, the gland cells being totally absorbed; in the third stage, the reticular structure disappears to a large extent, and the parasitic cells can no longer be detected there at all; while in the fourth stage, the fibers constructing the abnormal tissue is converted into an almost homogenous plate. When the histological changes of the last state advance to a certain extent, then the death of the host animal takes place.

The parasites escaped through the bile-ducts are, it is obvious, cast off, together with the excrement, through the vent. They are probably encysted in the exterior to be again taken up, mixed with foods, by other host individuals which will be infected by them.

Part II. HISTORICAL REVIEW AND CONCLUDING REMARKS.

It is rather curious that the striking disease of the turkey above referred to has drawn the attention of comparatively a few scientic observers. So far as I am aware, concerning the disease in question, there are only a few published papers, of which the work by Cushman,[1] that by Smith[2] and that by Moore[3] are very well known. The views advanced by these three authors are in accordance in concluding that the bacteria which are found in the diseased organs of the turkey in large number, can by no means be looked upon as the pathogenetic in the disease under consideration. As mentioned in the foregoing pages, the results of my present work also speak for this view. As to the real cause of the disease, on the other hand, the results arrived at by myself best agree, as seen from the above descriptions, with those by Smith,[4] but I can not, at present, determine with certainty, whether or not the parasite represents the species named by Smith. In spite of

1) Cushman: Nature of Black Head in Turkeys: Reports of Rhode Island Agr. Exp. Station, p. 190, 1894.

2) Smith: Infectious Entero-Hepatitis in Turkeys: Bulletin of the Bureau of Animal Industry, U. S. A. Dep. of Agr. No.8, 1895.

3) Moore: The direct Transmission of infectious Entero-Hepatitis in Turkeys: Circular No. 5. Bureau of Animal Industry, U. S. A. Dep. of Agr., No.7, 1896.

4) Loc. cit.

the mor,hological harmony of the parasite observed by Smith with that by myself, it differs in size: the ,arasitic ,rotozoön in my case is smaller, as com,ared with that in the case of the American observer; this differenc is, however, due, it is ,robable, to the different reagents of fixation em,loyed in both the cases. A further difference in the results by Smith from mine consists in the frequent occurrence of the exudates on the outer surface of the diseased cæcum, while this is not the case in the specimens observed by myself. I have never met with at all any structure which may answer to the giant cells mentioned by Smith: they are, I think, nothing else than the thickly grou,ed ,arasitic cells imbedded in the destroyed tissues.

From the accounts given above, the mortal cause of the host is not difficult to infer. In the case in which the host dies when the cœca alone are attacked, the death is due to diminished absor,tion of the digested matters; for the cœca of the birds form, as is very well known, a strong organ of absorption. The death in the case of the disease attacking the liver is self-evidently caused by the weakened he,atic function. Very common mortal causes consist in destruction of both the organs.

Among others, Schaudinn worked out *Entamœba hystolyca* occurring in the human body. It is in great resemblance with the ,arasite of the turkey above mentioned. A comparative study of the parasites in both the hosts will ,rove of interests.

It is the common o,inion in our country, that turkey farming is connected with great difficulties, and we have been informed that the difficulties consist chiefly in ,rotecting the bird from the disease above referred to. To do this, we have only to kee, off the chicken from the infected individuals.

Summary.

1. The disease is caused by the parasite called *Amœba s*., and not by bacteria found in the cœca.

2. The parasite attacks first the cœca, the histological structure of which is destroyed by it.

3. Some of the parasitic organisms escape from the cœca through the Lieber-kühn's crypt, into which it comes out, breaking up the cry,t's walls.

4. Passing through the ,ortal vein, it comes then to the liver which is converted by it at last into hard plates.

5. The parasite esca,es from the liver through the bile-ducts.

6. The parasite from the liver, together with that from the cœca, is cast off

from the enteric canal through the vent, being intermingled with the excrements, to be infected to other individuals.

7. The direct mortal cause is the destruction of the ceeca or liver, or of both the organs.

摘　　要

　明治三十八年以來、我東北帝國大學農科大學農場に飼養せる七面鳥中、原因不明の疾病に罹りて死するもの多く、殊に、稚雛に其の甚しきを見たり。蓋し、該疾病は傳染性にして且つ猖獗なるが如し。余は其の病源を明かにし、更に進んでこれが豫防並に治療法を確實にせんとして、是れが研究に著手せり。これ此研究の一部なり。

　疾病の爲めに侵害されたる部分は盲腸と肝臟となり。此疾病に襲はれたる『盲腸』は、其壁厚くなり且つ異常の隆起を呈す。盲腸壁の此肥厚及び隆起の病的產物たるは、是等が健全なる盲腸に伴はざるを以て明かなり。隆起の下に敷かれたる粘膜は甚しく壓迫せられ表面に漏斗狀の窪處を生ぜり。又隆起の下にあらざる肥厚部を見るに其組織に著しき異狀あり、此異狀の及ぶ區域は、粘膜は素より其下層も多少の害を被れり。此の變化は、實に寄生生物に原因す。

　寄生生物として見るべきは粘膜下の網眼中にある、卵形若くは圓形の、無數の細胞なり。此細胞は大にして且つ強く光線を反射する核を含み、直徑1,8乃至3,0μありて、後に述ぶる肝中の寄生細胞より、稍小なり(肝中の寄生細胞は2.5乃至4.0μあり)。寄生細胞は單獨にあることもあれど、多くは二乃至四個づゝ群を爲してあり。此生活狀態は今知るに由なしと雖も、其表面上にある鋭き突起は、僞足が

アルコールの爲めに急速に固定せられたるは疑なし、よりて考ふる
に、生活中此虚足によりて這ひ𢌞りしこと明かなり。また群を爲せ
るものは、虚足其他原生々物の移動器と見るべきものを有せず、此
等は休止の狀態にあり、分裂蕃殖しつゝあるや明かなり。是等の事
實を總合して考ふるに、此寄生生物は分裂增殖し、後一つ一つ分離
して這ひ出すものなり。然らば則ち此寄生生物はアミーバの一種
なること明かなるが、果してスミス氏の七面鳥にて發見せしと同一
のアミーバなるや否やは疑問なり。

　盲腸腟內の礎膜中には、寄生動物以外には病的生產物として見
るべきものなし。之れに反して組織は大にゆるみ、其間隙は彼の寄
生細胞と其胚体とによりて充たさる。是れ組織成分たる纖維は此
寄生動物の爲めに融かされ、其營養物となれるなり。かく成分の減
少せるにもかゝはらず壁が肥厚せる所以は、寄生動物が急劇に增加
して組織間を埋るによる。疾病初期にありては寄生動物は粘膜下
にのみ棲めども、順次其下層に及び粘膜下層並に血管を侵すものな
り。此層は礎膜と反對に、組織要素大に增加し、其網眼は寄生細胞を
以て充たさる。是れ盲腸腟の厚さを增すに與りて力あること論を
俟たず。粘膜表皮は直接寄生動物に侵かされざれども、其下にある
礎膜及び粘膜下層の著しく膨大せる結果、破らるゝに至る。リーベ
ルキューン氏腺は又た寄生細胞を以て充たさる。

　今また此寄生動物の盲腸腟內に侵入する經路を見んに、
(第一) 血管より來らず、如何となれば疾病の初期に礎膜は血管より
先きに侵さるればなり。
(第二) リーベルキューン氏腺內には礎膜より後にて現はる、故に此
の腺より侵入せしに非らざること明かなり。
(第三) 余は上に異常なる隆起が附著せる所に於て、粘膜が漏斗狀に
凹入することを記せり、此所にては粘膜表皮は殆んど毀し破られ且

つ礎膜の纖維は甚しく融され、其中に多數の寄生細胞を包含す、是れ則ち寄生生物の侵入せし入口と考ふ可き唯一の所なりとす。其の經路を想像するに左の如くならん。

寄生生物は食物と共に胃内に入り、盲腸に達し、フシ蜂或はフシダニが葉上に五倍子を生ずるが如く粘膜に異常物質を生ぜしむ、而して盲腸壁の組織中に表皮を破りて礎膜に出でゝ增殖し、粘膜下層粘膜に移行し、リーベルキューン氏腺を破りて腺內腔に出でゝ、其れより盲腸內容物と共に排泄せらる。

盲腸の內容物は重に食物の不消化部分なり。加之バクテリアの夥多と一種の寄生蟲と、粘膜の脫落せるもの及び先に記せる寄生動物の細胞とあり。寄生生物中バクテリアと一種の鞭蟲類は他の健康體にも見出さるゝものなりとす。

　此の疾病に罹れる『肝臟』の表面には、大きさを異にせる多數の斑點ありて、大なるは直徑十七粍、小なるは漸く認め得るに過ぎず。其色橙黃色又は淡黃色に、其形橢圓又は圓形なり。斑點の基色中に射出狀、網狀等の紋線あり。此の斑點は肝臟組織の著しく變化せる部分なり。肝臟組織の變化の順次は(1)肝細胞は僅かに破損せられ、核大きくなる、(2)細胞は順次融解し肝の組織は網狀となり核、血管、毛細管を含まず。(3)網狀に變ぜる細胞は次で組織一樣なる板狀となる。寄生動物は直徑2.5乃至4.0μありて單獨に、或は二個乃至四個宛群をなして、肝細胞、膽管並に門脈中に見出さる。即ち寄生物は其運動器を以て自ら遠く移行する能はざる可しと雖も、門脈內の血液に乘じて肝臟に入り、膽管を通じて外界に出で去る。

　此疾病に關する硏究は僅かにカッシマン、スミス、ムーア氏等のものあるに過ぎず。余の硏究の結果はスミス氏のそれと大に似たるものあり、只スミス氏の發見せるものに比し、原生動物は小なりき。是れ或は兩者固定劑の異なれるによるならんか。他方面

に於てはシヤウデン氏は人に寄生し病原となるエントアミーバ、ヒストリカに就きて極めて有益なる研究をなせり。蓋し此等の疾病及び原生動物の比較研究は彼我利する所大なるを信ず。

　以上の説明したることを下に枚挙す。

1. 病原はアミーバの一種に属する寄生動物の寄生に因る。
2. 病原蟲たるアミーバは最初盲腸を侵して其組織を破壊す。
3. 寄生動物の一部はリーベルキューン氏腺を破りて出で去る。
4. 寄生動物は門脈より肝臓に流入して肝臓に寄生し、其の組織を破壊す。
5. 寄生動物は膽管より肝臓を去る。
6. 肝臓より去れる寄生動物は盲腸の内容物と共に排泄さる。
7. 直接の死因は盲腸或は肝臓の破損若くは兩者の破損にあり。

七面鳥飼養の難事たる原因は實に茲に存す、故に此の疾病の病原たる寄生動物の傳播を防ぐは最も適切なるものなり。

茄果實の黑點病菌に就て

半　澤　洵

UEBER EINEN NEUEN FRUCHTKRANKHEITS-
ERREGENDEN PILZ (Rhabdospora
Melongenæ SP. NOV.) DER EIERPFLANZEN.

(Mit Tafel III.)

Von Jun Hanzawa.

Im September 1907 entdeckte ich in einem Garten zu Yoichi (Hokkaidō), eine neue Pilzkrankheit an Eierpflanzenfrüchten. Ueber die Erkrankung von Eierpflanzen innerhalb Japans finden wir in den von K. Shirai, A. Ideta, S. Hori und G. Yamada herausgegebenen Handbüchern verschiedenes aufgezeichnet; hierbei sind jedoch nur Blätter, Stengel und Keimlinge in Mitleidenschaft gezogen. Die von mir neu entdeckte Krankheit beschränkt sich nur auf die Frucht; dieselbe ist mit vielen kleinen schwarzen Pünktchen besetzt, infolgedessen könnte man die Krankheit "Schwarzpünktchen-Fäule" der Eierpflanzen benennen (Fig. 1). Als den Krankheitserreger stellte ich einen neuen Pilz fest: Rhabdospora Melongenae m.

Dieser Pilz besitzt keine Ähnlichkeit mit Rhabdospora Circii Karst., welcher öfters in Deutschland und Finnland auf abgestorbenen Stengeln von Solanum tuberosum vorkommen soll.

Die Fruchtgehäuse von Rhabdospora Melongenae sp. nov. sitzten direkt unter der Oberfläche der Eierpflanzenfrüchte und zwar herdenweise angeordnet. Anfangs sind sie gelblichbraun und membranartig (Fig. 2—4), später werden sie dunkelbraun oder schwarz, korkig, kugelig oder abgeplattetkugelig. Sie sind mit einem kleinen, bisweilen länglichen Schnabel versehen, welcher etwa die halbe Länge des Fruchtgehäuses erreicht und aus dem Gewebe des Wirtes hervortritt. Die Breite des Fruchtgehäuses beträgt am unteren Teil 0,3—0,4 mm. an der Spitze 0,13—0,15 mm. und die Höhe 0,5—0,6 mm. Die Sporenträger sind sehr klein und nur bei starker Vergrösserung sichtbar (Fig. 6). .Die S$_{\jmath}$oren sind fadenförmig, an beiden Enden verschmälert, gerade oder gekrümmt, farblos, 14 – 20μ lang, 1,2 – 1,6μ dick, ohne Scheidewände und sichtbare Oeltropfen (Fig. 5). Das Mycelium ist sehr fein, farblos und gefächert.

Wir haben diesen Pilz nur an ausgewachsenen Früchten, welche als Samen im Felde verbleiben, gesehen. Da er nicht an jüngeren Früchten, die mit Salzbrühe verarbeitet werden, vorkommt, so ist die Krankheit bisher nur den Samenzüchtern bekannt. Die Farbe der Frucht ändert sich an den erkrankten Stellen ; daselbst erscheinen dann viele kleine schwarze Pünktchen. Die jungen Fruchtgehäuse sind eigentlich gelbbraun, die äus-eren, unter der Oberhaut liegenden Gewebe des Wirtes nehmen eine schwarze Färbung an. Nur bei jungen Fruchtgehäusen wurden S$_{\jmath}$oren vorgefunden. Die ausgewachsenen Fruchtgehäuse sind mit einer dunkelbraunen bis schwarz gefärbten, zelligen Wand versehen, und ähneln sehr dem Ascomyceten-Perithecium, doch konnte ich den Schlauch darin nicht nachweisen.

Als ich mit dem Studium dieser Krankheit beschäftigt war, hatte Herr Dr. Y. Takahashi die Güte, mir eine in Fäulnis übergegangene Eierpflanzenfrucht zu senden. Selbige sammelte er im Garten der hiesigen Landwirtschaftlichen-Versuchsstation und so bot sich mir Gelegenheit noch eine weitere Fruchtkrankheit der Eierpflanzen zu untersuchen. Die erkrankte Frucht war, im Gegensatze zu der oben beschriebenen mit schwarzen kontinuirlichen Flecken versehen, auf denen man bei schwacher Vergrösserung viele Haare wahrnehmen konnte. Bei den mikroskopischen Untersuchungen konnte ich feststellen, dass diese schwarzen Flecken aus dem Gemenge der S$_{\jmath}$oren und S$_{\jmath}$orenträger von Alternaria Solani und der Sporangienträger und Sporangien von Phytophthora infestans bestehend herrühren.

　一昨々秋予は余市郡山田村三宅輔氏果樹園に於て、採種用とし・
て圃場に登熟せしめつゝありし茄果實の腐敗せるものを認め、携へ
踊りて此れを檢鏡せしに、未だ曾て本邦並に歐米に於て記載せられ
ざる一種の菌類の寄生によることを確め得たれば、予は之れに新名
稱を附し、Rhabdospora Melongenae sp. nov. と呼ばんとす、

　從來茄植物の寄生菌として學術界に知られたるものは Botry-
tis fascicularis (Cda.) Sacc., Sporodesmium Melongenae Thüm.,
Phyllosticta hortorum Speg., Phoma vexans Sacc. et Syd., Mys-
trosporium polystichum Cke.,　Tuberculina solanicola Ell.,
Rhizoctonia Solani Kühn. 等にして、或は該植物の葉に、或は其果實
に、將た又其稚茜に寄生す、而して是れ等の中本邦に發生して茄植物
に寄生するものは、Phyllosticta hortorum 並に Rhizoctonia
Solani の二種なりとす、

　以上の外、尚ほ本邦に於て茄果實に寄生して其腐敗を惹起せし
ひるものあり、　余は北海道農事試驗場技師高橋良直氏の厚意によ
り、氏が明治四十年九月試驗場に於て採集せられたる茄子の果實腐
敗標品を檢することを得て、Phytophthora infestans (Mont.) De
Bary. 並に Alternaria Solani (E. et M.) Sorauer. の二種の寄生菌が
其腐敗の原因たることを確めたり、故に本邦に於ける茄果實の腐敗
を起す菌類は予が觀察によれば次に記さんとする Rhabdospora
Melongenae sp. nov. 菌を合して三種ありとす。

Rhabdospora Melongenae sp. nov.

茄子の黑點病菌

　本菌は Septoria 菌に酷似する不完全菌にして、子殼は茄子果
實の外皮組織內に生じ、子座を有せず、初め黄褐色にして膜質樣を

なし、組織内に埋沒すれども、後に至りて黑色の革質様となり、寄主の表皮に圓孔を穿ちて、子殼の頸頭部を外方に突出す、子殼は球形、楕圓形、扁圓形並に不規則に壓迫せられたる球形をなし、大さ 0,3―0,4 mm×0,15―0,23 mm にして、頸部の長さは全長の半に達し、上部淡色なり、全長 0,5―0,6 mm 頸口部の大さ 0,13―0,15 mm なり、

　　擔子梗は著しく短小にして高度の廓大によるにあらざれば之れを明視すること困難なり、

　　胞子は無色透明にして絲狀をなし、直立又は屈曲す、長さ 14―20 μ 幅 1,2―1,6μ にして隔膜又は油狀小体を認めず、

　　菌絲は無色透明にして、隔膜を有し、極めて纖細なり、

　　　獨乙及びフキンランド地方に於て「アザミ」類に寄生する Rhabdospora Cirsii Karst., Symb. Myc. XV. 151; Sacc. Syll. III. 592, Rabh. Kryptogamenfl. VI. 877 u. 924.―は茄科植物中の Solanum tuberosum にも寄生するを以て、本菌と比較するに、其胞子の大さは、長さ 45―52μ 幅 1―1,5μ にして、著しく大なるを以て、容易に之れと區別することを得べし

　　本菌は茄子の幼稚なるもの、即ち普通食用に供する時代のものには殆んど其寄生被害するを認めずして、主に採種用として晩秋に至る迄圃場に登熟せしめつゝあるものに發現す、高橋農學士も亦近時本病が秋期採種用の茄子果實に發現し、其被害の尠少ならざるを認められたり。

　　被害の茄子は表面に大なる變色部を生じ、此處に黑色の小斑點を發現す、これ其初期に於ける子殼の色は黃褐色なれ共、上部に存在する外皮組織に黑色の色素を形成せしむるにより、表面より黑色の小斑點として明視せらるゝに至るものなり、胞子は主に此時代にのみ見出され、有頸子殼の時代に至れば殆んど其內部に胞子を認むること能はざりき。

　　本菌の分布に就ては、未だ確實なる調査を行はざるを以て、之れを知るによしなしと雖ども、北海道の茄圃には普通に發現するもの

＼如し、又農學士三宅市郎氏は茄子の Rhabdospora 菌を檢鏡せられたることありしと云へば、恐らく本州にも廣く分布するものなるべし。

Erklärung der Tafeln.

Rhabdospora Melongenae sp. nov.

1. Ein Teil der beschädigten Frucht.
2.—4. Druchschnittene Pyknidien. 2 · 3 (90 ×) 4. (400 ×).
5. Conidien *a* (600 ×) *o* (1000 ×).
6. Conidienträger u. Conidien. (1000 ×).
7. Perithecien.
8. Aeussere Ansicht eines beschädigten Fruchtteils. (vergr.)
       a. Pyknidien innerhalb der Frucht.
       o. Perithecien herausgetreten.

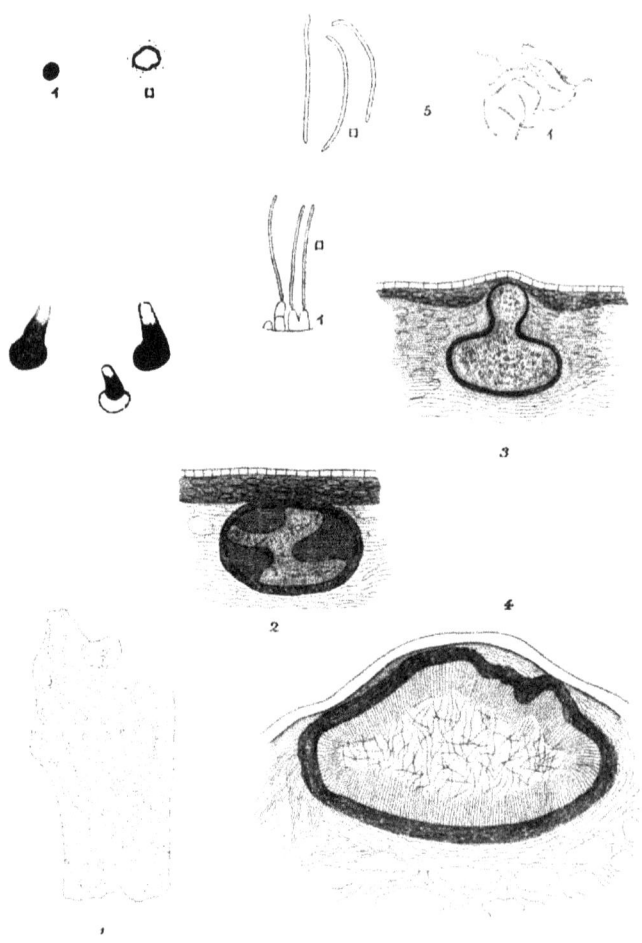

本邦産薊馬科の一新種に就きて

岡 本 半 次 郎

ON A NEW SPECIES OF PHLŒOTHRIPIDÆ
OF JAPAN.

By

Hanshiro Okamoto, *Nōgakushi*.

The insect, which I propose to describe below, was first found crawling inside the corolla of a flower of *daizu* (*Glycine hispida* Maxim.) by my friend, Mr. Y. TAKAHASHI of the Hokkaidō Agricultural Experiment Station, while he was making crossing experiments with this crop. He found afterwards, that the insect is pretty common upon this as well as upon some other leguminous plants, such as *azuki* (*Adzukia subtrilobata* Tak.), *sasage* (*Vigna sinensis* Hattk.) etc., the pollen grains apparently being damaged by this insect. He collected both larval and adult forms of the insect and kindly placed these specimens at my disposal.

The insect in question belongs to the family Phlœothripidæ and seems to be new to the scientific world.

Its characteristic may be described as follows:

Liothrips glycinicola n. sp.

Body dark-brown and shiny. Head about 0.21 mm. long, longer than its breadth; genæ on its side nearly straight and parallel, without nipples. Eyes dark-red, not protruding, ocelli 3, well separated. Mouth conical, almost reaching the fore-edge of mesosternum. Antennæ distinctly longer than the head ; color of first and second segments uniform dark-brown; 3rd to 6th light brownish yellow; 7th and 8th pale dark-brown ; 3rd and 4th a little longer and broader than the others. Prothorax 0.18 mm. long. Wings hyaline, not reaching the tip of abdomen ; fringe of hairs on the end of posterior margin crossed. Legs deep dark-brown ; anterior-femoræ very large ; femoræ as well as middle- and posterior-tibiæ dark-brown ;

anterior-tibiæ and all tarsi yellow. Abdomen cylindrical, uniformly dark-brown; tubus 0.13 mm. about ⅓ the breadth of 8th segment. Length of body 2¼ mm.

Described from 2 females, male not yet collected.

The present species resembles *Liothrips parva* Uzel., in many respects, but the latter differs in the color of antennæ and in the length of its body.

As far as, I am aware of Phlœothripidæ, *Phlœothrips oryzæ* Mats. which sucks the juice of rice plant, causing it to die off without setting fruits, is the only species of Phlœothripidæ known in Japan up to date.

In conclusion, I wish to express my thanks to Prof. S. Matsumura of the Tōhoku Imperial University for the free access to his library and collection, and also for his many valuable suggestions. My best thanks are also due to Mr. Y. TAKAHASHI for the specimens upon which the above description is based.

摘　　要

　　今玆に記載せんと欲する昆蟲は、予が敬畏措く能はざる先輩、高橋良直氏が大豆の交配試驗中、其花冠の内部に蝺蝺せるを認められしを初めとし、其後該植物其他小豆、豇豆等の如き荳科植物の花冠内に、比較的普通に存在しありて、其花粉粒を傷害しつゝあることを發見せられたり。而して同氏は其幼蟲及び成蟲を探集し、之れを予に示さる。欲て之を見るに、此昆蟲は管薊馬科に屬するものにして、學術界に未だ知られざる一種類たることを確めたり。今其性狀を記すれば次の如し。

Liothrips glycinicola n. sp.

まめくだあざみうま （新稱）

　　體軀暗褐色にして、光澤あり。頭長は其中よりも長く、0.21「ゝより。頰には疣狀突起を缺き、兩側殆んど眞直にして平行せり。複

眼は突起することなく、暗赤色を呈し、單眼は三箇ありて廣く分離す。口部圓錐形にして中胸の殆んど前緣に及ぶ。觸角は頭長よりも長く、第一及び第二節は暗褐色にて第三節より第六節迄は淡黄褐色なり、而して第七及び第八節は淡き暗褐色を呈す。其第三及び第四節は他節に比して大形なり。前胸0.18「ミリ」。翅は透明にして其長さ腹部の末端に達せず。後緣端には相交錯せる叢毛あり。脚は濃暗褐色。前脚の腿節は甚だ大なり。全脚の腿部並ひに中後脚の脛節は暗褐色を呈するも前脚の脛節及び全脚の蹠節は黄色なり。腹部は圓堆形にて暗褐色を帶ぶ。尾端に存在する小管(tubus)は0.13「ミリ」ありて其由第八節の略三分の一なり。体長は二「ミリ」三分の一あり。

本種は Liothrips parva Uzel. に酷似せりと雖も、体長及び觸角の色を異にするを以て容易に分つことを得べし。

抑々本邦産已知管薊馬科の種類は稻の汁液を吸收し結實に至るに先て枯死せしむる Phlœothrips oryzæ Mats. (いねくだあざみうま)の一種あるに止まるのみ。而して本種は實に其第二種たり。

終りに臨み此小報を公にするに當り東北帝國大學農科大學敎授理學博士松村松年氏の懇篤なる敎示並びに氏の闘書及び標本檢閲の自由を與へられたるを深謝すると共に本種を採集惠與せられし北海道農事試驗場技師高橋良直氏に對して厚く其好意を感謝す。

北海道に產する腹足類及瓣鰓類の目錄

八田三郎及佐々木望

A LIST OF
THE GASTROPODS AND LAMELLIBRANCHS
OF HOKKAIDO.

By

S. HATTA AND N. SASAKI.

The present list contains a systematic arrangement of conchological specimens collected by one of us during 5 years past. The specimens are small in number indeed, yet they comprise nearly all the species occurring in Hokkaido, representing 110 species which are included in 70 genera and 41 families. As to their habitat, 55 species are marine Gastropods and 39 species marine Lamellibranchs, while among the remaining 16 species, some occur on land, some in fresh water, being represented by 7 Lamellibranchs and 9 Gastropods.[1]

A large number of the specimens was identified by Mr. T. IWAKAWA, to whom our obligations are due.

摘　要

此目錄の內容は著者の一人が過る五年間に探集したる貝類の分類表てある。標本の數は實に僅少てあるが、ろれても北海道產の貝は殆んどこれて盡きてゐる。全體百十種ありて、七十屬四十一科に含畜さるヽ。此中五十五種は海產の腹足類て、三十九種は海產瓣

---

1) A List of the Placophora and Opisthobranchs will appear in the next number of this journal. [Transact. Sapporo Nat. Hist. Soc., Vol. III, 1910.]

鰓類で、殘りの十六種は陸產若くは淡水產である。此十六種の中、九種は腹足類で七種は瓣鰓類である。

　標本の多數は岩川太郎君の調查に係る、こゝに君に向つて感謝の意を表す。

— — — — —

Class **GASTROPODA**.　腹　足　類

Subclass PULMONATA.　有　肺　類

Fam. *Siphonariidæ*.　きくのはながひ科

1. Siphonaria cocheariformis, Reeve ·　·············かりまつがひ、函館

Fam. *Helicidæ*.　かたつむり科

2. Eulota polionphala sebtentrionalis, Ehrm. ··········さつほろまいまい、石狩、膽振當小牧
3. Eulota gainesi, Pils·······················　··· ねぢまいまい、石狩、膽振
4. Eulota blakeana, Newc. var. ? ·········· ·····　みやべまいまい、石狩
5. Kaliella okiensis, Pils. & Hir.·········· ·······ちきのくにきび、石狩繁畔則

Fam. *Succineidæ*.　こはくがひ科

6. Succinea latus, Gould·············· ··· ····こはくがひ、札幌

Fam. *Limnæidæ*.　ものあらがひ科

7. Limnæa japonica, Jay················· しのあらがひ、石狩繁似

Subclass PROSOBRANCHIATA.　前　鰓　類

Ord. **Pectinibranchia**.　櫛　鰓　類

Fam. *Volutidæ*.　ひたちをび科

8. Voluta megaspira, Sowb.·····················ひたちなび、後志關島、禮文島

Fam. *Buccinidæ*.　ゑつちうばひ科

9. Chrysodomus arthriticus, (Val) Bernardi ·········ねぞばら、函館
10. Chrysodomus pericochlion, Schrenck······ ·· ··· ねぢばら、禮文島
11. Chrysodomus despectus, L.·············· ···ねぞばら、十勝、禮文島
12. Chrysodomus Sp. ·············· ··· ··········· 北見網走
13. Buccinum okotense, Midd.·············· ·· ··· ······禮文島
14. Buccinum leucostoma, Lischke····· ·· ········ ·しらいとまき、日高幣似

15. Buccinum mirandum, Smith ……… … ………………こねぢばひ、釧路.十勝
16. Volutharpa ampullacea, Midd. ……………………うみたにし、後志後胸
17. Volutharpa perrii, Jay ……… …… ………… いすそがひ、釧路
18. Euthria fuscolabiata, E. A. Smith …………………とばいそにな、後志余市
19. Euthria hokkaidonis, Pils. ……………… …………ねぢいそにな
20. Eburna japonica, Sowb. …………………………… ばひ、北見

Fam. *Nassidæ.* よ う ば ひ 科

21. Nassa hypolia, Pils. ……………………………………あなしりむしろ、後志余市
22. Nassa acutidentata, Smith………………………… ひめむしろ

Fam. *Muricidæ.* ほ ね が ひ 科

23. Trophon clathratus, L. ……… …………… …つのなりいれ、殿文島
24. Murex falcatus, Sowb.…………………………や う ら く が ひ、函館
25. Murex brebiferous, Lam. ……   …………………きねばら
26. Murex emarginatus, Sowb.…… ………… いそばせう、後志後胸
27. Murex burnettii, Ad. & Rve.………… …………… ひ れ が ひ
28. Ocinebra endermonis, Smith……… ………………ねぢやうらく、後志余市
29. Rapana bezoar, L.…………… ……………… あかにし、函館
30. Purpura tumulosa, Reeve …   …………………………たいし、函館
31. Purpura luteostoma, Dillw.…………………………… れいし
32. Purpura fleycinettii, Desh.…………   ………ながちゞみぼら、十勝
33. Purpura saxicola, Val.……   ………………………ながちゞみぼら、函館、室蘭

Fam. *Tritonidæ.* ほ ら が ひ 科

34. Tritonium olearinus, Auct. ………………………………か こ ぼ ら
35. Priene oregonensis, Redfield   ……   …………あわぼら、釧路
36. Ranella pulchra, Gray …………………………………まつかわがひ

Fam. *Cerithiidæ.* か に も り が ひ 科

37. Potamides multiformis, Lischke ……………………うみにな、後志後胸

Fam. *Trichotropidæ.* な は ぼ ら 科

38. Trichotropis bicarinata, Brod. & Sowb.…………………ひげまきなはぼら、日高

Fam. *Vermetidæ.* へ び が ひ 科

39. Thylacodes imbricatus, Dunker…………………… りうへびがひ、利尻島

Fam. *Turritellidæ.* き り が ひ だ ま し 科
40. Turritella bacillum, Kiener ………………………… きりがひだまし、天鹽留萠

Fam. *Littorinidæ.* た ま き び 科
41. Littorina sitchana, Phil.……… … ……… ……… たまきび、後志高島

42. Littorina subtenebrosa, Midd. ·········· ···············くろたまきひ、天鹽燒尻嶋、禮文島蒼深

Fam. *Capulidæ.* ふねがひ科

43. Crepidura grandis, Midd. ···························ねぞふねがひ、室蘭、禮文島、十勝、日高

Fam. *Naticidæ.* たまがひ科

44. Natica ampla, Phil. ···················· ·······つめたがひ、後志銀爾、瞬振笛小牧
45. Natica clausa, Broad & Sowb. ·· ···· ···········ねぞたまがひ、室蘭、禮文島

Fam. *Viviparidæ.* たにし科

46. Viviparus japonicus, Martens, var. ? ···· · ···ゐほたにし、瞬振平歲
47. Viviparus malleatus, (Reeve)···· ·· ··· ···まるたにし、瞬振笛小牧、札幌

Fam. *Melaniidæ.* かはにな科

48. Melania libertina, Gould, var. ? ··········· ····かはにな、札幌

Ord. **Aspidobranchia.**

Fam. *Trochidæ.* ばていら科

49. Monodonta labio, L. ············· ·······いしだゝみ、凾館
50. Monodonta neritoides, Phil. ·· ···· · ····くろつけがひ、凾館
51. Calliostoma unicum, Dunker · ···· ····ゑびすがひ、凾館
52. Leptothyra annessitata, Gould · ···· ········ ···· ··· 凾館
53. Chlorostoma rusticum, Gmel., var.?···· ········こしだかがんがら
54. Chlorostoma turbinatum, A. Adams · ··········· ···· ··· 室蘭
55. Umbonium costatum, Lesson ·········· ·· ·····きさご、後志余市

Fam. *Haliotidæ.* あはび科

56. Haliotis gigantia, Cham, var. discus, Reeve ··· ···あわびがひ、凾館

Fam. *Fissurellidæ.* くずやがひ科

57. Subemarginula gigas, Martens · ······· ···· ·····まるあわび、後志蒼島

Fam. *Acmæidæ.* うのあし科

58. Acmæa saccharina, L. ······· ··········· ·······うのあし
59. Acmæa heroldi, Dunker ·· ············こがしがひ
60. Acmæa schrenckii conoinna, Lischke ···· ·······あながひ、室蘭
61. Acmæa grata, Gould ···· · · ·············きくがさ、後志蘭島
62. Acmæa pallida, Gould · · ·····················ゆきのかさ、渡島福山

Fam. *Patellidæ.* よめがかさ科

63. Helcioniscus toreuma, Reeve ··· ·······よめがかさ、渡島福山
64. Helcioniscus enneosmius, Pils. ··········べつかふがさ、渡島福山

Class **LAMELLIBRANCHITA.** 瓣 鰓 類

Ord. **Teleodesmacea.**

Fam. *Pholadidæ.* かもめがひ科

65. Pholadidea penita, Conrad · · · · · · · · · · · · · · · か し めがひ、後志高島

Fam. *Saxicavidæ.*

66. Saxicava arctica, L. · 歐文島

Fam. *Myacidæ.* おほのがひ科

67. Mya arenaria, L. var. japonica, Jay · · · · · · · · · · おほのがひ、北見網走
68. Cyrtodaria japonica, A. Ad. ? · · · · · · · · · · · · · · ねぞおほのがひ、後爾

Fam. *Mactridæ.* うばがひ科

69. Mactra sachalinensis, Schrenck · · · · · · · · · · · ほつきがひ、うばがひ、小樽、兩舘
70. Mactra carneopicta, Pils. · · · · · · · · · · · · · · · ねぞばかがひ、石狩望來

Fam. *Solenidæ.* まてがひ科

71. Solen krusensternii, Schrenck · · · · · · · · · · · · · ねぞまて、石狩
72. Siliqua sedalis, Gould · · · · · · · · · · · · · · · おほみぞがひ、後志膽振、日高浦河、横寅、十勝

Fam. *Psammobiidæ.* ますほがひ科

73. Soletellina olivacea, Jay · · · · · · · · · · · · · · · · いそしじみ、北見

Fam. *Tellinidæ.* さらがひ科

74. Tellina nasuta, Conrad · · · · · · · · · · · · · · · しらとりがひ、高島
75. Tellina venulosa, Schrenck · · · · · · · · · · · さらがひ、しらかひ、後志膽振

Fam. *Veneridæ.* はまぐり科

76. Dosinia troscheli, Lischke · · · · · · · · · · · · · · かしみがひ、後志膽振
77. Meretrix meretrix, L. · · · · · · · · · · · · · · · · · はまぐり、兩舘
78. Macrocallista chishimana, Pils. · · · · · · · · · ねぞすだれ、ねぞわすれ、後志高島
79. Venus reticulata, L. · 歐文島
80. Venus eftissa, Bivona.? · · · · · · · · · · · · · · · ばばがひ、石狩望來
81. Venus jedoensis, Lischke · · · · · · · · · · · · · おにあさり、後志高島、釧路、十勝、日高浦河
82. Chione histrionica, Brod. · 後志膽振
83. Tapes philippinarum, Ad. & Bve. · · · · · · · · · · あさり、石狩望來
84. Saxidomus purpuratus, Desh. · · · · · · · · · · うちむらさき、兩舘
85. Gomphina melanægis, Roemer · · · · · · · · · · おきあまり、石狩望來

Fam. *Cardiidæ.* ざるがひ科

96. Cardium californiense, Desh. · · · · · · · · · · · · · ねぞいしかげがひ、兩舘

Ord. **Prinodesmacea.**

Fam. *Mytilidæ.*　いがひ科

87. Mytilus crassitesta, Lischke ············· ·········· いがひ、せとがひ、しうり、後志忍路
88. Mytilus grayanus, Dunker ············· ········· いがひ、室蘭、釧路厚岸
89. Modiola capax, Conrad ····· ······ ········ ひばりがひ、後志蘭島、日高浦河
90. Modiolaria nigra, Gray ? ····· ···· ····· ·······くろたまいがひ、十勝、釧路

Fam. *Dreissensiidæ.*

91. Septifer virgatus, Wiegmann ·········· ······むらさきいんこ、後志余市
92. Septifer crassus, Dunker ····· ···· ·········くじやくがひ、日高浦河

Fam. *Anomiidæ.*　なみまがしは科

93. Placunanomia macroschisma, Desh. ·········· ···たそがれ、函館

Fam. *Pectenidæ.*　ほたてがひ科

94. Pecten yessoensis, Jay ···· ········· ·······ほたてがひ、濱蘭
95. Pecten rosenbergeri, Tryon ·········· ·······あかさらがひ、後志高島
96. Pecten swiftii, Bernardi ·············· ·· ····ねぎんちやく、或へはげのて、後志島島

Fam. *Ostreidæ.*　かき科

97. Ostræa talienwhanensis, Crosse ····· ········· ねぎがき、なががき、北見浦沸樹、後志余市

Fam. *Cyrenidæ.*　しれなしじみ科

98. Corbicula sadoensis, Pils. ············ ············ まどしゞみ

Fam. *Unionidæ.*　からすがひ科

99. Anodonta woodiana, Lea. ·· ······················ ········ 曙振男拂、十勝
100. Anodonta areæformis, Hunde. ···· ········ ····· ·······石狩牌川
101. Margaritana margaritifera, L. ····· ··· ····· かわしんじゆ、曙振男拂、波島
102. Nodularia japonensis, Lea. ? ·············· まつかきがひ、波島大沼、曙振男拂
103. Nodularia sp. ····························· ·············石狩内欟沼
104. Nodularia sp. ···································· 札幌郡尼珠

Fam. *Arcidæ.*　あかがひ科

105. Arca optima, Reeve ············· ···· ···かりがれ、國後
106. Arca krausii, Phil. ? ·············· ··············石狩寒寒、國丈島
107. Arca inflata, Reeve ·············· ····· · おかがひ、函館、釧路
108. Arca subcrenata, Lischke ············· るほう、釧路
109. Pectunculus yezoensis, Sowb. ······· ·········べんけいがひ、函館

Fam. *Nuculidæ.*　きららがひ科

110. Nucula mirabilis, Ad. & Rve. ······ ···· ···おほきららがひ、國丈島

日本産てんぐすけば亞科の研究

松 村 松 年

MONOGRAPHIE DER DICTYOPHORINEN JAPANS.

VON

PROF. S. MATSUMURA.

Im Jahre 1896 hat Herr P. Uhler in "Proceedings of United States national Museum" zwei Dictyophorinen aus Japan, nämlich *Dictyophora inscripta* Wk. und *Orthopagus lunulifer* Uhl. veröffentlicht.

1900 habe ich in der "Entomologische Nachricht" eine neue Gattung und eine neue Art *(Cixiopsis punctatus)* publiziert. Ferner habe ich 1906 auch in meinem "1000 Illustrated Insects of Japan" noch 2 andere Arten (*Dictyophora ishidæ* Mats. und *D. tengi* Mats.) beschrieben.

Seit dem gibt es keine Beschreibung der *Dictyophorinen* Japans.

Bei genauer Untersuchung der japanischen *Dictyophorinen* habe ich im ganzen 12 Arten, welche unter 6 Gattungen zerfallen, gefunden, und hier möchte ich ihre Beschreibung veröffentlichen.

Die folgenden sind die sämmtlichen *Dictyophorinen*-Arten Japans :

(1) *Cixiopsis punctatus* Mats.

(2) *Tengu lla mitsuhashii* Mats. (n.g. et n.sp.)

(3) *Anagnia splendens* Germ.

(4) *Tinguna Watanabei* Mats. (n.g. n.sp.) (Formosa)

(5) *Dictyophora tengi* Mats.

(6)   ,,   *sinea* Wk. (Formosa)

(7)   ,,   *maculata* Mats. (n.sp.)

(8)   ,,   *okinawensis* Mats.

(9)   ,,   *nakanonis* Mats. (n.sp.)

(10)   ,,   *fuscorittata* Mats. (n.sp.) (Formosa)

(11) *Saigona ishidæ* Mats. (n.sp.)

(12)　　，　*gibbosa* Mats. (n.sp.) (Formosa)

Unter obigen Arten sind (3), (5), (6) und (7) schädlich für Reis- und Zucker-rohrpflanzen.

Da sämmtliche Arten in meinem Laboratorium aufbewahrt sind, nehme ich sehr gern anderen Cicadinen dafür in Tausch.

Subfamilie Dictyophorinæ.

Kopf in einem mehr oder weniger lang cylindrischen oder konischen Fortsatz vorgezogen. Augen kugelig oder eiförmig, hinter den Augen mit einer Ocelle. Stirn lang, mit 3 Kielen. Decken meistens länger als der Hinterleib, mit 3 Längs-nerven, am Clavus ohne Körnchen, Clavalnerv mündet in den Schlussrand, im Apicalteil bildet Adernetz. Beine lang, an den Hintertibien mit kräftigen Dornen, Hintertarsen an der Basis ohne beweglichen Dorn.

Diese Subfamilie unterscheidet sich gleich von den anderen durch den verlän-gerten Scheitel und den in den Schlussrand mündenden Clavalnerv.

Uebersicht der Gattungen.

1. Vorderschenkel nahe der Spitze unten mit einem Dörnchen......
- Vorderschenkel ohne Dörnchen..4
2. Seitenlappen des Pronotums hinter den Augen jederseits mit 2 vollständigen Längskielen..3
- Seitenlappen des Pronotums mit einem vollständigen Längskiel...........
.... 1. *Saigona* Mats.
3. Beine lang, Vorderschenkel schmal, nicht blattartig erweitert............
....2. *Tenguna* Mats.
- Beine kurz, Vorderschenkel breit, blattartig erweitert......... 3. *Anugnia* Stål.
4. Scheitel länger als zwischen den Augen breit...........................5.
- Scheitel kürzer als zwischen den Augen breit............4. *Cixiopsis* Mats.
5. Decken glashell...................................5. *Dictyophora* Germ.
- Decken subhyalin, an der Spitze matt....... 6. *Tenguella* Mats.

Gatt. 1. **Cixiopsis Mats.**

Ent. Nach. p.207. (1900).

Scheitel gross, breiter als lang, vorn rechtwinkelig, die Seiten am Beginn der Seitenkiele der Stirn vorstehend, der Hinterrand gebogen, der Randkiel nicht hoch, der Mittelkiel deutlich; Stirn lang, ziemlich flach, ein wenig schmäler in der Mitte, 3 deutliche Kiele, die Seitenkiele den Clypeus nicht erreichend, an der Spitze mit dem Mittelkiel in einem Punkt vereinigt, Seitenkiele blattartig; Clypeus kurz, mit Mittelkiel und Seitenkielen; Rostrum den Hintercoxen erreichend, Augen eiförmig, der verjüngte Pol nach hinten und unten ein wenig ausgebuchtet, Pronotum vorn abgerundet, hinten winkelig gebuchtet, mit Mittellängskiel und zwei mit dem Vorderrande verschmolzenen Kielen, die Seitenkiele nach aussen etwas gebogen. Flügeldecken bei der 'Macropterenform viel länger als der Hinterleib, glashell, die 3 Sectoren durch zahlreiche, ein dichtes Adernetz bildende Quernerven verbunden, die Clavalnerven bei ⅔ des Clavalfeldes vereinigt, nahe der Clavalspitze mündend. Der erstere Sector der Flügel mündet in den Flügelrand vor der Spitze und entsendet einen gegen die Spitze gegabelten Zweig. Hintercoxen mit einem dicken Dorn, Hinterschienen mit 4 kräftigen Dornen, Hintertarsen an der Wurzel kurz, eben so lang wie das Klauenglied. Bei der Brachypterenform Decken etwas länger als der Hinterleib, subhyalin, Adernetz schwach vortretend.

1. **Cixiopsis punctatus Mats.**

Cixiopsis punctatus Mats. Ent. Nach. Cerl. p.208, 1909; 1000 Insects of Japan, 11, p.47, Pl. XXI. fig. 8, 1904.

Macropt. Pechschwarz, Kopf, Pronotum und Abdomen heller, das 2te und das letztere gelblich punktiert. Scheitel so lang wie das Pronotum, querrunzelig. Antennen gelblich. Stirn fein querrunzelig, an den Seiten gelblich punktiert, an der Spitze gelb. Pronotum mit 2 einstochenen Punkten. Schildchen querrunzelig, die Kiele heller. Decken 2mal so lang wie das Abdomen, hyalin, an der Basis bräunlich, Nerven hellbräunlich, am Spitzndrittel Adernetz bildend. Beine gelblich, fein haarig, die Spitze der Vorder- und Mittel-Schienen sowie auch die Coxen braun, Klauen schwarz, deren Spitze castanienbraun.

Brachypt. Einfarbig schmutziggelb, vorn und hinter den Augen bräunlich gefleckt, Schildchen in der Mitte der Länge nach hellbräunlich. Decken so lang oder ein wenig länger als das Abdomen, subhyalin, von der Grundfarbe, Adernetz undeutlich oder viele weniger. Meso- und Meta-Pleurae dunkel oder dunkel gefleckt. Hinterleib grau, gelblich punktiert.

♂. Genitalsegment sehr gross, von hinten gesehen länglichoval. Genitalplatten lang aufgebogen, an der Basis schmal, plötzlich gegen die Spitze quadratisch verbreitert, am Hinterrande schief abgerundet, oben am Basalrande mit einem Zähnchen, Afterröhre klein, hinten dreieckig erweitert.

♀. Genitalplatten schmal, konisch, an der Spitze schmal abgerundet, Legescheide lang, an der Spitze mit 4 hellbräunlichen Zähnchen.

Länge : ♂ 5.5, ♀ 7 mm.; bis zur Spitze der Elytren ♂ 7.5, ♀ 9 mm.

Fundort : Sapporo, Aomori, Towada und Gifu, gesammelt in zahlreichen Exemplaren auf Pteridis-Arten vom Verfasser.

Gatt. **2. Anagnia Stal.**

Stett. Ent. Zeit. XXII. p.149 (1861); Hem. Afric. IV. p.151 (1866); Atkin. Hom. Ind. p.24, (1885).

Scheitel 2mal so lang wie zwischen den Augen breit, am Hinterrande spitzdreieckig ausgerandet, mit 3 Längskielen. Stirn fast 4mal so lang wie breit, mit einem bis auf den Clypeus verlängerten Mittelkiel und jederseits einem bis zur Stirn-spitze verlaufenden Seitenkiel. Augen kugelig, Pronotum zwischen den Augen stark spitzwinkelig vortretend, hinten stumpfwinkelig ausgerandet, in der Mitte mit einem scharfen Mittelkiel, an den Seitenlappen hinter den Augen jederseits mit 2 Längskielen, Schildchen mit 3 Längskielen. Decken länger als der Hinterleib, glashell, die 3 Sectoren bilden durch wiederholte Teilung und durch zahlreiche Quernerven am Ende der Decken ein mehr oder weniger dichtes Adernetz. Der erstere Sector der Flügel mündet in den Flügelrand vor der Spitze und entsendet einen gegen die Spitze ungegabelten Zweig. Der 2te Sector gegabelt, durch Quernerven mit den Aesten des dritten Sectors verbunden. Der dritte Sector gabelig geteilt, der innere Ast einfach, der äussere geteilt. Hinterhüften mit einem zugespitzten Zahn. Hinterschienen mit 6 kräftigen Dornen.

1. Anagnia splendens Germ.

Flata splendens Germ. Thon. Arch. 11, 2, 48 (1830).

Pseudophana splendens West. Trans. Ent. Soc. XVIII. p.151 (1841).

Dictyophora indiana Wk. Cat. B. M. p.310 (1851).

Anagnia splendens Stål. Stett. Ent. Zeit. XXII. p.149 (1861); Mats. 1000 Insects of Japan 11. b.51, pl. XXI, fig. (1904).

Orthopagus lunulifer Uhl. Proc. Nat. Mus. U. S. A. p.279 (1896); Mats., Ent. Nach. Berl. p.209 (1900).

Hell-schmutziggelb. Scheitel dunkel, zweimal so lang wie breit, in der Mitte mit 2 länglichen und an der Basis mit 2 crescentförmenen, gelblichen Strichelchen. Stirn an den Seiten bräunlich gefleckt, die Kiele golden schimmernd. Clypeus an der Spitzenhälfte und Labrum die Basis ausgenommen dunkel, Pronotum grau, gelblich gefleckt. Schildchen in der Mitte jederseits mit einem dunklen Punkte, an der Spitze blassgelblich. Decken hyalin, 2mal so lang wie das Abdomen, die Nerven hellgelblich, ein Fleck am Randmal und ein länglicher Bogenfleck, an der Spitze bräunlich bis schwärzlich, am Schlussrande bräunlich. Flügel an der Spitze mit einem bräunlichen Flecken. Beine hellgelblich, Schenkel bräunlich, gelblich gefleckt, Schienen mit 3 bräunlich gleich entfernten Flecken. Vorder- und Mittel- tarsen bräunlich, Hintertibien blassgelblich, mit 6 schwarzen Dornen, deren Basis auch schwärzlich gestrichelt. Brust gelblich, bräunlich gefleckt. Hinterleib schwärzlichbraun, gelblich punktiert. Bei einigen Exemplaren ganz hell gefleckt. ♂ Genitalplatten oblong, an der Spitze abgerundet, in der Mitte der Länge nach ausgefurcht, in der Mitte des Oberrandes mit einer rundlichen, an den Seiten je mit einem schwärzlichen Dörnchen versehenen Vorragung. Afterröhre von hinten gesehen rundlich, unten gerade und bräunlich gerandet. ♀ Genitalplatten fast conisch, an der Spitze schmal abgerundet. Afterröhre schwärzlich, im Umfang länglichoval.

Länge: ♂ 9, ♀ 10 mm.; bis zur Spitze der Elytren ♂ 13, ♀ 14 mm.

Fundort: ganz Japan (ausser Hokkaido) und Formosa.

Sonstige Fundorte: China, Halay, Philippinen, Ceylon, Bombay, Java.

Sie sind sehr häufig auf niedrigen Gramineen-Pflanzen und zwar schädlich für Reis- und Zuckerrohr-Pflanzen.

Gatt. 3. Tenguella n. g.

Der Form nach Dictyophora Germ. ähnlich, weicht aber in folgenden Eigen- schaften ab:

1. Scheitel breit, Mittelkiel an der Basis sehr breit. Stirn fast 3 mal so lang wie breit, die Seitenkiele an der Spitze undeutlich, an der Spitze abgerundet.

2. Pronotum auf der Oberfläche mit einem Längskiel, auf den Seitenlappen hinter den Augen jederseits mit 2 vollständig seitlichen Kielen.

3. Mesonotum am breitesten.

4. Decken schmal, lang, den von gleicher Breite, subhyalin, an der Spitze undurchsichtig. (*Tengu* ist einer von japanischen Götter, welcher durch seine lange Nase berühmt ist).

Tenguella mitsuhashii n. sp.

Dunkelgrün. Scheitel mehr als 2mal so lang wie breit, zwischen den vordern Augenrändern am breitesten, Clypeus an der Spitze und Labrum braun, Rostrum die Mitte der Hintercoxen erreichend. Tegulæ und Decken hellbräunlich, fein quergerunzelt, Nerven von der Grundfarbe, am Apicaldrittel dunkler, Randmal bräunlich. Beine schmutziggelb, bräunlich gestreift. Hintertibien mit 5—6 schwarz zugespitzten Dornen. Hinterleib am Bauch dunkel, gelblich punktiert, am Rücken dunkel, gelblich punktiert, am Rücken hellschmutziggelb, mit schwärzlichen Fleckenreihen.

♂ Genitalplatten lang, 4mal so lang wie breit, in der Mitte etwas verschmälert, an der Spitze abgerundet, an der Seite je mit einer schwarz zugespitzten Vorragung, letztes Bauchsegment an den Seiten nach hinten stark dreieckig verlängert, Afterröhre im Umfang oval, Afterstielchen schmal, hellbräunlich.

♀ Genitalplatten länglich, in der Mitte mit einer Längsfurche, an der Spitze mit einem bräunlichen Fortsatz, Afterröhre breit oval.

Länge: ♂ 8, ♀ 9 mm.; bis zur Spitze der Elytren ♂ 12, ♀ 13 mm.

Fundort: 2 ♂ Exemplare (Kawasaki), gesammelt von Herrn S. Mitsuhashi, 3 ♀ (Kumamoto) von Herr. H. Kawamura und 1 ♂ Tateyama vom Verfasser.

Tenguna n. g.

Der Form nach *Dictyophora* Germ. sehr ähnlich, es weicht aber folgenderweise ab.:

1. Scheitel am Hinterrande rechtwinkelig ausgerandet.

2. Rostrum sehr lang, bis zum 4. Abdominal-Segment reichend.

3. Pronotum zwischen den Augen rechtwinkelig vortretend, auf der Oberfläche ein scharfer Mittelkiel, auf den Seitenlappen hinter den Augen jederseits 2 Längskiele. Schildchen mit 3 Längskielen, die seitlichen Kiele gegen die Spitze stark convergierend.

4- Decken fast wie bei *Dictyophora*, nur der Clavalnerv ⅔ des Clavalfeldes gagabelt.

5. Beine schmäler und länger, nahe der Spitze des Vorderschenkels unten mit
einem Dörnchen.

Diese ist auch der Gattung *Metaurus* Stål etwas ähnlich.

1. Tenguna Watanabei n. sp.

Gelblich bis gelblichgrün. Scheitel kurz, die zwischen den Augen liegenden
Seitenkiele parallel, dann plötzlich verengt und allmählig gegen die Spitze hin
zugespitzt, deutlich kürzer als das Pro-und Meso-notum zusammen, Mittelkiel
deutlich, von der Seite gesehen conisch, etwas nach oben aufgerissener Stirn von der
Grundfarbe, zwischen den oberen Augenrändern am breitesten, in der Mitte etwas
verschmälert. Pro-und Meso-notum von der Grundfarbe. Decken hyalin farblos,
Nerven bald gelblich und bald grünlich, Randmal grünlichgelb getrübt, von 3
Quernerven gebildet, Brust, Hinterleib und Beine einfarbig von der Grundfarbe,
Hinterschenkel an der Spitze mit einem schwärzlichen Fleck, Vorder-und Mitteltarsen
hellgelblich; Klauenglieder an der Spitze und die Klauen bräunlich.

♀. Genitalplatten lang, an der Basis breit, gegen die Spitze hin allmählig ver-
schmälert, in der Mitte der Länge nach tief gefurcht, an der Spitze abgestutzt und
mit einem langen Zahn; Afterröhre im Umfang oval, am Unterrande flach
ausgebuchtet, Afterstielchen an der Spitze schwärzlich.

Länge: ♀ 11 mm.; bis zur Spitze Elytren 16 mm.

Fundort: Formosa (Hoppo, Horisha, Shinsha, Koannania), gesammelt in 5 ♀
Exemplaren von Verfasser.

Diese sonderbare Art ist dem verstorbenen Oberpolizist Kamesak Watanabe,
welcher für mich zahlreiche andere Cicadinen gesammelt hat, gewidmet !

Der Form nach *D. multiretieulata* Muls. etwas ähnlich, der Scheitel aber viel
schmäler.

Gatt. 4. Dictyophora Germ.

Germ. Silb. Rev. Ent. p.175 (1833); Fieb Cicad p.357 (1875); Melich. Cicad.
Mittel-Eur. p.33 (1896).

Scheitel schmal, in eine mehr oder weniger lange stumpfe Spitze verlängert,
mit 3 Längskielen, Stirn sehr lang, schmal, mit einem bis auf den langen Clypeus
verlängerten Mittelkiel und jederseits mit einem bis zur Stirnspitze verlaufenden
Seitenkiel. Augen eiförmig, mit der schmäleren Spitze nach vo n, in einer Ausbuch-

tung des Halsschildes sitzend.

Pronotum zwischen den Augen etwas vortreten, hinten winkelig ausgeschnitten, die Seiten lappenartig nach vorn und unten vorspringend, auf der Oberfläche drei Längskiele, auf den Seitenlappen hinter den Augen jederseits drei seitliche Längskiele, Schildchen mit 3 Längskielen. Die Kiele des Pronotum und Schildchens liegen in einer Linie. Decken länger als der Hinterleib, glashell, die drei Sectoren bilden durch wiederholte Teilung und durch zahlreiche Quernerven am Ende der Decken ein mehr oder weniger dichtes Adernetz. Der erste Sector der Flügel mündet in den Flügelrand vor der Spitze und entsendet einen gegen die Spitze gegabelten Zweig, vor der Gabel ein kurzer Quernerv zum Aussenrande. Der zweite Sector ist gegabelt, die Gabeläste wiederum gabelig geteilt und vor der Gabelung durch Quernerven mit den Aesten des ersten und dritten Sectors verbunden. Der dritte Sector gabelig, die innere Art einfach, die äussere geteilt, die Gabeläste mit kleinen Gabeln. Hinterhüften mit einem dreieckig spitzen Zahn, Hinterschienen mit 4 —6 kräftigen Dornen (nach L. Melicher).

Uebersicht der Arten.

1. Decken mit einem dunkelbräunlichen Längstreifen......... .. *fuscovittata* n - sp.
- Decken ohne Flecke 2
2. Scheitel etwa so lang wie das Pro-und Mesonotum zusammen 3
- Scheitel deutlich länger als das Pro-und Mesonotum zusammen 5
3. Abdominalrücken grünlich, mit einer schwärzlichen Mittellinie ... . *Sinica* Wk.
- Abdominalrücken ohne schwärzliche Mittellinie .... - . 4
4. Abdominalrücken in der Mitte bräunlich, Metapleura immer mit einem schwärzlichen Flecke .... *maculata* n - sp.
- Abdominalrücken hell bräunlich, mit weisslichen Punktreihen. Metapleura meistens ohne schwärzlichen Fleck .... *longi* n lats.
5. Scheitel breit ... ... *nakanonis* n - sp.
- Scheitel schmal ... . *okinawensis* n lats.

1. Dictyophora sinica Wk.

Dictyophora sinica Wk. List. Hom. B. M. p.321, (1851); Stål, Öfv. A kal. Förh. p 487, (1862); Journ. Aseat. Soc. Beng. p.322, (1886).
Dictyophora inscripta Wk. l. c. p.322, (1851).

Blassgrün. Scheitel schmal, etwas länger als das Pro-und Mesonotum zusammen, an der Spitze abgerundet, die Seitenkiele fast parallel, in der Mitte etwas verjüngt, zwischen den Augen mit einem kurzen grünen Kiele und beiderseits etwas gelblich. Stirntälchen rötlichgelb, Mittelkiel grasgrün, Seitenkiele heller, Clypeus an der Spitze und Labrum bräunlich, der Mittelkiel blassgelblich. Pro- und Mesonotum gelblichgrün, die sämmtlichen Kiele hellgrün. Decken hyalin, Nerven hellgelblich, am Apicaldrittel die Nerven bräunlich und ein wenig gelblich getrübt, Randmal bräunlich von 3 Quernerven gebildet. Mesopleura bräunlich gefleckt. Beine hellgelblich, Vordercoxen schwärzlich, Schenkel und Tibien schwärzlich gestreift, mit 5 bräunlich zugespitzten Dornen. Hinterleib blassgrünlich, am Rücken mit einer schwärzlichen Mittellinie, am Bauch beim ♀ in der Mitte mit einer schwärzlichen Fleckenreihe.

♂ Genitalplatten hellbräunlich, fast 3mal so lang wie breit, an der Spitze schmal abgerundet, oben in der Mitte eine dreieckig, schwarz zugespitzte Vorragung. Afterröhre am Hinterrande dunkel, Afterstielchen weisslich.

♀ Bauchsegment 5, in der Mitte etwas erhöht, Genitalplatten rectangulär, an der Spitze mit einem schwärzlichen Fortsätze.

Länge: ♂ 9, ♀ 10,5 mm; bis zur Spitze der Elytren ♂ 13, ♀ 14,5 mm.

Fundort: Formosa (Ako, Taikokan), gesammelt in zahlreichen Exemplaren vom Verfasser.

Diese Art ist noch nicht in Japan gefunden, kommt aber in Formosa ziemlich häufig vor und ist schädlich für Reis- und Zuckerrohr-Pflanzen.

2. Dictyophora tengi Mats.

Dictyophora inscripta Uhl. Proc. Nat. Mus. U. S. A. p.278, (1896).
Dictyohora sinicai Mats. (nec. Walker) Dot. Nach. Berl. p.297, (1900); Mats. 1000 Insects of Japan. 11. p.56, Pl. XXI. fig.6. (1904)

Blassgrün. Scheitel so lang wie das Pro- und Mesonotum zusammen, die Kiele grün, Mittelkiel nur zwischen den Augen deutlich; an der Spitze pechschwarz. Stirntälchen rötlichgelb, die Kiele breit, hellgrün. Clypeus gelblich, Mittelkiel hellgrün welcher am Labrum weissgelblich wird, an den Seiten und das Labrum bräunlich. Pro- und Mesonotum orangengelb, die Kiele grasgrün. Decken hyalin, oft gelblich getrübt, Nerven gelblich, Adernetz hellbräunlich, Randmal hellbräunlich, von 2 Quernerven gebildet. Brust gelblich, an der Metapleura mit einem bräunlichen Fleck. Beine grünlichgelb, Schenkel und Tibien schwärzlich gestreift, Hintertibien mit 5 schwärzlichen Dornen. Hinterleib grünlichgelb, am Rücken

108 　　　松村—日本産てんぐすいば或科の研究

beim ♂ mit 2 hellbräunlichen Längsstreifen, in der Mitte eine schmale weissliche Mittellinie, an den Seiten je mit einer (oder zwei) weisslichen Fleckenreihe, beim ♀ am Rücken hellbräunlich, mit 7 weisslichen Fleckenreihen.

♂. Genitalplatten lang, dunkel, an der Basis etwas aufgeblasen, an der Spitze unten mit einem Dörnchen, Afterröhre weisslichgelb, im Umbang fast oval, am Hinterrande gerade und dasselbst hellbräunlich gefärbt, Afterstielchen an der Spitze hellbräunlich.

♀. Genitalplatten meistens hellbräunlich, schmal, in der Mitte mit einer Längsrinne.

Länge: ♂ 9- ♀ 9.5 mm.; bis zur Spitze der Elytren ♂ 11.5, ♀ 13 mm.

Fundort: Akashi, Takasago, Iki Insel; Formosa (Koshun, Bōzan, Toppen, Taikokan).

Der Form nach D. sinica Wk. sehr ähnlich, es weicht aber hauptsächlich durch das Fehlen der schwarzen Mittellinie des Abdominalrückens ab.

3. Dictyophora maculata n. sp.

Grün bis gelblichgrün. Scheitel so lang wie das Pro- und Mesonotum zusammen, gegen die Spitze hin etwas verschmälert, Mittelkiel niedrig, Seitenkiele in der Mitte deutlich verschmälert, an der Spitze ohne Fleckchen. Stirntälchen gelb, selten orangengelb, Mittelkiel grün, Labrum schwärzlich, der Mittelkiel weisslich. Pro- und Mesonotum grünlichgelb, das letztere an der Spitze heller, die Kiele grün.

Decken glashell, nicht getrübt, Nerven gelblich, Adernetz am Apicaldrittel bräunlich. Randmal hellbräunlich, von 2-3 Quernerven gebildet, an der Spitze die Nerven noch feiner anastomosierend als bei D. sinica Wk. Auf der Metapleura ein schwärzlicher ovaler Fleck. Beine schwärzlich gestreift, Hinterschenkel mit 4 schwarz zugespitzten Dornen. Zwei letzten Bauchsegmente auf der Mitte schwärzlich gefleckt.

♂ Genitalplatten braun, fast dreieckig, an den Seiten mit 2 schwarzen Dörnchen. Afterröhre hellgelblich, am Hinterrande und das Afterstielchen dunkel.

♀ Letzte Bauchsegment hinten flach ausgebuchtet, in der Mitte etwas vorragend, die Afterröhre im Umfang oval, unten bräunlich gerandet wie beim ♂.

Länge: ♂ 10, ♀ 12 mm.; bis zur Spitze der Elytren ♂ 14.5, ♀ 15.5 mm

Fundort: Tokyo (Nakano) Gifu, Maiko in zahlreichen Exemplaren vom Verfasser.

Der Form nach D. sinica Wk. sehr ähnlich, es weicht aber durch das Fehlen der schwarzen Mittellinie des Abdominalrückens und von D. tengi Mats. durch das Fehlen der weisslichen Punktenreihen des Abdominalrückens ab.

4. Dictyophora okinawensis Mats.

Dictyophora okinawensis Mats., Sapporo Nat. Hist. Soc. Vol. 1. p.31, Pl.2. fig. · 8. (1905).

Schmutziggelb. Kopf länger als Pro- und mesonotum zusammen, schmal und lang, bis zur Spitze fast von gleicher Breite; in der Mitte läuft eine schmale weissliche Längslinie; unten gelb, mit zwei, mennigroten Längslinien und an der Spitze schwärzlich gefleckt. Rostrum an der Spitze dunkel, die Kiele gelblich. Pronotum in der Mitte rot, der Kiel gelb. Scutellum in der Mitte der Länge nach heller, mit 2 bräunlichen Längslinien, an der Spitze gelb. Elytren lang und schmal, das Basalglieder gelblich, Pterostigma und Netznerven bräunlich, das erstere dreieckig und gross. Beine gelblich, die Coxen vorwiegend schwärzlich. Die Schenkel schwarz gestreift, die Spitze der Tibien und Tarsen schwärzlich. Abdominalrücken bräunlich gefleckt, der Bauch der Länge nach breit schwarz.

♂. Genitalplatten schwärzlichbraun, spitzconisch, an den Seiten mit einem gelblichen, schwarz zugespitzten Fortsatz, an der Basis am Rücken tief rundlich ausgebuchtet. Afterröhre von hinten gesehen im Umfang rundlich, unten gerade, bräunlich gerandet.

♀. Genitalplatten rectangulär, an der Spitze tief ausgebuchtet, sodass gabelig erscheinen, die obere Gabel etwas länger. Bauchsegment 6. fast wie beim *D. europaee* L.

Länge: ♂ 9, ♀ 12 mm.; bis zur Spitze der Elytren ♂ 12, ♀ 15 mm.

Fundort: Okinawa (1 ♂, 1 ♀) und Yaeyama (1 ♂, 2 ♀), in meiner Sammlung, gesammelt von Herrn K. Kuroiwa.

5. Dictyophora nakanonis n. sp.

Grünlichschmutziggelb. Scheitel 1½ mal so lang wie das Pro- und Mesonotum zusammen, bis zur Spitze von gleicher Breite, an der Spitze abgerundet, Mittelkiel schwach, zwischen den Augen etwas deutlich. Stirntälchen gelb, Kiele von der Grundfarbe, der Clypeus an der Spitze und das Labrum schwärzlichbraun. Pro- und Mesonotum einfarbig von der Grundfarbe, die Kiele blassgelblich. Elytren lang, schmal, hyalin, Nerven gelblich, Quernerven schwärzlich, Randmal dunkel, von 2–3 Quernerven gebildet. Beine gelblich, die Coxen vorwiegend dunkel, die Schenkel und Tibie dunkel gestreift, die Hintertibien mit 5 bräunlich zugespitzten

Dornen.　Hinterleib an den Bauchseiten grau, gelblich punktiert, am Rücken hellbräunlich, mit 7 weisslichen Fleckenreihen.

♂ Genitalplatten hellbräunlich, lang, fast 2mal so lang wie breit, an der Spitze conisch abgerundet, Afterröhre am Hinterrande und das Afterstielchen pechschwarz, deren Umfang fast oval.

♀ Bauchsegmete 5, in der Mitte flach, quadratisch ausgerandet, Genitalplatten einfarbig gelb, in der Mitte der Länge nach gefurcht.

Länge：♂ 13, ♀ 14 mm.; bis zur Spitze der Elytren ♂ 16, ♀ 18 mm.

Fundort：Tokyo (Nakano), zahlreiche Exemplare gesammelt vom Verfasser.

Der Form nach *D. pannonica* Fieb etwas ähnlich, sie ist aber viel grösser.

6. Dictyophora fuscovittata n. sp.

Schmutziggelb.　Scheitel lang, etwas nach unten zugerichtet, an der Spitze ein wenig verbreitert und daselbst verbräunt, fast 2mal so lang wie das Pro- und Mesonotum zusammen, der Mittelkiel an der Basis und Spitze deutlich.　Stirntälchen mennigrot, die Kiele hellbräunlich.　Clypeus und Labrum bräunlich gestreift. Pro- und Mesonotum weisslich, die Zwischenräume zwischen den Kielen oft rötlich. Decken schmal und lang, hyalin, gelblich getrübt, die Nerven weisslichgelb, Quernerven bräunlich, in der Mitte eine bräunliche Mittellinie, welche gegen die Spitze hin allmählig verbreitert, ohne Randmal, Beine hellgelblich, Schenkel und Tibien bräunlich punktiert gestreift, Coxen bräunlich gegtreckt, Hintertibien mit Dornen. Hinterleib am Rücken hellbräunlich, mit 4 weisslichen Punktreihen.

♂.　Genitalplatten oval, an der Spitze abgerundet, in der Mitte des oberen Randes ein wenig vorragend und daselbst bräunlich gefärbt.　Afterröhre in Umfang rundlich, hinten bräunlich, in der Mitte flach ausgebuchtet, Afterstielchen an der Spitze schwarz.

♀.　Bauchsegmente 5. in der Mitte flach ausgbuchtet, Genitalplatten fast quadratisch, in der Mitte tief ausgehöhlt, an der Spitze mit 2 bräunlichen Dornen.

Länge：♂ 7.5, ♀ 10 mm., bis zur Spitze der Elytren ♂ 11.5, ♀ 13 mm.

Fundort：Formosa (Dakusui), gesammelt 5 (2 ♂, 3 ♀) Exemplare vom Verfasser.

Gatt. 5. Saigona n. g.

Der Form nach *Dictyophora* Germ. sehr ähnlich, es weicht aber in folgenden Charakteren ab：

1. Untere Seitenkiele der Stirn undeutlich.

2. Seitenkiele zwischen den Augen blattartig hoch erweitert, diese Erweiterung in der Mitte ein wenig ausgerundet, Hinterrandkiel fast nahe in der Mitte des inneren Augenrandes.

3. Pronotum am Hinterrande, in der Mitte spitzwinkelig ausgeschnitten, der Mittelkiel hoch, die seitlichen Kiele undeutlich, an der Seiten lappenartig erweitert, hinter den Augen jederseits mit einem vollständigen Längskiele.

4. Mesonotum zwischen den Seitenkielen mehr oder weniger ausgehöhlt, der Mittelkiel undeutlich oder nur in der Mitte erkennbar, die Seitenkiele gegen die Spitze hin stark convergierend und in einem Punkte vereinigt.

5. Randmal der Flügeldecken matt, in der Mitte mit einem Quernerv.

6. Schenkel erweitert, Vorderschenkel nahe an der Spitze mit einem niedrigen Dörnchen.

7. Genitalplatten sehr lang, lanzettlich.

Uebersicht der Arten.

1. Scheitel an den Seiten mit 3 rundlichen Tuberkeln............... *gibbosa* n. sp.
- Scheitel an den Seiten ohne Tuberkel.......................:......*ishidæ* Mats.

1. Saigona ishidæ Mats.

Dictyophora ichidæ Mats., 1000 Insects of Japan.11. p.55, Pl.XXI, fig.5 (1904).

Dunkelbraun. Scheitel etwas länger als das Pro- und Mesonotum zusammen, an der Spitze schmal abgerundet, zwischen den Augen weisslichgrau, weisslich punktiert, weissliche Mittellinie, gegen die Spitze hin allmählig erweitert, Seitenkiele zwischen den Augen sehr hoch, Mittelkiel nur an der Basis deutlich; an den Seiten dunkelbraun, weisslich punktiert; unten mit den Kielen zusammen blassgelblich. Oberlippe schwarz, Antennen hellbräunlich. Pronotum in der Mitte weisslich, nur an den Seiten des Mittelkiels verbräunt. Mesonotum in der Mitte weisslich gestreift, undeutlich gelblich punktiert, au der Spitze gelblichweiss. Decken glashell, die Nerven dunkelbraun, Clavus am Rande gelblich getrübt, Randmal dunkel, in der Mitte mit nur einem Quernerv, Adernetz am Apicaldrittel dunkler und stark. Brust und Bauch grünlichgelb, der erstere an den Seiten mit schwarzen Flecken, der letztere in der Mitte mit einer schwarzen Fleckenreihe, die Punktirung und Segmentränder gelblich. Beine dunkelbraun, Schenkel gelblich punktiert, Tibien gelblich, in der Mitte und an den beiden Enden dunkel, Hinterschienen vorwiegend gelblich, mit 5 schwarzen Dornen, Tarsen an der Basis gelblich.

♂ Genitalplatten lang, an der Spitze zugespitzt, an der Seite mit 2 Vertiefungen, Afterröhre schwarz, am Rande und das Afterstielchen gelblich.

♀ ˙ Genitalplatten gelblich, an der Basis schwärzlich.

Länge: ♂ 12 mm., ♀ 13 mm.; bis zur Spitze der Elytren ♂ ♀ 15-16 mm.

Fundort: Sapporo (Ziozankei) und Urakawa, gesammelt von Herrn M. Ishida und vom Verfasser.

2. Saigona gibbosa n. sp.

Schwärzlichbraun. Scheitel zwischen den Augen gelblich gefleckt, deutlich länger als das Pro- und Mesonotum zusammen, an der Spitze kugelig erweitert, in der Seitenmitte und an der Spitze je mit einer Tuberkel, die Seitenkiele von der Seite gesehen 4 mal gewellt, weisslichgelb gesprenkelt, unten an den Seiten und der Mittelkiel gelblichweiss, Clypeus in der Mitte hellbräunlich, Labrum und Clypeus gelblich. Wangen, die hinter den Augen liegenden Regionen ausgenommen weisslichgelb.

Pronotum gelblich gesprenkelt, der Mittelkiel, der Hinterrand und die Seitenlappe in der Mitte weisslich gestreift, der Mittelkiel undeutlich, der Zwischenraum zwischen den Seitenkielen elliptisch ausgehöhlt. Elytren hyalin, ein wenig gelblich getrübt, die Nerven bräunlich, am Costalrande schmal gelblich, Randmal pechschwarz, undurchsichtig (2.2 mm. lang). Brust pechschwarz, Seitenlappen weisslich. Beine schmutziggelb, lang, die Coxen schwarz, die Klauen und die Klauenglieder an der Spitze bräunlich. Hinterleib pechschwarz, am Rande gelblich.

♂ Genitalplatten 3mal so lang wie breit, in der Mitte oben flach ausgerandet, an der Basis mit einer hellbräunlichen Vorragung. Afterröhre lang, am Rücken gelblich, deren Umfang oblong, unten in der Mitte flach ausgebuchtet.

♀ Bauchsegment 5. am Rande gelblich, mit 3 flachen Ausbuchtungen, Genitalplatten dunkel, an der Spitze abgerundet, gelblich gerandet.

Länge: ♂ 12, ♀ 14 mm.; bis zus Spitze der Elytren ♂ ♀ 17-18 mm.

Fundort: Formosa (Kuyauia, Tappan, Arisan), gesammelt in zahlreichen Exemplaren vom Verfasser.

摘　要

本邦及び臺灣に産する「てんぐすけば」亞科の研究は甚だ幼稚なものにして從來僅に四種知られありたり、今日余の研究する處によれば總數十二種あり下の如し

1. Cixiopsis punctatus Mats.　しだのくろすけば
2. Tenguella mitsuhashi Mats. (n.g., n.sp.)　みつはしてんぐすけば
3. Anagnia splendens Germ.　つまぐろてんぐすけば
4. Tenguna watanabei Mats. (n.g., n.sp.)　わたなべてんぐすけば
5. Dictyophora tengi Mats.　ひめてんぐすけば
6. Dictyophora sinica Wk.　せすぢてんぐすけば
7. Dictyophora maculata Mats.　ほしてんぐすけば
8. Dictyophora okinawensis Mats.　をきなはてんぐすけば
9. Dictyophora fuscovittata Mats. (n.sp.)　すぢぐろてんぐすけば
10. Dictyophora nakanonis Mats. (n.sp.)　なかのてんぐすけば
11. Saigona ishidæ Mats. (n.sp.)　くろてんぐすけば
11. Saigona gibbosa Mats. (n.sp.)　こぶてんぐすけば

此内北海道に産するものは(1)及び(11)にして(4),(6),(9)及び(12)は臺灣に産す、(2),(4),(7),(9),(10)及び(12)は新種なり、

Tenguella, Tenguna 及び Saigona は新屬なり、Cixiopsis は千九百年余の命名せし新屬なるが未だ他に發見せられたることなし、

從來 Dictyophora sinica Wk. は本邦に産する樣記載せられたれども全く誤にして余は臺灣に於て發見したるもの外本邦に産するを知らず、

元來此亞科に屬する種類は禾本科植物の害虫なるが(1)の如く「しだ」の植物を以て食とするものゝ如きは全く例外ならん。

本 會 記 事

（明治四十一年二月より明治四十三年一月まで）

MINUTE OF MEETINGS.

(Feb. 1908—Jan. 1910.)

月 次 會

第百四十囘　明治四十一年二月七日東北帝國大學農科大學經濟學講堂に於て開會、前囘記事の報告及次の講演あり。

　　　火山の話　　　　　　　　　　　　理學士　加藤武夫君

　火山の成因に關してブッフ氏並にシュチューベル氏の說を述べて其の說の論據の未だ定まらざるを論じ、目下の所にては教アルダー氏の說を以て眞に近きものならんとて同氏の論を詳述せられたり。アルダー氏は物理化學上より(1)壓力と溶解點との關係及び(2)溶岩は水蒸氣を出す事との二原理を土臺として火山の成因を說明したるが多くの場合に於て滿足なる解決を得べしと。而して此の說を應用して本邦火山を說明せられたり。

　　　「カレ」及「ナラ」の葉に寄生する「シストテーカ」に就て

　　　　　　　　　　　　　　　　　　　理學博士　宮部金吾君

　最初「シストテーカ」屬研究の歷史に關して述べられたり卽ち初めはハレー及タルナス兩氏によりて「シストテーカ」なる屬を新設されし以來カード氏及自己の研究を詳述されヘンニング氏が此に新科を設置せし事を述べ、常綠「カレ」類に寄生する者及び落葉「ナラ」類に寄生する「シストテーカ」の一種に就き研究渉ありたり。

第百四十一囘　明治四十一年五月二日東北帝國大學農科大學經濟學講堂に於て開會、前囘記事の報告及次の講演ありたり。

　　　北海道の地圖及測量に就て　　　　　　　　　河野常吉君

慶應四年松前與七氏のなせる事業を初めとし寛政十一年幕府の起業により伊能忠敬氏が其の任に當りて全道を測量するに到りし間の事績を述べ、次に近藤重藏氏の千島調査及間宮林藏氏の樺太滿州に於ける探檢を述べ終りに明治十九年北海道廳が本道の測量に從事せる迄の間の諸種の事樣を述べられたり。

　　　　昆蟲の二形及び多形に就て　　　　　　理學博士　松村松年君

先つ昆蟲の二形及多形とは何ぞやと一々標本によりて其の意義を説明し、此の現象あるが爲め昆蟲分類學上困難を來す場合ある事を論ぜられ。次に昆蟲の二形及多形の生ずる原因に就て説明を試み氣候は其の主なる要素なりとて螺類の標本を示し若狹産と日本々州産の同一種に就て其の差異を指摘せられたり。

第百四十二回　　明治四十一年五月廿一日東北帝國大學農科大學經濟學講堂に於て開會、前回記事の報告及週々來札せられし米國の昆蟲學者キンケード氏の講演ありたり。

　　　　科學界に於ける日本の地位　　　　　　キンケード君

日本開港の頃より話を初め日本民族の特性たる揮攝と同化力によりて短日月間に長く歐洲文明を吸收せる事を述べ、科學の研究に必要なる觀察及思慮の力は日本人の性質とし特記す可き者ありとて例の推賞の言を呈し終りに日本將來の科學も他の學科と同じく青年の手に負ふ所無かるべからずとて壇を下られたり。

以上の講演終りて松村博士は立て益蟲輸入に關し一場の演説をなし交通の開くると同時に害蟲の傳殖し大となり此れに備へんには益蟲の輸入を必要とする所以を述べキンケード氏の米邦の米國にとりて如何に貢獻する所あるを語られたり。

第百四十三回　　明治四十一年十月二十四日東北帝國大學農科大學經濟學講堂に於て開會、前回記事の報告及次の講演あり。

　　　　液子植物の單性生殖　　　　　　　　　理學博士　柴田桂太君

先つ有性生殖に就て語らざる可からずとて、一々掛圖に依りて胚囊母細胞の分裂、花粉の四分裂の意義及Synapsisが如何に吾人の注意を促すべきかを述べられ、本論に入りて單性生殖の意義及其の研究の歷史を明にし、次で近頃自ら研究せられたる「ドクダミ」の單性生殖を述べらる。其の要に曰く。花粉形成に當り56の染色體は搖狀をなさずして球形を呈し減數分裂を爲さず、而して分裂によりて生ぜる者は花粉とならずして萎縮せり。郎は

Synapsis の複染色体は依然56個を算し決して減數分裂事を見るなく母細胞
と常に同數の染色体を有せり。而して曰く。Synapsis の時代を經過したる者
は例へ元の者と同數なりとするも多少の變化の起れる事は明なり.此の Sy
napsis の現象に關し其の意義の住々にして等閑に附せらるゝは誤なりと云
ふ可しと。而して兩性生殖によりて新種式は變種の形成せらるゝは吾
人此れを Taraxacum に見る又雄雄異株の植物に於て雌本の挿木は常に雌本
を、雄本の挿木は常に雄本を生ず然るに兩性生殖に依りて往々雄より雌の
生ずる事は吾人の知る所より。余はかゝる現象の上に余の議論の根據を
有する者なりとて詳説せられたり。

　　　　歐米視察談　　　　　　　　　理學士農學士　　藤田經信君

氏は歐洲及米國に於て視察せし諸種の水産事業に就きて叙述せられ結
論として次の項を舉げたり。

1. 現今世界の水産業を見んとせば英國を見よ.之にて充分なる可し。
2. 養魚の有様に就ては獨乙は最も進步せるが如し.特に バヽ*ヤ*に於
   て然るを見る。
3. 製造業に關しては英國及瑞威を渡る可し。

以上の講演終りて入會者,死亡者及寄贈の報告ありたり次の如し。

　　　入會者　正會員　大島正滿君　　小四　和君　　柴田桂太君
　　　　　　　　　　　藤田經信君　　下斗米秀三君
　　　　　　準會員　水下周太君　　鈴木限三君
　　死亡　　　　　　　距司萬六君

本會は謹んで弔詞を呈せり。

　　　寄附　金貳拾四也　河野常吉君

第百四十四回　明治四十一年十一月十四日東北帝國大學農科
大學經濟學講堂に於て前會前回記事の報告及次の講演ありたり。

　　　冠狀銹菌に就て　　　　　　　　　農學士　伊藤誠哉君

本邦に於ける銹菌研究の歷史より歐米學者の銹菌發生に關する學說を
紹介し本論に入りて自ら調查せし禾本科植物の冠狀銹菌を列舉し六種の
新種を報告せられたり。夫は次の如し。

Puccinia Diarrhene n. sp.

P.　*Epigejos* n. sp.

P.　*brevicauis* n. sp.

P.　*pertenuis* n. sp.

P.　*rangiferina* n. sp.

P.　*Hierochloe* n. sp.

樺太人類調査に關する坪井博士の誤謬　　　河野常吉君

坪井博士が唱へたるコロボックル說に河野氏及パチェラー氏の盛んに反對せる事は本會々報の論文によるも已に人の知る所なり。此の說に懷を置ける坪井博士の樺太に於ける調査の誤謬を指摘して刺す所無し。蓋氏はアイヌの由來處爲を誤る事多きを說かれコロボックルはアイヌの小說なりと語られたり。

第百四十五回　明治四十一年十二月十一日東北帝國大學農科大學經濟學講堂に於て開會、前回記事の報告及次の講演ありたり。

菌類によりて養はるゝ「キクヒムシ」　　林學士　新島善直君

「キクヒムシ」中其の穿ちし穴に生ぜる菌類によりて養はるゝ者ある事近時學界に知らるゝに到れりとて該事實に關する論文の說明ありたり。

樺太の炭田に就て　　　　　　　　理學士　下斗米秀三君

新領樺太に渡りて親しく調査せられたる同地の炭田に就きて詳說せられたり。

第百四十六回　明治四十二年二月十三日東北帝國大學農科大學經濟學講堂に於て開會、前回記事の報告及次の講演ありたり。

小豆の植物的研究　　　　　　　　農學士　高橋貞直君

先づ小豆の花外蜜線に關して扁豆、「ツルアヅキ」其他Phaseolus の各種の夫れとの比較研究を述べ更に分泌物に就て Wilson 氏の說を照合し、自己の研究に依れば小豆に於ては砂糖を分泌する細胞と水を分泌する細胞とは相異りて其の間に分業の行はるゝ事を明にし、次て小豆の花は解剖的構造に於て他の同屬の者より大に趣を異にする者あるを說き其の學名をPhaseolus mungo var. subtrilobata とせるは運當ならざる可しと唱導せらる。猶小豆の自花受精現象及「マルバ」、「ケンヅキ」等の品種に就て論ぜられたり。

臺灣の蝶　　　　　　　　　　　　理學博士　松村松年君

臺灣に於ける蝶は其の數に於ても其の種類に於ても甚だ豊富なる事より說を起し新しき種々發表され而して近時歐人の手によりて續々新種の發表せるゝ事を述べ我が國内に於て發表機關無きため徒らに外人の手により我が蝶類の發表せらるゝを遺憾とすとて結ばれたり。

以上の講演終り別室に於て懇親會を開けり。(別項参照)

第百四十七回　明治四十二年三月十三日東北帝國大學農科大學經濟學講堂に於て開會、前回記事の報告及次の講演ありたり。猶次記三氏の入會を報告せり。

准會員　楠本潤一郎君　赤塚孝三君　渡邊彌三太郎君

日本產の囓蟲目　　　　　　　　農學士　岡本半次郎君

講演者は先づ囓蟲目と云ふ文字に就て說明を爲し次て囓虫目全般の習
性及形態を說き終りに自家の研究結果を發表せられたり。蓋し同氏が先
きに本會月次會第百三十一回に於て「蠶狂虫に就て」と云ふ演題の下に講演
せられたる者の追補とも謂すべき者なり。

皮蛋に就て　　　　　　　　　　農學士　牛澤洵君

皮蛋.とは清國浙江省其の他の地方にて製造せらるゝ加工卵の一種なり。
氏は其の製造法の大略を述べ實物によりて内容物の固形變化せるを示し
其の成因の廉氣性類菌にあるならんとの考へより自己の行ひて清國產の
者に就き皮蛋を得たる結果を發表せられたり。

第百四十八回　明治四十三年四月二十四日東北帝國大學農科大學經濟學講堂に於て開會、前回記事の報告及次の講演ありたり。

北海聯合漁業調查　　　　　　　農學士　野澤俊次郎君

英國に於て「トロール」漁法を連續して行へたる結果漸次減漁を見るより
英國政府は此れを調査せんと企て〟ワクスレー氏主任となりて調査を初
めし事より遂に迷合問題起りて北海聯合漁業調查を起せる間の順序を述
べ其の調査の目的は(第一)北海の水溫成分及濃霧に關する事、(其二)共棲魚
類に關する事、(第三)魚類遷行の途如何、(第四)漁業の不振其の他の變化は
如何にして起るや、なるを說き更に其の調查法を述べ氏自ら親しく調查船
に同乘してスコットランドの海上に出てられたる事を話られたり。

アイヌに關する講話　　　　　　バチェラー君

講話の要点は次の如し。
a, 北海道アイヌは樺太アイヌと同一なり。
b, 樺太のギリヤーク、ナロツコ人はアイヌに非ず。
c, コロボツクル人種はアイヌ人種なり。
以上の点に關して親しく調查せる結果を述べられば附日本語とアイヌ語と
の關係の二三に就て話されたり。

第百四十九回　明治四十二年五月九日東北帝國大學農科大學經濟學講堂に於て開會、前回記事の報告及次の講演ありたり。

樽前山の噴火に就きて　　　　　理學士　大井上義近君

前後六回の登山によりて觀察し得たる結果を報告せんとて樽前山の位置
構造並に附近の地形.植物帶より說き起し元文四年七月十二日以來の噴火
史を述べて最近明治四十二年の噴火に及び其の模像を詳細に說明せられ

たり。氏が六回の登山の中四月二十三日に登山せし時新しき山の生ぜる
を初めて見たりと又此の山の運命に付て恐らくは**マルチニツク、ペリー**
に見たるが如き "Spine" に變化する者なる可しと述べらる。尚附説として
噴火前又は常時に地震ありしや否や、禮文山の附近に溫泉ありや否や、潮水
の水及び井水に多少の變化ありしや否やを述べ最後に噴出物は安山岩な
りとて分析結果を示されたり。

以上の講演中或は模形に依り又は寫眞、標本によりて説明を開はれたり。

第百五十回　明治四十二年十月九日東北帝國大學農科大學經
濟學講堂に於て開會、前回記事及次記新入會者の報告及次の講演
ありたり。

正會員　佐々木　望君　小山四十一君

日本に於ける頭脚類に就て　　　　　理學士　佐々木　望君

先づ頭脚類と他の軟體動物の關係を説きて頭脚類の分類に入り、腕の數
に依りて四腕類及二腕類の二者に分ち、二腕類を分類して十腕類及八腕類
となし、八腕類を更に二つに分ち其の一つに就きて詳細なる説明あり、最後
に本邦産の種類を列舉されたり。

本島に於ける Lycopodiaceæ に就て　　　　　武田久吉君

最初に石松類の分類上の地位を論じ、轉じて本邦の分布を述べ、最後に本
道産の種産を列舉して其の研究史を述べられたり。同して一々標本を示し
自己の研究によりて過去の誤謬を正し各種に就て詳論する所ありたり。

第百五十一回　明治四十二年十一月十三日東北帝國大學農科
大學經濟學講堂に於て開會、前回記事の報告及次の講演ありたり。

草樹の花腐病に就て　　　　　農學士　笠井幹夫君

草樹の花を犯して收穫に多大の損害を及す花腐病に就ての研究談にし
て其の學名より其の生活史を説き其の分布及驅除豫防法を詳論せられた
り。

動物分布上に於ける北海道の移圍　理學博士　八田三郎君

ブレキストン線に依りて界せらるる北海道の動物と本洲の動物を比較
して此の分界線の存在を明にし、更に新領樺太に於ける動物を調べ、宗谷海
峽に於て更に大なる分界線あるを説き、北海道は此の兩線の間に挟まりて
一方は南下せる動物を入れ他方は北進せる動物を容し正に兩者の退戰場
たるの觀ある事を論ぜらる。而して此の兩者の中北進軍の優勢なるを見る
は正に人類の北進に伴ふ現象ならんと結ばれたり。

第百五十二回　　明治四十三年一月十五日東北帝國大學農科大
學經濟學講堂に於て開會、前囘記事の報告及次の講演ありたり。

　　　　千鼴に寄生する紅色「バクテリア」に就て

　　　　　　　　　　　　　　　　　　農學士　牛　澤　洵君

　　米國よりリッリし千鼴に寄生せる紅色「バクテリア」に就ての研究豫報なり。
其の「バクテリア」は多分 Lamprocystis roseo-persicina ならんと云ふ。附近似種・竝に
研究史か述べられたり。

　　　　有管植物の系統　　　　　　　理學博士　榮　田　桂太君

　　主として パウヤー、ロツチー及スコツト三氏の研究を論じ此れを自己の
生理上より研究せる結果と比較せられたり。先づロツチーは精虫の纎
の數によりて有管植物を別ちて Biciliate 及 Polyciliate の二つとし Isoetes は多纎
毛なる故に後者に屬して半備期と近き者なりとせるが精虫發生の狀態を
研究するに決して此の考は正當なる者ならずと論じ次に パウヤー が Lyco-
podium Selago の如き者を其の祖先形なりと推論せるに對し大体に於て前說
よりも正しとし更に スコツト が化石學上より得たる分類を評論して スコ
ツト が Isoetes を以て Lycopodiaceæ の系統に入る者せるに戻し最後に自己の研
究に依りて得たる結果即精虫の Chemotaxis を述べて此れは系統的意味を有
する者なりとし、其の結果と スコツト の說と符合する故に大体に於て スコ
ツト の說は確ならんとし、Lycopodiales が有管植物の祖先にも非ず又 Polyphyl-
letic の者にも非ずと斷ぜり。

以上の講演終りて後第十八囘總集會を開く。(別參其照)

總　　集　　會

　　第十八囘　　明治四十二年二月十二日東北帝國大學農科大學經
濟學講堂に於て開會。白頭先づ開會を告げ次に庶務の報告あり、其
大要次の如し。

　　總會一囘、月次會七囘、講演數十二其の內植物學に關するもの
四、地質學に關するもの三、動物學に關するもの二、視察及雜話二、入
會者七名內正會員五名準會員二名、退會者一名、死亡者一名。
次に會計の精密なる報告は印刷して配布せらる。右終りて規則改
正あり次の如し。

第五章第一條「本會は役員として會長一名、書記二名、會計一名、編輯員二名を置く」

同　第二條「役員は毎年一月總會に於て無記名投票に依りて之を選舉す但し當選者は辭する事を得ず」

同　第三條「役員事故ありて辭任せるときは臨時總會を開きて之を選舉す」

同　第七條「書記は通信書記と錄事書記とし通信書記は內外の通信及び圖書の管理借覽等の事務を掌り錄事書記は會の記錄其他の事務を掌る」

而して第十條は削除せらる。次に役員の改選あり其の結果次の如し。

　　會頭宮部金吾君、錄事書記松村松年君、通信書記藤田經信君、會計伊藤誠哉君、編輯委員八田三郎君及河野常吉君、編輯委員補助小熊桿君、錄事書記補助笠井幹夫君及荒川重理君。

以上終りて散會す。

　　第十九回　明治四十三年一月十五日東北帝國大學農科大學經濟學講堂に於て開會。先づ會頭開會を告げ次に庶務の報告あり、大要次の如し。

　　總會一回、月次會六回、講演數十一其の內動物學に關するもの四、人類學に關するもの一、植物學に關するもの三、地質學に關するもの二、講演者十一名、入會者六名內正會員二名準會員四名、死亡者一名、(會長は吊詞を送りたるに故人の親戚より禮狀來れり)。

　　當日出席會員少かりし爲役員改選は止むを得ず之れを中止し手紙を以て會員に投票を乞ふ事として散會す。同月二十二日役員立合の上開票して次の結果を得たり。

　　會頭宮部金吾君、錄事書記松村松年君、通信書記藤田經信君、會計伊藤誠哉君、編輯委員新島善直君及佐々木俊君、錄事書記補助小熊桿君、通信書記補助橋本洞一郎君、會計補助近藤金吾君。

明治四十三年十月　二　日發行

明治四十三年九月三十日印刷

發行所　　札幌博物學會
石狩國札幌區東北帝國大學農科大學內

印刷所　　文榮堂活版所
石狩國札幌區北一條西三丁目二番地

印刷者　　山中國松
石狩國札幌區北一條西三丁目二番地

發行者
編輯者　　河野常吉
石狩國札幌區北一條西七丁目三番地

TRANSACTIONS

OF THE

SAPPORO NATURAL HISTORY SOCIETY.

FOUNDED IN 1891.

VOL. IV.

With a Map and a Plate.

札 幌 博 物 學 會 會 報

明 治 二 十 四 年 創 立

第 四 卷

地 圖 一 枚 及 圖 版 一 枚 附

札 幌 博 物 學 會 印 行

PUBLISHED BY THE SAPPORO NATURAL HISTORY SOCIETY.

SAPPORO, JAPAN.

1911–1912.

CONTENTS

目　次

TRANSACTIONS

OF THE

SAPPORO NATURAL HISTORY SOCIETY.

FOUNDED IN 1891.

VOL. IV. Pt. 1.

札 幌 博 物 學 會 會 報

明 治 二 十 四 年 創 立

第 四 卷 第 壹 號

札 幌 博 物 學 會 印 行

大 正 元 年

PUBLISHED BY THE SAPPORO NATURAL HISTORY SOCIETY

SAPPORO, JAPAN.

1912.

All communications should be addressed to the Sapporo Natural
History Society in the College of Agriculture, the Tōhōku Imperial
University, Sapporo, Japan.

_____

注　　意

本會に對する總ての寄信は東北帝國大學農

科大學內札幌博物學會に宛て寄送せらるべし。

臺灣及印度產水牛の體尺に就きて

農 學 士 　柳 川 秀 興

MEASUREMENT OF THE ZEBU
OF FORMOSA AND INDIA.

By

H. YANAGAWA, *Nogakushi.*

Government Stock-Farm, Koshun, Formosa.

In India many breeds of Zebu are known to exist, while in Formosa only a single breed as yet has been found. As the thorough measurement of the Indian breeds and especially of the Formosan seems never to have been taken, I tried to fill up this gap in our knowledge of this domesticated animal, availing myself of the excellent opportunity which I have had.

The work was attended with considerable difficulty and often performed at a risk of danger, as the Formosan Zebu is still semi-wild and gives a very hard kick, which in many instances has proved to be fatal.

The measurement was taken during the month of August in 1911 on thirty head of the Formosan Zebu-cows, and also on one head of the bull of the same breed. The measurement on the Indian Zebu was performed at about the same time; the individuals examined were nine in all, of which six were cows and three bulls. The Indian breed introduced to our Stock-Farm is one and the same breed, which seems to correspond to Bos Zebu indicus major Fitzinger.

The measurement was taken after the method described by Werner [1].

---

[1]. H. Werner, Die Rinderzucht. Zweite Aufl. S. 144.

ZEBU-COWS

Name	Katsu-tsubaki	Katsu-fusa	III	Katsu-aya	Katsu-den	Katsu-koto	Katsu-izumi	Katsu-yanagi
Years old	7	11	7	8	12	9	10	10
Date of measurement	Aug.7, 1911	Aug.7, 1911	Aug.8, 1911	Aug.8, 1911	Aug.8, 1911	Aug.9, 1911	Aug.9, 1911	Aug.10, 1911
Height at withers	111	114.2	102	110.8	109	106.5	108	114
Height at chine	110.3	109.0	98.5	106.2	104	104	105.5	109
Height at croup	110.8	112.5	103.5	110	108	104.2	108.8	112.5
Height at setting of tail	114.7	113.7	105.2	115	110	106	106	112.5
Depth of chest	65	66	57	57	62	61	61	63
Height at knee	31.3	33	29	32.8	30	28.5	30.3	33.5
Height at hock	43.2	42	39.3	39.5	41	41	39.5	44.5
Height at elbow	60	63	57	61	58	59	57	61.5
Height at thigh-joint	97.7	98	90.5	99.5	94	90	92	97.2
Length from poll to tail	163.2	152.5	135.0	163.0	146	141	148	147
Length from point of shoulder to pinbone	124	124.5	114.5	123.0	122	116	120	120.5
Length of shoulder	47	43	39	43	44	44	43.5	43
Length of pelvis	42	41	35	38	41	36.5	35	39
Length of loin	29	30	28 ·	27	25	29	31	29
Breadth of forechest	37.8	36.2	27	32.5	29	30	31	33
Breadth of hindchest	42	38.5	23	38	32	29	34	32
Girth of hindchest	161	155	131	145	149	141	150	150
Breadth of pelvis	38	36	34	39	36	31	37	36
Breadth between hips	42	38	36	42	38	34	34	39
Breadth between pinbones	20	22.5	15.5	17	16	15	15	18
Girth of shank	17	15	12.5	15	14	15	14	15
Length of head	43	40	39	44	42	43	41	44
Length of forehead	19	18.5	18	19	18	19.5	20	19
Breadth of upper forehead	18	16	15.5	16	14	16	14	15
Breadth of lower forehead	19	17	17.3	19	18	18	19	18.5
Narrowest breadth of forehead	16	15	16	14	14	15	15	14
Length of horn	12	18	9.5	18	18	19	16	13
Length of neck	53	60	48	63	51	55	60	59
Live weight in kilogramms	320.6	309.4	202	285.8	248	208.7	238.1	255.8

OF FORMOSA

Katsu-an	Bo-kawa	Bo-tsuki	Bo-hikari	Katsu-haru	XVI	Akiu-ichi	Kei-shun	Ki-san	U-sel	Ten-wa	Un-puku
7	5	5	9	10	5	6	7	8	8	6	9
Aug.10, 1911	Aug.11, 1911	Aug.11, 1911	Aug.11, 1911	Aug.11, 1911	Aug.12, 1911	Aug.12, 1911	Aug.12, 1911	Aug 12, 1911	Aug.14, 1911	Aug.14, 1911	Aug.14, 1911
111.5	107.6	110.8	110	114	108.3	107.5	113.2	108	108.5	109	111
111	105 5	109.5	106.5	112.5	105.5	104	108.8	108.2	106.5	109.5	106.5
114	106.5	113	108.5	110.2	110	107.3	109	108.2	109.6	112.5	110
111.2	105	113.6	107.4	108.5	102 3	104.5	109	109.1	108.5	112·2	105.5
61	60	65	50	59	58	58	65	61	60	59	60
34.5	28	30	30	30	30	30	30	30.5	33	31	30.5
42	38.5	40.2	37.5	37	39.5	38.8	44	40	38.5	43	42
62	57	65	57	60	54.8	58	59	58	64	58	59
99	90	99	90	94	97	91	97	90.8	96.5	95.6	93
136	143.6	144.3	148 3	152.8	143.8	136	142.5	136	138	150.8	151.5
120	123.5	128	123.5	127.5	127	126	120	117.5	115	119.2	120
44	42.8	45	40	46	41	43.5	46	40	42	43	41
37.5	37	38.5	34	35.5	35.5	34	35	34.5	36.5	36.5	35
25.5	27.2	26	29.5	31.5	30	25	23	31.2	33	28	30
29	29.4	30.8	29	31	32.8	29.5	35	29	26.5	29	30
31	27.8	27.3	28.5	28	34	27.5	35	27.2	24	28	26.5
148	141	151	152	146	146	141	160	150	139	145	141
34 2	33.5	34 2	32	34 7	30	30	31.5	31.5	30.5	33.5	30
37	37	40	35.5	40	37	35	38.3	34	35	36.5	40
16	18	19.8	17	17	16.5	15	19	16	15	13.5	14.5
15	15	16	14	15	13.5	14	15	14	14	14	14
43	40	44	42.2	43	38.5	40	40	40	44	42.5	41.5
17	17.5	20	20	18.5	18	20	19.5	19	19	17.5	18
16	15	14.5	15	13.5	14.5	14	14.5	14.5	14.5	15	14
18	18.5	21	17.5	17.8	17	17	18.5	17	16.5	17.5	16
16	14	16	14.5	13.8	14	13	13.5	12	13	14.5	13
14	16	13	16	8	10	5	12	15	14	20	Broken
46	44	50	52	60	61	48	51	52.5	52	61	60
242.3	219.4	279.0	261.4	275.8	263.6	217.5	285.6	241.4	195.9	230.1	248.1

, ZEBU-COWS

Name	Kwaku-to	Chin-koku	A-h'chi	Ki-ni	Ki-mu	Katsu-kemuri	Katsu-rai
Years old	8	7	9	4	7	7	8
Date of measurement	Aug.14, 1911	Aug.14, 1911	Aug.15, 1911	Aug.15, 1911	Aug.15, 1911	Aug.16, 1911	Aug.16, 1911
Height at withers	100.9	106.2	111	106	112.2	106.3	103.5
Height at chine	97.8	104	114.5	103.5	108.2	109.2	103.6
Height at croup	100.5	106.7	113	105.5	109	109.2	108
Height at setting of tail	95.5	103	108.5	104	103	106.4	107
Depth of chest	57	56	51	55.5	56	59.5	60
Height at knee	29.7	28	30	29.5	30	30	29
Height at hock	37.4	42	43	38	42	46	45
Height at elbow	57	58	61.5	61	60	62	60
Height at thigh-joint	90	90.5	97.5	93	99	90	91.5
Length from poll to tail	131	136.3	156.3	126	139	142	138
Length from point of shoulder to pinbone	113	118	127.5	111	111	117	121
Length of shoulder	41	43.5	43.5	39	41	41	40
Length of pelvis	31.5	36	34.5	32.5	32.5	33.5	34
Length of loin	27.5	32	28	25	30.5	26.4	26
Breadth of forechest	30	31	29	29	28.5	27.5	34
Breadth of hindchest	30	24	32.5	30.8	30	26	32
Girth of hindchest	137	133	156	141	140	141	150
Breadth of pelvis	32.5	30	31.5	23.5	32.5	30.5	32
Breadth between hips	37	33	34.5	30	32	35.5	39
Breadth between pinbones	15.5	16.5	17	13.5	14	13.3	14.5
Girth of shank	14	14	15	13	13	13	15
Length of head	42.5	40.5	42.8	40.5	41	41	38.5
Length of forehead	20	17	18	18	17	18	18
Breadth of upper forehead	16.5	13.5	14	12.5	11.5	14	15
Breadth of lower forehead	18.5	17	17.8	15	17	16	17.5
Narrowest breadth of forehead	14.5	13.5	14.5	13.5	13.5	14	145
Length of horn	14	15.5	6	7	5.	10	17
Length of neck	58	46	54	45	54	43	50.5
Live weight in kilogramms	219.2	207.8	249.0	190.9	200.6	210.9	252.3
Length of ear							

OF FORMOSA

Bo-izumi	Katsu-tomi	Katsu-midori	Total	Average	Percentage	Max.	Min.	Toyo-fusa	Percent age
5	6	9						2.5	
Aug.16, 1911	Aug.16, 1911	Aug.16, 1911						Aug.17, 1911	
105.5	113	108.5	3268.0	108.9	100.00	114.2	100.9	119	100.00
107	112	105	3205.3	106.8	98.07	114.5	97.8	115	96.64
108.5	111	108	3268.5	109	100.09	114.0	100.5	117.3	98.57
105.6	108.8	101.3	3226	107.5	98.71	115	95.5	109	91.60
60	62	58	1783	59.4	54.55	66	50	61	51.26
28	30	28.3	908.4	30.3	27.82	31.5	28	32.5	27.31
42	43	41	1230.4	41.0	37.65	45.0	37.0	45	37.82
56	61	59.5	1784·3	59.5	54.64	64	54.8	64	53.78
90	98	88.9	2820.2	94	86.32	99.5	88.9	101.5	85.29
151	148	139	4325.9	144.2	132.42	163.2	126	145	121.85
122	124	120	3616.2	120.5	110.65	128	128	124.5	104.62
43	44.5	40.2	1277.5	42.6	39.12	47	39	43	36.13
35.5	38.5	34.5	1080	36	33.05	42	31.5	38.5	32.35
26.5	23	33.5	846.3	28.2	25.90	33.5	23	25.2	21.18
27	34.5	32	920	30.7	28.19	37.8	26.5	32.3	27.14
27	33	30	908.6	30.3	27.82	42	23	29	24.37
146	158	145	4389.0	146.3	134.34	161	131	149	125.21
31	30	27	928.1	30.9	28.37	39	27	34.6	29.03
33.5	37	35.5	1095.3	36.5	33.52	42	30	37	31.01
14.3	18.2	13.5	486.6	16.2	14.88	22.5	13.3	15.5	13.03
14.5	17	13	432.5	14.4	13.22	17	12.5	18	15.13
38.4	41	41	1241.9	41.4	38.02	44	38.4	43.5	36.55
16.7	18	16.5	552.2	18.4	16.89	20	16.5	19.5	16.39
14	16	13	439.5	14.7	13.50	18	11.5	17	14.29
17.5	17.5	17	528.9	17.6	16.16	21	15	19	15.97
13.4	15	13	425.7	14.2	13.04	16	12	16.5	13.87
10	16	5	372	12.8	11.75	20	5	15	12.61
49	56	62	1604	53.5	49.13	62	43	45.5	38.24
225.0	292.5	246.8	7323.5	244.1	—	320.6	190.9	277.5	——
								18	15.13

ZEBU-COWS OF INDIA　(Perhaps Bos Zebu indicus major Fitzinger)

Name or No.	178	182	181	177	179	180	Total
Years old	6	6	6	5	6	5	
Date of measurement	Aug.22, 1911	Aug.22, 1911	Aug.22, 1911	Aug.22, 1911	Aug.23, 1911	Aug.23, 1911	
Height at withers	126	130.6	129	127	136.9	130.1	779.6
Height at chine	125	129.6	127	127	133.3	128.6	770.5
Height at croup	129.3	135.9	133.4	129.8	141.2	133.5	803.1
Height at setting of tail	126.0	131.5	129.0	129.0	135.9	128.0	779.4
Depth of chest	64	63.5	59	67	62.2	62	377.7
Height at knee	35	38	35	36	40	39	223
Height at hock	48	49	50	50	49	43	289
Height at elbow	71	74	75	70	76	74.5	440.5
Height at thigh-joint	112.5	115	111	114	119.3	110.0	681.8
Length from poll to tail	147.2	155.5	149	158.5	156.5	155.8	922.5
Length from point of shoulder to pinbone	122.4	132.2	130.2	120	133.6	123	761.4
Length of shoulder	46	45	49	48	49.5	47	284.5
Length of pelvis	37.5	44	40	42	41.5	38.5	243.5
Length of loin	31.5	31	32	29	34	29.5	187
Breadth of forechest	35	41	37	35.4	35	34.5	217.9
Breadth of hindchest	37	32	35	39	38	34	215
Girth of hindchest	162	166	163	175	170	168	1004
Breadth of pelvis	35	38	38.3	38	38	39	226.3
Breadth between hips	45	43.5	43	45.5	46.3	46	269.3
Breadth between pinbones	18	20	21	18.5	19.5	21	118
Girth of shank	18	16	16	17.5	17	17	101.5
Length of head	46.5	48.5	45	51.5	44	45	280.5
Length of forehead	20	20	20	23	21	20.5	124.5
Breadth of upper forehead	17.5	17.5	19.5	19.5	19.5	18.5	112
Breadth of lower forehead	18.2	20.2	20	20	18	19	115.4
Narrowest breadth of forehead	15	15.5	17.5	17.5	15.5	16.5	97.5
Length of horn	43	40	48	38	30	36	235
Length of neck	51	62	56	62	66	68	36.5
Live weight in kilogramms	337.5	351.2	348	363.3	361.7	347.3	2109
Length of ear	38	32	37	33	32	28	200

ZEBU-BULL OF INDIA (Perhaps Bos Zebu indicus major Fitzingor)

Average	Max.	Min.	Percent-age	174	175	173	Total	Average	Percen-tage
				6	6	6			
				Aug.17, 1911	Aug.17, 1911	Aug.17, 1911			
129.9	136.9	126.0	100.00	133.4	135.8	140.6	409.8	136.6	100.00
123.4	133.3	125.0	98.84	130.0	133.4	140.8	404.2	134.7	98.61
133.9	141.2	129.3	103.08	136.3	137.8	146.6	420.7	140.2	103.07
129.9	135.9	126.0	100.00	134.2	137.5	145.2	416.9	139.0	101.75
63	67	59	48.5	74	65	75.5	214.5	71.5	52.34
37.2	40	35	28.64	38	41	39	118	39.3	28.77
48.2	50	43	37.11	49.5	51	53	153.5	51.17	37.46
73.4	76	71	56.51	77	76	79	232	77.3	56.59
113.6	119.3	110	87.45	120	121	125.7	366.7	122.2	89.46
153.8	158.5	147.2	118.45	163.3	160.8	182.5	506.6	168.87	123.62
126.9	133.6	120	97.69	155	141.8	154.5	451.3	150.4	110.1
47.4	49.5	45	36.47	54.5	55	56.5	166	55.3	40.48
40.6	44	37.5	31.28	46	44.3	49.5	139.8	46.6	34.11
31.2	34	29	24.02	31	32.5	33	96.5	32.2	23.57
36.3	41	34.5	27.94	42.5	39	52	133.5	44.5	32.58
35.8	39	32	27.56	44.5	42	41	127.5	42.5	31.11
167.3	175	162	128.79	185	180	194	559	186.3	136.38
37.7	39	35	29.02	43	42	49	134	44.7	32·72
44.9	46.3	43	34.56	45.5	45.5	47.5	138·5	46.2	33.82
19.7	21	18	15.17	24	21	22	67	22.3	16.32
16.9	18	16	13.01	20.5	19	20	59.5	19.8	14.49
46.8	51.5	44	36.03	46	48	54	148	49.3	36.09
20.8	23	20	16.01	23	22	25.5	70.5	23.5	17.20
18.7	19.5	17.5	14.40	22	23	23	68	22.7	16.62
19.2	20.2	18	14.79	24	21.5	25	70.5	23.5	17.20
16.3	17.5	15	12.55	20	20.5	19.8	60.3	20.1	14.71
39.2	48	30	30.18	49	48·5	54	151.5	50.5	36.97
60.8	68	51	46.81	57	60	65	182	60.7	44.44
351.5	363.3	337.5	—	487.5	487.5	544.5	1519.5	506.5	—
33.3	38	28	25.64	32	31	33.5	96.5	32.2	23.57

な が い も の 新 病 害

農 學 士 伊 藤 誠 哉

A NEW FUNGUS DISEASE
OF THE YAM.

By

Seiya Ito, *Nogakushi.*

In the vicinity of Sapporo, the leaves and vines of the cultivated yam *(Dios-corea Batatas)* are yearly more or less affected by a fungus, belonging to the genus Cylindrosporium. The same fungus is also found on the wild yam *(Dioscorea japonica).*

The disease of the wild yam was first noticed in 1889 by Prof. Dr. K. Miyabe in Tokyo, and after that time, many specimens of the diseased yam both cultivated and wild were collected in various places of our country by him and others. In 1902, Mr. Tokubuchi collected the same fungus on the wild yam in the Island Oki in Kiushū. During my botanical excursion in the Province Echigo in the summer of 1908, I had collected the diseased leaves of *Dioscorea japonica,* and an examination showed that it was also due to the same fungus. Recently, I obtained the same diseased specimen of the cultivated yam from Morioka in Northern Honshū through the kindness of Prof. G. Yamada. These facts show that the disease is very common and very widely distributed throughout our country.

In the last fall, the present disease severely threatened the yam which was cultivated in the experimental plots of our college and in the adjoining fields. At that time, I had an opportunity of examining the symptoms of this disease as well as the nature of its causal fungus by the fresh materials; and I have been able to recognize that the fungus in question is new to science and the disease itself to have passed unrecorded up to the present time. This short paper is intended to report upon some results of my study on this new disease of the yam.

I wish to express here my heartiest thanks to Prof. Dr. K. MIYABE, who has kindly placed at my hand all the materials he had collected for my study.

Symptoms of the Disease.

In the middle part of September, many small yellowish unbordered specks appear on both surfaces of the leaf of the yam. In the central portion of the discolored area, numerous yellowish-brown pustules are usually to be observed. Under a magnifying glass, these pustules are seen to be slightly raised and covered by a membrane. The color of the pustules gradually turns into brown and finally into dark brown. At or previous to this period, the membrane ruptures and the hymenium of the fungus is exposed presenting the appearance of a small white point to the naked eye. When the surrounding conditions are favourable to the growth of the fungus, conidia ooze out very abundantly in a flesh-colored or pinky white mass.

During the development of the pustules, the color of the specks also turns gradually from yellow to brown and finally to blackish brown, and a distinct darker colored border appears along their margin. Such discolored spots are roundish, polygonal or irregular in shape, and are scattered or gregarious, often confluent forming a large irregular spot. The symptoms are most conspicuous when a young leaf has been attacked by the fungus. In that case, the entire leaf becomes affected making it dry and shrink up. When badly attacked, no green leaves can be observed on a young shoot.

The fungus often attacks also the young vines and petioles of the yam. The pustules appear mostly in rows along their ridges, and their shape is longer than those on the leaf-blade. All the leaves on such affected vines are almost always attacked and killed by the same fungus; and in severe cases, the pustules also appear along the veins on the undersurface of the leaf. Such affected vines may be recognized at a glance by the presence of many dead black leaves on them as well as by the fact, that the vines are more or less hypertrophied, and lighter colored.

Nature of the Causal Fungus.

A section through a pustule shows that the hymenium of the fungus is formed under the cuticular layer. The stroma penetrates between the epidermal cells

reaching to pallisade cells, whose chloroplastids are destroyed.   The conidiophores
are thickly arranged parallel to each other and at right angles to a cushion of
stroma, from which they arise.   They are simple, straight or slightly curved,
hyaline, smooth and unseptated, with granular contents.   They measure 18–25
(rarely 30) × 3–3.5 μ.

A conidium is produced on the apex of the conidiophore.   The spore is filiform
or clavate-cylindrical in shape, straight or mostly curved on one side, and rounded
at both ends.   They are smooth, hyaline and guttulate.   When the conidia are
stained with iodine solution or other coloring solutions, it will be clearly observed
that the majority of them consist of one to three, rarely four cells.   When it is
mounted in water or potash, these septa may often be overlooked.   They measure
26–67.5 × 2–3.5 μ.

Placed in a drop of water or the decoction of the host-plant, the spores germi-
nate within 24–50 hours, throwing out one or two germ-tubes at or near the ends.
The germinating hyphae are hyaline, about 2μ in width and occasionally swollen
in irregular shape.

Nomenclature of this Fungus.

From the morphological characters of the spore and hymenium, we may easily
recognize our present fungus to be a species of Cylindrosporium.   Up to the present
time, I have not yet been able to obtain the ascosporous stage of the fungus both
in its natural state as well as in its pure culture.

No species of Cylindrosporium parasitic on the species of Dioscorea has yet
been recorded in mycological literatures.   Considering the fungus as a new species,
the following diagnosis is given.

Cylindrosporium Dioscoreae Miyabe et S. Ito.

Spots amphigenous, at first unbordered, small, yellowish, at last bordered, brown
or blackish brown, scattered or gregarious, roundish, polygonal or irregular, often
confluent.

Acervuli mostly epiphyllous or hypophyllous, also on vines and petioles, minute,
scattered or gregarious, roundish, somewhat elongated on vines, slighty raised, at
first covered by the cuticle, brownish or dark brown, finally erumpent above, then
whitish, fleshy-colored or pinky white.

Conidiophores simple, straight or slightly curved, smooth, unseptated, granulate, hyaline, 18-30 × 3-3.5 μ.

Coninia filiform or clavate-cylindrical, mostly curved or straight, rounded at both ends, smooth, guttulate, obscurely septated, 1-4 celled, hyaline, 26-67.5 × 2-3.5 μ.

Hab. On *Dioscorea Batatas* Dene.

Honshū:—Prov. Rikuchū, Morioka (Sept. 1911. G. YAMADA).

Hokkaidō:—Prov. Ishikari, Sapporo (Sept. 14, 1895. K. MIYABE & J. HANZAWA; Oct. 24, 1904.

T. MIYAKE; Oct. 1906; Sept. 1907; Sept.—Oct. 1911. S. ITO)—Shiroishi (Sept. 1907. S. ITO).

Prov. Oshima, Kitamura (Sept. 1, 1905. K. MIYABE)—Yamanaka (Sept. 2, 1905. K. MIYABE).

On *Dioscorea japonica* Thunb.

Kiushū:—Prov. Oki, Nagu, Tōgo (Aug. 1902. E. TOKUBUCHI).

Honshū:—Tokyo (Sept. 1889. K. MIYABE).

Prov. Echigo, Mt. Gomado (Aug. 20, 1908. S. ITO).

Phytopathological Laboratory,

Feb. 1912.　　　　　　College of Agriculture,

Tōhoku Imperial University,

Sapporo, Japan.

摘　　要

札幌地方に於ける<u>なが</u>いもの葉枯年々 Cylindrosporium に屬する一種の寄生菌の侵害を受け昨秋殊に其害の甚しかりしを認め之れを調査せるに全く未だ世に紹介せられざりし病害菌たるを確むるを得たるにより新に Cylindrosporium Dioscoreae Miyabe et S. Ito たる學名を附したり、本病菌は只<u>ながいも</u>を侵すのみならず<u>やまのいも</u>にも寄生し得るものにして初めて宮部博士が<u>やまのいも</u>の病害標本を東京に於て採集せられしは明治二十二年のことなり其後德淵氏の隱岐島に於て山田教授の盛岡に於て予の越後に於て<u>やまのいも</u>或は<u>ながいも</u>の病害標本を得たるによりて其分布區域の廣汎なるを知るに足る、本菌の形態及び性質等は暫く措き其病狀を略記す

れば次の如し。

　初め葉の表面に黄色にして限界不明なる小病斑を生じ來り漸次擴大し多數の病斑あるときは互に癒合して一大病斑を作り褐色に變じ遂に乾枯す、該病斑中を精査すれば小なる褐色の小瘤の存するを見る、之れ病菌の菌褥にして後表皮破れて無數の胞子を露出す此胞子多數堆積せるときは肉色又は白肉色を呈す、尙本菌は莖及び葉柄をも侵すものにして被害莖上の嫩葉は初め蚜虫の被害を受けたるが如き觀を呈し裏面に菌褥を生じ遂に枯損して黑褐色を呈す、如斯枯損葉一莖上に多數並列し且つ其被害莖は多少肥大するを以て瞥見直ちに本病の存在を知るを得べし、本病豫防法としてはボルドー合劑の灌注並に病葉の摘去及び收穫後に於ける殘莖の燒却等を可とす。

本邦産草蜻蛉科の一新種に就きて

農 學 士 岡 本 半 次 郎

EINE NEUE CHRYSOPIDEN-ART JAPANS.

Von

H. OKAMOTO, Nogakushi

(Mit 1 Textfigur)

Apóchrysa matsumurae nov. spec.

Körper mit den Anhänge gelb-weisslich; Fühler etwas verdunkelt, das 1. Basalglied aussen breit purpurrot gestreift und das 2. Basalglied aussen dunkelbraun markiert. Clypeus an den Seiten je mit einem purpurroten Flecke. Pronotum an den Seiten je mit einem purpurroten Streifen gerandet. Hinterschenkel nahe der Spitze breit dunkelbraun geringelt. Jedes Tarsenglied an der Spitze hellbräunlich behaart. Klauen an der Spitze braun. Jedes Abdominalsegment an den Seiten purpurrot gestreift.

Fühler lang, länger als die Vorderflügel, ca. 30mm. Pronotum länger als breit. Flügel breit und lang, hyalin; Flügelfleck wie beim Textfigur 1, dunkelgrau. Nervatur fast farblos, hellgelb bis dunkelgrau behaart; im Vorderflügel stark, im Hinterflügel schwach netzartig nerviert. Venulae sectoris radii im Vorderflügel 22-26. Venillas gradiformis im Vorderflügel drei, nicht parallel; im Hinterflügel zwei, fast parallel. Flügelrand sehr dicht kurz behaart. Membran der beiden Flügel ziemlich stark grün bis rot irisierend.

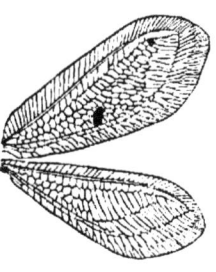

Körperlänge 12-13 mm.

Vorderflügellänge 22-24 mm.

Grösste Vorderflügelbreite 9-10 mm.

Fig. 1.

Kagoshima: 2♂, 7/X, 1905, gesammelt von Herrn Prof. S. Matsumura. Diese Art benenne ich zum Andenken am Sammler.

摘　要

本邦産草蜻蛉科の一新種に就きて

Apochrysa matsumurae nov. spec.

あみめくさかげろう　（新　稱）

澄全体黄白にして，觸角は少しく暗色を帶ぶ。觸角の第一基節はその外側に赤紫色の一縱線を有し，第二節の外側は暗褐色を呈す。頰片は兩側に赤紫色の一斑紋を有し，前胸の側緣は赤紫色にて彩らる。後腿節は其尖端に近く暗褐の一環を具ふ，跗節の各節はろの尖端に淡褐毛を生じ，爪の尖端褐色なり。腹部の各節は兩側に赤紫色の一線を有す。

觸角は前翅より長く，約三十粍あり，翅は幅廣く且つ長くして，透明。翅の斑紋の位置は圖の如し，暗灰色なり。翅脈は殆んど無色にして，淡黄と暗灰色の短毛を密生し。前翅の脈は强く，後翅のものは弱く網目狀を呈す。前翅の徑小脈技(Venulae sectoris radii)は二十二乃至二十六を算す。Venillus gradiformis は前翅に於て三連，後翅に於て二連あり，而して前者の併行せざるに反し，後者のものは併行せり。翅緣に短き密毛あり。翅は紅線色を稍强く放射す。

体長　　　　　12 - 13 粍

前翅の長さ　　22 - 24 粍

前翅の幅　（最も廣き處）9 - 10 粍

採集地及び採集者——鹿兒島　2合，（松村博士）

本邦產積翅目の一新屬及び一新種に就きて

農 學 士　　岡 本 半 次 郎

EINE NEUE GATTUNG UND EINE NEUE ART DER JAPANISCHEN PERLIDEN.

Von

H. OKAMOTO, *Nogakushi*

(Mit 2 Textfiguren)

Matsumuria nov. gen.

(Typus : Matsumuria sapporensis nov. spec.)

Beide Geschlechter vollflüglig. Sector radii im Vorderflügel zweigt sich etwa am Ende des ersten Drittels der Flügellänge ab. Anastomose unterbrochen. Die Flügelspitze zwischen dem Radius und der Media mit mehr oder weniger unregelmässiger Adernetze. Im äusseren Kostalfelde nur wenige Queradern vorhanden. Der Vorderast der 2A im Hinterflügel entsendet drei akzessorische Aeste nach hinten. Beim ♂ der IX. Ring auf der Bauchseite verlängert und durch zwei Längsfalten in drei Feldern geteilt, von diesen das mittlere die Subgenitalplatte bildend ; der Ring auf dem Rücken nicht geschlitzt und in der Mitte des Hinterrandes sich rückwärts stark gebogen. Der X. Ring auf dem Rücken geschlitzt und auf jedem Abschnitte mit einem hornartigen Fortsatze versehen. Die Subanalklappen flach, schmal dreieckig. Beim die ♀ Subgenitalplatte kurz, bogenartig, am Hinterrande in der Mitte fast viereckig tief ausgebuchtet.

Kopf relativ gross und samt den Augen ein wenig breiter als das Pronotum. Punktaugen klein, in ein stumpfwinkliges Dreieck gestellt. M-Linie nicht gleichmässig deutlich, sondern in ihren Seiten etwas deutlich. Stirnschwielen klein und deutlich. Pronotum breiter als lang, parallelseitig, an den hinteren Ecken etwas abgerundet; seine Mittelfurche breit, vorne und hinten stark erweitert.

Diese Gattung steht nahe Gattung Arcynopteryx Klp., aber hauptsächlich in den Genitalien ganz anders.

Die Gattung widme ich zum Andenken an Herrn Prof. S. Matsumura.

Matsumuria sapporensis nov. spec.

Kopf oben matt, gelbbraun bis schmutziggelbbraun, Unterseite gelb; vor der M-Linie etwas heller, Stirn dunkler. Fühler im ersteren Drittel gelb, gegen die Spitze hin dunkelbraun, zwei Basalglieder dunkel. Maxillar- und Labialtaster hellgelbraun, jedes äusserstes Glied und jede äusserste Spitze schwarz. Kopfschild am Hinterrande in der Mitte mit einer ziemlich breiten und tiefen kurzen Längsfurche; Hinterhauptschwielen stark vortretend.

Pronotum dunkler als der Kopf, mit einem breiten gelben Mittelstreifen; Wurmschwielen dunkelbraun bis pechschwarz; das Mittelfeld am ersten Drittel etwa

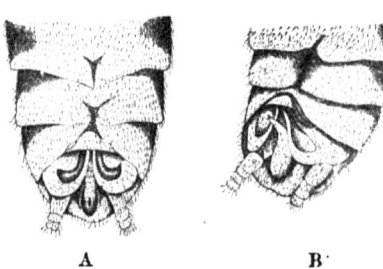

1/5 der ganzen Breite einnehmend. Meso-und Metathorax glänzend schwarz, Präscutum des ersteren gelb; Unterseite des Pro- Meso- und Metathorax gelb, Meso- und Metathorax·je in der Mitte dunkelbraun. Circi länger als das Abdomen, im unteren Drittel gelbbraun, gegen die Spitze

Fig. 1. A das ♂ Hinterleibsende von oben,
B dasselbe von der Seite.

hin dunkelbraun, kurz, dicht behaart. Beine hellgelbbraun, Schienen an der Basis und 2. Tarsenglied dunkelbraun. Flügel hellgelb. Nervatur hellgelbbraun. Im Kostalfelde ausserhalb der Subcosta mit 3-4 Querädern.

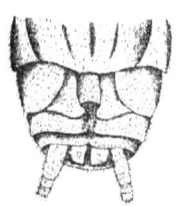

Fig. 2. Das ♀ Hinterleibsende von unten.

	♂	♀
Körperlänge (Trocknen)	16	16–19mm.
Vorderflügellänge (")	16	19–22mm.
Grösste Vorderflügelbreite (")	4,5	5–6 mm.
Grösste Prothorakalbreite (")	ca.3	3–4 mm.

Sapporo (1 ♂) und Sapporodake (12 ♀), gesammelt von Herrn Prof. S. MATSUMURA und dem Autor.

摘　要

本邦産襀翅目の一新屬及び一新種に就うて

Matsumuria nov. gen.

模範種　Matsumuria sapporensis nov. spec.

雌雄とも有翅にして,前翅に於ける徑脈枝 (Sector radii) は翅長の約三分の一(基部より)の處に起る、Anastomose なく、翅の尖端(徑脈と中脈との間)に多少不規則なる網狀脈を有し、前緣室に極めて僅かなる縱脈を具ふ。後翅に於ける第二臀脈の前小枝は後方に三小脈を放送せり。雄にありては、第九腹節は腹面に於て延長し、二縱褶により三部に分區さる、其中央のものがSubgenitalplatteを形成す、背面に於てはこの第九節は裂目を有せざるのみならず、後緣の中央に於て強く背面に曲れり。第十腹節は背面に於て裂け、其の裂けたる各部分に一の角狀突起を有せり。Subanalklappen は扁平にして、ろの尖端三角形を呈す。雌にありては、Subgenitalplatte は短くして、弦形なり、その後緣の中央は、稍四角形に深く凹入せらる。

頭部稍や大、後頭(複眼を含む)は前胸より多少巾廣し。單眼は小にして、銳三角形に位置す。M線の膨出は同一ならずして、ろの兩側は幾分明瞭なり。額胼 (Stirnschwielen) は小なれども明かなり。觸角鞭狀。前胸は常に幅よりも長く、平行四邊形、中央にある陷入部は稍廣くして、ろの前後は一層廣し。

本屬は Arcynopteryx 屬に近似するも、その主要なる異點は生殖器及びろの補助器の形狀なり。本屬の模範種あみめかわげらは最初に松村博士の探集にかゝるものなれば特に同博士の名を冠して記念と爲す。

Matsumuria sapporensis nov. spec.

あみめかわげら

　頭部の背面は黄褐乃至暗黄褐色にして、腹面は黄色なり、M-線の前部は稍淡く、額は暗色を呈す。觸角の基部に近き1/3は黄色(但し基節は暗色)なれども、殘部は尖端に至るに從び益々黒褐なり。兩顋淡黄褐、各末端節及び各節の尖端黒色なり。後頭の中央は短太にして稍深き縱溝あり。後頭胼(Hinterhauptschwielen)は强く突出す。

　前胸は頭部より暗色を帶び、黄色の廣き一中央縱線を有す。中央にある陷入部(Mittelfeld)は三分の一の處に於て前胸幅の1/5を占む。中胸と後胸とは黒色にして、中央胸の前膨部(Praescutum)は黄色なり。腹部黒色、第十及び第十一節は黄褐。尾毛は腹部より長く、基部に近き1/3は黄褐にして、殘部は黒褐なり。脚淡黄褐、脛節の基部及び第二跗節は暗褐なり。翅は淡黄、翅脈淡黄褐乃至黄褐、前緣室(亞緣脈の外側に)に三乃至四の縱小脈を有す。

	♂	♀
体長	16 粍	16-19 粍
前翅の長さ	16 粍	19-22 粍
前翅の巾(最も廣き處)	4.5 粍	5-6 粍
前胸の巾(　同　)	3 粍	3-4 粍

　採集地及び採集者―札幌1♂,(松村博士)、札幌嶽12♀, (岡本)

石 狩 煤 田 地 質

理學士　大井上義近

On the Geology of the Ishikari Coal-ieFld.

By

Yoshichika Ōinouye., *Rigakushi.*

本道には幾多の煤田あれども恐らく石狩煤田の如く擴大なる區域を占むるものなかるべし東西四里乃至十里に亙り南北二十余里に亙し面積約八十平方里を占む之れ獨り本道の主煤田なるのみならず本邦に於ける最大煤田といふべし、予は去る三十九年以來三夏間官命を帯びて親しく本煤田を踏査したれば左に其概要を摘記せんとす。

一　地　質　　　　　　二　石炭層

　甲　水成岩　　　　　　甲　炭層分布

　　イ　古生紀層　　　　乙　炭質

　　ロ　中生紀層　　　　丙　炭量

　　ハ　第三紀層　　　　丁　石炭成生

　　ニ　第四紀層

　乙　火成岩

　　イ　古期火成岩

　　ロ　新期火成岩

　丙　地質構造

一　地　質

夾煤層は第三紀層に限るといふて可なり然れども第三紀層と他の地層との關係を知らんが爲め順次諸紀層を略記せんとす。

甲　水成岩

古生紀層は煤田の東邊に發達し空知郡及夕張郡の基磐を成せるものなり上川郡にて石狩川沿岸神居古潭より南方に突起する一山脈（神居山脈と假稱す）は古色蒼然樹木鬱々として繁茂し空知川に向よて蜿々たるもの是れ古生紀層より成れるものなり又十勝線路途次山部、金山諸驛の西側に當り巍然屹立するもの之れ又古生紀層より成れる夕張山脈なり「アシベツヌブリ」及夕張岳は所謂犬牙狀を呈し山骨稜々裸出して異樣の地形を示せり。古生紀層を構成せる岩石は綠泥石墨片岩、石墨片岩、綠泥片岩、石灰岩、輝綠凝灰岩、角岩、硅岩及び粘板岩等にして石墨片岩は就中厚層を成し殆ど最下部に位するものゝ如し而して上部には輝綠凝灰岩を頂き其中間に其他の諸岩累層せり、之れを秩父系に比較せば恰も中部及上部に相當するものゝ如し。神居山脈にては諸層整然成層し走向略南北に近く東に急斜すれども夕張岳附近にては混亂甚しく走向殆んど一定する所なし、元と神居山脈諸層と夕張岳諸層とは連續せしものなるも地殼收縮の際幾多の皺曲を生じ空知川上流地方に於ては其上部に中生紀層を頂き為めに連續して露出せざるなり。

中生紀層は古生紀層を不整合に載ひ空知川上流及美唄山脈以南夕張川上流に亘りて發達し其區域廣し。神居山脈の西側に接し丘地を形成して空知川の南岸に達し「アシベツヌブリ」附近に及ぶもの及び美唄山脈より幾奈別地方を經て夕張川上流を南行するものも皆同紀の地層にして砂岩、礫岩及頁岩の互層なり、空知川を上り字野花南より字瀧の上の上流に至るまで河岸に成層するもの之れ皆中生紀層なり、又岩見澤町より砂川驛までの東方に當りて南北に横はる美唄山脈の頂涯は同紀層のものなり,又「アンモナイト」の採集地として著名なる幾奈別川上流地方及夕張川上流地方は皆其連續なり、本道の中生紀層は既に諸學者の研究により白堊紀層な

ること明にして地層の厚さは隨所異にするも最も著しき變化ある
は上部白堊紀層に見る所なり空知郡北部にては數千尺の厚層を成
せしが幾春別川流域地にては僅かに數百尺に減じ白堊紀層と第三
紀層との境界線を爲せる礫岩厚層の如きも北部にては百有余尺に
達せんか美唄川以南幌向川に至るまで殆ど該層の發達を見ず，然
れども夕張川上流に於て再び十尺乃至三十尺の厚さを有するに至
る，此の如く地層の厚薄定まりなく又岩種の差異あるは諸岩成層
當時の沈澱物量，種類及海水者くは河流等の動搖に基くものにし
て數十丁或は數里に亘りて變化なきは甚だ稀なりとす，白堊紀層
より採集せし化石數は左の如し。

海膽類	一種
腕足類	二種
瓣鰓類	十二種程
腹足類	五種程
頭足類(アンモナイト類)	二十種程
脊椎動物の脊椎	一種

其他植物化石は理科大學藤井教授及ストーブス博士の研究により
發表せられたるのも十八種あり、化石の分布を見るに夕張郡及空
知郡南部にては「アンモナイト」の大さも巨大にして直徑二尺五寸
に達するものあり又其量も北部空知郡に比して多し北部にては瓣
鰓類中の「イノセラムス」及「トリゴニア」多産するも其形小なるも
のゝみなり。

第三紀層は白堊紀層上に成層するも空知、夕張兩郡にては殆んど
整合に成層し走向傾斜相一致せり、故に白堊紀層との境界判然せ
ざるも白堊紀層の最上部に當り礫岩厚層を頂き其礫岩の上層中に
存在する化石と白堊紀層中に存する化石とは全く趣きを異にし且
つ礫岩層の成生は多く海岸者くは河口に於ける砂礫の集合せるも

のなれば頁岩の如き細微なる沈澱物と其沈澱位置を異にす、即ち
地形の變動を想像するを得べし、故に此二點より余は白堊紀層と
第三紀層とを區別するに礫岩層を以てせり。

<u>第三紀層</u>は石狩國にては擴大なる地域を占め多數の石炭を蘊藏す
るを以て世人の注目する所となれり今第三紀層を大別して上部,下
部となす、上部及下部は何れも整合を成し兩郡内にて正確なる不
整合を見ず之れ中生紀時代より第三紀終期に至るまて極めて靜穩
なる昇降ありしのみにて著しき地殻の變動なきを證するものなり
されば第三紀層は精細なる化石上の類別に困らずんば時代に從ひ
之れを細別する能はず實に上部下部と別ちたるは主として岩種を
基としたるものなり、即ち下部第三紀層は砂岩、頁岩、泥灰岩、礫岩
及石炭層より成り上部は凝灰岩及凝灰質頁岩より成れるものなり
下部第三紀層は砂岩、頁岩、泥灰岩及石炭層の互層にして最上部に
礫岩及砂岩の厚き互層を頂けり、此礫岩及砂岩の互層を以て第三
紀層の上下部の境界となせり而して其分布を見るに下部第三紀層
は白堊紀層に接近して成層し上部第三紀層は最も外側に配列せり
今第三紀層中より產する化石を大別せば左の如し

　　下部
　　　腹足類　　　　　　七種程
　　　瓣鰓類　　　　　十五種程
　　　植物化石　　　　六七種
　　上部
　　　腹足類　　　　　　一種
　　　瓣鰓類　　　　　　八種程

化石中最も多產するは牡蠣介にして下部第三紀層の下位に當り簇
集して一地層を形成し厚さ百尺に乘んとするものあり、此の牡蠣
介層は美唄山脈の東側即ち芦別川流域より空知川に及んて著しく

發達するも該山脈の西側には斯かる厚層を成さず且つ蛤介を混じ一部分は全く蛤介にて置き換へられたる處あり。

第四紀層は石狩川、空知川、幾春別川、幌向川及夕張川の如き大川沿岸に堆積せる最新地層にして主として砂及礓礫より成り厚さ一二尺より三十尺の間にあり而して右諸川兩岸を熟視するに多く一段若くは二段の階段地ありて幌向川下流にては三段とも成せる段丘地あり、是れ第四紀成生物にして河流が上流より運下せる沈積物を其兩岸若くは片岸に堆積し川流は次第に川床を澄割し斯くして段丘地を形成せるものなり。

乙 火成岩

古生層より第三紀層までの間に迸發せし火成岩は其類甚だ少なく又其區域極めて小なり今火成岩を第三紀以前に成生せるものと以後とのものに區別し其種類を舉げん。

古期火成岩とは第三紀以前に迸發せるものにして其種類僅かに三種に過ぎず蛇紋岩、輝綠岩、及角閃岩之れなり蛇紋岩は神居山脈の西側及夕張岳附近に露はれ神居山脈のものは古生層と白堊紀層との境界に接し、夕張岳のものは古生層を貫きて迸發せるものなり、其性質同樣にして暗綠色乃至黃色を呈し多くは塊狀なるも亦神居山脈の一部にては片狀を成せるものあり、此の蛇紋岩は恐らく白堊紀時代のものなるべし。輝綠岩は夕張岳の古生層を貫ける綠色の岩石にして小區域を占め角閃岩は神居山脈の一小部分に小塊狀を呈して古生層を貫けるものなり、此等は古生紀時代の迸發物なるべし。

新期火成岩とは所謂火山岩にして第三紀以後即ち現今目擊する所の多くの諸地層生成後噴出したるものにして其種類は石英粗面岩安山岩及玄武岩なり、石英粗面岩は煤田中唯一ケ所空知川下流南岸字下赤平に於て一小塊狀を呈して噴出せるものゝみ、安山岩は

或は熔岩として火口より流出せるものあり或は岩脈狀をなせるあり或は屑狀を呈するものあり空知川北岸に扁平,圓錐狀をなせる「イルムケツプ」岳は元と一火山にして殆ど全部安山岩(安山岩にも數種あり)を以て蔽はれ遠く裾野を四周に曳けり,又夕張郡内「エキモモアンルヽ」川中流及夕張川支流「バンケモューバロ」川上流に岩脈狀をなせる安山岩は第三紀屑を貫きて噴出し幌向川中流南岸にても小局部に一小塊となりて露出せるものあり又夕張郡紅葉山驛隧道側には頁岩中に屑狀を呈して挿入せるものあり。　空知川南岸に二個の圓錐形火山あり東方のものを神威岳と唱へ西方のものを小神威岳と呼ぶ此等は玄武岩熔岩を流出したるも其區域狹小なるものとなり,以上「イルムケツプ」岳を除き其他は皆一小局部に止まり空知,夕張二郡煤田の廣地域に於ては火山岩乏しく寂寥たる觀あり然れども石炭鑛業者に取りては實に幸運といふべし九州諸煤田に見る如く火山岩の突出は腰炭質を變じ又附近地屑を混亂せしめ炭業者の大なる障害物として嫌ふ處のものなり。

丙　地質構造

古生屑成生後一度地殼に變動ありて古生紀屑は皺曲を生じ後中生紀屑は古生紀屑上に不整合を成して沈澱し中生紀の末期より第三紀に移る時期には地表には著しき變動なく唯徐々と隆起し又は降下したるに過ぎず續いて第三紀屑形成せられ將さに第四紀に轉せんとするに當り激烈なる地變起り地皮に横壓力を生じ爲めに地屑は幾多の皺を作るに至り且つ無數の斷屑之れに伴ひ痛く地屑を擾亂せしむ而して其變動最も烈しき地方には火山を生じ熔岩を噴出せしめたり、彼の夕張山脈の如き或は美唄山脈の如きは皆當時の遺物にして就中美唄山脈は皺曲山脈の好例を示し南北に通ずる一背斜軸の兩側に於て地屑は背斜屑を作り東側は東に傾斜し西側は西に傾き北端は鞍狀を呈せり。又夕張川上流にては地屑の顚倒せ

るありて白堊紀層が第三紀層上に成層せるが如き觀あり之れ横壓
力の爲めに上下相顚覆し假想的に古期水成岩が新期水成岩上に成
層せるが如く見ゆるものなり、而して今美唄山脈の東西兩翼の地
層を比較するに東翼は整然成層し殆んど一の皺曲を存せざるに反
し其西翼にては皺曲に皺曲を重ね斷層又斷層の構造を有する所鮮
なからず就中其著名なるものは歙志內炭山附近にして大皺曲中に
小皺曲を伴ひ斷層屢之れを横ざり地層の走向傾斜甚だ不規則を極
む蓋し強大なる壓力を受けたる地は著しく混亂し壓力大ならざる
地は比較的整然たるべく即ち美唄山脈の西翼は東翼に比し強烈な
る壓力を受けたるものなるべし、蓋し本邦地形が東方に膨れて弧
狀を成せるは同理に源因するものといふへし。空知川沿岸に鼎立
する「イルムケツプ」岳、神威岳、及小神威岳等は地層擾亂し地皮脆弱
なりし地黙より岩漿噴出して熔岩となり火山を形成せるなり、此
くして此等諸山脈屹立し其後第四紀には本道諸火山の活動熾なり
しものヽ如く其噴出物は諸地方に散在せり、爾來風水の浸蝕作用
盛んに行はれ山脈の頂部は皆崩壞せられ河流の爲めに運下せられ
て其形を失ふに至る、想ふに山脈成生當時美唄岳頂上の高さは現
今の三倍ありたりしならん、斯くの如く一方に浸蝕作用行はるヽ
と同時に又崩壞物は河流に運ばれ其兩岸又は河口に堆積し以て今
日の第四紀層を組成せるなり。

二　石炭層

白堊紀層中にも少數の炭層を介在せざるに非らざるも厚さ甚だ薄
く且つ炭質粗惡なるものなれば之れを省略し主として第三紀層中
の石炭に就て述んとす。

甲　炭層分布狀態

第三紀層中にても下部第三紀層は火炭層と稱すべく幾多の炭層を
挾在せり今芦別川沿岸の整然たる地層に火まるヽ炭層を筭するに

二寸以上のものを通計すれば百五十を超ゆ然れども炭層は數百尺
乃至數千尺に亘りて同厚同質なるもの甚だ少なく從つて炭層の數
は場所を異にするに從ひ其數に差異あり。炭層を埋没する地層は
地形上海拔二千尺以下にして空知、夕張二郡にては稍高丘性をな
せる地なりとす、即ち美唄山脈、夕張山脈等の高嶺より其兩側に
當り段狀をなして低下せる第三紀層中に存在す。今其分布を見る
に芦別川兩岸より空知川兩岸に及び南折して美唄山脈の兩翼を南
下し奈江川、奈井江川及美唄川を横断して幾春別川に及び小彎曲
を爲しつゝ幌向川に到り遂に夕張郡に入りて夕張諸炭坑所在地を
經て國境を過ぎ十勝に連絡す。

炭層數は百五十余を算すれども現今採堀に堪ゆるものは其數甚少
なし空知郡歌志内炭山近傍は其數最多なれども約三十を超えず而
して三十層と雖とも必ずしも歌志内煤田中何處にも連續發達する
にあらず其中には小局部に止まるもの亦其半ばを占む。而して漸
く南下するに從ひ炭層數減じ美唄川以南夕張郡南部に至るまで約
六七層に過ぎず而して空知郡内には炭層最厚六十尺に達するもの
あれども夾雜物を存するを常とし普通二尺五寸以上十尺内外のも
のを多しとす、夕張郡に於ける厚さ二十四尺の如きは本邦中にも
稀に見る良炭層にして其質又石狩煤田中の首位を占むるものなり。

乙　炭　質.

同一層中にても上部、中部、下部に於て既に各其性質を異にす、即
ち光澤、色、硬度、比重、割目等物理的性質に差違あるのみならず化
學的成分に於ても著しく異なるものあり、而かも上部は強粘結性
にして下部は殆ど不粘結性なることあり是れ植物の種類及び之れ
に混入せる不純物の差異等によつて斯かる變化あるものなるべし
故に數百間以上も距つる地にては甚だしく其性質を變ずることあ
り。空知郡及夕張郡の如き炭層數多き處にては層厚常ならずして

且つ上下盤及火離物の種類等一定せざるものに於ては確實に各炭層を遠距離に連續せしむることは容易なることにあらず、然れども岩石の種類、特徴ある一二の炭層或は化石層等を標準とし略ぼ各層を連絡せしめたり、而して石狩煤田の南北に於て炭質に大なる差異を見るは粘結性ならざると粘結性なるとにあり乃ち空知郡のものは概して微粘結性若くは不粘結性のもの多けれども夕張郡の如きは殆ど全部強粘結性のものなり故に其性質に從つて其用途を異にす元來石炭は色漆黑にして光澤強く質硬くして比重小なるものを稱讚すれども又化學的に固形炭素量大なるものを悦むものあり或は揮發物に富めるを欲するものあり而して其粘結性と不粘結性とは骸炭製造用に適するものと適せざるとに區別せらる、故に其用途より概別せば左の如し。

空知郡芦別川西岸の炭屑と空知礦神威坑の炭屑中には粘結性にて骸炭用に適するものあり又奔別炭礦及幾春別炭礦の石炭の如きは揮發物に富み瓦斯用に適するものあり、又幌内、幌向炭礦の石炭は比較的に煤少なく且つ火氣激烈ならずして永く火氣を存する點は家庭の吸煙用に供して可なり而して空知郡中其他諸煤田の石炭は多く汽車、汽船其他工場用に適するものなり、夕張郡の石炭は前述せし如く強粘結性のもの多けれども又骸炭用に適せざるものあり炭礦汽船會社所屬の石炭は多く骸炭用に供せらるゝも猶ほ瓦斯用にも汽船、汽車、其他諸機關に用ゐても廣く稱讚せらるゝものなり、又石狩石炭會社の石炭は揮發物に豐富にして骸炭用よりは寧ろ瓦斯用に最も適當するものなるべし。

試みに粘結性炭と不粘結性炭とを燃燒し其灰を取りて分析せしに左の結果を得たり。(裝置不充分なりし爲め多少の誤差あれども其大約を知るを得べし)

成分	粘結性炭		不粘結性炭	
	夕張	神威	幌内	幾春別
SiO_2	24.48	13.47	32.48	55.29
Al_2O_3	13.72	24.97	34.65	31.62
Fe_2O_3	14.62	30.06	5.75	3.06
CaO	26.63	13.25	10.39	3.09
MgO	11.06	3.22	1.03	0.57
Na_2O K_2O	5.56	1.90	2.40	2.00
SO_3	8.80	7.92	5.54	1.26

右表の如く兩種の石炭に於て著しき差異を見るは粘結性のものは
硅酸と礬土に乏しく却つて第二酸化鐵、石灰及酸化苦土等に富め
るを見る、從來粘結性のものは酸素の量若くは揮發物量に關係あ
るが如く唱導せられたるも石炭の灰分の性質に密接なる關係ある
こと以上の如し、右は試驗材料甚だ乏しかりしが猶ほ多數の材料
を得て之れが研究を重ねんと欲す。

丙　炭量

炭層の厚さ、炭質、運搬便否、採掘難易等によりて同一炭層にても採
掘し得べき炭量に差異あることは論なきことなり、然れば將來採
掘法進步し運搬法改良せられ經濟的に操業し得る時機に於ては水
準以下は現今假定線よりも遙かに掘下するを得べし。石狩燻田に
於ては隨所炭質、炭層厚を異にするを以て諸所水準以下線の位置を
異にせり、然れども空知郡にては南部幌内及萬字炭坑附近は水準
下七百尺乃至千尺までを計上せり、又夕張郡にては炭層厚く且つ
炭質良好なるもの多きを以て水準以下千尺まで現今採取し得べく
以上の如く場所を異にするに從ひ水準以下線を異にするも炭層の
厚さは皆二尺五寸以上のものゝみを選び且つ小局部に限り發達せ
る炭層を除き諸炭層の總量を計算せしに左の概數を得たり

　　空知郡　　　五億六千万噸

　　夕張郡　　　二億千万噸

此の噸數は炭層が全部地層中に埋伏せるものとして計算せるもの

なれば既に各炭礦にて採取せしものを引去れば

　　空知郡　　　五億五千万噸

　　夕張郡　　　二億万噸

の残量數を得，今假りに將來諸炭礦勃興發展し約三倍の産額（一ケ

年四百五十万噸）を見んか約百二十余年の事業たるべし，而かも將

來採掘運搬法進步し作業容易なる曉には水準下線を延長し更に倍

數の産額を得ることあるべし。

丁　石炭生成

石狩煤田中には上記せし如く夥多の石炭成層し第三紀層中に介在

す。石炭成生の材料となりたるものは何ぞやとは直に吾人の發す

る疑問の一なり，石炭生成に關して從來諸説あり，或は水草説あ

り或は流木説あり，然れども本問題は場處を異にするに從ひ生成

も亦差あるべし，陸地の分布及地文學的狀態は必ずしも本邦の如

き南北に長き國に於て一樣なる能はず，故に水草堆積して炭化し

石炭と爲れるものあるべし，或は喬木若くは灌木の炭化せるもの

あるべし。石狩煤田中の石炭層の上下盤に存在する植物化石を見

るに松柏類水松科のもの就中多量にして其他樺，槲，楓等混在し濶

葉樹類尠なからず故に水草類が生長原地に堆積したるものに非ら

ざるを證す而かも炭層厚さ一定なく甚だしきに至りては三十尺の

厚層が數百尺を距てゝ僅かに五六尺に減ずるが如き例ありて數百

尺乃至數千尺に亘りて同厚を有することは石狩煤田には稀なるも

のとす，而して炭層上下盤も頁岩より砂岩に變移するあり或は礫岩

に變ずることあるのみならず多くの場合に炭層の附近に砂岩を伴

ふことあるは靜止の位置に堆積して炭化したるものと説明するよ

り寧ろ動搖ある地に於て流木の如き物が泥土，砂礫に蔽はれ以て

石炭に化したるものと説明すること稍當なるべしと信ず。又空知
郡歌志内煤田には一二層の石炭中には屡々硅化木塊を存在するこ
とあり、恰も筑豐炭田に於ける松岩と等しく炭層面に平行して伏
在するが如きあるも亦垂直なることもあり其形不規則にして小は
拳大より大は徑三尺に達するものありて其種類は未だ充分なる研
究なけれども松柏類に似たるもの多し、此硅化木は如何にして生
成せられたるものなるか、曾て筑豐炭田調査に際し木戸、松田兩理
學士が論述せられたる如く既に硅化せし樹木片が流木に混じて堆
積し炭化せられたる石炭中に硅化木として存在するものなるべし
該硅化木が炭層中に存在する狀態を見るに硅化木の周邊は明瞭な
る輪廓をを有し石炭との區別判然たり、之れ異種植物が堆積の際
或る種類のみ硅化したりとするは化學成分相類せる植物が同一の
狀態に於て一は炭化し一は硅化するの理を解するに苦しむものな
り。

凡

古生界記層

白堊紀層

下第三紀層

上第三紀層

洪積層

沖積層

後方羊蹄山(マクカリヌプリ)の植物分布狀態に就きて、

西 田 彰 三

On the Distribution of Plants
on Mt. Makkarinupuri.

By

Shōzo Nishida.

緒 言

後方羊蹄山は本道史上の名山なり、而も所産植物の豐富なると交通の便に據ること全道諸高山に冠たり。從て有志の本山に植物採集を試むるもの頗る多し。余は明治三十九年八月故恩師莊司萬六氏に從つて初て本山に登り、其植物分布狀態の特異なるに注意し、爾來これが調査をなさむことを全て、明治四十一年宮部博士に從つて再び登山し、以て第二回の調査を遂げ、略其要を得たり。

明治四十四年八月大野博士に從つて三たび本山を探り、やゝ其植物分布狀態を詳にするを得たり。即ち歸して同好の參考に供せんとす。然ども、本山山域の廣大にして分布區域の多樣なる、調査の完璧は本日に得て望むべからず。須く後日の探險調査を待ちて修補するところあるべし。

本篇題して後方羊蹄山植物分布狀態となす。由來本山名の和稱に關しては區々の論議あり。曰く、羊蹄山、異狩岳、後方羊蹄山、蝦夷富士と其何れを是とし、何れを非とすべきかは茲に評論するの餘白を有せず。余は只而かく信ずるが故に斯く題せるのみ、これが理由と論泙とは後日の發表を待つべし。

本山の高度亦區々たり。從て垂直分布に於ける高度の標準を定む

ること頗る難事なり。依て本編は北海道廳最近の調査にかゝる19
43米突(6470尺)を取り、中間高度は前後三回に渡る空盒晴雨針によ
る測定を基礎として推算せり。

余は本編を草するに當り懇敎を辱ふせる、宮部博士、大野博士、半澤
學士、伊藤學士、並に學友近藤金吾君に陸謝し、又諸般の便宜と助言
とを與へられたる蝦夷富士登山會幹事高山萬次郎氏並に小樽區星
野三郎氏に謝意を表す。

茲に悲むべきは恩師莊司萬六大人の今や幽明境を異にし、本稿成
るの喜を共にし、感謝の意を表する機會をして、永遠に有せしめざ
ることを、只々靈前に奠前に呈す。

地　理

後方羊蹄山、一名蝦夷富士は土人の所謂マクカリヌプリ(海拔1943
米突)にして、北緯42度50分東經140度48分膽振國虻田郡に在り、本
道西南部に於ける最高峯なり。山容端正なる銳頂圓錐形にして、裾
を四方に引き、北は傾斜38度にして倶知安高原に連り、東は32度に
して目名原野に接し、南は30度にしてマクカリベツ原野となり、西
は傾斜やゝ緩にして28度、比羅夫墓地に向ふ。山麓は東北西の三方
シリベツ河環圍し、南西マクカリベツ河流れ、二水合して西流し山
峽を破りて、後志灣に入る。故に山域自然に兩流によりて限界せら
る。

比羅夫口(西口)山麓に一小湖あり形半月狀をなす、これを半月湖と
なす。湖の周壁傾斜35度周圍一里餘倒圓錐形狀をなす、これ即ち太
古に於て爆裂せる寄生火山口なり。絕頂に三個の舊噴火口あり。

大噴火口は周圍約1里18町、直徑約1000間、深さ100間、東南の二面
は峨々たる安山岩質熔岩よりなり、其傾斜30—38度、下るを得べく
して上るに容易ならず。北は30度西は更に緩にして26度、北及西
の內壁に岩石の露出少なく粉碎岩よりなるを以て、昇降容易なり。

口底は圓形にして直經約70間、八月初旬迄は溜水あるも中旬蒸發
し去りて大礬磊々たるの上僅に御手洗的淵水を見るのみ。更に口
壁の頂上を一周せんか、西壁頂上一の小賽の河原あり、これを中靈
臺となす。蝦夷富士山頂、噴火口內部の壯觀を一眸に集め、中、小の
火口も亦指呼の間にあり。中靈臺より右廻り西南に向つて進まん
か、馬背を上りて南門臺あり。東南壁上は寄峰亂出し石舍岳、天狗岳、
鑓が岳、或は劍峯をなす、此間或は岩を跳ね、或は怪岩の間を通じて、
遂に東北方陸地測量部三角標に達す。これを越て蝦夷富士頂上最
高峯北鎭岳1943米突に達す。更に北に下らんか旭臺となり、遂に
中噴火口上の北門臺に達すべし。

中噴火口は、其口壁周圍凡4町30間、底面圓形にして其周圍約10間、
中央に安山岩質熔岩の大塊磊々たり、岩脚溜水を見る。

小噴火口は、口壁周圍約3町30間にして、甚だ淺し。下底に溜水あり、
多くねぞほろわ、を產す、これをねぐさが池となす。

本山は其外壁に於て數多の穴澤を有し、其走向によりて各特異の植
物區景をなす。海拔約1800米突にして一大緩傾斜地あり、初夏の候
百花爛煜黃紅白紫を饒ふ、これを御花畑となす。中に小湖あり、不斷
の水を湛ふ、雲泉湖と云ふ。湖畔の巨岩磊々たる間翹るに珍花をも
つてし、自ら小公園をなす。西門臺下一小溪あり、御花畑入口より右
折し約9町にして達すべし、溪間の小流溜して長池をなす、池中に
ほしみどろを產す、累が池と稱せらるゝも奇なり、池畔亦獨特なる
植物景觀を見る。南門臺下、下ること約300尺にして又澤あり、分れ
て三小澤をなす。八月中旬猶殘雪を見多くみつばわうれんを產す、
これを藥草が原と名づく。三角標より第二番溪を下ること約1000尺
にして一大緩傾斜地あり、本山中第一の御花畑たりこれを靈岩公
園と云ふ。

植物數及び植物帶

後方羊蹄山は交通の便に據ること全道諸高山中第一に位す。從て
本山に植物採集を試むるもの最も多く，並に擧るの餘暇を有せず。
只本山所産の植物にして既に記録せられたるもの

明治二十八年マクカリヌプリ氣象觀測記	34科	47種	水科七三宮氏 戸津　高知氏	
明治三十八年植物學雜誌第十九卷第二百二十七號マクカリヌプリ植物	41科	96種	栗野宗太郎氏	
同年本會會報第一卷第一號、マクカリヌプリ山頂植物	35科	77種	宇澤　洵氏	
明治四十五年宮部博士敎職二十五年記念論文集　同目録の補遺		24種	同　　氏	
明治四十二年高山植物採集及噴養法、中にマクカリヌプリ山植物目録	24科	64種	志村　烏嶺氏	
明治四十四年文武會會雜誌第六十四號蝦夷富士の花	42科	102種	匠藤　金吾氏	
明治四十五年宮部博士敎職二十五年記念論文集蝦夷富士山頂に於ける山火後發生せる植物に就て	7科	14種	同　　氏	

本篇に記載せる後方羊蹄山所産の植物數は顯花植物66科230種隱
花植物6類35種總計265種を計せり。

植物帶　マクカリヌプリ山麓シリベツ河マクカリベツ河界限は，マ
イル氏の所謂第三帶(落葉濶葉樹帶，山毛欅帶)に屬し，1200尺の駒返
附近に及び。1200尺以上は，第四帶(針葉樹帶，假松帶)に屬すべきも
のにして，中服以上4000尺に達し。其主木はゑぞまつ，とどまつにし
て，なゝかまど，うだいかんば，むしかり，等の濶葉樹種を混ぜり。4400
尺以上頂上迄は，第五帶(假松帶)にして，4400尺の峰背及び5000尺
迄の溪谷は上方濶葉樹林(檜木帶主木ゑぞのたけかんば)を現はし，
以上は純然假松帶にして頂上に及べり。純然たる草本帶は，本山に
於て，これを見る能はすと雖も，6000尺以上6470尺の山頂に達する
間に於て假松帶に交雜するものを見るを得べし。

植物配布の狀態

本山の植物配布狀態を見るには，現今唯一の登山口たる比羅夫口
(半月湖畔)よりするを可とす。往時登山道の開鑿今日の如くならざ
りし際は，登山者の多くは目名口(目名原野)カシュブナイ川上流た
る一條の穴澤を利用せり。されど其傾斜實に30度，比羅夫口25度乃

至28度に比し、やゝ急峻をきはむ。而して函樽鐵道の開通と、蝦夷富士登山會の登山道開鑿とは、此比較的緩なる斜面利用をして復活せしめ、遂に今日の盛況を見るに至れるものなり。以下比羅夫口より觀察したる本山植物の垂直分布を述ん。

半月潮岬(800尺)より駒返し(1200尺)に至る沿道。

あをだも、いたや、うだいかんば、をほなら、をほばぼだいじゆ、くは、をへうだも、をにぐるみ、こぶし、さはしば、しなのき、しうり、きはだ、しらかんば、せんのき、とちのき、なゝかまど、ほゝのき、みづき、ひしかり、めいげつかへで、やまはんのき、等の濶葉喬木の欝蒼たる間とどまつの混生するあり。樹下に見る灌木の重なるもの、こまかだけすぐり、をがらばな、いぬがや、いぬつげ、をほばすのき、のりのき、等にして、樹間を縫ふてやまぶだう、こくわ、等の攀緣するあり。樹幹に纏繞すもるもの。

つたうるし、つるあぢさゐあり。樹下に見る草本の重なるもの。

あかそ、うど、ゑぞにう、ゑぞのきつねあざみ、ゑんれいさう、をほばいらくさ、えぞのよつばむぐら、をほばうばゆり、をほばいたどり、からうりな、きつりふね、くるまゆり、くさそてつ、くるまばづくばねさう、くされだま、くるまばさう、こんろんさう、さゝばらん、さらしなしようま、さはあぢさゐ、とちばにんじん、なつゆきさう、ながじらみ、はんごんさう、はなうど、ひよどりばな、ひとりしづか、さんかえふ、めうま、まひづるさう、みやまとうばな、むかごいらくさ、みやまたにたで、やぶたばこ、ゆきざさ、よぶすまさう、れんぶくさう、やなぎらん、つるりんどう、つくばねさう、をほうめがささう、うまのみづは、よもぎ等黃紅白紫樹下岩隙を飾るを見るべく、ねまがりだけ、路傍を埋むるの間を縫ふて進む。

駒返し(1200尺)、急坂これより起る、崎嶇たる岩隙を縫ふて、羊腸十

八曲折、蘇苔滑なる處旣に針葉喬木林裡に入る。

とどまつ、えぞまつを主とし、濶葉樹の其間に混生するもの、いたや、うだいかんば、ゝからばな、ゝほばやなぎ、しうりざくら、ないかまど、みねかへで、ひしかり、ひろはにはとこ等の喬木、小喬木を見るべく蔓木及灌木の岩隙に立つもの、のりのき、あかみのいぬつげ、こまがだけすぐり、ひらさきやしほつつじ等にして、いはがらみ、つるあぢさゐの樹間岩角に攀緣するを見るべし。草本の重なるもの。

うど、ゝほばたけしまらん、ゝほばいらくさ、ねぞにう、ぎょうじゃにんにく、さはあぢさゐ、さらしなしょうま、しらねあふひ、たけしまらん、てんなんせう、とちばにんじん、なつゆきさう、まひづるさう、ひかごいらくさ、よぶすまさう、るゐねふぼたん、るゐゐふしょうま、やまぶきしょうま、あまちゃづる、にして、岩隙の陰地に生ずるもの、みやまたにたで、みやまかたばみ、れんぶくさう、づだやくしゅ等紅白の小花を綴るの外、多く羊齒類を産す。

じうもんじしだ、とらのをしだ、くじゃくしだ、いわがねさう

四合目羽仙閣（2300尺）、に達すれば樹種も其數を減じ包圍のえぞまつ、天に柱するの間いたや、うだいかんば、きぞのだけかんば、れがらばな、ないかまど、等の濶葉喬木小喬木其間に點綴し、ねまがりだけの下交よるに、あかみのいぬつげ、ゝほばすのき、つるつげ、みやましきみ等を以てし草本の種類甚だ多からず。

あきのきりんさう、ゝほばこ、みやまたにたで、ひとりしづか、やなぎらん、

みかへり松（4000尺）に達す。但し蝦夷松の巨木にして畸態他に選むべからず。此邊喬木帶の終點と思はる。針葉喬木漸次其高さと太さとを減しきぞのだけかんば代りて勢力を得延々大蛇の伏せるが如きを見る、即ち上方濶葉林（雁皮帶）とす。急坂直上天を隔んで登るの

間、あくしば、いちゐ、（ゑんこ）うこんうつぎ、ゑぞのたけかんば、おがらばな、ゑほばすのき、こしあぶら、あかみのいぬつげ、ちしまざくら、つるまさき、ななかまど、つのはしばみ、みねかへて、むらさきつりばな、むしかり等の小喬木灌木を見るべく樹下に茂る草本には。ゑぞすずらん、あきのきりんさう、いはつつじ、うすばさいしん、ゑぞふすま、えぞのよつばむぐら、たにききやう、はうちやくさう、まひづるさう、みやまえんれいさう等を主とし時にしやくじやうさうを見ることあるべし。

偃松帶（1400尺）、えぞのたけかんばの老幹延々綾坂に横はり、蛸雁皮、腰掛雁皮、或は鳥居雁皮の啞態百出するの邊、既に偃松帶に移る。これより七合目、胸突參丁（5000尺）に至る間、樹本の重なるもの、あくしば、うこんうつぎ、おがらばな、ゑほばすのき、ゑぞのたけかんば、ちしまざくら、はひまつ、みねかへて、みやまななかまど、みねやなぎ、むしかり等にして、樹下の草本には、

あきのきりんさう、いはつつじ、うすばさいしん、ゑぞのよつばむぐら、おほばたけしまらん、からまつさう、こすぎらん、こけもも、ごえふいちご、とうげしば、なつゆきさう、みやまたにたで、みやまかたばみ、**電光坂**（5300尺）、再び羊腸曲折五十三回の綾坂、所謂電光坂に出づれは、溪谷分布の景觀を見るを得べく。

うこんうつぎ、ゑぞのたけかんば、ちしまざくら、はひまつ、ほざきななかまど、みねかへて等の樹下、あきのきりんさう、いはべんけいさう、ゑほかさもち、あわもりしようま、きばなしやくなげ、ぎようじやにんにく、こけもも、いはつつじ、ごねふいちご、ちしまふうろ、まるばのひれあざみ、よぶすまさう、からまつさう、

等美なる高山植物賣紅白常を競ふを見る。急坂盡くるところ、**御花畑入口**（5800尺）、に達す。はひまつ密生する間みやまななかま

ど、うこんうつぎ、きばなしやくなげ、はなひりのき、ちしまざくら、を
ほばすのき、等を混生すべく、草本の重なるもの、

あきのきりんさう、あわもりしょうま、いぶきぜり、えぞにう、をほか
さもち、からまつさう、ぎょうじやにんにく、さんかえふ、まるばのひ
れあざみ、まひづるさう、ちしまふうろ、やまははこ、

御花畑(6000尺)所謂神苑に達すれば、雲泉湖畔百花爛熳の莊觀に接
すべく。

あきのきりんさう、あらしぐさ、いはべんけいさう、いはをとぎり、い
ぶきぜり、うらじろたて、うこんうつぎ、えぞのつがざくら、をほやま
ふすま、からまつさう、きばなしやくなげ、ごぜんたちばな、ごわふい
ちご、さまによもぎ、しらねあふひ、つまとりさう、なつゆきさう、ひめ
いちげ、ひろはのひめいちげ、ちしまふうろ、まるばのしわつけ、みや
きんばい、みやまななかまど、みやまがりやす、うめばちさう、まるば
のひれあざみ、こけもも、

等黄紅白紫甍綠を熙耀して岩角を飾る。更に山頂宿泊所甍表閣背
後の斜面を探らんか、

あらしぐさ、いはをとぎり、いはべんけいさう、いぶきぬかぼ、うめば
ちさう、うこんうつぎ、うらじろたて、をやまりんだう、くるまゆり、
さまによもぎ、ちしまふうろ、しらねあふひ、はくさんちどり、まるば
のひれあざみ、やまははこ、あわもりしょうま、をだまき、みやまひか
げのかづら等を見るべし。雲泉湖より、頂上噴火口に達する急坂、左
に偃松の燒跡を登ること2丁の間岩際に、

をぞのよつばむぐら、たにききやう、ごぜんたちばな、ごわよいちご、
を見るべく。路傍の樹下に、あわもりしょうま、いはをとぎり、うこん
うつぎ、えぞふすま、さまによもぎ、ちしまふうろ、なつゆきさう、まる
ばのひれあざみ、みやまひかげのかづら、みやまななかまど、みやま

かたばみ、れんぷくさふ、まるばしもつけ、あきのきりんさう等美花を付くるあり。偃松の燒跡には、

みやまななかまど、やなぎらん、あきのきりんさう、ごぜんたちばな、等の既に發生せるを見、ぜにごけ、ほそすぎごけ、の群落所々に黙存す。更に未燒區域より燒跡に浸入するもの、こけもも、きばなのしやくなげ、うこんうつぎ、等あるを見るべし。道盡きて、

神笛溪に出づ。亙岩黙在するの濕地あきのきりんさう、いぶきぜり、いはおとぎり、うこんうつぎ、ゐいらんたい、おやまりんだう、おほやまふすま、がんこうらん、くるまゆり、こけもも、ごぜよいちご、さまによもぎ、ちしまふうろ、はなごけ、つめごけ、まるばしもつけ、うめばちさう、みやまきんばい、みやますずめのひゑ、みやまひかげのかづら、せんぼんやり等を得べく、偃松の樹下愛らしき、りんねさう、を見ることあるべし。

大噴火口(6200尺)、神笛溪より中靈臺に登れば大、中、小の火口並列して、指呼の間にあり。即ち大噴火口より漸次採集を試みんか、中靈臺の附近礫砂堆積する處、

いはぶくろ、いはぎきやう、うらじろたで、ほそばをんたで、きくばくわがた、みやまきんばい、等の乾性高山植物景觀を現出すべく、中靈臺より右廻り、馬脊を登り南門臺に至る間の大噴火口壁上、あきのきりんさう、いはおとぎり、いはぎきやう、いはべんけいさう、いははたざほ、いちやくさう、うめばちさう、うこんうつぎ、ゑぞつがざくら、おやまりんだう、おほかさもち、がんこうらん、くろうすご、こめすすき、こすぎらん、こけもも、さまによもぎ、たかねぬかぼ、ちしまふうろ、はくさんちどり、みやますずめのひゑ、みやまひかげのかづら、みやまたねつけばな、みやまくろすげ、りんねさう、きんすげ等を産し、就中たかねとんぼを珍とすべく、岩頭岩角を黙綴するもの、いはう

め、いはひげ、いわうすげ(新稱)こめばつがざくら、だいもんじさう、みやまいちごつなぎ、くろうすご、れぶんくろすげ(宮部博士新稱)等あり。

これより南壁、巒峰群立するところの、岩角を綴るものには、いはよくろ、いはうめ、いはひげ、いろつつじ、こけもも、みやまはんせうづる、だいもんじさう、くろうすご、等を見るべし。

更に中盤臺より左廻り、偃松の燒殘する間を登り、三角標に達するの間、

あきのきりんさう、いはうめ、いはひげ、いはをとぎり、えぞつがざくら、みやまをだまき、がんこうらん、きんすげ、くろすげ、こめすすき、ささによもぎ、ちしまふうろう、たかねすみれ、はくさんちどり、はりすげ、みやまくろすげ、みやまはんせうづる、みやまいちごつなぎ、りんねさう、いぶきぬかぼ等を見るべく。巨巌磊々たる間しこたんはこべ、たかねあざみ、(ねぞふじあざみ)(新稱)等の珍品を待べく。岩陰やゝ濕性の處、ちしませきせう、ちしまらつきやうを得べし。

大噴火口底、直下1000尺大噴火口底に下らんか、巨巌の下あらしぐさ、いははたざほ、うめばちさう、みやまをだまき、たかねすみれ、ちしませきしやう、しこたんはこべ、ひめみやますみれ、みやまたねつけばな、ちしませきしやう、みやまくろすげ、みのへりんだう、うつぼぐさ等を見るべく。南壁岩下陰濕の地多く地衣類を產し、ちしまきんれいくわを產すること多し。

小噴火口、小噴火口は大、中、噴火口の中間に處す。面積甚だ小なれども、珍品に富む。口底一小池あり、えぞほろゐを產す。たかねをみなへし、(ちしまきんれいくわ)を珍とすべく。

あきのきりんさう、いはをとぎり、いはぶくろ、いははたざほ、みのへりんだう、みやまをだまき、くじやくごけ、こめすすき、ささによもぎ、

ほそすきごけ、ほろばゐんたで、ちしまふうろ、ほうらいさう、みやま
すずめのひゑ、めあかんきんばい、みやまきんばい、ゐぞほろゐ等簇
生す。

中噴火口、小噴火口の北に接して在す、口底不断の水あり、水底多く
の鮮類及ゐぞほそゐを産す、水邊巨岩磊々たる岩角いはうめの簇生
するを以て特異とす、其他岩角を飾るもの、

えぞのつがざくら、こけもも、こめばつがざくら、みやまきんばい等
あり。口壁にいはぶくろ、おのへりんだう、きばなしやくなげ、ごぜん
たちばな、さまによもぎ、ちしまふうろ、ひめいちげ、ほそばゐんたで、
まるばのしもつけ、等を産し特に鮮類を産すること他に冠たり。

藥草が原、藥草が原は明治四十一年八月蝦夷富士高山植物講習會
開設に際し、余等會員の探險發見するところなり。所謂南門臺下よ
り偃松林を直下すること 400尺 乃至500尺溪谷分かれて三條をな
す、みづばわうれんを産す、藥草原の名これより起る。

第一溪、あらしぐさ、いぶきぜり、うめばちさう、おほかさもち、きばな
しやくなげ、くろうすご、こいちゐふらん、しろばなにがな、うつぼぐ
さ、ちしまふうろ、ちしまきんぽうげ、みやまきんばい、みやまやなぎ
等の珍品を見るべく。第二溪に入れば八月中旬尚殘雪を見る、流れ
に沿ふて下らんか、いはいてう、みつばわうれん、最も多く、

あらしぐさ、うめばちさう、きばなしやしなげ、きんすげ、みやまやな
ぎ、みやまくろすげ、しろばなにがな、はくさんちどり、こいちゐふら
ん、ちしまきんぽうげ等點々岩際を飾り、第三溪に達すれば、あきの
きりんさう、うこんうつぎ、きばなしやくなげ、くろうすご、ちしまふ
うろ、しらねあふひ、はくさんちどり、を産す。

鷲岩公園、三角測量標より第二番溪を下ること、約9町の地點にあ
り、出口理學士の發見にかゝる。本區域は山中最も大なる御花畑な

れども、同氏以來未だこれを探験せるものあるを聞かず。

ちんぐるま、を産すること、出口學士の採集によりて知らる。

星が池、御花畑入口より下ること約9町にして星が池に達す。池中ほしみどろを産するも寄とすべし。池邊の植物景観も亦自ら獨特のものあり、いはいてふ、たかねすみれを珍とすべく、

あらしぐさ、いはべんけいさう、いぶきぜり、いぶきぬかぼ、うすばさいしん、うめばちさう、うてんうつぎ、えぞほそね、ねいらんたい、うらじろたで、をのへりんだう、かうぞりな、みやまなだまき、しらたまのき、あかもの、きんすげ、きばなのしやくなげ、くろうすご、ごえふつつじ、ささによもぎ、ちしまふうろ、みやまくろすげ、しらねあふひ、はなごけ、はくさんちどり、ひめくわんざう、みやますずめのひゑ、みやまやなぎ、みやまひかげのかづら等其周邊に叢生するを見るべく、岩角の間いはぶくろ、こめばつがざくら、だいもんじさうの繁るを見るべし。

本山植物目錄は紙面の都合あれば次號に讓る。

國後擇捉の建標に關する斷案

河　野　常　吉

Decisive View on the Frontier Post in
Kunashiri and Etrofu.

By

TSUNEKICHI KŌNO.

　本年一月の歷史地理第十九卷第參號に、文學士重田定一氏は、贈
正五位木村謙次の傳を著き、主として擇捉建標の件に關して述へ
られたり。其建標に關する大要は次の如し。

　「大日本地アトイヤ」といふ木標（函館中學校所藏）は固より國後の
東北岬に建ちたるものにして近藤重藏の之を建てたる證なし。

　擇捉に建たる第一標柱は、寬政十年七月二十八日タンネモイ附
近のリコツプに建てたるものにして、謙次をして「大日本惠土呂府」
云々と書せしめたり。

　擇捉島カムイワツカヰに建てたる標柱は、或は寬政十二年の
事にして、續蝦夷草紙の記するか如く、「天長地久大日本國」と記した
るならん。但し同書に謙次の書したりとあるは、蓋し誤聞なるへし。

　此說に對し其後志賀重昻氏、及ひ小林房太郎氏の高說あり。其說
は何れも有益なるも、遺憾なから材料の乏しき爲め、未た全部に亘
りて十分の解決を與ふること能はす因て予は茲に予の研究を述へ
て斷案を下さんと欲す。

地理に關する誤謬

　建標地の內、タンネモイ及ひカムイワツカオイに關しては別に

言ふへきことなしと雖も、アトイヤに就ては、重田學士は大なる誤
解をなし居るものの如し。即ちアトイヤを以て國後の東北端なる
一箇所に限るとなせるものにして、此誤りは蓋し村尾元長氏か、
「アトイヤは國後にして擇捉にあらす」と記したるより起りしもの
ならん。然れともアトイヤと云ふ蝦夷語は日和待又は渡海場と釋
し、船を發すへき處にして此名は志賀氏、小林氏等の云ふ如く國後
の外、擇捉島のタンネモイ附近、及ひ同島のカムイワッカヲイ附近
にあり。尚ほ予の記憶する所によれは、得撫島にも同し地名あり。
凡て蝦夷語の地名には、同名又は類似のもの少なからされは、誤解
を生し易し。今參考の爲め國後の東北部と擇捉の東北部とに於て、
甚た類似せる地名あるの例を擧けん。

　　　擇捉北東部　　　　　　國後北東部
　　シベトロ　　　　　　　　シベトロ(又シベトロベツ)
　　カムイワッカヲイ(又カムイワッカ)　ワッカヲイ
　　アトイヤ　　　　　　　　アトイヤ

　　但し國後の地名は、文化元年國後場所大概書に據る。

前の地名は、何れも西方より東方へ順を逐ひて記したるものな
るが、地名と共に位置の順序まて相似たるは、偶然とは云へ、亦面白
しと云はさるへけんや。

志賀氏は擇捉カムイワッカヲイ即ちアトイヤなりと爲し、此兩
地を混同したるが、是れ妥當の説にあらす。之に關しては、尚ほ後に
記する所あるへし。

國後のアトイヤの標柱に就て

此標柱に就ては、志賀、小林二氏は共に言はす。唯重田學士か、「大
日本地名アトイヤ」と剗せる標柱を以て此處に建てたるものと爲
し、近藤重藏の之を建てたる證なしと言はれたるのみ、然れとも是
れ大なる談なり。此標柱に關しては、嘉永二年松浦武四郎の三航蝦

寛日記に錄する所、最も明瞭なり。即ち夫の如し。

　日和山　アトイヤ旅宿所の上にあり。高七八尺、周圍同十二三間、砂山にして此上に遠見山といふ木表を建たり。召連夷人に、此山は如何なる山ぞと云しかば、江戸殿の建たる木を取て、近頃又島殿（ムシリトノ）か建たり。此處前かた三日計に此山を築かれしと話しける。僅かの高なれとも海上の船を見るに便なり。右古木表の文は、

　　　寛政十年戊午七月
　　　久奈尻遠見山　　　近藤重藏建之

　乃ち此標柱は、寛政十年七月近藤重藏か、此處に至り擇捉渡航の日和を待ちつつある間に、遠見の爲め小砂丘を築かしめて其上に建てたるものにして、其後數十年を經て、松前藩に於て建換へたること明かなり。而して標柱の文字は「久奈尻遠見山」なり。重田學士の記する所の如きは、全然誤れるものと知るへし。

　　　　　擇捉のタンネモイの標柱に就て

　此標柱は、寛政十年七月二十八日近藤重藏か、國後より擇捉のタンネモイに渡りて建てたるものにして、木村謙次か望嶽して、本國に向ひ、伊勢神宮並に天子を拜し、次に鹿島神社、江戸將軍、水戸中納言を拜し、三退して立原先生（謙次の恩師）を拜し、都合七拜して、讀んで待きたること[は、謙次の日記に明かにして、重田學士の記する所の如し。標柱の文字は

大日本惠登呂府 ${寛政十年 \atop 戊午七月}$ 近藤重藏 ${最上德内 \atop 從者}$ ${下野源助 \atop 善助 \atop 金平}$（${以下 \atop 略之}$）

　　　備考　下野源助とは木村謙次の變名なり。德内は近藤重藏の從僕となりて來りたれは、憚る所ありて變名を用ひたるなり。

　　　　　擇捉のカムイワッカヲイの標柱に就て

　此標柱は、疑問の中心として最も重要なるものなり。近藤重藏の觀蝦夷草紙、邊要分界圖考及ひ其石像に關し寺社奉行に差出した

る始末書によれは、此標柱は重藏か二度目に擇捉に渡りたる時、即ち寛政十二年に、先に露西亞人イジユヨ等か藥取のシヤルシヤムに建てたる所の十字柱を打倒し、進んてカムイワツカヲイの高處に至り、建てたる著名のものなり。而して續蝦夷草紙によれは、標柱の筆者は木村謙次なるか、一方に謙次の履歷を調査すれは、謙次の近藤重藏に從ひて蝦夷地に至りしは、寛政十年にして翌十一年歸國し、十二年には蝦夷地に在らされは、玆に年代の齟齬を來したり。即ち十二年に至らさる謙次か、如何にして、十二年に建てたる標柱に揮毫せしやとの疑問を生し、多くの人をして判斷に苦ましむるに至りたり。亘田學士は此建標を「或は十二の年事」ならんと漠然記載し、且つ謙次の揮毫せることを斷然否定し、志賀重昻氏は此標柱と同島アトイヤの標柱とを混同し、小林氏は、「前以て其標柱を用意せしと見るも差支なく、或は續蝦夷草紙の木村謙云々の記事を近藤の誤記と見るも何の非かある」と言はれたり。

予も此判斷に就ては久しく迷ひたり。予か所藏の謙次の日記も、北海道廳所藏の謙次の日記も、共に脫落ありて、此件に關し何等の材料を發見すること能はさりしが、明治三十九年木村家の一族なる木村勘氏に問合せの結果、同氏より贈られたる謙次の日記中に、確實なる材料を得たり。即ち寛政十年八月十七日（圖後の泊に滯在中）の記事中に曰く、

　　昨日余書す、大日本惠登呂府云々。ウルツプ渡口モイレマト、カモイワツカの間の高みに立つ。

　　　大日本惠登呂府　　　江戶近藤重藏建
　　　　　　全書す。夷人剝字

是れにより之を觀れは、此標柱を作りたるは寛政十年にして、其筆者の謙次たること毫も疑ふへきにあらず。蓋し重藏の一行は、前に記したる如く、十年七月擇捉のタンテモイに渡りしも、北に進ます

して國後に歸り、暫く泊に滯在しつゝありしが、重藏は擇捉のカムイワッカ邊に建つるの目的を以て、其八月十六日に謙次をして標柱に揮毫せしめたるものならん。而して重藏が實際之を擇捉の目的地に建てたるは、翌々十二年なりしと斷定するを得へし。而して世人か此事實を知らさりしは、想ふに世に傳ふる謙次の日記に誤謬脫落ありしに因るなるへく、或は然らされは此標柱とタンネモイの標柱とを混同して輕々看過せしに因るなるへし。兎に角事實は茲に明瞭となりたれは、重田學士の所謂、長風一過濃霧四散の思ひは、始めて之を得られしなり。

此標柱の文字はタンネモイの標柱と同しく「大日本惠登呂府」なるが、從來諸書記する所異同多く、且つ重田學士は「天長地久大日本國」ならんと云ひ、小林氏は「天長地久大日本」なるへしと爲し、志賀氏はアトイヤの標柱と混同したれば、聊か次に辯明する所あらん。

（１）天長地久大日本國　是れは續蝦夷草紙の一册に標柱の圖と共に記載ありて、精確なるか如しと雖も、他の續蝦夷草紙には全く此記事を見されは、又大に疑ふへき所あり。更に休明光記によれは、享和元年富山元十郎、深山宇平太の二人か、得撫に渡り同島のオカイワクラに、「天長地久大日本屬島」と記したる標柱を建てたる事ありて、其文句彼是相似たり。蓋し後人か誤り傳へて、續蝦夷草紙に書き加へたるに非るか。後人か前人の著書に、書き加へ附け加へを爲して、終に其れか眞の如くなりたる例は、間々あることなり。

（２）天長地久大日本　前の文字に比するときは、國の一字を欠く。栗本匏菴の久那志利惠土呂府紀行に、「昔近藤重藏建柱標天長地久大日本之處也」とあるも、是れ亦傳聞の誤りならん。

（３）從是大日本　是は北海道志、村尾元長氏の近藤守重事蹟考、

北海道敎育會の北海道地理等に記する所なるか、斯かる不見識
なる文字を志士の記すへき筈なきは常識の判斷によりて明かな
り。村尾氏は後に至り心附きて、正齋全書に於ける重藏の傳記に
は「大日本惠土呂府」と改めたり。

　（4）大日本地名アトイヤ　是は近年多くの人か誤り傳ふる所に
して、函館中學校にあるアトイヤの木標を誤認せるより起りし
ものゝ如し。岡本柳之助氏の北海道史稿に、「大日本領あといや」と
記したるなとは、一層甚しき書き違へなりと知るへし。

　（5）大日本惠登呂府　藤田東湖の囘天詩史に曰く、守重命護、擬
十字柱、鼻以木標、諜執筆、大書大日本惠登呂府」とc議に命して十字
柱を捿くと云ふは誤謬なりと雖も、「大日本惠登呂府」と大書すと
云へるは正確なり。

<h3 style="text-align:center">擇捉のアトイヤの標柱に就て</h3>

　前に記したる如く、重田學士は一意國後のアトイヤに傾注して、
擇捉のアトイヤを忘れたり。小林氏は函館中學校の「大日本地名ア
トイヤ」の標柱を以て擇捉に於けるものにあらすやと言はれたる
のみにして、明瞭に斷言せす。志賀重昂氏は、極力重田學士の此に關
する誤謬を駁したるも、惜い哉、カムイワッカフイ即ちアトイヤな
りと云ひ、從て此標柱を寬政十二年近藤重藏の建てたるものなり
と斷定したり。

擇捉のアトイヤとカムイワツカフイとは相接近するも、其別々の
地なることは、數多の舊記並に地圖の證明する所にして、位置より
言へはカムイワツカフイか西方にありて、アトイヤは東方にあり。
即ち志賀氏の言ふ如く其同地異名にあらさること明かなり。又其地
名の意義より言ふも、一は神水の義、一は渡海場の義なり。且つカム
イワツカフイの標柱は、前に說けるか如く「大日本惠登呂府」と記せ
るにアトイヤの標柱は「大日本地名アトイヤ」なり。而して此アトイ

ヤの標柱は、何年何月に如何なる人か之を建てたるや、是れ亦舊記に絕ねて見る所なければ、重藏の建てたるものなりと云ふの確證は毫もあることなし。蓋し或は重藏の建てたるものなるやも知るべからすと雖も、之を重藏なりと斷定すること能はさるものなり。此標柱に關する、安政以後の志賀氏の記事は、有益なるものにて、大體に於て正確なりとすべし。尙ほ予の調査したる所によれば、萬延文久の頃、仙臺藩士の擇捉に在勤するもの此標柱の文字の風雨に曝されて滅損せるを見て、建換へたるか其文句等は舊に依りたりと云ふ。明治八年開拓使人を遣り標柱を根際より切取らしめて之を收め、明治十二年函館博物館開設の後之を同館に陳列し、同二十五年函館商業學校の管理に歸し、同二十八年函館中學校を創立し、商業學校を廢止せる時、之を該中學校に移し、爾後同校に保管して今日に至れり。現在の柱の長さ六尺七寸五分、幅六寸二分、厚三寸四分にして、土中に埋りし分は、持來る際切り去りたるを以て其長さを知らず。材質は針葉樹に屬す、蓋し擇捉産のものならん。此標柱は明治時代となりて、持來りたるものにて、其擇捉のアトイヤにありし事に就きては、今尙ほ知る人少なからされば、喋々說明の必要なきものとす。

結　　論

以上說く所によれば、本年一月以來歷史地理紙上に論議する所の國後擇捉の建標は左の如く決定すべし

建標地	建標年月	建標者
國後のアトイヤ	寛政十年七月	近　藤　重　藏
擇捉のタンチモイ	同　十年七月	同
擇捉カムイワツカライ	同　十二年	同
擇捉のアトイヤ	？	？

　備考　カムイワツカナイの標柱は、寛政十年八月作り置きたるものなり

　予は以上の如く斷定して疑はず。若し强て此上に研究せんとな
らば、木村謙次の後裔か所藏せる謙次の遺書を何程精細に調査す
る事、並に續蝦夷草紙中建標に關する記事の異同に就き、今一層の
研究をなす事にあらん。

札幌及び其附近に於ける植物の開花期

近　藤　金　吾

THE FLOWERING PERIOD OF THE PLANTS
GROWING IN THE VICINITY OF SAPPORO.

By

Kingo Kondō.

　札幌及び其の附近に於ける野生植物の開花期と花期の長短とを
詳細に知らんと欲し千九百九年以來殆ど二年有餘調査したるも如
何せん地勢の異なるに從ひ植物の種類を異にし植物の種類異なる
に從ひ其の開花期と花期の長短同じからざるが故に甲處に於て觀
察を爲しつゝある間に乙處に於ける植物は巳に花期を終るが如き
場合尠からず或はまた天候其の他の爲め永く同一處に於ける植物
に就て觀察を續くることを得ざる場合も亦なきにあらず斯る間に
在りて完全に之を調査せんとするは實に至難にして能く短日月間
に爲し得べきことにあらずされば今玆に其の一端を擧げ詳細なる
研究に至りては他日更に記するところあらんと欲す

　該調査を爲さんが爲め觀察を爲したる主なる處を擧ぐれば藻岩、
三角、手稻の諸山、豐平、月寒、山鼻、八垂別、眞駒内、石山、平岸、簾舞、
定山溪、篠路、對雁、茨戸、花畔、石狩、白石、江別、苗穗、雁來の諸地方又
は對雁、幌向の泥炭地、石狩、鐵函、張碓、朝里の海岸及び東北帝國大
學農科大學附屬植物園等にして特に高山植物の比較調査に際して
は同園內培養の高山植物によりて益する所甚大なるものあり而し
て之等の諸地方に於て爲したる觀察は三月下旬より九月下旬に及
ぶ其の間決して短少ならずと雖ども觀察したる植物は其數僅に百

七十四種にして六十三科百三十九屬に過ぎず實に札幌及び其の附
近に於ける植物の一小部分に過ざるなり今之等少數の植物を以
て其の全般を律せんとするは實に早計に失するの觀なきにあらざ
れども之等植物の開花期を通覽するに三月下旬に在りてはマンサ
ク或はヤチハンノキ等の數種に過ざるも漸次遞增し五月中旬に
至りて大に其の數を增加し其後遞減するも七月上旬に至りて再び
其の數を增加し其の後漸次遞減し九月下旬に至りては新に開花す
るもの殆どなきに至る斯く植物の開花期を異にするは氣溫の影響
亦尠からざるべしと思考したるが故に試に蝦夷富士山頂より移植
したるミヤマヲダマキ、キクバクハガタサウ、イハキンバイ、イハベ
ンケイサウ、マルバシモツケ、ミヤマオンタデ等に就て其の開花期
を觀察したるに元來之等植物は同山頂上に在りては何れも七月下
旬より八月上旬に亘りて開花するものなるに拘らずミヤマヲダマ
キ、キクバクハガタサウ、イハベンケイサウ、イハキンバイ等は平地
に在りては五月中旬開花しマルバシモツケ、ミヤマオンタデ等は
六月中旬其の花を開けり又普通平地に於て見ることを得るオホカ
サモチ、メウバチサウ、イソツツジカラマツサウ、ハクサンチドリ等
も蝦夷富士山頂に在りては八月上旬滿開するも今平地に移植し若
しくは平地に自生するものに就て觀察するにハクサンチドリ、カ
ラマツサウ等は五月中旬開花しイソツツジ、オホカサモチの如き
は六月中旬其の花を開けりよりて明治二十八年七月蝦夷富士山頂
に於て爲したるマツカリヌプリ氣象觀測記及び明治二十二年より
四十三年に至る迄札幌測候所に於てなしたる累年比較統計表とに
よりて同山頂上に於ける氣溫と札幌に於ける其とを比較したるに
彼に在りては七月中平均氣溫攝氏十度六分之に在りては五月中平
均氣溫攝氏十度五分にして其の間値に一分の差あるのみ殆ど何等
の差なしと云ふも敢て過言にあらざることを知る.

之によりて之を見れば植物の開花期を異にするは幾多外界の影響によるは勿論なるべしと雖ども氣溫の變化も亦其の一因なること明なると共に五月中旬に於て植物開花數の増加するは當時の氣溫其等植物の開花に最も能く適合したるものにして七月上旬再び其の數を増加するは夏草未だ全く終らざるに秋草漸く其の花を澄くるによるなるべしと雖ども其等植物と其の氣溫最も能く適合せるによるなきか換言すれば札幌附近に於ける植物は攝氏十度内外の溫度に於て能く開花するものと之より稍高溫度即ち攝氏十七八度の溫度を待ちて開花するものとに區別することを得るものにあらざるか

終に臨み該調査を爲すに當り懇篤なる指導を賜りたることを宮部、大野兩博士及び半澤、伊藤兩學士に深謝す、又該調査を爲すの動機を與へられたることを遠藤理學博士に深謝す、

觀察餘錄　トマサウ　五月々末には平地に於て見ることを得ざれども山地に在りては處々に點在す、アカダモ　五月中旬果實漸く成熟し六月上旬飛散し始む、ニリンサウ　五月々末には平地に於て見ることを得ざれども山地に在りては處々に點在す六月中旬に至りては山地に於ても見ることを得ざるに至る、タンポポ　六月中旬一度殆ど全く其の花を終るも其後再び開花し點々九月の終に及ぶ、クルマバサウ　普通平地に在るものは六月中旬其の花を見ることを得ざるも山地に在るものは尚ほ花を見ること容易なるのみならず七月中旬に至りて其花漸く凋落す。

	III	IV		
	31	10	20	30
1. Hamamelis japonica　マンサク				
2. Alnus japonica　ヤチハンノキ				
3. Anemone Raddeana　クラヘ.ゝイチゲ				
4. Adonis amurensis　フクヅユサウ				
5. Plantago kamtschatica　エゾオホバコ				
6. Petasites japonica　フキ				
7. Corydalis ambigua　ヱゾエンゴサク				
8. Gagea lutea　キバナノアマナ				
9. Ajuga yesoensis　ニシキゴロモ				
10. Salix Caprea　バッコヤナギ				
11. Salix Miyabeana　エゾノカハヤナギ				
12. Ulmus campestris v. japonica　ハルニレ				
13. Lysichiton kamtschatense　ミヅバセウ				
14. Erythronium dens-canis　カタクリ				
15. Chloranthus serratus　フタリシヅカ				
16. Corydalis speciosa　エゾキケマン				
17. Vitis Coignetiae　ヤマブダウ				
18. Stellaria media　ハコベ				
19. Pachysandra terminalis　フッキサウ				
20. Trillium Smallii　エンレイサウ				
21. Anemone debilis　ヒメイチゲ				
22. Taraxacum officinale v. glaucescens　タンポポ				
23. Adoxa Moschatellina　レンプクサウ				
24. Anemone flaccida　ニリンサウ				
25. Chamaele tenera　セントウサウ				
26. Cephalotaxus drupacea　イヌガヤ				
27. Cercidiphyllum japonicum　カツラ				
28. Taxus cuspidata　イチヰ.オンコ				
29. Trillium kamtschaticum　ヲホバナノエンレイサウ				

V

	10	20	30
6. Petasites japonica　フキ			
7. Corydalis ambigua　トマサウ			
8. Gagea lutea　キバナノアマナ			
9. Ajuga yesoensis　ニシキゴロモ			
12. Ulmus campestris v. japonica　ニレ			
13. Lysichiton kamtschatense　ミヅバセウ			
14. Erythronium dens-canis　カタクリ			
22. Taraxacum officinale v. glauscens　タンポポ			
24. Anemone flaccida　ニリンサウ			
25. Chamaele tenera　セントウサウ			
28. Taxus cuspidata　イチヰ、オンコ			
29. Trillium kamtschaticum　ヱンレイサウ			
30. Draba sachalinensis　モイハナナ			
31. Viola hirta v. collina　マルバケスミレ			
32. Gentiana Zollingeri　フデリンダウ			
33. Diphylleia Grayi　サンカエフ			
34. Magnolia Kobus　コブシ			
35. Acer japonicum　メイゲツカヘデ			
36. Populus suaveolens　ドロ			
37. Gentiana Thunbergiana　ハルリンダウ			
38. Spiraea Thunbergii　コゴメバナ			
39. Glaucidium palmatum　シラネアフヒ			
40. Acer pictum　イタヤ			
41. Caltha palustris　エゾノリウキンクワ			
42. Asperula odorata　クルマバサウ			
43. Ulmus montana v. laciniata　オヒヤウ			
44. Chloranthus japonica　ヒトリシヅカ			
45. Viburnum furcatum　ムシカリ			
46. Lindera sericea　クロモジ			
47. Menianthes trifoliata　イヅカシ			
48. Torilis japonica　ヤブジラミ			
49. Andromeda polifolia　ヒメシヤクナゲ			
50. Viola verecunda　ツボスミレ			
51. Pinus communis　スギ			
52. Lonicera coerulea v. villosa　ハノキ			
53. Acer palmatum　ヤマモミヂ			

V

	10	20
54. Rhododendron indicum v. Kaempferi ヤマツツジ		
55. Leucothoe Grayana　ハナヒリノキ		
56. Vaccinium Buergeri　オホバスノキ		
57. Betula alba　シラカンバ		
58. Pirola renifolia　マルバノイチヤク		
59. Capsella Bursa pastoris　ナヅナ		
60. Aesculus turbinata　トチノキ		
61. Hydrangea scandens　ツルアヂサキ		
62. Quercus grosserrata　ミヅナラ，オホナラ		
63. Dentaria macrophylla　オホバロンサウ		
64. Chelidonium majus　クサノワウ		
65. Potentilla fragarioides　キヂムシロ		
66. Orchis latifolia v. angusta　ハクサンチドリ		
67. Lamium album　オドリコサウ		
68. Paris quadrifolia　クルマバツクバネサウ		
69. Paris tetraphylla　ツクバネサウ		
70 Peracarpa circaeoides　タニギキサウ		
71. Prunus Maximowiczii　シロザクラ，ミヤマザクラ		
72. Sambucus racemosa v. pubescens　オホエゾニハトコ		
73. Platanthera decipiens　ノビネチドリ		
74. Cardamine hirsuta v. sylvatica　オホツケバナ		
75. Fraxinus longicuspis　アヲダモ		
76. Majanthemum bifolium　マヒヅルサウ		
77. Viola verecunda v. semilunaris　ツボスミレ		
78. Viola Langsdorffi　オホバタチツボスミレ		
79. Menziesia pentandra　ヨヤラクツツヂ		
80. Viola acuminata　エゾタチツボスミレ		
81. Heloniopsis pauciflora　エゾノリウキンクワサウ		
82. Syringa japonica　ハシドイ		
83. Saxifraga reflexa　ヤマハナサウ		
84. Cremastra Wallichiana　サイハイラン		
85. Disporum sessile　ホウチヤクサウ		
86. Smilacina japonica　ユキザサ		

VI

	10	20	30
9. Ajuga yesoensis　ニシキゴロモ			
13. Lysichiton kamtschatense　ミヅバセウ			
22. Taraxacum officinale v. glaucens　タンポヽ			
32. Gentiana Zollingeri　フデリンダウ			
37. Gentiana Thunbergiana　ハルリンダウ			
38. Spiraea Thunbergii　コゴメバナ			
40. Acer pictum　イタヤ			
42. Asperula odorata　クルマバサウ			
48. Torilis japonica　ヤブジラミ			
53. Acer palmatum　ヤマモミヂ			
54. Rhododendron indicum v. Kaempferi　ヤマツヽジ			
55. Leucothoe Grayana　ハナヒリノキ			
56. Vaccinium Buergeri　オホバスノキ			
61. Hydrangea scandens　ツルアヂサヰ			
62. Quercus grosserrata　ミヅナラ、オホナラ			
63. Dentaria macrophylla　コンロンサウ			
64. Chelidonium majus　クサノワウ			
67. Lamium album　オドリコサウ			
71. Prunus Maximowiczii　ミヤマザクラ			
72. Sambucus racemosa v. pubescens　オホニハトコ			
73. Platanthera decipiens　ノビネチドリ			
76. Majanthemum bifolium　マヒヅルサウ			
77. Viola verecunda v. semilunaris　アギスミレ			
82. Syringa japonica　ハシドイ			
83. Saxifraga reflexa　ヤマハナサウ			
84. Cremastra Wallichiana　サイハイラン			
85. Disporum sessile　ホウチャクサウ			
86. Smilacina japonica　ユキザヽ			
87. Rhamnus japonica　クロウメモドキ			
88. Heracleum lanatum　ハナウド			
89. Ranunculus repens　ハヒキンパウ			
90. Senecio vulgaris　ノボロギク			
91. Allium Victorialis　ヤチウギャウジャニンニク			
92. Picrasma quassioides　ニガキ			
93. Staphylea Bumalda　ミツバウツギ			
94. Geum strictum　オホバダイコンサウ			

VI

	10	20
95. Dianthus superbus　カハラナデシコ	–	
96. Convallaria majalis　キ�... カゲサウ	–	
97. Cornus controversa v. Hamiltoniana　ミヅキ	–	
98. Euonymus europaea　マユミ		
99. Polemonium coeruleum　ハナシノブ		
108. Lysimachia japonica　コナスビ	–	
109. Prunella vulgaris　ウツボグサ	–	
110. Vicia unijuga　ナンテンハギ		
111. Viburnum Wrightii　ミヤマガマズミ	–	
112. Moehringia lateriflora　オホヤマフスマ		
113. Calystegia sepium v. japonica　ヒルガホ		
114. Rhus Toxicodendron v. radicans　ツタウルシ		
115. Prunus Ssiori　シウリ		
116. Magnolia hypoleuca　ホホノキ	–	
117. Ledum palustre v. dilatatum　イソツツジ		
118. Evonymus alata　ニシキギ		
119. Vaccinium ciliatum　ナツハゼ		
120. Lotus corniculatus v. japonicus　ミヤコグサ		
121. Cicuta virosa　ドクゼリ		
122. Cirsium pectinellum　サハアザミ		
123. Aconitum pallidum　エゾノレイウンサウ		
124. Acer Tschonoskii　ミネカヘデ		
125. Filipendula kamtchatica　ナツユキサウ		
126. Tournefortia sibirica　スナビキサウ		
127. Calystegia Soldanella　ハマヒルガホ		

VII

	10	20	30
37. Gentiana Thunbergiana ハルリンダウ			
61. Hydrangea scandens ツルアヂサキ			
64. Chelidonium majus クサノワウ			
67. Lamium album オドリコサウ			
77. Viola verecunda v. semilunaris アギスミレ			
88. Heracleum lanatum ハナウド			
91. Allium Victorialis ギャウジャニンニク			
94. Geum strictum オホダイコンサウ			
98. Euonymus europaea マユミ			
102. Lactuca debilis ヤマニ			
104. Schizandra chinensis テウセンゴミシ			
105. Symplocos crataegoides サハフタギ			
106. Celastrus articulatus ツルウメモドキ			
112. Moehringia lateriflora オホヤマフスマ			
113. Calystegia Sepium v. japonica ヒルガホ			
114. Rhus Toxicodendron v. radicans ツタウルシ			
118. Euonymus alata ニシキギ			
120. Lotus corniculatus v. japonicus ミヤコグサ			
122. Cirsium pectinellum サハアザミ			
125. Filipendula kamtschatica オニシモツケ			
128. Urtica platyphylla オホバイラグサ			
129. Rosa multiflora ノイバラ			
130. Ligustrum acuminatum オホバイボタ			
131. Styrax japonica エゴノキ			
132. Hypericum Ascyron ヒエキサウ			
133. Hemerocallis Dumortieri ヒメヤツレンサウ			
134. Utricularia vulgaris タヌキモ			
135. Utricularia minor コタヌキモ			
136. Pieris hieracioides v. japonica カウゾリナ			
137. Veratrum album v. grandiflorum バイケイサウ			
138. Actinidia arguta コクワ			

VII

	10	20	30
139. Ilex crenata　イヌツゲ	▬▬▬▬		
140. Rosa rugosa　ハマナス	▬▬▬▬▬		
141. Hydrangea Hortensia v. acuminata　アヂサヰ	▬▬▬		
142. Schizophragma hydrangeoides　イハガラミ	-		
143. Helwingea rusciflora　ハナイカダ	-		
144. Vaccinium japonica　アクシバ	-		
145. Mimulus sessilifolius　オホバミゾホホヅキ	▬▬▬▬		
146. Epilobium angustifolium　ヤナギラン	-		
147. Samolus floribundus　ハヒハマボウス	-		
148. Sanicula sinensis　ウマノミツバ	▬▬▬▬		
149. Hosta coerulea　ギボウシ		▬▬▬▬	
150. Nymphaea tetragona v. angusta　ヒツジグサ	-		
151. Pogonia ophioglossoides　トキサウ	-		
152. Hydrangea paniculata　ノリノキ、サビタ			
153. Castanea pubinervis　シバグリ			
154. Vaccinium Oxycoccos　ツルコケモモ			
155. Geranium nepalense　フウロサウ			
156. Eupatorium japonicum　ヒヨドリバナ			
157. Agrimonia pilosa　キンミヅヒキ			
158. Cladrastis amurensis v. Buergeri　イヌエンジュ			-
159. Lysimachia vulgaris　クサレダマ			

VIII

	10	20	30
64. Chelidonium majus クサノヲゥ	━━━━		
67. Lamium album オドリコサゥ	━━		
94. Geum strictum オホバダイコンサゥ	━━━		
113. Calystegia Sepium v. japonica ヒルガホ	━━━		
128. Urtica platyphylla オホイラクサ	━━━		
124 Rosa multiflora ノイバラ	━━━━		
132. Hypericum Ascyron トモエサゥ	━━━━		
140. Rosa rugosa ハマナス	━━━━		
141. Hydrangea Hortensia v. acuminata ガクアヂサヰ	━━		
143. Mimulus sessilifolius オホバイゾホホヅキ	━━		
148. Sanicula sinensis ウマノミツバ	━━		
155 Geranium nepalense フウロサゥ	━ ━		
156 Eupatorium japonicum ヒヨドリバナ	━━		
157. Agrimonia pilosa キンミヅヒキ	━━		
160. Myrmechis gracilis アリドホシラン	━		
161. Polygonum Thunbergii ミゾソバ	━━━		
162. Solidago Virga-aurea アキノキリンサゥ	━		
163.Desmodium podocarpum v. japonicum ヌスビトハギ	━		
164. Lobelia sessilifolia サハギキャゥ		━	
165. Aster rugulosus サハシロギク		━	
166. Senecio palmatus ハンゴンサゥ		━━	
167. Aster Glehni ゴマナ		━━	
168. Sonchus arvensis ハチヂャヤゥナ		━━	
169. Aconitum Fischeri トリカブト		━━	
170. Lespedeza bicolor ハギ		┝	
171. Catalpa Kaempferi キササゲ		━	
172. Oenanthe stolonifera セリ			━
173. Cuscuta japonica ネナシカヅラ			━

IX

	10	20	30
64. Chelidonium majus　クサノワウ			
94. Geum strictum　オホダイコンサウ			
145. Mimulus sessilifolius　オホミゾホホヅキ			
148. Sanicula sinensis　ウマノミツバ			
155. Geranium nepalense　フウロサウ			
156. Eupatorium japonicum　ヒヨドリバナ			
157. Agrimonia pilosa　キンミヅヒキ			
161. Polygonum Thunbergii　ミゾソバ			
166. Senecio palmatus　ハンゴンサウ			
167. Aster Glehni　エマナ			
168. Sonchus arvensis　ハチヂヤウナ			
169. Aconitum Fischeri　トリカブト			
174. Utricularia affinis　ムラサキミミカキグサ			

索　引

抄　　錄

ウエルソン　昆蟲の血腔中に存する腺細胞に就いて

Verson, E. Zur Kenntnis der Drüsenzellen welche in den Blutlacune
der Insekten vorkommen. Zool. Anz. 38, 1911 (295-301).

　昆蟲体殊に家蠶に於て所謂内分泌を爲すと考へらるゝ腺細胞を大
別して下の四種と爲す

　1) 氣門下腺細胞 (Hypostigmatische Drüsenzellen) 腹部氣門の稍後方に位
し分岐せる氣管の周圍に葡萄房狀を爲して懸垂す此の腺細胞は胚
子時代に於て既に判然區別せられ孵化後は著しき變化なく唯細胞
各個の大さのみは成蟲時代に至るまで斷えず増大す又時々其の表
面に特殊の物質を分泌するを見ることあり此の場合に於ては核の
形又は大さに多少の變化を現はす細胞核は往々樹枝狀に分裂す

　2) 幼蟲後發生腺細胞 (Postlarvale Drüsenzellen) 前項のものと同じく全
く裏皮細胞より化成するものにして化蛹後初めて發現し蛹期を經
過せざる種類に在りては幼蟲期の末に至りて生ずるものなり最初
は單獨に存すれども直接分裂により甚しく其數を増加して板狀に
排列し腹環節の皮膚の内面の一部を薄層狀を爲して被ひ稀に胸部
に達することあり是亦屢々表面に分泌物を排出するを見る然れど
も細胞核は常に球形にして分岐することなし

　3) 氣管表面腺及び背脈管表面腺細胞　(Peritracheale und pericardiale
Drüsenzellen) 此の二種の組織は常に相伴ふのみならず幼蟲時代に在
りては殊に相酷似し共に概ね黄緑色を呈す之を Önocyten と稱する
は適稱にあらず兩者は共に顆粒質の原形質を有し細胞は相連なり
て細き帶狀を爲し此の帶が網狀に連結す核は多く長形なれども定

まりたる形狀なく直接分裂によりて增殖す此の分裂は蛻皮前に於て殊に活潑なり細胞間の境界は劃然たらされども幼蟲期を通じて常に增大す化蛹に方りては氣管表面腺は著しく退化して再び活潑小形となり遂に消失すれども背脈管表面腺は一旦小形となれども再び分裂作用を營み之より無數の成蟲構成細胞を生ず

4) 第一胸節の前端に存する帶狀腺 (Drüsenzellenstrang am Vorderrande des 1. Thoracalsegments) 他の腺組織より劃然區別し得べき組織にして1899年著者の始めて記載したるものなり而して外山氏は1902年に自ら發見したる一器官として著者が1891年に他の腺組織に適用せる「氣門下腺」の名を以て此帶狀腺に命名せり此の腺組織は第三項のものに比すれば圓筒形の管にして且つ更に鞏固なる皮膜を被るものゝ如く橫斷面に於ては4～5の互に密接せる細胞を見る此の管は頭部と第一胸節との間を連結するクチクラの皺襞邊より發し初め圓錐狀を呈し後太き圓筒形となりて稍遠く走り後二分して外枝は第一胸節の氣門に達し內枝は食道の側壁に沿いて走り先端細まりて終る元來此の腺組織は最初より第三項のものよりも大形にして核は初め球狀を呈すれども後變形するが如し此の腺は其構造位置等より考ふるに蓋し副唾腺として作らるゝものなるべし。

(田　中)

グッデール　　家鴨の雜種の研究

Goodale. H. D. Studies on Hybrid Ducks. Journ. Exp. Zool. 10, 1911. (241-254)

未だメンデリズムの見地より家鴨の雜種に就きて研究したるもの有るを聞かざるを以て著者は昨年及一昨年の兩年に於て此が研究を試みたり試驗に供したるはペキン (Pekin) 及びルーエン (Rouen) の二品種にして孰れも飼育の結果其の純粹なることを證せられたる

ものなりペキンは全体白色にして雛毛は全部黄色ルーエンに在り
ては雄は頭部光澤ある深綠色にして頸に白環を有し背は黒色，胸
は赤く腹は灰色を呈せり嘴は淡黄綠色雌は全体淡黄にして黒線狀
紋を有し頭には前後に走る二條の黒斑を有し頸輪を有することな
し雛は雌雄孰れも鈍黒色にして頭の左右に二條の鈍黄線あり又体
の處々に鈍黄色の斑點を散在す

F_1雜交の方法は若干のペキンの雌の中にルーエンの雄一羽を混じ
ルーエンの雌の一群中にペキンの雄一羽を入れたればF_1各個体の
母親は之を知るに由なし尚孵化の際の不注意に由り前記二種のF_1
を互に混合し了れるもの1ダースあり

F_1の雛の一部はルーエン型なりしも他は兩親の孰れにも似ず全体鈍
黄にして羽毛の下部は鈍黒なり此外混合區より黒色のもの二羽出
てたりF_1の成長したるものは大体に於てルーエン型に近似すれど
も多少之と異なる點なきにあらず即ち雜種の雄は頭部を除くの外
一般にルーエンよりは淡色にして頸輪はルーエンに比して著しく
太く其他羽毛の色も亦處々之と異なる所あり但しルーエンに甚近
きもの唯一羽ありき斯く雜種の雄は大体之を一群中に編入するを
得るに反し雜種の雌は自ら二組に分る即ち頸輪を有するものと有
せさるもの頸部の黒條斑を有するものと有せざるもの等是なり唯
全体の羽毛ルーエンに比して淡色なることは雄に於けると同じ又
全体綠黒色にして喉部及胸部白色なるもの二あり

F_2は其種々の羽色を呈せしが不幸にして其足に附したる記號を失
ひたる爲め其兩親を精確に知る能はざるに至れり唯雛毛は前記の
混誤以前に記載したるも雛毛と成長後の羽色との關係は黄色の雛
毛が成長後白色に變ずと云ふの外何等知る所なし而して$R♂×P♀$
(Rはルーエン，Pはペキンの略)のF_1を相互に交配せしめて得たるF_2
の雛は有色素のもの6,黄色のもの3なりき又$P♂×R♀$のF_1雄を其姉

妹及び F₁ の黒色雌と交配せしめたるに前者よりは有色素 5, 黄色 4,
後者よりは有色素 7, 黄色 3 の雛を得たり斯くして有色素と黄色と
の比は豫期の 3:1 に反して 2:1 の比を現はせり

成長したる F₂ 中白色のものは全くペキンに同じく有色型のものは
種々にして其の中二雌と一雄は F₁ の黒色雌に同じく而も頭頸等に
白色斑を具へ殊に其雄の頸輪を欠けるは最著しき特徴なりとす他
の 18 羽は大体ルーエン種に近似し唯一羽のみは胸の赤色を失ひ一
面に鐵灰色となれり頸輪の幅は甚種々にして一定せず又二羽の雌
は白色部比較的に多く且つ幅廣くして殆ど頸の大半を占むる頸輪
を有せり

理論　上に述べたる如く F₁ の雄は殆と凡べて一様なるに反し雌は
二型を現はすを以て見れば此等の形質は之を闕性形質　(Sexlimited
character) と見做すを得べし今ベーツソン (Bateson) の假説に從ひて性
に關して♂を純粋、♀を雑種と考ふるに S を或闕性形質とし其不在
性をsとすれば S と♀とが相反性を有するものと見做し得べきが故
に F₁ の雄は S♂S♂ 又は S♂s♂ となり F₁ の雌は S♂s♀ 又は s♂s♀ と
なるべし然るに之と反對に♂を性に關して雑種と見做し♀を純粋
とするも亦説明し得られざるにあらず此假定に據れば F₁ の雄は S
♂s♀ 又は S♂S♀ となり雌は s♀s♀ 或は s♀S♀ となる即ちsと♂との
間に相反性が作られしと考ふるものにして F₂ の黒色雄が頸輪を欠け
るが如き事實より見れば却つて後者の説明の方事實に近きが如し
尚前記の公式に於て著者は兩親共に或性質に關しては雑種性なる
ことを假定せり而して此假定も亦眞に近きが如し唯其の確證に至
つては更に他日の實驗に待つべきのみ。　（田　中）

クリントン　馬鈴薯疫病菌の卵胞子

Clinton, G. P.　Oöspores of Potato Blight, Phytophthora infestans.

Rep. Conn. Agric. Exp. St. 1909-1910. Pt. 10, 1911 (753-774).

植物病害中最も恐るべく慘害を過しくせる歷史を有するものは馬鈴薯疫病の右に出づるものなかるべし、從つて本菌の生活史に就きての研究極めて多し、就中スミス (Smith) ドバリー (De Bary) 兩氏は本菌卵胞子の存否に就きての論爭は大に學者の注意を惹きつゝあり、蓋し前者は被害せられたる馬鈴薯の老葉及び塊莖中に卵胞子を見出したるを主張し後者は其存在を疑ひたるなり、著者は再び本問題を解決せんとし人工培養基上に純粹培養を試みたり、本菌の人爲培養は已に佛人 Matruchot 及び Molliard 氏等の行ひたることありて其結果は千九百年及び千九百三年に報告したり、但し同氏等は卵胞子を發見することを得ざりき、千九百四年北米ベルモント (Vermont) 大學のジョーンス (Jones) 氏は其助手等と共に培養試驗の結果藏卵器樣の物を見出したるを報ぜり、而して現著者は本菌に多くの變性形 (Strain) あることを認め多數の培養基に就きて實驗の結果燕麥汁寒天培養基上に最も善く卵胞子を生ずることを確めたり、燕麥汁寒天培養基を作るには燕麥粒50瓦を取り300乃至350瓩の水を加へ攪拌の末高壓蒸氣殺菌器より30分間蒸氣を通じ後細き金網を以て濾過し濾液に10瓦の寒天を入れ再び半時間蒸氣を通じて寒天を溶解せしめ全量を五百瓩に至る迄水を入れ充分混合せる後試驗管に分ち高壓蒸氣殺菌器中に入れ7乃至10氣壓となして15分間殺菌し冷却固結せしむるなり、此の如くして得たる培養基に培養せるに菌系の先端膨大し其基部に隔膜を生じ漸次球形となり先端特に濃色を呈し來り其膜厚く濃色を呈するに至れり、時に濃色にして不透明となる、之れ即ち本菌の藏卵器にして直徑34乃至

50ミューありて38乃至42ミューなるもの最も多し、藏精器の生成
余りに良好ならずして其初期を確知することを得ざりき、其形不
規則なる卵形にして長さ14乃至25ミュー巾12乃至18ミューあり、
其着生せる菌糸をも確認することを得ざるのみならず其受精作用
の經過をも追究することを得ざりしも藏卵器中の原形質は收縮し
來り初め薄膜を以て蔽はれあるも檢漸次其厚さを增し卵胞子とな
る、其膜平滑にして無色或は少しく色を帶び直徑24乃至35ミュー
あり、但し著者は此卵胞子の發芽試驗を完了せざりき、尙此卵胞子
形成に對する外界の狀態につきての觀察を記せり、最後に本菌と
Phytophthora Phaseoli と同一試驗管內に培養し兩者の間種を生ぜし
めたり、間種の卵胞子は疫病菌の形に類似すれ共其生成極めて單
獨培養に比して多數なること及び容易に充分生熟せる卵胞子を生
ずること並に色の少しく淡くして Ph. Phaseoli に類似しあるを以て
區別することを得藏卵器は直徑34ミューと47ミューの間に上下し
平均29ミューあり、卵胞子の大さは25乃至35ミュー平均30ミュー
なり、尙著者は Phytophthora cactorum と共に培養せるに前記の場合に
比するときは其間種を生ずること少數なれ共同じく生ずることを
知れり、而して其間種藏卵器の性質は同じく疫病菌のものに類似
しありて前記の間種よりも更に淡色なり、而して Ph. cactorum の藏
卵器は20乃至35ミュー卵胞子は18乃至28ミューの直徑を有する
も間種の藏卵器は35乃至40ミュー卵胞子は25乃至35ミューある
ことを認めたり、

　著者の考察する所に依れば疫病菌の有性生殖力著しく減殺せら
れたるものにて殊に雄性の欠損せられあり、之れが爲に Ph. Phaseoli
の如く極めて善く藏精器を作るものと混合培養をなすときは容易
に間種を生ずるものとなせり、

　要するに著者の本研究は近時に於ける植物病理學研究中注意す

べく且つ價値あるものゝ一なり、若し此卵胞子の發芽の狀態及び
受精作用等の研究結果を得ば更に貢献一層大なるべく殊に間種に
就きては後來の研究を待つべき事實極めて多きを信ず。（伊藤）

メルウス　卵菌類の胞子發芽及び接種に就きての實驗

Melhus, I. E. Experiments on Spore Germination and Infection in

Certain Species of Oomycetes.　Univ. Wisconsin Agric. Exp. St,

Bull. 15, 1911 (25-84)

著者は重にだいこんに寄生せる白銹菌 Cystopus candidus を用ゐて分
生胞子の發芽に關する條件、接種に關する外界の事情並に本菌の
種々なる十字科植物に對する生理的種類 (physiological species) の研究
をなせり。

分生胞子を水中に播下せるときは高溫の際よりも著しく低溫な
るときに淬く發芽す、其最適度は斷定するに至らざりしも多くの
結果より綜合するときは攝氏10度にして發芽最低溫度は零度に近
く最高溫度はド、ベリー (De Bary) の巳に記せるが如く25度なりき、而
して發芽せしめんと欲するときは常に水を用ゆるを可とし種々な
る培養液を用ゆるも發芽せず、播下後游走子を生ずるに至る迄の
時間は2時間乃至10時間にして最も速かなるものは45分にて起れ
るを認めたり、此發芽所要時間は外圍の事情、季節及び寄主の生活
力等に關係を有するものなるが如く春夏の候に於ては晩秋及び冬
季に比すれば短時間にて行ふ、但し降雪後葉上より取りたる胞子
も發芽力を有するものなり、明暗によりて發芽時間及び步合に差
を來すことなく又播下せる水滴の蒸發、表面張力及び分散等も步
合に影響を與へず然し飽和空氣中に於ては然らざるものより發芽

宜しからず。

　次に接種の條件につきての試驗に依れば寄主植物を寒氣に遭遇せしむるときに容易に侵害せらる即ち冒寒子苗の95%は被害せられたるも冒寒せざるものは普通5%被害に止まり決して15%を超過することなかりき、之れ胞子の發芽力の寒氣の爲めに増大するに依るものなるべきも寄主植物も感受性を増加するには非らさるか未だ充分明かならず、但し此の事實は本菌の繁殖上極めて好適なるものにして ド、ベリー氏が巳に認めたるが如く本菌の游走子は早朝植物葉上の露滴中に盛に游泳しつゝあるものなり、故に若し低温度に於て發芽し得ざらんには如斯朝露を利用すること能はずして大に其繁殖を制限せらるゝに至るべきなり、尚著者の得たる結果より見るときは寄主植物の病的なる不定なるものよりも却つて健全なるものが被害せらる、尚成葉と子葉とは其感受性に於て著しき差違を認めざりき。

　最後に所謂生理的種類の決定につきて大根に寄生せる本菌を他の十字科植物に接種し感受するや否や就きて實驗せるに大根の二十二品種は凡て感受し尚同屬なる Raphanus caudatus にも接種するを得たり、大根と屬を異にするものに接種し得たるものは白からし及び甘藍にして陰性なりしはかぶら、くろからし、るたばが、なづな、こせうさう、みづたがらし、にほひあらせいとう、Sisymbrium ofﬁcinale, S. altissimum, Lepidium virginicum, 及び Iberis umbellata なりき。（伊藤）

ローソン　細胞核分裂に於ける核膜滲透作用に就て

Lawson, A. Anstruther, Nukleare Osmose als Faktor bei derKernteilung.

Brit. Ass., Ports-mouth 1911. Sek. K. abs. Nat. Rds. 26, 1911 (656)

著者は Disporum, Gladiolus, Yucca, Hedera の花粉の細胞核及び Allium の根の先端に於ける体細胞核を研究して核紡錘体の發育を觀察せり紡錘体は凡て核板形成の直前に於て現はれ核膜の消失と相作ふものとす氏の觀察によれば紡錘体の發育中核膜は消失せずして滲透性原形質膜の如く其の滲透作用を變更するものなりと、又著者は複染色体形成に至るまで核の容積が漸次減少するを發見したり之れ核液は透出して細胞質中に到るによるものにして遂ひに核腔愈小となり核膜染色体に密著するに至るこの核の縮小に伴ふて細胞質は以前より大なる容積を占むべく且其緊張大となり細胞質の構造 Kinosplasma の形を取る

多くの植物を研究したる結果によればこの Kinoplasma は最初種々異なれる集合をなす例へば Kinoplasma が核を圍繞し或は放射線狀をなし或は細毛の圓錐形束をなすが如し、Kinoplasma が如何なる形態を呈するも常に緊張の方向と合するものなり即ち若し或紡錘線の一定方向を取りしもの緊張弛緩すれば更に新たなる緊張方向に沿ふて新形態を取るかくして單一なる紡錘線のみならず其集合等も種々なる形狀を現はすなり。

從來紡錘線は核中に浸入して染色体に附著すと信ぜられたるも其確證を欠く、著者の愚見によれば各複染色体は收斂し來れる核膜に圍繞せらるゝなりと、附著せる紡錘線が染色体を兩極に牽引する現象は未だ著者の觀察によりて説明することを得ず。（仲尾）

Digby, L. Die Chromosomen des Bastards Primula Kewensis. Brit. Ass. Ports-mouth 1911 Sek. K. abs. Nat. Rds. 26. 1911. (668-669)

P. floribunda と P. verticillata との雜種は P. Kewensis として知られ不結實にして花柱短し然るに Veitch 氏の育種園に一個の長き花柱を有する花を發見したるに此花は受精して種子を生せりこの種子より生じたる植物は花柱の短き花と花柱の長き花とを有し結實せり、Veitch 氏は是より一發種 P. K. farinosa を淘汰したり。

染色体數は P. Kewensis の兩親は同一にして不結實雜種に於ても亦之等と同數なり、即ち 18(2X) と 9(X) なり、然るに結實性の P. K. にありては 36(2X) と 18(X) となり、この二倍となれる染色体數は世代を重ぬるも保續し又 P. K. farinosa に於ても同樣其特有性となれり。

この染色体の增加は Apogamie によりても解釋することを得ずろは胚嚢母細胞に於ては上記の何れの種類に於ても正規の分裂をなすを以てなり。

1910 年 Kew に於て P. verticillata 及 P. floribunda var. isabellina の雜種形成せられたるが其外觀 P. K. farinosa に近似し又 36(2X) 18(X) の染色体數を有す。

染色体數の偶然倍加は Oenothera に於て之を見る Oenothera Lamarckiana は 14(2X) の染色体を有するに之より偶然變異によりて生じたる O. gigas に於ては 28(2X) 14(X) の染色体數を有す Primula に於ては不結實性より結實性に變化したる過渡期に倍加したるものなり。

他の有益なる現象は P. floribunda var. isabellina と P. Kewensis の結實形との雜種に於て觀察せらる、前者は 18(2X) 後者は 36(2X) の染色体數を有するに之等より生じたる雜種が外形及染色体數共に P. f. var. is. に類す或る一種の調節作用によりて 9(X) と 18(X) の和より

18(2X)を生じたるものと考へらるこれ Oenothera の雜種の染色体の現象と比較して甚だ興味ある問題なりとす。(札幌農林學會々報第十二號七十八頁參照)(仲　尾)

――――　　―――

チケス　酵母菌の固定並に染色法に就て

Zikes, H.　Die Fixierung u. Färbung d. Hefen.　Centralbl. Bakt. u Par.,

Jena, ii, 31. 1911. (507-534).

著者は從來多くの人々が細菌又は植物細胞の固定並に染色用として採用せし數十種の方法を撰み之を酵母菌に應用して以て其適否を試驗せり今其概要を記載すべし

第一固定法　酵母菌は他の細菌類に比して空胞に富むが故に固定操作中常に乾燥溫度に留意せざるべからず而して著者の試驗結果に依れば攝氏40度にて乾燥するも尙ほ空胞の大さを半減するものなり然れば該操作の際は20-30度の間に於て處理するを可とす又固定劑として最も有效なるはフアイフア―(Pfeiffer)氏溶液及び濃厚なる昇汞液の二種とす其他稍々良好なりと認むるものは醋酸、オスミツク酸、ピクリン酸等の混合液及び之に鹽化白金液を加へたるものなりと言ふ

第二細胞膜の染色法として良好なるはフリードレンダ―(Friedländer)氏法にして材料を1％の醋酸液に1-2分間浸し乾燥したる後ゲンチアナビオレツト、アニリン水にて染色する20-25秒間にして終る又ヨーテ(Johne)氏法に依るも同樣にして初め2％のメチールビオレツト水溶液中に浸し加溫して着色せしめ次に水中に2秒間2％醋酸液に6-10秒間最後に水洗すべし又貯藏標本を作るには先づ氣乾材料をフレミング(Flemming)氏液に一時間浸して

水洗乾燥す、次に2分1％の醋酸にて3-4分間處理したる後再び
水洗乾燥しサツラニンを用ゐて5分間染色を行ふべし。

第三 細胞内容物の染色法

一、グリコーゲンの染色法中沃度法に在りては濃淡の度の過ぎた
るものは何れも良結果を奏し難し而して最も良好なるはルゴー
ル(Lugol)氏液にして1分の沃度2分の沃度加里30分の水の混合液
なり又メルレル(Möller)氏の1％の沃度加里液に沃度を飽和せる
ものも同樣の效力を有す、更に次の如き著色劑も亦グリコーゲ
ン染色用として使用し得るものなり。

第一液はカーミン1.0鹽化アンモニューム2.0炭酸リチューム0.5
を50.0の冷水に混合して一度加熱したる後20.0の水酸化アンモ
ニュームを加へて混合すべし第二液はデラフォルド(Delafield)氏
のヘマトキシリン液にして初め同液にて充分著色せしめ次に第
一液の2分アンモニア液3分メチールアルコール6分の混合液に
一時間浸漬すべし更に2分のメチール、アルコール4分の純酒精5
分の水の混合液或は一分のアンモニア2分の純酒精の混合液を
用ゐて十分間脱色すべし然るとき細胞核は亦色グリコーゲンは
藍紫色となる。

二、空胞内に多少の營養分の存在する事は既に證せられしし事實な
り今同胞の染色に關し著者の試驗結果に依ればレツフレル(Löffl-
er)氏のアルカリ性メチレンブラウ液は原形質を帶藍綠色、空胞
を淡薔薇色に染む又メチールビオレツト及びチオニンは原形質
を紫色、空胞を淡薔薇色に著色せしむ殊に空胞内の浮遊体
(Tanzkörperchen)染色剤としてはメチールビオレツトを可とす、

三、細胞内の粒子中には脂油質物を混合せる蛋白質樣の物質より
なる脂油粒子(Ölkörperchen)及び全く脂油のみよりなる脂油滴(Öl-
tröpfchen)の二種を含む此等の粒子を原形質より區別するには二

ルンスト (Ernst) 氏並にラウム (Raum) 氏の採用せる方法に依るを最良とす即ち少しく加温せるレツフレル氏メチール藍色液にて處理し水洗したる後ビスマーク褐色素にて染色すべし斯くするときは原形質は褐色となり粒子は黑色に幾ず、又粒子の脂油部は1％オスミツク酸液に依りて褐色又は黑色を呈す、アルカンナ丁幾は70％の酒精に溶解するもの最も有效にしてスウダン第三の0.5-1.0％液を使用する場合に在りては溶剤として酒精を用ふるよりもグリセリンの遙に勝れるを知る。

四、細胞核の染色法中最も良好なるはクレツケル(Klöcker)氏の賞用せしハイデンハイン(Heidenhain) 氏法にして次の操作を要す、材料をアニリン油0.3ゲンチアナビオレツト1蓋酒精の15瓲を水100瓲に溶解したる液にて染色す次に酒精にて洗ひ沃度1分沃度加里2分を300瓲の水に溶解せるものに浸漬す最後に酒精にて處理すべし尚ほ該法の染色素としてヘマトキシリンを用ふて更に佳良の結果を得たりと謂ふ

五、胞子染法中良好なりしはワグネル (Wagner) ホツフマイステル (Hoffmeister) バイエリンク (Beijerink) 等の諸氏に依りて報告せられしものなり著者か此等の法を斟酌して考案せるものあり氣乾態の材料を更に80度にて乾燥し1-2分間濃厚グリセリンにて煮沸し次に水洗したるものを1.5-5％のクロム酸にて處理したる後1分間チエール(Ziehl)氏の溶液にて沸煮し過余の色素を洗滌し去り5％硫酸に漬け1-2分間にして水洗鏡檢すべし。

第四グラム染色法並に生活細胞及死細胞の區別に關する染色法

著者は酵母菌に對するグラム染色法として次の處作を取れり材料をゲンチアナビオレツトアニリン水に2-3分間浸漬し次にルゴール氏 (Lugol)の沃度液にて振盪する事1分間にして純酒精にて洗ひ過余の色素を除去すべし斯の如くして處理したる細胞は膜

に於て何等の變化なきも原形質は濃褐色に着色す。

二、生死兩細胞を區別すべき適當の方法を見出し能はざりしも從
　來用ゐられたる色素中稍々適當なるはインヂゴカーミンの30倍
　稀釋液にして細胞の稀薄度は一瓩中40,000個に在るものを可と
　す同液に依り死細胞は容易に着色するも生活細胞は二四時間後
　にあらざれば着色せず又前者はアンモニア銀液にて黃色となる
　も後者は着色することなしと謂ふ。

第五封藏劑として從來用ゐたりしカナダバルサム、ダマル膠及び
　ゲチアンテレピン油等は着色標本に使用するには不適當なり
　とす、之れ其炎棄物たる酸は股色を催すが故なり此等の代とし
　て良好なるは醋酸加里及び含利別にして僅少のクロヽフオルム、
　チモール等を混合すべし又濃厚なるグリセリンも代用品たるこ
　とを得るものなりと謂ふにあり。（田　所）

雜　　錄

蟻と他昆蟲との共棲

共棲―現今蟻と共棲する昆蟲は約六百種計り知れあり其內くろあ
りと共棲するもの約百五十種、きありと共棲するもの百餘種あり、
元來共棲と稱するものは相互に利益がありて同居するものを云ふ
ので一方のみに利ありては單に寄生的て居候である、勿論此六百
種の內ても其性質の判然せないものが多い故に今共棲するものを
左の四種に分つて說明せん

　一、蟻に食物を與へて蟻に保護せらるゝもの

　二、蟻に食物を與へ同時に蟻より食物を受くるもの

　三、蟻の巢を借りて同居するもの

　四、蟻に寄食するもの

(一)蟻に食物を與へ蟻に保護せらるゝもの――熊蟻は樹梢に野虫を
保護し、てんとうびし、くさかげろう、ひらたあぶ等の外患に反抗し
て野虫の分泌液を吸收するのである或は同時に其幼蟲を近樹に移
して其蕃殖を計り冬時は己れが巢に携へ來りて之れを安全に保護
し翌春になれば再び之れを樹上に運び行くのである、本邦あかあ
りの巢には一種淡綠色の野虫があつて草根の液汁を吸收し其胃腑
內にて糖化せる分泌液を蟻に供給して居る是れ恰も吾人が牝牛を
養ひ其乳汁を得るに異ならない、其糖蜜を得んと欲せば己れが觸
角を以て其腹部に觸れ若しくは口を以て輕く喚へる左らば野虫は
抵攘を感する故肛門より蜜を瀉出するのである、今迄は蜜梢と稱
して腹上にある角狀の附屬物より蜜を出すものと思ひしに此もの
には蜜を分泌する裝置がないのである、ありつかうんかも亦蟻の巢

に居りて其生する糖液を蟻に供給する、此うんかの食物は定めて
其巣に來り居る草根液であるが、時に全く草のなき小丘の砂地に
あることもありて如何に其食物を得るやの知れざるものがある、此
他に木蝨と云ふものがある此は木の枝に恰も蟲の椄に附着しある
もので其尾端より分泌する糖液を蟻が吸收するのである是亦蟻に
保護せられある一昆蟲である或は介殼虫の如き、角蟬の如き、或は
又小灰蝶幼蟲の如く其糖蜜を分泌するものは總て蟻に保護せられ
て居る。介殼虫の共棲に就て面白き事實が印度にあるはまきあり
は介殼虫のある處に其幼虫の分泌せる絹糸を以て被蓋を造り彼等
を保護しながら同時に其蜜液を吸收す、之れも亦吾人が牝牛に對
する感がある。

(二) 蟻に食物を與へ同時に蟻より食物を得るもの …此内には甲虫
類が多い、彼の隱翅虫科に屬するミルメドニア及びロメクーサ、蟻
塚虫科に屬するプセラフス及びクラビゲル等は其重なるものであ
つて其相互の關係に至りては未だ分明ならざるものあるが唯だク
ラビゲルの經過が稍や判然して居るから少しく述て見よう、此甲
虫は常にまありの巣中に住し其大さ蟻よりも遙に小形である蟻は
此甲虫が翅鞘の外側にある粗毛より分泌する液汁を吸食するもの
であつて其分泌液は未だ炎に判然せないが一種蟻の嗜好する糖液
なる樣である此は如何に食物を與るも自ら之れを探りて食するこ
とがない、必ず蟻の口より之れを吸食するのである蟻は彼を愛護
すると同時に甲虫も亦彼等に服從し其大形の觸角を以て蟻に附着
せる塵埃を掃除する等實に驚嘆の外ないのである此甲虫は眼(複眼
單眼共)並に後翅を欠き蟻巣外にありては到底安全の生活が出來な
いのである故に彼等は蟻と運命を共にし炎に生れ炎に死し相互の
利益を計り相輔け相愛し共棲するのも亦又自然の妙用ではあるま
いか。

(三) 蟻の巣を借りて同居するもの——共棲する大概の昆虫は此部類に屬するものであるが彼の蟋蟀科に屬するものでありつかとほろぎと稱する小形の昆虫がある此ものは本邦に稀ならざる種類であつて常にきありと共棲して居る故に其色澤もきあり同様に黄褐である、此は決して蟻の巣外に發見せられない彼等は果して蟻と如何なる關係を有して居るやは未だに知れない別に糖液を分泌するとも思はれない或は吾人人類が猫犬を養ひ居るが如く一種の玩弄用のものでないかとも云ふて居る、然し犬は盗の用心となり、猫は鼠を捕ふる技のある如くに之れも亦何にか役目を持て居るのであらうが拙者に分らない、又ありつかえんまむしの如く蟻と同居するものがある此等は如何なる關係を以て居るやら知れない、爰に一つ面白きものがある此はひげぶとをさむしと稱するものであつて頗る大なる觸角を持て居る小形の甲虫である、此は蟻より食物を供給せられある代に其巣の危險に迫りたるときは其尾端に裝置せる肛門腺より一種の瓦斯を發砲するの目的を有するものである如斯前昆虫の共棲目的も亦何か用があるらしい

(四) 蟻に寄食するもの——此は蟻に用はないが又別に害もないやつである、若し蟻に大害があるものなれば同居することは勿論ない蟻に放逐せらるゝは當然である、例令ば農蟻の巣域に他の小蟻が巣を造ることがある、餘り大にあらずして邪魔にならない内は默許し置くが其大巣となりて邪魔になる様になれば其巣の上に色々と己れが食ひ殘したる不用の甲虫の翅とか脚とかを積み重ねて彼等が其煩に絶ねないて逃げ行く様になすと云ふことである、又蟻の巣には金龜子の幼虫が居ることがある此目的も何であるやは知れないが單に宿を借り居るものらしい東印度にシマと稱する蟻がある此者己れと能く似たる蜘蛛及び土蜂の一種と共棲するものであつて其關係は餘り判然せんが兎に角仲好く爭鬪をせないて共棲して居

ると曰ふことである、更に面白きは若し蟻が移住する場合には此等客も亦共に移住することである尚此外共棲するものには彈尾類、べにぐも、わらじむし等がある此等に蟻が食物を與へることがある、此他蟻巢若しくは蟻の体内に寄生する蠅若くは寄生蜂があるが此等は共棲てなくして寧ろ蟻の外敵と稱す可きものである尚此他共棲に就き面白き事實は植物と蟻の關係である此はブスートミルマと稱する蟻て南米に居る、アケシヤの一種と共棲して居る、此木は一種の糖液を分泌するのであるが故に蟻は此木の内に同居して居る、其巢はアケシヤの棘の内にある、其末端に小孔を穿ち之れより出入して居る、元來植物は其棘に孔を穿たるゝも其生活機能に何等の關係がない蟻は此木に棲息し居りて其木の葉の根本より生する蜜液を吸食するが故に其植物に害あるはきりありやらはきりばち其他の外恵に反抗して其宿主たる木を保護する、更に又ありの木と稱して一種奇態なる植物が爪哇に生長して居る此植物には大なる球が出來る之れを切つて見れば其内は蟻の有無に關はらず一種蟻の巢の樣になつて居る即ち之れは蟻に宿を貸して蟻に保護して貰ふ樣になつて居る又南米にあるセクロピヤと云ふ植物にも蟻が居る之れには一種介殻虫ありて其分泌する糖液を與へ三者共同して棲息して居る、女王の周圍には特別介殻虫の群かあつて糖液を供給して居る以上何れも生存競爭の烈しき爲め皆共棲する樣になつたのである。(理學博士松村松年)

地　理　小　話　(一)

(1)　北海道地名の文字

北海道の地名は、大抵アイヌ語で、むづかしいのが多いのに、之に漢字などをあてはめると、益々むづかしくなつて、讀むに困難で

ある。昔新井白石は、蝦夷志を著はしたが、其文は漢文で書いたにも拘はらず、地名のみは悉く片假名を用ひてゐる。假名交りの漢文は、古來極めて稀れてあるが、此處が白石の見識の勝れてゐた所であらう。夫れから降つて文化四年に、德川幕府は箱館奉行に命して蝦夷地の地名をば、假名て書くことにさせた。丙辰剩錄といふ書中に、

　　文化四年丁卯八月二日
　　蝦夷地の地名、是迄さまざまに、文字を認候得とも、不宜候間、假名又は片假名にて認可申旨、備前守殿被仰渡候段、攝津守殿被仰聞候。
　　右の通八月二日戶川筑前守殿(箱館奉行)御達被成候。

と記してあるが、誠に注意の屆いたものだと感心する。然るに明治の代となつてから、漢字を當てはめるのが多くなつて、殊に近來は小字に迄も、勝手に漢字を用ゐることが流行して、ホトホト閉口する。誰にても讀める假名を捨てゝ、振假名附きてなけれは讀めぬやうな漢字を用ゐる人の氣は、私には何としても解釋することが出來ない。ドウか今後は特殊の事情ある地名の外は、官私の文書とも總て假名て書いて貰いたい。又是非とも漢字を用ひたいと云ふ場合があつたならば、平易て讀みやすいやうに字を當てはめて貰いたい。又は意譯などして、讀みやすい字を使つて貰ひたい。尤も是れ迄使用して來た郡村名等は、其儘に据え置くより外に、良い方法もないか、其内最もむづかしい生顔常(ムイカオッテイ又はモイコッネイ)、薫派(ケナシパ)、嬢侶(キロロ)など云ふ村名は、是非とも變へて貰はねばならぬ。

序てに言ふが、樺太廳ても、樺太のアイヌ語の地名に、矢鱈に漢字をあてはめるが、其多くは振假名附きてなければ、讀むことが出來ない、實に愚の骨頂てはなからうが。早く注意して貰ひたいもの

である。

（2） 內地と云ふ語

北海道の人の口癖に、他道を呼んで內地と云つてゐるが、若し之を適當とするときは、北海道は內地に對して外地と云はねばならぬ譯だ。實に不都合千萬ではなからうか。結局內地といふ語は、北海道がまだ開けない昔しの時代に、本洲から出稼に來た人々等が、本洲の方を指して呼んだ語に過ぎぬので、夫れが開けた今日まで殘つてゐるのだ。開拓使では之に氣が付いて下の通り布達をなしてゐる。

　　　從前諸公文上、北海道を北地、他道を內地抔と唱來候處、向
　　　後北海道又は他道及他の府縣と唱ふべし。
　　明治六年六月十九日

然るに此布達は其後忘れられて、今日では殆んど之を知る人なく、官公文書にも內地と云ふ文字が當りまへの樣に使用されてゐる。民間の口癖は容易に改め難いとしても、せめては官公文書だけには、斯かる不祥の文字を廢して貰ひたい。

（3） 北海道と云ふ名の起因

蝦夷地に道名を附けると云ふことは、幕府直轄の時旣に評議があつたが、遂に實行されなかつた。明治二年七月蝦夷開拓御用係松浦武四郎が、命を奉して道名を撰んだ時には、先づ日高見道、北加伊道、海北道、海邊道、東北道、千島道の六名を撰んで申出した。日高見の名は日本書紀より出て、北加伊の名は參考熱田大神緣記頭書に「夷人自呼其國、曰加夷、加夷蓋其地名、其地名加夷、其人鬚長、故用蝦夷字、其實非唯取蝦而名之也」とある其加夷の字に、北の一字を附加へたるもの、海北の名は宋書の倭國王武の上表に、「渡平海北九十五國」とあるにより、海島の名は宋史に、「國之東境接海島、夷人所居、身面皆有毛」とあるに因り、東北の名は蝦夷志に、「蝦夷在東北大海中」

とあるによりたるものである。そこて評議の結果、北加伊の加伊を
海の字に改めて命名することに極つて、道名が出來たのである。

(4) 北海道の國名

蝦夷地を數箇國に區劃して、國名を附けやうといふことも幕府
直轄中、評議があつたが、終に其運ひに至らなんだが、明治二年七月
松浦武四郎の撰定により、評議の結果決定したのである。其國名の
出處は次の通りである。

　　渡島　日本書紀に見れてゐる渡島蝦夷及び日本後紀、三代實
　録等の渡島の名によつて附けたのである。之をワシマと讀ませ
　たのは、南部津輕の人々が此地方を指して、斯く呼んで居たから
　てある。

　　後志　日本書紀の後方羊蹄を探り、其文字を後志の二字に改
　めたのである。

　　膽振　是れも日本書紀の膽振鉏によつたので、ユウブツ(勇拂)
　を膽振鉏に當てたのである。尤も白石の蝦夷志にも「イブツ、蓋國
　史所謂膽振鉏即此」とあるが、勇拂の膽振鉏たることに就ては、室
　も其證跡がない。

　　日高　是れも日本書紀の日高見國の名によつたのである。其
　土地南向にして暖氣なり、濃霧も早く晴れ、天日を多く仰くから
　日高と云ふが宜しからうとて、命名したに過ぎぬのである。

　　十勝　トカチ川の名によつたのだ。

　　釧路　越路(クシル)、久摺(クスリ)、釧路(クシロ)の三名を撰んだが
　釧路が採用されたのである。クシロの音は其他のクスリに似て
　ゐるは勿論、アイヌは其手首にテキルンカニを嵌めて裝飾となす
　より、萬葉集の歌の「くしろつく」に思ひ合せて名としたのである。

　　根室　武四郎は其場所會所元の地名ネモロを其儘根諸とした
　が、是は評議の結果、根室と改められた。

石狩　イシカリ川の名を採つたのである。

天鹽　テシオ川の名を採つたのである。

北見　此地方は從來北海岸と稱へたから、其北の字を採り、又晴天には樺太が見ゆるにより、見の字を添へて、北見と命名したのである。

千島　古歌に千島の文字が往々見へてゐるので、之を採つたのである。尤も此時は國後擇捉の二島のみで、千島國の名を附けられたのだ。

(5) 北海道の郡の撰定

北海道の郡も、道名國名と共に松浦武四郎の撰んだので、其撰んだ内、唯善報郡(センボーシ郡)が採用せられず、大津郡を十勝川上流とせるを、下流の地に移し、上流に上川郡を置いた外は、悉く武四郎の撰定通りであつた。郡名の起因は、渡島國では龜田、上磯、茅部、福島は其郡内著名の地名を採り津輕郡は國史の津輕津の名により檜山郡は其地方に檜山あるにより、爾志郡は俗に西八箇村と稱へし西の訓を爾志と二字に改め命名したものである。後志、膽振、日高の三國は何れも舊場所を其儘郡となし、漢字をあてはめたので、唯ワタルナイのナイを省いて小樽とし、ヤムクシナイのナイを省いて山越とし、勇拂より千歳を分離した外には、境界にも、名稱にも變つた所がない。石狩國では石狩、厚田、濱益の三郡は舊場所の名を襲用し、更に石狩場所の奥に札幌外六郡を設けた、天鹽國は海岸の四郡は舊場所の名を其儘に据置き、天鹽川の上流に於て別に中川、上川の二郡を設けた。北見國では舊場所運上屋及び大番屋の所在地等によつて宗谷外七郡の名を附け、釧路國では釧路、白糠、厚岸の三郡は從來の名を襲用し、別に内部に於て足寄外三郡を設け、根室國は舊根室場所を割いて根室外四郡を設け、千島國では國後場は國後郡、擇捉場所は擇捉外三郡に分割された。

郡名は大体アイヌ語に、漢字を當てはめたのである。其和名に係るものは、渡島國の龜田、上磯、爾志、津輕、檜山、爾志、後志國の高島石狩國の上川、天鹽國の中川、上川、十勝國の中川、河東、河西、上川、釧路國の川上合せ十五郡である。

(6) 北海道の郡區の異動

明治二年八月、始めて北海道に郡を置かれた時の郡數は、上に述べた八十六郡であつたが、其後異動があつて、今では八十七郡となり、外に三個の區が設けられてゐる。郡區の異動は、

　　明治九年一月、前年樺太久里留交換により、此月久里留諸島を千島國に併せ、得撫、新知、占守の三郡を置く。

　　明治十二年七月、郡區編制法により、渡島に函館區、石狩國に札幌區を置く。

　　明治十四年七月、渡島國津輕爾志二郡を併せて松前郡とした又釧路國網尻郡を廢して、北見國網走郡に合併した。

　　明治十八年一月、根室國シコタン島を千島國に編入して色丹郡とした。

　　明治三十二年九月、區制施行地を指定して、札幌函館二區の外新に小樽區を置く。

　　明治三十九年二月、十勝國當縁郡を廢して、十勝廣尾の二郡に合併した。

以上の外、郡區の境域に變動があるが、餘り煩はしいから、此處には記さない。（河野常吉）

北 海 道 に 於 け る 硅 藻 土

理學士佐藤傳藏氏は地質調査所報告第三十一號に於て本邦硅藻土一斑と題する報告を發表せられたり。就きて本道の硅藻土の

狀態を見るに渡島國龜田郡尻岸村字根田内の硅藻士は文久年間米
人 Pampely 氏の發見に係り本邦硅藻發見の嚆矢にて厚さ約三米種類
は Cocconeis, Coscinodiscus, Epithemia, Eunotia, Stephanodiscus, Synedra 等よりな
り後志國瀬棚郡𧏛羅、中歌、梅歌津、瀬棚地方のものは最厚四十尺に
達し多少粘土を混じ不純にて瀬棚產のものを匈人 Dr, Josef Pantocsek
氏の調査せる處によれば Amphora, Coscinodiscus, Diatoma, Eunotia, Fragi-
laria(2), Melosira(5), Navicula(5), Stylobiblium(6) の入属二十二種よりなり渡
島國茅部郡血尻村大字熊泊のものは三ケ所に露出しありて Synedra,
Pinnularia, Cyclotella, Coscinodiscus, Epithemia, Navicula 等よりなり天鹽國天
鹽郡遠別下流の石川貞治氏發見に係るものは 　Biddulphia, Cerataulus,
Cocconeis, Coscinodiscus, Dycladia, Grammatophora, Navicula, Paralia, Synedra,
Terpsinoë, Triceratium 等よりなり天鹽郡產としては Campylodiscus, Cosci-
nodiscus, Navicula, Rhabdonema, Rutilaria 等あり北見國網走湖附近に於て
神保小虎氏の探集せられたるものは Clavicula, Coscinodiscus. Navicula よ
りなる。天鹽、北見の產は同じく P 氏の鑑定せるものなりと云ふ．北
海道に於ては以上同氏の記せるものヽ外石狩國上川郡東旭川村に
於て溫泉場より約一里半の斜面地に露出し白色純粹にして地下凡
三尺の處に二尺以上の厚をなし一里半に擴がるものあり。

　　　　　　　　　　　　　　　　　　　　　　　（伊藤誠哉）

本 會 記 事

（自明治四十三年二月至明治四十五年三月）

例 會

例會に於て講演ありたるものゝ内未だ發表せられざるものは順次論説雜錄欄に於て紹介することゝなし其會日及び演題を記すれば左の如し。

　　○第百五十三回　　明治四十三年二月二十六日本學經濟學講堂に於て開會

　　　　蠶蟲の剖絲腺に就きて　　　　　　　　　　農學士　田中國慶君
　　　　蛹の發芽に伴ふ二三の現象　　　　　　　　農學士　高橋眞直君

　　　○第百五十四回　　同年三月十二日開會

　　　つのとんぼに就きて　　　　　　　　　　　　農學士　岡本牛太郎君
　　　　北海道のつなみ及びつなみと地震との關係　　　　　河野常吉君

　　　○第百五十五回　　同年九月十七日開會

　　　　松類の木瘤に就きて　　　　　　　　　　　理學博士　宮部金吾君
　　　　有珠山の噴火に就きて　　　　　　　　　　理學士　大弁上義近君

　　　○第百五十六回　　同年十月八日開會

　　　　樺太のツンドラに就きて　　　　　　　　　農學士　時任一彦君
　　　　現今に於ける昆虫學の趨勢　　　　　　　　理學博士　松村松年君

　　　○第百五十七回　　同年十一月十二日開會

　　　　北日本に於ける蚋虫類及刪撥類　　　　　　　　　楠本測一郎君
　　　　木材の防腐に就きて　　　　　　　　　　　農學士　笠井幹夫君

　　　○第百五十八回　　同年十二月開會

　　　　窪窰內に於ける瓦斯の運動　　　　　　　　理學博士　大野武枝君

　　　○第百五十九回　　明治四十四年一月二十一日開會

　　　　本道昆布業の沿革　　　　　　　　　　　　　　　　河野常吉君

　　　○第百六十回　　同年二月十八日開會

本邦産莎草科植物に寄生する銹菌に就きて　　農學士　三　浦　道　哉　君

大小豆に於ける メンデル 氏遺傳　　　　　　農學士　高　橋　貞　次　君

○第百六十一囘　　同年三月十一日開會

家蠶に於ける絹糸物質の成生に就きて　　　農學士　田　中　義　麿　君

日本產かまきりもどき科　　　　　　　　農學士　岡　本　半　次　郎　君

○第百六十二囘　　同年四月開會

千里眼馬尾綸問題　　　　　　　　　　　　農學士　小　熊　　桿　君

所謂千里眼馬尾綸問題の批評　　　　　　理學博士　松　村　松　年　君

○第百六十三囘　　同年六月開會

柿の黑疫病に就きて　　　　　　　　　　農學士　伊　藤　誠　哉　君

食物の貯藏　　　　　　　　　　　　　　農學士　牛　澤　　洵　君

○第百六十四囘　　同年十月開會

蟋蟀の生殖器及び生殖法　　　　　　　　農學士　小　熊　　桿　君

浮生菜の寒桐の長さの調節　　　　　　　理學博士　大　野　武　枝　君

○第百六十五囘　　同年十一月開會

蠶島蠅に就きて　　　　　　　　　　　　理學士　佐々木　望　君

玉葱の腐敗病　　　　　　　　　　　　　農學士　牛　澤　　洵　君

○第百六十六囘　　同年十二月

マツカリヌプリ の植物分布に就きて　　　　　　岡　田　彰　三　君

日光昆虫採集旅行談　　　　　　　　　　理學博士　松　村　松　年　君

○第百六十七囘　　明治四十五年二月三日開會

楠樹吸類及び其木材に及ほす齧齕作用　　理學博士　宮　部　金　吾　君

○第百六十八囘　　同年三月九日開會

空知、夕張二郡に於ける石炭分布に就きて　理學士　大井上義近　君

北海道博物年表　　　　　　　　　　　　　　河　野　常　吉　君

總　會

○第二十囘　　明治四十四年一月廿一日開會庶務、會計報告ありて役員の改選を行ふ,其結果次の如し。

會　長　　宮　部　金　吾　　　通信書記　　藤　田　經　信

錄事書記　伊　藤　誠　哉　　　會　　計　　田　中　義　麿

次に會長編輯幹事た新島善直、佐々木忠明氏に依囑す

○第二十一回　明治四十五年一月二十日開會庶務會計の報告ありて後會
務整理案及び規則の改正を行ふ、改正規則は則に之を揭けたるにより茲に
略す、代つて役員の改選を行ふ、其結果次の如し。

　　　會　長　　宮部金吾　　　　　庶務幹事　　伊藤雄蔵
　　　會計幹事　　田中治壽　　　　　編輯幹事　　新島善直、大野直枝

通 俗 講 演 會

　明治四十五年二月二十日午後六時より鐵道俱樂部樓上に於て通俗講演
會を開き次の講演をなせり。

　　　雜糧における遺傳現象　　　　　農學士　　成野男三君
　　　蜥の話　　　　　　　　　　　理學博士　　松村松年君

聽講者二百名に達し非常の盛會なりき。

新 入 會 員

（明治四十三年二月以降）

本間　紀一（准）樺太眞岡郵便局　　　　宮脇　富（正）東北帝國大學農科大學

三浦勝太郎（准）岡山小學校長　　　　　須田金之助（正）東北帝國大學農科大學教授

大野　直枝（正）東北帝國大學農科大學教授　　三宅　恒方（正）東北帝國大學農科大學助教授

大岡　寛（准）東北帝國大學農科大學助手　　仲尾成太郎（正）東北帝國大學農科大學助手

鈴木簡一郎（准）東北帝國大學農科大學學生　　明峯　正夫（正）東北帝國大學農科大學助教授

飯原　直彥（准）東北帝國大學農科大學學生　　田所哲太郎（正）東北帝國大學農科大學教授

大石　泰造（准）東北帝國大學農科大學學生　　落合　信（准）東北帝國大學農科大學助手

中本　保三（正）新潟縣佐渡郡相川町　　　宮本　豐（准）東北帝國大學農科大學助手

小泉　秀雄（准）上川中學教諭　　　　　宮岡　永馬（准）北海道師範學校教諭

小久保喜治（准）東北帝國大學農科大學水產學科　　太田　深（准）創成小學校訓導

井口　賢三（正）東北帝國大學農科大學助手　　宮部忠夫（准）東北帝國大學農科大學學生

佐藤　忠男（正）北海道廳高島水產試驗場　　加藤　茂雄（准）東北帝國大學農科大學學生

里　正儀（正）東北帝國大學農科大學助教授　　金田　正吉（准）東北帝國大學農科大學學生

弁阪　二郎（准）東北帝國大學農科大學水產學科

死　亡　會　員

明治四十三年二月以降死亡せられたる會員次の如し.本會は吊詞を呈し哀悼の意を表せり。

| 賛助會員 | 向井富兵衛氏 | 正會員 | 大瀧注之助氏 |
| 准會員 | 三浦勝太郎氏 | 准會員 | 楠本潤一郎氏 |

退　會　者

正會員　小川二郎氏

役　員
（自明治四十五年二月至大正二年一月）

會長	宮部金吾		
庶務幹事	伊藤誠哉	補助	門田影三
會計幹事	田中義慶	補助	近藤金吾
編輯幹事	新島善直	補助	富木豊
同	大野武枝		

札 幌 博 物 學 會 規 則

（明治四十五年一月改正）

第壹章 名 稱

第一條　本會ヲ札幌博物學會ト稱ス

第貳章 目 的

第二條　本會ノ目的ハ動物學、植物學、人類學及ビ地學ノ諸學科ヲ
研究スルニアリ

第三章 會 員

第一條　會員ヲ分チテ名譽會員賛助會員正會員及ビ准會員トス

第二條　名譽會員ハ第二章第一條ノ學科ニ功績アル學者ヨリ推薦
スルモノトス

第三條　賛助會員ハ本會ノ趣旨ヲ賛成シ金品若シクハ其他ノ方法
ニ依リ其專業ヲ援助セルモノヨリ推薦スルモノトス

第四條　正會員及ビ准會員ハ第二章第一條ノ學科ヲ專攻シ若シク
ハ該學科ニ篤志ノモノタルベシ

第五條　正會員ハ役員ノ選舉被選舉及ビ會務ヲ評議スルノ權ヲ有
ス

第六條　准會員ハ役員ノ選舉及ビ會務ヲ評議スルノ權ヲ有ス

第七條　會員ハ會報ノ頒布ヲ受ケ又本會所藏ノ圖書ヲ借覽スルコ
トヲ得

第四章 入會及ビ退會

第一條　名譽會員ハ總會ニ於テ出席會員三分ノ二以上ノ同意ヲ以
テ之レヲ推薦ス

第二條　賛助會員ハ役員會ノ決議ニ依リ推薦ス

第三條　正會員又ハ准會員トシテ入會セント欲スルモノハ正會員

死　亡　會　員

明治四十三年二月以降死亡せられたる會員大の如し、本會は弔詞を呈し眞
悼の意を表せり。

賛助會員　　向井滔兵衛氏　　　　正會員　　大瀧壼之助氏

准會員　　三浦勝太郎氏　　　　准會員　　楠木淵一郎氏

退　會　者

正會員　　小川二郎氏

役　員

（自明治四十五年二月至大正二年一月）

會　長　宮部金吾

庶務幹事　伊藤誠哉　　　　補助　四田彰三

會計幹事　田中義麿　　　　補助　近藤金吾

編輯幹事　新島善直　　　　補助　富本豐

同　　　大野直枝

札 幌 博 物 學 會 規 則

（明治四十五年一月改正）

第壹章　名　稱

第一條　本會ヲ札幌博物學會ト稱ス

第貳章　目　的

第二條　本會ノ目的ハ動物學、植物學、人類學及ビ地學ノ諸學科ヲ
研究スルニアリ

第三章　會　員

第一條　會員ヲ分チテ名譽會員贊助會員正會員及ビ准會員トス

第二條　名譽會員ハ第二章第一條ノ學科ニ功績アル學者ヨリ推薦
スルモノトス

第三條　贊助會員ハ本會ノ趣旨ヲ贊成シ金品若レクハ其他ノ方法
ニ依リ其事業ヲ援助セルモノヨリ推薦スルモノトス

第四條　正會員及ビ准會員ハ第二章第一條ノ學科ヲ專攻シ若レク
ハ該學科ニ篤志ノモノタルベシ

第五條　正會員ハ役員ノ選擧被選擧及ビ會務ヲ評議スルノ權ヲ有
ス

第六條　准會員ハ役員ノ選擧及ビ會務ヲ評議スルノ權ヲ有ス

第七條　會員ハ會報ノ頒布ヲ受ケ又本會所藏ノ圖書ヲ借覽スルコ
トヲ得

第四章　入會及ビ退會

第一條　名譽會員ハ總會ニ於テ出席會員三分ノ二以上ノ同意ヲ以
テ之レヲ推薦ス

第二條　贊助會員ハ役員會ノ決議ニ依リ推薦ス

第三條　正會員又ハ准會員トシテ入會セント欲スルモノハ正會員

一名ノ紹介ヲ以テ本會ニ申込ムベシ　但シ准會員ニシテ正會員
タラント欲スルモノハ其旨本會ニ届ケ出ヅベシ

第四條　入會ノ申込アリタルトキハ役員會ノ決議ニ依リ其諾否ヲ
決スルモノトス

第五條　退會セント欲スルモノハ其旨本會ニ届ケ出ヅベシ

第六條　會員ニシテ本會ノ名譽ヲ損スル行爲アルモノ又ハ會員タ
ルノ義務ヲ果サバルモノハ總會出席會員三分ノ二以上ノ決議ヲ
以テ之レヲ除名ス

第五章　役　員

第一條　本會ハ役員トシテ會長一名、庶務幹事一名、會計幹事一名
編輯幹事二名ヲ置キ更ニ幹事補助若干名ヲ置ク

第二條　會長ハ本會ノ事務ヲ總理ス

第三條　庶務幹事ハ集會記錄會報ノ發送及ビ圖書ニ關スル事務ヲ
掌ル

第四條　會計幹事ハ金錢ノ出納及ビ資産ノ保管ヲ掌ル

第五條　編輯幹事ハ會報ノ編纂及ビ發行ノ事務ヲ掌ル

第六條　役員ノ任期ハ滿一ケ年トシ一月總會ニ於テ無記名投票ニ
ヨリ之レヲ選擧ス

第七條　役員事故アリテ辭任シタルトキハ次點者ヲ以テ之レニ充
テ次點者ナキトキハ臨時總會ヲ開キ之レヲ選擧ス

第八條　幹事補助ハ會員中ヨリ會長之レヲ依囑ス

第六章　集　合

第一條　集會ヲ分チテ總會、例會、通俗講演會及ビ役員會トス

第二條　總會ハ毎年一月之レヲ開キ會務ノ報告、評議及ビ役員ノ
選擧ヲナス　但シ會長必要アリト認ムルトキ又ハ正會員五名以
上ノ請求アルトキハ臨時總會ヲ開クコトヲ得

第三條　例會ハ七、八兩月ヲ除キ毎月一回之ヲ開キ第二章第一條

二掲グル諸學科二就キ談話、講演ヲナスモノトス

第四條　通俗講演會ハ毎年二回以上之レヲ開催ス

第五條　役員會ハ必要二應ジ會長之レヲ召集ス

第七章　會　費

第一條　會費ハ一ケ年正會員金壹圓准會員金壹圓五拾錢トス

第二條　正會員二シテ一時二金壹拾圓ヲ即納シタルモノハ會費ヲ
要セズ終身正會員タルコトヲ得

第八章　會　報

第一條　本會ハ毎年二回學術研究報文、講話、抄錄、雜報、新著紹介並
二本會記事等ヲ掲ゲタル會報ヲ發行ス

第二條　會報ハ邦文若シクハ歐文ヲ用ユ

第九章　資産及ビ經費

第一條　本會ノ資産ハ現在正會員ノ共有トシ正會員ノ資格消滅ト
同時二其權利消滅ス

第二條　本會ノ經費ハ會費、基本財産ヨリ生ジタル利子及ビ雜收
入ヲ以テ支辨シ其剩除金ハ役員會ノ決議ヲ經テ本會ノ基本財産
二編入ス

第三條　前條ノ剩除金及ビ有志ノ指定二係ル寄附金品ヲ以テ本會
ノ基本財産トス

第四條　本會基本財産ノ處分方法ハ總會出席正會員三分ノ二以上
ノ同意ヲ以テ之レヲ處理ス

第十章　雜　則

第一條　本會規則二關スル細則ハ別二之レヲ定ム

第二條　本會規則ノ改正ハ總會出席會員三分ノ二以上ノ同意ヲ以
テ決ス

大正元年九月十五日印刷
大正元年九月二十日發行

發行所　　　札幌博物學會
　　　　　　石狩國札幌區東北帝國大學農科大學內

印刷所　　　文榮堂活版所
　　　　　　石狩國札幌區北一條西三丁目二番地

印刷者　　　山中國松
　　　　　　石狩國札幌區北一條西三丁目二番地

發行者
編輯者　　　河野常吉
　　　　　　石狩國札幌區北一條西七丁目三番地

TRANSACTIONS

OF THE

SAPPORO NATURAL HISTORY SOCIETY.

FOUNDED IN 1891.

VOL. IV. Pt. 2.

札 幌 博 物 學 會 會 報

明 治 二 十 四 年 創 立

第 四 卷 第 貳 號

札 幌 博 物 學 會 印 行

大 正 二 年

PUBLISHED BY THE SAPPORO NATURAL HISTORY SOCIETY.

SAPPORO, JAPAN.

1913.

All communications should be addressed to the Sapporo Natural History Society in the College of Agriculture, the Tōhōku Imperial University, Sapporo, Japan.

注　　意

本會に對する總ての寄信は東北帝國大學農科大學內札幌博物學會に宛て藁送せらるべし。

北 海 道 植 物 志 料 I.

理 學 博 士 宮 部 金 吾
理 學 士 工 藤 祐 舜

MATERIALS FOR A FLORA OF HOKKAIDO. I.

By

K. Miyabe, *SD, Rigakuhakushi,*

and

Y. Kudo, *Rigakushi.*

While. engaged on the preparation of a Flora of Hokkaido or the group of Islands better known by the names of Yeso and Kuriles, we have come across now and then with the plants which are either new to its Flora or very imperfectly known. The results of our study on these plants will be published from time to time under the above title.

In order to give a fair understanding of the distribution and variation of some of these plants, we are obliged to refer in the following notes to plants belonging to adjacent floral regions, especially to those of Saghalin, Kamtschatka and Northern Nippon or Honshu. All the specimens cited in this paper marked with an exclamation point are preserved in the Herbarium of our Botanical Institute.

1. **Delphinium brachycentrum** Ledeb. in Fl. Ross. 1. p. 60. (1842); Regel; Pl. Radd. 1. p. 66. (1861).

Radix ignota. Caulis 10–poll. altus, distincte striatus, ascendens, teres, villosus, pilis deorsum curvis sericeis. Folia radicalia ignota. Folia caulina membranacea, longe petiolata, petiolis sericeo-villosis, 4–5.5 cm longis, basi subdilatatis, ambitu profunde cordata, 2–5 cm longa, 3.5–4.5 cm lata, 5–7 partita, partionibus ambitu

All communications should be addressed to the Sapporo Natural History Society in the College of Agriculture, the Tōhōku Imperial University, Sapporo, Japan.

注　　意

本會に對する總ての寄信は東北帝國大學農

科大學內札幌博物學會に宛て發送せらるべし。

Digitized by Google

北 海 道 植 物 志 料 I.

理學博士　宮部金吾
理　學　士　工　藤　祐　舜

MATERIALS FOR A FLORA OF HOKKAIDO. I.

By

K. Miyabe, *SD, Rigakuhakushi,*

and

Y. Kudo, *Rigakushi.*

While engaged on the preparation of a Flora of Hokkaido or the group of Islands better known by the names of Yeso and Kuriles, we have come across now and then with the plants which are either new to its Flora or very imperfectly known. The results of our study on these plants will be published from time to time under the above title.

In order to give a fair understanding of the distribution and variation of some of these plants, we are obliged to refer in the following notes to plants belonging to adjacent floral regions, especially to those of Saghalin, Kamtschatka and Northern Nippon or Honshu. All the specimens cited in this paper marked with an exclamation point are preserved in the Herbarium of our Botanical Institute.

1. Delphinium brachycentrum Ledeb. in Fl. Ross. 1. p. 60. (1842); Regel, Pl. Radd. 1. p. 66. (1861).

Radix ignota. Caulis 10–poll. altus, distincte striatus, ascendens, teres, villosus, pilis deorsum curvis sericeis. Folia radicalia ignota. Folia caulina membranacea, longe petiolata, petiolis sericeo-villosis, 4–5.5 cm longis, basi subdilatatis, ambitu profunde cordata, 2–5 cm longa, 3.5–4.5 cm lata, 5–7 partita, partionibus ambitu rhombeis basi late cuneatis, profunde pauciserratis, apice saepius acutis vel acuminatis, subtus dense, supra parce villosa; inferiora longe petiolata, parviora; superiora breviter petiolata, petiolis laminis brevioribus, saepius tripartita, summa ad bracteas mutata.　Bracteae inferiores caulina superiora aequantes; superiores angustiores, lineares vel filiformes.　Rami breves, villosi, pauciflori (saepius 1–2–flori), pedicellis apice cum bracteolis 2 filiformibus floribus brevioribus.　Flos cum calcari 4.8 cm longus, atro–cyaneus; sepalum superius maximum ovato–lanceolatum apice acuminatum; lateralia 2.3 cm longa late elliptico–lanceolata ipso apice tamen obtusa, basi rotundata; inferiora 2.5 cm longa, ovato–lanceolata, apice acuta, basi cuneata.　Petala superiora 2, acqualia, non alata, 2.5 cm longa, discolora, basi unguiculata, apice obtusa, emarginata; inferiora 2, acqualina, 1.8 cm longa, spathulata, apice imperfecte bifida, intus parce barbata.　Filamenta 28–30, subulata, nervo parce piloso; antherae glabrae oblongae.　Germina 3 staminibus breviora, dense villosa, stylis nudis　Fructus nobis ignotus.

NOM. JAP.　*Chishima-hiyenso*, (nov.).

HAB.　*Kuriles*: Paramushir Island (Tsutomu Sakurai! Aug. 1911).

DISTRIB. Kamtschatka, and Northern Kuriles.

In an interesting collection of the Kurile plants made by Mr. Tsutomu Sakurai, a teacher in a common school in Nemuro, on the Island of Paramushir in the summer of 1911, there was a will preserved specimen of Delphinium, about ten inches in hight and with a few large dark blue colored flowers.　Notwithstanding of the fact, that the genus is widely and largely represented on the Asiatic continent, it is noteworthy, that this is the first record of the occurrence of a species of Delphinium in the Japanese Archipelago.

The original description of *Delphinium brachycentrum* by Ledebour and also its supplementary notes by Regel agree remarkably well with our plant, except perhaps in the characters of the base of the petiole and also of the lower pair of petals.　In our specimen, the base of the petiole is somewhat dilated, and the lower pair of petals have an irregularly fissured lobe, which appears to us to be accidental rather than natural.　As our specimen is single and the flowers fit for dissection only two, we hesitate in this connection to make a decisive statement on the presence of a natural lobe in the lower petal.

Our plant is also very near to *D. cheilanthum* Fisch. and *D. pauciflorum* Rchb.; but it is easily distinguished from the former by its strongly haired stems and long-petioled lower leaves, and from the latter by its larger flowers and blue colored lower petals.

2. Polemonium coeruleum Linn., Spec. Pl. ed. 1. p. 162 (1753); Ledeb., Fl. Ross. 3. p. 83 (1846–47); Trautv. et Mey., Fl. Ochot. p. 69 (1856); Regel et Maack, Fl. Ussur. p. 106 (1862); Herder, Pl. Radd. IV. 1. p. 197. (1873); Brand, in Engl. Pfl-reich. 27. Heft (IV. 250) p. 37 (1907).

. Subspec. A. **vulgare** (Ledeb.) Brand, 1. c. p, 38.

- *P. coeruleum* Linn. a. *vulgare* Ledeb., 1. c.; Trautv. et Mey., 1. c.; Regel et Maack. 1. c.; Herder, 1. c.

Var. a. **yezoense** Miyabe et Kudo, var. nov.

Icon. T. Iwasaki, Honzo-zufu 18. fol. 21. (1829).

Caulis erectus, striatus, multifoliatus. Folia glabra, breviter petiolata, petiolis basi subdilatatis, margine minute ciliatis; foliola ovato-lanceolata vel lanceolata, 20–35 mm longa, 8–12 mm lata, apice acuta vel acuminata, basi saepius rotundata Inflorescentia thyrsoidea vel corymbosa, laxiflora, pubescens, puberula, plus-minus villosa vel canescens, semper glandulosa. Flores magni, corollis 22–25 mm longis, lobis obovatis vel elliptico-ovatis, apice rotundatis vel emarginatis. Calyx leviter villosus vel puberulus, pilis plerumque eglandulosis vel rarius glandulosis, demum glabrescens.

NOM. JAP. *Yezo-no-hanashinobu*, (nov.)

HAB. *Hokkaido.* Prov. Oshima: Kakkumitoge (Y. Tokubuchi! Aug. 21, 1888). — Prov. Shiribeshi: Mt. Raiden (S. Ishikawa'l June 11, 1897), — Prov. Ishikari: Sapporo (S. Tanouchi! June 1889; K. Miyabe! May 1880; Y. Tokubuchi! June 1, 1889).— Prov. Tokachi: Puka Riv. (Y. Obanawa! June 18, 1892).—Prov. Hidaka: Shoya (Y. Tokubuchi! Aug. 17, 1892); Shibuchari (K. Miyabe! June 16 1884).

DISTRIB. Endemic.

The present variety is easily distinguished from the following by its larger conspicuous flowers and loose inflorescence. Perhaps it is the most beautiful among the varieties of *Polemonium coeruleum*, deserving the attention of horticulturists. It is distributed in the southern and middle provinces of Hokkaido, and is especially common in the vicinity of Sapporo in the alluvial banks of a river.

Var. β. **racemosum** (Rugel).

P. coeruleum Linn. a *vulgare* Ledeb. lusus 2. *racemosum* Regel, 1. c. Herd., 1. c. p. 199.

Caulis teres, erectus, striatus, simplex, 60–80 cm altus, internodiis plerumque elongatis, 6–12 (3–17) cm longis, paucifoliatus. Folia radicalia minora, cum petiolo ca. 10 cm longa, petiolis basi dilatatis, margine non ciliatis, plerumque 3–4 cm longis; foliola 23, sessilia, lanceolata vel ovato-lanceolata, apice acuminata vel acuta, 10–12 mm longa, 3 mm lata, utrimque glabra: caulina inferiora longe petiolata, cum petiolo 6–10 cm longo 11–18 cm longa, foliolis lineari-lanceolatis vel lanceolatis, 23–27 in numero, apice acuminatis: superiora breviter petiolata vel subsessilia, 3–7 cm longa, foliolis linearibus apice acuminatis vel acutis: summa ad bracteas mutata. Bracteae sessiles minores pinnatae vel pinnatifidae. Inflorescentia cymosa racemiformis vel rarius thyrsoidea, glanduloso-pubescens. Flores parvi, breviter pedicellati. Calyx puberulus, leviter villosus, pilis nonnullis glandulosis, lobis angustioribus, apice obtusiusculis, tubo longioribus. Corollae 14–16 mm longae, lobis elliptico-ovatis, apice rotundatis. Stamina corollae paulo breviora. Stylus corollae longitudine, plerumque apice 3-fidus, rarius 4-fidus.

Nom. jap. *Kushiro-hanashinobu*, (nov.).

Hab. *Hokkaido*. Prov. Kushiro: Hamanaka (K. Miyabe! July 4, 1884); Shitakara (Sukeo Ito! Aug. 1895).

Saghalin. Toyohara-district: Toyohara or Vladimirohuka (K. Miyabe & T. Miyagi! Aug. 22, 1906.); Dalni (T. Miyake! June 29, 1906).—Shikka-district: Shikka (K. Miyabe & T. Miyagi! July 23, 1906).

Distrib. Amur-and Ussuri-regions, Saghalin, and north-eastern part of Yezo.

This is a distinct variety with the smallest leaves as well as the smallest flowers, which are generally arranged in a racemiform cyme or thyrsus. The length of the corolla including the tube is only about 15 mm. According to Herder (Pl. Radd. l. c. p. 199), Regel once gave to the plant the name, var. *parviflorum*, which is probably more appropriate than his published name, var. *vulgare*, lusus racemosum. The diagnosis given by Regel for the plant, though brief, is so well delineated, that we do not hesitate to include our forms from Kushiro and Saghalin, and also those from the Amur-and Ussuri-regions under the one and same variety.

In the specimens collected at Shikka in Saghalin, the lobes of the corolla are mucronate at the apex, although in other characters we could not find any point of difference from the present variety.

In one of the specimens collected in Kushiro, all the flowers are provided with a 4-lobed stigma. Such an anomalous case has already been observed in some species of Phlox and Gilia, but as far as we know, the fact is new in the genus Polemonium.

Var. γ. **laxiflorum** (Regel).

P. coeruleum Linn. a *vulgare* Ledeb, lusus. 1. *laxiflorum* Regel, l. c.; Herder, l. c.

Caulis erectus, solitarius, teres, simplex, striatus, foliatus.   Folia caulina deorsum longe sursum breviter petiolata, petiolis glabris, basi subdilatatis, margine non ciliatis; foliola sessilia, ca. 25, lanceolata, opposita vel alternata, apice acuminata, 20 mm longa, 4–5 mm lata : superiora breviora, foliolis paucis, angustioribus : summa ad bracteas mutata.   Bracteae sessiles, saepe pinnatae vel pinnatifidae.   Inflorescentia laxiflora vel densiflora, ramis inferioribus elongatis, glanduloso-puberula.   Flores mediocres.   Calyx plus-minus canescens, rarius pilis albis mixtus, plerumque eglandulosus, demum glabrescens, lobis acuminatis tubo longioribus, fructifer auctus 10–12 mm longus, lobis tubo paulo longioribus.   Corollae 17–22 mm longae, lobis elliptico-ovatis apice rotundatis.   Stylus corollae paulo brevior, staminibus longior.

NOM. JAP.   *Karafuto-hanashinobu*, (nov.).

HAB. *Hokkaido*. Prov. Kitami : Rebun Island (K. Miyabe ! Aug. 23, 1894).

Saghalin.   Todomoshiri or Kaibatō : Tomarizawa (T. Miyake ! July 23, 1906); Kotan (T. Miyake ! July 24, 1906); Shimizudani (T. Miyake ! July 26, 1906).—Mauka-district : Tokotan (T. Miyake ! June 22, 1907); Tobutsu (T. Miyake ! June 27, 1907); Notasan (T. Miyake ! June 28, 1907).—Odomari-district : Menabetsu (T. Miyake ! July 3, 1908).— Toyohara-district : Galkinovlaskoe (T. Miyake ! July 11, 1906).—Shikka-district : Makunkotan (K. Miyabe & T. Miyagi ! July 22, 1906).—Nayoro-district : Sorokai (K. Miyabe & T. Miyagi ! Aug. 13, 1906) — Russian Saghalin : Alexandrovski (M. Takamatsu ! July 30, 1905); Pilewo (Miyabe & Miyagi ! Aug. 13, 1906).

DISTRIB.   Amur-region and Maritime Province of Siberia, Saghalin and Rebun Island.

The present variety is quite common in Saghalin, where it is most widely distributed. It is, however, not yet collected in the main island of Hokkaido, being known only from Rebun. Its general characters are intermediate between those of thetwo preceeding varieties. The flowers are of medium size, and are not so loosely set as in the var. *yezoense*.

In our floral region at least, the present form deserves to be treated as a distinct variety together with two others already described.

Subspec. B. **villosum** (Rud.) Brand; l. c. p. 38.

P. villosum Rud. ex Georgi; Beschr. Russ. Reich. 3/4; p. 761 (1800))

P. acutiflorum Willd. ex Roem. et Schult. Syst. 4; p. 792 (1819); Benth. in DC. Prodr. 9. p. 318 (1845); Eastwood, in Bot. Gazette 33. p. 289 (1902);

P. coeruleum Linn. β. *acutiflorum* Ledeb., l. c. p. 84; Trautv. et Mey., l. c. p.

69 ; Regel et Tiling, Fl. Ajan. p. 112(1859); Herder, l. c. p. 201; Kurtz, in Engl.
Bot. Jahrb. 19. p. 399 (1895).

P. coeruleum Koizumi, in Tokyo Bot. Mag. 25, p. 218 (1911).

NOM. JAP. *Kyokuchi-hanashinobu*, (nov.).

HAB. *Saghalin.* Toyohara–district : Takinosawa(T. Miyake ! June 29, 1906);
Sekiguchi-toge (T. Miyake ! June 30, 1906); Osaka (T. Miyake ! July 1, 1906).

Behring Sea-Region. E. Siberia : East-Cape (H. Hashimoto !, *alias* Yokoyama,
Aug. 4, 1907); Anadyr (N. Hashimoto ! Aug. 14, 1907); St. Lawrence Bay (N.
Hashimoto ! Aug. 8, 1907),— Behring Island (N. Hashimoto ! Aug. 26, 1907).—
Alaska, Nome (N. Hashimoto ! Aug. 6, 1907).

DISTRIB. Eastern Siberia, Saghalin, Manchuria, Aleutian Islands, Alaska, and
British North America.

Although we have followed here the monographer Brand in the nomenclature
of this plant, yet we could not help thinking that the present subspecies may be
worth after all of a specific rank, especially when we examine a large series of
specimens collected from the regions around the Behring Sea, the original home of
the plant. An acute deltoid tip of the corolla-lobe and shaggy-haired calyx are
very characteristic. The corolla-lobes, as they fade in color, often leave behind
deeper colored spots giving to them a fine punctate or mottled appearance. The
last mentioned character is also observable in the Saghalin specimens.

Brand seems to have considered the Saghalin Polemonium to be entirely of
this type. The examination of a large number of specimens collected by Messrs.
T. Miyake, T. Miyagi and one of us in different parts of Saghalin shows an inter-
esting fact, that the *villosum*-type is localized around a small area in the central
portion between Mauka and Vladimilovka. The most common form in Saghalin,
as has already been stated, is of the var. *laxiflorum*, and next to it the var.
racemosum.

3. Polemonium humile Willd., ex Roem. et Schult. Syst. 4. p. 792 (1819) :

Peter in Engl. et Prantl, Nat. Pfl.-fam. IV. 3a. p. 52 (1891).

P. pulchellum Bunge, var. *humile* Ledeb., l. c. p. 84 (1847–49).

P. coeruleum Linn. var. *humile* Herder, l. c. p. 202 : Kurtz, l. c.

P. lanatum Pall. var. *humile* Brand, l. c. p. 40.

NOM. JAP. *Hime-hanashinobu*, (nov.).

HAB. *Hokkaido.* Prov. Chishima or Kurile Islands : Shamshu, in the vici-
nity of Bettobu (S. Yokoyama ! Sept. 22, 1893).

Kamtschatka. (S. G. Littledale ! 1900).

DISTRIB. Widely distributed in the arctic and subarctic regions of Europe and Asia, from Spitzenberg to Kamtschatka.

Our plant, even when fully matured, does not attain the height of more than 15 cm. The base of the stem is villose, and leaflets are ciliate on the margin but not glandular. Pedicels are generally longer than the length of calyx. The upper flowers in an inflorescence have often a shorter pedicel, while the lower flowers have always a longer one.

Botanical Institute, College of Agriculture,
Tohoku Imperial. University, Sapporo, Hokkaido.
Dec. 25, 1912.

摘　要

　北海道植物志を編纂せんが爲め、本學所藏の標本を調査する;に
當り、未だ學界に發表せられざる種類、若しくは巳に發表せられ
たるも、其記載甚だ不完全なるものに遭遇する事少なしとせず。是
等植物研究の結果は、漸次北海道植物志料なる名目の下に發表せ
んとす。何種類の分布及び變化を闡明せんが爲め、北海道に隣接
せる諸地方の植物に論及する事あるべし。

　1. Delphinium brachycentrum Ledeb.　ちしまひえんさう(新稱)

　多年生草本にして、高さ尺に充たず。莖は掌狀な呈し其裏面面にも毛あり。花は
ひえんさうに似て、深藍色、頗る美なり。本種は１８４２年露人レーデホーアによ
り、新種として發表せられたるものにして從來專にカムナヤカ地方より知られた
るものなりしが、茲に本種の一新產地を加へたるものとす。尚ほ本屬は元來亞細
亞大陸に於ては、普通なるものなれども、未だ日本群島に之な產するな知らざりしが、
今や此種の發見と共に、其植物志中に一屬な新たに加へ得たるな悦ぶ。本種は楠
弁徹氏の千島幌筵島に於て採集し、當教室に寄贈せられたるものなれば、深く同
氏の好意な謝す。

　2, Polemonium coeruleum Linn.　はなしのぶ

　北海道產に樺太に產するはなしのぶは、多くの變種な含むな以て、茲にはなし

のよ科専攻學者ブラント氏の説を採用し、これを二亜種に大別し、更に著者の見
解に偏り、第一亜種は新たに亜變種を屬せしめたり。

Subspec. A. **vulgare** Brand.

Var. α. yezoense Miyabe et Kudo.　ねぞはなしのよ(新稱)

明かに一新變種にして、花序の開張せる、葉の大にして葉柄の基脚有毛なる、一
見僅と區別し得べき特點少からず。この變種は札幌附近に普通なるのみならず、十
勝石狩以南渡島に渉り廣く分布し、其の花の美麗なる、恐くははなしのよ中之れ
に及ぶものなかるべく、從ひて園藝植物として愛賞せらるゝに至るべし。

Var. β. racemosum (Regel) Miyabe et Kudo.　くしろはなしのよ(新稱)

此の變種は北海道にては釧路、樺太にては豐原並にレツカ地方に分布するのみ
ならず、大陸にては黑龍江及び烏斯里地方に渉り、廣く分布し、小なる花。細少
なる小葉、總狀花序に類する有柄花序等は易すく他と區別し得べき要點となす。

Var. γ. laxiflorum (Regel) Miyabe et Kudo.　からよとはなしのよ(新稱)

其性質前二者の中間に位し、樺太に最も普通なるものにして、四海岸、海馬島、
大泊地方、敷香地方、露領樺太等を經て、遠く黑龍江地方並に沿海洲地方に連續
する變種にして、北海道にては僅に禮文島に發見せられたるのみ。

Subspec. B. **villosum** Brand.　きよくちはなしのよ(新稱)

前述の三變種は花瓣の上半部弯圓形を呈し、從ひて第一亜種に屬すべきものな
れども、本亜種にありては、花瓣の上半部三角狀を呈し、蕚し赤自歯の長毛を密
生し、主に區綱亙の植地、ベーリング海沿岸等に産するものなるが、更に南下し
て滿洲に及ぶ。樺太豐原方面に自生するものは、明かに此の亜種と認むべきもの
なり。

3. Polemonium humile Willd.　ひめはなしのよ(新稱)

叢生なる多年生草本にして、高さ五六寸、蕚ば蓬生にして脚部にも在り。小葉
卵形若しくは披針形をなし圓面に在り、蕚道にかる若ば稀葉を有せず。我が北
海道に産せざものは、千島占守島道にカムチヤツカにて採集せられたるものなれ
ども、此種は廣く歐羅巴並に亜細亜の極地に分布す。

本 邦 産 襀 翅 目 の 研 究 (第一報)

農學士 岡本宇次郎

ERSTER BEITRAG ZUR KENNTNIS DER
JAPANISCHEN PLECOPTEREN.

Von

H. OKAMOTO, *Nogakusi.*

(Mit 33 Textfiguren)

———————

Vorliegende Arbeit enthält japanische Insekten zweier Familien *(Perlodidae, Perlidae)* in der Unterordnung *Subulipalpia* der Ordnung Plecopteren. Ich fühle mich genötigt die ganze Arbeit der japanischen Plecopteren in zwei Abschnitte zu teilen, die nächste Arbeit soll die Unterordnung *Filipalpia* enthalten.

Aus Japan sind bisher nur einige Arten der Perlodiden bekannt, die kürzlich von Fr. Klapálek behandelt und beschrieben wurden,[1] nämlich *Megarcys ochracea* Klp., *Arcynopteryx compacta* M'L. *var. pusilla* Klp., *Isogenus nubecula* Newm., und *Isogenus scriptus* Klp. Durch Untersuchung der Sammlung der landwirtschaftlichen Fakultät der Tohoku-Universität zu Sapporo und meiner Kollektion fand ich noch fünf neue Arten. Sie verteilen sich auf drei Gattungen und drei Untergattungen, worunter eine Untergattung *(Suzukia)* neu ist.

Die Mitteilungen über die Perliden-Fauna Japans verdanken wir F. J. Pictet, R. Mac Lachlan, J. G. Needham und Fr. Klapálek. Im Jahre 1841 hat Pictet drei japanische Arten publiziert.[2] Mac Lachlan führt in seiner Abhandlung 6 Arten der Gattung *Perla* an[3] und seitdem ist nur eine *Perla tennina* Needh. beschrieben worden.[4] Ferner hat Fr. Klapálek im Jahre 1907 in einer erschienenen Arbeit im

---

1) I. Fam. Perlodidae (Coll. Zool. du Edm. Selys Longs., Fasc. IV. Plecoptera 1912.)
2) Fam. d. Perlides 1841.
3) A sketch of our present knowledge of the Neuropterous Fauna of Japan (Trans. Ent. Soc. Lond., 1875.)
4) New genera and species of Perlidae (Proc. Biol. Wash., 1905.)

ganzen 17 japanische Arten veröffentlicht,[5] darunter sind 10 neu. Hiermit ist jedoch die Zahl der in Japan einheimischen Arten bei weitem noch nicht erschöpft, denn aus meinen bisherigen Untersuchungen geht hervor, dass in Japan nicht weniger als 44 Arten vorkommen, von welchen 27 neu sind. Sie verteilen sich auf 3 Subfamilien und 7 Gattungen, darunter ist eine Gattung (Nogiperla) neu.

Es ist mir eine angenehme Pflicht an Herrn Prof. Rigakuhakusi S. Matsumura, der mir das reichhaltige Material der landwirtschaftlichen Fakultät der Tohoku-Universität zu Sapporo zur verfügung stellte, meinen tiefsten Dank auszusprechen.

Die Figuren sind von meinem Freunde, Herrn T. Tobe nach Typen gezeichnet worden.

---

5) Ueber die Arten der Unterfamilie Perlinae aus Japan (Bull. intern. de l'Acad. Sci. Bohême 1907.)

Ord. PLECOPTERA.

Subord. Subulipalpia,

I. Fam. Perlodidae.

Uebersicht der Gattungen und Untergattungen.

1 (4). Zwischen dem Radius und Sektor unregelmässiges Adernnetz.

2 (3). Queradern wenigstens bis zur Media entwickelt·············· **Megarcys** Klp.

3 (2). Queradern bis zum Sektor radii vorhanden···········**Arcynopteryx** Klp.

4 (1). Zwischen dem Radius und Sektor höchstens nur eine Querader···········

···**Isogenus** Newm.

5 (6). Stiel der Zelle 1R₁ so lang wie die Zelle selbst··············Subg. **Susulkia.**

6 (5). Zelle 1R₁ deutlich länger als ihr Stiel.

7 (8). Entfernung der hinteren Punktaugen vom inneren Augenrade wenigstens 2/3 des gegenseitigen Abstandes derselben gleich ···· Subg. **Dictyogenus.**

8 (7). Entfernung der hinteren Punktaugen vom inneren Augenrande höchstens der Hälfte des gegenseitigen Abstandes derselben gleich·· Subg. **Isogenus.**

I. Gatt. **Megarcys** Klp.

Megarcys Klapálek, 1912 (Juni): Coll Zool. Edm. de Selys Longchamps, IV (I. Fam. Perlodidae), p. 7 et 10.

Dictyopteryx Hagen, 1875: Bull. Geol. Surv. Terr., p. 575.

Perlodes Banks, 1907: Cat. Nuropt. Ins., p. 10 (partim).

Matsumuria Okamoto, 1912 (September): Trans. Sapporo Nat. Hist. Soc., Vol. IV. p. 15.

Bekannt ist diese Gattung bisher nur in zwei Arten, die aus Nord-Ost-Asien und West-Nord-America stammen, in Japan kommt nur eine Art vor.

Megarcys ochracea, Klp.

Megarcys ochracea Klapálek, 1912 (Juni): Coll. Zool. de Selys Longchamps, IV (I. Fam. Perlodidae), p. 10, Fig. 4 et 5.

Matsumuria sapporensis Okamoto, 1912 (Sept.): Trans. Sapporo Nat. Hist. Soc., Vol. IV. p. 16, Fig. 1 (A et B), 2.

Hab.—Hokkaido (ziemlich häufig), Insel Sachalin.

Sonstiger Fundort—Sibirien.

T. N.—Amimekawagera.

II. Gatt. **Arcynopteryx** Klp.

Arcynopteryx Klapálck, 1904; Bull Intern. Acad. Scien. Boh., XVII. p. 7.
In Japan kommt eine Art und eine Varietät vor, eine Art davon ist neu.

Uebersicht der Arten.

Hinterhauptsmakel lang-dreieckig··jezoënsis n. sp.
Hinterhauptsmakel fehlend ····························compacta Mr L. var. pusilla Klp.

Arcynopteryx jezoënsis n. sp. (Fig. 1 u. 2).

Körper glänzend schwarz. Clypeus an den Seiten breit, Augen schmal dottergelb gesäumt. Hinterhauptsmakel lang-dreieckig. Pronotum mit dottergelber Mittellinie, die das ganze Mittelfeld einnimmt. Beine schwarz, Schenkel an der unteren Kante und an der äussersten Spitze dottergelb, Schienen fast ganz (mit Ausnahme der Basis) dottergelb. Abdomen an der Spitze und Circi schmutziggelb, jedes Glied der Circi an der Spitze dunkler. Fühler schwarz, am Basaldrittel mit Ausnahme der 2 Basalglieder braun vermischt.

Punktaugen klein, Abstände derselben im Verhältnis wie 9 : 8. M-Linie und Stirnschwielen(den Augen etwas näher als den hinteren Punktaugen)deutlich. Hinterhauptschwielen fast undeutlich. 7.Fühlerglied verkürzt. Pronotum beim ♂ fast parallelseitig, beim ♀ etwas trapezoid nach vorn etwas verschmälert; das Verhältnis der vorderen Breite zur hinteren und zur Länge beträgt beim ♂ 27 : 28 : 21, beim ♀ 31 : 32 : 24 ; Vorder- und Hinterrand stark bogenförmig. Mittelfeld nimmt im ersteren Drittel etwa 1/5 der ganzen Breite ein.

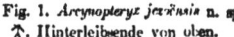
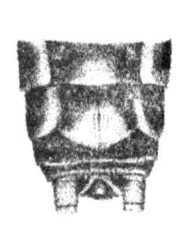

Fig. 1. *Arcynopteryx jezoënsis* n. sp.　Fig. 2.
♂. Hinterleibsende von oben.　　♀. Hinterleibsende von unten.

Flügel hyalin. Nervatur im Vorderflügel dunkelbraun, Costa gelb; im Hinterflügel gelbbraun. Zwischen Radius und Radialsektor unregelmässiges Adernnetz.

Im Kostalfelde mit drei Queradern im äusseren Teile.

Beim ☉ ist auf der Bauchseite der IX. Ring mit dreieckiger Spitze ver-
längert; auf dem Rücken ist derselbe gespalten und seine Abschnitte am Hinterwinkel
abgerundet.　Der X. Ring ist auf dem Rücken ebenfalls gespalten und auf jedem
Abschnitte mit einem kolbenartigen Fortsatz versehen.

Weibliche Subgenitalplatte mittelgross, fast halbkreisförmig, etwas zugespitzt,
nimmt am Grunde fast 3/5 der Breite des VIII. Ringes ein, jedoch den Hinterrand
des IX. Ringes nicht erreichend.

	☉		♀
Körperlänge	10–11	bis	13 mm.
Vorderflügellänge	10	,,	13 mm.
Gröste Vorderflügelbreite	3½	,,	4½ mm.

Hab.—Sapporo (1 ☉ u. 1 ♀, Prof. S. Matsumura) und Kutchan (1 ☉ u. 1 ♀,
am 28/IV, 1909, vom Autor).

Typen in der landw. Fakultät, Tohoku-Universität zu Sapporo und in meiner
Sammlung.

Diese Art ähnelt sich *Arcynopteryx compacta* Mac Lachlan, unterscheidet sich
aber durch den Bau der Genitalen.

T. N.—Hime-amimekawagera.

Arcynopteryx compacta M' L. var. **pusilla** Klp.

Arcynopteryx compacta M'L. var. *pusilla* Klapálek, 1912: Coll. Zool. Edm. de
Selys Longs., IV (I. Fam. Perlodidae), p. 15, Fig. 9.

Hab.—Insel Sachalin.

Sonstiger Fundort—Sibirien.

T. N.—Karafuto-amimekawagera.

Diese Art mir unbekannt.

III.　Gatt. **Isogenus** Newm.

Isogenus Newman, 1833: Entomol. Notes in Entom. Mag., I. p. 415

In Japan kommen drei Untergattungen vor, davon eine neu ist.

1.　Untergatt. **Suzukia** n. subg.

Der Stiel der Zelle 1R₁ so lang wie die Zelle selbst; zwischen Radius und
Sektor radii weder Adernnetz noch Querader. Die Entfernung der hinteren
Punktaugen vom inneren Augenrande wenigstens 2/3 des gegenseitigen Abstandes

derselben gleich.

・　Type: *Suzukia motonis* n. sp.

Isogenus (Suzukia) motonis. n. sp. (Fig. 3).

2 ♀ ♀. Kopf hellockergelb, mit einem grossen schwarzen fast ovalen Fleck, welcher vorn die M-Linie, hinten den Hinterkopfrand erreicht; Hinterkopfrand schwarz gesäumt. Fühler schwarz, am Basalsechstel rötlichbraun, am 1. Basalgliede oben schwarz. Taster rötlichbraun. Pronotum an den Seiten des ockergelben Mittelfeldes mit zwei dicken schwarzen Längsstreifen, ockergelb. Meso-und Metanotum schwarz, Praescutum hellockergelb. Beine hellockergelb, Kniegegend der Mittel-und Hinterschenkel und der Mittel-und Hinterschienen schwarz; 3. Tarsenglied dunkler. 'Abdomen oben schwarz, unten, Abdominalspitze und Circi hellockergelb.

Punktaugen sehr klein, ihre Abstände im Verhältnis wie 42:27. M-Linie etwas stark ausgeprägt. Stirnschwielen deutlich, den hinteren Punktaugen 'und dem Innenrande der Augen gleich lang gestellt. Pronotum fast quer trapezoid; das Verhältnis der vorderen Breite zur hinteren und zur 'Länge beträgt 29:30:20; Vorderrand schwach bogenartig, Hinterand fast gerade, Seitenrand nach innen

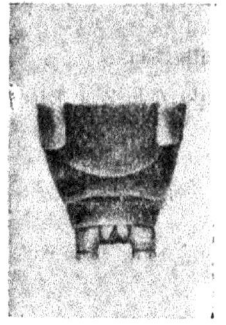

Fig. 3. *Suzukia motonis* n. sp.
♀. Hinterleibsende von unten.

schwach ausgebuchtet. Das Mittelfeld nimmt in der Mitte etwa 1/6 der ganzen Breite ein.

Flügel hellgelbbraun, Basalhälfte mit Ausnahme des Costal-und Subcostalfeldes dunkelgrau. Nervatur gelb bis hellgelblichbraun. Zwischen Radius und Radialsektor weder Adernnetz noch Querader. Im Kostalfelde mit nur drei Queradern im langen äusseren Teile.

Weibliche Subgenitalplatte mittelgross, halbkreisförmig, nimmt am Grunde fast 2/3 der Breite des VIII. Ringes ein und den Hinterrand des IX. Bauchringes fast erreichend. Die Subanalklappen lang und Spitzen dreieckig.

Körperlänge	10 mm.
Vorderflügellänge	14 mm.
Grösste Vorderflügelbreite	4 mm.

Hab.—Kyoto (2 ♀ ♀, M. Suzuki)

Diese Art bennene ich nach dem Sammler.

Typen in meiner Sammlung.

T. N.—Suzuki-amimekawagera-modoki.

2. Untergatt **Dictyogenus** Klp.

Dictyogenus Klapálek, 1904 : Bull. intern. l'Acad. Sci. Boh. (Eur. Art Dictyopt.), p. 7.

In Japan kommt nur eine Art vor.

Isogenus (Dictyogenus) japonicus n. sp. (Fig. 4).

Diese Art steht nach Isogenus (Dictyogenus) ventralis Pict. nahe.

3 ♀ ♀. Körper oben glänzend schwarz, unten schmutziggelb. Kopffleck rostgelb : Stirnfleck rundlich, welcher mit einem schmalen rostgelben Streifen den viereckigen Scheitelfleck vereinigt ; ausserhalb der hinteren Punktaugen ein kleiner Fleck. Vorderrand der M-Linie schmal, Augen hinten breit, rostgelb gesäumt. Mittelfeld des Pronotums rostgelb, welches sich nach hinten allmählig erweitert. Fühler, Taster und Circi schwarz. Beine schmutziggelb, Schenkel, Schienen an der Basis und das 3. Tarsenglied dunkler.

Kopf mittelgross, nach vorn stark verschmälert. Punktaugen klein, gegenseitige Abstände im Verhältnis wie 50 : 25. Stirnschwielen quer lang-elliptisch, den hinteren Punktaugen etwas näher als den Augen. M-Linie deutlich, dunkelbraun

Hinterhauptschwielen gross, stark vortretend, rundlich. Pronotum quer viereckig, fast gleich breit wie das Hinterhaupt, das Verhältnis der vorderen Breite zur hinteren und zur Länge beträgt 41 : 41 : 24. Mittelfeld sehr Breit, im ersten Drittel 1/10 der ganzen Breite einnehmend.

Flügel hellgelblichbraun angeraucht. Nervatur' im Vorderflügel schwarzbraun bis schwarz ; im Hinterflügel heller. Kosta der beiden Flügeln und Adern des Analfeldes der Hinterflügel schmutziggelb. Im Kostalfelde der Subcosta 4 Queradern. In der Flügelspitze zwischen Radius und Sector radii 1 bis 2 Queradern.

Fig. 4. Dictyogenus japonicus. n. sp. ♀. Hinterleibende von unten.

Weibliche Subgenitalplatte breit, lang, fast quer viereckig, vorderes Eck abgerundet, im Hinterrande in der Mitte sehr seicht ausgebuchtet ; sie nimmt 9/10 der

Breite des IX. Ringes ein und überragt fast den **Hinterrand des X. Ringes.**

Körperlänge 　　　　　 **12 mm.**

Vorderflügellänge 　　　17 mm.

. Grösste Vorderflügelbreit 　　5 mm.

Hab.—Yamaguchi (1♀, am 25/IV, 1910. M. Sibakawa), Nikko (1♀, am 15/VI, 1911, Prof. S. Matsumura) und Prov. Harima (1♀, am·3/V, 1912, K. Nakahara).

Typen in der landw. Fakultät, Tohoku-Universität zu Sapporo und in meiner Sammlung.

T. N.—Yamato-amimekawagera-modoki.

3. Untergatt. **Isogenus** Newm. sensu· emend.

Isogenus Newman, 1833 : Entomol. Notes Entom. Mag., Vol. I. partim.

In Japan kommen vier Arten vor, davon 2 neu sind.

Uebersicht der Arten.

1 (6). Gelbes Scheitelfleck deutlich.

2 (3). Scheitelfleck hufeisenförmig·······························**nakaharae** n. sp.

3 (2). Scheitelfleck nicht hufeisenförmig.

4 (5). An der Anastomose ein brauner Makel···········**nubecula** Newm.

5 (4). An der Anastomose kein solcher Makel··············· **scriptus** Klp.

6 (1). Scheitelfleck undeutlich························ **nikkoensis** n. sp.

Isogenus (Isogenus) nakaharae n. sp. (Fig. 5).

2 ♀♀. Kopf oben tief schwarzbraun, stark glänzend, mit einem gelben bis rostgelben, hufeisenförmigen Scheitelfleck. Fühler am Basalsechstel hellgelbbraun, gegen die Spitze zu schwarzbraun; erstes Basalglied oben dunkelbraun, unten gelb. Taster gelb, deren äusserste Glied dunkler und jedes Glied an der Spitze dunkler. Pronotum mit einem nach hinten allmählich verbreiteten gelben Mittelfelde, glänzend schwarz. Mesonotum schwarzbraun, Metanotum etwas heller. Beine hellgelb, Schenkel an der unteren Kante und Schienen oben an der Basis schwärzlichbraun, Tarsen dunkelbraun.

Punktaugen mittelgross, Abstände im Verhaltnis wie 40 : 27. M-Linie und Stirnschwielen deutlich. Pronotum quer trapezoid, nach hinten schwach verschmälert; Verhältnis der vorderen und hinteren Breite zur Länge ist wie 21 : 20 : 14. Vorder- und Hinterrand fast gerade, Seitenrand gerade. Mittelfeld ziemlich breit, erste

Drittel beträgt fast den 1/6 der ganzen Breite.

Flügel hellgelbbraun mit gelbem Vorderrandstreifen.   Nervatur gelbbraun, Costa, Subcosta und Radius des Vorderflügels sowie alle Adern des Hinterflügels heller.   Zwischen Radius und Radial sektor keine Querader.   Im Kostalfelde mit 4 Queradern im äusseren Teile.

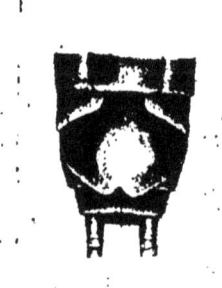

Weibliche Subgenitalplatte sehr gross, fast kreisförmig, mit etwa tief ausgeschnittenem Hinterrande; sie nimmt am Grunde die ganzen Breite des VIII. Ringes ein, und ragt über den Hinterrand des IX. Ringes.   Die Subanalklappen kurz, Spitzen dreieckig.

Körperlänge   8 mm.

Vorderflügellänge :   :   11 mm.   :.:

Hab.—Matsumoto im Prov. Sinano (1♀, am 8/VIII, 1912, K. Nukahara) und Okubo bei Tokyo (1♀, Prof. S. Matsumura).

Fig. 5. *Isogenus nakaharae* n. sp.
♀. Hinterleibsende von unten.

Typus in meiner Sammlung und in der landw. Fakultät, Tohoku-Universität zu Sapporo.

Diese Art ähnelt sich *Isogenus scriptus* Klp., aber der Bau der Subgenitalplatte ist ein ganz anderer.

Diese Art bennene ich nach dem Sammler.

T. N.—Hime-amimekawagera-modoki.

Isogenus (Isogenus) nubecula Newm.

Isogenus nubecula Newman, 1883 : Entomol. Notes Entom. Mag., Vol. I. p. 415, Fig. 54 et 55.

Nephelion nubecula Pictet, 1841 : Perlides, p. 170.

Perla parisina Rambur, 1842 : Nevropt., p. 450.

Perla proxima Rambur, 1842 : ibid., p. 451.

Hab.—Yamaguchi (1♀, M. Sibakawa).

T. N.—Ō-amimekawagera-modoki.

Isogenus (Isogenus) scriptus Klp.

Isogenus (Isogenus) scriptus Klapálek, 1912 : Coll. Zool. Edm. de Selys Longs. IV. (I. Fam. Perlodidae) p. 56.

Hab.—Hokkaido, von Mai bis Juli sehr häufig.

T. N.—Amimekawagera-modoki. : · .:

Isogenus (Isogenus) nikkoënsis n. sp. (Fig. 6).

2 ♀ ♀. Körper mit allen Anhängen schwärzlichbraun bis schwarz, Hinterkopfs-rand und Mittelfeld des Pronotums sowie Pro-, Meso- und Metasternum zwischen den Hüften heller, vor den vorderen Punktaugen gelb. Abdominalring auf der Bauchseite 1. bis 6. an jeder Spitze hellgelbbraun gesäumt. Coxen, Trochanter und Schienen mit Ausnahme des Basaldrittels gelbbraun.

Punktaugen mittelgross, ihre Abstände im Verhältnis wie 41 : 28. Stirn-schwielen querlänglich, den hinteren Punktaugen etwas näher als den Augen. M-Linie fast undeutlich. Hinterhauptschwielen schwach vortretend. Pronotum trapezoid, doch Vorderecken abgerundet; das Verhältnis der vorderen und hinteren Breite zur Länge ist 28 : 28 : 20. Vorder- und Hinterrand ziemlich stark gebogen, Seiten-rand gerade. Vorder- und Hinterrandfurche sich mit den tiefen Seitenfurchen vereinigend, eine Querellipse bilden.

Flügel dunkel angeraucht, Kostal- und Sub-kostalfeld bis zur Anastomose, und Radius an der Basis sowie Kostalqueradern innerhalb der Subkosta gelb. Im Kostalfelde ausserhalb der Subkosta 2 (im Vorderflügel) bis 3 (im Hinterflügel) Queradern. In der Flügelspitze zwischen Radius und Sector radii keine Querader.

Weibliche Subgenitalplatte gross, halbkreis-förmig, nimmt fast die ganzen Breite des VIII. Ringes ein, und fast den Hinterrand des IX. Ringes erreichend.

Fig. 6. *Isogenus nikkoënsis* n. sp.
♀. Hinterleibsende von unten.

. Körperlänge   11 mm.

Vorderflügellänge   14 ½ mm.

Hab.—Nikko (2 ♀ ♀, am 25/VI, 1911, Prof. S. Matsumura).

Typen in der landw. Fakultät, Tohoku-Universität zu Sapporo.

Diese Art steht nach *Isogenus nubecula* Newm. nahe. .

T. N.—Kuro-amimekawagera-modoki.

II. Fam. Perlidae.

Uebersicht der Unterfamilien und Gattungen.

1. Drei Ocellen vorhanden. .... 2.
   Nur zwei Ocellen vorhanden. ·····································**Neoperlinae** 5.
2. Hinterflügel mit sehr schmalem Analfelde, in dem sich höchstens zwei sehr feine Axillaradern befinden. ·····································**Chloroperlinae** 7.
   Hinterflügel mit breitem Analfelde, in dem sich zahlreiche Axillaradern befinden.
   ··· ··· **Perlinae** 3.
3. Subgenitalplatte beim Männchen mit einer nagelartigen Verdickung versehen, Subanalklappen beim Männchen klauenartig oder ruderförmig. ····················
   ··· ···**Acroneuria** Pict.
   Subgenitalplatte beim Männchen ohne Nagel, Subanalklappen beim Männchen dreieckig. ··4.
4. Cubitalzelle (Cu₁) im Hinterflügel mit einer Reihe von Queradern. ··············
   ·· **Perla** Geoffr.
   Cubitalzelle (Cu₁) im Hinterflügel mit nur einer Querader an der Basis und an der Spitze. ···**Isoperla** Banks
5. Circi viel länger als die Breite des Abdomen. ····················**Neoperla** Needh.
   Circi nur wenig länger als Adominalbreite. ·· 6.
6. 1. Glied der Circi sehr lang, fast gleich lang wie die übrigen Glieder zusammen.
   ··**Nogiperla** n. g.
   Circi normal. ···**Kiotina** Klp.
7. Von der basalen Analzelle im Vorderflügel zieht sich nach hinten eine un-
   gegabelte Axillarader. ·····································**Chloroperla** Newm.

A. Subfam. Perlinae.

I. Gatt. Acroneuria Pict.

Acroneuria Pictet, 1841 : Fam. d. Perlides, p. 177.
Diese Gattung zerfällt in zwei Untergattungen.

Uebersicht der Untergattungen.

Subanalklappen des Männchens klauenartig; Subgenitalplatte des Weibchens kurz, stumpf dreieckig. .... **Acroneuria** (S. str.).

Subanalklappen des Männchens sehr lang, ruderförmig, nach oben gerichtet; Subgenitalplatte des Weibchens gross, parabolisch .... **Niponiella** Klp.

1. Untergatt. **Acroneuria** S. str.

In Japan kommen vier Arten vor, darunter ist eine neu.

Uebersicht der Arten.

1 (2). Am Anhang der Anastomose ein brauner Nebelfleck,····· **stigmatica** Klp.
2 (1). Ohne Nebelfleck.
3 (6). Schenkel nur an der Spitze mit einem schwarzbraunen oder schwarzen Ringe.
4 (5). Zwischenraum der Punktaugen schwarz. .... **fulva** Klp.
5 (4). Zwischenraum der Punktaugen orangegelb. .... **jezoënsis** n. sp.
6 (3). Schenkel nur vor der Mitte der Dorsalkante schwarzbraun. ··· **jouklii** Klp.

Acroneuria (Acroneuria) **stigmatica** Klp.

Acroneuria stigmatica Klapálek, 1907 : Bull. intern. l'Acad. Soc. Boh., XII. p. 5. Fig. 2 et 3.

Hab.—Nikko (2♂, 1♀, Prof. S. Matsumura), Towada-See bei Awomori (1♂, I. Nitobe), Echigo (1♀, M. Nakamura), und Kamikochi im Prov. Sinano (1♂, K. Nakahara).

T. N.—Mon-kawagera.

Acroneuria (Acroneuria) **fulva** Klp.

Acroneuria fulva Klapálek, 1907 : Bull. intern. l'Acad. Soc. Boh., XII. p. 4. Fig. 1 (a et b).

Hab.—Sapporo (4♂ u. 3♀, Prof. S. Matsumura), Noboribetsu bei Mororan (1♂, S. Kuwayama), Ziozankei bei Sapporo (1♂ u. 2♀, vom Autor) und Sapporo (1♀, vom Autor.)

T. N.—Ki-kawagera.

Acroneuria (Acroneuria) **jezoënsis** n. sp. (Fig. 7)

Kopf oben hellgelbbraun, glänzend, M-Linie, Stirnschwielen und Scheitel gelb, Zwischenraum der Punktaugen orangegelb gefärbt, Punktaugen rötlich, dieselben entweder innen breit schwarz gerandet oder gänzlich schwarz gefärbt. Taster hellgelbbraun.   Fühler gelb mit Ausnahme der zwei Basalglieder, welche hellgelblichbraun sind.   Meso- und Metanotum je mit einem gelben Mittelstreifen, hellgelbbraun.   Beine gelb, Schenkel an der Aussersten Spitze schwarzbraun geringelt. Hinterleib und Circi gelb.   Unterseite des Körpers gelb.   Flügel gelblich angeraucht. Nervatur schmutziggelbbraun bis dunkelbraun, hinterere etwas heller.

Punktaugen mittelgross, ihre Abstände im Verhältnis wie 1 : 3/4-4/5.   M-Linie sehr schwach, Stirnschwielen stark vortretend. Pronotum trapezoid, vorn so breit wie Hinterhaupt, nach hinten deutlich verschmälert; Verhältnis der vorderen zur hinteren Breite und zur Länge 38 : 30 : 22; Vorderrand nach oben gebogen, doch Hinterrand gerade.   Mittelfeld nach vorn und hinten stark erweitert, in der Mitte etwa 1/4-1/5 der ganzen Breite einenehmend.   Im Kostalfelde im äusseren Teile nur 2-3 Queradern.   Vorderast der zweiten Analader mit 3 Äste, welche mit dem Mittelaste durch eine Querader nicht verbunden sind.

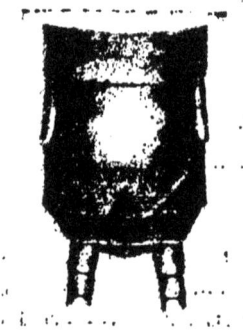

Beim ♂ Hinterrand des IX. Ringes auf der Bauchseite ʋ-förmig, Subanalklappen mit die nach oben gekrümmten keulenartigen Spitzen.   Weibliche Subgenitalplatte mittelgross, stumpf dreieckig, nimmt am Grund 5/7 der Breite des VIII. Ringes ein.   Subanalklappen flach, an den Spitzen dreieckig

	♂	♀
Körperlänge	12 – 13	17 – 18 mm.
Vorderflügellänge	16 – 17	29 – 21 mm.
Grösste Vorderflügelbreite circa 5		6 mm.

Hab.—Hokkaido (Ziozankei und Gebirge Moiwa bei Sapporo) sehr häufig.

T. N.—Mitsumon-kawagera.

. Fig. 7. *Acroneuria jezoënsis* n. sp.
♂. Hinterleibsende von unten.

Typen in der landw. Fakultät, Tohoku-Universität zu Sapporo und in meiner. Sammlung.

Diese Art steht nahe *Acroneuria fulva* Klp. an, unterscheidet sich durch den Kopffleck und die Subgenitalplatte beider Geschlechter.

Acroneuria (Acronenria) jouklii Klp.

Acroneuria jouklii Klapálek, 1907 : Bull. intern. l'Acad. Soc. Boh., XII. p. 6.
Hab.—Gifu (1♂), Sibata im Prov. Echigo (1♂, H. Hatakeyama).

T. N.—Jyokri-kawagera.

2. Untergatt. **Niponiella**[1] Klp.

Niponiella Kalapálek, 1907 : Bull. intern. 1'Acad. Sci. Boh., XII, p. 2.
In Japan kommt nur eine Art vor.

Acroneuria (Niponiella) limbatella (Klp.)

Niponiella limbatella Klapálek, 1907 : Bull. intern. 1'Acad. Sci. Boh., XII. p. 8.
Fig. 8 et 9.

Hab.—Takinoo bei Tokyo (1♀, H. Takeda). Prov. Echigo (1♀, H. Hatakeyama
und 1♀, M. Nakamura).

T. N.—Yamato-kawagera.

II. Gatt. **Perla** Geoffr.

Perla Geoffroy, 1764 : Hist. Ins. Paris, Vol. II. p. 230.
Perlesta Banks, 1906 : Can. Ent., p. 224.
Diese Gattung zerfällt in vier Untergattungen.

Uebersicht der Untergattungen.

1 (2). Fünfter Dorsalring des Männchens normal.·················· **Kamimuria** Klp.

2 (1). Derselbe schildartig erweitert.

3 (4). Zehnter Dorsalring des Männchens geschlitzt mit die nach oben aufgeworfenen
Rändern des Ausschnittes ; weibliche Subgenitalplatte klein, rundlich, am
Hinterrande ausgekerbt.·····························:······················· **Paragnetina** Klp.

4 (3). Derselbe in starken Fortsätzen verlängert, welche ihn überragen ; weibliche
Subgenitalplatte entweder lang parabolisch oder kurz, bogenförmig ohne
Auskerbung des Hinterrandes.

5 (6). Fünfter Dorsalring des Männchens in der Mitte des Hinterrandes mit einer
rundlichen Auskerbung ; weibliche Subgenitalplatte gross, parabolisch.·····
··**Togoperla** Klp.

6 (5). Derselbe hinten stark ausgeschnitten, wodurch zwei dreieckige an der Wurzel
unter den basalen Teil untergeschobene Abschnitte entstehen ; weibliche
Subgenitalplatte bogentörmig.···············,········,················· **Oyamia** Klp.

---

6) Diese Gattung wurde von Klapálek beschrieben, aber ich habe keine besondere Gattungs-
charaktere gefunden; sie weicht in der Bildung der Subanalklappen (ruderförmig statt
klauenartig) und der Subgenitalplatte (parabolisch statt dreieckig) von den echten Acroneurien
ab, dieses ist kein so bedeutendes charakteristisches Zeichen als selbständige Gattung, so
ordne ich sie als Subgenus zu *Acroneuria* ein.

1. Untergatt. **Kamimuria** Klp.

Kamimuria Klapálek, 1907 : Bull. intern. l'Acad. Sci. Boh, XII, p. 2.
In Japan kommen vier Arten vor, von welchen eine neu ist.

Uebersicht der Arten.

1 (4). Weibliche Subgenitalplatte kurz.
2 (3). Beine schwarzbraun, nur der grössere Teil der Schienen gelb.··· **tibialis** Pict.
3 (2). Beine gelb, nur Knierand schwarzbraun.··············· ········· **quadrata** Klp.
4 (1). Weibliche Subgenitalplatte gross, halbkreisförmig oder parabolisch.
5 (6). Beine gelb, nur Knierand der Schenkel und Schienen schwarzbraun.·········
··· ··· **bolivari** Klp.
6 (5). Beine zum grössten Teil schwarzbraun.····················· **formosana** n. sp.

Perla (Kamimuria) tibialis Pict.

Perla tibialis Pictet, 1841 : Fam. d. Perlides, p. 217. Pl. 18. Fig. 6 et 7.

Hab.—Sapporo (1♂, u. 2♀. Prof. S. Matsumura), Kozawa im Prov. Siribesi.
11♀, vom Autor), Hiyama (1♀, vom Autor), Garugawa bei Sapporo (1♀,
vom Autor), Iyo (3♀, T. Urakami), Yonezawa (1♀), Yamaguchi (1♀, Oda),
Ugo (1♀, Z. Kurisaki), Echigo (1♂, H. Hatakeyama), Suma (2♂ u. 3♀,
M. Sibakawa), und Harima (1♂, K. Nakahara).

T. N.—Kawagera.

Perla (Kamimuria) quadrata Klp.

Kamimuria quadrata Klapálek, 1907 : Bull. intern. l'Acad. Sci. Boh., XII.
p. 10. Fig. 10.

Hab. —Sapporo (1♀, Prof. S. Matsumura, und 1♀, vom Autor), Chitose bei
Sapporo (1♂, vom Autor), Oiwake im Prov. Sinano (1♂, M. Sibakawa),
Nikko (3♂ u. 1♀, Prof. S. Matsumura).

T. N.—Kurohige-kawagera.

Perla (Kamimuria) bolivari Klp.

Kamimuria Bolivari Klapálek, 1907 : Bull. intern. l'Acad. Sci. Boh., XII
p. 2. Fig. 12.

Hab.—Japan (ohne Lokalität). Diese species mir unbekannt.

Perla (Kamimuria?) formosana n. sp. (Fig. 8)

1 ♀. Gelb. Stirn mit einem schwarzen abgerundet viereckigen Makel, Clypeus; mit einem gleichfarbigen ◯-förmigen Flecke vor der M-Linie. Fühler und beide Taster schwärzlichbraun. Pronotum mit einem schwarzen, breiten, ein Viertel der ganzen Breite einnehmenden Mittelstreifen; Vorder- und Hinterrand sowie Seitenrand schmal, schwarz gesäumt. Meso- und Metanotum schmutziggelbbraun. Schenkel, Vorder- und Mittelschienen ausserhalb, sowie Tarsen schwärzlichbraun. Circi gelb. Flügel gelbbraun angeraucht, mit Ausnahme des Kostal- und Subkostalfeldes, welche schwefelgelb sind. Adern dunkelbraun bis schmutziggelbbraun, Kostal- und Subkostalader, sowie Kostalqueradern hellgelb.

Punktaugen mittelgross; ihre Abstände im Verhältniss wie 1 : 1.1. M-Linie schwach, Stirnschwielen stark vortretend. Pronotum trapezoid, nach hinten schwach verschmälert, vorn etwa 1.6 so breit wie lang; Vorderrand nach oben bogenförmig, Hinterrand fast gerade. Mittelfeld sehr breit, nach hinten und oben sehr schwach erweitert, in der Mitte etwas 1/7 der ganzen Breite einnehmend.

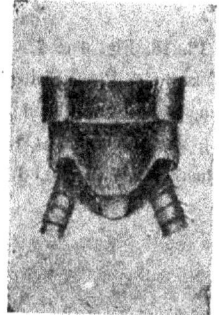

Im Kostalfelde beider Flügel 4–5 Queradern im äusseren Teile, 2A₁ (der Vorderast der zweiten Analader) des Hinterflügels mit 2 Äste, welche mit dem Mittelaste durch eine Querader nicht verbunden sind.

Fig. 8. *Kamimuria? formosana* n. sp. ♀. Hinterleibsende von unten.

Subgenitalplatte des weibchens sehr . gross, fast parabolisch, in der Spitze lang-dreieckig, tief ausgeschnitten.

Körperlänge	10 mm.
Vorderflügellänge	13 mm.
Grösste Vorderflügelbreite	3¼ mm.

Hab.—Japan (Formosa). 1 ♀ am 25/X, 1906, gesammelt von Prof. S. Matsumura. Typus in der landw. Fakultät, Tohoku-Universität zu Sapporo.

T. N.—Yamato-kawagera-modoki.

Der Form und Färbung nach ähnelt sich sehr den *Acroneuria (Niponiella) limbatella* (Klp.), doch die Subgenitalplatte ist eine ganz andere.

2. Untergatt. **Paragnetina** Klp.

Paragnetina Klapálek, 1907 : Bull. intern. l'Acad. Sci. Boh., XII. p. 2.
In Japan kommen drei Arten vor, wovon zwei neu sind.

Uebersicht der Arten.

Beine schwarz.···,·········,··· ············ ··· **suzukii** n. sp.
Beine gelb, unr Knierand der Schenkel und Schienen dunkelbraun.··················
··· **japonica** n. sp.
Beine gelb, Schienen und Schenkel an der Spitze schwarzbraun.···· ··················
·· ·······································**tinctipennis** M'L.

Perla (paragnetina) suzukii n. sp. (Fig. 9)

1♀. Kopf oben glänzend schwarz, Stirnschwielen hellorangegelb, Zwischen-
raum der Augen und Ocellen am Hinterkopf, und Zwischenraum der M-Linie dunkel
bräunlichgelb, Fühler und beide Taster schwarz. Pronotum glänzend, tief dunkel-
braun. Meso- und Metanotum stark glänzend, tief dunkelbraun, Praescutum etwas
heller. Beine schwarz, Coxen und Trochanter hellockergelb. Hinterleib hellocker-
gelb, an der Spitze dunkler. Unterseite des Körpers hellockergelb. Flügel braun
schwach angeraucht, Kostalfeld dunkler. Nervatur tief dunkelbraun, nur Radialader
schwärzlich.

Pronotum viereckig, nach hinten schwach
verschmälert, vorn etwa 1.5 so breit wie lang.

Im Subcostalfelde ausserhalb der Subcosta 8
Queradern, Sector. radii der Vorder- und Hinter-
flügeln mit 4 Ästen ausserhalb der Anastomose.

Subgenitalplatte klein, dreieckig, an der Spitze
dreieckig ausgekerbt, Hälfte des IX.Segmentes nicht
erreichend.

Körperlänge	18 mm.
Vorderflügellänge	27 mm.
Grösste Vorderflügelbreite	7 mm.
Grösste Prothorakalbreite	3 ½ mm.

Fig. 9. *Paragnetina suzukii* n. sp.
♀. Hinterleibsende von unten.

Hab.—Kyoto (1♀, M. Suzuki), ohne Datum.

Typus in meiner Sammlung, und diese Art benenne ich zum Andenken des
Kollectors.

T. N.—Suzuki-kurakakekawagera.

Durch Form und Farbe gleicht er der *Perla (Oyamia) gibba* Klp. sehr, aber leicht unterscheidbar durch den Bau der Subgenitalplatte des weibchens.

Perla (Paragnetina) japonica n. sp. (Fig. 10 u. 11)

Kopf glänzend gelbbraun, Zwischenraum der Punktaugen schwarz, Hinterkopfsrand gelb; Ocellen dunkelrot, innenhalb derselben schmal schwarz gesäumt. Fühler und beide Taster gelb. Pronotum glänzend dunkelbraun, Mittelfurche gelb. Meso- und Metanotum glänzend bräunlichgelb, Praescutum heller. Beine gelb, Knie-

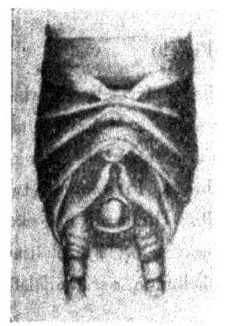

rand der Schenkel und Schienen an der Spitze dunkelbraun. Hinterleib hell sahnefarbig, an der Spitze etwas dunkler; Circi etwas kürzer als Abdominallänge, gelb. Flügel hellgelb, Kostalfeld deutlich gelb gefärbt, Adern schmutziggelb, Kosta und Subcosta dagegen rein gelb. Unterseite des Körpers ganz gelb.

Pronotum viereckig, vorn etwa 1⅓ so breit wie lang, an den Seiten fast parallel.

Im Subcostalfelde ausserhalb der Subcosta 4–6 Queradern, Sector radii beider Flügeln mit 2 Aesten ausserhalb der Anastomose.

Fig. 10 *Paragnetina japonica* n. sp.
♂. Hinterleibsende von oben.

Beim Männchen der V.Dorsalring schildartig erweitert, der X. Dorsalring ist geschlitzt mit nach oben aufgeworfenen Rändern des Ausschnittes und mit einer polsterförmigen Verdickung der Innenseite; weibliche Subgenitalplatte stumpf dreieckig, an der Spitze tief rundlich ausgekerbt.

	♂	♀
Körperlänge	11 – 13 mm.	
Vorderflügelläge	15 – 19 mm.	
Grösste Vorderflügelbreite	4⅓ – 5⅓ mm.	
Grösste Prothorakalbreite	2 – 2⅓ mm.	

Fig. 11. ♀. Hinterleibsende von unten.

Hab.—Kumamoto (3♂ u. 1♀, gesammelt am 30/VIII, 1907, von Kawamura), und Sibata im Prov. Echigo (1♂, ohne Datum, H. Hatakeyma).

Typen: in der landw.. Fakultät, Tohoku-Universität zu Sapporo und in meiner Sammlung.

T. N.—Hitohosi-kurakakekawagera.

Diese Species unterscheidet sich von *Perla (Paragnetina) tinctipennis* M'L., besonders durch die geringere Grösse, und durch die Färbung der Schienen und der Antennen, sowie durch die Form der Subgenitalplatte.

Perla (Paragnetina) tinctipennis M'L.

Perla tinctipennis Mac Lachlan, 1875 : Trans. Ent. Soc. Lond., p. 171.

Hab.—Tamagawa .bei Tokyo (1♂, Prof. S. Matsumura), Sibata im Prov. Echigo.(1♂ u. 1♀, H. Hatakeyama).

T. N.—Ō-Kurakakekawagera.

3. Untergatt. **Togoperla** Klp.

Togoperla Klapálek, 1907 : Bull. intern. l'Acad. Sci. Boh., XII. p. 2.

In Japan kommen vier Arten vor, von denen 2 Arten neu sind.

Uebersicht der Arten.

1 (6). Pronotum nach hinten verschmälert.

2 (5). Beine dunkelbraun bis schwarz.

3 (4). Nervatur des Vorderflügels ganz hellgelb.············· ··· **kawamurae** n. sp.

4 (3). Dieselbe mit Ausnahme der Costa, Subcosta und Radius dunkelbraun.··· · ··· ·· ·· ·····**limbata** Pict.

5 (2). Beine goldgelb, nur Knierand der Schenkel und Schienen, sowie Schenkel an der Spitze schwarz. ·· ······ **matsumurae** n. sp.

6 (1). Pronotum mit parallelen Seiten.···**tennina** Needh.

Perla (Togoperla) kawamurae n. sp. (Fig. 12)

1♀. Kopf glänzend schwarz. Zwischenraum der Augen, Punktaugen und Stirnschwielen goldgelb; vor jeder Stirnschwiele ein kleiner, goldgelber Fleck; M-Linie und Stirnschwielen tief dunkelbraun; Vorderrand des Kopfes sehr schmal, schmutziggelb gerändet. Beide Taster schwarzbraun. Fühler im unteren Sechstel mit Ausnahme des ersteren Basalgliedes gelb, nach der Spitze zu schwarzbraun. Pronotum mit einem goldgelben schmalen Mitterstreifen, glänzend schwarz. Meso- und Metanotum ebenfalls glänzend schwarz, Metascutellum hellgelbbraun. Hinterleib hellgelbbraun, Circi gelb. Beine schwarz; Coxen und Trochanter schmutziggelb; Tarsen hellgebbraun, ausgenommen aussere Spitze des letzteren Gliedes; Schenkel innen mit zwei gelben Längsstreifen, die an der Apicalhälfte undeutlich sind; Schieneu mit Ausnahme von Basis und Spitze gelb. Flügel stark rauchfarbig, dagegen Kostalfeld fast farblos. Nervatur im Vorderflügel hellgelb, Costa, Subcosta und Kostalqueradern viel heller; im Hinterflügel dunkelbraun mit Ausnahme der Costa, Subcosta, Radius und Kostalqueradern sowie Radialramus, welche sehr hellgelb sind.

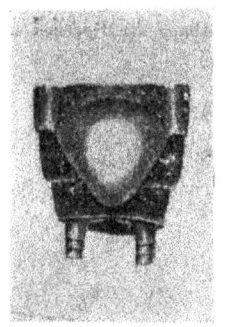

Fig. 12. *Togoperla kawamurae* n. sp. ♀. Hinterlebaende von unten.

Pronotum nach hinten stark verschmälert, vorn so breit wie lang; Verhältnis des Vorder- und Hinterrandes 1.4 : 1. Im Kostalfelde des Flügels aussrerhalb der Subcosta 6 Queradern; Sector radii mit 2 Aesten ausserhalb der Anastmose. Im Vorderflügel zwischen Radius und 1. Art des Sector radii mit einer Querader.

Subgenitalplatte des Weibchens sehr gross und breit, parabolisch, fast den Hinterrand des X. Abdominalringes erreichend.

Körperlänge	18 mm.
Vorderflügellänge	21 mm.
Grösste Vorderflügelbreite	circa 6 mm.
Grösste Prothorakalbreite	4 mm.

Hab.—Kumamoto, 1♀ am 18/VII, 1907 von Kawamura gesammelt, dem ich diese Art widme.

Typus in der landw. Fakultät, Tohoku-Universität zu Sapparo.

T. N.—Futamon-kawagere.

In Form und Färbung ähnert er der *Perla (Togoperla) limbata* Pict. sehr ähnlich, weicht aber durch andere Nervaturfärbung der Vorderflügel ab.

Perla (Togoperla) limbata Pict.

Perla limbata Pictet, 1841 : Fam. Perlides, p. 219, Pl. **XIX**. Fig. 1–5.

Hab.—Kyoto (1♀, M. Suzuki).

T. N.—Kiberi-Togokawagera.

Perla (Togoperla) matsumurae n. sp. (Fig. 13).

3♀♀. Kopf glänzend goldgelb, vor der M-Linie und Zwischenraum der Punktaugen schwarz. Ocellen relativ klein. Fühler schwarz, im unteren Drittel goldgelb, erstes Basalglied innen an der Spitze dunkel.. Maxillar-und Labialtaster gelb, jedes Glied des ersteren an der Spitze und äusserste Glied des letzteren an der Spitze braun. Keule in der Mitte dunkelbraun. Prothorax oben mit einem gelben Mittelstreifen, glänzened tief dunkelbraun; unten gelb, zwischen den Coxen dunkelbraun. Meso- und Metathorax gelb, an den Seiten und Scutum dunkelbraun. Hinterleib gelb (bei trocknen Substanzen an der Spitze schwarz), Circi gelb. Beine goldgelb, Schenkel am Ende (fast ein Drittel), Schienen an der Basis und äussersten Spitze, sowie 3. Glied der Tarsen ebenfalls an der Spitze schwarz. Flügel stark braun gefärbt mit auffallendem gelben vorderrandstreifen. Nervatur gelbbraun mit Ausnahme der Costa, Subcosta und Queradern im Kostalfelde, die hellgelb sind.

Fig. 13. *Togoperla matsumurae* n. sp. ♀. Hinterleibsende von unten.

Pronotum trapezoid, nach hinten verschmälert vorn etwa 1½ so breit wie lang; Verhältnis des Vorder- und Hinterrandes 1.2 : 1. Im Subcostalfelde des Vorderflügels ausserhalb der Subcosta 6–7 Queradern; Sector radii der beiden Flügel mit 2 Aesten ausserhalb der Anastomose; zwischen Radius und 1. Art des Sector radii mit einer, selten keiner Querader.

Subgenitalplatte des Weibchens sehr gross, lang parabolisch, welche den X. Ring überragt.

Körperlänge	20 mm.
Vorderflügellänge	25 mm.
Grösste Vorderflügelbreite	circa 7 mm.
Grösste Prothoralalbreite	3⅘ mm.

Hab.—Haki bei Kumamoto, 3♀, am 8/X, 1905, von Prof. S. Matsumura gesammelt.

Typen in der landw. Fakultät, Tohoku-Universität zu Sapporo. Diese Art benne ich zum Andanken des Kollectors.

Nach Form und Färbung ähnelt er *Perla (Togoperla) tennina* Needh., aber die

Subgenitalplatte ist eine ganz andere.

T. N.—Sesuji-kawagera.

Perla (Togoperla) tennina Needh.

Perla tennina Needham, 1905 : Proc. Wash., p. 109.

Hab.—Hikosan im Prov. Buzen. Diese Art mir unbekannt.

T. N.—Tōgōkawagera.'

4. Untergatt. Oyamia Klp.

Oyamia Klapálek, 1907 : Bull. intern. l'Acad. Sci. Boh., XII, P. 2. Ich besitze nur eine Art davon.

Perla (Oyamia) gibba Klp.

Oyamia gibba Klapálek, 1907 : Bull. intern. l'Acad. Sci. Boh., XII. p. 14, Fig. 15 (a, b et c) und 16.

Oyamia saxinigra Klapálek, 1607 : do. p. 15.

Hab.—Sibata im Prov. Echigo (1♂, u. 1♀, H. Hatakeyama), Yamaguchi und Minomo bei Kobe (2♂, M. Sibakawa) und Kyoto (1♀, M. Suzuki).

T. N.—Oyamakawagera.

III. Gatt. Isoperla Banks

Isoperla Banks, 1906 : Entom. News, p. 174.

Chloroperla Pictet, 1841 : Fam. Perlides, p. 176 (Nec. Newmann).

In Japan kommen vier Arten vor, welche alle neu sind.

Uebersicht der Arten.

1 (4). Pronotum gelb, mit einer oder zwei schwärzlichbraunen bis schwarzen Längs-linie.

2 (3). Pronotum mit einer sehr breiten schwärzlichbraunen Mittellinie. ·············
···**towadensis** n. sp.

3 (2). Pronotum mit zwei breiten schwarzen Längslinien.·········**nipponica** n. sp.

4 (1). Pronotum dunkelrostbraun oder schwarzbraun, mit einem gelben Mittelfelde.

5 (6). Kopf mit einem schwärzlichbraunen, verwaschen hufeisenförmigen Fleck.···
·· ··············· **suzukii** n. sp.

6 (5). Kopf ohne solchen Fleck.··sibakawae. n. sp.

Isoperla towadensis n. sp. (Fig. 14)

1♀. Kopf oben hellgelbbraun. Auf der Stirn ein fast viereckiger schwarzer Fleck, vor der M-Linie ein fast lang dreieckiger dunkelbrauner Fleck, auf dem Hinterkopf ein fast dreieckiger dunkelbrauner Fleck. Fühler dunkelbraun, am Grunde mit Ausnahme des Basalgliedes gelb. Beide Taster dunkelbraun. Pronotum sahnefarbig, mit einer sehr breiten, in der Mitte nach aussen verbreiteten schwarzbraunen Mittellinie. Meso- und Metanotum schwarzbraun. Beine gelb, Schenkel oben am Knie dunkelbraun gerändert. Abdomen und Unterseite des Körpers gelb. Circi gelb, deutlich kürzer als Fühler. Flügel fast hyalin. Nervatur gelbbraun (im Hinterflügel heller), Kosta am Grunde gelb, Subkosta, Radius ausgenommen die Spitze gelb.

Das Verhältnis des Abstandes der hinteren Punktaugen bis zur Entfernung vom Innenrande der Augen beträgt 38:24. Pronotum quer viereckig, etwa 1.8 mal so breit wie lang. Im Subkostalfelde ausserhalb der Subkosta ein bis zwei Queradern; Sector radii nur einmal gegabelt; Cubitus anticus mit drei (im Vorderflügel) bis zu einer (im Hinterflügel) akzessorischen Ader; Vorderast der 2. Analader einmal gegabelt.

Weibliche Subgenitalplatte gross, stumpf dreieckig, am Grunde breiter als ⅓ der Breite des IX. Ringes einnehmend.

Fig. 14. *Isoperla towadensis* n. sp.
♀. Hinterleibsende von unten.

Körperlänge	7 mm.
Vorderflügellänge	10 mm.

Hab.—Towada-See im Prov. Mutsu, 1♀, am Juli 1905, gesammelt von Prof. S. Matsumura.

Typus in der landw. Fakultät, Tohoku-Universität zu Sapporo.

Diese Art ist ähnlich wie *Isoperla nipponica* n. sp. weicht durch den Bau der Subgenitalplatte ab.

T. N.—Sesuji-midorikawagera.

Isoperla nipponica n. sp. (Fig. 15 u. 16)

Kopf gelb bis hellgelbbraun, oben in der Mitte mit einem fast länglich ei-

Subgenitalplatte ist eine ganz andere.

T. N.—Sesuji-kawagera.

Perla (Togoperla) tennina Needh.

Perla tennina Needham, 1905 : Proc. Wash., p. 109.

Hab.—Hikosan im Prov. Buzen. Diese Art mir unbekannt.

T. N.—Tōgōkawagera.

4. Untergatt. **Oyamia** Klp.

Oyamia Klapálek, 1907 : Bull. intern. l'Acad. Sci. Boh., XII, P. 2.

Ich besitze nur eine Art davon.

Perla (Oyamia) gibba Klp.

Oyamia gibba Klapálek, 1907 : Bull. intern. l'Acad. Sci. Boh., XII. p. 14,
Fig. 15 (a, b et c) und 16.

Oyamia seminigra Klapálek, 1607 : do. p. 15.

Hab.—Sibata im Prov. Echigo (1♂, u. 1♀, H. Hatakeyama), Yamaguchi und
Minomo bei Kobe (2♂, M. Sibakawa) und Kyoto (1♀, M. Suzuki).

T. N.—Oyamakawagera.

III.　Gatt. **Isoperla** Banks

Isoperla Banks, 1906 : Entom. News, p. 174.

Chloroperla Pictet, 1841 : Fam. Perlides, p. 176 (Nec. Newmann).

In Japan kommen vier Arten vor, welche alle neu sind.

Uebersicht der Arten.

1 (4). Pronotum gelb, mit einer oder zwei schwärzlichbraunen bis schwarzen Längs-
linie.

2 (3). Pronotum mit einer sehr breiten schwärzlichbraunen Mittellinie. ⋯⋯⋯⋯⋯⋯
⋯⋯⋯⋯⋯⋯⋯⋯⋯⋯⋯⋯⋯⋯⋯⋯⋯⋯⋯⋯⋯⋯⋯⋯⋯⋯⋯⋯⋯⋯⋯⋯⋯**towadensis** n. sp.

3 (2). Pronotum mit zwei breiten schwarzen Längslinien.⋯⋯⋯⋯**nipponica** n. sp.

4 (1). Pronotum dunkelrostbraun oder schwarzbraun, mit einem gelben Mittelfelde.

5 (6). Kopf mit einem schwärzlichbraunen, verwaschen hufeisenförmigen Fleck.⋯
⋯⋯⋯⋯⋯⋯⋯⋯⋯⋯⋯⋯⋯⋯⋯⋯⋯⋯⋯⋯⋯⋯⋯⋯⋯⋯⋯⋯⋯⋯⋯⋯⋯⋯⋯⋯⋯⋯**suzukii** n. sp.

förmigen schwarzen Fleck, welcher den Vorderrand des Labrum nicht und den Hinterkopfsrand erreichend; unten in der Mitte mit einem fast viereckigen schwarzbraunen Fleck. Hinterkopfsrand etwas breit schwarz gesäumt. Fühler am Basaldrittel bis zur Basalhälfte gelb, an der Spitze dunkelbraun. Taster gelb. Pronotum mit zwei breiten schwarzen Längslinien gelb. Meso- und Metanotum schwarzbraun bis schwarz, Praescutum mit Ausnahme des vorderen Randes gelb. Beine gelb, Schenkel am Knie dunkelbraun gerändert, Schienen am Basalviertel oben braun gefärbt, Tarsen braun. Abdomen oben schwarzbraun bis schwarz. Unterseite des Körpers gelb. Circi gelb, fein hellbraun geringelt, an der Spitze ganz dunkelbraun. Flügel hyalin; Kostal- und Subkostalfeld sehr hellgelb; Nervatur gelb bis hellgelbbraun. Kopf stumpf dreieckig; das Verhältnis des Abstandes der hinteren Punktaugen zur Entfernung vom Innenrande der Augen gleich 23–24 : 15–16. Pronotum quer viereckig, etwa 1.3 mal so breit wie lang. Im Subkostalfelde ausserhalb der Subkosta nur eine Querader; Sector radii nur einmal gegabelt, und zwar weit nach aussen der Anastomose; Cubitus anticus mit drei (im Vorderflügel) bis zu einer (im Hinterflügel) akzessorischen Ader; Vorderast der 2. Analader einmal gegabelt.

Der Anhang des ♂ am VIII. Ventralringe wie bei Fig. 15. ersichtlich sehr kurz und flach. Weibliche Subgenitalplatte fast kreisförmig, am Grunde etwa ⅓ der IX. Ringbreite einnehmend.

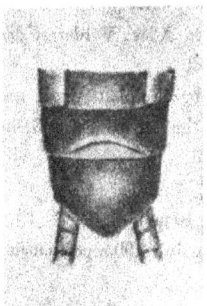

Fig. 15. *Isoperla nipponica* n. sp.　　　　　Fig. 16.
♂. Hinterleibsende von unten.　　　　　♀. Hinterleibsend von unten.

	♂	♀
Körperlänge	6 – 7 mm.	7 – 9 mm.
Vorderflügellänge	9 mm.	10–11mm.

Hab.--Towada-See im Prov. Mutsu (3♂♂ u. 2♀♀, am Juli 1905, Prof. S. Matsumura) und Yamanouchi bei Tokyo (1♀, am Juni 1905, H. Takeda).

Typen in der landw. Fakultät, Tohoku-Universität zu Sapporo.
Diese Species ist *Isoperla towadensis* n. sp. sehr nahe verwandt.

T. N.—Futasuji-midorikawagera.

Isoperla suzukii n. sp. (Fig. 17)

♂. Kopf rostfarbig, Punktaugen durch einen schwärzlichbraunen verwaschen hufeisenförmigen Fleck verbunden, Zwischenraum der M-Linie, Stirnschwielen und Augen schwärzlichbraun. Hinterkopf dunkelbraun gerändert. Fühler am Basalviertel mit Ausnahme des dunkelbraunen Basalgliedes gelb, gegen die Spitze zu dunkelbraun. Maxillartaster dunkelbraun, Labialtaster tief dunkelbraun. Pronotum dunkelrostbraun; Mittelfeld gelb. Meso- und Metanotum schwarzbraun, Praescutum heller. Beine gelb, Schenkel oben dunkelbraun, gegen die Basis zu heller, Schienen am Basalviertel oben dunkelbraun, Tarsen dunkelbraun. Abdomen schwarzbraun, an der Spitze gelbbraun. Circi schmutziggelb, hellbraun geringelt. Flügel hyalin, Pterostigmagegend gelb. Nervatur gelbbraun bis dunkelgelbbraun, Kosta und Radius am Grunde, Subkosta ganz gelb.

Das Verhältnis des Abstandes der hinteren Punktaugen bis zur Entfernung vom Innenrande der Augen ist 26 : 12. Im Subkostalfelde ausserhalb der Subkosta eine Querader; Cubitus anticus im Vorderflügel mit zwei (selten drei), im Hinterflügel mit einer akzessorischen Ader. Beim ♂ ist der Anhang des VIII. Bauchringes fast zangenförmig, hinten abgerundet.

Körperlänge   5 – 6 mm.
Vorderflügellänge   9 mm.

Fig. 17. *Isoperla suzukii* n. sp.
♂. Hinterleibsende von unten.

Hab.—Kyoto, 2♂♂, M. Suzuki, und Kumamoto, 1♂, Kawamura.

Typen in der landw. Fakultät, Tohoku-Universität zu Sapporo.

Diese Art ähnelt *Isoperla renosa* (St.), unterscheidet sich jedoch von ihr durch den Anhang des VIII. Bauchringes und den Körperfleck.

T. N.—Midorikawagera-modoki.

Isoperla sibakawae n. sp. (Fig. 18)

Kopf gelb. Auf der Stirn ein schwarzer, grosser ∩-förmiger Fleck; vor der

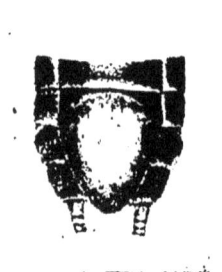

M-Linie ein schwärzlichbrauner ⚲-förmiger Fleck. Beide Taster gelb bis hellgelb-
braun, jedes Glied an der Spitze dunkler. Fühler am Basalhälfte bis Basaldrittel
gelb, gegen die Spitze zu schwarz. Pronotum mit einem sehr breiten, gelben Mittel-
felde, schwarzbraun; an den Seiten gelb, schmal gesäumt. Mesonotum gelb; Prae-
scutum an oberer Hälfte, Scutum und Scutellum schwarzbraun. Metanotum ganz
schwarzbraun. Beine gelb, Schenkel an der äussersten Spitze braun, sehr schmal
gerändert, Tarsen dunkelbraun. Abdomen gelb bis gelbbraun. Circi gelb, gegen
die Spitze zu dunkelbraun. Flügel hellgrüngelb angeraucht. Nervatur gelb, Kosta,
Subkosta mit Ausnahme der Basis, und am Apicaldrittel schwärzlichbraun.

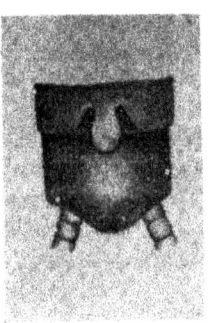

Das Verhältnis des Abstandes der hinteren Punktaugen zur Entfernung vom
Innenrande der Augen ist 28 : 12. Pronotum quer
viereckig, etwa 1.7˙mal so breit wie lang. Im
Subkostalfelde ausserhalb der Subkosta nur 1 (selten
zwei) Querader; Sector radii nur einmal und zwar
weit nach aussen der Anastomose gegabelt; Cubitus
antiuus in beiden Flügeln 2–3 akzessorischen Adern;
Vorderast der 2. Analader nur einmal gegabelt.

Beim ♂ ist der Anhang des VIII. Bauchringes
länger als breit, hinten abgerundet. Weibliche
Subgenitalplatte bogenförmig.

Fig. 18. *Isoperla sibakawae* n. sp.
♂. Hinterleibsende von unten.

	♂ ♀
Körperlänge	7 – 8 mm.
Vorderflügellänge	10–12 mm.

Hab.—Oiwake im Prov. Sinano (1♂, am 26/VII. 1911, M. Sibakawa) und
Nikko (2♀ ♀, am 5/VIII. 1912, Prof. S. Matsumura).

Typen in der landw. Fakultät, Tohoku-Universität zu Sapporo und in meiner
Sammlung.

Diese Art ähnelt *Isoperla nipponica* n. sp., aber der Anhang des VIII. Bauch-
ringes ist ganz anders.

T. N.—Ō-midorikawagera.

B. Subfam. **Neoperlinae.**

1. Gatt. **Neoperla** Needh.

Neoperla Needham, 1905 : Proc. Ent. Wash., Vol. XVIII. p. 108.
Pseudoperla Banks, 1892 : Trans. Amer. Ent. Soc., XIX. p. 342 (Nom. praeoc.)

Octhopetina Enderlein, 1909 : Stett. entomol. Ztg., p. 324.
In Japan kommen fünf Arten vor, davon drei neu sind.

Uebersicht der Arten.

1 (2). Beine ganz schwärzlichbraun. .... **hatakeyamae** n. sp.
2 (1). Beine gelb, teilweise dunkel bis schwarzbraun.
3 (8). Weibliche Subgenitalplatte vorhanden.
4 (5). Weibliche Subgenitalplatte in der Mitte des Hinterrandes mit einem zahnförmigen Fortsatz. .... **geniculatella** n. sp.
5 (4). Dieselbe ohne Fortsatz.
6 (7). Knierand der Schenkel und Schienen schwärzlichbraun. ··· **geniculata** Pict.
7 (6). Schenkel und Schienen ausserhalb schwärzlichbraun ··· ··· **niponensis** M' L.
8 (3). Ohne weibliche Subgenitalplatte. .... ·· **formosana** n. sp.

Neoperla hatakeyamae n. sp.

1 ♀. Kopf glänzend schwarzbraun. Augen tief schwarz. Punktaugen rötlichbraun, sehr schmal gelb gesäumt. Fühler und beide Taster schwarzbraun. Prothorax gelb, oben mit einem fast ein Drittel der ganzen Breite einnehmenden, schwarzbraunen Mittelstreifen, Vorder- und Hinterrand sowie Seitenrand schmal schwarzbraun gerändert. Meso- und Metathorax oben schwarzbraun, unten gelb. Abdomen und Circi gelb. Beine schwarzbraun, nur Coxen und Trochanter gelb. Flügel stark braun angeraucht mit Ausnahme des schwefelgelben Kostal- und Subkostalfeldes. Adern dunkelbraun, Kosta, Subkosta, Radius und Kostalqueradern gelb. Membran stark rot bis grün irisirend.

Kopf ca. 1.3 mal so breit wie lang. Fühler dünn und lang. Augen gross. Punktaugen ziemlich klein, kreisrund, nahe aneinander gestellt ; gegenseitiger Abstand von einander 2, vom Augenrand 4 Ocellendurchmesser. Stirnschwielen flach, fast kreisrund ; den Augen viel näher als den Punktaugen. M-Linie wenig ausgeprägt. Pronotum trapezoid, vorn so breit wie Hinterhaupt, nach hinten ziemlich stark verschmälert ; Vorder- und Hinterrand schwach bogenförmig, an den Seiten gerade. Mittelfeld in der Mitte am schmälsten, daselbst ungefähr den sechsten Teil der ganzen Breite einnehmend, nach vorn und hinten etwas erweitert. Wurmförmige Schwielen schwach vortretend. Flügel ziemlich breit mit parabolischer Spitze. Im Subkostalfelde ausserhalb der Subkosta im Vorderflügel 2, im Hinterflügel 1–3 Queradern ; Sector radii ausserhalb der Anastomose entsendet 2 Äste. Cu$_1$ entsendet im Vorderflügel zwei Äste ; 1M$_1$ im Hinterflügel etwas kürzer als ihr Stiel.

Subgenitalplatte klein, dreieckig, aber Spitze abgerundet.

Körperlänge	12 mm.
Vorderflügellänge	14 mm·
Grösste Vorderflügelbreite	4½ mm.

Hab.—Prov. Echigo (1 ♀, H. Hatakeyama).

Bennant wurde diese Species nach ihrem Sammler.

Typus in meiner Sammlung.

Diese Species ist der *Neoperla nipponensis* (M'L.) verwandt, unterscheidet sich jedoch durch den Körperfleck.

T. N.—Kuro-futatsumekawagera.

Neoperla geniculatella n. sp. (Fig. 19 u. 20)

Schwefelgelb bis gelb. Kopffleck wie bei *Neoperla geniculata* (Pict.), auf der Stirn mit einem schwarzen, fast viereckigen Makel und auf dem Clypeus mit einem schwarzen, abgerundete dreieckigen bis fast rundlichen Fleck vor der schwach entwickelten M-Linie; der erstere zieht sich bis auf Hinterhaupt, der letztere erreicht nicht den Vorderrand des Clypeus. Fühler mit Ausnahme des hinteren fast ⅓, dunkelbraun. Taster dunkelbraun. Punktaugen dunkelbraun. Pronotum mit einem breiten dunkelbraunen Mittelstreifen. Vorder- und Hinterrand, Mittelfurche, sowie Seitenrand schmal schwarz gesäumt. Meso- und Metanotum mit einem sehr breiten dunkelbraunen Mittelstreifen. Circi gelb, an der Spitze dunkelbraun. Beine gelb, nur Schienen an der Basis und Tarsen dunkelbraun gefärbt. Flügel hellbraun angeraucht mit Ausnahme des Kostal- und Subkostalfeldes, welche gelb sind. Adern dunkelbraun, Kosta, Subkosta, Wurzel des Radius und Kostalqueradern gelb. Membran grün bis rot stark irisirend.

Augen gross, besonders beim ♂. Punktaugen relativ gross; gegenseitiger Abstand von einander ca. 1.7, von Augenrand ca. 2.3 (♂)–3 (♀) Ocellendurchmesser. Stirnschwielen fast queroval, näher den Augen als den Punktaugen. M-Linie ziemlich stark ausgeprägt. Pronotum trapezoid, vorn etwa 1.8 mal so breit wie lang; nach hinten schwach verschmälert; Vorder- und Hinterrand fast gerade, Seiten gerade. Mittelfeld in der Mitte etwa 1/16 der ganzen Breite einnehmend, nach vorn und hinten schwach erweitert. Wurmförmige Schwielen ziemlich schwach vortretend. Im Subkostalfelde ausserhalb der Subkosta in beiden Flügeln zwei bis drei Queradern; Sector radii ausserhalb der Anastomose entsendet zwei Äste, Cu_1 entsendet im Vorderflügel ein bis zwei Aeste; 1M; im Hinterflügel kurz, kürzer als ihr Stiel.

Weibliche Subgenitalplatte sehr klein, bogenförmig, Hinterrand derselben mit einem kleinen Fortsatz in der Mitte.

 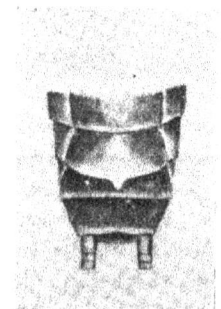

Fig. 19. *Neoperla geniculatella* n. sp.   Fig. 20.
♂. Hinterleibsende von oben.   ♀. Hinterleibsende von unten.

	♂	♀
Körperlänge	7 – 8 mm.	8 – 9 mm.
Vorderflügellänge	11 – 12 mm.	11 – 12 mm.
Grösste Vorderflügelbreite	3½ mm.	

Hab.—Kyoto (1♂, M. Suzuki), Yamaguchi (2♀, M. Sibakawa), und Hakone, Sapporo, Gifu, Tamagawa bei Tokyo, Daisenji, Yamaguchi, Haramachi, Moji und Kumamoto (6♂ und 6 ♀, Prof. S. Matsumura).

Typen in der landw. Fakultät, Tohoku-Universität zu Sapporo und in meiner Sammlung.

Diese Species steht der *Neoperla geniculata* (Pict.) sehr nahe an, unterscheidet sich jedoch durch den Bau der weiblichen Subgenitalplatte.

T. N.—Hime-futatsumekawagera.

Neoperla geniculata (Pict.)

Perla geniculata Pictet, 1841 : Perlides, p. 232, Pl. XXI. Fig. 1 et 2.

Hab.—Iyo (1♂, Urakami), Yamaguchi (2♂, 1♀, M. Sibakawa),
Iyo (1♂ u. 1 ♀, S. Arakawa), Kumamoto (1 ♀, H. Kawamura). Kyoto (1 ♀, M. Suzuki) und Takasago (1♂, 1♀, Prof. S. Matsumura).

T. N.—Futatsumekawagera.

Neoperla nipponensis (M'L.)

Perla nipponensis Mac Lachlan, 1875 : Trans. ent. Soc. Lond., p. 172.

Hab.—Suma bei Kobe (3♂, M. Sibakawa), Hakone, Takasago bei Kobe, Hagi bei Kumamoto und Kagosima (4♂, 3♀, Prof. S. Matsumura).

T. N.—Yamato-futatsumekawagera.

Neoperla formosana n. sp. (Fig. 21)

Körper gelb bis strohgelb. Kopf oben hellrötlichgelb, vor der M-Linie etwas dunkler, vor jeder Schwiele ein dunkelbrauner fast querovaler Fleck. Punktaugen innen schwarz breit gesäumt, diese Kreise können auch zusammenfliessen und einen schwarzen Fleck zwischen den Punktaugen bilden. Fühler mit Ausnahme des hinteren fast ⅓ bis ¼, dunkelbaun. Pronotum hellbraun. Beine wie Körper gefärbt, Schienen oberhalb unter den Knien dunkelbraun, nach der Spitze zu allmählich heller, Tarsen dunkelbraun. Circi gelb, an der Spitze dunkelbraun. Flügel sehr schwach getrübt, Nervatur gelbbraun bis braun, Kosta, Subcosta heller. Membran grün bis rot etwas stark irisirend.

Kopf fast dreieckig. Augen gross, beim ♂ grösser und sehr gewölbt. Punktaugen klein; ihr gegenseitiger Abstand von einander ca. ¼ Ocellendurchmesser und viel näher als die Entfernung vom Innenrande des Auges. Stirnschwielen mässig klein, doch stark vortretend, den Augen näher als den Punktaugen. M-Linie recht schwach ausgeprägt. Pronotum quer, vorn etwas schmäler als der Kopf samt den Augen, etwa 1.5 mal so breit wie lang; nach hinten zu verschmälert. Vorderrand stark bogenförmig, Seiten gerade. Mittelfeld in der Mitte etwa den ¼ Teil der ganzen Breite einnehmend, nach vorn und hinten sehr schwach erweitert, Wurmförmige Schwielen schwach vortretend. Im Subcostalfelde ausserhalb der Subcosta im Vorderflügel drei-vier, im Hinterflügel zwei-drei Queradern; Sector radii im Vorderflügel, Vorderzinke der Media im Hinterflügel zweimal gegabelt ausserhalb der Anastomose; Cubitus anticus (Cu₁) im Vorderflügel mit nur einem

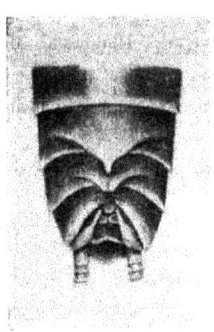

Fig. 21. *Neoperla formosana* n. sp. ♂. Hinterleibsende von oben.

accessorischen Aste. 1M₂ im Hinterflügel gleichlang oder etwas länger als ihr Stiel. Beim ♂ ist die mittere Partie des VII. Dorsalbogens in einen recht spitzen dreieckigen Zipfel vorgezogen. VIII. Dorsalbogen nach unten vertieft und in der Mitte mit einem stumpfdreieckigen Fortsatz. IX. und X. Dorsalbogen in zwei Abschnitte gespalten, die polsterartig geschwollen sind; nach vorn laufen sie in einem starken Dorn aus.

Weiblicher Abdomen zeigt keine Subgenitalplatte; es sind also alle Ringe normal entwickelt.

	♂ ♀
Körperlänge	6 – 9 mm.
Vorderflügellänge	8.5 – 13 mm·
Grösste Vorderflügelbreite	2.5 – 3.5 mm.

Hab.—Formosa (Koshun 2 ♂ u. 1 ♀, Heirinbi 4 ♀, Taikokan 1 ♂, Taihoku 1 ♂, Sinsha 1 ♂, Tappan 3 ♂ u. 5 ♀, und Horisha 1 ♀). Gesammelt von Prof. S. Matsumura.

Typen in der landw. Fakultät, Tohoku-Universität zu Sapporo.

Diese Art steht dem *Neoperla rubens* Klp. nahe, leicht durch Genitalien des Männchens zu unterscheiden.

T. N.—Taiwan-futatsumekawagera.

II. Gatt. **Nogiperla** n. g.

Typus : *Nogiperla formosana* n. g. et n. sp.

Augen behaart. Punktaugen zwei, deren gegenseitiger Abstand grösser als die Entfernung vom Innenrande der Augen. Labialtaster wie bei der Gattung *Cryptoperla*, Needh sehr vermindert. Stirnschwielen rundlich, doch sehr flach, dem Innenrande der Augen näher gestellt als den Punktaugen. Pronotum trapezoid. Sector radii nur einmal gegabelt; Cu₁ hat in den Vorderflügeln 2–3, in den Hinterflügeln 1–2 Äste, Medialfeld im Hinterflügel sehr lang, doppeltmal so lang wie ihr Stiel; zwischen der zweiten Analader keine Querader. Circi kurz, 1. Glied sehr lang, fast so lang wie die übrigen Glieder zusammen, an der Innenspitze mit einem

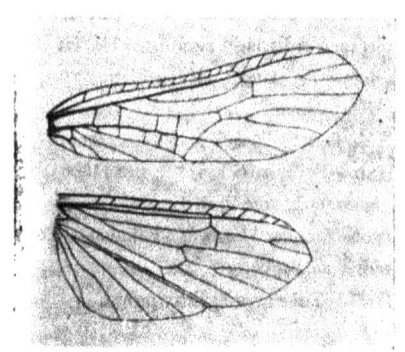

Fig. 22. *Nogiperla formosana* n. sp.
Nervatur des Flügels.

etwas langen, dicken Dorn. Abdominalspitze wie bei Fig. 23.

Diese Gattung ist nahe verwandt mit der Gattung *Chryptoperla*, Needh. aber

durch den auffallend verschiedenen Bau des Circi und der Genitalien unterscheidet
sie sich.

Ich kenne nur zwei Arten.

Uebersicht der Arten.

Beine ganz schwärzlichbraun.··················· ····· ···················**formosana** n. sp.
Beine gelb, nur Schienen schwärzlichbraun.·········· ··················**japonica** n. sp

Nogiperla formosana n. sp. (Fig. 23)

1♀. Körper oben dunkelbraun, unten gelb.　Fühler schwärzlichbraun,
Maxillartaster schmutziggelb.　Punktaugen orangerot.　M-Linie und Hinterkopfi-
fleck zwischen dem Punktauge und Auge rötlichgelb.　Pronotum am Vorder-und
Hinterrande schmal gelb gesäumt.　Beine schwarzbraun.　Circi dunkel gelbbraun.
Flügel schwach braun angeraucht, Adern dunkelbraun, Costa, Subcosta und Kostal-
queraderchen gelbbraun.　Membran rot bis grün, ziemlich stark irisirend.

Kopf ca. 2 mal so breit (samt den Augen) wie lang.　Augen gross, kugelig.
Punktaugen klein, ihr gegenseitiger Abstand von einander 3, von Augenrande 1.5
Ocellendurchmesser.　M-Linie fast undeutlich.　Pronotum fast trapezoid, vorn ein
wenig schmäler als das Hinterhaupt samt den Augen; nach hinten allmählig
verbreitert.　Mittelfeld in der Mitte sehr schmal, etwa den 1/12 Teil der ganzen
Breite des Pronotums einnehmend, nach vorn und hinten sehr verbreitert.　Im
Subcostalfelde ausserhalb der Subcosta beider Flügeln mit 3–4 Queradern; Cu_1
entsendet im Vorderflügel zwei Äste; $1M_1$ im Hinter-
flügel doppeltmal länger als ihr Stiel.

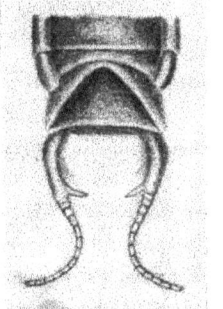

Körpelänge　　　　　5 mm.

Vorderflügellänge　　9 mm.

Hab.—Formosa (Giran, 1♀, 2/X, 1906),
gesammelt von Prof. S. Matsumura.

Typus in der landw.　Fakultät, Tohoku-
Universität zu Sapporo.

T. N.—**Taiwan-nogikawagera.**

Nogiperla japonica n. sp.

Fig. 23. *Nogiperla formosana* n. sp.
♀. Hinterleibsende von unten.

2♀♀.　Kopf mit einem grossen schwarz-
braunen, fast viereckigen Makel auf der Stirn und
Clypeus, orangegelb.　Punktaugen innen schmal, aussen sehr breit, schwarz geringelt.

Maxillar- und Labialtaster schmutziggelb, die erstere am äussersten Glied und die letztere an der äussersten Spitze dunkelbraun. Fühler mit Ausnahme der orange-gelben Basalglieder, dunkelbraun, nach der Spitze zu schwarz. Pronotum dunkel-braun. Meso- und Metanotum hellgelbbraun, jedes Praescutum, Scutum und Scutellum dunkler. Beine gelb, Schienen schwärzlichbraun. Abdomen oben dunkel-braun; Circi orangegelb, nach der Spitze zu braun. Unterseite des Körpers ganz gelb. Membran rot bis grün, sehr stark irisirend.

Kopf ca. 2 mal so breit (samt den Augen) wie lang. Augen gross, kugelig. Punktaugen klein, ihr gegenseitiger Abstand von einander 3.5, vom Augenrande 1.5 Ocellendurchmesser. M-Linie fast undeutlich. Pronotum fast trapezoid, Vorder-und Hinterrand fast gerade, aber an den Seiten nach aussen bogenartig. Mittelfeld in der Mitte am schmälsten, etwa den 1/11 Teil der ganzen Breite des Pronotums einnehmend; nach vorn und hinten sehr stark verbreitet. Im Kostalfelde ausserhalb der Subcosta im Vorderflügel 3-4, im Hinterflügel 5-7 Queradern; Sector radii ausserhalb der Anastomose nur einmal gegabelt; Cu_1 entsendet im Vorderflügel zwei Äste; $1M_1$ im Hinterflügel doppeltmal länger als ihr Stiel.

Körperlänge   6 – 7 mm.
Vorderflügellänge   11 mm.

Hab.—Hakone (1♀, am 27/VII. 1905) und Ono (1♀, am 10/VI. 1911), gesammelt von Prof. S. Matsumura.

Typen in der landw. Fakultät, Tohoku-Universität zu Sapporo.

Diese Art steht der *Nogiperla formosana* n. sp. nahe, doch der Körperfleck ist anders.

T. N.—Nogikawagera.

III. Gatt. **Kiotina**[7] Klp.

Acroneuria (Kiotina) Klapálek, 1909 : Bull. intern. l'Acad. Sci. Boh., XII. p.2.
Hemacroneuria Enderlein, 1909 : Zool. Anz., Bd. 34. Nr. 13/14, p. 395.

Punktaugen zwei, fast gleich, manchmal nur wenig enger oder weiter von einander gestellt als wie vom Innenrande der Augen. Sector radii des Vorderflügels entsendet bei einigen Gruppen nur zwei Äste, bei anderen mehr als drei Äste, und

(7) Diese Gattung wurden von Klapálek als Subgenus den *Acroneuria* eingereiht, aber ich habe besondere Gattungscharactere festgestellt. Die Gruppe *Kiotina* ist mit zwei Ocellen, gegenüber der Gattung *Acroneuria* mit 3 Ocellen zu unterscheiden, daher ich sie unter *Neoperlinae* aufgeführt habe.

zwischen r_1 und dem vorderen Aste des Radialramus sind entweder meist zwei (im Vorderflügel), eine (im Hinterflügel) oder keine Querader entwickelt. Medialfeld der Hinterflügel sehr lang, Vorderast der zweiten Analader geschweift, mit ein-zwei Ästen, von welchem der hintere durch eine Querader mit 2A, verbunden ist. Circi kurz. Beim Männchen sind die Hinterleibringe bis zum neunten normal ausgebildet, aber der neunte Ring auf der Bauchseite die Subgenitalplatte vorgezogt. Beim Weibchen Subgenitalplatte gross, wenigstens den neunten Ring überragend, elliptische oder quer elliptische, gewöhnlich in der Mitte des Hinterrandes tief oder seicht ausgekerbt.

Diese Gattung erhält zwei Subgenus, von denen eine neu ist.

Uebersicht der Untergattungen.

Sector radii der Vorderflügel entsenden mehr als drei Äste. Punktaugen fast gleich oder nur wenig enger von einander als vom Innenrande der Augen entfernt. .... **Kiotina** Klp.
Sector radii der Vorderflügel entsenden nur zwei Äste. Punktaugen weiter von einander als vom Innenrande der Augen entfernt.··· ···········**Gibosia** n. subg.

1.　Untergatt. **Kiotina** s. str.

Diese Untergattung ist über Ost- und Südasien verbreitet, und in Japan kommen drei Arten vor, davon eine neu ist.

Uebersicht der Arten.

1 (4). Flügel durchweg gleichmässig gefarbt.
2 (3). Pronotum viereckig. ···· ··· ·······....................................... **lugbris** M'L.
3 (2). Pronotum sechseckig. ··············· ············ ···················· **suzukii** n. sp.
4 (1). Flügelvorderrand gelb gesäumt. ··························· ····· **pictetii** Klp.

Kiotina (Kiotina) lugbris (M'L.)

Perla lugbris Mac. Lachlan, 1875 : Trans. ent. Soc. Lond., p. 173.
Hab.—Kobe. Diese Species mir unbekannt.
T. N.—Ō-kuro-futatsumekawagera-modoki.

Kiotina (Kiotina) suzukii n. sp. (Fig. 24)

1♀. Körper mit allen Anhängen schwarz glänzend, Meso-, Metanotum und

Hinterleib besonders am Grunde schwärzlichkastanienbraun. Flügel gleichmässig stark braun gefärbt mit etwas dunkler Nervatur.

Stirnschwielen und M-Linie fast undeutlich. Schläfen lang und parallel. Punktaugen sehr klein, ihr Abstand kleiner als die Entfernung derselben vom Innenrande der Augen. Pronotum sechseckig, auf demselben Seitenränder fast am ersten Drittel nach aussen stumpfwinkelig vorragend; Mittelfeld etwas breit, etwa am breitesten Teil 1/7 einnehmend; Wurmschwielen fast undeutlich. Circi kurz, kürzer als Hinterleibslänge. Im Kostalfelde ausserhalb der Subcosta 5–6 Queradern; Sector radii ausserhalb der Anastomose mit 4 Ästen; Vorderast der zweiten Analader mit zwei Ästen, die mit dem Mittelaste durch eine Querader verbunden ist.

Weibliche Subgenitalplatte gross, fast dem Hinterrand des X. Segmentes erreichend, elliptisch und in der Mitte des Hinterrandes fast halbkreisförmig seicht ausgekerbt.

Körperlänge	19 mm.
Vorderflügellänge	21 mm.
Grösste Vorderflügelbreite	6½ mm.

Hab.—Kyoto, 1♀ von M. Suzuki gesammelt, dem ich diese Art widme. '

Typus in meiner Sammlung.

Fig. 24. *Kiotina suzukii* n. sp.
♀. Hinterleibsende von unten.

Diese Art steht sehr nahe *Kiotina (Kiotina) pictetii* Klp. und *K. (Kiotina) lugbris* (M'L), jedoch unterscheidet sie sich von ersterer durch den Flügelmakel, von letzterer durch den verschiedenen Bau des Pronotums.

T. N.—Kuro-futatsumekawagera-modoki.

Kiotina (Kiotina) pictetii Klp.

Acroneuria (Kiotina) pictetii Klapálek, 1907: Bull. intern. l'Acad. Sci. Boh., XII. p. 6, Fig. 4.

Perla infuscata Pictet, 1841: Fam, Perlides, p. 221, Pl. XIX. Fig. 6–11 (Nec. Newman).

Hab.—Gifu, Tokyo. Diese Species mir unbekannt.

T. N.—Maeki-futatsumekawagera.

2. Untergatt. **Gibosia** n. subg.

Typus : *Acroneuria (Kiotina) angusta* Klp.

Punktaugen zwei, weiter von einander als vom Innenrande der Augen entfernt. Circi sehr kurz, etwas länger als Abdominalbreite, nach hinten immer stark gebogen. Sector radii der Vorderflügel entsenden nur zwei (selten drei) Äste. Media in den Hinterflügeln stark gebogen, Medialfeld doppeltmal bis dreimal länger als ihr Stiel. Vorderast der zweiten Analader nur mit einem Aste. Subgenitalplatte des Männchens vor dem Hinterrande mit einem Anhang.

In Japan kommen sechs Arten vor, von denen fünf neu sind.

Uebersicht der Arten.

1 (6). Pronotum schwarzbraun oder kastanienbraun.
2 (5). Flügel hyalin oder schwach getrübt.
3 (4). Kopf gelb. .... **thoracica** n. sp.
4 (3). Kopf kastanienbraun. .... **hagiensis** n. sp.
5 (2). Flügel stark braun angeraucht. .... **angusta** Klp.
6 (1). Pronotum gelb.
7 (8). Pronotum mit zwei dunkelbraunen Längsstreifen. .... **jezoënsis** n. sp.
8 (7). Pronotum ohne dieselben.
9 (10). Subgenitalplatte des Weibchens fast parabolisch. ...... **hatakeyamae** n. sp.
10 (9). Dieselbe nicht parabolisch. .... **tobei** n. sp.

Kiotina (Gibosia) thoracica n. sp. (Fig. 25)

2♂♂. Schwefelgelb. Zwischen den Punktaugen bis zur Stirn ein grosser fast viereckiger, und vor der M-Linie ein kleiner fast dreieckiger kastanienbrauner Makel. Punktaugen glänzend hellorangegelb, vorn, hinten und innen breit, doch aussen schmal schwarz umringt. Fühler gelbbraun, nach Spitze zu braun. Taster braun. Pronotum kastanienbraun, an den Seiten schmal gelb gesäumt. Meso- und Metanotum ganz kastanienbraun. Schenkel und Schienen aussen, sowie Tarsen hellgelbbraun. Flügel hyalin, Pterostigmagegend gelb. Adern in beiden Flügeln gelb, Subcosta und Kostalqueradern heller. Membran grün bis rot irisirend.

Punktaugen klein; ihr gegenseitiger Abstand von einander ca. 3 Ocellendurchmesser, vom Augenrand ca. 1.2 Ocellendurchmesser. M-Linie deutlich. Stirnschwielen nach vorn geschoben und dem Innenrande der Augen fast gleich wie Punktaugen gestellt. Pronotum parallelogramig, vorn etwa 1.5 mal so breit wie lang. Wurmförmige Schwielen sehr stark ausgeprägt. Mittelfeld in der Mitte etwa 1/10 der ganzen Breite einnehmend. Im Subcostalfelde ausserhalb des Subcosta in beiden Flügeln 1 bis 2 Queradern. Sector radii ausserhalb der Anastomose entsendet 2 bis 1 Äste: Cu_1 entsendet im Vorderflügel 2 Aeste; $1M_2$ im Hinterflügel lang, fast doppeltmal so lang wie der Stiel.

Beim Männchen Hinterleibsringe normal, Subanalklappen klauenartig stark nach oben gekrümmt; Subgenitalplatte vor dem Hinterrande einen fast herzförmigen Anhang aufweisend.

Körperlänge	7 – 8 mm.
Vorderflügellänge	9 – 12 mm.
Grösste Vorderflügelbreite	2⅔ – 3⅓ mm.

Hab.—Tamagawa bei Tokyo, 2♂, am 25/VII. 1905, von Prof. S. Matsumura gesammelt. Typen in der landw. Fakultät, Tohoku-Universität zu Sapporo.

Fig. 25. *Gibosia thoracica* n. sp. ♂. Hinterleibsende von unten.

Diese Species steht der *Kiotina (Gibosia) angusta* (Klp.) nahe, unterscheidet sich jedoch durch die Flügelfärbung.

T. N.—Ô-me-futatsumekawagera.

Kiotina (Gibosia) hagiensis n. sp.

1♂. Kopf kastanienbraun, Zwischenraum der Punktaugen und der M-Linie dunkler. Fühler und beide Taster gelb. Punktaugen rötlich. Pronotum dunkel kastanienbraun, an den Seiten gelb gesäumt. Meso-, Metathorax und Abdomen oben hellkastanienbraun. Circi gelb. Beine ganz gelb. Flügel schwach getrübt, nur Kostalfeld fast farblos. Adern braun, Kostal-, Subkostalader und Radius an der Basalhälfte, sowie Kostalqueräderchen gelb.

Punktaugen ziemlich gross; ihr gegenseitiger Abstand von einander ca. 3, vom Augenrand ca. 2 Ocellendurchmesser. Stirnschwielen fast rundlich doch flach, den Punktaugen einwenig näher als dem Innenrande der Augen. M-Linie sehr stark ausgeprägt. Pronotum fast parallelorgamig, vorn etwa 1.5 mal so breit wie lang. Mittelfeld etwas breit, nach vorn und hinten sehr schwach verschmälert, in der Mitte etwa den 1/8 Teil der ganzen Breite einnehmend. Wurmförmige Schwielen sehr stark ausgeprägt. Im Kostalfelde ausserhalb der Subkosta in beiden Flügeln nur 1 Querader; Sector radii ausserhalb der Anastomose entsendet 2 Äste; Cu entsendet im Vorderflügel 2 Äste; 1M, im Hinterflügel lang, doppeltmal länger als der Stiel.

Körperlänge 7 mm.

Vorderflügellänge 8 mm. .

Hab.—Hagi, 1♀, am 10/VII. 1905, gesammelt von Prof. S. Matsumura. Typus in der landw. Fakultät, Tohoku-Universität zu Sapporo. Diese Species steht der *Kiotina (Gibosia) angusta* (Klp.) nahe, doch viel kleiner.

T. N.—Kiasi-kuro-futatsumekawagera.

Kiotina (Gibosia) angusta (Klp.)

Aoroneuria (Kiotina) angusta Klapálek, 1907 : Bull. intern. l'Acad. Sci. Boh., XII. p. 7, Fig. 5,6 (a et b) und 7.

Hab.—Prov. Harima, 1♂, am 3/V. 1912, K, Nakahara.

T. N.—Hime-kuro-futatsumekawagera.

Kiotina (Gibosia) jezoënsis n. sp. (Fig. 26)

1♀. Schwefelgelb. Zwischen den Punktaugen bis zur Stirn ein grosser fast viereckiger, und vor der M-Linie ein kleiner fast dreieckiger, kastanienbrauner Makel. Fühler dunkelgelbbraun bis dunkelbraun. Taster dunkelbraun. Punktaugen vorn, hinten und innen breit schwarz gesäumt. Pronotum mit zwei kastanienbraunen und dicken Längsstreifen. Praescutum des Meso- und Metanotums kastanienbraun.

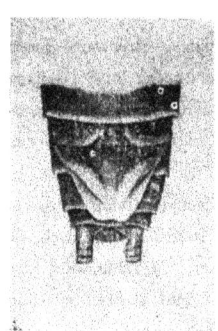

Fig. 26. *Gibosia jezoënsis* n. sp. ♀. Hinterleibsende von unten.

Schenkel ausserhalb dunkelbraun gefärbt. Flügel hyalin, nur Kostalfeld sehr hellgelb. Adern dunkelbraun, am Basaldrittel, Subkosta und Radius schwefelgelb. Membran rot bis grün stark irisirend.

Punktaugen klein; ihr gegenseitiger Abstand von einander ca. 4, vom Augenrand ca. 3 Ocellendurchmesser. Stirnschwielen deutlich, den Punktaugen näher als den Augen gestellt. M-Linie ziemlich stark ausgeprägt. Pronotum parallelorgamig, vorn etwa 1.3 mal so breit wie lang. Mittelfeld in der Mitte etwa den 1/14 der ganzen Breite einnehmend. Wurmförmige Schwielen sehr stark ausgeprägt. Im Subcostalfelde ausserhalb der Subkosta in beiden Flügeln 2 Queradern; Sector radii ausserhalb der Anastomose entsendet 2 Äste; Cu₁ entsendet im Vorderflügel 2 Äste; 1M. im Hinterflügel sehr lang, doppeltmal länger als ihr Stiel.

Weibliche Subgenitalplatte gross, breit, parabolisch, an der Spitze seicht ausgebuchtet, fast den Vorderrand des X. Ringes überragend.

Körperlänge   ·   10 mm.
Vorderflügellänge   14 mm.
Grösste Vorderflügelbreite   4 mm.

Hab.—Sapporo, 1♀, gesammelt von Prof. S. Matsumura.

Typus in der landw. Fakultät, Tohoku-Universität zu Sapporo.

Diese Species steht der *Kiotina (Gibosia) thoracica* n. sp. nahe, unterscheidet sich jedoch durch die Prothrakalfärbung.

T. N.—Futasuji-futatsumekawagera.

Kiotina (Gibosia) hatakeyamae n. sp. (Fig. 27)

2♀♀. Körper mit allen Anhängen helldottergelb, Fühler etwas dunkler. Punktaugen innen etwas breit kastanienbraun gesäumt. Flügel hyalin, Adern gelb.

Punktaugen klein, von einander weit getrennt; ihr gegenseitiger Abstand voneinander ca. 3.8, vom Augenrand ca. 3 Ocellendurchmesser. Stirnschwielen queroval, den Punktaugen näher als den Augen. M-Linie stark ausgeprägt. Pronotum trapezoid, nach hinten schwach verschmälert, vorn etwa 1.5 mal so breit wie lang. Mittelfeld in der Mitte etwa den 1/7 der ganzen Breite einnehmend. Wurmförmige Schwielen stark ausgeprägt. Im Subcostalfelde ausserhalb der Subcosta in beiden Flügeln 2 Queradern; Sector radii entsendet ausserhalb der Anastomose zwei Äste; Cu₁ entsendet im Vorderflügel 4 Äste; 1M₂ im Hinterflügel sehr lang, fast dreimal so lang wie ihr Stiel.

Weibliche Subgenitalplatte gross, fast zangenförmig, fast die Mitte des X. Ringes überragend.

Körperlänge   13 mm.
Vorderflügellänge   17 mm.
Grösste Vorderflügelbreite   5 mm.

Fig. 27. *Gibosia hatakeyamae* n. sp.
♀. Hinterleibsende von unten.

Hab.—Sibata im Prov. Echigo, 2♀, gesammelt von H. Hatakeyama, dem ich diese Art widme.

Typen in meiner Sammlung.

Diese Species steht der *Perla hyalina* Koll. nahe.

T. N.--Ki-futatsumekawagera.

Kiotina (Gibosia) tobei n. sp. (Fig. 28)

1♀. Schwefelgelb; Pro-, Meso- und Metanotum etwas dunkler. Kopf hell-kastanienbraun. Fähler und Taster hellgelbbraun. Punktaugen vorn und innen breit schwarz gesäumt. Flügel hyalin, Adern ganz gelb. Membran grün bis rot schwach irisirend.

Punktaugen ziemlich gross, von einander sehr weit getrennt; ihr gegenseitiger Abstand voneinander ca. 3.3, vom Augenrand ca. 2 Ocellendurchmesser. Stirn-schwielen gross und fast rundlich, doch flach; den Punktaugen etwas näher als den Augen. M-Linie stark ausgeprägt. Pronotum parallelorgamig, vorn etwa 1.4 mal so breit wie lang. Mittelfurche scharf. Mittelfeld in der Mitte etwa 1/12 der ganzen Breite einnehmend. Wurmförmige Schwielen sehr stark ausgeprägt. Circi kurz, etwas länger als Abdominal-breite. Im Subcostalfelde ausserhalb der Subcosta in beiden Flügeln 2 Queradern; Sector radii ausser-halb der Anastomose entsendet 2 Äste; Cu₁ entsendet im Vorderflügel zwei Äste; 1M₁ im Hinterflügel sehr lang, fast dreimal so lang wie ihr Stiel.

Weibliche Subgenitalplatte wie bei Fig. 28., vorne 2/5 der X. Ringbreite einnehmend und bis über die Mitte desselben X. Ringes ragend.

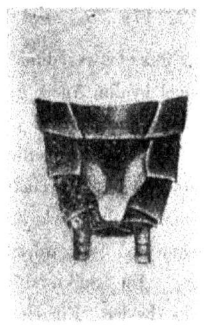

Fig. 28. *Gibosia tobei* n. sp.
♀. Hinterleibsende von unten.

Körperlänge	11 mm.
Vorderflügellänge	13 mm.
Grösste Vorderflügelbreite	3.5 mm.

Hab.—Sapporo (1♀, am 28/VII. 1910), gesammelt von T. Tobe, und benenne ich diese Species nach dem Sammler.

Diese Species steht ist der *Kiotina (Gibosia) hatakeyamae* n. sp. nahe verwandt, unterscheidet sich jedoch durch die Subgenitalplatte.

T. N.—Yezo-ki-futatsumekawagera.

C. Subfam. **Chloroperlinae.**

I. Gatt. **Chloroperla** Newman

Chloroperla Newman, 1836 : Entom. Mag., Vol. III. p. 150.
Isopteryx Pictet, 1841 : Fam. Perlides, p. 301.
In Japan kommen sieben Arten vor, welche alle neu sind.

Uebersicht der Arten.

1 (4). Pronotum ganz schwärzlichkastanienbraun bis schwarz.

2 (3). Kopf mit einem sehr grossen schwarzen, fast ei-förmigen Fleck, gelb. ·····
·········· ·········· ····························· ··· **thoracica** n. sp.

3 (2). Kopf ganz schwärzlichkastanienbraun bis schwarz.········ **nipponica** n. sp.

4 (1). Pronotum mit einem gelben oder schwarzen Mittelfelde.

5 (12). Pronotum mit einem schwarzen· Mittelfelde.

6 (9). Kopf mit einem grossen schwarzen fast ei- förmigen Fleck.

7 (8). Weibliche Subgenitalplatte dreieckig.····················· · **abdominalis** n. sp.

8 (7). Dieselbe zangenförmig.······· ····························· **nikkoënsis** n. sp.

9 (6). Kopf mit einem schwarzen drei- oder viereckigen Fleck.

10 (11). Stirnfleck dreieckig.··············· ············ ··············· **sapporensis** n. sp.

11 (10). Stirnfleck viereckig.··················· · ··············· ······ · **sibakawae** n. sp.

12 (5). Pronotum mit einem gelben Mittelfelde.··················· **bimaculata** n. sp.

Chloroperla thoracica n. sp. (Fig. 29)

2♀♀. Kopf zitrongelb, mit einem sehr grossen schwarzen fast ei-förmigen Fleck, welcher den hinterkopfsrand nicht erreichend. Fühler schwärzlichbraun bis schwarz, am Basalviertel gelb. Pronotum ganz schwärzlichkastanienbraun bis schwarz, doch Vorder- und Hinterrand schmal gelb gesäumt. Meso- und Metanotum und Abdomen gelbbraun. Beine gelb. Flügel hellgrüngelb, Adern weisslichgelb.

Das Verhältnis des Abstandes der hinteren Punktaugen zur Entfernung vom Innenrande der Augen ist 22 : 7. Stirnschwielen ziemlich gross, fast rundlich, den Augen näher als den hinteren Punktaugen. Pronotum quer'elliptisch, in der Mitte etwa 1.6 mal so breit wie lang; Mittelfeld breit, in der Mitte etwa den 1/7 der ganzen Breite einnehmend. Sector radii ausserhalb des Anastomose nur einmal gegabelt; Cubitus anticus im Vorderflügel mit einem akzessorischen Aste. $1M$ im Hinterflügel fast doppelt so lang wie ihr Stiel.

Weibliche Subgenitalplatte gross, fast zangenförmig, am Grunde 1/2 der VIII. Ringbreite einnehmend.

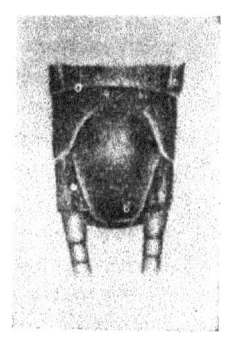

Körperlänge　　　　　5 mm.
Vorderflügellänge　　7 – 8 mm.
Hab.—Kogota (1 ♀, Prof. S. Matsumura) und Fluss Chikuma im Prov. Sinano, 1 ♀ am 26/VII. 1911, gesammelt von M. Sibakawa. Typen in der landw. Fakultät Tohoku-Universität zu Sapporo, und in meiner Sammlung. Diese Art *Chloroperla nipponica* n. sp. nahe verwandt.

T. N.—Kuromune-midorikawagera.

Fig. 29. *Chloroperla thoracica* n. sp.
♀. Hinterleibsende von unten.

Chloroperla nipponica n. sp.

Kopf ganz schwärzlichkastanienbraun bis schwarz. Fühler schwarzkastanienbraun, fast am Basaldrittel gelb. Taster gelb. Pronotum schwärzlichkastanienbraun bis schwarz, doch gelb schmal geründet Meso- und Metathorax oben dunkelbraun; an den Seiten, je mit einem dunkelbraunen schmalen schrägen Streifen. Beine und Circi gelb; Tarsen dunkelbraun. Abdomen oben gelb mit einer dunkelbraunen Mittellinie. Flügel hellgrüngelb, Nervatur ganz gelb.

Das Verhältnis des Abstandes der hinteren Punktaugen zur Entfernung vom Innenrande der Augen ist 16 : 7. Stirnschwielen fast rundlich, doch flach, den Augen etwa doppeltmal näher als den hinteren Punktaugen. Hinterhauptschwielen gross und fast rundlich, doch schwach vortretend. Pronotum trapezoid, Vorder- und Hinterrand schwach bogenförmig, an den Seiten parallel, in der Mitte etwa 1.3 mal so breit wie lang, Mittelfeld breit, in der Mitte etwa den 1/9 der ganzen Breite einnehmend. Sector radii ausserhalb der Anastomose nur einmal gegabelt; Cubitus anticus im Vorderflügel mit einem akzessorischen Aste; $1M_2$ im Hinterflügel etwas langer als ihr Stiel.

Subgenitalplatte beim Männchen fast parabolisch ; beim Weibchen kurz, bogenförmig.

Körperlänge　　　　　4 mm. (♂ u. ♀)
Vorderflügellänge　　6–7 mm. (　”　)

Hab.—Towada-See im prov. Mutsu (2♂♂, Juli 1905, Prof. S. Matsumura), Suma bei Kobe (1♂ u. 2♀♀, 23/V. 1912, M. Sibakawa) und Prov. Harima

(1♂, 3/V. 1912, K. Nakahara).

Typen in der landw. Fakultät, Tohoku-Universität zu Sapporo, und in meiner Sammlung.

Diese Art steht *Chloroperla thoracica* n. sp. nahe, ist aber durch die Subgenitalplatte ganz anders.

T. N.—Midorikawagera.

Chloroperla abdominalis n. sp.

1♀. Helldottergelb. Kopf mit einem grossen schwarzen ei-förmigen Fleck, welcher den Hinterkopfsrand dagegen den Vorderrand der Oberlippe nicht erreicht. Fühler gelb. Pronotum mit einem sehr breiten schwarzen, 1/2 der ganzen Breite einnehmenden Mittelband. Meso- und Metanotum auf dem Scutellum ein schwarzer hufeisenförmiger Fleck. Schenkel an der äussersten Spitze schwarz schmal geringelt. Abdomen oben mit einem breiten tief kastanienbraunen Mittelband; das 1. und 2. Segment an den Seiten, mit je einem schmalen schwarzen Streifen.

Das Verhältnis des Abstandes der hinteren Punktaugen zur Entfernung vom Innenrande der Augen ist 37 : 16. Stirnschwielen klein, den Augen näher als den hinteren Punktaugen. Pronotum quer elliptisch, in der Mitte etwa 1.5 mal so breit wie lang. Sector radii ausserhalb der Anastomose nur einmal gegabelt; Cubitus anticus im Vorderflügel mit zwei akzessorischen Aesten; 1M_1 im Hinterflügel etwa so lang wie ihr Stiel. Circi kurz, kürzer als Hinterleib.

Weibliche Subgenitalplatte dreieckig, am Grunde 2,5 der IX. Ringbreite einnehmend.

Körperlänge	7 mm.
Vorderflügellänge	10 mm.

Hab. - Kyoto (1 ♀. M. Suzuki).

Typus in meiner Sammlung.

Diese Art steht *Chloroperla sapporensis* n. sp. nahe, unterscheidet sich doch durch die ganz andere Subgenitalplatte.

T. N.— Sesuji-midorikawagera.

Chloroperla nikkoënsis n. sp. (Fig. 30 u. 31)

Gelb. Kopf mit einem grossen schwarzen fast ei-förmigen Fleck, welcher den Hinterhauptsrand erreicht, doch den Vorderrand der Oberlippe nicht. Fühler schwärzlichbraun bis schwarz, fast am Basalviertel gelb. Pronotum mit einer breiten, 1/3 der ganzen Breite einnehmenden schwarzen Mittellinie, welche sich am Vorder- und Hinterrande des Pronotums erweitert. Meso- und Metanotum mit je einer breiten dunkelbraunen Mittellängslinie, auf dem Scutellum ein schwarzer hufeisenförmiger Fleck, und an den Seiten jedes Notums mit einem schmalen schwarzen und schrägen Streifen. Beine gelb, an der äussersten Spitze des Schenkels schmal schwarz geringelt. Abdomen oben mit einer dunkelbraunen, 1/3 der ganzen Breite des Abdomens einnehmenden Mittellängslinie. . Flügel hellgrüngelb, Nervatur gelb.

Das Verhältnis des Abstandes der hinteren Punktaugen zur Entfernung vom

 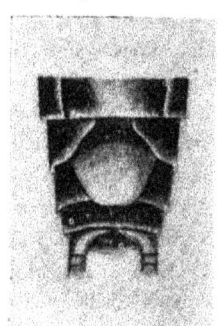

Fig. 30. *Chloroperla nikoënsis* n. sp.   Fig. 31.
♂. Hinterleibsende von oben.   ♀. Hinterleibsende von unten.

Innenrande der Augen beträgt 24–27 : 15–16. Stirnschwielen rundlich, doch flach, den hinteren Punktaugen näher als den Augen. Pronotum quer elliptisch, in der Mitte etwa 1.6 mal so breit wie lang; das Mittelfeld breit, nach vorn und hinten erweiternd, in der Mitte etwa den 1/7 Teil der ganzen Breite einnehmend. Sector radii ausserhalb der Anastomose einmal zuweilen zweimal gegabelt; Cubitus anticus im Vorderflügel mit zwei bis drei akzessorischen Aesten; $1M_2$ im Hinterflügel lang, länger als ihr Stiel.

Beim ♂ ist der VIII. Ring auf der Rückseite in der Mitte des Hinterrandes ziemlich stark nach rückwärts gebogen; IX. Ring auf dem Rücken in der Mitte tief gesenkt. Weibliche Subgenitalplatte zangenförmig, Hinterrand derselben in der Mitte sehr seicht ausgebuchtet; am Grunde etwa 1/2 der Breite des IX. Ringes einnehmend.

	♂	♀
Körperlänge	7 —	7–8 mm.
Vorderflügellänge	10 —	11 mm.

Hab.—Nikko (1♂ u. 4♀♀, Juni 1911, Prof. S. Matsumura) und Kyoto (1♀, M. Suzuki).

Typen in der landw. Fakultät, Tohoku-Universität zu Sapporo, und in meiner Sammlung.

Diese Art steht *Chloroperla sapporensis* n. sp. sehr nahe an, ist jedoch durch den Bau der Subgenitalplatte ganz anders.

· **T. N.**—**Nikko-midorikawagera.**

Chloroperla sapporensis n. sp. (Fig. 32 u. 33)

Gelb. Stirnfleck zwischen den Punktaugen fast dreieckig, schwarz, vor dem Flecke ein schwarzer fast lang viereckiger Fleck, welcher den Vorderrand des Clypeus nicht erreicht. Fühler dunkelbraun bis schwarz, am Basaldrittel aber gelb. Taster braun, jedes Glied an der Spitze dunkler. Pronotum mit einer schmalen schwarzen Mittellängslinie, die nach vorn und hinten allmählich sich erweiternd. Meso- und Metanotum mit je einer ziemlich dicken, braunen Mittellinie; auf jedem Scutellum ein hufeisenförmiger schwarzer Fleck. Meso- und Metathorax an den Seiten mit je einem schmalen, schwarzen, schrägen Streifen. Beine gelb, Schenkel an der Spitze sehr schmal schwarz geringelt. Abdomen oben mit einer schwarzen

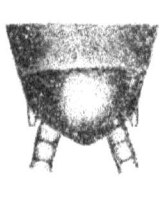

Fig. 32. *Chloroperla sapporensis* n. sp.
♂. Hinterleibsende von unten.

Fig. 33.
♀. Hinterleibsende von unten.

Mittellängslinie. Flügel sehr hellgrüngelb, Adern gelb.

Kopf fast stumpf dreieckig; das Verhältnis des Abstandes der hinteren Punktaugen zur Entfernung vom Innenrande der Augen ist 24 : 14. Pronotum fast quer elliptisch, in der Mitte fast 1.5 mal so breit wie lang; Mittelfeld etwas breit, und in der Mitte 1/7 der ganzen Breite einnehmend. Sector radii ausserhalb der Anastomose einmal gegabelt; Cubitus anticus im Vorderflügel mit zwei akzessorischen

Aesten; 1M, im Hinterflügel etwas länger als ihr Stiel.

Subgenitalplatte beim ♂ fast parabolisch; beim ♀ fast zangenförmig, am Grunde etwa 1/2 der IX. Ringbreite einnehmend. ｜

Körperlänge　　　　　　　　　6 mm (♂ u. ♀).

Vorderflügelläuge　　　　　　8 (♂) bis 9 (♀) mm.

Hab.—Sapporo von Mai bis Juni sehr häufig vorkommend und in Yatsugadake der Prov. Sinano (1♀. M. Sibakawa).

Typen in der landw. Fakultät, Tohoku-Universität zu Sapporo, und in meiner Sammlung.

Diese Art ähnlich *Chloroperla burmeisteri* (Pict.), unterscheidet sich jedoch von ihr durch die Subgenitalplatte und den Körperfleck.

T. N.—Yezo-midorikawagera.

Chloroperla sibakawae n. sp.

1♀. Gelb. Stirnfleck querviereckig, schwarz, vor welchem Stirnflecke ein schwarzer ᗱ-förmiger Fleck, den Vorderrand der Oberlippe nicht erreichend. Fühler hellgelbbraun, am Basalviertel etwas heller, an der Spitze jedes Gliedes (mit Ausnahme des 1. braunen Basalgliedes) braun. Maxillartaster schmutziggelb, an der Spitze jedes Gliedes braun. Pronotum mit einem schwarzen, am Vorder- und Hinterrande sich sehr erweiternden Mittelfelde; au jeder Seite des Mittelfeldes ein kleiner schwarzer Fleck. Meso- und Metathorax an den Seiten je mit einem schmalen, schwarzen und schrägen Streifen; und auf jedes Scutellum ein hufeisenförmiger schwarzer Fleck. Schenkel ausserhalb braun, und au der äussersten Spitze schmal schwarz gerändet. Abdomen oben mit einer etwas breiten, schwarzen Mittellinie. Flügel sehr hellgrüngelb, Adern gelb.

Das Verhältnis des Abstandes der hinteren Punktaugen zur Entfernung vom Innenrande der Augen ist 30 : 19. Pronotum fast quer elliptisch, iu der Mitte fast 1.7 mal so breit wie lang; das Mittelfeld breit, in der Mitte 1/5 der ganzen Breite einnehmend. Sector radii ausserhalb der Anastomose nur einmal gegabelt; Cubitus anticus im Vorderflügel mit drei akzessorischen Aesten; 1M, Hinterflügel fast gleich lang wie ihr Stiel.

Weibliche Subgenitalplatte gross, halbkreisförmig, am Grunde etwa 2/3 der IX. Ringbreite einnehemend.

Körperlänge　　　　　　　　　8 mm.

Vorderflügellänge　　　　　　11 mm.

Hab.—Yatsugadake (7000 Füsse) im Prov. Sinano, 1♀ am 27/VII. 1911, gesammelt von M. Sibakawa, nachdem ich diese Art bennene.

Typus in meiner Sammlung.

Diese Art ähnelt *Chloroperla sapporensis* n. sp., jedoch durch den Bau der Subgenitalplatte ganz anders.

T. N.—Sibakawa-midorikawagera.

Chloroperla bimaculata n. sp.

Grüngelb. Kopf mit einem sehr grossen fast lang elliptischen schwarzen Fleck. Fühler schwärzlichbraun, Basalglieder und 1.–4. Glied gelb. Labialtaster schwarzbraun. Pronotum an den Seiten des nach vorn und hinten stark erweiternden gelben Mittelfeldes, je mit einem grossen fast elliptischen schwarzen Fleck, Scutum, Praescutum und Scutellum des Meso- und Metathorax braun gefärbt. Beine grüugelb, äusserste Spitze der Schienen und Tarsen dunkler. Flügel hellgrünglb, Adern grüngelb.

Das Verhältnis des Abstandes der hinteren Punktaugen zur Entfernung vom Innenrande der Augen ist 17 : 6. Stirnschwielen etwas gross, den Augen näher als den hinteren Punktaugen. Pronotum quer elliptisch, in der Mitte etwa 1.2 mal so breit wie lang; Mittelfeld sehr breit, in der Mitte etwa 1/5 der ganzen Breite einnehmend. Sector radii ausserhalb der Anastomose nur einmal gegabelt; Cubitus anticus im Vorderflügel mit 1 bis 2 Aesten; 1M₁ im Hinterflügel etwas länger als ihr Stiel. Circi kurz, kürzer als Hinterleib.

Subgenitalplatte beim ♂ fast parabolisch; beim ♀ fast zangenförmig, an der Spitze 1/2 der IX. Ringbreite einnehmend.

	♂	♀
Körperlänge	4½ – 5 bis 6 mm.	
Vorderflügellänge	5 – 6 bis 7 mm.	

Hab.—Sapporo ziemlich häufig von Juni bis Juli.

Typen in der landw. Fakultät, Tohoku-Universität zu Sapporo, und in meiner Sammlung.

Diese Art ähnelt *Isoperla sibakawae* n. sp., unterscheidet sich jedoch durch den Bau der Subgenitalplatte.

T. N.—Futamon-midorikawagera.

摘　　要

　　著者は，本邦に產する<u>かわげら</u>を分類するに當り，襀翅目
(PLECOPTERA)を二亞目に分つ，

　　　I. Subord.　**Subulipalpia**　鞭鬚亞目（新稱）

　　　II. Subord.　**Filipalpia**　　絲鬚亞目（新稱）

　　然して本論文に於ては，獨り鞭鬚亞目の研究に止め，絲鬚亞目
は近き將來に，これを發表するの機あるを信ず。鞭鬚亞目に二科を
含む，

　　　I. Fam.　　**Perlodidae**　網目襀翅科（新稱）

　　　II. Fam.　**Perlidae**　　襀翅科

これなり。

　　網目襀翅科に屬する種類は，近年<u>クラベレーク</u>(墺人)及び著者
によりて研究せられ，既に發表せられたるもの三種及び一變種あ
り，著者は今回更に五新種を加へ，本科を三屬及び三亞屬に分ち
たり。

　　襀翅科に屬する種類は，古くより諸國の昆蟲學者によりて研
究せらる、その內容は1842年に佛人<u>ピクテー</u>(三種)により，1875年
英人<u>マクラクラン</u>(六種)により，1905年米人<u>ニーダム</u>(一種)により，
近くは1907年墺人<u>クラベレーク</u>(十七種)によりて發表せられたる
ものなり，今回著者は此種以外更に二十七新種を發見し，本科を三
亞科七屬及び八亞屬に分類したり。

　　この研究に使用せし材料は，多くは東北帝國大學農科大學所
藏の標本なるも，著者所有の標本亦決して尠しとせず，而して著者
に標本を贈られしは，畠山久重，中村正雄，芝川又之助，鈴木元二郎，
中原和郎，栗崎甚太郎，戸部佶の諸氏なり，記して以て謝意を表す，

又東北帝國大學農科大學敎授松村博士は諸種の便宜と幾多の忠言
を與へられたり，特に記して厚く感謝の意を表する所以なり。

（本摘要に於て，既知種には學名，和名及び分布を記し，新種には更らに
簡累なる記載を載せたり，但し此種の分類には交尾器及び交尾補助器の
特に必要なるを以て，種別する場合には大に此点に留意せざるべからず）

Ord.　PLECOPTERA.　禰翅目

Subord.　Subulipalpia.　鞭鬚亞目　（新稱）

I. Fam.　Perlodidae.　網目禰翅科　（新稱）

屬及び亞屬檢索表

1(4).　徑脈と徑小脈間に横脈多きもの

2(3).　横脈の中程迄損れるもの…………………………………… Megarcys Klp.

3(2).　横脈の徑小脈迄に限らるいもの……………… Arcynopteryx Klp.

4(1).　徑脈と徑小脈間に稀々一横脈あるもの………… Isogenus Newm.

5(6).　第一徑室はその綱と同異なるもの………… Subg. Susukia.

6(5).　第一徑室はその綱より異きもの

7(8).　眼の内側より後單眼迄の距離は少くも後單眼相互の距離の2/3
　　　に相當するもの………………………………… Subg. Dictyogenus.

8(7).　眼の内側より後單眼迄の距離は稀々後單眼相互の距離の1/2に相
　　　當するもの………………………………………… Subg. Isogenus.

I. Gatt. Megarcys Klp.

本屬に一種あり

1. Megarcys ochracea Klp.　　あみめかわげら

分布─北海道(札幌、札幌嶽、函館)。樺太。西比利亞。

II. Gatt. Arcynopteryx Klp.

本屬に一種及び一變種を含む、

種檢索表

後頭紋の異三角形なるもの…………………………… jezoënsis Okam.

後頭紋を缺く…………………………………… compacta M'L. var. pusilla Klp.

2. Arcynopteryx jezoënsis Okam.　　ひめあみめかわげら　（新稱）
　　　（第一及び第二圖）

体軀光澤ある黑色、額片の兩側は廣く、眼緣は狹く、卵黃色に
緣とらる。後頭枚は長三角形。前胸背に卵黃色の一縱線あり。脚黑
色、腿節の內側及び先端併に脛節は卵黃色なり。腹部の末端及び尾
毛は暗黃。觸角黑色、ろの基部1/3は褐色を帶ぶ。翅透明。脈暗褐(前
翅)乃至黃褐(後翅)。体長10(♂)乃至13(♀)ミ、〆。前翅長10(♂)乃至13
(♀)ミ、〆。

　　分布一北海道(札幌、俱知安)。

3. **Arcynopteryx compacta** M'L. var. **pusilla** Klp.

　　　　　からふとあみめかわげら　(新稱)

　　分布一樺太(日本領)。西比利亞。

　　III. Gatt. **Isogenus** Newm.

　　本屬に三亞屬を含む、檢索表は前記の如し。

　　　　A. Untergatt. **Suzukia** Okam.

4. **Isogenus (Suzukia) motonis** Okam.

　　　　　すゞきあみめかわげらもどき　(新稱)

　　(第　三　圖)

　　頭部赭黃、卵形の一大黑枚あり。觸角黑色、ろの基部1/6は赤褐
色。前胸赭黃、胸背に黑色の太き二縱線あり、中後兩胸は黑色。脚淡
赭黃、膝は黑色。腹背黑色、腹面腹端及び尾毛は淡赭黃。翅淡黃褐、ろ
の基半部(前緣室及び亞前緣室を除く)暗灰。翅脈黃色乃至淡黃褐。体
長10(♀)ミ、〆。前翅長14(♀)ミ、〆。

　　分布一本州(京都)

　　　　B. Untergatt **Dictyogenus** Klp.

5. **Isogenus (Dictyogenus) japonicus** Okam.

　　　　　やまとあみめかわげらもどき　(新稱)

　　(第　四　圖)

　　体軀の背面は光澤ある黑色、腹面は暗黃。額枚は從鍮黃色にし
て圓形、而して同色の一線によりこの枚と同色にして四角形なる

頭頂紋とを結付く。後單眼の外側に同色の一小紋あり。M線の前緣
は狭く、眼の後緣は廣く鐵銹黄色にて彩らる。前胸の中溝鐵銹黄色。
觸角、兩鬚及び尾毛黒色。脚暗黄、腿節、脛節の基部暗色なり。翅淡
黄褐。翅脈黒褐乃至黒色。体長12(♀)ミ、〆。前翅長17(♀)ミ、〆。

　　分布―本州(日光、播摩、山口)。

C. Untergatt. Isogenus Newm. sensu　emend.

　　本亞屬に四種あり、二種は新種なり。

枝　檢　宋　表

1(6)．黄色の頭頂紋の判然せるもの
2(3)．頭頂紋の馬蹄形な呈せるもの……………………………nakaharae Okam.
3(2)．頭頂紋の馬蹄形な呈せざるもの
4(5)．結節に一褐紋めるもの……………………………………nubecula Newm.
5(4)．結節に褐紋なきもの…………………………………………scriptus Klp.
6(1)．頭頂紋の判然せざるもの……………………………………nikkoënsis Okam.

6.　Isogenus (Isogenus) nakaharae Okam.

ひめあみめかわげらもどき　(新稱)

　　(第　五　圖)

　　頭部黒褐、頭頂紋は馬蹄形にして黄色乃至赭黄色。觸角の基部
1/6は淡黄褐、尖端は黒褐。鬚黄色。前胸黒色、ろの中溝は黄色なり。脚
淡黄、腿節の内側及び腔節の基部は黒褐、跗節暗褐。翅淡黄褐、前緣
に一の黄色條あり。翅脈黄褐、前緣脈、亞前緣脈及び徑脈は黄色。体
長8(♀)ミ、〆。前翅長11(♀)ミ、〆。

　　分布―本州(信濃松本、大久保)。

7.　Isogenus (Isogenus) nubecula Newm.

おほあみめかわげらもどき　(新稱)

　　分布―本州(山口、岐阜)。西比利亞。歐洲。

8.　Isogenus (Isogenus) scriptus Klp.　　あみめかわげらもども

　　分布―北海道(到る處に產す)。

9. Isogenus (Isogenus) nikkoënsis Okam.　　くろあみめかわげらもどき

（第　六　圖）

　　体軀（觸角、脚とも）黑褐乃至黑色にして、後頭緣及び前胸の中溝は稍淡し。前單眼の前方は黃色。第一乃至第六腹節の腹面は各節の尖端淡黃褐もて緣とらる。基節、轉節及び腿節（基部1/3を除く）は黃褐。翅暗色にして前緣室及び亞前緣室は黃色なり。翅脈黑色、前緣脈、亞前緣脈及び徑脈並に前緣橫脈は黃色なり。体長11（♀）ミ、メ。前翅長14½（♀）ミ、メ。

　　分布―本州（日光）。

　　II. Fam. **Perlidae.**　　　　　襀翅科

A. Subfam. **Perlinae.**　　襀翅亞科（新稱）

I. Gatt. **Acroneuria** Pict.

本屬を二亞屬に分つ。

亞　屬　檢　索　表

♂の亞臀片は爪狀、♀の亞生殖板は小にして鈍三角形なるもの‥‥‥‥
‥‥‥‥‥‥‥‥‥‥‥‥‥‥‥‥‥‥‥‥‥‥‥‥‥‥‥‥**Acroneuria** (S. str.).

♂の亞臀片は具く牲形にして上方に灣曲す、♀の亞生殖板は大にして
抛物線狀をなせるもの‥‥‥‥‥‥‥‥‥‥‥‥‥‥‥‥ **Niponiella** Klp.

1. Untergatt. **Acroneuria** S. str.

本亞屬に四種あり、一は新種なり。

種　檢　索　表

1(2). 結節に一褐紋あるもの‥‥‥‥‥‥‥‥‥‥‥‥‥ **stigmatica** Klp.

2(1). 結節褐紋なきもの

3(6). 腿節の尖端は黑褐乃至黑色にて環の如く彩らるいもの

4(5). 單眼間の黑色なるもの‥‥‥‥‥‥‥‥‥‥‥‥ **fulva** Klp.

5(4). 單眼間の橙黄色なるもの‥‥‥‥‥‥‥‥‥‥‥ **jezoënsis** Okam.

6(3). 腿節は中央に於て黑褐なるもの‥‥‥‥‥‥‥‥ **jouklii** Klp.

1. **Acroneuria (Acroneuria) stigmatica** Klp.　もんかわげら（新稱）

分布―本州（日光、十和田湖、越後、信濃）。

2. **Acroneuria (Acroneuria) fulva** Klp.　きかわげら（新稱）

分布―北海道（札幌、登別、定山溪、）本州（日光）。

3. **Acroneuria (Acroneuria) jezoënsis** Okam.　みつもんかわげら（新稱）

（第　七　圖）

頭部淡黄褐。M線、額胼及び頭頂黄色、單眼間は橙黄。單眼緣は
觸角黄色。中後兩胸背に各黄色の一中線あり。脚黄色、腿節の
尖端は黑褐にて指環狀に彩らる。腹部及び尾毛は黄色。翅黄色。翅脈
暗黄褐乃至暗褐。体長♂12―13 ミ、♀。前翅長♂16―17 ミ、♀。

分布―北海道（到る處に產す）

4. **Acroneuria (Acroneuria) jouklii** Klp. じょうくりかわげら（新稱）

分布ー本州(岐阜、越後)。

2. Untergatt. **Niponiella** Klp.

5. **Acroneuria (Niponiella) limbatella** (Klp.) やまとかわげら（新稱）

分布ー本州(東京、越後、岐阜)。

II. Gatt. **Perla** Geoffr.

本屬を四亞屬に分つ、

亞　屬　檢　索　表

1(2). ♂の第五腹節普通形なるもの………… ………Kamimuria Klp.

2(1). ♂の第五腹節幅形なるもの

3(4). ♀の亞生殖板は小にして圓形、その接緣凹刻せるもの…………
……………………………………… …… Paragnetina Klp.

4(3). ♀の亞生殖板は大にして拋物線形若くは小にして拉形、凹刻な
らざるもの

5(6). ♀の亞生殖板は大にて拋物線形なるもの……Togoperla Klp.

6(5). ♀の亞生殖板は小にして拉形なるもの……… Oyamia Klp.

1. Untergatt. **Kamimuria** Klp.

本亞屬に四種あり，一は新種なり。

種　檢　索　表

1(4). ♀の亞生殖板の小なるもの

2(3). 脚黑褐(脛節は黃色)なるもの…………… …………tibialis Pict.

3(2). 脚黃色なるもの……………………………… quadrata Klp.

4(1). ♀の亞生殖板は大にして半圓若くは拋物線狀なるもの

5(6). 脚黃色、眼は黑色なるもの……………………… bolivari Klp.

6(5). 脚の大部黑褐なるもの……………………… formosana Okam.

6. **Perla (Kamimuria) tibialis** Pict. かわげら

分布ー北海道(札幌、小澤、檜山、輕川)。本州、(米澤、山口、羽後、越
後、須摩、播摩)。四國(伊豫)。

7. **Perla (Kamimuria) quadrata** Klp. くろひげかわげら（新稱）

分布―北海道(札幌、千歳)、本州(信濃追分、日光)。

8. **Perla (Kamimuria) bolivari** Klp. 　　かみむらかわげら （新稱）

分布―日本(採集地不明)。

9. **Perla (Kamimuria?) formosana** Okam. やまとかわげらもどき （新稱）

（第 八 圖）

全体黄色。頰に四角形の、顔片に○形の黒色紋あり。觸角黒褐。前胸に黒色の一縱中線あり。腿節、中後兩脛節の外側及び蹠節は黒褐色。翅黄褐にして前緣緣室及び亞前緣室は硫黄色。翅脈暗褐乃至暗黄褐、前緣脈、亞前緣脈は淡黄。体長10(♀)ミ、メ。前翅長13(♀)ミ、メ。

分布―臺灣。

2. Untergatt. **Paragnetina** Klp.

この亞屬に三種あり、うち二種は新種なり。

検 索 表

脚黑色なるもの……………………………………………………suzukii Okam.

脚黄色にして腹部の暗褐なるもの……………………………japonica Okam.

脚黄色にして腿節脛節の各尖端黑褐なるもの……………tinctipennis M'L.

10. **Perla (Paragnetina) suzukii** Okam.

すゞきくらかけかわげら （新稱）

（第 九 圖）

頭部の背面は光澤ある黒色、類肿は橙黄、眼と單眼及びM線間は暗黄褐色、觸角黒色。前胸黑褐。脚黑色、基節轉節は淡橙黄色。腹部亦淡橙黄、ろの尖端暗色。翅淡褐、前緣室は褐色。翅脈黑褐。体長18(♀)ミ、メ。前翅長27(♀)ミ、メ。

分布―本州(京都)。

11. **Perla (Paragnetina) japonica** Okam.

ひとぼしくらかけかわげら （新稱）

（第十及び十一圖）

頭部光澤ある黄褐、單眼間は黒色。觸角黄色。前胸黄色、ろの中

溝は暗褐。脚黄色. 腿節及び脛節の各尖端は暗褐。腹部淡黄。翅淡黄、前縁室は黄色。翅脈暗黄にして前縁脈亞前縁脈は黄色なり。体長11(♂)─13(♀)ミ、メ。前翅長15(♂)─19(♀)ミ、メ。

分布―九州、(熊本)。本州(越後)。

12. **Perla (Paragnetina) tinctipennis** M'L.

おほくらかけかわげら　(新稱)

分布―本州(東京、日光、越後)。

3. Untergatt. **Togoperla** Klp.

本亞屬に四種あり、うち二つは新種なり。

種　檢　索　表

1(6). 前胸は後方に狹細なるもの
2(5). 脚暗褐乃至黒褐なるもの
3(4). 前翅の脈は全部淡黄なるもの ……………………… **kawamurae** Okam.
4(3). 前翅の脈(前縁脈、亞前縁脈及び徑脈を除く)は暗褐なるもの ……
………………………………………………………… **limbata** Pict.
5(2). 脚黄金色、膝部及び跗節の尖端黒色なるもの ……**matsumurae** Okam.
6(1). 前胸は平行せる側縁を有するもの……………… **teannina** Needh.

13. **Perla (Togoperla) kawamurae** Okam.　　ふたもんかわげら　(新稱)

(第　十　二　圖)

頭部光澤ある黒色、眼單眼及び額胼間は黄金色。額胼の前方に黄金色の一小紋あり。M線及び額胼は黒褐」觸角基部1/6黄色. 尖端は黒褐。前胸黒色、黄金色の細き一縱線あり。腹部淡黄褐。脚黒色、基節轉節は暗黄、腿節の內側に黄色の二縱線を有し、脛節の大部は黄色なり。翅煤色にして前縁室は無色なり。前翅脈は淡黄。体長18(♀)ミ、メ。前翅長21(♀)ミ、メ。

分布―九州(熊本)。

14. **Perla (Togoperla) limbata** Pict.　　きべりとごうかわげら　(新稱)

分布―本州(京都、丹波、神戸)。

15. **Perla (Togoperla) matsumurae** Okam.　　せずじかわげら　(新稱)

　　　　　　(第 十 三 圖)

　　頭部黄金色光澤あり。M線の前方及び單眼間は黒色。觸角黒色ろの基部1/3は黄金色。前胸黒褐、黄色の一縱線を有す。中後兩胸は黄色。腹部亦黄色。脚黄金色、腿節基部1/3,脛節の兩末端及び第三蹠節は黒色。翅濃褐色,前縁室は黄色。翅脈の大部黄褐。体長20(♀)ミ、メ。前翅長25(♀)ミ、メ。

　　分布ー九州(熊本)。

16. **Perla (Togoperla) tennina** Needh.　　とうごうかわげら　(新稱)

　　分布ー九州(豊前産山)。

　　　　4. Untergatt. **Oyamia** Klp.

17. **Perla (Oyamia) gibba** Klp.　　ふほやまかわげら　(新稱)

　　分布ー本州(越後、山口、神戸、京都、甲府)。

　　　　III. Gatt. **Isoperla** Banks.

本屬に四種あり、みな新種なり。

　　　　種 檢 宋 表

1(4). 前胸黄白色にして黒褐乃或黒色の一又は二縱節あるしの

2(3). 前胸に黒褐の太き一縱條あるもの ………………… towadensis Okam.

3(2). 前胸に黒色の二縱線あるしの………………………… nipponica Okam.

4(1). 前胸黒褐乃或晦結褐その中濃黄色なるしの

5(6). 頭部に馬蹄形の黒色紋あるしの ………………… susukii Okam.

6(5). 頭部にかゝる紋なきしの ………………………… sibakawae Okam.

18. **Isoperla towadensis** Okam.　　せすじみどりかわげらもとき　(新稱)

　　　　　　(第 十 四 圖)

　　頭部淡黄褐、額に四角形の黒紋あり。M線の前方に長三角形の暗褐紋あり、後頭上にも三角形の暗褐紋あり。觸角暗褐、ろの基部黄色。前胸黄白色、黒褐の一縱條あり。脚黄色、腿節の尖端暗褐。腹部黄色。翅は殆んど無色。翅脈黄褐、但し前縁脈、亞前縁脈及び徑脈は黄

色なり。体長7(♀)ミ、メ。前翅長10(♀)ミ、メ。

　　分布－本州(十和田湖)。

19. **Isoperla nippnica** Okam.　ふたすぢみどりかわげらもどき　(新稱)

　　　　　　(第十五、十六圖)

　頭部黄色乃至淡黄褐。ろの中央に卵形の一黒紋あり。觸角基部の1/3乃至1/2は黄色，ろの尖端は暗褐。前胸黄色二條の太き黒線あり。脚黄色，腿節の尖端暗褐にして，脛節の基部1/4は褐色なり。腹部の背面黒褐乃至黒色，腹面及び尾毛は黄色。翅淡黄綠。翅脈は黄色乃至淡黄褐。体長6―7(♂)ミ、メ。7―9(♀)ミ、メ。前翅長9(♂)ミ、メ。10―11(♀)ミ、メ。

　　分布－本州(十和田湖、東京山内)。

20. **Isoperla susukii** Okam.　みどりかわげらもどき　(新稱)

　　　　　　(第　十　七　圖)

　頭部鐵銹色、單眼上に馬蹄形の黒褐紋あり。M線、頭胼及び眼は黒褐。觸角基部1/4は黄色，ろの尖端暗褐。前胸は暗褐を帯びだる鐵銹色、ろの中溝は黄色。脚黄色，腿節の外側は暗褐、脛節基部1/4は外側に於て暗色を呈す。腹部黒褐、ろの尖端は黄褐。尾毛暗黄、各節に淡褐の環紋あり。翅無色透明、緣紋部黄色。翅脈黄褐乃至暗黄褐前緣脈と徑脈の基部及び亞前緣脈とは黄色なり。体長5―6(♂)ミ、メ。前翅長9(♂)ミ、メ。

　　分布－本州(京都)。九州(熊本)。

21. **Isoperla sibakawae** Okam.　ふほみどりかわげらもどき　(新稱)

　　　　　　(第　十　八　圖)

　頭部黄色。顳に◠形の一大黒紋あり、M線の前方には凸形の一黒褐紋あり。觸角基部1/3乃至1/2は褐色，その尖端は黒色。前胸は黒褐、ろの中溝は黄色。脚黄色，腿節の尖端に褐色の一環あり、跗節暗褐。腹部黄色乃至黄褐。尾毛褐色、尖端に到るに從ひ暗褐を帯ぶ。翅

淡黄綠。翅脈黄色、前緣脈亞前緣脈及び翅端に近き脈は黒褐なり。体長7(♂)—8(♀)ミ、〆。前翅長10(♂)—12(♀)ミ、〆。

分布—本州(信濃追分、日光)。

B. Subfam. **Neoperlinae.**　双目補翅亞科　(新稱)

1. Gatt. **Neoperla** Needh.

この屬に既知種二つと、三新種あり。

閏　檢　索　表

1(2). 脚全部黒褐なるもの…………………………………………hatakeyamae Okam.

2(1). 脚黄色、その一部分黒褐なるもの

3(8). ♀の腹端に亞生殖板を有するもの

4(5). ♀の亞生殖板の後縁の中央に一の鑷狀突起を有するもの……………
……………………………………………………………… geniculatella Okam.

5(4). かゝる突起なきもの

6(7). 脚の膝部黒褐なるもの……………………………………geniculata Pict.

7(6). 腿節と脛節との外側黒褐なるもの…………………niponensis M'L.

8(3). ♀の腹端に亞生殖板なきもの……………………………formosana Okam.

22. Neoperla hatakeyamae Okam.　　くろふたつめかわげら　(新稱)

頭部光澤ある黒褐。單眼は黄色にて細く緣らる。觸角及び兩顎は黒褐。前胸褐色、太き黒褐の中條を有す。前胸の前後兩緣及び兩側は黒褐色に彩らる。腹部及び尾毛は黄色。脚黒褐、唯基節轉節のみ黄色。翅濃褐。前緣室及び亞前緣室は硫黄色。翅脈暗褐、前緣脈、亞緣脈及び前緣橫脈は黄色。体長12(♀)ミ、〆。前翅長14(♀)ミ、〆。

分布—本州(越後)。

23. Neoperla geniculatella Okam.　　ひめふたつめかわげら　(新稱)
(第十九及び二十圖)

全体硫黄色。額に稍四角形の一黒紋あり、頰片に稍圓形の一黒紋あり。觸角(基部1/6を除き)暗褐。前胸に太き暗褐の一中條あり。前胸の前後兩緣及び兩側は黒色もて細く緣らる。中後兩胸に太き暗

褐の一中條あり。脚黄色、唯脛節の基部及び蹠節のみ暗褐。翅淡褐。前縁に沿ふて黄色紋あり。翅脈暗褐、前縁脈、亞前縁脈及び徑脈の基部並に前縁横脈は黄色。体長7—8(♂)ミ、メ。8—9(♀)ミ、メ。前翅長11—125(♀)ミ、メ。

　　分布—本州(京都、山口、箱根、岐阜、玉川、大山寺(?)、原町(?)、門司)、九州(熊本)。北海道(札幌)。

24. **Neoperla geniculata** (Pict.)　　*ふたつめかわげら*　(新稱)

　　分布—本州(山口、京都、高砂)、九州(熊本)。四國(伊豫)。

25. **Neoperla nipponensis** (M'L.)　　*やまとふたつめかわげら*　(新稱)

　　分布—本州(須磨、箱根、高砂)、九州(熊本、鹿兒島)。

26. **Neoperla formosana** Okam.　　*たいわんふたつめかわげら*　(新稱)

　　　　　　　(第二十一圖)

　　全體淡黄乃至黄色にして頭部少しく赤味を帶ぶ。額肼の前方に楕圓形の一暗褐横紋あり。單眼の内側は廣く黒色に彩らる、時にこの黒色は合して一枚となるあり。觸角(基部1/5乃至1/6を除き)暗褐。前胸淡褐。脚黄色、腿節の基半部暗褐、蹠節亦暗褐なり。翅淡黄褐。翅脈黄褐乃至褐色、前縁脈及び亞前縁脈は淡し。体長6(♂)—9(♀)ミ、メ。前翅長8.5(♂)—13(♀)ミ、メ。

　　分布—臺灣(恒春、埔里社、臺北、新社等)。

　　　　II. Gatt. **Nogiperla** Okam.

　　この新屬に二新種あり。

　　　　　　種　檢　索　表
脚全部黑褐なるもの……………………………………formosana Okam.
脚黄色にして唯脛節のみ黑褐なるもの……………japonica Okam.

27. **Nogiperla formosana** Okam.　　*たいわんのぎかわげら*　(新稱)

　　　　　　　(第二十三圖)

　　體の背面暗褐、腹面黄色。觸角黒褐。M線及び眼と單眼間は赤味を帶びたる黄色。前胸前後兩縁は黄色にて縁らる。脚黒褐。尾毛暗

黄褐。翅淡褐。翅脈暗褐、前緣脈、亞前緣脈及び前緣橫脈は黄褐。体長
5(♀)ミ、メ。前翅長9(♀)ミ、メ。

分布—臺灣(ヤラン)。

28. **Nogiperla japonica** Okam.　　　のぎかわげら　(新稱)

頭部橙黄色。額と額片に跨り稍四角形の一黑褐枚あり。單眼の
內側は狹く、外側は廣く黑色に緣どらる。觸角暗褐、尖端に至るに
從ひ黑色となる。前胸暗褐。脚黄色、脛節黑褐なり。腹部暗褐。尾毛
橙黄色、尖端に至るに從ひ褐色となる。体長6—7(♀)ミ、メ。前翅長11
(♀)ミ、メ。

分布—本州(箱根、大野)。

III. Gatt. **Kiotina** Klp.

この屬に二亞屬あり。

亞　屬　の　檢　索　表

前翅に於ける徑小脈より三枝以上を放出し單眼間の距離は單眼と眼
との距離に稍しきか或はこれより小なるもの…………**Kiotina** Klp.
前翅に於ける徑小脈より二枝を放出し單眼間の距離は單眼と眼との
距離より大なるもの…………………　………　…………**Gibosia** Okam.

1. Untergatt. **Kiotina** S. str.

本亞屬に三種あり、うち一つは新種なり。

種　檢　索　表

1(4). 翅の單色なるもの
2(3). 前胸四角形なるもの……………………………………………………**lugbris** M'L.
3(2). 前胸六角形なるもの……………………………………………………**susukii** Okam.
4(1). 翅は黄色にして前緣に沿ふて黄色なるもの…………**pictetii** Klp.

29. **Kiotina (Kiotina) lugbris** (M'L.)

立ほくろよたつめかわげらもどき　(新稱)

分布—本州(神戶)。

30. **Kiotina (Kiotina) susukii** Okam.

　　　　　くろふたつめかわげらもどき（新稱）
　　　（第 二 十 四 圖）

全體黑色。翅濃褐。翅脈黑褐。体長19(♀) ミ、メ。前翅長21(♀) ミ、メ。
分布ー本州(京都)。

31. **Kiotina (Kiotina) pictetii** Klp.　まへきふたつめかわげら　(新稱)

　　　分布ー本州(岐阜、東京)。

　　　　　2. Uutergatt. **Gibosia** Okam.

　　本亞屬に六種あり、うち五種は新なり。

　　　　　種　檢　索　表

1(6). 前胸黑褐若くは栗色なるもの
2(5). 翅無色若くは殆んど無色なるもの
3(4). 頭部黃色なるもの……………………………………thoracica Okam.
4(3). 頭部栗色なるもの………………………………… hagiensis Okam.
5(2). 翅濃褐なるもの…………………………………… angusta Klp.
6(1). 前胸黃色なるもの
7(8). 前胸に暗褐の二縱線あるもの………………… jezoënsis Okam.
8(7). 前胸に縱線なきもの
9(10). ♀の亞生殖板の抛物線狀を呈せるもの……………hatakeyamae Okam.
10(9). ♀の亞生殖板の抛物狀線狀を呈せざるもの……tobei Okam.

32. **Kiotina (Gibosia) thoracica** Okam.

　　　　　ゐほめふたつめかわげら (新稱)
　　　（第 二 十 五 圖）

硫 黃 色。單眼間に稍四角形を呈せる栗色の一大枚あり、M線の
前方にも稍三角形をなせる同色の一枚あり。單眼橙黃色、ろの前後
及び內側は廣く、外側は狹く黑色もて緣とらる。觸角黃褐、ろの尖端
褐色。中後兩胸は栗色。腿節及び脛節の外側並に跗節は淡黃褐。翅透
明。緣紋部黃色。翅脈黃色。体長7—8(♂) ミ、メ。前翅長9—12(♂) ミ、メ。
　　　分布ー本州(玉川)。

33. **Kiotina (Gibosia) hagiensis** Okam.

きあしくろふたつめかわげら　（新稱）

頭部栗色、單眼及び M 線間は暗色を帶ぶ。觸角兩顆黃色。前胸濃栗色にして兩側は黃色もて彩らる。中後兩胸及び腹部は淡栗色。尾毛黃色。脚黃色。翅少しく澄るも前緣室は無色なり。翅脈黃褐。但し前緣脈、亞前緣脈、徑脈の基半部及び前緣橫脈は黃色なり。体長7(♂)ミ、メ。前翅長8(♂)ミ、メ。

分布ー九州(ハゞ)。

34. Kiotina (Gibosia) angusta (Klp.)

ひめくろふたつめかわげら　（新稱）

分布ー本州(播磨)。

35. Kiotina (Gibosia) jezoënsis Okam.

ふたすぢふたつめかわげら　（新稱）

（第　二　十　六　圖）

硫黃色。單眼間に稍四角形をなせる栗色の一大紋あり、M 線の前方にも稍三角形をなせる同色の一紋あり。觸角暗褐。單眼の前後及び內側は廣く黑色に彩らる。前胸に太き栗色の二縱條あり。腿節の外側は暗褐。翅無色、唯前緣室のみ淡黃。翅脈暗褐ろの基部1/3、及び亞前緣脈、徑脈は黃色。体長10(♀)ミ、メ。前翅長14(♀)ミ、メ。

分布ー北海道(札幌)。

36. Kiotina (Gibosia) hatakeyamae Okam.　きふたつめかわげら　（新稱）

（第　二　十　七　圖）

全體卵黃色、唯觸角少しく暗色を帶ぶ。單眼の內側は廣く栗色もて緣どらる。翅無色。翅脈黃色。体長13(♀)ミ、メ。前翅長17(♀)ミ、メ。

分布ー本州(越後)。

37. Kiotina (Gibosia) tobei Okam.　えぞきふたつめかわげら　（新稱）

（第　二　十　八　圖）

全體硫黃色、唯前中後胸片暗色を帶ぶ。頭部淡栗色。觸角兩顆淡黃褐。單眼の前後は廣く黑色にて緣どらる。翅無色。翅脈黃色。体

長11(♀)ミ、メ。前翅長13(♀)ミ、メ。

　　分布—北海道(札幌)。

　　　　　C. Subfam. **Chloroperlinae.**　　　　**綠襀翅亞科**（新稱）

　　　I. Gatt. **Chloroperla** Newman

本屬に七新種あり。

種 檢 索 表

1(4).　前胸黑栗色乃至黑色なるものの

2(3).　頭部黃色、卵形の一大黑紋あるもの………………………… **thoracica** Okam.

3(2).　頭部黑栗色若くは黑色なるもの……………………… **nipponica** Okam.

4(1).　前胸に黃色又は黑色の一中線あるもの

5(12).　前胸に黑色の一中線あるもの

6(9).　頭部に卵形の一黑紋あるもの

7(8).　♀の亞生殖板三角形なるものの………………… **abdominalis** Okam.

8(7).　♀の亞生殖板舌形なるもの……………………… **nikkoënsis** Okam.

9(6).　頭部に三角形若くは四角形の一黑紋あるもの

10(11).　頭紋三角形なるもの……………………… **sapporensis** Okam.

11(10).　頭紋四角形なるもの……………………… **sibakawae** Okam.

12(5).　前胸に黃色の一中線あるもの……………………… **bimaculata** Okam.

48. **chloroperla thoracica** Okam.　　くろひねみどりかわげら　（新稱）

　　　　　　　（第 二 十 九 圖）

　　　頭部橙黃色、卵形の一大黑紋あり。觸角黑褐乃至黑色、その基部
1/3は黃色。前胸黑栗色乃至黑色、その前後兩緣は黃色にて細く彩ら
る。中後兩胸及び腹部黃褐。脚黃色。翅淡黃綠。翅脈黃白色。体長5(♀)
ミ、メ。前翅長7—8(♀)ミ、メ。

　　分布—本州(信濃千曲川、コゴタ)。

39. **Chloroperla nipponica** Okam.　　みどりかわげら　（新稱）

　　　頭部黑栗色乃至黑色。觸角黑栗色、その基部1/3は黃色。鬚黃色。
前胸黑栗色乃至黑色、黃色にて細く緣とらる。中後兩胸の背面暗褐、
その側面に暗褐の一斜線あり。脚及び尾毛黃色、蹠節暗褐。腹部黃

色、背面に暗褐の一中線あり。翅淡黄綠。翅脈黄色。体長4(♂、♀)ミ、〆。前翅長6—7(♂、♀)ミ、〆。

分布—本州(陸奥十和田湖、須磨、播摩)。

40. Chloroperla abdominalis Okam.　　せすじみどりかわげら　(新稱)

全體卵黄色。頭部に卵形の一大黑紋あり。觸角黄色。前胸に胸幅の半分を占むる黑色の一中條あり。中後兩胸の稜狀部に馬蹄形の一黑紋あり。腿節の末端に黑色の一環あり。腹部に濃栗色の一大中條あり、第一第二節の兩側に一黑線を有す。体長7(♀)ミ、〆。前翅長10(♀)ミ、〆.

分布—本州(京都)。

41. Chloroperla nikkoënsis. Okam.　　につこうみどりかわげら　(新稱)

(第三十一、第三十二圖)

全體黄色。頭部に稍卵形の一大黑紋あり。觸角黑褐乃至黄色、ろの基部1/4は黄色。前胸に胸幅の1/3を占むる廣き黑色の一中條あり。中後兩胸上に太き暗褐の一中線、稜狀部に馬蹄形の一黑紋あり。脚黄色、腿節の尖端黑色にて緣どらる。腹部に太き暗褐の一中條あり。翅淡黄綠。翅脈黄色。体長7(♂)ミ、〆。前翅長10(♂)−11(♀)ミ、〆。

分布—本州(日光、京都)。

42. Chloroperla sapporensis Okam.　　ねぞみどりかわげら　(新稱)

(第三十二、三十三圖)

全體黄色。額紋三角形黑色。この紋の前方に長四角形の一黑紋あり。觸角黑褐乃至黑色、ろの基部1/3は黄色。前胸に細き黑色の一中線あり。中後兩胸に稍太き褐色の一中條と、稜狀部に馬蹄形の一黑紋あり、尚中後兩胸の兩側に細き黑色の一斜線あり。脚黄色、腿節の尖端黑色。腹部に黑色の一中線あり。翅淡黄綠。翅脈黄色。体長6(♂、♀)ミ、〆。前翅長8(♂)−9(♀)ミ、〆。

分布—北海道(札幌)。本州(信濃八ケ岳)。

43. Chloroperla sibakawae Okam.　　しばかわみどりかわげら　(新稱)

全體黃色。顏紋四角形、黑色。この紋の前方に∞形の一黑紋あり觸角淡黑褐(ろの基部1/4淡し)、各節の末端褐色。前胸に黑色の一中條あり、この中條の兩側に一小黑紋あり。中後兩胸の兩側に細き黑色の一斜線ありて、穗狀部に馬蹄形の黑紋あり。腿節の外側褐色。末端に黑色斑あり。腹部に太き黑色の一中條あり。翅淡黃綠。翅脈黃色。體長8(♀)ミ、メ。前翅翅11(♀)ミ、メ。

分布―本州(信濃八ヶ岳)。

44. Chloroperla bimaculata Okam.　　ふたもんみどりかわげら　(新屬)

全體黃綠。頭部に長楕圓形の一大黑紋あり。觸角黑褐、基部及び第一乃至第四節黃色。前胸に二個の楕圓形の黑紋あり。脚黃綠、脛節の末端及び跗節暗色なり。翅淡黃綠。翅脈黃綠。體長5(♂)―6(♀)ミ、メ。前翅長6(♂)―7(♀)ミ、メ。

分布―北海道(札幌)。

注意　本文に用ひし主なる術語の譯或は穩當ならざるものあるを遣り以下術語と譯語とを併記す

Anastomose	結節
Analfeld	内緣野
Medialfeld des Pronotums	前胸の中溝
Subgenitalplatte	亞生殖板
Subanalkappen	亞臀瓣
M-Linie	M線

後方羊蹄山(マクカリヌプリ)植物目錄

西 田 彰 三

A LIST OF PLANTS
ON MT. MAKKARI-NUPURI.

By

Shōzō Nishida.

Compositae. 菊 科

1. Anaphalis margaritacea B. et H. ヤマハハコ (御花畑)
2. Artemisia norvegica Fr. var. pacifica A Gray. タマコモギ (御花畑及山頂)
3. Artemisia vulgaris L. ヨモギ (山麓)
4. Cacalia hastata L. var. glaber Ledeb. ヨブスマサウ (山麓)
5. Cacalia auriculata DC. var. kamtschatica (Max.) Koidz. ミミカウモリ (御花畑入口)
6. Carpesium abrotanoides L. ヤブタバコ (山麓)
7. Cirsium arvense Scop. var. setosum Ledeb. エゾノキツネアザミ (山麓)
8. Cirsium kamtschaticum Ledeb. var. Grayanum Max. マルバノヒレアザミ (電光坂及御花畑)
9. Eupatorium japonicum Thunb. var. sachalinensis Fr. ヨツバヒヨドリ (山麓)
10. Gerbera Anandria Schultz. センボンヤリ (御花畑)(神笛溪)
11. Lactuca dentata Mak. var. albiflora Mak. シロバナニガナ (喬草原)
12. Petasites japonica Miq. フキ (山麓)
13. Picris hieracioides L. カウゾリナ (御花畑)
14. Saussurea acuminata Turcz.? タカネアザミ, エゾフジアザミ (新稱)(大噴火口東北)
15. Senecio palmatus Pall. ハンゴンサウ (山麓)
16. Solidago Virga-aurea L. アキノキリンサウ (中腹ヨリ山頂迄)
17. Taraxacum officinale Web. var. lividum Koch. タカネタンポポ, ヤマタンポポ (大噴火口御花畑側)

Campanulaceae. 桔 梗 科

18. Campanula lasiocarpa Cham. イハギキヤウ (大噴火口, 中噴火口)
19. Peracarpa carnosa Hook. タニギキヤウ (神笛溪, 御花畑)

Cucurbitaceae. 胡 蘆 科

20. Gymnostemma pentaphyllum Mak. アマチャヅル (山麓)

Valerianaceae. 敗 醤 科

21. Patrinia sibirica Juss. タカテオミナヘシ, チシマキンレイクワ (小噴火口及 大噴火口底)

Adoxaceae. 連 嗣 草 科

22. Adoxa Moschatellina L. レンブクサウ (駒返シ御花畑)

Caprifoliaceae. 忍 冬 科

23. Diervilla Middendorffiana Carr. ウコンウツギ, ミヤマウツギ (山頂各所)

24. Linnaea borealis L. リンテサウ, エゾツルアリドウシ, (神笛溪, 大噴火口)

25. Sambucus racemosa L. var. pubescens Miq. コブノキ, オホバニハトコ (山麓)

26. Viburnum furcatum Br. ムシカリ (山麓ヨリ, 七八合目迄)

Rubiaceace. 茜 草 科

27. Asperula odorata L. クルマバサウ (山麓)

28. Galium kamtschaticum Stell. var. hirsutum Takeda. エゾノヤアバムグラ (山麓御花畑)

Plantaginaceae. 車 前 科

29. Plantago major L. var. asiatica Decne. オホバコ (半月湖畔)

Scrophulariaceae. 玄 參 科

30. Pentastemon frutescens Lamb. イハブクロ, タルマヘサウ (大噴火口, 星ガ池)

31. Veronica Schmidtiana Rgl. キクバクワガタ, ミヤマヒメトラノワ (大噴火口門脇)

Labiatae. 唇 形 科

32. Ajuga ciliata Bge. カヒジンドウ (山麓)

33. Brunella vulgaris L. var. vulgaris Benth. ウツボクサ (爾草ガ原, 大噴火口底)

34. Saturea umbrosa Scheel. ミヤマタウバナ (山麓及中腹)

35. Scutellaria japonica Morr. et Decne. var. ussuriensis Regel. エゾノタツナミサウ (駒返)

36. Elsholtzia Patrini Garcke. ナギナタカウジュ (山麓)

Asclepiadaceae. 蘿 藦 科

37. Cynanchum caudatum Maxim. イケマ (山麓)

Gentianaceae. 龍 膽 科

38. Gentiana Makinoi Kusnez. オヤマリンダウ (御花畑, 神笛溪)

39. Gentiana Amarella L. var. uliginosa Griseb. オノヘリンダウ (中, 小, 噴火口)

40. Crawfurdia trinervis Mak. ツルリンダウ (山麓)

41. Crawfurdia Pterygocalyx Hemsl. ホソバツルリンダウ (山麓)

42. Menyanthes crista-galli Menz. (Fauria crista-galli Mak.) イハイチフ (星ガ池 爾草原)

Oleaceae. 木 犀 科

43. Fraxinus longicuspis S. et Z. アオダモ (山麓)

Primulaceae. 櫻 草 科
44. Trientalis europaea L. ツマトリサウ(御花畑)
45. Lysimachia vulgaris L. クサレダマ(山麓)

Diapensiaceae. 岩 梅 科
46. Diapensia lapponica L. var. asiatica Herd. イハウメ(大,中,噴火口)

Ericaceae. 石 南 科
47. Vaccinium Vitis-idaea L. コケモモ(山頂各所)
48. Vaccinium ovalifolium Smith. クロウスゴ(藥草原,星ガ池,大噴火口)
49. Vaccinium praestans Lamb. イハツツジ(中腹)
50. Vaccinium Buergeri Miq. オホバスノキ(御花畑入口, 中腹)
51. Vaccinium japonicum Miq. アクシバ(中腹,七合目)
52. Cassiope lycopodioides Don. イハヒゲ(大噴火口)
53. Gaultheria adenothrix Max. アカモノ,イハハゼ(大噴火口)
54. Gaultheria pyroloides Hk. f. et Thoms. シラタマノキ(星ガ池背坂)
55. Phyllodoce coerulea Gren. et Godr. エゾツガザクラ(山頂各所)
56. Pieris nana Mak. コメバツガザクラ(大小噴火口)
57. Rhododendron Albrechti Max. ムラサキヤシホツツジ(中腹)
58. Rhododendron chrysanthum Pall. キバナシャクナゲ(山頂各所)
59. Ledum palustre L. var. dilatatum Wahl. イソツツウ,エゾシヤクナゲ(大噴火口御花畑)
60. Leucothoe Grayana Max. ハナヒリノキ(御花畑入口)
61. Tripetaleia paniculata S. et Z. ホツツジ,マツノキハダ(中腹)

Pyrolaceae. 鹿 蹄 草 科
62. Chimaphila umbellata Nutt. オホウメガササウ(山麓)
63. Monotropa uniflora L. ギンリヤウサウ(中腹)
64. Pyrola media Sw. マルバノイチヤクサウ(大噴火口)
65. Pyrola minor L. var. genuina Herd. エゾイチヤクサウ(大噴火口)

Cornaceae. 山 茱 萸 科
66. Cornus canadensis L. ゴゼンタチバナ
67. Cornus controversa Hemsl. ミヅキ

Umbelliferceae. 繖 形 科
68. Angelica ursina Max. エゾニウ(山麓,御花畑入口)
69. Carum holopetalum Max. イブキゼリ(山頂各所)
70. Heracleum lanatum Michx. ハナウド(山麓)
71. Osmorhiza aristata Mak. et Yabe. ナガジラミ(山麓)
72. Pleurospermum austriacum Hoffm. オホカサモチ(御花畑入口,大噴火口)
73. Sanicula chinensis Bge. ウマノミヅハ(山麓)

Araliaceae.　五加科

74. Acanthopanax ricinifolium Seem. センノキ(山麓)
75. Acanthopanax sciadophylloides Fr. et Sav. コシアブラ(中腹羆皮帶)
76. Aralia cordata Thunb. ウド(山麓)
77. Aralia japonica Mak. トチバニンジン(山麓)

Oenotheraceae.　柳葉菜科

78. Circaea alpina L. ミヤマタニタデ(中腹以上偃松帶)
79. Epilobium angustifolium L. ヤナギラン, ヤナギサウ(中腹及山頂燒跡)
80. Epilobium Hornemanni Reihb. ミヤマアカバナ(山頂)

Thymelaeaceae.　瑞香科

81. Daphne jezoensis Max. ナニハヅ(山麓)

Violaceae.　菫菜科

82. Viola blanda Willd. ウスバスミレ(大噴火口底)
83. Viola crassa Mak. タカチスミレ(中腹,大噴火口底,暴ガ池)

Guttiferae.　金絲桃科

84. Hypericum kamtschaticum Ledeb. イハオトギリ(御花畑,神宙溪,大,小,噴火口)

Dilleniaceae.　獼猴桃科

85. Actinidia arguta Planch. サルナシ, コクワ(山麓)

Tiliaceae.　田麻科

86. Tilia Maximowicziana Shiras. オホバボダイジュ(山麓)
87. Tilia japonica Simk. シナノキ(山麓)

Vitaceae.　葡萄科

88. Vitis Coignetiae Pulliat. ヤマブダウ(山麓)

Balsaminaceae.　鳳仙花科

89. Impatiens Nolitangere L. キツリフネ(山麓)

Hippocastanaceae.　七葉樹科

90. Aesculus turbinata Bl. トチノキ(山麓)

Aceraceae.　械樹科

91. Acer japonicum Thunb. メイゲツカヘデ(山麓)
92. Acer palmatum Thunb. ヤマモミデ(同上)
93. Acer pictum Thunb. イタヤカヘデ, トキハカヘデ(山麓及中腹)
94. Acer spicatum Lam. var. ukurunduense Max. オガラバナ (山麓, 中腹, 偃松帶)
95. Acer Tschonoskii Max. ミネカヘデ(山麓,中腹, 松帶)

Celastraceae.　衞矛科

96. Celastrus articulatus Thunb. ツルウメモドキ(山麓)
97. Euonymus alatus Sieb. var. striatus Mak. コマユミ(山麓及中腹)

98. Euonymus europaea L. var. Hamiltoniana Max. マユ ₹ (山麓及中腹)
99. Euonymus oxyphylla Miq. ツリバナ (山麓)
100. Euonymus sachalinensis Max. ムラサキツリバナ (中腹)

Aquifoliaceae. 多青科

101. Ilex crenata Thunb. イヌツゲ (山麓)
102. Ilex rugosa Fr. Schm. ツルツゲ (中腹及山麓)
103. Ilex Sugeroki Max. タカネイヌツゲ, アカミノイヌツゲ, (中腹假松帯)

Anacardiaceae. 漆樹科

104. Rhus semi-alata Murr. var. Osbeckii DC. ヌルデ, フシノキ (山麓)
105. Rhus Toxicodendron L. var. radicans Miq. ツタウルシ (山麓)

Empetraceae. 岩高蘭科

106. Empetrum nigrum L. ガンカウラン (大噴火口, 神笛溪)

Buxaceae 黄楊科

107. Pachysandra terminalis S. et Z. フツキサウ (山麓)

Rutaceae 芸香科

108. Phellodendron amurense Rupr. キハダ, シコロ (山麓)
109. Skimmia japonica Th. ミヤマシキミ (山麓及中腹)

Oxalidaceae. 酢醬草科

110. Oxalis Acetosella L. コミヤマカタバミ (中腹及御花畑, 神笛溪間)

Leguminoceae. 荳科

111. Cladrastis amurensis Benth. イヌエンジュ (山麓)
112. Pueraria Thunbergiana S. et Z. クズ (山麓)

Geraniaceae. 風露草科

113. Geranium erianthum DC. チシマフウロ (電光坂及山頂各所)

Rosaceae. 薔薇科

114. Aruncus sylvester Kostel. var. americana Max. ヤマブキショウマ (山麓)
115. Fragaria linumae. Max. ノウゴイチゴ (同上)
116. Geum anemonoides Willd. イハグルマ, チングルマ (靈岩公園)
117. Geum Aleppicum Jacq. オホバダイコンサウ (山麓)
118. Prunus serrulata L. var. sachalinensis Mak. ミソヤマザクラ, オホヤマザクラ (山麓)
119. Prunus kurilensis Miyabe. チシマザクラ, (假松帯ヨリ山頂迄)
120. Prunus Ssiori Fr. Schm. シウリザクラ (山麓)
121. Potentilla fragiformis Willd. var. gelida F. S. コキンバイ, ミヤマキンバイ (山頂各所)
122. Potentilla Miyabei Mak. ノアカンキンバイ (大, 小, 噴火口)
123. Rubus japonicus Max. ゴエフイチゴ (山頂各所)
124. Sorbus commixta Hedl. ナナカマド (山麓)

125. Sorbus sambucifolia Tratty. ミヤマナナカマド, タカネナナカマド(中腹及ヒ御花畑, 神自権)

126. Sorbus Matsumurana Schneid. ウラジロナナカマド(中腹)

127. Sorbaria sorbifolia A. Br. var. stellipila Max. ホザキナナカマド(中腹,電光坂)

128. Spiraea betulifolia Pall. マルバシモツケ(山頂各所)

129. Filipendula kamtschatica Max. オニシモツゲ(山麓,御花畑入口,御花畑,神自席)

Saxifragaceae. 虎耳草科

130. Astilbe Thunbergii Miq. var. congesta Boiss. トリアシショウマ(山麓)

131. Boykinia lycoctonifolia Engl. アラシグサ(山頂各所)

132. Hydrangea paniculata Sieb. ノリノキ, サビタ(山麓)

133. Hydrangea scandens Max. ツルアデサイ(山麓)

134. Hydrangea hortensis DC. var. acuminata A. Gr. サハアデサイ(山麓,駒返)

135. Parnassia palustris L. ウメバチサウ(大噴火口,星ガ池)

136. Saxifraga cortusaefolia S. et Z. ダイモンジサウ(星ガ池附近)

137. Saxifraga fusca Max. クロクモサウ(七八合目)

138. Schizophragma hydrangeoides S. et Z. イハガラミ,(山麓,中頂)

139. Ribes japonicum Max. コマガタケスグリ(駒返附近)

140. arellaiT polyphylla Don. ツダヤクシュ(山麓,駒返シ)

Crassulaceae. 景天科

141. Sedum Rhodiola DC. var. Tachiroi Fr. et Sav. イハベンケイサウ(大噴大口,星ガ池)

Cruciferae 十字花科

142. Cardamine resedifolia L. イハナツチ, ミヤマタサウケバナ(大噴火口及至部)

143. Arabis amplexicaulis Edgew. イハハタザオ(大噴火口)

144. Dentaria macrophylla DC. コンロンサウ(山麓)

Magnoliaceae. 木蘭科

145. Magnolia hypoleuca S. et Z. ホホノキ(山麓)

146. Magnolia Kobus DC. コブシ, シキザクラ(同上)

Berberidaceae. 小檗科

147. Caulophyllum robustum Max. ルキエフボダン(山麓,駒返シ)

148. Diphylleia Grayi Fr. Schm. サンカエン(御花畑入口)

Ranunculaceae. 毛茛科

149. Actaea spicata L. ルキエフショウマ,(山麓)

150. Aconitum yezoense Nakai. エゾトリカブト(山麓,中腹)

151. Anemone debilis Fisch. ヒメイチゲ(御花畑,中腹,中噴火口)

152. Anemone narcissiflora L. ハクサンイチゲ(星ガ池)

153. Aquilegia flabellata S. et Z. ミヤマオダマキ(大噴火口)

154. Cimicifuga foetida L. var. simplex Reg. サラシナショウマ(中腹)

155. Clematis alpina Mill. ミヤマハンショウブル (大噴火口)
156. Coptis trifolia Salisb. ミツバワウレン (藥草ケ原)
157. Glaucidium palmatum S. et Z. シラネアフヒ (駒返, 御花畑, 星ガ池背坂)
158. Ranunculus acer L. var. Steveni Regel. ミヤマキンバウゲ (藥草ケ原, 駒返シ)
169. Thalictrum aquilegifolium L. カラマツサウ (山麓及山頂)

Cercidiphyllaceae. 嘉 津 良 科
160. Cercidiphyllum japonicum S. et Z. カツラ (山麓)

Caryophyllaceae 石 竹 科
161. Moehringia lateriflora Fzl. オホヤマフスマ (御花畑, 神笛溪)
162. Stellaria ruscifolia Willd. シコタンハコベ (大噴火口)
163. Stellaria yezoensis Max. エゾフスマ, シラオヒハコベ (大噴火口, 御花畑, 神笛溪)
164. Stellaria uliginosa Murr. ノミノフスマ (山麓)

Polygonaceae. 蓼 科
165. Polygonum polymorphum Ledeb. var. ajanense Regl. ホソバナンタデ (大, 中, 噴火口)
166. Polygonum Weyrichii Fr. Schm. ウラジロタデ (大噴火口)
167. Polygonum sachalinense Fr. Schm. オホイタドリ (山麓)
168. Polygonum sp. (大噴火口)

Aristolochiaceae. 馬 兜 鈴 草 科
169. Asarum Sieboldi Miq. ウスバサイシン (中腹及星ガ池)

Urticaceae. 蕁 麻 科
170. Boehmeria platanifolia F. et S. var. tricuspis Matsum. アカソ (山麓)
171. Laportea bulbifera Wedd. ムカゴイラクサ (山麓)
172. Urtica dioica L. var. platyphylla Wedd. オホバイラクサ, エゾイラクサ (山麓)

Moraceae. 桑 科
173. Morus alba L. var. stylosa Bureau. ヤマグハ (山麓)

Ulmaceae. 楡 科
174. Ulmus campestris Sm. var. japonica Sarg. アカダモ (山麓)
175. Ulmus montana Sm. var. laciniata Traut. オヒョウダモ (山麓)

Betulaceae. 樺 木 科
176. Alnus incana Willd. var. hirsuta Spach. ケヤマハンノキ (山麓)
177. Alnus alnobetula Hartig var. fruticosa Winkle. ミヤマハンノキ (山頂)
178. Betula alba L. シラカンバ (山麓)
179. Betula Ermanni Cham. ダケカンバ, ドスダンビ (中腹及山頂)
180. Betula Maximowicziana Rgl. ウダイカンバ, サイハダカンバ (山麓及中腹)
181. Carpinus cordata Bl. サハシバ (山麓)
182. Corylus rostrata Ait. var. mandshurica Reg. オホバツノハシバミ (山麓)

183. Ostrya japonica Sarg. アサダ(山麓)

Fagaceae. 山毛欅科

184. Quercus crispula Bl. オホナラ(山麓)
185. Quercus grosseserrata Bl. ミヅナラ(山麓)

Juglandaceae. 胡桃科

186. Juglans Sieboldiana Max. オニグルミ, クルミ(山麓)

Salicaceae. 楊柳科

187. Salix Reinii Fr. et Sav. ミテヤナギ, ミヤマヤナギ(山頂)
188. Salix Caprea L. バッコヤナギ(山麓)

Chloranthaceae. 金栗蘭科

189. Chloranthus japonicus Sieb. ヒトリシヅカ(山麓及中腹)
190. Chloranthus serratus Roem. et Scn. フタリシヅカ(山麓及中腹)

.Orchidaceae. 蘭科

191. Epipactis latifolia Sw. var. papillosa Max. アホノスズラン(中腹)
192. Ephippiantus Schmidtii Rchb. f. コイチエフラン(藥草ケ原)
193. Orchis aristata Fisch. ハクサンチドリ(大噴火口)
194. Plantanthera Matsudai Mak. タカネトンボ(大噴火口)

Lilliaceae. 百合科

195. Allium lineare L. チレマラツキヤウ(大噴火口及其底部)
196. Allium Victorialis L. ギヤウジヤニンニク(山麓及御花畑入口)
197. Convallaria majalis L. キミカゲサウ, スズラン(御花畑入口)
198. Disporum sessile Don. ハウチヤクサウ(山麓)
299. Hemerocallis sp. クワンザウノ一種(皇ガ池ニ至ル傍路)
200. Lilium Glehni Fr. Schm. オホウバユリ(山麓)
201. Lilium medeoloides A. Gray. クルマユリ(御花畑, 神溪笛)
202. Maianthemum bifolium DC..var. kamtschaticum Ledeb. マヒヅルサウ(中腹及七入合目)
203. Paris quadrifolia L. var. obovata Reg. クルマバツクバネサウ(山麓)
204. Paris tetraphylla A. Gray. ツクバネサウ(山麓)
205. Streptopus amplexifolius. DC. オホバタケシマラン(山麓)
206. Smilacina japonica A. Gray. ユキザサ(山麓)
207. Tofieldia nutans Willd. チシマゼキシヤウ(山頂及中腹)
208. Trillium kamtschaticum Pall. シロバナエンレイサウ(山麓)
209. Trillium Tschonoskii Max. ミヤマエンレイサウ(山麓及中腹)
210. Trillium Smallii Max. エンレイサウ(山麓)
211. Polygonatum officinale All. var. Maximowiczii Max. オホバアマドコロ(山麓)

Juncaceae. 燈 心 草 科

212. Juncus curvatus Buch. エゾホソキ(中, 小, 噴火口, 星ガ池)
213. Luzula campestris DC. var. sudetica Celak. タカネスズメノヒキ(大, 小, 噴火口, 星が池)

Araceae. 天 南 星 科

214. Arisaema japonicum Bl. テンナンセウ(山麓)

Cyperaceae. 莎 草 科

215. Carex Onoei Fr. et Sav. ハリスゲ(御花畑, 大噴火口)
216. Carex flavocuspis Fr. et Sav. ミヤマクロメゲ (大噴火口底, 藥草ヶ原, 星が池)
217. Carex pyrenaica Wahl. キンスゲ(大噴火口, 星ガ池, 藥草ヶ原)
218. Carex brunnescens Poir. var. sphaerostachya Kuek. ヒメカハヅスゲ(大噴火口)
219. Carex scabrinervia Franch. レブンクロスゲ(新稱)(宮部博士新稱)(大噴火口)

Gramineae. 禾 本 科

220. Agrostis canina L. ミヤマヌカボ, タカテヌカボ(大噴火口)
221. Calamagrostis hakonensis Fr. et Sav. ヒメノガリヤス(中腹)
222. Deschampsia flexuosa Trin. コメススキ(大噴火口)
223. Festuca ovina L. ウシノケグサ(大噴火口)
224. Milium effusum L. イブキヌカボ(大噴火口, 御花畑·藥草ヶ原)
225. Poa sudetica Hpe. var. radula (Fr. et Sav.) チシマイチゴツナギ(中腹大噴火口)
226. Sasa kurilensis Mak. et Shib. チシマザサ(中腹以上)
227. Sasa paniculata Mak et Shib. テマガリダケ(山麓及中腹)

Potamogetonaceae. 眼 子 菜 科

228. Potamogeton sp. (半月湖)

Coniferae. 松 柏 科

229. Abies sachalinensis Mast. トドマツ(山麓)
230. Picea ajanensis Fisch. エゾマツ(山麓及中腹)
231. Pinus pumila Regel. ハヒマツ(中腹以上頂上迄)
232. Cephalotaxus drupacea S. et Z. イヌガヤ(山麓及中腹)
233. Taxus baccata L. var cuspidata Carr. イチキ, オンコ(山麓及中腹)

Lycopodiaceae. 石 松 科

234. Lycopodium chinense Christ. コスギラン(大噴火口, 中腹七合目)
235. Lycopodium alpinum L. var. planiramulosum Takeda. ミヤマヒカゲノカブラ (大噴火口)
236. Lycopodium annotinum L. var. pungens Desv. タカネスギカヅラ(頂上)
237. Lycopodium obscurum L. エツクワウマンネンスギ(山麓)
238. Lycopodium sitchense Rupr. var. nikoense Takeda, タカゲヒカビノカヅラ
239. Lycopodium serratum Thunb. var. Thunbergii Mak. ホソバメウゲンバ(中腹七合目)

Polypodiaceae.　水 龍 骨 科

240. Aspidium Miquelianum Max. ナラキシダ(半月湖畔)
241. Athyrium macrocarpum Bedd. ヤマイヌワラビ(同　　上)
242. Athyrium thelypteroides Dsev. ミヤマシケシダ(同　　上)
243. Athyrium pterorachis Chr. オホメシダ(山麓)
244. Athyrium filix-femina Roth. var. melanolepis Mak. メシダ(同上)
245. Athyrium filix-femina Roth. var. nigropalaceum Mak. ミヤマメシダ(神笛澤)
246. Athyrium yokoscense Mak. コイヌワラビ(駒返)
247. Asplenium incisum Th. トラノオシダ(山麓,駒返)
248. Coniogramme japonica Diels イワガネサウ(山麓及三合目迄)
249. Adiantum pedatum L. クジャクシダ(半月湖畔及駒返レ)
250. Nephrodium filix-mas Rich. メンマ、フシダ、ミヤマキノデ(半月湖畔)
251. Nephrodium Totta Diels. ミゾシダ(山麓)
252. Nephrodium filix-mas Rich. var. lacerum Chr. クマワラビ(半月湖畔)
253. Nephrodium dilatatum Desv. シラネワラビ(山麓ヨリ七合目邊迄)
254. Nephrodium viridescens Bak. コガチワラビ(山麓)
255. Polystichum tripteron Sme. ジウモンジシダ(山麓,駒返,中腹)
256. Pteridium aquilinum Kuhn. ワラビ(半月湖畔)
257. Struthiopteris orientalis Chr. イヌガンゾク(同　　上)
258. Struthiopteris germanica Willd. クサソテツ(山麓,半月湖畔,駒返)
259. Scolopendrium vulgare Sym. コタニワタリ(山麓,駒返)

Osmundaceae.　薇　科

260. Osmunda cinnamomea L. ヤマドリゼンマイ(山麓)
261. Osmunda regalis L. var. japonica Milde. ゼンマイ(祖光坂)

———————

本目錄ハ明治三十九年同四十一年同四十四年ノ三囘ニ亘ル
子ノ採集標本、明治四十年伊藤學士ノ採集標本及蝦夷富士登
山會幹事高山萬次郎氏ノ時々採集ニカヽルモノ、並ニ東北帝
國大學農科大學植物學教室附屬腊葉標本室所藏ノ宮部博士、
半澤、戶津、石川、近藤、山本諸氏ノ採集標本ニヨリテ調査セル
モノニシテ、併セテ從來記錄セラレタル、左記諸氏ノ目錄ヲモ
參照セリ。

	科	種	
明治二十八年マクカリヌプリ氣象觀測記	24科	47種	水科七三郎氏 戸津 高知氏
明治三十八年植物學雜誌第十九巻第二百二十七頁マクカリヌプリ植物	44科	96種	覃野宗太郎氏
同年本會會報第一巻第一號マクカリヌプリ山頂植物	35科	77種	牛澤 洵氏
大正元年宮部博士教職二十五年記念論文集 同目錄の續遺		24種	同 氏
明治四十二年高山植物採集及培養法、中にマクカリヌプリ山植物目錄	28科	64種	志村 烏嶺氏
明治四十四年文武會雜誌第六十四號寫寫富士の花	42科	109種	辺藤 金吾氏
大正元年宮部博士教職二十五年記念論文集寫寫富士山頂に於ける山火被發生せる植物に就て	7科	14種	同 氏

本目錄所載ノ植物數二百六十一種、従來知ラレタル本山植物數ニ比シ實ニ百五十二種ノ多キニ達セリ。蓋シ従來本山植物目錄トシテ記載セラレタル種類ハ粟野、近藤、兩氏ノ外ハ主トシテ山頂植物ニ就テモノセラレタルモノニシテ、中腹山麓等ニ於ケル植物ノ記載セラルタルモノ少ケレバナリ。

本編所載ノ山麓限界ハ半月湖畔附近ニ取リ主トシテ、比羅夫口登山道ニ依レルモノナリ。而シテ本山植物ノ詳細ナル分布狀態ハ載セテ前號(第四巻第一號 p. 31—42. 後方羊蹄山、マクカリヌプリノ植物分布狀態ニ就テ)ニアリ。就テ參照アランコトヲ乞フ。

終リニ臨ミ本目錄編成ニ當リ懇篤ナル指導校正ヲ賜リタル、宮部博士、大野博士、工藤學士ニ臨テ謝意ヲ表ス。

Polypodiaceae. 水龍骨科

240. Aspidium Miquelianum Max. ナラキシダ(半月湖畔)
241. Athyrium macrocarpum Bedd. ヤマイヌワラビ(同　　上)
242. Athyrium thelypteroides Dsev. ミヤマシケシダ(同　　上)
243. Athyrium pterorachis Chr. オホメシダ(山麓)
244. Athyrium filix-femina Roth. var. melanolepis Mak. メシダ(同上)
245. Athyrium filix-femina Roth. var. nigropalaceum Mak. ミヤマメシダ(神笛溪)
246. Athyrium yokoscense Mak. コイヌワラビ(駒返)
247. Asplenium incisum Th. トラノオシダ(山麓,駒返)
248. Coniogramme japonica Diels イワガネサウ(山麓及三合目迄)
249. Adiantum pedatum L. クジヤクシダ(半月湖畔及駒返シ)
250. Nephrodium filix-mas Rich. メンマ,ヲシダ,ミヤマキノデ(半月湖畔)
251. Nephrodium Totta Diels. ミゾシダ(山麓)
252. Nephrodium filix-mas Rich. var. lacerum Chr. クマワラビ(半月湖畔)
253. Nephrodium dilatatum Desv. レラネワラビ(山麓ヨリ七合目迄迄)
254. Nephrodium viridescens Bak. コガチワラビ(山麓)
255. Polystichum tripteron Sme. ジウモンジシダ(山麓,駒返,中腹)
256. Pteridium aquilinum Kuhn. ワラビ(半月湖畔)
257. Struthiopteris orientalis Chr. イヌガンゾク(同　　上)
258. Struthiopteris germanica Willd. クサソテツ(山麓,半月湖畔,駒返)
259. Scolopendrium vulgare Sym. コタニワタリ(山麓,駒返)

Osmundaceae. 薇科

260. Osmunda cinnamomea L. ヤマドリゼンマイ(山麓)
261. Osmunda regalis L. var. japonica Milde. ゼンマイ(電光坂)

本目錄ハ明治三十九年同四十一年同四十四年ノ三囘ニ亙ル
予ノ探集標本、明治四十年伊藤學士ノ探集標本及蝦夷富士登
山會幹事高山萬次郎氏ノ時々探集ニカヽルモノ、並ニ東北帝
國大學農科大學植物學教室附屬腊葉標本室所藏ノ宮部博士、
牛澤、戸津、石川、近藤、山本諸氏ノ探集標本ニヨリテ調査セル
モノニシテ、併セテ從來記錄セラレタル、左記諸氏ノ目錄ヲモ
參照セリ。

	科	種	氏名
明治二十八年マッカリヌプリ氣象觀測記	24科	47種	水科七三郎氏 戸津 高知氏
明治三十八年植物學雜誌第十九卷第二百二十七號マッカリヌプリ植物	44科	96種	粟野宗太郎氏
同年本會會報第一卷第一號マッカリヌプリ山頂植物	35科	77種	牛澤 洵氏
大正元年宮部博士祝職二十五年記念論文集 岡目錄の補遺		24種	岡 氏
明治四十二年高山植物採集及培養法、中にマッカリヌプリ山植物目錄	28科	64種	志村 烏嶺氏
明治四十四年文武會雜誌第六十四號蝦夷富士の花	42科	109種	近藤 金吾氏
大正元年宮部博士祝職二十五年記念論文集蝦夷富士山頂に於ける山火後發生せる植物に就て	7科	14種	同 氏

本目錄所載ノ植物數二百六十一種、從來知ラレタル本山植物數ニ比シ實ニ二百五十二種ノ多キニ達セリ。蓋シ從來本山植物目錄トシテ記載セラレタル種類ハ粟野、近藤、兩氏ノ外ハ主トシテ山頂植物ニ就テモノセラレタルモノニシテ、中腹山麓等ニ於ケル植物ノ記載セラルタルモノ少ケレバナリ。

本編所載ノ山麓限界ハ半月湖畔附近ニ取リ主トシテ、比羅夫口登山道ニ依レルモノナリ。而シテ本山植物ノ詳細ナル分布狀態ハ載セテ前號(第四卷第一號 p. 31—42. 後方羊蹄山、マッカリヌプリノ植物分布狀態ニ就テ)ニアリ。就テ參照アランコトヲ乞フ。

終リニ望ミ本目錄編成ニ當リ懇篤ナル指導校正ヲ賜リタル、宮部博士、大野博士、工藤學士ニ隨テ謝意ヲ表ス。

日 本 産 は さ み む し 目 録

大 國 督

VERZEICHNIS DER JAPANISCHEN
EUPLEXOPTEREN.

Von

T. ŌKUNI.

Es waren bereits 23 Arten der Euplexopteren in Japan bekannt, welche hauptsächlich von Herrn T. Shiraki beschrieben wurden. Ferner gibt es noch 7 heimische Arten, 3 von denen von dem neu zugehörigen Chosen (Korea) und 4 die bis jetzt in Japan noch unbekannt waren.

Den Ohrwurm habe ich nach dem M. Burrischen System in 4 Familien und 11 Unterfamilien geordnet. In seinem "Genera Insectorum" (Dermaptera,), führt er an *Chelidura diminuta* Matsumura et Shiraki sei die Larvenform des *Apterygida longipygi* Matsum. et Shir. und gleich des *Forficula mikado* Burr. Ueber diese Bestimmung hege ich grosse Zweifel, und es wird sich später aufklären. Vorläufig werde ich *Chelidura diminuta* Matsum. et Shir. als eine selbstständige Art aufführen.

Die mit Zeichen ∵ versehenen Arten sind mir noch unbekannt.

Ord.   EUPLEXOPTERA.

Fam.   PYGIDICRANIDAE.

I.   Subfam. ANATAELINAE, Burr.

A.   Genus CHALLIA, Burr.

CHALLIA Burr, Trans. Ent. Soc. Lond. p. 286 (1904).

∵   1. **CHALLIA FRETCHERI**, Burr, Trans. Ent. Soc. Lond. p. 286 (1904).
Verbreitung——Chosen, Nordchina.

II.   Subfam. DIPLATYINAE, Verhoeff.

A.   Genus DIPLATYS, Serville.

DIPLATYS Serville, Ann. Soc. Nat. Vol. 22, p. 33 (1831).
2. **DIPLATYS FLAVICOLLIS,** Shiraki, Trans. Sapporo Nat. Hist. Soc. Vol. 2, p. 104 (1907).
どうぼそはさみむし・
Verb.———Formosa.

Fam.   LABIDURIDAE.

I.   Subfam. PSALINAE, Burr.

A,   Genus ANISOLABIS, Fieber.

ANISOLABIS, Fieber, Lotos, Vol. 3, p. 257 (1853).
3. **ANISOLABIS MARGINALIS,** Dohrn, Stett. Ent. Zeit. Vol. 25, p. 288 (1864).
ひげじろはさみむし・
Verb.   ——Honshiu (an dem Towada-See, Shibata i. d. Prov, Echigo), Kiushu u. Formosa.
4. **A. FALLAX,** Shiraki, Trans. Sapporo Nat. Hist. Soc. Vol. 1, p. 94 (1905).
とひげじろはさみむし・
Verb.———Formosa.
5. **A. PICEUS,** Shiraki, ibidem, p. 94. (1905).
やにいろはさみむし・
Verb.———Insel Ogasawara.
6. **A. MARITTIMA,** Borelli (apud Géné), Monogr. Forf. p. 9 (1852).
・はさみむし・
Verb.———Hokkaido, Honshu, (Takasago, Shibata), Shikoku, Kiushu.

B.   Genus EUBORELLIA, Burr.

EUBORELLIA, Burr, Proc. U. S. Nat. Mus. Vol. 38, p. 448, note (1901).

7. **EUBORELLIA PALLIPES,** (Shiraki), Trans. Sapporo Nat. Hist. Soc. Vol. 1, p. 93 (1905).

きあしはさみむし.

Verb.——Honshu (Takasago).

C.　Genus LABIDURODES, Dubrony.

LABIDURODES, Dubrony, Ann. Mus. Stor. Nat. Genova. Vol. 14, p. 355 (1879).

8. **LABIDURODES NIGRITUS,** Shiraki, Trans. Sapporo Nat. Hist. Soc. Vol. 1, p. 92, fig. 1 (1905).

くろはさみむし.

Verb.——Hokkaido, (Sapporo, Jozankei).

9. **L. FORMOSANUS,** Shiraki, ibidem, p. 92 (1905).

すぢはさみむし.

Verb.——Formosa.

10. **L. OKINAWAENSIS,** Shiraki, ibidem, Vol. 1, pt. 2, p. 7 (1905-06).

おきなははさみむし.

Verb.——Riukiu.

11. **L. SINGULARIS,** Shiraki, ibidem, p. 8 (1905-06).

こくろはさみむし.

Verb.——Hokkaido, (Sapporo).

II.　Subfam. LABIDURINAE, Burr.

A.　Genus LABIDURA, Leach.

LABIDURA, Leach, Edinbourgh Encycl. Vol. 9, p. 48 (1815)

12. **LABIDURA JAPONICA,** De Haan, Verb. Nat. Gesch. Nederl. Overz. Bezitt. Orth. p. 240 (1842).

おほはさみむし.

Verb.——Honshu, (Takasago, Akashi), Shikoku, Kiushu.

本種は松村博士著日本益蟲目録に Labidura riparia Pall. var. japonica D. H. とあるものなり.

Fam.   LABIIDAE.

I.   Subfam. SPONGIPHORINAE, Burr.

A.   Genus SPONGOVOSTOX, Burr.

SPONGOVOSTOX, Burr, Deutsch Ent. Nat. Bibl. Vol. 2, p. 59 (1911).

∴ 13. **SPONGOVOSTOX ? LEWISI,** Bormans (apud Burr), Ann. Mag. Nat.
       Hist. (7), Vol. II. p. 234 (1903).
       Verb.———Japan.

II.   Subfam. LABIINAE, Burr.

A.   Genus LABIA, Leach.

LABIA, Leach, Edinb. Encycl. Vol. 9, p. 118 (1813).

14. **LABIA YEZOENSIS,** Matsumura & Shiraki, Journ. Sapporo Agr. Coll.
     Vol. 2, p. 83, fig. 1 (1905).
     えぞはさみむし.
     Verb.———Hokkaido (Sapporo), Honshu (an dem Towada-See).

15. **L. FLAVOGUTTATA,** Shiraki, Trans. Sapporo Nat. Hist. Soc. Vol.
     2, p. 103 (1907).
     きぼしはさみむし.
     Verb.———Formosa.

Fam.   FORFICULIDAE.

I.   Subfam. CHELIDURINAE, Verhoeff.

A.   Genus CHELIDURA, Latreille.

CHELIDURA, Latreille, Fam. Règne Anim., p. 410 (1825).

· 16. **CHELIDURA DIMINUTA,** Matsumura & Shiraki. Trans. Sapporo Nat.
       Hist. Soc. Vol. 1, p. 84 (1905). .
       ひめはさみむし.
       Verb.———Hokkaido, Honshu (am Towada-See).

II.   Subfam. ANECHURINAE, Burr.

A. 　Genus ANECHURA, Scudder.

ANECHURA, Scudder, Proc. Boston Soc. Nat. Hist. Vol. 18, p. 289 (1876).

17. **ANECHURA CRINITATA**, (Shiraki), Trans. Sapporo Nat. Hist. Soc.
1, p. 11 (1905-06).
けはさみむし・
Verb.————Formosa.

∴ 18. **A. HARMANDI**, Burr, Trans. Ent. Soc. Lond. p. 312 (1904).
Verb.————Japan.

∴ 19. **A. LEWISI**, Burr, ibidem, p. 317 (1904).
Verb.————Japan.

20. **A. JAPONICA**, (Bormans), Ann. Soc. Esp. Nat. Hist. Vol. 9, p. 512
(1880).
Anechura coa, Semenoff, Rev. Russe d'Ent. Vol. 2, p. 100, fig. 2 (1902).
Apterygida athymia, Rehn. Proc. U. S. Nat. Mus. Vol. 27, p. 540 (1904).
こぶはさみむし・
Verb.————Sachalin, Hokkaido, Honshu, Kiushu.

III. 　Subfam. FORFICULINAE, Burr.

A. 　Genus FORFICULA, Linnaeus.

FORFICULA, Linnaeus, Syst. Nat. (ed. 10), Vol. 1, p. 423 (1758).

21. **FORFICULA TOMIS**, Kolenati, Melet. Ent. Vol. 5, p. 74, pl. 17,
. 　fig. 6a (1846).
Chelidura scindens, Kolenati, ibidem, p. 74, fig. 6b (1846).
Forficula hellmanni, Kittary, Bull. Soc. Nat. Moscou. Vol. 22 (4), p.
438, pl. 7, fig. 1 (1849).
くぎぬきはさみむし・
Verb.————Hokkaido, Honshu, (Aomori, Takasago.)

22. **F. MIKADO**, Burr, Trans. Ent. Soc. Lond. p. 319 (1904).
Apterygida longipygi, Matsumura & Shiraki, Journ. Sapporo Agr. Coll.
Vol. 11, p. 84 (1905).
きばねはさみむし・
Verb. ————Hokkaido, Honshu (Nikko, Koyaberg).

∴ 23. **F. VICARIA**, Semenoff, Russe d'Ent. Vol. 2, p. 99, fig. 1 (1902).
Verb.————Chosen.

24. **F. HARBERERI**, Burr, Ann. Mag. Nat. Hist (8), Vol. 8, p. 52 (1911).
   Forficula ruficeps, *Shiraki*, Trans. Sapporo Nat. Hist. Soc. Vol. 1, p. 8
   (1905-06) (Nec Burmeister).
   あかづはさみむし・
   Verb.———Formosa.

∴ 25. **F. ROBUSTA**, Semenoff, Rev. Russe d'Ent. p. 166 (1908).
   Verb.———Japan, Chosen, Mandschurei.

   IV.   Subfam. OPISTHOCOSMIINAE, Verhoeff.

   A.   Genus TIMOMENUS, Burr.

TIMOMENUS, Burr, Trans. Ent. Soc. Lond. p. 96. (1907).

26. **T. FLAVOCAPITATUS**, (Shiraki), Trans. Sapporo Nat. Hist. Soc. Vol.
   1, p. 10 (1905-06).
   きがしらはさみむし・
   Verb.———Formosa.

27. **T. AERIS**, (Shiraki), ibidem, p. 9 (1905-06).
   どうがねはさみむし・
   Verb.———Formosa.

∴ 28. **T. KOMAROWI**, Semenoff, Rev. Russe d'Ent. Vol. 1, p. 98 (1901).
   Verb.——·· Chosen.

   B.   Genus EPARCHUS, Burr.

EPARCHUS, Burr, Trans. Ent. Soc. Lond. p. 120 (1907).

29. **EPARCHUS? PULLUS**, (Shiraki), Trans. Sapporo Nat. Hist. Soc. Vol.
   2, p. 105 (1907).
   まがりはさみむし・
   Verb.———Formosa.

   V.   Subfam. DIAPERASTICINAE, Burr.

   A.   Genus MESOLABIA, Shiraki.

MESOLABIA, Shiraki, Trans. Sapporo Nat. Hist. Soc. Vol. 1, p. 12 (1905-06
   (nur ♀).

30. **MESOLABIA NIITAKAENSIS**, Shiraki, Trans. Sapporo Nat. Hist.
　　Vol. 1, p. 12 (1905-06).
　　にいたかはさみむし.
　　Verb.———Formosa.

————————

摘　　　要

　　從來本邦産として知られたるはさみむしは二十三種あり、而
して是等の大部は疑きに農學士素木得一氏の新種として發表せら
れたるものに係るものなれ共、本邦産はさみむしは此等以外に尚
ほ七種を數へ得べし、即ち新領土朝鮮に於ける三種と、未だ本邦産
として注意を拂はれざりし四種之なり、故に余は此等を一括し以
て、日本に於けるはさみむし目錄を作り覧かんとす、素より淺學の
識或は誤謬なきを保し難きも、他日又た同好者諸君の爲め幾分か
の參考にもならば盡し卒榮之に過ぎざるなり。

　　現時に於ては本邦産はさみむし類を總て Forficulidae 中に編入
せしも余は M. Burr. 氏の分類法に從ひ四科十一亞科に分ちたり、而
して同氏は Genera Insectorum 第百二十二編 (Dermaptera) に於て、Cheli-
dura diminuta Matsumura & Shiraki ひめはさみむし を Apterygida longipygi
Matsumura & Shiraki. きばはさみむし の幼蟲の記載なりとし、且つ之を
Forficula mikado Burr. の異名なりとせり、然し Burr. 氏の此斷定が果し
て異なるや否や遺憾乍ら、今茲に明言し難きも、いづれ判明するの
期遠からざる可きを信じ、本目錄には從來の如く Chelidura diminuta
Matsumura & Shiraki. を固定種として記載し置けり。

　　終りに本大學標本室に於ける貴重なる圖書、並に標本に就き
研究し得たるを厚く　師松村博士に謝す。

　注意 ∴ 印は未だ余の見るを得ざりし種類にして，而かも未だ和名の決定せしものなきを以て是等に對しては特に和名を付せざりき。

　　　　　　　　　　　　　　　　　　於昆蟲學實驗室
　　　　　　　　　　　　　　　　　　　大　國　　督

於昆蟲學實驗室

大　國　　督

北海道の津浪に就て

河野常吉

ON THE DISAETROUS TIDAL WAVES
IN HOKKAIDO.

By

T. KŌNO.

　　大森理學博士が「日本に於ける津浪に就て」の調査は、載せて震災豫防調査會報告第三十四號にあり。其の大津浪分布圖を見るに、北海道に於ては襟裳岬より花咲岬に至る間(南東海岸)に三線、國後島の東南岸に二線、渡島國の全海岸(後志の小部を含む)に一線を引きたり。是れ北海道に於ける古來の大津浪の囘數及び其區域を示したるものなるが、遺憾ながら遺漏あり。且つ各津浪の狀況は之を記載せられさりき。

　　予の調査によれば、北海道に於ける古來の大津浪は、慶長以來七囘あり。內五囘は太平洋方面に起り、二囘は日本海方面に起れり。慶長以前も大津浪ありしならんと雖も、記錄の徵すへきものなきを以て之を知ること能はす。下に各津浪の概況を記せん。

　　(1)慶長十六年(西暦1611年) 多十月東蝦夷地逆浪あり、海水溢れ和人夷人溺死するもの多し。此の事福山祕府、松前年歷捷徑等に見ゆるも、記事簡單にして詳細を知ること能はす。然れども溺死者多しと云ふに據れば、其の大津浪たりしこと疑なし。

　　(2)寬永十七年(西暦1640年) 六月十三日午時內浦岳(渡島國茅部郡駒岳) 俄然鳴動噴火し、海水動搖して津浪を生し、百餘艘の昆布採取船の人々、殘り少なく津浪に引かれ、和人夷人溺死する

もの七百餘人に及ぶ。此の時北方の有珠に於ては、波浪善光寺如來堂の後山に上りしが、堂は幸に恙なかりき。蝦夷地は津浪未だ至らさる前に鳴動を聞く。松前も亦潮水登應あり。此の噴火に舟上燒け崩れ灰燼天に滿ちて、十五日朝まで天地眞暗にして晝間ほ燈を用ふ。降灰は越後に及ひ、津輕にては積ること約三寸なりき。此の事信離之記録、福山秘府、其の他諸書に見ゆ。

　内浦岳は噴火灣の西岸に聳ゆる火山にして、其の噴火の知られたるもの數回ありと雖も、津浪を起しだるは唯此處に記する一回のみ。同山は海に近しと雖も陸上にあるものなり。陸上にある火山の活動に原因して大津浪を生じたるは、稀有の事にして、貴重なる一現象とすべし。

　(3)寬保元年(西暦1741年)七月八日頃より松前地方西方の海上にある大島噴火の噂あり。十五六日頃より福山、江差等に灰降りて地上深きもの數寸に至る。十九日下寅の剋海上大に鳴動し、須臾にして大津浪襲來し、福山より熊石村に至る三十餘里の海岸、悉く其の害を蒙り、大小の船舶難破するもの千五百二十一艘、家屋倉廩の破壞するもの七百九十一戸、溺死するもの千四百六十七人に達し、尚ほ此の外熊石以北の夷地に於て溺死其の他損害少なからず。八月福山の立石野に無緣堂を建て以て死者の靈を吊ふ。此の事福山秘府、松前東西管圍其の他諸書に記す。

　古老の傳ふる所に據れば、此の津浪の至る前、海水先づ退き暫くして大浪襲來せりと云ふ。其の他此の津浪の激甚なりし事に就き種々の口碑あるも之を略す。

　(4)安永九年(西暦1780年)四月得撫島地震、津浪あり。是の時露人は同島の東岸ワニノゾに在りしが、同處に碇泊せし露船ナダヤヤ號は漂蕩して山に上り、溺死するもの四人ありたり。後露人此の船を山より下さんと苦心せしも、終に下すこと能はざりき。

　(5)寛政三年(西暦 1791 年)　五月二十四日申の刻、西蝦夷地地
震ひ、忍路の洞は岩壁崩壊し、又津浪を生して海水陸に上り、濱
邊に引揚げ置きたる蝦夷船は殘らず流失し、同地の夷人にて出漁
せしもの五人溺死せり。美國場所に於ても和人夷人の溺死ありし
と云ふ。此の事夷諺俗話に載す。

　(6)天保十四年(西暦1843 年).　三月二十六日曉、國後、根室、厚岸、
釧路大地震あり、津浪を起し、家屋の破壊するもの七十五、船の艫
破するもの六十一艘、和人夷人の溺死したるもの四十六名なり。此
の記事松前家記及び國泰寺日鑑記に據る。

　(7)安政三年(西暦1856 年)　七月二十三日箱館、室蘭、勇拂等地
震ひ津浪あり。函館に於ては同月十九日頃より數回地震を感じ、二
十三日九つ半時に至り大地震を發し、尋て津浪襲來して市街を浸
し,大町邊は海水土藏に入り、鶴岡町邊は五百石積の船街街路に上り、
築島にては地上浸水五尺に達し家屋の深蓋し去るものあり。斯く
て海水退きて又襲ひ來り、一進一退八九回に及ひ、夜に入りて定ま
れり。此の夜市民は處々の坂上に露宿し、官に於ては飯の焚出しを
爲して之を救助せり。蓋し此の津浪は太平洋中より起りしものに
して,奥州宮古附近の如きは被害甚だしく、家屋の倒壊流失百餘に
及びたりと云ふ。

　　尚ほ函館にて此津浪に遭遇したる某氏の談話を聞くに、先づ
灣内の水退きたれば、貝を拾ひ魚を捕へんとて出て行きしに、暫く
してゴウゴウ鳴り渡り、津浪至るとて人々騒ぎける故、腰着しつつ
ありし船に乗りて、津浪と共に市中に入りて漬き廻り水退くとき
は、船を家の柱に繋ぎ置き、水來れば又漬き遊びたりしと。

　　備考　以上記載する所の外、小津浪少なからず。殊に低氣壓
の際、暴風に伴ふて生せしもの多しと雖も,本篇は大津浪を專ら
とするを以て、小津浪は之を略す。

前記七回の津浪に就き、之を種々の方面より觀察して、大略下に
列記するが如き結果を得たり。

　津浪の時期、慶長十六年より今日に至る三百一年間に、七回
の大津浪ありて、平均四十餘年目に、北海道の或る部分に、一回の
大津浪ありし割合なり。尙ほ各津浪に就て言へば、其の間隔の最も
短きは十一年、最も長きは百一年なり。又津浪の起りし月に就て
見れば、舊曆三月一回、四月一回、五月一回、六月一回、七月二回、十月
一回にして、寒冷の時節よりも溫暖の時節に多しとす。

　津浪の原因、寬永、寬保の二回は、噴火作用による地震に起因
せり。安永、寬政、天保、安政の四回は地震に起因するも其の地震を
起せし原因に至りては之を明にすること能はず。慶長の津浪は記
事簡單にして、地震の事を記せさるも、亦恐らくは地震に起因せし
にあらざる歟。

　津浪を發せし方面、日本海方面に起りしは、寬保、寬政の二回
にして、他の五回は太平洋方面に起れり。オコック海方面に至りて
は一回の大津浪もなかりき。

　被害地方、各津浪は何れも北海道の一部を襲ひたるものなる
が、太平洋方面は其の回數多きを以て、各地大抵二三回の大津浪に
逢ひたるものゝ如し。日本海方面は、寬保の津浪に、渡島國の西部
及び後志國の小部、寬政の津浪に後志國の北部が害を受けしのみ、
即ち是等の地方は唯一回に止まりたり。日本海方面の北部並にオ
コック海の海岸に至りては、一回の大津浪にも遇はさりき。

　津浪の前兆、大津浪の前兆は、地震、噴火及び海水の著しき減退
にあり。然れども地震は多くの場合、津浪の前兆たらさるを以て、
單に地震のみを感して、津浪を警戒せんには、實に其の煩しきに堪
へざるべし。海岸に於ける火山の逬發は、時として津浪を生ずべし
と雖も、亦之れのみを見て恐怖するは輕卒なり。然れども海水の著

しき減退、殊に其の減退が地震若しくは海岸に於ける火山の活動と相伴ふ場合に在りては、必ず大津浪の前兆として警戒避難するの要あらん。寛保及び安政の津浪の例を見て之を知るべし。總て比較的近距離の處に發生する津浪は、其の海岸に到達する前に於て、先づ海岸の海水を減退せしむるを普通とす。

　　海岸火山の活動恐るべし、海底に於ける火山の活動が、恐るべき津浪を生ずることは勿論なるも、海岸火山の活動が大津浪を起せし例は世に多からず。然かも北海道に在りては七回の大津浪の内、二回は實に海岸火山の活動より起りたり。即ち大島は周圍一里二町の一孤島にして其の島に於ける火山の大活動は寛保の大津浪を生じ、駒岳（即ち内浦岳）は海岸の火山にして、其の大活動は寛永の大津浪を生じたり。されば北海道に於ては、津浪との關係上、是等海岸火山の活動は、頗る注意を要すべき者たるべし。

　　終りに臨みて一言す。此の一篇は北海道に於ける從來の大津浪を概説して、北海道人士の參考に供し、併せて大森理學博士の本邦津浪調査の遺漏を補ひ、以て學界に於ける研究の資に供せんが爲め、起草せしものなり。尚ほ此の篇を讀み給ふ諸賢にして、誤謬若しくは遺漏を發見せられんには、幸に教示を惜み給ふ勿れ。

やぶだま胞子の一二成分に關する試驗

農學士 田所哲太郎

ON SOME CONSTITUENTS OF THE SPORES
OF
LASIOSPHÆRA FENZLII.

By

I. TADOKORO, *Nōgakushi*.

　從來菌類胞子の化學的成分に關する研究極めて少く、曾てクレマー (Cramer) 氏があをかびの胞子、(Centralbl. f. Bakt., Jena, 2. Abt., I Bd.,) 麻生氏は麹の胞子 (Bull. Coll. Agric., Tokyo. Imp. Univ., Japan, 1900, 81.) に就きて行ひたるものあるに過ぎず。而してやぶだまに關しては研究報告多くあるも、未だ其胞子の成分に就きて行ひたるものあるを聞かず。偶々著者は該菌を採集するの期を得たるを以て、其成分に就き試驗を行はんことを企圖せり。然れど材量極めて少かりしが爲め、僅に一二の成分に就き豫備的試驗を行ひ得たるに過ぎざりしが故に、更に他日を期して詳細報告することあるべし。

　供試材料の調製　やぶだまの未だ胞子を飛散せざる前に採集し、之を室内に置きて成熟せしめたり。乾燥せる胞子を紙上に集め、絹篩にて撰別して、菌糸其他の夾雜物を除き、天秤室に數日間放置して檢材量壜に貯へ分析に供せり。

　一般成分　篩別せる氣乾態の試料を取り常法に依りて次の成分を定量せり。

成　分	水　分	粗灰分	粗脂肪	粗蛋白質	無窒素物
原物百分中	12,63	2,25	5,19	37,79	42,14
乾物百分中	——	2,46	5,94	42,25	48,23

　窒素の分配　一般分析に於て粗蛋白質として定量せし窒素化合物の含量は、全乾物量の大半を占むることを知るが故に、次に其窒素分配狀態を試驗せり。即ちハウスマン（Hausman）氏の方法に依り8瓦の材料を取り80瓦の濃厚鹽酸と共に逆流冷却器に連結して、完全に分解したる後アンモニアを酸化マグネシヤにて遊離せしめ以てアンモニア態窒素を定量し、蒸餾液は之に鹽酸を加へ500竓の量液フラスコに濾過し、濾紙上の沈澱の窒素は之を定量してメラニン態窒素の量となし、濾液は之を100竓となし、其25竓を取りてモノアミノ及デアミノ酸態窒素の含量を測定し更に濾液100竓を取り燐ウルフラム酸に依り沈澱を作り、該沈澱中の窒素を定量してデアミノ酸態窒素の分量を測り、前含量より差引き以てモノアミノ酸態窒素とせり、其結果を示せば下の如し。

	全窒素	アンモニア態窒素	メラニン態窒素	モノアミノ態窒素デアミノ	モノアミノ態窒素	デアミノ窒素
無水物百分中	4,84	1,32	0,046	3,47	3,02	0,42
全窒素百分中	——	28,09	0,22	71,69	62,32	9,37

　炭水化物の定性試驗　次に炭水化物の定性試驗を酒精浸出物及び稀釋曹達液浸出物即ち護謨質の兩者に就きて行ひたり。

　酒精浸出物を得るには次の處作に由る、30瓦の材料を取り、之に100竓の90％酒精を加へ、12時間冷處に放置し、アンモニアにて中和したる後、逆流冷却器に連結して2時間湯煎上にて浸出せり。浸出液は之を眞空内に蒸發して後、95％酒精次に純酒精にて數回處理し以て含利別を作れり。又曹達液浸出物を得るには、其殘渣を4％の曹達液にて浸出し鹽酸及び酒精にて沈澱を作り、之を5％硫酸を以て加水分解を行ひ、中和復蒸發し、95％の酒精及純酒精にて數同處理して前同樣含利別を作れり。兩種の含利別は下の如き化學反應を有す。

　酒精浸出物より得たる含利別、

1. フェーリング（Fehling）氏液を強く還元す、偏光面を右轉す、

2. モーリッヒ,ウドランスキー（Molisch-Udransky）氏反應積極なるも、フロヽグルチン法に由るペントースの反應を呈せず。

3. レゾルチン及び鹽酸に依りセリワノッフ（Seliwanoff）氏の反應消極なり。

4. フェールヒドラジンを加ふるもマンノース固有の結晶性ヒドラゾンを生成せず，是に於て之に醋酸を加へ湯煎鍋中に温めしに黄色結晶性のオサゾンを生ぜり。

　曹達液浸出物より得たる含利別、

1. フェーリング氏液を強く還元す、且つモーリッヒ,ウドランスキー氏反應顯著なり。

2. フロログルチン及び鹽酸によりペントース固有の吸收スペクトルを表さず。

3. レゾルチン及び鹽酸に依りセリワノッフ氏の反應を呈せず。

4. フェニールヒドラジンを加ふるもマンノース固有の結晶性ヒドラゾンを生成せず、然れども之に醋酸を加へ湯煎上に加温するきは黄色結晶のオサゾンを生成す。

5. 且つ該含利別は偏光面を右方に廻轉す。

　其他兩含利別中には醋酸鉛及び 5 ％硫酸の存在に於て沈澱すべき物質を含有す、又曹達液及びヂアゾベンゾスルフオン酸に依り美麗なる赤色反應を呈す。

　キチン質に對する試驗　以上の如く處理したる滓渣より、更に 5 ％硫酸に依りて加水分解せらるゝ物質を除きたる後、シュルツ（Schulz）氏法に依り鹽酸グルコサミン結晶の析出を企てたり、即ち強鹽酸を加へ湯煎上に加温すること 15 分間の後、冷却し水を加へて稀釋し濾過せり、濾液を骨炭にて脱色し蒸發濃厚となし硫酸上に乾燥すること一週間に及ぶも鹽酸グルコサミンの結晶を生成せざ

り き。

　　概要　　之を要するに胞子は含窒素有機物に富み、全量の 42.25 % を含有す、此等は蛋白質及アミノ酸類よりなるものなるべく、其分解に際して、窒素の取るべき形態はモノアミノ酸態最も多く、アンモニア態之に次ぎデアミノ酸態を取るもの最も少し。

　　炭水物中にはケトース、ペントース、マンノース及び此等の母体たるべきものを含有せず、然れど黄色結晶性のオサゾンを作り、偏光面を右轉す、且つ其他の反應より考ふるに、恐らくは葡萄糖及其母体を含有するものなるべし。

　　胞子を酒精、酸、アルカリ液等にて處理したる後、鹽酸にて沈渣を分解するも鹽酸グルコサミンの結晶を生成せざるが故に胞子の皮膜は恐らくキチン質にあらざるべし。

國後島「ポントー」湖の硫黄

理學士 大井上義近

ON THE SULPHUR IN THE LAKE PONTO
OF
KUNASHIRI ISLAND.

By

Y. ONOUYE, *Rigakushi*.

　嘗て千島國國後島にて硫黄を湖中より汲み取りて鑛業を營めると云ふことを聞き如何にして硫黄の成生せるものなるかを知らんと欲せしが今夏好機を得て同島に渡り親しく其狀況を實驗したれば左に其概要を逃べんとす。

　位置及地勢　國後島の南端に一漁村あり泊村と稱し根室國に最も接近せる一小港なり此地を距ること北方四里にして一小山の突起せるものあり是を泊山と云ふ其北側に一大凹地ありて茲に水を湛ひ一菱内湖とは是れなり四周絶壁を以て擁らし湖面より約八百尺高く南壁は千二百尺も高く從心以て泊山を成せり一菱内湖は海抜五百尺にして半月形を成し西北一東南に長く周圍二里水深く多量の硫黄分を含有し魚類の生棲を見ず一菱内湖の成因は即ち一火口湖にして湖の南側に當り「ポントー」山の噴出せる爲め圓狀の發達を妨げられ半月形を取れるものなり。

　「ポントー」山は泊火山の中央火口丘にして元と圓形を成せる一菱内湖の南邊に噴出したるものなり成生後硫汽噴出すること烈しく爲めに噴孔の周圍は崩壞せられ僅かに其北端と東南部に其遺跡を存するのみにて西部及南部は缺除せり北部は高さ約二百尺にし

て東南端は南方に連なり泊山に接續す而して「ポントー」山には中央に圓形一火口を有し徑約七百尺あり一菱內湖とは高さ二百尺の小山を以て界せられ湖面は一菱內湖より約二十尺高し。

　「ポントー」火口は硫黃礦を產出する湖にして火口底の中央は水面より九十尺乃至百尺深きも湖邊は中央に向ひ五十尺間は深さ五十尺を越ゑず即ち深さ百尺內外の場所は湖の中央部に於て徑六百尺ありて其底部よりは諸所噴滾する所あり而して湖の東北には一小溝ありて一菱內湖に疎水す湖水溫度攝氏四十度を示す。

　地質　外輪山を構成せるものは灰色細粒にして輝石の斑晶明かなるも中央火口丘たる「ポントー山」のものは褐色粗鬆にして噴出瓦斯のために著しく分解せらる然れども總て輝石安山岩なり。

　礦床　中央火口丘上に存する「ポントー」湖には三種の硫黃生成せらる。

　一、昇華物

　二、礦染物

　三、噴出瓦斯が湖中にて硫黃を生成するもの

　一、昇華物は火山の噴孔に接して硫滾瓦斯が冷却して硫黃と其周壁に付着せしむるものにして常に噴火山に於て目擊する所のものなり「ポントー」湖の北緣には七八個所に小噴滾孔ありて絕ゑず硫滾瓦斯を發生し硫黃を昇華するも其量極少なるものなり。

　二、礦染とは噴出する硫滾瓦斯の爲めに噴孔の周圍又は裂隙の兩側部は痛く分解せられ岩石を構造せる礦物は瓦斯作用及溫泉作用により漸次溶解除去せられ更らに硫黃は次第に其空位を充たし以て岩石をして硫黃礦たらしむるものなり故に昇華物と相伴ひ噴滾孔の附近に存在するものにして本邦には此種の礦床少なからず。

　三、火山より噴出する瓦斯中にて最も多量なるは水蒸氣にして其他二酸化炭素、二酸化硫黃、硫化水素、鹽素、弗素等にして火山の四

周にて吾人の臭感を最も刺戟するものは硫黄化合物なり此等二酸化硫黄及硫化水素瓦斯は湖水中にて互に化合して硫黄を遊離せしめ又硫化水素瓦斯は湖水中の酸素を取り而して硫黄を分離せしむ。

$$2H_2S + SO_2 = 3S + 2H_2O$$

$$H_2S + O = S + H_2O$$

斯くして湖中に生成する硫黄は粒状にして黄色のものを混ずるも灰色乃至黒色のもの尠なり火口湖底に沈積せるものと火道管中より得たるものとは其形状及色等に區別する所あり。

火道管中のものは色暗灰色万至黒色にして形は圓、卵、紡錘、無花果、腎臟狀其他樹状となす大さ0.2ミリメートル万至3ミリメートル程のものを普通とす此等は多く各粒別々に火道管内より噴出せらるゝも亦相密着し恰も鏈簿状を呈するものあり而して此等粒状硫黄は猶ほ表面に微細なる硫黄片を付着し粗或あり。

火口湖底に沈澱せるものは前者に比し色精淡く灰色若くは黄色にして形は略同一なるも半形のものを混ず而して表面平滑にして半球形の底面に小孔を存するを常とす。

半形體硫黄斷面圖

底面凹狀ナルモノ　底面凸狀ナルモノ　底面平坦ナルモノ

(卵状.紡錘状.無花果状.腎臟状ノモノニモ此三種アリ)

斯の如く後者に異形の硫黄を存するは生成後機械的作用の爲めに變形せるものに非ずして瓦斯体より固形体に轉化する際既に半形體を呈して球形のものと混在するものなるべく表面の極めて平滑なるは生成後水中にて相互の摩擦によるも半形體の底面には遂も機械的作用に慕く痕跡をを認めざるものあればなり。

曾て川崎理學士が白根火山に於ける硫黄の生成と題して地質

學雜誌第百二十二號に論ぜられしことありしがポントー湖中の粒
狀硫黃と同樣なるものありて些か形狀に異なるものあるも等しく
瓦斯泡が水中にて固体の硫黃に變形せるものにして現今盛んに火
道管中より生成せらるゝなり左に今其生成狀態を述べんとす。

　　抑も外界の氣壓漸く減少するにあたり噴火口若くは其周邊の
裂縫より噴出する瓦斯の量多きを常とす之れ內外の壓力平均せん
が爲にして曇天或は雨天の際多量の噴煙あるは蓋し此理に據るな
り秒邶,網走,根室の觀測によれば一ケ年中最も低氣壓の時期は二月
なり當時は盛んに噴氣するも外界の氣溫最も低きが故稼業上甚だ
困難なりといふ故に其產額を知る能はざるも次に低氣壓は各年夏
期即ち六七八の三ケ月にして外界の氣候は作業上最も適當なるを
以て當期採集するものは產出額の大部分を占む素より夏期は平均
氣壓低きも二十日万至三十日間も繼續して氣壓高きことあるを以
て其場台には噴氣極めて少量にして硫黃の收穫又值少なりといふ
平素少量の瓦斯噴出し水面に氣泡を發すれども漸く低氣壓の時期
到來すれば噴氣盛になり一尺乃至二尺の水柱を湖面に上ぐ其際は
火口湖中央底部は深さ常に平均九十尺乃至百尺なるも俄かに深さ
を增し二百尺位に達すといふ是れ即ち密閉せられたる火道管が猛
烈に噴出する瓦斯の爲め其上部の堆積物を火道口より押上げ以て
空虛となさしひるによるものなり而して其下部より新鮮なる硫黃
粒を上騰せしむ茲に於て採集者は湖上に小舟を浮べ鐵製桶(徑二尺
深さ二尺)を火道管中に下ぐれば上騰せる硫黃粒は水より比重大な
るを以て再び湖底に沈澱せんとし降下するもの桶中に入る之を滑
車にて汲み上ぐるなり噴氣盛んなる時は桶を下ぐれば忽ち充滿し
一日中百桶程の採集は困難にあらざるなり斯の如き多量を得る日
は廿日乃至三十日間も繼續することありといふ然れども火山活動
力の衰ふるに連れ漸次噴氣減少し次第に其產額を減ずるに至れり。

　本道硫黄嶺の種類數多あれども古武井硫黄山、奥尻硫黄山、岩尾
登硫黄山の如き諸嶺山の硫黄の生成を見るに皆湖中沈澱物にして
現今「ポントー」硫黄山に於て生成せらるゝ如き粒狀硫黄が湖中に堆
積し(粒に大小はあるべし)硫黄嶺のみの重力及其上を蔽へる粘土額
堆積物の壓力並に噴嵐瓦斯の高溫等のため.に緻密の構造を有する
に至り以て今日の嶺床を形成せるものなるべし此の如き粒狀硫黄
は數個の火山に限られたるものに非らざるべく現に登別溫泉近傍
にも略同樣の生成を目擊したり唯登別產のものは形稍大にして中
空なるを常とす。

(大正元年十一月稿)

有珠火山泥流上の滾丘

理學士　大井上義近

NUMEROUS CONES ON THE MUD FLOW

OF

THE USU VOLCANO.

By

Y. ŌINOUYE, *Rigakushi.*

　明治四十三年夏期北海道膽振國有珠火山爆裂の際北屏風山北
側斜面に於て洞爺湖邊に沿ひ四十有餘の爆裂火口を生じ多量の噴
煙と共に幾多の火山彈及び砂灰を抛出せしが猶五火口よりは泥流
を溢出せり就中著しきものは西圓山前麓に位せし一火口より流出
せしものにして其量に於ても亦噴出回數に於ても他に優るものな
り該泥流は曾て西圓山西麓に住せし中須某の居宅を流し數百の茶
樹を埋沒せしめ火口より湖邊に至るまで約七百米間厚平均一、五米
にして巾約二百米に達し湖中に注入せるものをも合すれば約二十
三万立方尺を概算す而して其泥土は當時噴火前地震頻繁なりし時
有珠灣内及洞爺湖邊に生じたる泥丘を構成せるものと同一質物に
して細粒灰色砂狀のものなり斜長石、紫蘇輝石、普通輝石、磁鐵礦及
赤鐵礦片等を混有し其他灰色緻密安山岩及黑色粗質安山岩の小塊
を交ゆるも此等岩片は質量大なるを以て流下するに當り底部に沈
み表面には僅少なりとす。

　泥土は噴出當時多量の水分を含有し溫度高く且つ頗る粘著性
なりしが漸く日月を經るに從ひ水分は次第に蒸發し土砂は意々凝

着し一ケ年後には足跡を印せざるのみか鍬の如きものを用ゐざれ
ば泥砂を探集する能はざる硬度に變じ從つて表面には不定形の龜
裂を生じ極めて扁平なる饅頭狀小突起の波狀を呈して起伏せるを
認めしが更らに二ケ年を經たる今日に於ては其饅頭狀突起は漸く
泥流面より突出し殆ど該泥流一帶に亙り無數の小丘を形成するに
至れり。

　小丘の形狀は饅頭狀乃至鐘狀にして大小種々あれども最も大
なるものは底邊徑三米高さ一、五米に及ぶものあり小なるものは徑
〇、五米高さ〇、一米程にして側面傾斜極めて緩なるものあれども急
なるものは四十度に達するものあり而して其頂點には特に縱橫に
裂目あるも孔形を有するもの甚だ稀なり此等小丘は殆ど一定の配
列なく各十米乃至三十米位を距てゝ一個づゝ散在し異樣なる地形
を呈せり

有珠火山泥流上ノ汽丘

明治四十五年五月十六日撮影

　吾人は澱粉又は小豆粉に水を混じ濃厚に之れを煮沸するに當
り最早充分沸騰し粘着質物に變ずれば其中に含有せる水分は瀰泡

となり内部より表面に發出し濃度高きもの程發壓しつゝ破裂し恰も平圓錐形火口狀の小突起を造り再び水平の位置に復するを見る。

　上記せし西圓山南麓の一爆裂火口は七月下旬より入月初旬に亙り噴火最も熾なる當時は殊に多量に噴水し恰も間歇温泉の如く數分乃至數十分を距て數丈の水柱を昇騰せしめ又屢泥土と共に混じて泥流を成し火口より溢出せしむ而して其泥流は水分及び瓦斯を含蓄せしが冷却すると共に表面に近接したる泥流中の水分及瓦斯体は次第に蒸發し表面は乾燥收縮し龜裂を生ぜるに猶ほ内部には水分及瓦斯体を蓄積し地下尺餘以下の深處に貯へらる水分は長時日を經て初めて氣体に變じ他の瓦斯体等と共に漸次相集合し脹力愈增大するに從ひ抵抗力最も小なる方向即ち地表に其影響を及ぼし之れを壓し上げ徐々と地膨れを成し次第に發達して扁圓錐形小丘を形成せるものなるべし此の如く地表より尺餘以下の内部に無數の蓄瀦所を生じ各其氣体の脹力に應じ小突起を無數に泥流面上に作りたれば予は茲は該丘を名けて泥丘(適當なる名稱を付せんことを欲す)と呼べり。

　溶岩中に包有せる氣体が地表に於て發出する時は恰も月面上に目撃するが如き「マール」狀噴瀦孔を即時に形成するものあれども有珠泥流上の泥丘の如きは他に多くの例なく本邦にても稀なる現象に屬す將來如何に變形するか猶注意すべきものなれども恐らく今後著しき發達なく次第に浸蝕作用の爲め崩壞せられ平地に化すべし。

　　　　　　　　　　　　　　　　　　　（明治四十五年五月中旬稿）

日本産「ヂアプトマス」屬の二新變種と一新種に就きて

小久保 清治

DESCRIPTIONS OF A NEW SPECIES AND TWO
NEW VARIETIES OF DIAPTOMUS OF JAPAN.

By

S. Kokubo.

　曩に本邦産「シクロプス」屬に關する論文を發表せし以來、余は本邦産「ヂアプトマス」屬に就きて研究し、新種と看做す可きもの一種、新變種と看做す可きもの二種を發見せり。因て次に之を揭げんとす。研究に使用したる材料は北海道膽振國支笏湖、常陸國霞浦、近江國琵琶湖、等に於て採集せるものなり。

　此研究を爲すに當りて、恩師藤田先生は懇篤なる指導を與へられたり、謹て茲に感謝の意を表す。

　1. Diaptomus denticornis Wierzejski var. yezoensis n. var.

　雌、體形は D. denticornis に酷似す、頭部は後方に於て最も廣く第五胸節は後緣に於て兩側に擴張し銳角を爲す。前體部最廣部の巾は前體部の長さの三分の一よりも僅に大なり。頭部第一節は末節よりも短し。叉肢は短くして其巾の二倍を越えず。第一觸角は後方に屈折する時は叉肢に達す。第五胸肢の形は頗る D. denticornis に似たり、其外葉先端の棘は長し。

　雄、第五胸節は毫も側方に擴張せられず、只僅に後方に擴がれるのみ。第一觸角の左方のものは末端より第三の節の前緣に硝子樣

の膜を有する事無し、其末節も極めて僅に鉤狀を爲すのみ。第五胸
肢は D. denticornis のものに良く類似し、右脚外葉の末端の爪は著し
く屈曲せり。

　　　　体長　雌　一、二粍　雄　一、〇粍

　以上を要するに本種は其形態頗る D. denticornis に酷似せり。其
異なる點は雌に於ては第五胸節、第一腹節及び第五胸肢等にして、
雄に於ては右方第一觸角、及び第五胸肢なり。即ち本種に於ては、雌
の第五胸節は後綠に於て著しく兩側に突出し假角を爲せども D.
denticornis にては斯の如く著しく突出する事なし、又本種の第一腹節
は圖に示す如く短小にして第二腹節長きも D. denticornis にては此
の反對なり。雌の第五胸肢外葉末端の棘は本種に於ては彼よりも著
しく長し。雄の右方第一觸角は D. denticornis に於ては、末端より第三
の節の前綠に硝子樣の膜を有すれども、本種に於ては全く之を缺き
末節は彼に比し極めて僅かに鉤狀を爲すのみ。雄の第五胸肢の右
脚外葉の末端より第二の節は、著しく內方に突出するも D. denticornis
にては斯の如き事なし。又其體長は雌雄共に D. denticornis よりも小
なり。

　余は明治四十三年十月九日に膽振國支笏湖に於て多量に本種
を探集せり。

　　　2.　D. gracilis G. O. Sars var. minutus n. var.

　雌、体は細長なり、前体部最廣部の巾は其長さの三分の一より
も僅に大なり。第五胸節は後方に突出して兩側に二個の突起を作
る。第一腹部節は前方の兩側に一個づゝの小棘を有し、第二腹は
甚だ短し。又肢は短くして、其長さは巾の一倍半なり。第一觸角は後
方に屈折する時は体長よりも二節乃至三節長し。第五胸肢は基節の
後綠に大なる棘を有す其內葉は甚だ短し。

　雄．體は雌に比して一層細長なり。第五胸節は後方兩側に小棘

を一個づゝ有す。右方第一觸角は中央に於て多小膨れ末端より第三の節は前線に於て一個の長き棘を有し、其棘の長さは次節の長さに等し。第一腹節は右側の後線に於て一個の棘を有す。第五胸肢は細長にして、左右兩脚共に第一基部の後線に棘を有すれども、左脚のものは右脚のものに比して甚だ小なり。右脚の第二基節は其内線に硝子樣の膜を有す右脚の内葉は比較的大なり。外葉末節の棘は末端の爪に近く存在す左脚は短くして辛うじて右脚の外葉末節の基部に達す、左脚の内葉は二節より成る。

　　　体長　雌　一、一粍　雄　一、○粍

　　本種は凡ての點に於て良く　D. gracilis. に酷似すれども今其異なる點を擧ぐれば次の如し。

　　(1) 本種に於ては、雌の第五胸節は後方に突出すれども D. gracilis に於ては側方に突出す。雄の第五胸節は　D. gracilis　と異なり全く後方に突出する事なし。

　　(2) 本種に於ては雄の右方第一觸角は、先端より第三の節に於て前線に著しき棘を有すれども、彼に於ては此の棘は斯く著しからず。

　　(3) 雌の第一觸角は彼の如く長からず。

　　(4) 雄の第五胸肢は彼に比して甚だ細長にして種々の點に於て彼と異なれり即ち本種に於ては右脚第二基節の内線に硝子樣の膜を有すれども、彼に於ては有せず、又右脚内葉の形を異にし外葉の末節は彼に比し著しく細長にして、且つ其棘は末端の爪に接近して存在す。然るに彼に於ては末節は寧ろ太くして棘は爪を遠く離れたり。左脚は其内葉彼に於ては一節なれ共、本種に於ては、明かに二節より成れり。

　　(5) 雌の第五胸肢の内葉は、彼に比して甚だしく短小なり。

　　(6) 雌の第一腹節の兩側に在る棘は彼の如く著しからず。

　　(7) 叉肢は彼に比する時は甚だ短し。

余は明治四十三年九月、近江國琵琶湖に於て採集せる標本中に多數に發見するを得たり。

3. D. nipponicus. n. sp.

雌　體は細長にて中央部に於て最も廣し。前体部の最廣部の巾は其長さの三分の一よりも僅に長し。第五胸節は毫も突出せず、後縁は圓くして二個の棘を有し、其の一は大にして背面に近く、他は小にして腹面に近く存在す。第一腹部は前方兩側に細き棘を一個づゝ有し、第二腹節は甚だ短し。叉肢の巾は其長さの二分の一なり。第一觸角は頗る長く後方に屈折する時は、体長よりも略四節だけ長し。第五胸肢は基節の背面に一個の著しき棘を有す。外葉の末節は二個の棘を有し、其外方のものは内方のものゝ二分の一の長さを有す。

雄　体は雌よりも一層細長なり。第五胸節は後縁圓くして、兩側に多くの細小なる刺と一個の棘とを有し、右側の棘は左側の棘よりも著し。右方第一觸角は長くして、末端より第三の節は前縁に於て一個の著しく長き突出を有し、其の長さ次の二節を合したる長さに等し。第一腹部は少しく膨れ右側の後縁に當りて一個の棘を有す。第四腹節は後縁に於て右方に伸長す。第五胸肢は長く第二基節の内緣に硝子膜樣の附屬物あり、右脚の内葉は左脚の内葉よりも小にして外葉末端より第二の節を辛うじて越ゆるのみ、右脚外葉の末節の棘は末節の基部に存在し、末端の爪とは遠く離れたり、左脚の内葉の長さは外葉の末端より第二の節の長さに等し。

体長　雌　一、四粍　雄　一、二粍

本種に最も良く酷似せる形態を有するは D. bacilifer 及ひ D. gracilis の二種なり。第五胸肢の構造及び腹部の形等より見る時は D. bacilifer に類似し、體の細長なる事及び第一觸角の長き事等より見る時は D. gracilis に似たれ共、詳細に驗する時は明に此等と異なれるを知る、今 D. bacilifer と異なる點を列擧せんに、

(1) 本種に於ては、雄の第一觸角は頗る長く体長よりも四節だけ長きも D. bacilifer に於ては頗る短くして第一腹節を越えず。

(2) 第五胸節は後綠圓くして D. bacilifer の如く角を爲す事無し。

(3) 雄の第五胸肢の内葉は、本種に於ては一節なれども彼に於ては二節より成れり。

(4) 本種に於ては第二腹節は、彼よりも短く第三腹節は彼よりも長し。

(5) 雄の右方第一觸角の末端より第三の節より生ぜる突起は、本種に於ては長くして末節の先端に及べども彼に於ては僅に末節を越ゆるのみ。

(6) 雄の第五胸肢は、其内葉の形を彼と異にし又右脚外葉の末節は彼よりも細く其棘も彼よりは著しく基部に近く偏在す。

(7) 本種の体長は彼よりも甚だ小なり。

次に D. gracilis と異なる點を舉ぐれば、

(1) 第五胸節は本種に於ては突出する事なくして圓きも、彼に於ては著しく側方に突出せり。

(2) 本種に於ては、雄の第五胸肢の右脚の内葉は彼に比して甚だ小く、又其外葉末節の棘の位置を異にす。

(3) 本種に於ては前体部の最高部の巾は其長さの三分の一より大なれども、彼に於ては之は三分の一よりも小なり。

余は本種を明治四十三年六月、常陸國霞浦に於て採集せる標本中に發見せり。

EXPLANATION OF PL. I.

Figs. 1-5. Diaptomus denticornis Wierzejski var. yezoensis.

Fig.
1. Dorsal view of the female.　× 50.
2. Fifth foot of the male.　× 158.
3. Fifth foot of the female.　× 158.

4. Five distal joints of right first antenna of the male.　× 65.

5. Side view of the abdomen.　× 80.

Figs. 6–12. D. gracilis G. O. Sars var. minutus.

6. Dorsal view of the female.　× 60.

7. Side view of the female.　× 60.

8. Dorsal view of the male.　× 60.

9. Fifth foot of the male.　× 158.

10. Fifth foot of the female.　× 200.

11. Three distal joints of right first antenna of the male.　× 158.

12. Side view of fifth thoracic segment of the female.　× 158.

Figs. 13–18. D. nipponicus.

13. Dorsal view of the female.　× 45.

14. Side view of the female.　× 45.

15. Dorsal view of the male.　× 45.

16. Fifth foot of the male.　× 158.

17. Fifth foot of the female.　× 158.

18. Distal four joints of right first antenna of the male.　× 158.

第 一 圖 版 說 明

第 一 圖. Diaptomus denticornis Wierzjeski var. yezoensis 雌 の 背 面 圖
　　（五 十 倍）

第 二 圖. 同　上　雄 の 第 五 胸 肢　（百 五 十 八 倍）

第 三 圖. 同　上　雌 の 第 五 胸 肢　（百 五 十 八 倍）

第 四 圖. 同　上　雄 の 右 方 第 一 觸 角 の 末 端　（六 十 五 倍）

第 五 圖. 同　上　雌 の 腹 部 側 面 圖　（八 十 倍）

第 六 圖. D. gracilis G. O. Sars var. minutus 雌 の 背 面 圖　（六 十 倍）

第 七 圖. 同　上　雌 の 側 面 圖　（六 十 倍）

第 八 圖. 同　上　雄 の 背 面 圖　（六 十 倍）

第 九 圖. 同　上　雄 の 第 五 胸 肢　（百 五 十 八 倍）

第 十 圖. 同　上　雌 の 第 五 胸 肢　（二 百 倍）

第 十 一 圖. 同　上　雄 の 右 方 第 一 觸 角 の 末 端　（百 五 十 ）

第 十 二 圖. 同　上　雄 の 第 五 胸 節 側 面 圖　（百 五 十 ）

第十三圖.　D. nipponicus 雄の背面圖　（四十五倍）

第十四圖.　同　上　雄の側面圖　（四十五倍）

第十五圖.　同　上　雄の背面圖　（四十五倍）

第十六圖.　同　上　雄の第五胸肢　（百五十八倍）

第十七圖.　同　上　雄の第五胸肢　（百五十八倍）

第十八圖.　同　上　雄の右方第一觸角の末端　（百五十八倍）

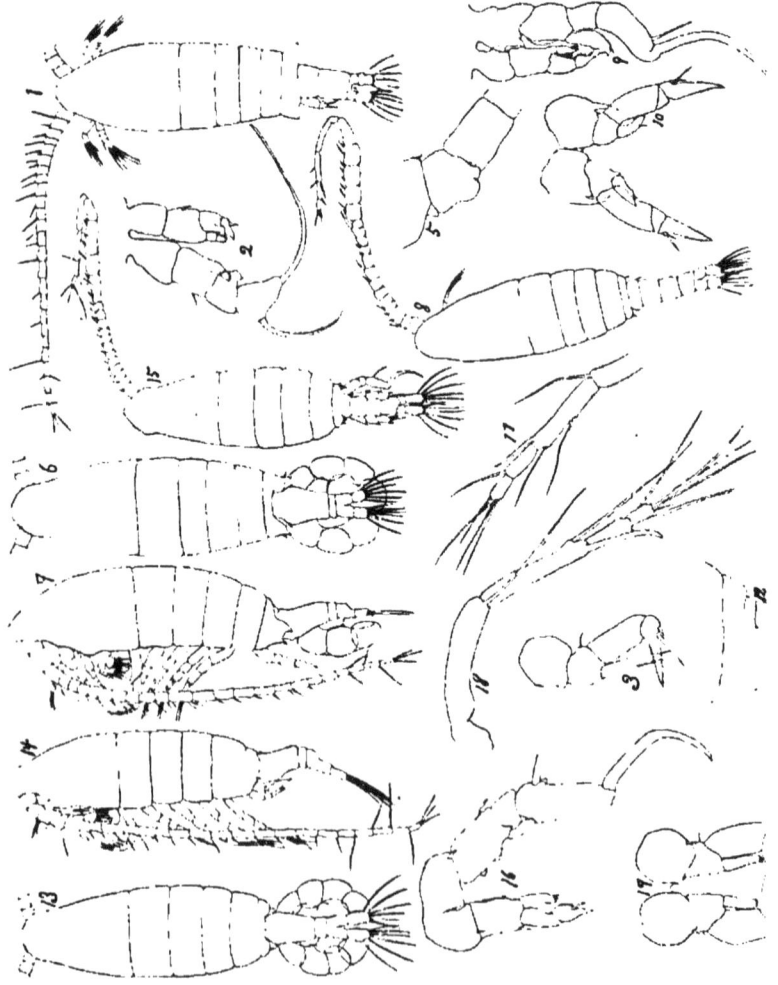

本 會 記 事

（自明治四十五年四月至大正二年三月）

例 會

明治四十五年四月ヨリ、本年三月迄例會ヲ開催スルコト、入回。其講演題目及大要ハ左ノ如シ。

　○第回六十九回　明治四十五年四月十三日、本學理博學講堂ニ於テ開會

1. 札幌附近ニ於ケル植物ノ開花期　　　　　　　近藤金吾君

　　内容ノ詳細ハ載セテ本會會報第四巻第一號ニアリ。

2. 開墾探檢ニ就キテ　　　　　　　農學士　野澤健次郎君

　　開墾探檢ノ歴史、方法、經路、結果、等ニ就キテ詳述セラレ、時節柄興味多キ講演ナリキ。

　○第回七十回　同年五月九日開會

3. 天然記念物ノ保存ニ就キテ　　　　　理學博士　三好學君

　　天然記念物ノ定義、天然記念物保存ノ必要、内外國ニ於ケル諸例ヲ述ベラレ、殊ニ北海道ノ如キ新開地ニアリテハ、今日ニ於テ限メ其許畫ナカラザルベカラザルコト、彼ノサルヒント氏ナシテ感賞セレメタル藤岩山ノかづらノ亘水ガ今日遂ニ伐採セラレタルゴトキハ、本道ノタメ将學術界ノタメニモ遺憾トスルトコロナリト。

　○第回七十一回　大正元年九月二十一日開會

4. 介殼虫ニ寄生スル菌類ニ就テ　　　　　　　澤田藤吉君

　　従來柑橘園ノ害虫ナル介殼虫ノ驅除苦ハ其駆除其斯法ニヨレルモ其圓楢渡ナラズ、氏ハ此点ニ注意シ、君シコレユ寄生スル菌ニヨリテ驅除スルヲ得ル申ナリトシ、宮部教授ト共ニ研究セラレタル臺湾産ノ諸寄生菌ニ就キ其種類、形状、實性等ニ就テ詳述サレタリ。

5. 氣孔ノ開閉ヲ知ル新法　　　　　　理學博士　大野直枝君

　　先氣孔開閉ノ生理上ノ意義ヲ述ベラレ、次ニ従來知ラレタル氣孔開

閉塞滲法五種ヲ舉ゲ、最後ニ最近ニ於ケル研究ニナル氣孔開閉閉塞滲法即チ、ダルウィン氏ノ測孔器「ポロメーター」ヲ用ウル法及ビヨーリシ氏ノ考案ニナル、「ペンチン」「アルコール」注入法ニ就テ述ベラレ。紙リニ野外ニ於テ實驗セラル。

〇第百七十二回　大正元年十月　日開會

6. 日本産鼠尾藻ノ分類ニ就テ　　　　　　　理學士　工藤貼舜君

「サルビヤ」屬中あきのたむらさう並ニ其附近ノ種ノ分類、及ビ其識別法ニ關シ從來ノ謬見ヲ正シ、此變化性ヲ論レ分類上種ノ特徴トスベキ要点ヲ述べ、紙リニ其標本ヲ供覽セラル。

7. 近時發生セル二三針葉樹害虫ニ就テ　　　林學博士　新島善直君

本年七月渡島國亀田町涵川在ノ杉ノ幼林ニ發生セル害虫、すぎのはばちニ就テ被害ノ状況、虫ノ形態驅除法等ヲ述べラレ。大ニ赤杜黒松ノ害虫象鼻虫二種及ビどくまつのひげながかみきり、ニ就テ述べラル。

〇第百七十三同　同年十一月九日開會

8. 木賊屬ノ排水現象ニ關スル觀察及ビ實驗　　　　四田彰三君

先觀察ノ動機、本邦産木賊屬ノ種類九種ヲ舉ゲ、大ニ排水現象ノ觀察、及排水現象ニ關スル實驗、並ニ溶液壓入實驗ノ結果ニ就テ述べラル。

9. 最近遺傳學界ノ中心問題　　　　　　　農學士　田中鱶慶君

時間ノ切迫ノタメアル特殊問題ニ就キ述アヘレトテ因子ノ Coupling 及 Repulsion ノ現象ニ就キ既明シ諸現象ニ關シ自家ノ研究セラレタル蠶兒ノ色斑ニ於ケル結合ヲ舉ゲ其標本ヲ供覽セラル。

〇第百七十四回　大正二年一月十一日開會

10. 阿寒湖産ノまりも綠藻ニ就テ　　　　　　理學博士　宮部金吾君

先まりも Cladophora Sauteri ノ分類上ノ位置、及ビ分布ヲ述べラレ、本邦ニ於テハ從來獨リ本道阿寒湖ニノミ發見セラレ、而モ其局第二限ラルルコト、湖中ニ於ケルまりもノ發生状態特ニ其球状ニ形成セラル理由、生長繁殖等ニ就テ實物及標本供覽ノ下ニ評述セラル。

11. ドヽキナスター氏ヨリ寄贈セラレタル遺傳學標本ニ就キテ

（實物供覽）　　　　　　　　　　農學士　田中鱶慶君

我ハ田博士ヨリやつめうなぎノ標本ヲ贈レル好意ニ對シ、有名ナル

遺傳學者、ドンカヤスキー氏ヨリ貴重ナル其研究ニカヽル遺傳學標
本ヲ寄圖セラレタルモノナリト述ベ。先鼠ノ標本ニ斑ヲ色ノ因子メ
ンデルノ法則ニヨリ明瞭ニ遺傳セラレヽコトヽ、一々標本ニ就キテ
懇切ニ説明セラレ、次ニ Abraxas ノ性別ニ關スル遺傳法則ニ就テ述ベ
ラレタリ。

○第百七十五回　大正二年二月八日開會

12. 本道ノ硫黃礦ニ就テ　　　　　　　　　　理學士　大井上義近君

本道ノ硫黃礦ノ分布及各硫黃礦ノ成因ニツキ説明セラレ、就中興味
アル圓錐島ポントーノ硫黃沈澱ニツキ詳述セラレタリ。(本報所載論
說參照)

13. アイヌノ武器　　　　　　　　　　　　　　　　河野常吉君

先石器時代ニ於ケル「アイヌ」ノ武器、刀(石劍、石神)槍(石槍、石神)矢尻「ルフ
ツプ」(石投ゲ)木神、石鏃等ニ就テ述ベラレ、次ニ鐵器時代ニ於ケル刀、鐵
砲、弓矢、鉈、眼先、矢筒等ニ就テ述ベラル。

○第百七十六回　大正二年三月八日開會

14. 日本産、浮游性撓脚類ニ就テ　　　　　　　　　佐藤忠男君

撓脚類ノ分類上ノ位置、浮游性撓脚類中本邦ニ産スル種類ニ就テ一
々其形態、特徴、習性、効用等ヲ述ベラレ、「カラヌス」圖ノ凡路淌ニ於ケル、
浮游時期ヲ調査セルニ、其最モ密ニ來ル時期ハ中線ノ密ニ來ル時節
ニ一致スルコトヲ發見セリト、述ベラレ、氏ノ多年ノ採集ニカヽル圖
本ヲ供覽セラル。

15. 植物ノ感覺器　　　　　　　　　　　　　　理學博士　大野直枝君

植物ノ感覺器中主トシテ光線ニ對スル、感覺器ニ就テ述ベラレ、藻類
遊走子ニ於ケル眼点ハ光線ニ對スル一種ノ感覺器ナルコト、次ニヌ
ルワイン氏ノ高等植物ニ於ケル感覺ノ局在ニ關スル觀深ヲ述ベ、ヘ
ーバーランド氏ガコレナ生理的解剖學上ヨリ多年研究セル結果の
ふせんはれん「ベゴニヤ」等ノ葉ガ日光ニ對シテ一定ノ位置ヲ保ツハ
其葉身ニ於ケル、表皮細胞ノ特性ニヨルベキコトヲ構造上ヨリ推定
レ。カヽル葉ニアリテハ表皮細胞ガ特殊ノ發達ナトゲテ「レンズ」的構
造ナ有レタメニ光像ガ該細胞ノ底部ニ結バレ此處ノ原形質ノ感光
性ニヨリ光線ノ方向ナ感別スルモノナリトノ論斷ハ頗ル興味アル

問題トレア、學者間ニ理ヘフレメルガ稍々之レニ反對ナル議論アル
ナ述ベ、今後ノ研究ニ俟ツベキ点アルコナ論ゼ0執ツテ原標簽下ニ鑑
産セル諸惡光細胞ニ生セル狀保ニ欵テ展覧セシメフル0

交　換　雜　誌　目　録

Abhandlungen aus dem Gebiete der Naturwissenschaften.　Hamburg.

Abhandlungen der Naturforschenden Gesellschaft zu Görlitz.

Abhandlungen der Naturhistorischen Gesellschaft zu Nürnberg.

Abhandlungen herausgegeben vom Naturwissenschaftlichen Verein zu Bremen.

Abhandlungen und Bericht des Vereins für Naturkunde zu Cassel.

Annals of the New York Academy of Sciences.

Annual Report of the Board of Trustees of the Public Museum of the City of
Milwaukee.

Bericht der Oberhessischen Gesellschaft für Natur- und Heilkunde zu Giessen.
Medizinische Abteilung.　Naturwissenschaftliche Abteilung.

Bericht über das Zoologische Museum zu Berlin.

Bibliographical Contributions from the Lloyd Library.

Biennial Report of the Louisiana State Museum.

Bolletino del Laboratorio di Zoologica Generale e Agraria.

Botanical Bulletin.　Division of Forestry, Board of Agriculture and Forestory,
Honolulu.

Bulletin de la Société Royal de Botanique de Belgique.

Bulletin of the Buffalo Society of Natural Sciences.

Bulletin of the Chicago Academy of Sciences.

Bulletin of the Illinois State Laboratory of Natural History.

Bulletin of the Lloyd Library of Botany, Pharmacy and Materia medica.

Bulletin of the Louisiana State Museum.

Bulletin of the New York Botanical Garden.

Bulletin of the Public Museum of the City of Milwaukee.

Bulletin of the Scientific Laboratories of Denison University.

Bulletin of the Southern California Academy of Sciences.

Bulletin of the University of Nebraska.

Bulletin of the Wisconsin Natural History Society.

Bvlleti de Clvb Montaneyenc.

College of Hawaii Publications. Bulletin.

Contributions from the United States National Herbarium.

Cornell University, Agricultural Experiment Station, The College of Agriculture, Departments of Entomology and Plant Pathology. (Publications)

Department of Experimental Evolution of the Carnegie Institution of Washington.

Deutsche Entomologische Zeitschrift. Berlin.   .

Entomologische Rundschau.

Insektenbörse.

Jahrbuch des Provinzial-Museums zu Hannover.

Jahresbericht der Naturforschenden Gesellschaft in Emden.

Jahresbericht der Naturhistorischen Gesellschaft zu Hannover.

Jahresbericht des Preussischen Botanischen Vereins.

Jahresbericht des Vereins für Naturwissenschaft zu Braunschweig.

Journal of the College of Agriculture, Tohoku Imperial University.

Medeelingen van s'Rijks Herbarium, Leiden, Holland.

Missouri Botanical Garden. (Annual Report)

Mitteilungen aus dem Zoologischen Museum in Berlin.

Mitteilungen der Naturhistorischen Gesellschaft in Colmar.

Mitteilungen der Naturhistorischen Gesellschaft zu Nürnberg.

Mitteilungen des Thüringischen Botanischen Vereins.

Mycological Notes by Lloyd.

Museum Bulletin of the Staten Island Association of Arts and Sciences.

Proceedings of the American Academy of Arts and Sciences.

Proceeding of the American Philosophical Society.

Proceeding of the California Academy of Sciences. Fourth Series.

Proceeding of the Staten Island Association of Arts and Sciences.

Proceedings of the United States National Museum, Washington.

Societas entomologica.

The Chicago Academy of Sciences. { Special Publication. The Natural History Survey.

Transactions of the Kansas Academy of Sciences.

Transactions of the Texus Academy of Sciences.

Transactions of the Wisconsin Academy of Sciences, Arts and Letters.

University of California Publications in Zoology.

University Studies, Lincoln, Nebraska.
Verhandlungen der Ornithologischen Gesellschaft in Bayern.
Verhandlungen des Naturwissenschaftlich Vereins in Hamburg.
Zoologica, Scientific Contributions of the New York Zoological Society.

動物學雜誌
地質學雜誌
博物學雜誌
信濃博物學雜誌
昆虫世界
博物之友
殖民公報
北海時報

會 員 名 簿

在札正會員

赤羽雄一 （農學士） 北海道拓殖銀行取締役

明某正夫 （農學士） 東北帝國大學農科大學助教授

John Batchelor, Rev. (D. D., F. R. G. S.) 札幌區北四條西七丁目

藤田經信 （農學士、理學士） 東北帝國大學農科大學水産學科教授

濱田昌 （農學士） 大日本麥酒株式會社札幌支店技師長

槙本左五郎 （農學士、農學博士） 東北帝國大學農科大學教授

平塚直治 （農學士） 帝國製麻株式會社技師

尻野男三 （農學士） 東北帝國大學農科大學教授

石川貞治 （農學士） 札幌區西四條西六丁目

伊藤誠哉 （農學士） 東北帝國大學農科大學助教授

角田啓司 （農學士） 北海道廳技師獸病豫防事務所長

笠原十句 （農學士） 大日本麥酒株式會社技師札幌製藥所長

影山健介 （林學士） 東北帝國大學農科大學助教授

河野常吉 北海道廳囑託

工藤祐舜 （理學士） 東北帝國大學農科大學講師

松村松年 （農學士、理學博士） 東北帝國大學農科大學教授

南　鷹次郎　（農學士、農學博士）　東北帝國大學農科大學教授

三浦慶太郎　（農學士）　東北帝國大學農科大學助教授

三島柱五郎　　　　　　北海道廳立師範學校教諭

宮部金吾　（農學士、理學博士 Sc. D.）東北帝國大學農科大學教授

三宅廣次　（農學士）　東北帝國大學農科大學助教授

宮勵ノ富　　　　　　　東北帝國大學農科大學實科講師

中尾藏藏　（農學士）　東北帝國大學農科大學實科講師

新島善直　（林學士、林學博士）　東北帝國大學農科大學教授

野澤俊次郎　（農學士）　東北帝國大學農科大學水産學科教授

小熊捍　（農學士）　東北帝國大學農科大學助手

大井上康近　（理學士）　東北帝國大學農科大學豫科教授

岡本牛次郎　（農學士）　北海道廳農事試驗場技師

大野直枝　（理學士、理學博士）　東北帝國大學農科大學教授

大島金太郎　（農學士、農學博士）　東北帝國大學農科大學教授

佐々茂雄　（農學士）　東北帝國大學農科大學水産學科教授

佐々木富　（理學士）　東北帝國大學農科大學水産學科教授

里正徳　（農學士）　東北帝國大學農科大學助教授

關場不二彦　（醫學士）　札幌區北一條四四丁目北辰病院員

須田金之助　（農學士）　東北帝國大學農科大學教授

鈴木寧　（農學士）　東北帝國大學農科大學水産學科教授

田所哲太郎　（農學士）　東北帝國大學農科大學助教授

高橋眞直　（農學士）　北海道農事試驗場技師

田中賴慶　（農學士）　東北帝國大學農科大學助教授

富岡永馬　　　　　　　北海道廳立師範學校教諭

時任一水　（農學士）　東北帝國大學農科大學教授

尸津高知　（農學士）　北海中學校教諭

波邊鍋三太郎　（農學士）　東北帝國大學農科大學囑託

地方正會員

安藤乙次郎　（農學士）　神奈川縣足柄下郡久野村舟ヶ原

有元新太郎　　　　　　美作國英田郡大原古町

藤井敏吾　　　　　　　福井縣立農林學校教諭

羽 原 又 言 （理學士） 小樽高島水産試驗場技師

原 十 太 （理學士） 東京帝國大學農科大學敎授

出 田 新 （農學士） 福井縣立農林學校長

飯塚辛四郎 （農學士） 群馬縣邑樂郡多々良村

石 田 昌 人 　　　　臺灣蕃南部大目降糖業試驗場

伊藤廣幾 （農學士） 石狩國夕張郡角田村

神 保 小 虎 （理學士、理學博士） 東京帝國大學理科大學敎授

笠 井 幹 夫 （農學士） 東京市小石川區指ケ谷町五十番地

加 藤 武 夫 （理學士） 筑前國戸畑町明治專門學校

上 瀧 鋼 （農學士） 臺灣總督府技師、博物館長

河瀨春太郎 　　　　東京南品川紗華園主

高 地 桿 （農學士） 山形市山形縣立農事試驗場長

高 地 幸 夫 郎 （農學士） 青森縣立農學校長

河 內 亮 治 （農學士） 愛媛縣喜多郡五城村大字五百木

小 門 和 　　　　衆議員議員、東京青山原宿一七四

黑 澤 良 平 （農學士） 福岡縣立農學校敎諭

三 浦 道 藏 （農學士） 青森縣農事試驗場技師

宮 城 鐵 夫 （農學士） 沖繩縣立農學校敎諭

三 宅 勉 （農學士） 臺灣蕃南部大目降糖業試驗場技師

森 脇 震 茂 （理學士） 小樽高島水産試驗場技師

中 本 保 三 （農學士） 農商務省農事試驗場陸羽支場

四 田 勝 火 （農學士） 農商務省農事試驗場九州支場技師

四 谷 清 水 郎 （農學士） 鳥取縣倉吉町農林學校長

小 田 四 十 一 　　　　函館高等女學校長

小 川 頁 五 郎 （農學士） 千葉縣茂原町農學校敎諭

大 島 正 滿 （理學士） 臺灣總督府技師

佐々木和策 （林學士） 青森帝室林野管理局青森支廳長

佐 藤 忠 男 　　　　小樽高島水産試驗場

澤 田 縣 吉 　　　　臺灣總督府農事試驗場技手

千 石 興 太 郎 （農學士） 島根縣技師

柴 田 桂 太 （理學士、理學博士） 東京帝國大學理科大學助敎授

清　水　寶　隆　（理學士）　小樽中學校長

靑　木　得　一　（農學士）　臺灣總督府農事試驗場技師

梶　山　淸　利　（農學士）　東京府下巢鴨町字巢鴨一二三〇

末　光　績　（農學士）　愛媛縣東宇和郡農業學校教諭

鈴　木　茂　治　（林學士）　足尾銅山林業課技師

鈴　木　力　治　（農學士）　大連南滿鐵道地方課

鈴　木　辰　三　（農學士）　名古屋市南外堀町

矢　木　久　太　郞　（農學士）　大日本麥酒株式會社吾妻橋工場技師長

山　田　秀　雄　（農學士）　臺灣總督府農事試驗場技師

堀　田　敏　（農學士）　山形縣鶴岡農學校長

柳　川　秀　興　（農學士）　臺灣恆春種畜場

吉　田　碩　藏　（農學士）　臺灣總督府殖産局技師

有　村　富　一　郞　（農學士）　香川縣立農林學校長

結　城　庄　八　（農學士）　臺灣總督府移民課技師

在札准會員

宗　坂　孝　三　　　　東北帝國大學農科大學水産學科助教授

疋　田　豐　治　　　　東北帝國大學農科大學水産學科助教授

井　口　賢　三　（農學士）　東北帝國大學農科大學助手

井　狩　二　郞　　　　東北帝國大學農科大學水産學科

金　田　正　宵　　　　東北帝國大學農科大學生

加　藤　茂　雄　　　　東北帝國大學農科大學生

北　村　治　　　　北海道廳立師範學校生徒

小　久　保　棟　治　　　　東北帝國大學農科大學水産學科

近　藤　金　吾　　　　東北帝國大學農科大學助手

簑　田　彌太郞　　　　北海道廳農事試驗場

黑　田　秀　博　　　　東北帝國大學農科大學生

前　川　德太郞　　　　東北帝國大學農科大學生

宮　部　憲　夫　　　　東北帝國大學農科大學生

村　田　庄太郞　　　　東北帝國大學農科大學會計

西　田　彰　三　　　　東北帝國大學農科大學助手

西　野　三太吉　　　　北海道廳立師範學校生徒

郡　合　信　　　　東北帝國大學農科大學助手

大　圖　書　　　　東北帝國大學農科大學助手

太　田　濤　　　　札幌區四側成小學校訓導

坂　村　徹　　　　東北帝國大學農科大學學生

富　本　豐　　　　東北帝國大學農科大學助手

內山繁次郎　　　　札幌區外字叙村

上　田　守　藏　　北海道廳立札幌高等女學校教諭

山本巖龜　　　　　北海道廳立師範學校生徒

地方准會員

荒　川　重　理　　　　愛媛縣東宇和郡農業學校

伊　藤　崇　經　　　　仙臺市常盤町六

池　田　金　則　　　　小樽中學校教諭

飯　尾　直　彥　（農學士）京都帝國大學醫科大學學生

笠　島　良　治　（農學士）北海道余市町字濱中町五六

河　田　力　　（農學士）沖繩縣中頭郡各村組合立農學校長

浦　旭　額　綱　（農學士）愛媛縣松山市農業學校長

小　泉　秀　雄　　　　上川中學校教諭

三　橋　信　夫　　　　東京府下福田

三　宅　市　郎　（農學士）北京大學堂

村　總　銑之助　（農學士）愛媛縣宇和島中學校長

中　原　和　郎　　　　東京市本郷區東片町九十三

中　尾　政太郎　（農學士）大坂府泉北郡大圖村

橫　岸　元　吉　（農學士）東京市下谷區上根岸町七十五

龍　登　定　吉　　　　兵庫縣武庫郡御影町ノ內東明村

沼　田　正　直　（農學士）福井縣立農林學校教諭

大　石　恭　造　（農學士）北海道雨龍郡北龍村字岩村一ノ澤

小田切榮三郎　（農學士）帝室林野管理局釧路川上出張所長技師

鈴　木　男　一　（農學士）沖繩縣立農學校教諭

鈴　木　充太郎　　　　京都花園村昆虫研究研

鈴　木　簡一郎　（農學士）東京府下豐多摩郡中野町鳳鸞罐製造所

高　牧　悟　吉　　　　福岡縣山門郡柳河町

瀧　湘　永　夫　郎　　　　　　　　島　根　縣　立　農　學　校　教　諭

海外留學正會員

牟　澤　洵　（農學士）　東北帝國大學農科大學助教授

入　田　三　郎　（理學博士）　東北帝國大學農科大學教授

下　斗　米　秀　三　（理學士）　東北帝國大學農科大學水産學科教授

東　海　林　力　藏　（農學士）　東北帝國大學農科大學助教授

武　田　久　吉　　　　　　Imperial College of Science and Technology, London.

山　田　玄　太　郎　（農學士）　盛岡高等農林學校教授

遠　藤　吉　三　郎　（理學士、理學博士）　東北帝國大學農科大學水産學科教授

贊助會員

中　山　秀　之　（法學士）　臺灣總督府囑託在香港；大分市南荷揚町

植　村　澄　三　郎　　　　　大日本麥酒株式會社専務取締役

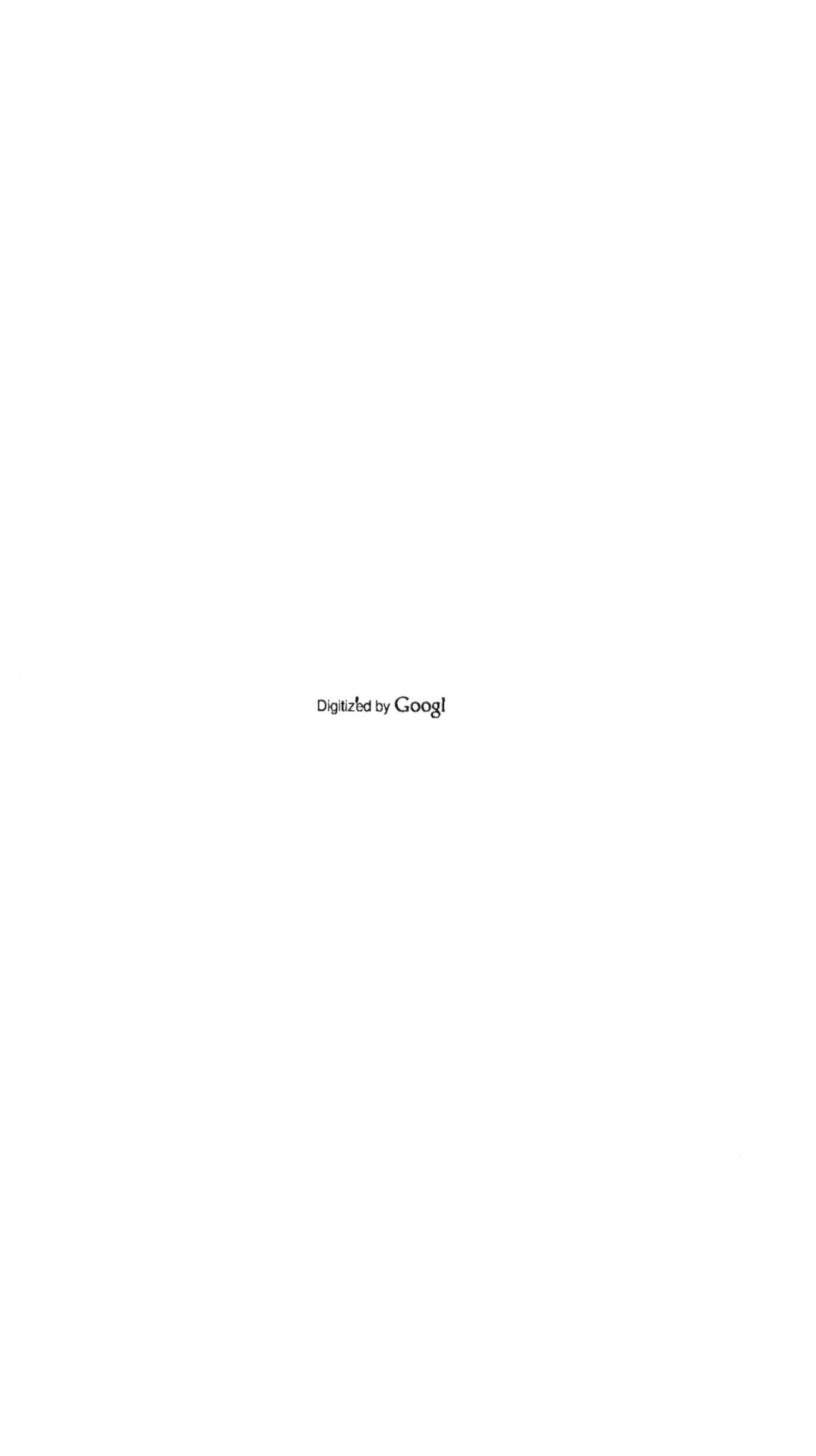

大正二年四月三十日發行
大正二年四月廿五日印刷

發行所　札幌博物學會
　　　　石狩國札幌區東北帝國大學農科大學内

印刷所　文榮堂活版所
　　　　石狩國札幌區北一條西三丁目二番地

印刷者　山中國松
　　　　石狩國札幌區北一條西三丁目二番地

發行者
編輯者　河野常吉
　　　　石狩國札幌區北一條西七丁目三番地

TRANSACTIONS

OF THE

SAPPORO NATURAL HISTORY SOCIETY.

FOUNDED IN 1891.

VOL. V.

1913—1915

札 幌 博 物 學 會 會 報

明 治 二 十 四 年 創 立

第 五 卷

自大正二年七月至大正四年三月

札 幌 博 物 學 會 印 行

PUBLISHED BY THE SAPPORO NATURAL HISTORY SOCIETY.

SAPPORO, JAPAN.

MARCH, 1915.

Part 1. (page 1—60) issued on July 30, 1913.

Part 2. (page 61—142) issued on June 13, 1914.

Part 3. (page 143—225) issued on March 25, 1915.

第壹號(自一頁至六十頁)大正二年七月三十日發行

第貳號(自六十一頁至百四十二頁)大正三年六月十三日發行

第參號(自百四十三頁至二百二十五頁)大正四年三月二十五日發行

CONTENTS.

TRANSACTIONS

OF THE

SAPPORO NATURAL HISTORY SOCIETY.

FOUNDED IN 1891.

VOL. V. Pt. 1.

札 幌 博 物 學 會 會 報

明 治 二 十 四 年 創 立

第 五 卷 第 壹 號

札 幌 博 物 學 會 印 行

大 正 二 年 七 月

PUBLISHED BY THE SAPPORO NATURAL HISTORY SOCIETY.

SAPPORO, JAPAN.

JULY, 1913.

NOTICE.

All communications should be addressed to the Sapporo Natural

History Society in the College of Agriculture, the Tôhoku Imperial

University, Sapporo, Japan.

注　意

本會に對する總ての會信は東北帝國大學農

科大學內札幌博物學會に宛て發送せらるべし。

本會記事は都合に依り次號に揭載すべし。

NEUE BORKENKAEFER NEBST FRASSPFLANZEN,

Von

Prof. Y. Niisima, *Ringakuhakushi*.

「きくひむし」の新種及び寄主植物

林學博士　　新 島 善 直

In den letzten Jahren sammelte ich viele Kaefer und erhielt auch von meinen Freunden reichhaltiges Material. Alles genau zu untersuchen, dazu fand ich noch keine Zeit. Ich hoffe demnaechst mich damit befassen zu koennen. Vor erst moechte ich nur einige noch nicht bekannte Arten und neue Frassstuecke beschreiben.

Die meisten Exemplare, die in Hokkaido gesammelt wurden, und bei denen der Sammler unerwaehnt blieb stammen von Herrn Tomimoto, Assistent der forstl. Abteilung an der kaiserl. Universitaet Sapporo.

Von *Cryphalus*-Arten habe ich hier vier neue beschrieben. Es scheint als ob es von dieser Gattung in Japan viele Arten gaebe. Ausser den drei europaeischen Arten, *piceae abietis* und *Ehlersi*, haben wir die von Blandford beschriebene *exignus* und sieben naemlich *cryptomeriae, fulvus, parvulus, Banjoo, oblongus, chamaecipariae* und *japonicus*, welche ich schon frueher erwaehnte, dazu kommen jetzt vier neue Arten. Vielleicht giebt es noch etliche, die ich jetzt unberuehrt lassen muss, da das Material etwas mangelhaft ist. Die Gattung *Cryphalus* scheint bei uns in Japan reichlich vertreten zu sein.

Scolytus joponicus Chap.

Als neue Frasspflanze dieses Kaefers fuehre ich *Zelkowa keaki* Sieb. an; in

Sapporo wurden an kuenstlich angebauten Baeumen, welche duerre Aeste aufwiesen zahlreiche Exemplare gesammelt.

Hylesinus elatus nov. spec.

Koerper 2,1-2,5 mm. lang, schwarz, glanzlos.

Kopf schwarz; Stirn gewoelbt, dicht grob punktiert, nach vorne spaerlich gelb behaart; vor der Oberlippe vertieft; Fuehler gelblichbraun, Keule gross, stumpf zugespitzt, 1. u. 2. Keulenglied scharf geteilt, dagegen 2. u. 3. mit dem Mikroskop kaum von einander zu unterscheiden.

Halsschild transvers, kuerzer als lang, an der Basis nur wenig nach der Spitze zu staerker verschmaelert, dicht punktiert, fein gelblich schuppig behaart, mit schwach erhoehter kurzer glatter Mittellinie.

Elytra breiter als Halsschild, Punktstreifen vertieft, deutlich dicht punktiert; Zwischenraeume schmal, gewoelbt, 1. und 3. am Apex staerker erhoeht als die andern, fein dicht gelblich behaart, zerstreut einreihig gekoernt, mit langen gelben einreihig gestellten Schuppenhaaren besetzt.

Fundort: Nishino (Hokkaido).

Hylesinus elatus ist viel kleiner als alle uebrig bekannten japanischen *Hylesinus*. Aehnlichkeit hat sie mit *Hylesinus costatus* Bl., aber bei der Beschriebenen ist nur 1. und 3. Zwischenraum am Apex erhoeht und alle sind mit einreihig langen gelben Schuppenhaaren versehen, was bei Letzterer fehlt.

Oktober 1911 sammelte der damalige Forststudent Herr Nirei in Nishino Provz. Ishikari viele Exemplare. Er behauptet *Ulmus campestris* Sm. sei die Frasspflanze.

Myelophirus piniperda L.

Im noerdlichen Teil Hokkaidos sind viele dieser Exemplare an fuenfnadeligen Kiefern, *Pinus pentaphilla* Mayr gesammelt worden. Die Laenge betraegt 4,5-5,0 mm, es ist genau dieselbe Groesse wie bei den europaeischen Arten; im Gegensatz zu den aus Mitteljapan stammenden sind sie kleiner.

Polygraphus nigrielytris nov. spec.

Koerper 2,8mm lang, schwarz, glaenzend; Fuehler und Beine dunkelbraun.

Kopf schwarz glaenzend, Stirn beim Weibchen sehr duenn spaerlich behaart, beim Maennchen zwei nebeneinander stehende nicht stark vortretende Hoeckerchen, ringsum gelbe borstenartige Haare, die in der Vertiefung vor den Hoecker-

oben staerker und dichter gestellt sind; Fuehlergeisel 5 gliedrig, Fuehlerkeule stumpf zugespitzt.

Halsschild vorne stark verschmaelert, schwarz, schwach glaenzend, nicht stark punktiert, fein behaart, an der Basis spaerlich geschuppt; mittlere Laengslinie deutlich, glatt. Beine bei ausgefaerbten Individien meist dunkelbraun, nur Tarsen gelblich.

Fluegeldecken schwarz, Punktstreifen undeutlich selbige einreihig duenn behaart; Zwischenraeume ohne Hoeckerchen, beschuppt, auf dem Absturz am dichtesten.

Muttergaenge unter Vogelkirschrinden, *Pirus aucupalia* Gaertin var. *japonica* Maxim., unregelmaessig tief im Splint eingebohrt.

Frasspflanze; *Pirus aucuparia* Gaertin. var. *japonica* Max.

Fundort; Prov. Teshio (Hokkaido).

8 Exemplare nebst einem Frassstueck wurden mir von Hern Assistent Tomimoto gebracht. Er sammelte sie auf dem Bergsattel der Provinzgrenze Ishikari-Teshio.

Polygraphus jezoensis Niis.

Fundort: Samani, Prov. Kitami in Hokkaido, (Tomimoto in Anzahl).

Cryphalus jugransi nov. spec.

Koerper 2–2,2 mm. lang, braeunlich schwarz, glaenzend.

Kopf schwarz, Stirn sehr fein laenglich gestreift, nur wenig braeunlich behaart. Fuehlerkeule gelblichbraun, Keule dunkler, oval; Geisel 4 gliedrig.

Halsschild schwarz, wenig glaenzend, breiter als lang, vor der Basis am breitesten, in der Mitte des Vorderrandes 2 vorragende Hoeckerchen; vorne zerstreut nach der Mitte hin dichter gehoeckert, hinten dicht punktiert, vorne und zu beiden Seiten lang braeunlich behaart.

Fluegeldecken pechschwarz, wenig kuerzer als doppelte Breite, fein braeunlich schuppig behaart, Punktstreifen deutlich, Zwischenraeume zum Absturz hin etwas schmaeler, oben gewoelbt, gelblichbraun, lang borstig behaart.

Fundort: Prov. Kushiro (Hokkaido).

Frasspflanze: *Juglans Sieboldiana* Max.

Diese erstmalig in Japan gefundene Art wurde i. d. Prov. Kushiro an Nussbaeumen gesammelt. Sie hat viel Aehnlichkeit mit *Cryphalus cryptomeriae* Niis., ist aber etwas braeunlicher und auf den Fluegeldeckenzwischenraeumen dichter beschuppt, waehrend *Cryphalus criptomerie* Niis. schwarz und auf den Fluegeldeckenzwischenraeumen fast reihenartig beschuppt ist.

Cryphalus (Ernoporus) acanthopanaxi nov. spec.

Koerper ca. 1 mm lang, gestreckt walzenfoermig, schwarz, glanzlos.

Kopf schwarz, glaenzend, Stirn dicht fein punktiert. In der Mitte ueberm Munde eine kurz vertikale Erhoehung die nach rechts und links auslaeuft. Ueber der Oberlippe zu beiden Seiten der Erhoehung stark vertieft; Scheitel fein quergestreift, in der Mitte eine etwas kielartige Erhoehung, zum Munde hin lang gelblich behaart, Fuehlerkeule dunkelbraun, oval; Geisel 4 gliedrig.

Halsschild schwarz, an der Basis am breitesten, Spitze fein verschmaelert, abgerundet, am Vorderrand 4 vorragende Hoeckerchen, bis zur mittleren Erhoehung conzentrisch reihenartig gehoeckert und in gerader Linie endent; Hinterteil dicht punktiert, fein graeulich beschuppt.

Fluegeldecken anderthalbmal laenger als breit, schwarz, fein grau beschuppt und behaart. Punktstreifen undeutlich grob punktiert; Zwischenraeume flach, schmal, fast einreihig, doch feiner als Streifen punktiert.

Fundort: Sapporo.

Frasspflanze: *Acanthopanax ricinifolium* S. et Z.

Diese neue Species aehnelt *Cryphalus tiliae* Panz., doch ist die Gestalt kleiner und die Hoeckerchenreihen des Halsschilds sind unregelmaessiger.

Xyleborus apicaris Blandf.

Diese allgemeine Art habe ich Mitte Mai dieses Jahres in Nopporo an verschiedenen Bambusstaemmen, hauptsaechlich *Phyllostachys mitis* Riv. gefunden. Sie bohren sich direkt in die Knoten der Staemme ein. Die in Nopporo befindlichen Bambusstaemme hatten sich durch klimatische Einfluesse nicht vollkommen entwickeln koennen, und sind meistenteils sehr geschwaecht, ja fast halb abgestorben. Man hatte sie fuer die Versuchsstation aus Mitteljapan eingefuehrt. An einigen gesunden Staemmen waren keine Kaefer zufinden. Andere Exemplare sind in Nishino (bei Sapporo) an *Juglans Sieboldiana* Max. gesammelt worden und gleichzeitig erhielt ich verschiedene schoene Frassstuecke. Gewoehnlich ist bei den Frassbildern von der Rinde aus wagerecht nach der Stammaxe gebohrt; die Gaenge sind verzweigt und ziehen sich rechts und links hin, laufen jedoch nie direkt an den Jahrringen entlang; oftmals nehmen sie auch eine nach unten gehend gekruemmte Richtung an, Verschiedentlich sind zum Muttergang senkrecht gehende Larvengaenge vorhanden.

Xyleborus germanus Bl.

Im Universitaets Wald Tomakomai Prov. Iburi sammelte ich Herbst 1911 viele Exemplare an abgestorbenen Erlenstaemmen.

Diesen Sommer gingen mir verschiedene Kaefer nebst Frassstuecke von Teepflanzen *Thea sinensis* L. zu. Ein Teil des Materials stammt von Herrn Yano aus der Versuchsanstalt in Meguro das uebrige von Herrn Kuwana, der an der Versuchsstation in Oji angestellt ist. Die Frassstuecke beider Pflanzen sind 15-20 cm stark. Allem Anschein nach scheint die Teepflanze im gesundem Stadium vom Kaefer befallen worden zu sein, denn die inneren Teile der Frassgaenge und das ringsum befindliche Holz ist stark schwaerzlich gefaerbt. Da die Bohrloecher hauptsaechlich am Wurzelstock vorkommen, scheint er ein grosser Schaedling der Teepflanze zu sein. Leider wurden mir keine genauen Berichte und Mitteilungen gemacht. Das Frassbild ist sehr unregelmaessig, die Gangstaerke betraegt 1,2-2 mm.

Scolytoplatypus mikado Bl.

In Gemeinschaft mit *Xyleborus apicaris* Blandf., traf ich sie an Bambusstaemmen an; sie bohren sich gleichfalls in die Knoten ein, jedoch trifft man sie nicht so haeufig an wie *Xyleborus apicaris* Blandf.

Platypus severini Bl.

Gut entwickelte Frassstuecke dieses Kaefers sind in Maruyama bei Sapporo gesammelt worden. Eine fast 22 cm im Durchmesser starke Linde *Tilia cordata* Mill. var. *japonica* Miq., war befallen worden. Mit schwacher Biegung dringt der Frassgang tief ein, nimmt gegen Ende eine kreisfoermige Richtung an und ist oft verzweigt; die meisten Abzweigungen betragen 60°. Die 8 mm langen Larvengaenge sind nicht in allen Zweiggaengen anzutreffen; kommen sie aber vor, so sind sie meistens 4 mm voneinander entfernt.

摘　　要

　本論文ハ「きくひむし」類ノ新種及ビ未ダ知ラレザリシ「きくひむし」ノ寄主植物
ヲ記載セルモノナリ。　其材料ハ主トシテ北海道ニ於テ富本豊氏ニヨリテ探集セ
ラレタリ。

　最モ著シキハ Cryphalus ノ屬ニシテ最初 Blandford ニヨリテ唯一種記載セラ
レタルノミナルガ今回ノ新種ヲ合セテ我國ニ知ラレタルモノ十五種ヲ數フルニ至
レリ然モ尚ホ未知ノ種ノ存スル如シ。　之等ハ他日完全ナル材料ノ探集ヲ待チテ
記載ス可シ。

UEBER DEN AUFBAU DES TSUISHIKARI-MOORES IN HOKKAIDO,

Von

K. Tokito, *Nogakushi*.

對 雁 泥 炭 地 の 構 成 に 就 て

時 任 一 彦

In Europa ist das Moor schon seit einigen Jahrzehnten vielfach gründlichen, wissenschaftlichen Forschungen unterworfen worden. Auch im Bezug auf den Aufbau des Moores haben viele Moorforscher eingehende Studien gemacht. Dagegen ist unser japanisches Moor, das sich grösstenteils in Hokkaido und Sachalin in weiter Ausbreitung befindet, für die naturwissenschaftliche Untersuchung bis jetzt fast gänzlich unberührt geblieben, obwohl es nicht zu verkennen ist, dass viele Naturforscher, wie Dr. K. Miyabe, auf dem Gebiet der Moorpflanzen wertvolle Sammlungen gemacht haben.

Von der Tatsache überzeugt, dass solche wissenschaftliche Forschung, besonders diejenige über den Aufbau des Moores nicht nur für wissenschaftliche Zwecke, sondern auch für ökonomische Benutzung unseres Moores, d. h. Moorkultur und Torfverwertung, von grosser Wichtigkeit sein soll, habe ich schon vor einigen Jahren auf dem Tsuishikarimoor, das eins der grössten Hochmoore in Hokkaido ist, Profilausgrabungen gemacht und damit ein ziemlich ausführliches Studium sowohl über botanische, als auch chemische und physikalische Eigenschaften durchgeführt. So werde ich hier meine über den Aufbau des Moores gemachten Resultate wiedergeben.

Bevor ich von unserem Moore rede, möchte ich zuerst die Ergebnisse europäischer Forschungen, und zwar welche man hauptsächlich in Deutschland machte, wo schon seit langer Zeit über Moore gründliche Untersuchungen stattfanden, anführen.

Verfolgt man den Aufbau eines Hochmoores in die Tiefe, so wird bei einer normalen Moorausbildung meistens eine Torfmuddeablagerung angetroffen, die gewöhnlich die unterste Grundschicht des Moores bildet. Auf der Torfmudde befindet sich der Schilf- oder Seggentorf; beide bilden die Hauptmasse des Niedermoores. Nachdem eine Ablagerung dieser Torfarten stattfand, die Verlandung der Gewässer vollendet war, siedelten sich nun Bruchwaldbäume an, die den sogenannten Bruchwaldtorf hinterliessen. Darüber kommt der Uebergangswald, welcher die Brücke vom unten befindlichen Niedermoor nach dem nächsten Sphagnumtorf bildet. So ist der Sphagnumtorf die letzte vollendete Entwicklungsstufe der Moorbildung.

Was oben geschildert wurde, ist nämlich die Darlegung einer normalen natürlichen Entwickelung des Moores, die allerdings durch klimatische Veränderungen oder durch sonstige äusserliche Umstände mehr oder minder beeinflusst werden kann, dass sie schliesslich besondere Entwicklungsformen annimmt.

Der Moorbotaniker C. A. Weber[1], stellt nebenstehende schematische Schichtenfolge als normale Ausbildung eines norddeutschen Moores dar, welches seinen Ursprung in einem stehenden Gewässer nahm und bis zur Ausbildung einer geschlossenen Sphagnumtorfschicht vorschritt, also zum Hochmoor wurde.

Schema eines norddeutschen Moores mit abgeschlossener Entwickelung.

1.	Jüngerer Bleichmoostorf Beisen- und Bleichmoostorf
2.	Grenzhorizont: Heidetorf oder Wollgrasstorf
3.	Aelterer Bleichmoostorf
4.	{Beisentorf od. Seggen-Bleichmoostorf {Wollgrastorf
5.	Föhren- und Birkenwaldtorf
6.	Bruchwaldtorf
7.	Schilftorf
8.	Torfmudde

---

1) Weber: Die wichtigsten Humus- und Torfarten und ihre Beteiligung an dem Aufbau norddeutscher Moore. Die Entwickelung der Moorkultur in den letzten 25 Jahren, 1908. S. 94.

Nach Weber[1] möchte ich hier den Entwicklungsgang vorhergehender Schichtenreihen etwas eingehend erörtern. Verfolgt man die Torfschichten von der Tiefe nach oben, so findet man zunächst eine Torfmuddeablagerung, welche die Grundlage bildet. Darüber lagert sich der Schilftorf. Mit der allmählichen Austrocknung des Landes erscheint alsdann der Bruchwaldtorf als die nächst folgende Schicht. Die fortdauernde Verarmung der Pflanzennährstoffe verursachen hier das Auftreten von Föhren und Birken, was als höchste Entwickelungsstufe des Uebergangsmoores bezeichnet wird.

Während der langsam erfolgenden Ablagerung dieses Waldtorfs, setzte sich das Moor allmählich und verwandelte sich in einen für Wasser schwer durchlässigen Boden. In Tümpeln, wo das nährstoffarme Meteorwasser stehen blieb, siedelten sich nun Bleichmoose und andere an Nahrung anspruchslose Sumpfpflanzen an; das Bleichmoos mit seiner starken Kapillarkraft, hervorgerufen durch seine charakteristische Zellkonstruktion, machten üppiges Wachstum zur Folge und verursachten dadurch starke Anhäufungen von Moostorf.

Hätte das Bleichmoos so ununterbrochen bis zur Oberfläche sein Wachstum fortsetzen können, dann würde das norddeutsche Moor eine vollständig normale Entwicklung gemacht haben. Wie obiges Schema zeigt, finden wir jedoch auf dieser Moostorfschicht eine Unterbrechung durch das Auftreten einer ganz anderen Torfschichtart, die entweder dem Heidetorf oder dem Wollgrastorf angehört. Dieser plötzliche Wechsel kann nur durch den Eintritt einer säkularen Trockenperiode verursacht worden sein. Das bis dahin üppig gediehene Bleichmoos, was sich nur bei reichlicher Feuchtigkeit so gut entwickelt, wurde also durch klimatische Trockenheit beeinflusst. Während dieser Periode sank das ausgetrocknete Moor zusammen, und der gebildete Bleichmoostorf erfuhr eine durchgreifende Zersetzung. Die Folge war, dass der Moostorf dieser Schicht im Vergleich mit dem später von neuem erschienenen, dem sogenannten jüngeren Moostorf, eine viel dunklere Farbe aufwies, auch bedeutend stärker zersetzt war.

Während dieser Trockenperiode war das Heidekraut oder das Wollgras der Haupttorfbilder und machte verhältnismässig nur langsam Torfablagerung, die nach Weber[2] der Grenzhorizont genannt wird.

Die erneute Anhäufung des Bleichmoostorfs auf dem Grenzhorizont wurde durch den Wiedereintritt einer feuchten Säkularperiode veranlasst, die bis zur Gegenwart fortdauert.

---

1) Weber: (l. c.) S. 80.
2) Weber: (l. c.)

Der wohlbekannte österreichische Moorforscher H. Schreiber[1] fand fast die gleiche Moorausbildung. Das typische Profil der Torfschichten in der Umgebung von Salzburg lautet folgendermassen.

> *f.* Rezenter Bruchtorf.
>
> *e.* Jüngerer Moostorf.
>
> *d.* Jüngerer Bruchtorf.
>
> *c.* Aelterer Moostorf.
>
> *b.* Aelterer Bruchtorf.
>
> *a.* Aelterer Riedtorf.

Danach ist ersichtlich, dass auch hier im allgemeinen beim Moore eine normale Ausbildung erfolgte, und gleichfalls war wie beim norddeutschen Moore eine Unterbrechung zwischen zwei Moostorfschichten wahrzunemen.

Was in dem von Schreiber angegebenen Vorbild über Torfausbildung nicht mit dem norddeutschen Moor übereinstimmt ist, dass diese Zwischenschicht hier aus Bruchtorf bestand, anstatt aus Heidetorf oder Wollgrastorf. In diesem Bruchtorf sind meistens Fichten, Latschen, Waldkiefern und zuweilen Birken anzutreffen.

Ausserdem haben in England, Schweden und noch anderen europäischen Ländern die Hochmoore nach Schreiber[2] meistens dieselben Schichtenausbildungen erfahren. Diese Aufeinanderfolge der Torfschichten, welche in allen europäischen Mooren nachweisbar ist, hält Weber[3] für eine natürliche, normale Entwicklung des Moores, das vom stagnierenden Gewässer hervorgehend sich schliesslich zu einem Hochmoor, unter gleichbleibenden klimatischen Verhältnissen entwickelt. Mit anderen Worten haben nach ihm die ganzen Torfschichten durch das Klima eine wesentliche Veränderung erlitten, ausgenommen da, wo der Eintritt der säkularen Trockenperiode zwischen dem älteren und jüngeren Moostorf einsezt.

Ferner ist Schreiber der Ansicht, dass während dieser Moorbildung mehrmalige klimatische Veränderungen stattgefunden haben müssen und sich infolgedessen so mehrere verschiedene Moorschichten gebildet hätten. Nach ihm soll jede Torfschicht ihr besonderes Klima haben. Was er über das Klima der verschiedenen Torfschichten angibt, will ich hier kurz erwähnen.

Er sagt[4], während der Bildungsperiode der untersten Moorschicht, also des

---

1) Schreiber: Vergletscherung und Moorbildung in Salzburg. 1912. S. 14.
2) Schreiber: (l. c.) S. 34.
3) Weber: (l. c.)
4) Schreiber: (l. c.)

Riedtorfs, sei das Klima wärmer als wie zur Gegenwart. Der nächste ältere Bruchtorf liesse auf ein verhältnismässig trockenes, warmes Klima schliessen, während die darauffolgende Periode des älteren Moostorfs ein kühl feucht nebeliges Klima gehabt haben müsse. Der nächst folgende jüngere Bruchtorf lässt ein wie das Gegenwärtige gemässigt warmes Klima vermuten. Dann herrschte wieder ein kühlfeuchtes, lichtarmes (nebeliges) Klima, das den jüngeren Moostorf bildete. Der letzte gegenwärtige rezente Bruchtorf entspricht dem jetzigen, verhältnismässig trockenen Klima, wo Moostorfbildung auf ein Minimum beschränkt ist.

Nach Schreiber hat also ein fünfmaliger Klimawechsel stattgefunden und jede Moorschicht hatte ein entsprechend eigenes Klima, während Weber nur einmaligen Klimawechsel in der Periode des Grenzhorizonts feststellt, sodann erkennt er bei der Formation aller andern Torfschichten keine äussere Bedingungsveränderung, wie Klimawechsel an. Es ist hier nicht am Platze über diese so grundverschiedenen Gedanken zu diskutieren. Möge es dem Leser genügen, dass über Mooraufbau solch weit auseinandergehende Ansichten herrschen.

In vorliegender Abhandlung versuchte ich den Aufbau des Tsuishikarimoores darzulegen, denselben mit der europäischen Torfentwickelung zu vergleichen ; ferner wenn es möglich zu sehen, ob eine klimatische Veränderung auch bei uns eingeterten ist oder nicht. Im Sommer 1908 wurde die Probeentnahme bewerkstelligt. Der Ort, wo die Torfproben profilistisch herausgenommen wurden, liegt im südöstlichen Teil des Tsuishikarimoores, da wo früher das Moorversuchsfeld der Provinzial Regierung war. Dort habe ich eine bis dahin unkultiviert gelassene Stelle ausgesucht. Die Proben entnahm ich folgenderweise : ein geräumig grosse Grube wurde hergestellt und dann an den Wänden mittelst eines 15 cm grossen rechteckigen Zinkkastens von oben nach unten reihenweise je ein Brocken herausgeschnitten.

Da beim Ausgraben der Torfproben an den Wänden das Wasser durchsickerte, stellten sich uns grosse Schwierigkeiten entgegen und nur mit Mühe konnten wir 12 Torfbrocken ausgraben. Wir hatten eine Tiefe von 1.8 m erreicht.

Da die Profilausgrabung sich bloss auf eine einzige Stelle beschränkte, könnte man glauben, es sei voreilig, gleich daraus eine allgemeine Schlussfolgerung im Bezug auf die Moorbildung zu ziehen. Ich glaube, es dürfte keine unzuverlässige Folgerung sein, da ich bei noch einigen anderen Ausgrabungen feststellte, dass das dortige Moor überall eine gleichartige Schichtenausbildung gemacht hat.

Nachdem die Torfprobe vollständig ausgetrocknet war, wurde sie gewogen, worauf man ihren Pflanzenbestand eingehend untersuchte. In der schlecht zersetzten Torfmasse konnte ich mit blossem Auge ohne Schwierigkeit die hauptsächlich den Torf bildende Pflanzen erkennen ; dagegen musste ich bei gut zersetzten fast formlosen Torfarten zum Mikroskop greifen. Bei einigen Pflanzen konnte ihr Vorhandensein erst durch ihre Früchte oder Samen nachgewiesen werden. Teils mit blossem Auge, teils mit Mikroskop wurden die Sphagnumarten bestimmt.

Die Bildungsstufe des Tsuishikarimoores lautet wie folgende schematische Tabelle ergiebt, in welcher das Stärkeverhältnis der Torfschichten ungefähr durch den Abstand der Horizontallinien angedeutet ist.

SCHEMATISCHE DARSTELLUNG DER SCHICHTENFOLGE DES
TSUISHIKARIMOORES.

(Bis zu einer Tiefe von 180 cm)

Tiefe d. Schicht (cm)	Nr. d. Schicht	Torfschichten

Mooroberfläche

1. Cariceto-Sphagnumtorf
(Sphagnum ca. 40% der Torfmasse

15

Vulkanische Asche

2. Cariceto-Sphagnumtorf
(Sphagnum ca. 80%)

45

3. Cariceto-Sphagnumtorf
(Sphagnum ca. 90%)

60

4. Cariceto-Sphagnumtorf
(Sphagnum ca. 75–80%

90

5. Eriophoreto-Sphagnumtorf
(Sphagnum ca. 80%)

105

6. Sphagnumtorf
(Sphagnum ca. 90%)

135

Hochmoor

7. Scheuchzereto-Sphagnumtorf (Spha. ca. 50%)

143

Vulkanische Asche

8. Uebergangswaldtorf

180

Uebergangsmoor

Wie vorgehendes Schema ergiebt, können die Torfchichten des Tsuishikari-moores bis zur Teife von 1.8 m in 8 verschiedene Schichten geteilt werden, von denen die unterste Schicht dem Uebergangstorf, alle anderen dem Moostorf angehören. Die Charakteristik jeder Torfschicht und ihre darin vorkommenden Pflanzen werde ich nach Schichtenreihen unten kurz erwähnen.

1. Schicht. Cariceto-Sphagnumtorf; Etwa 15 cm dicke Torfschicht. Schlecht zersetzt. *Sphagnum papillosum* bildet ca. 40 % der Torfmasse, übriger Teil fast alles Carexrest, der ausschliesslich aus *C. Middendorfii* entsteht. Die ganze Torf-masse wird von einer eisendrahtartigen Rhizome der *Vaccinium Oxycoccus* durch-woben. Ferner wurde etwas *Eriophorum vaginatum* angetroffen.

Unter dieser Torfschicht befindet sich eine dünne ca. 2 cm starke Schicht vulkanischer Asche.

2. Schicht. Cariceto-Sphagnumtorf. Die Dicke dieser Torfschicht beträgt 30 cm. Im ganzen stärker zersetzt und fester gelagert als die obere Schicht. Gut-zersetzter Sphagnumtorf bildet durchschnittlich ca. 60 % der ganzen Masse. Daneben finden sich reichlich Reste von *Carex Middendorfii* und *Vaccinium Oxycoccus* vor. Duch die ganze Schicht ist *Scheuchzeria palustris* zerstreut anzu-treffen, noch ist *Andromeda polifolia* spärlich da. Das Sphagnum nimmt allmäh-lich nach unter zu und zieht sich bis in die nächst folgende Schicht ein.

3. Schicht. Cariceto-Sphagnumtorf. Etwa eine 15 cm dicke Ablagerung. Ausschliesslich bildet *Sphagnum papillosum* den Hauptbestandteil, der ungefähr 90 % der Torfmasse beträgt. Bei diesem Profil tritt *Carex Middendorfii* stark zurück; die Torfmasse ist reichhaltiger an *Vaccinium* Oxycoccus als die obere Schicht. Dagegen wird *Eriophorum vaginatum*, *Andromeda polifolia* nur spärlich angetroffen.

4. Schicht. Cariceto-Sphagnumtorf. 30 cm dick, von 60 bis 90 cm reichend. Die Grundmasse besteht wie die obere Schicht, aus *Sphagnum papillosum*, der an Menge bedeutend zurücktritt und nur etwa 75–80 % der ganzen Masse bildet. Hier tritt *Carex Middendorfii* wieder stärker hervor. Daneben sind *Vaccinium Oxycoccus* und *Eriophorum vaginatum* deutlich erkennbar.

5. Schicht. Eriophoreto-Sphagnumtorf. 15 cm starke Schicht. Die Grund-masse ist aus Stengeln von *Sphagnum papillosum* gebildet. Reste von *Eriophorum vaginatum* sind reichlicher vorhanden als andere Pflanzen; so wird Eriophoreto-Sphagnumtorf gebildet. In dieser Schicht tritt wieder *Carex Middendorfii* auf, jedoch sehr spärlich. Auch erscheinen *Vaccinium Oxycoccus*, Reiser von *Myrica Gale* und etwas *Equisetum palustre*.

6. Schicht. Sphagnumtorf. *Sphagnum papillosum*, mit ebenso vielen Stengeln wie Blätter bildet die Hauptmasse, die mehr als 90 % der ganzen Masse beträgt. Diese Schicht ist 60 cm tief. Carex anscheinend sehr spärlich vorhanden, dafür *Scheuchzeria palustris* reichlicher, besonders nach unten zunehmend. Durch die ganze Schicht zerstreut befinden sich schwarze Reste von Equisetum palustre, sogar sind auch Reiser von Lyonia calyculata und *Vaccinium Oxyccocus* da.

7. Schicht. Scheuchzereto-Sphagnumtorf. Sphagnum mit *Scheuchzeria palustris* bilden die Hauptmasse, an Stärke nur 8 cm; der erstere fast ganz aus Blättern von *Sph. papillosum* entstehend bildet etwa die Hälfte der Torfmasse. Stärker zersetzte Torfmasse als oben und dichter gelagert, sodann lassen sich Sphagnumblätter deutlich erkennen. Carex wurde äusserst spärlich gefunden. *Vaccinium Oxyccocus* sowie *Equisetum palustre* waren kaum nachweisbar.

Unter dieser Schicht liegt eine ganz dünne, höchst 0,5 cm dicke vulkanische Sandschicht, die durch starke Verwitterung eine glänzend glassartige Masse bildet.

8. Schicht. Uebergangs-Waldtorf. Die unterste Schicht, unter der vulkanischen Asche reicht bis zum Grund des Profils, ist etwa 37 cm stark. Direkt unter der Aschenablagerung wird die Torfmasse weich und formlos. Carex und *Phragmites communis* bilden die Hauptmasse des Torfs. Sphagnum nur spurweise in den obersten Teilen des Profils zu finden. Nach unten hin ist Betula sp. auffallend reichlich vorhanden. *Scheuchzeria palustris, Equisetum palustre* sind eingestreut, doch ist von *Vaccinium Oxyccocus* nur wenig da.

Ich möchte, nachdem ich die oben geschilderten Torfschichten erklärt habe, nochmal ihre Entwicklungsstufe von unten nach oben verfolgen und ihren Aufbau erklären.

Die unterste Schicht, die, wie schon erwähnt wurde, dem Uebergangstorf angehört, enthält viele Holzreste von Betula sp., die nach unten hin reichlicher gefunden werden. Daraus lässt sich schliessen, dass Moor nach unten noch reicher an Holz ist und sich schliesslich in Bruchwaldtorf verwandeln wird; oder es kann dagegen vermutet werden, dass man unten ohne auf Bruchwald zu stossen direkt auf Niedermoor gelangt, denn Schilf- sowie Seggentorf sind grösstenteils in der Masse enthalten. Leider konnte unsere Probeentnahme nicht tief genug ausgeführt werden, wodurch der Fall nicht klar gelegt wurde.

Es ist merkwürdig, dass eine vulkanische Aschenschicht diesen Uebergangstorf deckt, wenn gleich sie auch nicht sehr dick ist.

Der nächst befindliche Scheuchzeria-Sphagnumtorf (Schicht Nr. 7) zeigt eine normale Entwicklungsstufe unseres Moores, denn wie Weber[1] schreibt, wenn sich ein Uebergangstorf weiter entwickelt, wird derselbe immer zum Scheuzeria- oder Eriophorumtorf mit mehr oder minder reichlicher Beimischung von Sphagnum übergehen. Bei unserem Moore hat sich nicht der Eriophorumtorf sondern der Scheuchzeriatorf entwickelt. Daraus geht hervor, dass eine dauernde Versumpfung auf dem Uebergangs-Bruchwaldtorf herrschte, denn *Scheuchzeria palustris* können nur an solche Stellen gut gedeihen, während bei einem üppigen Wachstum von *Eriophorum vaginatum* ein häufiger Wechsel von starker Durchnässung und physiologischer Trockenheit gefordert wird.[2]

Die Stärke des Scheuchzeriatorfs ist im allgemeinen nicht gross. Nach Weber[3] besitzt der Scheuchzeriatorf im Augustumalmoor zu Mehmeldelta in Ostpreussen eine Dicke von einigen bis höchstens 60 cm. Bei dem von mir untersuchten Profil betrug sie nur 8 cm.

Auf dem Scheuzeria-Sphagnumtorf hatte sich das Sphagnummoos so üppig entwickelt, dass es von der sechsten bis zur ersten Schicht gelangte. Im grossen und ganzen bildet dieses Moos die Grundmasse der Torfablagerung, wenn auch letztere dabei noch in verschiedenen Abarten eingeteilt werden kann. Mit blossem Auge, und auch bei eingehender mikrospokischer Untersuchung fand ich *Sphagnum papillosum* als den einzigen Vertreter der Torfmoose. Das Vorhandensein anderer Sphagnumarten, welche gewöhnlich bei Hochmoorbau beteiligt sind, konnte hier nicht nachgewiesen werden. In Europa bildet sehr selten Sph. papillosum die Hauptmasse des ganzen Moores, dem entgegen entsteht unser Tsuishikari-moor ausschliesslich aus dieser Moosart.

Das üppige Wachstum des Sphagnums erklärt sich durch die gut entwickelten Stengeln,[4] die im Sphagnumtorf enthalten waren. Ferner ist zu bemerken, dass diese Moosstengeln alle horizontal dicht neben einander lagerten. Die Ursache dieser charakteristischen Ablagerung werden wahrscheinlich die schweren Schnee-massen gewesen sein. Durch den regnerischen Herbst im Wachstum günstig unterstützt, drückten die schweren Sahneeschichten derart, dass sich die Stengeln seitlich lagerten.

Nachdem das Sphagnummoos bei reichlichem Regenfall und durch die bestän-

---

1) Weber: (l. c.)

2) Weber: (l. c.)

3) Weber: Ueber die Vegetation und Entstehung des Hochmoors von Augstumal im Memeldelta. 1902. S. 184-197.

4) Mit Ausnahme von Schicht Nr. 2, wo es sich mit dem Wachstum des Torfmooses etwas anders verhält.

dig feuchte Lage mehrere Jahrhunderte lang sein Wachstum fortsetzte und eine Schicht von ca 30 cm gebildet hatte, trat nun eine nicht unbedeutende Veränderung im Torfbestand ein. Man bemerkt nämlich bei der nächsten Schicht (Schicht Nr. 6) anfallend starke Beimengungen von *Eriophorum vaginatum*, der folglicherweise den Vagineto-Sphagnumtorf bildet. Da das Wollgrass bei häufiger Wechsel von Nässe und Trockenheit gut gedeihen kann, so ist höchst wahrscheinlich, eine Klimaänderung eingetreten, oder durch irgend andere Gründe hat sich der Feuchtigkeitszustand geändert.

Anscheinend hielt diese Periode nicht lange an, denn die während derselben Zeit gebildete Torfschicht beträgt nur 15 cm. Von Ende dieser Periode an bis zur Gegenwart ist soviel *Carex Middendorfii* mit dem Sphagnumtorf vermischt, dass die so gebildete Torfmasse Cariceto-Sphagnumtorf genannt werden kann. Die Seggen haben sich so schlecht zersetzt, dass sie von ihrer ursprünglichen Pflanzenform nichts eingebüsst haben und nur die Farbe etwas verbrannt ist.

Das überwiegend starke Auftreten von *Carex Middendorfii* rührt wahrscheinlich von dem Pflanzennährungszustande her. Da zum üppigen Wachstum einer solchen Seggenart ein ziemlich nährstoffreiches Wasser gefordert wird, ist anzunehmen, dass während dieser Periode häufige Ueberschwemmung von benachbarten Flüssen stattgefunden haben müssen, die auf das Moor einen günstigen Einfluss ausübten. Diese Vermutung bestätigt sich durch die dichte Ablagerung der gut entwickelten langen Bleichmoosstengeln, denn ein solch energischer Wachstum des Bleichmooses kann sich nur bei starker Versumpfung der Mooroberfläche vollziehen.

Nachdem diese Schichtenablagerung eine Stärke von etwa 30 cm erreicht hatte, trifft man wieder eine wesentliche Veränderung des Torfbestandes an, welche die nächste Schicht bildet. Seggen treten jetzt nur spärlich auf, während Bleichmoos sich dafür stärker bemerkbar macht. Ursache dieser Erscheinung wird wahrscheinlich die allmähliche Verarmung der Moornährstoffe sein.

Diese Periode hält nicht lange an. Nachdem die Schicht nur etwa 15 cm stark wurde, erscheint darüber gleich wieder eine andere seggenreichere Ablagerung. Hier bildet das Bleichmoos nur 60 % der ganzen Torfmasse, während der übrige Teil grösstenteils aus *Carex Middendorfii* besteht.

Es ist beachtenswert, dass sich jetzt im Wachstum des Bleichmooses eine Aenderung bemerkbar macht. Wie nämlich schon oben erwähnt wurde, gedieh das Bleichmoos bis dahin in auffallend üppiger Weise, wobei die Stengeln immer stark entwickelt waren, und, was nicht zu übersehen ist, dass das Moos fortwährend sehr schlecht zersetzt war. Jedoch finden wir bei dieser Schicht nicht mehr eine so dichte Ablagerung der langen Bleichmoosstengeln und ausserdem ist die Torfmasse im Zersetzungsprozesse weiter vorgeschritten.

Die eben erklärten Eigentümlichkeiten dieser Schicht deuten darauf hin, dass bei dieser Lagebildung wenig Feuchtigkeit vorhanden war. Wodurch der plötzliche Wechsel hervorgerufen wurde ist mir bis jetzt noch unerklärlich. Die Ursache kann durch die allmähliche Austrocknung des Moores entstanden sein, die durch die beträgliche Erhöhung der Moorlage über dem Wasserniveau, sowie durch die unrestlichen Anhäufungen des Torfmooses hervorgerufen wurden; oder äserliche Verhältnisse, wie Klimawechsel, können die wirkliche Ursache gewesen sein.

Es soll nicht unerwähnt bleiben, dass trotz der merklichen Veränderung des Feuchtigkeitszustandes, noch immer *Sphagnum papillosum* als einziges in dieser Schicht vorkommendes Torfmoos erschien.

Wie schon früher gesagt wurde, liegt auf diesem 30 cm dicken Cariceto-Sphagnumtorf eine dünne Schicht vulkanischer Asche. Diese Aschenablagerung wird nicht nur in diesem Moore, sondern in fast allen Mooren des Ishikari-Tals angetroffen. Es soll damals ein grosser vulkanischer Ausbruch von ungeheurer Ausdehnung gewesen sein. Die Aschenschicht beträgt bei diesem Profil noch keine 2 cm.

Da uns gänzlich authentisch geschichtliche Beschreibungen oder glaubwürdige Aussagen fehlen, ist vorerst nicht festzustellen wann der Ausbruche statt fand und welchen Ursprungs der Vulkan war. Könnte man den Zeitpunkt des Ausbruchs feststellen, dann wäre die Möglichkeit vorhanden, den Wachstumsgrad unseres Moores auszurechnen, der bei uns noch einstweilen unbekannt bleibt.

Die Torfschicht (Schicht Nr. 1), die sich nach dem vulkanischen Ausbruch entwickelt hat zeigt im Bezug ihres Pflanzenbestandes einen wesentlichen Unterschied mit der darunter liegenden Torfmasse. Hier tritt das Bleichmoos beträchtlich zurück, an dessen Stelle die Segge es einnimmt. Das Torfmoos bildet also hier kaum noch die Hauptmasse des Torfs. Diese Veränderung ist einerseits der allmählichen Austrocknung der Moorlage nach oben, andererseits der vulkanischen Bereicherung der Pflanzennährstoffe zuzuschreiben.

Was ich oben ausführlich angegeben habe, ist die Entwicklungsgeschichte des Tsuishikarimoores. Fassen wir das Ganze noch einmal klar zusammen, so kommen wir zu dem Urteil, dass unser Tsuishikarimoor aus einem Niedermoor hervorgegangen sein muss, trotzdem wir das Profil nicht tief genug ausgraben konnten. Auf diesem Niedermoor hat sich der Uebergangswaldtorf gebildet. Darauf hat wohl der Sphagnumtorf, nachdem er erst das Stadium des Scheuchzeriatorfs durch-machte, sich allmählich entwickelt und ist schliesslich bis zur Oberfläche angelangt. Wir können also sagen, dass Tsuishikarimoor im ganzen eine normale, natürliche Entwickelung durchgemacht hat.

Vergleichen wir nun den Aufbau des Tsuishikarimoores mit den europäischen, so kommen wir der Ansicht, dass es mancherlei Eigentümlichkeiten besitzt. Was uns sehr interessiert, ist das Nichtdasein des sogenannten Grenzhorizonts bei unserem Moor, der wie schon erwähnt wurde, in Norddeutschland eine Heidetorf- oder Eriophorumtorfschicht und in Oesterreich ein Bruchtorf zwischen dem älteren und jüngeren Moostorf bildet und eine säkulare Trockenperiode nachweisen lässt.

Wenn auch bei uns der Eintritt solcher epochmachender Säkulartrockenheit nicht nachweisbar ist, kann daher doch nicht mit Bestimmtheit angenommen werden, dass die Anhäufung von Moostorf bei Hochmoorbildung ungestört vonstatten ging. Wir bemerken ja verschiedentlich mehrmalige, grössere und kleinere Schwankungen im Torfmooswachstum, und dabei bald mehr, bald minder das Vorkommen anderer Moorpflanzen, wie vor allem Seggen und Wollgras. So treffen wir in Schicht 5 viel *Eriophorum vaginatum* an, während in der nächsten Schicht 4 auffallend grosse Beimengung von *Carex Middendorfii* bemerkt wird, dann folgt abermaliger Maximumwachstum des Torfmooses in Schicht 3, welche wiederum in Schicht 2 von Seggen überwogen wird.

Was die Ursache dieser Anomalie der Schichtenfolge anbelangt, ist sie meines Erachtens wie ich schon geäussert habe, durch Ueberschwemmungen der in der Nähe befindlichen Flüsse, wodurch sich das Feuchtigkeitsverhältnis änderte, also der Ernährungszustand der Mooroberfläche ein ganz anderer wurde, oder durch abwechselnde Klimaschwankungen, die das Pflanzenwachstum beeinträchtigten, hervorgerufen worden. Es kann auch sein, dass diese zwei Ergebnisse gleichzeitig eine kombinierte Einwirkung ausgeübt haben. Weber[1] ist auch der Ansicht, dass anormale Torfschichtenfolgen durch Flussüberschwemmungen verursacht werden können.

Da ich bis jetzt den Pflanzenbestand der gegenwärtigen Mooroberfläche ganz unberührt liess, möchte ich noch eine kurze Darlegung darüber angeben.

Die Hauptmasse des oberflächlichen Torfs entsteht hauptsächlich aus Seggen, *Rhynchospora alba*, *Juncus effusus*, dazwischen werden *Myrica Gale*, *Vaccinium Oxycoccus*, *Drosera rotundifolia* und wenig *Andromeda polifolia* gefunden. Sphagnen wachsen sehr wenig und folglich bilden sie nicht die Grundmasse des Torfs. Die Sphagnumarten, die auf der Mooroberfläche gefunden werden, sind meistens

---

1) Weber: Ueber die Vegetation u. Entstehung ect. S. 246.

Sph. cymbifolium, wenig *Sph. rubellum*, *Sph. acutifolium*, nur selten *Sph. papillosum*. Es ist merkwürdig, dass *Sph. papillosum* auf der Oberfläche so selten angetroffen wird, während sich dasselbe Moos durch die ganze Moorschichten hindurch als den einzigen Vertreter der Torfmoose ausgewiesen hat, und ferner, dass andere Torfmoose, die unten gar nicht vorkommen, plötzlich oben überwiegend stark vertreten waren.

Nicht weniger merkwürdig ist es, dass auf der Mooroberfläche, wenigstens da, wo das Profil ausgegraben wurde, Sphagnen ganz spärlich, nur hier und da zerstreut gewachsen waren. Der Grund kann hierfür wahrscheinlich dem menschlichen Einfluss zugeschrieben werden. Weber[1] bemerkte auch beim Augustumalmoor, dass das Hochmoor, welches seiner Vegetation nach bis dahin ein Moosmoor gewesen war, unter menschlichen Einflüssen sich allmählich in Heide- oder Kulturmoor zu verwandeln begann. Schon seit mehreren Jahrzehnten hat das Tsuishikarimoor unter menschlichen Störungen zu leiden gehabt. Wie könnte die Urbarmachung der Umgebung, dazu häufiger Moorbrand, der entweder zufälligerweise oder absichtlich das Moor ergriffen, auf das Wachsum der Moorpflanzen ohne Einfluss bleiben? Das Zurücktreten oder stellenweise gänzliche Verschwinden des Torfmooses, ferner das allmähliche Zunehmen der *Myrica gale* und anderer Sträucher lehren uns deutlich, dasselbe Schicksal, welches das Augustumalmoor ergriff, wird auch unser Tsuishikarimoor ereilen.

Zusammenfassung:—Das Tsuishikarimoor scheint im allgemeinen einen ähnliche Entwickelungsstufe wie das deutsche Hochmoor verfolgt zu haben. Nämlich über dem Uebergangs-Bruchwaldtorf, die unterste Schicht des bis zur Tiefe von 1.8 m erreichten Profils, hatte sich ein Scheuchzeriatorf, allerdings mit Beimischung von Sphagnumtorf, gebildet. Darauf hat sich der Moostorf bis zur Oberfläche entwickelt. Das ist also die normale, natürliche Entwickelung eines Hochmoors, das ursprünglich aus einem Niedermoor hervorgegangen ist. Ferner gibt es bei unserem Moor keine solch eigentümliche Torfschicht, wie Grenzhorizont nach Weber (1. c.) oder jüngerer Bruchtorf nach Schreiber (1. c.), die sich zwischen dem älteren und jüngeren Moostorf befinden und den Eintritt einer säkularen Trockenperiode andeuten. Dennoch fehlte es unserem Moore nicht an kleineren Anomalien bei der Entwickelung, welche entweder durch klimatische Veränderung oder durch Ueberschwemmung von Flüssen veranlasst wurden. Was ferner die Moor bildenden Pflanzen anbetrifft, so finde ich es merkwürdig, dass *Sphagnum papillosum* als einzig in der Tiefe gefundenes Torfmoos sich bis zur Moorober-

---

1) Weber: Ueber die Vegetation u. Entstehung etc. S. 246.

fläche durcharbeitete. Ausserdem bemerken wir, dass dieses Hochmoor, das früher Moosmoor gewesen war, sich seit mehreren Jahrzehnten durch menschlichen Einfluss allmählich zu einem Sträucher- oder Grasmoor verwandelt.

———————

摘 要

高位泥炭地生成の順序を見るに、低部に泥層あり其上によし泥炭又はすげ泥炭を生じ、中間泥炭之に亞ぎ、最後に水蘚泥炭の生するを普通とす。余は我北海道の高位泥炭地が果して如何なる發達を爲したるやを知らんと欲し、對雁泥炭地に就き試驗せり。

又獨逸其他歐州一般の高位泥炭地に於ては、水蘚泥炭層は新舊二層より成り、其中間に異種の泥炭介在せり、之れ氣候の週期的變化に基づくものなり。本邦に於ても之に類似の變化ありしや否や、之れ余が泥炭地構成上より之を窺知せんと欲せる所なり。

以上二箇の目的を含みて行へる泥炭地の發掘は、地下水湧出に妨げられ、深さ 1.8 m にて中止するの已むなきに迫れり。而して採集泥炭に就き研究の結果、大略下記の層より成れることを確めたり。

	水蘚の量 (%)	
1. すげ水蘚泥炭	40	
2. 同 上	80	
3. 同 上	90	高 位 泥 炭
4. 同 上	75-80	
5. ささげすげ水蘚泥炭	80	
6. 水蘚泥炭	90	
7. はろむひさう水蘚泥炭	50	中 間 泥 炭
8. 中間的沼林泥炭	—	

上記の各層に發見されたる植物は左の如し。

第一層より第四層迄、Sphagnum papillosum, Carex Mikklendorfii, Vaccinium Oxycoccus, Eriophorum vaginatum, Scheuchzeria palustris, Andromeda polifolia.

第五層、　Sphagnum papillosum, Eriophorum vaginatum, Carex Middendorfii, Vaccinium Oxycoccus, Myrica Gale, Equisetum palustre.

第六層、　Sph. papillosum, Carex Middendorfii, Scheuchzeria palustris, Equisetum palustre, Lyonia Calyculata, Vaccinium Oxycoccus.

第七層、　Sph. papillosum, Scheuchzeria palustris, Carex Middendorfii, Vaccinium Oxycoccus, Equisetum palustre.

第八層、　Betula sp., Scheuchzeria palustris, Equisetum palustre, Vaccinium Oxycoccus, sph. papillosum.

　是に由りて觀れば對馬泥炭地は發掘の深さの範圍内に於ては其下層に中間泥炭あり、其上に水蘚泥炭を生ぜしこと明かにして、中間泥炭の下層は多分よし泥炭又は すげ泥炭たるを想像し得べし、即ち高位泥炭の普通の發達を遂げたるものと云ふを得べし。

　對馬泥炭地には歐洲に於けるが如く、新舊二層の水蘚泥炭層あるを發見せず、從て彼地に於けるが如く、氣候の大變化ありたるを認めず。然れども對馬泥炭の水蘚泥炭層を見るに、水蘚の量時に變化し、他の植物殊に すげの混和量に消長あり、之れ氣候が時々多少の變化をなし、又河川の氾濫等が影響せるものたるべきは想像するに難からず。

　總括：—對馬泥炭地は歐遍の高位泥炭地と略同様の發達を遂げたるものなり。 即ち深さ 1,8 m 迄掘瓚したる其底部に中間沼林泥炭ありて、其上にほろむいさう (Scheuchzeria palustris) 泥炭あり、其より泥炭地の表面迄水蘚泥炭より成る、之れ即ち低位泥炭より發達せる高位泥炭の普通の發達順序なりとす。

　對馬泥炭には新舊水蘚泥炭の中間に介在して以て乾燥氣候の大週期的發現を示せる Weber の所謂限界水平線 (Grenzhorizont) 又は Schreiber の新沼林泥炭 (Jüngerer Bruchtorf) の如き層あるを認めず、去れど其泥炭地にも常軌を逸せる發達を認むるなきにあらず、之れ氣候の變化若くは河川の氾濫に關因せり。

　泥炭を構成せる植物に關しては Sphagnum papillosum が此水蘚泥炭を生成せる唯一の水蘚として發見せらるゝは最も注意す可き事實なり。

　對馬高位泥炭地は從來水苔泥炭地なりしも、數十年來人類の影響を蒙りて、漸次灌木泥炭又は草泥炭に變ずるの傾向あり。

ON THE NATURE OF THE SUGARS FOUND IN THE TUBERS OF ARROWHEAD.

慈姑中の糖の性質に就きて

農 學 士 三 宅 康 次

The present paper embodies the result of our study on the nature of the sugars found in the arrowhead tubers (*Sagittaria sagittifolia forma sinensis*), and forms a part of the investigation of sugars contained in the underground reserve organs of plants, now being conducted in our laboratory.

In the reserve organs of plants, the substances must be kept in a highly condensed form in order that they may be stored up in as small a space as possible, since the nutrition of the young shoots in early spring necessarily depends on the materials stored up in these organs. In fact, such a substance as a starch, which is a highly condensed form of glucose, is generally abundantly stored in the underground organs of many plants. From this reason, it may be inferred that the sugars in these organs will also take the higher condensed forms rather than ordinary monosaccharide.

Investigations of the sugars in the underground reserve organs, up to the present time, have revealed the presence of the following :—maltose (in sugar beet[1]), raffinose (in *Beta vulgaris[2]*), gentianose (in the rhizome of *Gentiana*

1) Stoklasa,-Zs. f. Zuckerind. in Böhmen, Bd. 24, P. 560 (1899).

2) Boivin & Leisean,- Compt. rend., Tome 60, P. 164 (1865); Loisean,- Journ. de fabr. de sucre. Bd. 24, P. 52; Bd. 26, P. 21; La sucrerie indigene, Bd. 23, P. 96; Compt. rend., Tome 82, P. 1058 (1876); Zs. d. Vereins d. d. Zuckerind., Bd. 35, P. 1108 (1885); Lippman,- Chem. Ztg., Bd. 8, P. 386 (1884); Zs. d. Vereins d. d. Zuckerind., Bd. 35, P. 257 (1885); Bd. 41, P. 519 (1891); Tollens,- Ber. D. chem. Ges., Bd. 18, P. 26 (1855); Zs. d. Vereins d. d. Zuckerind., Bd. 35, P. 31 (1885); Bd. 36, P. 212 (1886); Scheibler,- Ber. D. chem. Ges., Bd. 18, P. 1779 (1885); Zs. d. Vereins d. d. Zuckerind., Bd., 35, P. 844 (1885); Leblay,- Boll. de l'Assoc. des chimistes, Bd. 3, P. 166 (1886); Pellet & Biard,- La sucrerie indigens, Bd. 25, P. 505 (1888); Bodenbender.-Zs. d. Vereins d. d. Zuckerind., Bd. 38, P. 597 (1888) etc.

lutea[1]), cyclamose (in the tuber of *Cyclamen europaeum*[1]), stachyose (in the rhizome of *Stachys tuberifera*[1]), *Lansium altuus*[4]) and other Labiaceæ[1] and verbascose (in mullein root[5]). These sugars are all of di-, tri- or tetrasaccharide, except sucrose which is widely distributed in the vegetable kingdom. It will be then of great interest to study in detail these organs in many plants in this connection. The arrowhead tuber or Kuwai was selected as the first material to be studied.

A search of the literature on *Sagittaria sagittifolia forma sinensis* failed to show the result of special investigations on the composition of its tubers, beyond a brief article by Kellner[7] on their general composition. His analysis is as follows:

	Original material %	Water-free substance %
Water	66.86	—
Ash	1.43	4.31
Protein	7.05	21.26
Fat	0.55	1.65
Crude fiber	1.18	3.56
Nitrogen-free extracts	22.93	69.21

Consequently, at the beginning of this investigation we have undertaken to test the carbohydrates of the arrowhead tubers and have obtained the following result.

Water	78.16%
in water-free substance	
Starch	55.32%
Dextrin	1.75%
Reducing sugars	0.67% (as glucose).
Non-reducing sugars....................	5.54% (as sucrose).

1) Meyer,- Za. Physiol. Chem., Bd. 6, P. 135 (1882); Ber. D. chem. Ges., Bd. 15, P. 530 (1882); Bourquelot & Nardin,- Compt. rend., Tome 126, P. 280 (1898).

2) Michaud.- Journ. de Pharm et de Chim., (5), 16, P. 84 (1887).

3) Planta,- Landw. Versuchsstat., Bd. 25, P. 473 (1877); Schulze & Planta,- Ber. D. chem. Ges., Bd. 23, P. 1692 (1890); Bd. 24, P. 2705 (1891); Landw. Versuchsstat., Bd. 40, P. 277 (1892); Bd. 41, P. 123 (1893); Strohmer & Stift,- Oesterr-ungar. Za. f. Zuckerind. u. Landw., Bd. 20, P. 895 (1891); Hanauser,- Chem. Centralbl., Bd. I, P. 518 (1894); Tanret,- Compt. rend., Tome 134, P. 1586 (1902); Tome 136, P. 1569 (1903); Bull. de la Soc. chim., (3), 27, P. 947 (1902); 29, P. 888 (1903).

4) Piault,- Journ. de Pharm. et de Chim., (6), 29, P. 236 (1909); Chem. Centralbl., Bd. I, P. 1168 (1909).

5) Piault,- Journ. de Pharm. et de Chim., (7), 1, P. 248 (1910); Chem. Ztg., Bd. 34, P. 186 (1910).

6) Bourquelot & Bridel,- Compt. rend., Tome 151, PP. 760-762 (1910); Chem. Abs., Vol. 5, P. 1263 (1911).

7) König.-Chemie der menschlichen Nahrungs u. Genussmittel, Berlin, Bd. I, P. 705 (1903).

Mucic acid producing substance by oxidation ..   1.43% (as galactose).

     Insoluble in 95% alcohol ....   0.60% (,,   ).

     Soluble in 95% alcohol ....   0.74% (,,   ).

Pentosane (including methyl pentosane) 1.83%

As has been shown in the above table, of the carbohydrate constituents, starch is a prominent substance, its amount attaining 55.32% of the dry matter. Sugars are also present in no slight quantity, reaching the amount of 6.21% of the dry matter, and they constitute an important part of the carbohydrate constituents.

To determine the exact nature of the sugars of the arrowhead tubers, the following investigation was undertaken according to plan herein described.

1. Preparation of the syrup.

The arrowhead tubers were peeled of their rind and finely chopped. The chopped parts were allowed to dry in the air, requiring about two weeks for drying to such a state that they could be ground easily and finely pulverized.

The preparation of the syrup was begun by extracting 100 grams of the finely pulverized material in a Soxhlet apparatus with ether. The residue so obtained, which was freed from oil, after evaporating ether, was placed in 750 cc. flask fitted with inverted condenser and treated daily with 300 cc. of 95% alcohol heated in a boiling water bath. The extract was at first of a deep yellow colour, but it gradually became lighter from day to day. It had a sweetish taste and was nearly neutral to litmus during the entire time of extraction. One week was required to remove the last traces of sugars. The combined extracts were filtered to remove the sediment which was formed in standing, and the filtrate was evaporated to a small volume in a partial vacuum. The concentrated liquor was again extracted many times with a small quantity of absolute alcohol, until, after the evaporation of the alcohol, no more residue was produced. The residue (I) here obtained was preserved in a desiccator as material for the later investigation. The extracts were concentrated to a syrupy condition in a partial vacuum and allowed to dry over sulphuric acid.

Above method of the preparation was repeated about ten times to get a sufficient quantity of the materials for investigation.

2. Experiment with the syrup.

a. Qualitative tests.

The syrup obtained above, gave the following qualitative reactions :—

1) It had a very sweet taste.

2) It reduced Fehling's solution weakly; after invertion with hydrochloric acid, the reducing power was very much enhanced, showing that the non-reducing sugars were present in abundance.

3) Molish-Udransky's reaction was positive.

4) It gave characteristic blood red colour by heating with picric acid and a few drops of caustic soda solution (Reaction of Braun on glycose).

5) It gave Seliwanoff's reaction very distinctly.

6) It gave Pinoff's reaction of free fructose with ammonium molybdate and acetic acid.

7) It gave characteristic red colour by heating in a boiling water bath for exactly one minute with resorcine and alcohol-sulphuric acid mixture according to Pinoff.

8) It did not show any pentose reaction by the phloroglucin method.

9) Mucic acid was produced upon oxidation with nitric acid of 1.15 sp. gr., as in the usual manner.

10) Saccharic acid was detected as acid potassium salt in the oxidized solution separated from the crystals of mucic acid by the usual method.

11) It rotated the plane of polarization toward the right; after invertion it was almost inactive.

12) It produced no characteristic mannose phenylhydrazone with phenyl-hydrazine. When the mixture was warmed in a boiling water bath with acetic acid, the yellowish crystalline osazone was clearly produced. Even after invertion mannose phenylhydrazone was not produced.

13) Two drops of the syrup were placed on an object glass and were seed-ed respectively with a crystal of glucose, fructose, galactose, maltose, sucrose and raffinose. After twenty four hours, the drop which had been seeded with sucrose showed the formation of new crystals, while the others remained unchanged.

From the above qualitative reactions it is safe to conclude that the syrup contains both reducing and non-reducing sugars and that the presence of glucose, fructose, galactose molecule and sucrose is highly probable. Moreover, it is probable that fructose in a free form is present, because the reaction 6, according to Pinoff, is only produced by free fructose while other sugars which contain fructose molecule in combination as sucrose does not show the same colour reaction. It is still more evident that the presence of pentose and mannose, even in combined forms, is excluded, since no characteristic pentose phloroglucin reaction and mannose phenylhydrazone could be formed as above mentioned.

b. Isolation of sucrose.

When the syrup was left untouched nearly twenty four hours, it was found thickly laden with fine crystals. A small amount of 95% alcohol was added to the syrup, mixed, filtered with suction, and washed with absolute alcohol and ether. The sugar thus obtained was slightly yellowish in colour, but upon recrystallization from alcohol it became perfectly white and left no ash on ignition. After drying over sulphuric acid in a vacuum, its melting point was determined and found to be 159°C.

0.5 gram of the dried sugar was dissolved in water and made up into 25 cc., and polarized in 200 mm. tube in Schmidt and Haensch half shadow polariscope. The rotation was found to be 7.7 on the scale toward the right. The specific rotatory power of this sugar is

$$(a)D = \frac{7.7 \times 0.346 \times 25}{0.5 \times 2} = +66.6 \text{ (at } 20°)$$

The melting point and specific rotatory power indicates that the sugar at hand is no other than sucrose.

c. Osazone tests.

The mother-liquor filtered off from the crystals of sucrose was evaporated again into a syrup. After standing for about two days, a small amount of sucrose crystals was again formed in it. The crystals were removed as in the above experiment, and the filtrate was concentrated once more to a syrup. It did not show any sign of forming new crystals even after one week standing. An attempt was then made to separate and detect the sugars as osazone.

1. 1 gram of the syrup, 2 grams of phenylhydrazinhydrochloride, 3 grams of sodium acetate and 20 cc. of water were mixed and heated in a boiling water bath. After 15 minutes yellowish crystals had been produced. At the end of one hour and a half, the heat was removed, and the crystals were examined under a microscope. None of the other forms, besides the stellate form of the yellow needle shaped crystals, which coincides with that of phenylglucosazone, were observed. When cooled, it was filtered and washed with a little water. The yellow crystals thus obtained were recrystallized from 60% alcohol and dried over sulphuric acid in a vacuum. The melting point was determined and found to be 204°, which coincides with that of phenylglucosazone. Consequently, the osazone under question is phenylglucosazone.

The filtrate from the crystals of phenylglucosazone was heated and concentrated again in a boiling water bath. This produced second very find crystals of brownish yellow colour, and their form was quite identical with that of phenylgalactosazone prepared from pure galactose in our laboratory. After heating for about 1 hour, it was filtered and washed with a little water. The crystals were recrystallized and dried over sulphuric acid in a vacuum. The melting point was determined and found to be 193-194°. The crystalline form and melting point indicate that the osazone at hand is no other than phenylgalactosazone.

2. 1 gram of the syrup was dissolved in 20 cc. of water and inverted with hydrochloric acid in a boiling water bath for about 30 minutes. After it was neutralized with sodium carbonate, 2 grams of phenylhydrazine hydrochloride and 3 grams of sodium acetate were added and heated in a boilding water bath, exactly in the same manner as described above. In this case, none of the other osazones, aside from a considerable quantity of both gluco- and galactosazone, were obtained.

The osazone tests, which were made to separate and detect the sugars in the syrup, failed to obtain a more favorable result than that of the qualitative reactions as already mentioned. But, as the result of this experiment, maltose can hardly be expected to exist, because maltosazone can easily be distinguished from the glucosazone in its crystalline form, though its melting point will be almost similar to that of the latter. The formation of galactosazone from the original syrup in this case is apparently striking, since the presence of free galactose in nature, up to the present time, had not been reported except in the paper by Lippman[1] who proved its presence in the hoar frost like coating of berry ivy after a sudden night frost in autumn. As to whether or not the formation of galactosazone from the original syrup is due to the presence of free galactose or a slight invertion of some non-reducing sugar containing galactose molecule as one of the constitutional units, we have not sufficient data to decide; and the question remains to be solved in future.

In the experiments with the syrup, the question concerning the nature of galactose containing sugar still remains to be solved.

3. *Experiment with the residue (I).*

a. Qualitative tests.

The residue (I) gave the following qualitative reactions :—

---

1) E. O. van Lippmann,- Ber. D. chem. Ges., Bd. 43, PP. 3611-3612 (1910).

1. It had a sweetish taste.

2. It did not reduce the Fehling's solution directly; after invertion with hydrochloric acid, it reduced very strongly showing the presence of non-reducing sugars.

3. It did not give the characteristic reaction of pentose with phloroglucin and hydrochloric acid.

4. Molish- Udransky's reaction was positive.

5. It did not give the characteristic colour reaction of Braun with picric acid and caustic soda.

6. It gave the characteristic fire red colour of ketose with resorcin and hydrochloric acid (Seliwanoff's reaction).

7. It did not give the characteristic colour reaction of free fructose with ammonium molybdate and acetic acid.

8. Upon oxidation with nitric acid of 1.15 sp. gr., mucic acid was produced.

9. From the filtrate of the mucic acid crystals, saccharic acid was separated and detected as acid potassium saccharate by the usual method.

10. It did not produce any crystals with phenylhydrazine hydrochloride and sodium acetate. When the mixture was warmed in a boiling water bath for about 30 minutes, a few crystals of the yellowish crystalline glucosazone were produced. After invertion, the gluco- and galactosazone were formed in abundant quantity by heating for about 15 minutes.

11. It rotated the plane of polarization toward the right both before and after invertion; though in the latter case its power was smaller than in the former case.

From the above qualitative tests, it will be clear that the residue (I) under examination contains some non-reducing sugars which are constituted from three groups of glucose, galactose and fructose or two of these hexoses.

b. Isolation of sucrose.

The residue (I) was dissolved with 95% alcohol and evaporated to a syrup. It did not show any sign of forming crystals of its own accord, even after one week's standing. An attempt was then made to purify the syrup by means of basic lead acetate. The syrup was diluted with a sufficient quantity of water, to which a favorable quantity of basic lead acetate solution was added and the mixture well shaken. The fluid soon became turbid and after standing for a little while, a small amount of flocculent precipitates was formed. After separating the precipitates by filtration, a further quantity of basic lead acetate and ammonia was added to the filtrate, when a flocculent substance of quite white colour was abundantly produced. The insoluble lead compound thus resulted was collected on a "Nutsch" filter with suction, well washed with water, suspended in water and decomposed by hydrogen sulphide. After the decomposition was complete, it was filtered, and well washed with water, and then the filtrate was evaporated to a small volume in a partial vacuum. The syrup was then extracted with boiling 95% alcohol and separated into two parts of soluble and insoluble, the former being predominate in quantity. The insoluble part of a slightly dark colour was designated as the residue (II) and preserved in a desiccator as the material for the later investigation. The soluble part was again concentrated to a syrup.

The purified syrup did not produce any marked crystals even after standing for about one week. Hence, an attempt was made once more to clarify the syrup by means of absolute alcohol, i.e. the syrup was extracted many times with a small quantity of absolute alcohol until, after evaporation of alcohol, no more residue was produced, and it was thus separated into two parts, soluble and insoluble, in absolute alcohol. The extracts were united and concentrated again into a small bulk. The insolube substance of quite white colour had a sweetish taste and was preserved in a desiccator as the material for a further study, designated as the residue (III).

When the twice purified syrup was left untouched for about twenty-four hours, it was found thickly laden with fine crystals. A small amount of 95% alcohol was then added to the syrup, mixed, filtered with suction and washed with absolute alcohol and ether. The sugar thus obtained was perfectly white in colour and left no ash on ignition. After drying over sulphuric acid in a vacuum, its specific rotatory power was determined and found to be +66.53°.

For the determination of specific rotatory power, 0.4551 gram of the sugar was dissolved in 25 cc. of water and polarized in a tube of 200 mm. length. A dextro-rotation of 7.0 on the scale of Schmidt and Haensch half shadow polariscope was observed. The specific rotatory power is

$$(a)\,D = \frac{7.0 \times 0.346 \times 25}{0.4551 \times 2} = \ +66.53 \ \text{(at 20°)}.$$

The melting point was also determined and observed to be 160°. The specific rotatory power and melting point indicates that the sugar at hand is no other than sucrose.

4. *Experiment with the residue (III).*

On the qualitative tests, the residue (III) has shown almost the same reactions as those of the residue (I). A trial was then made to separate and detect the sugar which contains the galactose group. First, we examined, how much mucic acid would be produced from the residue by oxidation and the following result was obtained.

0.2 gram of the residue was put in a small beaker, to which nitric acid of sp. gr. 1.15 was added and oxidized in a boiling water bath as in the usual manner. The mucic acid produced was collected on the filter and weighed 0.0065 gram corresponding to 3.25%.

Next, we tried to determine its specific rotatory power and the result obtained was as follows:

0.1163 gram of the residue was dissolved in water and made up into 10 cc. and polarized in 100 mm. tube. The rotation was observed to be 2.8 on the scale toward the right. The specific rotatory power is

$$(\alpha) D = \frac{2.8 \times 0.346 \times 10}{0.1163 \times 1} = +83.35 \text{ (at } 20°).$$

If the sugar under question be raffinose, the amount of this sugar correspond-ing to 0.0064 gram of mucic acid would be 0.087 gram according to Creydt[1]. If we assume that sucrose be formed besides raffinose, the quantitative ratio of sucrose and raffinose in the residue (III) would be 1.3:1. Upon this ratio, if we calculate the specific rotatory power of the sample, we will then find the following value which well coincides with that of actually observed facts, i.e.

$$\frac{(66.803[2] \times 1.3) + (104.[3] \times 1)}{2.3} = +82.98$$

Methyl alcohol, which was recommended for raffinose, was found to be a good solvent for the extraction of the sugar under examination. Hence, a small amount of methyl alcohol was added to the total residue (III), well mixed and decanted. This operation was repeated until the bulk of the residue insoluble in methyl alcohol was reduced to about half of its original volume. The combined extracts were evaporated to a syrup. The syrup did not show any sign of forming

---

1) Creydt,- Zs. d. Ver. d. D. Zuckerind., Bd. 37, P. 153; Lippmann,- Chemie d. Zuckerarten, Braunschweig, Bd. II. P. 1652, (1904).

2) Specific rotatory power of sucrose according to Tollens.

3) Specific rotatory power of raffinose according to Tollens.

crystals even after standing for 7 days. Absolute alcohol was then added to the syrup to remove matters soluble in the alcohol, well mixed and decanted. The insolube residue in absolute alcohol was dried in vacuum over sulphuric acid, and its specific rotatory power determined. The following result was found:

$$(a)D = \frac{0.4 \times 0.346 \times 10}{0.015 \times 1} = +92.27 \text{ (at } 20°).$$

The residue was again treated with methyl- and absolute alcohol to remove the accompanying matter, in exactly the same manner as above described. The substance here obtained was almost tasteless. The specific rotatory power was determined and found to be +103.8.

$$(a)D = \frac{0.45 \times 0.346 \times 10}{0.015 \times 1} = +103.8° \text{ (at } 20°).$$

The residue was once more purified in the same manner as in the above cases. The specific rotatory power was determined and found to be identical with that of the above case.

$$(a)D = \frac{0.3 \times 0.346 \times 10}{0.01 \times 1} = +103.8° \text{ (at } 20°).$$

Next, we determined the quantity of mucic acid which is produced from the residue by oxidation. 0.0834 gram of the residue and nitric acid of sp. gr. 1.15 were mixed in a small beaker and oxidized in a boiling water bath according to the usual method. The mucic acid produced was collected on a filter and weighed 0.0065 gram corresponding to 7.79%.

According to Tollens[1], the specific rotatory power of raffinose is +103.0° or +104.0° while Lippmann[2] found it to be +105.0° and +104.95°. The production of mucic acid from 0.1 and 0.075 gram raffinose according to Creydt[3] is 0.009 and 0.0056 gram corresponding to 9.0% and 7.5% respectively.

Consequently, the residue under examination would probably be raffinose.

5. *Experiment with residue (II).*

The residue, insoluble in boiling 95% alcohol, was slightly dark coloured and had a slightly sweet taste. Upon qualitative tests, the residue gave reactions almost similar to those of residue (III).

---

1) Tollens,- Zs. d. Ver. d. D. Zuckerind., Bd., 35, P. 31 and 591; Lippmann,- Chemie d. Zuck-erarten, Braunschweig, Bd. II, P. 1636 (1904).

2) Lippmann,- ibid., Bd. 35, P. 257; Bd. 38, P. 1252; Lippmann,- ibid., PP. 1636- 1637.

3) Creydt,- l.c.

The residue was extracted with methyl alcohol, and the extract was concentrated to a syrup. The syrup did not form any crystals even after standing for 7 days. The syrup was then treated with absolute alcohol to remove such substances, which are soluble in this alcohol. On this treatment, slightly yellow coloured powder was obtained. It did not give a sweet taste. We determined its specific rotatory power, and obtained the following result.

0.05 gram of this dried powder was dissolved in water and made up into 10 cc. and polarized in 100 mm. tube. Bi-rotation was not observed. The rotation was 1.5 on the scale toward the right. The specific rotatory power is

$$(a)\,D = \frac{1.5 \times 0.346 \times 10}{0.05 \times 1} = +103.5 \text{ (at } 20^\circ).$$

The powder was once more treated with methyl and absolute alcohol respectively as above mentioned and determined its specific rotatory power and found it to be as follows:

$$(a)\,D = \frac{1.1 \times 0.346 \times 10}{0.0367 \times 1} = +103.7^\circ \text{ (at } 20^\circ).$$

We then tried to determine how much mucic acid is produced from the powder upon oxidation, and the following result was obtained.

0.06 gram of the powder was dissolved in a small beaker with nitric acid of sp. gr. 1.15 and oxidized in a boiling water bath in the usual manner. The mucic acid produced was collected on a filter, washed and dried. The weight of the crystals thus obtained was 0.0036 gram corresponding to 6% of the powder.

According to Creydt[1], the quantity of mucic acid produced from 0.05 and 0.075 gram of raffinose is 0.0024 and 0.0056 gram in weight which correspond to 4.8% and 7.5% respectively.

Consequently, it may be concluded that the powder under examination is probably raffinose.

6. Summary.

a. The reducing sugars of the arrowhead tubers consist of both glucose and fructose. As to whether or not the galactose is present as such or only in combination with other hexoses, we have not sufficient data to decide, and the question remains to be solved in future.

---

[1] Creydt,- l.c.

b. The non-reducing sugars consist of sucrose and a sugar which seems to be raffinose.

c. The presence of maltose, pentose and mannose is excluded. Even in combination, the presence of the latter two sugars is also excluded.

Chemical Laboratory,

College of Agriculture,

Tohoku Imperial University.

Sapporo, Japan.

May, 1913.

摘　　要

　本論文は慈姑中に含有せらるゝ糖の性質に就きての研究結果にして且つ植物地下貯藏機關中に存する糖の性質に關する研究の第一報なりとす。

　元來植物の貯藏機關たるや嫩芽の生長資料たるべき多量の營養物質の蓄積を要するが爲めに其の物質たるや高級輻合化合物にして其の分子量大且つ滲透壓の低きものならざる可らず否らずんば多量の物質の蓄積をなす能はざればなり、同化作用の生產物質として生成せられたる糖類の澱粉に釀成するが如き以上の理に由るものにして實に吾人は貯藏物質として澱粉類の廣く植物界に存するを知るものなり、同理に依り吾人は亦地下貯藏機關に於ける糖類は之れと單糖類に比し孰れも高級輻合形態をなさゝる可らざることを推量し得べし。

　今日迄地下貯藏機關中に存する複糖類としては一般に廣く且つ多量に存する甘蔗糖以外に麥芽糖（Beet 根中に）ラフォノース（Beet 根中に）ゲンチアノース（Gentiana lutea の地下莖中に）シクラモース（Cyclamen europaem の塊根中に）スタキオース（Stachys tuberifera, Lansium altuus 並に他の脣形科植物の地下莖中に）及びフェルバスコース（Mullein 根中に）の六糖發見報告せられたるのみ、從うて此の方面に於ける研究は植物生理化學上極めて趣味多く且つ將來の探究を要すること

大なりと云ふべし、是に於てか吾人は研究材料として。第一に慈姑を撰擇し其の
糖の性質を精査し以て次の結果を得たり。

　第一、　慈姑中に含有せらるゝ還元糖は葡萄糖及び果糖より成立するものゝ如し、慈姑酒精浸出液中よりガ
ラクトナサゾンを分離し得たりと雖も游離ガラクトースの存在は疑しく此の點に於ては尚は將來の研究を要
す。

　第二、　慈姑中に含有せらるゝ非還元糖は甘蔗糖並にラフヰノースと認むべき復糖より成立す。

　第三、　慈姑中には麥芽糖、マンノース及びペントース存在せず、化合狀態に於ても後の兩者は存在する
ことなし。

MATERIALS FOR A FLORA OF HOKKAIDO. II.

By

K. Miyabe

and

Y. Kudō.

北 海 道 植 物 志 料 II.

宮　部　金　吾

工　藤　祐　舜

---

4. Luzula (*Pterodes*) **Jimboi** Miyabe et Kudo. sp. nov.

Caules erecti vel basi breviter adscendentes, usque 20 cm alti, in statu sicco irregulariter valleculati, basi superneque foliati. Folia basilaria saepius minora, laminis linearibus saepius 1–4 cm rarius 10 cm longis, saepius 2–3 mm rarius 5 mm latis, oribus longe ciliatis; caulina 2 vel 3, majora, laminis late linearibus, saepius 5 cm longis, 6 mm latis, margine plus-minus ciliatis, apice sensim vel abrupte longe acuminatis, canaliculatis, callosis, vaginis elongatis et arctatis, oribus longe ciliatis. Inflorescentia terminalis, composita, antholata; rami erecti nec refracti, dichotomi. Bractea infima erecta, frondosa, inflorescentiam subaequans; prophylla floris membranacea, late ovata, ciliata, mucronata, castanea, hyalino-marginata, flore ca. duplo breviora. Flores minores, 3.5 mm longi; tepala lanceolata, subaequilonga, acuminata, medio dorsi castanea, hyalino-marginata. Stamina tepalis 1/3 breviora; antherae lineares, filamenta subaequantes. Ovarium trigono-conicum; stylus ovarium aequans; stigmata 3, longa. Fructus nobis ignotus.

Nom. jap. *Jimbōsō.* (nov.).

Hab. *Kuriles.* Etorofu: Shibetoro (K. Jimbo![1] June 13, 1891).

A very striking species, having dichotomous branches of the inflorescence,

---

1) 神保小虎。

small flowers and foliaceous stems. It was collected in Etorofu by Dr. K. Jimbō, now the Professor of Mineralogy in the Imperial University of Tokyo, while he was engaged in the geological survey of Hokkaido in 1891. The plant is named in honor of the collector.

5. Luzula Kjellmanniana Miyabe et Kudo. nom. nov.

L. arcuata Wahlenb. f. *latifolia* Kjellm. Wiss. Ergebn. der Vega Exped. (1883) p. 374; Kurtz, in Engl. Bot. Jahrb. 19 (1895) p. 476.—*L. confusa* Lindeb. var. *latifolia* Fr. Buch. Monogr. Juncac. (1890) p. 125.—*L. arctica* Blytt, var. *latifolia* Nilsson, in Fr. Buch. Juncac. (1906) p. 69.

Rootstock short, tufted; stolons........ Stems erect, rather stout, straight, 12-20 cm high, foliaceous. Radical leaves shorter than the stem, 4-16 cm long, 2-3.5 mm broad, flat, linear, canaliculate and tapering toward the calloso-obtuse apex, often curved, green or rufescent, long-ciliate at the basal portion; cauline leaves 2-3, the uppermost leaf longer than the inflorescence, 5-9 mm long, 4-6 mm broad, green or rufescent, flat, canaliculate toward the calloso-obtuse apex, long-ciliate sparingly at the margin and densely at the junction with the sheath. Inflorescence terminal, erect, congested, composed of 2 to 6 small many-flowered heads; lower bract foliaceous, often longer than the inflorescence; the others hypsophyllous. Floral bracts and prophylla albo-membranaceous, light chestnut-colored in the middle portion, lacerate, fimbriate. Flowers 3 mm long, chestnut-colored; perianth-segments all alike in size and shape, lanceolate, acuminate, crenulately denticulate towards the apex. Stamens of about half the length of the inner segments, anthers nearly as long as the filaments. Seeds obovate, provided with slender fibres at the base.

Nom. jap. *Chishima-suzumenohiye.*

Hab. *Northern Kuriles.* Shimushu: Kataoka-Bay (Capt. Gunji![1] 1897; K. Yendo![2] July 20, 25, 1903).—Paramushir: Ottomai (C. Tarao![3] Aug. 25, 1892). —Rashuwa (I. Kodama![4] July, 1893).—Shimushir (J. Tochinai![5] June 19, 1900). —Urup: Yoshinohama (K. Uchida![6] June 18, 1891).

Distrib. East Siberia, Behring-Sea regions and Northern Kuriles.

The present species was collected for the first time during the Vega-Expedition, and treated as a form of *Luzula arcuata* by Kjellmann. Afterward, Buchenau considered it as a variety of *Luzula confusa*, but at the same time he expressed a doubt, thinking that it might be a hybrid between *Luzula arctica* and *confusa*.

---

1) 郡司成忠　2) 遠藤吉三郎　3) 多羅尾忠郎　4) 児玉寅八　5) 栃内壬五郎　6) 内田勝

Later, however, he changed his opinion and treated it as a variety of *L. arctica*, indorsing the opinion of Nilsson. According to the results of our study on the specimens of the plant under consideration collected in the Northern Kuriles, and also on those of *L. arctica*, *arcuata* and *confusa*, collected in the Tschuktschland and Arctic Alaska by N. Hashimoto[1], we have come to the conclusion, that it would better be treated as an independent species. It is no doubt very similar to *L. arctica* in its general characters, from which it differs, however, in its stronger stem, fimbriatel ower bract, larger heads and lanceolate perianth-segments, which are crenulately denticulate toward the acuminate apex. It is also easily distinguished from *L. arcuata* by its stronger foliaceous stem, and longer and broader lower bract, which is longer than the inflorescence; and from *L. confusa* by its inclosed fruit and by the difference in the relative length of stamens and perianth-segments.

6. Juncus tenuis Willd. in Linn. Spec. Pl. 2 (1799) p. 314; Britt. & Brown, Ill. Fl. 1. p. 386; Fr. Buch. Juncac. p. 115.

NOM. JAP. *Kusa-i.*

HAB. *Hokkaido.* Prov. Nemuro: Tomoshiri (D. Hoshi![1] Aug. 14, 1911).

DISTRIB. North and South America, Europe, Australia and Japan (Honsiu and Hokkaido).

Our plant agrees perfectly with the descriptions of the present species and also with the American specimens. This is the first record of its occurrence in the Flora of Hokkaido.

7. Juncus papillosus Fr. et Sav. Enum. Pl. Jap. 2. (1879) pp. 98, 533.

J. niponensis Fr. Buch. Monogr. Juncac. p. 340 et Juncac. p. 198.—*J. umbellifer* Lév'l. et Vnt. Bull. Soc. Bot. Franc. 51 (1904) p. 292, teste Fr. Buch.

NOM. JAP. *Ao-kōgai, Hosoba-kōgaizekishō.*

HAB. *Hokkaido.* Prov. Oshima: Hakodate (Faurie n. 3208, Oct. 18, 1887; n. 5236, Sept. 29, 1902).—Prov. Shiribeshi: Otaru (Faurie n. 185, Sept. 1905). —Prov. Ishikari: Sapporo (Faurie n. 3052, Aug. 30, 1888).—Prov. Iburi: Abuta (K. Miyabe![1] Aug. 16, 1890); Hayakita (Miyabe & S. Arimoto![1] Aug. 4, 1902). —Prov. Hidaka: Samani (Y. Tokubuchi![1] Aug. 22, 1892); Aburakoma (Tokubuchi! Aug. 18, 1892); Horoman (Tokubuchi! Aug. 20, 1892); Saruru (Tokubuchi! Aug. 12, 1892).—Prov. Kushiro: Sempōji (Miyabe! Aug. 10, 1884);

---

1) 橋本直也　2) 星太吉　3) 富鄒金吾　4) 有元新太郎　5) 德沢永太郎

Ruriran (Miyabe! July 29, 1894); Musamai (M. Nakamura![1] Sept. 19, 1886); Shitakara (Sukeo Ito![2] Aug. 1895); Shakubetsu (M. Nakamura! July 30, 1888); Akkeshi (Faurie, n. 1248, Oct. 25, 1885); Kushiro (Faurie, n. 4866, Sept. 18, 1889).

DISTRIB. Amur-region, Manchuria, Corea, Honsiu and Hokkaido.

The study of a large collection of the specimens of the present species made in Honsiu and Hokkaido, shows that there are considerable variations in some characters of this species. The size of the inflorescence varies from a small anthela to a large difused one. The branches of the inflorescence are generally weak, although there are some which are decidedly strong. The papilla, on which Franchet and Savatier laid stress as being a specific character, are, as Buchenau has shown, nothing more than stomata, and they also vary in number and prominence. Our plant agrees perfectly with *Juncus papillosus* Fr. et Sav. as well as with *J. niponensis* Fr. Buch. in all its important characters. It is intensely green; and its fruits are pyramidal in shape and twice as long as the perianth, whose segments are narrow and acuminate, and whose inner segments are longer than the outer. It seems to us that it is proper to retain the Franchet and Savatier's name for the plant, and regard the Buchenau's as synonymous.

8. Juncus prominens (Fr. Buch.) Miyabe et Kudo. nom. nov.

J. falcatus E. Mey. var. γ *prominens* Fr. Buch. Juncac. p. 247. fig. 116; Matsum. Ind. Pl. Jap. 2. p. 184.

Greenish, perennial herbs. Stolons horizontal, strong, covered with scales; scales straw- or sometimes dark-colored, many-nerved, ovate-lanceolate, acute or sometimes acuminate at the apex. Stems green in color, whitish at the base, generally erect, straight, sometimes ascendent, smooth, distinctly sulcate, terete, not provided with papilla or septa, usually tall, 26–41 cm long, or sometimes shorter, 16–20 cm high (mostly in the specimens collected in the Southern Kuriles). Basal leaves falcate, acuminate, variable in length, usually much shorter than the stem, but sometimes slightly shorter than or rarely as long as the stem, 3–20 cm long, 1–3 mm broad, finely many nerved, not provided with septa; cauline leaves one or two, green or sometimes dark-green, falcate, acuminate, many-nerved, 6–14 cm long, 1–3 mm broad, generally shorter than the inflorescence. Inflorescence terminal, 2–5 cm long, anthelate, usually 3-headed; central head sessile; lateral ones always pedunculate;

1) 中村守一　2) 伊東祐夫

heads hemispherical, 8–13 mm in diameter, 6–10-flowered; peduncles variable in length, 1–5 cm long, smooth, terete, sulcate, straight, erect. Lower bract leaf-like, usually shorter than the inflorescence, lanceolate, acuminate, many nerved, 2–3(–5) cm long; the others all hypsophyllous, ovate, light chestnut-colored, membranaceous, 5-nerved, with long arista 7 mm in length at the apex; floral bracts membranaceous, obovate, mucronate, light chestnut-colored, one-nerved at the middle, 3.5 mm long. Flowers 5.5 mm long, short-pedicelled; pedicels 2.5 mm long. Perianth-segments glumaceous, the inner ones slightly longer than the outer; the inner ones oblong, 4 mm in length, rounded at the apex; thickened middle portion dark chestnut-colored on the ventral surface, green and scabrous on the dorsal; marginal portion broad, membranaceous, chestnut-colored: the outer ones 3.5 mm long, elliptical, acute at the apex, with other characters similar to those of the inner ones. Stamens 6, of about half the length of the inner peri-anth-segments; filaments linear, somewhat darkened, with one prominent darker colored nerve in the center; anthers linear, white, a little longer than or nearly as long as the filaments. Ovary trigono-ovate, distinctly 3-celled; styles short; stigmas longer. Fruits when fully matured much longer than the perianth, trigono-ovate, obtusate, 3-celled. Seeds of middle size, 0.5–0.7 mm long.

NOM. JAP. *Sekishō-i*, *Yezo-no-mikurizekishō*.

HAB. *Hokkaido*. Prov. Oshima: Hakodate (Faurie n. 110, July 3, 1885; n. 4511, Aug. 17, 1889).—Prov. Iburi: Tomakomai (Faurie n. 1804, July 6, 1898; M. Majima![1] July 22, 1906).—Prov. Hidaka: Shoya (Tokubuchi! Aug. 7, 1892). Saru (Faurie n. 13402, July 14, 1893).—Prov. Tokachi: Mt. Tokachi (Faurie n. 7208, July, 1905).—Prov. Kushiro: Shakubetsu (Nakamura! July 22, 1888); Lake Harutoro (Miyabe! July 23, 1894).—Prov. Nemuro: Tomoshiri (Miyabe! Aug. 23, 1894); Otsuishi (Miyabe! Aug. 6, 1884).

Kuriles. Etorofu: Moyoro (T. Kawakami![2] Aug. 12, 1898); Shibetoro (Kawakami! Aug. 9, 1898).

DISTRIB. Pacific coast of Hokkaido and Kurile Islands and also on the Pacific coast of North America.

In our country, the present species is limited in distribution to the eastern provinces of Hokkaido and Kurile Islands. We have quite a large number of the specimens of this species at hand, a careful examination of which leads us to consider it as a good species. It is intermediate in general characters between *J. obtusatus* and *falcatus*. It resembles *J. obtusatus* in the characters of the exert-

1) 眞島乾吉　2) 川上瀧彌

ed fruits, but differs there-from in the unequal length and colored margins of the perianth-segments and also because of its larger seeds. From *J. falcatus* it differs in its exserted fruits and dark-colored filaments. It differs moreover from both of them in having three-celled fruits.

9. Aucuba japonica Thunb. var. borealis Miyabe. var. nov.

Humilis; folia minora, nervis mediis plerumque parce adpresso-pilosis; fructus maturus late oblongo-ellipsoides vel rarius subglobosus.

NOM. JAP. *Hime-aoki.*

HAB. *Hokkaido.* Prov. Oshima: Ichinowatari (Miyabe and Tokubuchi! July 16, 1890).—Prov. Shiribeshi: Okushiri Island (Miyabe and Tokubuchi! July 28, 1890); Furubira (S. Sugiyama![1] Aug. 1884; S. Nozawa![2] May, 1891).—Prov. Iburi: Rebunge (K. Miyabe! Aug. 17, 1890).

Honsiu. Prov. Mutsu: Mt. Hakkoda (N. Hiratsuka![3] Aug. 28, 1897).—Prov. Rikuchū: Mt. Ganju (Y. Takahashi![4] Aug. 24, 1897).—Prov. Echigo: Koshigun, Mt. Fûya (T. Arai![5] May, 1897).

DISTRIB. Southern Hokkaido and northern Honsiu.

This marked variety seems to be restricted to Northern Japan. In Hokkaido, it is closely associated in distribution with *Ilex integra* var. *leucoclada* Maxim. (*Ilex leucoclada* Makino), both of them being dwarf representatives of the well known evergreens.

The plant is generally one foot to one and a half feet high, sometimes reaching a height of two feet or more. The leaves are smaller than in the typical form, being 6.5 to 10 cm in length and 2.5 to 4.5 cm in breadth, the average size being about 8 cm long and 3.2 cm broad. They are generally sparingly appressed hairy on the undersurface of the midrib.

The fruit is also smaller than in the type, the average size of 23 measurements being about 12 mm in length and 10 mm in breadth. It is broadly oblong-ellipsoidal, or sometimes even subglobose. As a pot-plant, the present variety forms a neat compact body and is exceedingly showy when laden with bright scarlet berries.

---

1) 杉山濱刊 2) 野澤俊太郎 3) 平塚直治 4) 高橋貢直 5) 荒井實治

摘　　要

4. Luzula Jimboi Miyabe et Kudo. じんぼうさう (新稱)

最下苞大にして鞘狀、其長さ殆んど花序に等しきこと、及び花序の先端多くは二叉に分枝し、其各枝眞直なること、並に莖葉の根葉より大にして且つ巾廣きこと等によりて容易に他種と區別し得べし。本種は明治二十四年理學博士神保小虎氏、本道地質調査の際、これを千島エトロフ島に於て採集し、賞教室に寄贈せられたるものにして、學名和名共に氏の名を附せしは蓋し氏の好意を謝せんが爲めなり。

5. Luzula Kjellmanniana Miyabe at Kudo. ちしますずめのひえ (新稱)

本種は其外觀すずめのひえに類似すと雖も、花被各片の上部に小鋸齒あること、及び其種子の基部に細銖を具ふること等によりて區別し得べし。本種並に之れに類似せる種類の分布はシベリア北東部、カムチャツカ、千島、及びアラスカ、即ち專らベーリング海沿岸に限られ、多數の腊葉を得難きを以て、從ひて自ら明瞭を缺ける點なきにあらず。本種の如きも其の一にして、始め Kjellmann によりて Luzula arcuata Wahlenb. の一品種として記載せられし以後、或は Luzula confusa Lindeb. の變種とし、或は Luzula arctica Blytt の變種とせられたり。茲に本學腊葉室に保存せらるヽ樺太産並に氏採集前記諸地方の腊葉、並に北千島の富有なる腊葉につきて比較研究せる結果以上の如く獨立せる種となすべきものと決論せり。

6. Juncus tenuis Willd. くさゐ

廣く歐羅巴、南北亞米利加、濠洲等に分布せる種にして本邦に於ては、僅かに東京に産することを知られたるのみなるも、今囘星太吉氏之れを根室に得られ、賞教室に寄贈せられたるを以て、本道に於て未知の一種を得たるを悅ぶとともに同氏に深く謝意を表す。

7. Juncus papillosus Fr. et Sav. あをかうがい、ほそはかうがいぜきしやう

綠色なる草本にして葉に一列の關節あり、果實三稜形をなし、花被の各片披針形にして、尖端銳尖なり。本種は 1879 年 Franchet 及び Savatier 兩氏によりて新種として發表せられたるものなれども、若き材料につきて記載せる爲め、其の記載中本植物に附合せざる點なきにあらざるを以て Buchenau は之れを疑問種とし、更に之れに Juncus niponensis Fr. Buch. なる新學名を附せるは學究同一植物を示すに過ぎず。依りて著者は先に發表せられたる Franchet, Savatier 兩氏の Juncus papillosus なる學名を採用せり。

8. Juncus prominens (Fr. Buch.) Miyabe et Kudo. ゑぞのみくりぜきしやう、せきしやうゐ

本種は本道太平洋沿岸方面及び千島のみに産し、國外にありては北亞米利加ワシントン州に分布す。其性質 Juncus obtusatus Engelm. と Juncus falcatus E. Mey. との中間に位し、其の抽出せる果實は Juncus obtusatus に近きも、內位の花被各の片は外位のそれよりも長きこと、種子の大なること並に花被各片の綠

部汰隅色を呈せること等によりて異る。　又其の揃閉せる果實を以て *Juncus falcatus* との區別となるべく、又明かに三室なる果實は以て前二者より區別し得べき點なりとす。

9. Aucuba japonica Thunb. var. borealis Miyabe. ひめあをき

矮小なるあをきの一種にして、　小形なる葉の高面中肋上に葉先に向つて平臥せる毛を疏生す。　成熟せる果實も亦小形にして廣楕圓形を呈し又稀れに稍球形をなせるものあり。其他あをきと區別し得べき點少なからず。　其の分布は重に冬季降雪多量なる北日本の山地に限らるゝものゝ如く、本道にありては其の分布區域大約ひめもちの分布に附合せるは興味ある事實とす。

黴菌培養に魔法瓶の應用

農學士　西田籐次

THERMOS AS A THERMOSTAT IN TEST-TUBE CULTURE.

By

Toji Nishida, *Nogakushi.*

魔法瓶即ち Thermos は 1892 年英國の**ヂワール** (Dewar) 氏が液體空氣の保存器として發明せられたる Dewar's flask を食物の保溫冷藏に應用したるものにて二重の硝子瓶より成り眞空と反射面とを應用して熱の傳導を防ぎたるものにして諸處にて製作せらるゝも獨逸伯林**イゾラ** (Isola) 會社製のものは保冷二日保熱二十四時間に堪ゆと稱せり其の形狀種々あり。　是まで食物保存の外に植物呼吸熱の觀測に即ちピーアス (Pierce) 氏により Respiration Calorimeter として應用せられ、大野理學博士は植物學雜誌第二百八十四號にミクロトーム截片を作る爲めパラフィン封入の際之を使用し甚だ便利なるを認めたりと報せられたり、余は今回同會社製廣口食物罐半リートル入(百四十三號)若くは一リートル入(百五十三號)を以て試驗管培養に定溫器 Thermostat 代用として最も輕便なるものあるを認めたり。

　元來黴菌及び細菌の培養には一定時間一定溫度中に放置して其の發育狀態を觀察するを必要とし之れが爲には定溫器を用ひ來れるが、定溫器は病院若くは研究所等に於ては充分設備し得らるべきも常に其の溫度を加減し且つ夜中と雖も點火し置くの要あれば相當設備ある場所の外は危險にして隨處に之が培養を行ふことは蓋し難事に屬したりしが、少數の試驗管培養に魔法瓶を應用するは甚だ簡便な

るものあり、即ち綿栓したる試驗管内に細菌を移植し護謨帽を以て試驗管口を遮
ひ之を一定温度の湯を入れたる魔法瓶中に置くときは一定時間一定温度内に繁殖
培養することを得、數時間に亙り温度の下降することあれば單に其の湯を入替ゆ
ることによりて容易に保温し得られ其の繁殖狀況を觀察し得べし、故に只一個の
魔法瓶は最も簡便に且つ最も安全に細菌取扱者に取りて最も必要なる定温器とし
て役立ち得らるべきなり。　前記百四十三號瓶には普通試驗管六本を五百十三號
瓶には十二本を容れ得べく、何れの場處にても容易に且つ安全に備付られ得べけ
れば其設備充分ならざる農事試驗場又學校等に於ても手輕に培養し得べく、或は
醫師の診斷室に於ても容易に且迅速に患者の有菌者なるや否やを確實に鑑定し
得べく、又檢疫者にして常に之を携行せば(携行にも甚だ便利なり)遠隔の土地にあ
りては既に其の歸着に先ちて細菌の發育を認識し直ちに警戒消毒するを得べく傳
染病の警戒上に其の時間を短縮し衛生上に多大の效果を顯すことを得べく、其の
他陸軍衛生材料として歐器材料として至便なることを發見すべきなり、研究室に
於ても温度を異にし數種の培養を欲する場合にも數多の定温器を備付るの要なく
簡易に短時日に成績を得べきなり。

　魔法瓶中の温度が如何に底下するかは外界の空氣及び内部の温度の高低、容器
の大小、構造、時の長短、内藏せる物量の多少等により差異ある事勿論なれども大
正元年十二月五日より二十日に至る間に熊本に於て三種の魔法瓶を以て檢定した
る成績を揭ぐれば次の如し

最初注加したる湯の温度	經過したる時間	經 過 時 間 後 の 湯 の 温 度		
		第百二十八號八勺入瓶廣口瓶	第百四十三號廣口瓶	第百五十三號廣口瓶
30° C	1時	29.2	29.2	28.5
〃	2	29.4	28.7	27.7
〃	3	28.8	28.5	26.8
〃	4	28.0	27.8	26.0
〃	5	27.7	27.2	25.3
〃	6	27.0	26.8	24.7

最初注加したる湯の温度	經過したる時間	經過時間後の湯の温度		
		第百二十八號合口瓶八勺入	第百四十三號廣口瓶	第百五十三號廣口瓶
30° C	7 時間	26.7	26.5	24.2
〃	8	26.5	26.3	23.2
〃	12	23.3	23.4	19.8
〃	16	21.5	21.3	18.4
〃	24	21.0	20.8	16.9
50	6	40.0	—	—
〃	24	30.0	—	—
60	6	52.0	—	—
〃	10	50.0	—	—
〃	28	33.0	—	—
〃	48	24.0	—	—
80	24	40.0	—	—

但百四十三號瓶には湯を全量百五十三號瓶には半量を注加し置きたるものなり。

本邦産草蛉蛤の既知種に就きて

農學士 岡本半次郎

~~~~~~~~~

UEBER DIE BEKANNTEN ARTEN DER JAPANISCHEN CHRYSOPIDEN

Von

H. Okamoto, *Nogakusi*.

~~~~~~~~~

本邦産の草蛉蛤は十九世紀の中葉、獨人フルマイステル氏 (Burmeister, H.) によりて初めて學術界に發表せられたるに始まり、爾來數多の昆蟲學者によりて命名せられ或は紹介せられたるもの約二十種を算す。 然して余が現在の智識に於ては、此等は悉く確定種のみにあらずして異名となるものあり（例せば Ch. perla (L.) var fracta Náv. は Ch. intima M'L. の、又 Nothoch. robusta Gerst. は Ch cognata M'L. の異名なるが如し）或は又誤認せられし種あるの結果、本邦産草蛉蛤の既知種は下の十二種となる、即ち

1.	Chrysopa	intima M'L.	くさかげろう
2.	Ch.	perla (L.)	——
8.	Ch.	cognata M'L.	よつほしくさかげろう
4.	Ch.	bipunctata Burm.	ふたほしくさかげろう
5.	Ch.	lezeyi Náv.	もんくさかげろう
6.	Ch.	remota Wk.	りゆうきうくさかげろう
7.	Ch.	basalis Wk.	ひめりゆうきうくさかげろう
8.	Ch.	inornata Mats.	むもんくさかげろう

9.　Ch.　　　　sachalinensis Mats.　　からふとくさかげろう

10.　Nothochrysa japonica M'L.　　せあかくさかげろう

11.　Nothoch. olivacea Gerst.　　あをせくさかげろう

12.　Apochrysa matsumurae Okam.　　あみめくさかげろう

是なり。　以上の他猶一二種の日本に産するが如く思はる〻ものあり、例へば本科中最も分布廣き Ch. vulgaris Schn. 及びこれが變種なる Ch. vulgaris Schn. var. microcephala Brau. の如し。然りと雖も此二種は未だ孰れとも確定するに至らず。殊に又前記の既知種以外、余の手許に、より多くの新種あるも、これを發表せんには猶ほ幾多の日子を要するを以て、今は單に既知種に就きての研究結果を報告するに止め、新種の發表は他日を約せざるべからざるなり。　加之本報告も未だ標本不備にして、その結果完璧を期し難しと雖も亦以て本邦産草蜻蛉を研究する人士の參考となるを信ず。　終りに本科の昆蟲を研究せらる〻及びせられんとする諸氏の、余に標本を御惠送せられん事を切望す。

因に、種の記載はなるべく簡明を旨とせり、但つ種を鑑定する上に於て重要なる諸點に悉く記載せり、然れども標本不足のため原記載を踊述せしものは、自分乍ら大に不明瞭の嫌あるも、こは今の場合致方なし。

―――――――――――

1.　Chrysopa intima M'L.　くさかげろう

Chrysopa intima M'L., Trans. Entom. Soc., Lond., p. 230 (1893).

Chrysopa perla L. var. fracta Náv., Brotéria Serie Zool., vol. IX, fasc. 1, p. 39 (1910).

「體綠色。」　頭部黃色、觸角間に ж 形の黑紋あり。後頭緣に近く四黑點を横列し外側の二個は複眼に接側す。　兩頬に各一黑線、頰片の前緣に近く、兩側に稍圓形を呈せる一黑紋あり。　觸角黃褐、尖端に至るに從ひ色濃く、第二節は黑褐なり。小腮鬚黃褐、その尖端及び基節は黑褐なり」　前胸の兩側に普通各二個の黑紋あり(マ氏の原記載には三個とあり)。　中胸背の前緣に黑色の一横線あり、中後兩胸の前肩板 (Scapulae anteriores) に三個の黑色點あり、∴ 形に位置す、前胸板中胸板

及び後胸板は黑色。」 脚綠色、附節淡褐、翅透明、翅脈綠色、前翅の橫脈の大部、後翅の前緣橫脈、徑小橫脈及び段橫脈 (Gradate Nervulus) は黑色なり、脈に黑褐色の短毛を生ず。」

　　　　　　體　長　　　9—13 粍
　　　　・　前翅長　　　13—17 粍

　分布　北海道(札幌)、本州(信濃國八ヶ岳、陸奥國十和田湖畔)。

　　東部西比利亞(ナヴハス氏(11)による)。

　本種はマクラクラン氏(8)が初めて記載したるものにして、一つの異名あり、即ちナヴハス氏(9)の Ch. perla (L.) var. fracta Náv. 之れなり、此變種はその記載餘りに簡單なるも本種と同一種なることは疑なき所なり。　而して Ch. intima は Ch. walkeri M'L. (ハンガリー產) Ch. perla (L.) 及び Ch. ypsilon Fitch. (米國產) に類似せり、殊にハーゲン氏(4)の記事により又余が所藏の標本(米國產)によりて識別するに最も ypsilon に近し、然れども觸角間の x 紋が ypsilon に於て Y 形を呈せる事と、頂部の斑紋の有無により區別することを得る也。

　因にくさかげろうなる和名は現今專ら Ch. perla に使用せらるゝも、Ch. perla の本邦に產する事につきては余に於て未だ未定の問題 (Ch. perla の項參照)なり、又この和名は人によりて一定せず、各勝手に異れる種に附し、且又眞正の perla に該和名を附せし書なきの故にくさかげろうなる和名は比較的分布廣く殊に perla に最も近き本種に附するを適當と認む。

2. Chrysopa perla (L.)

Hemerobius perla L., Syst. Nat. Ed. 12, i, 2,911,2. (1768).
Chrysopa perla Schneider, Monogr. Chrys. 136, 43, pl. 49 (1851).

　體綠色乃至黃色。」　觸角間に x 形の黑紋あるも、その尖端後頭に於て互に相着著して、U 形を呈す。　後頭にこの黑紋の兩側に各一黑點を存在す。　額片及び兩頰の兩側に各一黑線あり。　上唇は黑色もて緣どられ、小腮鬚の基節及び未端節の大部黑色。　觸角黃褐にして、その尖端濃く、第二節は黑色なり。　雄にありては、體長より遙に長し。」　前胸に四黑紋あり。　中胸背の前緣に黑色の二橫線。前胃板

(Scapulae anteriores) の兩側に、黑色の太き各一縱條、 その內側に一黑點、後頸部と前肩板の接合線は黑色、後胸の兩側に各二黑紋、後胸背の接合部及び其後緣は黑色なり」　頂部は雄にありては、各環節の前緣は黑色なるも、雌にありては兩側と環節と環節との接合部を除きて、全部黑色なり」　翅透明、翅脈綠色乃至黃色なれども、橫脈は悉く黑色なり。　緣紋淡褐、脈に黑褐毛を生ず」　雄の下葉は短くして上方に屈曲せず、その尖端鈍なり」

　　　　　　體　長　　10粍
　　　　　　前翅長　　13—15粍

　分布　日本(?)。　歐羅巴。　西比利亞。

　本種はマクラクラン(8)氏が最初に本邦に產すと報告せり、後ち松村博士、(10. 13)及び著者(14)は樺太(日本領)及び北海道に產することを記し、近くは桑名伊之吉氏(15)の東京附近に產することを報ぜり。　然るに余は其後研究を續けつゝある間に、殊に今回歐洲產の Ch. perla (本大學所藏) を見るに及びて本種の果して日本に產するや否やにつきて大に疑を懷くに至れり。　而して曩に余が記載せし標本は當時簡單なる記事によりて檢索せる結果 Ch. perla と全く同一種の如く考へしも、詳細に歐洲產のものと比較するに及び遂に其誤認なるを覺り(松村博士のもの亦同樣なるべきか)同時に測らずも Ch. intima なるを知り得たり。　又桑名氏が記載せし Ch. perla はその記事と圖版とによるに全然別種にして、而も perla とは餘程緣の遠きものなり。　恐くは地球上最も分布廣き Ch. vulgaris か或は又之れか邊種なるべし。　マ氏は單に本邦に產すと記せしのみにて、採集場所を明記せず、余は數年以前より本種の採集に努力せるも猶ほ未だ異正の perla 一頭をも見るを得ず、又人々により perla なりとせらるゝ種も亦前記の如く異種なるの點よりして果して本種の本邦に產するやの疑問を生じ來る亦止むなきなり。　但し前記マ氏及びナバス氏(11) の共に西比利亞に產することを記する點より考察すれば樺太、北海道及び本州の高山に產せずとも限らず、暫く記して將來の硏究に待つべし。　本種の記載は參考に資せんが爲め歐洲產の標本及びシユナイダー氏(2) の記事を參酌して記せるものなり。

因にくさかげろうなる和名は上記の理由により（Ch. intima の項参照）Ch. intima の專有物となせしを以て、更に本種に命名せざるべからざれども、本邦産として未だ疑問中にあれば、本種の確かに本邦に産することの明瞭となるの日改めて命名することにせん。

3. Chrysopa cognata M'L. よつほしくさかげろう（新稱）

Chrysopa cognata M'L., Journ., Linn. Soc., IX, p. 249 (1867).

Nothochrysa robusta Gerst., Mitt. Ver. Neu-Vorpom. und Rüg. Sg., 25, p. 73 (1893).

體綠色又は黃色若くは黃綠色なり、綠色の個體にありては胸背に黃色の一中條を有す」　觸角黃褐、基部黃色、顏に四黑紋あり、二つは觸角の下にありて稍圓形を呈し、他の二つは頰片の兩側にありて線狀を呈す、（顏にこの四紋あるもの最も普通なり又稀に此外觸角間に一黑紋を有するものあり）兩脣黃褐」　前胸前緣の側面に一黑紋あり」　脚黃色若くは綠色、跗節黃褐なり」　翅は透明、緣紋淡綠褐、翅脈綠色、前後翅の前緣橫脈（緣紋內の橫脈を除く）、前翅の後肘橫脈及び臀橫脈と、後翅の徑脈と徑脈第二小枝間の橫脈は其前半部黑色、翅脈に黑色短毛を生ず」

　　　　　　體　長　　13—15 粍
　　　　　　前翅長　　19—21 粍

　分布　北海道（札幌、定山溪）、本州（東京、甲府、紀伊、播摩）、九州（日向、熊本）。

　　　　西比利亞（ナバス氏）。支那（マクラクラン氏）。カンボチア（マクラクラン氏）。

　本種はマクラクラン氏（5）に依りて記載せられたるものにして Ch. septenpunctata (Wesm.)（歐州産）及び bipunctata Burm.（日本産）に酷似す、マ氏の初めて藏せし數多の標本中には一つも觸角間に一黑點を存するものなかりしかば主として此點より septenpunctata と區別したり、然るに一八七五年マ氏（6）は再び日本産の草蛉始を藏するに當り觸角間に一黑點ある一標本あるを知り本種を Ch. septenpunctata の地方形なりと斷定せるも、余は此說に贊せず、顏面の斑紋及び後翅脈

の彩色等に依りて本種を獨立せるものと認む、又 bipunctata Burm. よりは觸角前方の弦月形紋の有無によりて容易に兩者を區別し得べし。　ゲルステッケル氏(7) は一八九三年本邦産の二草蛉蛉を記載しその一を Nothochrysa robusta と命名せり、然るに本種の記事を詳細に研究すれば何人も直ちに該種は Ch. cognata の異名なるを知るに確からさる也。

因にマ氏は主として第三肘室 (3rd. Cubital cell) の形狀によりて Chrysopa より一屬を編成し Nothochrysa と命ぜり、然るに本邦産の草蛉蛉を研究するに當り、3rd. Cubital cell の形狀は同一種のうち種々あるを以て、此點を分屬の主眼とするは誤れり、遇つて 3rd. Cubital cell に關する卑說を發表せんことを期す。

本和名よつほしくさかげろうは顔面に四個の黑點あるにより此名を用す。

4.　Chrysopa bipunctata Burm.　ふたほしくさかげろう

Chrysopa bipunctata Burmeister, Handbuch der Entomol., 2. Bd. p. 982 (1839).
　　〃　　　　〃　　　Schneider, Monog. Chrysop., p. 103, tab. 31 (1851).
　　〃　　　　〃　　　Walker, List Brit. Mus., p. 251, (1853).
　　〃　　　　〃　　　Mac Lachlan, T.E.S., p. 182 (1875).

本種はよつほしくさかげろうに類似す、其主なる相違點を列記すれば次の如し。

イ、觸角篏入部の前後に弦月形の黑紋あり、時に兩者癒合して一環をなす。

ロ、眼の前方即ち頬にに一黑線あり。

ハ、前翅の段横脈 (Venulae gradatum) は(第一連又は第一第二連とも) 黑色なり。

ニ、翅脈の短毛黃褐色なり。

ホ、前種に比して小形なり。

　　　　　體　長　　11 粍
　　　　　前翅長　　17 粍

分布　本州 (?)。

本種はブルマイステル氏 (1) によりて記載せられたるものなれど同氏の記載は頗る簡單にして果して孰れの種を指すや考據に苦しむを以て余はシユナイダー

氏（2）の明細なる記事と圖版とによりて本種を判定せり。　僅かに一標本（採集地不明）を見しのみ、極めて稀品なるものゝ如し、本種を鑑別する上に於て最も必要なる事は "Stria arcuata lata, ante antennas conspicua" にあり。

5.　Chrysopa lezeyi Náv.　もんくさかげろう（新稱）

Chrysopa lezeyi Návas, Brot. Ser. Zool., Vol. IX, fasc. 1, p. 42 (1910).

本種はふたほしくさかげろうに接近するも、顔面及び胸部の斑紋により容易に區別するを得るなり。

體黄綠色」　觸角間に一黒紋あり、觸角箝入部の前方に弦月形の黒紋及び兩頬並に頬片の兩側に各一黒紋を有す、更に頭項に二黒點及び後頭に四黒點を横列す。觸角黄褐、基部は色濃く第一節の内側に一黒褐紋あり、第二節黒色なり」　前胸には溝の兩側に二黒點あり。　前緣角の内側は黒色、中胸に入個、後胸に二個の黒點あり」　腹部に黒褐點多し」　翅透明、翅脈黄褐、前翅に於ては基部の前緣横脈及び徑小脈横脈は一部分黒色なり、翅の尖端圓し」

體　長　　8.5 粍

前翅長　　13 粍

分布　日本。

本種はナバス氏（9）によりて記載せらる、余未だ Chrysopa に屬する本種を見ざれども Nothochrysa（マ氏の分屬法に從へば）に屬する本種に極めて酷似せる一標本を有す、恐くは同一種なるべし。

因に本種は體に多數の黒紋を具ふるを以てもんくさかげろうと新稱す。

6.　Chrysopa remota WK.　りゆうきうくさかげろう（新稱）

Chrysopa remota Walker, List Spec. Neurop. Ins.-Coll. Brit. Mus., Pt. II, p. 238 (1853).

本種は Ch. oceanica（サンドウィチ島産）に近似す。

體煉瓦色」　觸角前翅より僅かに長し」　前胸は長さより幅廣く、前方に於て少しく狭し」　腹部錆色、尖端煉瓦色なり」　翅透明、翅脈綠色、段横脈（gradate veinlets) の第一達は尖端に至るに従ひ不完全となる、肘小室 (Cubital areolet) は亞肘小室 (Subcubital areolet) の半分より小なり、緣紋淡煉瓦色」

　　　　　體　長　　11 粍
　　　　　前翅長　　約 16 粍
　分布　琉球。ナヴォガドール島。

7. Chrysopa basalis WK. ひめりゆうきうくさかげろう (新稱)

Chrysopa basalis Walker, List Spec. Neurop. Ins. Coll-Brit. Mus., Pt. II, p. 239 (1853).

本種は前種に近きも遙かに小形なり。

　體鏽色 (下面は煉瓦色)」　觸角は基部に至るに従ひ煉瓦色となる」　前胸幅よりも少しく長く、その前端頗る狹し」　脚淡き煉瓦色」　翅透明、翅脈煉瓦色、段橫脈 (Gradate vienlet) の第二達は尖端に於て不完全となる、肘小室 (Cubital areolet) は亞肘小室 (Subcubital areolet) の半分より小なり」

　　　　　體　長　　6 粍
　　　　　前翅長　　9 粍
　分布　琉球。

　前記二種はウオーカー氏 (3) によりて命名せられ記載せらる、孰れも琉球の産なり。　余未だ此二種を見るの機會なきを以て、ウ氏の記載を畧述せるに止まる。

8. Chrysopa inornata Mats. むもんくさかげろう

Chrysopa inornata Matsumura, Journ. Col. Agr. Tohoku Imp. Univ. Sapporo, Vol. IV, Pt. 1. p. 14 (1911).

本種はよつほしくさかげろうに類似す、但し頭部に黒紋なし。

　體黄緑」　觸角淡黄褐、第一基節は黄緑、第二節は黒褐なり、小楯瓣黒褐」　前胸は長さより遙かに幅廣く、前緣角に近く各一黒褐紋あり、中後兩胸背に黄色の一中條あり」　脚淡黄褐、脛節は多少緑色を帯ぶ」　翅透明、緣紋淡黄褐、翅脈緑色、前緣橫脈(前樓翅とも)及び前翅の徑橫脈、肘橫脈、臀橫脈は皆その基部に於て黒褐なり」

　　　　　體　長　　14—15 粍

　　　　　前翅長　　18—20 粍

分布 樺太（キムイナ）、本州（信濃上高地）。

9. Chrysopa sachalinensis Mats. からふとくさかげろう

Chrysopa sachalinensis Matsumura, Journ. Col. Agr. Tohoku Imp. Univ. Sapporo, Vol. IV, Pt. I, p. 14 (1911).

本種はもんくさかげろうに稍似たり、但し顔面の黑紋及び翅脈の彩色により區別し得べし。

體黃綠（胸部は綠色多し）」　觸角（第一基節を除く）淡黃褐、觸角間に一黑點あり、兩頰に各一黑紋あり、兩髭（各節の尖端を除き）黑褐、上唇に二個の小褐點あり」　前胸背に入（兩側に三個宛、中央に二個）、中胸背に二黑點あり」　脚淡黃褐」　翅透明、綠紋稍不透明、脈淡綠乃至黃白、前緣橫脈及び段橫脈（Venulae gradatae）黑色、他の橫脈は兩端（中央を除く）のみ黑色なり」

　　　　　體　長　　 9 粍

　　　　　前翅長　　12 粍

分布 樺太（ソロウォヨフカ）。

10. Nothochrysa japonica M'L. せあかくさかげろう

Nothochrysa japonica MacLachlan, Trans. Ent. Soc., p. 182 (1875).

本種は N. polychroa Gerst.（ジャワ產）に相近し、但し翅橫脈の彩色によりて區別し得べじ。

頭胸部黃又は黃褐色」　觸角深黑（但し二基節は黃色）」　前胸は長さよりも幅廣く一中溝あり、前胸背は暗赤色、（前胸背の兩側のみ暗赤色なるものあり）、中胸背の前緣に黑色の一橫線あり、前肩板（Scapulae anteriores）の兩側黑色、後胸背の兩側黑色」　頂部黑色にして其尖端及び各環節の前緣は暗黃なり（マ氏に從へば頂背黃色にして廣き一黑條あり）」　脚暗黃、各腿節の尖端に近く一黑環あり、前脛節の

内側は黒色なり」　翅透明、縁紋不透明、脈黄色、前縁脈（基部に近き二三）の下半部黒色、脈に短かき黒毛を密生す」

　　　　　體　長　　11—13 耗

　　　　　前翅長　　16—19 耗

　分布　本州（紀伊、京都）、九州（熊本、長崎）、臺灣（新社）。

　本種はマ氏（6）が一標本により記載せり、分布廣く臺灣にも産す、但し未だ東北地方及び北海道に産するを知らず。　頗る美麗なる種なり。

11.　Nothochrysa olivacea Gerst.　あをせくさかげろう

Nothochrysa olivacea Gerstecker, Mitt. Neu-Vorpom. und Rügen, Ig., 25, p. 74 (1893).

　本種はよつほしくさかげろうに類似すれとも斑紋を有せず。

　觸角淡黄赤色、その基節及び頬は淡き藁色、頭頂及び上唇は黄緑なり」　胸部淡きォリーブ色、前胸稍四角形、その後半部に深き二横溝あり」　脚黄褐色」　翅透明、脈緑色、縁紋黄褐、兩翅に於て前縁横脈の半部、前翅に於ては徑横脈、肘横脈及び臀横脈の基部に近き部分、後翅に於ては徑脈の基部、第二徑小脈の後半及び中脈は所々黒色なり」　腹部は黄褐色」

　　　　　體　長　　15 耗

　　　　　前翅長　　21 耗

　分布　本州（？）

　本種はゲ氏（7）によりて發表せらる（採集地横濱）然れども余未だ本種を見ず。

12.　Apochrysa matsumurae Okam.　あみめくさかげろう

Apochrysa matsumurae Okamoto, Trans. Sapporo Nat. Hist. Soc., Vol. 4, pt. 1, p. 13, Fig. 1 (1912).

　體黄白」　觸角暗黄、第一基節は外側に赤紫色の一縱線を有し、第二節の外側は暗褐色を呈す、頬片は兩側に赤紫色の一斑紋を有す」　前胸の側縁は赤紫色」　後腿節は尖端に近く暗褐の一環を具ふ」　腹部の各節は兩側に赤紫色の一線を有す

翅透明、前翅の中央に（後縁に近く）一大暗灰色紋あり、徑小脈の徑脈に交はる個
處に同色の一小紋あり、此兩紋を連ぬる横脈は暗灰色なり、翅脈殆んど無色、段
横脈 (Venillas gradiformis) は前翅に三連、後翅に二連あり」

　　　　　　體　長　　　13—23 粍
　　　　　　前翅長　　　22—24 粍

分布　九州（鹿兒島）。

本種は著者(12)の發表せる種にして極めて珍種なり、本邦に産する草蜻蛉中本
屬に於ける第一種なり。

因に、本種の翅に横脈頗る多きを以て翅脈網状を呈す、之れ本種を呼ぶにあみ
めくさかげろうの名を以てせる所以なり。

　　　　　　　　　　　　　　　　　　　東北帝國大學農科大學に於て。

主 な る 参 考 書　Literatur.

1. Burmeister, H.—Handbuch der Entomologie, 2 Bd. 1839.
2. Schneider, G.T.—Symbolae ad Monographiam Generis Chrysopae, Leach. 1851.
3. Walker, Fr.—List of the Specimens of Neuropterous Insects in the Collection of the British Museum, part II.—(Sialidae, Nemopterides). 1853.
4. Hagen, H.—Synopsis of the Neuroptera of North America. 1861.
5. MacLachlan, R.—New Genera and Species, &c., of Neuropterous Insects; and a Revision of Mr. F. Walker's Britisch Museum Catalogue of Neuroptera, part II (1853) as far as the end of the Genus Myrmeleon (Linn. Proc.- Zoology, Vol. IX. 1867).
6. ——— A sketch of our present Knowledge of the Neuropterous Fauna of Japan (Trans. Ent. Soc., pt. II. 1875).
7. Gerstaecker, A.—Ueber neue und weniger gekannte Neuropteron aus der

Familie Megaloptera Burm. (Mitt. Naturw. Vereins f. Neu-Vorpommern und Rügen. 1893).

8. MacLachlan, R.—Trans. Ent. Soc. Lond., p. 230 (1893).

9. Navás, L.—Crisópidos Nuevos (Brotéria Serie Zool., Vol. IX, fasc. 1. 1910).

10. Matsumura, S.—Erster Beitrag zur Insekten-Fauna von Sachalin (Journ. Col. Agr. Tohoku Imp. Univ. Sapporo, Vol. IV, pt. 1. 1911).

11. Navás, L.—Quelques Nevroptères de la ·Sibérie méridionale-orientale (Revue Russe d'Entom., XII, 1912).

12. Okamoto, H.—Eine neue Chrysopiden-Art Japans (Trans. Sapporo Nat. Hist. Soc., Vol. IV, pt. I. 1912).

13. 松村博士著――日本千蟲圖解卷之一、明治三十七年。

14. 岡本半次郎著――北海道に於ける脈翅目（札幌博物學會報第一卷第一號、明治三十八年――三十九年）。

15. 桑名伊之吉著――益蟲飼育成蹟（農商務省農事試驗場報告第三十六號、明治四十二年六月）。

大正二年七月三十日發行

大正二年七月二十五日印刷

發行者
編輯兼

印刷者

印刷所

發行所

石狩國札幌區東北帝國大學農科大學內

札幌博物學會

東京市神田區美土代町二丁目一番地

三秀舍

東京市神田區美土代町二丁目一番地

島　連太郎

石狩國札幌區北一條西七丁目三番地

河野常吉

目　次 | CONTENTS.

TRANSACTIONS

OF THE

SAPPORO NATURAL HISTORY SOCIETY.

FOUNDED IN 1891.

VOL. V. Pt. 2.

札　幌　博　物　學　會　會　報

明　治　二　十　四　年　創　立

第五卷第貳號

札　幌　博　物　學　會　印　行

大　正　三　年　六　月

PUBLISHED BY THE SAPPORO NATURAL HISTORY SOCIETY.

SAPPORO, JAPAN.

JUNE, 1914.

NOTICE.

All communications should be addressed to the Sapporo Natural History Society in the College of Agriculture, the Tōhoku Imperial University, Sapporo, Japan.

注　　意

本會に對する總ての寄信は東北帝國大學農科大學内札幌博物學會に宛て發送せらるべし。

SEXUAL DIMORPHISM OF GAMETIC SERIES IN THE REDUPLICATION.

By

Y. TANAKA.

生 殖 細 胞 式 の 雌 雄 二 型

田 中 義 麿

In all instances of the reduplication hitherto investigated by various authors it was assumed if not proved, with exception of a few disputed cases,[1] that the gametic series follow an identical system, so far as the characters are not sex-limited, in the male and female. My experiments with silkworms, however, furnish a positive evidence for possibility of dissimilar distribution of gametes among the opposite sexes, i.e. sexual dimorphism of gametic series. Such was the case with the reduplication between the yellow cocoon colour and one of the larval markings such as the normal, moricaud, and striped.

In these examples the reduplication in male gametes is a partial reduplication of low intensity, while the reduplication is complete in female. They may be graphically expressed as follows:

	AB	**Ab**	**aB**	**ab**
Coupling	n :	1 :	1 :	n
	1 :	0 :	0 :	1
Repulsion	1 :	n :	n :	1
	0 :	1 :	1 :	0

Where

n = 2 or 3.

A = Epistatic marking   a = Hypostatic marking

B = Yellow colour   b = White colour.

Two categories of the reduplication will conveniently be dealt with under distinct sections.

---

1) Those of Gregory (Jour. Gen. Vol. I. No. 2.) and Saunders (Jour. Gen. Vol. I. No. 1 and 4).

GAMETIC REPULSION.

The case in which more sufficient data have been obtained up to the present is that of the normal-yellow repulsion. Relating to the reduplication under consideration, over 70 families involving more than 20,000 individuals were reared, certain families of them being carried up to F_4 generation. The heterozygotes (**AaBb**) were, in the course of experiments, also crossed with the double recessives (**aabb**) reciprocally. The gametic series thus revealed were

$$\text{\textbf{AB} \quad Ab \quad aB \quad ab}$$

$$\text{♂} \begin{cases} 1 : 2 : 2 : 1 \\ 1 : 3 : 3 : 1 \end{cases}$$

$$\text{♀} \qquad 1 : 1$$

The recombination of these gametic forms will result in the zygotic series

$$\text{\textbf{A-B-} \quad \textbf{A-b-} \quad a-B- \quad a-b-}$$

$$2 : 1 : 1 : 0$$

So far as the experiments have been carried on up to F_2 in the straight direction, the case is hardly distinguishable from an ordinary case of complete repulsion that occurs alike on both sexes. In the present case, however, F_2 **A-B-** form is not even in its zygotic constitution but is composed of various biotypes which may give the offspring in various combinations of F_3 forms—i.e. the resulting F_3 families can be grouped into four classes as follows :

Class (a) involving 3 zygotic forms, **A-B-**, **A-b-**, **a-B-** ;

„ (b) „ 2 „ , **A-B-**, **A-b-** ;

„ (c) „ 2 „ , **A-B-**, a-B- ;

„ (d) „ only **A-B-** form.

F_2 **A-b-** and **a-B-** individuals are each composed of two groups, one breeding true to their parents, while the other producing **aabb** animals in addition to those of the parental type.

All this is beyond explanation if the ordinary complete repulsion be supposed as the case, but it can easily be accounted for if the gametic series above given was assumed. More positive evidence for such dimorphism of gametic series has been actually obtained from the crosses between the heterozygote and the double recessive.

GAMETIC COUPLING.

Somewhat fully studied cases in the field of the coupling-reduplication are the moricaud-yellow and the striped-yellow coupling. In these the gametic series are

$$
\begin{array}{cccccccc}
 & \mathbf{AB} & & \mathbf{Ab} & & \mathbf{aB} & & \mathbf{ab} \\
\text{♂} \left\{ \begin{array}{c} \\ \\ \end{array} \right. & 2 & : & 1 & : & 1 & : & 2 \\
& 3 & : & 1 & : & 1 & : & 3 \\
\text{♀} & 1 & & : & & & & 1
\end{array}
$$

If the male series is $2:1:1:2$, the F_2 zygotic series will be $8:1:1:2$, and if the $3:1:1:3$ is the case with male gametes, the F_2 ratio will be $11:1:1:3$. So far as the breeding is confined to themselves the actual feature of the gametic distribution under consideration will not be revealed because the ratios $8:1:1:2$ and $11:1:1:3$ are not practically remote from the zygotic series which would be produced by the ordinary $4:1:1:4$[1] and $7:1:1:7$[2] systems respectively. The clear analysis of the case was accomplished by crossing the diheterozygous animals with the double recessives reciprocally.

THE $9:3:3:1$ RATIO DERIVED FROM THE REDUPLICATED GAMETIC SERIES.

The reduplicated gametic series do not necessarily give rise to an abnormal zygotic distribution, but the apparently normal $9:3:3:1$ ratio may sometimes be produced by them.

In the cross **Aabb** ♀ × **AaBb** ♂, where the female produces two forms of gametes while the male gives four possible gametic combinations, the **AaBb** form in the subsequent generation may be produced by union of the gametes **ab** and **AB** as well as by that of **Ab** and **aB**. In the **AaBb** *female* which resulted from fertilization of ab-egg by **AB**-sperm there will occur, as stated in the preceding lines, a complete coupling between **A** and **B**; in the **AaBb** *male* derived from fertilization of **Ab**-egg by **aB**-sperm, on the other hand, there will exist a low partial repulsion, say $1:3:3:1$. If in interbreeding of the **A-B**-offspring ex **Aabb** ♀ × **AaBb** ♂, the male and the female such as above mentioned chanced to be brought to mating, that is, if the gametic series in the couple were

---

1) The resulting zygotic series is $66:9:9:16$ that is $7.33:1:1:1.78$.

2) The resulting zygotic series is $177:15:15:49$ that is $11.80:1:1:3.27$.

$$\begin{array}{cccc}\textbf{AB} & \textbf{Ab} & \textbf{aB} & \textbf{ab} \\ \text{♀}1 & : & 1 & \\ \text{♂}1 & : & 3 & : & 3 & : & 1 \end{array}$$

the resulting zygotic series will be the normal ratio 9 **A-B-** : 3 **A-b-** : 3 **a-B-** 1 **a-b-**.[1]

A similar result may be obtained by mating F_1 females ex **AABB** × **aabb** to F_1 males ex **AAbb** × **aaBB**.

The actual figures and other details of my experiments concerning the subjects dealt with in the present work will be described in separate papers.

College of Agriculture,

Tohoku Imperial University,

Sapporo.

---

1) Such result will not be obtained from the reciprocal cross, **AaBb** ♀ × **Aabb** ♂. As the complete reduplication occurs in the **AaBb** female, the offspring of such cross will be 2 **A-B-** : 1 **Aabb** : 1 **aabb** or 1 **AaBb** : 2 **A-b-** : 1 **aaBb** according to whether **A** and **B** were carried in by the same parent in the original cross or they were brought together by different parents.

〰〰〰〰

摘　　要

　遺傳質の結合式は伴性遺傳及び二三の異論有る例外を除けば從來一般に生物の雌雄兩性に於て全く相等しと考へられたり。　然れども予が蠶の遺傳に關する研究の結果に依れば其のカツプリング及びレバルションの場合に於ては雌雄の生殖細胞式が劃然相異りたる方式に屬するを知れり。　即ち雄に在りては甚だ低度の部分的レヂューブリケーションにして雌に在りては完全なるレヂューブリケーションなり。

　此の事實は普通行はるゝ如く直系的に相互交配を爲すのみにては其異相を闡明すること難しと雖、兩質雜種の個體を絶對劣性の個體と交配する時は容易に之を確證し得べし。

　本題に關する實驗成績の詳細は遠からず發表せんとする二論文に於て記述すべし。

MATERIALS FOR A FLORA OF HOKKAIDO. III.

By

K. MIYABE

and

Y. KUDO.

北 海 道 植 物 志 料 III.

宮　部　金　吾

工　藤　祐　舜

ERIOPHORUM L.

Key to the species of Eriophorum found in Hokkaido and adjacent regions.

1. { Bristles 6..*E. alpinum L.*
   { Bristles numerous 2

2. { Spikelet solitary, terminal... 3
   { Spikelets numerous, umbellate... 5

3. { Bristles reddish-brown. Achenes strigose on the upper margin .... *E. strigosum nob.*
   { Bristles white or light brown. Achenes not strigose on the upper margin 4

4. { Caespitose. Sheath of the uppermost cauline leaf is bladeless and much inflated.
   {   Achenes obovoid .... *E. vaginatum L.*
   { Stolon-bearing. Sheath of the uppermost cauline leaf is provided with a short
   {   blade and not inflated. Achenes linear-oblong .... *E. Scheuchzeri Hoppe.*

5. { Peduncles scabrous. Bristles shorter, about 5 times the length of the fruit..*E. gracile Koch.*
   { Peduncles smooth. Bristles longer, 10–12 times the length of the fruit...*E. angustifolium Roth.*

10. Eriophorum alpinum L. Spec. Pl. ed. 1. (1753) p. 53; Kunth, Euum. Pl. 2. p. 176; Fr. Schm. Fl. Amgun. p. 66; Matsum. Ind. Pl. Jap. 2. 1. p. 147; Koidz. Tokyo Bot. Mag. 25. p. 204.

Nom. Jap. *Miyama-sagisuge.* (nov.).

Hab. *Yezo.* Prov. Ishikari: Tsuishikari (I. Yamamoto![1] Aug. 1910); Horomui (K. Misumi![2] June 28, 1909; K. Miyabe![3] June 18, 1912).—Prov. Iburi: Tomakomai (U. Faurie! July 1894); Yubutsu (Faurie, 1905; K. Kondo![4] July 8, 1907).

Kamtschatka. Petropavlovski (N. Hashimoto![5] July 12, 1907).

1) 山本岩龜　2) 三隅英雄　3) 宮部金吾　4) 近藤金吾　5) 橋本貞也

[Trans. of Sapporo Natural History Soc. Vol. V. Part 2. April, 1914.]

Distrib. Middle and North Europe, Northern Asia and North America.

11. Eriophorum vaginatum L. l. c. p. 52; Kunth, l. c. p. 176; Trautv. et Mey. Fl. Ochot. p. 97; Maxim. Prim. Fl. Amur. p. 299; Fr. Schm. Fl. Sach. p. 191; F. Kurtz, in Engl. Bot. Jahrb. 19. p. 477; Matsum. l. c. p. 147.

? *E. Scheuchzerii* Matsum. l. c. p. 147.

Nom. Jap. *Watasuge, Suzumeno-keyari.*

Hab. *Yezo.* Prov. Ishikari: Horomui (Miyabe! July 14, 1885; Y. Tokubuchi! June 7, 1892).—Prov. Teshio: Kokunep (S. Ninouye![1] June 3, 1905).—Prov. Kushiro: Kushiro (S. Hashimoto![2] 1890); Otanoshike (M. Nakamura![3] April 10, 1886).—Prov. Nemuro: Nemuro (Miyabe! July 7, 1884); Tomoshiri (M. Nakamura! June 26, 1885; !Miyabe! Aug. 2, 1894; D. Hoshi![4] June 6, 1912); Otsuishi (S. Hashimoto! July 7, 1890).

Kuriles. Kunashiri: Furukamap (C. Yendo![5] Sept. 27, 1894); Tomarimura (H. Tanaka![6] Aug. 20, 1895).—Etorofu: Mt. Atoiya (T. Kawakami![7] Aug. 11, 1898); Rubetsu (Kawakami! Aug. 25, 1898); Shibetoro (K. Miura![8] July 23, 1906; K. Miyabe f. and G. Tanaka![9] July 18, 1910); Moyoro (Miyabe f. and Tanaka! July 17, 1910).—Urup: Highland between Anama and Yoshinohama (K. Uchida![10] June 17, 1891); Anama (K. Jimbo![11] June 18, 1891); Ahunruimoi (Jimbo! June 25, 1891).—Shimushu (S. Seki![11] 1895).

Saghalin. Mauka-District: Kusunnai (T. Miyake![13] July 7, 1906).—Odomari-District: Korsakoff (K. Miyabe and T. Miyagi![14] July 12, 1906); Arakui (Miyake! July 18, 1908); Chipisani (Miyake! July 17, 1908); Ichan (Miyake! June 28, 1908); Aberasani (Miyake! June 28, 1908).—Toyohara-District: Manue (Miyake! Aug. 20, 1907).—Shikka-District: Shikka (Miyabe and Miyagi! July 23, 1906); Lako Solenuiya (Miyabe and Miyagi! July 26, 1906); Tarankotan (Miyake! Aug. 13, 1906); Duwatakko (Miyake! Aug. 16, 1906); Hamdasa (Miyake! Aug. 27, 1906); Poronaimura (Miyake! Aug. 29, 1906).

Distrib. Widely distributed in north temperate regions.

12. Eriophorum Scheuchzeri Hoppe, Bot. Taschenb. (1800) p. 104; Kunth, l. c. p. 177; Trautv. et Mey. Fl. Ochot. p. 98; Kurtz, l. c. p. 477.

E. vaginatum Koidz. in Tokyo Bot. Mag. 25. p. 204.

---

1) 二ノ上七五三大郎　2) 橋本左五郎　3) 中村守一　4) 足太吉　5) 遠藤千尋　6) 田中平太郎　7) 川上瀧彌　8) 三加茂太郎　9) 宮部應次、田中五一　10) 内田游　11) 神保小虎　12) 關鹹一　13) 三宅驥　14) 宮部金吾、宮城鐵夫

HAB. *Behring Sea Regions.* Kamtchatka: Petropavlovski (N. Hashimoto! July 12, 1907).—Alaska: Nome (N. Hashimoto! Aug. 6, 1907).

DISTRIB. Arctic and northern regions of Europe, Asia and North America.

Among numerous specimens of Eriophorum having solitary terminal spikelets collected in North and Middle Japan, we are unable to find any which corresponds to the present species.

13. Eriophorum strigosum Miyabe et Kudo. sp. nov.

Rhizoma stoloniferum. Culmus solitarius, gracilis, 20–60 cm altus, teres, striatus, laevis. Folia radicalia acerosa, glabra, canaliculata, usque 40 cm longa, sursum viridia, deorsum saepius plus-minus laeve castanea, apice sensim acuminata; caulina 2 vel rarius 3, longe vaginata, non inflata, laminis brevissimis acerosis, vaginis basin purpurascentibus, vagina superiore 5–6 cm longa. Spica terminalis, solitaria, multiflora, erecta vel plus-minus curvata, ovata vel oblonga, ca. 2 cm longa, 1–1.2 cm lata, bracteis medio argentio-incanis, margine hyalinis, sterilibus late ovatis, 5–6 mm longis 2.5–3 mm latis, uni-, bi- vel tri-nervatis, fertilibus oblongo-lanceolatis, 4.5–6 mm longis 1.5–2 mm latis, uni-nervatis. Antherae nobis ignotae. Achenium obovoideum, compressum, apice obtusum, ad marginem strigosum. Lanae numerosae, semine 9-plo longiores, rufae vel isabellinae.

NOM. JAP. *Kitsune-suge.* (nov.).

HAB. *Saghalin.* Shikka-District: Shikka (Miyabe and Miyagi! July 23, 1906).

DISTRIB. Endemic.

This is a striking species characterized by its strigose achenes and light reddish brown colored bristles. It is nearly related to *Eriophorum Chamissonis* C. A. Mey. and *E. russeorum* Fries; from either of them it is readily distinguished by the character of the achene.

14. Eriophorum gracile Koch in Roth Catal. 2. (1800) p. 259; Kunth, l. c. p. 179; Fr. Schm. Fl. Sach. p. 191; Fr. et Sav. Enum. Pl. Jap. 2. p. 115.

NOM. JAP. *Sagi-suge.*

HAB. *Yezo.* Prov. Oshima: Kikonai (Miyabe and Y. Tokubuchi![1] July 14, 1890).—Prov. Ishikari: Horomui (Miyabe! July 13, 1885, July 18, 1912).—Prov. Iburi: Yurap (Faurie!); Tomakomai (Faurie 1898).—Prov. Kushiro: Kushiro (Faurie, 1890); Hamanaka (Miyabe! Aug. 8, 1884); Shitakara (Sukeo Ito![2] Aug. 1895).—Prov. Nemuro: Tomoshiri (D. Hoshi! May 21, 1912); Onnetto (Hoshi!

1) 富部金吾、鴇潟永次郎　2) 伊東佑夫

June 15, 1912); Bekkai (Miyabe! Aug. 15, 1910).

Kuriles. Etorofu: Shana (Miyabe f. and Tanaka! July 25, 1910).

　Saghalin. Mauka-District: Uentomari (Miyake! June 22, 1907); Tokotan (Miyake! June 22, 1907).—Odomari-District: Sorowiyofuka (Miyake! July 16, 1907); Chipisani (Miyake! July 17, 1908).—Toyohara-District: Uspenskoe (Miyake! Sept. 30, 1906).—Shikka-District: Ramotteiuri (Miyake! Aug. 15, 1908); Sekesedufuri (Miyake! Aug. 1906).

　Distrib. Europe, Siberia, Manchuria, Corea, North and Middle Japan and North America.

15. Eriophorum angustifolium Roth Fl. Germ. 2. (1793) p. 63; Kunth, l. c. p. 178; Ledeb. Fl. Ross. 4. p. 254; Yabe et Yendo, Tokyo Bot. Mag. 18, p.174. *E. polystachyon* L. l. c. p. 52. p. p.; Koidz. l. c. p. 204.

Nom Jap. *Shimushu-watasuge.*

Hab. *Kuriles.* Shimushu (S. Seki, 1895; N. Gunji![1] Aug. 1897; K. Yendo,[2] 1903).

　Behring Sea Region. Kamtchatka: Petropavlovski (N. Hashimoto! July 12, 1907).—E. Siberia: Anadyr (N. Hashimoto! July 28, 1907).—Alaska: Nome (N. Hashimoto! Aug. 6, 1907).

　Distrib. Europe, Siberia, Amur-region, Manchuria, China, Corea, Kamtchatka, Northern Kuriles and North America.

16. Scirpus Maximowiczii C. B. Clarke in Kew Bull. Add. Ser. 8 (1908) p. 30. *Eriophorum japonicum* Maxim. Mél. Biol. 12. (1893) p. 558; Kom. Fl. Mansh. 1, p. 339; Matsum. Ind. Pl. Jap. 2. 1. p. 147; Nakai, Fl. Korea. 2. p. 513.—*Eriophorum latifolium* Kawakami, Tokyo Bot. Mag. 15. p. 218.

Nom. Jap. *Takane-kurosuge, Nambu-suge, Chishima-watasuge.*

Hab. *Honsiu.* Prov. Rikuchu: Nambu in alpine region (Chonosuke Sugawa![3] 1865—Cotype-specimen); Mt. Komagatake (S. Sawada![4] July 24, 1905; M. Miura![5] Aug. 10, 1904).

　Yezo. Prov. Ishikari: Mt. Yūbari (A. Hamaua and H. Yanagisawa![6] Aug. 6, 1912; S. Nishida![7] Aug. 8, 1913).

　Kuriles. Etorofu: Mt. Atoiya at 2000 ft. alt. (Kawakami! Aug. 11, 1898); Moyoro (Miyabe f. and Tanaka! July 17, 1910).—Urup: Yoshinohama (Jimbo! June 18, 1891).

---

1) 郡司成忠 2) 遠藤吉三郎 3) 須川長之助 4) 澤田兼吉 5) 三浦道悅 6) 濱名有實、柳澤秀雄 7) 西田彰三

Distrib. In the alpine region of northern Honsiu and Hokkaido, and also in Corea.

The present species was described by Maximowicz who took for its type the flowering specimens collected by Tschonoski (Chonosuke Sugawa) in the alpine region of Nambu in 1865. When one of the authors met Prof. Maximowicz in St. Petersburg in 1889, he expressed some doubt regarding the systematic position of the plant, which, he said, would be settled by the character of matured fruits.

The plant has the general aspect of *Eriophorum latifolium* Hoppe, with which it has often been confounded. The bristles are, however, six in number, and are about the same length as the style, and they never become elongated after anthesis as in the case of Eriophorum. The late C. B. Clarke referred the plant correctly to the genus Scirpus; and we have here adopted the name proposed by him.

17. Zygadenus Makinoanus Miyabe et Kudo. nom. nov.

Zygadenus japonicus Makino, in Tokyo Bot. Mag. 17 (1903) p. 162.—*Stenanthium sachalinense* Kawakami, in Tokyo Bot. Mag. 14 (1900) p. 111 (non Fr. Schmidt); Matsum. Ind. Pl. Jap. 2. 1. p. 214.

Nom. Jap. *Rishiriso.*

Hab. Yezo. Prov. Kitami: on the summit of Mt. Rishiri, Isl. Rishiri (S. Hori![1] Aug. 19, 1889; U. Faurie n. 3493, Aug. 1892, n. 2977. Aug. 1899; W. Hirose![2] Aug. 3, 1896; T. Kawakami! Aug. 1899).

Distrib. Endemic.

We agree with Mr. Makino in considering the present plant as a new species of Zygadenus. We have nothing to add to the complete and accurate description of the species given by the author. As the specific name *Zygadenus japonicus* had already been used by Miquel (Prol. Fl. Jap. p. 310) for *Aoyagiso*, *Veratrum Maackii* Rgl., we take this opportunity to pay respect to our esteemed friend by associating his name with this interesting plant.

18. Aletris foliata Franch. in Jour. de Bot. 10 (1896) p. 179.

Metanarthecium foliatum Maxim. Decas Pl. Novarum (1882) p. 10; Matsum. Ind. Pl. Jap. 2. 1. p. 207.—*Aletris Dickinsii* Franch. Bull. Soc. Philom. 7e Série 10 (1886) p. 103.

Nom. Jap. *Nebari-nogiran, Yezo-no-sokushinran.*

---

1) 嗣正太郎 2) 廣瀬渡

.　　HAB. *Yezo*. Prov. Ishikari: Horomui (S. Hori! Aug. 4, 1885; Y. Tokubuchi![1] July 25, 1887; J. Hanazawa![2] July 18, 1906); Tsuishikari (K. Miyabe! July 22, 1895).—Prov. Iburi: Yubutsu (Faurie, July 1905).

DISTRIB. Boggy plains of Hokkaido and mountain regions of Honsiu. According to Diels (Engl. Bot. Jahrb. 29 p. 240), a variety of the present species is found in Central China.

19. Liriope minor Makino, in Tokyo Bot. Mag. 7. (1893) p. 323 et 15. p. 93; Matsum. Ind. Pl. Jap. 2. 1. p. 206.

Ophiopogon spicatus ♂. minor Maxim. Mél. Biol. 7. (1870) p. 324.

NOM. JAP. *Hime-yaburan*.

HAB. *Yezo*. Prov. Oshima: Yesashi (Miyabe and Tokubuchi! Aug. 1, 1890); Kaminokuni (Miyabe and Tokubuchi! July 23, 1890).—Prov. Hidaka: Fuyujima (K. Kondo![1] Aug. 16, 1912).

DISTRIB. Liukiu, Kiusiu, Shikoku, Honsiu and Hokkaido. In Hokkaido the plant grows only in sandy beaches along the coast of warmer regions.

20. Lloydia triflora Baker in Jour. Linn. Soc. 14 (1874) p. 300; Kom. Fl. Mansh. 1. p. 464; Yabe et Yendo, Tok. Bot. Mag. 18. p. (177); Matsum. Ind. Pl. Jap. 2. 1. p. 206.

Ornithogalum triflorum Ledeb. in Mem. Acad. Petersb. 5. (1812) p. 529.—*Gagea triflora* Roem. et Schult. Syst. Veg. 7. (1829) p. 529; Ledeb. Fl. Ross. 4. p. 141; Maxim. Prim. Fl. Amur. p. 278; Fr. Schm. Fl. Sachal. p. 186.

NOM. JAP. *Hosoba-no-amana*.

HAB. *Yezo*. Prov. Oshima: Hakodate (M. Shimizu![1] May 24, 1896).—Prov. Ishikari: Shimamatsu (Y. Yamazaki![5] June 9, 1903); Hassabu (K. Miyabe f.![6] May 22, 1909).—Prov. Hidaka: Samani (Nirei![7] April 15, 1893).—Prov. Tokachi: Uraboro (K. Toganō![5] April 26, 1895).—Prov. Kushiro: Ombetsu (M. Nakamura! May 20, 1890).—Prov. Kitami: Rebunshiri (Faurie, n. 9661, May 1893).

Kuriles. Without locality (*fide* Maximowicz).—Shumushu (K. Yendo. 1903).

Soghalin. Odomari-District: Solowiyofuka (T. Miyake! June 28, 1906); Tonnaicha (T. Miyake! June 19, 1908).

DISTRIB. North and Middle Japan, Corea, China, Manchuria, Siberia and Kamtschatka.

1) 鱈澗永大郎　2) 牛澤洵　3) 近藤金吾　4) 清水元太郎　5) 山崎益　6) 宮部蓮大　7) 楢井某　8) 樺野田藏

21. Allium lineare L. Spec. Pl. ed. 1. (1753) p. 295; Kunth, Enum. Pl. 4. p. 419; Ledeb. Fl. Ross. 4. p. 178; Maxim. Fl. Amur. p. 282; Fr. Schm. Fl. Sachal. p. 187; Rgl. All. Monogr. p. 166.

Nom. Jap. *Karofuto-rakkyo.* (nov).

Hab. *Saghalin.* Nayashi-District: Sokorai (Miyabe and Miyagi! Aug. 13, 1906).—Russian-Saghalin: Pilew (Miyabe and Miyagi! Aug. 13, 1906).

Distrib. E. Russia, Siberia, Dahuria, Manchuria and Saghalin.

22. Allium strictum Schrad. Hort. Goett. t. 1. (1809); Kunth, l. c. p. 419; Ledeb. l. c. p. 178; Rgl. et Til. Fl. Ajan. p. 123; Rgl. l. c. p. 164.

A. lineare Kawakami, Tokyo Bot. Mag. 14. p. 107; Yabe et Yendo, in ibidem 18. p. (177); Matsum. Ind. Pl. Jap. 2. 1. p. 189. p. p.; Hanzawa, Trans. of Sapporo Nat. Hist. Soc. 1. 1. p. 134; Nishida, in ibidem 4. 2. p. 178.

Nom. Jap. *Miyama-rakkyo,* (nov.).

Hab. *Yezo.* Prov. Ishikari: Mt. Ashiupetnupuri (S. Nishida and H. Yanagisawa![1] Aug. 4, 1913).—Prov. Iburi: Mt. Makkarinupuri (Miyabe and Hanzawa and Kondo![1] Aug. 6, 1905).—Prov. Kitami: Mt. Rishiri, Isl. Rishiri (S. Hori! Aug. 1887; W. Hirose! July 27, 1896; Kawakami! Aug. 1899).

Kuriles. Paramushir: (C. Tarao![1] Aug. 15, 1892).—Shimushu (S. Seki! 1895; N. Gunji![1] 1897 and 1898; K. Yendo![1] Aug. 24, 1903).

Distrib. Europe, Asia Minor, Persia, Siberia, Saghalin, Kuriles and Yezo.

23. Allium splendens Willd. ex Schult. Syst. 7. p. 1025. Kunth, l. c. p. 420; Ledeb. l. c. p. 179; Rgl. All. Monogr. p. 168; Korshinsky, Acta H. P. 12. p. 402; Nakai, Fl. Kor. 2. p. 261.

A. lineare Matsum. l. c. p. 189, p. p.

Nom. Jap. *Chishima-rakkyo.*

Hab. *Yezo.* Prov. Ishikari: Kamuikotan (Miyabe! Aug. 9, 1891).—Prov. Tokachi: Obihiro (T. Yanagimoto![6] July 31, 1891; Hanzawa! July 31, 1904). —Prov. Kushiro: Shitakara (Sukeo Ito! July, 1895).—Prov. Kitami: Abashiri (Miyabe! July 15, 1884).

Kuriles. Etorofu: Shana (K. Miura! July 11, 1906); Tōro (K. Miura! July 24, 1906); Moyoro (Miyabe f. and Tanaka! July 8, 1910); Rubetsu (Kawakami! Aug. 25, 1897); Shibetoro (K. Miura! July 21, 1906).

---

1) 四田彰三、柳澤秀雄 2) 宮部金吾、半澤洵、近藤金吾 3) 多鼠尼忠郎 4) 關司成忠 5) 遠藤吉三郎 6) 柳本通義

Saghalin. Odomari-District: Tôbutsu (T. Miyake! June 27, 1907); Cape Suryuda (Miyabe and Miyagi! Aug. 1, 1906); Mereya (Miyabe, Miyagi, and Miyake! July 14, 1906); Chipisani (Miyabe, Miyagi and Miyake! July 15, 1906); Mitsuriofuka (Miyake! July 13, 1906); Chishinai (Miyake! July 6, 1908); Mt. Ochopoka (Miyake! June 13, 1908); Airoppu (Miyabe and Miyagi! July 31, 1906); Naionnai (Miyabe and Miyagi! Aug. 1, 1906).—Toyohara-District: Chikaporonai (Miyake! Aug. 8, 1907).—Shikka-District: Makunkotan (Miyake! Sept. 15, 1906).

DISTRIB. Siberia, Dahuria, Corea, Manchuria, Kamtchatka, Saghalin, Southern Kuriles and Yezo.

The three species of Allium just enumerated above are so nearly related to one another as to have led some botanists to form an opinion that they are of one and the same species. Komarov, for instance, in his Flora Manshuriæ treated *A. strictum* and *A. splendens* as synonyms of *A. lineare*.

A comparative study of a large number of the specimens of these plants collected in Hokkaido and Saghalin, however, leads us to consider them as three quite distinct species. They differ from one another in some important morphological characters as well as in their habitats.

Allium lineare L. is known at present only from the northern portion of Saghalin. It is readily distinguished by its long exserted stamens and also by its long acuminate simple teeth, one on each side at the base of the filament. The teeth are of about the same length as the perianth; sometimes they are a little longer.

Allium strictum Schrad. is an alpine species. It has small rather compact umbellate head composed of fewer and smaller flowers. The stamens are of about the same length as the perianth, often becoming a little exserted. The teeth are generally simple and obtuse, and are about one third as long as the perianth. Rarely they are provided with very small secondary teeth.

In *Allium splendens* Willd. we have the largest umbellate heads composed of numerous larger flowers. The stamens are long exserted; their teeth are of medium size, each of which is conspicuously lacerated at the apex. It has the widest distribution in Hokkaido and Saghalin, and grows commonly in open grassy plains.

TOFIELDIA HUDS.

Key to the Hokkaido species of Tofieldia.

1. { Pedicels erect or obliquely erect, straight and not nodding 2
   { Pedicels patent and more or less nodding 3

2. { Pedicels short and thick, shorter than the capsules. Capsules ovate-cylindrical, with
      short and thick styles. Perianth-segments one-nerved, about half the length of
      the capsule ....*T. Okuboi* Makino.
    { Pedicels long and slender, longer than the capsules. Capsules subglobose, with
      long and slender styles. Perianth-segments three-nerved, nearly as long as the
      capsule ....*T. yezoensis* nob.

3. { Inflorescence rather loosely flowered. Capsules ellipsoid ....*T. Kondoi* nob.
   { Inflorescence more or less densely flowered. Capsules subglobose, broadly obovoid
     or globoso-turbinate 4

4. { Inflorescence very densely flowered. Perianth-segments generally one-nerved, whitish.
      Capsules yellowish-white. Styles tipped with a prominent stigma ......*T. nutans* Willd.
    { Inflorescence less densely flowered. Perianth-segments generally three-nerved, green.
      Capsules blackish or blackish-purple. Styles tipped with a small and not pro-
      minent stigma ....*T. fusca* nob.

24. Tofieldia Okuboi Makino, Tokyo Bot. Mag. 12. (1898) p. 42; Takeda, in ibidem 24. p. 317.

T. nutans Takeda, Tokyo Bot. Mag. 24. p. 317. p. p.

Nom. Jap. *Hime-iwashobu.*

Hab. Yezo. Prov. Tokachi: Mt. Tokachidake (S. Suganuma![1] July 16, 1900). —Prov. Ishikari: On the summit of Mt. Yubari (A. Hamana and H. Yanagisawa! Aug. 6, 1912; S. Nishida! Aug. 8, 1913).

Kuriles. Etorofu: Mt. Atoiya (Kawakami! 1898).

Distrib. In the alpine region of Honsiu, Yezo and the Southern Kuriles.

25. Tofieldia yezoensis Miyabe et Kudo. sp. nov.

Rhizoma breve, foliis vetulis vestitum, radices elongatas filiformes tomentosas emittens. Folia linearia, falcata, ensiformia, apice sensim acuminata, basi equitantia, 6-10 cm longa, 2-3 mm lata, plerumque 9-nervata, nervibus 5 prominentibus, subcoriacea, utrinque scabriuscula, margine cartilago-scabra. Scapus erectus, ascendens, laevis, cum inflorescentia 14-17 cm longus, foliis 1/2-2/3 plo longior, saepius 2-foliatus, folio inferiore frondoso, deorsum longe vaginato, 4.5-6 cm longo, folio superiore parvo, breviter supra medium inserto, 1.5-2 cm longo. Inflorescentia racemosa, laxiuscule multiflora, 2.5-3.5 cm longa, bracteis minutis ovatis apice acutis vel acuminatis, distincte uni-nervatis margine scariosis, pedi-

---

1) 菅沼正吉

cellis oblique erectis capsulae 1,5-plo longioribus, laevibus, caliculo sub flore trilobato, lobis triangulari-ovatis, uninervatis. Perianthii lobi persistentes, 3.5 mm longi, lineari-oblaceolati, 3-nervati, nervibus lateralibus non prominentibus, capsulae paulo breviores. Filamenta filiformia, perianthii segmentis paulo longiora. Capsula subglobosa, 3-locularis stylis persistentibus tenuibus longiusculis, stigmatibus prominentibus. Semina ca. 1 mm longa, laeve castanea, appendiculata, appendiculis parvis albis verciformibus, in quoque loculo numerosa.

NOM. JAP. *Yeniwa-zekisho.* (nov.)

HAB. *Hokkaido.* Prov. Iburi: Mt. Yeniwa (Kawakami! Aug. 1895).

This species is closely related to *Tofieldia nuda,* from which it is easily distinguished by its subcoriaceous and somewhat scabrous leaves, having generally nine nerves, and also by its subglobose capsules as well as by its 3-nerved perianth-segments.

26. Tofieldia Kondoi Miyabe et Kudo. sp. nov.

Rhizoma breve, foliis vetulis vestitum, radices filiformes pilis ochroleucis obtectas emittens. Folia linearia, falcata vel ensiformia, apice sensim acuminata, basi equitantia, 5-7 cm longa, 2-3 mm lata, 5-7 nervata, subcoriacea, utrinque scabriuscula, margine cartilago-scabra. Scapus erectus vel ascendens, laevis, plerumque foliis duplo longior, cum inflorescentia 10-13 cm longus, bi-foliatus, folio inferiore prope basin inserto, breviter vaginato, foliis radicalibus vix diverso, superiore minore, variabile, 1.5-2.5 cm longo. Racemus laxiuscule multiflorus, 2-3 cm longus, bracteis minutis uninervatis, margine scariosis, pedicellis patentibus nutantibusque capsulam subaequantibus, caliculo trilobato, lobis triangulari-ovatis, uninervatis. Perianthii lobi persistentes, spathulato-oblongi, concurvati, 3-nervati, nervibus omnibus prominentibus, margine scariosis capsulae paulo breviores. Capsula late ellipsoides, ochroleuca, stylis longis, stigmatibus prominentibus. Semina laeve catanea, breviter appendiculata, appendiculis albis minutis, in quoque loculo numerosa.

NOM. JAP. *Apoi-zekishō.* (nov.).

HAB. *Hokkaido.* Prov. Hidaka: Mt. Apoi near Samani (K. Kondo! Aug. 17, 1912).

DISTRIB. Endemic.

The species, which is most nearly related to the present plant, is probably *T. yezoensis,* from which one can easily distinguish it by its spreading and nodding pedicels, prominently 3-nerved perianth-segments and ellipsoidal capsules.

27. Tofieldia nutans Willd. ex Schult. Syst. 7. p. 1573; Yabe et Yendo, Tokyo Bot. Mag. 18. p. 177; Takeda, in ibidem 24. p. 317. pro maxima parte.

NOM. JAP. *Chishima-zekisho.*

HAB. *Honsiu.* Prov. Shinano: Mt. Yatsugatake (T. Miyake! Aug. 4, 1903). —Prov. Rikuchu: Mt. Hayachine (M. Miura! Aug. 5, 1904, July 9, 1905); Mt. Iwate (K. Miyabe! Sept. 5, 1893; R. Takahashi![1] Aug. 24, 1897; S. Arimoto![2] July 16, 1903).

Yezo. Prov. Hidaka: Nukapira (C. Yendo! Sept. 27, 1895).—Prov. Tokachi: Yaramap, near Biro (Jimbo! 1891).

Kuriles. Shikotan: Anama (Miyabe f. and Tanaka! Aug. 14, 1910).—Etorofu: Rakkojima (Kawakami! Aug. 27, 1899); Shimonaibo (K. Miura! July 23, 1906); Shibetoro (K. Miura! July 21, 1906); Moikeshi (T. Ishikawa![3] Aug. 18, 1890). —Urup: (T. Kitahara![4] July 21, 1895; K. Miura! July 9, 1906).—Shimushu: (K. Yendo, 1903).

Saghalin. Toyohara-District: Mt. Susuya (T. Miyake! July 31, 1907); Mt. Chikaporonai (Miyake! Aug. 12, 1907).—Shikka-District: Mt. Nupuripo (Miyake! Aug. 13, 1907).

DISTRIB. Siberia, Kamtschatka, Kuriles, Saghalin, Yezo and Honsiu.

28. Tofieldia fusca Miyabe et Kudo. sp. nov.

Rhizoma breve, foliis vetulis vestitum, radicibus filiformibus pilis fulvis dense obtectis. Folia linearia, plus-minus ensiformia, apice sensim acuminata, 3–7 cm plerumque 4–5 cm longa, 2–4 mm lata, 5–9 nervata, coriacea, utrinque scabriuscula, margine cartilago-scabra. Scapus erectus vel ascendens, firmiusculus, laevis, cum inflorescentia 9–14 cm longus, foliis duplo vel triplo longior, foliis duobus praeditus, folio inferiore frondoso, deorsum longe vaginato, 3–5 cm longo, superiore breviter supra medium inserto, 1–2.5 cm. longo. Racemus densiuscule multiflorus 1.5–2 cm longus, bracteis minutis viridibus, indistincte uninervatis, margine scariosis, pedicellis patentibus apice nutantibus, capsulam subaequantibus, caliculo sub flore trilobato, lobis triangulari-ovatis. Perianthii lobi spathulato-oblongi vel spathulato-obovati, persistentes, 1–3 nervati, nervibus omnibus prominentibus vel lateralibus obscuris vel deficientibus, deorsum intense virides, sursum atro-purpureo-, purpureo- vel ochroleuco-colorati. Capsula fusca vel atro-purpurea, subgloboso-ellipsoides 3-locularis, stylis brevibus firmiusculis, stigmatibus parvis non prominentibus. Semina breviter appendiculata, in quoque loculo numerosa.

---

1) 高橋丑直 2) 有元新太郎 3) 石川貞治 4) 北原多作

NOM. JAP. *Kuromi-no-iwazekisho.* (nov.).

HAB. *Honsiu.* Prov. Shinano: Mt. Shirouma (S. Komatsu![1] Aug. 12, 1904).

Yezo. Prov. Ishikari: Mt. Yubari (Hamana and Yanagisawa! Aug. 6. 1912; S. Nishida! Aug. 8, 1913); Mt. Ashiupetnupuri (Nishida and Yanagisawa! Aug. 4, 1913).

DISTRIB. Alpine region of North and Middle Japan.

form. **rishiriensis** Miyabe et Kudo.

T. nutans Kawakami, Tokyo Bot. Mag. 14. p. 107; Takeda in ibidem 24. p. 317. p. p.

Planta pygmaea, caule tenuiore, inflorescentia densiuscula subcapitata.

NOM. JAP. *Rishiri-zekisho.* (nov.).

HAB. *Hokkaido.* Prov. Kitami: On the summit of Mt. Rishiri, Isl. Rishiri (Hirose! Aug. 3, 1896; Kawakami! Aug. 1899).

DISTRIB. Endemic.

The present species is closely related to *Tofieldia nutans* Willd., from which, however, it is readily distinguished by its blackish capsules, looser inflorescence, and somewhat thicker green perianth-segments, which are tinged with a blackish purple or sometimes ochraceous color, and which are provided generally with three nerves. The stem is, moreover, firmer and strict; and the styles are shorter and thicker and are tipped with a small and not prominent stigma. Abundant materials of the present species were collected on the summit of Mt. Yubari and adjacent peaks during 1912 and 1913 by Messrs. Nishida, Yanagisawa and Hamana. We have delineated the specific character of this species from more than 30 specimens. It is of extreme interest to find this rare plant also on Mt. Shirouma in the Province Shinano.

Forma *rishiriensis* has been included thus far in *Tofieldia nutans* Willd.,—and not without reason; for at first sight it looks like a depauperated form of that species. Fortunately we have at hand a large number of the specimens of this plant enabling us to pass better judgment on its affinity. The plant has in common with *Tofieldia fusca* many important characters in the capsule, style, stigma and perianth-segment.

---

1) 小松春三

摘　要

北海道並に其隣接せる地方に産するさぎすげ屬檢索表

10. Eriophorum alpinum L. みやまさぎすげ（新稱）

莖は纖細直立し、小穗は一個、頂生にして本邦産さぎすげ屬中最少なるものなり。痩果の周圍にある長毛は六個にして白褐色なり。北海道にては對雁、幌向、苫小牧、男拷等の泥炭地に生じ、又歐洲、亞細亞の北部及び北米等に廣く分布す。

11. Eriophorum vaginatum L. わたすげ

本州、北海道、千島、樺太を通じて本屬中最も普通なる種類にして、上位の葉葉は顯著なる葉片を缺き、其鞘部は上方に於て膨脹せることと、痩果は倒卵形なることとにより容易に他種と區別し得べし。廣く北半球温帶地方に分布す。長毛の色は一樣ならず、稍褐色を帶ぶるものを、Eriophorum Scheuchzeri となせる者ありと雖も、本學所藏の標本には該種に相當するものを一も認むること能はず。

12. Eriophorum Scheuchzeri Hoppe.

前種に類似する種類なるも、上位の葉葉は葉片を備へ、鞘部は上方に於て膨脹せず、痩果は帶狀長楕圓形をなす。本種は歐洲、亞細亞及び北米の北部及び極地に産す。

13. Eriophorum strigosum Miyabe et Kudo. きつねすげ（新稱）

樺太特産の種にして敷香附近の「ツンドラ」に産す。小穗は頂生、單一、長楕圓形、卵形又は倒卵形をなす。痩果の上緣部に硬毛あること並に長毛の赤褐色なることは本邦産わすすげ屬中其類を見ざる特長なりとす。

14. Eriophorum gracile Koch. さぎすげ

本種は小穗多數にして叢生せる種類中、本邦中部諸高山より北海道、千島、樺太等の泥炭地に亘り最も廣く分布せるものなり。

15. Eriophorum angustifolium Roth. しむしゆわたすげ

前種に類似するも、花梗の平滑なることと、瘦果の周圍にある長毛の長さ瘦果の十倍乃至十五倍なることとによりて容易に區別し得べし。本種は北千島に產し、未だ本邦諸島中其他の地方に於て之を產するを知らず。

16. Scirpus Maximowiczii C.B. Clarke. たかねくろすげ、なんぶすげ、ちしまわたすげ

莖は剛にして、20-40 センチメートルに達す。葉は稍廣く、披針狀線形をなし、緣邊は粗造、其尖端は硬化す。莖葉は五個乃至八個、小穗は小形、多數、黑藍色にして叢生皆くは重疊生、長毛は六個其長さ花柱に對しく、花後と雖も さぎすげ屬のそれの如く延長せず。本種は始め Maximowicz 氏により、須川及之助の採集せる南部產標本につき、Eriophorum japonicum の名を以て記載せられたるものなり。其後著者の一人 1889 年に露都に於て同氏に面會せし時、氏は本種の分類上の位置につきて疑へる旨をもらされたり。故 C. B. Clarke 氏は本種をほたるゐ屬に編入し、Scirpus Maximowiczii なる學名を附せられたり。今回數多の標本につきて研究せる結果、Clarke 氏の說の正確なることを認め、其の名を襲用せり。本州北部北海道本島及び千島の諸高山に產し、又朝鮮にも在りと云ふ。

17. Zygadenus Makinoanus Miyabe et Kudo. りしりさう

本種は北見國利尻島利尻山頂に產する珍種にして曩に牧野富太郞氏により Zygadenus japonicus なる種名の下に、詳細なる記載文を以て發表せられしものなり。然るに Zygadenus japonicus なる名稱は已に Miquel 氏によりあをやぎさうに使用せられたるを以て、著者は玆に長友牧野氏の氏名を本種に附し聊か薄衷の意を表さんとす。

18. Aletris foliata Franch. ねばりのぎらん、ゑぞのそくしんらん

本種は石狩、膽振等の泥炭地及び本州中部以北の諸高山に產す。其一變種は中央支那にありと云ふ。

19. Liriope minor Makino. ひめやぶらん

北海道にては渡島、日高の溫暖なる地方の海岸砂地に生ず。

20. Lloydia triflora Bak. ほそばのあまな

本道に於ては渡島、石狩、日高、十勝、千島及び禮文島に產し、樺太に於ては南北を通じて之れを產す。

21. Allium lineare L. からふとらつきやう (新稱)

本種は本邦にありては、樺太北部にのみ產す。繖形頭狀花序は多數の花より成り、雄蕊は其長さ花被

の二倍に達し、兩側に各一個の長き單一にして鈍尖頭を有する鱗齒狀附屬物あり、其の附屬物の長さは殆んど花被に夢しきか又はこれより少しく長し。東部歐露、四比利亞、滿洲等に分布す。

22. Allium strictum Schrad. みやまらつきやう（新稱）

本種は北海道の踏高山、北千島及び樺太に產す。　繖形頭狀花序は比較的小にして、小數の鮮紅色を呈せる小花より成る。　雄蕊は花被と略等長。　花絲の基部にある附屬體は其長さ花被の約三分の一、尖頭鈍頭、倊れ全線なれと時に小なる鱗齒を有することあり。　分布最も廣くして歐洲、小亞細亞、波斯及び四比利亞に生ず。

23. Allium splendens Willd. ちしまらつきやう

北海道本島、千島及び樺太を通じて最も普通なる種にして、繖形頭狀花序は比較的大にして多數の花より成り、一見前者と區別し得べし。雄蕊は抽出するもあらふとらつきやうの如く甚だしからず。花絲の基部にある附屬物はあらふとらつきやうとみやまらつきやうとの中間にあり、其長さ花被の約二分の一、其尖端は倊れ不規則に突要す。本種は四比利亞、滿洲、朝鮮、勘察加、樺太及び北海道に產す。

北海道產ちやぼぜきしやう屬檢索表

1. { 花梗は直立又は斜上、眞直にして低頭せず ……2
   花梗は開出し、多少低頭す ……3

2. { 花梗は短尻、蒴より短し。蒴は卵狀圓壔形、花柱は短尻。花被の各片は一脈を有し其長さは蒴より短し ……ひめいはしやうぶ
   花梗は長細、蒴より長し。蒴は殆んど球形、花柱は長細、花被の各片は倊れ三脈を有し、其長さ殆んど蒴と等長 ……えにはぜきしやう

3. { 花序は稍粗。蒴は卵圓形 ……あぼいぜきしやう
   花序は多少密。蒴は殆んど球形、廣倒卵形、又は球狀倒圓壔形 ……4

4. { 花序は疏密。花被の各片は倊れ一脈を有す。蒴は倊れ黃白色。柱頭は顯著‥ちしまぜきしやう
   花序は稍密。花被の各片は倊れ三脈を有す。蒴は帶黑色又は黑紫色。柱頭は顯著ならず ……くろみぜきしやう

24. Tofieldia Okuboi Makino. ひめいはしやうぶ

本種は從來本州の高山帶に南千島に於て發見せられたるものなるも、今回の洞查にして北海道本島より檢出し得たり。其の產地は十勝岳及び夕張岳なりとす。

25. Tofieldia yezoensis Miyabe et Kudo. えにはぜきしやう（新稱）

はなぜきしやう Tofieldia nuda Maxim. に最も近き種類なりと思も、下記の諸點によりて區別することを得べし。蒴は九脈を有し、其內五脈は顯著にして裏面は粗造なり。花梗は蒴果の一倍乃至一倍半、花被は線狀倒披針形、三脈を有し、其側脈は顯著ならず。蒴果は殆んど球形なり。膽振國惠庭山に產す。

26. Tofieldia Kondoi Miyabe et Kudo. **あぼいぜきしやう**（新稱）

本種は前種に類似する種類なれども其異る主なる點を擧れば右の如し。 花梗は太くして開出し其尖端必ず低頭し、殆んど蒴果に等しき長さを有すること、花被の各片は筒狀長橢圓形にして列然たる三脈を有すること、及び蒴果の廣橢圓形を呈すること等なり。 本種は日高國樣似郡アポイ山に於て近藤金吾氏初めて採集されたるを以て *Tofieldia Kondoi* **あぼいぜきしやう**と命名したり。

27. Tofieldia nutans Willd. **ちしまぜきしやう**

莖は柔弱。 花序は花時にありては稠密、橢圓形又は長橢圓形、結實後は狹圓壔形を呈す。 花梗は開出低頭し、蒴果より稍短し。 花被の各片は筒狀長橢圓形、白色又は黄白色、稀れに一脈を有す。 花柱は稍長くして其尖端に顯著なる柱頭を有す。 本邦に於ける其分布は樺太、千島、北海道本島及び本州の北部及び中部の諸高山に亘る。

28. Tofieldia fusca Miyabe et Kudo. **くろみぜきしやう**（新稱）

花序は多少粗にして長橢圓壔狀圓壔形を呈し、花被の各片は綠色にして其上方は黑紫色又は帶黄色を帶ぶ。 蒴果は帶黑色又は帶黑紫色。 花柱は短く、柱頭は顯著ならず。 本種は始めて石狩國夕張岳に於て四田彰三、柳澤秀雄、濱名有費の三氏により採集せられたるものにして、尙本種と認定せらるべきものは信濃白馬山にも產す。

北見國利尻島利尻山頂に產するものは本種の一品種りしりぜきしやうにして、之れに *Tofieldia fusca* Miyabe et Kudo form. *rishiriensis* Miyabe et Kudo の名を附せり。 該品種は標準種より著しく小形にして花序は稠密にして橢圓形若くは殆んど球形を呈す。 其他の性質に於てはくろみぜきしやうと一樣なり。

DIE COELIDINEN JAPANS.

Von

Prof. S. MATSUMURA.

日本產「をもながよこばい」科の研究

理學博士 松村松年

Die systematische Stellung der Gattung *Coelidia* Germ. (Jassus Stål) wurde vom niemand fest gestellt. Diese Gattung war bis jetzt nur provisorisch zu der Subfamilie Jassinen gestellt, aber nach meinem Studium sollte diese in ganz neuer Subfamilie, nämlich *Coelidinen* aufgestellt werden. Die Familie Jassiden werden unter den folgenden Subfamilien geteilt :

A. Nerven an der Basis der Decken deutlich sichtbar, auf dem Corium mehr oder weniger verzweigt und durch Quernerven verbunden, Nebenaugen selten fehlend.

   I. Nebenaugen auf der Stirn zwischen den Augen, zuweilen nahe dem Scheitelrande. Der Scheitel bildet einen schmalen, fast durchaus gleichbreiten, bogigen oder winkeligen Streifen, der mit dem Vorderrande des Pronotum in seiner ganzen Breite parallel läuft, oder in welchen der winkelige Vorderrücken in der Mitte stark vordringt (*Pediopsis*) .... **Bythoscopinen.**

   II. Nebenaugen auf der Fläche des Scheitels, von den Augen und dem Scheitelrande entfernt, selten nahe dem stumpfen Vorderrande des Scheitels (*Euacanthus*), Stirn mehr oder weniger gewölbt.. **Tettigoninen.**

   III. Nebenaugen ganz nahe dem Vorderrande des Scheitels oder in einer Querfurche des Vorderrandes desselben, nach aufwärts oder nach vorn gerichtet. Kopf mehr oder weniger plattgedrückt, mit dem gewöhnlich schneidigen Vorderrande, dreieckig....... **Acocephalinen.**

   IV. Nebenaugen in der Mitte des Scheitels nahe dem Übergange zur Stirn, in der Scheitelmitte zwei nach hinten convergirenden Längskielen .... **Coelidinen.**

   V. Nebenaugen auf dem Übergange des Scheitels zur Stirn, Scheitel ohne Längskiele .... **Jassinen**

B. Nerven an der Basis der Decken undeutlich, auf dem Corium nicht verzweigt, Quernerven fehlen bis vor der Spitze, aus welchen die End-nerven entspringen, Nebenaugen selten deutlich ....Typhlocybinen.

Die *Coelidia*-Arten sind meistens aus dem Tropen bekannt, und wurden bis jetzt von niemand aus Japan beschrieben. Die folgenden neuen Arten wurden vom Verfasser selbst gesammelt und sind in seiner Sammlung aufbewahrt.

UEBERSICHT DER COELIDINEN-ARTEN JAPANS.

I. Stirn mit zwei rötlichen Längslinien.
    A. Stirn mindestens 3 mal so lang wie breit.
        a. Elytren dunkel..........................consperso Stål.
        b. Elytren gelblich.
            b′ Scutellum an der Basis runzelig granuliert..yayeyamae Mats.
            b″ Scutellum an der Basis nicht runzelig granuliert..formosana sp. n.
    B. Stirn etwa 2½ mal so lang wie breit, Scheitel gewöhnlich mit zwei röt-lichen Flecken ....ogasawarensis sp. n.
II. Stirn ohne rötliche Längslinien.
    A. Stirn mindestens 3 mal so lang wie breit........insularis sp. n.
    B. Stirn etwa 2½ mal so lang wie breit.
        a. Decknerven von der Grundfarbe ....boninensis sp. n.
        b. Decknerven dunkler als die Grundfarbe.
            b.′ Stirn mit oblongem, dunklem Ringe oder Flecke.
                y. Elytren gelblich ....nigrifrons sp. n.
                y′ Elytren schwärzlich ....virescens sp. n.
    C. Stirn etwa 2 mal so lang wie breit.
        a. Brust vorwiegend dunkel ....fuscovenosa sp. n.
        b. Brust vorwiegend blassgelblich ....satsumensis sp. n.

GATTUNG COELIDIA GERM.

Germar, Mag. Ent. 4, p. 75 (1821).

1. Coelidia conspersa Stål.

Coelidia sparsa Stål, Öfvers. Vet-Ak. Förh. p. 254 (1854);

Freg. Eug. resa, Ins., p. 290 (1859).

Jassus conspersus Stål, Öfvers, Vet-Ak. Förh. p. 735 (1870).

Jassus conspersus Spangberg, Öfvers, Vet-Ak. Förh. p. 25 (1878).

Fundort : Formosa (Hoppo, Shinko, Shinsha, Shoka) ; zahlreiche Exemplare in meiner Sammlung.

Sonstige Fundorte : Philippinen, Singapor.

2. **Coelidia yayeyamae** Mats.

Coelidia yayeyamae Mats. ♂ 1000 Ins. Jap. Addit. vol. 1. p. 65 (1913).

Hellbräunlichgelb. Scheitel vorn deutlich breiter als am Hinterrande, nahe dem Übergange zur Stirn mit zwei schwarzen Ocellen. Stirn dreimal so lang wie in der Mitte breit, jederseits mit einem gelbrötlichen Längsstreifen. Clypeus an der Spitze stark erweitert, am Spitzenrande kaum ausgerandet. Pronotum hinter jedem Auge dunkel gefleckt, am Hinterrande dunkel, gelblich granuliert. Scutellum an der Basis runzelig, in der Mitte mit zwei dunklen Flecken, auf welchen einige gelbliche Körnchen sichtbar sind. Elytren gegen die Spitze hin undeutlich gelblich marmoriert, und die Nerven undeutlich gelblich checkiert. Mittelbrust an den Seiten je mit einem dunklen Flecke. Unterseite und Beine tiefgelb, Bauch hellgelb, Abdomen am Rücken und letztes Bauchsegment die Basis ausgenommen schwarz. Hintertibien an den Spitzen und die sämtlichen Klauen dunkelbraun.

Die Dornbasis der Hintertibien dunkel gefleckt.

♂ Genitalplatten lang, linienförmig, an der Innenseite bräunlich, nahe der Spitze etwas eingeengt, an der Spitze abgerundet.

Länge : ♂ 8 mm.

Fundort : Okinawa (Yayeyama); gesammelt in einem Exemplare von Herrn K. Kuroiwa.

3. **Coelidia formosana** sp. n.

Coelidia yayeyamae Mats. ♀ Thousand Ins. Jap. Addit. vol. 1. p. 65, pl. VIII, fig. 17 (1913).

Der Färbung nach C. yayeyamae m. sehr ähnlich, unterscheidet sich aber wie folgt :

Stirn deutlich länger, an jeder Seite tiefer rötlich gefärbt und mit einer Reihe von seichten Querfurchen. Pronotum stark granuliert und dunkel punktiert. Scutellum selten in der Mitte mit zwei bräunlichen Punkten, nicht granuliert. Elytren beim ♂ einfarbig tiefgelb, beim ♀ blassgelblich marmoriert und die Nerven nur beim ♀ stark weisslich checkiert, beim ♂ am Costalrande nahe der Spitze mit einem undeutlichen gelbbräunlichen Fleckchen. Unterseite und Beine blassgelblich, die Hintertibien je an der Spitze nicht verbräunt und die Dornbasis nicht dunkel gefleckt.

♂ Genitalplatten viel schmäler an der Spitze und etwas länger.

♀ Letztes Bauchsegment etwa 2 mal so lang wie das vorhergehende, in der Mitte dunkel gefleckt, am Hinterrande etwas vorragend, sodass an jede Seite etwas ausgerandet. Legescheide lang, an der Spitze dunkel.

Länge : ♂ 8–9 mm., ♀ 11 mm.

Fundort : Formosa (Koshun) ; gesammelt in zahlreichen Exemplaren vom Verfasser.

4. Coelidia boninensis sp. n.

Hellbräunlichgelb. Scheitel, Gesicht, Unterseite und Beine gelblich. Scheitel kurz, am Vorderrande deutlich breiter als am Hinterrande zwischen den Längskielen. Stirn etwa 2 ¼ mal so lang wie breit, an den Seiten etwa tiefer in der Färbung, mit einer Reihe von undeutlichen, kurzen Querfurchen. Antennalborste kurz, fast die Mittelcoxen erreichend, bräunlich, an der Basis gelblich. Clypeus in der Mitte mit einem Längskiel, an der Spitze stark erweitert, und in der Mitte des Spitzenrandes etwas ausgerandet. Pronotum gelblich granuliert und deutlich querrunzelig. Scutellum nicht granuliert, an den Seiten undeutlich fein runzelig. Elytren beim ♂ einfarbig hellbräunlichgelb, beim ♀ gelblichbraun, die Nerven undeutlich fein granuliert. Mittelbrust in der Mitte, Hinterbrust an den Seiten je dunkel gefleckt. Klauen dunkelbraun.

♂ Genitalplatten lang, linienförmig, in der Mitte mit einer Längsfurche, an der Spitze fast gerade abgestutzt.

♀ Letztes Bauchsegment fast 2 mal so lang wie das vorhergehende, am Hinterrande etwas vorragend, sodass an jeder Seite schwach ausgerandet. Legescheide an der Spitze kaum verbräunt.

Länge : ♂ 6 mm., ♀ 7.5 mm.

Fundort : Bonin Insel (Ogasawarajima) ; zahlreiche Exemplare gesammelt vom Verfasser.

5. Coelidia ogasawarensis sp. n.

Hellbräunlichgelb. Scheitel in der Mitte mit zwei rötlichen Flecken, am Hinterrande hinter jedem Auge, sowie auch die Umgebung des Auges rötlich. Stirn mehr als 2 mal so lang wie in der Mitte breit, mit 2 rötlichen Längslinien, die Seitenränder je unter der Antenne dunkelbraun. Clypeus an der Basis und ein Mittellängsstreif rötlich, in der Mitte der Länge nach schwach gekielt, an der Spitze stark erweitert, am Spitzenrande flach ausgerandet. Antennalborste dunkelbraun, die Clypeusspitze überragend. Pronotum in der Mitte dunkel gefleckt, spärlich fein granuliert, jedes Körnchen mit einem sehr kurzen blassgelblichen Härchen.

Scutellum in der Mitte mit 2 undeutlichen, bräunlichen Längsflecken. Elytren einfarbig hellbräunlichgelb, undeutlich fein granuliert. Brust dunkel gefleckt. Beine von der Grundfarbe, Hintertibien an den Spitzen bräunlich, die sämtlichen Klauen dunkel.

♂ Genitalplatten blassgelblich, lang, nahe der Mitte die Seitenränder aufwärts umgeschlagen und viel schmäler werden, an der Spitze etwas erweitert und fast gerade abgestutzt.

Länge: ♂ 6 mm.

Fundort: Bonin Insel (Ogasawarajima); zwei ♀ Exemplare in meiner Sammlung.

6. Coelidia fuscovenosa sp. n.

Der Form nach *C. boninensis* sehr ähnlich, unterscheidet sich aber in den folgenden Charakteren:

♂ Antennelborste 2 mal so lang wie bei *boninensis*, gelblich, nur nahe der Mitte gelbbräunlich. Frons gelbbräunlich, an jeder Seite mit einer Reihe von gelblichen und dunklen Querfleckchen. Clypeus und Lorae gelblichbraun, das letztere an der Spitze nur wenig erweitert und abgestutzt, in der Mitte ohne Längskiel. Antennalgelenkhöhle und Wangen vorwiegend dunkelbraun. Pronotum dunkelbraun, gelblich stark granuliert, Scutellum bräunlich gefleckt. Elytren an der Spitze dunkel; die Nerven vorwiegend dunkel, nur die Nerven auf dem Clavus heller, nahe der Spitze mit einem gelblichen Querwellenstreifen, Stigma und ein Fleck am Hinterrande nahe der Spitze, sowie auch Costa vor der Basis bis über die Mitte dunkel. Hinterflügel dunkel angeraucht. Unterseite und Abdominalrücken vorwiegend dunkel, die Segmentränder je am Hinterrande gelblich. Beine gelblich, Hintertibien je an der Spitze und 2 Mitteltarsenglieder der Hintertibien bräunlich, Schenkel je mit einer dunklen Längslinie. Beim ♀ fast wie bei *boninensis*, aber etwas länger und dunkler gefärbt, die Nerven der Elytren vorwiegend dunkelbraun. Bei einem ♀ Exemplare Unterseite wie beim ♂ vorwiegend dunkel.

♂ Genitalplatten dunkel, an der Basis gelblich, sehr lang, linienförmig, der Länge nach gekielt, an den Seiten weisslich lang behaart, an der Spitze sehr schmal zugespitzt.

♀ Letztes Bauchsegment an den Seiten etwas tiefer ausgerandet; Legescheide etwas länger, die Scheidenpolster überragend.

Länge: ♂ 6 mm., ♀ 7.5 mm.

Fundort: Bonin Insel (Ogasawarajima); zahlreiche Exemplare in meiner Sammlung.

7. Coelidia nigrifrons sp. n.

Hellbräunlichgelb. Scheitel am Hinterrande zwischen den Längskielen fast ♂

so breit wie am Vorderrande, Frons und die Basis des Clypeus schwarz, der
erstere in der Mitte der Länge nach gelblich. Antennalborste kurz, kaum die
Clypeusspitze erreichend, in der Mitte etwas verbräunt. Pronotum dunkelbraun,
gelblich granuliert, an den Seiten gelblich, mit einem dunklen Flecke, Scutellum
nahe der Basis in einer Querreihe mit 4 dunklen Flecken. Elytren gelblich-
braun, beim ♀ Stigma, ein Fleck am Hinterrande nahe der Spitze, und ein Bogen-
fleck nahe der Spitze des Clavus, blassgelblich, die Nerven des Coriums dunkel,
die Costa vor der Basis bis über die Mitte und auch Bogenrand dunkel. Brust
vorwiegend schwärzlich gefleckt. Abdominalrücken schwarz, jedes Segment am
Hinterrande gelblich. Bauch gelblich, in der Mitte der Länge nach schwarz.
Beine hellbräunlichgelb, Schenkel je mit einem undeutlichen, bräunlichen Längs-
streifen. Hintertibien je an der Spitze etwas verbräunt.

　　♂ Genitalplatten schmal, linienförmig, in der Mitte der Länge nach flach
ausgefurcht, schwarz, an der Basis gelblich, ein Mittelfleck und die beiden Seiten
des Spitzendrittels blassgelblich, bei einem Exemplare ohne solchen Flecke, an
der Spitze schief abgestutzt, weissgelblich kurz behaart.

　　♀ Letztes Bauchsegment schwarz, 3 mal so lang wie das vorhergehende, am
Rande gelblich, am Hinterrande in der Mitte etwas vorragend, und an den
Seiten etwas ausgerandet. Scheidenpolster gelblich, Legescheide dunkelbraun,
etwa ⅓ der ganzen Länge die Scheidenpolster überragend.

　　Länge: ♂ 7 mm., ♀ 8 mm.

　　Fundort: Bonin Insel (Ogasawarajima); 4(3 ♂, 1 ♀) Exemplare gesammelt
　　　　vom Verfasser.

8. Coelidia virescens sp. n.

Schwarz, grünlich einspielend. Scheitel gelb, vorn deutlich breiter als am
Hinterrande. Gesicht beim ♂ schwarz, in der Mitte des Frons schwach aus-
gehöhlt, Wangen je an der Basis der Antenen und an der Spitze, sowie auch Lora
an der Aussenseite gelblich, Clypeus an der Spitze und an den Seiten, sowie auch
in der Mitte der Länge nach, gelblich; Clypeus in der Mitte niedrieg kurz
gekielt, welcher den Vorderrand nicht erreicht, an der Spitze breit erweitert, am
Spitzenrande kaum ausgerandet, kurz blassgelblich behaart. Antenen bräunlich,
Antennalborste gelblich, mässig lang, über die Spitze des Clypeus reichend, in der
Mitte etwas verbräunt, beim ♀ Gesicht gelblich, Frons mit einem dunklen, oblongen
Längsflecke. Pronotum blassgelblich, fein granuliert, jede kurz blassgelblich behaart.
Scutellum kurz weisslich spärlich behaart, an den Schenkelrändern schmal hellbräun-
lichgelb, beim ♀ in der Mitte mit gelblichen Fleckchen. Elytren bräunlich, die

Nerven schwärzlich, grünlich einspielend. Brust an den Gelenkrändern gelblich. Bauch gelblich, Genitalsegment schwärzlich. Beine hellbräunlichgelb, Schenkel je mit einem bräunlichen Längsstreifen, Hintertibien mit einem schwarzgrünlichen Längsstreifen, die Spitze und die Metatarsi je an der Spitze dunkelbraun.

♂ Genitalplatten lang, schwarz, an der Spitze und der Basis gelblich, die Spitze von oben gesehen schmal zugespitzt.

♀ Letztes Bauchsegment 1½ mal so lang wie das vorhergehende, schwärzlich, in der Mitte und an den Seiten gelblich, am Hinterrande stumpfwinkelig vorragend, an jeder Seite schwach winkelig ausgerandet; Legescheide lang, die Scheidenpolster stark überragend.

Länge: ♂ 6.5 mm., ♀ 8 mm.

Fundort: Bonin Insel (Ogasawarajima); 2 (1 ♂, 1 ♀) Exemplare in meiner Sammlung.

9. Coelida satsumensis sp. n.

Hellbräunlichgelb. Scheitel jederseits der Länge nach schwach ausgefurcht, fein längsnadelrissig, weissgelblich undeutlich gefleckt. Antennalborste lang, die Hintercoxen erreichend, Gelenkhöhle der Antennen bräunlich. Stirn 2 mal so lang wie in der Mitte breit, in der Mitte mit einem weissgelblichen Flecke, beim ♀ an den Seiten je mit einer Reihe von dunklen Querstreifen. Clypeus an der Basis heller, an der Spitze deutlich erweitert, am Spitzenrande flach abgerundet, beim ♀ nahe der Spitze an der Basis je mit zwei dunklen Fleckchen. Pronotum undeutlich granuliert, ohne Härchen. Scutellum in der Mitte mit einer bräunlichen Bogenquerfurche. Elytren hellbräunlichgelb, beim ♂ die Nerven von der Grundfarbe, nur die Gegend der Quernerven dunkelbraun, Stigma und ein Fleck am Hinterrande nahe der Spitze dunkelbraun, die Brachialzellen kaum bräunlich ausgefüllt, beim ♂ die Nerven vorwiegend dunkelbraun, die Zellen mit gelblichen Fleckchen gesprenkelt, die Basis der ersten Brachialzelle und die Mitte der inneren Clavuszelle dunkel, die Elytrenbasis und die zweite Brachialzelle dunkel gefleckt. Ein Fleck vor dem Stigma weisslich oder weisslichgelb, nahe der Spitze mit einer bräunlichen Bogenbinde; bei einem ♀ Exemplare die Elytren fast gleich gefleckt wie beim ♂. Hinterflügel dunkel. Unterseite beim ♀ weisslichgelb, Brust an den Seiten bräunlich gefleckt, beim ♂ Abdomen vorwiegend dunkel. Beine gelblich, Coxen bräunlich oder bräunlich gefleckt, Hinterschenkel je an der Basis mit einem bräunlichen Längsstreifen, an der Spitze innerseits mit einer bräunlichen Erhebung versehen; Hintertibien je mit einem bräunlichen Längsstreifen, an der Spitze dunkel gefärbt.

♂ Genitalplatten gelblichbraun, lang, linienförmig, gegen die Spitze hin allmählig verschmälert, in der Mitte der Länge nach ausgefurcht, mit langen weisslichen Härchen.

♀ Letztes Bauchsegment 3 mal so lang wie das vorhergehende, vorwiegend dunkel, an den Seiten gelblich. Legescheide dunkelbraun, ziemlich stark die Scheidenpolster überragend.

Länge: ♂ 6.5 mm., ♀ 7.2 mm.

Fundorte: Kiushu (Satsuma); Insel Hachijo, Formosa (Kaushirei, Shushu); zahlreiche Exemplare in meiner Sammlung.

10. Coelidia insularis sp. n.

♀ Hellbräunlichgelb. Scheitel jederseits der Länge nach etwas ausgefurcht. Stirn etwa 3 mal so lang wie in der Mitte breit, in der Mitte der Länge nach etwas verdunkelt. Clypeus an der Spitze stark erweitert und am Spitzenrande flach abgerundet. Antennalborste gelblich, in der Mitte kaum verbräunt, die Mittelcoxen überragend. Pronotum und Scutellum schwarz, das erstere schmutzigelb granuliert, die Körnchen je mit einem gelblichen Härchen und das letztere in der Mitte mit einer breiten Querfurchen versehen, die Schenkelränder vorwiegend gelblich. Elytren gelblichbraun, an der Spitze dunkler, etwas grünlich einspielend, die Nerven dunkel, am Hinterrande nahe der Clavusspitze und am Costalrande in der Gegend des Stigma je mit einem gelblichen Fleckchen, von welchen der letztere viel grösser ist als der erstere. Mesopleurae und Mesosternum dunkel, Abdominalrücken dunkel, jedes Segment an Hinterrande gelblich.

Letztes Bauchsegment 2 mal so lang wie das vorhergehende, an der Basis dunkel, am Hinterrande in der Mitte etwas vorragend, an jeder Seite schwach ausgerandet.

Länge: ♀ 8.5 mm.

Fundort: Bonin Insel (Ogasawarajima); 2 ♀ Exemplare gesammelt vom Verfasser.

Der Form nach *C. nigrifrons* m. sehr ähnlich.

var. lineatofrons n.

Stirn in der Mitte mit einem dunklen Längsstreifen. Elytren in der Gegend des Stigma ohne gelblichen Fleck, und nur als ein sehr kleines gelbliches Fleckchen angedeutet.

Fundort: Bonin Insel (Ogasawarajima); gesammelt in einem ♀ Exemplare vom Verfasser.

摘　要

をもながよこばい屬 (Coelidia) ノ地位ハ從來浮塵子亞科 (Jassinae) ニ編入シ來リタレドモ、余ノ研究ニヨレハ全ク別亞科ヲ設クルノ必要アルヲ認メテ新亞科ヲ設ケタリ。

よこばい亞科トをもながよこばい亞科ノ最モ異ナル所ハ後者ノ單眼ハ前頭ノ中央ニ位シ、二個ノ縱隆アリテ、之レハ後方ニ至リテ稍々相近接ス、顏ハ長シ。

今浮塵子科ヲ分類セハ左ノ如シ。

(A) 前翅ノ翅底ニアル脈ハ列然シ單眼ヲ有スルモノ。(稀ニ單眼ヲ缺クモノアリ)。

(I) 單眼ハ顏ノ上方ニ位ス、顏ハ狹テ前胸骨ノ前緣ト相並行ス。尤モ三角形ナリテ突出スルモノアリ ……………………………………づきんよとばい亞科
Bythoscopinae.

(II) 單眼ハ頭頂ニ位シ、顏ハ多少隆起シ、兩側ニ小横溝列アリ ………おほよこばい亞科
Tettigoninae.

(III) 單眼ハ顏ノ前緣ニアル横溝內ノ兩端ニ位シ、體ノ扁平ナルモノ多シ…さじよこばい亞科
Acocephalinae.

(IV) 單眼ハ前頭ノ中央ニ位シ、兩側ニ各一縱隆ヲ具ヘ之レハ接線ニ至リテ稍々相近接ス ……………………………………をもながよこばい亞科
Coelidinae.

(V) 單眼ハ前頭ノ兩側ニ位シ、縱隆起ヲ有セズ…………………………よこばい亞科
Jassinae.

(B) 前翅ノ翅底ニアル脈ハ列然セズ、單眼ヲ缺ク、(稀ニ單眼ヲ有スルモノアリ)…………………………………………ひめよとばい亞科
Typhlocybinae.

元來をもながよこばいハ、從來熱帶若シクハ半熱帶地方ニ發見セラタルモノニシテ、未ダ本邦ノ領土ヨリ之レヲ記載セルモノナシ。　今本邦ニ產スルモノヲ擧グレハ、左ノ十一種ニシテ、小笠原島ニ產スルモノ六種アリ。

1. Coelidia conspersa Stål …………………………… 臺灣、フキリピン、シンガボール
くろをもながよとばい

2. 〃 yayeyamae Mats ……………………………………… 八重山
やえやまをもながよとばい

3. 〃 formosana sp. n. ……………………………………… 臺灣
たいわんをもながよとばい

(25. Feb. 1914).

UEBER DIE WIRKUNG VON SÄUREN, ALKALIEN UND EINIGER ALKALI SALZE AUF DEM WACHSTUM DER REISPFLANZEN.

Von

K. MIYAKE.

酸、アルカリー、アルカリー鹽類の水稻の
生長に及ぼす影響

三 宅 康 次

Der Zweck dieser Versuche ist zu sehen, inwieweit die Reispflanzen durch einige Säuren, Alkalien und alkali Salze beeinflusst werden, um die geringste Konzentration jeder Verbindungen, durch welche die Pflanzen (ohne andere Stoffe) bereits abgetötet werden, und anderseits die höchste Konzentration, die von den Pflanzen noch ohne Schaden vertragen wird, zu bestimmen.

Die Versuche wurden in Form von Wasserkulturen ausgeführt, mit fast gleichgrossen Keimlingen (ca. 25 mm. lang). Von Säuren wurden geprüft: H_2SO_4, HCl in Konzentrationen von $\frac{1}{10}$ bis $\frac{1}{20000}$ normal. Von Alkalien benutzte man KOH, NaOH in Stärken von $\frac{1}{10}$ bis $\frac{1}{1000}$ normal, während als Salze gleich starke Lösungen von KCl, K_2SO_4, NaCl und Na_2SO_4 geprüft wurden.

Es wurden 57 Becher—Glassbecher von 7 cm. Höhe und 5.5 cm. Durchmesser— mit 30 cc. verschieden starken Lösungen jeder Verbindung gefüllt und in welche, am 6 Juni 1913, fünf Reispflanzenkeimlinge gelegt wurden. Als Kontrollmaterial dienten ebensolche Keimlinge, die sich aber in destilliertem Wasser befanden. Nach 15 Tagen wurden sie gemessen. Die Messungen wurden bis zu 1 mm. ausgeführt. Folgende Zahlen ergaben das Resultat derselben.

Verbind- ungen.		Lösung.														
		$\frac{1}{10}$ N.	$\frac{1}{20}$ N.	$\frac{1}{40}$ N.	$\frac{1}{80}$ N.	$\frac{1}{100}$ N.	$\frac{1}{200}$ N.	$\frac{1}{400}$ N.	$\frac{1}{500}$ N.	$\frac{1}{800}$ N.	$\frac{1}{1000}$ N.	$\frac{1}{1500}$ N.	$\frac{1}{2000}$ N.	$\frac{1}{2500}$ N.	Dist. Water
H_2SO_4	Blätterlänge mm.	Absterben	Absterben	Absterben	Absterben	32	43	57	51	57	65	63	65	70	63	60	60
	Wurzellänge mm.					20	20	20	18	40	38	42	48	55	50	43	40
	Wurzelzahl.					1	1	1	1	4*	4	5	5	7	5	5	5

HCl	Blätterlänge mm	Absterben	Absterben	Absterben	Absterben	33	40	43	48	50	58	60	68	60	64	65	60
	Wurzellänge mm.					27	20	20	28	25	43	42	40	40	40	40	40
	Wurzelzahl.					1	1	1	1	5*	5	5	5	5	5	5	5
NaOH	Blätterlänge mm.	Absterben	Absterben	40	57	62	63	68	65	63	65	62	—	—	—	—	60
	Wurzellänge mm.			15	28	40	45	50	45	55	50	40	—	—	—	—	40
	Wurzelzahl.			1	4*	4	4	5	5	5	5	5	—	—	—	—	5
KOH	Blätterlänge mm	Absterben	Absterben	40	61	65	63	70	65	68	65	63	—	—	—	—	60
	Wurzellänge mm			25	40	60	60	55	60	60	50	40	—	—	—	—	40
	Wurzelzahl.			1	5*	5	5	6	5	5	5	5	—	—	—	—	5
Na_2SO_4	Blätterlänge mm.	41	45	50	63	68	65	62	65	62	62	60	—	—	—	—	60
	Wurzellänge mm.	29	35	35	40	45	45	42	45	45	45	40	—	—	—	—	40
	Wurzelzahl.	1	1	3*	5	6	5	5	5	5	5	5	—	—	—	—	5
NaCl	Blätterlänge mm.	40	48	58	65	68	65	61	63	65	62	67	—	—	—	—	60
	Wurzellänge mm	28	32	40	40	62	55	43	57	55	57	53	—	—	—	—	40
	Wurzelzahl.	1	1	3*	5	5	5	6	5	5	5	5	—	—	—	—	5
K_2SO_4	Blätterlänge mm.	45	55	65	70	75	70	67	68	67	68	67	—	—	—	—	60
	Wurzellänge mm.	23	40	40	50	60	60	52	43	50	50	55	—	—	—	—	40
	Wurzelzahl.	1	3*	4	5	6	5	5	6	5	5	6	—	—	—	—	5
KCl	Blätterlänge mm.	45	50	68	72	73	70	70	70	68	70	70	—	—	—	—	60
	Wurzellänge mm.	29	35	45	60	60	60	50	68	55	50	40	—	—	—	—	40
	Wurzelzahl.	1	1	5	5	5	5	6	5	5	5	5	—	—	—	—	5

Vergleicht man nun zuerst die geringsten Konzentrationen, bei denen die Pflanzen absterben, so ergab sich nachstehendes. Für H_2SO_4 und HCl ist die geringste absterbende Konzentration $\frac{1}{100}$ normal, geringer als diejenige des Alkalis und bedeutend kleiner, als die geringste Konzentration des Salzes. Etwas anderes lautet das Resultat für NaOH und KOH, wobei die abtötende Konzentration $\frac{1}{20}$ normal ist. Die Konzentration des untersuchten Salzes, die zur Abtötung der Pflanzen ausreicht, erweist sich grösser als $\frac{1}{10}$ normal und die Salze sind in allen Fällen nicht giftiger als Säuren und Alkalien.

Betrachtet man zunächst die höchsten Konzentrationen, die von den Pflanzen noch ohne Schaden vertragen wurden, so zeigt die Tabelle an, dass hier die Pflanzen Säuren gegenüber viel empfindlicher sind, als Alkalien und Salzen, dabei wirken Säuren schon in Konzentration von $\frac{1}{5000}$ normal giftig. Für NaOH und KOH ist die höchste unschädliche Konzentration $\frac{1}{200}$ normal. NaOH und KOH sind bei der Lösung von gleich Konzentration ganz gleich dissoziert, daher enthält die NaOH Lösung ganz ebensoviel OH-Ionen, wie die

---

* Nur ein Wurzel war gut entwickelt.

KOH Lösung bei gleicher Konzentration. Trotzdem ist das Wachstum der Keim-
linge in der KOH Lösung grösser als in der NaOH Lösung, wie aus der Tabelle
ersichtlist ist, infolgedessen muss K-Ion günstiger auf das Wachstum der Pflanzen
ein wirken als Na-Ion. Von den höchsten unschädlichen Konzentration der vier
untersuchten Salzen steht das Na-Salz an $\frac{1}{100}$ normal und K-Salz an $\frac{1}{50}$ normal.
Na-Salze wirkt giftiger für die Pflanzen als K-Salze. Na-und K-Salze sind bei
gleicher normal Lösung gleich dissoziert, daher enthält die Na-Salzlösung
ebensoviel Na-Ionen, wie die K-Salzlösung K-Ione. Ohwohl, Na-Salz viel
gigtiger ist als K-Salz, so muss Na-Ion für die Pflanzen giftiger sein als K-Ion.
Dieses Ergebniss stimmt mit den schon früher gemachten alkalischen Resultaten
überein.

Auch ist ersichtlich, dass kleine Mengen dieser untersuchten Verbindungen
die Eigenschaft besitzen das Wachstums zu beschleunigen, denn das Wachstum
der Pflanzen in dieser verdünnten Substanzlösung ist grosser als das der Kontroll
Pflanzen, wie obige Tabelle ergibt.

H_2SO_4, Na_2SO_4 und K_2SO_4 sind bei gleich verdünnter normal Lösung fast
gleich dissoziert, daher enthält die H_2SO_4 Lösung ebensoviel H-Ionen, wie die
Na_2SO_4 und K_2SO_4 Lösung bei gleicher Konzentration Na-und K-Ionen. HCl,
NaCl und KCl stehen auch in ganz ähnlichem Verhältnis wie H_2SO_4 zu Sulfat.
Da H_2SO_4 und HCl viel giftiger ist als Sulfat und Chlorid von Na und K, so
muss H-Ion für die Pflanzen giftiger wirken als Na-und K-Ion.

Ferner ist bei gleich verdünnter normal Lösung der Dissoziationsgrad für
KOH, K_2SO_4 und KCl oder NaOH, Na_2SO_4 und NaCl fast gleich; die Kationen
sind dieselben, und in gleich normalen Lösungen sind fast ebenso viele negative
Ionen vorhanden; Trotzdem werden die beiden Kali oder Natron Salz an Giftig-
keit vom KOH oder NaOH übertroffen, so dass das OH-Ion giftiger sein muss
als die Ionen SO_4'' und Cl'.

Ein ähnlicher Giftigkeitsvergleich H-Ion und OH-Ion ist durch die Ungleich-
heit der zweiten Ionen nicht möglich. Der Unterschied der Wirkung des KOH
oder NaOH und der fast ebenso dissozierten H_2SO_4 oder HCl wird zum Teil
auf das Vorhandensein der K-oder Na-Ion im ersten Falle und der SO_4''-oder
Cl'-Ion im zweiten Falle zurückgeführt. Auf Grund der grösseren Giftigkeit der
H_2SO_4 oder HCl im Vergleich zum KOH oder NaOH kann man daher nur mit
einiger Wahrscheinlichkeit schliessen, dass das H-Ion sehr giftiger für die
Pflanzen ist, als OH-Ion.

摘　　要

本報文は酸、アルカリー及びアルカリー鹽類の水稻の生育に及ぼす影響に就て行ひたる實驗の成績なり。

試驗は水耕法により供試化合物の濃度を異にせる溶液三〇瓲を深さ七糎直徑五、五糎のビーカーに盛り之れに二十五粍の長さを有する幼苗五本を移入し蒸發水量は時々蒸溜水を以て補給し其の濃度をして可成變化なからしめ以て培養を試みたり。今供試化合物の種類及び濃度を上ると

酸…………硫酸、鹽酸 …………十分の一より二萬分の一ノルマル

アルカリー…………苛性曹達、苛性加里 …十分の一より一萬分の一ノルマル

アルカリー鹽類 …{硫酸曹達、鹽化曹達／硫酸加里、鹽化加里}…十分の一より一萬分の一ノルマル

各溶液に於ける生長の度合は移入後十五日にして著しき徑庭を生じたるを以て同日測尺を行ひ以て是等化合物の水稻の生育に及す影響如何を考察し以て左の如き結果を得たり。

第一、水稻の枯死を踰すべき濃度は硫酸鹽酸共に百分の一ノルマル、アルカリーにありては各二十分の一ノルマルなり、鹽類の枯死を踰すべき濃度は十分の一ノルマル以上にして本試驗に際し使用せる濃度に於ては一つも枯死を踰せしものなし。

第二、水稻の生育を阻害すべき濃度の最少限は酸に於ては五千分の一、アルカリーに於ては百分の一ノルマルなり、鹽類に於ては加里鹽に比し曹達鹽の有害作用較々著しく前者は二十分の一ノルマルにして其の生育を害するも後者は既に五十分の一ノルマルに於て有害作用を表はす。

第三、アルカリー並に鹽類共に曹達化合物は加里化合物に比し其の有害作用強し、之れ曹達イオンの加里イオンに比し其の有害程度高きを證するものなり。

第四、同一濃度に於ける硫酸、硫酸曹達、硫酸加里若くは鹽酸、鹽化曹達、鹽化

加里の溶液は殆んど其の解離度相等しと雖ども其の有害作用は硫酸並に鹽酸の加里並に曹達化合物に比し著しく強大なるを見る、之れ水素イオンは加里並に曹達イオンに比し其の有害作用著しきを表はすものなり。

第五、同一濃度に於ける苛性加里、鹽化加里、硫酸加里若くは苛性曹達、鹽化曹達、硫酸曹達の溶液は亦其の解離度殆んど同一なるにも係らず其の有害作用はアルカリーに於て大にして鹽類に於て小なり、之れ硫酸並に鹽素イオンに比し水酸イオンの有害作用著しきを證するものなり。

第六、水素イオン並に水酸イオンの有害程度は直接に之れを比較し能はずと雖どもアルカリーと酸との同一濃度に於ける溶液を比較考察せば吾人は水素イオンの水酸イオンに比し遙かに其の有害作用の著しきを斷定し得べし即ち前述せしが如く水酸イオンは鹽素並に硫酸イオンより有害にして水素イオンは曹達並に加里イオンに比し有害なり然るに酸の有害作用はアルカリーに比し著しく強大なり、之れ水素イオンの水酸イオンに比し有害作用の著しきが為めなればなり。

第七、孰れの供試化合物も其の分量にして多量なるときは有害作用を呈するも其の分量にして少量なるときは反て其の生育を刺戟旺盛ならしむるものなり。

UNTERSUCHUNGEN ÜBER DIE ASCHEN DER KOLOSTRUMMILICH, MIT BESONDERER BERÜCKSICHTIGUNG DER MENGE UND ZUSAMMENSETZUNG DERSELBEN BIS ZUM 2. TAGE NACH DEM KALBEN.

Von

M. Sato, *Nogakushi*.

初 乳 の 灰 成 分 に 關 す る 研 究

農 學 士 里 正 義

Unter Kolostrum- oder Biestmilch versteht man das von der Kuh kurz vor oder nach dem Kalben ausgeschiedene Sekret, das in physikalischer und chemischer Beziehung sich von der Milch der übrigen Laktationszeit unterscheidet. So ist ohne Zweifel die Zusammensetzung der Aschenbestandteile des Kolostrums eine andere als die der Milchasche. Ein nochmaliges Studium dieser Frage wäre nun nicht ohne Interesse; besonders, da bis jetzt auf dem milchwirtschaftlichen Gebiete nur wenige Arbeiten vorliegen, die die Zusammensetzung der Aschen des Kolostrums kurz nach dem Kalben in spezielle Berücksichtigung ziehen. Folgende Zusammensetzungen der Rohaschen der Kolstrummilch wurden von verschiedenen Forschern gemacht.

	Eugling.[1]	Schrot u. Hansen.[2]	Krüger.[3]
Kaliumoxyd	7,23%	17,40%	7,742%
Natriumoxyd	5,72	10,10	6,020
Calciumoxyd	34,83	22,90	26,834
Magnesiumoxyd......................	2,05	6,88	6,152
Eisensesquioxyd	0,52	0,42	—
Schwefelsäureanhydrid	0,16	2,82	0,836
Phosphorsäureanhydrid	41,43	34,30	44,822
Chlor	11,25	6,85	—
Rest	—	—	7,274
Summa	103,22%	101,75%	100,00%
Ab Sauerstoff für Chlor	3,22	1,55	—
	100,00%	100,21%	—

1) Eugling, Bericht der Versuchs-Station 1875–77, S. 33.
2) Landw. Vers. Stat. 1885, Band 31, S. 75.
3) Krüger, Milch-Zeitg. 1892, S. 189

Schrot und Hansen benutzten die gleich nach dem Kalben gewonennen Kolostrummilch einer 3 jährigen Kuh und Krüger gebrauchte 4 Kolostrummilchproben. Trunz[1] hat in neuerer Zeit durch die ganze Laktationsperiode hindurch Untersuchungen angestellt und die Zusammensetzung der Kolostrumrohaschen kurz nach dem Kalbem folgendermassen angegeben:

	Am Tage des Kalbens.		24 Stunden nach dem Kalben.	
	Aun I	Kun II	Kuh I	Kuh II
Aschenmenge...............	1,032%	0,717%	0,823%	0,705%
Kaliumoxyd	16,15%	17,98%	22,91%	22,27%
Natriumoxyd................	11,75%	7,84%	8,50%	7,16%
Calciumoxyd	24,53%	23,14%	25,31%	24,35%
Magnesiumoxyd	4,52%	5,27%	2,63%	3,87%
Eisensesquioxyd	0,39%	0,28%	0,41%	0,32%
Schwefelsäureanhydrid	1,00%	2,45%	1,44%	1,19%
Phosphorsäureanhydrid	23,37%	33,19%	29,67%	30,82%
Chlor	14,17%	12,03%	11,54%	12,93%
Summa	101,23%	102,72%	102,56%	102,93%
Ab O, dem Cl entsprechend..	1,23%	2,72%	2,56%	2,93%
	100,00%	100,00%	100,90%	100,00%

Dies sind, so weit sie mir bekannt sind, die bis jetzt veröffentlichten wichtigsten Untersuchungen über Kuhkolostrumasche.

Wenn man nun die einzelnen Resultate genau vergleicht, so findet man, dass dieselben nicht ganz übereinstimmen, indem bei denselben Bestandteilen je nach den Autoren immer ziemlich grosse Gehaltunterschiede vorkommen. So zeigt sich das Verhältnis vom Kaliumoxyd zum Natriumoxyd in den Untersuchungen von Engling und Krüger wie 1,2 : 1. Der Alkaligehalt ist also nach beiden sehr gering, während nach Schrot und Trunz derselbe weit grösser ist und fast so hoch erscheint wie der der normalen Milch.

Das Verhältnis beträgt am Tage des Kalbens schon 1,7 : 1 und nach Trunz 24 Stunden nach dem Kalben sogar 2,9 : 1.

Die anderen Bestandteile weichen ihrem Gewichte nach auch von einander ab. Der Gehalt an Calciumoxyd ist fast gleich nach den 3 genannten Autoren, nur Engling gibt 34,85% an. Für Phosphorsäure und Schwefelsäure sind die Werte ganz verschieden. Engling und Krüger fanden einen ziemlich hohen Gehalt an Phosphorsäure, dagegen einen sehr niedrigen an Schwefelsäure, während dies Verhältnis bei den beiden anderen gerade umgekehrt ist.

Ferner findet man auch auffallend wenig Chlor bei Schrot und Krüger, nach den übrigen Autoren beträgt der Gehalt an Chlor soviel wie der in der normalen

---

1) Zeitschr. f. physiol. Chemie 40, 1903, S. 303–304.

Milch. Merkwürdig ist es, dass das abführend wirkende Magnesiumoxyd nach Engling in ebenso geringen Mengen vorkommt wie in der normalen Milch.

Dies ist der Grund, weshalb mir eine nochmalige genaue Untersuchung der Kolostrumilch angezeigt erschien. Zu diesem Zwecke prüfte ich 11 Milchproben, die von 6 Kühen im Rassenstalle unseres zootechnischen Instituts stammten.

Versuchsanstellung und Untersuchungsmethode.

Proben wurden stets gleich nach dem Kalben und dann nochmals 24 Stunden nachher genommen. Die betreffenden Kühe waren immer in ausgezeichnetem Zustande.

Die Untersuchung erstreckte sich auf: spezifisches Gewicht, Fett und Gesamtasche; in der letzteren wurde der Gehalt an K_2O, Na_2O, CaO, MgO, SO_3, P_2O_5, Cl und Fe_2O_3 festgestellt.

Das spezifische Gewicht der Milch wurde mittels der Milchwage von Westphal ermittelt; den Fettgehalt bestimmte ich nach der Gerberschen Methode. Zur Rohaschenbestimmung wog ich etwa 10 ccm. Milch in einer Platinschale, dampfte ein und veraschte bei einer schwachen Rotglut. Die Herstellung der Asche zur Analyse erfolgte in der Weise, dass ca. 1 kgr von der vorher gut gemischten Kolostrummilch in einer Porzellanschale auf dem Wasserbade häufig umgerührt und eingedickt, dann in einer Nickelschale auf dem Sandbad zur Trockne verdampft wurde. Da die Alkalichloride bekanntlich bei starkem Erhitzen flüchtig werden, so erfolgte die Veraschung stets mit einer kleinen Flamme, bis die ganze Substanz völlig verkohlt war. Nachher wurden die löslichen Stoffe, besonders die Chloralkalien mit heissem Wasser extrahiert; der Rest bei einer stärkern Flamme verascht, dann alles zusammen in einer Platinschale abgedampft, nochtmals schwach geglüht und der eine Teil in Salpetersäure, der andere in Salzsäure gelöst.

In einem Teile dieser salpetersäuren Lösung wurde das Chlor mit Silbernitrat als Chlorsilber; die Phosphorsäure nach der Molybdänmethode als Magnesiumpyrophosphat bestimmt.

In einem äquivalenten Teile der Salzsäurelösung wurde das Eisen mit Ammoniak neutralisiert, dann mit Ammoniumacetat versetzt, gelinde erwärmt und das ausgeschiedene Eisenphosphat abfiltriert. In diesem Filtrat wurde der Kalk durch Zusatz von Ammoniumoxalat ausgefällt.

Den Niederschlag wusch ich mit heissem Wasser gut aus, glühte und wog das Calciumoxyd; die Magnesia in diesem eingeengten Filtrat wurde als Phosphorsäure-Ammoniakmagnesia ausgefällt und die Phrophosphorsäuremagnesia gewogen.

In einer anderen Aschenlösung wurde die Schwefelsäure mittels Bariumchlorid gefällt und das Baryumsulfat bestimmt. Im Filtrat wurden die Alkalien zunächst als Chloralkalien bestimmt, das Kali als Kaliumplatinchlorid in ein gewogenes Filter gesammelt und gewogen, daraus das Chlorkalium berechnet und das berechnete Chlorkalium von den Gesamtchloralkalien abgezogen, um Chlornatrium und Natron zu erhalten.

Die Ergebnisse der einzelnen Asche-Analysen sind in folgenden Tabellen angegeben.

1. Kolostrummilch einer 12 Jahre alten Holländer Kuh, welche am 6. Dezember 1908 zum 8. Male kalbte.

a) Kolostrum gleich nach dem Kalben.

Reaktion ....Amphoter
Spezifisches Gewicht...1,0604
Fettgehalt...3,7%
Aschengehalt 1,24%

Zusammensetzung der Asche :

Kaliumoxyd 16,745%	Phosphorsäureanhydrid 24,196%
Natriumoxyd 7,253%	Chlor 12,855%
Calciumoxyd 28,090%	Summa 101,348%
Magnesiumoxyd 9,603%	Ab Sauerstoff für Chlor 2,896%
Eisensesquioxyd 0,348%	98,452%
Schwefelsäureanhydrid 2,258%	

b) Kolostrum 24 Stunden nach dem Kalben.

Reaktion ....Amphoter
Spezifisches Gewicht 1,038
Fettgehalt...3,4%
Aschengehalt 1,045%

Zusammensetzung der Asche :

Kaliumoxyd...................... 24,321%	Phosphorsäureanhydrid 16,275%
Natriumoxyd 13,502%	Chlor 13,015%
Calciumoxyd 25,683%	Summa 102,375%
Magnesiumoxyd.................. 6,500%	Ab Sauerstoff für Chlor 2,937%
Eisensesquioxyd 0,794%	99,438%
Schwefelsäureanhydrid............ 2,285%	

2. Kolostrummilch einer 4 jährigen Holländer Kuh, welche am 18. Dezember 1908 zum ersten Male kalbte.

a) Gleich nach dem Kalben.

Reaktion ....Amphoter
Spezifisches Gewicht...1,0574
Fettgehalt 6,8%
Aschengehalt 0,980%

Zusammensetzung der Asche:

Kaliumoxyd 14,252%	Phosphorsäureanhydrid 37,911%
Natriumoxyd 5,588%	Chlor 10,528%
Calciumoxyd 26,412%	
Magnesiumoxyd 6,645%	Summa...................103,305%
Eisensesquioxyd................. 0,677%	Ab Sauerstoff für Chlor 2,369%
Schwefelsäureanhydrid........... 1,292%	100,936%

b)　24 Stunden nach dem Kalben.

> Reaktion ....Amphoter
> Spezifisches Gewicht...1,038
> Fettgehalt 3,4%
> Aschengehalt 0,924%

Zusammensetzung der Asche:

Kaliumoxyd 18,436%	Phosphorsäureanhydrid 35,691%
Natriumoxyd 8,629%	Chlor 10,797%
Calciumoxyd 23,429%	
Magnesiumoxyd................. 3,138%	Summa 101,831%
Eisensesquioxyd 0,351%	Ab Sauerstoff für Chlor 2,436%
Schwefelsäureanhydrid........... 1,362%	99,395%

3. Kolostrummilch einer 9 Jahre alten Guernsey Kuh, welche am 31. Oktober 1903 zum 6. Male kalbte.

a)　Gleich nach dem Kalben.

> Reaktion ....Amphoter
> Spezifisches Gewicht...1,0779
> Fettgehalt 5,1%
> Aschengehalt 1,003%

Zusammensetzung der Asche:

Kaliumoxyd 23,371%	Phosphorsäureanhydrid 19,515%
Natriumoxyd 11,961%	Chlor 14,896%
Calciumoxyd 25,332%	
Magnesiumoxyd................. 4,861%	Summa 103,026%
Eisensesquioxyd 0,186%	Ab Sauerstoff für Chlor 3,361%
Schwefelsäureanhydrid........... 0,904%	99,665%

b)　24 Stunden nach dem Kalben.

> Reaktion ....Amphoter
> Spezifisches Gewicht...1,0411
> Fettgehalt 4,9%
> Aschengehalt 0,854%

Zusammensetzung der Asche:

Kaliumoxyd 26,001%	Phosphorsäureanhydrid 18,372%
Natriumoxyd 12,340%	Chlor 9,093%
Calciumoxyd 28,952%	
Magnesiumoxyd................. 3,874%	Summa 101,616%
Einsensesquioxyd 0,867%	Ab Sauerstoff für Chlor 2,049%
Schwefelsäureanhydrid........... 1,292%	99,567%

4. Kolostrummilch einer 5 jährigen Guernsey Kuh, welche am 6. Dezember 1908 zum 3. Male kalbte.

a) Gleich nach dem Kalben.

Reaktion ....Amphoter
Spezifisches Gewicht.......................................1,06
Fettgehalt 4,9%
Aschengehalt ....—

Zusammensetzung der Asche:

Kaliumoxyd	15,115%	Phosphorsäureanhydrid	35,345%
Natriumoxyd	7,860%	Chlor	12,560%
Caliumoxyd	23,877%	Summa 103,092%
Magnesiumoxyd	5,627%	Ab Sauerstoff für Chlor 2,834%
Eisensesquioxyd	0,322%	
Schwefelsäureanhydrid	2,386%	100,080%

b)   24 Stunden nach dem Kalben.

Reaktion ....Amphoter
Spezifisches Gewicht.......................................1,0406
Fettgehalt...4,0%
Aschengehalt 0,855%

Zusammensetzung der Asche:

Kaliumoxyd	19,545%	Phosphorsäureanhydrid	32,692%
Natriumoxyd	10,618%	Chlor	12,182%
Calciumoxyd	23,380%	Summa 102,416%
Magnesiumoxyd	1,686%	Ab Sauerstoff für Chlor 2,745%
Einsensesquioxyd	0,318%	
Schwefelsäureanhydrid	2,015%	99,671%

5. Kolostrummilch einer 6 jährigen Shorthorn Kuh, welche am 31. November 1908 zum 3. Male kalbte.

a) Gleich nach dem Kalben.

Reaktion ....Amphoter
Spezifisches Gewicht.......................................1,0577
Fettgehalt...5,8%
Aschengehalt 0,928%

Zusammensetzung der Asche:

Kaliumoxyd	5,225%	Phosphorsäureanhydrid	32,030%
Natriumoxyd	3,829%	Chlor	9,490%
Calciumoxyd	34,714%	Summa 101,257%
Magnesiumoxyd................	6,823%	Ab Sauerstoff für Chlor 2,142%
Eisensesquioxyd	0,562%	
Schwefelsäureanhydrid............	1,524%	99,115%

b)   24 Stunden nach dem Kalben.

Reaktion ....Amphoter
Spezifisches Gewicht.......................................1,035

Fettgehalt..2,4%
Aschengehalt 0,819%

Zusammensetzung der Asche:

Kaliumoxyd 18,034%	Phosphorsäureanhydrid 36,940%
Natriumoxyd 7,752%	Chlor 9,487%
Calciumoxyd 23,258%	Summa 100,726%
Magnesiumoxyd.................. 3,692%	Ab Sauerstoff für Chlor 2,141%
Eisensesquioxyd 0,198%	
Schwefelsäureanhydrid............ 1,365%	98,585%

6. Kolostrummilch einer 7 jährigen Holländer Kuh, welche am 31. März 1910 zum 3. Male kalbte.

a) Gleich nach dem Kalben.

Reaktion ....Amphoter
Spezifisches Gewicht..1,08
Fettgehalt...2,7%
Aschengehalt 1,000%

Zusammensetzung der Asche:

Kaliumoxyd 12,688%	Phosphorsäureanhydrid 29,233%
Natriumoxyd 8,524%	Chlor 8,174%
Calciumoxyd 36,775%	Summa 101,033%
Magnesiumoxyd.................. 2,809%	Ab Sauerstoff für Chlor 1,913%
Eisensesquioxyd 0,570%	
Schwefelsäureanhydrid 1,960%	99,120%

Durchschnittergebnis der obigen Zusammensetzungen von
Kolostrummilche ist:

	Gleich nach dem Kalben	24 Stunden nach dem Kalben
Reaktion	Amphoter	Amphoter
Spezifisches Gewicht...................	1,0656	1,0385
Fettgehalt............................	4,8%	3,6%
Aschengehalt	1,030%	0,899%

Zusammensetzung der Aschen:

	Gleich nach dem Kalben	24 Stunden nach dem Kalben
Kalciumoxyd	14,566%	21,267%
Natriumoxyd	7,719%	10,568%
Calciumoxyd	29,200%	24,940%
Magnesiumoxyd	6,062%	3,778%
Eisensesquioxyd......................	0,444%	0,506%
Schwefelsäureanhydrid	1,721%	1,829%
Phosphorsäureanhydrid	30,882%	27,994%
Chlor................................	11,467%	10,911%
Summa.............................	102,061%	101,793%
Ab Sauerstoff für Chlor	2,577%	2,453%
	99,484%	99,340%

Schlussfolgerungen.

Wenn wir, die Ergebnisse der Untersuchungen der oben genannten Forscher berücksichtigend, eine Reihe von Punkten aufstellen, über welche uns eine Erkenntnis noch fehlt, so fragt es sich nun, welche dieser Punkte durch unsere Untersuchungen eine Beantwortung finden können. Indem wir auf die bezüglichen Punkte hier verweisen, wollen wir dieselben nun einer Besprechung zu unterziehen versuchen.

Was zunächst die Frage anlangt, in welchem Gehaltverhältnis die Kolostrum-Aschenbestandteile stehen, so können wir noch zu keinemendgültigen Schlusse kommen, weil die von mir ermittelten Befunde sehr verschieden sind.

Das Verhältnis von Kaliumoxyd zu Natriumoxyd ergibt nach meinem Untersuchungen die nachstehenden Werte:

Gleich nach dem Kalben.	24 Stunden nach dem Kalben.
1. ....2,3 : 1	.... 1,9 : 1
2. ....2,6 : 1	.... 2,1 : 1
3. ....1,7 : 1	.... 2,1 : 1
4. ....1,9 : 1	.... 1,9 : 1
5. ....1,4 : 1	.... 2,3 : 1
6. ....1,5 : 1	——
Durchschnitt. .... 1,9 : 1	.... 2,1 : 1

Diese Zahlen zeigen, dass das Verhältnis vom Kali zum Natron besonders kurz nach dem Kalben je nach den Kühen ganz verschieden ist. Dasselbe ist weiter als das von Engling und Krüger ausgegebene, kommt aber dem von Schrot und Trunz gefundenen ziemlich nahe. Ebenso sehen wir, dass der Alkaligehalt in meinen Untersuchungen sich auch dem von diesen beiden Autoren ermittelten nähert. Doch schwankt derselbe sehr, und zwar ist der Minimum-Alkaligehalt (5,229 Kaliumoxyd und 3,829 Natriumoxyd) ebenso gross wie der von Engling und Krüger.

Ferner fanden wir den Gehalt an Kalk, Phosphorsäure und Schwefelsäure auch sehr verschieden; in einem Falle nähert er sich dem der obenerwähnten Autoren, in einem anderen weicht er ;ganz von denselben ab, was besonders für die Phosphorsäure und Schwefelsäure der Fall ist.

Bezüglich des Chlorgehaltes, der sich sehr nah demjenigen der normalen Milch zeigt, stehen unsere Resultate im Gegensatz zu denen Schrots und Krügers.

Ferner erkennt man, dass das Magnesiumoxyd in grossen Mengen vorkommt und ebenso viel beträgt wie das von den 3 Autoren ausser Engling ermittelte.

Zum Schluss bemerken wir, dass eine beträchtliche Abnahme des Gehaltes an Kalk, Phosphorsäure und Magnesiumoxyd und eine Zunahme des Alkaligehaltes im Laufe der 24 Stunden nach dem Kalben eintreten, wodurch die Zusammensetzung der Kolostrumaschen sich allmählich der jenigen der normalen Milch nähert.

Es ist mir eine angenehme Pflicht, für die bei der Ausarbeitung dieser Untersuchungen erwiesenen Liebenswürdigkeit des Herrn Prof. Dr. S. Hashimoto an dieser Stelle meinen aufrichtigen Dank auszusprechen.

Belege fur die Analyse.

1.

Gleich nach dem Kalben.

0,80228g Asche =

a)	0,053414g BaSO$_4$	=	0,018317g SO$_4$	=	2,283%	} 2,258%
b)	0,052214g BaSO$_4$	=	0,017906g SO$_4$	=	2,233%	
a)	0,005457g Fe$_2$(PO$_4$)$_2$	=	0,002391g Fe$_2$O$_3$	=	0,348%	} 0,348%
b)	0,005237g Fe$_2$(PO$_4$)$_2$	=	0,002785g Fe$_2$O$_3$	=	0,347%	
a)	0,21257g Mg$_2$P$_2$O$_7$	=	0,077012g MgO	=	9,603%	} 9,603%
b)	0,21257g Mg$_2$P$_2$O$_7$	=	0,077012g MgO	=	9,603%	
a)	———		0,225457g CaO	=	28,102%	} .. 28,030%
b)	———		0,224357g CaO	=	28,077%	

0,63918g Asche =

a)	0,242514g Mg$_2$P$_2$O$_7$	=	0,15162g P$_2$O$_5$	=	24,190%	} .. 24,196%
b)	0,242614g Mg$_2$P$_2$O$_7$	=	0,154633g P$_2$O$_5$	=	24,202%	
a)	0,332837g AgCl	=	0,082292g Cl	=	12,876%	} .. 12,855%
b)	0,331757g AgCl	=	0,082027g Cl	=	12,833%	

0,80228g Asche =

a)	0,6921g (KCl)$_2$PtCl$_4$	=	0,134344g K$_2$O	=	16,745%
a)	0,109635g NaCl	=	0,058190g Na$_2$O	=	7,253%

1.

24 Stunden nach dem Kalben.

0,9914g Asche =

a)	0,071507g BaSO$_4$	=	0,024522g SO$_4$	=	2,474%	} 2,285%
b)	0,060557g BaSO$_4$	=	0,020767g SO$_4$	=	2,095%	
a)	0,014714g Fe$_2$(PO$_4$)$_2$	=	0,007799g Fe$_2$O$_3$	=	0,789%	} 0,794%
b)	0,015014g Fe$_2$(PO$_4$)$_2$	=	0,007954g Fe$_2$O$_3$	=	0,802%	
a)	0,177914g Mg$_2$P$_2$O$_7$	=	0,064181g MgO	=	6,504%	} 6,500%
b)	0,177714g Mg$_2$P$_2$O$_7$	=	0,064103g MgO	=	6,127%	

a)	——	0,254314g CaO	=	25,652%} .. 25,683%
b)	——	0,254314g CaO	=	25,713%}
	10300g Asbe =			
a)	0,255314g Mg₂P₂O₇ =	0,162781g P₂O₅	=	16,278%} .. 16,275%
b)	0,255214g Mg₂P₂O₇ =	0,162717g P₂O₅	=	16,272%}
a)	0,526057g AgCl =	0,130067g Cl	=	13,007%} .. 13,015%
b)	0,526657g AgCl =	0,130216g Cl	=	13,022%}
	0,9946g Asche =			
a)	1,2462g (KCl)₂PtCl₄ =	0,24190Cg K₂O	=	24,321%
a)	0,253013g NaCl =	0,134289g Na₂O	=	13,502%

2.
Gleich nach dem Kalben.

0,83866g Asche =

a)	0,037611g BaSO₄ =	0,012899g SO₃	=	1,538%} 1,292%
b)	0,925514g BaSO₄ =	0,008750g SO₃	=	10,43%}
a)	0,011257g Fe₂(PO₄)₂ =	0,005964g Fe₂O₅	=	0,711%} 0,677%
b)	0,010157g Fe₂(PO₄)₂ =	0,005381g Fe₂O₅	=	0,642%}
a)	0,153307g Mg₂P₂O₇ =	0,035563g MgO	=	6,625%} 6,645%
b)	0,154207g Mg₂P₂O₇ =	0,035889g MgO	=	6,661%}
a)	——	0,221457g CaO	=	26,406%} .. 26,412%
b)	——	0,221557g CaO	=	26,418%}
	0,7373g Asche =			
a)	0,438914g Mg₂P₂O₇ =	0,279838g P₂O₅	=	37,954%} .. 37,911%
b)	0,437914g Mg₂P₂O₇ =	0,279201g P₂O₅	=	37,868%}
a)	0,312557g AgCl =	0,077280g Cl	=	10,481%} .. 10,528%
b)	0,315337g AgCl =	0,077972g Cl	=	10,575%}
	0,83869g Asche =			
a)	0,6158g (KCl)₂PtCl₄ =	0,119533g K₂O	=	14,252%
b)	0,08829g NaCl =	0,046861g Na₂O	=	5,588%

2.
24 Stunden nach dem Kalben.

0,70278g Asche =

a)	0,027914g BaSO₄ =	0,009573g SO₃	=	1,362%} 1,362%
b)	0,027614g BaSO₄ =	0,009573g SO₃	=	1,362%}
a)	0,004557g Fe₂(PO₄)₂ =	0,002414g Fe₂O₅	=	0,343%} 0,351%
b)	0,004757g Fe₂(PO₄)₂ =	0,002520g Fe₂O₅	=	0,359%}
a)	0,060157g Mg₂P₂O₇ =	0,021803g MgO	=	3,102%} 3,136%
b)	0,061457g Mg₂P₂O₇ =	0,022273g MgO	=	3,169%}
a)	——	0,164707g CaO	=	23,436%} .. 23,429%
b)	——	0,164607g CaO	=	23,422%}

0,60062g Asche =

a)	0,339014g Mg₂P₂O₇	=	0,216145g P₂O₅	=	35,456%	} .. 35,691%
b)	0,343514g Mg₂P₂O₇	=	0,219014g P₂O₅	=	35,926%	
a)	0,265757g AgCl	=	0,065708g Cl	=	10,779%	} .. 10,797%
b)	0,266657g AgCl	=	0,065931g Cl	=	10,815%	

0,70278g Asche =

a) 0,6675g (KCl)₂PtCl₄ = 0,129568g K₂O = 18,436%

a) 0,11426g NaCl = 0,060645g Na₂O = 8,629%

3.
Gleich nach dem Kalben.

1,019262g Asche =

a)	0,02192g BaSO₄	=	0,008546g SO₃	=	0,838%	} 0,904%
b)	0,02882g BaSO₄	=	0,009883g SO₃	=	0,970%	
a)	0,00352g Fe₂(PO₄)₂	=	0,001865g Fe₂O₃	=	0,183%	} 0,186%
b)	0,00362g Fe₂(PO₄)₂	=	0,001918g Fe₂O₃	=	0,188%	
a)	0,13625g Mg₂P₂O₇	=	0,049381g MgO	=	4,845%	} 4,961%
b)	0,13715g Mg₂P₂O₇	=	0,049707g MgO	=	4,877%	
a)	——		0,259600g CaO	=	25,371%	} .. 25,332%
b)	——		0,257700g CaO	=	25,293%	

0,77028g Asche =

a)	0,24002g Mg₂P₂O₇	=	0,153030g P₂O₅	=	19,637%	} .. 19,515%
b)	0,23702g Mg₂P₂O₇	=	0,151117g P₂O₅	=	19,392%	
a)	0,46902g AgCl	=	0,115965g Cl	=	14,880%	} .. 14,896%
b)	0,47002g AgCl	=	0,116212g Cl	=	14,912%	

1,015262g Asche =

a) 1,2272g (KCl)₂PtCl = 0,239212g K₂O = 23,371%

a) 0,268103g NaCl = 0,142298g Na₂O = 13,961%

3.
24 Stunden nach dem Kalben.

0,49936g Asche =

a)	0,03132g BaSO₄	=	0,010741g SO₃	=	2,151%	} 2,117%
b)	0,03032g BaSO₄	=	0,010398g SO₃	=	2,082%	
a)	0,00822g Fe₂(PO₄)₂	=	0,004355g Fe₂O₃	=	0,972%	} 0,867%
b)	0,00802g Fe₂(PO₄)₂	=	0,004302g Fe₂O₃	=	0,861%	
a)	0,05292g Mg₂P₂O₇	=	0,019180g MgO	=	3,841%	} 3,874%
b)	0,05382g Mg₂P₂O₇	=	0,019506g MgO	=	3,907%	
a)	——		0,144670g CaO	=	28,970%	} .. 28,932%
b)	——		0,144470g CaO	=	28,931%	

0,51584g Asche =

a)	0,14824g Mg₂P₂O₇	=	0,094513g P₂O₅	=	18,322%	} .. 18,372%
b)	0,14904g Mg₂P₂O₇	=	0,095023g P₂O₅	=	18,421%	

a) 0,18972g AgCl = 0,046908g Cl = 9,093% ⎫
b) 0,18972g AgCl = 0,046908g Cl = 9,093% ⎬ 9,093%

0,49936g Asche =

a) 0,6692g (KCl)$_2$PtCl$_4$ = 0,123898g K$_2$O = 26,001%
a) 0,1161g NaCl = 0,061621g Na$_2$O = 12,340%

4.

Gleich nach dem Kalben.

0,53270g Asche =

a) 0,039914g BaSO$_4$ = 0,013688g SO$_3$ = 2,570% ⎫
b) 0,034214g BaSO$_4$ = 0,011733g SO$_3$ = 2,202% ⎬ 2,386%

a) 0,003857g Fe$_2$(PO$_4$)$_2$ = 0,002043g Fe$_2$O$_3$ = 0,384% ⎫
b) 0,002607g Fe$_2$(PO$_4$)$_2$ = 0,001381g Fe$_2$O$_3$ = 0,259% ⎬ 0,322%

a) 0,082607g Mg$_2$P$_2$O$_7$ = 0,029939g MgO = 5,620% ⎫
b) 0,082757g Mg$_2$P$_2$O$_7$ = 0,029994g MgO = 5,633% ⎬ 5,627%

a) —— 0,126907g CaO = 23,826% ⎫
b) —— 0,127457g CaO = 23,927% ⎬ .. 23,877%

0,50697g Asche =

a) 0,280457g Mg$_2$P$_2$O$_7$ = 0,178811g P$_2$O$_5$ = 35,277% ⎫
b) 0,281257g Mg$_2$P$_2$O$_7$ = 0,179321g P$_2$O$_5$ = 35,372% ⎬ .. 35,345%

a) 0,258157g AgCl = 0,063829g Cl = 12,590% ⎫
b) 0,256907g AgCl = 0,063520g Cl = 12,529% ⎬ .. 12,560%

0,5327g Asche =

a) 0,4148g (KCl)$_2$PtCl$_4$ = 0,080518g K$_2$O = 15,115%
a) 0,07888g NaCl = 0,041866g Na$_2$O = 7,860%

4.

24 Stunden nach dem Kalben.

1,15251g Asche =

a) 0,067657g BaSO$_4$ = 0,023202g SO$_3$ = 2,013% ⎫
b) 0,067757g BaSO$_4$ = 0,023236g SO$_3$ = 2,016% ⎬ 2,015%

a) 0,006907g Fe$_2$(PO$_4$)$_2$ = 0,003659g Fe$_2$O$_3$ = 0,318% ⎫
b) 0,006928g Fe$_2$(PO$_4$)$_2$ = 0,003670g Fe$_2$O$_3$ = 0,318% ⎬ 0,318%

a) 0,053657g Mg$_2$P$_2$O$_7$ = 0,019417g MgO = 1,687% ⎫
b) 0,053557g Mg$_2$P$_2$O$_7$ = 0,019411g MgO = 1,684% ⎬ 1,686%

a) —— 0,26941g CaO = 23,375% ⎫
b) —— 0,26951g CaO = 23,385% ⎬ .. 23,380%

1,0004g Asche =

a) 0,512857g Mg$_2$P$_2$O$_7$ = 0,326982g P$_2$O$_5$ = 32,685% ⎫
b) 0,513357g Mg$_2$P$_2$O$_7$ = 0,327111g P$_2$O$_5$ = 32,698% ⎬ .. 32,692%

a) 0,191907g AgCl = 0,121621g Cl = 12,162% ⎫
b) 0,191887g AgCl = 0,121613g Cl = 12,161% ⎬ .. 12,162%

1,15251g Asche =

a) 1,1607g (KCl)₂PtCl₄ = 0,225303g K₂O = 19,545%
a) 0,23057 NaCl = 0,122377g Na₂O = 10,618%

5.

Gleich nach dem Kalben.

0,71371g Asche =

a)	0,031214g BaSO₄ =	0,010704g	SO₃ =	1,500%	....1,524%
b)	0,032214g BaSO₄ =	0,011047g	SO₃ =	1,548%	
a)	0,006607g Fe₂(PO₄)₂ =	0,003500g	Fe₂O₃ =	0,490%	....0,562%
b)	0,008507g Fe₂(PO₄)₂ =	0,004507g	Fe₂O₃ =	0,631%	
a)	0,134757g Mg₂P₂O₇ =	0,048840g	MgO =	6,843%	....6,823%
b)	0,133957g Mg₂P₂O₇ =	0,048550g	MgO =	6,802%	
a)	——	0,247307g	CaO =	34,650%	.. 34,714%
b)	——	0,248207g	CaO =	34,777%	

0,61494g Asche =

a)	0,376614g Mg₂P₂O₇ =	0,240118g	P₂O₅ =	39,047%	.. 39,090%
b)	0,376814g Mg₂P₂O₇ =	0,240645g	P₂O₅ =	39,133%	
a)	0,242457g AgCl =	0,059947g	Cl =	9,748%	....9,490%
b)	0,229607g AgCl =	0,056771g	Cl =	9,232%	

0,71371g Asche =

a) 0,1921g (KCl)₂PtCl₄ = 0,037288g K₂O = 5,225%
a) 0,051194g NaCl = 0,027331g Na₂O = 3,829%

5.

24 Stunden nach dem Kalben.

0,89931g Asche =

a)	0,035815g BaSO₄ =	0,012282g	SO₃ =	1,376%	....1,365%
b)	0,035515g BaSO₄ =	0,012179g	SO₃ =	1,354%	
a)	0,003457g Fe₂(PO₄)₂ =	0,001832g	Fe₂O₃ =	0,204%	....0,198%
b)	0,003257g Fe₂(PO₄)₂ =	0,001726g	Fe₂O₃ =	0,194%	
a)	0,091057g Mg₂P₂O₇ =	0,033002g	MgO =	3,670%	....3,692%
b)	0,092157g Mg₂P₂O₇ =	0,033400g	MgO =	3,714%	
a)	——	0,209057g	CaO =	23,246%	.. 23,258%
b)	——	0,209257g	CaO =	23,269%	

0,91704g Asche =

a)	0,551314g Mg₂P₂O₄ =	0,338750g	P₂O₅ =	39,939%	
b)	——	——			
a)	0,351891g AgCl =	0,087005g	Cl =	9,487%	....9,487%
b)	0,351891g AgCl =	0,087005g	Cl =	9,487%	

0,89931g Asche =

a) 0,8355g (KCl)₂PtCl₄ = 0,162179g K₂O = 18,034%
a) 0,13134g NaCl = 0,069710g Na₂O = 7,752%

6.
Gleich nach dem Kalben.

				0,2g Asche	=		
a)	0,0108g	$BaSO_4$	=	0,003704g SO_3	=	1,850%	} 1,960%
b)	0,0109g	$BaSO_4$	=	0,003638g SO_3	=	1,869%	

$$0,4g \ Asche =$$

a)	0,0044g	$Fe_3(PO_4)_2$	=	0,002331g Fe_2O_3	=	0,583%	} 0,570%
b)	0,0042g	$Fe_3(PO_4)_2$	=	0,002225g Fe_2O_3	=	0,556%	
a)	0,0310g	$Mg_2P_2O_7$	=	0,011235g MgO	=	2,809%	
a)			—	0,1476g CaO	=	36,900%	.. 36,775%
b)			—	0,1466g CaO	=	36,650%	

$$0,2g \ Asche =$$

a)	0,0917g	$Mg_2(PO_4)_2$	=	0,058465g P_2O_5	=	29,233%	

$$0,5g \ Asche =$$

a)	0,1714g	$AgCl$	=	0,042370g Cl	=	8,476%	} 8,474%
b)	0,1713g	$AgCl$	=	0,042354g Cl	=	8,472%	

$$0,2g \ Asche =$$

a)	0,1306g	$(KCl)_2PtCl_4$	=	0,025351g K_2O	=	12,676%	.. 12,688%
b)	0,1308g	$(KCl)_2PtCl_4$	=	0,025400g K_2O	=	12,700%	
a)	0,032076g	$NaCl$	=	0,017025g Na_2O	=	8,513%	} 8,524%
b)	0,03216g	$NaCl$	=	0,017069g Na_2O	=	8,535%	

摘　　要

　分娩後短時間に分泌せらる〻初乳の灰成分に關しては僅かにオイグリング (Engling), クリユガー (Krüger), シユロート (Schrot), 及びツルンツ (Trunz) 氏等の報告あるに過ぎず而して一般成書に引用せられたるものは多くオイグリング氏の研究にか〻るものなるも氏の研究は其の年代古く其他三氏の研究亦供試材料少く僅かに一回多きも四回の分析結果に過ぎず從て各成分間に於ける差異甚だしくオイグリング氏並びにクリユガー氏の研究にあつてはアルカリ鹽の含量極めて少量にして且つ加里及曹達の比 1,1：1 にして殆んど同量なるもシユロート氏並びにツルンツ氏の研究にあつては常乳と大なる差異なく且つ加里及び曹達間の比亦大にして分娩直後にあつては 1,7：1 二十四時間目にあつては 2,9：1 (Trünz)

の高率を示せり石灰含量はオイグリング氏の甚だしく高きを除ひては他の三氏に於て大なる差異を認めざるも燐酸並びに硫酸の含量に至つてはオイグリング及びクリユガー氏とシユロート及びツルンツ氏との間に於て全く反對の結果を示せるを見る其他の成分にあつても亦其の間に一致を缺きシユロート、クリユガーの二氏の研究にあつては鹽素の含量甚だしく少く且つ初乳の特成分とも見る可き苦土のオイグリング氏の研究に於て殆んど常乳と其の差を見ざる等特に其の甚だしきを見るよつて余は此等の關係を一層明瞭ならしむるため本學所屬の乳牛六頭より分娩直後並びに二十四時間目に十一回の試料をとつて之れが灰成分を分析し其の結果個畜により牛種によつて各成分の差異甚だしく倘多數の材料を取つて供試するに非ざれば平均の量的關係を知惹すること能はざるもアルカリ鹽の含量並びに加里及び曹達間の比共に常乳と格段の差なくシユロート及びツルンツ氏等の研究と稍々似たる成績を得たり但し十一回の分析中唯一回加里及曹達の含量極めて少く兩者間の比亦小にしてオイグリング氏並びクリユガー氏の結果に近き數を認めたるより見れば蓋し個畜によつてかゝる場合の起り得ることを肯定することを得可し。

　石灰燐酸並びに硫酸の含量はある場合にあつては從來の研究者と同量を示しある場合にあつては甚だしく差異あるを認めたるも初乳にあつては此等の含量の高きことのみは明かなり。

　鹽素の量はシユロート氏及クリユガー氏の如く少量ならざるのみならず苦土に至つては分娩直後に於て特に量量なることを認めたり倘二十四時間の經過に於てアルカリ鹽の向上石灰燐酸並びに苦土の減少著しく初乳より常乳に穃異しつゝあるる關係を明かに認むることを得可し本報告は數年前の研究にかゝり初乳に關する余の研究の極めて一少部分にすぎず後日を俟つて完成を期す可し。

「くさふぢ」に於ける細胞核分裂に就て

坂　村　徹

ÜBER DIE KERNTEILUNG VON *VICIA CRACCA* L.

Von

T. Sakamura.

緒　言

二三荳科植物例へばそらまめ、えんどう等の根の尖端に於ける分生組織 (Meristem) は體細胞核分裂の研究に最適當なる材料として用ひらるゝにも拘らず、其生殖細胞の發育即ち花粉母細胞及胚養母細胞の減數分裂に關する詳細なる研究は甚だ少なしとす。偶々二三之れ在りとするも、そは他の主なる目的の隨伴的になされたるものに過ぎず。　元來或植物の體部細胞核の分裂と生殖細胞の減數分裂との比較研究をなすの必要なる事は言を俟たざる所にして荳科植物に於ける減數分裂の研究を企つる事も强ち無意味の事にあらざるを信ず。　但し余が材料として殊更くさふぢを撰びたるは只そらまめに於て恰度適當なる程度に發育せる材料を採取する事困難なりしと其同屬にして而も材料の採取に都合よき花序を有する事及び二三荳科植物の材料に就て研究中本植物の染色體が比較的少數なる事を發見し得たるとに依るに外ならず。

　實驗材料は大正元年七月乃至八月東北帝國大學農科大學試作圃に於て採集したるものなり。　而して減數分裂をなしつゝある花粉母細胞を含む花は甚だ細小にして到底ピンセットを以て之れを取扱ひ且固定する事能はざりしにより、花蕾全體を固定せり。　固定には空氣ポンプを使用して容易に固定を遂する事を得たり。固定液としては、クローム醋酸中液及びフレンミング液を用ひ、固定材料は之れを四乃至七ミクロンの厚さにミクロトーム裁斷を行ひ、染色は凡てハイデンハインのヘマトキシリンを用ひて良結果を得たり。

體細胞及胞原細胞の核分裂

本研究は幼き花部器官の體細胞及胞原細胞の核に就て之れを行ひしが之等兩種細胞核の構造及其分裂過程との間には核の大さ以外には著しき差を認めざりしを以て、此處には只體細胞核の分裂に就ての論述のみに止む。

1. 末期 (Telophase).

後期 (Anaphase) に於て染色體の兩縱半は互に反對の方向に向ひて分れ二個の娘核のアンラーゲを形成す。　極に達したる染色體集團は先づ小なる壓迫せられたる塊となり、後間もなく再び粗薄となるべし。　此時已に新境界壁及核膜は成立し、隋圓形の核を見る事を得べし。染色體の空胞化 (Vakuolisierung) は漸次境界壁に近き方より娘核の極の方向に向ひて進み完全に空胞化の起る時に於ては染色帶は二本の平行線の狀態となるべし、而して此際特別なる クロモメーレン (Chromomeren) なるものを見ず。　多くの場合娘染色體の屈曲點は著しく密着し、甚だ濃厚に染色するを以て、空胞化を追究する事困難なり(第一圖)。　染色體が小窩化 (Alveolisierung) をなし染色質が核腔內に散布せられて精微なる網狀體が成立しつゝある間に、極界に於て 一個若しくは二個の核仁の出現するを見るべく、而して此物は漸次其大さを 增加するに至るべし。　網狀體の形成 後と雖 染色脚 (Chromosomenschenkel) を屢々多少明に認め得べし。　總じて末期に於ては一本に連續せる染色體の存在なく染色帶は其端を完く分離して存す。

2. 靜止期 (Ruhestadium).

完全なる靜止期に於ては核は一個或は二個の球形の核仁と一樣に而も精微に分布せられたる網狀體とを有す。　而して二三の核に於ては此核仁の周圍に明るき空處を認むるも他の核には之れを見ず、此空處は Strasburger ('05) 及 Lundegårdh ('12) の稱ふるが如く固定の際に生ぜるものなる事は明なり。　完全なる靜止期に於ては Overton の稱ふる原始染色體 (Prochromosomen) は勿論、之れに類

似する 染色質 集合體を 見ず。　而して 此 時期に 於て 時々 稀れに 染色質の 極性 (Polarität) の 存留せるを 認むる事あり。

3.　前期 (Prophase).

核が 靜止の 狀態より 覺醒するに 至るや、染色質集合體は 次第に 其數と 大さとを 增加して 顯るべし。　之れ 即ち 染色質の 部分的壓縮に 基くものにして 其數、大さ、

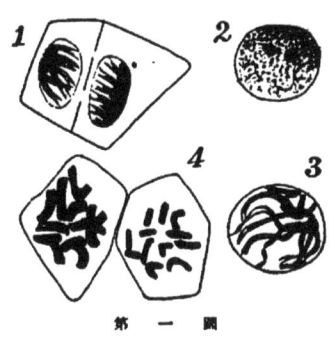

配置及形狀は 不定なり。個々 單獨に 散在 する 原始染色體は 勿論、田原氏 ('10a) が 桑 の 體細胞核に 於て 又 Müller ('09) がいと らん (*Yucca*) の 體細胞核に 於て 見たるが 如き 對的に 並ぶ 原始染色體をも 見ず。而 して 染色質の 壓縮が 進むに 從ひ 網狀體は 益々 粗薄となり 此際 屢々 染色質の 表はす 極性を 認めうべし(第二圖)。　此過程が 一 層進む時は 一層明なる 染色體の 極性を 顯

第　一　圖

はし、遂ひに 滑なる 緣を 有する 染色體を 生ずるに 至るべし、加之 其配置と 狀態と は 前分裂の 末期に 於て 小窩化 (Alveolisierung) をなしたる 染色體のそれに 等し(第 三圖)。　然れども 余は 此際 Merriman ('04) が 玉葱 (*Allium*) の 根の 尖端にて 見た る 四分子小體の 存在を 確むる事能はざりき。　一個或は 二個の 核仁は 前分裂の 末 期以來 繼續して 存在せる 極にありて、此核仁より 染色質脚が 電光的に 對極に 向て 走るべく、又 此時已に 染色體には 縱裂起り、此縱裂は 前期を 通じて 持續すべし。 而して 前期に 於て 新に 生成せられたる 染色體は 其數 十二(染色體單數)或は 殆 十二 を 算し、極に 於て 各々 分離して 存すれども 其中 二三のものは 核仁の 表面に 附着せ り。　分裂の 進むに 從ひ 染色體は 直伸し 漸次 短太となり 遂ひに 完全なる 染色體と なる。　染色體の 成熟と 共に 核仁は 消失し 染色體の 極性は 亂され、染色體は 恰も 異 型核分裂の ヂアキネーゼ (Diakinese) 期に 於て 見るが 如き 狀態にて 核腔內に 配布 せらるべし。　總體に 前期を 通じて 端々を 以て 繫がれる 染色體は 存在せざれども 狹隘なる 核腔を 螺旋狀に 走る 染色體を 以て 連續せる 染色體と 見誤る事は 有勝ちの

事なり。　染色體は核膜の消失後、核板 (Kernplatte) に並び次の期即ち後期に入るべし。

中期 (Metaphase), 及後期 (Anaphase).

中期に於て所謂核外にが細胞質內に散布す。　核板を極面視すれば容易に染色體數を數へうべく、且染色體に大小ある事をも認めうべし。　而も時々相隣れる細胞にて同じ程度に發育したる染色體にて不同の大さを示すものあるは奇なる現象なり(第四圖)。後、各染色體は縱裂して二個の等半となり即ち均等分裂 (Äquationsteilung) をなし、斯くして生じたる娘染色體 (Tochterchromosomen) は極に移動す、但し此際次の分裂の縱裂を見る事なし。　極に達したる染色體は塊となり、其周圍に膜を生じて若き娘核 (Tochterkern) が成立す。

花 粉 母 細 胞 減 數 分 裂

1. 靜止期 (Ruhestadium).

胞原細胞分裂の末期に於て染色體は普通體細胞核の分裂に於けると等しく空胞化して玆に精微なる網狀體を生じ、斯くして核は花粉母細胞の靜止期に入る。　花粉母細胞の靜止核と體細胞の靜止核とは外見上大體に於て異る所なきも花粉母細胞の網狀體は體細胞核に於けるものよりも稍々粗にして、且つ多くの染色粒を荷擔す。　Wilson ('09) は *Mnium horeum* に於て之れに類似したる事實を觀察せり、核は網狀體と一の核仁とを有し、其核仁は屢々明き空處によりて取圍まるゝを見る。核仁は球形にして染色力強し。　靜止中にありても核仁は盛なる發芽をなし玆に生ぜる娘仁は母仁の表面に附着し、後に至りては即ちシナプシス前期 (Presynapsis) に於ても之等の娘仁はリニン (Linin) の上に懸るを見るべし。　之と同樣なる事を Nichols ('08), Digby ('12) 其他の學者が種々の材料にて觀察せり。　此時期に於ては所謂、原始染色體なるもの或は Digby ('10) の記載せるリニンの平行部を認むる事を得ず、寧ろ核腔內に染色質の將來集合すべき中心點と染色粒素とを假定するの適當なるを想はしむ。

2. シナプシス (Synapsis).

靜止の狀態より起りし核内には核の周圍に近き多くの假定的中心點に於て染色質粒の集合が始まるべし其集合體の大さと數とは漸次增加して一定不變のものにあらず。其數は染色體複數よりも多き事は確なり。之等染色性塊は殆ど球形にしてリニンの上に一つづゝ分布せられ對的に配列せらるゝを見ず。 シナプシス前期に於て核は漸次擴大すれども其擴張が不平均に起り一方の部分に於て著しく起るを以て網狀體は先づ此强く擴張する部分に於て核膜より離れ以て集縮し始め又擴張の結果屢々核膜の破るゝ事あり(第五圖)。くさふちに於ては Lawson ('11) の主張するが如くシナプシスは只單に核腔の擴張のみにして核質それ自身の集縮は起らずとの說は此シナプシスの像を完全に說明しうるものと見做す事能はず、何となればシナプシスは只單に核腔の膨脹の結果のみにあらずして其際網狀體それ自身の集縮も亦起ればなり。完全なるシナプシスに於て集縮せる物質により取圍れたる核仁は多くは核腔內部にありて核の周圍には存在せず(第六圖)。 而して余はシナプシス前期及シナプシス期に於て 核質の錯雜せる爲め 染色體素 (Chromosomenelemente) の平行に並よ狀態を多くの場合に認むる事能はざりしと雖、網狀體の肥大は恐らく染色質粒集合體を荷擔する二本のリニン絲の平行的融合によるものなり。 是れ即ちシナプシス後期に於てシナプシス塊より趨り出づる絲に於て明に證明する事を得べし(第七圖)。 核仁は盛に發芽して漸次養分に乏しくなり染色性調し。 玆に於て塊の中より逃れ出でゝ一の壓潰せられたる球として核の周圍に附著す。 シナプシスに於て破れたる核膜はデアキネーゼ期(Diakinese)の前及びデアキネーゼに於て初めて再生せらる。

3. スピレム期 (Spirem).

シナプシスの壓縮によりて網狀體より紡ぎ出されたる核絲はシナプシス後期に至りて初めて顯るべし、集塊となれる核質は此場合漸次弛緩して細胞質は核腔內に侵入し來る。 斯くして若き核絲は次第に增加し其中には稀に處々に縱裂をなすを見る事あり。 然るに核絲が核腔內に擴がるに至るや此縱裂は著しくなり而も縱半が互に拗れて繩狀をなすものあり(第八圖)。 此核絲は次第に肥大し、其念

珠狀の構造は一層明となり、又一度生じたる縱裂は消失して縱半は再び融合して核腔內を縱橫に走る、但し此時核腔は再び擴りて „hollow spirem" の狀態となる。 此時迄、核腔の周圍に存せし核仁は再び中央に復歸して球形を探る(第九圖)。

4. 核絲の橫斷と染色體の形式 (Segmentierung des Knäuels und Chromosomenbildung).

Hollow spirem の後核絲の縱裂は再び起りて多くは其自形を破壞して著しく集縮し細胞質は核腔內に侵入して恰も固定劑によりて人工的に生じたるが如き觀を呈すべし(第十圖及第十一圖)。 此核絲の集縮は多くの學者により觀察せられたるものにしてシナプシスに對して第二集縮 (second contraction) として知られたる期に相違なし。 然れどもくさふぢに於ける此第二集縮の狀態は Beer ('12) が二三菊科植物にて見たる又 Lundegårdh ('09) がたうきんせん (Calendula officinalis) にて斯の如き像が分裂の機構に對しては何等意味なきものとして說明に供したる狀態とは全然異るものなり。 核腔の擴大と集縮したる塊の弛緩とに伴ひて第二集縮の間に橫斷によりて生じたる複染色體は 核腔內に散布するに至るべし(第十二圖)。但し或核絲は此場合未だ完全に橫斷せざるものあり。 而して複染色體の數はハプロイド數に一致す。 之等の双價の染色體は縱軸の方向に集縮して漸次短太となり平滑なるものとなる。 其中二三のものは各自の二本の單價染色體を其端に於て融合せしむるものあり。

5. デアネキーゼ期及紡綞體形成 (Diakinese und Spindelbildung).

デアキネーゼ期に於て核腔は擴張を終り核膜は完全に再生せらるゝを以て核全體が明るく感ぜらる。 複染色體は益々短太となり、核の周圍に散布せらる。 而して之等の複染色體は種々の形狀を有し加之或物に至りては其單價の染色體を互に全く融合するものあり (第十三圖)。 此場合動物の材料にて喧しく論ぜらるゝ橫裂四分子 (Quertetraden) に似たる像を只一度見たる事あり。 然れども之れは所謂橫裂四分子として生じたるものにあらず、又 Mottier ('07), Davis

('09) 及 Digby ('10) が二個の複染色體が偶然に其端を以て互に融合したる
ものと解釋したるが如きものにあらずして寧ろ双價核絲の横裂の遅れたるもの
として解釋する方適當なるべし。 此デアキネーゼ期に於て容易に染色體の減數

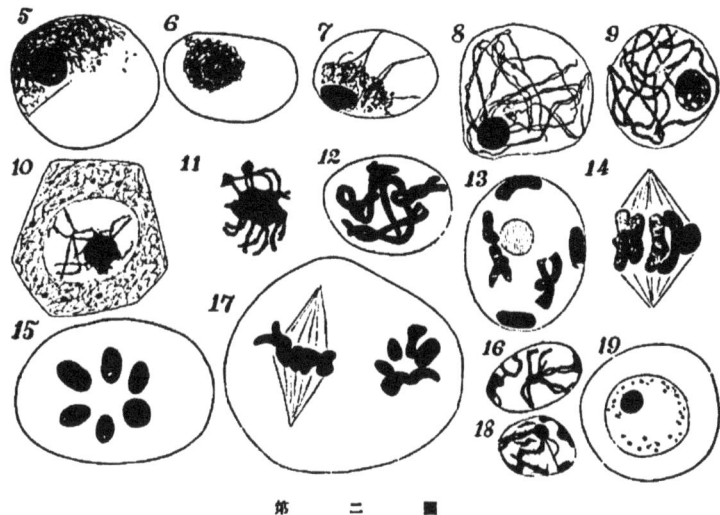

第　二　圖

即ち六を算すべく且各複染色體の間に大さの差をも認めらるべし。なほ Sargant,
Strasburger, Overton が植物の材料にて、又多くの學者が動物の材料にて (Längs-
tetraden) 觀察したるが如く屢々二三の單價の染色體中に縱裂の起るを見る事あ
り。 此縱裂は單價染色體に起る最初の縱裂と見るべく即ち Overton の主張する
が如し。 核膜の消失と共に紡錘體を現出す、然れども多くの他の材料にて見ら
れたる多極紡錘體を見るの機會を有せざりき、此點はなほ一層研究の餘地を存す。
第二集縮にて細胞質内に現はれたる核外仁はデアキネーゼ期の終りに於てはなほ
存在すべし。

6. 第一分裂及中間期 (Erste Teilung und Interkinese).

紡錘體が完成せらるいや、染色體は紡錘絲に附着して核板に配列す。 側面視す

れば各複染色體は初めは完く融合して規則正しく一樣に配列せらるれども間もな
く各對の兩單侶染色體は分離し始め種々の對稱的形狀を呈するに至る(第十四圖)。
牽引絲 (Zugfasern) は多くは染色體の端に近く附着するを以て分離の始まりたる
時に各單侶染色體が◇形を呈する事なし。　核板を極より覗く時は容易に且明瞭
に染色體の減數即ち六を算する事を得べく且又染色體の大小をも證する事をうべ
し即ち二つ〻つの不同の大さの染色體を見るべく(第十五圖)而も此大さの不同は
曩に述べし如くヂアキネーゼ期に於ても見る事を得べく又後に同型分裂の核板
に於ても認むる事を得べし。　後期に於て第二集縮以來持續して存せる核外仁は
突然消失す。　後期に至り牽引絲の集縮によりて染色體の分離起り、染色體を兩
極に牽引す。　分離せられたる染色體の移動は同時に起らず、或染色體は已に極に
達し居るも他の染色體は移動の中途にあることあり。　已に終期に於ても移動し
つ〻ある染色體に第二の分裂にて眞に起るべき縱裂を認むる事あり。　而して此
時期に當り核外仁は再び出現す。　分離したる娘染色體は極に達するや直ちに集
縮して塊となり其周圍には次第に核膜を生じ新らしき核のアンラーグ成立す。
間もなく集塊となれる染色體は弛緩し始め、空胞化と Anastomosierung とにより
て其形態を變ず。　此時期に於て染色體が一本の連續せる絲に繫がるや否やは一
の問題なれども玆には Grègoire 及 Wygaerts ('03) の說を明かに證認する事を得
べく、決して一本の連續せる染色體を見ず。　即ち中間期に於ける染色體の配置と
形態とは體細胞分裂の前期に於けるものと類似し、縱裂をなせる染色體が一の中
心より放射せられて走るを見るなり (第十六圖)。　而して核は決して靜止の狀態
に入らず又多くの他の双子葉植物と同樣兩娘核の間に境界壁を生ずる事なし。

7.　同型分裂 (Homöotypische Kernteilung).

　第二分裂即ち同型分裂は常規の均等分裂を營み染色體の眞の縱裂をなすものな
り。　第一分裂にて生じたる娘核の分裂の軸は互に直角の方向に走るか、或は平行
して同平面上にあり(第十七圖)。　核板を極面觀すれば減數六を算し得べく侑は染
色體の大小をも認めうべし。核外仁は染色力弱し。極に到達したる染色體は異型
核分裂に於けるが如く塊となり新らしき核アンラーグの周圍に新らしき核膜を生

ず。 而して染色體塊が再び弛緩し始むるや染色體は空胞化によりて漸次破壊せられ、間もなく境界壁は形成せられ斯くして四分子を現出す。 此四分子は後に至りて各々花粉となるものなり。

――――――

既に上に體細胞核分裂及花粉母細胞核の減數分裂の過程に就いて叙述したれば今茲に之等の研究結果について多少論ずるならんとす。

體細胞核分裂の際染色體の分解及再成に關しては以前は一般に次の如き説行はれたり。 即ち染色體は娘核のアンラーゲに於て各々其端を以て繋がり漸次細長となり互に纏れ合ひて側を以て anastomosieren し遂に精微なる網狀體を生じ而して次の分裂の前期に於ては之と逆の過程起るものなりと。 然るに一九〇四年 Grégoire 氏が本問題に關し重要なる説を公にせし以來多くの學者の注目する所となれり。 其の唱ふる所によれば染色體は末期に於て粗薄となり其縁を以て互に anastomosieren し一方染色體それ自身に alveolisieren して分解し之によりて「網狀體の網狀體」を生ずるものにして決して一本に繋れる染色體を認めず。又核が分裂の活動に入るや前期の初めに網狀體は再び末期に於けると逆に alveolisieren したる染色體に變じ而して染色性物質は絶えず集縮して染色體を完成するに至ると云ふ。 而して此説は後に至り Mano ('05), Grégoire ('04), Digby ('10), Beer ('12) 及 Strasburger ('05) 氏等の確認する所となれり。 くさふちに於ては染色體は末期に於て分解するに際し其縁を以て anastomosieren すと雖此 Anastmosen が更に網狀體の一部を形成するに與り或は Fraser 及 Snell 氏 ('11) の云ふが如き染色體分解に必要なる機構となりうべしと云ふ事は疑はし。 何となれば斯の如き Anastomosen がくさふちに於て起る事は甚稀れにして偶々生ずる事ありとするも直ちに消失するを以てなり。 之によりて判ずれば染色體は粘着性物質なるにより時々横側の結合を生ずるものにして、それに對して特別なる意味を附する事能はざるものなり。

次に體細胞靜止核を見んに、元來靜止核の狀態は其研究に用ふる材料によりて異るものなり。現に予の實驗せる荳科の他の屬の如きもくさふちとは全然異る像

を示せり。　或學者は靜止核に於ては核仁の外何物をも見ずと云ひ又　Rosenberg
('04, '09) 及 Overton ('05, '09) は靜止核に於ても染色體は消失せずして其個體獨
立性を維持する事を唱へ殊に後者は斯の如き染色體に對して原始染色體(Prochro-
mosomen) なる名稱を唱へたり。　又多くの學者によれば核腔內に一面に微細なる
網狀體の瀰散せるを見る。　而して Grégoire 氏は此網狀體は勿論染色體すら整一
なる物質よりなるべき事を主張するも　Strasburger 氏は此說に反對し染色體を構
成するものは少くとも二種の物質よりなり靜止核に於て見る網狀體の內には特別
なる染色粒ありて斯の如き小粒が網狀體の結節に存在し此小粒體の內部に遺傳單
位が含有せらるるものとなして此小粒體をパウゲノゾーメン (Paugenosomen) と
稱せり。くさふぢに於ては　Grégoire　の主張するが如き染色體の整一說は適合せ
ざるが如し。何となれば不染色性基礎物質及び之と全く獨立なる染色質粒とを區
別し得べければなり。但し此染色質粒が Strasburger 氏の稱するが如きパウゲノ
ゾーメンに相當するや否やは不明の事に屬す。而して完全なる靜止期に於ては原
始染色體は勿論之れに類する染色性物質の存在をも見ざるを以て　Rosenberg 及
Overton 等の如く原始染色體の存在を以て染色體の個體獨立性の持續を證する事
能はざるも染色性物質が將來分裂活動期に入りて集中すべき中心點と染色性物質
の之等の中心點に對する所屬性とを假定するは强ち困難ならざるべし。

　　染色體の極性 (Polarität) に關しては　Rabl 氏 ('84) は Salamandra の表皮細
胞に於てスピレム期の終りに於て之れを認め又末期に於ける染色體の配置の前期
に於ける其れと甚一致する事を證し以て染色體の獨立性が靜止核に於ても持續す
る事を主張せり。　其後 Strasburger ('05) 及 Müller ('09) の兩氏も之を確むる事
を得たり。　くさふぢに於ては此事實を凡べて認むる事を得べく而も極性は只單
にスピレムの後期のみならず更に一層早き時期に於て否旣に靜止期に於てさへ見
る事少からず。　されば予は　Rabl 氏の說に贊成し染色體の個體獨立性の維持は
極性によりて證する事の有力なる事を信ず。　而して極より染色體が放射して出
づるは Fraser 及 Snell 氏 ('11) の云ふが如く染色體の營養に都合よき配置なり
と稱するを得んか。

體細胞核の分裂に於て！染色體の縱裂が屢々已に前期に於て起る事は Zimmermann 氏 ('96) が記載せる所にして其以後 Merriman ('04), Farmer 及 Moore 氏 ('05), Strasburger 氏 ('05), Digby 氏 ('10), Lundegårdh 氏 ('10), Fraser 及 Snell ('11), Beer 氏 ('12) 及其他の人々により種々の材料にて證明せられたるものなり。くさふぢに於ては染色體の縱裂は已に前期の初めに於て現はれ前期を通じて存在すと雖 Fraser 及 Snell 氏 ('11) 及 Lundegårdh 氏 ('10) の說には贊成する事能はず。 氏等の說によれば染色體の縱裂は既に前分裂の末期に於て見る事を得べく靜止核を通じて持續すと云ふ。 然れども末期に於ける染色體の縱裂なるものは實際只外觀的のものに過ざずして染色體分解の際に一時的に起る現象に過ざるものなり。 然れども體細胞分裂前期に於ける染色絲の此對的構造を Strasburger 氏及 Tischler 及がそらまめにて記載せるが如く二本の一個の染色體が對的に並ぶものと解釋するは少くともくさふぢに於ては探る能はざる所なり。

染色體の大小に就いては近來多くの學者によりて種々の記載あり。Strasburger 氏 ('10) はふしぐろ (*Melandryum rubrum*) の根の橫斷面に於て不同の大さの細胞內に存する核は著しき大さの差を示さず、而して此差は分裂期に於ける染色體に於ては或程度に現はるゝ事を認め、又氏はあさ (*Cannabis sativa*) の根の橫斷面に於て雄株と雌株とに大さの差あるを認めしかども常に現はるゝ事はなかりしと云ふ。 然るに予のプレパラートに於ては殆ど同じ大さにて而も相隣れる細胞に於ても此染色體の大さの差を見るは奇なる現象なりとす。

異型核分裂に於けるシナプシスは自然的の像として今日一般に認めらるゝと雖も其意義の果して何處に存すべきかに就きては今尚一致したる說を見ず。 然れどもシナプシスを以て染色體絲を對的に並べて之を結合せしめて網狀體を完全に雙價の染色體となすに重要なる機構なりと解釋するは適當ならじ。

異型核分裂の核絲の縱裂は多くの學者により種々解釋せらるゝものなり Junktionstheorie の解釋する所によれば核絲の縱半は各異る由來を有し其縱裂は異の縱裂にあらず已にシナプシスに於て互に融合せる重複絲の分離せるものと見做し以て異型核分裂の核絲を雙價となす。 然るに Faltungstheorie の解釋に依れば此

核絲は單價の體細胞染色體と相同にして双價のものにあらず而して之れに生ずる縱裂は體細胞染色體の縱裂に相當すべきものなり、又異型核絲の縱裂は眞の分裂にして染色體素は之より前の時期に於て其端と端とを以て互に融合したるものなりと云ふ。　然れども已にシナプシス後期に於て見たるが如くシナプシスより解け出づる核絲は已に双價にして其縱裂は體細胞核絲の縱裂とは全く相似のものたるに過ぎず。　即ち少くともくさふちに於ては Junktionstheorie の甚だ該當せるを見る。

　第二集縮については多くの議論あれども此現象は複染色體の形成に對して重要なる像と云はざるべからず。　何となれば此現象は何れの場合にありても „hollow Spirem" とヂアキネーゼ期との間に起る、而して複染色體の形成に對しては或機構を必要とし此機構が染色體の配置及狀態に著しき變化を來すべき事は考へ得べき事なればなり。　各複染色體は双價の核絲の橫斷によりて形成せらるゝを以て第二集縮に於ける染色體絲 (Chromosomenschlingen) も亦對となりて並ぶ、染色體の屈曲狀態は複染色體の形成には何等意味なきものにして只偶然的の像に過ざるなり。　故中染色體の屈曲狀態は第二の集縮に於て生じたる複染色體の各單價の染色體が其端にて融著して生じたるものなり。

　核外仁に關しては 田原氏 ('10b) の**おにたびらこ**の花粉母細胞に於ての記載あり氏によれば核外仁は中期に於ては現はれず中間期に至りて始めて現はれ間もなく消失し第二の分裂にて再び現はる。　くさふちに於ては之れと稍々異り第二集縮に於て始めて現出し四分子形成(同型分裂の終)迄は 只第一及第二の中期を除く外存在し之等中期に入るや否や直ちに消失す。　之れ或は Strasburger 氏の稱ふる如く核仁と紡錘絲との間に何等かの關係あるにあらざるか、但し中期は紡錘絲の最發達せる時期と見る事を得べし。

　染色體の數は新種形成の問題に重大なる關係を有するものなるが之れに伴ひて染色體の大さの差に就いても充分な觀察を必要とす予は體細胞核內に於ては充分なる常に現はるゝ一定の染色體の大さの差を認むる事能はざりしが花粉母細胞核の前後兩分裂に於て明に此差を見る事を得たり即ち異型分裂に於てはヂアキネー

ゼ期及核板の側面視及極面視にて同一の大さと略同一の狀態とを有する複染色體が一對宛三對存在すべし（第十五圖）。又同型分裂にありても同一の大さと略同一の形狀とを有する單價の染色體が一對宛三對存在す（第十七圖）。 而して田原氏（'10a, '10b）及桑田氏（'10, '11）は之れと同樣の現象を觀察し田原氏によれば斯如き狀態は生殖核の染色體がハプロイドにあらずしてヂプロイドなる事を示すものなるやも知れずと云ふ。くさふぢに於て斯如き染色體數の關係あるか否かはなほ同屬のものとも研究するの必要あるべく後日の機會に讓らん。

研 究 結 果 の 總 括

I. 體細胞核分裂

1) 末期に於て染色體が側面にて互に anastomosieren する事は稀れにして此 Anastomosen は染色體の分解に必要なる機構と見るべからず。

2) 空胞化が完全に起る時は染色體は分解して二本の平行線となり其間に空所を存し染色性物質は核腔內に瀰散す。 特別なるクロモメーレンも又連續せる染色線もなし。

3) 完全なる靜止核にありては核內に一或は二の球形の核仁と一樣に精微に分布せる網狀體とを見る而して此網狀體は基礎物質と之れに宿る染色性部分より成る。

4) 前期の初めに染色性集合體が漸次大となり且又其數を增加し來る然れども其數、大さ、形狀、及配置は不定なり。

5) 染色體の極性は末期、靜止期及前期を通じて著しく存在し前期に於て生じたる染色體の配置は前分裂の末期に於けるものと酷似し其數十二或は約十二を算す。 染色體の縱裂は屢々前期の早き時期に起る。

II. 花粉母細胞減數分裂

6) 靜止期に於ける花粉母細胞の狀態は大略體細胞休止核に於けるが如し。

7) シナプシスの前期に染色核は周邊に近き多くの點に集合す而して之等の集合體の大さと數とは不定にして單獨にリニンの上に懸るものなり。

8)　シナプシスは只單に核腔の部分的擴張のみにあらずして部分的擴張に際し網狀體それ自身の集縮も起るものなり。　完全なるシナプシス期の前及その間には染色性物質の對的配置或は對的融合を見る事能はず然れどもシナプシス後期に於ては斯如き平行的融合は之れをシナプシス塊より走り出づる絲に於て明に觀する事をうべし。

9)　シナプシスの前期に於て破れたる核膜はデアキネーゼの前及其間に至る迄は再成せらるゝ事なし。

10)　異型核分裂に於ける核絲は體細胞核分裂の核絲と相似にして双價なり。

11)　„Hollow spirem“ とデアキネーゼ期との間に於て常に第二の集縮起るべし此時期に複染色體は双價核絲の橫斷によりて形成せらる。　然れども屢々デアキネーゼ期に至り始めて橫斷するものあり。

12)　屢々複染色體の各單價染色體に縱裂を生ず。

13)　染色體數はハプロイド數にて六、デプロド數にて十二なり而して花粉母細胞減數分裂にて二つゞゝの複染色體が同大同形の對をなすを見る。

14)　核外仁は第二の集縮にて初めて出現し第一及第二分裂の中期以外には四分子形或は遊離存す。

15)　中間期に於ける染色體の配置と狀態とは體細胞分裂の前期のそれに酷似し核は決して靜止期に入らず。

16)　第二分裂は均等分裂なり。

終に臨み余は恩師故大野直枝先生の御懇篤なる指導に對して深厚なる感謝の意を表す、只本論文の發表を見給はずして先生の逝去せられし事は余の最遺憾とする處にして今や漸く發表の期に達したれば余は謹て本論文を先づ第一に先生の靈に捧げんとす。　又此研究に際し直接間接に有益なる助言を賜はりたる宮部先生及郡塲先生に對しても同樣に深く感謝する所なり。

大　正　三　年　二　月

東北帝國大學農科大學植物學敎室にて

引 用 参 考 書

Beer, R. ('12): Studies in spore development. II. On the structure and division of the nuclei in the Compositae. Ann. Bot. vol. 26.

Davis, B. M. ('09): Cytological studies on Oenothera I. Ann. Bot. vol. 23.

Digby, L. ('10): The somatic, premeiotic and meiotic nuclear divisions of Galtonia canadens. Ann. Bot. vol. 24.

──────── ('12): The cytology of Primula Kewensis and of other related Primula hybrids. Ann. Bot. 26.

Farmer, J. B. and Moore, J. B. S. ('05): On the meiotic phase (reduction division) in animals and plants. Quart. Journ. Micr. Sci. vol. 48.

Fraser, H. C. and Snell, J. ('11): The vegetative divisions in Vicia Faba. Ann. Bot. vol. 48.

Grégoire, V. ('04): La reduction numérique des chromosomes et les cinèses du maturation. La Cellule. T. 21.

Grégoire, V, et Wygaerts, A ('03): La reconstruction du noyau et la formation des chromosomes dans les cinèses somatiques. I Racines de Trillium grandiflorum et telophase homoetypique dans le Trillium cerum. La Cellule. T. 21.

Kuwada, Y. ('10): A cytological study of Oryza sativa L. Bot. Mag. vol. 24. (Tokyo).

──────── ('11): Maiosis in the pollen-mother cells of Zea Mays L. Bot. Mag. vol. 25.

Lawson, A. A. ('11): The phase of the nucleus known as Synapsis. Trans. Roy. Soc. Edinburgh. 47.

Lundegårdh, H. ('10): Über Kernteilung in den Wurzelspitzen von Allium cepa und Vicia Faba. Svensk. Bot. Tidskr, Bd. 4.

──────── ('12): Die Kernteilung bei höheren Organismen nach Untersuchungen an lebenden Material. Jahrb. Wiss. Bot. Bd. 49.

Mano, M. T. ('05): Nucléole et chromosomes dans le méristème radiculair du Solanum tuberosum et Phaseolus vulgaris. La Cellule. T. 22.

Merriman, M. L. ('04): Vegetative cell division in Allium. Bot. Gaz. vol. 37.

Mottier D. M. ('07): The development of the heterotypic chromosomes in pollen mother-cells.

Müller, C. ('09): Über karyokinetische Bilder in den Wurzelspitzen von Yucca. Jahrb. Wiss. Bot. Bd. 47.

Nichols, M. L. ('08): The development of the pollen of Sarracenia. Bot. Gaz. vol. 45.

Overton, J. B. ('05): Über Reduktionsteilung in den Pollen-mutterzellen einiger Dikotylen. Jahrb. Wiss. Bot. Bd. 42.

──────── ('09): On the organisation of the nuclei in the pollen mother-cells of certain plants, with especial reference of the permanence of the chromosomes. Ann. Bot. vol. 23.

Rabl, C. ('84): Über Zellteilung. Morphol. Jahrbuch, Bd. 10.

Rosenberg, O. ('04): Über die Individualität der Chromosomen im Pflanzenreich. Flora, Bd. 93.

──────── ('09): Zur Kenntnis von den Tetradenteilung der Compositen. Svensk. Bot. Tidskr. Bd. 3.

Strasburger, E. ('05): Typische und alltypische Kernteilung. Jahrb. Wiss. Bot. Bd. 42.

──────── ('10): Über geschlechtbestimmende Ursachen. Jahrb. Wiss. Bot. Bd. 48.

Tahara, M. ('10a):　Über die Kernteilung bei Marus.　Bot. Mag. vol. 24. (Tokyo).

———— ('10b):　Über die Zahl der Chromosomen von Crepis japonica Benth.　Bot. Mag. vol. 24. (Tokyo).

Wilson, M. ('09):　On spore formation and nuclear division in Mnium horeum.　Ann. Bot. vol. 23.

Zimmermann, A. ('96):　Die Morphologie und Physiologie des pflanzlichen Zellkernes. S. 55.

有 珠 岳 の 噴 火

河 野 常 吉

ERUPTIONS OF THE VOLCANO USU.

By

TSUNEKICHI KŌNO.

　有珠岳の噴火を記するに當り先づ地勢の大要を述べんに、同山は膽振國有珠郡伊達村大字有珠村にありて東は同村大字長流村に跨り、北は洞爺湖に臨み、西は虻田郡虻田村に接す。　全體不規則なる圓錐狀を成し、山巓は大なる舊火孔にして其南壁を南屛風山、北壁を北屛風山と云ひ、其内部は火口原たり。　火口原の東部、外輪山にかけて一の大なる突起あり。之を大有珠岳と稱す。アイヌは之を「アシリヌプリ」と云ふ、即ち新山の義にして、嘉永六年噴火の際生成したるものなり。　其高さ海拔千九百六十四尺、之を當山の最高點とす。　大有珠岳と相對して火口原の西部に又一の突起あり、之を小有珠岳と稱す。　アイヌは之を「フシコヌプリ」と云ふ、即ち古山の義なり。　其高さ海拔千九百十四尺とす。　小有珠岳の南西に火口湖あり、「ワツカチンケピンカイ」と云ふ。　文政五年噴火の際虻田部落を壞滅したる押出しは蓋し此處より起りたるものなり。

　「此山は古來屢々噴火せり。　北海道志卷の六(地理)山の部に曰く「慶長十六年冬十月噴火し、後寛文三年七月十五日、文政五年閏正月共に噴火し、安政元年又少く噴火す」と。　此記事中寛文三年文政五年の噴火は事實なるも、其間に明和五年の噴火を脱略せり。　又安政元年とあるは嘉永六年噴火の誤なり。　慶長十六年の噴火に至ては絶えて他書に見えざるのみならず、同じ北海道志卷の三十五(雜記)噴火の部にも亦之を記せず。　因て其出處を考へしに、此記事は舊記に據りしものにあらず、大抵戸長役場若しくは郡役所の調査報告したるものならんと察し、有珠郡開拓の率先者にして公私共に同地方の事に關係せし田村顯允翁に質せしに猶

曰く、正確には記憶せざるも、自分等移住當時、虻田の牧場（文化以來の官設牧馬場）の頭取に戸田悠次と云ふ人あり、此人に就きて種々の事を取調べ有珠岳噴火の事をも聞きたりしが、其噴火年代の如きは固より精確と云ひ難ければ、それ等より誤謬を生ずるに至りしにあらざる歟と。蓋し然らん。因て予は慶長の噴火は更に他に證據の發見せらるゝ迄は之を正確と認めず、暫く之を抹殺し、寛文以後の噴火に就きて記する所あらんとす。

寛 文 三 年 の 噴 火

此時の噴火は或は七月十四日となし、或は七月十一日となす。即ち(甲)は松前家より幕府への屆書並に松前年々記に記する所にして七月十一日より同月十三日まで間斷なく少しづゝ地震、十四日明け方より大に噴火せり。又福山舊記には單に七月十四日宇須岳燒出づと記せり。(乙)は福山祕府にして七月十一日大雨洪水、東部宇須岳發火、雷鳴甚烈、同月十四日宇須岳又發火と記し、嚴有院實記には十一日より燒出し云々と記せり。以上の二説其何れが正確なりや斷言し難しと雖も、幕府への屆書は比較的正確なりと認むべく、又此山の習性として噴火前地震を發するの辨あるを以て、(甲)は從ひ十一日より地震、十四日噴火せりと云ふを可とすべきに似たり。十五日は震動最も甚だしく山海鳴渡り降灰夥しく、附近の蝦夷家は燒け或は埋りアイヌ五人立退くこと能はずして死亡せり。山嶺は十の八九まで崩壞せり。同日晝八つ時（午後二時）燒山より栗の形に似たる長一丈許の物昇騰せしに南北より光り物飛び來りて之を引き落すと見ゆるや、山は二つに破れて大に震動せり。アイヌは煙中の火光と震動の夥しきを以て神軍の所爲となし恐怖惑亂すること甚だし。降灰は有珠より松前の方、即ち西方海上二日路の間、汀より沖へ二千七百間餘を陸の如く埋め、尚其沖は足場柔かにして歩行し難きも、浪打際も見えざるまで遠く覆ひたり。折しも南風にして福山地方へは灰は降らざりしが、鳴動の音は羽州庄内邊まで聞えたり。而して松前年々記には七月末まで鳴止まずと記し、福山祕府には月尾に至りて漸く止むと記せり。

明 和 五 年 の 噴 火

寛文噴火の後百五年を經て明和の噴火あり。松前年歷提徑には明和五年十二

月東部宇須岳壞崩、夷人攝怖避彼地と記し、函館の人逢坂七兵衞の日記には十二月十六日白山燒申候と記せり。 噴火の狀況は詳かならずと雖も、被害はなかりしと察せらる。

文 政 五 年 の 噴 火

明和噴火の後五十四年を經て文政五年の大噴火あり。 其狀況は當時有珠善光寺に在りし役僧某の日記に明瞭なり。 其大要を記せんに、閏正月十六日午前二時より朝まで地震凡そ三度。 十七日地震並十四五度夜凡そ三十度。 十八日地震三十四五度、地響き凡そ四十度。 去夏洞爺湖の水餘程減少せるが先年噴火の際も同斷の由なれば旁々以て噴火の前兆なるべしと老夷申す由。 十九日晴、北西風、地震並頃迄に百度許、午後二時有珠岳甚しく鳴動噴火し、土烟を吹上げ電光を發し其光景魂を消すばかりなれば本營並に什物等船に積入れ、山主其外之に乘りてフレナイに至り尋でペンベに避難す。 二十二日午前三時頃より噴火烈しく火の玉の四方へ散亂すること百萬の流星火を打上ぐるが如し、此夜までに過半燒崩れたる樣子。モロラン支配人來る同地は灰五寸許積り白晝も樺皮を焚き居る由。 二十三日噴烟は少し穩なるも地響き間斷なし。 二十六日夜頻に鳴動し猛火燃上り、二十七日晩甚だ烈し。 二十九日烟大に薄らぎ唯震動のみ。 二月朔日朝鳴動地響恰も百千萬の雷電一時に落るが如し。 猛火前山一面に溢れアブタに押出し、家屋より草木に至るまで押倒し燒拂ひ、牧士村田卯五郎同紋太郎、虻田場所支配人松之助其他和人夷人の死亡あり。 虻田場所請負人和田屋茂兵衞、同雇人善五郎及同所に來合せ居たる白老場所支配人產右衞門は燒爛れて半死半生となり、戶板に乘せてフレナイに收容せられしが茂兵衞、善五郎の二人は遂に死亡せり。 二日噴烟するも地動は少し穩かなり。 三日アブタ、フレナイ邊和人夷人殘らず引拂ひ往來を止む。 六日黑烟夥く昇り電光りの樣子恐るべし。 九日大地震(十日以後記錄を缺く)。

上に記する如く二月朔日の變には、虻田會所及牧士の住宅を始め虻田土人部落は全滅したれば、其後は會所及土人部落を西方約二十町のフレナイに移して同所

を虹田と稱し、舊虹田部落の所在地をドコタンと稱せり。　ドコタンは即ち麿村の義なり。

嘉 永 六 年 の 噴 火

　文政噴火の後三十一年を經て嘉永元年の噴火あり。　其噴火の狀況は、明治二十八年予蝦地方巡回の際、虹田の古老にて噴火の當時其實況を目擊したる川又惠太郎氏より聞きたれば之を記さん、　同年三月十五日虹田に地震入回あり。　正午頃有珠岳噴火せり。　是より先き三日間東風にて雷鳴あり。　鵡川の土人にて占を善くするアシマサといふ者此日の噴火を豫言せるよしにて、十五日朝船頭役の佐之助と云ふもの「今日は山が抜けるから逃げるがよい」と言ひ出し、ドコタン

（寛政年間名山圖會所載）

（明治四十三年見取圖）

に在りし人々は虹田に避け來れり。　井の水は其味鹽辛くなれり。　有珠善光寺の僧侶が實物等を携へ船に乘りて虹田に來りし故、惠太郎は其船に上乘して禮文蕐に至り、上陸して僧侶に壺食を供するや否や、轟然鳴り響きて有珠岳噴火したり。是より惠太郎は虹田に隱りしに、三日間は壺も暗き程なりき。　山頂より噴出する烟は壺白き皿柱の如くなるも、夜は赫灼として赤く、其間に噴上げられて降下する岩と噴上げらるゝ岩と衝突して烈火を發し光景いと凄まじ。　噴火の當時

南西風なりし故、灰は皆籠の方に降れり。 凡そ一個月を經て東風三日間吹續きし
が、虻田に灰の降りしは東風の時のみにして、其積りし量は前後合せて三寸程なり
き。山頂の形狀は噴火の爲め變化し皆籠の山は高くなりたり。斯くて七月頃迄は
燒け續きて夜は眞赤に見へ鳴動の音をも聞きたりしが其後は次第に靜止したり。

　皆籠の山が高くなりしとは即ち皆籠方面の大有珠岳の生成したることなり。然
れども此時此新山の生成したる事實は、斯學者間に今日尚確實に認め居られざる
ものゝ如し。 因て予は更に舊記を調査せしに、安政元年幕府の目付堀織部正に
隨ひ蝦夷地を巡回せし某の蝦夷地紀行には『去丑四月十三日一の大山を生ず。や
はり此節まて大に燒ける』とあり。 榊原鍵藏筆記には『宇須山は燒けて嶺半より
崩れ二つに分れたり其中央に新に一つ成り出たり』とあり。 又和田屋茂兵衛(噴
火の際死亡せし茂兵衛の相續人)の願書には『此度新規山出來候に付 其末如何樣
の變事出來候哉も難計』とあり。 由是觀之、當時大有珠岳の生じたるは明かなり。
蓋し酸性にして粘性强き熔岩の噴出して凝結したるものにして、明治四十二年四
月櫓前山に生じたる熔岩山と同種のものなるべし。 而して此熔岩の噴出を榊原
鍵藏筆記によりて四月十三日とすれば、噴火の初日なる三月十五日を距ること二
十八日目に當れり。 尚山容の變化を知らんが爲め、有名なる畫家谷文晁が文化
元年著はしたる日本名山圖會に載する所の有珠岳の圖と、明治四十年の形とを比
較せんに、日本名山圖會に載する所は寬政十一年文晁の一族なる谷元且が蝦夷地
巡行の時寫したる圖に據りしものにして、固より大體の形を寫せしに過ぎずと雖
も、其山頂に小有珠岳のみありて、大有珠岳なきが如き、之を後の圖に比較して
異る所あるを知るべし。

　噴火前の地震は川又專太郎氏の談によれば、虻田にては噴火の當日八回ありし
由、尚其前に地震ありしや否や念を推して聞かざりしが、其後有珠の老アイヌの
語る所によれば、噴火前幾日間も地震ありしと云ふ。

明 治 四 十 三 年 の 噴 火

嘉永噴火の後五十七年にして明治四十三年の噴火あり。 此時の噴火の狀況は

既に詳細に知られ居るが、其大略を記すれば、七月十九日一回の微震あり。　二十一日小鳴動を聞き、二十二日より地震次第に増加し、伊達村に於て同日二十五回、二十三日百十回、二十四日三百十三回、二十五日百六十三回の地震を感じ、其内強震少なからず且つ凄絶なる鳴動併發し、附近の人民は他へ避難せしに、二十五日午後六時頃より地震は稍々沈静の状況を呈し、午後十時頃に至りて有珠岳の西北麓なる金比羅山爆裂し、爾後有珠岳の北側に於て十月二日迄に爆裂せるもの無慮六十箇所に達し、其内稍々顯著なる火口三十餘を算せり。　而して其火口は何れも大ならず、噴出物亦少なく、其内熱泥を噴出せしもの七箇所ありしも泥の大部分は洞爺湖に流入したり。　更に注意すべき現象は、有珠岳の北側、東丸山より金比羅山に達する大裂線にして又此裂線に直角をなす數多の亀裂あり。　而して此大裂線は實に主要の各火口を連貫するものにして、八月三日頃は尚ほ顯著ならざりしが、同月六日より七日に亘り大鳴動と共に、其北側即ち湖畔に面する部分著しく隆起して一大断層を生じ、尚其後變動ありて甚だしきは數百尺の隆起をなせし所あり。　隨て湖畔も概して幾分の隆起を見たるも亦却て陥没したる所なきにあらず。　要するに此度の噴火には此断層を生じて各所に小火口を開きたるが爲め、噴火の勢甚だ猛烈ならざるを得たり。　詳細は當時調査の爲め出張したる大森博士其他諸氏の調査書に就て見るべし。

故 德 淵 永 治 郎 氏 略 傳

(A Brief Biography of the Late Y. Tokubuchi.)

　故德淵永次郎氏は元治元年十二月十三日渡島國函館に生る。　父は長崎の人德淵入百吉、賣藥行商を業として函館に來り、同地にて妻を娶り四男を擧ぐ氏は其長なり。　明治五年擧家日高國幌泉郡鹿野村に移住し海藻採集業に從事す。　同七年四月母故ありて、三男及び四男を攜へて

幌泉村より其帆船に便乘して其生國陸奥に向ひ歸途に就きしも、船と共に其行衞不明なりと云ふ。　同年九月父入百吉は氏を鹿野村の知人長岡淸太郎方の使丁とし、次子を日高國浦河に留め、單身札幌に來りて、其後此地「レストラント、ホテル」豐平館の帳場頭となる。　斯くて氏は明治七年九月より十一年三月まで長岡方に在りて雜役及び郵便配達に從事し、同三月父の命により、浦河なる幼弟を伴ひて札幌に來る。同十六年札幌農學校小使に採用せられ、同二十二年雇に昇進し、同三十一年七月迄其職に在りき。

　氏幼にして勞役の人となり。　學事に親むの機會なかりしと雖も、性極めて學を好み、其日高にありて、郵便配達に從事するや、寸暇あれば書を繙き一片の古新聞紙と雖も空しく捨つることなかりしとぞ。　特に其の札幌農學校に於ける十有六年は氏の最も刻苦精勵せる奮鬪時代にして、その小使たりし時より業務の餘暇內外諸敎師並に學生に就きて漢、英、理化、博物等の諸學科を學び、又傍ら夜學校に通學する等孜々として學習に餘念なかりき。　多年札幌農學校助敎授たりし山崎益氏語りて曰く、余一夜宿直室にあるや、德淵氏當時の最新譯書たるゼボン氏

論理學(窪田壽一氏譯)を携へ來りて其講說を求めしことありと。然れども德淵氏の最も愛好せるは植物學にして、明治二十三年敎授宮部金吾氏の助手として、植物學敎室詰を命ぜらるるや、勇躍欣喜益々奮勵する所あり、その道境頗る見るべきものありき。

宮部敎授の助手としての氏の任務は主として腊葉標本整理なりき。これを以て氏は日々夥多の植物に親しみ、種名檢索法等を練習せしのみならず、隨時野外に採集を試み、又屢々同敎授の探集旅行に從ふ等精勵の功空しからず、本道植物に精通するを得たり、而も氏はこれを以て足れりとせず、更らに進んて植物生理學及組織學、動物學人體生理學等を修め、又佛語及獨語を學ぶ等其勤勉努力常人の及ぶ所にあらざりき。宜べなり、その明治三十一年五月中等博物科植物學, 動物學、生理學、敎員檢定試驗に應ずるや、植物學科及び生理學科に合格し、殊に植物學に於ては其成績優秀なりしことや。斯くて氏は宮部敎授の慫慂に從ひ、同年七月岐阜縣尋常中學校の聘に應し、越えて三十二年四月愛知縣第一中學校に、三十五年更らに秋田縣立農學校に轉じ、同年奏任敎諭に昇任し三十八年八月島根縣立農林學校に轉じ、同年十月從七位に叙せられ、爾來同校に勤續し四十五年五月正七位に昇叙せられたり。

氏の篤學は札幌を去りし後と雖も渝ることなく、明治三十三年には三崎臨海實驗場に於て動物學を實習し、三十七年には文部省開催の實業學科講習會に出席し三十七年には夥多の標本を携へて札幌に來り其種名を調査せしが如き其他各任地に於ける博物學の進步發達に盡力し且つ斯學の涵養に意を用ひし等到るところその篤學なると職務に忠實なるとを以て同僚間に推稱せられ、島根縣立農林學校に於ては明治四十一年以來舍監を兼ね又一時校長代理たりし等上下の信用頗る厚かりしが、大正元年八月同校卒業生會に於て講演中卒倒して後頭部を擊ちし結果腦に異狀を呈し、翌二年一月以來京都に於て療養を加へしも其效なく、同年五月二十二日遂に逝け り。享年四十九。遺骸は同五月二十五日佛式を以て近江國甲賀郡三雲村(令室の鄉里)に葬らる。

氏在札中妻帶したりしが故ありて離緣し其後近江國三雲村某氏女かつ子を娶り一男二女を擧ぐ。未亡人三兒と共に今その鄉里にあり。

氏は明治二十七及八年'フランシェー (A. Franchet) 氏著ネコノメサウ屬檢索
表を「植物學雜誌」に譯載し猶これと同時に「惠林」(札幌農學校文武會發行)誌上
に寄稿する所あり、次て又「植物學雜誌」上に於て本道產ヤナギの種類に就いて再
三記述せる所ありき。 氏は又此頃よりエゾシロネに就きて綿密なる研究を試み、
夙に本會に於て其結果を發表したりしが島根縣立農林學校在職中これを大成し
「エゾシロネの學名及び兩形に就て」と題し「隱岐島植物分布論」と共に宮部理學
博士就職二十五年祝賀記念「植物學襍說」にこれを揭げ大に異彩を放てり。 この
「隱岐島植物分布論」は主として氏自ら踏査採集せる約六百種の植物に基づきて
同島「フロラ」の特徵を論じ、附するに同島植物目錄を以てせる一大論文にして實
に氏の最も熱血をそゝぎし所なり。

今東北帝國大學農科大學臘葉標本室に藏せらるゝ標本にして氏の採集に係るも
の甚だ多し。 殊に本道產ヤナギ類標本の如き其主要なるものなり。

本邦產植物にして氏の名を種名とせるものは次の如し。

    Fissidens Tokubuchii Brotherus (膽振國室蘭にて採集)。

    Hypnum (Bryonia) Tokubuchii Broth. (日高樣似山道にて採集)。

    Viola Tokubuchii Makino (フヂスミレ、アフヒスミレ)。

明治二十七年米國樹木學者サーゼント (C. S. Sargent) 氏の來道するや、宮部敎
授偶々病床にありしを以て德淵氏代りて案內の任に當り、札幌附近を始めとし遠
く渡島方面並に靑森縣八甲田山まて其行を共にし。多大の滿足を與へたり。サー
ゼント氏著 Forest Flora of Japan の口繪は札幌なる藻岩山麓に於けるカツラの
巨木を撮影せるものにして、氏は採集凾を肩にして樹下に立てり。· 實に好箇の
記念と謂ふべし。

德淵氏、· 宮部博士就職二十五年祝賀記念植物學襍說に論文二編を寄せしは前に
述べたるが如し。 これを以て本書の印刷成るや、余等は一日も早くこれを氏の
許に致して喜を共にせんと欲し急遽一本を郵送せしに何ぞ圖らん氏は此時既に重
症に陷りしかば、遂にその秩序ある感想を窺ひ知るを得ざらんとは。 これ實に
余等の一大恨事たり。 然れども氏の該害を手にするや愛玩措かず、永眠の日に

至る迄殆んど手より離さゞりしと云へば、此書は確かに同氏最大の慰藉たりしが如し。　余等此事を傳へ聞きて聊か自ら慰めずんばあらざるなり。

　嗚呼氏や勤勉努力を以て終始一貫し、その一生は實に一部の立志傳たり。　その年猶壯にして逝ける、實に惜むべし。　而も其死の悲愴たる、人をして同情に堪へざらしむ。

　　　大 正 三 年 二 月 十 五 日　　　　　高 橋 良 直 識

　本文の始めに記したる、故德淵氏幼時の事跡は日高國幌泉郡鹿野村なる長岡濟次郎氏の答書により、其後の經歷は主として札幌農學校及び島根縣農林學校に提出しありし故人の履歷書と故人の恩師にして併せて筆者の恩師たる、宮部博士の談話とによれり。　長岡氏は德淵一家の函館にありし頃より同家と昵懇の間なりし人にして、故人の幼時の波瀾に富める小說的事跡を詳にするを得たるは一に同氏の賜なり謹みて玆に謝意を表す。

　故人の出生地は、その札幌農學校に提出ありし履歷書には函館とあるに拘らず、島根縣農林學校に提出しありし履歷書は肥前國養父郡とあるを見れば、故人自身も此點に關し疑惑を懷きしに似たり。　然れども筆者は長岡氏の答書の正確なるを信じ函館を以て故人の出生地となせり。　遺族の疑問あらんことを慮り玆に記事の出所を明にす。

　　　　　　　　　故 德 淵 氏 論 文 目 錄

1.　附子とフクベラの差異。
　　　　　北海之殖産第二輯第二十五號（明治二十五年七月）

2.　ネコノメサウ屬檢索表。
　　　植物學雜誌｛第八十八號（明治二十七年六月）
　　　　　　　　｛第百三號（明治二十八年九月）

3.　北海道産菫菜屬植物識別表。

蕙林第十二號（明治二十七年七月）

4.　アヤメ、カキツバタ、ヒアフゼアヤメの種別。

　　　　　同上第十七號（明治二十八年九月）

5.　北海道自生楊柳屬種類に就て。

　　　　　植物學雜誌第百十號（明治二十九年四月）

6.　On Some Species of Salix. I. (With 1. Pl.) (和文添付)

　　　　　同上第百十六號（明治二十九年十月）

7.　博物學の應用。

　　　　　愛知縣第一中學校學友會雜誌第五十號（明治三十三年六月）

8.　本校中庭の老大聚樹の顛倒に就きて。

　　　　　同上第五十一號（明治三十三年十一月）

9.　軟體動物の祖先形に就きて。

　　　　　同上第五十二號（明治三十四年七月）

10.　珊瑚礁の話。

　　　　　同上第五十三號（明治三十四年十二月）

11.　エゾシロネの學名及兩形に就て。

　　　　　宮部理學博士就職二十五年祝賀紀念

　　　　　植物學襍說（大正元年十二月、東京、六聖館發行）

12.　隱岐島植物分布論。

　　　　　同上。

本　會　記　事

（自大正二年四月至大正三年一月）

例　會

大正二年四月より大正三年一月迄例會を開催すること八回其講演題目及大要は左の如し。

〇第百七十七回　大正二年四月十九日、本學經濟學講堂に於て開會、

　1.　植物分布學上より見たる屋久島。　　　　　　理學士　工藤祐舜君

屋久島の植物分布に就て評論し、其の植物區系を論じ合せて屋久島はエングレル氏の Holarktis に入るべきものにして日本群島に於ける Holarktis の南端なりと論じ大島に至らば Palaeotropis に入るべきものなりとて其例證を舉げたり。

　2.　「きくひむし」の分類に就きて。　　　　　　林學博士　新島善直君

小蠹蟲科の分類は最初は他の昆蟲の如く主として外形によりてなされたり、即ち Erichson 1838 は Bostrichidae と稱し之を 1. Hylesinen 2. Eigentliche Bostrichen 及び 3. Platypus の三に分てる如し。其外 Chapuis, Eichhof 1873 は Scolytidae とし口器の下顎の構造を分類の要點に加へたり。Lnidemann 1875 は解剖的の性質よりし殊に咬胃 Koumagen と交接器の構造を以て分類を定めんとせり。近來は Platypus を全く獨立せる科となし Hagedorn 1910 に於て專ら口器の構造によりて Pilidentatae, Spinidentatae, Saelidentatae 及び Mintodentatae の四に分てり、之れに對し Müsslies 1912 は細かく各種の解剖をなして口器によるの無意味なるを論じ、咬胃によりて分類するを可とし十一の亞科となしたり。右各分類法の要點を舉げて、分類が外部的性質より内部的性質に及べるを説く。

〇第百七十八回　大正二年十月十日、札幌麥酒會社樓上に於て開會、例會を兼て飯島理學博士と本會會員との懇親會を催せり。席上博士は次の講演を試みられたり。

3.　動物界の分類。　　　　　　　　　　　　理學博士　飯島魁君

先づ Animal Kingdom は Protoza と Metaza とに分ち得其間に Mesozoa を入るる
事あり。此 Mesozoa 中に屬する動物は近時研究の進むに連れて所屬分明となり
て大に其數の減少を來せるが爲め、其が存否は問題なりと説かれ。　次に Pori-
fera　の分類學上の位置に至りて、博士多年の研究にかゝる其發生を詳説し、
Porifera を Coelenterata の中に列し若くは Metazoa と同列に置かんとするの
誤れるを説き、之れを Parazoa として、Metazoa の中に列するの可なることを
説き。　其他各動物の位置に就き詳説せられたるものにして實に趣味深き講演
なりき。

○第百七十九回　大正二年十一月八日、本學經濟學講堂に於て閉會、

4.　稻に對する硫酸銅の影響並に種籾腐敗豫防法。　農學士　伊藤鱶哉君

本年北海道の凶作は内地諸縣の凶作と異なり、明年の種籾の有無を齊田の中に
心配する有様なり。　余は本年に於ける本道苗代の苗不足は　1.　は温度の不足、
2.　は菌類の寄生に歸するものと信じ、其寄生菌の Fusarium（新月菌、紡錘菌）
なるを知れり。　氣温の低下は人爲のこれを調節すること困難なるべきも、菌類
の寄生は人爲的に防止すること可能なり。

其豫防法として硫酸銅を用ひて見んとの希望より此の實驗を初たりと述べ本夏
連日に渡る氏の研究結果を報告せらる。

先づ、稻と硫酸銅との關係及寄生菌と硫酸銅の關係二項に則ち、一々先人の研
究及自己の實驗法並に其經過に就きて評論し。　最後に結論して稻に對する硫
酸銅の影響は假令浸漬液が多少濃厚なりとも其時間にして短からんか著しき害
を及ぼすことなし。　反之 Fusarium は比較的稀薄なる硫酸銅液によりて殺戮
せらるることを確めたり。　而して實地に用ふべき硫酸銅の濃度は 1% を適度
とし、浸漬時間を 2時間とせば可なりと。

本論文は 1913, XI; 札幌農林學會會報第 20 號 p. 563—p. 609 に詳記あり、
就て參照相成たし。

○第百八十回　大正二年十二月十三日　同上に於て開催。

5.　率櫚に於ける炭水化物の分布に就きて。　　　農學士　前川徳次郎君

一年生より四年生に至る率櫚枝條内の還元糖及び澱粉の最大及び最小期を觀察し、此兩者の最大及び最小期は相反關係を有することを述べ又組織學的に同化物の貯藏の狀態竝に冬季枝條内に於ける葡萄糖の生理學的意味に就きて二三の實驗を試みたる概要につきて述べたり。

6.　「くさふぢ」に於ける核分裂に就きて。　　　農學士　坂村　徹君

内容の詳細は載せて本號にあり依て茲に略す。

〇第百八十一回　大正三年一月十七日　同上に於て開催。

7.　「くさふぢ」に於ける花粉母細胞核減數分裂に就きて。

同上。　　　　　　　　　　　　　農學士　坂村　徹君

8.　天蠶幼蟲の輝點に就きて。　　　　　　農學士　田中義麿君

天蠶、柞蠶等の幼蟲に於て、氣門の直上及び亞背線の外側に於て、美麗なる金色又は銅色の金屬光を有する斑點を存するものあり。　是れ即ち輝點なり。　輝點が斯くの如き顯著なる光彩を呈する所以は構造的色彩と色素の存在との兩者に賠すべきものにして、就中其のキューチクラの特殊の構造は頗る興味あるものなり。　而して輝點發達の程度は個體によりて大差あり。　又全然之れを缺くものあり。　此等の變異は個體の雌雄營養の良否等には關せざるものの如く、唯品種的特殊の關係有るに似たり。

總　　　會

大正三年一月十七日、例會閉會後、經濟學講堂會議室に於て本會定期總會を開催す。

先づ、伊藤幹事立ちて本期に於ける庶務の報告あり。　次に田中幹事の會計報告、新島幹事の編輯に於ける會務の報告あり。　宮部會長の挨拶ありて、役員改選に移り、開票の結果左の如く報告ありたり。

本　會　役　員

　　　會　　長　　宮　部　金　吾　氏　(再選)

　　　庶務幹事　　工　藤　祐　舜　氏

　　　會計幹事　　佐　々　木　望　氏

　　　編輯幹事　　新　島　善　直　氏　(再選)

　　　同　　上　　郡　場　寛　氏

會　　員

死　亡　會　員

下記本會正會員三氏有爲の材を抱きて逝去せらる、異に哀悼の至に堪へず

　　德　淵　永　治　郞　君　　　大正二年五月二十二日

　　三　浦　慶　太　郞　君　　　大正二年八月十一日

　　大　野　直　枝　君　　　　　大正二年十月十九日

退　會　者　十　一　名

西谷清次郞君　　　中本保三君　　　村越銃之助君

木下周太君　　　　楢山淸利君　　　渡邊彌三太郞君

安藤乙次郞君　　　飯塚幸四郞君　　小西和君

根岸元吉君　　　　小熊桿君

新　入　會　員　七　名

藪與太郞君　　　佐藤蓬一君(准)　　吉野毅一君

梶山英二君　　　前田楓君(准)　　　郡場寛君

逸見武雄君(准)

現　在　會　員　百四十一名

　　贊助會員　　　　　　　二　　名

　　正　會　員　　　　　　九十一名

總 會

	地　方		四十一名
	在　札		四十三名
	海　外		七　　名
准　會　員			四十八名
	地　方		二十五名
	在　札		二十三名

大正三年六月十三日發行

大正三年六月十日印刷

發行所　札幌博物學會
石狩國札幌區東北帝國大學農科大學内

印刷所　三秀舍
東京市神田區美土代町二丁目一番地

印刷者　島　連　太　郎
東京市神田區美土代町二丁目一番地

編輯發行者　河　野　常　吉
石狩國札幌區北四條西七丁目三番地

目　次

——

（以上欧文）

CONTENTS.

——

TRANSACTIONS

OF THE

SAPPORO NATURAL HISTORY SOCIETY.

FOUNDED IN 1891.

VOL. V. Pt. 3.

札 幌 博 物 學 會 會 報

明 治 二 十 四 年 創 立

第 五 卷 第 參 號

札 幌 博 物 學 會 印 行

大 正 四 年 三 月

PUBLISHED BY THE SAPPORO NATURAL HISTORY SOCIETY.

SAPPORO, JAPAN.

MARCH, 1915.

NOTICE.

All communications should be addressed to the Sapporo Natural History Society in the College of Agriculture, the Tōhoku Imperial University, Sapporo, Japan.

注　　意

本會に對する總ての書信は東北帝國大學農科大學内札幌博物學會に宛て發送せらるべし。

MEASUREMENT OF THE FORMOSAN BUFFALO.

By ·

HIDEOKI YANAGAWA, *Nogakushi.*

(Government Stock-Farm, Koshun, Formosa.)

———————

臺 灣 水 牛 の 體 則 に 就 て

農 學 士 柳 川 秀 興

臺 灣 恒 春 種 畜 牧 場

———————

During my extended travels through the Philippine Islands in 1912 and 1913, I saw a great many carabaos or water buffaloes there, especially in the Islands of Mindanao and Luzon. Except the Mindoro timarau, which I had no chance to see, most of the native buffaloes seemed to be identical with our Formosan breed, that is *Bubalus buffelus* var. *sondaica* Müller et Schlegel [1]. In size, however, they were generally larger than ours. The measurement was done after the method of Werner. [2]

———————

1) Werner's Rinderzucht. II. Aufl. S. 6.
2) l c. S. 144.

Name	Tsune-izumi	Singe-tsu	Tsune-aki	Koshun	Koshun VI	Total	Average
						Total	Avera-ge
Name	Tsune-izumi	Singe-tsu	Tsune-aki	Koshun	Koshun VI		
Years old				6			
Date of measurement	July 14 14	July 20. 1914	July 1914	July 1914	July 1914		
Height at withers					123 8		
Height at chine......................							
Height at croup.....................							
Height at setting of tail							
Depth of chest							
Height at knee			31				
Height at hock			45.0		45.0		
Height at elbow				68 o			
Height at thigh-joint							
Length from poll to tail	165.4				173.0		
Length from shoulder joint to pin bone....					137.0		
Length of shoulder	47.5			45.0			
Length of pelvis	44.0						44.3
Length of loin							30.0
Breadth of forchest				41.0			
Breacth of hindchest		39.0		43.0			43.2
Girth of hindchest						910.0	
Breadth of pelvis	44.0						
Breadth betwen hips.....................		53.5		54 o		275.7	
Breadth between pin bones							
Girth of shank							
Length of head						239.0	
Length of forehead							
Breadth of upper forehead							
Breadth of lower forehead			21.0				
Narrowest breadth of forehead							
Lengte of horn				47.0	51.0	241.0	
Length of neck						333.5	
Live weight in kilogramms			445.9		437.5	2158.0	431.

a) Ox, Castrated before 1908. b) Ox, Castrated in March

			BUFFALO-OXEN AND BULL OF FORMOSA									
Percentage	Maxim.	Min.	Garanbi (a	Munsou I (b	Taihan-roku I(c	Tamah (d	Gonteh (e	Total.	Average	Percentage	Max.	Min.
			11	12	9	9	7					
			July 18, 1914	July 18, 1914	July 18, 1914	July 18, 1914	July 19, 1914					
100.0	123.8	120.0	123.5	134.2	127.0	127.5	124.5	636.7	127.3	100.0	134.2	123.5
100.8	125.0	119.5	128.8	132.5	125.8	130.0	124.5	641.6	128.3	100.8	132.5	124.5
102.6	126.3	123.2	126.2	132.5	126.5	128.0	125.0	638.2	127.6	100.2	132.5	125.0
95.9	121.5	113.6	124.5	121.0	122.0	121.0	113.5	602.0	120.4	94.6	124.5	113.5
57.4	72.5	65.0	76.5	81.0	71.0	75.0	72.0	375.5	75.1	59.0	81.0	71.0
25.6	33.0	28.0	34.0	37.0	34.0	34.5	31.0	170.5	34.1	26.8	37.0	31.0
36.7	46.0	42.5	47.0	46.8	49.0	48.5	47.0	238.3	47.7	37.5	49.0	46.8
54.1	68.0	63.5	70.0	73.1	70.0	68.0	66.0	347.1	69.4	54.5	73.1	66.0
82.6	103.5	96.5	102.7	106.3	102.5	103.0	105.7	520.2	104.0	81.7	106.3	102.5
140.5	179.5	165.4	178.5	195.5	175.3	186.3	178.0	913.6	182.7	143.5	195.5	175.3
110.4	139.0	124.0	140.0	150.0	143.5	143.5	138.7	715.7	143.1	112.4	150.0	138.7
37.9	47.5	44.4	51.0	54.5	48.5	51.0	51.0	256.0	51.2	40.2	54.5	48.5
36.5	47.0	38.5	50.0	46.0	45.0	47.0	50.0	238.0	47.6	37.4	50.0	45.0
24.7	31.5	28.5	29.2	30.0	34.0	35.0	29.5	157.7	31.5	24.7	35.0	29.2
35.1	48.0	40.0	45.2	49.0	37.0	44.0	45.0	220.2	44.0	34.6	49.0	37.0
35.6	46.0	39.0	46.5	54.0	39.0	48.0	43.5	231.0	46.2	36.3	54.0	39.0
149.9	183.0	179.0	188.0	201.0	179.0	194.0	185.0	947.0	189.4	148.8	201.0	179.0
38.3	50.0	44.0	47.5	46.5	44.0	48.0	44.5	230.5	46.1	36.2	48.0	44.0
45.4	59.0	53.5	55.2	61.0	52.0	56.5	53.0	277.7	55.5	43.6	61.0	52.0
22.2	28.0	25.0	25.0	28.0	26.5	27.0	27.0	133.5	26.7	21.0	28.0	25.0
17.6	23.0	20.5	22.0	23.5	21.5	23.0	21.5	111.5	22.3	17.5	23.5	21.5
39.4	49.0	46.0	49.0	53.0	49.0	48.5	50.0	249.5	49.9	39.2	53.0	48.5
17.4	22.0	20.0	21.0	23.0	23.0	21.0	21.0	109.0	21.8	17.1	23.0	21.0
15.4	20.0	17.0	19.0	18.0	21.0	17.5	20.0	95.5	19.1	15.0	21.0	17.5
17.0	21.0	20.0	23.3	24.0	22.0	22.5	22.5	114.3	22.9	18.0	24.0	22.0
14.7	19.0	17.0	19.0	17.5	19.0	18.5	18.5	92.5	18.5	14.5	19.0	17.5
39.7	51.0	41.0	61.0	61.0	55.5	62.0	57.0	296.5	59.3	46.6	62.0	55.5
54.9	69.5	63.0	69.0	81.0	71.0	76.0	74.0	371.0	74.2	58.3	81.0	69.0
	451.5	407.6	481.1	527.3	388.1	495.0	——	1891.5	472.9		527.3	388.1

1906. c) Ox, Castrated in March 1908. d) Ox, Castrated in March 1908. e) Bull.

MATERIALS FOR A FLORA OF HOKKAIDO. IV.

By

Kingo Miyabe

and

Yushun Kudō.

北 海 道 植 物 志 料 IV.

宮 部 金 吾

工 藤 祐 舜

29. **Dryas octopetala** L. Spec. Pl. ed 1. (1753) p. 501 ; DC. Prodr. 2. p. 549 ; Ledeb. Fl. Ross. 2. p. 20 ; Kom. Fl. Mansh. 2. p. 518 ; Makino, Tokyo Bot. Mag. 9. p. (388) et 15. p. 110 ; Koidz. Consp. Rosa. Jap. p. 202 ; Matsum. Ind. Pl. Jap. 2.2. p. 200 ; Nakai, Fl. Korea. 1. p. 200.

Nom. Jap. *Chōnosuke-sō, Miyama-chinguruma.*

Hab. *Yezo.* Prov. Ishikari : Mt. Ashiupetnupuri (S. Nishida & Y. Yanagisawa! Aug. 1913).

Distrib. Arctic, subarctic and alpine regions of Northern Hemisphere.

New to the Flora of Hokkaido.

30. **Carpinus laxiflora** Bl. Mus. Bot. Lugd.-Bat. 1. (1849–51) p. 309 ; Maxim. Mél. Biol. 11. p. 315 ; H. Winkl. Betulaceae, in Engl. Pfl.-Reich. IV. 61. p. 33 ; C. K. Schneider, Handb. d. Laubh. 1. p. 138 ; Matsum. Ind. Pl. Jap. 2. 2. p. 21 ; Shirasawa, Icones Forest-Trees Jap. 1. p. 78. pl. 25.

Distegocarpus laxiflora Sieb. et Zucc. Fl. Jap. Fam. Nat. p. 799 ; DC. Prodr. 16. 2. p. 128.

Nom. Jap. *Akashide, Soronoki, Koshide, Mizusoda.*

Hab. *Yezo.* Prov. Oshima : Hakodate (K. Sugiyama! 1885) ; Oiwake (Maximowicz, 1860) ; Shikunoppe (Y. Tokubuchi! Sept. 1892) ; Todohokke (K. Miyabe! Aug. 1890) ; Menamura, near Yesashi (C. Suzaki![1] Sept. 1914).—Prov. Iburi : Tomakomai (T. Yoshimi![2] Sept. 1914)—Prov. Hidaka : Horomanbetsu (Y. Tokubuchi! Aug. 1892) ; Saruru (J. Tanaka![3] Sept. 1885) ; Mt. Apoi (K. Kondo! Aug. 1912).

1) 須崎忠助, 2) 百見辰三郎. 3) 田中 飄.

DISTRIB. Hokkaido, Honshu and Kiushu.   As varieties in Central China and Korea.

31. Castanea pubinervis C. K. Schneid. Ill. Handb. Laubholzk. 1. (1906) p. 158.

Castanea vesca β. pubinervis Hassk. Catal. Pl. Hort. Bot. Bogor. (1844) p. 73.—*Castanea Castanea* var. *pubinervis* Sarg. Silva, 9. p. 9.—*Castanea sativa* var. *pubinervis* Makino, Tokyo Bot. Mag. 23. p. 12.—*C. japonica* Bl. Mus. Bot. Lugd.-Bat. (1850) 1. p. 284.—*C. vulgaris ε. japonica* A. DC. Prodr. 16. 2. p. 115; Shirasawa, Icon. Forest-Trees Jap. 1. p. 103. pl. 34.—*C. sativa* var. *japonica* T. Ito, Tokyo Bot. Mag. 14. p. 18.

NOM. JAP. *Kuri.*

HAB. *Yezo.* Prov. Oshima : Hakodate (S. Nozawa! July, 1886; Y. Tokubuchi July, 1888) : Taniyoshi (Miyabe & Tokubuchi! July 1890).—Prov. Shiribeshi : O-kushiri Island (Miyabe & Tokubuchi! July, 1890); Shikuzushi (K. Miyabe! Oct. 1895).—Prov. Ishikari : Sapporo (K. Miyabe! 1880; Y. Takenobu!1882; Y. Tokubuchi! 1891).—Prov. Iburi : Chitose (Y. Tokubuchi! Aug. 1892); Rebunge (K. Miyabe! Aug. 1890); Abuta (S. Sugiyama! Sept. 1883).—Prov. Hidaka : Piratori (J. Tanaka! Sept. 1895).

DISTRIB. Hokkaido, Honshu, Shikoku, Kiushu.

32. Anemone amurensis Kom. Fl. Mansh. 2. p. 262 : Nakai, Fl. Korea. 1. p. 20.

A. nemorosa subsp. *amurensis* Korsh. Act. H. Pet. 12. p. 293.—*A. nemorosa* var. Maxim. Prim. Fl. Amur. p. 17 et Mél. Biol. 9. p. 606.; Fr. Schm. Fl. Amg.-Bur. p. 29.—*A. umbrosa* var. *yezoensis* Miyabe, Fl. Kuril. p. 214; Makino, Tok. Bot. Mag. 11. p. (303); Matsum. Ind. Pl. Jap. 2. 2. p. 105.

NOM. JAP. *Yezo-ichigeso, Yezoichige, Hiroha-himeichige.*

HAB. *Yezo.* Prov. Shiribeshi : Nakanosawa, Yoichigun (T. Ishikawa![1] July, 1893).—Prov. Ishikari : Sapporo (1878) : Mt. Nutakkamushpe (H. Koizumi![2] July, 1911); Mt. Yubari (H. Yanagisawa & A. Hamana! Aug. 1912).

Saghalin. Ōdomari-District: Minakeshi (T. Miyake! 1908); Mt. Omanbetsu (Miyake! 1908); Mt. Ninushi (Miyake! 1908); Tonnaïcha (Miyake! 1908); Ochopo-ka (Miyake! 1908); Kimunai (Miyake! 1908); Chishinai (Miyake! 1908).—Toyo-hara-District: Dubki (K. Miyabe & T. Miyagi! 1906); Shiraraka (Miyake! 1907);

---

1) 石川良洸.   2) 小泉秀雄.

Manue (Miyake! 1907).— Mauka-District: Kusunnai (Miyake! 1906).

DISTRIB. Hokkaido, Saghalin, Kamtschatka, Amur-region, Ussuri-region, Manchuria, Korea.

33. Epimedium macranthum Moore et Dcne. Ann. Sc. Nat. 2. Serie. 2. p. 352. t. 13; Makino, Tok. Bot. Mag. 23. p. 143; Matsum. Ind. Pl. Jap. 2. 2. p. 130; Kom. Fl. Mansh. 2. p. 324; Nakai, Fl. Korea. 2. p. 437.—var. *a.* **typicum** T. Ito, Jour. L. Soc. 22. p. 430.

NOM. JAP. *Shiro-Ikarisō.*

HAB. *Yezo.* Prov. Oshima : Hakodate (Albrecht 1861-63, Maximowicz 1861); Yesashi, Sasayama (Y. Tokubuchi! Aug. 1888, Miyabe & Tokubuchi! Aug. 1891). Shiriuchi (Miyabe & Tokubuchi! July, 1890); Kakkumitōge (Tokubuchi! Aug. 1888).—Prov. Ishikari : Hamamashikegun, Ōgonzan (T. Ishikawa! Aug. 1891)

DISTRIB. Hokkaido, Honsiu, Liukiu, Korea, Manchuria, China.

34. Vicia Fauriae Franch. in Bull. Soc. Phil. Paris, Ser. VII. 10. (1886) p. 129; Boiss. in Bull. Herb. Boiss. 6. p. 675; Kawakami, Tok. Bot. Mag. 9. p. (253).

NOM. JAP. *Tsugaru-fuji, Nobushi.*

HAB. *Yezo.* Prov. Oshima : Fukuyama (Y. Tokubuchi! Aug. 1888; Miyabe & Tokubuchi! July 1890; Faurie, July 1890).

DISTRIB. Northern Honsiu, and southern Hokkaido.

35. Ribes triste Pall. in Nov. Act. Acad. Petersb. 10 (1797) p. 378 ; Ledeb. Fl. Ross. 2. p. 198; Maxim. Mél. Biol. 9. p. 235; Miyabe, Fl. Kuril. p. 234; Janczewski, Bull. Int. Ac. S. Cracov. (1906) p. 3; Schneider, Ill. Handb. Laubholzk. 1. p. 402; Miyabe and Miyake, Fl. Saghal. p. 158.

R. propinquum Turcz. in Bull. Soc. Nat. Mosc. (1840) p. 70.—*R. rubrum* var. *rubellum* Rgl. et Til. Fl. Ajan. p. 118.—*R. rubrum* vars. *bracteosum* et *subglandulosum* Maxim. Mél. Biol. 9. p. 234.

NOM. JAP. *Tokachi-suguri.*

HAB. *Yezo.* Prov. Tokachi : Perufune (K. Miyabe! June 1884); Puka River bank (T. Obanawa![1] July, 1892).

DISTRIB. Northern Japan, Manchuria, Eastern Siberia and North America.

36. Galium paradoxum Maxim. Mél. Biol. 9. p. 263; Nakai, Tok. Bot.

---

1) 小花和太郎

Mag. 23. p. 104; Komar. Fl. Mansh. 3. p, 495; Matsum. Ind. Pl. Jap. 2. 2. p. 588.
G. *stellariaefolium* Fr. et Sav. Enum. 1. p. 213, 2. p. 392.

NOM. JAP. *Miyama-mugura.*

HAB. *Yezo.* Prov. Iburi : Tomakomai (T. Yoshimi! Aug. 1914).—Prov. Kushiro : Beppo (Kenji Miyabe & G. Tanaka! July, 1910).

DISTRIB. Hokkaido, Honsiu, Shikoku, Manchuria and Central China.

37. Aster Tripolium L. Sp. Pl. p. 872. var. **integrifolius** Miyabe et Kudo, in Miyabe & Miyake, Fl. Saghal. p. 240.

Leaves entire or almost entire, devoid of ciliated denticulation on the margin. Achenes rather densely hirsute.

NOM. JAP. *Uragiku. Hamashion.*

HAB. *Yezo.* Prov. Kushiro : Akkeshi (K. Miyabe! July, 1894).

Kuriles. Kunashiri : Tomari-mura (C. Yendo![1] Sept. 1894):—Shikotan : Anama (M. Arai![1] Sept. 1909.)

Saghalin. Russian Saghalin. : Alexandrowski (K. Takahashi![3] Sept. 1905.)

38. Leontopodium sachalinense Miyabe et Kudo, in Miyabe & Miyake, Fl. Saghal. p. 242.

L. japonicum subsp. *sachalinense* Takeda, in Bull. Soc. Bot. Genève, 3. p 152. f. II.—*L. sibiricum* Fr. Schm. Fl. Sach. p. 151.

NOM. JAP. *Yezo-usuyukiso.*

HAB. *Yezo.* Prov. Kushiro : Atoyeka (K. Miyabe! July, 1894); Sempoji (K. Miyabe! Aug. 1884).—Prov. Kitami : Rebun Isl. (S. Hori! Aug. 1887).

Saghalin. Todomoshiri Isl. : Tomarizawa, Dainanwan, Nagahama, Shimizudani and Mt. Dainan (T. Miyake! July, 1906).—Sakayehama-Subdistr. : Manue (Schmidt and Glehn); Chikaporonai (T. Miyake! Aug. 1907).—Motodomari-Subdistr. : Makunkotan (Schmidt; T. Miyake! Sept. 1906).—Mauka-Distr. : Notasan (Glehn).—Nayashi-Distr. : Nayashi (Schmidt).

As our plant has perfectly smooth achenes and subpenicillate pappus, it should be separated from *L. japonicum* Miq. which has minutely hairy achenes and nonpenicillate pappus.

39. Crepis burejensis Fr. Schm. Reis. im Amurl. u. a. d. Ins. Sach. pp. 52, 154; Miyabe & Miyake, Fl. Saghal. p. 284, Pl. 9. f. 1–2.

---

1) 遠馬千尋.　　2) 荒井茂平治.　　3) 高橋小十郎.

NOM. JAP. *Nupuripo-giku. Futamata-tampopo.*

HAB. *Yezo.* Prove. Ishikari : Mt. Ashiupetnupuri (S. Nishida & H. Yanagisawa! Aug. 1913).—Prov. Kitami : on the top of Mt. Rishiri (S. Hoshino![1] Sept. 1907).

Kuriles. Etorofu : between Ponnupuri and Peretarabetsu (T. Ishikawa! Aug. 1907).

Saghalin. Mt. Nupuripo (Fr. Schmidt, 1860; T. Miyake! Aug. 1907).

DISTRIB. Hokkaido, Saghalin and Amur-region.

40. Scorzonera radiata Fisch., Ledeb. Fl. Ross. 2. p. 793; Trautv. et Mey. Fl. Ochot. p. 58; Rgl. et Til. Fl. Ajan. p. 108; Maxim. Fl. Amur. p. 177; Fr. Schm. Fl. Sach. p. 153; Maxim. Mél. Biol. 12. p. 733; Miyabe & Miyake, Fl. Saghal. p. 290.

NOM. JAP. *Futanamisō.*

HAB. *Yezo.* Prov. Kitami : Rebun Isl., at Mt. Futanami, Takinouye and Momoyama (S. Hoshino! 1906).

Saghalin. Russian Saghalin : East Coast at 52° 45 n. l., near Nuto (T. Ishikawa! July, 1912). West Coast at Dui (F. Schmidt, 1860).

DISTRIB. Hokkaido, Saghalin, Eastern Siberia, Manchuria, Mongolia and Northern China.

A new genus to the Flora of Hokkaido.

41. Senecio Kawakamii Makino, Tok. Bot. Mag. 26. p. 291; Miyabe & Miyake, Fl. Saghal. p. 268. Pl. 8. f. 3-4.

S. sp. Kawakami, Tok. Bot. Mag. 14. p. 139.

NOM. JAP. *Miyama-oguruma.*

HAB. *Yezo.* Prov. Ishikari : on the top. of Mt. Yubari (T. Ishikawa! June, 1896; Yanagisawa & Hamana! Aug. 1912; S. Nishida! Aug. 1913), Mt. Ashiupetnupuri (Nishida & Yanagisawa! Aug. 1913).—Prov. Kitami : Mt. Rishiri (T. Kawakami! Aug. 1899; T. Makino, 1903).

Saghalin. Sakayehama-Subdistr. : Chikaporonai (T. Miyake! Aug. 1907).

DISTRIB. Restricted to Hokkaido and Saghalin.

42. Eleutherococcus senticosus Maxim. Prim. Fl. Amur. p. 132; Fr. Schm. Fl. Sach. p. 140; Komarov, Fl. Mansh. 3. p. 119; Miyabe & Miyake, Fl. Saghal. p. 206.

---

1) 星野三眠.

Acanthopanax senticosum Harms, in Engl. Pfl.-fam. III. 8. p. 50; C. K. Schneider, Laubholzk. 2. p. 424; Matsumura, Ind. Pl. Jap. 2. 2 p. 417.

Acanthonapax asperatum Fr. et Sav. Enum. 1. p. 193, 2. p. 378.

Nom. Jap. *Yezo-ukɔgi.*

Hab. *Yezo.* Prov. Ishikari : upper part of R. Ishikari (K. Jimbo! Sept. 1891). —Prov. Kushiro : Kutcharo (J. Tanaka! Sept. 1895; K. Miyabe! Sept. 1913); Akan (Faurie, 1893; T. Kawakami! Aug. 1897).—Prov. Kitami : Notoro (K. Miyabe! July, 1884); Abashiri (Faurie, 1892; K. Miyabe! Sept. 1913).

Saghalin. Very common.

Distrib. Eastern and northern Yezo, Saghalin, Amur-region, Manchuria, and North China.

43. Carex hakkodensis Franch. in Bull. Soc. Philom. Paris 3 Sér. 7. (1895) p. 24 et in Carex As. Or. p. 204. pl. 3. f. 2 ; Matsum. Ind. Pl. Jap. 2. 1. p. 113 : Kükenth. in Engl. Pfl.-Reich. IV. 20. p. 98.

Nom. Jap. *Ito-kinsuge.*

Hab. *Yezo.* Prov. Ishikari : Mt. Yubari (H. Yanagisawa & A. Hahana! Aug. 1912) : Mt. Nutakkamshupe (H. Koizumi! July, 1911).

Kuriles. Etorofu : Mt. Atoiya (T. Kawakami! Aug. 1898).

Distrib. Alpine region of Honshu and Hokkaido.

44. Carex Mertensii Prescott var. **urostachys** Kükenth. in Engl. Pfl.-Reich. IV. 20. p. 401.

C. urostachys Franch. in Bull. Soc. Philom. Paris. 8. Sér. 7. p. 35.—*C. Mertensii* Franch. Carex As. Or. p. 150. pl. 13. f. 1. : Matsum. Ind. Pl. Jap. 2. 1. p. 120.

Nom. Jap. *Kinchaku-suge.*

Hab. *Yezo.* Prov. Oshima : Mt. Komagadake (Y. Tokubuchi! Aug. 1888).— Prov. Shiribeshi : Raidentöge (G. Yamada! July, 1897); Iwozan, Iwanai (Y. Takenobu! Aug. 1883).—Prov. Ishikari : Mt. Yubari (S. Nishida! Aug. 1913).—Prov. Iburi : Mt. Yeniwa (T. Kawakami! Aug. 1895).—Prov. Kushiro : Mt. Meakan (T. Kawakami! Aug. 1897).

Distrib. Alpine region of Hokkaido and Northern Honshu.

摘　　要

29. Dryas octopetala L.　ちやうのすけさう、みやまちんぐるま。

石狩國アシュベツトヌプリ山に產す。北海道に於ては始めての發見に屬す。

30. Carpinus laxiflora Bl.　あかして、そろのき、として、みづそだ。

渡島、膽振及び日高に產し又本州及び九州に生ず。其變種は朝鮮及び中央支那に產す。

31. Castanea pubinervis C. K. Schn.　くり。

渡島、後志、石狩、膽振、日高等の諸國に產し、偖は本州、四國及び九州に產す。

32. Anemone amurensis Kom.　そぞいちげさう、そぞいちげ、ひろはひめいちげ。

本道に於ては後志、石狩兩國に生じ、樺太にては普く各地に產す。又勘察加、黑龍江省、烏蘇里地方なへて滿洲及び朝鮮に分布す。

33. Epimedium macranthum Moore et Dene. a. typicum T. Ito.　しろいかりさう。

本州、琉球、朝鮮、滿洲支那等に產し、本道にては渡島國及び石狩國濱益郡黃金山に產す。

34. Vicia Fauriae Franch.　つがるふぢ、のぶし。

飯島國鑑山附近及び本州北部に生ず。

35. Ribes triste Pall.　とかちすぐり。

本道にありては十勝區及び千島に生じ本州にては岩手縣下に產す。偖は滿洲東部西比利亞及び北米に分布す。

36. Galium paradoxum Maxim.　みやまむぐら。

本道に於ては膽振及び釧路に產し、偖は本州、四國、滿洲及び中央支那に分布す。本種の北海道大平洋沿岸に產することは分布上尚ら注意すべき事實なりとす。

37. Aster Tripolium L var. integrifolius Miyabe et Kudo.　うらぎく、はましをん。

本道に於ては釧路國厚岸及び礫磯、支古丹兩島に生じ又樺太にも產す。歐洲產の Aster Tripolium の標本と比較するに北海道及び樺太產のものは其瘦果殆ど全く稀んど全緣にして有毛區牙圖な欠き且つ其瘦果の表面に著しく髮毛を生ず。本州產のものも或は然らん。

38. Leontopodium sachalinense Miyabe et Kudo.　そぞうすゆきさう。

釧路國、北見國禮文島及び樺太中部以南に生ず。本種は武田久吉氏が *Leontopodium japonicum* subsp. *sacholinense* として發表せられしものなるが、*L. japonicum* うすゆきさうと異り瘦果は頗る平滑にして延その大凡多少明かに鱗葉狀を呈するを以て一新種と認じる方穩當ならん。

39. Crepis burejensis Fr. Schm.　ぬぶりほぎく、ふたまたたんぽぽ。

石狩國アシュベツトヌプリ山、北見國利尻山、千島擇捉島に產し又樺太ヌプリポ山に生ず。國外にては黑龍江省に產す。

40. Scorzonera radiata Fisch.　ふたなみさう。

北見國武文島及び露領樺太に產し又東部西比利亞、滿洲、蒙古及び北部支那に分布す。北海道植物中に本種な加ふることな得たるは小樽住吉神社宮司尼野三郎氏の好意に據る。同氏は多年來禮文島植物の探查に從事

され得るところ頗る多し。本種は國島フタナミ山、瀧の上及び桃山等にて發見されたるを以て假名として其産地名の一なとりふたなみさうと命名す。樺太に於ては万延元年の露國人レユミツト氏が之れを露領樺太四海岸ヅイに於て採集せしより此の方何人も之れを採集せざりしに一昨年農學士石川貞治氏露頷樺太東海岸北緯五十二度四十五分ヌートー附近に於て本種を採集し他の貴重なる標本と共に本大學に寄贈さる。茲に星野石川兩氏に對し深厚なる謝意を表す。

41. Senecio Kawakamii Makino. みやまをぐるま。

石狩國夕張岳、及びアレユベツトヌブリ山、北見國利尻山等に生じ又樺太に産す。

42. Eleutherococcus senticosus Maxim. えぞうこぎ。

本邦にては北見、釧路兩國及び石狩川上流等に生じ又樺太、黑龍江省、滿洲及び支那に産す。フランスエー氏が本種を函館附近にて採集せることを記載するも頗る疑はし。

43. Carex hakkodensis Franch. いとみんすげ。

石狩國夕張岳及びヌタクカムウシユベ山、千島得撫アトイヤ山に生じ尚ほ本州の諸高山に産す。

44. Carex Mertensii Prescott. var. urostachys Kükenth. きんちやくすげ (新稱)

渡島、後志、石狩、膽振、釧路等の諸高山に生じ又本州北部諸高山にも産す。

NEUE CICADINEN KOREAS.

Von

Prof. Shonen Matsumura.

(Mit Tafel I.)

・ 朝鮮新種の浮塵子
理學博士 松村松年

Die Cicadinen von Korea wurden bis jetzt von niemand behandelt und studiert. Die reichhaltige Ausbeute von Herrn Y. Ikuma, Lehrer an der Koreanischen höheren Volksschule, die er mir in zwei Malen hierher geschickt hat, stammt hauptsächlich aus den hohen Bergen Chohaku und Kongo; einige Exemplare darunter wurden von Sr. Exc., dem Gouverneur Grafen Teräuchi auf dem Berge Kongo gesammelt. Der verstorbene Herr H. Hoashi, der frühere Territorial-Chef von Kwankycdo, hat auch einiges in Gemeinschaft mit Herrn Y. Ikuma auf dem Berge Chohaku gesammelt. Die vorliegenden Arten kommen meistens auch in Japan vor. Unter 113 Arten sind 34 neu, während die übrigen in Sachalin, Hokkaido und Mittel-Japan zu Hause sind. Sie zerfallen in 51 Gattungen, von denen eine (*Terauchiana*, eine Delphacide) neu ist.

Die folgende Liste enthält die sämtlichen Arten gesammelt von Herrn Y. Ikuma.

Jassidae
Typhrocybinae
1. Chlorita vittata Leth.
2. **Erythria zonata** n. sp. **var. koreana** n.
3. Eupteryx artemisiae Kb.
4. Typhlocyba rosae L.
5. Zygina limbata Mats.
Jassinae
6. **Balclutha pectoralis** n. sp.

7. Balclutha punctata Thunb.
8.   „   rubrinervis Mats.
9.   „   viridis Mats.
10. **Cicadula guttata** n. sp.
11.   „   masatonis Mats. var. pallidula Mats.
12.   „   sexnotata Fall.
13.   „   variata Fall.
14. Thamnotettix albicosta Mats.
15.   „   **chohakusanus** n. sp.
16.   „   cruentatus Panz.
17.   „   cyclops Muls.
18.   „   **hoashii** n. sp.
19.   „   ikumae Mats.
20.   „   karafutonis Mats.
21.   „   latifrons Mats.
22.   „   **nigrovittatus** n. sp. (Taf. 1, Fig. 8)
23.   „   oryzae Mats.
24.   „   quadrinottatus F.
25.   „   subfusculus Fall.
26.   „   sulphurellus Zett.
27.   „   tobae Mats. var. hyalinatus Mats.
28.   „   tornellus Zett.
29. Nephotettix apicalis Motsch.
30. Athysanus impictifrons Bohem.
31.   „   limbifer Mats.
32.   „   quadrum Bohem.
33.   „   sachalinensis Mats.
34.   „   striatellus Fall.
35.   „   striola Fall.
36.   „   suturalis Mats.
37. Jassus praesul Horv.
38. Paralimnus fallaciosus Mats.
39.   „   tamagawanus Mats.
40. Paramesus japonicus Mats.
41. Phlepsius ishidae Mats.
42. **Doratulina koreana** n. sp.

43. **Aconura ikumae** n. sp.
44. 　,,　　　producta Mats.
45. 　,,　　**terauchii** n. sp. (Taf. 1, Fig. 7)
46. Deltocephalus abdominalis F.
47. 　　,,　　　assimilis Fall.
48. 　　　　　candidus Mats.
49. 　　　　　**chohakusanus** n. sp.
50. 　　　　　**chosenensis** n. sp.
51. 　　　　　**cornutus** n. sp. (Taf. 1, Fig. 3)
52. 　　　　　**costistriatus** n. sp.
53. 　　　　　**fraternus** n. sp. (Taf. 1, Fig. 5)
54. 　　　　　**hoashii** n. sp.
55. 　　　　　**kongosanus** n. sp. (Taf. 1, Fig. 4)
56. 　　　　　**koreanus** n. sp.
57. 　　　　　**octomaculatus** n. sp. (Taf. 1, Fig. 6)
58. 　　　　　**sachalinensis** n. sp.
59. 　　　　　striatus L.
60. 　　　　　thoracicus Fieb.
61. 　　　　　tritici Mats.
62. 　　,,　　　yanonis Mats.
63. Platymetopius rubrovittatus Mats.
64. 　　,,　　**koreanus** n. sp. (Taf. 1, Fig. 9)
65. 　　,,　　undatus Deg. var. **koreanus** n.
66. Scaphoideus albovittatus Mats.
67. 　　,,　　festivus Mats.
68. Xestocephalus guttatus Motsch.

Acocephalinae

69. Parabolocratus lineatus Horv.
70. 　　,,　　**tripunctatus** n. sp. (Taf. 1, Fig. 13)
71. Strongylocephalus agrestis Fall.
72. **Nirvana koreana** n. sp. (Taf. 1, Fig. 12)

Tettigoninae

73. Euacanthus acuminatus F.
74. 　,,　*aurantiacus n. sp.

75. Ishidaella albomarginata Sign.
76.   „   **flaveola** n. sp.
77. Onukia onukii Mats.
68. Tylozygoides artemisiae Mats.

Bythoscopinae
79. **Idiocerus koreanus** n. sp. (Taf. 1, Fig. 10)
80.   „   vitticollis Mats.
81. Pediopsis illota Horv.
82.   „   virescens L.
83. **Agallia nigra** n. sp. (Taf. 1, Fig. 11)
84.   „   reticulata H. S.
85. Macropsis viridula Melich.

Ledrinae.
86. **Ledromorpha koreana** n. sp.
87. **Ledropsis kongosana** n. sp. (Taf. 1, Fig. 14)

Cercopidae.
88. Rhinaulax assimilis Uhl.

Aphrophorinae
89. Lepyronia coleopterata L. var. **nawae** n.
90.   „   **koreana** n. sp.
91. Peuceptyelus dimidiatus Mats.
92. Ptyelus campestris Fall.
93.   „   **ikumae** n. sp. (Taf. 1, Fig. 16)
94.   „   **sachalinensis** n. sp. (Taf. 1, Fig. 15)
95.   „   abieti Mats. var. **v-pustulatus** n.
96. Aphrophora obliqua Uhl.
97.   „   putealis Mats.
98. Euclovia okadae Mats.

Fulgoridae
Ricaninae
99. Ricania taeniata Stål. *(R. proxima* Melich.)

Dictyophorinae

100. **Dictyophora koreana** n. sp.

Cixiinae

101. Kuvera flaviceps Mats.
102. Oliarus apicalis Uhl.
103. 　　,,　　quadrifasciatus Mats.

Achirinae

104. Akotropis fumatus Mats.

Issinae

105. **Caloscelis terauchii** n. sp. (Taf. 1, Fig. 2)
106. Ommatidiotus karafutonis Mats.
107. 　　,,　　**koreanus** n. sp. (Taf. 1, Fig. 1)

Derbinae

208. Nisia nervosa Motsch.
109. **Kamendaka koreana** n. sp.

Delphacinae

110. **Terauchiana** (n. g.) **singularis** n. sp. (Taf. 1, Fig. 17)
111. **Liburnia basalis** n. sp.
112. 　　,,　　**gracilis** n. sp.
113. 　　,,　　striatella Fall.

Beschreibung der neuen Arten.

1. Erythria zonata n. sp.

Gelb. Scheitel breit konisch abgerundet, fast so lang wie zwischen den Augen breit, in der Mitte mit zwei schmutziggelben Längsstreifen, welche sich über den Vorderrand des Pronotums fortsetzt. Deckflügel subhyalin, gelblich getrübt, nahe der Mitte mit einer etwas schief gerichteten, schwarzen Querbinde, an der Basis der vierten Apicalzelle, nahe dem Clavusende mit einem schwarzen Punkte, die Membran kaum verbräunt. Beine gelblichweiss.

♂ Genitalplatten zusammen breit konisch, die Lappen des letzten Rückensegmentes etwas kürzer als die Genitalplatten, oben an den Seiten flach ausgerandet.

♀ Letztes Bauchsegment hinten etwas rundlich vorragend, in der Mitte mit einer seichten Einkerbung.

Läng—♂ ♀ 3.5 mm. (bis zur Flügelspitze).

Hab.—Honshu, Shikoku, Kiushu (häufig auf verschieden Laubhölzern).

var. **koreana** n.

Die Mittelquerbinde des Deckflügels viel breiter und in der Mitte <-förmig gebrochen.

Hab.—Korea (Chosen), ein ♂ Exemplar gesammelt auf dem Berge Kongo.

2. Zygina limbata Mats.

Zygina limbata Mats. Japanese Syst. Ent. vol. I, p. 113, fig. 121, 1907.

Der Form nach Z. *scutellaris* H. S. etwas ähnlich. Hellschmutziggelb, bei einigen Examplaren gelblichgrau. Auf dem Scheitel oben mit einem grossen bräunlichen Flecke, welcher sich auf die gleichgefärbte Stirn fortsetzt. Dieser Fleck wird am Uebergange zur Stirn jederseits von einem etwas nach aussen gebogenen, kurzen, hellgelblichen Längsflecke unterbrochen. Stirn ziemlich stark gewölbt, in der Mitte der Länge nach gelblich. Clypeus schwärzlich, Rostrum bräunlichgelb. Der Hinterrand des Pronotums ziemlich weit ausgedehnt bräunlich, am breitesten in der Mitte; nahe dem Vorderrande jederseits mit einem undeutlichen bräunlichen Fleckchen. Scutellum mit zwei oblongen, zum Theil vom Pronotum verdeckten, schwarzen Flecken. Elytren subhyalin, weisslich; der ganze Aussenrand des Clavus und ein am ersten Sektor bis zur Mitte des Coriums entlang laufender Längsfleck dunkel schattiert, Clavus-Randnerv dunkelbraun, der innere Ast des ersten Sektors und die Nerven des Apicalfeldes hellbräunlich. Brust dunkelbraun; Beine hellschmutziggelb. Abdomen schwärzlich; der Hinterrand des letzten Rückensegmentes beim ♀ citronengelb.

♂ Genitalplatten weisslichgrau, ziemlich lang und breit, am breitesten vor der Mitte, gegen die dunkel schattierte Spitze hin stark verschmälert und aufgebogen.

♀ Letztes Bauchsegment fast wie bei *Z. scutellaris*.

Länge—♂ ♀ 2.5 mm.

Hab. — Japan (überall häufig ausser Hokkaido); Korea (der Berg Kongo); in Japan ziemlich schädlich für Reis-Pflanzen.

3. Balclutha pectoralis n. sp.

Blassgrün. Scheitel 1/3 so lang wie zwischen den Augen breit, jederseits mit einem undeutlichen dunkelgrünen Punkte. Ocellen rötlich. Die Basis der Fühlerinsertion dunkel. Stirn in der Mitte gelblich, Rostrum an der Spitze dunkel. Pronotum in der Mitte mit einem schmalen, undeutlichen, grünlichen Längsstreifen, jederseits nahe dem Vorderrande mit einem undeutlichen grünlichen Punkte. Scutellum an der Basis mit zwei bräunlichen Punkten. Mittelbrust schwärzlich. Elytren subhyalin, weisslichgrün getrübt, die Membran kaum dunkel getrübt. Abdomen grün, Bauchsegmente je am Hinterrande gelblich.

♂ Genitalplatten zusammen gleichschenkelig dreieckig.

♀ Letztes Bauchsegment in der Mitte etwas vorragend, sodass jederseits ein wenig eingekerbt und dasselbst etwas hellbräunlich gefärbt ist.

Länge—♂ 2.8 — ♀ 3.1 mm.

Hab. — Korea (der Berg Kongo), gesammelt in 2 (1 ♂, 1 ♀) Exemplaren.

Der Form und Zeichnung nach *B. intrusus* Melich. etwas ähnlich.

4. Cicadula guttata n. sp.

♂ Schwarz. Scheitel halb so lang wie zwischen den Augen breit, am Übergange zur Stirn mit einer schmalen gelblichen Querbinde, welche sich durch einen schmalen gelblichen Längsflecke die Ocelle fortsetzt; in der Mitte am Übergange zur Stirn auch ein kurzes, schmales, gelbliches Längsfleckchen. Stirn nahe der Mitte jederseits mit einem gelblichen Fleckchen. Clypeus an den Seiten und Lora in der Mitte gelblich. Rostrum schwarz. Pronotum in der Mitte mit einer schmalen gelblichen Längslinie, jederseits mit einem schmutziggelben Fleckchen. Scutellum an den basalen Winkeln mit je einem gelblichen Strichelchen, die Spitze auch ein wenig ausgedehnt gelblich. Elytren schwärzlich, Clavus und Corium in der Mitte mit je einem weissgrauen Flecke, die Membran subhyalin, weissgrau getrübt. Unterseite schwärzlich, vier erste Bauchsegmente je am Hinterrande und das Connexium gelblich, zwei letzten Bauchsegmente weisslich. Beine weissgelblich, Vorder-und

Mittelschenkel so wie auch Tibien dunkel gestreift, Tarsenglieder je an der Spitze dunkel.

♂. Genitalplatten weisslich, an der Apicalhälfte schwärzlich, zusammen ein langes Dreieck bildend.

Länge—♂ 4 mm.

Hab.—Korea (der Berg Chohaku), gesammelt in einem ♂ Exemplare.

Diese Art gehört zu der *Cyanae*-Gruppe.

5. Thamnotettix chohakusanus n. sp.

Beim ♂ rötlichgelb, beim ♀ citronengelb. Scheitel 1/3 so lang wie zwischen den Augen breit, ohne Zeichnung, nur die Stirnnaht schwärzlich. Rostrum an der Spitze dunkel. Pronotum deutlich länger als der Scheitel. Elytren fast hyalin, weissgelblich getrübt, Nerven hyalin, hie und da rotgelblich gefärbt. Mesosternum schwärzlich. Erstes Bauchsegment an der Basis und in der Mitte und zweites nur in der Mitte schwarz. Beine von der Grundfarbe, nur die Klauen verbräunt.

♂ Genitalklappe deutlich kürzer als das vorhergehende Bauchsegment, hinten breit abgerundet, Genitalplatten lang, so lang wie zwei letzten Bauchsegmente und die Klappe zusammen, zusammen einen breiten langen Kegel bildend.

♀ Letztes Bauchsegment am Hinterrande breit rundlich ausgerandet, Scheidenpolster lang, etwas kürzer als die Bauchsegmente zusammen.

Länge—♂ 4.5 — ♀ 5.5 mm.

Hab.—Korea (der Berg Chohaku), gesammelt in 2 (1 ♂, 1 ♀) Exemplaren.

Der Form und Färbung nach *Th. flaveola* Bohem. ähnlich.

6. Thamnottettix hoashii n. sp.

Blassolivengrün. Scheitel schmutziggelb, etwas kürzer als der Abstand zwischen den Augen, vorn breit konisch abgerundet, mit undeutlicher bräunlicher Querbinde. Stirn bräunlichgelb, an der Spitze gelblich, jederseits mit etwa 5 oder 6 gelblichen Querstreifen, Stirnnaht und Fühlerinsertion schwärzlich, Rostrum an der Spitze dunkel. Pronotum etwas länger als der Scheitel, Scutellum oft in der Mitte mit zwei dunklen Punkten. Elytren subhyalin, grünlichgelb getrübt, die Nerven citronengelb. Unterseite beim ♂ schwarz, beim ♀ gelblich, nur in der Bauchmitte schwarz; Connexivum und Genitalsegment blassgelblich. Beine gelblich, Schenkel nahe der Spitze bräunlich gefleckt, die hinteren Tarsalglieder an jeder Spitze verräunt.

♂ Genitalklappe fast lang wie das vorhergehende Bauchsegment, stumpfwinkelig vorragend, am Hinterrande gelblich gerandet; Genitalplatten gelblich, fast 4 mal so lang wie die Klappe, zusammen einen langen, an der Spitze abgerundeten Kegel bildend.

♀ Letztes Bauchsegment etwa zweimal so lang wie das vorhergehende, am Hinterrande in der Mitte etwas vorragt, so dass an jeder Seite etwas schwach ausgerandet; Scheidenpolster an der Spitzenhälfte mit gelblichen Borsten; Legescheide an jeder Seite schwärzlich.

Länge— ♂ 5 mm., ♀ 6 mm.

Hab.— Korea (der Berg Chohaku), gesammelt in einem ♂ Exemplare. Dieselbe weibliche Exemplare gesammelt auch in Sachalin (Shiska) von Herrn J. Adachi und S. Isshiki.

Der Form und Färbung nach *Th. bambusae* Mats. sehr ähnlich.

7. Thamnotettix nigrovittatus n. sp. (Taf. 1, Fig. 8)

♀ Grünlichgelb. Scheitel in der Mitte etwa so lang wie zwischen den Augen breit, vorn stumpfwinkelig abgerundet. Gesicht weisslichgelb, Wangen gerade unter der Fühlerinsertion mit je einem schwarzen Fleckchen. Rostrum an der Spitze verbräunt. Pronotum deutlich länger als das Pronotum. Elytren subhyalin, grünlichgelb getrübt, in der Mitte mit einem breiten dunkelbräunlichen Längsstreifen, welcher nach der Spitze hin allmählig breiter werdend. Unterseite gelblichweiss, Bauch an der Basis in der Mitte mit einem schwarzen Längsflecke. Beine gelblichweiss, die hinteren Tarsalglieder an jeder Spitze und die Klauen bräunlich.

♀ Letztes Bauchsegment etwas länger als das vorhergehende, in der Mitte pechschwarz, am Hinterrande mit einer schmalen, spitzdreieckigen, tiefen Einkerbung; Scheidenpolster an der Spitzenhälfte gelblich beborstet; Legescheide an jeder Seite schwärzlich.

Länge— ♀ 5.5 mm.

Hab.— Korea (der Berg Chohaku), gesammelt in 2 ♀ Exemplaren.

Diese gehört ohne Zweifel zu der *Sulphurellus*-Gruppe.

8. Doratulina koreana n. sp,

Der Form und Zeichnung nach *D. japonica* Mats. sehr ähnlich, weicht aber in den folgenden Punkten ab:

1. ♂ Körper etwas grösser.

2. Stirn gelblich, der oberste Drittel schwarz, an den Seiten des unteren zwei Drittels mit je 4 schwarzen Querstreifen; Wangen, Lorae, Clypeus und Rostrum gelblich; ein schwarzes Fleckchen unter der Fühlerinsertion.

3. Abdominalrücken nicht bräunlich gefleckt.

4. Genitalklappe viel kürzer, Genitalplatten ganz blassgelblich; Seitenlappe des letzten Rückensegmentes viel länger, kegelförmig vorragend, an der Apicalhälfte gelblich; Afterrohr viel länger und nicht schwarz gefärbt wie bei *japonica* Mats.

5. ♀ Letztes Bauchsegment fast 2 mal so lang wie das vorhergehende, breit kegelförmig, die Basis in der Mitte und die Spitze dunkel gefleckt, am Hinterrande fast gerade, in der Mitte kaum eingekerbt.

Länge—♂ 2.5 mm., ♀ 3.5 mm.

Hab. — Korea (der Berg Chohaku), gesammelt in zwei (1 ♂, 1 ♀) Examplaren.

9. Aconura terauchii n. sp. (Taf. 1, Fig. 7)

♀ Schmutziggelb. Scheitel so lang wie zwischen den Augen breit, jederseits mit einem grossen schwarzen Rundflecke. Stirn in der Mitte jederseits auch mit je einem grossen schwarzen Rundflecke; Rostrum an der Spitze schwarz. Pronotum in der Mitte mit zwei undeutlichen bräunlichen Querflecken. Scutellum an der Basis jederseits mit einem bräunlichen Fleckchen. Elytren hyalin, ein wenig weisslich getrübt, die Nerven undeutlich. Abdomen am Rücken vorwiegend schwarz, Segmentränder gelb. Unterseite blassgelblich, Mesosternum und die Basis des Bauchs schwärzlich gefleckt. Beine blassgelblich, die Klauen bräunlich.

Letztes Bauchsegment fast zwei mal so lang wie das vorhergehende, nach hinten zu plötzlich verschmälert, am Hinterrande bräunlich gesäumt und fast gerade abgeschnitten. Legescheide schwärzlich, in der Mitte der Länge nach nur winig ausgedehnt gelblich; Scheidenpolster an der Apicalhälfte mit blassgelben Borsten.

Länge—♀ 3.5 mm.

Hab. — Korea (der Berg Kongo), gesammelt in einem ♀ Exemplare.

Der Form und Zeichnung nach *A. bipunctella* Mats. sehr ähnlich.

10. Paralimnus fallaciosus Mats.

Termes. Füzet. XXV, p. 387, ♀ (1902).

♂ Genitalklappe etwas kürzer als das vorhergehende Bauchsegment, hinten breit abgerundet; Genitalplatten etwa 4 mal so lang wie die Klappe, weisslich, nach hinten zu schmal dreieckig zusammenschliessend.

Länge—♂ 3.5 mm.

Hab. — Korea (der Berg Kongo), gesammelt in einem ♂ Exemplare.

11. Deltocephalus chohakusanus n. sp.

Hellbräunlichgelb. Scheitel deutlich länger als der Abstand zwischen den Augen, vorn spitzdreieckig vorragend, an der Spitze zwei dreieckige ockergelbe Fleckchen, in der Scheibe jederseits ein gleich gefärbter rectangulärer Fleck. Stirn fast ohne Zeichnung. Pronotum etwas kürzer als der Scheitel in der Mitte; Scutellum jederseits an der Basis mit einem rötlichen Fleckchen. Elytren subhyalin, schmutzig-gelb getrübt, die Nerven weisslich, hie und da die Zellen dunkel gesäumt, besonders in den Apicalzellen deutlicher; am Clavusrande mit zwei weisslichen Fleckchen. Gesicht, Brust und Beine weisslichgelb, Bauch hellbräunlichgelb; die hinteren Tarsalglieder je an der Spitze und die Klauen bräunlich.

♂ Genitalklappe etwa halb so lang wie das vorhergehende Bauchsegment, stumpf dreieckig; Genitalplatten 2 ½ mal so lang wie die Klappe, nicht ganz zusammenschliessend, an der Basis ein schmales Spältchen und an der Spitze eine rechtwinkelige Ausrandung zurücklassend.

♀. Letzes Bauchsegment deutlich länger als das vorhergehende, am Hinterrande kaum flach abgerundet; Legescheide bräunlichgelb, Scheidenpolster blassgelblich beborstet.

Länge— ♂ ♀ 3.2 mm.

Hab. — Korea (der Berg Chohaku), zwei (1 ♂, 1 ♀) Exemplare erbeutet.

Der Form und Zeichnung nach D. *flori* Fieb. sehr ähnlich, weicht aber wohl in den Genitalien ab.

12. Deltocephalus chosenensis n sp.

Der Form und Zeichnung nach D. *thoracicus* Fieb. sehr ähnlich. Oberseite gelblichweiss. Scheitel deutlich länger als der Abstand zwischen den Augen, an der Spitze mit zwei dreieckigen schwarzen Fleckchen, in der Scheibe jederseits mit einem breiten, an der Aussenseite nach oben etwas gekrümmten, schwarzen Flecke, an der Basis jederseits auch ein schwarzes Fleckchen. Stirn dunkel, jederseits mit 5 oder 6 weisslichen Querstreifen oder Fleckchen, in der Mitte gegen die Basis hin mit einem weisslichen Längsstreifen, an der Basis mit einer weisslichen Querbinde; Clypeus an jeder Seite weisslich; Rostrum gelblich, an der Spitze dunkel. Antennen gelbweisslich. Pronotum in der Mitte in einer Querreihe mit 3 schwarzen Fleckchen. Scutellum nahe den Basalwinkeln mit je einem schwarzen Fleckchen. Elytren länger als der Hinterleib, subhyalin, schmutziggelb getrübt, die Nerven und ihre Umgebung weisslich; die Zellen meistens mehr oder weniger dunkel gesäumt, die Apicalzellen je an der Spitze dunkel. Unterseite schwarz, Bauchsegmente je am Hinterrande rostgelb. Beine weisslich, Coxen vorwiegend und die drei Ringsflecke der Schenkel, die Basis der Vorderschenkel, die Spitzen der Tibien und Metatarsen, so wie auch die übrigen Tarsalglieder schwarz.

♂ Genitalklappe deutlich länger als das vorhergehende Bauchsegment, breit stumpfwinkelig, am Hinterrande rostgelb. Genitalplatten lang, zusammen einen langen breiten Kegel zuschliessend, an den Seiten weisslich, mit weisslichen Borsten. ♀ Letztes Bauchsegment 1 ½ mal so lang wie das vorhergehende, rostgelb, am Hinterrande schwarz, an den Seiten tief parabolisch ausgerandet, die Mitte des Hinterrandes gerade abgestutzt. Scheidenpolster und Legescheide vorwiegend schwarz, die ersteren mit gelblichen, schwärzlich zugespitzten Borsten.

Länge—♂ 3.5 mm., ♀ 4 mm.

Hab.—Korea (der Berg Chohaku), 2 ♂ Exemplare erbeutet; dieselbe Art wurde heuer auch in 5 (3 ♂ . 2 ♀) Exemplaren von Herren *J. Adachi*, und *S. Isshiki* in Sachalin gesammelt.

13. Deltocephalus hoashii n. sp.

D. chohakusanus Mats. sehr ähnlich, weicht aber in den folgenden Charakteren ab:

1. ♀ Kopf viel grösser; Stirn an den Seiten mit 4 oder 5 bräunlichen Querstreifen, an der Basis mit zwei bräunlichen Flecken; Clypeus in der Mitte mit einem bräunlichen Längsflecke.

2. Elytren länger, fast hyalin, weisslich getrübt, die Zellen meistens in der Mitte gelblich, 3 Apicalzellen je die Mitte ausgenommen dunkel ausgefüllt.

4. Brust an den Seiten und Schenkel an der Wurzel dunkel gefleckt.

5. Letztes Bauchsegment 1 ½ mal so lang wie das vorhergehende, an der hinteren Hälfte schwarz, am Hinterrande flach abgerundet. Scheidenpolster mit weisslichen, bräunlich zugespitzten Borsten.

Länge—♀ 3.5 mm.

Hab,—Korea (der Berg Chohaku), 1 ♀ Exemplar erbeutet.

14. Deltocephalus costistriatus n. sp.

♀ Hellbräunlichgelb. Scheitel etwas länger als der Abstand zwischen den Augen, an der Spitze die Schenkellinie entlang jederseits mit zwei bräunlichen Fleckchen; nahe der Scheibe jederseits mit einem dunklen Flecke; am Hinterrande auch zwei undeutliche bräunliche Fleckchen, Stirn an den Seiten mit je 3 bräunlichen Querstreifen. Die Umgebung der Fühlerinsertion schwärzlich. Pronotum in der Scheibe mit zwei dunklen Fleckchen. Elytren kürzer als der Hinterleib, subhyalin, rostgelblich getrübt, die Nerven so wie die Region der discoidalen Quernerven weisslich, die Mitte der Area brachialis, der Wurzel der Area suprabrachialis, der Vorderrand der ersten und die Spitze der vierten Discoidalzelle, sowie auch ein Strichelchen in der Mitte des Costalrandes dunkel. Unterseite und Beine etwas heller als oben, die Klauen dunkel.

♀ Letztes Bauchsegment am Hinterrande flach abgerundet, mit einer undeutlichen bräunlichen Querbinde; Scheidenpolster hellbräunlich beborstet.

Länge— ♀ 3.4 mm.

Hab. — Korea (der Berg Chohaku), gesammelt in einem ♀ Exemplare.

Der Form und Zeichnung nach *D. maculiceps* Bohem. etwas ähnlich.

15. Deltocephalus fraternus n. sp. (Taf. 1, Fig. 5)

♀ Schmutziggelb. Scheitel deutlich länger als der Abstand zwischen den Augen, spitzdreieckig vorragend, an der Spitze mit zwei schwarzen dreieckigen Fleckchen, in der Scheibe mit 4 bräunlichen Flecken, welche oft zusammenfliessend, bilden jederseits einen langen rectangulären Fleck. Stirn dunkelbraun, jederseits mit weisslichen Querstreifen, welche nach unten zu allmählig kürzer werden, in der Mitte mit einer weisslichen Längslinie. Clypeus in der Mitte dunkel. Pronotum mit 5 weisslichen Längslinien, Scutellum an den Basalwinkeln mit je einem bräunlichen Flecke. Elytren länger als der Hinterleib, subhyalin, schmutziggelb getrübt, die Nerven weisslich, vorwiegend dunkel gesäumt, nahe der Spitze am Costalrande mit zwei dunklen Fleckchen. Unterseite schwarz, Bauch gelblich, in der Mitte schwarz. Beine weisslichgelb, Vorder-und Mittelschenkel mit je zwei dunklen Flecken. Hinterschenkel und Tibien mit je einem dunklen Längsstreifen, Tarsen, die Basis der Metatarsen ausgenommen, dunkel.

Letztes Bauchsegment etwa 2 mal so lang wie das vorhergehende, in der Mitte schwarz, am Hinterrande in der Mitte schmal rundlich vorragend; Scheidenpolster gelblich, in der Mitte dunkel, mit gelblichen Borsten, Legescheide schwarz, an der Naht gelblich.

Länge— ♀ 4.5 mm.

Hab. — Korea (der Berg Chohaku), 3 ♀ Exemplare erobertet.

Der Form und Zeichnung nach *D. frauenfeldi* Fieb. etwas ähnlich.

16. Deltocephalus octomaculatus n. sp. (Taf. 1, Fig. 6)

Schmutziggelb. Scheitel etwa so lang wie zwischen den Augen breit, mit 8 schwarzen Fleckchen, von welchen 2 kleine an der Spitz, 2 grösste in der Mitte und die übrigen 4 am Hinterrande fast in einer Querreihe vorhanden. Stirn schmutziggelb, jederseits mit 4 gelblichen Querstreifen, die Stirn– und Clypeusnaht, sowie auch 2 Fleckchen oben den Antennen schwärzlich. Pronotum bräunlich, mit 5 weisslichen Längslinien, nahe dem Vorderrande mit zwei dunklen Fleckchen. Scutellum an den Basalwinkeln mit je einem schwärzlichen Flecke. Elytren länger

als der Hinterleib, subhyalin, schmutziggelb getrübt, die Nerven weisslich, Clavus-
rand dunkel gesäumt. Unterseite dunkel, Bauch vorwiegend rostgelb, Segmentränder
je am Hinterrande dunkel. Beine gelblich, Schenkel dunkel gefleckt und gestreift.
Hintermetatarsen, die Basis ausgenommen und das zweite Glied an der Spitze schwarz.

♂ Genitalklappe schwarz, am Hinterrande schmal gelblich, kurz, breit stumpf
dreieckig. Genitalplatten schwarz, an den Seiten gelblich, schmal spitzdreieckig
zusammenschliessend.

Länge—♂ 3.5 mm.

Hab. — Korea (der Berg Chohaku), ein ♂ Exemplar erbeutet.

Der Zeichung des Scheitels nach *D. ornaticeps* Horv. sehr ähnlich.

17. Deltocephalus kongosanus n. sp. (Taf. 1, Fig. 4)

♀ Weisslichgelb. Scheitel 1½ mal so lang wie der Abstand zwischen den Au-
gen, vorn spitzdreieckig vorragend, an der Spitze mit zwei schwarzen Punkten, in der
Mitte mit zwei gelblichen Längslinien. Gesicht dunkelbraun, Stirn an den Seiten
mit je etwa 7 weisslichen Querstreifen, Clypeus in der Mitte heller. Antennen
weisslich. Pronotum mit 4 gelblichen Längslinien, Scutellum an der Basis jederseits
mit einem gelblichen Fleckchen. Elytren etwas kürzer als der Hinterleib, sub-
hyalin, weisslichgrau, die Basis und die Spitze ziemlich weit ausgedehnt dunkel-
braun, die Nerven weisslich. Unterseite vorwiegend schwärzlich, Connexivum-
segmente je am Hinterrande gelblich. Beine schmutziggelb, Schenkel an der Basis
und ein Ringsfleck nahe der Spitze dunkel, Metatarsen und die dritten Tarsalglieder
je in der Mitte schwärzlich.

Letztes Bauchsegment etwa 2 mal so lang wie das vorhergehende, hinten fast
gerade abgestutzt; Scheidenpolster an der Spitze gelblichweiss, mit gelblichen Bors-
ten.

Länge—♀ 4.5 mm.

Hab.—Korea (der Berg Kongo), 4 ♀ Exemplare in der Sammlung.

Der Form nach *D. yanonis* Mats. sehr ähnlich.

18. Deltocephalus koreanus n. sp.

♂ Gelblichweiss. Scheitel blassgelblich, in der Mitte deutlich kürzer als der
Abstand zwischen den Augen, an der Spitze mit einem ∧-förmigen schwärzlichen
Fleckchen. Stirn jederseits mit 3 oder 4 undeutlichen dunklen Querstreifen. Pro-
notum nahe dem Hinterrande jederseits mit einem dunklen Fleckchen. Elytren
subhyalin, gelbweisslich getrübt, die Nerven weisslich; ein Fleck nahe der Mitte
der Area brachialis, jede Spitze der Clavalnerven, ein Fleck nahe der Basis der A.

suprabrachilis, ein grosser Fleck in der vierten Area anteapicalis, sowie auch ein Apicalfleck der zweiten Apicalzelle schwarz. Gesicht, Brust und Beine gelblich-weiss, die Klauen dunkel; Bauch schmutziggelb, Segmentränder je am Hinterrande dunkel, am äussersten Rande weisslich. Abdominalrücken schwarz, Connexivum gelblichweiss.

♂ · Genitalklappe etwas so lang wie das vorhergehende Bauchsegment, hinten abgerundet, Genitalplatten ein wenig länger als die Klappe, an der Spitze nicht ganz zusammenschliessend, sodass sich eine etwa rechtwinkelige Spaltung zurücklassend.

Länge—♂ 3.6 mm.

Hab.—Korea (der Berg Kongo), gesammelt in einem ♂ Exemplare.

Der Form nach *D. striatus* L. etwas ähnlich, bei dieser aber viel kürzer und die Zellen der Elytren überhaupt nicht dunkel gesäumt.

19. Deltocephalus sachalinensis n. sp.

Olivengrün. Scheitel deutlich länger als der Abstand zwischen den Augen, in der Mitte und an den Seiten weisslich, an der Spitze mit einem ∧-förmigen schwarzen Fleckchen. Gesicht blassgelblich, Stirn schmutziggelb, jederseits mit 5 helleren Querstreifen, in der Mitte und an der Basis meistens auch heller. Pronotum mit 4 schmutziggelben Längslinien. Elytren subhyalin, grünlichgelb getrübt, die Nerven gelblich, die Nerven entlang meistens dunkel gesäumt, Costalzellen, jede die Mitte ausgenommen, fast dunkel ausgefüllt. Unterseite schwärzlich, Connexivum und die Segmentränder je am Hinterrande gelblich. Beine blassgelblich, Coxen und Schenkel dunkel gefleckt.

♂ Genitalklappe deutlich länger als das vorhergehende Bauchsegment, an der Basis schwarz, hinten abgerundet; Genitalplatten fast dreimal so lang wie die Klappe, zusammen längsspitzdreieckig, die seitlichen Lappen des letzten Bauchsegmentes mit langen gelblichen Borsten.

♀ Letztes Bauchsegment gelb, in der Mitte schwarz, am Hinterrande gerade, Scheidenpolster schwarz, an der Spitze gelblich, gelblich beborstet, Legescheide schwarz, an der äussersten Spitze gelblich.

Länge—♂ 3 mm., ♀ 3.5 mm.

Hab.—Korea (der Berg Kongo), 3 (2 ♂, 1 ♀) Exemplare in der Sammlung. Im August dieses Jahres sammelten auch Herren J. Adachi und S. Isshiki dieselbe Art im Menge in Sachalin (Toyohara, Odomari, Ikusagawa).

Der Form nach *D. minki* Fieb. etwas ähnlich.

20. Deltocephalus cornutus n. sp. (Taf. 1, Fig. 3)

♀ Grünlichgelb Scheitel deutlich länger als der Abstand zwischen den Augen, an der Spitze mit 2 dreieckigen, nach hinten etwas convergierenden schwarzen Fleckchen, in der Mitte mit einem grossen bräunlichen Flecke, welcher an Vorderecke mit je einer hornartigen, nach oben gerichteten schwarzen Vorragung, am Hinterrande nahe dem Auge jederseits mit einem dunklen Längsflecke. Gesicht gelblich, ohne Zeichnung. Pronotum etwas kürzer als der Scheitel in der Mitte. Scutellum in der Mitte mit 2 bräunlichen Fleckchen. Elytren subhyalin, grünlichgelb getrübt, die Nerven gelblich, die Membran heller.

♀ Letztes Bauchsegment 1 ¼ mal so lang wie das vorhergehende, am Hinterrande in der Mitte mit zwei schwarzen Fleckchen, deren Innenseite mit je einer kleinen Einkerbung, sodass sich in der Mitte eine kleine Vorragung zurücklassend; Scheidenpolster und Legescheide gelblich, die ersteren mit gelblichen Borsten versehen.

Länge—4.5 mm.

Hab.—Korea (der Berg Chohaku), ein ♀ Exemplar in dieser Sammlung.

Der Form und Färbung nach *D. assimilis* Fall. etwas ähnlich.

21. Platymetopius koreanus n. sp. (Taf. 1, Fig. 9)

♀ Gelbbräunlich. Scheitel citronengelb, deutlich kürzer als der Abstand zwischen den Augen, am Hinter- und Vorderrande weisslich, den Schenkelrand entlang jederseits läuft eine schmale bräunliche Längslinie. Stirn citrongelb, an der Spitze mit einer schwarzen Randesstreifen.

Pronotum etwa so lang wie der Scheitel. Scutellum an der Basis fast in der Mitte mit zwei weisslichen Fleckchen, und am Ende der Querfurche jederseits auch mit einem solchen Fleckchen. Elytren gelbbräunlich, opak, weisslich gefleckt, am vorderen Drittel gelblich und subhyalin.

Unterseite und Beine citrongelb, ohne Zeichnung; Abdominalrücken schwarz, Connexivum gelblich.

Letztes Bauchsegment 2 ¼ mal so lang wie das vorhergehende, in der Mitte am Hinterrande mit einer tiefen Ausbuchtung, jede seitliche Lappe am Hinterrande auch ein wenig eingekerbt. Scheidenpolster und Legescheide gelblich, die ersteren mit gelblichen Borsten.

Länge—♀ 6 mm.

Hab.—Korea (der Berg Chohaku), gesammelt in 2 ♀ Exemplaren.

22. Platymetopius undulatus Deg. var. **chosenensis** n.

Der bräunliche Längsfleck des Clavus schmäler und in der Mitte rundlich ziemlich tief ausgerandet, weissliche Fleckchen kleiner.

Hab.—Korea (der Berg Chohaku), ein ♀ Exemplar in dieser Sammlung.

23. Parabolocratus 3-punctatus n. sp. (Taf. 1, Fig. 13)

Schmutziggelb. Scheitel etwa so lang wie zwischen den Augen breit, vorn breit parabolisch abgerundet, in der Mitte mit 2 karminroten Längsstreifen, welche den Vorderrand nicht ganz erreicht.

Stirn am Gipfel mit einem bräunlichen Randesstreifen. Pronotum etwa so lang wie der Scheitel in der Mitte, mit 4 karminrötlichen Längsstreifen, von welchen die mittlere zwei in der Mitte unterbrochen sind. Scutellum mit drei karminrötlichen Längsflecken, von welchen der mittlere an der Region der Querfurche deutlich erweitert ist. Elytren etwas länger als der Hinterleib, subhyalin, schmutziggelb getrübt, am Costalrande auf dem Quernerven mit je schwarzen Fleckchen, ein solcher Fleckchen auch an der Spitze der vierten Apicalzelle; Clavus und Area suprabrachialis je in der Mitte mit einem undeutlichen hellbräunlichen Flecke.

Unterseite und Beine schmutziggelb, Sternum bräunlich gefleckt, 4 erste Bauchsegmente je an der Basis dunkel.

♂ Genitalklappe klein, nur ⅓ so lang wie das vorhergehende Bauchsegment, hinten breit stumpfwinkelig abgerundet, Genitalplatten schmal und lang, schmalem Dreieck zusammenzuschliessend, die seitlichen Lappen des letzten Bauchsegmentes so lang wie die Platten, mit gelblichen Borsten.

Länge—♂ 5 mm.

Hab.—Korea (der Berg Chohaku), ein ♂ Exemplar in dieser Sammlung.

24. Parabolocratus ikumae n. sp.

♀ Grün. Scheitel blassgelblich (wahrscheinlich im Leben grün), fast so lang wie der Abstand zwischen den Augen, vorn parabolisch vorragend, nahe der Basis jederseits mit einem dunklen Schrägsfleckchen, in der Mitte mit zwei undeutlichen gelblichen Längslinien, am Vorderrande ein undeutlicher dunkler Bogenstreifen. Stirn am Gipfel mit einem dunklen Bogenstreifen. Pronotum deutlich kürzer als der Scheitel. Elytren viel kürzer als der Hinterleib, subhyalin, grün, am Vorder- und Apicalrande heller, die Nerven grün, der erste und vierte Apicalnerv je an der Spitze mit einem schwarzen Fleckchen. Unterseite nnd Beine grün.

Letztes Bauchsegment etwa 1 ½ mal so lang wie das vorhergehende, am Hinterrande jederseits ein wenig eingekerbt, sodass sich in der Mitte eine niedrige Vorragung zurücklassend. Legescheide viel länger als die Scheidenpolster, an der Spitze rötlich.

Länge— ♀ 4.8 mm.

Hab.—Korea (der Berg Chohaku), gesammelt in einem ♀ Exemplare.

Der Form nach *P. apicalis* Mats. etwas ähnlich; vielleicht eine kleinste Parabolo-cratus Art !

25. Paramesus japonicus Mats.

Journ. Coll. Agric. Tohoku Im. Univ. Vol. V. Pt. 7, p. 239, ♀ (1914).

♂ Stirn am Vorderrande mit einem schmalen schwarzen Bogenstreifen, oben den Antennen mit je einem schwarzen Fleckchen, Stirn schmutziggelb, auf dem oberen Theil jederseits mit drei schmalen helleren Querstreifen.

Genitalklappe etwa halb so lang wie das vorhergehende Bauchsegment, hinten flach abgerundet; Genitalplatten etwa 4 mal so lang wie die Klappe, einen langen, an der Spitze schmal abgerundeten Kegel zusammenschliessend.

Länge—Korea, ein ♂ Exemplar auf dem Berge Chohaku und ein ♀ auf dem Berge Kongo gesammelt.

26. Nirvana koreana n. sp. (Taf. 1, Fig. 12)

♂ Weisslich, ein wenig gelblich beschattet. Scheitel etwa 1½ mal so lang wie der Abstand zwischen den Augen, vorn schmal parabolisch abgerundet. Ocelle rötlichgelb. Antennalborste sehr lang, der apicale zwei Drittel der Borste bräunlich, Stirn ohne Zeichnung. Pronotum deutlich kürzer als der Scheitel, Scutellum so lang wie das Pronotum. Elytren subhyalin, weisslich getrübt, an der Spitze ver-bräunt, die Nerven weisslich, die Nerven entlang fein punktuliert, am Costalrande fast in der Mitte mit einer bräunlichen Schrägslinie, nahe der Spitze mit einem V-förmigen bräunlichen Makel, die dritte Apicalzelle an der Basis mit einem rund-lichen schwarzen Fleckchen. Unterseite und Beine weiss, die Klauen und die Spitzen der Hintertibien bräunlich; Bauch gelblich beschattet.

Genitalklappe sehr kurz, hinten flach abgerundet, Genitalplatten etwa so lang wie die vorhergehenden 4 Bauchsegmente zusammen, weisslich, am Basaldrittel gelblich, weisslichgelb beborstet, nahe der Spitze in der Mitte mit einer Reihe von schwarzen Borsten.

Länge— ♂ 5 mm.

Hab.—Korea (der Berg Kongo), gesammelt in einem ♂ Exemplare.

Der Form und Färbung nach *N. orientalis* Mats. etwas ähnlich.

27. Ishidaella flaveola n. sp.

♀ Citronengelb. Scheitel etwa so lang wie der Abstand zwischen den Augen, vorn schmal parabolisch abgerundet. Stirn ohne Zeichnung, Pronotum etwas kürzer als der Scheitel, querrunzelig. Elytren subhyalin, weisslich getrübt, die Nerven weisslich, der Vorder- und Hinterrande grünlich einspielend. Unterseite gelb, Beine grünlich.

♀ Letztes Bauchsegment etwas länger als das vorhergehende, hinten gerade abgestutzt; Legescheide kaum die Scheidenpolster überragend, die letzteren weisslichgelb beborstet; Afterstielchen an der Spitze verbräunt.

Länge—♀ 6 mm.

Hab.—Korea (der Berg Chohaku), gesammelt in einem ♀ Exemplare.

Der Form nach *I. albomarginatus* Sign. ähnlich.

28. Euacanthus aurautiacus n. sp.

♂ Orangengelb. Scheitel deutlich kürzer als der Abstand zwischen den Augen, der Vorderrandkiel bräunlich, am Hinterrande jederseits mit einem dunklen Fleckchen, Ocelle je am Hinterrande dunkel gesäumt. Stirn rötlichgelb, ohne Zeichnung. Scutellum an der Basis jederseits mit einem schwarzen Flecke, derselbe trotz vom Pronotum verdeckt ist, von oben des Pronotum etwas durchsichtbar. Elytren subhyalin, orangengelb, am Spitzendrittel subhyalin, weisslich getrübt, die Nerven gelblich. Brust und Bauch blassgelblich; Beine orangengelb, die Klauen bräunlich.

Genitalklappe fast so lang wie das vorhergehende, hinten flach ausgerandet, Genitalplatten schmal und lang, aufwärts gebogen, blassgelblich, mit feinen zahlreichen blassgelblichen Härchen, an der Spitze schmal abgerundet.

Länge—♂ 6.5 mm.

Hab.—Korea (der Berg Chohaku), gesammelt in einem ♂ Exemplare.

Der Form nach *E. interruptus* L. etwas ähnlich.

29. Agallia nigra n. sp. (Taf. 1, Fig. 11)

♂ Schwarz. Scheitel am Hinterrande hellbräunlich. Stirn bräunlich, in der Mitte hellbräunlich, fein punktiert. Pronotum fein querrunzelig, etwa so lang wie das Scutellum. Scutellum an der Vorderhälfte längsrunzelig, an der Hinterhälfte querrunzelig. Elytren länger als der Hinterleib, opak, dunkel, mit deutlichen helleren Nerven. Unterseite schwarz, Bauch graulichgelb.

Beine schwarz, Hintertibien weisslichgelb gestreift, Hintertarsen je an der Innenseite weisslichgelb.

Genitalklappe sehr kurz, am Hinterrande abgerundet, Genitalplatten sehr lang, fast so lang wie die Bauchsegmente zusammen, gegen die Spitze hin allmählig schmal, an einander schmalkahnförmig schliessend, am Ende aufwärts gebogen.

Länge—♂ 4 mm.

Hab.— Korea (der Berg Chohaku), ein ♂ Exemplar in dieser Sammlung.
Der Form nach *A. dimorpha* Loew. etwas ähnlich.

30. Idiocerus koreanus n. sp. (Taf. 1, Fig. 10)

♂ Grünlichgelb. Scheitel um 1/3 so lang wie das Pronotum; Stirn ohne Zeichnung. Pronotum am Hinterrande in der Mitte mit einem dunklen Fleckchen. Scutellum schwarz, nur an den äussersten Winkeln gelblich. Elytren subhyalin, grünlichgelb, am Hinterrande ziemlich weit ausgedehnt und die Membran ganz schwarz. Unterseite und Beine blassgelblich, Bauch citronengelb, die Klauen dunkel.

Letztes Bauchsegment in der Mitte mit einer niedrigen rundlichen Vorragung, Genitalplatten schmal und lang, bogenartig aufwärts gebogen, weisslich lang behaart, die seitlichen Lappen des letzten Rückensegmentes je an der Spitzenhälfte schwarz, spitzwinkelig vorragend, an der äussersten Spitze weisslich, Afterstielchen schwarz.

Länge— ♂ 5 mm.

Hab.—Korea (der Berg Chohaku), gesammelt in einem ♂ Exemplare.
Der Form nach *I. populi* L. etwas ähnlich.

31. Ledromorpha koreana n. sp.

♀ Rostbraun, dicht fein punktiert und gekörnt. Scheitel etwa so lang wie das Pronotum, vorn stumpfwinkelig abgerundet, in der Mitte heller, mit einem niedrigen undeutlichen Längskiele, die obere Hälfte der Gesicht dunkelbraun, Antennen gelblich, das dritte Glied und die Borste bräunlich. Pronotum etwas höher als der Scheitel, an den Seiten mit einer ovalen Grübchen, die Hinterwinkel stumpfwinkelig; Scutellum viel niedriger gekörnt als auf dem Pronotum. Elytren etwas länger als der Hinterleib, subhyalin, rostbräunlich getrübt, hie und da heller gefärbt, die Nerven schmal und nur deutlich auf dem Apicalrande, die Nerven entlang sehr fein bräunlich punktiert, auf dem Clavus grob punktiert. Unterseite und Beine hellbräunlichgelb. Letztes Bauchsegment deutlich kürzer als das vorhergehende, am Hinterrande gerade, Scheidenpolster nicht behaart, etwa so lang wie 4 vorhergehende Bauchsegmente.

Länge— ♀ 7.5 mm.

Der Form und Färbung nach *Ledromorpha vittata* Mats. (Ledropsis vittata Mats. Ann. Zool. Jap. Vol. VIII, Part 1, p. 31, 1912) sehr ähnlich.

32. Ledropsis kongosana n. sp. (Taf. 1, Fig. 14)

♂ Grün (im trockenen Zustande gelblich). Scheitel sehr flach, fein punktiert, etwas so lang wie der Abstand zwischen den Augen, deutlich länger als das Pronotum, vorn parabolisch abgerundet, an den Seitenrändern dunkelbräunlich, am Vorderrande hellbräunlich. Gesicht ohne Zeichnung. Pronotum nach hinten zu allmählig höher gesteigt, an der hinteren Hälfte querrunzelig und gröber punktiert, am Hinterrande etwa rechtwinkelig vorragend.　Scutellum so hoch wie das Pronotum, runzelig punktiert.　Elytren subhyalin, gelblich getrübt, grob punktiert, die Nerven gelblich, die Clavus-Nerven je an der Spitze und die Mitte des Nervus cub. internus dunkel.　Unterseite und Beine blassgelblich, die Klauen an den Spitzen hellbräunlich.

Letztes Bauchsegment um 2 ½ mal so lang wie das vorhergehende, hinten flach abgerundet, Genitalplatten lang, fast so lang wie die vorhergehenden 3 Bauchsegmente, breit konisch zusammenschliessend, in der Mitte am breitesten.

Läng— ♂ 11 mm.

Hab.—Korea (der Berg Kongo), ein ♂ Exemplar in dieser Sammlung.

Der Form nach *L. ståli* Melich. etwa ähnlich, aber bei dieser der Scheitel spitziger und das Pronotum an den Seiten rechtwinkelig vorragend, sodass sich von einer *Petalocephala*-Art etwas erinnern lassend.

33.　Lepyronia koreana n. sp.

Der Form und Färbung nach *L. coleopterata* L. sehr ähnlich, weicht aber in den folgenden Charakteren ab:

1.　♂ Scheitel deutlich schmäler, Pronotum flach, fast so hoch wie der Scheitel.

2.　Elytren flach gewölbt, nicht so hoch gewölbt wie bei *coleopterata* L., subhyalin, weisslich getrübt, überall netzartig bräunlich gefleckt, an der Basis bräunlich, in der Mitte mit einem V-förmigen breiten bräunlichen Flecke, nahe der Spitze an der Costa mit einem bräunlichen Fleckchen, an der Spitze deutlich schmäler.

3.　Letztes Bauchsegment sehr kurz, Genitalplatten schmäler spitzkonisch zusammen zuschliessend, an der Spitze aufwärts gebogen.

Länge— ♂ 6 mm.

Hab.—Korea (der Berg Chohaku), ein ♂ Exemplar in dieser Sammlung.

34.　Lepyronia coleopterata L. var. nawae n.

Der Form nach var. *grossa* Uhl. ähnlich, unterscheidet sich aber wie folgends:

1.　Körper deutlich kürzer und rundlicher.

2.　Elytren in der Mitte mit einem grossen schwarzen V-förmigen Flecke, nahe der Spitze des Clavus mit einem gelblichen Querstreifen, nahe der Spitze des Corium auch ein solcher.

Hab.—Japan (der Berg Ibuki bei Gifu), gesammelt in 3 ♀ Exemplaren von Herren Y. Nawa; 2 ♀ Exemplare in dieser Sammlung von Herren Y. Ikuma.

35. Ptyelus abieti Mats.

var. **V-pustulatus** n.

Elytren in der Mitte mit einem etwa V-förmigen bräunlichen Flecke, dessen innere Seite an der Costa fleckartig und dessen äussere Seite querbindenartig weisslich, das Apicalfeld undeutlich heller maculiert, sodass sich die von *P. guttatus* Mats. etwas erinnern lassend.

Hab.—Korea (der Berg Chohaku), gesammelt in einem ♀ Exemplare.

36. Ptyelus ikumae n. sp. (Taf. 1, Fig. 16)

♀ Körper schmal und gelb. Scheitel etwa halb so lang wie der Abstand zwischen den Augen. Stirn ohne Zeichnung, mässig gewölbt. Pronotum etwa 2 mal so lang wie der Scheitel, Scutellum etwa länger als der Scheitel. Elytren gelblich, opak, mit einem, von der Basis bis zur Spitze die Naht entlang verlaufenden, bräunlichen Längsstreifen, welcher allmählig gegen die Spitze hin breiter werdend und nahe der Mitte gegen die Costa einen dreieckigen bräunlichen Fleckchen entsendet. Beide Seite dieses Costalfleckes subhyalin, weisslichgrau getrübt. Unterseite und Beine gelb, Abdomen orangengelb, Tibien an den Spitzen und die Klauen dunkel.

Letztes Bauchsegment am Hinterrande gerade, Legescheide lang, etwa zweimal so lang wie die Scheidenpolster, an der Spitze dunkelbräunlich.

Länge—♀ 7.5 mm.

Hab.—Korea (der Berg Kongo), ein ♀ Exemplar in dieser Sammlung.

Der Form nach *P. abieti* Mats. ähnlich.

37. Ptyelus sachalinensis n. sp. (Taf. 1, Fig. 15)

Ptyelus albipennis F. Journ. Coll. Agr. Tohoku. Imp. Univ. Vol. IV. pt. 1. p. 19 (1911).

Der Form und Zeichnung nach *P. albipennis* F. sehr ähnlich, weicht aber in den folgenden Punkten ab:

1. Körper etwas kürzer, Scheitel am Übergange zur Stirn mit 3, oft in der Mitte sich aneinander vereinigten schwarzen Querstreifen, während bei albipennis F. immer ganz schwarz ist. Scutellum ohne bräunlichen Längsfleck wie bei *albipennis*.

2. Elytren weisslich, an der Basis dunkelbraun, nahe der Mitte mit einer am Hinterrande sich verbreiterten dunklen Querbinde, welche am Innenrande gerade ist, an der Spitze schwarz gerandet.

3. Abdomen ganz schwarz, nur die äussersten Ränder gelblich, Genitalplatten beim ♂ dunkelbraun, an der Spitze gelblichbraun, beim ♀ letztes Bauchsegment

und Genitalien gelblich.

Länge— ♂ 5 mm., ♀ 6 mm.

Hab.—Sachalin (Korsakoff), 3 (2 ♂, 1 ♀) Exemplare gesammelt von Herrn *Y. Ikuma*. Herren *J. Adachi* und *S. Isshiki* sammelten auch im Menge in Sachalin (Shiska, Motodomari und Toyohara). Dieselbe Art hat Herr *Y. Ikuma* auch in 4 (2 ♂, 2 ♀) Exemplaren auf dem Berg Chohaku erbeutet.

38. **Dictyophora koreana** n. sp.

Der Form nach *D. europaea* L. sehr ähnlich, weicht aber in den folgenden Punkten ab :

1. ♀ Kopf breiter, Scheitelkiele aneinander deutlich mehr entfernt, der Mittelkiel ziemlich hoch und bis zur Spitze stärker vortrettend. Stirn an der Spitze ohne schwärzliche Punkten, deutlich breiter und kürzer, die Mittelthälchen orangengelb.

2. Elytren kürzer, Stigma kleiner und deutlich heller.

3. Letztes Bauchsegment am Hinterrande in der Mitte tief ausgerandet, sodass die seitlichen Lappen rundlich vorragend und an den Seiten flach ausgerandet sind.

Länge— ♀ 10 mm.

Hab.—Korea (der Berg Chohaku), ein ♀ Exemplare in dieser Sammlung.

39. **Caloscelis terauchii** n. sp. (Taf. 1, Fig. 2)

Der Form und Färbung nach *C. wallengreni* Stål sehr ähnlich, weicht aber wie folgt ab :

1. Körper deutlich schmäler, Stirn stärker vorragend, Pro- und Metanotum je an den Seiten mit zahlreichen schwarzen Fleckchen.

2. Elytren an den Seiten oben dicht dunkel gefleckt, sodass als eine breite Längslinie erscheint.

3. Sämtliche Beine schmäler; nur die vorderen Tibien etwas blattartig erweitert.

4. Letztes Bauchsegment am Hinterrande seichter und schmäler ausgerandet und an jeder Seite nicht flach ausgerandet wie bei *wallengreni*, Scheidenpolter an der Basis nicht dunkel gefleckt.

Länge— ♀ 5.5 mm.

Hab.—Korea (der Berg Kongo), ein ♀ Exemplare in dieser Sammlung.

40. **Ommatidiotus koreanus** n. sp. (Taf. 1, Fig. 1)

♂ Oben weisslich, unten schwarz. Scheitel etwa 2½ mal so lang wie zwischen den Augen, der Länge nach concav, in der Mitte mit einer die Spitze nicht ganz erreichenden karminrötlichen Längslinie. Gesicht schwarz, Clypeus an der Basis und an den Seiten weisslich. Antennen schwarz, an der Spitze heller, weisslich gekörnelt, mit hellbräunlicher Borste. Pronotum etwa halb so lang wie das Scutellum, in der Mitte mit einer die Scutellums-Spitze sich fortgesetzten karminrötlichen Längslinie. Elytren länger als der Hinterleib, subhyalin, weisslichgelb getrübt, an der Costa schwarz, Corium mit 2 gelblichen Längslinien, Clavus am Hinterrande rötlichgelb. Beine schwarz, Schenkelspitze, Tibien (Basis dunkel) und Tarsen weisslich, Klauenglied und die Klauen dunkelbräunlich.

Genitalsegment fast wie bei *O. dissimilis* Fall., nur die Genitalplatten (Griffel) sich an den Spitzen an einander stossend.

Länge—♂ 6 mm.

Hab.—Korea (der Berg Kongo), gesammelt in einem ♂ Exemplare.

Der Form und Färbung nach *O. dissimilis* Fall. ähnlich, aber bei dieser ist der Scheitel viel länger und der Körper überhaupt viel grösser.

41. Kamendaka koreana n. sp.

Der Form und Färbung nach *K. fuscofasciata* Dist. sehr ähnlich.

♀ Ockergelb. Scheitel weisslich, unter dem Auge jederseits mit einer dunklen Querbinde, Clypeus und Rostrum gelblich. Pronotum weisslich, hinter dem Auge bräunlich gefleckt. Mesonotum am Seitenrande bräunlich gefleckt. Elytren etwa 3 mal so lang wie der Hinterleib, fast hyalin, die Nerven weisslich, mit einem spitzwinkelig gebrochenen, zickzackartigen, gelblichen Flecke, welcher sich von der Mitte des Clavusrandes bis zum Hinterrande hin undeutlich fortgesetzt ist, im Apicalfelde nahe der Spitze mit einem undeutlichen gelblichen Flecke. Die Nerven der Flügel vorwiegend hellbräunlich. Beine gelblichweiss, Schenkel dunkel gefleckt. Abdomen dunkelbraun.

Letztes Bauchsegment am Hinterrande breit rundlich vorragend, gelblich gerandet, Scheidenpolster gelblich, die seitlichen nach unten vorragenden griffelartigen Anhänge des Genitalsegmentes dunkel, spitzdreieckig, sich an den Spitzen an einander fast stossend. Afterrohr am Rande und Afterstielchen weisslich.

Länge—♀ 5.5 mm.

Hab.—Korea (der Berg Kongo), ein ♀ Exemplar in dieser Sammlung.

42. Terauchiana singularis n. sp.

♂ Hellschmutziggelb. Scheitel etwa 5 mal so lang wie zwischen den Augen, vorn schmal abgerundet, die seitlichen äussersten Ränder bräunlich. Stirn von den Seiten gesehen bogenartig nach unten flach gebogen. Pronotum deutlich kürzer als der Mesonotum, die Kiele heller, an den Seiten mit je einem schwärzlichen Punkte. Scutellum an der Spitze und der Mittelkiel weisslich. Elytren fast zweimal so lang wie der Hinterleib, fast hyalin, die Nerven hellschmutziggelb, hie und da dunkel gestreift, die Apicalnerven je an der Spitze dunkel. Flügel hyalin, die Nerven weisslich, nur die in der Mitte sich befindlichen Nerven dunkel. Unterseite und Beine weisslich, Bauch an den Seiten schwärzlich gefleckt, Schenkel der Länge nach dunkel gestreift, Vorder– und Mittel-Tarsen je an beiden Enden dunkel, die Klauen hellbräunlich.

♂ Genitalsegment an den Seiten etwas rötlich einspielend, breit cylindrisch, hinten rundlich gerandet; Griffel bräunlich, an den Seiten dunkelbräunlich gerandet, an der Spitzenhälfte nach innen zu bogenartig gekrümmt und zusammen einer schmalen Ellipse umschliessend, am Ende schmal zugespitzt und wieder ein wenig nach aussen gebogen.

Länge—♂ 6.5 mm.

Hab.—Korea (der Berg Konge), gesammelt in einem ♂ Exemplare.

Terauchiana n. g.

Der Form nach *Tropidocephala* Stål ähnlich. Körper schmal. Scheitel sehr lang, an den Seiten parallel, mit 5 Längskielen, von welchen der mittlere sehr kurz ist und nur den Vorderrand des Auges erreichend, die seitlichen zwei vor dem Auge plötzlich sich verschmälernd, laufen bis zur Spitze allmählig convergierend, die an den Rändern sich befindlichen anderen zwei fast parallel, ein wenig in der Mitte etwas breiter werdend, laufen bis zur Spitze. Stirn lang, mit 3 Längskielen, Clypeus auch mit 3 Längskielen. Rostrum kurz, die Hintercoxen erreichend. Antennen lang, das 2te Glied etwa 4 mal so lang wie das erste. Pronotum und Scutellum gerade wie bei *Dictyophora* gekielt. Elytren schmal und lang, Nervenverlauf fast wie bei *Megamelus* Fieb., nur der vierte Apicalnerv dicht an der Basis gegabelt und die Nerven nicht gekörnelt. Flügel auch wie bei *Megamelus* geädert, die Nerven aber vorwiegend undeutlich, nur die Quernerven und der zweite Apicalnerv dick und deutlich. Beine wie bei *Megamelus*, nur die Hintertibien mit zwei Dörnchen, von welchen das eine an der Basis und das andere nahe der Mitte versehen, der bewegliche Sporn länger als die Hälfte des Metatarsus.

. Der Scheitelform nach *Dictyophora* Germ. sehr ähnlich, durch den beweglichen Sporn und den Nervenverlauf der Elytren unterscheidet sie sich ganz wohl. In der systematischen Stellung steht sie nahe der Gattung *Tropidocephala* Stål an.

43. Liburnia (Delphax) basalis n. sp.

♂ Schwarz. Scheitel gelblich, etwas länger als der Abstand zwischen den Augen, Gesicht schwarz, die Kielen weisslich, Clypeus gelblich, der Mittelkiel weisslich, Stirn etwa 3 mal so lang wie die Breite, Pronotum am Vorderrande und der Mittelkiel weisslich; Scutellum an der Spitze weisslich. Elytren kurz, die Mitte des Abdomen nicht erreichend, schwärzlich, an der Basis und der Spitze weisslich. Abdomen schwarz, das 6te Rückensegment am Hinterrande weisslich. Beine gelblich, Coxen und Tarsalspitzen dunkel. Genitalsegment am Unterrande gelblich, etwas parabolisch ausgerandet, am oberen En$_d$e schmal zugespitzt und nach hinten etwa hakenförmig vorrangend; Griffel dunkelbraun, nach der Spitze zu aneinander divergierend, der jede in der Mitte am breitesten, an der Spitze zugespitzt und etwas nach aufwärts gebogen.

♀ Gelblich. Stirnthälchen nur am Uebergange zum Scheitel und am Gipfel schwarz. Elytren weissgelblich, subhyalin, in der Mitte hellbräunlich, am Hinterrande nahe der Clavalspitze mit einem dunklen Fleckchen.

Länge— ♂ 2.5 mm., ♀ 3 mm.

Hab.—Korea (der Berg Kongo), gesammelt in 2 (1 ♂, 1 ♀) Exemplaren.

Der Form und Färbung nach *L. leptosoma* Flor. etwas ähnlich.

44. Liburnia (Delphax) **gracilis** n. sp.

Körper schmal, gelblich. Scheitel um 1 ½ mal so lang wie der Abstand zwichen den Augen, in der Mitte mit einer weisslichen Längslinie. Stirn lang, etwa 2 ½ mal so lang wie die Breite, die Kiele weisslich. Ocelle dunkel umsäumt, beim ♂ der Mittelkiel am Uebergange zum Scheitel an den Seiten bräunlich gesäumt. Pro- und Mesonotum je in der Mitte mit einer weisslichen Längslinie, welche an der Spitze des Scutellum am breitesten ist. Elytren etwa 2 ½ mal so lang wie der Hinterleib, fast hyalin, ein wenig gelblich getrübt, die Nerven gelblich, weisslich fein gekörnelt und sehr kurz behaart. Unterseite und Beine weisslichgelb, die Tarsalspitzen dunkel.

♂ Genitalsegment unten etwas parabolisch tief ausgerandet, nahe der Basis dieses Randes jederseits mit einer kleinen Einkerbung. Griffel hellbräunlichgelb, an beiden Enden dunkel, gegen die Spitze hin divergierend, fein gelblich behaart, von unten gesehen lineal, nur in der Mitte etwas erweitert, nahe der Spitze mit einer nach unten gerichteten, kurzen, spitzigen Vorragung, an der Spitze plötzlich kolbig erweitert und abgestutzt.

♀ Scheidenpolster seicht grob punktiert.

Länge— ♂ 4 mm., ♀ 4.8 mm.

Hab.—Korea (der Berg Chohaku), 2 (1 ♂, 1 ♀) Exemplare erbeutet.

Erklärung der Tafel 1.

1. Terauchiana singularis n. sp.
   a Elytre,　b Flügel,　c Hinterbeine.
2. Ommatidiotus koreanus n. sp.
3. Caloscelis terauchii n. sp.
4. Deltocephalus cornutus n. sp.
5. Deltocephalus kongosanus n. sp.
6. Deltocephalus fraternus n. sp.
7. Deltocephalus octomaculatus n. sp.
8. Aconura terauchii n. sp.
9. Platymetopius koreanus n. sp.
10. Thamnotettix nigrovittatus n. sp.
11. Idiocerus koreanus n. sp.
12. Agallia nigra n. sp.
13. Nirvana koreana n. sp.
14. Parablocratus 3-punctatus n. sp.
15. Ledropsis kongosanus n. sp.
16. Ptyelus sachalinensis n. sp.
17. Ptyelus ikumae n. sp.

摘　　要

朝 鮮 の 浮 塵 子

理 學 博 士　松 村 松 年

　朝鮮普通高等學校教諭生熊與一郎氏は朝鮮長白山の浮塵子八十二種及び同國
金剛山の浮塵子三十八種合計百十三種を余に送り來りたり、之れを調査するに三
十四種は新種にして四種は新變種なり、此内けずめうんか亞科(Delphacinae)に屬
するものにして新屬ありたれば Terauchiana と命名せり、蓋し金剛山に於て寺内
總督も亦生熊氏と共に網を振られたるによる、尙故咸鏡道長官帆足準三氏も亦白
長山にて生熊氏と共に網を以て浮塵子を捕獲せられたりと云ふ、此内最も面白き
は樺太產浮塵子と同種のもの多きこと是なり即ち左の十種は共通なるものにして
未だ本邦に產するものあるを聞かず。

1. Thamnotettix cruentatus Panz.
2. „ ikumae Mats.
3. „ karafutonis Mats.
4. Athysanus sachalinensis Mats.
5. Deltocephalus fraternus Mats.
6. „ sachalinensis Mats.
7. „ chosenensis Mats.
8. Ommatidiotus karafutonis Mats.
9. Ptyelus abieti Mats.
10. „ sachalinensis Mats.

今朝鮮より知られたる浮塵子の學名及び和名を舉げん。

Jassidae	浮 塵 子 科
Typhrocybinae	ひめよこばい亞科
1. Chlorita vittata Leth	きすぢみどりひめよこばい
2. Erythria zonata Mats var. koreana n.	えびひめよこばい
3. Eupteryx artemisiae Kb.	よしきひめよこばい
4. Typhlocyba rosae L.	ばらひめよこばい
5. Zygina limbata Mats.	よつしんひめよこばい
Jassinae	よこばい亞科
6. Balclutha pectoralis n. sp.	くろむれうすばよこばい
7. „ punctata Thunb.	かすりよこばい
8. „ rubrinervis Mats.	あかかすりよこばい
9. „ viridis Mats.	うすばみどりよこばい
10. Cicadula guttata n. sp.	くろしんうすばよこばい
11. „ masatonis Mats. var. pallidula Mats.	よつしんうすばよこばい
12. „ sexnotata Fall.	むつてんうすばよこばい
13. „ variata Fall.	まだらうすばよこばい
14. Thamnotettix albicosta Mats.	まへじろよこばい
15. „ chohakusanus n. sp.	ちやうはくくよこばい
16. „ cruentatus Panz.	ちまだらよこばい
17. „ cyclops Mats.	ひとつめよこばい
18. „ hoashii n. sp.	ほわしよこばい
19. „ ikumae Mats.	いくまよこばい
20. „ karafutonis Mats.	からふとよこばい
21. „ latifrons Mats.	ひろへまだらよこばい
22. „ nigrovittatus n. sp.	くろすぢみどりよこばい
23. „ oryzae Mats.	いれまだらよこばい
24. „ quadrinotatus F.	よつしんよこばい
25. „ subfusculus Fall.	うすぐろよこばい

26.	Thamnotettix sulphurellus Zett.	みどりよこばい
27.	„ tobae Mats. var. hyalinatus Mats.	とばよこばい
28.	„ tornellus Zett.	ふたてんちまだらよこばい
29.	Nephotettix apicalis Motsch.	つまぐろよこばい
30.	Athysanus impictifrons Bohem.	みどりひろよこばい
31.	„ limbifer Mats.	まへじろひろよこばい
32.	„ quadrum Bohem.	まだらひろよこばい
33.	„ sachalinensis Mats.	からふとひろよこばい
34.	„ striatellus Fall.	あやしんひろよこばい
35.	„ striola Fall.	いちもじひろよこばい
36.	„ suturalis Mats.	せぐろひろよこばい .
37.	Jassus praesul Horv.	あみめよこばい
38.	Paralimnus fallaciosus Mats.	よしよこばい
39.	„ tamagawanus Mats.	たまがはよしよこばい
40.	Paramesus japonicus Mats.	まへぐろひらたよこばい
41.	Phlepsius ishidae Mats.	いしだよこばい
42.	Doratulina koreana n. sp.	てうせんをながよこばい
43.	Aconura ikumae n. sp.	いくまほそとがりよこばい
44.	„ producta Mats.	ほそとがりよこばい
45.	„ terauchii n. sp.	てらうちほそとがりよこばい
46.	Deltocephalus abdominalis F.	はらぐろとがりよこばい
47.	„ assimilis Fall.	きいろとがりよこばい
48.	„ candidus Mats.	ふたすぢとがりよこばい
49.	„ chohakusanus n. sp.	ちやうはくとがりよこばい
50.	„ chosenensis n. sp.	てうせんとがりよこばい
51.	„ cornutus n. sp.	つのしんとがりよこばい
52.	„ costistriatus n. sp.	まへすぢとがりよこばい
53.	„ fraternus n. sp.	おほとがりよこばい
54.	„ hoashii n. sp.	ほあしとがりよこばい
55.	„ kongosanus n. sp.	こんごうとがりよこばい
56.	„ koreanus n. sp.	てうせんまだらとがりよこばい
57.	„ octomaculatus n. sp.	とほしとがりよこばい
58.	„ sachalinensis n. sp	からふととがりよこばい
59.	„ striatus L.	まだらとがりよこばい
60.	„ thoracicus Fieb.	せまだらとがりよこばい
51.	„ tritici Mats.	むぎとがりよこばい
62.	„ yanonis Mats.	やのとがりよこばい
63.	„ koreanus n. sp.	てうせんおほとがりよこばい
64.	Platymetopius rubrovittatus Mats.	あかすぢひろとがりよこばい
65.	„ undatus Deg. var. koreanus n.	なみがたひろとがりよこばい
66.	Scaphoideus albovittatus Mats.	しろせすぢすかしよこばい
67.	„ festivus Mats.	しらほしすかしよこばい
68.	Xestocephalus guttatus Motsch.	ほしまるよこばい

Acocephalinae さじよこばい亞科

69. Parabolocratus lineatus Horv. きすぢさじよこばい
70. 〃 tripunctatus n. sp. みつぼしさじよこばい
71. Strongylocephalus agrestis Fall. いれひらたよこばい
72. Nirvana koreana n. sp. てうせんほそさじよこばい

Tettigoninae ゐぼよこばい亞科

73. Euacanthus acuminatus F. とばだかんむりよこばい
74. 〃 aurantiacus n. sp. きいろかんむりよこばい
75. Ishidaella albomarginata Sign. まへじろゐほよこばい
76. 〃 flaveola n. sp. きいろゐほよこばい
77. Onukia onukii Mats. ゐほぬきよこばい
78. Tylozygoides artemisiae Mats. よもぎゐほよこばい

Bythoscopinae づきんよこばい亞科

79. Idiocerus koreanus n. sp. てうせんづきんよこばい
80. 〃 vitticollis Mats. せすぢづきんよこばい
81. Pediopsis illota Horv. こほそづきんよこばい
82. 〃 virescens L. みどりほそづきんよこばい
83. Agallia nigra n. sp. くろまるづきんよこばい
84. 〃 reticulata H. S. あみめまるづきんよこばい
85. Macropsis viridula Melich. てうせんあをづきんよこばい

Ledrinae みみつく亞科

86. Ledromorpha koreana n. sp. てうせんみゝつく
87. Ledropsis kongosana n sp. こんごうひらたみゝつく

Cercopidae 沫吹蟲科
Cercopinae こがしらあはよき亞科

88. Rhinaulax assimilis Uhl. くろこがしらあはふき

Aphrophorinae あはふき亞科

89. Lepyronia coleopterata L. var. nawae n. まるあはふき
90. 〃 koreana n. sp. てうせんまるあはふき
91. Peuceptyelus dimidiatus Mats. こみやまあはふき
92. Ptyelus campestris Fall. きいろほそあはふき
93. 〃 ikumae n. sp. いくまほそあはふき
94. 〃 sachalinensis n. sp. からふとほそあはふき
95. 〃 abieti Mats. var. v-pustulatus n. とゞまつほそあはふき
96. Aphrophora obliqua Uhl. はすなびあはふき
97. 〃 putealis Mats. こしろなびあはふき
98. Euclovia okadae Mats. なかだあはふき

Fulgoridae　　　白 蠟 科
Ricaniinae　　　あみがさはごろも亞科

99.　Ricania taeniata Stål (R. proxima Melich.)　くろあみがさはごろも

Dityophorinae　　　てんくすけば亞科

100.　Dictyophora koreana n. sp.　　てうせんてんくすけば

Cixiinae　　　ひしうんか亞科

101.　Kuvera flaviceps Mats.　　きがしらひしうんか
102.　Oliarus apicalis Uhl.　　つまぐろひしうんか
103.　　　"　quadrifasciatus Mats.　　よすぢひしうんか

Achilinae　　　こがしらうんか亞科

104.　Akotropis fumatus Mats.　　うすぐろこがしらうんか

Issinae　　　まるうんか亞科

105.　Caloscelis terauchii n. sp.　　てうちひらわしうんか
106.　Ommatidiotus karafutonis Mats.　　からふとあかじようんか
107.　　　"　koreanus n. sp.　　てうせんあかじようんか

Derbinae　　　はねながうんか亞科

108.　Nisia nervosa Motsch.　　しまうんか（こふきうんか）
109.　Kamendaka koreana n. sp.　　てうせんこふきはねながうんか

Delphacinae　　　けづめうんか亞科

110.　Terauchiana (n. g.) singularis n. sp.　　てうちけづめうんか
111.　Liburnia basalis n. sp.　　ねじろけづめうんか
112.　　　"　gracilis n. sp.　　ほそけづめうんか
113.　　　"　striatellus Fall.　　とびいろけづめうんか

札幌會報第五巻第一圖版 Trans. Sapporo N. H. S., Vol. V. Pl. I.

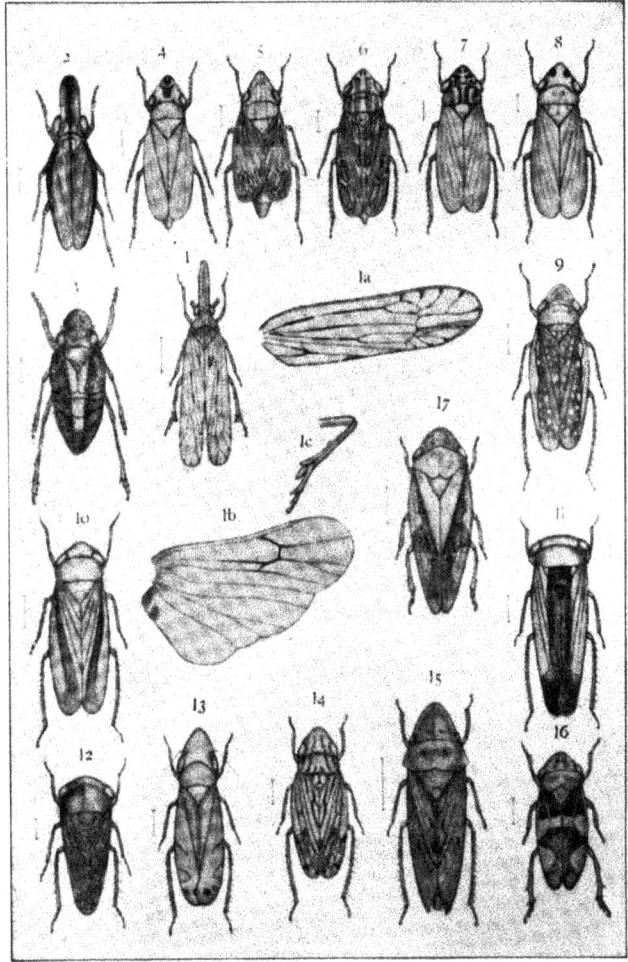

T. Okuni del.

ON A NEW SPECIES OF OEGOPSIDS FROM THE BAY OF TOYAMA, GONATUS SEPTEMDENTATUS.

By

MADOKA SASAKI, *Rigakushi.*

富山灣より獲たる開眼類に屬する一新種

理學士　佐々木　望

This cuttle-fish is often caught with drag-net at 100 fathoms or more along the coast of Etchû Province, where it is commonly called "*Dosu-ika*" by the fishermen. All the specimens (in formalin) which came under my observation were females, and their measurements were as follows:

	mm.	mm.	mm.	mm.	mm.	mm.
Dorsal length of mantle	138	164	169	185	220	190
Ventral length of mantle	130	155	158	174	210	179
Circumference of mantle	112	125	120	132	170	135
Breadth of mantle	40	50	40	48	55	48
Length of head	40	43	37.5	40	48?	42
Breadth of head	42	48	38	—	51?	43
Length of fins	80	94	93	105	134	110

	left	right	left	right	left	right	left	right	left	right	left	right
Length of first arm	70	70	82	81	79	76	88	88	—	—	103	103
„　„ second arm	78	—	94	93	93	90	98	98	—	—	108	108
„　„ third arm	70	—	90	89	—	92	95	97	—	—	108	107
„　„ fourth arm	65	—	82	82	78	78	87	84	—	—	102	102
Length of tentacle	190	—	120	125	115	115	160	160	—	—	200	200
„　„ club	80	—	70	70	65	65	80	80	—	—	100	100
Length of nidamental gland	25		35		35		35		50		—	

The measurements of the gladius of a specimen with the mantle-length of

220 mm. are 210 mm. in the total length, 22 mm. in the breadth and 170 mm. in the length of the vane.

The specific characters resemble those of *Gonatus fabricii* (LICHTENSTEIN), except in the tentacular suckers and radula, by which both species are easily distinguishable, as described elsewhere.

The body is large, soft and nearly choroidal, being easily mutilated. The mantle, cylindrical at the anterior half, tapers towards the posterior end, and terminates in a slender posterior portion of about 1/3 of the whole length, and it has, at the ventral anterior margin, a broad emargination bounded laterally by two angular projections, and at the dorsal anterior margin, a slight angular median projection. The fins are broad, the total breadth being about equal to 3/4 of the mantle-length, and together nearly rhomboidal in shape with a notching at the anterior attachment, and extending a little backwards beyond the posterior end of the mantle ; their length are a little longer than half that of the mantle.

The head is about as broad as the mantle-opening and shows, at the ventral surface, a distinct siphonal excavation which is marked by a faint fold of skin along the boundary edge, and in a well preserved specimen, the anterior middle portion shows several longitudinal folds of skin. The olfactory crest of the neck consists of two semicircular folds, the ventral fold having a small membrane on the top. The eye-openings have a deep anterior sinus, the dorsal margin of which is markedly thickened. The collar-portion of the siphon is broad and free along the whole posterior margin around the neck. The siphonal resisting cartilage is distinctly broader than that of *Gonatus fabricii*, being nearly pear-shaped in contour tapering forwards, and having a broad median groove which also narrow towards the anterior. The pallial cartilage corresponding to the above is a longitudinal ridge which is not simply linear as occurs in *Gonatus fabricii*, but becomes much broader backwards, and rises highest at the anterior. The resisting cartilage of the nape is of cocoon-shape being a little expanded at both ends, with a longitudinal median groove marked laterally by 2 ridges, and it has a shallow sinus at each side of the groove at the anterior terminal margin.

The arms are subequal, the formula of arm-length being $2>3>1\doteqdot4$, and the longest arm is about half as long as the mantle. The webs of the outer surfaces, of average breadth, are developed in the usual manner. The umbrella, very narrow, as in *Gonatus fabricii*. The ventral arms have only suckers about 130 in number, arranged in 4 series, those of the 2 inner rows being a little larger. The lateral and dorsal arms have 2 marginal series of small suckers and 2 inner series of slightly larger hooks, except at the proximal part as well as at the distal, there being 1/3–1/4 the length of each arm where only suckers are found (5 or 6 rows of suckers at the extreme base of each arm followed by 20–27 hooks, the last row of hooks stopping at the place 1/3 or 1/4 of the arm-length from the extremity). This number of hooks shows some variation among different individuals as well as among the different arms of each individual. The distal half of the horny ring of each sucker has about 10 sharp teeth, while the rest of the margin projects a little, showing a sickle-shaped edge, the median part of which sometimes bends forwards. The teeth, triangular in shape, laterally flattened are largest in the middle of the row.

The tentacles show a great variation in length that is caused by the degree of contraction, but seem about as long as the mantle, and the stalk is a little flattened laterally, with a flat but narrow inner surface. The club comprises about 1/3 of the whole length of the tentacle, and is expanded lanceolately, with an elongate terminal portion; and the web on the outer surface is well developed, becoming wider towards the extremity and bending to the dorsal side distally.

The tentacular suckers are more simple than those of *Gonatus fabricii*, the hooks being entirely lacking in all the specimens which I examined. They are very numerous, occupying the whole inner surface of the distal half of the tentacle, and are equally minute, but those of the median region are a little larger than the others. In the specimen, of which the mantle-length is 164 mm, the series of the connective suckers, (about 57 suckers alternating with the fixing warts of the same number), begins at the extreme base of the sucker-bearing surface, and it runs along the dorsal margin of the club, towards the extremity, and stops at a distal point leaving 1/3 of the sucker-bearing surface; the suckers farther distal of the connective ones along the same margin are about 46 in number. The number of the suckers contained in each transverse row in the same specimen is about 12 at the carpal portion, about 24 at the widest hand-portion and about 6 at the slender distal portion. And, there is at the extremity a circular series of 11 suckers. All these tentacular suckers are oblique in shape like the arm-suckers, and the aperture is large. The horny rings have, along about 4/5 of the circumference of the higher margin, long teeth such as occurred in the arm-suckers, the number of the teeth being about 15 in the largest sucker.

The gladius resembles also that of *Gonatus fabricii* being provided with an endocone at the posterior; but the wings have much longer extention than *G. fabricii*, begin at the point of the anterior 1/5 of the whole length from the end.

The whole outer surface of the mantle and head as well as the entire surface of the arms and fins even in their inner or ventral sides, are thickly covered with minute and deep brownish chromatophores, and the chromatophores are imbedded in the skin which comes off easily.

The radula shows a characters entirely different from that of *Gonatus fabricii*. It comprises 7 series of teeth as it occurs in the most species of the Decapoda, and the median tooth is tricuspid, the lateral teeth, bicuspid, and both marginal teeth, unicuspid, being much longer than the preceding ones especially the outer marginal which are about thrice as long as the median one.

Remarks.— BERRY mentioned * 2 specimens caught on the coast of North America, identifying it with *G. fabricii*. According to his description and figures, these specimens seem to be identical with my present species, which is easily distinguishable from *G. fabricii* as the following key shows.

1. Tentacle with 2 or 3 larger hooks and some smaller ones as well as with numerous minute suckers. Three dorsal pairs of arms with 2 marginal series of smaller suckers and 2 central series of larger hooks along whole length. Radula with 5 series of teeth ; middle teeth tricuspid, others unicuspid.........................
....*Gonatus fabricii* (LICHTENSTEIN).

2. Tentacle with only suckers of very minute sizes. Three dorsal pairs of arms with 2 marginal series of smaller suckers and 2 central series of a little larger hooks, but at basal and distal portions with only suckers arranged in 4 series. Radula with 7 series of teeth ; middle tooth tricuspid, lateral teeth bicuspid and both marginals unicuspid .... *Gonatus septemdentatus* sp. nov.

---

* Bull. U. S. Bureau of Fisheries, XXX, p. 310, Pl. Lii, figs. 1, 2; Pl. Liii; Pl. Liv, figs. 1-4; Pl. Lv, figs. 1, 3-7. 1912.

摘　　要

　　富山縣の沿岸に於て百餘尋の深海より偶々漁獲さるゝ珍しき烏賊あり新種なるが如し。本種は該地方の漁夫に依りて**ドスイカ**と稱せられ、体稍々大にして**スルメイカ**と匹敵す、体の全面は海老茶色を呈し脚は中央を走る二列の鈎列と其兩外側を走る左右各一列の吸盤を有せり、Gonatus fabricii に似る所あれども歯舌の歯列が七縦列に並べること、各脚の尖きと根元には吸盤列のみにして鈎列を欠くこと等に依りて區別し得可く又捉脚には微小なる吸盤のみにして鈎を有せざることも亦大いに注意す可き相違なりとす。曾て Berry が北米の沿岸に於て獲たる二個の烏賊に就きて記載せる者あり、其記載及圖版を見るに正しく本新種なる之如きも同著者は G. fabricii と見做せり、然れども余は上記の如き相違によりて之を明瞭に區別なし得るを以て茲に本新種を創出する所以なり。

UNTERSUCHUNG EINES BODENSATZES AUS „ALPINE MILK."

VON

M. SATO.

アルパインミルクの沈渣に關する一研究

里　　正　義

Vor Kurzem wurde hier eine Büchse der kondensierten Milch ohne Zucker-zusatz, die mit dem Namen „Alpine Milk" im Handel bekannt ist, geöffnet. Die-selbe war 2 Jahre lang in dem Sammelungraum des zootechnischen Institutes der Universität zu Sapporo aufbewahrt.

Nach dem Ausgiessen der Milch zeigte es sich, dass der Boden der Büchse mit einem weissen, kleinen, unkrystallisierten, steinähnlichen Bodensatz bedeckt war. Derselbe unterschied sich deutlich von den zuweilen in gewöhnlicher kondensierter Milch ausgeschiedenen Eiweisssubstanzen.

Der Boden wurde herausgeschnitten und der Bodensatz in einem Spitzglase gesammelt. Derselbe wurde hierauf durch zweimaliges Aufrühren mit kaltem Wasser und Wiederabsetzenlassen gereinigt. Auch mit Äther wurde er mehrere male gewaschen um etwa vorhandenes Fett soweit als möglich zu entfernen. Schliess-lich wurde das Ganze im Trockenschrank getrocknet und die Gesammtmenge betrug 0,6621g. Die so erhaltene Substanze habe ich teils verascht. Ein Teil der Asche wurde in einem Schälchen unter Zusatz von Salzsäure ohne Rückstand gelöst und in 2 Teile geteilt.

Der eine Teil wurde mit Ammoniak neutralisirt und mit Ammonoxalat ver-sezt, um Calcium als weissen Niederschlag nachzuweisen, der sich in Essigsäure nicht löst, dann wurde filtriert und dem Filtrate Natriumphosphat zugesetzt, worauf sich nach mehreren Stunden das Ammoniummagnesiumphosphat in Form sogenann-ter Sargdeckelkristalle ausscheidet.

Der andere Teil wurde mit Uranylnitrat versezt, um Phosphorsäure als gelblichweissen Niederschlag zu bestimmen. Ferner wurde auch eine kleine Probe derselben Asche mit Salpetersäure und mit Molybdensäurelösung behandelt, um phosphorsäure nachzuweisen.

Zu einem Teile der probe Substanz wurde Schwefelsäure zugesetzt, worauf sich rhombische Krystalle in dem Filtrat ausschieden, welche im Wasser sehr leicht, in Alkohol ziemlich leicht und in Aether schwer löslich waren.

In diesen Krystallen vermutete ich dem Geschmacke nach Citronensäure, weshalb ich sie löste und wieder krystallisirte, um mit Silbernitrat, mit calciumchlorid und mit Cadmiumchlorid das Vorhandensein von Citronensäure nachzuweisen. Ferner wurde in dem Bodensatze noch eine Bestimmung von Calcium, Magnesium und Phosphorsäure ausgeführt.

Von der obigen Probesubstanz wurde noch 0,26g verascht, welche 0,12g Asche = 46,16% der Originalsubstanz lieferte. Die Asche wurde in Salzsäure gelöst, abfiltriert, mit Ammoniak alkalisch, mit Essigsäure saure gemacht, um den Kalk mit Oxalsäure fällen zu lassen. Im Filtrat wurde dann Magnesium und Phosphorsäure in üblicher Weise durch Ausfällen mit Natriumphosphat und „Magnesiamixture" bestimmt.

Gefunden wurden 0,0952g CaO, 0,0232g P_2O_5 und 0,0008g MgO. Diese drei Substanzen machen demnach 79,33 %, 19,33 % und 0,67 % der ganzen Asche (0,12g) aus.

Berechnet man aus diesen Analysenbefunden die Endsubstanzen, so ergeben sie folgende Werte : $Mg_3 (PO_4)_2 = 0,0017g$, $Ca_3 (PO_4)_2 = 0,0486g$, und $Ca_3 (C_6H_5O_7)_2$ = 0,2039g.

Die Gesamtzahl dieser drei berechneten (0,2542g) stimmen also ihrer Menge nach nicht ganz genau mit der Originalsubstanze, nämlich 0,26g überein. Der Unterschied ist jedoch so gering, dass er innerhalb der Fehlergrenze liegt, und man darf deshalb behaupten, dass der Bodensatz nur aus den oben erwähnten Substanzen sich zusammensetzt.

July, 1914.

摘　　　要

　　最近余は當大學畜産學科標本室に畜産製造品の標本として貯藏せられ既に二ケ年間を經過したるアルパインミルクを開罐したるに罐底の白色にして小形の結晶形をなさゞる小礫狀の一見直ちに普通煉乳に現る凝固蛋白と異なることを認識し得たる物質を以て被はれたるを見たり玆に於て之を取出し最初冷水にて次てエーテルを以て再三洗滌し檢定性試驗の結果石灰、苦土、燐酸並びに枸櫞酸の存在せることを確め定量試驗の結果全く燐酸石灰燐酸苦土及び枸櫞酸石灰よりなることを明かにせり尚乳汁に及ぼす熱の影響に就ては後日の研究を俟ちて記述す可し

～～～～～～～～

MUCINASE IN YAM.

BY

TETSUTARO TADOKORO.

薯蕷中のムチナーゼに就て

田 所 哲 太 郎

Yam yields a mucilaginous substance when grated and extracted with water. The chemical nature of this slime was, for the first time, studied by J. Ishii[1], and later by Prof. K. Oshima and the author[2] who proved conclusively that the yam slime belongs to a class of mucins.

As the occurrence of mucinase or mucin coagulating enzym is not yet known in the vegetable kingdom while its presence in the animal kingdom has been reported by Roger, Tremolliens and others[3], it seemed of great interest to me to investigate whether or not the mucinase is present in the yam which contains mucin.

As material for my study, the tubers of *Dioscorea Batatas Docne* were taken and grated as thoroughly as possible, mixed with five volumes of water and then allowed to stand for several hours until starch granuls and other substances settled at the bottom of the vessel. The thick liquid thus obtained was used for the following experiment.

1. Elucidation of enzymic nature.

At the beginning of the experiment, three series of bottles were prepared, each containing a definite volume of the thick liquid of mucin. To the two series were added a few drops of dilute solution of calcium chloride and toluol, while to the other only toluol was added. The one series of the former and the later were kept in a thermostat at 30° C for several hours. The other series of the former were kept in an ice box for the same hours.

Among the series of bottles kept in a thermostat, the following phenomena

1) Bull. Coll. Agric., Imp. Univ. Tokyo, 2, (97-100.)
2) Jour. Coll. Agric., Tohoku, Imp. Univ., Sapporo, Japan. IV, 6, 1911 (243-249) and V, 11, 1913 (58-72).
3) Oppenheimer, C.—Die Fermente und ihre Wirkungen, spezieller Teil. 3. Aufl. 1909 (336-)

were observed.

In the series of bottles containing calcium chloride solution, the formation of abundant flocculent precipitates which gave a protein reaction with Millon's reagent was observed.　In the other series the formation of such precipitates could not be found, but the liquids became slightly turbid.　Also the bottles kept in an ice box formed no such precipitates.　These phenomena prove the presence of a mucin-coagulating enzym in yam.　After repeating the same experiment with cow milk, this action was distinguished from that of chymase (the milk coagulating enzym.)

The following experiment was then undertaken to determine the effective amount of calcium chloride for acceleration of enzymic actions.　For the determination of the degree of coagulation of mucin the following method was adopted in which the filtering volocity of an enzym-containing liquid is compared with the control test.　The filtering velocity was determined by measuring the volume of the filtrate in a certain number of minutes through the area of a circle (dia. 17,5 mm) of a hard filter (R. F. P. 575, Carl Schleicher & Schüll.) under—50 mm Hg pressure. The results were as follows:

Table 1.

Concentration of CaCl-solution	Minutes								Note.
	1	2	3	4	5	6	10	20	
	Volumes (ccm)								
0	4,0	7,0	10,0	12,5	16,5	18,5	—	—	Samples were kept in an ice-box and then taken for the control.
1/100000 N.	3,5	7,0	10,0	12,0	16,0	18,0	—	—	
1/1000 N.	3,0	5,0	10,0	12,0	15,0	17,0	—	—	
1/500 N.	2,5	6,0	10,5	15,0	19,0	—	—	—	
0	2,0	3,0	4,0	5,5	6,5	7,5			Samples were kept in a thermostat at 30° C for 18 hours.
1/100000 N.	2,0	2,5	3,0	3,5	4,0	4,5	—	—	
1/1000 N.	0,5	—	1,5	—	2,5	—	4,5	6,5	
1/500 N.	—	—	—	—	—	—	1,5	3,5	

For comparison the experimental data are shown graphically on a rectanguler coordinate system taking the abscissa for the time and the ordinate for the volume. In the following figure, the solid line is taken for the sample kept in an ice-box, and the dotted line for that kept in a thermostat.

Fig. 1.

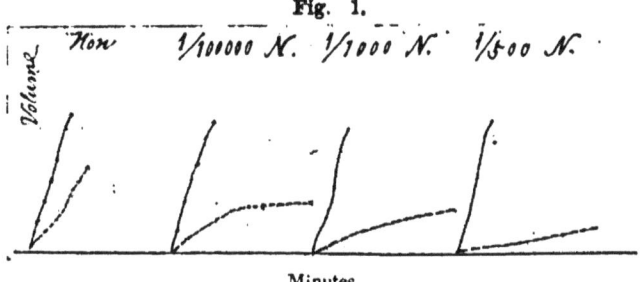

Minutes

From the foregoing table and figure, I perceived that 1/10000 normal concentration of calcium chloride has a distinctly accelerative power on mucinase, and this power was increased perceptibly in 1/1000 normal concentration. Also I could distinguished this power from the coaglating action of calcium chloride.

2. Relation of enzymic to acidic coagulation.

It has already been shown that a mucin solution coagulates in the presence of a small amount of acetic acid. In my previous study (l. c.), I coagulated the sample of mucin from tubers of yam through the addition of acetic acid. Therefore, it seemed to me of much interest to distinguish the coagulation by acetic acid from that by enzymic action and to know the relation of both phenomena. The experiments were undertaken in the same way as previously explained and gave the following results:

Table 2.

Concentration of acetic acid	Minutes							Note.
	1	2	4	6	10	15	20	
	Volumes ccm							
1/1000000 N.	1,5	3.0	6,5	9,0	15,5	19,0	26,5	Samples were kept
1/100000 N.	1,5	3.5	6,5	9,5	16,0	22,5	29,5	in an ice-box and
1/10000 N.	2,5	5,0	7,0	10,0	16,0	21,5	30,0	then taken for the
1/1000 N.	1,5	—	5,0	—	7,5	—	9,5	control test.
1/1000000 N.	5,0	—	11,0	14,0	18,0	23,5	—	Samples were kept
1/100000 N.	3,0	—	10,0	12,5	15,0	20,0	—	in a thermostat at
1/10000 N.	4,0	—	9,5	* 10,0	14,0	19,0	—	30° C for 18 hours.
1/1000 N.	1,5	—	3.5	4.5	—	5.5	—	

The following figure was traced in the same manner as figure 1.

Fig. 2.

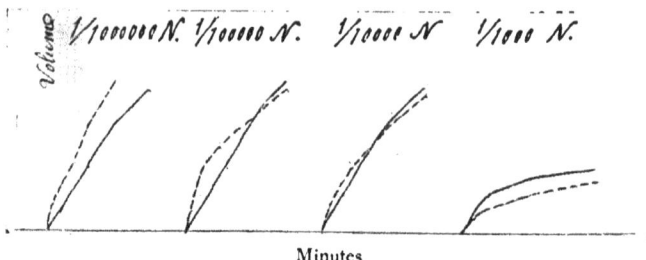

Minutes

From the results, I can say that there is a clear distinction between the coagulations by acid and by enzym, because this power does not increase by rising temperature as the enzymic action. At the same time, I perceived of that acetic acid has not any accelerating power on enzymic action.

CONCLUSIONS.

1) A mucin coagulating enzym or mucinase, is found in the tubers of yam and it was distinguished from chymase. (The milk coagulating enzym.)

2) The action of mucinase is accelerated by the presence of calcium chloride, the influence of which is perceived in 1/100000 normal concentration, a distinct increase is observable in 1/1000 normal concentration. This phenomena was distinguished from coagulating power of calcium chloride.

3) There is a clear distinction between the coagulations by acid and by enzym, and acetic acid has no accelerating power on enzymic action.

Agricultural Chemical Laboratory,
Tohoku Imperial University,
Sapporo Japan,

摘　要

　曩にに石井學士は薯蕷粘質物のムチンに類することを述べたり、次て大島博士並に著者は東北帝國大學農科大學紀要第四卷第六號に薯蕷中の粘質物は動物界に廣く分布するグリコプロテードの一種ムチンと全く同樣の組成を有するものなることを報告せり。

　其後著者は又同第五卷第十一號に於て、薯蕷汁液は下の如き諸種の酵素作用を有することを報せり。即ち澱粉の糖化、蛋白質の分解、アミノ酸の分解、糖原質の分解、接觸並に酸化等の諸作用を營む酵素是なり。

　而してムチン凝固酵素即ちムチナーゼは既に二三の學者により動物界に存在することを報告せられしと雖も、植物界にありては未た其存在を證せしものあるを聞かず、之著者の研究を企てし所以なり。

　常用の方法に由り薯蕷よりムチン液を探集し之を三種に區別せり。第一第二は原液に微量の鹽化石灰液とトルオルを加へ第三は原液にトルオルのみを加へ第一及第三を五度の定温器に數時間置き、第二を氷室に同一時間放置して後之を檢査せり、其結果第一は多量の雲狀沈澱を生成せり、之をミロン氏試藥を用ゐて蛋白質反應を檢するに積極的なり、然るに第二第三は僅に混濁せしに過ぎず、是ムチナーゼの存在を示すものにして酵素は鹽化石灰の存在に於て其力を顯はすことを知れり之と同時同酵素力は牛乳凝固酵素と全く相違することを認めたり。

　仍て更に鹽化石灰の適量を試驗せしに其結果十万分の一規定液に於て既に其好影響を認め得べく千分の一規定液に於て顯著なることを認む。次に酸による凝固と之を比較するに、酵素によるものは全く之と異なり、且つ酸の存在にありて酵素作用は見るべき影響を受けざることを認めたり。

ウドンコ菌科の一新属

伊 藤 誠 哉

~~~~~~~~~~~~~~~~~~~

A NEW GENUS OF ERYSIPHACEAE.

SEIYA ITO.

~~~~~~~~~~

　頃日原攝祜君予に逐るにウドンコ菌の珍種を以てす、就きて之れを精査し逐に新属たるを確め歐文を以て汎く學界に發表せんと欲するに先ち茲に聊か本科の分類梗概を録して本菌を新属となせる所以を説かんとす。

　抑々本科に属する菌類は其分布極めて廣汎にして夏秋の候路傍の雜草（オホバコ、ミチヤナギ等）或はバラ等の葉上に寄生し白色恰かも幅純の粉末を散布せるに似たり、依つて邦名をウドンコ菌と命ぜられ或は白澁菌、粉病菌等の稱呼あり、夏期に於ける白粉は多く本菌の蕃殖時代にして之れを分生胞子時代と稱す、該時代は菌絲より枝生せる一個或は數個の薄膜無色の胞子よりなり其形精圓形或は圓柱形又は根棒状等の諸形を有し嘗つては一獨立の菌種と認められ Oidium なる属名を以て之れを呼びたり、天寒きに随つて淺多の裝置をなし白色菌絲層中に肉眼善く認識し得べき小黒點を生ず、之れ即ち本菌の被子器（一名子嚢殻）にして内に子嚢を包含し子嚢中に子嚢胞子を藏す、被子器は無口にして其表面に特有なる形態を有する附属器を有し子嚢胞子は無色にして單胞なり。

　病徴如斯顯著なるが爲めに夙に學者の注意を惹き其研究深甚を極む、今就中重要なる二三の研究を記し本科分類の大綱を探らんに 1851年 Léveillé氏は本科分類に基礎的記述を與へ本科を大別して二區となし第一は被子器中に子嚢一個を含有するものにて内に Podosphaera, Sphaerotheca の二属を收め第二區は多子嚢を有するものにして Phyllactinia, Uncinula, Calocladia 及び Erysiphe の四属を收む、但し Calocladia なる属名は直ちに氏自ら訂正し Microsphaera となせり、而

して各屬の分類は附屬器の性質に依りて之れを行へり、降つて 1899年 Palla 氏
Phyllactinia の吸根は他諸屬の菌に於て寄主植物表皮細胞內に形成せらるゝと異
なり表面菌絲は氣孔を通じ葉肉細胞に至りて初めて之れに入るを認め兹に本科を
分ちて二亞科となし Phyllactinia を Phyllactineae 他諸屬を Erysipheae となすに
至れり、翌 1900年 Salmon 氏本科の分類誌を公にし廣く各國より材料を蒐め精
細なる記載を試み本科の分界を明かにし Cooke 氏の Saccardia 屬は胞子に縱橫
の隔膜あるを以て本科より除外し Peck 氏の Erysibella 屬 Saccardo, Spegazzini
兩氏の Plaeochaeta 屬等は他屬の未熟なるものに就きて記載せられたるものなる
が故に之を削除し殘餘の屬即ち Léveillé 氏の記せる六屬を二亞科に分ちて記述せ
り、實に本誌は本科分類に對して一新紀元を與へたるものと謂ふべし。

　次に翌 1901年 Neger 氏は本科諸種の研究を試み途に成熟せる被子器の脫落
性なるや否や其脫落の方法並に被子器上下部細胞の相違等の諸點に注意し全科を
四生態群に分ち一新屬 Trichocladia を創定せり、Trichocladia は de Bary 氏が嘗
つて Erysiphe 屬の亞屬として記せるものなるが氏は其被子器上下部細胞の差違
に依りて獨立せる一屬となせり、然れ共直ちに翌年 Salmon 氏は Neger 氏の Tri-
chocladia なる屬は Microsphaera 屬と明かなる區別となし得る屬に非らずとなし
今日本屬名は多くの菌學者の是認せざる所となれり、1906年 Salmon 氏は從來
Erysiphe taurica と稱せし菌の研究を行ひ一般ウドンコ菌が表面寄生をなすに反
し本菌は寄主植物体內に生育繁殖し後初めて体外に出でゝ分生胞子及び被子器を
生ずることを明かにし兹に一新亞科 Oidiopsideae を作り Oidiopsis 屬を收めたり。

　本年三月澤田兼吉氏臺灣農事試驗場特別報告第九號に於て "分生胞子時代よ
り觀たる粉病菌科" なる論文を公にす、就きて之れを見るに從來本科の分類は其
子囊時代にのみ重きを措きたるに反し分生胞子時代より分類を企て分生胞子の單
生或は簇生及びフィブロシン体 Fibrosinkörper の存否等に注意し研究の末遂に子
囊時代よりの分類が大體に於て之れと相一致するものなるを確めたり、抑々フィ
ブロシン体とは 1887年 Zopf 氏が初めてウドンコ菌分生胞子內に見出したるもの
にして其形極めて種々あり、或は圓板狀、皿狀なるあり或は圓筒狀なるありて光

線を屈折すると弱く濃硫酸に少しく溶解するも鹽酸、硝酸、酸化銅アンモニア、
苛性加里に溶解せずして加溫苛性加里並に湯によりて膨脹し沃度、酒精、エーテ
ル、クロヽホルム、オスミューム酸、アニリン色素に反應せざる一種の炭水化物
の貯藏物質たるなり。而して氏は本論文中に宮部博士創定に係る Sawadaea なる
一新屬を公にせり、本屬は**イタやカヘデ**に寄生する Uncinula aceris (DC.) Sacc.
を新屬となせるものにして本菌は極めて分布廣汎、從つて諸種の菌學書に詳記せ
られ何人も斉く其性質を知るが故に大に吾人の注意を惹きたる處なり、其新屬た
る所以は普通の Uncinula 屬の菌と異なり附屬器が被子器の上位より生じ多くは
兩叉又は三叉分枝を營むこと及び分生胞子は鎖生にして**フィブロシン**體を含み
Podosphaera に類して Uncinula と異なるが爲めなりとす。

　　以上記する處を通覽せば現時本科に屬する屬は Sawadaea を合算して入屬と
なり之れを三亞科に分割せらるヽを知るべし、今之れが分類檢索表を記さば次の
如し。（分生胞子に就きては澤田氏に依る）

　'1.　菌絲は常に表生或は半表生 ……………………………………………………　2.
　　　菌絲は初め內生 …………………………… 第三亞科 Oidiopsideae 10.

　2.　菌絲は表皮細胞內に吸根を入る …………… 第一亞科 Erysipheae　3.
　　　菌絲は氣孔より入り葉肉細胞に吸根を入る ………………………………
　　　 ………………………………………………… 第二亞科 Phyllactineae　9.

　3.　子嚢は被子器中に一個、分生胞子鎖生、**フィブロシン**体を有す… 4.
　　　子嚢多數 …………………………………………………………… 5.

　4.　附屬器底生、分枝せず ………………………………… Sphaerotheca
　　　附屬器規則正しく分枝す… ………………………………… Podosphaera

　5.　附屬器分枝せず ……………………………………………………… 6.
　　　附屬器規則正しく分枝す ……………………………………………… 8.

　6.　附屬器の尖端渦狀に捲曲せず …………………………………… 7.
　　　附屬器の尖端渦狀に捲曲す、分生胞子單生、**フィブロシン**体を有
　　　せず ……………………………………………………… Uncinula

7. 附屬器は菌絲に類似し、分生胞子簇生、フィブロシン體を有せず
.... Erysiphe

○○○○○○○

8. 附屬器兩叉又は三叉にして尖端渦狀捲曲、分生胞子簇生、フィブ
ロシン體を有す .... Sawadaea

附屬器は連續叉狀分枝をなし、分生胞子單生、フィブロシン體を
有せず .... Microsphaera

9. 附屬器銳尖にして基部膨大、分生胞子單生、フィブロシン體を有
せず .... Phyllactinia

10. 附屬器は Erysiphe 屬に同じ、分生胞子單生、フィブロシン體を
有せず .... Oidiopsis

是に依りて是を見れば本科の分類は寄生の方法、子嚢並に附屬器の性質に依
りて分類を全て之れに分生胞子の性質を加味すべきにあり、今茲に一新屬として
更に之れに加へんと欲するものは吸根を寄主植物表皮細胞內に入るゝ處のもの即
ち Erysipheae 亞科に屬するものにて子嚢多數、附屬器は前記各屬の何れにも符合
せずして棍棒狀となせるものたり、故に前記檢索表 7 ○印の部に "附屬器は棍棒
狀、分生胞子未詳.........Typhulochaeta" なる文字を填充せんと欲するものなり、新
屬名 Typhulochaeta は原氏と共に其附屬器の形狀善く撥子菌の一屬 Typhula の生
殖体に類似せるを以て命名せる處たり、而して種名も亦原氏と共に T. japonica
となせり、今聊か本菌の性狀を略述すれば次の如し。

本菌はコナラ Quercus glandulifera の葉裏に寄生し白色の菌叢を生ず、其菌
絲は無色にして隔膜を有す幅 3—4.5μ あり、其裏面に多數の小粒散在す、該小粒
は水、酒精、苛性加里等に不溶解なりと雖溫水或は鑕酸に依りて容易に溶解す、
菌絲各處より扁平なる突起を生ず之れ本菌の附著器にして其緣邊に凸凹を具ふ、
吸根は表皮細胞內に形成せられ其形球形なり、被子器は此菌叢中に散在し其形球
形又は扁球形をなし直徑 120—200μ 其被膜細胞の大さ 10—20μ にして上下牛部の
構造に著しき差違を有せず、(第三圖) 被子器の上端に近く多數 (90—160) の附屬

器群生す、(第一、二圖) 其形棍棒狀にして無色 45—65μ の長さを有す幅 10—15μ なり、被膜極めて厚く中央に原形質の細絲狀をなして殘存するを認む、(第四圖) 附屬器の尖端は水中に於ては著しからざるも苛性加里又は鹽酸中に於て著しく粘液化するの性を有し粘質物中に原形質細絲の點々散在するに至る、被子器內部には 5—13 個の子囊を有す、其形卵形又は精圓形にして基部に小柄を有し頂部薄膜なり、內に八個 (稀に六個) の子囊胞子を藏す、(第五圖) 其形圓柱形又は精圓形にして無色又は淡黃色、顆粒に富み 18—36×12—18μ なり、而して本黴に屬する分生胞子時代は未だ詳かならず。

　本黴は原氏鄕里岐阜縣惠那郡川上村に於て本年十月並に十一月に探集せられたるものにして未だ他の產地を明かにせず。

　退いて本邦に於ける本科の研究の跡を探るに Salmon 氏は數回に亘りて日本產ウドンコ黴を發表し三宅市郞氏は桑の表白澁病黴 Uncinula Mori を記載し澤田兼吉氏亦精細なる研究あり、之れ等の人々の研究に依り本科已知種は三拾有九種に昇り各屬を代表せるものヽ存在するを知らる、而して本科の黴類の各部に於ける性質は比較的變化性に富むと雖も只其附屬器は善く其性を保有し本科分類の重要點たることは已に業に一般學者の認識する處たり、只其附屬器の觀察は充分成熟せるものに於きて行はざれば意外の誤謬に陷ることあり、前記の如く本黴附屬器の性質の極めて特殊なる點は優に新屬たらしむるの價値を表示するに足ると雖も未だ熟せざるものに非らざるかとの疑問を起し再び原氏を煩はし落葉上の本黴標本を得て精檢し其性の變化せざるを確めたり、尙 Phyllactinia corylea 黴は初め被子器の上半部に特別なる附着絲を生ずるものにして其群生の狀或は粘質化するの點に於て聊か本黴附屬器に類似すると雖も彼の黴の被子器は熟後頣足其處を異にし反轉して寄主植物に附着するの特性を有し且つ其附着絲は柄細胞と多數の菌絲狀分枝とを有する點に於て全く本黴と異なる性質を具ふるものたりとす。

　最後に本稿を脫するに當り茲に原氏の好意を深謝す。

(大正三年十二月稿)

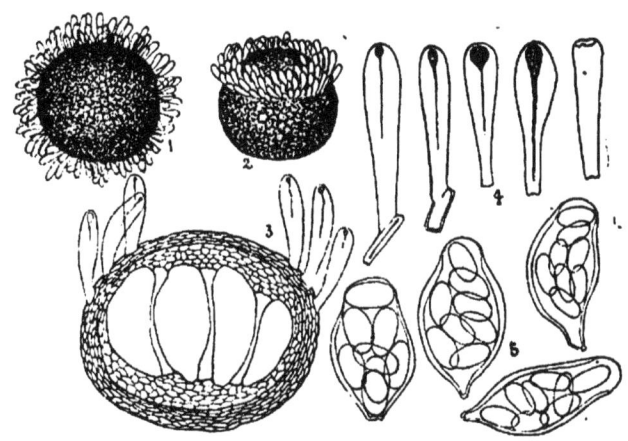

圖　　解

第 一 圖	被子器上面圖	(4×A A)
第 二 圖	被子器橫面圖	(〃)
第 三 圖	被子器縱斷面圖	(2×D D)
第 四 圖	附屬器の諸形	(4×D D)
第 五 圖	子嚢及び子嚢胞子	(2×D D)

CYSTOTHECA 屬は存立せしむへきや否や

澤　田　彙　吉

IS THE GENUS CYSTOTHECA TO BE RETAINED OR NOT?

KENKICHI SAWADA.

Cystotheca 屬は Berkeley 及 Curtis 兩氏 (Character of New Fungi, etc.) が西暦一八六二年 C. Wrightii 菌發見によりて創設せしものにして、當時子嚢胞子詳ならず、菌絲暗褐色なるを以て被子嚢菌科 (Perisporiaceae) に屬せしめたりき。後 Engler 及 Prantl 兩氏 (Natürlichen Pflanzenfamilien, Teil. I. Abt. i.) は等しく同科に納めたるも、子嚢胞子不明なりしを以て疑しき屬として別列に置けり。又 Saccardo 氏も (Sylloge Fungorum. Vol. I.) それを同科に置けり。其後同菌は日本に於て發見せられて其子嚢及子嚢胞子等明白となれり。而して其屬の記載を見るに

> 子嚢殻は球形表生の褐色菌糸上に生じ、被殻は二層より成り、内層は無色の細胞より成り容易に外層より離別す。内に只一ケの子嚢を含む。子嚢胞子は單胞無色長楕圓形なり。

出田氏 (日本植物病理學) も亦同科中に置き、又 Clements 氏 (Genera of Fungi) も亦同樣に取扱へり。即ち菌系は表生にして暗色を呈し普通附屬器を缺く等の要點にて被子嚢菌科に屬せしめたるものなるべく、又子嚢殻は内外二層の壁を有し内層無色にして外層より分離し易く、又子嚢殻内に只一箇の子嚢を含む等の特徴より Cystotheca 屬は存立するなるべし。

本屬の種類としては第一に Berkeley 及 Curtis 兩氏が創めて作れる Cyst. Wrightii B. et C. あり。西暦一九〇〇年 P. Hennings 氏 (Engler, Jahrbuch, XXVIII.) が日本に於てあかがし (Quercus acuta Th.) 上に寄生せるを檢し、子嚢殻、子嚢及

子嚢胞子を明記せり。又出田氏は**あかがし** (Q. acuta Th.) 及**くろがし**(Q. glauca Th.) の葉上に寄生するを記し、大正元年一月余も赤明石に於て**くろがし**の上に之れを得たり。P. Hennings 氏の記する所に殆んど一致するも、只子嚢は稍々大形にして大さ 65－75×45－48μ あり。又子嚢胞子も稍々大形にして大さ 20－22×10－12μ あり。

大に西暦一八八六年 Harkness 氏 (New Californ. Fungi) は Quercus agrifolia 上に Sphaerotheca lanestris Hark. 菌を發見し、其芬生胞子時代を Oidium ventricosum Hark. となせり。其後一九〇〇年 Salmon 氏 (Monograph of the Erysiphaceae) は同菌を同名の下に記述し Quercus agrifolia, alba, macrocarpa, minor, Primus, 及 rubra に寄生するを記せり。又一九〇九年出田氏(日本植物病理學)はろれを宮部博士の改名に係る Cystotheca lanestris (Hark.) Miyabe. となし、**こなら** (Quercus glandulifera Bl.) 及**くぬぎ** (Q. serrata Th.) に寄生するを記せり。後一九一〇年 Saccardo 氏 (Annales Mycologici. Vol. VIII.) は Cystotheca Wrightii として記述し、一九一一年 (Ann. Mycolog. Vol. IX.) C. lanestris (Hark.) Sacc. となし、共に明がに區別し難きものゝ如しとせり。即ち今日本屬には二種を含むこと知らる。我臺灣に於ては本屬に屬するもの一種を産す。**くろがし**の葉裏に寄生するものなり。多分 Cystotheca lanestris 菌に相當するものなるべし。今共記載を試るに

芬生胞子時代:

新葉の裏面に生じ白色粉状にして葉の一部乃至全面を占む。菌糸は無色にして直徑約 5μ ありて全く表生なり。寄主表皮細胞内に細胞膜を貫きて吸器を穿入す。吸器は卵状乃至楕圓状にして稍被幽かなり。大さ 8－11×7－8μ あり。擔子梗は表生菌糸より垂直に芬出し、圓柱状、大さ 92－124×10－12μ あり。一乃至二個の隔膜を有し、其頂端に逐續状に芬生胞子を形成す。基部菌糸よりの芬岐點に於ける隔膜は稍々芬岐點より上方に存在す。芬生胞子は甕状即ち短紡錘状にして、兩端切頭をなし、長さ 30－36μ 稀に 44μ に達し、幅 17－24μ あり。無色折光の含有物を容れ、獨圓状の空胞と少數のフキプロシン体を含む (0－3 箇稀に 8 箇迄)

子嚢胞子時代：

　菌糸は永存し、初め灰色にして厚く、後暗褐色となり、菌糸上より甚しく
剛毛を生じ襤沙狀となる、剛毛は飴褐色にして折光內空を見ず、又隔膜を
有せず。單又は基部に於て分岐し、著しく彎曲し、長さ約 150—200μ 直徑
5μ あり。子嚢殼は剛毛叢內に匿れ、球形にして濃暗褐色、直徑 72—88μ
あり、内に一子嚢を含む。基部に附屬器として菌糸上の剛毛に等しきもの
數箇を有し、或は稍々菌糸狀なるものを有す。子嚢殼壁は二三層の細胞よ
り成り大さ 6—20×5—13μ あり。又子嚢殼壁の內面に一層より成れる無色
多角形の細胞列あり、子嚢を包み嚢狀をなす。折光の含有物を含み、子嚢
殼を壓潰する時は子嚢と共に外出す、其細胞の大さは 17—25×9—16μ あ
り子嚢は楕圓狀乃至長楕圓狀、基部に短柄を有し、大さ 76—106×48—84μ
あり、内に八箇の子嚢胞子を含む。子嚢胞子は楕圓形にして無色單胞、大
さ 26—32×16—18μ あり。

　又伊藤誠哉氏の厚意によりて越後產おほなら (Quercus crispula Bl.) 上に寄生
せる Cystotheca lanestris を得たり。之れを檢するに未だ成熟期に至らざる標品な
りしを以て充分なる觀察を遂げ能はざりき。

　菌糸層は灰色乃至淡褐灰色にして厚く、菌糸上に多くの剛毛を生ず。剛毛
は淡色にして 160—250×4—5μ あり。子嚢殼は球狀にして濃暗褐色、直徑
72—95μ あり。其壁を組成する細胞は多角形をなし、大さ 8—17×7—14μ
あり。又内層の細胞は一層にして無色多角形折光の含有物を含み。大さ
11—20×9—16μ あり、一箇の子嚢を含む。子嚢は楕圓狀にして短柄を有
し大さ 86—100×56—70μ あり、内に八胞子を含む。子嚢胞子は充分なる
發育をなさず。

　ㄗ Cystotheca lanestris (Sphaerotheca lanestris) に就て Harkness, Salmon, 伊
藤氏の記載及標品と本島產とを比較するに

	子嚢殼	外殼細胞	內殼細胞	子　嚢	子嚢胞子	分生胞子
Harkness(形載)	90—108μ	—	—	75—102 (長)	21×18	34—38×20—22
Salmon (同)	80—120μ	10—12	15	100—130×60—75	24—30×18—20	—
伊　藤(標品)	72—95 μ	8—17×7—14	11—20×9—16	76—100×56—70	—	
本島産 (同)	72—88 μ	6—20×5—13	18—25×9—16	76—136×48—64	26—32×12—18	30—36(44)×17—24

　此表によりて見るに本島産の子嚢殼は稍々小形にして內殼細胞は稍々大形なり。然るに他の部分は大体相符合するを以て余は本島種を同種ならんと思考す。

　如上の觀察をなしたる時に一の疑問を生じ來れり。即ち Cystotheca 屬は果して被子嚢菌科に納めざるべからざるものなるや、又何れの屬に最も近きや、又果して存立せしめざるべからざるものなるや等の問題なり。左に少しく論ぜしめよ。

　先づ Cystotheca 屬の分生胞子時代に就て考ふるに被子嚢菌科の分生胞子時代は Oidium 形ならずとするも Cystotheca に於ては分生胞子は連鎖狀をなし Oidium 形なるのみならず、粉病菌科 (Erysiphaceae) の或る種類 Erysiphe Cichoracearum の分生胞子の如く無色折光の含有物及圓狀の空胞を含み、猶フヰブロシン体を少數にても含有するは全く Sphaerotheca 屬の種類の分生胞子に酷似せり。又 Cystotheca lanestris の分生胞子は嬰狀にして少しく粉病菌科の種類の分生胞子の形とは異れる如くなるも、Sphaerotheca Humuli, S. fuliginea, Erysiphe Cichoracearum 等の稍々未熟なる胞子の形と相似たり。

　吸器は被子嚢菌科には殆んど記する所なきも、Cystotheca にありては寄主の表皮細胞內に穿入し卵狀乃至楕圓狀をなし幽かにても粉殼を有する等粉病菌科の特性に酷似し、殊に其性狀、形態等は Erysiphe Cichoracearum, Sphaerotheca fuliginea, S. Humuli 等のそれに近し。

　其他菌系屑、撹子梗、菌系等の形態性狀等被子嚢菌科のものよりは粉病菌科中殊に Sphaerotheca fuliginea, Erysiphe Cichoracearum に近似せり。

　更に子嚢胞子時代より考ふるに

　Cystotheca の菌系層は後に至りて暗褐色となるは被子嚢菌科に納むべきもの

なりと雖も、粉病菌科中にも屢々存在する所にして、例へば Sphaerotheca Humuli 等に見る所なり。而して其若き時代の菌糸層は Erysiphe graminis に彷彿たり。

　菌糸上より後に剛毛を生ずるは Meliola 其他に見る所なるも、殊に本屬がなす狀態に最も近きは Erysiphe graminis にして、其菌糸より分出する狀態、其形態、及折光的にして内空を殆んど有せざる等全く酷似せり。只 E. graminis に於ては無色乃至淡色にして Cystotheca に於ては飴色乃至飴褐色なり。

　Cystotheca の子嚢殼外壁をミクロトーム截斷面にて檢するに、二三層の褐色なる細胞より成れり。而して粉病菌科の種類にも之れに近似するもの多し。Erysiphe graminis に於ては二三層より成り、Microsphaera polygoni に於ては五六層より成り、Sphaerotheca Humuli にては三層より成り、Fuliginea にては二層より成れり。又外觀的の場合に壁細胞不明瞭なる狀 Sph. Humuli に近し。然れども此細胞層の狀態は多くの科の多くの種類に見る所なり。

　Cystotheca の子嚢殼の内壁に特殊なる細胞層あり。外壁より容易に離れ、子嚢殼を壓潰する時は子嚢と共に外出し、一層の多角形なる細胞より成り。無色折光の含有物を含み、嚢狀をなせる此細胞層は本屬の特徵の一の如く記さるヽも、此細胞層は本屬に限らるヽことなく、粉病菌科の總ての種類に存在す。即ち Sphaerotheca fliginea に於ては一乃至三層より成り、大さ 12—20×8—12μ あり。又 Sph. Humuli に於ては一乃至三層より成り大さ 9—18×4—10μ あり、Microsphaera polygoni に於ても亦一乃至三層より成り大さ 9—12×5—8μ あり。又 Erysiphe graminis に於ては三四層より成り大さ 8—20×6—13μ あり。猶他の種類にも存在するは明かなる事實なり。是等の細胞の性質全く Cystotheca に於けると同樣にして、只 Cystotheca にありては一層より成り、粉病菌科の多くの種類にては一乃至數層より成れるの差あり。此細胞は子嚢と子嚢殼壁との間隙を充して子嚢を安全に保たしむるものたり。故に Cystotheca に於ては只一層の如くなるも、精細に檢すれば二層となれる部分なきにしもあらず。Sphaerotheca fuliginea にありても或る場所は一層をなし、子嚢と子嚢殼との間隙廣き場所には二三層となれり、他の粉病菌科の種類も亦之れに等し。而して Cystotheca に於ける如く、容易に外壁

より剝離せられざるのみなり。粉病菌科中の多數の種類の子嚢殼を壓潰する時は常に數個乃至十數箇連積せる內壁細胞を認むるを得。茲に Sphaerotheca phytoptophila なる種類あり、Sph. Humuli に頗る酷似せるものにして、子嚢殼內壁は Cystotheca と等しく容易に外壁より剝離し Cystotheca と共通なる性質を有す。又子嚢は是等內壁細胞に起原するものなり。

子嚢殼の附屬器は被子嚢菌科には缺如するものなるも、Cystotheca にては僅かに存在し、菌糸上に存在する剛毛の如きものを有し、又菌糸狀なるものを有す。粉病菌科に於ては Sphaerotheca Humuli が剛毛狀の附屬器を有し、Sph. fuliginea が菌糸狀のものを有し、又 Erysiphe graminis が短かき菌糸狀なるものを有し、其狀 Cystotheca に最も近し。

子嚢は被子嚢菌科の種類に於ては殆んど多生にして、Cystotheca に於ては單生にして無色單胞なる八胞子を含み、本科中の特殊のものゝ如し。然るに此子嚢及子嚢胞子は粉病菌科中の Sphaerotheca 又は Podosphaera に屬する種類に總て同樣なり。

以上記する所によりて更に考ふるに

Cystotheca の分生胞子時代は Oidium 形にして、被子嚢菌科の分生胞子時代と差あるは勿論、分生胞子內に Erysiphaceae に特有なるフキプロシン体を含み又菌糸層は後に至りて暗褐色となるは粉病菌科中にも屢々存在する所にして、又子嚢殼內壁細胞を有するは粉病菌科に普通の現象なり。又子嚢殼の基部に附屬器を有し又一子嚢入胞子を含む等は全く被子嚢菌科によりは寧ろ粉病菌科に納めざるべからざる特徴なり。又分生胞子內にフキプロシン体を含有せると、子嚢殼の附屬器は基部に存在して菌糸狀なると、及單子嚢單胞入胞子なるは Sphaerotheca 屬の特徴なるを以て、當然 Cystotheca (Barkeley et Curtis. 1862.) 屬は Sphaerotheca 屬 (Léveillé, 1851.) の異名となすべきものなり。即ち Cystotheca 屬は被子嚢菌科より分離し粉病菌科に納むべきものにして、且つ Sphaerotheca 屬の異名となすべきものなり。

終りに臨み貴重なる標品を貸與せられたる伊藤誠哉氏に深謝の意を表す。

故農學士高橋良直氏略傳

　本會正會員故北海道廳技師正五位勳六等農學士高橋良直氏は元仙臺白石片倉藩士高橋良次氏の長男にして明治五年九月貳拾五日石狩國札幌郡白石村に生る七歲の時父君長逝せられ爾後叔父良昌氏父として君の敎養を務めらる、君は白石村並に札幌に於て小學の課程を修め明治十九年九月札幌農學校豫科に入學し二十四年本科に進み二十六年九月より植物病理學專攻生となり二十八年七月本科を卒業す、翌二十九年四月札幌尋常中學校敎諭に任ぜられ三十年五月岩手縣盛岡尋常中學校敎諭に轉じ三十二年一月兵庫縣姬路尋常中學校敎諭に任ぜらる、居ること二年にして明治三十四年七月聘せられて北海道廳技師となり高等官七等に叙せられ同年八月北海道農事試驗場勤務となり從七位に叙せらる、爾來十有三年一日の如く精勤事に從ひ累進して從五位勳六等高等官三等に陞叙せられ今回病革まるに及び危篤の旨　天聽に達し投くも特に位一級を進められ正五位に叙せられたり。

　之れより先き明治四十四年十月肺患に罹りしも攝生加療其宜しきを得殆んど全く健康を恢復せられしが本年九月九日再び舊痾の胃す處となり病魔に敵き十月九日札幌區立病院に入院す、其後病勢頓に進み衰弱日に加はり十一月十三日午後十一時三十分昏睡の狀に陷り十四日遂に長逝せらる。

　君は溫厚篤實率直にして寡言、邊幅を作らず閒達を求めず銳意學に親しみ夙に植物病理學の研究に志し本邦斯學の爲めに頁獻せられたるもの極めて大なりき晚年農事試驗場の方針に基き專ら作物新品種育成の事業に從事せらる、其閒諸般の研究並に所見は本會々報を初めとし各種の學會報其他の雜誌或は報告等に公にせられたるもの多く就いて之れを見れば如何に研究の廣汎にして學識の深邃なりしかを覗ふに足るべし、然りと雖も更に一層の研讚を積まれたるは植物遺傳の研究にして大小豆を初めとし大小麥、稻等の遺傳現象並に斑入植物及び畸形植物等の實驗を行ひ其結果の一部完了せるものありと雖も未だ全部の研究終結に至らず尙苹果樹花腐病々原菌を發見し本菌の學術的並に實地的方面に於ける諸般の問題解決せられんとするに至れるも之れ亦發表の運びに至らざりき、天籟すに齡を以

てせず有爲の材を抱きて中道に近く、學界の爲め痛惜措く所を知らず。

（大正三年十二月）

～～～～～～～

故 高 橋 良 直 氏 論 文 目 錄

1.　On Ustilago virens Cooke and a new Species of Tilletia parasitic on Rice-
　Plant.

（植物學雜誌、第十卷十六頁、一圖版付 1896）

2.　On Ustilago Panici-miliacei (Pers.), Winter.

（同上第十六卷百八十三頁、一圖版付 1902）

3.　黍の黑穗病に就て

（同上同卷二百四十七頁、1902）

4.　雜草殊に寄生雜草に就て

（北海道農會報、第二卷二十號四十九頁、1902）

5.　作物病害の豫防

（同上同卷二十一號一頁、1902）

6.　雜草としてのタンポヽ

（同上同卷二十二號一頁、一圖版付、1902）

7.　茄立枯病々原菌論

（大日本農會報、二百五十六號、二百五十七號、1902—3）

8.　農作物病害に關する調査及び試驗成績

　　　一、大麥及裸麥の斑葉病と斑點病

　　　二、茄立枯病

　　　三、茄葉枯病

　　　四、慈莄の腐敗病

　　　五、梨の黑星病

　　　六、黍黑穗病豫防試驗成績

七、燕麥黑穗病豫防試驗成績

　　　　（北海道農事試驗場報告第一號自七十三頁至百十七頁、九岡版
　　　　付、1903）

9.　北海道の氣候と馬鈴薯疫病との關係に就て

　　　　（札幌農林學會々報第四卷二十六頁、1903）

10.　茄立枯病々原菌論

　　　　（同上同卷十一頁、1900）

11.　北海道の氣候と馬鈴薯疫病との關係

　　　　（北海道農會報、第三卷三十號十四頁、1903）

12.　麥類の銹病に就て

　　　　（同上同卷三十三號十一頁、1903）

13.　ボルドウ合劑の調製法に就て

　　　　（同上同卷三十六號十六頁、1903）

14.　紫雲英の新病害

　　　　（大日本農會報二百六十四號、十二頁 1903）

15.　本邦に於ける麥類銹菌の種類

　　　　（植物學雜誌、第十八卷二百十三號二百十四頁 1904）

16.　マヒタケ殊に其學名に就て

　　　　（同上第十九卷三頁 1905）

17.　本邦に於ける麥類銹病の種類に就て

　　　　（札幌博物學會報、第一卷第一冊三十九頁 1905）

18.　ドクムギ略說

　　　　（北海道農會報、第五卷五十六號六百四十七頁、圖版付 1905）

19.　ドクムギ略說補遺

　　　　（同上同卷五十七號七百十二頁 1905）

20.　麥類黑穗病豫防試驗成績

　　　黍黑穗豫防試驗成績

馬鈴薯疫病豫防試驗成績

大豆莢蟲蟲害對播種期節試驗成績

麥類銹病の種類

亞麻立枯病

苹果樹の葉蜂

　　　　（北海道農事試驗場報告第二號、自一頁至五十五頁五圖版付 1906）

21. A New Disease of the Hop-vine caused by Peronoplasmopara Humuli
　　n. sp.（宮部博士共著）

　　　　　　（札幌博物學會報、第一卷第二册百四十九頁 1906）

22. 二三の本邦産寄生菌に就て

　　　　　　（同上同卷百六十九頁 1906）

23. 麥類黑穗病豫防法

　　　　　　（北海道農會報、第七卷七十五號百二十九頁 1907）

24. 苹果樹腐爛病

　　　　　　（同上同卷七十六號二百十八頁 1907）

25. 栽培植物の品種の老衰するや否やを論じて併せて種子交換の問題に及ぶ

　　　　　　（同上同卷七十七號二百九十五頁 1907）

26. 小豆の植物學的研究

　　　　　　（札幌農林學會報、第二、三號百四十頁 1909）

27. 大小豆に關する生物統計的研究

　　　　　　（同上同號百六十三頁 1909）

28. 苹果花窩病に就て

　　　　　　（北海道農會報、第九卷百〇七及び八號六百四十一頁及び九百

　　　　　　九十七頁 1909）

29. 渡島地方に於ける水稻品種の起源

　　　　　　（同上第十一卷百二十七、八、九號三百二十二頁、三百七十頁及

　　　　　　び四百三十二頁 1911）

30. 種子交換に就いて

　　　　　（札幌農林學會報、第十二號七頁　1911）

31. 胡瓜の黒星病に就て

　　　　　（園藝、第四卷十號七頁、一圖版付　1912）

32. 余市に於ける苹果樹の新病害に就て

　　　　　（同上同卷同號九頁　1912）

32. 本邦薔薇科諸果樹のモニリヤ病

　　　　　（宮部博士就職二十五年祝賀記念植物學論説、百三十五頁、

　　　　　二圖版付　1912）

34. 稻の發芽現象に就きて

　　　　　（札幌農林學會報、第十六號十四頁　1913）

25. 糯稻の梗化に就て

　　　　　（同上第十七號百七十頁　1912）

36. 牡丹及び芍藥の立枯病に就て

　　　　　（園藝、第五卷第七號一頁　1913）

37. 故德攔永治郎氏略傳

　　　　　（札幌博物學會報、第五卷第二冊百三十三頁　1914）

本 會 記 事
（自大正三年二月至同四年一月）

例　會

大正三年二月より大正三年十二月迄例會を開會すること六回其講演題目及び大要は左の如し。

〇第百八十二回、大正三年二月二十四日、本學經濟學講堂に於て開會、

　1. 櫻島噴火視察談。　　　　　　　　　　　　　理學士　大井上義近君

先櫻島の位置及び地勢に就て其大要を述べ、頂上に三個の火口、北岳、中岳、南岳を有し何れも従來休息せるものにして只南岳のみ僅少の烟を出せること、及び中腹に二個の寄生火山のありしことを述べらる。次に島の産物としては従來農産物其主要を占め烟草、甘蔗、麥を主とし大根、蜜柑、桃、柿等を植栽せること、工産物としては僅に醬油、酒、味噌等を數ふるのみなるも其價格小額ならざるを示さる。

史に傳はれる櫻島の噴火は西暦708年より1879年迄36回の多數に達し文明三年及安永八年（135年前）十一月八日の噴火は最も明瞭に記錄せられ、安永八年の噴火は四、五、日前より、盛に地震あり、夫れより破裂あり、積て熔岩を流出せりと、當時の記錄には南岳より東北の方面に流出せりとあるも、猶ほ南岳の西南下腹に於て一個の爆裂火口を生じ各別に東北及び西南に熔岩を流出したるものゝ如しと。

次に大正三年次の大噴火に就て詳述せらる。噴火の豫報としての地震は噴火前即ち十一日午前四時頃より小地震あり十一日は九時間に112回噴火當時即ち十二日は、十三時間に250回一時間平均20回の地震を起し、噴火後漸次弱り数時間7回位となれり。然して地震の範圍は遠く四國中國迄にも及び岡山市にも感動せり。十二日午前九時半愈々噴火し初めて、畫頃迄には島の中腹に十個の新噴火口を現出し、其噴烟の高さ24000尺に達した、即ち島の高さの約6倍に及だのである。

十三日午後入時頃東面の噴火口より紅焰柱狀をなして上昇し噴煙の高略前者に等しく、西側噴火口の火柱は巾 100 間位にして、熔融せる熔岩がポンプ的に昇り、降るものと衝突して火花を散し、又噴火口より電光を發し雲表の電光と相應じて、實に壯觀を極めたと云ふことである。而して此の熔岩の火の雨のため山麓の小部落が二分乃至三分間に燒き盡されたと云ふに見ても、其慘狀を忍ぶに足るのである。熔岩流出の區域は東麓にありては、東西 30 町、南北、15—20 町、厚さ 20 メートル其西側のものは、東西 30 町、南北 15—20 町、厚さ 30 メートルに及で、十五日から漸次海面に向つて押出し、海中に孤立せる烏島を全く包圍せり。爲めに熔岩の周圍の海水は攝氏の 60 度位に熱し、300—400 間を距るも倚 36 度の溫度を保ちたり。熔岩流出の速度は一時間 1 尺乃至 8 寸、9 寸位にして其岩石性質は櫻前岳のものと異なり、少しく鹽基性のものなり。

此等熔岩の流出及び降灰のために、大隅櫻島間の瀬戸海峽は殆んど封鎖せられ、一月廿九日午後六時頃には僅かに 5—6 間を殘す樣になった、降灰の量は島の東側と西側とて非常に異なり、西側は少く厚さ 6 寸位なるに、東側は降灰家根軒と平行し 6—7 尺の灰と輕石にて埋められたりとて、一々寫眞によりて其實況を說明せられ、硝子質パン形火山彈の如き珍奇なる標本を示さる。

熔岩噴出に就て氏は親しく觀察せられたる狀態を語りて曰く、先づ火口の周圍が赤熱せられ、やがて、大なる爆音と共に周圍の赤熱岩を飛散し、而して此等の故障除去せられたる後初めて熔岩を流出するに至ると。

今回の噴火によりて櫻島が受けたる農作物の被害は大なるものにして、南方及び東方の如きは當分農耕地としての見込なしと。

次に鹿兒島に於ける震害の狀況を寫眞に就て述べられ。最後に述べて曰く此度の噴火ては、頂上の舊火口には何等の變化なく、全く中腹若しくは山麓より噴火したることは、有珠岳の噴火と同樣である、之れ、火山構造上島の頂上部を形成せる舊噴火口付近は堅固となつて居る故に其位置を避けて新しき場所より噴火せるものなるべく。噴火の豫知として有珠岳も櫻島も豫震が數百回あつた、有珠は体感震 3 日間に 647 回、感器震約 5000 回、櫻島は同上 400 回で約十四分の一である

が、兎に角火山の周圍で地震の頻繁な場合には注意すべきものである、有珠岳噴火、櫻島噴火共に火口の数が多数となりしことは比較的幸福である、若しさにあらずして噴火口が大なるもの一個若しくは二三個で爆發したものならば如何なる大惨害を釀したかも知れぬのである。

○第百八十三回、大正三年三月、同上に於て開會、

2. 夕張山脈の植物に就て。　　　　　　　　　　　　　西田彰三君

先夕張山脈植物研究の動機に就て逃べ、1912、柳澤、濱名兩君 1913、西田、柳澤、足立、三名の採集植物に就て、夕張山脈の地形、地質より述べて、夕張山脈中、芦別岳、夕張岳の植物採集の順序及び其配布の狀態に就て略逃し兩山の地質上の差より其發生植物の比較に及ぼし、其原因の主として夕張山頂に於ける蛇紋岩質に歸因することを逃べて、蛇紋岩礫地、同泥炭地に就て其所産の珍奇なる種類に就て、標本を提示し、最後に北海道に於ける高山植物の分布が活火山の存在によりて甚しく破壊せられたること、夕張山脈の古生層として太古以來の種を能く保存せられたること、及び其植物が本道諸高山に於けるよりも、むじろ、東北に於ける早池峰の植物に近きこと、其中間介存は日高山脈であるべきことを逃る。

○第百八十四回、大正三年十月同上に於て開會、

3. 北部日高山脈植物探險採集談。　　　　　　　　　　西田彰三君

1913年日高山脈の最北端サオロ岳植物採集談より初め本年八月、其南方にして本道第三位の高峰たる美生岳並に其隣峰芽室岳の植物探集談を試らる。美生岳は、前人未到の高峰なると連峰重畳の後方に奘立せるにより、其登山には、探險の若痛を冒して遂に其目的を達せること。其植物の比較的豊富ならざるは、地質の黒雲母、花崗岩にして、あまりに堅固なるため、植物の發生に容易からざるにあるべしと。

4. アゾトバクター (Azotobacter) の分類學上に於ける位置、　農學士半澤洵君

著者は既知四種類のアゾトバクター (Az. Chroococcum, Az. Beijerinckii, Az. vineladii, Az. vitreun) の細菌學檢査を行ひ標準培養基上に細狹の桿狀体並に胞子の形成を認めたるにより之を Bacillus 屬に入るべきものとなし Bacillus Azotobacter

Löhnis et Hanzawa となすの適當なるを論ぜり、元來アゾトバクターの大形なる
に培養基中に「マンニット」の如き成分の存在するによりて變形せるものにて一
の成長形に過ぎざるべきを斷定せり。

○第百八十五回、大正三年十一月十四日　同上、

　5. ウドンコ齒科に於ける一新屬　　　　　　　　農學士　伊藤誠哉君

詳細は本號第一九八頁一二〇三頁にあり。

　6. 世代交番。　　　　　　　　　　　　　　　理學博士　松村松年君

世代交番とは Altanation of generation の譯にして、植物にも動物にもある、昆
虫にも多數の例がある、蝶、アゲハテフ、(ナガサキアゲハ)は臺灣では雨期のも
のは尾があつて其他の期節のものはない、小笠原島のものは、後翼に冬期のもの
帯あり、夏期のものはない。此等のものゝ夏期のものを温室に置くとき冬期と雖
も變化なく、冬期のものを氷室に入れ置くときはやはり變化がない。蠅の中柳に
gallen を作る種類で幼虫は其体中に更に數多の幼虫を有し、母体の破壊によりて
數個の完全なる幼虫となるものあり、其狀態全く芽生的である。即ち蛆が蛆を生
ずと云ふ奇な現象を續けて七月となると蛹となり更に羽化して成虫となるに及ん
で雌雄のものを生ずる。次はユスリ蚊は蛹が卵を産む、元來、蛹が卵を産むと云
ふことは、昆虫界にも稀なることであるが此の蚊は蛹時代にも産卵し、成虫時代に
も卵を産むので、奇なる現象と云ふべきであると。次に蜜蜂沒食子蜂、蚜虫等の
世代交番に就て述べられ、世代交番は要するに生物の生存競爭の結果起るものな
るべし、即ち昆虫が其食料の變化、期節の變化によつて其生存の場所を換へねば
ならぬ、尚期節の良き時に於て多數の仔虫を産出し個体の繁榮を計らねばならぬ、
これがために此時期に於て芽生するものである、故に如斯世代交番は進化した生
活狀態と云ふべきであると。

○第百八十六回、大正三年十二月　同上に於て。

　7. 北海道産ごそうまつに就いて。　　　　　　　理學士　工藤祐舜君

從來北海道に産するものとして知られたるごそふまつ並に之れに最も近きひめこ
まつに就て其由來區別の方法、分布の有樣及び分類上の位置に就て詳論し、從來

ごそふまつ又はひめこまつの産地として知られたる日高、渡島、並に奥尻島等より得たる材料を示し是等は凡てごそふまつなりと認定し従つて北海道にはひめこまつの産せざることを述べらる。

8. 發光みみいかに就て　　　　　　　　　　理學士　佐々木望君

四、五、兩月窩山縣の沿岸に多益に漁獲せらるゝ、螢烏賊は大部分雌にして皆交尾後且產卵中なり、中に極めて少量の雄を混ぜり、雌雄の發光色は等しきが如きを以て發光の目的は雌雄陶太以外にあるが如しと。

太田の烏賊、即ち發光みみいか、同縣に於ても、螢烏賊ほど多量に產せざるも、太田地方に漁獲せらる、其發光体はインキ囊の附近にあるものなりと。標本並にプレパラートを提示して一々說明せらる。

○第百八十七回、大正四年一月　同上、

9. 花葉の調位　　　　　　　　　　　　理學博士　郡場寛君

花葉が其官能を營むに當りては引力光線等に對して一定方向に在るを要す。然るは枝條の位方（之も外力に支配せらるゝ事多し）花葉の附着點は樣々にして、尚ほ光線の方向の如きも常に一定なるに非ず。故に花葉は其生來の位置より適當なる位方を執る迄には外力に應じて調位運動をなす。此は殊に放射狀の花葉に於てよりは背腹狀のものに於て著し。運動の機働も亦後者に於て複雜なり。放射狀の器官に於ては上向斜向下向等の屈曲運動のみにて足るも、背腹狀のものにては撓捩を必要とする事多し。例へば枝垂柳の葉、藤の花等が其正位に達する時の如し。而して枝條の位方の不定なるものには花葉の背腹性調位機能の敏活なるもの多し。例へば烏頭、のうぜんはれん等の花及び多くの葉の如し。何ぞ蘭、つりふねの花、ゆりずいせんの葉の如きは其形態的背腹と生理的背腹とが轉倒し居るに由り各特有なる生長運動により、又は外力を利用して巧に其正位に達す。

───────

總　會

大正四年一月三十日、例會閉會後、經濟學講堂に於て本會定期總會を開催す。

　先づ、工藤幹事は庶務に關し、佐々木幹事は會計に關し、新島幹事は編輯に關し本期間に於ける會務の報告あり。宮部會長の挨拶ありて後ち、會長の發議により、滿場一致を以て、本會役員中庶務幹事を二名となすに決す。役員改選の結果次の諸氏當選せられたり。

　本會役員

<table>
<tr><td>會　　　長</td><td>宮　部　金　吾　氏</td></tr>
<tr><td>庶 務 幹 事</td><td>工　藤　祐　舜　氏</td></tr>
<tr><td>同　　上</td><td>前　川　德　次　郎　氏</td></tr>
<tr><td>會 計 幹 事</td><td>佐　々　木　望　氏</td></tr>
<tr><td>編 輯 幹 事</td><td>新　島　善　直　氏</td></tr>
<tr><td>同　　上</td><td>郡　場　寛　氏</td></tr>
</table>

　會　員

　　死 亡 會 員

　本會正會員高橋良直君大正三年十一月十四日を以て逝去せらる。君は多年本會のために盡瘁せられたり、實に哀悼の至りに堪ねず。

　新 入 會 員　　四 名

　　飯柴永吉君(正)　小原龜太郎君(正)　並河功君(准)

　　岩崎一二.君(准)

　現 在 會 員

<table>
<tr><td>贊 助 員</td><td>二　　名</td></tr>
<tr><td>正 會 員</td><td>八 十 三 名</td></tr>
<tr><td>　地　方</td><td>四 十 一 名</td></tr>
<tr><td>　在 札</td><td>四 十 二 名</td></tr>
<tr><td>准 會 員</td><td>四 十 八 名</td></tr>
<tr><td>　地　方</td><td>二 十 六 名</td></tr>
<tr><td>　在 札</td><td>二 十 二 名</td></tr>
</table>

在　札　正　會　員

赤 羽 雄 一	農 學 士	北海道拓殖銀行取締役
明 暮 正 夫	農 學 士	東北帝國大學農科大學助敎授
John Batchelor Rev. D. D., F.R.G.S.		札幌區北四線四七丁目
藤 田 經 信	農學士 理學士	東北帝國大學農科大學水產學科敎授兼文部省囑學官
藤 田 昌	農 學 士	大日本麥酒株式會社札幌支店技師長
牛 澤 洵	農學士 農學博士	東北帝國大學農科大學助敎授
楠 次左五郎	農學士 農學博士	東北帝國大學農科大學敎授
入 田 三 郎	理學博士	東北帝國大學農科大學敎授
平 塚 直 治	農 學 士	帝國製麻株式會社技師
星 野 勇 三	農 學 士	東北帝國大學農科大學敎授
伊 藤 誠 哉	農 學 士	東北帝國大學農科大學敎授
石 川 貞 治	農 學 士	北海道廳農商館主　札幌區南四線四六丁目
影 山 純 介	林 學 士	東北帝國大學農科大學助敎授
角 田 啓 司	農 學 士	北海道廳技師
笠 原 十 司	農 學 士	大日本麥酒株式會社技師札幌釀造所長
河 野 常 宜		北海道廳囑託　札幌區北四線四七丁目
鄭 弼 寬	理學士 理學博士	東北帝國大學農科大學講師
工 藤 祐 舜	理學士	東北帝國大學農科大學講師
松 村 松 年	農學士 理學博士	東北帝國大學農科大學敎授
前 川 德 次 郎	農 學 士	東北帝國大學農科大學助手
南 鷹 次 郎	農學士 農學博士	東北帝國大學農科大學敎授
三 島 桂 五 郎		北海道廳立師範學校敎諭
宮 部 金 吾	農學士 理學博士 Sc. D.	東北帝國大學農科大學敎授
宮 脇 富	Sc. M.	東北帝國大學農科大學畜產學科講師
中 尾 節 藏	農 學 士	東北帝國大學農科大學農業實科講師
新 島 善 直	林學士 林學博士	東北帝國大學農科大學敎授兼北海道廳技師林業試驗場長
野 澤 俊 次 郎	農 學 士	東北帝國大學農科大學水產學科敎授
大井上 義近	理學士	東北帝國大學農科大學大學理科敎授兼大學助敎授兼札幌農學署囑託
岡 本 牛 次 郎	農 學 士	北海道廳農事試驗場技師
大 島 金 太 郎	農學士 農學博士	東北帝國大學農科大學敎授兼北海道廳技師農事試驗場長

佐 々 茂 雄　　農 學 士　　東北帝國大學農科大學水産學科教授

佐 々 木 冕　　理 學 士　　東北帝國大學農科大學水産學科教授

鳳　正　躬　　農 學 士　　東北帝國大學農科大學助教授

佐 藤 藤 一　　水産學得業士　　東北帝國大學農科大學水産學科助教授

佐 藤 忠 晃　　水産學得業士　　北海道水産試驗所

關 場 不 二 彦　　醫 學 士　　札幌區北一線四四丁目北呉病院長

須 田 金 之 助　　農 學 士　農學博士　　東北帝國大學農科大學教授

鈴 木 梅　　農 學 士　　東北帝國大學農科大學水産學科教授

田 所 哲 太 郎　　農 學 士　　東北帝國大學農科大學助教授

田 中 魏 慶　　農 學 士　　東北帝國大學農科大學助教授

富 岡 永 馬　　　　　　北海道縣立師範學校教諭

時 任 一 彦　　農 學 士　農學博士　　東北帝國大學農科大學教授

戶 津 高 知　　農 學 士　　北海中學校教諭

遠 藤 吉 三 郎　　理 學 士　理學博士　　東北帝國大學農科大學水産學科教授

在 札 准 會 員

遠 見 武 雄　　　　　　東北帝國大學農科大學々生

疋 田 豐 治　　　　　　東北帝國大學農科大學水産學科助教授

井 口 賢 三　　農 學 士　　東北帝國大學農科大學助教授

井 狩 二 郎　　水産學得業士　　東北帝國大學農科大學水産學科助教授

岩 崎 一 二　　　　　　東北帝國大學農科大學々生

小 久 保 濟 治　　水産學得業士　　東北帝國大學農科大學水産學科助教授

筐 田 彝 太 郎　　　　　　北海道農技師北海道農事試驗場渡島支場長

松 木 巖　　　　　　東北帝國大學農科大學々生

富 部 憲 夫　　農 學 士　　東北帝國大學農科大學副手

村 田 庄 次 郎　　　　　　東北帝國大學農科大學書記兼助手

蟲 河 功　　　　　　東北帝國大學農科大學々生

西 田 彰 三　　　　　　東北帝國大學農科大學助手

藩 合 恒　　農學得業士　　東北帝國大學農科大學助手

大 國 晉　　　　　　東北帝國大學農科大學助手

留 谷 忠 次 郎　　　　　　東北帝國大學農科大學々生

竹内叔雄		東北帝國大學農科大學々生
富本豊	林學得業士	東北帝國大學農科大學助手
内山繁次郎		北海道廳農業技手札幌區外勤似
上田守蔵		北海道廳立札幌高等女學校教諭

地 方 正 會 員

有元新太郎		美作國英田郡大原古町
藤井欽吾		福井縣立農林學校教諭
羽原又吉	理學士	北海道水産試驗場技師
原十太	理學士　理學博士	東京帝國大學農科大學教授
出田新	農學士	福井縣立福井農林學校々員
飯泉永吉		東北學院教授
伊藤廣殿	農學士	石狩國夕張郡角田村
神保小虎	理學士　理學博士	東京帝國大學理科大學教授
梶山英二	理學士	北海道水産試驗場技師
笠井幹夫	農學士	鐵道院技手鐵道院總裁官房勤務
加藤武夫	理學士	明治専門學校教授　筑前國戸畑町
川上瀧彌	農學士	臺灣總督府技師博物館長
河瀬常太郎		東京品川妙華園主
菊池揔	農學士	明治製糖株式會社技師
菊地竒次郎	農學士	青森縣立農學校長
河内完治	農學士	愛媛縣東宇和郡立農蠶學校教諭
原澤良平	農學士	宮城縣立農學校農學館長
三浦道俊	農學士	青森農事試驗場技師
宮城戲夫	農學士	沖繩縣立農學校教諭
三宅勉	農學士	臺灣嘉南廳大目降糖業試驗場技師
乘鞍勝茂	理學士	北海道廳技師北海道水産試驗場長
四田蕃夫	農學士	植物檢查所神戸支場長
小原龜太郎		小樽高等商業學校助教授
小田四十一		函館高等女學校長
小川夏五郎	農學士	千葉縣立成原農學校教諭

澤 田 兼 吉		臺灣總督府農事試驗場技手
柴 田 桂 太	理 學 士	理學博士 東京帝國大學理科大學助教授
清 水 實 隆	理 學 士	北海道廳立小樽中學校長兼敎諭
紫 木 得 一	農 學 士	臺灣總督府農事試驗場技師
末 光 績	農 學 士	愛媛縣東宇和郡立農業學校敎諭
鈴 木 陜 三	農 學 士	東京帝國大學理科大學々生
矢 木 久 太 郎	農 學 士	大日本麥酒株式會社吾妻橋工場御技師長
山 田 秀 雄	農 學 士	臺灣總督府農事試驗場技師
染 田 堿	農 學 士	山形縣廳聘農學校長
柳 川 秀 興	農 學 士	臺灣慣行種畜場囑託
吉 田 碩 藏	農 學 士	臺灣總督府殖産局技師
吉 野 啓 一		新潟縣加茂農林學校敎諭
結 城 庄 八	農 學 士	臺灣總督府移民課技師

地 方 准 會 員

近 藤 金 吾		南滿洲鐵道株式會社地方課 大連電氣公園內社宅
石 田 昌 人		臺灣臺南大目降糖業試驗場技手
荒 川 重 理		愛媛縣東宇和郡農業學校敎諭
伊 達 宗 經	男 爵	仙臺常盤町六
池 田 金 則		北海道廳立小樽中學校敎諭
飯 沼 直 彥	農 學 士	京都帝國大學理科大學々生
金 田 正 直	農 學 士	東京市本所區林町二丁目六三
笠 島 貞 治	農 學 士	余市町大字濱中町五六
河 田 力	農 學 士	沖繩縣中頭郡各村組合立農學校長
菊 池 鷗 鋼	農 學 士	三省堂介石會社囑校
北 村 格		日高國樣似郡樣似村樣似小學校
加 藤 茂 雄	農 學 士	大分縣吹珠郡乘町
小 泉 秀 雄		北海道廳立旭川中學校敎諭
黑 田 秀 博	農 學 士	橫濱市中村町一四六三
三 橋 信 夫		東京府荏原郡六鄉村雜色
三 宅 市 郎	農 學 士	岐阜縣惠那郡小原村二三八

中 原 和 郎		東京本郷區東片町九三
中 尾 政 太 郎	農 學 士	大阪府泉北郡大國村
四 野 三 太 吉		渡島國龜小學校
能 登 定 吉		兵庫縣武庫郡御影町ノ内東明村
沼 田 正 直	農 學 士	名古屋市明倫中學校敎諭
大 石 泰 造	農 學 士	石狩國兩龍郡北龍村宇岩村一ノ澤
小田切榮三郎	農 學 士	帝室林野管理局技師網走川上出張所長
大 島 正 滿	理 學 士	臺灣總督府研究所技師
坂 村 徹	農 學 士	東北帝國大學農科大學院學生
佐々木和策	林 學 士	帝室林野管理局技師東京帝室林野管理局內
鈴 木 元 治 郎		花園昆虫研究京都花園村谷口
鈴 木 男 一	農 學 士	沖繩縣立農學校敎諭
鈴 木 範 一 郎	農 學 士	東京府下豐多摩郡中野町原蠶種製造所技手
高 橋 傳 吉		福岡縣山門郡柳河町
山 本 岩 龜		後志國余市郡仁木鄕常高等小學校

海 外 留 學 會 員

三 宅 驥 次	農 學 士	農學博士　東北帝國大學農科大學助敎授
下 斗 米 秀 三	理 學 士	東北帝國大學農科大學水產學科敎授兼東北帝國大學農科大學助敎授
東 海 林 力 藏	農 學 士	東北帝國大學農科大學助敎授
武 田 久 吉		Imperial College of Science and Technology, London.
山 田 玄 太 郎	農 學 士	盛岡高等農林學校敎授

賛 助 會 員

| 中 山 秀 元 | 法 學 士 | 臺灣總督府囑託南淸貿易取調掛在香港 First Floor, No. 14 Beaconsfield, Hongkong. |
| 植 村 澄 三 郎 | | 東京赤坂區靑山南町二丁目五二　大日本麥酒株式會社專務取締役 |

大正四年三月廿五日發行
大正四年三月二十日印刷

發行所　札幌博物學會
石狩國札幌區東北帝國大學農科大學內

印刷所　文榮堂活版所
石狩國札幌區北一條西三丁目二番地

印刷者　山中國松
石狩國札幌區北一條西三丁目二番地

發行
編輯者　河野常吉
石狩國札幌區北一條西七丁目三番地

目　次

CONTENTS.

Lightning Source UK Ltd.
Milton Keynes UK
UKHW010613200119
335821UK00008B/665/P